办公大师经典丛书

中文版 Excel 2019 宝典

(第 10 版)

迈克尔·亚历山大(Michael Alexander)

[美] 迪克·库斯莱卡(Dick Kusleika)　　著

约翰·沃肯巴契(John Walkenbach)

赵利通　梁　原　　　　　译

清华大学出版社

北　京

Michael Alexander, Dick Kusleika, John Walkenbach
Excel 2019 Bible
EISBN：978-1-119-51478-7

北京市版权局著作权合同登记号 图字：01-2018-8448
Copies of this book sold without a Wiley sticker on the cover are unauthorized and illegal.

本书封面贴有 Wiley 公司防伪标签，无标签者不得销售。
版权所有，侵权必究。举报：010-62782989，beiqinquan@tup.tsinghua.edu.cn。

图书在版编目(CIP)数据

中文版 Excel 2019 宝典：第 10 版 / (美)迈克尔·亚历山大(Michael Alexander)，(美)迪克·库斯莱卡(Dick Kusleika)，(美)约翰·沃肯巴契(John Walkenbach) 著；赵利通，梁原 译. —北京：清华大学出版社，2019（2022.7重印）
(办公大师经典丛书)
书名原文：Excel 2019 Bible
ISBN 978-7-302-53730-4

Ⅰ. ①中… Ⅱ. ①迈… ②迪… ③约… ④赵… ⑤梁… Ⅲ. ①表处理软件 Ⅳ. ①TP391.13

中国版本图书馆 CIP 数据核字(2019)第 193083 号

责任编辑：王　军
装帧设计：孔祥峰
责任校对：成凤进
责任印制：刘海龙

出版发行：清华大学出版社
　　　　网　　　址：http://www.tup.com.cn，http://www.wqbook.com
　　　　地　　　址：北京清华大学学研大厦 A 座　　　　邮　　编：100084
　　　　社 总 机：010-83470000　　　　　　　　　　邮　　购：010-62786544
　　　　投稿与读者服务：010-62776969，c-service@tup.tsinghua.edu.cn
　　　　质 量 反 馈：010-62772015，zhiliang@tup.tsinghua.edu.cn
印 装 者：三河市铭诚印务有限公司
经　　销：全国新华书店
开　　本：190mm×260mm　　　印　　张：44.75　　　字　　数：1512 千字
版　　次：2019 年 11 月第 1 版　　　印　　次：2022 年 7 月第 3 次印刷
定　　价：138.00 元

产品编号：081807-01

译者序

Microsoft Excel 为大众接受的程度毋庸置疑。读者稍微想一下，肯定能想到自己身边有认识的人使用过 Excel。当然，选择《中文版 Excel 2019 宝典(第 10 版)》，也正说明读者认识到了 Excel 的价值，想要磨砺自己的 Excel 技能，利用这个强大的工具让自己的学习、工作和生活变得更加方便。

Excel 为人熟知的特点是能以各种方式处理数据，其灵活强大不必赘言。但是，其实除了普通的数字操纵能力之外，它还提供了很方便的可视化能力，能够帮助用户制作实用的仪表板，还整合了 Power Pivot 和 Power Query 来查询和操纵各种来源的数据。如果用户具备 VBA 编程的能力，甚至还能扩展 Excel 的能力，在 Excel 中实现一定程度的自动化功能。

阅读本书后，读者会发现，Excel 的功能强大到远远超出你的想象。大部分用户平时只是用到了 Excel 的很少功能，可能只是简单地创建表格，应用一些内置的简单公式等。但是，这并不意味着了解 Excel 的其他功能没有帮助。事实上，在 Excel 中有多种不同的方式能够完成相同的任务，但是其效率和需要的工作量肯定有所区别。当读者对 Excel 的各种功能有所了解后，在需要完成某种分析时，就能够从众多可选项中选出最高效、最省力的方法。

选择本书无疑是一个正确的决定。读者可以翻到作者简介和技术编辑简介部分，了解为本书做出贡献的这些人的相关背景。他们在使用 Excel 创建解决方案和提供咨询方面有许多年的经验，对 Excel 有全面、丰富、深刻的认识。可以确信，这群专家们精心撰写的这本教程，一定能够让 Excel 的学习曲线十分平坦。

本书的结构编排也很合理，共分为 6 个部分。第 I 部分介绍 Excel 的基础知识，Excel 新手可以从这里开始读起；第 II 部分介绍 Excel 的公式和函数。Excel 提供了强大的公式库，了解并巧妙地使用公式能够让你的工作变得更加轻松；第 III 部分介绍 Excel 的图表和可视化。正如一句谚语所说，"一图抵千言"。恰当地使用图表和可视化，能够以简洁、直观的方式表达丰富的信息。从复杂的数据表格中并不容易看出关键信息，但是在创建合适的图表后，就能够一眼看出趋势、损益等；第 IV 部分介绍数据管理和分析技术。通过这部分介绍的技术和工具，能够以各种方式有效地操纵数据；第 V 部分介绍 Power Pivot 和 Power Query。使用这些工具，能够开发出强大的报表，并增强自己的数据分析；第 VI 部分介绍 VBA 和用户窗体。学习这部分内容后，读者将知道如何借助代码，自动完成一些重复性任务，从而节省自己的时间和精力。

从以上总体概述能够看出，本书对 Excel 的介绍非常全面。不仅如此，本书面向各种程度的读者，所以内容由浅入深，循序渐进，非常适合作为学习教程。读者既可以选择逐个章节阅读，也可以直接跳到感兴趣的章节深入研究。本章还提供了示例讲解中用到的工作簿文件，使读者在进行练习时不必为找不到合适的数据而烦恼。

总而言之，任何对 Excel 感兴趣的读者，都能够从阅读本书获益良多。希望读者在本书的帮助下，能够熟练运用 Excel，成为一名优秀的数据分析人员。

作者简介

    Michael Alexander 是一名微软认证应用程序开发专家(Microsoft Certified Application Developer，MCAD)，撰写过多本关于使用 Microsoft Access 和 Microsoft Excel 进行高级商业分析的图书。他有超过 20 年 Microsoft Office 解决方案的咨询和开发经验。由于长期为 Excel 社区做出贡献，Mike 获得了 Microsoft MVP 称号。在 www.datapigtechnologies.com 可以联系到 Mike。

    Dick Kusleika 荣获 12 届 Microsoft Excel MVP，使用 Microsoft Office 已经超过 20 年。Dick 为客户开发基于 Access 和基于 Excel 的解决方案，并且在美国和澳大利亚举办了关于 Office 产品的培训研讨会。Dick 在 www.dailydoseofexcel.com 上撰写一个很受欢迎的关于 Excel 的博客。

    John Walkenbach 是一名 Excel 主题畅销书作者，已出版了超过 50 本关于电子表格的书籍。他居住在亚利桑那州南部，与一些仙人掌以及野猪、响尾蛇、短尾猫和吉拉毒蜥等小动物生活在一起。不过，一旦听到他弹奏的嘈杂的班卓琴声，这些小动物就会惊慌地逃走。请在 Google 上进行搜索，来了解有关他的更多信息吧。

技术编辑简介

Jordan Goldmeier 是一位得到国际认可的分析专家和数据可视化专家、作者、演讲人和 CEO。他是数据咨询公司 Cambia Factor 的所有人，撰写了 *Advanced Excel Essentials*(Apress, 2014)，并与人合作撰写了 *Dashboards for Excel*(Apress, 2015)，这两本书的主题都是如何使用 Excel 开发高级分析。他为以下组织和机构提供过咨询和培训：北约培训代表团、美国国防部、美国空军、美国海军、金融时报和辛辛那提大学等。他的作品曾被美联社、彭博商业周刊、Dice News 和美国运通开放论坛提及和引用。他从 2013 年起就是受人尊敬的 Microsoft MVP，并且是 Excel.TV 的所有人和制作人。Excel.TV 是一个在线社区，专门致力于分享专家和业界人士在 Excel、商业智能、大数据和分析方面发生的故事、遇到的挫折和学到的经验。他为 Wiley、O'Reilly 和其他出版社提供技术编辑和审校工作。

Joyce J. Nielsen 在出版行业已经有超过 25 年的经验，为业界领先的教育出版社和零售出版商做过作者、策划编辑、技术编辑和项目经理，专注于 Microsoft Office、Windows、Internet 和一般性技术。她撰写及与人合作撰写了超过 40 本的计算机图书，并编辑过几百本 IT 出版物和超过 2000 篇在线文章。Joyce 在印第安纳大学伯明顿分校凯利商学院获得了计量商业分析理学士学位。她目前居住在亚利桑那州。

Doug Holland 是 Microsoft Corporation 的一个架构师和布道者，帮助合作伙伴使用 Microsoft Cloud、Office 365 和 HoloLens 等技术实现数字化转型。他从牛津大学获得了软件工程硕士学位，现在与他的妻子和 5 个孩子居住在加利福尼亚州北部。

Guy Hart-Davis 是一位著述颇丰的作者，针对各种奇怪的主题撰写了众多计算机图书，著有 *Word 2000 Developer's Handbook*、*AppleScript: A Beginner's Guide*、*iMac Portable Genius*、*Samsung Galaxy S8 Maniac's Guide* 等著作。

致谢

我们向 John Wiley & Sons 的专家们致以深深的谢意，感谢你们付出的辛勤劳动使本书得以问世。还要感谢 Jordan Goldmeier、Joyce Nielsen、Doug Holland 和 Guy Hart-Davis 为本书的示例和正文提出的改进建议。特别感谢我们的家人们忍受我们关起门来全力完成这个项目。最后，感谢 John Walkenbach 这么多年来在本书之前的版本上投入的工作。他在总结和整理 Excel 知识方面做出的工作具有重要意义，不仅帮助了数百万 Excel 用户完成自己的学习目标，还激励无数个 Excel MVP 与 Excel 社区分享专业知识。

前言

欢迎来到 Excel 的世界！好吧，这么说有点刻意。但是，如果你看看商业界、金融界、制造业或你能想到的其他任何行业，都会发现有人在使用 Excel。Excel 无处不在，它是到现在为止商业应用历史上最流行的程序。因此，我们真的是生活在 Excel 的世界中，这也可能正是你拿起《中文版 Excel 2019 宝典(第 10 版)》的原因。你需要有一种方法来帮助你加快学习进度，使你能够快速上手。

亲爱的读者，你不用担心。无论你是在为新工作学习 Excel(顺便说一句，恭喜你了)，为学校课题学习 Excel，还是为了自己使用学习 Excel，本书都是最佳选择。

本书介绍了所有必要的知识，帮助你开始使用 Excel。我们确保本书包含许多有用的示例和大量技巧与提示，并让它们覆盖 Excel 的所有重要方面，既包括基础知识，也包括更高级的主题。

本书的读者对象

本书的目的是帮助各种级别的用户(初级、中级甚至高级用户)增强自己的技能。

如果你刚刚接触 Excel，则从开头读起。第 I 部分介绍的内容将帮助你熟悉如何输入数据、管理工作簿、设置工作表格式和打印等。之后可以阅读第 II 部分，了解 Excel 公式的方方面面。

如果你是一位有经验的分析人员，希望增强自己的数据可视化和分析工具集，则可以阅读第 III 部分和第 IV 部分。我们针对分析数据和创建有视觉吸引力的 Excel 仪表板提供了许多示例和提示。

如果你一直在使用 Excel 的较早版本，本书也同样适合你！第 V 部分介绍了新的 Power Pivot 和 Power Query 工具集。在过去，这些功能是免费的 Microsoft 加载项，只是作为辅助工具使用。现在，它们已经成为 Excel 管理数据和与外部数据源交互的重要方式。

如果你想学习 Visual Basic for Applications(VBA)编程的基础知识，则阅读第 VI 部分。VBA 这个主题十分庞大，需要用一本书才能讲清楚，所以我们另外撰写了 *Excel 2019 Power Programming with VBA* (Wiley, 2019)。虽然如此，本书提供的章节足以让你开始使用 VBA 来自动化和增强自己的 Excel 解决方案。

软件版本

本书是针对 Excel 2019 的 Windows 桌面版本编写的。请注意，本书不适用于 Mac 版的 Microsoft Office。

Excel 有多个版本，包括一个 Web 版本和一个针对平板电脑和手机的版本。虽然本书针对的是桌面版本的 Excel，但是大部分信息也适用于 Web 版本和平板电脑版本。Excel 2016 和 Excel 2013 的用户也会发现本书的内容有帮助。

如果你在使用 Office 365 版本的 Excel,则很可能在自己的 Excel 版本中发现本书没有介绍的功能。在过去几年中,Microsoft 采取了敏捷发布周期,几乎每月都会发布 Office 365 更新。对于喜欢看到 Excel 中增加新功能的人来说,这是个好消息,但对于想要在图书中讲解这些工具功能的人来说,就是另外一回事了。

我们认为,在本书出版后,Microsoft 仍会继续快速地向 Excel 添加新的功能。因此,你可能会遇到本书中没有讲到的新功能。虽然如此,Excel 具有丰富的功能集,其中大部分都很稳定,不会突然消失。所以,尽管 Excel 将会发生变化,但是变化不会大到让本书成为废纸。本书讨论的核心功能仍然会是重要的功能,即使其工作机制可能稍微有所改变。

本书中使用的约定

请花一点时间浏览本节的内容,你将了解本书在排版和组织结构方面使用的各种约定。

Excel 命令

Excel 使用上下文相关的功能区系统。顶部的文字(如"文件""插入""页面布局"等)称为选项卡。单击一个选项卡,功能区将显示此选项卡中的各种命令。每个命令都有自己的名称,这些名称通常显示在其图标的旁边或下方。这些命令分成了多个组,每个组的名称显示在功能区的底部。

本书使用的约定是先指出选项卡名称,然后是组名称,最后是命令名称。因此,用于切换单元格中的文本自动换行的命令将表示为:

"开始" | "对齐方式" | "自动换行"

第1章中将会介绍有关功能区用户界面的更多信息。

键名称

键盘上的键名称会以正常字体显示。当表示需要同时按下两个键时,本书会使用加号连接这两个键。例如,"按 Ctrl+C 键以复制选中的单元格"。

4 个方向"箭头"键统称为导航键。

函数

Excel 内置工作表函数以大写字母的形式出现,例如:"在单元格 C20 中输入 SUMPRODUCT 公式。"

鼠标约定

本书将使用以下与鼠标相关的标准术语。

- **鼠标指针:**当移动鼠标时,在屏幕上移动的一个小图标。鼠标指针通常是一个箭头,但是当移动到屏幕的特定区域或者在执行某些操作时,它会改变形状。
- **指向:**移动鼠标,以便使鼠标指针停在特定项上。例如,"指向工具栏上的'保存'按钮"。
- **单击:**按一下鼠标左键并立即松开。
- **右击:**按一下鼠标右键并立即松开。在 Excel 中,使用鼠标右键可弹出与当前所选内容相对应的快捷菜单。
- **双击:**快速地连续按下鼠标左键两次。
- **拖动:**在移动鼠标时一直按住鼠标左键不放。拖动操作通常用来选择一个单元格区域,或者更改对象的大小。

针对触摸屏用户

如果你正在使用触摸屏设备，则可能已经知道了基本的触控手势。

本书不介绍具体的触摸屏手势操作，但你在大部分时间里可遵循以下三个准则。

- 当本书提到"单击"时，触摸屏幕。快速触摸按钮并松开手指与用鼠标单击按钮可实现相同的操作。
- 当本书提到"双击"时，触摸两下。在短时间内连续两次触摸相当于执行双击操作。
- 当本书提到"右击"时，用手指按住屏幕上的项，直到显示一个菜单。触摸所弹出菜单上的项将执行相应命令。

请确保在快速访问工具栏中启用"触摸"模式。"触摸"模式可增大功能区命令之间的间距，以便降低触摸错误命令的概率。如果"触摸"模式命令未显示在快速访问工具栏上，请触摸最右侧的控件，并选择"触摸/鼠标模式"。该命令用于在正常模式和触摸模式之间进行切换。

本书的组织结构

请注意，本书包含 6 个主要部分。

第 I 部分：Excel 基础知识。第 I 部分包含 8 章，提供了 Excel 的背景知识。Excel 新用户必须学习这些章节的内容。有经验的用户也可以从中获取一些新信息。

第 II 部分：使用公式和函数。第 II 部分的章节中包含了在 Excel 中熟练地执行计算工作所需的所有内容。

第 III 部分：创建图表和其他可视化。第 III 部分的各个章节介绍了如何创建有效的图表。此外，在一些章节中介绍了关于条件格式可视化功能、迷你图功能的信息，还在另一章中介绍了很多关于将图形集成到工作表的技巧。

第 IV 部分：管理和分析数据。第 IV 部分中各章的重点是数据分析，这些章节将介绍数据验证、数据透视表、条件分析等。

第 V 部分：了解 Power Pivot 和 Power Query。第 V 部分的章节深入介绍了 Power Pivot 和 Power Query 的功能。在这部分中将学习如何使用 Power Pivot 开发强大的报表解决方案，如何使用 Power Query 实现自动化，以及清理和转换数据的步骤。

第 VI 部分：Excel 自动化。第 VI 部分的内容适合需要对 Excel 进行自定义以满足自己特定需求的用户，或者需要设计工作簿或加载项以供他人使用的用户。此部分首先介绍录制宏和 VBA 编程，然后介绍用户窗体、事件和加载项。

如何使用本书

编写本书的初衷肯定不是要求你逐页阅读本书。推荐你在遇到以下情况时参考本书：

- 在尝试完成任务时遇到困难。
- 需要完成以前从未做过的操作。
- 有空闲时间，且有兴趣学习 Excel 新知识。

本书内容非常全面，通常每章会集中讲解一个较大的主题。如果在学习某些知识时遇到困难，不要气馁。多数用户只使用 Excel 所有功能中很小的一部分就能够满足自己的需要。实际上，这里也适用 80/20 规则：即 80%的 Excel 用户只需要使用 20%的 Excel 功能。然而，即使只使用这 20%的 Excel 功能也可以大大提高你的效率。

本书配套学习资源网站

本书包含了许多示例，可从 Web 下载这些示例对应的工作簿。

可从此 URL 下载：www.wiley.com/go/excel2019bible。

请注意，这个 URL 是区分大小写的，需要全部使用小写字母。

也可扫封底二维码，获取本书配套学习资源。

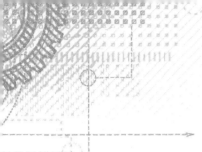

目 录

第 I 部分

Excel 基础知识

本部分介绍有关使用 Excel 的重要背景知识，在这里，你将了解如何使用每个 Excel 用户都需要用到的基本功能。如果你以前已经使用过 Excel(或使用过其他电子表格程序)，那么也可通过这些章节回顾相关的基础知识，并且你会从中发现很多技巧和方法。

第 **1** 章

Excel 简介

本章要点

- 了解 Excel 的用途
- Excel 2019 的新功能
- 了解 Excel 窗口组成部分
- 在工作表中导航
- 介绍功能区、快捷菜单、对话框和任务窗格
- 通过一个逐步操作实践任务介绍 Excel

本章将对 Excel 2019 进行简要介绍。即使你已经熟悉以前版本的 Excel，阅读本章(至少是略读)仍然会受益匪浅。

1.1　了解 Excel 的用途

　　Excel 是全世界使用最广泛的电子表格软件，它是 Microsoft Office 套件的一个组成部分。虽然也有其他一些电子表格软件可供用户使用，但是 Excel 是目前最流行的电子表格软件，并且很多年以来已成为世界标准。

　　Excel 的魅力很大程度上体现在它的多才多艺上。当然，Excel 最擅长的是数值计算，但 Excel 在非数值应用方面也非常有用。下面列举 Excel 的几个用途。

- **数字运算**：建立预算、生成费用表、分析调查结果，并执行你可想到的任何类型的财务分析。
- **创建图表**：创建各种可高度自定义的图表。
- **组织列表**：使用"行-列"布局来高效地存储列表。
- **文本操作**：清理和规范基于文本的数据。
- **访问其他数据**：从多种数据源导入数据。
- **创建图形化仪表板**：以简洁的形式汇总大量商业信息。
- **创建图形和图表**：使用形状和 SmartArt 功能创建具有专业外观的图表。
- **自动执行复杂的任务**：通过 Excel 的宏功能，只需要单击一下鼠标即可完成原本令人感到乏味冗长的任务。

1.2　了解 Excel 2019 最新功能

下面简要描述了相对于 Excel 2016，Excel 2019 新增的功能。请记住，本书的主题是桌面版本的 Excel。移动版本和联机版本不一定具有相同的功能集。

- **新图表**　Excel 2019 新增了两种图表类型：漏斗图和地图。第Ⅲ部分将详细介绍所有可用的图表类型。
- **增强记忆式键入功能**　开始键入函数名称时，记忆式键入功能将显示以键入内容开头的函数的一个列表。在 Excel 2019 中，记忆式键入功能提供了更有帮助的列表。如果键入=Day，得到的结果不再只是 DAY 和 DAY360，而且还会得到 NETWORKDAYS、TODAY 等。
- **Power Query 和 Power Pivot**　Excel 2019 添加了许多新的小功能，包括几个新的连接器、新的筛选选项和新的转换选项。第 V 部分将详细介绍如何使用这些新功能。
- **没有 CSV 警告**　当另存为 CSV 文件时，Excel 2019 不再警告可能丢失功能。
- **图标**　Excel 2019 的"插入"选项卡包含一个"图标"控件，其中提供了许多预制图标。
- **SVG 图片**　在 Excel 2019 中，可以插入可缩放矢量图形(Scalable Vector Graphic，SVG)图片，甚至把它们转换为形状。
- **取消选择单元格**　如果你曾经按下 Ctrl 键并单击选择多个单元格，但不小心选择了太多单元格，那么一定会喜欢这种新功能。遇到同样的情况时，不再需要重新进行选择，而是可以用按下 Ctrl 键并单击已选中单元格的方式，取消已经选中的单元格。
- **数据透视表布局**　可以将首选的数据透视表设置保存为默认布局，之后，所有新创建的数据透视表将自动使用该设置。

1.3　了解工作簿和工作表

在 Excel 中，将在工作簿文件中执行各种操作。可以根据需要创建很多工作簿，每个工作簿显示在自己的窗口中。默认情况下，Excel 工作簿使用.xlsx 作为文件扩展名。

> **注意**
>
> 在以前版本的 Excel 中，用户可以在一个窗口中使用多个工作簿，但是从 Excel 2013 开始，打开的每个工作簿都有自己的窗口。这种修改使得 Excel 的工作方式更接近其他 Office 应用，用户能够更加方便地在不同的监视器上显示不同的工作簿。

每个工作簿包含一个或多个工作表，每个工作表由一些单元格组成，每个单元格可包含数值、公式或文本。工作表也可包含不可见的绘制层，用于保存图表、图片和图形。绘制层的对象位于单元格之上，但是与数值或公式不同，没有包含在单元格中。可通过单击工作簿窗口底部的选项卡访问工作簿中的每个工作表。此外，工作簿还可以存储图表工作表。图表工作表显示为单个图表，同样也可以通过单击选项卡对其访问。

新 Excel 用户往往会被 Excel 窗口中的不同元素吓倒。但当熟悉各个部分后，一切将开始变得有意义，你会拥有在家一样的感觉。

图 1-1 显示了 Excel 中比较重要的元素和部分。在查看该图时，请参考表 1-1 以了解对图中所示项的简要说明。

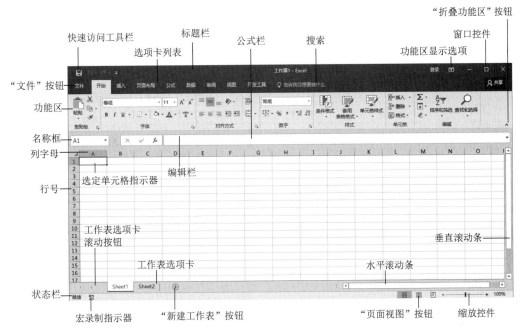

图 1-1　Excel 屏幕上提供了很多你会经常用到的元素

表 1-1　需要了解的 Excel 屏幕组成部分

名称	说明
"折叠功能区"按钮	单击此按钮可临时隐藏功能区。双击任意功能区选项卡可使功能区保持可见。按快捷键 Ctrl+F1 可实现相同的效果
列字母	从 A 到 XFD 范围内的字母——一个字母对应工作表中 16 384 列中的一列。可以单击列标题以选择一整列单元格，或在两列中间单击拖动来改变列宽
"文件"按钮	单击此按钮可打开 Backstage 视图，其中包含很多用于处理文档(包括打印)和设置 Excel 的选项
公式栏	当在一个单元格中输入信息或公式时，将在此栏中出现所输入的内容
水平滚动条	可使用此工具水平滚动工作表
宏录制指示器	单击它即可开始录制 VBA 宏。在执行录制操作时，该图标将发生变化。再次单击它即可停止录制
名称框	该框显示活动单元格地址，或选定单元格、范围或对象的名称
"新建工作表"按钮	通过单击"新建工作表"按钮(显示在最后一个工作表选项卡后)，添加新的工作表
"页面视图"按钮	单击这些按钮可更改工作表的显示方式
快速访问工具栏	此可自定义的工具栏用于保存常用的命令。无论选择的是哪个选项卡，快速访问工具栏都始终可见
功能区	这是各个 Excel 命令的主要位置。单击选项卡列表中的项可改变功能区所显示的内容
功能区显示选项	一个下拉控件，可提供 3 个与功能区显示相关的选项
行号	一个 1~1 048 576 的数字，每个数字对应于工作表中的每一行。可以单击行号以选择一整行的单元格，或在两行中间单击拖动来改变行高
搜索	搜索控件显示为一个放大镜，带有标题"告诉我你想要做什么"。使用这个控件识别命令，或让 Excel 自动执行命令
选定单元格指示器	深色的轮廓线指明当前选定的单元格或单元格区域(每个工作表中有 17 179 869 184 个单元格)
工作表选项卡	这些选项卡代表工作簿中的不同工作表。一个工作簿可以包含任意数量的工作表，每个工作表都有自己的名称，并显示在工作表选项卡中

(续表)

名称	说明
工作表选项卡滚动按钮	使用这些按钮滚动工作表选项卡，以显示被隐藏的选项卡。可以通过右击来获得工作表的列表
状态栏	此栏可显示各种信息以及键盘上的 Num Lock、Caps Lock 和 Scroll Lock 键的状态，也可显示选定单元格区域的摘要信息。右击状态栏可更改所显示的信息
选项卡列表	可使用这些命令显示不同的功能区，类似于菜单
标题栏	显示了程序的名称和当前工作簿的名称，并包含快速访问工具栏(位于左侧)和一些控制按钮，可以用它们修改窗口(位于右侧)
垂直滚动条	用于垂直滚动工作表
窗口控件	窗口控件有 3 个，用于最小化当前窗口、最大化或还原当前窗口以及关闭当前窗口，这是几乎所有 Windows 应用程序都具有的控件
缩放控件	可用于放大和缩小工作表

1.4　在工作表中导航

本节描述了用于浏览工作表中单元格的各种方法。

每个工作表由行(编号为 1～1 048 576)和列(标记为 A～XFD)组成。列字母按这种方式确定：Z 列之后是 AA 列，后跟 AB、AC，以此类推；AZ 列之后是 BA 列，后跟 BB 等，ZZ 列之后是 AAA、AAB 列，以此类推。

行和列交汇于一个单元格，并且每个单元格具有由其列字母和行号组成的唯一地址。例如，工作表左上角单元格的地址为 A1，右下角单元格的地址是 XFD1048576。

在任何时候，只能有一个单元格是活动单元格。活动单元格可接受键盘输入，并且其内容可以进行编辑。可以通过其深色边框来确定活动单元格，如图 1-2 所示。如果选择了多个单元格，则整个选区将具有一个深色边框，活动单元格为该边框内的浅色单元格。单元格的地址显示在"名称"框中。在浏览时，可能会(也可能不会)改变活动单元格，这具体取决于所用的浏览工作簿的技术。

请注意，活动单元格的行和列标题显示为不同的颜色，以便更容易识别活动单元格的行和列。

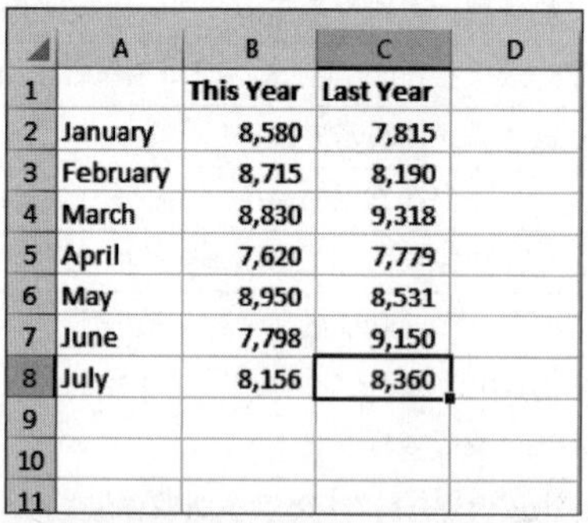

图 1-2　活动单元格是具有深色边框的单元格，在本示例中 C8 为活动单元格

注意

Excel 2019 也可用于使用触摸界面的设备。本书假定读者使用传统的键盘和鼠标，所以不包括与触摸界面相关的命令。注意，在快速访问工具栏的下拉控件中，有一个"触摸/鼠标模式"命令。在触摸模式下，功能区和快速访问工具栏的图标之间隔得更远。

1.4.1　用键盘导航

毫不奇怪，可以使用键盘上的标准导航键来导航工作表。这些键的工作方式就像期望的那样：向下箭头可将活动单元格向下移动一行，向右箭头可将其向右移动一列等。PgUp 和 PgDn 可将活动单元格向上或向下移动一个完整窗口(移动的实际行数取决于窗口中显示的行数)。

> **提示**
> 可以通过打开键盘上的 Scroll Lock 来使用键盘浏览工作表而不改变活动单元格，如果需要查看工作表的另一个区域，然后快速回到原位置，则该功能非常有用。只需要按下 Scroll Lock 键并使用导航键即可滚动浏览工作表。当需要返回到原来的位置(活动单元格)时，可按下 Ctrl+Backspace 键。然后，再次按下 Scroll Lock 键将其关闭。当 Scroll Lock 打开时，Excel 会在窗口底部的状态栏中显示"滚动"。

键盘上的 Num Lock 键可控制数字键盘上各键的行为。当打开 Num Lock 键时，数字键盘上的键将生成数字。许多键盘在数字键盘左侧提供了一组导航键(箭头)。Num Lock 键的状态不影响这些键。

表 1-2 总结了 Excel 中可用的所有工作表移动键。

表 1-2　Excel 工作表移动键

键	操作
上箭头(↑)	将活动单元格向上移动一行
下箭头(↓)或 Enter	将活动单元格向下移动一行
左箭头(←)或 Shift+Tab	将活动单元格向左移动一列
右箭头(→)或 Tab	将活动单元格向右移动一列
PgUp	将活动单元格向上移动一屏
PgDn	将活动单元格向下移动一屏
Alt+PgDn	将活动单元格向右移动一屏
Alt+PgUp	将活动单元格向左移动一屏
Ctrl+Backspace	滚动屏幕，使活动单元格可见
↑ *	将屏幕向上滚动一行(活动单元格不改变)
↓ *	将屏幕向下滚动一行(活动单元格不改变)
← *	将屏幕向左滚动一列(活动单元格不改变)
→ *	将屏幕向右滚动一列(活动单元格不改变)

* 打开 Scroll Lock

1.4.2　用鼠标导航

要使用鼠标更改活动单元格，只需要单击另一个单元格，该单元格将成为活动单元格。如果要激活的单元格在工作簿窗口中不可见，那么可以使用滚动条在任意方向上滚动窗口。要滚动一个单元格，只需要单击滚动条上的任意箭头即可。要滚动一个完整的屏幕，只需要单击滚动条的滚动框的一端即可。要更快速地滚动，还可以拖动滚动框，或者在滚动条的任意位置右击，选择快捷菜单中的某个选项。

> **提示**
> 如果鼠标有滚轮，那么可以使用鼠标滚轮垂直地进行滚动。此外，如果按一下滚轮，并向任意方向移动鼠标，则工作表将自动沿该方向滚动。移动鼠标越多，滚动的速度就越快。

在使用鼠标滚轮时按住 Ctrl 键可缩放工作表。如果希望在不按住 Ctrl 键的情况下使用鼠标滚轮来缩放工作表，请选择"文件"|"选项"并选择"高级"部分。然后在其中选中"用智能鼠标缩放"旁边的复选框。

使用滚动条或者用鼠标滚动时不会更改活动单元格，这些操作只会滚动工作表。要更改活动单元格，必须在滚动后单击新的单元格。

1.5 使用功能区

在Office 2007中,Microsoft 引入了功能区,这是显示在屏幕上方的图标集合,取代了传统的菜单和工具栏。图标上面的文字称为选项卡:"开始"选项卡、"插入"选项卡等。大多数用户会发现功能区比旧式菜单系统更容易使用,还可以对它进行定制,使其更易于使用(见第8章)。

可以显示或隐藏功能区(取决于你的选择)。要切换功能区的可见性,可按Ctrl + F1键(或双击顶部的选项卡)。如果功能区已隐藏,它将在单击选项卡时暂时出现,并在单击工作表时隐藏。标题栏中有一个名为"功能区显示选项"的控件(位于最小化按钮旁边)。单击该控件可选择以下3个功能区选项之一:"自动隐藏功能区""显示选项卡"或"显示选项卡和命令"。

1.5.1 功能区选项卡

选择不同选项卡时,功能区中会显示不同的命令。功能区将相关命令进行了分组。以下是对各 Excel 选项卡的概述。

- **开始**:在大部分时间里,都可能需要在选择"开始"选项卡的情况下工作。此选项卡包含基本的剪贴板命令、格式命令、样式命令、插入和删除行或列的命令,以及各种工作表编辑命令。
- **插入**:选择此选项卡可在工作表中插入需要的任何内容——表格、图、图表、符号等。
- **页面布局**:此选项卡包含的命令可影响工作表的整体外观,包括一些与打印有关的设置。
- **公式**:使用此选项卡可插入公式、命名单元格或区域、访问公式审核工具,以及控制 Excel 执行计算的方式。
- **数据**:此选项卡提供了 Excel 中与数据相关的命令,包括数据验证命令。
- **审阅**:此选项卡包含的工具用于检查拼写、翻译单词、添加注释,以及保护工作表。
- **视图**:"视图"选项卡包含的命令用于控制有关工作表的显示的各个方面。此选项卡上的一些命令也在状态栏中提供。
- **开发工具**:默认情况下不会显示这个选项卡。它包含的命令对程序员有用。要显示"开发工具"选项卡,请选择"文件"|"选项",然后选择"自定义功能区"。在"自定义功能区"的右侧区域,确保在下拉控件中选择"主选项卡",然后选中"开发工具"复选框。
- **帮助**: 此选项卡提供了一些选项来获取帮助、提供建议以及访问 Microsoft 社区的其他方面。
- **加载项**:如果加载了旧工作簿或者加载了会自定义菜单或工具栏的加载项,则会显示此选项卡。Excel 2019 中不再提供菜单和工具栏,而是在"加载项"选项卡中显示这些用户界面自定义。

以上所列内容中包含标准的功能区选项卡。取决于选中的内容,或者在安装加载项之后,Excel 可能会显示其他一些功能区选项卡。

> **注意**
> 虽然"文件"按钮与各个选项卡在一起显示,但它实际上并不是一个选项卡。单击"文件"按钮会显示一个不同的屏幕(称为 Backstage 视图),可在其中对文档执行操作。该屏幕的左侧包含一些命令。要退出 Backstage 视图,可单击左上角的返回箭头按钮。

功能区中的命令在外观显示上并非一成不变,具体视 Excel 窗口宽度而定。当 Excel 窗口太窄而无法显示所有内容时,所显示的命令将会发生更改以适应窗口宽度,看上去有些命令丢失了,但实际上这些命令仍然可用。图 1-3 完整地显示了功能区的"开始"选项卡中的所有控件。图 1-4 显示了当 Excel 窗口变得较窄时的功能区。请注意,一些描述性文字已经消失,但图标仍然存在。图 1-5 显示了窗口变得非常窄时的极端情况。此时,某些命令组中仅显示一个图标。但是,如果单击该图标,则本组所有命令都可用。

图 1-3　功能区中的"开始"选项卡

图 1-4　Excel 窗口变得较窄时的"开始"选项卡

图 1-5　Excel 窗口变得非常窄时的"开始"选项卡

1.5.2　上下文选项卡

除了标准选项卡外，Excel 中还包含一些上下文选项卡。每当选择一个对象(如图表、表格或 SmartArt 图)时，将在功能区中提供用于处理该对象的特殊工具。

图 1-6 显示了在选中一个图表时出现的上下文选项卡。这种情况下，它有两个上下文选项卡："设计"和"格式"。请注意，这些上下文选项卡在 Excel 的标题栏中包含说明信息(图表工具)。当然，在出现上下文选项卡后可以继续使用所有其他选项卡。

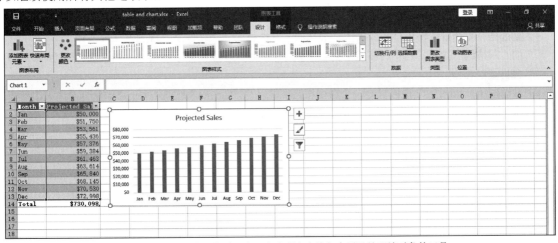

图 1-6　当选择一个对象时，上下文选项卡中将包含用于处理该对象的工具

1.5.3　功能区中的命令类型

当将鼠标悬停在功能区命令上时，将会看到一个屏幕提示，其中包含该命令的名称以及简要说明。大多数情况下，功能区中的命令将按预期的方式工作。可在功能区上找到几种不同类型的命令。

- **简单按钮**：单击按钮，将执行其对应功能。简单按钮的一个示例是"开始"选项卡的"字体"分组中的"增大字号"按钮。单击某些按钮会立即执行相关的操作，而其他一些按钮则会显示一个对话框，以便可以输入其他信息。按钮控件可能带有、也可能不带描述性标签。

- **切换按钮**：切换按钮是可单击的，将会通过显示两种不同的颜色来传达某些类型的信息。切换按钮的一个示例是"开始"选项卡"字体"分组中的"加粗"按钮。如果活动单元格不是加粗的，则"加粗"按钮将以其正常颜色显示。如果活动单元格已经是加粗的，则"加粗"按钮将显示不同的背景颜色。如果单击"加粗"按钮，那么它将切换选定内容的加粗属性。

- **简单下拉列表**：如果某个功能区命令具有一个小的向下箭头，则该命令是一个下拉控件。单击向下箭头，将在它下面出现其他命令。简单下拉列表的一个示例是"开始"选项卡的"样式"分组中的"条件格式"命令。当单击此控件时，会看到有关条件格式的几个选项。

- **拆分按钮**：拆分按钮控件结合了单击按钮和下拉列表控件。如果单击按钮部分，将执行相关的命令。如果单击下拉列表部分(向下箭头)，则可从一组相关命令的列表中进行选择。拆分按钮的一个示例是"开始"选项卡的"对齐方式"分组中的"合并后居中"命令(见图 1-7)。单击该控件的左侧部分将合并且居中选定单元格中的文本。如果单击该控件的箭头部分(右侧)，则会显示有关合并单元格的命令的列表。

图 1-7　"合并后居中"命令是一个拆分按钮控件

- **复选框**：复选框控件可打开或关闭某项功能。复选框的一个示例是"视图"选项卡中"显示"分组中的"网格线"控件。当"网格线"复选框被选中时，工作表将显示网格线。当未选中该控件时，将不会出现网格线。

- **微调按钮**：Excel 的功能区只有一个微调按钮控件："页面布局"选项卡中的"调整为合适大小"分组。单击微调按钮的顶部可增大值，单击微调按钮的底部可减小值。

某些功能区分组在右下角包含一个小图标，称为"对话框启动器"。例如，如果检查"开始"选项卡中的分组，会发现"剪贴板""字体""对齐方式"和"数字"分组具有对话框启动器，而"样式""单元格"和"编辑"分组则没有对话框启动器。单击该图标，Excel 会显示一个对话框或任务窗格。对话框启动器通常用于提供未显示在功能区中的选项。

1.5.4　用键盘访问功能区

一开始看上去，可能认为功能区完全是通过鼠标操作的，因为这些命令都不会显示传统的下划线字母来指示 Alt+按键操作。但事实上，完全可以使用键盘访问功能区。方法是按下 Alt 键以显示弹出的快捷键提示。每个功能区控件都对应于一个字母(或一系列字母)，键入该字母即可执行相关的命令。

> **提示**
> 在键入快捷键提示的字母时不需要按住 Alt 键。

图 1-8 显示了在按 Alt 键以显示按键提示、然后按 H 键以显示"开始"选项卡提示之后显示的"开始"选项卡。如果按下其中一个快捷键提示，则将在屏幕上显示更多的快捷键提示。例如，要想使用键盘将单元格内容

左对齐，可以按下 Alt 键，然后按下 H(用于"开始"选项卡)，然后按下 AL(左对齐)。

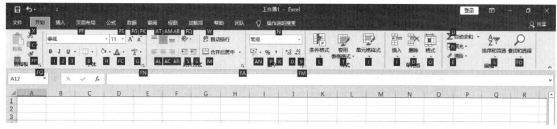

图 1-8　按下 Alt 显示快捷键提示

没有人会记住所有这些键，但如果特别喜欢使用键盘(像作者一样)，则只需要几遍操作就能记住常用命令的按键。

在按下 Alt 键后，也可以使用左、右箭头键在选项卡中导航。当到达所需的选项卡时，按向下箭头即可进入该功能区。然后用左、右箭头键来选择功能区命令。当到达需要的命令时，按回车键即可执行它。这种方法的效率不如快捷键提示高，但可使用该方法快速查看所有可用的命令。

> **提示**
>
> 我们通常将需要重复执行特定的命令。Excel 中提供一种方法来简化此操作。例如，如果向一个单元格应用一种特定样式(通过选择"开始" | "样式" | "单元格样式"命令)，则可以通过激活另一个单元格然后按 Ctrl+Y(或 F4 键)来重复该命令。

> **搜索命令**
>
> Excel 2019 提供了一个搜索框，用来查找命令。这个搜索框带有一个放大镜图标，标题为 "告诉我你想要做什么"。该搜索框位于功能区选项卡的右侧。如果不知道某个命令在什么地方，可以试着在这个搜索框中输入该命令。例如，如果想在当前工作表中插入一个超链接，则在搜索框中键入"超链接"。Excel 将显示一个可能相关的命令的列表和一些帮助主题。如果看到了想要执行的命令，可以单击该命令(或者使用箭头按键选择命令，然后按 Enter 键)，命令将会执行。在本例中，"添加超链接"是找到的第一个结果，通常会使用"插入" | "链接" | "链接"执行该命令。
>
>
>
> 对于尚不十分熟悉功能区命令的新用户，这项功能可能提供很大的帮助。

1.6　使用快捷菜单

除了功能区之外，Excel 还支持很多快捷菜单，可通过在 Excel 内的几乎任何位置右击来访问这些快捷菜单。快捷菜单并不包含所有相关的命令，而只是包含对于选中内容而言最常用的命令。

作为一个示例，图 1-9 显示了当右击表格中的一个单元格时所显示的快捷菜单。快捷菜单将显示在鼠标指针的位置，从而可以快速高效地选择命令。所显示的快捷菜单取决于当前正在执行的操作。例如，如果正在处理图表，则快捷菜单中将会包含有关选定图表元素的命令。

图 1-9 右击鼠标可显示最常用命令的快捷菜单

位于快捷菜单上方的框即浮动工具栏，其中包含"开始"选项卡中的常用工具。浮动工具栏旨在缩短鼠标在屏幕上移动的距离。只需要右击，就会在离鼠标指针一英寸的地方显示常用的格式工具。当显示的是除"开始"选项卡之外的其他选项卡时，浮动工具栏非常有用。如果使用浮动工具栏上的工具，该工具栏会一直保持显示，以便对所选内容执行其他格式操作。

1.7 自定义快速访问工具栏

功能区是相当高效的，但许多用户更喜欢在任何时候都能访问某些命令，而不必单击选项卡。解决这个问题的办法是自定义快速访问工具栏。通常情况下，快速访问工具栏出现在标题栏的左侧，功能区的上方。不过，也可以选择在功能区下方显示快速访问工具栏，只需要右击快速访问工具栏，然后选择"在功能区下方显示快速访问工具栏"即可。

如果是在功能区下方显示快速访问工具栏，则可提供更多空间用于显示图标，但也意味着会少显示一行工作表内容。

撤销操作

使用快速访问工具栏中的"撤销"命令几乎可以撤销在 Excel 中执行的每一个操作。在错误地执行命令后，单击"撤销"(或按下 Ctrl+Z 键)即可撤销命令，就像未执行该命令一样。可以通过重复"撤销"命令撤销之前执行的 100 次操作。

如果单击"撤销"按钮右侧的箭头，则可以查看可撤销操作的列表。单击该列表中的某一项即可撤销所执行的该操作及其所有后续操作。

快速访问工具栏上还包含"恢复"按钮，该按钮将执行与"撤销"按钮相反的功能，可重新执行已被撤销的命令。如果没有撤销任何操作，则此命令不可用。

警告

并不总是能撤销每一个操作。一般来说，不能撤销通过"文件"按钮执行的操作。例如，如果在保存文件后发现使用较差的副本覆盖了较优的副本，则无法撤销该覆盖操作。如果没有备份原文件，就只好自认倒霉了。另外，不能撤销宏执行的更改。事实上，执行一个修改工作簿的宏会清空"撤销"列表。

默认情况下，快速访问工具栏包含 3 个工具："保存""撤销"和"恢复"。可以通过添加其他常用命令或移除默认控件来自定义快速访问工具栏。要从功能区向快速访问工具栏添加一个命令，可右击该命令，然后选择"添加到快速访问工具栏"。如果单击快速访问工具栏右侧的向下箭头，则会看到一个下拉菜单，其中包含了一些可能想要放置到快速访问工具栏中的命令。

Excel 中的很多命令(主要是晦涩难懂的命令)未显示在功能区中。大多数情况下，只有通过将它们添加到快速访问工具栏，才能访问这些命令。右击快速访问工具栏，然后选择"自定义快速访问工具栏"，会看到"Excel 选项"对话框，如图 1-10 所示。可以在"Excel 选项"对话框的"快速访问工具栏"部分集中地对快速访问工具栏进行自定义。

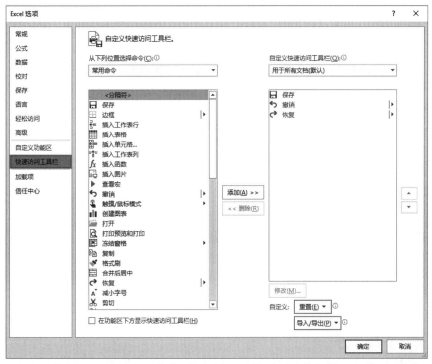

图 1-10　使用"Excel 选项"对话框的"快速访问工具栏"部分向快速访问工具栏添加新图标

交叉引用

有关自定义快速访问工具栏的更多信息，请参见第 8 章。

1.8　使用对话框

许多 Excel 命令会显示一个对话框，以便使你能够提供更多信息。例如，选择"审阅"|"保护"|"保护工作表"命令后，必须告诉 Excel 需要保护工作表的哪些部分，否则 Excel 将无法执行该命令。然后，它将显示"保护工作表"对话框，如图 1-11 所示。

图 1-11 Excel 使用对话框获取有关命令的其他信息

Excel 中不同的对话框的工作方式有所不同。有以下两种类型的对话框。

- **典型对话框**：这是一种模式对话框。操作焦点将从工作表移到对话框。当显示这种类型的对话框时，在关闭对话框前不能对工作表执行任何操作。单击"确定"按钮执行指定的操作，或者单击"取消"按钮(或按 Esc 键)关闭对话框而不执行任何操作。Excel 中的大多数对话框都属于这种类型。
- **顶层对话框**：这是一种非模式对话框，其工作方式类似于工具栏。当显示非模式对话框时，可以继续在 Excel 中工作，并且对话框仍然会保持打开状态。在非模式对话框中执行的更改将会立即生效。非模式对话框的一个示例是"查找和替换"对话框。可以将此对话框保持打开状态并继续使用工作表。非模式对话框中有"关闭"按钮，但没有"确定"按钮。

大多数人会发现使用对话框是相当简单和自然的。如果使用过其他程序，则会感到轻松自在。你既可以使用鼠标，也可以直接使用键盘操作控件。

1.8.1 导航对话框

通常情况下，很容易导航对话框——只需要单击要激活的控件即可。

虽然对话框被设计为主要针对鼠标用户，但也可以使用键盘操作对话框。每一个对话框控件都有与之相关的文本，而这个文本始终有一个带下划线的字母(称为热键或加速键)。可以通过在键盘上按下 Alt 键，再按下带下划线的字母来访问控件，还可以通过按下 Tab 键来循环选择对话框中的所有控件。按下 Shift+Tab 键可以按相反顺序循环选择控件。

> **提示**
> 当选中接受文本输入的控件时，控件中将显示一个光标。对于下拉控件和微调按钮控件，将突出显示默认文本。使用 Alt+下箭头可展开或收起下拉列表，使用下箭头可改变微调按钮的值。对于其他所有控件，将显示一个虚线轮廓，指示该控件已被选中。可使用空格键来激活所选中的控件。

1.8.2 使用选项卡式对话框

一些 Excel 对话框是选项卡式对话框，即它们包含笔记簿式的选项卡，其中每个选项卡都关联一个不同的面板。

当选择一个选项卡时，对话框将更改为显示一个含有新控件集的面板。"设置单元格格式"对话框就是一个很好的示例，如图 1-12 所示。该对话框有 6 个选项卡，从而使其功能相当于 6 个不同的对话框。

选项卡式对话框十分方便，因为可以在一个对话框中进行多处更改。在完成所有设置更改后，单击"确定"按钮或按 Enter 键即可。

图 1-12   使用对话框中的选项卡选择对话框中的不同功能区域

提示

要使用键盘来选择选项卡，请按 Ctrl+PgUp 键或 Ctrl+PgDn 键，或按下要激活的选项卡的第一个字母。

1.9   使用任务窗格

另一种用户界面元素是任务窗格。在执行一些操作时，会自动出现任务窗格。例如，为了处理插入的图片，右击图片并选择"设置图片格式"。Excel 将显示"设置图片格式"任务窗格，如图 1-13 所示。任务窗格类似于对话框，不同之处在于可根据需要使其一直可见。

许多任务窗格非常复杂。"设置图片格式"任务窗格的顶部有 4 个图标。单击一个图标将更改在下面显示的命令列表。单击命令列表中的一个项目将展开该项目以显示各个选项。

任务窗格中不包含"确定"按钮。当完成使用任务窗格后，可单击右上角的"关闭"按钮(X)。

默认情况下，任务窗格显示在 Excel 窗口的右侧，但可以将其移到任何位置，方法是单击其标题栏然后拖动任务窗格。Excel 会记住最后的位置，这样当下次使用该任务窗格时，它会处于上次使用它时的位置。要重新停靠任务窗格，可双击任务窗格的标题栏。

提示

如果更喜欢在任务窗格中使用键盘工作，可能会发现一些常用对话框键(如 Tab、空格键、方向键和 Alt 键组合)似乎不起作用。解决该问题的技巧是按 F6 键。之后，会发现只需要一个键盘就可以在任务窗格中很好地工作。例如，可使用 Tab 键激活节标题，然后按 Enter 键展开该节。

图 1-13 位于窗口右侧的"设置图片格式"任务窗格

1.10 创建第一个 Excel 工作簿

本节将介绍一个引导性 Excel 操作实践任务。如果未使用过 Excel,则应该在计算机上完成该操作过程,以了解 Excel 软件是如何工作的。

在这个示例中,将创建一个含有图表的简单的每月销售预测表。

1.10.1 开始创建工作表

启动Excel,并确保在软件中显示一个空工作簿。要创建新的空白工作簿,可按Ctrl+N键(这是"文件"|"新建"|"空白工作簿"的快捷键)。

该销售预测表将包含两个信息列:A 列包含月份名称,B 列存储预测销售数字。首先,在工作表中输入具有描述性的标题。以下内容介绍了如何开始操作:

(1) 使用导航(箭头)键将单元格指针移动到单元格 A1(工作表的左上角单元格)。"名称"框中将显示单元格的地址。

(2) 在单元格 A1 中键入 Month,然后按 Enter 键。根据设置的不同,Excel 会将单元格指针移动到其他单元格,或将单元格指针保持在单元格 A1 中。

(3) 选择单元格 B1,键入 Projected Sales,然后按 Enter 键。文本会超出单元格宽度,但目前还不要担心这一点。

1.10.2 填充月份名称

在这一步中,将在 A 列中输入月份名称。

(1) 选择单元格 A2 并键入 Jan(一月份名称的缩写)。此时,既可以手动输入其他月份名称的缩写,也可以利用自动填充功能让 Excel 完成这项工作。

(2) 确保选中单元格 A2。请注意,活动单元格的边框将会以粗线的形式显示。在边框的右下角,会显示一个小方块,称为填充柄。将鼠标指针移到填充柄上,单击并向下拖动,直到从 A2 到 A13 的单元格都突出显示。

(3) 释放鼠标按钮,Excel 会自动填充月份名称。

此时，工作表将类似于图 1-14 所示。

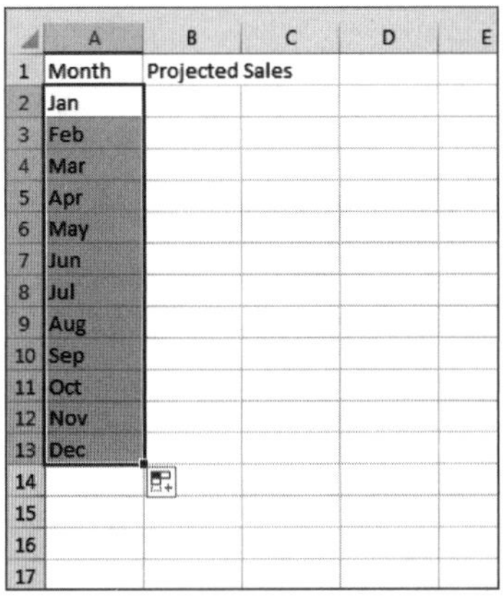

	A	B	C	D	E
1	Month	Projected Sales			
2	Jan				
3	Feb				
4	Mar				
5	Apr				
6	May				
7	Jun				
8	Jul				
9	Aug				
10	Sep				
11	Oct				
12	Nov				
13	Dec				
14					
15					
16					
17					

图 1-14　输入列标题和月份名称后的工作表

1.10.3　输入销售数据

接下来，在 B 列中提供销售预测数字。假定一月份的销售预测数字是 50 000 美元，以后每个月的销售额将增长 3.5%。

(1) **选择单元格 B2，键入一月份的预计销售额 50000。**可以键入美元符号和逗号，使数字更清晰，但本例将在稍后对数字执行格式操作。

(2) **要想输入公式来计算二月份的预计销售额，需要移动到单元格 B3，并键入以下内容：**

=B2*103.5%。

当按下 Enter 键时，单元格将显示 51750。该公式返回单元格 B2 的内容，并乘以 103.5%。换言之，二月份销售额预计为一月份销售额的 103.5%，即增长 3.5%。

(3) **后续月份的预计销售额使用类似的公式。但是，不必为 B 列中的每个单元格重新输入公式，而可以利用自动填充功能。**确保选中单元格 B3，然后单击该单元格的填充柄，向下拖到单元格 B13，并释放鼠标按钮。

此时，工作表应该类似于图 1-15 所示。请记住，除了单元格 B2 之外，B 列中其余的值都是通过公式计算得出的。为了进行演示，可尝试改变一月份的预计销售额(在单元格 B2 中)，此时你将发现，Excel 会重新计算公式并返回不同的值。但是，这些公式都依赖于单元格 B2 中的初始值。

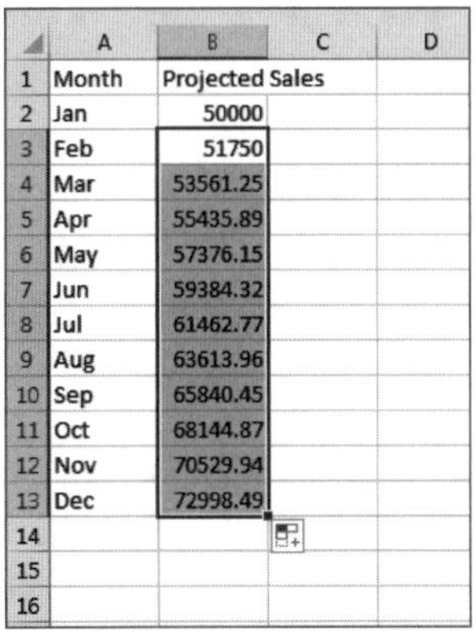

	A	B	C	D
1	Month	Projected Sales		
2	Jan	50000		
3	Feb	51750		
4	Mar	53561.25		
5	Apr	55435.89		
6	May	57376.15		
7	Jun	59384.32		
8	Jul	61462.77		
9	Aug	63613.96		
10	Sep	65840.45		
11	Oct	68144.87		
12	Nov	70529.94		
13	Dec	72998.49		
14				
15				
16				

图 1-15　创建公式后的工作表

1.10.4　设置数字的格式

目前，工作表中的数字难以阅读，因为还没有为它们设置格式。在接下来的步骤中，将应用数字格式，以使数字更易于阅读，并在外观上保持一致。

(1) **单击单元格 B2 并拖放到单元格 B13 以选中数字。**在这里，不要拖动填充柄，因为要执行的操作是选择单元格，而不是填充一个区域。

(2) **访问功能区，并选择“开始”。在“数字”组中，单击“数字格式”下拉控件(该控件初始状态会显示“常规”)，并从列表中选择“货币”。**现在，B 列的单元格中将随数字一起显示货币符号，并显示两位小数。这样看上去好多了！但是，小数位对于这类预测不是必要的。

(3) **确保选中区域 B2:B13，选择“开始”|“数字”命令，然后单击“减少小数位数”按钮。**其中一个小数位将消失，再次单击该按钮，显示的值将不带小数位。

1.10.5 让工作表看上去更有吸引力

此时，你已拥有一个具有相应功能的工作表，但是还可以在外观方面再美化一些。将此区域转换为一个“正式”(富有吸引力)的 Excel 表格是极其方便的：

(1) **激活区域 A1:B13 内的任意单元格。**

(2) **选择“插入”|“表格”|“表格”命令，**Excel 将显示“创建表”对话框，以确保它正确地确定了区域。

(3) **单击“确定”按钮关闭“创建表”对话框，**Excel 将应用其默认的表格格式，并显示其“表格工具”|“设计”上下文选项卡。

此时，工作表如图 1-16 所示。

	A	B	C
1	Month	Projected Sales	
2	Jan	$50,000	
3	Feb	$51,750	
4	Mar	$53,561	
5	Apr	$55,436	
6	May	$57,376	
7	Jun	$59,384	
8	Jul	$61,463	
9	Aug	$63,614	
10	Sep	$65,840	
11	Oct	$68,145	
12	Nov	$70,530	
13	Dec	$72,998	
14			
15			

图 1-16 将区域转换成表格后的工作表

如果你不喜欢默认的表格样式，可从“表格工具”|“设计”|“表格样式”分组中选择其他表格样式。请注意，可以通过将鼠标移动到功能区上来预览其他表格样式。当找到喜欢的表格样式后，单击它，就会将样式应用到表格。

> **交叉引用**
> 可以在第 4 章找到关于 Excel 表格的更多信息。

1.10.6 对值求和

工作表显示了每月的预计销售额，但是，预计的全年总销售额是多少？因为这个区域是一个表格，所以很容易知道全年的总销售额。

(1) **激活表格中的任意单元格。**

(2) **选择“表格工具”|“设计”|“表格样式选项”|“汇总行”命令，**Excel 将自动在表格底部添加一行，其中包含用于对 Projected Sales 列中各单元格进行求和的公式。

(3) **如果要使用其他汇总公式(例如，求平均值)，可单击单元格 B14，然后从下拉列表中选择不同的汇总公式。**

1.10.7　创建图表

如何创建一个可显示每月预计销售额的图表？

(1) 激活表格中的任意单元格。

(2) 选择"插入"|"图表"|"推荐的图表"命令，Excel 会显示一些推荐的图表类型选项。

(3) 在"插入图表"对话框中，单击第二个推荐的图表(柱形图)，然后单击"确定"按钮。Excel 将在窗口的中央插入图表。要将图表移动到其他位置，可单击图表边框并拖动。

(4) 单击图表并选择一个样式，方法是使用"图表工具"|"设计"|"图表样式"选项。

图 1-17 显示了包含一个柱形图的工作表。你的图表可能有所不同，具体取决于你选择的图表样式。

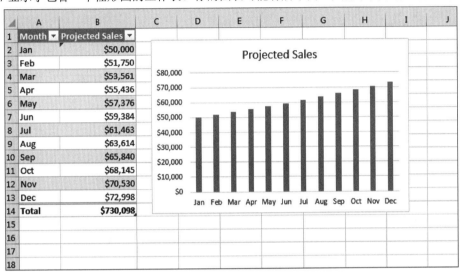

图 1-17　表格和图表

1.10.8　打印工作表

打印工作表的任务很容易完成(前提是有一台打印机，而且打印机工作正常)。

(1) **确保未选择图表**。如果选择了图表，则会在单独一页中打印图表。要取消选择图表，只需要按下 Esc 键或单击任意单元格即可。

(2) 要使用 Excel 的方便的 "页面布局"视图，可单击状态栏右侧的"页面布局"按钮。然后，Excel 将按页显示工作表页面，这样就可以很容易地查看要打印的工作表。在"页面布局"视图中，可以很快地了解图表是否太宽而无法打印在同一页上。如果图表太宽，可以单击并拖动一角来调整其大小。或者，也可以将图表移动到数字表格下面。

(3) **当准备好打印时，选择"文件"|"打印"命令**。此时，可以改变一些打印设置。例如，可以选择横向打印而不是纵向打印。在进行更改时，可在预览窗口中看到结果。

(4) **当满意之后，单击左上角的"打印"按钮**。这样将会打印页面，并返回到工作簿。

1.10.9　保存工作簿

到现在为止，所做的一切工作都保存在计算机内存中。如果发生电源故障，将丢失所有工作内容，除非当时 Excel 的自动恢复功能正好生效。因此，应将工作保存到硬盘上的文件中。

(1) **单击快速访问工具栏上的"保存"按钮**(此按钮看起来就像在 20 世纪普遍使用的老式软盘)。由于工作簿尚未保存，且仍具有默认名称，因此 Excel 会显示 Backstage 屏幕，可在其中选择工作簿文件的位置。通过该 Backstage 屏幕，可将文件保存到在线存储位置或本地计算机。

(2) 单击"浏览"。Excel 会显示"另存为"对话框。

(3) 在"文件名"框中输入名称(如"每月销售预测")，也可以指定另外一个保存位置。

(4) 单击"保存"按钮或按 Enter 键，Excel 会将工作簿保存为一个文件。工作簿将保持打开状态，以便对它执行更多操作。

> **注意**
>
> 默认情况下，Excel 会每 10 分钟自动保存工作的备份副本。要调整(或关闭)自动恢复设置，请选择"文件" | "选项"，然后单击"Excel 选项"对话框中的"保存"选项卡。但是，不应该依赖 Excel 的自动恢复功能，而应经常保存你的工作。

如果你完成了上述任务，可能已经意识到创建工作簿的任务并不难。但是，这仅触及了 Excel 软件的表面。本书的其余部分将继续介绍这些任务(以及更多任务)，但详细程度将远远超过本章。

输入和编辑工作表数据

本章将介绍有关输入和修改工作表数据的知识。正如你将会看到的,Excel 不会以一成不变的方式处理所有数据。因此,需要了解可在 Excel 工作表中使用的各种不同的数据类型。

2.1 了解数据类型

Excel 工作簿文件可以包含任意数量的工作表,每个工作表由超过 170 亿个单元格组成。单元格中可包含以下四种基本数据类型:

- 数值
- 文本
- 公式
- 错误

工作表还可以包含图、图表、图片、按钮和其他对象。这些对象不是包含在单元格中,而是包含在工作表的绘图层中,绘图层是每个工作表上方的一个不可见的层。

> **交叉引用**
> 第 II 部分将讨论错误值。

2.1.1 数值

数值表示某种对象类型的数量,例如销售额、员工人数、原子量、考试成绩等。数值也可以是日期(如 2019 年 2 月 26 日)或时间(如上午 3:24)。

> **交叉引用**
> Excel 可以按许多不同格式显示值。在本章后面的 2.5 节"应用数字格式"中,将讨论各种不同的格式选项对数值显示形式的影响。

Excel 中的数值限制

你可能希望知道 Excel 可处理的值类型，换句话说，就是它能处理多大的数字，在处理大数值时的准确性如何？

Excel 中的数字可精确到 15 位数。例如，如果输入很大的值，如 123 456 789 123 456 789(18 位)，则 Excel 实际上只会存储 15 位精度的数字。该 18 位数字将显示为 123 456 789 123 456 000。这种精度似乎是一种很大的限制，但在实践中，几乎不会引起任何问题。

15 位数字精度可导致发生问题的一种情况是在输入信用卡号码时发生的。由于大多数信用卡号码是 16 位，但 Excel 只能处理 15 位数字，因此它会将信用卡号码的最后一位数字替换为零。更糟的是，你可能甚至不会意识到 Excel 会使卡号无效。那么有什么解决方案吗？有，只需要将信用卡号码作为文本输入即可。最简单的方法是将单元格的格式预设为文本(选择"开始"|"数字"，然后从"数字格式"下拉列表中选择"文本")。或者，也可以在信用卡号码前面放置一个撇号。这两种方法都可阻止 Excel 将输入内容解释为数字。

下面是 Excel 的其他一些数值限制。

- 最大正数：9.9E+307
- 最小负数：-9.9E+307
- 最小正数：2.2251E-308
- 最大负数：-2.2251E-308

这些数字是以科学记数法表示的。例如，最大正数是"9.9 乘以 10 的 307 次幂"——即，在 99 后加 306 个零。但是，请记住，这个数字只有 15 位精度。

2.1.2　文本输入

大多数工作表还会在一些单元格中包含文本。文本可以用作数据(例如，员工姓名列表)、值的标签、列的标题或对工作表的说明。文本内容通常用于说明工作表中值的意义，或者数字的来源。

以数字开头的文本仍然被视为文本。例如，如果在一个单元格中键入"12 Employees"，则 Excel 会将该项视为文本，而不是一个数值。因此，不能将该单元格用于数值计算。如果需要指明 12 表示员工数，那么可在单元格中输入 12，然后在其右边的单元格中键入 Employees。

2.1.3　公式

公式使电子表格成为真正意义上的电子表格。在 Excel 中，可以输入各种灵活的公式，从而使用单元格中的值(甚至是文本)来计算结果。当将公式输入到一个单元格中时，该公式的结果将显示在该单元格中。如果更改公式中所使用的任何单元格，则公式都会重新计算并显示新的结果。

公式既可以是简单的数学表达式，也可以使用 Excel 中内置的功能强大的函数。图 2-1 显示了一个 Excel 工作表，该工作表被设置为计算每月偿还的贷款。该工作表中包含数值、文本和公式。A 列的单元格包含文本，B 列包含 4 个数值和两个公式。公式位于单元格 B6 和 B10 中。D 列显示了 B 列单元格中的实际内容，以供参考。

	A	B	C	D	E
1	**Loan Payment Calculator**				
2					
3				Column B Contents	
4	Purchase Amount:	$475,000		475000	
5	Down Payment Pct:	20%		0.2	
6	Loan Amount:	$380,000		=B4*(1-B5)	
7	Term (months):	360		360	
8	Interest Rate (APR):	6.25%		0.0625	
9					
10	**Monthly Payment:**	$2,339.73		=PMT(B8/12,B7,-B6)	
11					
12					

图 2-1　可使用值、文本和公式创建有用的 Excel 工作表

配套学习资源网站
配套资源网站 www.wiley.com/go/excel2019bible 中提供了此工作簿，文件名为 loan payment calculator.xlsx。

交叉引用
可以在第 II 部分中找到关于公式的更多信息。

2.2　在工作表中输入文本和值

如果你使用过 Windows 应用程序，就会发现在工作表单元格中输入数据很简单。虽然 Excel 在存储和显示不同数据类型的方式上有区别，但是大多数情况下直接输入数据就能工作。

2.2.1　输入数值

要向单元格中输入数值，只需要选择相应的单元格，键入值，然后按 Enter 键、Tab 键或箭头导航键之一即可。该值将显示在单元格中，并在单元格被选中时显示在编辑栏中。在输入值时，可以包含小数点和货币符号以及加号、减号、百分号和逗号(用于分隔千位)。如果在值前面加上减号或将值括在括号中，则 Excel 会认为此值是一个负数。

2.2.2　输入文本

在单元格中输入文本与输入值一样简单：只需要激活单元格，键入文本，然后按 Enter 键或导航键即可。一个单元格最多可以包含大约 32 000 个字符，这足以包含本书中典型一章的内容了。虽然单元格可以容纳大量字符，但会发现它实际上不能显示所有字符。

提示
如果在单元格中键入特别长的文本，则编辑栏可能不会显示所有文本。要在编辑栏中显示更多文本，请单击编辑栏的底部，并向下拖动，以增大其高度(参见图 2-2)。此外，也可使用 Ctrl+Shift+U 快捷键。按下该组合键可切换编辑栏高度以显示一行，或显示原来的大小。

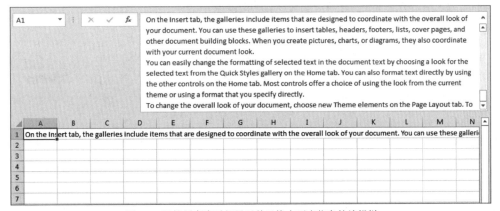

图 2-2　已扩展高度以便显示单元格中更多信息的编辑栏

当输入的文本长度大于列的当前宽度时会发生什么情况？如果紧邻当前单元格右侧的单元格为空，则 Excel 会显示全部文本，似乎占用了相邻单元格。如果相邻的单元格不为空，则 Excel 会显示尽可能多的文本(单元格包含所有文本，只是未显示出来)。如果需要在相邻单元格非空的单元格中显示长文本字符串，可以选择以下操作之一：

● 编辑文本使之缩短。

- 增大列宽(拖动列字母显示的边框)。
- 使用较小的字体。
- 在单元格内换行文本，以使它占用多行。选择"开始"|"对齐方式"|"自动换行"可为所选的单元格或区域打开和关闭换行功能。

2.2.3　使用输入模式

Excel 状态栏的左端通常显示"就绪"，表示 Excel 等待用户输入或编辑工作表。如果开始在单元格中键入数值或文本，状态栏将改为显示"输入"，表示进入了"输入模式"。Excel 最常见的模式是"就绪""输入"和"编辑"。关于"编辑模式"的更多信息，请阅读本章后面的 2.4 节"修改单元格内容"。

在输入模式中，你正在单元格中输入内容。键入内容时，文本将显示在单元格和编辑栏中。在退出输入模式前，并不会实际修改单元格的内容，退出输入模式则会将值提交给单元格。要退出输入模式，可以按 Enter 键、Tab 键或者键盘上的任何导航键(如 PageUp 或 Home)。此时，键入的值将提交给单元格，状态栏则重新显示"就绪"。

按 Esc 键也会退出输入模式，但按 Esc 键时，将无视之前做出的修改，使单元格回到原来的值。

2.3　在工作表中输入日期和时间

Excel 将日期和时间视为特殊的数值类型。日期和时间是值，只是经过格式设置后，显示为日期或时间。如果要使用日期和时间，就需要了解 Excel 中的日期和时间系统。

2.3.1　输入日期值

Excel 通过使用一个序号系统来处理日期。Excel 可理解的最早日期是 1900 年 1 月 1 日，该日期的序号是 1。1900 年 1 月 2 日的序号是 2，以此类推。该系统可以方便地处理公式中的日期。例如，可以输入一个公式来计算两个日期之间的天数。

大多数时候，你不必关心 Excel 的序号日期系统。只需要输入常用日期格式的日期即可，Excel 会处理幕后的细节。例如，如果要输入 2019 年 6 月 1 日，只需要键入 June 1, 2019(或使用其他任意一种不同的日期格式)即可。Excel 将会转换输入并存储值 43617，这是该日期的序号。

注意

本书中的日期示例使用的是美国英语系统。Windows 区域设置将影响 Excel 对输入的日期的解释方式。例如，根据区域日期设置，June 1, 2019 可能会被解释为文本而不是日期。这种情况下，需要输入对应于区域日期设置的日期格式，例如"1 June，2019"。

交叉引用

有关日期使用的详细信息，请参阅第 12 章。

2.3.2　输入时间值

在处理有关时间的工作时，可扩展 Excel 的日期序号系统以包括小数位。换言之，Excel 使用小数形式的天来处理时间。例如，日期 2019 年 6 月 1 日的序号为 43617。而 2019 年 6 月 1 日中午(半天)在 Excel 内部表示为43617.5，因为时间部分是通过向日期的序号添加小数时间来获取完整的日期/时间序号的。

同样，通常不必关心时间的这些序号或小数序号。只需要在单元格中输入可识别的时间格式即可。在此示例中，键入"June 1, 2019 12:00"。

第 2 章　输入和编辑工作表数据 | 25

交叉引用

有关时间值使用的详细信息，请参阅第 12 章。

2.4　修改单元格内容

在单元格中输入值或文本后，可以使用下列方法修改这些值或文本：

- 删除单元格的内容。
- 将单元格内容替换为其他内容。
- 编辑单元格内容。

注意

还可以通过更改单元格的格式来修改单元格。但是，格式设置只会影响单元格的外观，而不影响其内容。本章后面几节将介绍格式设置。

2.4.1　删除单元格内容

要删除单元格的内容，只需要单击该单元格，然后按 Delete 键即可。要删除多个单元格，可以选择要删除的所有单元格，然后按 Delete 键。按 Delete 键时会删除单元格的内容，但不会删除应用于单元格的任何格式(如粗体、斜体或其他数字格式)。

要更好地控制删除什么内容，可以选择"开始" | "编辑" | "清除"。该命令的下拉列表中有六个选项，如下所示。

- **全部清除**：清除单元格中的一切内容，包括其内容、格式和批注(如果有)。
- **清除格式**：仅清除格式，保留值、文本或公式。
- **清除内容**：仅清除单元格的内容，保留格式。效果与按 Delete 键相同。
- **清除批注**：清除为单元格附加的批注(如果有的话)。
- **清除超链接**：删除选定单元格中的超链接。文本和格式将仍然存在，所以单元格看上去仍然像是有一个超链接，但不再作为超链接工作。
- **删除超链接**：删除选定单元格中的超链接，包括单元格格式。

注意

清除格式并不会清除已指定为表格的区域的背景色，除非手动更换表格样式的背景色。有关表格的更多信息，请参阅第 4 章。

2.4.2　替换单元格内容

要将单元格的内容替换为别的内容，只需要激活单元格，然后键入新内容即可，它将取代以前的内容。应用于单元格的任何格式仍将应用到新的内容。

还可以通过拖放或者从另一个单元格复制粘贴数据来替换单元格的内容。在这两种情况下，单元格的格式将被替换为新数据的格式。要避免粘贴格式，可选择"开始" | "剪贴板" | "粘贴" | "值"，或选择"开始" | "剪贴板" | "粘贴" | "公式"。

2.4.3　编辑单元格内容

如果单元格只包含几个字符，则通常情况下，输入新数据以代替其内容是很容易的，但如果单元格中包含复杂冗长的文本或公式，并且只希望做出少许修改，则这种情况下可能就需要编辑单元格，而不是重新输入信息。在需要编辑单元格内容时，可以使用下列方法之一进入单元格编辑模式。

- **双击单元格**，可直接编辑单元格中的内容。
- **选择单元格并按 F2**，可直接编辑单元格中的内容。
- 选择要编辑的单元格，然后在编辑栏中单击，可在编辑栏中编辑单元格的内容。

可以使用任何喜欢的方法。一些人觉得直接在单元格中编辑更容易，而另一些人则更喜欢在编辑栏中编辑单元格。

> **注意**
> 在 "Excel 选项" 对话框的 "高级" 选项卡中包含 "编辑选项" 部分。这些设置会影响到编辑方式(要访问此对话框，请选择 "文件" | "选项")。如果未启用 "允许直接在单元格内编辑"，就不能通过双击单元格来执行编辑。此时，通过按 F2 键，可以在编辑栏中(而不是直接在单元格中)编辑单元格。

所有这些方法都可以使 Excel 进入编辑模式(在屏幕底部的状态栏的左端显示 "编辑" 一词)。当 Excel 处于编辑模式时，编辑栏中将启用两个图标：取消(X)和输入(复选标记)。图 2-3 显示了这两个图标。单击 "取消" 图标，可以取消编辑而不更改单元格内容(按 Esc 键具有相同的效果)。单击 "输入" 图标可以完成编辑，并在单元格中输入修改之后的内容(按 Enter 键具有相同的效果，但是单击 "输入" 图标不会改变活动单元格)。

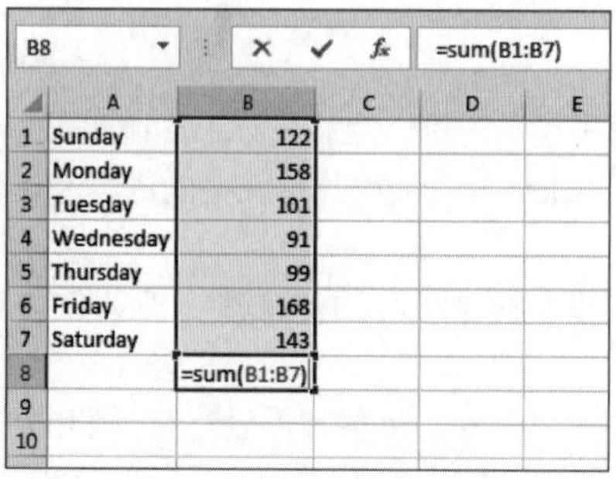

图 2-3　在编辑单元格时，编辑栏显示两个新图标：取消(X)和输入(复选标记)

当开始编辑单元格时，会将插入点显示为一个竖线，此时可以执行以下任务。

- **在插入点位置添加字符**。可以通过以下方法移动插入点：
  - 使用导航键在单元格内移动
  - 按 Home 键将插入点移动到单元格的开头
  - 按 End 键将插入点移动到单元格的结尾
- **选择多个字符**。在使用导航键时按住 Shift 键。
- **在编辑单元格时选择字符**。使用鼠标选择。只需要单击并在需要选择的字符上拖动鼠标指针即可。
- **删除插入点左侧的字符**。按 Backspace 键会删除选中的文本；如果没有选中任何字符，则删除插入点左侧的字符。
- **删除插入点右侧的字符**。按 Delete 键也会删除选中的文本；如果没有选中文本，则删除插入点右侧的字符。

2.4.4　学习一些实用的数据输入方法

可以通过使用以下描述的实用技巧，来简化在 Excel 工作表中输入信息的过程，从而使工作更加快捷。

1. 在输入数据后自动移动所选内容

默认情况下，在单元格中输入数据后按 Enter 键时，Excel 会选择下一个单元格。若要更改此设置，请选择 "文件" | "选项"，单击 "高级" 选项卡(参见图 2-4)。用于控制该行为的复选框为 "按 Enter 键后移动所选内容"。如果启用此选项，则可以选择移动方向(向下、向左、向上、向右)。

图 2-4　可以使用"Excel 选项"中的"高级"选项卡选择有用的输入选项设置

2. 在输入数据前选择输入单元格区域

在选中单元格区域后，在按 Enter 键时 Excel 会自动选择区域内的下一单元格，即使禁用了"按 Enter 键后移动所选内容"选项。如果选择了多行，则 Excel 将会移动到下一列，当到达列中选定内容的结尾时，它将移动到下一列中的第一个选定的单元格。

要跳过一个单元格，只需要按 Enter 键而不输入任何内容即可。要向后移动，可按 Shift+Enter 键。如果要按行而不是按列输入数据，可按 Tab 键而不是 Enter 键。Excel 会继续在选定区域中循环，直到选择区域外的一个单元格为止。按任何导航键(如箭头键或 Home 键)都将改变选定区域。如果想在选定区域内移动，就只能使用 Enter 键和 Tab 键。

3. 使用 Ctrl+Enter 键同时在多个单元格中输入信息

如果需要在多个单元格中输入相同的数据，那么可以使用 Excel 提供的一个便捷方法。选择要包含数据的所有单元格，输入值、文本或公式，然后按 Ctrl+Enter 键，这样就会将相同的信息插入选定的每个单元格中。

4. 改变模式

按 F2 键可在输入模式和编辑模式之间切换。例如，如果在输入模式下键入一个长句子，但发现某个单词拼写错误，则可以按 F2 键切换到编辑模式。在编辑模式下，可以使用箭头键在句子中移动到错误单词的位置进行修改。还可以按 Ctrl+箭头键，一次移动一个单词，而不是一次移动一个字母。之后，可以在编辑模式下继续输入文本，也可以再次按 F2 键返回输入模式。如果再次按下 F2 键，导航键将只能用来移动到其他单元格。

5. 自动输入小数点

如果要输入许多具有固定小数位数的数字，那么可以使用 Excel 提供的一个实用工具，该工具类似于某些旧式计算器。访问"Excel 选项"对话框，单击"高级"选项卡。选中"自动插入小数点"复选框，并确保在"位数"框中为要输入的数据正确设置小数位数。

设置此选项后,Excel 会自动提供小数点。例如,如果指定了两个小数位,则如果在单元格中输入 12345,那么该数字将被解释为 123.45。要恢复到正常设置,只需要取消选中"Excel 选项"对话框中的"自动插入小数点"复选框即可。更改此设置不会影响已经输入的任何值。

> **警告**
> 固定小数位选项是一个全局设置,适用于所有工作簿(而不只是活动工作簿)。如果忘记已打开此选项,则很容易输入错误的值,或者在别人使用你的电脑时产生一些严重的混乱。

6. 使用自动填充功能输入一系列值

通过 Excel 的自动填充功能,可以很方便地在一组单元格中插入一系列值或文本项。Excel 将使用填充柄(位于活动单元格右下角的小方块)来实现自动填充功能。可以拖动填充柄来复制单元格或自动完成一个系列。

图 2-5 展示了一个示例。在单元格 A1 中输入 1,在单元格 A2 中输入 3。然后选中这两个单元格,并向下拖动填充柄以创建一个奇数线性系列。该图中还显示了一个图标,单击该图标可显示其他一些自动填充选项。只有当选择了"Excel 选项"对话框的"高级"选项卡中的"粘贴内容时显示粘贴选项按钮"时,这个图标才会显示。

Excel 使用单元格中的数据来猜测模式。如果单元格中一开始包含的数据为 1 和 2,则 Excel 猜测你想让每个单元格递增 1。如果像刚才的示例那样,单元格中一开始包含 1 和 3,则 Excel 猜测你想让递增量为 2。Excel 也能够很好地猜测日期模式。如果单元格中一开始包含 1/31/2019 和 2/28/2019,则 Excel 将在单元格中填充连续月份的最后一天。

> **提示**
> 如果在按住鼠标右键的同时拖动填充柄,则 Excel 将显示一个快捷菜单,其中包含其他一些填充选项。还可以使用"开始"|"编辑"|"填充",对自动填充进行更多控制。

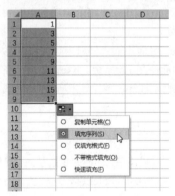

图 2-5　使用自动填充功能创建的系列

7. 使用记忆式键入功能自动完成数据输入

通过 Excel 的记忆式键入功能,可以很方便地在多个单元格中输入相同的文本。使用记忆式键入功能,只需要在单元格中键入文本项的前几个字母,Excel 就会根据你已在列中输入的内容自动完成文本输入。除减少键入操作外,此功能还可确保你的输入拼写正确且一致。

下面说明该功能的工作方式。假设要在一列中输入产品信息,其中一个产品名为 Widgets。当第一次在单元格中输入 Widgets 时,Excel 会记住它。之后,当在同一列中输入 Widgets 时,Excel 就可以通过最初几个字母识别它,并完成输入操作。只需要按 Enter 键即可完成输入。如果要覆盖 Excel 提供的建议,则只需要继续输入即可。

记忆式键入功能也会自动更改字母大小写。如果第二次输入 widget(带有小写 w)，则 Excel 会将 w 变为大写的 W，从而使其与列中以前的输入相一致。

> **提示**
> 还可以通过右击单元格，然后从快捷菜单中选择"从下拉列表中选择"，来访问记忆式键入功能的鼠标版本。之后，Excel 会显示一个下拉框，其中列出了当前列中的所有文本条目，只需要单击所需的条目即可。

请记住，记忆式键入功能只在一列连续的单元格中有效。例如，如果有一个空白行，则记忆式键入功能只能识别空白行下方的单元格内容。

有时 Excel 会使用记忆式键入功能试图完成某个词的输入，但这可能并不是你想要的。例如，如果在一个单元格中键入 canister，然后在下面的单元格中键入 can，Excel 会试图将 can 记忆式键入为 canister。当想要键入的单词与记忆式键入条目的前几个字母相同，但是键入的单词更短的时候，只需要在键入完成后按 Delete 键，然后再按 Enter 键或导航键即可。

如果不需要记忆式键入功能，则可以在"Excel 选项"对话框的"高级"选项卡中将其关闭。只需要取消选中"为单元格值启用记忆式键入"复选框即可。

8. 强制在单元格内的新行中显示文本

如果在一个单元格中有很长的文本，那么可以强制 Excel 在单元格内以多行的方式显示文本：按 Alt+Enter 键即可在单元格中插入一个新行。

当添加换行符时，Excel 会自动将单元格的格式更改为自动换行。但不同于普通的文本换行，手动换行可以强制 Excel 在文本中的特定位置换行，从而可以比自动文本换行更精确地控制文本外观。

> **提示**
> 要删除手动换行符，可编辑单元格，然后当插入点位于包含手动换行符的行的结束位置时按 Delete 键。Excel 不会显示任何符号来指示手动换行符的位置，但当换行符被删除时，它后面的文本将向上移动。

9. 使用自动更正功能进行速记数据输入

可以使用自动更正功能来创建常用词或短语的快捷方式。例如，如果你为名为 Consolidated Data Processing Corporation 的公司工作，那么可以为其创建一个缩写为 cdp 的自动更正项。然后，当输入 cdp 并执行某个触发自动更正的操作(如键入空格、按 Enter 键或选择另外一个单元格)时，Excel 会自动将文本改为 Consolidated Data Processing Corporation。

Excel 包含很多内置(主要用于更正常见的错误拼写)的自动更正术语，但也可以添加自己的自动更正术语。要设置自定义的自动更正项，可访问"Excel 选项"对话框(选择"文件" | "选项")，并单击"校对"选项卡，然后单击"自动更正选项"按钮，将显示"自动更正"对话框。在该对话框中，单击"自动更正"选项卡，选中"键入时自动替换"选项，然后输入自定义项即可(图 2-6 显示了一个示例)。可以根据需要设置任意数量的自定义项。但是请注意，不要使用可能会在文本中正常使用的缩写。

> **提示**
> Excel 会与其他 Microsoft Office 应用程序共享自动更正列表。例如，在 Word 中创建的任何自动更正项也可在 Excel 中使用。

图 2-6　自动更正功能允许为经常输入的文本创建速记缩写

10. 输入含有分数的数字

大部分情况下，我们都想用带小数点的形式来显示非整数值。不过 Excel 也可以显示分数值。要在单元格中输入分数值，需要在整数和分数之间留一个空格。例如，要输入 $6\frac{7}{8}$，可输入 6 7/8，然后按 Enter 键。当选择该单元格时，编辑栏中将显示 6.875，而单元格中的项将显示为分数。如果只想输入分数(例如，1/8)，那么则必须首先输入零(如 0 1/8)，否则 Excel 可能会认为输入的是一个日期。当选择该单元格时，可在编辑栏中看到 0.125，而在该单元格中将显示为 1/8。

11. 使用记录单简化数据输入

许多人喜欢使用 Excel 来管理由信息行组成的列表。Excel 提供了一种简单方法来处理这类数据，这种方法是通过使用可由 Excel 自动创建的数据输入记录单来实现的。这些数据记录单既可与普通数据区域一起使用，也可与已经指定为表格(选择"插入"｜"表格"｜"表格"命令)的数据区域一起使用。图 2-7 显示了一个示例。

图 2-7　Excel 的内置数据记录单可以简化许多数据输入工作

不过令人遗憾的是，功能区中并没有提供用来访问数据记录单的命令。要使用数据记录单，必须将其添加到快速访问工具栏或功能区。下面的内容描述了如何将这个命令添加到快速访问工具栏。

(1) 右击快速访问工具栏，并选择"自定义快速访问工具栏"。此时将显示"Excel 选项"对话框的"快速访问工具栏"面板。

(2) 从"从下列位置选择命令"下拉列表中，选择"不在功能区中的命令"。

(3) 在左侧列表框中选择"记录单"。

(4) 单击"添加"按钮将选择的命令添加到快速访问工具栏。

(5) 单击"确定"按钮以关闭"Excel 选项"对话框。

执行这些步骤之后，将在快速访问工具栏中出现一个新图标。

要使用数据输入记录单，请执行下列步骤：

(1) 在数据输入区域的第一行中为各列输入标题，以排列数据，使 Excel 可以将数据识别为表格。

(2) 选择表格中的任意单元格，并单击快速访问工具栏上的"记录单"按钮。Excel 会显示一个已根据你的数据定制的对话框(参见图 2-7)。

(3) 填写信息。按 Tab 键在各文本框之间移动。如果单元格包含公式，那么公式的结果将显示为文本(而不是编辑框)。换句话说，不能使用数据输入记录单修改公式。

(4) **完成数据记录单后，单击 New 按钮。**Excel 会在工作表中的一行中输入数据，并清除对话框，以便输入下一行数据。

还可以使用记录单编辑现有数据。

12. 在单元格中输入当前日期或时间

如果需要为工作表生成日期戳或时间戳，可以使用 Excel 提供的两个快捷键来完成这个任务。

- **当前日期**：Ctrl+;(分号)
- **当前时间**：Ctrl+Shift+;(分号)

要同时输入日期和时间，可按 Ctrl+;，键入一个空格，然后再按 Ctrl+Shift+;。

日期和时间来自于当前计算机的系统时间。如果 Excel 中的日期或时间不正确，那么可以使用 Windows 设置来对其进行调整。

注意

当使用这些快捷方式在工作表中输入日期或时间时，Excel 会在工作表中输入一个静态值。也就是说，在重新计算工作表时，不会改变所输入的日期或时间。大多数情况下，这种设置可能是你需要的，但也应了解此限制。如果你想使日期或时间能够更新，请使用下列公式之一：

```
=TODAY()
=NOW()
```

2.5　应用数字格式

设置数字格式是指更改单元格中值的外观的过程。Excel 提供了丰富的数字格式选项。在下面的各节中，你将了解如何使用 Excel 的众多格式选项来快速改进工作表的外观和易读性。

提示

所应用的格式将对选定的单元格有效。因此，需要在应用格式之前选择单元格(或单元格区域)。此外，还应注意，更改数字格式不会影响底层的值，设置数字格式只会影响外观。

输入到单元格中的值通常都未经过格式化。换句话说，它们只是由一串数字组成。通常情况下，都需要设置数字的格式，从而使它们更易于阅读，或者显示的小数位更加一致。

图 2-8 显示了一个工作表，其中包含 3 列值。第 1 列由未设置格式的值组成，第 2 列中的单元格已设置了格式，所以更易于阅读，第 3 列描述了所应用的格式类型。

Unformatted	Formatted	Type
1200	$1,200.00	Currency
0.231	23.1%	Percentage
43603	5/18/2019	Short Date
43603	Saturday, May 18, 2019	Long Date
123439832	$ 123,439,832.00	Accounting
5559832	555-9832	Phone Number
434988723	434-98-8723	Social Security Number
0.552	1:14:53 PM	Time
0.25	1/4	Fraction
12332354090	1.23E+10	Scientific

图 2-8 使用数字格式使工作表中的值更易于理解

配套学习资源网站

配套学习资源网站 www.wiley.com/go/excel2019bible 中提供了此工作簿，文件名为 number formatting.xlsx。

提示

如果选择的单元格中包含了已格式化的值，则编辑栏中会显示未设置格式状态下的值，因为格式设置只会影响值在单元格中的显示，而不会影响单元格中所包含的实际值。但是也有一些例外。当输入日期或时间时，Excel 总是会将值显示为日期或时间，即使它已在内部被存储为值。此外，采用百分比格式的值将在编辑栏中显示一个百分号。

2.5.1 使用自动数字格式

Excel 可以自动帮助执行一些格式操作。例如，如果在单元格中输入 12.2%，那么 Excel 就会知道想要使用百分比格式，并自动应用该格式。如果使用逗号分隔千位(如 123,456)，那么 Excel 就会为你应用逗号格式。如果在值前面加上美元符号，则 Excel 就会为单元格设置货币格式(假定美元符号是当前系统的货币符号)。

输入任何可能被解释为日期的内容，都会被当成日期处理。根据输入内容的方式不同，Excel 会选择相应的日期格式。如果输入 1/31/2020，Excel 将把它解释为日期，并将单元格设置为日期格式 1/31/2020(和输入的格式一样)。如果输入 Jan 31, 2020，Excel 将把单元格设置为日期格式 31-Jan-20(如果没有输入逗号，Excel 不会将其识别为日期)。尽管不太明显，但是输入 1-31 会被解释为日期，Excel 将显示 31-Jan。如果需要在单元格中输入 1-31，但并不想让它被解释为日期，则需要先输入撇号(')。

提示

Excel 中有一项实用的默认功能可以帮助你方便地在单元格中输入百分比值。如果已将单元格格式设置为显示百分比，则可以简单地输入普通值(例如，对于 12.5%而言，只需要输入 12.5)。要输入小于 1%的值，可在值前面加上零(例如，对于 0.52%而言，只需要输入 0.52)。如果该百分比自动输入功能不能正常工作(或者如果需要输入实际的百分比值)，可访问“Excel 选项”对话框，并单击“高级”选项卡。在“编辑选项”部分中，找到“允许自动百分比输入”复选框并添加或删除其复选标记。

2.5.2 通过功能区设置数字格式

功能区的“开始”|“数字”分组中包含的一些控件可用于快速应用常用的数字格式。

“数字格式”下拉列表中包含 11 种常见的数字格式(参见图 2-9)。其他选项包括一个“会计数字格式”下拉列表(用于选择货币格式)、“百分比样式”按钮、“千位分隔样式”按钮。此分组还包含一个用于增加小数位数的按钮，以及一个用于减少小数位数的按钮。

图 2-9 可以在"开始"选项卡中的"数字"分组中找到数字格式命令

当选择这些控件之一时，活动单元格将采用指定的数字格式。也可以在单击这些按钮之前选择一个单元格区域(甚至整行或整列)。如果选择了多个单元格，那么 Excel 会将数字格式应用到所有选定的单元格。

2.5.3 使用快捷键设置数字格式

另一种应用数字格式的方法是采用快捷键。表 2-1 总结了这些快捷键组合，可以使用它们向选定的单元格或区域应用常用的数字格式。

表 2-1 数字格式快捷键组合

键组合	应用的格式
Ctrl+Shift+~	常规数字格式(即未应用格式的值)
Ctrl+Shift+$	带两位小数位的货币格式(负数显示在括号中，并显示为红色)
Ctrl+Shift+%	不带小数位的百分比格式
Ctrl+Shift+^	带两位小数位的科学记数法数字格式
Ctrl+Shift+#	带日、月和年的日期格式
Ctrl+Shift+@	带小时、分钟和 AM 或 PM 的时间格式
Ctrl+Shift+!	带两位小数、千位分隔符，以及用于负值的连字符

2.5.4 使用"设置单元格格式"对话框设置数字格式

大多数情况下，只需要使用"开始"选项卡中的"数字"分组中所提供的数字格式即可完成格式设置。然而，有时可能需要更好地控制数值的显示。通过使用 Excel 中的"设置单元格格式"对话框，可以访问丰富的用于控制数字格式的选项，如图 2-10 所示。要设置数字格式，需要使用"数字"选项卡。

图 2-10　如果需要更好地控制数字格式，请使用"设置单元格格式"对话框的"数字"选项卡

可以通过几种方式访问"设置单元格格式"对话框。首先，选择要设置格式的单元格，然后执行下列操作之一。

- 选择"开始"|"数字"命令，然后单击对话框启动器小图标(在"数字"分组的右下角)。
- 选择"开始"|"数字"命令，单击"数字格式"下拉列表，然后从下拉列表中选择"其他数字格式"。
- 右击单元格，然后从快捷菜单中选择"设置单元格格式"命令。
- 按 Ctrl+1 键。

"设置单元格格式"对话框的"数字"选项卡显示了 12 类数字格式。当从列表框中选择一个类别时，选项卡的右侧就会发生变化以显示适用于该类别的选项。

可以控制"数字"分类中的 3 个选项：显示的小数位数、是否使用千位分隔符以及负数值的显示方式。请注意，"负数"列表框中有 4 个选项(其中两个选项以红色显示负值)，根据小数位数以及是否选择千位分隔符，选项会发生相应的改变。

选项卡的顶部将显示当使用选定的数字格式时活动单元格的外观示例(仅在选中包含值的单元格时才会显示)。完成选择后，单击"确定"按钮即可为所有选中的单元格应用数字格式。

看似数字相加结果错误的情形

为单元格应用数字格式时不会改变值，只会改变值在工作表中的显示形式。例如，如果单元格包含 0.874543，那么可通过设置格式使之显示为 87%。但是，如果在公式中使用该单元格，则公式会使用完整值(0.874543)，而不是显示的值(87%)。

某些情况下，设置格式后可能会导致 Excel 显示看似错误的计算结果，例如，在合计有小数位的数字时就会出现这种情况。例如，如果将值的格式设置为显示两位小数位，则可能看不到在计算中所使用的实际数值。但是，由于 Excel 在其公式中使用的是完整精度的值，因此这两个值的总和看上去可能不正确。

可以使用几种解决方法来解决这个问题：可以设置单元格的格式以显示更多小数位；可以对数字使用 ROUND 函数并指定 Excel 要四舍五入到的小数位数；或者，可以指示 Excel 改变工作表值以匹配其显示格式。要进行上述设置，请访问"Excel 选项"对话框，单击"高级"选项卡。选中"将精度设为所显示的精度"复选框(位于"计算此工作簿时"部分中)。

选择"将精度设为所显示的精度"选项会更改工作表中的数字,从而永久匹配它在屏幕上的显示。此设置将应用于活动工作簿中的所有工作表。大多数情况下,这个选项并不是你所需要的。因此,务必了解使用"将精度设为所显示的精度"选项所导致的后果。

交叉引用
第 9 章将讨论 ROUND 和其他内置函数。

以下介绍了数字格式的分类,并做了一些常规性的说明。

- **常规**:默认格式,将数字显示为整数、小数,或以科学记数法显示(如果值过长而超出单元格)。
- **数值**:可以指定小数位数、是否使用逗号分隔千位,以及如何显示负数(减号、以红色显示、位于括号中、以红色显示且位于括号中)。
- **货币**:可以指定小数位数、是否使用逗号来分隔千位以及如何显示负数(减号、以红色显示、位于括号中、以红色显示且位于括号中)。
- **会计专用**:与货币格式的不同之处在于,货币符号始终会垂直对齐。
- **日期**:可以选择几种不同的日期格式。
- **时间**:可以选择几种不同的时间格式。
- **百分比**:可以选择小数位数,并始终显示一个百分号。
- **分数**:可以选择 9 种不同的分数格式。
- **科学记数**:以指数方式(使用 E)显示数值:2.00E+05 = 200 000;2.05E+05 = 205 000。可以选择在 E 的左侧显示的小数位数。第二个示例可理解为"2.05 乘以 10 的 5 次方"。
- **文本**:当应用到值时,Excel 会将该值作为文本进行处理(即使它看起来像一个数字)。此功能对零件编号和信用卡号等项目很有用。
- **特殊**:包含其他数字格式。在美国版本的 Excel 中,其他数字格式包括邮编、邮编+4、电话号码和社会保险号码。
- **自定义**:可以定义不包括在任何其他分类中的自定义数字格式。

提示
如果单元格显示一组井号(如########),这通常意味着该列不够宽,无法以所选择的数字格式显示值。此时,既可以使列变宽,也可更改数字格式。井号也可指示负时间值或无效的日期(即早于 1900 年 1 月 1 日的日期)。

2.5.5　添加自定义数字格式

有时可能需要以未包含在任何其他分类中的格式显示数值。如果是这样,就需要创建自己的自定义格式。基本的自定义数字格式包含四节,节之间用分号隔开。这四节决定了当数字是正值、负值、0 或文本时,如何设置数字的格式。

第**3**章

基本工作表操作

本章要点

- 了解 Excel 工作表要点
- 控制视图
- 处理行和列

本章将介绍一些有关工作簿、工作表和窗口的基本信息，还将讨论一些可以帮助控制工作表、提高工作效率的技巧和方法。

3.1 学习 Excel 工作表基本原理

在 Excel 中，文件被称为工作簿，每个工作簿可以包含一个或多个工作表。可以将一个 Excel 工作簿视为一个笔记本，将工作表视为笔记本中的页面。就像笔记本一样，可以查看特定工作表、添加新工作表、删除工作表、重新排列工作表以及复制工作表。

一个工作簿可以包含任意数量的工作表，这些工作表可以是普通工作表(由行和列组成)或图表工作表(由一个图表组成)。人们在谈到电子表格时，通常指的是普通工作表。

以下各节描述了可以对窗口和工作表执行的操作。

3.1.1 使用 Excel 窗口

打开的每个 Excel 工作簿文件都将显示在一个窗口中。窗口是操作系统为该工作簿提供的容器。可以根据需要在同一时间打开许多 Excel 工作簿。

新功能

在 Excel 以前的版本中，每个工作簿在一个 Excel 窗口中打开。从 Excel 2013 开始，每个工作簿在自己的窗口中打开。这种修改使得 Excel 的工作方式更接近其他 Office 应用程序，方便了在不同显示器上显示不同工作簿。

在每个 Excel 窗口中的标题栏右侧位置提供了 5 个图标，从左至右分别是"账户""功能区显示选项""最小化""最大化"(或"向下还原")和"关闭"。

Excel 窗口可以处于下列状态之一。

- **最大化**：填充整个屏幕。要最大化某个窗口，只需要单击其"最大化"按钮即可。
- **最小化**：窗口将隐藏，但仍处于打开状态。要最小化某个窗口，只需要单击其"最小化"按钮即可。

- **还原**：可见，但没有填充每个屏幕。要还原最大化的窗口，只需要单击其"向下还原"按钮即可。要还原已最小化的窗口，请在 Windows 任务栏上单击其图标。可以对此状态下的窗口执行大小调整和移动操作。

提示

要增加在工作表中看到的信息量，单击"功能区显示选项"按钮，然后选择"自动隐藏功能区"。这将使窗口达到最大，并隐藏功能区和状态栏。在这种模式下，单击标题栏可获得对功能区命令的临时访问。要返回默认的功能区视图，可单击"功能区显示选项"，然后选择"显示选项卡和命令"。

如果要同时使用多个工作簿(这是相当常见的情形)，则需要知道如何移动、调整大小和关闭窗口，以及如何在各工作簿窗口之间进行切换。

1. 移动窗口和调整窗口大小

要移动窗口，可以单击并拖动其标题栏。如果窗口已最大化，则单击拖动标题栏将使窗口改为还原状态。如果窗口已经是还原状态，则其当前大小保持不变。

要调整某个窗口的大小，可以单击并拖动它的任一边框，直到它的大小满足需要为止。当将鼠标指针置于窗口的边框时，鼠标指针将变为双箭头，表明现在可以单击并拖动以调整窗口的大小。要同时在水平和垂直方向上调整窗口大小，可以单击并拖动窗口的任一角点。

如果要使所有工作簿窗口都可见(即，没有被其他窗口遮挡)，那么既可以手动移动窗口并调整窗口大小，也可以让 Excel 执行这些操作。选择"视图"|"窗口"|"全部重排"命令可以显示"重排窗口"对话框，如图 3-1 所示。该对话框包含 4 个窗口排列选项。选择所需的选项，单击"确定"按钮即可。最小化的窗口不受此命令的影响。

图 3-1　使用"重排窗口"对话框快速排列所有打开的非最小化工作簿窗口

2. 在窗口之间切换

在任何时刻，有且只有一个工作簿窗口是活动窗口。可以在活动窗口中输入内容，或者对其执行命令。活动窗口将显示在层叠窗口的顶层。若要在其他某个窗口的工作簿中进行操作，则需要激活该窗口。可以通过多种方法将不同的窗口激活为活动窗口：

- **单击另一个窗口(如果该窗口可见)。**所单击的窗口将移动到顶层，并成为活动窗口。如果当前窗口已最大化，则不可以使用这种方法。
- 按 **Ctrl+Tab** 键以循环显示所有打开的窗口，直到要处理的窗口出现在顶层并成为活动窗口。按 **Shift+Ctrl+Tab** 键可以按相反方向循环显示各个窗口。
- 选择"视图"|"窗口"|"切换窗口"命令，并从下拉列表中选择所需的窗口(活动窗口旁边有一个复选标记)。此菜单最多可以显示 9 个窗口。如果打开的工作簿窗口超过 9 个，可以选择"其他窗口"(显示在 9 个窗口的名称下面)。
- 单击 Windows 任务栏上的 Excel 图标。

许多人更愿意在最大化的工作簿窗口中工作，因为这样可以查看更多的单元格，并消除其他打开的工作簿窗口所产生的影响。然而，有时可能需要同时查看多个窗口。例如，如果需要比较两个工作簿中的信息，或者需要从一个工作簿复制数据到另一个工作簿，则显示两个窗口将更有效。

> **提示**
> 还可以在多个窗口中显示一个工作簿。例如，工作簿包含两个工作表，并且想要在单独的窗口中显示每个工作表以比较这两个表。前面介绍的所有窗口操作步骤仍然适用，更多信息请参阅本章后面的 3.2.2 节"在多个窗口中查看工作表"。

3. 关闭窗口

如果打开了多个窗口，可能希望关闭不再需要的窗口。Excel 提供了几种方法关闭活动窗口。

- 选择"文件"|"关闭"命令。
- 单击工作簿窗口标题栏上的"关闭"按钮(X 图标)。
- 按 Alt+F4 键。
- 按 Ctrl+W 键。

当关闭工作簿窗口时，Excel 会检查自上次保存文件以来是否执行了任何更改。如果已执行更改，那么 Excel 将会在关闭窗口之前提示保存文件。如果没有执行更改，那么将关闭窗口，Excel 不显示提示。

有时，即使没有修改工作簿，Excel 也会提示保存工作簿。如果工作簿中包含任何"易变的"函数，就会发生这种情况。每次工作簿重新计算时，易变函数就会重新计算。例如，如果某个单元格包含=NOW()，那么 Excel 就会提示保存工作簿，因为 NOW 函数会用当前的日期和时间更新单元格。

3.1.2　激活工作表

在任何时刻，只有一个工作簿是活动工作簿，同时，活动工作簿中只有一个工作表是活动工作表。要激活其他工作表，只需要单击工作簿窗口底部的工作表选项卡即可，也可以使用以下快捷键来激活不同的工作表。

- **Ctrl+PgUp**：激活上一个工作表(如果存在)。
- **Ctrl+PgDn**：激活下一个工作表(如果存在)。

如果工作簿中有很多工作表，则可能并不是所有的选项卡都可见。使用选项卡滚动控件(见图 3-2)可以滚动工作表选项卡。单击滚动控件一次滚动一个选项卡，而按下 Ctrl 键单击滚动控件，则会滚动到第一个或最后一个工作表。工作表选项卡与工作表的水平滚动条共享水平空间。还可以拖动选项卡拆分控件(在水平滚动条左侧)，以显示更多或更少的选项卡。拖动选项卡拆分控件会同时改变可见选项卡的数量和水平滚动条的大小。

选项卡滚动控件 ────

图 3-2　使用选项卡滚动控件来激活不同的工作表，或者查看其他工作表选项卡

> **提示**
> 当右击任意选项卡滚动控件时，Excel 会显示工作簿中所有工作表的列表。可从该列表中双击某个工作表，来快速激活该工作表。

3.1.3　向工作簿添加新工作表

工作表可以作为一个优秀的组织工具。不同于在单个工作表中放置所有信息，可以在一个工作簿中使用额外的工作表在逻辑上分离各种元素。例如，如果有几个需要单独追踪其销售额的产品，则可能需要将每个产品分配到一个单独的工作表中，然后再使用另外一个工作表来整合结果。

可使用以下 4 种方法来向工作簿添加新工作表。

- 单击"新工作表"控件，该控件显示为一个加号，位于最后一个可见工作表选项卡的右侧。将在活动工作表之后添加新工作表。
- 按 Shift+F11 键。将在活动工作表之前添加新工作表。

- 在功能区中，选择"开始"|"单元格"|"插入"|"插入工作表"命令，将在活动工作表之前添加新工作表。
- 右击工作表选项卡，然后从快捷菜单中选择"插入"命令，在打开的"插入"对话框中选择"常用"选项卡。选择"工作表"图标，单击"确定"按钮。将在活动工作表之前添加新工作表。

3.1.4 删除不再需要的工作表

如果不再需要某个工作表，或者要删除工作簿中的空工作表，可以通过以下两种方式删除工作表。

- 右击其工作表选项卡，从快捷菜单中选择"删除"命令。
- 激活不需要的工作表，选择"开始" | "单元格" | "删除" | "删除工作表"命令。

如果工作表包含任何数据，那么 Excel 会要求你确认是否要删除工作表(见图 3-3)。

图 3-3　Excel 警告可能会丢失数据

提示

选择要删除的多个工作表之后，使用单个命令即可删除这些工作表。要选择多个工作表，请在按住 Ctrl 键的同时单击要删除的工作表选项卡。要选择一组连续的工作表，请单击第一个工作表选项卡，然后按住 Shift 键，再单击最后一个工作表选项卡(Excel 会将选定的工作表名称显示为带下划线的粗体形式)。然后，可使用上述两种方法删除选定的工作表。

警告

工作表被删除后，将永久消失。工作表删除是 Excel 中无法撤销的少数几个操作之一。

3.1.5 更改工作表名称

Excel 中使用的默认工作表名称是 Sheet1、Sheet2 等，这些名称不具有说明性。为了更容易在包含多个工作表的工作簿中找到数据，需要使工作表名称更具说明性。

有 3 种方式可更改工作表的名称。

- 在功能区中，选择"开始"|"单元格"|"格式"|"重命名工作表"命令。
- 双击"工作表"选项卡。
- 右击工作表选项卡，从快捷菜单中选择"重命名"命令。

Excel 会突出显示工作表选项卡中的名称，以便对该名称进行编辑或者替换为新名称。在编辑工作表名称时，所有常用的文本选择技巧都可以工作，如 Home 键、End 键、箭头键和 Shift+箭头键。完成编辑后，按 Enter 键，焦点将回到活动单元格。

工作表名称最多可包含 31 个字符，并且可以包含空格。但是，不能在工作表名称中使用下列字符。

:	冒号
/	斜线
\	反斜线
[ ]	方括号
?	问号
*	星号

请记住，较长的工作表名称会导致选项卡变宽，这会占用更多屏幕空间。因此，如果使用冗长的工作表名称，则在不滚动工作表选项卡列表的情况下，无法看到很多工作表选项卡。

3.1.6　更改工作表选项卡颜色

　　Excel 允许更改工作表选项卡的背景色。例如，你可能更喜欢用不同颜色来标记工作表选项卡，以便更容易地识别工作表的内容。

　　要改变工作表选项卡的颜色，可以选择"开始"|"单元格"|"格式"|"工作表选项卡颜色"命令，或者右击选项卡，然后从快捷菜单中选择"工作表选项卡颜色"命令。然后从颜色选择器中选择颜色。不能改变文字的颜色，但是 Excel 会选择一种对比色，使文本可见。例如，如果使工作表选项卡显示为黑色，则 Excel 会将文本显示为白色。

　　更改了工作表选项卡的颜色后，当该选项卡是活动选项卡时，将显示从选定颜色到白色的渐变色。当其他工作表成为活动工作表时，整个工作表将显示为选定的颜色。

3.1.7　重新排列工作表

　　你可能需要重新安排工作簿中各个工作表的顺序。如果一个单独的工作表对应一个销售区域，则按字母顺序排列工作表可能就会有所帮助。也可以将工作表从一个工作簿移到另一个工作簿，以及建立工作表的副本(无论是在相同工作簿还是在不同工作簿中)。

　　可以通过以下方法移动工作表。

- 右击工作表选项卡，然后选择"移动或复制"命令，从而显示"移动或复制工作表"对话框(参见图 3-4)。可以使用此对话框指定工作表位置。

图 3-4　使用"移动或复制工作表"对话框在相同或不同工作簿中移动或复制工作表

- 在功能区中，选择"开始"|"单元格"|"格式"|"移动或复制工作表"命令，将显示与前一种方法相同的对话框。
- 可以单击工作表选项卡，并将其拖动到所需位置。拖动时，鼠标指针会变为一个缩小的工作表，并会使用一个小箭头来指示释放鼠标时，工作表将位于什么位置。要通过拖动方式将工作表移到一个不同的工作簿，两个工作簿都必须是可见的。

　　复制工作表与移动工作表类似。如果使用上述选项打开"移动或复制工作表"对话框，则选中"建立副本"复选框。要通过拖动方式创建一个副本，则在拖动工作表选项卡的同时按下 Ctrl 键。鼠标指针会变为一个缩小的工作表，其中包含一个加号。

> **提示**
> 可以同时移动或复制多个工作表。首先，在按住 Ctrl 键的同时，单击工作表选项卡，选择这些工作表。然后，可以使用上述方法移动或复制选中的工作表集合。

　　如果在将工作表移动或复制到某个工作簿时，其中已经包含同名的工作表，那么 Excel 会更改名称，使其唯一。例如，Sheet1 会变为 Sheet1(2)。需要重新命名所复制的工作表，使其名称更有意义(请参见本章前面的"更改工作表名称"一节)。

3.1.8　隐藏和取消隐藏工作表

某些情况下，可能希望隐藏一个或多个工作表。如果不希望别人看到工作表，或者只是不想让工作表影响自己工作，则可以隐藏工作表。当工作表被隐藏时，其工作表选项卡也将隐藏。不能隐藏工作簿中的所有工作表，必须至少使一个工作表保持可见。

若要隐藏某个工作表，可以选择"开始"|"单元格"|"格式"|"隐藏和取消隐藏"|"隐藏工作表"命令，或者右击工作表选项卡，选择"隐藏"命令。此时将隐藏活动工作表(或选定的工作表)。

要取消隐藏已隐藏的工作表，可以选择"开始"|"单元格"|"格式"|"隐藏和取消隐藏"|"取消隐藏工作表"命令，或者右击任意工作表选项卡，然后选择"取消隐藏"命令。 Excel 将打开"取消隐藏"对话框，其中列出了所有已隐藏的工作表。选择要重新显示的工作表并单击"确定"按钮即可。无法在该对话框中选择多个工作表，因此需要为要取消隐藏的每个工作表重复执行上述命令。当取消隐藏工作表后，它将出现在工作表选项卡以前所在的位置。

禁止工作表操作
要防止其他人取消隐藏工作表、插入新工作表，或者重命名、复制或删除工作表，可以保护工作簿的结构。
(1) 选择"审阅"|"更改"|"保护工作簿"命令。
(2) 在"保护结构和窗口"对话框中选择"结构"选项。
(3) 提供密码(可选)并单击"确定"按钮。
执行这些步骤之后，在功能区中，或者右击工作表选项卡时，以下几个命令将不再可用："插入""删除工作表""重命名""移动或复制""工作表选项卡颜色""隐藏"和"取消隐藏"。但是请注意，这是一种非常薄弱的安全措施。破解这种保护功能还是比较容易的。

3.2　控制工作表视图

当向工作表中添加了更多信息后，可能会发现导航和定位需要的信息变得更困难。Excel 包含的一些选项可以更高效地查看一个或多个工作表。本节将讨论其他一些工作表选项。

3.2.1　放大或缩小视图以便更好地查看视图

通常情况下，Excel 会在屏幕上以原大小显示对象。可以将显示比例更改为 10%(非常小)到 400%(非常大)的范围。使用小的显示比例可以帮助你得到工作表鸟瞰图，以查看其布局。如果难以看清很小的信息，那么可以放大显示比例。缩放操作不会改变为单元格指定的字号，因此不会影响打印输出效果。

交叉引用
Excel 包含用于更改打印输出大小的单独选项(使用位于"页面布局"|"调整为合适大小"功能区分组中的控件)。详见第 7 章。

可以通过以下方法之一更改活动工作表的缩放系数。
- 使用状态栏右侧的"显示比例"滑块单击并拖动滑块，即可立即转换屏幕。
- 按住 Ctrl 键，然后使用鼠标上的滚轮放大或缩小。
- 选择"视图"|"显示比例"|"显示比例"命令，会显示一个对话框，其中包含一些缩放选项。

在"显示比例"功能区组中，还有一个 100%按钮，可以快速返回原大小；一个"缩放到选定区域"按钮，可以改变显示比例，使得选定单元格占据整个屏幕(但显示比例范围仍为 10%～400%)。

提示

缩放操作只影响活动工作表窗口，因此可以对不同的工作表使用不同的缩放系数。此外，如果在两个不同的窗口中显示一个工作表，则可以为每一个窗口设置不同的缩放系数。

交叉引用

如果工作表使用命名区域(参见第 4 章)，将工作表缩小到 39%或更小时，会在单元格上显示区域名称。在以这种方式查看命名区域时，可以获知工作表的总体布局。

3.2.2　在多个窗口中查看工作表

有时，可能需要同时查看一个工作表的两个不同部分，这样可能会使得在公式中引用较远的单元格变得更为容易。或者，可能需要同时检查工作簿中的多个工作表。此时，通过使用一个或多个其他窗口来打开新工作簿视图，可以实现这些操作。

要创建并显示活动工作簿的新视图，请选择"视图"|"窗口"|"新建窗口"命令。

Excel 将为活动工作簿显示一个类似于图 3-5 所示的新窗口。在该图中，每个窗口将显示工作簿中的一个不同的工作表。请注意窗口标题栏的文字：bank accounts.xlsx:1 和 bank accounts.xlsx:2。为帮助你跟踪这些窗口，Excel 会为每个窗口附加一个冒号和一个数字。

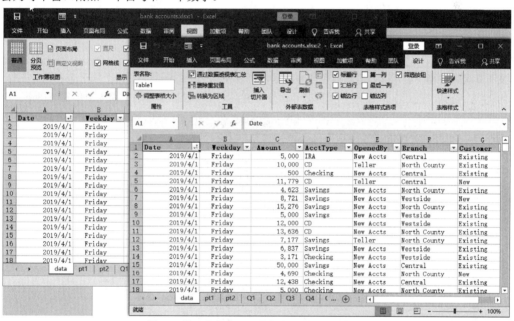

图 3-5　使用多个窗口同时查看工作簿的不同部分

提示

如果在创建新窗口时工作簿已最大化，则可能不会注意到 Excel 中已创建的新窗口。但是，如果查看 Excel 标题栏，则会看到工作簿标题已在名称中附加了":2"。选择"视图"|"窗口"|"全部重排"命令，然后在"重排窗口"对话框中选择一个排列选项，即可显示所有打开的窗口。如果选中"当前活动工作簿的窗口"复选框，则只排列活动工作簿的窗口。

可以根据需要，使单个工作簿有很多视图(即单独的窗口)。每个窗口都是独立的。换句话说，在一个窗口中滚动到新位置不会导致在其他窗口中滚动。然而，如果对特定窗口中显示的工作表执行更改，也会在该工作表中的所有视图中执行这些更改。

可以在不再需要这些额外窗口时关闭它们。例如，单击活动窗口标题栏上的"关闭"按钮即可关闭活动窗口，但不会关闭该工作簿的其他窗口。如果还未保存修改，Excel 只会在关闭最后一个窗口时提示保存。

> **提示**
> 通过使用多个窗口，可以更容易地将信息从一个工作表复制或移动到另一个工作表。可以使用 Excel 的拖放过程来复制或移动区域。

3.2.3　并排比较工作表

在某些情况下，可能需要比较位于不同窗口中的两个工作表。"并排查看"功能可以更容易地执行这项工作。

首先，确保在不同的窗口中显示两个工作表(这些工作表可以位于同一个工作簿或不同的工作簿中)。如果要比较同一个工作簿中的两个工作表，可以选择"视图"|"窗口"|"新建窗口"命令为活动工作簿创建一个新窗口。激活第一个窗口，然后选择"视图"|"窗口"|"并排查看"命令。如果打开了超过两个窗口，那么将看到一个对话框，用于选择要比较的窗口。两个窗口将平铺以填满整个屏幕。

当使用"并排比较"功能时，在其中一个窗口中进行滚动时也会导致在其他窗口中滚动。如果不想使用这个同步滚动功能，请选择"视图"|"窗口"|"同步滚动"命令(这是一个切换按钮)。如果已经重新排列或移动了窗口，则选择"视图"|"窗口"|"重设窗口位置"命令可将各窗口还原为初始的窗口并排排列方式。要关闭并排查看，则只需要再次选择"视图"|"窗口"|"并排查看"命令即可。

请记住，此功能仅用于手动比较。令人遗憾的是，Excel 尚未提供一种方法用于自动识别两个工作表之间的差异。

3.2.4　将工作表窗口拆分成窗格

如果不喜欢在屏幕中显示过多窗口以免产生混乱，可以使用 Excel 提供的另一个用于查看同一工作表的多个部分的选项。选择"视图"|"窗口"|"拆分"命令可将活动工作表拆分为两个或 4 个单独的窗格。Excel 将从活动单元格所处的位置处进行拆分。如果活动单元格指针位于第 1 行或列 A，则此命令可导致拆分为两个窗格。否则，将拆分为四个窗格。可以使用鼠标拖动窗格的方式来调整它们的大小。

图 3-6 显示了一个拆分为 4 个窗格的工作表。注意，行号不是连续的。上部窗格显示了 9～14 行，而下部窗格显示了 107～121 行。换句话说，通过拆分窗格，可以在一个窗口中显示工作表中分隔很远的区域。要删除已拆分的窗格，只需要重新选择"视图"|"窗口"|"拆分"命令(或双击拆分条)即可。

	A	B	C	D	E	F	G	H	I	J
9	ABILENE, TX	0.97	1.13	1.41	1.67	2.83	3.06	1.69	2.63	2
10	AKRON, OH	2.49	2.28	3.15	3.39	3.96	3.55	4.02	3.65	3
11	ALAMOSA, CO	0.25	0.21	0.46	0.54	0.70	0.59	0.94	1.19	0
12	ALBANY, NY	2.71	2.27	3.17	3.25	3.67	3.74	3.50	3.68	3
13	ALBUQUERQUE, NM	0.49	0.44	0.61	0.50	0.60	0.65	1.27	1.73	1
14	ALLENTOWN, PA	3.50	2.75	3.56	3.49	4.47	3.99	4.27	4.35	4
107	GRAND ISLAND, NE	0.54	0.68	2.04	2.61	4.07	3.72	3.14	3.08	2
108	GRAND JUNCTION, CO	0.60	0.50	1.00	0.86	0.98	0.41	0.66	0.84	0
109	GRAND RAPIDS, MI	2.03	1.53	2.59	3.48	3.35	3.67	3.56	3.78	4
110	GREAT FALLS, MT	0.68	0.51	1.01	1.40	2.53	2.24	1.45	1.65	1
111	GREATER CINCINNATI AP	2.92	2.75	3.90	3.96	4.59	4.42	3.75	3.79	2
112	GREEN BAY, WI	1.21	1.01	2.06	2.56	2.75	3.43	3.44	3.77	3
113	GREENSBORO-WNSTN-SA	3.54	3.10	3.85	3.43	3.95	3.53	4.44	3.71	4
114	GREENVILLE-SPARTANBUR	4.41	4.24	5.31	3.53	4.59	3.92	4.65	4.08	3
115	GUAM, PC	5.58	5.11	4.24	4.16	6.39	6.28	11.66	16.17	13
116	GULKANA,AK	0.45	0.52	0.36	0.22	0.59	1.54	1.82	1.80	1
117	HARRISBURG, PA	3.18	2.88	3.58	3.31	4.60	3.99	3.21	3.24	3
118	HARTFORD, CT	3.84	2.96	3.88	3.86	4.39	3.85	3.67	3.98	4
119	HAVRE, MT	0.47	0.36	0.70	0.87	1.84	1.90	1.51	1.20	1
120	HELENA, MT	0.52	0.38	0.63	0.91	1.78	1.82	1.34	1.29	1
121	HILO, HI	9.74	8.86	14.35	12.54	8.07	7.36	10.71	9.78	9

图 3-6　将工作表窗口拆分成两个或 4 个窗格，以便同时查看同一工作表中的不同区域

3.2.5   通过冻结窗格来保持显示标题

如果为工作表设置了列标题，或在第一列中设置了描述性文本，那么当向下或向右滚动时，这些标识信息将不显示。Excel 提供了一种用于解决此问题的简单方法：冻结窗格。冻结窗格功能可使你在滚动工作表时仍然能够查看行和列标题。

要冻结窗格，首先要将活动单元格移动到要在垂直滚动时保持可见的行的下面，并移动到要在水平滚动时保持可见的列的右侧。然后，选择"视图"|"窗口"|"冻结窗格"命令，并从下拉列表中选择"冻结窗格"选项。Excel 将插入深色线以指示冻结的行和列。此时，当在整个工作表中滚动时，冻结的行和列仍然可见。要删除冻结窗格，请选择"视图"|"窗口"|"冻结窗格"命令，并从下拉列表中选择"取消冻结窗格"选项。

图 3-7 显示了一个包含冻结窗格的工作表。在该示例中，冻结了 4:7 行和 A 列(在使用"视图"|"窗口"|"冻结窗格"命令时，单元格 B8 是活动单元格)。通过这种操作，可以在向下和向右滚动以查找所需信息时，保持显示列标题和 A 列中的条目。

	A	G	H	I	J	K	L
4	Normal Monthly Precipita						
5	NORMALS 1971-2000						
6							
7	284 CITIES	JUN	JUL	AUG	SEP	OCT	NOV
36	BETTLES,AK	1.43	2.10	2.54	1.82	1.08	0.90
37	BIG DELTA,AK	2.38	2.77	2.11	1.03	0.73	0.59
38	BILLINGS, MT	1.89	1.28	0.85	1.34	1.26	0.75
39	BINGHAMTON, NY	3.80	3.49	3.35	3.59	3.02	3.32
40	BIRMINGHAM AP,AL	3.78	5.09	3.48	4.05	3.23	4.63
41	BISHOP, CA	0.21	0.17	0.13	0.28	0.20	0.44
42	BISMARCK, ND	2.59	2.58	2.15	1.61	1.28	0.70
43	BLOCK IS.,RI	2.77	2.62	3.00	3.19	3.04	3.77
44	BLUE HILL, MA	3.93	3.74	4.06	4.13	4.42	4.64
45	BOISE, ID	0.74	0.39	0.30	0.76	0.76	1.38
46	BOSTON, MA	3.22	3.06	3.37	3.47	3.79	3.98
47	BRIDGEPORT, CT	3.57	3.77	3.75	3.58	3.54	3.65
48	BRISTOL-JHNSN CTY-KNGS	3.89	4.21	3.00	3.08	2.30	3.08
49	BROWNSVILLE, TX	2.93	1.77	2.99	5.31	3.78	1.75
50	BUFFALO, NY	3.82	3.14	3.87	3.84	3.19	3.92
51	BURLINGTON, VT	3.43	3.97	4.01	3.83	3.12	3.06
52	BURNS,OR	0.66	0.40	0.45	0.50	0.72	1.11
53	CAPE HATTERAS, NC	3.82	4.95	5.68	5.31	4.93	

图 3-7   冻结特定的行和列，以便在滚动表时使它们保持可见

绝大多数情况下，可能需要冻结第一行或第一列。"视图"|"窗口"|"冻结窗格"下拉列表中有两个附加选项："冻结首行"和"冻结首列"。通过使用这些命令，则不需要在冻结窗格之前定位活动单元格。

> **提示**
>
> 如果将区域指定为表格(通过选择"插入"|"表格"|"表格"命令)，则甚至不需要冻结窗格。当向下滚动时，Excel 会在列字母的位置显示表格的列标题，图 3-8 显示了一个示例。只有当选择表格中的某个单元格后，才会将列字母替换为表的列标题。

	284 CITIES	JAN	FEB	MAR	APR	MAY	JUN	JUL	AUG	SEP	OCT
25	BALTIMORE, MD	3.47	3.02	3.93	3	3.89	3.43	3.85	3.74	3.98	3.16
26	BARROW, AK	0.12	0.12	0.09	0.12	0.12	0.32	0.87	1.04	0.69	0.39
27	BATON ROUGE, LA	6.19	5.1	5.07	5.56	5.34	5.33	5.96	5.86	4.84	3.81
28	BECKLEY, WV	3.23	2.96	3.63	3.42	4.39	3.92	4.78	3.45	3.23	2.64
29	BETHEL, AK	0.62	0.51	0.67	0.65	0.85	1.6	2.03	3.02	2.31	1.43
30	BETTLES,AK	0.84	0.61	0.55	0.38	0.85	1.43	2.1	2.54	1.82	1.08
31	BIG DELTA,AK	0.34	0.41	0.22	0.2	0.77	2.38	2.77	2.11	1.03	0.73
32	BILLINGS, MT	0.81	0.57	1.12	1.74	2.48	1.89	1.28	0.85	1.34	1.26
33	BINGHAMTON, NY	2.58	2.46	2.97	3.49	3.55	3.8	3.49	3.35	3.59	3.02
34	BIRMINGHAM AP,AL	5.45	4.21	6.1	4.67	4.83	3.78	5.09	3.48	4.05	3.23
35	BISHOP, CA	0.88	0.97	0.62	0.24	0.26	0.21	0.17	0.13	0.28	0.2
36	BISMARCK, ND	0.45	0.51	0.85	1.46	2.22	2.59	2.58	2.15	1.61	1.28
37	BLOCK IS.,RI	3.68	3.04	3.99	3.72	3.4	2.77	2.62	3	3.19	3.04
38	BLUE HILL, MA	4.78	4.06	4.79	4.32	3.79	3.93	3.74	4.06	4.13	4.42
39	BOISE, ID	1.39	1.14	1.41	1.27	1.27	0.74	0.39	0.3	0.76	0.76

图 3-8   在使用表格的过程中，向下滚动时将在通常显示列字母的位置显示表格的列标题

3.2.6 使用监视窗口监视单元格

在某些情况下，可能希望在工作时监视特定单元格中的值。当滚动工作表时，该单元格可能会从视图中消失。一个名为"监视窗口"的功能可以提供帮助。"监视窗口"可以在一个总是可见的方便窗口中显示任意数量单元格的值。

要显示"监视窗口"，请选择"公式"|"公式审核"|"监视窗口"命令。监视窗口实际上是一个任务窗格，可以将其置于窗口的一侧，也可以拖动它以使其浮在工作表上。

要添加单元格进行监视，请单击"添加监视"命令，并指定要监视的单元格。"监视窗口"将显示该单元格中的值。可以在"监视窗口"中添加任意数量的单元格。图 3-9 显示了正在监视不同工作表中的 4 个单元格的监视窗口。

工作簿	工作表	名称	单元格	值	公式
budget.xlsx	Totals		F8	2,157,013	=SUM(F4:F7)
budget.xlsx	Operatio...		F8	758,699	=SUM(F4:F7)
budget.xlsx	Marketing		F8	686,513	=SUM(F4:F7)
budget.xlsx	Manufac...		F8	711,801	=SUM(F4:F7)

图 3-9 使用"监视窗口"监视一个或多个单元格中的值

提示

双击"监视窗口"中的某个单元格即可立即选中该单元格。但是，只有当被监视的单元格是活动工作簿的单元格时，这种方法才有效。

3.3 使用行和列

本节讨论涉及完整行和列(而不是单个单元格)的工作表操作。每个工作表包含 1 048 576 行和 16 384 列，而且不能改变这些值。

注意

如果打开的是通过 Excel 2007 之前的 Excel 版本创建的工作簿，则该工作簿将在兼容模式中打开。这类工作簿包含 65 536 行和 256 列。要增加行数和列数，可将该工作簿保存为.xlsx 或.xlsm 文件，然后重新打开。

3.3.1 插入行和列

虽然工作表中的行数和列数是固定的，但仍然可以插入和删除行和列，以便为其他信息留出空间。这些操作不会改变行数或列数。相反，当插入一个新行时，会向下移动其他行，以容纳新行，并从工作表中删除最后一行(如果为空)。插入新列时会将各列向右移动，最后一列将被删除(如果为空)。

注意

如果最后一行不为空，则不能插入新行。同样，如果最后一列包含信息，则 Excel 不会允许插入新列。在任意一种情况下，尝试添加行或列时，会显示一个对话框，如图 3-10 所示。

图 3-10 如果添加新行或新列的操作将导致从工作表中删除非空单元格，则不能执行该添加操作

要插入一个或多个新行，可以使用下列方法之一。

- 通过单击工作表边框中的行号选择一整行或多行。右击并从快捷菜单中选择"插入"命令。
- 将活动单元格移动到要插入的行，然后选择"开始" | "单元格" | "插入" | "插入工作表行"命令。如果选择列中的多个单元格，则 Excel 会插入对应于在列中选定的单元格数的额外行，并向下移动插入行下面的那行。

要插入一个或多个新列，请使用下列方法之一。

- 通过单击工作表边框中的列字母选择整列或多列。右击，然后从快捷菜单中选择"插入"命令。
- 将活动单元格移动到要插入的列，然后选择"开始" | "单元格" | "插入" | "插入工作表列"命令。如果选择了行中的多个单元格，则 Excel 会插入对应于在行中选定的单元格数的额外列。

除了行或列之外，还可以插入单元格。选择要在其中增加新单元格的区域，然后选择"开始" | "单元格" | "插入" | "插入单元格"命令(或右击选中内容，然后选择"插入"命令)。要插入单元格，必须向右或向下移动现有的单元格。因此，Excel 会显示"插入"对话框，如图 3-11 所示，以便指定所需的单元格移动方向。注意，此对话框中，还可以插入整行或整列。

图 3-11　使用"插入"对话框插入部分行或列

3.3.2　删除行和列

你可能还需要在工作表中删除或列，例如，当工作表可能包含不再需要的旧数据时，或者希望删除空行或空列时。

要删除一行或多行，请使用下列方法之一。

- 通过单击工作表边框中的行号选择一整行或多行。右击鼠标，然后从快捷菜单中选择"删除"命令。
- 将活动单元格移动到要删除的行，然后选择"开始" | "单元格" | "删除" | "删除工作表行"命令。如果选择了列中的多个单元格，则 Excel 会删除选定区域中的所有行。

用于删除列的方法是类似的。

如果意外地删除了行或列，可以从快速访问工具栏中选择"撤销"按钮(或按 Ctrl+Z 键)来撤销操作。

> **提示：**
> 可以使用快捷键 Ctrl+(加号)和 Ctrl-(减号)来插入和删除行、列或单元格。如果选中了整行或整列，则使用上述快捷键插入或删除整行或整列。如果选中区域不是整行或整列，则使用上述快捷键打开"插入"或"删除"对话框。

3.3.3　更改列宽和行高

在许多情况下需要更改列宽或行高。例如，可以使列变窄，以便在打印的页面中显示更多信息。或者，可能需要增加行高，以获得"双倍行距"效果。

Excel 提供了几种更改列宽和行高的方法。

1. 更改列宽

列宽是以符合单元格宽度的等宽字体字符的数量来衡量的。默认情况下，每列的宽度是 8.43 个单位，相当于 64 像素。

在更改列宽前，可以选择多列，以便使所有选择的列具有相同的宽度。要选择多列，既可以单击并在列边框中拖动，也可以在按住 Ctrl 键的同时选择各列。要选择所有列，可以单击行和列标题相交处的按钮。可以使用下列任意一种技术来更改列宽。

- 用鼠标拖动列的右边框，直到达到所需的宽度为止。
- 选择"开始"|"单元格"|"格式"|"列宽"命令，并在"列宽"对话框中输入一个值。
- 选择"开始"|"单元格"|"格式"|"自动调整列宽"命令，以调整所选列的宽度，使列适合最宽的条目。这里并不需要选择一整列，可以只选择列中的一些单元格，该方法将根据所选单元格中最宽的条目调整列宽。
- 双击列标题的右边框即可将列宽自动设置为列中最宽条目的宽度。

2. 更改行高

行高以点数衡量(pt，是印刷行业中的标准度量单位。72pt 等于 1 英寸)。使用默认字体的默认行高为 15pt 或 20 像素。

默认行高可能会有所不同，具体取决于在"正文样式"中定义的字体。此外，Excel 会自动调整行高以容纳行中的最高字体。例如，如果将单元格的字体大小更改为 20 pt，那么 Excel 将增大行高，从而使所有文本可见。

但是，可以通过以下任意一种方法手动设置行高。与列一样，可以选择多行。

- 用鼠标拖动行的下边框，直到达到所需的高度为止。
- 选择"开始"|"单元格"|"格式"|"行高"命令，并在"行高"对话框中输入一个值(以点为单位)。
- 双击行的下边框即可将行高自动设置为行中最高条目的高度，也可以选择"开始"|"单元格"|"格式"|"自动调整行高"命令来完成该任务。

更改行高对于隔开各行而言非常有用，几乎总是比在数据行之间插入空行的方法更好。

3.3.4 隐藏行和列

某些情况下，可能需要隐藏特定的行或列。当不希望用户看到特定的信息，或者需要打印工作表概要信息而非所有详细信息的报告时，隐藏行和列的功能可能非常有用。

要隐藏工作表中的行，请单击左侧的行标题以选择要隐藏的行。然后右击鼠标，并从快捷菜单中选择"隐藏"命令。另外，也可以使用"开始"|"单元格"|"格式"|"隐藏和取消隐藏"下拉列表中的命令。

要隐藏列，请使用相同的方法，但是需要在开始时选择列而不是行。

提示

还可以拖动行或列的边框以隐藏行或列。必须拖动行或列标题的边框才能实现该目的，向上拖动行的底部边框或向左拖动列的右边框即可将其隐藏。

隐藏的行实际上是高度设为零的行。同样，隐藏的列是宽度为零的列。当使用导航键移动活动单元格时，隐藏的行或列中的单元格将被跳过。换句话说，不能使用导航键移动到隐藏行或列中的单元格。

但是请注意，Excel 会为隐藏的列显示非常窄的列标题，为隐藏的行显示非常窄的行标题。可以单击并拖动列标题，使列变宽并重新可见。对于隐藏的行，单击并拖动很小的行标题可使行可见。

另一种取消隐藏行或列的方法是选择"开始"|"编辑"|"查找和选择"|"转到"命令(或使用其两个快捷键之一：按 F5 键或 Ctrl+G 键)来选择隐藏行或列中的单元格。例如，如果 A 列是隐藏的，那么可以按 F5 键，并指定单元格 A1(或 A 列中的任何其他单元格)，以便将活动单元格移动到隐藏列。然后，选择"开始"|"单元格"|"格式"|"隐藏和取消隐藏"|"取消隐藏列"命令即可。

第4章

使用 Excel 区域和表格

本章要点

- Excel 单元格和区域简介
- 选择单元格和区域
- 复制或移动区域
- 使用名称处理区域
- 为单元格添加批注
- 使用表格

在 Excel 中执行的大部分工作都会涉及单元格和区域。理解如何更好地处理单元格和区域将为你节省大量的时间和精力。本章将讨论各种重要的 Excel 技巧。

4.1 单元格和区域简介

单元格是工作表中的单个元素，可容纳数值、文本或公式。单元格是通过其地址进行识别的，该地址由列字母和行号组成。例如，单元格 D9 位于第 4 列、第 9 行。

一组单元格称为一个区域。可以通过指定区域左上角和右下角单元格的地址(用冒号分隔)来指定其地址。下面是一些区域地址的示例：

C24	由一个单元格组成的区域
A1:B1	分布在一行和两列中的两个单元格
A1:A100	A 列中的 100 个单元格
A1:D4	16 个单元格(4 行 4 列)
C1:C1048576	整列的单元格，该区域也可表示为 C:C
A6:XFD6	整行的单元格，该区域也可表示为 6:6
A1:XFD1048576	工作表中的所有单元格，该区域也可表示为 A:XFD 或 1:1048576

4.1.1 选择区域

要对工作表中的一个区域的单元格执行操作，必须首先选择该区域。例如，如果要将一个区域的单元格中的文本加粗，则必须先选择此区域，然后选择"开始"|"字体"|"加粗"命令(或按 Ctrl+B 键)。

当选择区域后，将突出显示其中的单元格。唯一的例外是活动单元格，该单元格仍将显示为正常的颜色。图 4-1 显示了工作表中选定区域的一个示例(A4:D8)。其中的活动单元格 A4 虽被选中，却没有突出显示。

	A	B	C	D	E	F	G
1	Budget Summary						
2							
3		Q1	Q2	Q3	Q4	Year Total	
4	Salaries	286,500	286,500	286,500	290,500	1,150,000	
5	Travel	40,500	42,525	44,651	46,884	174,560	
6	Supplies	59,500	62,475	65,599	68,879	256,452	
7	Facility	144,000	144,000	144,000	144,000	576,000	
8	Total	530,500	535,500	540,750	550,263	2,157,013	
9							
10							
11							
12							
13							

图 4-1　当选择一个区域后，将突出显示该区域，但该区域内的活动单元格不会突出显示

可以通过以下几种方式选择区域：

- 按下鼠标左键并拖动。如果拖动到窗口的一端，则工作表将会滚动。
- 按住 Shift 键，同时使用导航键选择一个区域。
- 按一下 F8 键，进入“扩展式选定”模式(状态栏将显示“扩展式选定”)。在这种模式下，单击区域右下角的单元格或者使用导航键来扩展区域。再次按 F8 键可退出“扩展式选定”模式。
- 在“名称”框(位于编辑栏的左侧)中键入单元格或区域的地址，然后按 Enter 键。Excel 将会选中所指定的单元格或区域。
- 选择“开始”|“编辑”|“查找和选择”|“转到”命令(或者按 F5 键或 Ctrl+G 键)，并在“定位”对话框中手动输入区域的地址。当单击“确定”按钮时，Excel 将会选中所指定的区域中的单元格。

提示

在选择包含多个单元格的区域时，Excel 会在“名称”框中显示选定的行数和列数。完成选择后，“名称”框将恢复为显示活动单元格的地址。

4.1.2　选择完整的行和列

我们常常需要选择一整行或一整列，例如可能需要为一整行或列应用相同的数字格式或对齐方式选项。可以使用与区域选择方法大致相同的方法来选择整行和整列：

- 单击行或列标题以选择一行或一列，或者单击标题并拖动来选择多行或多列。
- 要选择不相邻的多行或列，可以单击第一行或第一列的标题，然后按住 Ctrl 键并单击其他想要选择的行或列的标题。
- 按 Ctrl+空格键可以选择当前选中单元格所在的一列或多列。按 Shift+空格键可以选择当前选中单元格所在的一行或多行。

提示

按 Ctrl+A 键可选择工作表中的所有单元格，这相当于选择所有行和列。如果活动单元格位于连续区域中，则按 Ctrl+A 键只会选中该区域。在这种情况下，再次按 Ctrl+A 键可选中工作表中的所有单元格。也可以通过单击行和列标题相交的区域来选择所有单元格。

4.1.3　选择非连续的区域

大多数时候，你选择的区域是连续的，即一个矩形范围内的单元格。不过，也可以在 Excel 中使用非连续的区域，包括彼此不相邻的两个或多个区域(或单独的单元格)。选择非连续区域的操作也称为多重选择。如果要为工作表不同区域中的单元格应用相同的格式，那么可以执行多重选择操作。当选中相应的单元格或区域后，你选择的格式将应用于它们。图 4-2 显示了在工作表中选定的非连续区域。图中选择了 3 个区域：B3:E3、B6:C8 和单元格 F15。

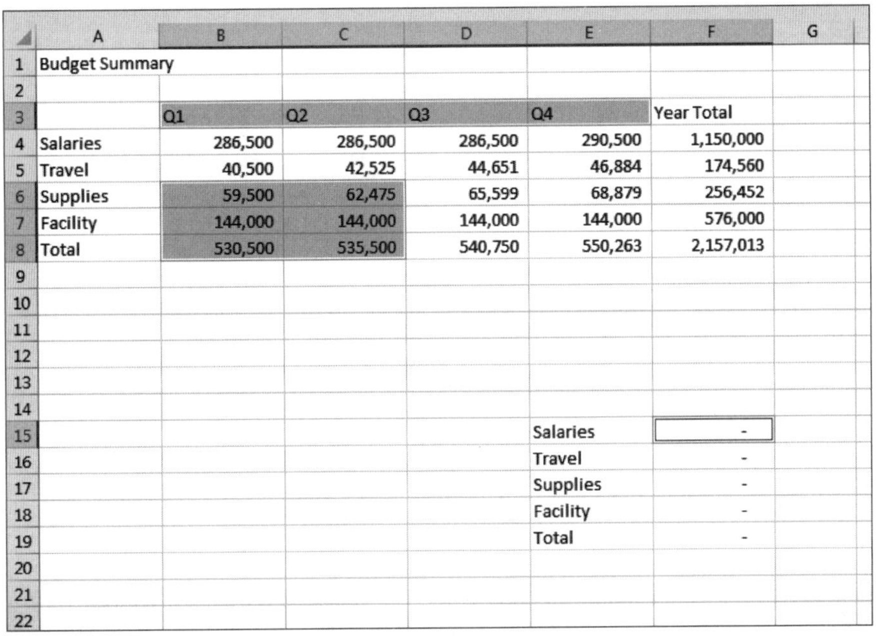

图 4-2　在 Excel 中选择非连续的区域

可按照选择连续区域的相同方法来选择非连续区域，但有一些小区别。不能像选择连续区域那样，简单地单击并拖动鼠标，而需要在单击拖动的同时按住 Ctrl 键。如果使用箭头键选择区域，则按 Shift+F8 键来进入"添加或删除所选内容"模式(状态栏将显示该名称)。再次按 Shift+F8 键可退出"添加或删除所选内容"模式。在手动输入区域的地方，例如"名称"框或者"定位"框，只需要用逗号分隔非连续区域。例如，键入 A1:A10,C5:C6 将选择这两个非连续区域。

> **注意**
> 非连续区域与连续区域在几个重要方面有所不同。一个明显的区别在于，不能使用拖放方法(稍后将介绍)来移动或复制非连续区域。

4.1.4　选择多表区域

除单个工作表中的二维区域之外，还可以将其扩展为多个工作表中的三维区域。

假设使用一个用于跟踪预算的工作簿。一种常用方法是为每个部门使用一个单独的工作表，以便于组织数据。可以单击工作表选项卡来查看某个特定部门的信息。

图 4-3 显示了一个简示示例。该工作簿有 4 个工作表：Totals、Operations、Marketing 和 Manufacturing。这些工作表的布局相同，唯一不同的是值。Totals 表中包含的公式用于计算 3 个部门工作表中相应项目的总和。

> **配套学习资源网站**
> 配套学习资源网站 www.wiley.com/go/excel2019bible 中提供了此工作簿，文件名为 budget.xlsx。

假设要为各个工作表应用格式，例如使列标题加粗并具有背景底纹。一个(不太高效的)方法是分别设置每个工作表中单元格的格式。而一个更好的方法是选择一个多表区域，然后同时设置所有工作表中的单元格。以下是使用图 4-3 所示的工作簿执行多表格式设置的分步示例。

(1) 单击 Totals 工作表的选项卡以激活该工作表。

(2) 选择区域 B3:F3。

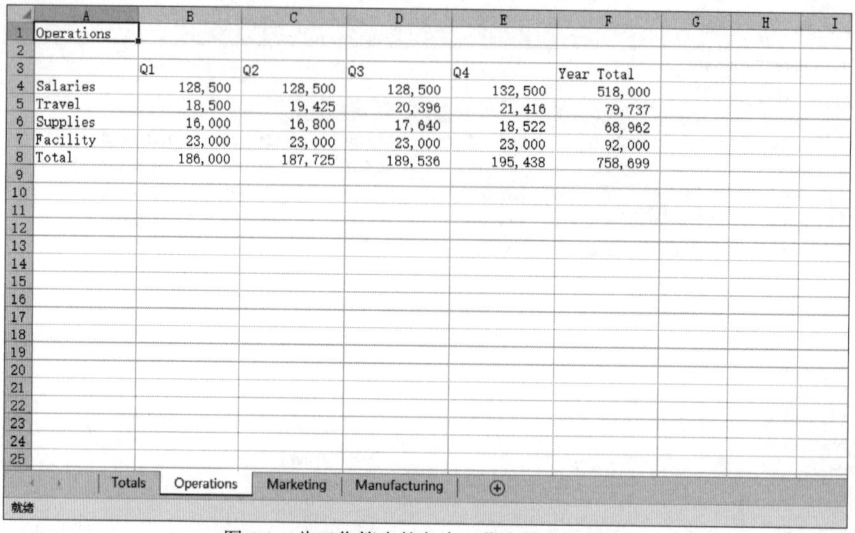

图 4-3　此工作簿中的各个工作表的布局相同

(3) **按住 Shift 键并单击 Manufacturing 工作表选项卡**。这一步骤将选择活动工作表(Totals)与所单击的工作表选项卡之间的所有工作表——本质上是一个三维区域内的单元格(参见图 4-4)。请注意，工作簿窗口的标题栏会显示"[组]"以提醒你已经选择了一组工作表，并且处于"组"模式下。

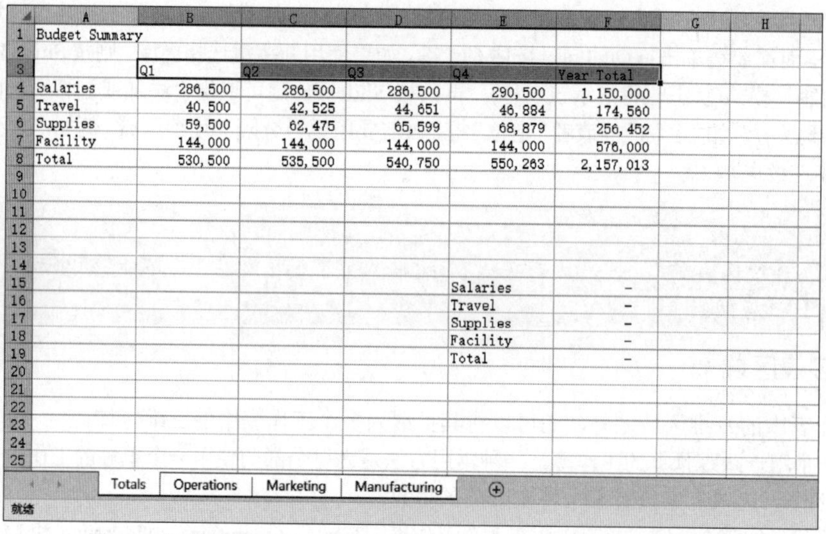

图 4-4　在"组"模式下，可以处理跨多个工作表的三维区域内的单元格

(4) **选择"开始" | "字体" | "加粗"命令，然后选择"开始" | "字体" | "填充颜色"命令以应用彩色背景**。Excel 将为选定的工作表中的选定单元格区域应用格式。

(5) **单击其他工作表选项卡之一**。这一步骤将选择工作表，并取消"组"模式；"[组]"将不再显示在标题栏中。

当工作簿处于"组"模式下时，对其中一个工作表的单元格所做的任何更改也将应用于组中所有其他工作表中的对应单元格。可以使用此功能设置格式完全相同的一组工作表，因为在单元格中输入的任何标签、数据、格式或公式将自动添加到组中所有工作表的相同单元格中。

> **注意**
> 当 Excel 处于"组"模式时，一些命令将会被禁用，导致无法使用。例如，在前面的示例中，不能通过"插入" | "表格" | "表格"命令将所有区域转换为表格。

　　一般情况下，选择多工作表区域的过程很简单，通常包含两个步骤：在一个工作表中选择区域，然后选择要包含在该区域中的工作表。要选择一组相邻的工作表，可以按住 Shift 键并单击要包括在该区域中的最后一个工作表的选项卡。要选择多个单独的工作表，可以按住 Ctrl 键并单击要选择的每个工作表的选项卡。如果工作簿中的所有工作表并不都具有相同的布局，则可以跳过不想设置其格式的工作表。做出选择后，选定工作表的选项卡将显示为带下划线的粗体文本，同时 Excel 会在标题栏中显示"[组]"。

提示
　　要选择一个工作簿中的所有工作表，可右击任意工作表选项卡，然后从快捷菜单中选择"选定全部工作表"命令。

警告
　　当选择一组工作表后，将对看不到的工作表做出修改。因此，在选择一组工作表之前，一定要了解自己要做什么修改，以及这些修改将对组中的所有工作表产生怎样的影响。当完成修改后，不要忘记取消工作表组。否则，如果在"组"模式下开始在活动工作表中键入内容，那可能会重写其他工作表中的数据。

4.1.5　选择特殊类型的单元格

　　当使用 Excel 时，可能需要定位到工作表中的特定类型的单元格。例如，要是能够找到其中包含公式的每个单元格，或者依赖于活动单元格的所有公式单元格，不是很方便吗？Excel 提供了一种用于找到这些单元格和许多其他特殊类型单元格的简单方法：选择一个区域，然后选择"开始"|"编辑"|"查找和选择"|"定位条件"命令以显示"定位条件"对话框即可，如图 4-5 所示。

图 4-5　使用"定位条件"对话框选择特定类型的单元格

　　当在该对话框中做出选择后，Excel 将选择当前选定内容中符合条件的单元格子集。通常，该单元格子集是多重选择。如果没有符合条件的单元格，则 Excel 将显示消息"未找到单元格"。

提示
　　如果在显示"定位条件"对话框之前只选择了一个单元格，则 Excel 将基于所使用的整个工作表区域进行选择。除这种情况外，选择的内容将基于选定的区域。

　　表 4-1 对"定位条件"对话框中的选项进行了说明。

表 4-1 "定位条件"对话框中的选项

选项	功能
批注	选择含有单元格批注的单元格
常量	选择所有不包含公式的非空单元格。可以使用"公式"选项下的复选框选择要包含的非公式单元格类型
公式	选择含有公式的单元格。可以通过选择以下类型的结果来限定此选项：数字、文本、逻辑值(TRUE 或 FALSE)或者错误
空值	选择所有空单元格。如果在对话框显示时只选中了一个单元格，此选项将选择工作表的已使用区域中的空单元格
当前区域	选择活动单元格周围矩形区域内的单元格。这个区域由周围的空白行和列确定。也可以按 Ctrl+Shift+*组合键来选择该区域
当前数组	选择整个数组(关于数组的更多信息，请参见第 18 章)
对象	选择工作表中的所有嵌入对象，包括图表和图形
行内容差异单元格	分析选定的内容，并选择每行中不同于其他单元格的单元格
列内容差异单元格	分析选定的内容，并选择每列中不同于其他单元格的单元格
引用单元格	选择在活动单元格或选定单元格(限于活动工作表)的公式中引用的单元格。可以选择直属单元格，也可以选择任何级别的引用单元格(相关的更多信息，请参见第 19 章)
从属单元格	选择其中含有引用了活动单元格或选定单元格(限于活动工作表)的公式的单元格。可以选择直属单元格，也可以选择任何级别的从属单元格(相关的更多信息，请参见第 19 章)
最后一个单元格	选择工作表中右下角含有数据或格式的单元格。使用此选项时，将对整个工作表进行检查，即使已在对话框显示时选择了区域
可见单元格	只选择选定单元格中的可见单元格。此选项在处理筛选后的列表或表格时很有用
条件格式	选择应用了条件格式的单元格(通过选择"开始"│"样式"│"条件格式"命令)。"全部"选项将选择所有此类单元格。"相同"选项只会选择与活动单元格具有相同条件格式的单元格
数据验证	选择被设置为用于验证数据输入有效性的单元格(通过选择"数据"│"数据工具"│"数据验证"命令)。"全部"选项将选择所有此类单元格。"相同"选项只会选择与活动单元格具有相同验证规则的单元格

提示

当选择"定位条件"对话框中的一个选项时，应注意哪些子选项会变得可用。这些子选项的位置可能会产生误解。例如，当选择"常量"选项时，"公式"选项下面的子选项会变为可用状态，以帮助更进一步定位结果。同样，"从属单元格"选项下的子选项也可应用于"引用单元格"选项，"数据验证"选项下的子选项也可应用于"条件格式"选项。

4.1.6 通过搜索选择单元格

另一种用于选择单元格的方式是选择"开始"│"编辑"│"查找和选择"│"查找"命令(或按 Ctrl+F 键)，该方法允许用户根据单元格内容来选择单元格。"查找和替换"对话框如图 4-6 所示。此图显示了在单击"选项"按钮之后出现的附加选项。

输入要查找的文本；然后单击"查找全部"按钮。此时，对话框将扩展，以显示所有满足搜索条件的单元格。例如，图 4-7 显示了在 Excel 中定位所有包含文本 supplies 的单元格后出现的对话框。用户可以单击列表中的某一项，此时屏幕将滚动，从而使用户能看到该单元格的上下文。要选择列表中的全部单元格，可以首先在列表中选择任意一项，然后按 Ctrl+A 键。

图 4-6　显示了可用选项的"查找和替换"对话框

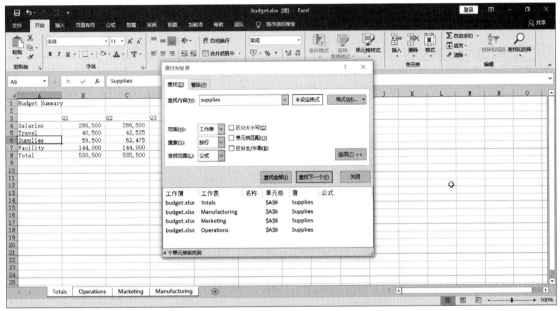

图 4-7　列出了结果的"查找和替换"对话框

注意

在使用"查找和替换"对话框时，可以在不关闭此对话框的情况下返回工作表。

"查找和替换"对话框支持两种通配符：

? 　　匹配任意单个字符

* 　　匹配任意数量的字符

如果已选中"单元格匹配"选项，通配符还可与值一起使用。例如，搜索 3*将会定位到含有以 3 开头的值的所有单元格。搜索 1?9 将会定位到所有以 1 开头并以 9 结束的三位数。搜索*00 将查找以两个零结尾的值。

提示

要搜索问号或星号，请在它们前面加上一个波浪号字符(~)。例如，下面的搜索字符串可用于查找文本 *NONE*：

~*NONE~*

如果要搜索波浪号字符，则需要使用两个波浪号字符。

如果搜索没有正确工作，请仔细检查以下 3 个选项。

- **区分大小写**：如果选中此复选框，则文本的大小写必须完全匹配。例如，搜索 smith 时，不会搜索出 Smith。
- **单元格匹配**：如果选中此复选框，则只有在单元格中只包含搜索字符串(而不包含其他内容)时才满足匹配条件。例如，搜索 Excel 时不会搜索出包含 Microsoft Excel 的单元格。当使用通配符时，不需要精确匹配。
- **查找范围**：此下拉列表中有 3 个选项：值、公式和批注。"公式"选项只查看组成公式的文本，或者如果没有公式，则只查看单元格的内容。"值"选项只查看单元格的值和公式的结果，而不查看公式的文本。例如，如果选择"公式"选项，则搜索 900 不会找到包含公式"=899+1"的单元格，但会找到包含值 900 的单元格。如果选择"值"选项，则这两个单元格都会被找到。

4.2　复制或移动区域

当创建工作表时，有时需要将信息从一个位置复制或移动到另一个位置。在 Excel 中，复制或移动单元格区域的操作非常简单。下面是一些经常需要做的工作：

- 将一个单元格复制到另一个位置。
- 将一个单元格复制到一个单元格区域，源单元格将被复制到目标区域内的每一个单元格。
- 将一个区域复制到另一个区域。
- 将一个单元格区域移动到另一个位置。

复制区域和移动区域的主要区别在于操作对源区域产生的影响。复制区域时，源区域不会受到影响；而在移动区域时，将会移走源区域中的内容。

> **注意**
> 在复制一个单元格时，通常会复制该单元格的内容、应用于该单元格的任何格式(包括条件格式和数据验证)和单元格批注(如果有)。当复制含有公式的单元格时，被复制的公式中的单元格引用会自动更改为相对于新目标区域。

复制或移动过程由两个步骤组成(但存在更快捷的方法)：

(1) **选择需要复制的单元格或区域(源区域)，并将其复制到剪贴板**。如果要移动而不是复制区域，则可剪切而不是复制它。

(2) **选择用于保存所复制内容的单元格或区域(目标区域)，并粘贴"剪贴板"中的内容**。

> **警告**
> 当粘贴信息时，Excel 将覆盖所涉及单元格的内容而不发出警告。如果发现粘贴操作覆盖了一些重要的单元格，那么可以从快速访问工具栏中选择"撤销"命令(或按 Ctrl+Z 键)。

> **警告**
> 在复制单元格或区域时，Excel 会使用动态边框将复制区域框住。只要边框仍然保持为动态，则复制的信息就可用于粘贴。如果按下 Esc 键取消了动态边框，则 Excel 会从剪贴板中移除信息。

由于复制(或移动)操作用得十分频繁，因此 Excel 提供了许多不同的方法来实现这些操作。以下各节中将讨论每种方法。因为复制和移动操作是类似的，所以下面将只指出它们之间的一些重要区别。

4.2.1　使用功能区中的命令进行复制

选择"开始"|"剪贴板"|"复制"命令将选定单元格或区域的副本移动到 Windows 剪贴板和 Office 剪贴

板。进行上述复制操作以后，选择要粘贴到的单元格，然后选择"开始"|"剪贴板"|"粘贴"命令即可。

也可以不使用"开始"|"剪贴板"|"粘贴"命令，而只需要激活目标单元格并按 Enter 键。如果使用该方法，则 Excel 将从剪贴板中移除所复制的信息，而不能再次粘贴此信息。

如果要复制区域，则不必在单击"粘贴"按钮前选择完全相同尺寸的区域，而只需要激活目标区域内左上角的单元格即可。

> **提示**
>
> "开始"|"剪贴板"|"粘贴"控件包含一个下拉箭头，单击此箭头后，将显示更多粘贴选项图标。本章后面将解释这些粘贴预览图标(参见 4.2.8 节)。

> **关于 Office 剪贴板**
>
> 当用户从 Windows 程序中剪切或复制信息时，Windows 操作系统会将这些信息保存到 Windows 剪贴板中。剪贴板是计算机内存中的一个区域。当每次剪切或复制信息时，Windows 将原先存储在剪贴板中的信息替换为用户所剪切或复制的新信息。Windows 剪贴板能够存储很多格式的数据。因为 Windows 会管理剪贴板中的信息，所以这些信息可以被粘贴到其他 Windows 应用程序中，而不管其来自何处。
>
> Microsoft Office 有自己的剪贴板，即 Office 剪贴板，此剪贴板只能在 Office 应用程序中使用。要查看或隐藏 Office 剪贴板，可以单击"开始"|"剪贴板"分组的右下角的对话框启动器图标。
>
> 无论何时在 Office 程序(如 Excel 或者 Word)中剪切或者复制信息，程序都会同时将这些信息放到 Windows 剪贴板和 Office 剪贴板中。然而，程序对 Office 剪贴板中信息的处理方法与对 Windows 剪贴板中信息的处理方法有所不同。程序会将信息附加在 Office 剪贴板中，而不是替代其中的信息。由于在剪贴板中保存了多个条目，因此可对这些条目进行单独粘贴或成组粘贴。
>
> 可以在本章后面的 4.2.7 节中进一步了解有关此功能的详细信息(包括一个重要限制)。

4.2.2　使用快捷菜单命令进行复制

如果愿意，可以使用下面的快捷菜单命令执行复制和粘贴操作：

- 右击区域，然后从快捷菜单中选择"复制"(或"剪切")命令，将选定的单元格复制到剪贴板。
- 右击并从显示的快捷菜单中选择"粘贴"命令，将剪贴板内容粘贴到选定的单元格或区域。

要更好地控制所粘贴信息的显示方式，可以右击目标单元格并使用快捷菜单中的粘贴图标(参见图 4-8)。

图 4-8　快捷菜单上的粘贴图标为所粘贴信息的显示方式提供了更多的控制

如果不使用"粘贴"命令,则用户可以激活目标单元格,然后按 Enter 键。如果使用这种方法,则 Excel 将会从剪贴板中删除所复制的信息,使其无法再用于粘贴。

4.2.3　使用快捷键进行复制

也可以使用相关的快捷键来执行复制和粘贴操作:

- Ctrl+C 快捷键可将所选单元格复制到 Windows 剪贴板和 Office 剪贴板中。
- Ctrl+X 快捷键可将所选单元格剪切到 Windows 剪贴板和 Office 剪贴板中。
- Ctrl+V 快捷键可将 Windows 剪贴板中的内容粘贴到所选单元格或区域中。

> **提示**
> 其他许多 Windows 应用程序也使用这些标准键组合。

在插入和粘贴时使用"粘贴选项"按钮

　　一些单元格和区域操作(特别是通过拖放来插入、粘贴和填充单元格时)会导致显示"粘贴选项"按钮。例如,如果使用"开始" | "剪贴板" | "粘贴"命令复制一个区域,然后将其粘贴到其他位置,将在粘贴区域的右下角显示一个下拉选项列表。单击此列表(或按 Ctrl 键),会看到如下图所示的选项。这些选项允许指定数据的粘贴方式,例如只粘贴格式或者只粘贴数值。在这个示例中,使用"粘贴选项"按钮的操作等效于使用"选择性粘贴"对话框中的选项(有关选择性粘贴的更多信息,请参见 4.2.9 节)。

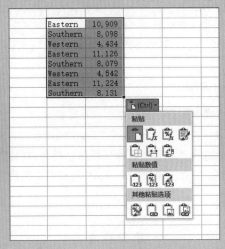

　　要禁用此功能,请选择"文件" | "选项"命令,然后单击"高级"选项卡。取消选中"粘贴内容时显示粘贴选项按钮"及"显示插入选项按钮"选项所对应的复选框。

4.2.4　使用拖放方法进行复制或移动

　　Excel 也允许用户通过拖放操作来复制或移动单元格或区域。不同于其他复制和移动方法,拖放操作不会将任何信息保存到 Windows 剪贴板或者 Office 剪贴板中。

> **警告**
> 与剪切-粘贴方法相比,用于移动内容的拖放方法有一个优势:如果拖放移动操作将覆盖现有的单元格内容,则 Excel 会发出警告。然而,如果拖放复制操作将覆盖现有的单元格内容,Excel 并不会发出警告。

要使用拖放操作进行复制，首先需要选择要复制的单元格或区域，然后按住 Ctrl 键并将鼠标移动到选择项的一个边框上(鼠标指针旁边将显示一个小加号)。然后，继续按住 Ctrl 键并将选择项拖至新位置。原始选择项仍然位于原位置。释放鼠标按键时，Excel 就会复制一份新内容。

要使用拖放操作移动区域，只需要在拖放边框时不按 Ctrl 键即可。

> **提示**
> 如果将鼠标指向单元格或区域的边框时指针没有变成箭头，则需要更改设置。选择"文件"|"选项"命令以显示"Excel 选项"对话框，从中选择"高级"选项卡，然后选中"启用填充柄和单元格拖放功能"选项的复选框。

4.2.5　复制到相邻的单元格

用户常常会发现需要将一个单元格复制到相邻的单元格或区域。在使用公式时，该类复制操作非常常见。例如，在处理预算时，可能需要建立一个公式将 B 列中的数值相加。可以使用相同的公式将其他列中的数值相加。此时，并不需要重新输入公式，而只需要将其复制到相邻单元格即可。

Excel提供了一些用于复制到相邻单元格的额外选项。要使用这些命令，需要选中要复制的单元格，并扩展单元格的选择范围以包含要复制到的目标单元格，然后选择下面合适的命令进行"一步复制"。

- "开始"|"编辑"|"填充"|"向下"命令(或按 Ctrl+D 键)可将单元格复制到下面所选区域。
- "开始"|"编辑"|"填充"|"向右"命令(或按 Ctrl+R 键)可将单元格复制到右边所选区域。
- "开始"|"编辑"|"填充"|"向上"命令可将单元格复制到上面所选区域。
- "开始"|"编辑"|"填充"|"向左"命令可将单元格复制到左边所选区域。

以上这些命令不会在 Windows 剪贴板或 Office 剪贴板中存储信息。

> **提示**
> 也可以使用"自动填充"功能，通过拖动所选内容的填充柄(所选单元格或区域右下角的小方块)来复制到相邻的单元格。Excel 会将原始选择项复制到在拖放时突出显示的单元格中。要想更好地控制"自动填充"操作，可以单击在释放鼠标按键后显示的"自动填充选项"按钮，或者使用鼠标右键拖放填充柄。这两种方法都将显示一个带附加选项的快捷菜单，只是菜单选项有所不同。

4.2.6　向其他工作表复制区域

可以使用前面描述的复制过程将单元格或区域复制到另一个工作表中，即使此工作表位于不同的工作簿中也是如此。当然，必须在选择要复制到的目标位置之前激活此工作表。

Excel 提供了一个快速方法，可用于将单元格或区域复制并粘贴到同一工作簿中的其他工作表。

(1) 选择要复制的区域。

(2) 按住 Ctrl 键并单击要将信息复制到的工作表的选项卡(Excel 会在工作簿的标题栏中显示"[组]"字样)。

(3) 选择"开始"|"编辑"|"填充"|"至成组工作表"命令。此时将显示一个对话框，询问要复制的内容("全部"、"内容"或"格式")。

(4) 做出选择后单击"确定"按钮。Excel 会将所选区域复制到选定的工作表中。新副本在所选工作表中占据的单元格与初始内容在初始工作表中占据的单元格相同。

> **警告**
> 应谨慎使用"开始"|"编辑"|"填充"|"至成组工作表"命令，因为当目标区域单元格中含有信息时，Excel并不会发出警告。因此在使用这个命令时，可能会在没有意识到的情况下快速覆盖许多单元格。所以一定要对所完成的工作进行检查，如果发现得到的结果不是所期望的，可以使用撤销操作。

4.2.7 使用 Office 剪贴板进行粘贴

无论何时在 Office 程序(如 Excel)中剪切或者复制信息, 都可以将数据存储在 Windows 剪贴板和 Office 剪贴板中。当将信息复制到 Office 剪贴板中时, 会将这些信息添加到 Office 剪贴板中, 而不是覆盖 Office 剪贴板中的已有内容。由于 Office 剪贴板中可以存储多个条目, 因此用户既可以粘贴个别条目, 也可以成组粘贴条目。

要使用 Office 剪贴板, 首先需要打开它。然后, 使用"开始"|"剪贴板"分组右下角的对话框启动器, 以开启和关闭"剪贴板"任务窗格。

> **提示**
> 如需要自动打开Office 的"剪贴板"任务窗格, 可单击任务窗格底部附近的"选项"按钮, 并选择"自动显示 Office 剪贴板"选项。

打开"剪贴板"任务窗格以后, 选择需要复制到 Office 剪贴板的第一个单元格或区域, 并使用前面描述的任何一种方法进行复制。接着, 选择下一个要复制的单元格或区域, 重复该过程。在复制信息后, Office 剪贴板的任务窗格中会显示已经复制的信息项数量(最多可保存 24 项)和简述。图 4-9 显示了含有 3 个复制项的 Office 剪贴板。

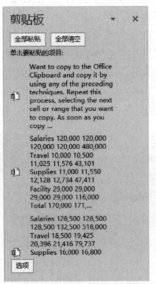

图 4-9 使用"剪贴板"任务窗格复制和粘贴多项

当准备好粘贴信息时, 选择要将信息粘贴到的单元格。如果要粘贴单个项目, 只需要在"剪贴板"任务窗格中单击该项即可。如果要粘贴已复制的所有项, 则可单击"全部粘贴"按钮(位于"剪贴板"任务窗格顶部)。此时将逐个粘贴这些项。"全部粘贴"按钮在 Word 中可能更有用, 可用于从多个来源复制文本, 然后一次性粘贴所有这些文本。

如果要清空 Office 剪贴板中的所有内容, 可单击"全部清空"按钮。

请注意以下关于 Office 剪贴板及其功能的说明:

- 在粘贴时, 可通过选择"开始"|"剪贴板"|"粘贴"命令或按 Ctrl+V 键, 或者右击并从快捷菜单中选择"粘贴"命令, 来粘贴 Windows 剪贴板中的内容(最后复制到 Office 剪贴板的项)。
- 最后剪切或复制的项会同时出现在 Office 剪贴板和 Windows 剪贴板中。
- 清空 Office 剪贴板将同时清空 Windows 剪贴板。

> **警告**
>
> Office 剪贴板存在一个严重问题，限制了其对于 Excel 用户的有用性：在复制含有公式的区域时，所含的公式并不会在粘贴到不同区域时一同转移，而只会粘贴值。而且，Excel 不会就此发出警告。

4.2.8　使用特殊方法进行粘贴

你可能并不总是想把所有内容都从源区域复制到目标区域内。例如，可能只需要复制公式所生成的结果而非公式本身；或者只需要将数字格式从一个区域复制到另一个区域，而不覆盖任何现有的数据或公式。

要控制复制到目标区域的内容，可选择"开始"|"剪贴板"|"粘贴"命令，并使用图 4-10 中所示的下拉菜单。当将鼠标指针悬停在图标上时，将会在目标区域内看到粘贴信息的预览。单击图标即可使用选定的粘贴选项。

图 4-10　Excel 提供了几个粘贴选项，具有预览功能。在此示例中，从 E4:G7
复制信息并使用"转置"选项粘贴到以 F11 开始的单元格

粘贴选项包括以下这些。

- **粘贴(P)**：从 Windows 剪贴板粘贴单元格内容、公式、格式和数据验证。
- **公式(F)**：粘贴公式而不粘贴格式。
- **公式和数字格式(O)**：只粘贴公式和数字格式。
- **保留源格式(K)**：粘贴公式以及所有格式。
- **无边框(B)**：粘贴源区域中除边框以外的全部内容。
- **保留源列宽(W)**：粘贴公式并复制所复制单元格的列宽。
- **转置(T)**：改变所复制区域的方向，行变列，列变行。复制区域中的任何公式都会进行相关的调整，以便在转置后可正常工作。
- **合并条件格式(G)**：只有当复制的单元格中包含条件格式时，才会显示此图标。当单击该图标时，它会将复制的条件格式与目标区域内的任何条件格式进行合并。
- **值(V)**：粘贴公式的结果。副本的目标可以是新的区域或原始区域。如果是后一种情况，则 Excel 会使用其当前值替换原来的公式。
- **值和数字格式(A)**：粘贴公式的结果以及数字格式。
- **值和源格式(E)**：粘贴公式的结果以及所有格式。
- **格式(R)**：只粘贴源区域的格式。
- **粘贴链接(N)**：在目标区域内创建将引用被复制区域中的单元格的公式。
- **图片(U)**：将复制的信息粘贴为图片。

- **链接图片(I)**：将复制的信息粘贴为一个"活动"图片，此图片会在源区域发生更改时更新。
- **选择性粘贴**：显示"选择性粘贴"对话框(在下一节中描述)。

> **注意**
> 粘贴后，用户还可以选择更改自己的操作。粘贴区域的右下角会显示"粘贴选项"下拉控件。单击该下拉控件(或按 Ctrl 键)，将重新显示粘贴选项的图标。

4.2.9 使用"选择性粘贴"对话框

如果要使用其他粘贴方法，可选择"开始"|"剪贴板"|"粘贴"|"选择性粘贴"命令，这样将显示"选择性粘贴"对话框(见图4-11)。也可以通过右击并从快捷菜单中选择"选择性粘贴"命令来显示该对话框。这个对话框中包含了几个选项，其中一些与"粘贴"下拉菜单中的按钮相同。下面的列表对不同的选项进行了说明。

图 4-11 "选择性粘贴"对话框

> **注意**
> Excel 实际上有几个不同的"选择性粘贴"对话框，每个都提供了不同的选项。所显示的对话框取决于复制的内容。本节描述的是在复制区域或单元格时出现的"选择性粘贴"对话框。

> **提示**
> 要使"选择性粘贴"命令可用，必须复制一个单元格或区域(而不能选择"开始"|"剪贴板"|"剪切"命令)。

- **批注**：只复制单元格或区域的单元格批注，而不复制单元格内容或格式。
- **验证**：复制验证条件，以便应用相同的数据验证。可通过选择"数据"|"数据工具"|"数据验证"命令应用数据验证。
- **所有使用源主题的单元**：粘贴所有内容，但将使用源文档主题中的格式。只有在从不同工作簿粘贴信息并且此工作簿与活动工作簿使用不同的文档主题时，该选项才适用。
- **列宽**：只粘贴列宽信息。
- **所有合并条件格式**：将复制的条件格式与目标区域中的任何条件格式进行合并。只有在复制含有条件格式的区域时，才会启用此选项。

此外，还可以使用"选择性粘贴"对话框执行其他一些操作，如下文所述。

1. 在不使用公式的情况下完成数学运算

使用"选择性粘贴"对话框中"运算"部分的选项按钮可以对目标区域内的值和公式执行数值运算操作。例如，可将一个区域复制到另一个区域，然后选择"乘"运算，Excel 将把源区域和目标区域中的相应数值相乘，然后使用计算出的新值替换目标区域的数值。

该功能也可用于将复制的单个单元格粘贴到一个区域中。假设有一个值域，并希望将每个值增大 5%。此时，可在任意空白单元格中输入 105%，并将该单元格复制到剪贴板。然后，选择值域并打开"选择性粘贴"对话框。选择"乘"选项，则域中的每个值都将乘以 105%。

> **警告**
> 如果目标区域含有公式，那么公式也会被修改。许多情况下，这并非是期望的结果。

2. 粘贴时跳过空单元

"选择性粘贴"对话框中的"跳过空单元"选项可以防止 Excel 用复制区域的空单元格覆盖粘贴区域中的单元格内容。如果要将一个区域复制到另一个区域，同时又不希望复制区域内的空单元格覆盖粘贴区域中的现有数据，那么此选项非常有用。

3. 转置区域

"选择性粘贴"对话框中的"转置"选项可以改变复制区域的方向：行变成列，列变成行。复制区域中的所有公式会被调整，以便使它们在转置后能够正常运行。请注意，可将此复选框与"选择性粘贴"对话框中的其他选项结合在一起使用。在图 4-12 所示的示例中，水平区域(A1:D5)被转置成一个不同区域(A7:E10)。

◢	A	B	C	D	E	F
1		January	February	March		
2	Region 1	31,601	34,855	38,091		
3	Region 2	25,117	31,583	35,696		
4	Region 3	39,493	33,010	34,590		
5	Region 4	33,867	34,367	39,683		
6						
7		Region 1	Region 2	Region 3	Region 4	
8	January	31,601	25,117	39,493	33,867	
9	February	34,855	31,583	33,010	34,367	
10	March	38,091	35,696	34,590	39,683	
11						
12						
13						

图 4-12　转置区域操作在将信息粘贴到工作表时会改变信息的方向

> **提示**
> 如果单击"选择性粘贴"对话框中的"粘贴链接"按钮，则可以创建链接到源区域的公式。此时，目标区域将可以自动反映出源区域中发生的变化。

4.3　对区域使用名称

在处理含义不清的单元格和区域地址时，有时可能会造成混淆，在处理公式时尤其如此。相关内容将在第 9 章中进行介绍。幸运的是，Excel 允许用户为单元格和区域分配具有描述性的名称。例如，可将一个单元格命名为 Interest_Rate，或将一个区域命名为 JulySales。使用类似这样的名称(而不是单元格或区域的地址)具有以下几个优点：

- 有意义的区域名称(如 Total_Income)比单元格地址(如 AC21)更易于记忆。
- 相对于输入单元格或单元格区域的地址，输入名称更不易出错。如果在公式中错误地键入名称，Excel 会显示#NAME?错误。
- 通过使用位于编辑栏左侧的"名称"框(单击下拉箭头可显示已定义的名称列表)，或者通过选择"开始" | "编辑" | "查找和选择" | "转到"命令(或者按 F5 键或 Ctrl+G 键)并指定区域名称，可以快速移动到工作表中的不同区域。

- 公式更易于创建。可以使用"公式记忆式键入"功能将单元格或区域名称粘贴到公式中。

交叉引用

有关公式记忆式键入的信息,请参见第 9 章。

- 名称使得公式更好理解、更易使用。类似"=Income-Taxes"的公式比类似"=D20-D40"的内容更直观。

4.3.1 在工作簿中创建区域名称

Excel 提供了可用于创建区域名称的几种不同方法。但是,在开始之前,有必要先了解几个规则:

- 名称不能含有空格。可以使用下划线字符来代替空格(如 Annual_Total)。
- 可以使用字母和数字的任意组合。名称必须以字母、下划线或反斜线开头,而不能以数字开头(如 3rdQuarter),也不能看起来像单元格地址(如QTR3)。如果确实需要使用这些名称,可以在名称前加上下划线或反斜线(如 _3rdQuarter和\QTR3)。
- 不允许使用除下划线、反斜线和句点以外的符号。
- 名称最多可以包含 255 个字符,但是应尽量使名称简短并具有意义。

注意

在系统内部,有几个名称是供 Excel 自己使用的。尽管用户创建的名称可以覆盖 Excel 的内部名称,但还是应该避免此类情况。为安全起见,应避免使用下列名称:Print_Area、Print_Titles、Consolidate_Area 和 Sheet_Title。有关删除区域名称或重新命名区域的信息,请参见本章后面的 4.3.2 节。

1. 使用"名称"框

创建名称最快速的方法是使用"名称"框(位于编辑栏的左侧)。选择要命名的单元格或区域,单击"名称"框,然后输入名称。按 Enter 键即可创建名称(必须按下 Enter 键才能实际记录名称。如果在输入名称之后又在工作表中单击,则 Excel 不会创建名称)。

如果键入无效的名称(如 May21,它正好是一个单元格地址 MAY21),Excel 会激活该地址(并且不会警告你该名称无效)。如果输入的名称包含无效字符,Excel 会显示一条错误消息。如果某个名称已存在,则不能使用"名称"框来更改该名称所指的区域。尝试这么做只会选择该区域。

"名称"框是一个下拉列表,其中显示了工作簿中的所有名称。要选择已命名的单元格或区域,可单击"名称"框右侧的箭头并选择名称。名称会显示在"名称"框中,Excel 将选择工作表中已命名的单元格或区域。

2. 使用"新建名称"对话框

为更好地控制对单元格和区域的命名,可使用"新建名称"对话框。首先,选择要命名的单元格或区域。然后,选择"公式"|"定义的名称"|"定义名称"命令。Excel 将显示"新建名称"对话框,如图 4-13 所示。请注意,此对话框可调整大小,单击并拖动边框即可改变其大小。

图 4-13 使用"新建名称"对话框为单元格或区域创建名称

在"名称"文本框中输入名称或者使用 Excel 建议的名称(如果有)。选择的单元格或区域的地址会显示在"引用位置"文本框中。可使用"范围"下拉列表指出名称的范围。该范围指出了名称有效的位置,该位置既可以是整个工作簿，也可以是包含定义的名称的工作表。如果愿意，可以添加备注以描述所命名的区域或单元格。单击"确定"按钮可将名称添加到工作簿中并关闭对话框。

3. 使用"根据所选内容创建名称"对话框

你可能有一个包含文本的工作表，并且需要用这些文本来为相邻的单元格或区域命名。例如，要使用 A 列中的文本为 B 列中的相应值创建名称。在 Excel 中，该项工作执行起来非常简单。

要使用相邻的文本创建名称，可首先选择名称文本和要命名的单元格(可以是单独的单元格或单元格区域)。名称必须与要命名的单元格相邻(允许多重选择)。然后选择"公式"|"定义的名称"|"根据所选内容创建"命令。此时 Excel 会显示"根据所选内容创建名称"对话框，如图 4-14 所示。

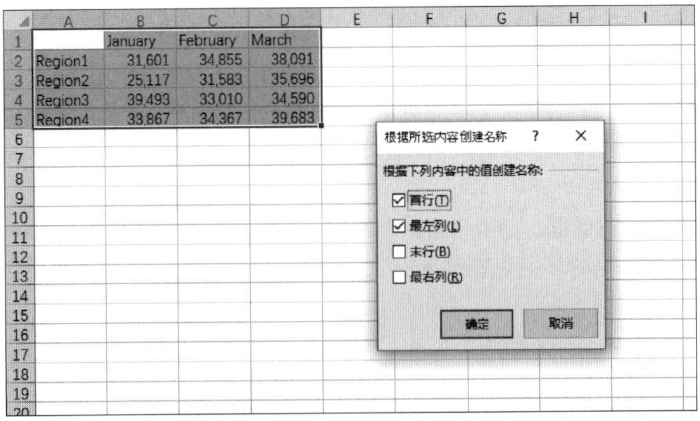

图 4-14　通过"根据所选内容创建名称"对话框使用工作表中的文本创建单元格名称

"根据所选内容创建名称"对话框中的复选标记取决于 Excel 对所选区域的分析。例如，如果 Excel 在选定区域的第一行中发现文本，则会建议用户基于首行创建名称。如果 Excel 猜测不正确，那么用户可以更改复选框。单击"确定"按钮，Excel 将创建名称。使用图 4-14 中的数据，Excel 将创建 7 个命名区域，如图 4-15 所示。

图 4-15　使用"名称管理器"窗口处理区域名称

> **注意**
> 如果包含在一个单元格中的文本将导致无效的名称，那么 Excel 会对名称进行修改以使其有效。例如，如果一个单元格中包含文本 Net Income(由于含有空格，因此该名称无效)，则 Excel 会将空格转换为一个下划线字符。然而，如果 Excel 在应该是文本的地方遇到一个数值或数值公式，并不会将其转换为有效名称，也根本不会创建名称，而且不告诉用户这一点。

> **警告**
> 如果选定区域左上角的单元格包含文本，并选择"首行"和"最左列"选项，那么 Excel 将使用此文本作为不包括首行和最左列在内的整个区域的名称。因此，在 Excel 创建名称后，最好花一点时间确认所指的区域是否正确。如果 Excel 创建的名称错误，则可以使用"名称管理器"窗口删除它或对其进行修改(如下所述)。

4.3.2　管理名称

一个工作簿可以具有任意数量的已命名的单元格和区域。如果拥有很多名称，则应了解有关名称管理器的内容，如图 4-15 所示。

当选择"公式"|"定义的名称"|"名称管理器"命令(或按 Ctrl+F3 键)时，将显示"名称管理器"对话框。名称管理器具有以下功能：

- **显示工作簿中每个名称的信息。** 可以调整"名称管理器"对话框的大小，并且增大列宽以显示更多信息，甚至可以重新排列各列的顺序。此外，还可以单击列标题按列对信息进行排序。
- **允许筛选所显示的名称。** 单击"筛选"按钮可以仅显示符合特定条件的名称。例如，可以只查看工作表级别名称。
- **快速访问"新建名称"对话框。** 单击"新建"按钮可以创建新名称，而不必关闭"名称管理器"对话框。
- **编辑名称。** 要编辑某个名称，可以在列表中选择此名称并单击"编辑"按钮。用户可以更改名称自身、修改引用位置或者编辑批注。
- **快速删除不需要的名称。** 要删除某个名称，只需要在列表中选择此名称并单击"删除"按钮即可。

> **警告**
> 在删除名称时要特别小心。如果在公式中使用了名称，则删除此名称会导致公式变得无效(显示#NAME?)。虽然从逻辑上看，Excel 应使用实际地址替换名称，但是这并不会发生。不过，可以撤销名称删除操作，因此如果在删除名称后发现公式返回#NAME?，则可从快速访问工具栏中选择"撤销"命令(或按 Ctrl+Z 键)恢复名称。

如果删除的行或列中包括已定义名称的单元格或区域，则这些名称会包含无效的引用。例如，如果 Sheet1 上的单元格 A1 被命名为 Interest，并且删除了第 1 行或 A 列，则名称 Interest 将会引用 "=Sheet1!#REF!"(即错误的引用)。如果在公式中使用 Interest，则公式会显示#REF!。

> **提示**
> 要在工作表中创建名称列表，首先在工作表中的空白区域选择一个单元格。Excel 将在活动单元格位置创建列表，而且会覆盖该位置上的任何信息。按F3键显示"粘贴名称"对话框，该对话框列出了已定义的所有名称。然后单击"粘贴列表"按钮，Excel 就会创建含有工作簿中所有名称及其相应地址的列表。

4.4　添加单元格批注

如果用一些文档信息来解释工作表中的特定元素，将会对用户很有帮助。一种用于解释用户工作的方法是向单元格添加批注。当需要对特定的值进行描述或对公式的运算方式进行解释时，此功能非常有用。

要向单元格添加批注，可选择单元格，然后执行以下任意一种操作：

- 选择"审阅"|"批注"|"新建批注"命令。
- 右击单元格，并从快捷菜单中选择"插入批注"命令。
- 按 Shift+F2 键。

Excel 将向活动单元格插入一个批注。最初，批注中包含你的姓名，该姓名在"Excel 选项"对话框(可选择"文件"|"选项"命令来显示此对话框)的"常规"选项卡中指定。如果愿意，可以从批注中删除你的姓名。

为单元格批注输入文本，然后单击工作表中的任意位置，即可隐藏批注。可以通过单击并拖动批注的任一边框来改变批注的大小。图 4-16 显示了一个带有批注的单元格。

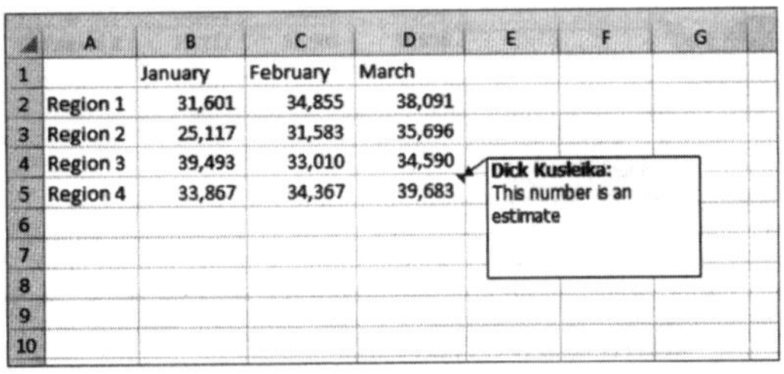

图 4-16　向单元格添加批注以帮助指出工作表中的特定条目

含有批注的单元格会在其右上角显示一个红色的小三角。当将鼠标指针移到含有批注的单元格上时，就会显示批注。

可以强制显示批注，即使鼠标指针并未悬停在相应单元格上。方法是右击该单元格，然后选择"显示/隐藏批注"命令。虽然此命令的英文名称用的是 comments("批注"的英文表达的复数形式)，但它仅会影响活动单元格中的批注。要返回正常状态(只有在其单元格上悬停鼠标指针时，才会显示批注)，可以右击该单元格，然后选择"隐藏批注"命令。

> **提示**
> 可以控制批注的显示方式。方法是选择"文件"|"选项"命令，然后选择"Excel 选项"对话框的"高级"选项卡。在"显示"部分的"对于带批注的单元格，显示"列表中选择"无批注或标识符"选项。

4.4.1　设置批注格式

如果不喜欢单元格批注的默认外观，则可对批注的外观进行更改。为此，可右击单元格，然后选择"编辑批注"命令。选择批注中的文本，然后使用"字体"和"对齐方式"分组中的命令(位于"开始"选项卡)对批注外观进行更改。

对于更多的格式选项，可右击批注边框并从快捷菜单中选择"设置批注格式"命令。此时 Excel 将显示"设置批注格式"对话框，可使用该对话框更改外观显示的各个方面，包括颜色、边框和边距。

> **提示**
> 也可在批注内部显示图像。右击单元格并选择"编辑批注"命令。然后右击批注的边框(而不是批注自身)，并选择"设置批注格式"命令。在"设置批注格式"对话框中选择"颜色与线条"选项卡。单击"颜色"下拉列表并选择"填充效果"选项。在"填充效果"对话框中，单击"图片"选项卡，然后单击"选择图片"按钮指定图片文件。图 4-17 显示了一个含有一张图片的批注。

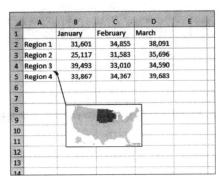

图 4-17　含有一张图片的批注

单元格批注的替代形式

可利用 Excel 的"数据验证"(参见第 26 章)功能来为单元格添加其他类型的批注。当选中单元格时,这种类型的批注会自动显示。要实现上述功能,需要执行下列步骤:

(1) 选择将要包含批注的单元格。

(2) 选择"数据"|"数据工具"|"数据验证"命令。这将显示"数据验证"对话框。

(3) 单击"输入信息"选项卡。

(4) 确保选中"选定单元格时显示输入信息"复选框。

(5) 在"输入信息"框中输入批注。

(6) (可选)在"标题"框中输入标题。此文本将以粗体形式出现在信息顶部。

(7) 单击"确定"按钮关闭"数据验证"对话框。

执行上述步骤以后,将在激活单元格时出现信息,并在激活其他任意单元格时隐藏信息。

注意,此信息并非"真正"的批注。例如,含有此类信息的单元格不会显示批注标识符,也不会受用于处理单元格批注的任何命令的影响。此外,不能以任何方式设置这些信息的格式,并且不能打印这些信息。

4.4.2 更改批注的形状

单元格批注是以矩形形式出现的,但并不是必须如此。要改变单元格批注的形状,首先要确保其可见(右击单元格并选择"编辑批注"命令)。然后单击批注边框,并选择它作为"形状"(或按住 Ctrl 键并单击批注,以选择它作为"形状")。在"告诉我你想做什么"框中输入"更改形状",然后为批注选择一个新形状。图 4-18 显示了一个具有非标准形状的单元格批注。

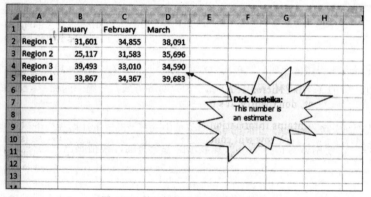

图 4-18 单元格批注并非必须是矩形

4.4.3 阅读批注

要阅读工作簿中的所有批注,可选择"审阅"|"批注"|"下一条"命令。重复单击该命令可阅读工作簿中的所有批注。选择"审阅"|"批注"|"上一条"命令,可按相反顺序浏览批注。

交叉引用

有关在打印输出中包含批注的更多信息,请参考第 7 章。

4.4.4 隐藏和显示批注

如果需要显示所有单元格批注(而无论鼠标指针的位置位于何处),可选择"审阅"|"批注"|"显示所有批注"命令。该命令是可切换命令:再次选择它即可隐藏所有单元格批注。

要切换显示单个批注,首先需要选择单元格,然后选择"审阅"|"批注"|"显示/隐藏批注"命令。

4.4.5　编辑批注

要编辑批注中的文本，首先需要激活单元格，接着右击单元格，然后从快捷菜单中选择"编辑批注"命令。或者先选中单元格，然后按 Shift+F2 键。当完成更改后，单击任意单元格即可。

4.4.6　删除批注

要删除单元格批注，首先需要激活含有批注的单元格，然后选择"审阅"|"批注"|"删除"命令。或者也可以右击该单元格，然后从快捷菜单中选择"删除批注"命令。

4.5　使用表格

表格是工作表中被专门指定的一个区域。当指定一个区域作为表格时，Excel 将赋予其特殊的属性，使得更便于执行特定的操作，并且可帮助避免发生错误。

表格的目的是强制数据具有某种结构。如果你熟悉数据库(如 Microsoft Access)表的概念，那肯定已经理解了结构化数据的概念。不熟悉也没有关系，这个概念并不难。

在表格中，每一行包含关于一个实体的信息。在一个包含员工信息的表格中，每一行将包含一个员工的信息(如姓名、部门和聘用日期)。每一列包含每个员工都具有的一条信息。包含第一个员工的聘用日期的一列也包含其他所有员工的聘用日期。

4.5.1　理解表格的结构

图 4-19 显示了一个简单表格。随后将介绍表格的各个组成部分。

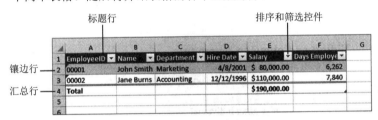

图 4-19　组成表格的各个部分

1. 标题行

标题行的颜色一般与其他行不同。标题中的名称标识了列。如果在公式中引用了表格，则标题行将决定如何引用表格的列。例如，Days Employed 列包含的公式引用了 Hire Date 列(列 D)。该公式为"=NOW()-[@[Hire Date]]"。如果表格的长度超过了一个屏幕，那么向下滚动时，标题行将代替列标题显示出来。

交叉引用

有关特殊的在公式中引用表格的介绍，请参考第 17 章。

标题还包含筛选按钮。这些下拉控件的工作方式与 Excel 的自动筛选功能相同。可以使用它们对表格的数据进行排序和筛选。

2. 数据体

数据体是一行或多行数据。默认情况下，行是镶边的，即使用交替颜色显示。向表格添加新数据时，将自动对新数据应用现有数据的格式。例如，如果列的格式被设置为文本，则在新行中，该列的格式也是文本。对于条件格式，这一点也适用。

不只是格式会应用到新数据。如果列中包含公式，该公式将自动被插入新行中。数据验证也会被转移。你可以创建一个相当健壮的数据录入区域，并且知道这个表格结构会应用到新数据。

表格最好的特性之一是，当数据体增长时，引用该表格的任何内容也将自动增长。如果让一个数据透视表或者图表基于表格，那么当在表格中添加或删除行时，数据透视表或图表将会调整。

3. 汇总行

创建表格时，默认情况下汇总行是不可见的。要显示汇总行，可在功能区的"表格工具"|"设计"选项卡中选中"汇总行"复选框。显示汇总行时，第一列中将显示文本"汇总"。可以将其改为另一个值或一个公式。

汇总行中的每个单元格都有一个下拉箭头，其中包含一个常用函数列表。这个函数列表与 SUBTOTAL 函数的参数相近，这并不是偶然。从该列表中选择一个函数时，Excel 将在该单元格中插入一个 SUBTOTAL 函数。SUBTOTAL 函数将忽略筛选掉的单元格，所以如果对表格进行筛选，汇总值将会发生变化。

除了函数列表，下拉列表的底部还有一个"其他函数"选项。选择该选项将显示"插入函数"对话框，在其中可选择使用 Excel 的所有函数。除此之外，也可以直接在汇总行中输入自己想要使用的公式。

4. 大小调整手柄

在表格中最后一个单元格的右下角有一个大小调整手柄。通过拖动这个手柄，可以改变表格的大小。增加表格的长度将添加空行，向下复制格式、公式和数据验证。增加表格的宽度将添加新列，并且这些列具有一般性名称，如列 1、列 2 等。可以将这些名称改为更有意义的名称。

减小表格的大小只会改变被视为表格的一部分的数据，而不会删除任何数据、格式、公式或数据验证。如果想要改变表格中的内容，更好的方法是删除表格的行和列，就像删除区域的内容一样，而不是试图使用大小调整手柄来完成此目的。

4.5.2 创建表格

大部分情况下，都通过现有数据区域创建表格。不过，Excel 也允许从空白区域创建表格，然后再填写表格数据。当存在适合于转换为表格的数据区域时，可以按照以下步骤进行操作：

(1) 首先，确保区域内不包含任何完全空白的行或列。否则，Excel 将不能正确地猜测出表格区域。

(2) 选择区域内的任一单元格。

(3) 选择"插入"|"表格"|"表格"命令(或按 Ctrl+T 键)。Excel 将弹出"创建表"对话框，如图 4-20 所示。Excel 会尝试猜测区域，以及表格是否包含标题行。一般情况下，它可以正确地猜测出这些内容。如果不正确，可对其进行纠正，然后单击"确定"按钮。

完成上述操作之后，区域将转换为表格(具有默认的表格样式)，并在功能区内出现"表格工具"|"设计"选项卡。

注意

如果未通过至少一个空行或列将表格与其他信息分隔开，则 Excel 可能无法正确猜测出表格维数。如果 Excel 猜测错误，可在"创建表"对话框中为表格指定正确的区域。更好的方法是，单击"取消"按钮重新组织工作表，使表格通过至少一个空行或列与其他数据分隔开。

要从空白区域创建表格，只需要选择区域，然后选择"插入"|"表格"|"表格"命令。这样，Excel 将创建表格，添加一般性的列标题(如列 1 和列 2)，并向区域应用表格格式。几乎在所有情况下，都希望用更有意义的文本替换一般性列标题。

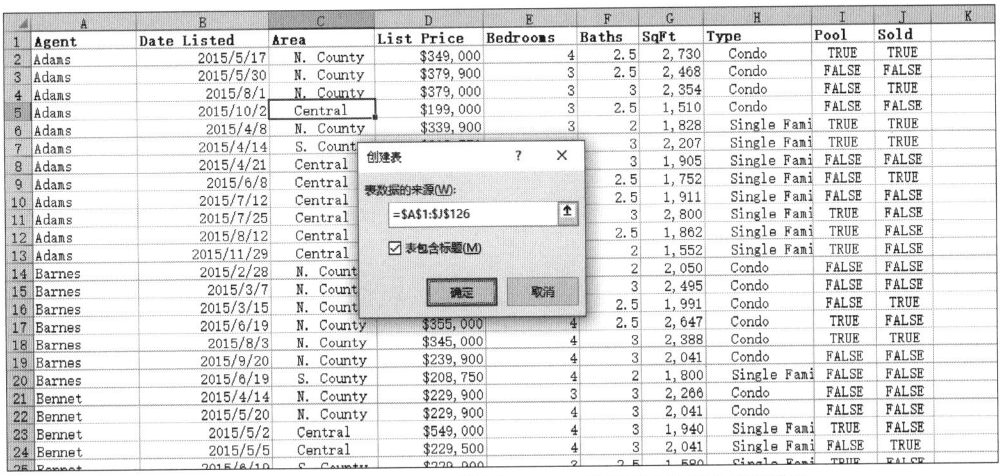

图 4-20 使用"创建表"对话框验证 Excel 是否正确地猜出了表维数

4.5.3 向表格添加数据

如果表格没有汇总行，那么要输入数据，最简单的方法是在紧跟着表格下方的行中开始输入。当你在单元格中输入内容时，Excel 将自动扩展表格，并对新行应用格式、公式和数据验证。也可以把值粘贴到下一行中。事实上，可以粘贴多行数据，表格将自动扩展来包含这些数据。

如果表格有汇总行，就不能使用这种方法。此时，可在表格中插入行，就像在任何区域中插入行一样。要插入行，可选择一个单元格或者一整行，然后选择"开始"|"单元格"|"插入"命令。当选中区域位于一个表格中时，将在"插入"菜单中看到一些新菜单项，专门用来处理表格。当使用这些菜单项时，表格将被修改，但是表格外部的数据不受影响。

当选中的单元格位于表格中时，快捷键 Ctrl-(减号)和 Ctrl+(加号)只作用于表格，而不作用于表格外部的数据。但是，不同于在表格外部的情况，无论是否选中整行或整列，这些快捷键都会作用于整个表行或表列。

4.5.4 排序和筛选表格数据

表格的标题行中的每项包含一个下拉箭头，称为筛选按钮。单击筛选按钮时，会显示用于排序和筛选的选项(参见图 4-21)。

图 4-21 表格中的每一列都具有排序和筛选选项

1. 排序表格

排序表格时会根据某个特定列的内容来重新排列各行。可能需要按名字的字母顺序对表格进行排序。或者，可能需要按销售情况对销售人员进行排序。

要根据特定列来排序表格，可单击列标题中的筛选按钮，然后选择其中一个排序命令。根据列中数据类型的不同，所显示的命令也有所不同。

也可选择"按颜色排序"命令以便根据数据的背景或文本颜色对行进行排序。只有当使用自定义颜色覆盖表样式颜色之后，这个选项才有意义。

可以对任意数量的列进行排序。此时，可使用以下技巧：首先对最不重要的列进行排序，然后以此类推，最后对最重要的列进行排序。例如，在房产表中，可首先按 Agent 进行排序。然后在 Agent 组内，按 Area 对行进行排序。最后在 Area 组内，对行按 List Price 进行排序。对于这种类型的排序，首先按 List Price 列进行排序，然后按 Area 列进行排序，接着按 Agent 列进行排序。图 4-22 显示了一个按该方式进行排序的表格。

	A	B	C	D	E	F	G	H	I	J
1	Agent	Date Listed	Area	List Price	Bedrooms	Baths	SqFt	Type	Pool	Sold
2	Adams	1/22/2019	Central	295,000	4	3.5	2,100	Condo	TRUE	TRUE
3	Adams	4/10/2019	Central	384,000	4	2	2,700	Condo	FALSE	FALSE
4	Adams	10/4/2019	Downtown	258,000	2	2.5	1,800	Split Level	FALSE	TRUE
5	Adams	1/19/2019	Downtown	271,000	2	3	1,900	Ranch	FALSE	TRUE
6	Adams	4/14/2019	Downtown	310,000	3	3.5	2,200	Split Level	FALSE	TRUE
7	Adams	3/17/2019	Downtown	312,000	4	3	2,200	Ranch	FALSE	TRUE
8	Adams	9/26/2019	Downtown	352,000	2	3	2,500	Condo	TRUE	FALSE
9	Adams	1/10/2019	Downtown	372,000	2	2	2,700	Condo	FALSE	TRUE
10	Adams	1/12/2019	Downtown	397,000	3	3	2,800	2 Story	TRUE	FALSE
11	Adams	9/22/2019	North	288,000	3	2	2,100	2 Story	FALSE	FALSE
12	Adams	4/15/2019	North	289,000	2	2	2,100	Condo	FALSE	FALSE
13	Adams	9/12/2019	North	291,000	3	2	2,100	Ranch	FALSE	FALSE
14	Adams	5/21/2019	South	282,000	2	3	2,000	Condo	FALSE	FALSE
15	Adams	4/16/2019	South	388,000	4	3	2,800	2 Story	FALSE	TRUE
16	Adams	11/22/2019	South	389,000	2	3	2,800	Ranch	TRUE	TRUE
17	Barnes	11/18/2019	Downtown	275,000	3	2	2,000	Ranch	TRUE	TRUE
18	Barnes	9/3/2019	Downtown	289,000	3	3	2,100	Split Level	TRUE	FALSE
19	Barnes	1/4/2019	Downtown	313,000	2	2	2,200	Ranch	TRUE	TRUE
20	Barnes	3/6/2019	Downtown	342,000	4	2	2,400	2 Story	TRUE	TRUE
21	Barnes	9/18/2019	Downtown	354,000	2	2	2,500	Ranch	TRUE	TRUE
22	Barnes	8/21/2019	North	280,000	4	2	2,000	Ranch	FALSE	FALSE
23	Barnes	10/12/2019	North	300,000	2	2.5	2,100	Condo	FALSE	TRUE
24	Barnes	4/11/2019	North	389,000	3	2	2,800	2 Story	FALSE	TRUE
25	Barnes	2/23/2019	South	305,000	4	2	2,200	Condo	TRUE	TRUE
26	Barnes	4/24/2019	South	343,000	3	2.5	2,500	Split Level	TRUE	FALSE
27	Barnes	12/25/2019	South	390,000	2	3	2,800	Split Level	TRUE	FALSE
28	Bennet	9/10/2019	Central	340,000	3	3	2,400	2 Story	TRUE	TRUE
29	Bennet	9/18/2019	Central	395,000	3	2	2,800	2 Story	FALSE	TRUE
30	Bennet	7/8/2019	Downtown	343,000	3	2	2,500	2 Story	FALSE	FALSE
31	Bennet	5/15/2019	Downtown	379,000	2	3	2,700	Condo	TRUE	FALSE
32	Bennet	3/19/2019	Downtown	385,000		3.5	2,800	2 Story	TRUE	FALSE

图 4-22　一个按 3 列执行排序的表格

另一种用于执行多列排序的方法是使用"排序"对话框(选择"开始" | "编辑" | "排序和筛选" | "自定义

排序"命令)。此外，也可右击表格中的任一单元格，然后从快捷菜单中选择"排序"|"自定义排序"命令。

在"排序"对话框中，使用下拉列表指定排序规范。在本示例中，从 Agent 开始排序，然后单击"添加条件"按钮插入另一组搜索控件。在新的控件组中，为 Area 列指定排序规范。然后，再添加另一个条件，并为 List Price 列输入排序规范。图 4-23 显示了一个为 3 列排序输入排序规范后的对话框。这种方法的效果与之前段落中所述方法的效果完全相同。

图 4-23　使用"排序"对话框指定 3 列排序

2. 筛选表格

筛选表格是指只显示满足特定条件的行(隐藏其他行)的过程。

请注意，将隐藏整行。因此，如果在表格的左侧或右侧中存储了其他数据，这些数据也将被隐藏。如果计划对列表进行筛选，请不要在表格左侧或右侧包含任何其他数据。

对于前面的房产表，假设只对 Downtown 地区的数据感兴趣。此时，可单击 Area 行标题中的筛选按钮，并删除"全选"中的选中标记，这将取消选择全部内容。然后选中 Downtown 旁边的复选框并单击"确定"按钮。表格筛选后，将只显示 Downtown 地区的数据，如图 4-24 所示。请注意，有些行号会失踪。这些行包含不符合指定条件的数据，所以被隐藏起来。

此外，请注意此时 Area 列中的筛选按钮将显示一个不同的图形，此图形表明该列已经筛选过。

可以通过使用多个复选标记按照一列中的多个值进行筛选。例如，如果要对表格进行筛选，以便只显示 Downtown 和 Central，则可在 Area 行标题的下拉列表中，选中这两个值旁边的复选框。

可以使用任意数量的列对表格进行筛选。例如，如果只查看 Downtown 中 Type 为 Condo 的列表，则只需要对 Type 列重复以上操作即可。然后，该表格将只显示 Area 为 Downtown 且 Type 为 Condo 的行。

	A	B	C	D	E	F	G	H	I	J
1	Agent	Date Listed	Area	List Price	Bedrooms	Baths	SqFt	Type	Pool	Sold
4	Adams	10/4/2019	Downtown	258,000	2	2.5	1,800	Split Level	FALSE	TRUE
5	Adams	1/19/2019	Downtown	271,000	2	3	1,900	Ranch	FALSE	TRUE
6	Adams	4/14/2019	Downtown	310,000	3	3.5	2,200	Split Level	FALSE	TRUE
7	Adams	3/17/2019	Downtown	312,000	4	3	2,200	Ranch	FALSE	TRUE
8	Adams	9/26/2019	Downtown	352,000	3	3	2,500	Condo	TRUE	FALSE
9	Adams	1/10/2019	Downtown	372,000	2	3	2,700	Condo	FALSE	TRUE
10	Adams	1/12/2019	Downtown	397,000	3	3	2,800	2 Story	TRUE	FALSE
17	Barnes	11/18/2019	Downtown	275,000	2	2	2,000	Ranch	TRUE	TRUE
18	Barnes	9/3/2019	Downtown	289,000	3	2	2,100	Split Level	FALSE	TRUE
19	Barnes	1/4/2019	Downtown	313,000	3	2	2,200	Ranch	FALSE	TRUE
20	Barnes	3/6/2019	Downtown	342,000	4	2	2,400	2 Story	FALSE	TRUE
21	Barnes	9/18/2019	Downtown	354,000	2	2	2,500	Ranch	TRUE	TRUE
30	Bennet	7/8/2019	Downtown	343,000	3	2	2,500	2 Story	FALSE	FALSE
31	Bennet	5/15/2019	Downtown	379,000	2	3	2,700	Condo	TRUE	FALSE

图 4-24　经筛选的表格只显示一个地区的信息

如果要使用其他筛选选项，请选择"文本筛选"或"数字筛选"(如果列中包含数值) 命令。这些选项很容易理解，可以灵活地使用它们来显示自己所需的行。例如，可以显示其中的 List Price 大于或等于 20 万美元但少于 30 万美元的行(见图 4-25)。

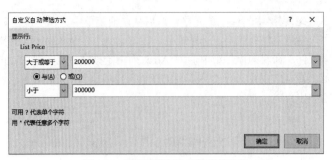

图 4-25　指定比较复杂的数字筛选器

　　另外，也可以右击单元格，使用快捷菜单中的"筛选"命令。这个菜单项包含几个筛选选项，可以基于选定单元格的内容筛选数据，还可以根据格式进行筛选。

> **注意**
> 如你预期的那样，在使用筛选功能时，汇总行将更新，仅显示可见行的汇总。

　　当从经过筛选的表格中复制数据时，只会复制可见的数据。也就是说，通过筛选操作而隐藏的行不会被复制。通过筛选，可以很容易地将较大表格的子集复制并粘贴到工作表的其他区域。需要注意的是，所粘贴的数据并不是一个表格，而只是一个普通区域。但是，可将所复制的区域转换为一个表格。

　　要移除对列所执行的筛选，可单击行标题中的下拉箭头并选择"清除筛选"命令。如果已使用多列进行了筛选，那么通过选择"开始" | "编辑" | "排序和筛选" | "清除"命令移除所有筛选可能是更快的方法。

3. 使用切片器筛选表格

　　另一种表格筛选方法是使用一个或多个切片器。这种方法不够灵活，但具有更高的视觉友好度。当表格由新手或那些认为标准筛选方法太过复杂的用户查看时，切片器特别有用。切片器非常直观，并且可以很容易地看出实际生效的筛选类型。切片器的一个缺点是，它们会占用大量的屏幕空间。

　　要添加一个或多个切片器，可激活表格中的任意单元格，然后选择"表格工具" | "设计" | "工具" | "插入切片器"命令。 Excel 将打开一个对话框，其中显示了表格中的每个标题（见图 4-26）。

　　在要筛选的字段旁放置一个复选标记。可以为每列创建一个切片器，但是很少需要这样做。大多数情况下，只需要通过几个字段筛选表格。单击"确定"按钮，Excel 会为指定的每个字段创建一个切片器。

　　切片器为字段中的每一个独特项包含一个按钮。在前面的房产表示例中，Agent 字段的切片器包含 14 个按钮，因为该表中包含对应于 14 个不同中介的记录。

图 4-26　使用"插入切片器"对话框指定要创建的切片器

> **注意**
> 切片器可能不适合包含数值数据的列。例如，房产表的 List Price 列中有 78 个不同的值。因此，该列的切片器将有 78 个按钮。用户无法将值分组到数字区域。这个例子说明切片器不如采用筛选按钮的标准筛选操作灵活。

要使用切片器，只需要单击其中一个按钮。表格将只显示与该按钮对应的行。也可以按 Ctrl 键以选择多个按钮，按 Shift 键选择一组连续的按钮，这对于选择一组 List Price 值而言很有用。

如果表格中包含多个切片器，将使用每个切片器中选定的按钮筛选表格。要删除切片器对应的筛选，可单击切片器右上角的"清除筛选器"图标。

可使用 "切片器工具"|"选项"选项卡中的工具更改切片器的外观或布局。这里的选项非常灵活。

图 4-27 显示了具有两个切片器的表格。该表格已进行筛选，仅显示对应于 Downtown 地区的 Adams、Barnes、Chung 和 Hamilton 的记录。

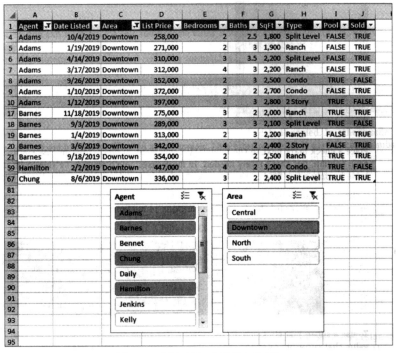

图 4-27 使用两个切片器筛选的表格

4.5.5 更改表格外观

当创建表格时，Excel 会使用默认的表格样式。实际外观取决于在工作簿中使用的文档主题(参见第 5 章)。如果希望使用其他表格外观，则可以很轻松地应用不同的表格样式。

选择表格内的任一单元格，然后选择"表格工具"|"设计"|"表格样式"命令。此时，功能区中将显示一行样式。如果单击右侧滚动条底部的"其他"按钮，会展开表格样式组，如图4-28所示。这些表格样式分为3类：浅色、中等色和深色。请注意，当在这些表格样式之间移动鼠标时，会显示实时的预览。如果发现喜欢的样式，只需要单击就可以使之成为实际应用的样式。当然，其中一些样式不好看，并且难以辨认。

> **提示**
> 要更改工作簿的默认表格样式，可在表格样式组中右击某个样式，然后从上下文菜单中选择"设为默认值"命令。以后在该工作簿中创建的表格将使用此样式。

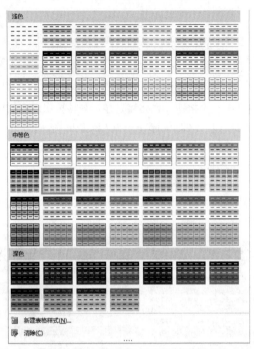

图 4-28　Excel 提供许多不同的表格样式

要采用其他颜色选项，可选择"页面布局"|"主题"|"主题"命令以选择不同的文档主题。

交叉引用

有关主题的更多信息，请参见第 5 章。

可以通过使用"表格工具"|"设计"|"表格样式选项"组中的复选框控件更改一些样式元素。这些控件将决定是否显示表格的各种元素，以及某些格式选项是否有效。

- **标题行**：切换标题行的显示方式。
- **汇总行**：切换汇总行的显示方式。
- **第一列**：切换第一列的特殊格式。此命令可能没有任何效果，具体取决于所使用的表格样式。
- **最后一列**：切换最后一列的特殊格式。此命令可能没有任何效果，具体取决于所使用的表格样式。
- **镶边行**：切换镶边(交替颜色)行的显示方式。
- **镶边列**：切换镶边列的显示方式。
- **筛选按钮**：切换表格标题行中的下拉按钮的显示方式。

提示

如果应用表格样式的操作不起作用，则可能是因为在将区域转换为表格之前已进行了格式设置。表格格式不会覆盖普通格式。要清除现有的背景填充颜色，可选中整个表格，然后选择"开始"|"字体"|"填充颜色"|"无填充颜色"命令。要清除现有的字体颜色，可选择"开始"|"字体"|"字体颜色"|"自动"命令。要清除现有的边框，可选择"开始"|"字体"|"边框"|"无框线"命令。执行这些命令后，表格样式将会呈现出预期的效果。

如果要创建自定义的表格样式，可选择"表格工具"|"设计"|"表格样式"|"新建表格样式"命令。此时将弹出如图 4-29 所示的"新建表样式"对话框。可以自定义 12 种表格元素中的任一或所有元素。从列表中选择一种元素，单击"格式"按钮，然后为选中元素指定格式。完成以上操作后，为表格样式命名并单击"确定"按钮。自定义表格样式将出现在"自定义"分类中的表格样式库中。

图 4-29　使用此对话框创建新的表格样式

　　自定义表格样式只能用于创建它们的工作簿中。但是，如果将使用了自定义样式的一个表格复制到另一个工作簿，那么在后面这个工作簿中也将可以使用该自定义样式。

提示

　　如果要更改某个现有表格样式，可在功能区中找到并右击此样式，从快捷菜单中选择"复制"命令，Excel 将弹出"修改表样式"对话框，其中含有指定表格样式的所有设置。执行更改之后，给样式提供一个新名称，然后单击"确定"按钮，将其保存为自定义表格样式。

第 5 章

设置工作表格式

本章要点

- 了解格式设置如何改进工作表
- 了解格式设置工具
- 在工作表中使用格式
- 使用条件格式
- 使用命名样式更加方便地设置格式
- 了解文档主题

设置工作表格式不只是能够让工作表更加美观。正确地设置格式后能让用户更容易理解工作表的用途，并有助于避免数据录入错误。

用户不必为自己的每个工作簿都设置样式格式，特别是当工作簿只由用户自己使用时。而另一方面，只要花很少的时间就可以应用一些简单格式。而且在应用格式之后，用户不必再花费更多精力，格式将一直有效。

5.1 了解格式设置工具

图 5-1 表明即使简单的格式设置也可以显著提高工作表的可读性。在此图中，左侧是未设置格式的工作表，虽然其功能正常，但是与右侧经过格式设置的表相比，其可读性大大逊色。

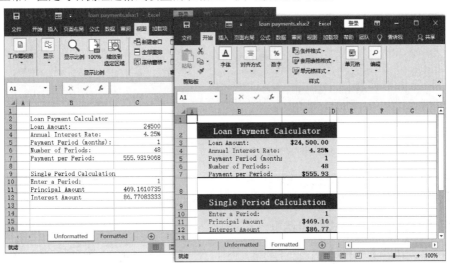

图 5-1 简单的格式设置可大大改善工作表外观

Excel 单元格格式工具可在以下 3 个位置获取：

- 功能区中的"开始"选项卡；
- 右击区域或单元格时出现的浮动工具栏；
- "设置单元格格式"对话框。

此外，还可以通过快捷键使用许多常用的格式命令。

5.1.1　使用"开始"选项卡中的格式设置工具

用户可以从功能区的"开始"选项卡中快速访问最常用的格式设置选项。为此，请首先选择要设置格式的单元格或区域，然后即可使用"字体"、"对齐方式"或"数字"分组中的合适工具。

这些工具的使用方式非常直观，只需要亲自操作一下即可熟悉它们的用法。输入数据，选择某些单元格，然后单击控件以更改外观。注意，其中一些控件实际上是下拉列表。单击按钮上的小箭头可以展开选项。

5.1.2　使用浮动工具栏

右击单元格或选中的区域时，会显示快捷菜单。此外，会在快捷菜单的上方或者下方出现一个浮动工具栏。图 5-2 显示了该工具栏的外观。用于设置单元格格式的浮动工具栏中包含了功能区"开始"选项卡中最常用的控件。

图 5-2　出现在右键快捷菜单上方或下方的浮动工具栏

如果使用浮动工具栏上的工具，则快捷菜单会消失，但此工具栏仍保持显示，以便用户根据需要对选中单元格应用其他格式。要隐藏浮动工具栏，只需要单击任一单元格或按 Esc 键。

5.1.3　使用"设置单元格格式"对话框

大部分情况下，功能区"开始"选项卡上的格式控件已经足够满足常用的格式设置，但是在设置某些类型的格式时，需要使用"设置单元格格式"对话框。通过这个选项卡式对话框，几乎可以应用任何类型的样式格式及数字格式。在"设置单元格格式"对话框中选择的格式将应用到当时选定的单元格。本章后面几节将介绍"设置单元格格式"对话框中的各个选项卡。

在选择要设置格式的单元格或区域后，可通过以下任何一种方法显示"设置单元格格式"对话框：

- 按 Ctrl+1 键。
- 单击"开始"|"字体"、"开始"|"对齐方式"或"开始"|"数字"分组中的对话框启动器(对话框启动器是显示在功能区组名右侧的一个向下的小箭头图标)。在使用对话框启动器显示"设置单元格格式"对话框时，该对话框会打开相应的选项卡。
- 右击选中的单元格或区域，然后从快捷菜单中选择"设置单元格格式"命令。
- 单击功能区的某些下拉控件中的"其他"命令。例如，"开始"|"字体"|"边框"命令的下拉箭头包含一个名为"其他边框"的项。

"设置单元格格式"对话框包含 6 个选项卡："数字"、"对齐"、"字体"、"边框"、"填充"和"保护"。下面将介绍有关此对话框中的各格式选项的更多信息。

5.2　设置工作表格式

Excel 提供的大部分格式设置选项与其他 Office 应用程序(如 Word 或 PowerPoint)相同。可以预料到，与单元格有关的格式设置(如填充颜色和边框)在 Excel 中要比在其他应用程序中重要得多。

5.2.1　使用字体来设置工作表的格式

可以在工作表中使用不同的字体、字号或文本属性来突出显示工作表的不同部分，如表格标题。用户还可以调整字号。例如，通过使用较小的字体，可以在一个屏幕或打印页面中显示更多信息。

默认情况下，Excel 使用 11 点的等线字体。字体由其字型(Calibri、Cambria、Arial、Times New Roman、Courier New 等)及字号(以点作为度量单位，72 点等于 1 英寸)进行描述。Excel 中行的默认高度为 15 点。因此，在 15 点行高的行中输入 11 点字号的字体后，相邻行的字符之间会留下很小的空白空间。

> **提示**
> 如果没有手动更改行高，那么 Excel 会根据在行中输入的最高文本来自动调整行高。

> **提示**
> 如果打算将工作簿分发给其他用户，请注意 Excel 未嵌入字体。因此，应坚持使用 Windows 或 Microsoft Office 中的标准字体。如果打开工作簿，但系统中没有该工作簿所使用的字体，则 Windows 会尝试使用一种类似的字体。这有时效果还可以，但有时效果很不好。

可以使用功能区的"开始"选项卡的"字体"分组(或浮动工具栏)中的"字体"和"字号"工具更改所选单元格的字体或字号。

此外，也可使用"设置单元格格式"对话框中的"字体"选项卡来选择字体，如图 5-3 所示。使用该选项卡可以控制其他一些字体属性(无法在其他位置控制这些属性)。除选择字体之外，还可以更改字形(粗体、斜体)、下划线、颜色及效果(删除线、上标或下标)。如果选中"普通字体"复选框，则 Excel 会将所选内容显示为常规样式定义的字体选项。本章后面将讨论各种样式，详情请参见 5.4 节。

图 5-4 显示了几个不同的字体格式示例。在该图中，已隐藏网格线以方便看清下划线。注意，在该图中，Excel 提供了 4 种不同的下划线样式。在两种非会计用下划线样式中，只有单元格内容才有下划线。而在两种会计用下划线样式中，单元格的整个宽度都有下划线。

图 5-3 "设置单元格格式"对话框中的"字体"选项卡提供了其他许多字体属性选项

图 5-4 可为工作表选择许多不同的字体格式选项

如果你更愿意使用键盘进行操作，则可以使用以下快捷键快速地设置选中区域的格式。

- Ctrl+B：加粗。
- Ctrl+I：倾斜。
- Ctrl+U：下划线。
- Ctrl+5：删除线。

这些快捷键可以实现切换功能。例如，可通过反复按 Ctrl+B 键打开和关闭加粗功能。

在单个单元格中使用多种格式样式

如果一个单元格包含文本(而不是值或公式)，则可以向单元格中的单个字符应用格式设置。为此，请切换到"编辑"模式(按 F2 键或双击单元格)，然后选择要设置格式的字符。可以通过在字符上拖动鼠标或者在按住 Shift 键时按向左或向右的箭头键来选中字符。

如果需要向单元格中的几个字符应用上标或下标格式，此方法非常有用(参见图 5-4 了解示例)。

当选择要设置格式的字符后，可使用任何一种标准的格式设置方法，包括"设置单元格格式"对话框中的选项。要在编辑单元格时显示"设置单元格格式"对话框，请按 Ctrl +1 键。所做的修改只应用于单元格中的选定字符。此方法对于包含数值或公式的单元格不起作用。

5.2.2　更改文本对齐方式

单元格中的内容可以在水平和垂直方向对齐。默认情况下，Excel 会将数字向右对齐，而将文本向左对齐。所有单元格默认为使用底端对齐。

覆盖默认值的操作很简单。最常用的对齐命令位于功能区的"开始"选项卡的"对齐方式"分组中。"设置单元格格式"对话框中的"对齐"选项卡提供了更多的选项(参见图 5-5)。

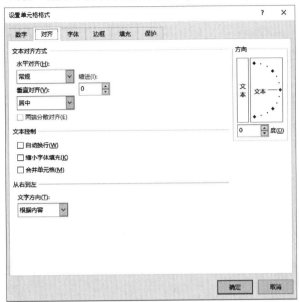

图 5-5　"设置单元格格式"对话框的"对齐"选项卡中提供了所有对齐选项

1. 选择水平对齐选项

水平对齐选项用于控制单元格内容在水平宽度上的分布。可从"设置单元格格式"对话框中获取这些选项。

- **常规**：将数字向右对齐，文本向左对齐，逻辑及错误值居中分布。该选项为默认的水平对齐选项。
- **靠左**：将单元格内容向单元格左侧对齐。如果文本宽于单元格，则文本将向右超出该单元格。如果右侧的单元格不为空，则文本将被截断而不完全显示。也可以在功能区中找到该选项。
- **居中**：将单元格内容向单元格中心对齐。如果文本宽于单元格，则文本将向两侧的空单元格延伸。如果两侧的单元格不为空，则文本将被截断而不完全显示。也可以在功能区中找到该选项。
- **靠右**：将单元格内容向单元格右侧对齐。如果文本宽于单元格，则文本将向左超出该单元格。如果左侧的单元格不为空，则文本将被截断而不完全显示。也可以在功能区中找到该选项。
- **填充**：重复单元格内容直到单元格被填满。如果右侧的单元格也使用"填充"对齐的方式设置格式，则它们也将被填满。
- **两端对齐**：将文本向单元格的左侧和右侧两端对齐。只有在将单元格格式设置为自动换行并使用多行时，该选项才适用。
- **跨列居中**：将文本跨选中列居中对齐。该选项适合于将标题跨越多列居中。
- **分散对齐**：均匀地将文本在选中的列中分散对齐。

> **注意**
> 如果选择"靠左""靠右"或"分散对齐"，则也可以调整"缩进"设置。此设置可以在单元格边框和文本之间添加水平空间。

图 5-6 显示了 3 种类型的文本水平对齐方式的示例：Left、Justify 和 Distributed(with indent)，即靠左对齐、

两端对齐和分散对象(带有缩进)。

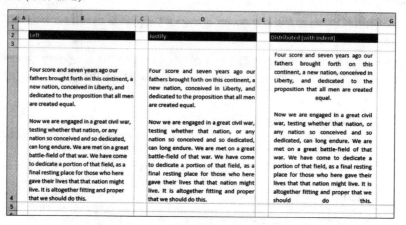

图 5-6 以 3 种水平对齐方式显示的相同文本

配套学习资源网站

如果需要尝试文本对齐方式设置,可在配套学习资源网站 www.wiley.com/go/excel2019bible 中获得此工作簿。文件名为 text alignment.xlsx。

2. 选择垂直对齐选项

通常,垂直对齐选项的使用不如水平对齐选项那样频繁。实际上,只有当调整行高使其远高于普通行高时,该设置才有用。

"设置单元格格式"对话框中提供了以下垂直对齐选项。

- **靠上**:将单元格内容向单元格顶端对齐。也可以在功能区中找到该选项。
- **居中**:在单元格中将单元格内容在垂直方向上居中。也可以在功能区中找到该选项。
- **靠下**:将单元格内容向单元格底端对齐。也可以在功能区中找到该选项。这是默认的垂直对齐选项。
- **两端对齐**:在单元格中将文本在垂直方向上两端对齐。只有在将单元格格式设置为自动换行并使用多行时,该选项才适用。此设置可用于增加行距。
- **分散对齐**:在单元格中将文本在垂直方向上均匀分散对齐。

3. 自动换行或缩小字体以填充单元格

如果文本太长,超出了列宽,但又不想让它们溢入相邻的单元格,那么可以使用"自动换行"选项或"缩小字体填充"选项来容纳文本。"自动换行"选项也位于功能区中。

如有必要,"自动换行"选项可以在单元格中以多行显示文本。使用该选项可以显示很长的标题,而不会使列宽过大,也不必缩小文本字号。

"缩小字体填充"选项可以缩小文本字号从而使之适合单元格,而不溢入相邻单元格中。这个命令似乎并不是很有用。除非文本仅是略微过长,否则结果几乎总是难以辨认。

注意

如果向单元格应用"自动换行"格式,则不能使用"缩小字体填充"格式。

4. 合并工作表单元格以创建更多文本空间

通过一个方便的格式设置选项,可以在 Excel 中合并两个或多个单元格。当合并单元格时,并不会合并单元格内容。可以将一组单元格合并为一个占有相同空间的单元格。图 5-7 所示的工作表中包含 4 组合并的单元格。区域 C2:I2 已合并成一个单元格,J2:P2、B4:B8 和 B9:B13 区域也是如此。在后面的两个区域中,文字的方向也已发生更改(参见本章后面的"以某个角度显示文本"一节)。

	A	B	C	D	E	F	G	H	I	J	K	L	M	N	O	P	Q
1																	
2						Week 1							Week 2				
3			1	2	3	4	5	6	7	8	9	10	11	12	13	14	
4			70	81	38	81	62	80	96	60	50	25	52	65	34	98	
5			60	26	74	16	72	90	59	85	64	71	43	29	32	62	
6		Group 1	10	69	32	63	87	74	91	7	6	83	99	72	99	68	
7			3	6	88	35	72	53	55	62	75	96	68	90	93	43	
8			26	27	31	82	47	35	68	88	67	62	56	44	75	6	
9			80	92	72	64	32	78	75	54	99	29	34	29	91	38	
10			50	59	75	96	18	12	55	61	34	73	44	80	13	66	
11		Group 2	98	86	67	35	7	51	35	37	75	43	66	56	92	50	
12			48	51	61	31	25	59	70	72	42	24	83	28	45	34	
13			30	57	88	60	65	66	20	57	76	95	16	42	30	50	
14																	

图 5-7　合并工作表单元格可使它们看起来就像是一个单元格

可以合并任意行和列上的任意数量的单元格。事实上，可以将工作表中的所有 170 亿个单元格合并为一个单元格。不过，除非要捉弄一下同事，否则实在找不到这么做的理由。

除左上角的单元格之外，要合并的其他区域必须为空。如果要合并的其他任一单元格不为空，则 Excel 将显示警告。如果要继续合并，将删除所有数据(左上角的单元格除外)。

可以使用"设置单元格格式"对话框中的"对齐"选项卡来合并单元格，但功能区的"对齐方式"分组(或浮动工具栏)上的"合并后居中"控件使用起来更简单。要合并单元格，请选中要合并的单元格，然后单击"合并后居中"按钮。这样，这些单元格将被合并，并且左上角单元格的内容将会被水平居中。"合并后居中"按钮是一个切换按钮。要取消单元格合并，可以选中已合并的单元格，然后再次单击"合并后居中"按钮。

合并单元格之后，可以将对齐方式更改为除"居中"外的其他选项(通过使用"开始" | "对齐方式"分组)。"开始" | "对齐方式" | "合并后居中"控件包含一个下拉列表，其中有以下其他选项。

- **跨越合并**：当选中一个含有多行的区域时，该命令将创建多个合并的单元格——每行一个单元格。
- **合并单元格**：在不应用"居中"属性的情况下合并选定的单元格。
- **取消单元格合并**：取消对选定单元格的合并操作。

5. 以某个角度显示文本

某些情况下，用户可能需要在单元格中以特定的角度显示文本，以便实现更好的视觉效果。既可以在水平、垂直方向显示文本，也可以在+90°和-90°之间的任一角度上显示文本。

通过"开始" | "对齐方式" | "方向"命令的下拉列表，可以应用最常用的文本角度。如果要进行更详细的控制，请转到"设置单元格格式"对话框中的"对齐"选项卡。在"设置单元格格式"对话框(参见图 5-5)中，可以使用"度"微调控件或拖动仪表中的红色指针。可以指定-90°和+90°之间的文本角度。

图 5-8 显示了一个以 45°显示的文本示例。

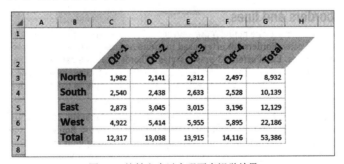

图 5-8　旋转文本以实现更多视觉效果

> **注意**
> 旋转后的文本从屏幕上看可能有点扭曲，但打印出来之后的效果比较好。

5.2.3 使用颜色和阴影

Excel 提供了一些工具，用于创建丰富色彩的工作表。既可以更改文本颜色，也可以向工作表单元格添加背景颜色。在 Excel 2007 之前的 Excel 早期版本中，只能对工作簿使用不超过 56 种颜色。在后续版本中，Microsoft 将颜色数量增加到超过 1600 万种。

可以通过选择"开始"|"字体"|"字体颜色"命令来控制单元格文本的颜色。可以通过选择"开始"|"字体"|"填充颜色"命令来控制单元格的背景颜色。也可以在浮动工具栏(右击单元格或区域时会出现该工具栏)上控制这两种颜色。

> **提示**
> 要隐藏单元格内容，可以使背景颜色与字体文本颜色相同。当选中单元格时，单元格内容仍将显示在编辑栏中。但是，请注意，某些打印机可能会覆盖此设置，打印时可能会显示文本。

尽管可以使用许多种颜色，但你可能仍应该坚持使用显示在各颜色选择控件中的 10 种主题颜色(以及它们的浅色/深色变体)。这意味着，需要避免使用"其他颜色"选项(该选项用于选择颜色)。这是为什么呢？首先，这 10 种颜色很协调(至少有一些人这么认为)。另一个原因涉及文档主题。如果为工作簿选择另一种不同的文档主题，将不会更改非主题颜色。某些情况下，从美学角度上看，此操作的结果可能无法令人满意。有关各种主题的更多信息，请参见本章后面的 5.5 节。

5.2.4 添加边框和线条

另一种用于增强视觉效果的方法是在单元格组中添加边框(以及边框内的线条)。边框通常用于分组含有类似单元格的区域，或者确定行或列的边界。Excel 提供了 13 种预置的边框样式，可以在"开始"|"字体"|"边框"下拉列表中看到这些边框样式，如图 5-9 所示。该控件对选中的单元格或区域起作用，并且允许用户指定要对所选单元格的每一条边框使用的边框样式。

图 5-9　使用"边框"下拉列表在工作表单元格周围添加线条

用户可能更喜欢绘制边框，而不是选择一种预置的边框样式。为此，可以使用"开始"|"字体"|"边框"下拉列表中的"绘制边框"或"绘制边框网格"命令。选择其中一个命令后，可以通过拖动鼠标的方式来创建边框。可以使用"线条颜色"或"线型"命令更改颜色或样式。当完成绘制边框后，可按 Esc 键取消边框绘制模式。

另一种应用边框的方式是使用"设置单元格格式"对话框中的"边框"选项卡，如图 5-10 所示。可从"边框"下拉列表中选择"其他边框"命令来显示该对话框。

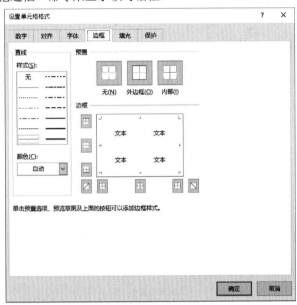

图 5-10　使用"设置单元格格式"对话框中的"边框"选项卡可以更好地控制单元格边框

在显示"设置单元格格式"对话框之前，选择要为其添加边框的单元格或区域。然后，在"设置单元格格式"对话框中，选择一种线条样式，然后单击其中一个或多个"边框"图标(这些图标是开关图标)，为线条样式选择边框位置。

请注意，"边框"选项卡中有 3 个预置图标，可以使用它们减少一些单击操作。要删除所选内容的所有边框，请单击"无"图标。要在所选内容的周围添加边框，请单击"外边框"图标。要在所选内容的内部添加边框，则单击"内部"图标。

Excel 将在对话框中显示所选中的边框样式(无实时预览)。可以为不同的边框位置选择不同的样式，也可以为边框选择颜色。使用该对话框可能要求具备一定的经验，但你很快就可以掌握其中的窍门。

当应用两条对角线时，单元格看起来就像被划掉一样。

提示

如果在工作表中使用边框格式，那么可能需要去掉网格线以使边框显示得更清楚。为此，请选择"视图"|"显示"|"网格线"命令来切换网格线的显示。

使用格式刷复制格式

将格式从一个单元格或区域复制到另一个单元格或区域的最快捷的方法是使用"开始"|"剪贴板"分组中的"格式刷"按钮(此按钮包含一个画笔图像)。

(1) 选中具有要复制的格式属性的单元格或区域。

(2) 单击"格式刷"按钮。鼠标指针会变为包含一支画笔。

(3) 选中要应用格式的单元格。

(4) 释放鼠标按钮。**Excel 将应用与原始区域中相同的格式选项集。**

如果双击"格式刷"按钮，则可以将相同格式应用到工作表的多个区域中。Excel 会将复制的格式应用到所选的每个单元格或区域。要退出"格式刷"模式，可再次单击"格式刷"按钮(或按 Esc 键)。

5.3 使用条件格式

通过对单元格应用条件格式，可以使单元格在包含不同的内容时显示不同的外观。条件格式是用于可视化数值型数据的有用工具。在某些情况下，可将条件格式功能用作创建图表的一种替代方法。

条件格式功能允许以单元格的内容为基础，选择性地或自动地应用单元格格式。例如，可应用条件格式以将区域中所有负值的背景颜色设为浅黄色。当输入或修改此区域中的数值时，Excel 会对数值进行检查并检查该单元格的条件格式规则。如果数值为负，那么将使用背景色；如果为正，则不应用格式。

5.3.1 指定条件格式

要对单元格或区域应用条件格式规则，可首先选定单元格，然后使用"开始"|"样式"|"条件格式"下拉列表中的其中一个命令来指定某个规则。可以选择的选项如下所示。

- **突出显示单元格规则**：例如突出显示大于某值、介于两个值之间以及包含特定文本字符串、包含日期的单元格或重复的单元格。
- **最前/最后规则**：例如突出显示前 10 项、后 20%的项，以及高于平均值的项。
- **数据条**：按照单元格值的比例直接在单元格中应用图形条。
- **色阶**：按照单元格值的比例应用背景色。
- **图标集**：在单元格中直接显示图标。具体所显示的图标取决于单元格的值。
- **新建规则**：允许指定其他条件格式规则，包括基于逻辑公式的规则。
- **清除规则**：对选定单元格删除所有条件格式规则。
- **管理规则**：显示"条件格式规则管理器"对话框。可以使用该对话框新建条件格式规则、编辑规则或删除规则。

5.3.2 使用图形条件格式

本节将介绍用于显示图形的 3 个条件格式选项：数据条、色阶和图标集。这些条件格式类型有助于更好地可视化区域内的数值。

1. 使用数据条

数据条条件格式可直接在单元格中显示水平条。水平条的长度取决于单元格中的值与该区域内其他单元格的值的相对比例。

图 5-11 显示了一个简单的数据条示例。这是 Bob Dylan 唱片的乐曲清单。D 列中的数值是每首乐曲的长度。图中对 D 列中的值应用了数据条条件格式，大致一看就可以发现较长的乐曲。

配套学习资源网站
本节的示例可以在配套学习资源网站 www.wiley.com/go/excel2019bible 中找到。工作簿名为 data bars examples.xlsx。

提示
当调整列宽时，数据条长度将相应地调整。列变宽时，数据条长度之间的差异将会变得更明显。

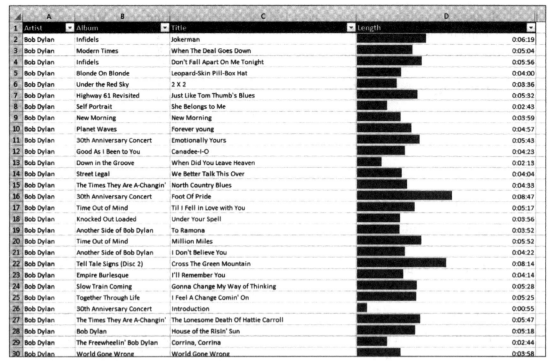

图 5-11 数据条的长度与 D 列单元格中的乐曲长度成正比

在 Excel 中，可以通过"开始"|"样式"|"条件格式"|"数据条"命令快速访问 12 种数据条样式。要获取更多选项，可以单击"其他规则"选项，这样将弹出"新建格式规则"对话框。可以使用该对话框实现以下功能：

- 仅显示数据条(隐藏数字)。
- 指定比例的最小值和最大值。
- 更改数据条的外观。
- 指定负值和坐标轴的处理方式。
- 指定数据条的方向。

注意

奇怪的是，如果使用 12 个数据条样式之一添加数据，对数据条使用的颜色并不是主题颜色。因此当使用新的文档主题时，数据条的颜色不会改变。但是，如果通过使用"新建格式规则"对话框添加数据条，则选择的颜色是主题颜色。

2. 使用色阶

色阶条件格式选项可以根据单元格的值与该区域内其他单元格的值的相对比例改变单元格的背景色。

图 5-12 显示了色阶条件格式示例。左边的示例描述了 3 个地区的每月销售情况。已向区域 B4:D15 应用条件格式。条件格式功能使用了三色刻度：最小值使用红色，中间值使用黄色，最大值使用绿色，介于这 3 个值之间的值则使用渐变色。很明显，中部地区的销量始终较低，但是条件格式功能无法确定特定地区的每月差异。

▲	A	B	C	D	E	F	G	H	I
1	A single conditional formatting rule					A separate rule for each region			
2									
3	Month	Western	Central	Eastern		Month	Western	Central	Eastern
4	January	214,030	103,832	225,732		January	214,030	103,832	225,732
5	February	224,948	105,498	217,703		February	224,948	105,498	217,703
6	March	219,210	105,312	218,783		March	219,210	105,312	218,783
7	April	217,347	101,842	221,332		April	217,347	101,842	221,332
8	May	208,045	106,716	231,296		May	208,045	106,716	231,296
9	June	200,201	106,928	232,567		June	200,201	106,928	232,567
10	July	204,767	107,134	222,910		July	204,767	107,134	222,910
11	August	198,639	107,753	223,328		August	198,639	107,753	223,328
12	September	198,558	110,017	235,186		September	198,558	110,017	235,186
13	October	197,498	105,267	239,329		October	197,498	105,267	239,329
14	November	198,213	109,227	234,400		November	198,213	109,227	234,400
15	December	197,343	104,054	243,325		December	197,343	104,054	243,325
16									

图 5-12 两个色阶条件格式示例

右侧的示例显示了相同的数据，但分别向每个地区应用了条件格式。此方法可帮助在地区中执行比较操作，还可以帮助确定销售量高或低的月。

这些方法都不一定是更好的方法。条件格式的设置完全取决于你尝试显示的内容。

Excel 提供了 6 个双色刻度预设选项和 6 个三色刻度预设选项，可以通过选择"开始"|"样式"|"条件格式"|"色阶"命令将这些选项应用于所选区域。

要自定义颜色和其他选项，可选择"开始"|"样式"|"条件格式"|"色阶"|"其他规则"命令。该命令将显示"新建格式规则"对话框，如图 5-13 所示。可以在其中调整设置，并查看"预览"框以了解所做更改的效果。

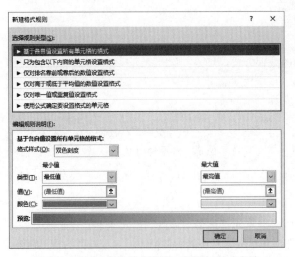

图 5-13 使用"新建格式规则"对话框自定义色阶

3. 使用图标集

另一个条件格式选项是在单元格中显示图标。所显示的图标取决于单元格的值。

要为一个区域分配图标集，可先选定单元格，然后选择"开始"|"样式"|"条件格式"|"图标集"命令。Excel 提供了 20 个图标集供选择。各图标集中都有 3～5 个图标。用户无法创建自定义图标集。

图 5-14 展示了一个使用图标集的示例。其中的符号基于 C 列中的值图形化地描述了每个项目的状态。

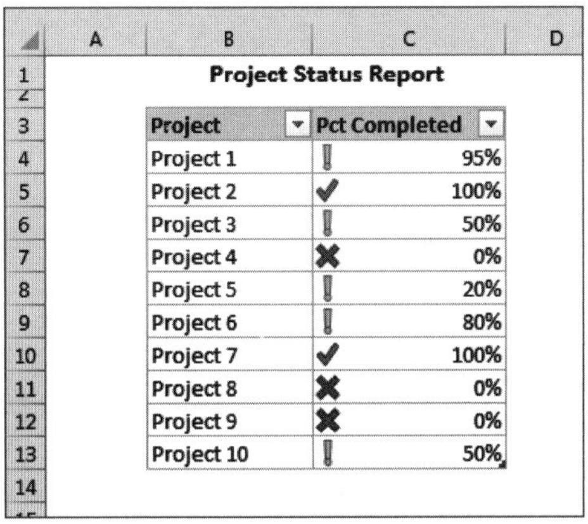

A	B	C	D
	Project Status Report		
	Project	**Pct Completed**	
	Project 1	95%	
	Project 2	100%	
	Project 3	50%	
	Project 4	0%	
	Project 5	20%	
	Project 6	80%	
	Project 7	100%	
	Project 8	0%	
	Project 9	0%	
	Project 10	50%	

图 5-14　使用图标集来表示项目的状态

默认情况下，将使用百分比分配这些符号。对于含有 3 个符号的图标集，各项将分配成 3 组百分比数值；对于含有 4 个符号的图标集，各项将分配成 4 组百分比数值；对于含有 5 个符号的图标集，各项将分配成 5 组百分比数值。

如果要对图标的分配进行更多的控制，可以选择"开始"|"样式"|"条件格式"|"图标集"|"其他规则"命令以打开"新建格式规则"对话框。要修改现有规则，可以选择"开始"|"样式"|"条件格式"|"管理规则"命令。然后选择要修改的规则，并单击"编辑规则"按钮。

图 5-15 显示了如何修改图标集规则，从而使得只为 100% 完成的项目打上 ✔ 图标，为完成 0% 的项目打上 ✖ 图标，其他项目则无图标。

图 5-15　更改图标分配规则

图 5-16 显示的是经过该更改后的项目状态列表。

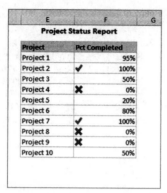

图 5-16 使用经过修改的规则并减少一个图标可使表格更具可读性

5.3.3 创建基于公式的规则

图形条件格式一般用来根据某个单元格与其临近单元格的关系来显示该单元格。基于公式的规则一般单独用于一个单元格。相同的规则可能用于多个单元格，但是会独立考虑每个单元格。

"条件格式"功能区控件下的"突出显示单元格规则"和"最前/最后规则"选项是基于公式的规则的常用快捷方式。如果选择"开始"|"样式"|"条件格式"|"新建规则"命令，将显示"新建格式规则"对话框。前一节在调整内置的图形条件格式时，看到过该对话框。规则类型"只为包含以下内容的单元格设置格式"是基于公式的规则的另一种快捷方式。

"新建格式规则"对话框中的最后一个规则类型是"使用公式确定要设置格式的单元格"。如果其他快捷方式无法满足你的要求，就可以使用这个规则类型。它为创建规则提供了最大程度的灵活性。

> **注意**
> 所使用的公式必须是可返回 TRUE 或 FALSE 的逻辑公式。如果公式的值为 TRUE，则说明满足条件，因此将应用条件格式；如果公式的结果为 FALSE，则不应用条件格式。

理解相对引用和绝对引用

如果在"新建格式规则"或"编辑格式规则"对话框中输入的公式包含单元格引用，则该引用将被视为基于所选区域左上角单元格的相对引用。

例如，假定需要设立一个条件格式条件，以对区域 A1:B10 中包含文本的单元格应用底纹。没有任何一个 Excel 条件格式选项可以完成这一任务，因此必须创建一个公式，使其在单元格值为文本时返回 TRUE，而在其他情况下返回 FALSE。具体步骤如下所示。

(1) 选择区域 A1:B10，并确保 A1 是活动单元格。

(2) 选择"开始"|"样式"|"条件格式"|"新建规则"命令。这将显示"新建格式规则"对话框。

(3) 单击"使用公式确定要设置格式的单元格"规则类型。

(4) 在"公式"框中输入下面的公式：

```
=ISTEXT(A1)
```

(5) 单击"格式"按钮。这将显示"设置单元格格式"对话框。

(6) 单击"填充"选项卡，指定在公式返回 TRUE 时所应用的单元格底纹。

(7) 单击"确定"按钮返回"新建格式规则"对话框(参见图 5-17)。

(8) 单击"确定"按钮关闭"新建格式规则"对话框。

注意，在步骤(4)中输入的公式包含的是对所选区域左上角单元格的相对引用。

图 5-17 创建一个基于公式的条件格式规则

一般来讲,当为区域内的单元格输入条件格式公式时,需要引用活动单元格,而此活动单元格通常是区域左上角的单元格。一种例外情况是当需要引用特定的单元格时。例如,假设选择了区域 A1:B10,并希望对此区域内超过单元格 C1 的值的所有单元格应用格式。这时可输入如下的条件格式公式:

```
=A1>$C$1
```

在这个示例中,对单元格 C1 的引用是绝对引用;该引用不会随所选区域内的单元格而发生调整。换句话说,用于单元格 A2 的条件格式公式如下所示:

```
=A2>$C$1
```

相对单元格引用将被调整,但绝对单元格引用不会被调整。

5.3.4 条件格式公式示例

以下这些示例都使用了在"新建格式规则"对话框中选择"使用公式确定要设置格式的单元格"规则类型之后直接输入的公式。可以根据实际条件有选择地应用合适的格式类型。

1. 识别周末

Excel 提供了很多用于处理日期的条件格式规则,但它却无法识别出周末日期。可以使用下面的公式来确定周末日期:

```
=OR(WEEKDAY(A1)=7,WEEKDAY(A1)=1)
```

该公式假定已选择了一个区域,并且 A1 为活动单元格。

2. 基于值突出显示行

图 5-18 显示了一个工作表,其中的区域 A3:G28 包含一个条件公式。如果在第一列中发现在单元格 B1 中输入的名字,则突出显示该名字所在的整行。

	A	B	C	D	E	F	G	H
1	Name:	Noel						
2								
3	Alice	7	118	61	55	85	26	
4	Bob	198	134	180	3	132	63	
5	Carl	2	46	59	63	59	26	
6	Denise	190	121	12	26	68	97	
7	Elvin	174	42	176	68	124	14	
8	Francis	129	114	83	103	129	129	
9	George	9	128	24	44	139	108	
10	Harald	168	183	200	167	134	83	
11	Ivan	165	141	95	91	100	144	
12	June	116	171	109	84	148	15	
13	Kathy	131	43	197	82	103	163	
14	Larry	139	30	171	122	34	196	
15	Mary	31	171	185	162	171	17	
16	Noel	78	126	190	78	123	2	
17	Oliver	157	98	100	75	137	10	
18	Patrick	120	144	106	39	39	119	
19	Quincey	156	200	58	74	37	76	
20	Raul	58	147	160	182	11	79	
21	Shiela	79	183	5	161	104	23	
22	Todd	91	54	100	174	198	78	
23	Ursula	53	140	188	58	54	36	
24	Vince	121	13	2	139	148	101	
25	Walter	132	65	123	129	174	90	
26	Xenu	162	127	86	51	164	35	

图 5-18 基于匹配的名字突出显示一行

条件格式公式是：

```
=$A3=$B$1
```

请注意，这里对单元格 A3 使用了混合引用。因为引用的列部分是绝对的，所以将始终使用 A 列的内容进行比较。

3. 显示交替行底纹

下面的条件格式公式被应用到了区域 Al:D18，如图 5-19 所示，使用这个公式可以对每一个交替行应用底纹。

```
=MOD(ROW(),2)=0
```

	A	B	C	D	E
1	582	652	340	172	
2	634	592	103	429	
3	994	523	914	484	
4	455	175	649	771	
5	588	577	638	849	
6	718	151	645	825	
7	409	262	450	781	
8	433	587	150	733	
9	654	745	165	733	
10	430	648	7	722	
11	304	276	567	394	
12	215	336	595	646	
13	889	148	38	756	
14	888	850	291	342	
15	438	429	739	429	
16	59	869	822	680	
17	145	193	793	168	
18	877	788	859	111	
19					

图 5-19 使用条件格式为交替行设置格式

交替行底纹可以提高电子表格的可读性。如果在条件格式区域中添加或删除了一些行，那么 Excel 会自动更新底纹。

该公式使用了 ROW 函数(返回行号)和 MOD 函数(返回其第一个参数与第二个参数相除得到的余数)。对于偶数行中的单元格，MOD 函数返回值 0，并将对这些单元格应用格式。

要为交替列设置底纹，可用 COLUMN 函数代替 ROW 函数。

4. 创建棋盘式底纹

下面的公式是前一节中示例的一种变化形式。它可以为交替的行和列设置格式，从而创建出棋盘效果。

```
=MOD(ROW(),2)=MOD(COLUMN(),2)
```

5. 对多组行应用底纹

本例是行底纹的另一个变化形式。下面的公式可为交替的多组行设置格式。它将生成 4 个带底纹的行，后面是 4 个没有底纹的行，再后面又是 4 个带底纹的行，以此类推。

```
=MOD(INT((ROW()-1)/4)+1,2)=1
```

图 5-20 显示了这种功能的一个示例。

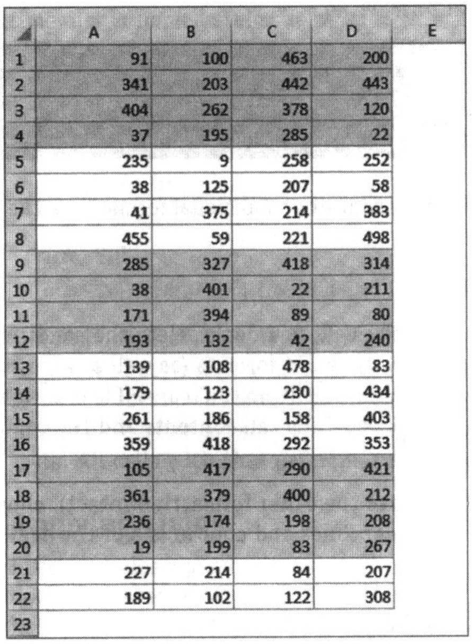

	A	B	C	D	E
1	91	100	463	200	
2	341	203	442	443	
3	404	262	378	120	
4	37	195	285	22	
5	235	9	258	252	
6	38	125	207	58	
7	41	375	214	383	
8	455	59	221	498	
9	285	327	418	314	
10	38	401	22	211	
11	171	394	89	80	
12	193	132	42	240	
13	139	108	478	83	
14	179	123	230	434	
15	261	186	158	403	
16	359	418	292	353	
17	105	417	290	421	
18	361	379	400	212	
19	236	174	198	208	
20	19	199	83	267	
21	227	214	84	207	
22	189	102	122	308	
23					

图 5-20　条件格式功能可为交替的多组行生成底纹

要对不同数目的行组生成底纹，只需要将 4 改为相应的值即可。例如，可以使用下面的公式为交替的两行组设置格式。

```
=MOD(INT((ROW()-1)/2)+1,2)=1
```

5.3.5　使用条件格式

本节将介绍一些关于条件格式的额外实用信息。

1. 管理规则

“条件格式规则管理器”对话框可用于查看、编辑、删除和增加条件格式。首先选择区域内的任何包含条件格式的单元格，然后选择“开始”|“样式”|“条件格式”|“管理规则”命令即可。

可以通过"新建规则"按钮指定任意数目的规则。单元格甚至可以同时使用数据条、色阶和图标集。

2. 复制含有条件格式的单元格

与标准的格式信息类似,条件格式信息也存储在单元格中。因此,当复制一个包含条件格式的单元格时,同时也将复制条件格式。

> **提示**
> 如果只需要复制格式(包括条件格式),可复制单元格,然后使用"选择性粘贴"对话框并在其中选择"格式"选项。或者,也可以选择"开始"|"剪贴板"|"粘贴"|"格式"命令。

如果要向含有条件格式的区域插入行或列,则新单元格也将拥有相同的条件格式。

3. 删除条件格式

在按 Delete 键删除单元格的内容时,并未删除条件格式(如果有)。要删除所有条件格式(以及其他单元格格式),可以选择单元格,然后选择"开始"|"编辑"|"清除"|"清除格式"命令。或者,也可以选择"开始"|"编辑"|"清除"|"全部清除"命令以删除单元格的所有内容和条件格式。

如果只想删除条件格式(而保留其他格式),那么可以选择"开始"|"样式"|"条件格式"|"清除规则"命令,然后选择其中的相应选项。

4. 定位含有条件格式的单元格

只通过简单的查看并不能确定单元格是否包含条件格式。但可以通过使用"定位条件"对话框来选择这些单元格。

(1) 选择"开始"|"编辑"|"查找和选择"|"定位条件"命令。这将显示"定位条件"对话框。

(2) 在"定位条件"对话框中选择"条件格式"选项。

(3) 如果要选择工作表中所有包含条件格式的单元格,那么可选择"全部"选项;如果只想选择与活动单元格拥有相同条件格式的单元格,则可选择"相同"选项。

(4) 单击"确定"按钮。Excel 将找到所需要的单元格。

> **注意**
> Excel 中的"查找和替换"对话框包含一个功能,可用于在工作表中搜索包含特定格式的单元格。但此功能不会搜索包含由条件格式生成其格式的单元格。

5.4 使用命名样式方便地设置格式

命名样式是最没有得到充分利用的 Excel 功能之一。通过使用命名样式,可以很容易地对单元格或区域应用一组预定义的格式选项。使用命名样式不但可以节省时间,还有利于保证外观的一致性。

一种样式最多由 6 种不同属性的设置组成:

- 数字格式
- 对齐(垂直及水平方向)
- 字体(字形、字号及颜色)
- 边框
- 填充
- 单元格保护(锁定及隐藏)

当更改样式的组成部分时,其真正优势将展露出来。所有使用命名样式的单元格会自动发生更改。假设对分布在工作表中的一组单元格应用了特定样式,之后发现这些单元格应该使用 14pt 字号而不是 12pt 字号。此时,不必更改每一个单元格，而只需要编辑该样式，就可以实现上述目的。带有这种特定样式的所有单元格将自动发生更改。

5.4.1 应用样式

Excel 包含了一组非常好的预定义命名样式，与文档主题非常搭配。图 5-21 显示了在选择"开始" | "样式" | "单元格样式"命令时获得的效果。注意，这里显示的是"实时预览"——当在不同的样式选项之间移动鼠标时，选中的单元格或区域将会临时显示相应的样式。当发现喜欢的样式时，单击它即可对选中区域应用相应样式。

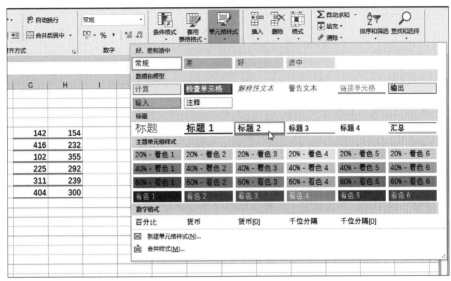

图 5-21 Excel 显示了预定义的单元格样式示例

> **注意**
> 如果 Excel 窗口足够宽，则不会在功能区中显示"单元格样式"命令。此时，会显示 4 个或更多的带格式的样式框。单击这些框右侧的下拉箭头，将显示所有已定义的样式。

> **注意**
> 默认情况下，所有单元格都使用常规样式。如果修改常规样式，则所有未分配不同样式的单元格将反映新的格式。

对单元格应用一种样式后，可以通过使用本章中讨论的任何格式设置方法对它应用其他格式。对特定单元格执行的格式修改不会影响使用相同样式的其他单元格。

可以对样式进行一些控制。实际上，可以执行以下任意一种操作：

- 修改现有样式。
- 创建新样式。
- 将其他工作簿的样式合并到活动工作簿中。

以下几节将分别介绍这些过程。

5.4.2 修改现有样式

要更改现有样式，请选择"开始" | "样式" | "单元格样式"命令。右击要修改的样式，并从快捷菜单中选择"修改"命令。Excel 将显示"样式"对话框，如图 5-22 所示。在本例中，"样式"对话框显示了 Office 主题的常规样式设置——这是所有单元格使用的默认样式。样式定义可能会有所不同，具体取决于活动文档主题。

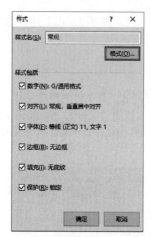

图 5-22 使用"样式"对话框修改命名样式

下面是一个简单的示例，展示了如何使用样式来更改工作簿中所使用的默认字体。

(1) 选择"开始"|"样式"|"单元格样式"命令。Excel 将显示活动工作簿的样式列表。

(2) 右击"常规"并选择"修改"命令。Excel 将显示"样式"对话框(参见图 5-22)，其中显示了常规样式的当前设置。

(3) 单击"格式"按钮。Excel 将显示"设置单元格格式"对话框。

(4) 单击"字体"选项卡，并选择要设为默认值的字体和字号。

(5) 单击"确定"按钮可返回到"样式"对话框。请注意，字体项将显示刚才选择的字体。

(6) 再次单击"确定"按钮可关闭"样式"对话框。

完成上述操作之后，使用常规样式的所有单元格中的字体将更改为所指定的字体。可以更改任何样式的任何格式属性。

5.4.3 创建新样式

除了使用 Excel 的内置样式之外，还可以创建自己的样式。这项功能非常方便，能够使你快速且一致地应用自己喜欢的格式选项。

要创建新样式，请执行以下步骤：

(1) 选择一个单元格，并应用要包含在新样式中的所有格式。可以使用"设置单元格格式"对话框中的任何格式。

(2) 将单元格设置成喜欢的格式后，选择"开始"|"样式"|"单元格样式"命令，然后选择"新建单元格样式"命令。Excel 将显示"样式"对话框(参见图 5-22)，其中带有建议的通用样式命名。注意，Excel 会显示"举例"二字，以表明它基于的是当前单元格样式。

(3) 在"样式名"字段中输入新的样式名。复选框将显示单元格的当前格式。默认情况下，会选中所有复选框。

(4) (可选)如果不想在样式中包含一种或多种格式，请取消选中相应的一个或多个复选框。

(5) 单击"确定"按钮创建样式并关闭对话框。

执行以上步骤后，可通过选择"开始"|"样式"|"单元格样式"命令，来使用新的自定义样式。自定义样式只对创建它的工作簿可用。要将自定义样式复制到其他工作簿，请参见后面的内容。

注意

"样式"对话框中的"保护"选项用于控制用户是否可以修改选定样式的单元格。只有在打开了工作表保护时(通过选择"审阅"|"保护"|"保护工作表"命令)，此选项才有效。

5.4.4　从其他工作簿合并样式

自定义样式保存在创建它的工作簿中。如果已经创建好一些自定义样式，那么可能不想在每一个新 Excel 工作簿中都花费大量时间来创建这些样式。用于解决此问题的较好方法是从先前创建自定义样式的工作簿中合并这些样式。

要从其他工作簿合并样式，请打开含有要合并样式的源工作簿，以及将包含合并的样式的工作簿。激活第二个工作簿，选择"开始" | "样式" | "单元格样式"命令，然后选择"合并样式"命令。Excel 将显示"合并样式"对话框，其中显示了所有已打开工作簿的列表。选择包含要合并的样式的工作簿，并单击"确定"按钮。这样，Excel 就会将样式从所选的工作簿复制到活动工作簿。

5.4.5　使用模板控制样式

当打开 Excel 时，它会加载一些默认设置，其中就包括样式格式设置。如果花了很多时间去更改每个新工作簿的这些默认元素，则应该了解一些有关模板的知识。

下面列举一个示例。你可能需要在工作簿中隐藏网格线，并将"自动换行"设置为默认的对齐设置。模板提供了一种用于更改默认设置的简单方法。

使用这种方法时，将创建一个工作簿，其中包含的常规样式已按照需要的方式进行了修改。然后，将工作簿另存为模板(具有.xltx 扩展名)。完成以上操作后，可以选择此模板作为新工作簿的基础。

> **交叉引用**
> 有关模板的详细信息，请参见第 6 章。

5.5　了解文档主题

为帮助用户创建外观更专业的文档，Office设计者引入了一个名为"文档主题"的功能。通过使用主题，可以很容易地指定文档中的颜色、字体和各种图形效果。最主要的优点在于，可以非常方便地更改整个文档的外观。只需要单击几次鼠标就可以采用不同的主题并更改工作簿外观。

很重要的一点是，在其他 Office 应用程序中也引入了"主题"概念。因此，公司可以轻松地为其所有文档创建标准一致的外观。

> **注意**
> 主题不会覆盖应用的特定格式。例如，假设对一个区域应用了"强调文字颜色 1"命名样式，然后更改该区域内几个单元格的字体颜色。如果改为使用其他主题，并不会修改手动应用的字体颜色以使用新主题字体颜色。关键是：如果想充分利用主题的优点，那就坚持使用默认格式选项。

图 5-23 显示了一个工作表，其中包含一个 SmartArt 图、一个表格、一个图表，以及一个使用 Title 命名样式设置格式的区域和一个使用 Explanatory Text 命名样式设置格式的区域。这些项都使用的是默认主题，即 Office 主题。

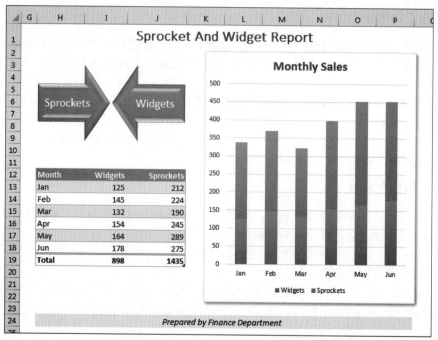

图 5-23 此工作表中的元素使用的是默认主题

图 5-24 显示了应用其他文档主题后的同一工作表。新应用的主题改变了字体、颜色(可能在图中不明显)，以及 SmartArt 图的图形效果。

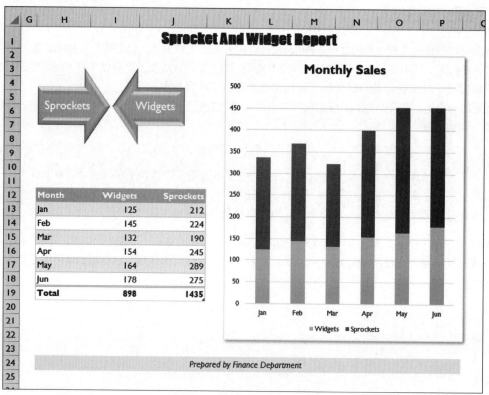

图 5-24 应用不同主题后的工作表

配套学习资源网站

如果想要体验不同主题的使用，可在配套学习资源网站 www.wiley.com/go/excel2019bible 中找到在图 5-23 和图 5-24 中显示的工作簿。文件名为 theme examples.xlsx。

5.5.1 应用主题

图 5-25 显示了在选择"页面布局"|"主题"|"主题"命令时出现的主题选项。这些显示内容是实时预览。当你在主题选项上移动鼠标时，活动工作表中将显示相应的主题。当发现喜欢的主题时，单击即可将此主题应用到工作簿中的所有工作表。

图 5-25　内置的 Excel 主题选项

注意

主题将应用到整个工作簿。不能对一个工作簿中的不同工作表应用不同的主题。

当指定一个特定的主题时，适用于各种元素的图库选项将反映新的主题。例如，可以选择的图表样式将有所不同，具体取决于当前使用的活动主题。

注意

因为各个主题使用的是不同的字体和字号，所以更改为不同的主题后，可能会影响工作表的布局。例如，在应用新主题后，原先显示在一个页面上的工作表可能会溢出到第二页上。因此，可能需要在应用新主题后执行一些调整。

5.5.2 自定义主题

请注意，"页面布局"选项卡中的"主题"组还包含其他 3 个控件：颜色、字体和效果。可以使用这些控件来更改一个主题的 3 个组成部分之一。例如，可能需要使用 Office 主题中的颜色和效果，但需要使用不同的字体。要更改字体集，请应用 Office 主题，然后选择"页面布局"|"主题"|"字体"命令以指定自己想要使用的字体。

每个主题都会使用两种字体(一种用于标题，一种用于正文)，某些情况下，这两种字体是相同的。如果没有合适的主题选项，则可以选择"页面布局"|"主题"|"字体"|"自定义字体"命令来指定两种喜欢的字体(见图 5-26)。

提示

当选择"开始"|"字体"|"字体"命令时，将在下拉列表中首先显示当前主题的两种字体。

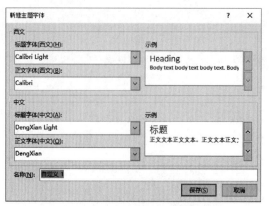

图 5-26 使用此对话框指定主题的两种字体

选择"页面布局"|"主题"|"颜色"命令可以选择一组不同的颜色。而且，如果愿意，甚至可通过选择"页面布局"|"主题"|"颜色"|"自定义颜色"命令来自定义一组颜色。该命令将显示"新建主题颜色"对话框，如图 5-27 所示。注意，每个主题由 12 种颜色组成，其中 4 种颜色用于文字和背景，6 种颜色用于强调文字颜色，还有两种用于超链接。在指定不同颜色时，对话框中的预览面板将会更新。

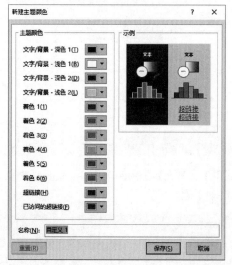

图 5-27 如果有创意，可以为主题指定一组自定义的颜色

注意

主题效果对图形元素也有效，例如，SmartArt、形状和图表。可以选择一组不同的主题效果，但是不能自定义主题效果。

如果已经使用不同的字体或颜色组对主题进行过自定义，那么可以通过选择"页面布局"|"主题"|"保存当前主题"命令来保存新的主题。自定义的主题将显示在主题列表中的"自定义"分类中。其他 Office 应用程序(如 Word 和 PowerPoint)也可以使用这些主题文件。

第 **6** 章

了解 Excel 文件和模板

本章要点

- 创建新工作簿
- 打开现有工作簿
- 保存和关闭工作簿
- 使用模板

本章将讨论可以对工作簿文件执行的各种操作：打开、保存、关闭等。此外，将讨论 Excel 如何使用文件并概述各种文件类型。本章讨论的多数文件操作在 Backstage 视图(单击功能区上方的"文件"按钮时显示的屏幕)中执行。另外会讨论模板，这是一种特殊的工作簿文件。

6.1 创建新工作簿

当启动 Excel 2019 时，会显示一个开始屏幕，其中列出了最近使用的文件，以及可以用作新工作簿基础的模板。其中一个模板选项是"空白工作簿"，该选项将为你创建空工作簿。图 6-1 显示了开始屏幕的一部分。

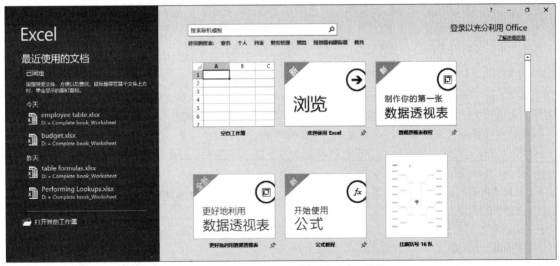

图 6-1　在 Excel 的开始屏幕中选择空白工作簿

启动 Excel 并创建空白工作簿时，空白工作簿名为"工作簿 1"。该工作簿只存在于内存中，而未保存在硬盘中。默认情况下，该工作簿中包含一个名为 Sheet1 的工作表。如果要从头开始启动一个新项目，则可以使用该空白工作簿。另外，通过使用"Excel 选项"对话框的"常规"选项卡，还可以改变新工作簿中的默认工作表数。

在 Excel 中工作时，随时都可以创建新的空工作簿。Excel 提供了两种方法用于创建新工作簿：

- 选择"文件"|"新建"命令，将显示一个屏幕，可以使用该屏幕创建空白工作簿，或者基于模板创建工作簿。要新建空白工作簿，可单击"空白工作簿"选项。
- 按 Ctrl+N 键。此快捷键是在不使用模板的情况下创建新工作簿的最快捷方式。

6.2 打开现有工作簿

可以通过以下几种方式打开已保存的工作簿：

- 选择"文件"|"打开"|"最近"命令，并从右边的列表中选择所需的文件。其中只会列出最近使用的文件。可以在"Excel 选项"对话框中的"高级"部分中指定要显示的文件数(最多为 50 个)。
- 选择"文件"|"打开"命令，从左边的列表中选择一个位置。根据设置的位置，列表中的项目会有变化。可能会看到基于云的选项。"这台电脑"是始终存在的一个选项。可以使用这个列表直接导航文件，也可以单击"浏览"按钮，打开"打开"对话框，其中包含了更多选项。
- 使用 Windows 资源管理器文件列表找到 Excel 工作簿文件。只需要双击文件名(或图标)，就可以在 Excel 中打开工作簿。如果当前未运行 Excel，则 Windows 将自动启动 Excel 并加载工作簿文件。

要从"打开"对话框中打开一个工作簿，可使用左侧的树形显示找到含有所需文件的文件夹，然后从右侧的列表中选择工作簿文件。使用"打开"对话框右下角的控件可调整其大小。找到并选择文件后，单击"打开"按钮，文件将会打开。或者，只需要双击文件即可将其打开。

注意，"打开"按钮实际上是一个下拉列表。单击下拉列表箭头，可以看到以下选项。

- **打开**：以正常方式打开文件。
- **以只读方式打开**：以只读方式打开选中的文件。当以该模式打开文件时，不能使用原始文件名保存对文件的更改。
- **以副本方式打开**：打开选中文件的副本。如果文件名为 budget.xlsx，则打开的工作簿名为"副本(1)budget.xlsx"。
- **在浏览器中打开**：在默认的 Web 浏览器中打开文件。如果不能在浏览器中打开文件，则该选项将被禁用。
- **在受保护的视图中打开**：在一个特殊的模式下打开文件，此模式不允许编辑文件。在这种视图中，Excel 功能区中的大多数命令被禁用。可在后文的"受保护的视图"部分了解有关此功能的更多信息。

- **打开并修复**：尝试打开一个可能已损坏的文件，并恢复此文件中的信息。
- **显示以前的版本**：适用于存储在 OneDrive 或 SharePoint Online 等位置的文件，这些位置会维护版本历史。

> **提示**
>
> 在"打开"对话框中，可以按住 Ctrl 键选择多个工作簿。当单击"打开"按钮时，将打开所有选中的工作簿文件。
>
> 在"打开"对话框中，右击一个文件名将会显示一个快捷菜单，其中含有许多 Windows 命令。例如，可以复制、删除、重命名文件以及修改文件属性等。

6.2.1　筛选文件名

在"打开"对话框的底部靠右位置有一个下拉列表。当"打开"对话框显示时，它将显示"所有 Excel 文件"(后跟一个很长的文件扩展名列表)。"打开"对话框只会显示与扩展名匹配的文件。也就是说，只能看到标准的 Excel 文件。

如果要打开其他类型的文件，可单击下拉列表中的箭头并选择要打开的文件类型。此时将会更改筛选，并只显示所指定类型的文件。

也可以在"文件名"框中直接输入筛选项。例如，输入以下内容后(输入筛选条件后按 Enter 键)将只显示带有.xlsx 扩展名的文件：*.xlsx。

> **受保护的视图**
>
> Excel 2010 中引入了一个称为"受保护的视图"的安全功能。虽然看起来 Excel 会试图阻止你打开自己的文件，但其实受保护的视图是为了帮助你免受恶意软件的侵害。恶意软件是指可能会损害你系统的程序。黑客已经找到了一些方法来操纵 Excel 文件，从而能够执行有害的代码。"受保护的视图"功能通过在受保护的环境("沙箱")中打开文件，从而可以防止此类攻击。
>
> 如果打开一个从 Web 下载的 Excel 工作簿，则会在编辑栏中看到一条彩色消息。此外，Excel 标题栏中将显示"[受保护的视图]"。选择"文件" | "信息"命令了解为什么 Excel 在受保护的视图中打开该文件。
>
> 如果你确定文件是安全的，则可单击"启用编辑"按钮。如果不启用编辑，则可以查看工作簿内容，但无法进行任何更改。
>
> 如果工作簿包含宏，则会在启用编辑后看到另一条消息"安全警告。已禁用宏"。如果确信宏是无害的，则可单击"启用内容"按钮。
>
> 默认情况下，在以下情形中将启动受保护的视图：
> - 从 Internet 下载的文件；
> - 从 Outlook 打开的附件；
> - 从可能不安全的位置(如你的 Internet 临时文件夹)打开的文件；
> - 被文件阻止策略(一种 Windows 功能，允许管理员定义可能有害的文件)阻止的文件；
> - 文件已数字签名，但签名已过期。
>
> 在某些情况下，可能不需要处理文档，而只需要将其打印出来。这种情况下，可选择"文件" | "打印"命令，然后单击"启用打印"按钮。
>
> 此外请注意，可以从受保护的视图中的工作簿复制单元格区域，并将其粘贴到另一个不同的工作簿。
>
> 可以在一定程度上控制哪些文件类型会触发受保护的视图。要更改这些设置，可以选择"文件" | "选项"命令，然后单击"信任中心"选项。接着单击"信任中心设置"按钮，然后单击"信任中心"对话框中的"受保护的视图"选项卡。

6.2.2 选择文件显示首选项

"打开"对话框能够以几种不同的风格显示工作簿文件名:列表、含有完整详细信息或者图标等。可以通过单击右上角的"更多选项"箭头,并从下拉列表中选择一个显示风格来控制显示方式。

自动打开工作簿

很多人每天都会操作同一个工作簿。如果你也是这样,那么你会欣喜地发现,可以使 Excel 在每次启动时自动打开所需的特定工作簿文件。放在 XLStart 文件夹中的任何工作簿都会自动打开。

XLStart 文件夹的位置因你使用的 Windows 版本而异。要确定 XLStart 文件夹在系统上的位置,请执行以下操作:

(1) 选择"文件"|"选项"命令,然后单击"信任中心"选项卡。

(2) 单击"信任中心设置"按钮。这将打开"信任中心"对话框。

(3) 在"信任中心"对话框中,选择"受信任位置"选项卡。此时将会显示一个受信任位置的列表。

(4) 在路径中查找"用户启动"所述的位置。该路径可能类似于如下内容:

```
C:\Users\<username>\AppData\Roaming\Microsoft\Excel\XLSTART\
```

另一个 XLStart 文件夹可能位于以下位置:

```
C:\Program Files\Microsoft Office\root\Office16\XLSTART\
```

存储在这些 XLStart 文件夹中的任何工作簿文件(不包括模板文件)将在 Excel 启动时自动打开。如果自动打开了 XLStart 文件夹中的一个或多个文件,则 Excel 将不会在启动时显示一个空白工作簿。

除了 XLStart 文件夹外,还可以指定一个备用启动文件夹。为此,请选择"文件" | "选项"命令,然后选择"高级"选项卡。向下滚动到"常规"部分,并在"启动时打开此目录中的所有文件"字段中输入新文件夹名称。之后,当启动 Excel 时,它将会自动打开 XLStart 文件夹和所指定的此备用文件夹中的所有工作簿文件。

6.3 保存工作簿

在 Excel 中使用工作簿进行工作时,所做的工作很容易被某些故障(如电源故障和系统崩溃)破坏。因此,应该经常保存工作文件。保存文件非常容易,只需要几秒钟,而重新创建丢失的工作则可能需要很多个小时。

Excel 提供了以下 4 种用于保存工作簿的方法:

- 单击快速访问工具栏上的"保存"图标(它看上去像一个旧式软盘)。
- 按 Ctrl+S 键。
- 按 Shift+F12 键。
- 选择"文件" | "保存"命令。

警告

保存文件时将会覆盖硬盘中之前的文件版本。当打开了一个工作簿但是对自己做的工作簿不满意时,请不要保存此文件,而应关闭且不保存工作簿,然后打开硬盘中的完好副本。

如果工作簿已被保存过,则会使用相同文件名在相同位置再次保存它。如果要将工作簿保存为新文件或者保存到一个不同的位置,可以选择"文件" | "另存为"命令(或按 F12 键)。

如果未保存过工作簿,将显示 Backstage 视图中的"另存为"窗格。在这里,你可以选择一个位置,例如自己的电脑或 OneDrive 账户(如果有)。在右侧的窗格中输入文件名,然后单击"保存"按钮,或者也可以单击"浏览"按钮,打开"另存为"对话框,在这里更改文件夹并键入文件名。新的(未保存)工作簿有一个默认名称,如"工作簿 1"或"工作簿 2"。虽然 Excel 允许使用这些普通的工作簿名作为文件名,但是几乎总是需要在"另存为"对话框中指定更具描述性的文件名。

　　"另存为"对话框与"打开"对话框很相似。可以在左侧的文件夹列表中选择所需的文件夹。选择文件夹以后，在"文件名"字段中输入文件名。不用指定文件的扩展名，Excel 会根据在"保存类型"字段中指定的类型自动添加扩展名。默认情况下，文件会被保存为标准的 Excel 文件格式，即使用.xlsx 作为文件扩展名。

> **提示**
>
> 　　要更改在保存文件时所使用的默认文件格式，可选择"文件"|"选项"命令，打开"Excel 选项"对话框。单击"保存"选项卡并更改"将文件保存为此格式"选项的设置。例如，如果工作簿必须与 Excel 旧版本(Excel 2007 之前的版本)兼容，则可将默认格式更改为 Excel 97-2003 工作簿(*.xls)。完成此操作后，就不必在每次保存新工作簿时选择较旧的文件类型。

> **警告**
>
> 　　如果工作簿包含 VBA 宏，则在使用.xlsx 文件扩展名保存此工作簿时将删除所有的宏。必须将它保存为具有.xlsm 扩展名的文件(或保存为 XLS 或 XLSB 格式)。如果工作簿中有宏，则 Excel 仍然会默认将其保存为一个 XLSX 文件。也就是说，Excel 建议的文件格式会损坏宏！不过，它将发出提醒，说明宏将丢失。

　　如果在所指定的位置已存在同名的文件，则 Excel 会询问是否要用新文件覆盖已有的文件。此时要格外小心：被覆盖的文件将不能恢复为以前的文件。

> **新功能**
>
> 　　在以前的版本中，将工作簿保存为一个逗号分隔值(comma-separated values，CSV)文件时，Excel 会显示一个对话框，警告可能丢失一些数据。CSV 文件是简单的文本文件，不存储公式或格式。问题是，即使文件中不包含公式或格式，也会给出这个警告，而且每次保存该 CSV 文件时，都会给出这个警告。在 Excel 2019 中，该对话框被替换为一条黄色的状态栏，其中包含一个选项"不再显示"。新状态栏的侵略性没那么强，对于需要处理 CSV 文件的用户来说，是一个很受欢迎的变化。

6.4　使用自动恢复

　　如果你使用电脑已有一段时间，则可能丢失过一些工作。你可能忘了保存文件，或者是因为停电导致未保存的工作丢失。又或者，也许在当时觉得处理的工作并不重要，所以关闭而没有保存，但是后来意识到这个工作很重要。Excel 的自动恢复功能可使这类问题发生得不那么频繁。

　　当在 Excel 中工作时，Excel 会自动定期保存你的工作。此操作在后台完成，所以你甚至可能不知道它的发生。如有必要，你可以访问这些自动保存的工作版本，这甚至适用于那些你从未显式保存的工作簿。

　　自动恢复功能由两部分组成：

- 工作簿的版本会自动保存，并且可以查看它们。
- 在关闭时未保存的工作簿将保存为草稿版本。

6.4.1　恢复当前工作簿的版本

　　要查看是否存在活动工作簿的任何以前版本，可选择"文件"|"信息"命令。"管理工作簿"部分列出了当前工作簿的可用旧版本(如果有)。某些情况下，将列出多个自动保存的版本。而在其他一些情况下，也可能没有自动保存的版本。图 6-2 显示的工作簿有两个恢复点。

图 6-2　可以恢复到工作簿的旧版本

可以通过单击其名称来打开自动保存的版本。请记住，打开自动保存的版本时将不会自动替换工作簿的当前版本。因此，可以确定自动保存的版本是否优于当前版本。或者，也可以仅复制一些可能被意外删除的信息并将其粘贴到当前工作簿中。

当关闭工作簿时，自动保存的版本将被删除。

6.4.2　恢复未保存的工作

如果在关闭工作簿时没有保存更改，Excel 会要求确认此操作。如果该未保存的工作簿有自动保存版本，将显示"是否确定"对话框，以向你发出通知。

要恢复未保存的已关闭工作簿，可选择"文件"|"信息"|"管理工作簿"|"恢复未保存的工作簿"命令。此时将显示一个列表，其中包含了工作簿的所有草稿版本。你可以打开它们，并且如果幸运的话，恢复需要的内容。注意，未保存的工作簿将存储为 XLSB 文件格式，而且是只读文件。如果要保存这些文件中的一个文件，则需要提供一个新名称。

草稿版本将在 4 天后或在编辑文件时删除。

6.4.3　配置自动恢复

通常情况下，自动恢复文件将每 10 分钟保存一次。可以调整自动恢复保存时间(在"Excel 选项"对话框的"保存"选项卡中指定)。可以指定介于 1 和 120 分钟的保存时间间隔。

文件命名规则

Excel 工作簿文件采用与其他 Windows 文件相同的命名规则。文件名中可以包含空格，最多可包含 255 个字符。这就使得你能够为文件使用有意义的文件名。但是，不能在文件名中使用以下字符：

\\(反斜线)	?(问号)
:(冒号)	*(星号)
"(引号)	<(小于号)
>(大于号)	|(竖线)

可在文件名中使用大写和小写字母，以提高其可读性。文件名不区分大小写。例如，My 2019 Budget.xlsx 和 MY 2019 BUDGET.xlsx 是相同的名称。

如果要处理机密文件，你可能不希望在计算机上自动保存以前的版本。"Excel 选项"对话框的"保存"选项卡允许完全禁用此功能或只针对特定工作簿禁用此功能。

6.5　使用密码保护工作簿

在某些情况下，可能需要为工作簿设置密码。当其他用户尝试打开一个具有密码保护的工作簿时，只有输入密码才能打开该文件。

要为工作簿设置密码，请执行以下操作：

(1) 选择"文件"|"信息"命令，然后单击"保护工作簿"按钮。此按钮会在一个下拉列表中显示其他一些选项。

(2) 选择"用密码进行加密"命令。Excel 会显示"加密文档"对话框，如图 6-3 所示。

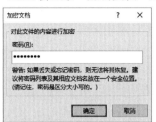

图 6-3　在"加密文档"对话框中为工作簿设置密码

(3) 输入密码，单击"确定"按钮，然后重新输入一次。

(4) 单击"确定"按钮，保存工作簿。

当重新打开此工作簿时，Excel 将提示输入密码。

警告
密码区分大小写。在使用密码保护时请格外注意，因为如果忘记密码，将无法用常规办法打开工作簿。此外注意，Excel 密码可以被破解，因此它并不是一个完美的安全方案。

6.6　组织文件

如果你有数百个 Excel 文件，则可能不容易定位所需的工作簿。使用具有描述性的文件名可以有所帮助，使用文件夹和子文件夹(具有描述性的名称)也可以帮助更容易地找到所需的特定文件。但是在某些情况下，这还不够。

幸运的是，在 Excel 中，可以为工作簿指定各种描述性的信息(有时称为元数据)。这些信息被称为文档属性。这些信息包括作者、标记和类别等。

当选择"文件"|"信息"命令时，可以查看(或修改)活动工作簿的文档属性。该信息显示在屏幕的右侧。

提示
要访问工作簿的更多属性，请单击"属性"的向下箭头，然后选择"高级属性"选项。

6.7　其他工作簿信息选项

Backstage 视图的"信息"窗格显示了更多与文件相关的选项。要显示此窗格，可选择"文件"|"信息"命令。下面将描述这些选项。如果打算将工作簿分发给其他人，那么这些选项可能就比较实用。注意，并非所有工作簿都会显示下面描述的所有选项，而只会显示与工作簿相关的选项。

6.7.1　"保护工作簿"选项

在"文件"|"信息"|"保护工作簿"下拉列表中包含以下选项。

● **始终以只读方式打开**：使用此选项将文件保存为只读文件，以防止文件被修改。

● **用密码进行加密**：使用此命令可以指定在打开工作簿时需要提供的密码。相关详细内容请参阅本章前面的 6.5 节。

- **保护当前工作表**：此命令可保护工作表的不同元素。通过此命令所显示的对话框与通过选择"审阅"|"保护"|"保护工作表"命令所显示的对话框相同。
- **保护工作簿结构**：此命令允许保护工作簿的结构。通过此命令所显示的对话框与通过选择"审阅"|"保护"|"保护工作簿"命令所显示的对话框相同。
- **限制访问**：如果你的组织使用 Azure 权限管理系统，则可将自己的工作簿连接到该系统，从而能够使用更加细粒度的选项来保护工作簿。
- **添加数字签名**：此命令允许为工作簿提供数字"签名"，使用户确信你签署了该工作簿。
- **标记为最终状态**：使用此选项可将工作簿指定为"最终状态"。文档将被保存为只读文件，以防止更改。这不是一个安全功能。"标记为最终状态"命令有助于让别人知道你分享的工作簿是已完成的版本。

> **交叉引用**
> 有关保护工作表、保护工作簿和使用数字签名的更多信息，请参见第 34 章。

6.7.2 "检查问题"选项

在"文件"|"信息"|"检查问题"下拉列表中包含以下选项。

- **检查文档**：此命令将显示"文档检查器"对话框。文档检查器可以提醒你工作簿中可能包含一些私人信息——可能是位于隐藏的行或列或者工作表中的信息。如果你要创建一个提供给公众的工作簿，则使用文档检查器执行最终检查是一种很好的做法。
- **检查辅助功能**：此命令会在工作簿中检查可能会对残障人士造成不便的潜在问题。检查的结果显示在工作簿的一个任务窗格中。
- **检查兼容性**：如果需要将工作簿保存为较旧的文件格式，则此命令十分有用。它会显示一个非常有用的"兼容性检查器"对话框，其中列出了潜在的兼容性问题。在使用旧文件格式保存工作簿时，也会出现此对话框。

6.7.3 "管理工作簿"选项

如果 Excel 自动保存了工作簿的之前版本，则可以恢复它们。

6.7.4 "浏览器视图"选项

如果工作簿用于在 Web 浏览器中查看，则可以指定可查看的工作表和其他对象。

6.7.5 "兼容模式"部分

如果活动工作簿是在兼容模式下打开的旧版工作簿，则会在"信息"窗格中显示"兼容模式"部分。要将工作簿转换为最新 Excel 文件格式，可单击"转换"按钮。

> **警告**
> 该命令将删除文件的原始版本，这似乎是一个相当极端的方法。比较明智的做法是先为工作簿生成副本，然后使用该命令。

6.8　关闭工作簿

完成工作簿操作后，应该关闭工作簿以释放其占有的内存。其他工作簿将继续处于打开状态。当关闭最后一个打开的工作簿时，将同时关闭 Excel。

可以通过以下任一方法关闭工作簿：

- 选择"文件"|"关闭"命令。

- 单击窗口标题栏中的"关闭"按钮。
- 按 Ctrl+F4 键。
- 按 Ctrl+W 键。

如果在上次保存工作簿后对其做了任何更改，则 Excel 会在关闭工作簿之前询问你是否保存对它的更改。

6.9　保护工作的安全

最糟糕的事情莫过于花费很多精力和时间创建了复杂的工作簿，却由于电源或磁盘故障甚至人为错误而毁于一旦。值得庆幸的是，保护工作免受这些灾难并不是一项困难的任务。

本章前面所讨论过的自动恢复功能可以使 Excel 定期保存工作簿的备份副本(参见 6.4 节)。自动恢复方法确实不错，但它并不是可以使用的唯一备份保护方法。如果工作簿很重要，则需要使用特别的步骤来确保其安全。以下备份选项均有助于确保文件的安全。

- **在同一磁盘上保留备份副本**：尽管此选项可以在工作表损坏时提供一定的保护，但如果整个硬盘发生故障，则无法实现保护目的。
- **在其他硬盘上保留备份副本**：如果要使用这种方法，则系统中必须有多个硬盘驱动器。此选项可提供比上一种方法更多的保护，因为两个硬盘同时发生故障的可能性比较小。当然，如果整个系统都出现故障或被盗，那只能说确实太不走运了。
- **在网络服务器上保留备份副本**：这种方法要求系统与可写入文件的服务器相连接。此方法很安全，但如果系统与网络服务器位于同一个建筑物中，那么也存在整个建筑物倒塌或毁坏的风险。
- **在 Internet 备份站点上保留备份副本**：有许多网站专门用于存储备份文件。
- **在可移动媒介上保留备份副本**：这是最安全的方法。使用可移动媒介(如 USB 驱动器)可以将备份带到任何地方。因此，即使系统(甚至整个建筑物)被毁坏，这些备份仍然完好无缺。

6.10　使用模板

从本质上说，模板是一个模型，以它为基础可以执行其他操作。Excel 模板就是用于创建其他工作簿的特殊工作簿。本节将讨论 Microsoft 提供的一些模板，以及如何创建自己的模板文件。创建模板需要花费一些时间，但从长远看，使用模板将为你节省大量工作。

6.10.1　探索 Excel 模板

熟悉 Excel 模板文件的最好方法是尝试使用一些模板文件。Excel 2019 提供了数百个可快速访问的模板文件。

> **提示**
> 探索模板也是了解 Excel 的好方法。在此过程中可能会发现自己的工作中能够加以利用的一些技巧。

1. 查看模板

要查看 Excel 模板，可选择"文件"|"新建"命令。显示在所出现的屏幕上的模板缩略图是可用模板的一小部分范例。可单击建议的搜索词或输入描述性单词，以搜索更多模板。

> **注意**
> 搜索过程将在 Microsoft Office Online 上执行，因此必须连接到 Internet 来搜索模板。

例如，输入 invoice 然后单击"搜索"按钮。Excel 会显示更多缩略图，可以通过使用右侧的类别筛选器来缩小搜索范围。

图 6-4 显示了模板搜索操作的结果。

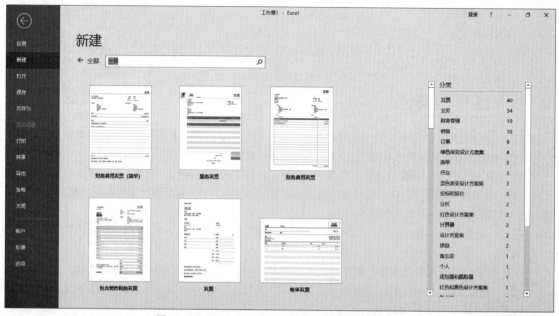

图 6-4   Backstage 视图中的"新建"页面允许搜索模板

注意

Microsoft Office Online 中有各种各样的模板，其中不乏一些非常优秀的模板。如果下载到少许无用模板，也不要就此放弃。虽然模板可能不够完美，但可对其进行修改，以满足需求。修改现有模板往往比从头开始创建新工作簿更容易。

2. 从模板创建工作簿

要基于模板创建工作簿，只需要找到一个看起来可完成所需工作的模板并单击缩略图。Excel 将显示一个框，其中包含较大的图像、模板源和一些额外信息。如果看起来比较符合要求，则单击"创建"按钮。否则，单击其中一个箭头来查看列表中的下一个(或前一个)模板的详细信息。

当单击"创建"按钮时，Excel 将下载模板，然后基于该模板创建一个新工作簿。

下一步要执行的操作取决于模板。每个模板都有所不同，但大多数看就明白。有些工作簿需要执行一些自定义操作。只需要使用自己的信息替换一般信息即可。

注意

需要理解的很重要的一点是，你不是在模板文件中工作，而是在从模板文件创建的工作簿中工作。如果你做了任何更改，这并不会改变模板——改变的仅是基于模板创建的工作簿。从 Microsoft Office Online 下载模板后，将保存该模板以供将来使用(你将不必再次下载它)。当选择"文件"|"新建"命令时，下载的模板将显示为缩略图。

图 6-5 显示了一个从模板创建的工作簿。需要在此工作簿的几个区域中进行自定义。但是，如果将再次使用该模板，则更有效的方法是自定义模板，而不是自定义从模板创建的每个工作簿。

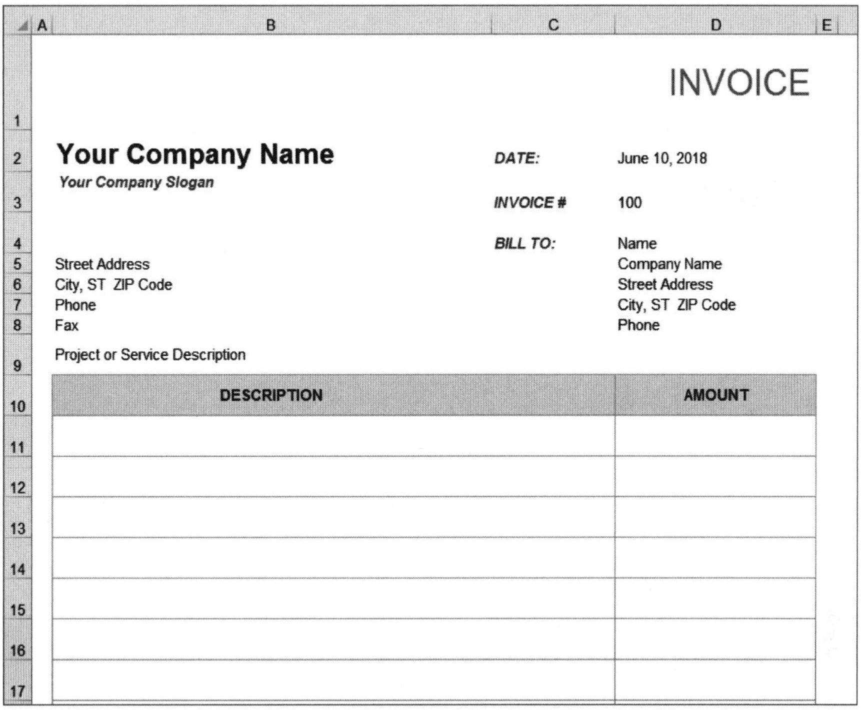

图 6-5　一个从模板创建的工作簿

　　如果要保存新创建的工作簿，单击"保存"按钮即可。Excel 将给出一个基于模板名称的文件名，不过也可以使用任何喜欢的文件名。

3. 修改模板

　　下载的模板文件和工作簿文件类似，因此可以打开模板文件并对其进行修改，然后重新保存它。例如，对于图 6-5 中所示的发票模板，可能需要修改此模板，以便显示公司信息和徽标，并使用实际的销售税税率。之后，当将来使用此模板时，基于它创建的工作簿将是已经过自定义的工作簿。

　　要打开模板进行编辑，可选择"文件"|"打开"(而不是"文件"|"新建")命令并找到模板文件(扩展名是.xltx、.xltm 或.xlt)。当通过选择"文件"|"打开"命令打开模板文件时，将打开实际的模板文件——你不是从模板文件创建工作簿。

　　一种用于找到已下载模板文件的位置的方法是查看受信任位置列表：

　　(1) 选择"文件"|"选项"命令。这将显示"Excel 选项"对话框。

　　(2) 选择"信任中心"选项，然后单击"信任中心设置"按钮。这将显示"信任中心"对话框。

　　(3) 在"信任中心"对话框中，选择"受信任位置"选项。你会看到受信任位置的列表。已下载的模板存储在被描述为"用户模板"的位置。如果要修改(或删除)已下载的模板，可以在这里找到它。

　　在作者的系统中，下载的模板存储在以下位置：

`C:\Users\<username>\AppData\Roaming\Microsoft\Templates\`

　　修改模板后，选择"文件"|"保存"命令来保存模板文件。以后使用此模板创建的工作簿将使用修改后的模板版本。

6.10.2　使用默认模板

Excel 支持 3 种类型的模板。

- **默认工作簿模板**：用作新工作簿的基础。
- **默认工作表模板**：用作插入工作簿中的新工作表的基础。

- **自定义工作簿模板**：通常这些已准备好运行的工作簿中含有公式，但是可以根据需要包含简单或复杂的公式。一般来说，通过已设置好的模板，用户可以非常方便地插入数值并立即得到结果。Microsoft Office Online 模板(已在本章前面讨论过)就是此类模板的示例。

本节将讨论默认工作簿和默认工作表模板，下一节将讨论自定义工作簿模板。

1. 使用工作簿模板更改工作簿默认设置

每一个新创建的工作簿都有一些默认设置。例如，新建的工作簿中含有一个工作表、工作表中含有网格线、页眉和页脚为空、显示的文本字体由默认常规样式设定、列宽为 8.43 个单位等。如果不喜欢某些默认的工作簿设置，则可以通过创建新的工作簿模板来更改它们。

可以很容易地更改 Excel 的默认工作簿，而且从长远来看这样做可以为你节省大量时间。可以通过执行以下步骤来更改 Excel 工作簿默认设置：

(1) 打开一个新工作簿。

(2) 添加或删除工作表，从而在工作簿中添加所需数量的工作表。

(3) 执行所需的其他修改，如列宽、命名样式、页面设置选项，以及"Excel 选项"对话框中的其他设置。要更改单元格的默认格式，请选择"开始"|"样式"|"单元格样式"命令，然后更改"常规"样式的设置。例如，可以更改默认字体、字号或数字格式。

(4) 根据需要设置好工作簿之后，选择"文件"|"另存为"|"浏览"命令。这将显示"另存为"对话框。

(5) 在"另存为"对话框中，从"保存类型"列表中选择"Excel 模板(*.xltx)"。如果模板中包含任何 VBA 宏，则选择"Excel 启用宏的模板(*.xltm)"。

(6) 输入 book 作为文件名。

> **警告**
> Excel 会提供一个名称(如工作簿 1.xltx)。如果想让 Excel 使用这个模板作为工作簿的默认设置，则必须将名称改为 book.xltx (或 book.xltm)。

(7) 将文件保存到 XLStart 文件夹(而不是 Excel 建议的模板文件夹)中。

(8) 关闭模板文件。

完成以上步骤后，将基于此 book.xltx(或 book.xltm)工作簿模板生成新的默认工作簿。可以通过以下几种方法基于自己的模板创建工作簿：

- 按 Ctrl+N 键。
- 直接打开 Excel 程序，而不是选择打开一个工作簿。仅在禁用在 Excel 启动时显示开始屏幕的选项之后，此选项才有用。此选项可在"Excel 选项"对话框的"常规"选项卡中指定(选择"文件"|"选项"命令显示"Excel 选项"对话框)。

> **注意**
> 如果选择"文件"|"新建"命令，并从模板列表中选择"空白工作簿"选项，将不会使用 book.xltx 模板。此命令将导致创建默认的工作簿，提供一种方法来覆盖自定义的 book.xltx 模板(如果需要这么做)。

2. 创建工作表模板

也可以创建名为 sheet.xltx 的单个工作表模板。可使用为 book.xltx 描述的相同过程。当插入新工作表时，将使用 sheet.xltx 模板。

3. 编辑模板

在创建 book.xltx 模板以后，可能需要对它进行更改。为此，可以打开此模板文件，然后像编辑其他任何工作簿一样编辑它。更改之后，将文件保存到其原始位置，然后关闭它即可。

4. 重置默认的工作簿

如果在创建 book.xltx(或 book.xltm)文件之后需要恢复为使用标准的默认设置，则只需要删除(或重命名)book.xltx(或 book.xltm)模板文件。然后，Excel 将对新工作簿使用其内置的默认设置。

6.10.3 使用自定义工作簿模板

上一节讨论的 book.xltx 模板是一个特殊类型的模板，决定了新工作簿的默认设置。本节将讨论其他类型的模板——自定义工作簿模板，它们是作为新的特定工作簿类型基础的工作簿。

1. 创建自定义模板

通过创建自定义工作簿模板，可以减少一些重复性工作。假设你要创建一个月销售报表，其中包含公司的地区销售以及一些汇总计算和图表。为此，可以创建一个由所有相关内容(除输入值外)组成的模板文件。然后，当创建报表时，只需要基于模板打开工作簿，并在空白处填写相关内容即可完成工作。

> **注意**
> 完全可以使用上一个月的工作簿，然后使用不同的名称另存该工作簿。不过，这样做很容易出错，因为你可能很容易忘记使用"另存为"命令，从而不小心覆盖上一个月的文件。另一种选择是使用"文件"|"打开"命令，并在"打开"对话框中选择"以副本方式打开"命令(当单击"打开"按钮上的箭头时将显示此命令)。通过以副本形式打开文件，将从现有内容创建一个新工作簿，但会为其分配另一个不同的名称以确保旧文件不被覆盖。

当创建基于模板的工作簿时，默认的工作簿名称是在模板名称后面附加一个数字。例如，如果基于名为 Sales Report.xltx 的模板创建一个新工作簿，则此工作簿的默认名称是 Sales Report1.xltx。当第一次保存基于模板创建的工作簿时，Excel 会显示"另存为"对话框，以便根据需要为工作簿指定不同的名称。

自定义模板本质上是一个普通的工作簿，它可以使用任何 Excel 功能，例如图表、公式和宏。通常情况下，建立模板是为了使用户能够在输入数值后立刻得到所需结果。换言之，大多数模板中会包含除数据之外的所有需要的内容，而数据则需要由用户输入。

> **注意**
> 如果模板包含宏，则必须将模板保存为"Excel 启用宏的模板"类型，其扩展名为 .xltm。

在模板文件中锁定公式单元格

如果将由新手使用模板，那么可以考虑锁定所有公式单元格，以确保这些公式不会被删除或修改。默认情况下，在工作表受保护时，所有单元格将会被锁定，而且无法更改。下面的步骤描述了如何解锁不含公式的单元格：

(1) 选择"开始"|"编辑"|"查找和选择"|"定位条件"命令。这将显示"定位条件"对话框。

(2) 选择"常量"选项，然后单击"确定"按钮。此步骤将选择所有不含公式的单元格。

(3) 按 Ctrl +1 键。这将显示"设置单元格格式"对话框。

(4) 选择"保护"选项卡。

(5) 清除"锁定"复选框的复选标记。

(6) 单击"确定"按钮以关闭"设置单元格格式"对话框。

(7) 选择"审阅"|"保护"|"保护工作表"命令。这将显示"保护工作表"对话框。

(8) 指定密码(可选)，然后单击"确定"按钮。

执行这些步骤后，将不能修改公式单元格，除非取消保护工作表。

2. 保存自定义模板

要将工作簿保存为模板，可选择"文件"|"另存为"|"浏览"命令，并从"保存类型"下拉列表中选择"Excel 模板(*.xltx)"。如果工作簿包含任何 VBA 宏，则需要选择"Excel 启用宏的模板(*.xltm)"。然后将模板保存到 Excel 所建议的模板文件夹中，或者保存到此模板文件夹的子文件夹中。

如果要在之后修改此模板，可选择"文件"|"打开"命令，以打开并编辑该模板。

3. 使用自定义模板

要基于自定义模板创建工作簿，可选择"文件"|"新建"命令，然后单击"个人"选项(在搜索框下方)。你会看到所有自定义工作表模板(和其他模板)的缩略图。单击一个模板，Excel 将基于该模板创建工作簿。

第 **7** 章

打印工作成果

本章要点

- 更改工作表视图
- 调整打印设置以获得更好的打印效果
- 禁止打印某些单元格
- 使用自定义视图功能
- 创建 PDF 文件

　　虽然有人预测"无纸办公"将成为趋势，但是纸张仍然是携带信息和与其他人分享信息的一种好方法，尤其在没有电力或者 Wi-Fi 的环境中更是如此。你通过 Excel 创建的许多工作表最终将打印成复制件，而你会希望这些复印件看起来很美观。可以很方便地打印 Excel 报表，而且可以创建富有吸引力的美观报表。此外，Excel 还提供了大量用于控制页面打印的选项。本章将介绍这些选项。

7.1　基本打印功能

　　如果想要快速轻松地打印一份工作表，那么可以使用"快速打印"选项。可以通过选择"文件"|"打印"命令(将显示 Backstage 视图的"打印"窗格)，然后单击"打印"按钮来访问它。按 Ctrl+P 键的效果相当于选择"文件"|"打印"命令。当使用 Ctrl+P 键打开 Backstage 视图时，"打印"按钮将获得焦点，所以可以按 Enter 键进行打印。

　　如果希望通过单击一次鼠标就能实现打印，则可以花几秒钟时间在快速访问工具栏中添加一个新按钮。单击快速访问工具栏右侧的向下箭头，然后从下拉列表中选择"快速打印"命令。这样，Excel 将在快速访问工具栏中添加"快速打印"图标。

　　单击"快速打印"按钮即可在当前选择的打印机上使用默认打印设置打印当前工作表。如果改变了任何默认打印设置(通过使用"页面布局"选项卡)，则 Excel 将使用新的设置；否则，Excel 将使用下面的默认设置。

- 打印活动工作表(或选定的所有工作表)，包括任何嵌入的图表或对象。
- 打印一个副本。
- 打印整个活动工作表。
- 以纵向模式打印。
- 不对打印输出进行缩放。
- 使用上下页边距为 0.75 英寸、左右页边距为 0.7 英寸的信纸(适用于美国版本)。
- 打印的文件没有页眉和页脚。
- 不打印单元格批注。
- 打印的文件中没有单元格网格线。

- 对于跨越多页的较宽工作表，将先纵向打印，然后横向打印。

当打印工作表时，Excel 将只打印工作表中的活动区域。换句话说，并不会打印所有 170 亿个单元格，而只打印那些含有数据的单元格。如果工作表包含任何嵌入的图表或其他图形对象(如 SmartArt 或形状)，则也会打印这些内容。

使用打印预览

当选择"文件"|"打印"命令(或按 Ctrl+P 键)时，Backstage 视图会显示打印输出内容的预览，所显示的内容与打印出来的内容完全相同。一开始，Excel 会显示打印输出内容的第一页。要查看之后的页面，可以使用预览窗格底部的页面控件(或使用屏幕右侧的垂直滚动条)。

"打印预览"窗口中还有其他一些命令(位于底部)，可以在预览输出内容时使用。对于多页打印输出，可以使用页码控件快速跳转到特定页。"显示边距"按钮可以切换边距显示，"缩放页面"按钮可以确保显示完整的页面。

当"显示边距"选项生效时，Excel 会向预览内容添加标记，以指明列边框和边距。可以拖动列或边距标记更改屏幕显示。在预览模式下执行的列宽更改将会同时应用到实际工作表中。

打印预览功能确实很有用，但你可能更愿意使用"页面布局"视图来预览输出内容(请参阅 7.2 节)。

7.2 更改页面视图

"页面布局"视图可将工作表显示为多个页面。换句话说，可以在工作时查看打印输出内容。

"页面布局"视图是 3 个工作表视图之一，这些工作表视图由状态栏右侧的 3 个图标控制。也可以使用功能区"视图"|"工作簿视图"分组中的命令切换视图。这 3 个视图选项如下所示。

- **"普通"视图**：工作表的默认视图。此视图既可能显示分页符，也可能不显示分页符。
- **"页面布局"视图**：显示各个页面的视图。
- **"分页预览"视图**：可用于手动调整分页符的视图。

只要单击其中一个图标就可以更改视图。也可以使用"缩放"滑块来更改缩放比例，缩放比例的范围可以从 10%(非常小的概览图)到 400%(可显示细节的大视图)。

下面将描述如何使用这些视图来帮助执行打印操作。

7.2.1 "普通"视图

在使用 Excel 的大部分时候，都会使用"普通"视图。"普通"视图可以在工作表中显示分页符。分页符由水平和垂直的虚线表示。在进行更改页面方向、添加/删除行或列或者更改行高及列宽等操作时，Excel 将自动调整这些分页符。例如，如果发现打印输出内容太宽而无法在单个页面上显示时，则可以调整列宽(请注意分页符的显示)，直到列足够窄，能够打印在一个页面上为止。

注意

只有至少已经打印或预览工作表一次之后，才会显示分页符。如果通过选择"页面布局"|"页面设置"|"打印区域"命令设置了打印区域，那么也会显示分页符。

提示

如果不希望在"普通"视图中显示分页符，可选择"文件"|"选项"命令并选择"高级"选项卡。滚动到"此工作表的显示选项"部分，然后清除"显示分页符"的复选标记。此设置只应用于活动工作表。令人遗憾的是，用于关闭分页符显示的选项没有包含在功能区中，也不包含在快速访问工具栏中。

图 7-1 显示了一个处于"普通"视图模式的工作表，并且已缩小以显示多个页面。请注意用于表示分页符

的虚线。

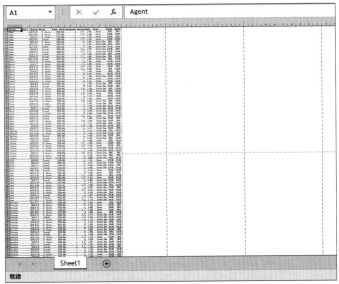

图 7-1　在"普通"视图中，虚线表示分页符

7.2.2　"页面布局"视图

　　与 Backstage 视图中的预览(选择"文件" | "打印"命令)有所不同，"页面布局"视图并不是只能进行查看的视图。在此模式中可以访问所有 Excel 命令。实际上，可以根据需要一直使用"页面布局"视图。

　　图 7-2 显示了一个处于"页面布局"视图模式的工作表，并且已缩小以显示多个页面。注意，该模式将在每一个页面中显示页眉和页脚(如果有)，还将显示重复的行和列(如果有)，这将使得你能查看打印输出内容的真实视图。

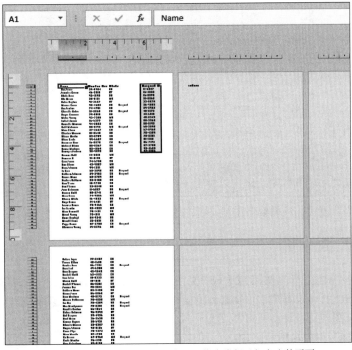

图 7-2　在"页面布局"视图中，工作表类似于打印出的页面

> **提示**
>
> 如果在"页面布局"视图中将鼠标移动到页角,单击即可隐藏页边距空白空间。这样做可以发挥"页面布局"视图的所有优点,并且可以看到更多信息,因为屏幕上未使用的页边距空间将被隐藏。

7.2.3　"分页预览"视图

"分页预览"视图可以显示工作表以及工作表中的分页符。图 7-3 显示了一个示例。这种视图模式与打开分页符的"普通"视图模式有所不同,两者的主要区别在于,在此模式中可以拖动分页符。如果设置了打印区域,还可以拖动打印区域的边缘来改变其大小。不同于"页面布局"视图,"分页预览"视图不会显示页眉和页脚。

当进入"分页预览"模式时,Excel 会执行以下操作:

- 更改缩放比例以显示更多工作表。
- 显示覆盖于页面上的页码。
- 以白色背景显示当前打印区域,以灰色背景显示非打印区域。
- 将所有分页符显示为可拖动的虚线。

当通过拖动更改分页符时,Excel 会自动调整缩放比例,从而使信息符合页面大小和指定的设置。

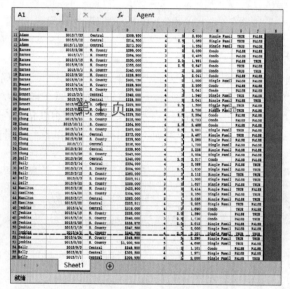

图 7-3　"分页预览"视图模式显示了工作表的概览图以及分页符的确切位置

> **提示**
>
> 在"分页预览"模式中,仍然可以访问所有 Excel 命令。如果发现文本太小,则可以更改缩放系数。

要退出"分页预览"模式,只需要单击状态栏右端的其他"视图"图标之一即可。

7.3　调整常用页面设置

很多情况下,单击"快速打印"按钮(或选择"文件"|"打印"|"打印"命令)就可以得到比较令人满意的结果,但是稍微调整一下打印设置常常可以进一步提高报表的打印质量。可以从 3 个位置调整打印设置:

- 在 Backstage 视图的打印设置屏幕中(当选择"文件"|"打印"命令时显示);
- 功能区的"页面布局"选项卡;

- "页面设置"对话框(当选择功能区中"页面布局"|"页面设置"分组右下角的对话框启动器时显示)。
可在 Backstage 视图的打印设置屏幕中访问"页面设置"对话框。

表 7-1 总结了可在 Excel 2019 中执行各种与打印相关的调整操作的位置。

表 7-1　可以更改打印设置的位置

设置	打印设置屏幕	功能区的"页面布局"选项卡	"页面设置"对话框
打印份数	×		
使用的打印机	×		
打印内容	×		
打印页数	×		
指定工作表打印区域		×	×
单面或双面	×		
对照	×		
方向	×	×	×
纸张大小	×	×	×
调整页边距	×	×	×
指定手动分页符		×	
指定重复行或列			×
设置打印缩放	×	×	×
打印或隐藏网格线		×	×
打印或隐藏行和列标题		×	×
指定起始页码			×
页面居中输出			×
指定页眉/页脚和选项			×
指定如何打印单元格批注			×
指定页面顺序			×
指定黑白输出			×
指定如何打印错误单元格			×
打开"打印机属性"对话框	×		×

表 7-1 可能使打印操作看起来比较复杂，其实并非如此。需要记住的关键一点是：如果你找不到一种方法来执行特定调整，那么"页面设置"对话框很可能可以实现你的目的。

7.3.1　选择打印机

要切换到不同的打印机或输出设备，可选择"文件"|"打印"命令，并使用"打印机"部分中的下拉控件，以选择其他已安装的打印机。

> **注意**
> 要调整打印机设置，可单击"打印机属性"链接以显示所选打印机的属性框。所显示的具体对话框取决于打印机。通过"属性"对话框，可调整特定于打印机的设置，如打印质量和纸张来源。大多数情况下，不必更改这些设置，但如果存在与打印相关的问题，则可能需要检查这些设置。

7.3.2　指定要打印的内容

有时，可能只需要打印工作表的部分内容，而不是工作表的整个活动区域。或者，可能需要重新打印已选

择的页面，而不打印所有页。此时，可选择"文件"|"打印"命令，并使用"设置"部分中的控件来指定要打印的内容。

可使用以下一些选项。

- **打印活动工作表**：打印活动工作表或选择的工作表(此选项是默认选项)。可以通过按住 Ctrl 键并单击工作表选项卡来选择打印多个工作表。如果选择多个工作表，Excel 将开始在新页面上打印每个工作表。
- **打印整个工作簿**：打印整个工作簿，包括图表工作表。
- **打印选定区域**：只打印在选择"文件"|"打印"命令之前所选定的内容。
- **打印选定图表**：仅当已选择图表时才显示。如果选择此选项，将只打印图表。
- **打印所选表**：只有在显示打印设置屏幕并且单元格指针位于表格中(通过选择"插入"|"表格"|"表格"命令可创建表格)时，才会显示此选项。如果选中此选项，将只打印相应的表格。

> **提示**
> 也可以通过选择"页面布局"|"页面设置"|"打印区域"|"设置打印区域"命令来指定要打印的区域。在选择这个命令之前，请选择要打印的区域。要清除打印区域，可以选择"页面布局"|"页面设置"|"打印区域"|"清除打印区域"命令。要覆盖打印区域，可以在"打印内容"选项列表中选中"忽略打印区域"复选框。

> **注意**
> 打印区域不必是单个区域。可以选择多个区域，然后再设置打印区域。每个区域将打印在单独的页面中。

如果打印输出内容使用了多个页面，则可以使用"设置"部分中的"页面"控件指明第一页和最后一页，以选择要打印的页面。既可以使用微调控件，也可以在编辑框中键入页码。

7.3.3　更改页面方向

页面方向是指如何在页面上打印输出内容。选择"页面布局"|"页面设置"|"纸张方向"|"纵向"命令可以打印纵向页面(默认)，选择"页面布局"|"页面设置"|"纸张方向"|"横向"命令可以打印横向页面。当具有无法在纵向页面上打印的很宽的区域时，横向打印就很有用。

如果改变了方向，则屏幕上的分页符会自动调整以适应新的纸张方向。

也可以通过选择"文件"|"打印"命令来设置纸张方向。

7.3.4　指定纸张大小

可通过选择"页面布局"|"页面设置"|"纸张大小"命令来指定所使用的纸张大小。也可以通过选择"文件"|"打印"命令设置纸张大小。

> **注意**
> 虽然 Excel 可显示各种尺寸的纸张，但是打印机不一定能够支持所有这些纸张。

7.3.5　打印多份报表

使用 Backstage 视图中"打印"选项卡顶部的"份数"控件可以指定打印份数。只需要输入所需的份数，然后单击"打印"按钮即可。

> **提示**
> 如果要打印多份报表，请确保选中"对照"选项，以便使 Excel 为每组输出按顺序打印页面。如果只打印一页，则 Excel 会忽略"对照"设置。

7.3.6　调整页边距

页边距是位于打印页两侧、底部和顶部的未打印领域。Excel 提供了 4 个"快速页边距"设置，也可以指定所需的精确页边距。所有打印页面将具有相同的页边距。不能为不同的页面指定不同的页边距。

在"页面布局"视图中，将在列标题上面和行标题左侧显示标尺。可以使用鼠标在标尺中拖动页边距。Excel 将立即调整页面显示。可以使用水平标尺来调整左侧和右侧的页边距，使用垂直标尺调整顶部和底部的页边距。

从"页面布局"|"页面设置"|"页边距"下拉列表中，可以选择"常规""宽""窄"或"上次的自定义设置"选项。也可以通过选择"文件"|"打印"命令来设置这些选项。如果这些设置不能满足需求，则可以选择"自定义边距"命令以显示"页面设置"对话框的"页边距"选项卡，如图 7-4 所示。

要更改页边距，可单击适当的微调控件(或者直接输入一个值)。在"页面设置"对话框中指定的页边距设置将出现在"页面布局"|"页面设置"|"页边距"下拉列表中，并被称为"上次的自定义设置"。

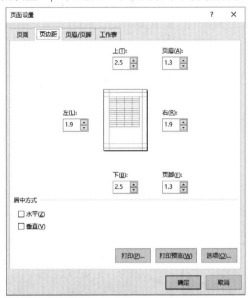

图 7-4　"页面设置"对话框中的"页边距"选项卡

注意

"页面设置"对话框中央的"预览"框有些欺骗性，因为它并没有真正反映出你所做的更改在页面中的效果，而是会显示深色线条，使你了解所调整的是哪个页边距。

也可以在 Backstage 视图的预览窗口(选择"文件"|"打印"命令)中调整页边距。单击右下角的"显示页边距"按钮将在预览窗格中显示边距。然后拖动边距指示器可调整页边距。

除了页边距外，还可以调整页眉到页面顶部以及页脚到页面底部的距离。这些设置应比相应的页边距小，否则，页眉或页脚可能会与打印输出内容发生重叠。

默认情况下，Excel 会将打印的页面向顶部和左侧页边距对齐。如果要使输出内容垂直或水平居中，则需要在"页边距"选项卡的"居中方式"部分中选中相应的复选框。

7.3.7　了解分页符

当打印很长的报表时，控制分页的位置将变得很重要。例如，你可能不希望在一页中仅打印一行，也不想在页面上的最后一行打印表格的标题行。幸运的是，Excel 提供了用于精确控制分页符的选项。

Excel 会自动处理分页符，但有时你可能会强制分页(垂直或水平方向上)，以便按你想要的方式打印报表。例如，如果工作表中包含几个不同的部分，则可能需要在单独的纸张中打印每个部分。

1. 插入分页符

要插入一个水平分页行，可将单元格指针移动到将开始新一页的单元格。需要确保将指针放在 A 列中，否则，将会插入一个垂直分页符和一个水平分页符。例如，如果需要让第 14 行作为新页面的第一行，则需要选择单元格 A14。然后选择"页面布局"|"页面设置"|"分隔符"|"插入分页符"命令。

注意

分页符的显示方式会有所不同，具体取决于所使用的视图模式(相关的详细内容参见本章前面的 7.2 节)。

要插入一个垂直分页行，可将单元格指针移动到将开始新一页的单元格。不过，这种情况下，一定要将指针放在第一行中。然后选择"页面布局"|"页面设置"|"分隔符"|"插入分页符"命令来创建分页。

2. 删除手动分页符

要删除已经添加的分页符，可将单元格指针移动到手动分页符下方的第一行(或右侧的第一列)，然后选择"页面布局"|"页面设置"|"分隔符"|"删除分页符"命令。

要删除工作表中的所有手动分页符，可选择"页面布局"|"页面设置"|"分隔符"|"重设所有分页符"命令。

7.3.8 打印行和列标题

如果工作表设置为在第一行输入标题和在第一列输入描述性名称，则在未出现这些标题的打印页面上可能就难以识别相关的数据。要解决这个问题，可以选择在每个打印输出页上将选定行或列打印为标题。

行和列标题在打印输出中的用途与冻结窗格在工作表导航中的用途几乎相同。但是，请注意，这些功能是相互独立的。换句话说，冻结窗格不会影响打印输出。

交叉引用

关于如何冻结窗格的更多信息，请参见第 3 章。

警告

不要混淆打印标题与页眉，它们是两个不同的概念。页眉显示在每一页的顶部，其中包含工作表名称、日期或页码等信息。而行和列标题则描述了要打印的数据，如数据库表或列表中的字段名。

可指定在每个打印页顶部重复出现的特定行或者在每个打印页左侧重复出现的特定列。为此，可选择"页面布局"|"页面设置"|"打印标题"命令。Excel 将显示"页面设置"对话框的"工作表"选项卡，如图 7-5 所示。

激活相应的框("顶端标题行"或"从左侧重复的列数")，然后选择工作表中的行或列。或者，也可以手动输入这些引用内容。例如，如果要指定第 1 行和第 2 行作为重复行，则输入"1:2"。

注意

当你指定行和列标题并使用"页面布局"视图时，这些标题将会在每一页上重复显示(在打印文档时也如此)。然而，只能在标题单元格首次出现的页面上选择这些用于标题的单元格。

图 7-5 使用"页面设置"对话框的"工作表"选项卡指定将出现在每个打印页上的行或列

7.3.9 对打印输出进行缩放设置

某些情况下,可能需要强制在特定数量的页面中打印输出。可以通过放大或缩小来实现此目的。要输入比例系数,请选择"页面布局"|"调整为合适大小"|"缩放比例"命令。可以输入 10%～400%的比例系数。要返回正常比例,请输入 100%。

要强制 Excel 使用特定数量的页面打印输出内容,可选择"页面布局"|"调整为合适大小"|"宽度"命令和"页面布局"|"调整为合适大小"|"高度"命令。当更改其中任何一项设置时,将在"缩放比例"控件中显示相应的比例系数。

警告
Excel 并不保证打印内容的可读性,它可能将输出内容缩小到没人能看清的程度。

7.3.10 打印单元格网格线

通常情况下,不打印单元格网格线。如果希望在打印输出中包含网格线,可选择"页面布局"|"工作表选项"|"网格线"|"打印"命令。

或者,也可以在一些单元格周围插入边框以模拟网格线。将边框颜色改为"白色,背景 1,深色 5%",能够很好地模拟网格线。要改变颜色,可选择"开始"|"字体"|"边框"|"其他边框"命令。确保首先改变颜色,然后再应用边框。

交叉引用
有关边框的信息,请参见第 5 章。

7.3.11 打印行和列标题

默认情况下,不会打印工作表的行和列标题。如果希望在打印输出中包括这些项,那么可以选择"页面布局"|"工作表选项"|"标题"|"打印"命令。

7.3.12 使用背景图像

你是否想在打印输出中使用背景图像?令人遗憾的是,无法实现此目的。你可能已经注意到"页面布局"|

"页面设置" | "背景"命令。此按钮会显示一个对话框，用于选择要显示为背景的图像。将此控件与其他有关打印的命令放在一起有些误导，因为放置在工作表中的背景图像不会被打印。

提示

作为真正背景图像的替代项，可以在工作表中插入形状、艺术字或图片，然后调整其透明度。之后，将图像复制到所有打印页面。或者，也可以在页眉或页脚中插入一个对象(相关的内容请参阅"插入水印"侧边栏)。

插入水印

水印是出现在每个打印页上的图像(或文字)。水印可以是浅颜色的公司徽标或类似 DRAFT 的单词。Excel 没有用于打印水印的正式命令，但可以通过在页面的页眉或页脚中插入图片来添加水印。具体方法如下：

(1) 在硬盘上找到要用于水印的图像。

(2) 选择"视图" | "工作簿视图" | "页面布局视图"命令。

(3) 单击页眉的中央部分。

(4) 选择"页眉和页脚工具" | "设计" | "页眉和页脚元素" | "图片"命令。这将出现"插入图片"对话框。

(5) 单击"浏览"按钮并找到步骤(1)中的图片(或从列出的其他来源中找到合适的图像)。

(6) 单击页眉外部以查看图像。

(7) 要在页面中居中显示图像，可以单击页眉的中心部分，并在&[Picture]代码前加上一些回车符。你可能需要进行多次试验以确定所需的回车符数量，从而可以将图像推到文档正文中间。

(8) 如果需要调整图像(例如使颜色更浅)，则单击页眉的中心部分，然后选择"页眉和页脚工具" | "设计" | "页眉和页脚元素" | "设置图片格式"命令。使用"设置图片格式"对话框中"图片"选项卡上的"图像控制"选项来调整图像。你可能需要对设置进行多次实验，以确保工作表的文字清晰。

下图显示了一个用作水印的页眉图片示例。当然，也可以使用文本作为水印，但是无法使用相同的格式控制选项，如亮度和对比度。

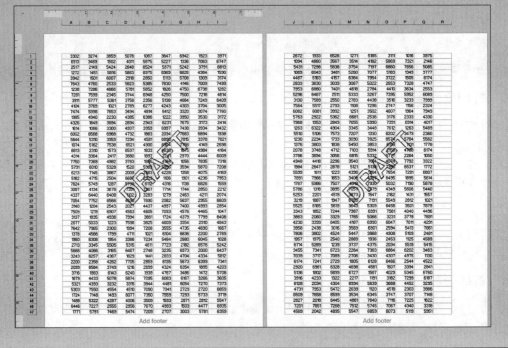

7.4　为报表添加页眉或页脚

页眉是出现在每个打印页顶部的信息。页脚是出现在每个打印页底部的信息。默认情况下，新工作簿不包含页眉或页脚。

可以通过使用“页面设置”对话框中的“页眉/页脚”选项卡来指定页眉和页脚。或者，也可以通过切换到“页面布局”视图来简化此任务，可以在此视图中单击“添加页眉”或“添加页脚”文字提示来添加页眉或页脚。

注意

如果是在“普通”视图中工作，则可以选择“插入”|“文本”|“页眉和页脚”命令。这样，Excel 将切换到“页面布局”视图，并激活页眉的中央部分。

此后可以输入信息并应用任何喜欢的格式类型。请注意，页眉和页脚包含 3 个部分：左、中、右。例如，可以创建一个页眉，使得在左边打印你的名字，在页眉中心显示工作表名称，在右边显示页码。

提示

如果需要为所有文件使用一致的页眉或页脚，可以创建一个含有指定页眉或页脚的 book.xltx 模板。book.xltx 模板用作新工作簿的基础。

交叉引用

有关模板的详细信息，请参见第 6 章。

当激活“页面布局”视图中的页眉或页脚部分时，功能区将显示一个新的上下文选项卡：“页眉和页脚工具”|“设计”。可使用此选项卡上的控件处理页眉和页脚。

7.4.1　选择预定义的页眉或页脚

通过使用“页眉和页脚工具”|“设计”|“页眉和页脚”分组中的两个下拉列表，可以从很多预定义的页眉或页脚中进行选择。注意，其中列出的一些项是由以逗号分隔的多个部分组成的。这些部分分别对应于页眉和页脚的 3 个部分(左、中、右)。图 7-6 显示了一个使用了所有 3 个部分的页眉的示例。

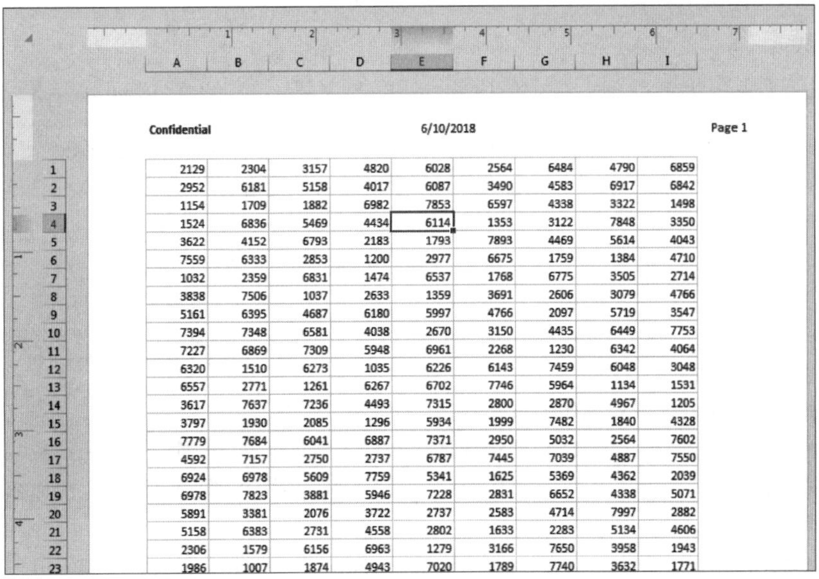

	A	B	C	D	E	F	G	H	I
1	2129	2304	3157	4820	6028	2564	6484	4790	6859
2	2952	6181	5158	4017	6087	3490	4583	6917	6842
3	1154	1709	1882	6982	7853	6597	4338	3322	1498
4	1524	6836	5469	4434	6114	1353	3122	7848	3350
5	3622	4152	6793	2183	1793	7893	4469	5614	4043
6	7559	6333	2853	1200	2977	6675	1759	1384	4710
7	1032	2359	6831	1474	6537	1768	6775	3505	2714
8	3838	7506	1037	2633	1359	3691	2606	3079	4766
9	5161	6395	4687	6180	5997	4766	2097	5719	3547
10	7394	7348	6581	4038	2670	3150	4435	6449	7753
11	7227	6869	7309	5948	6961	2268	1230	6342	4064
12	6320	1510	6273	1035	6226	6143	7459	6048	3048
13	6557	2771	1261	6267	6702	7746	5964	1134	1531
14	3617	7637	7236	4493	7315	2800	2870	4967	1205
15	3797	1930	2085	1296	5934	1999	7482	1840	4328
16	7779	7684	6041	6887	7371	2950	5032	2564	7602
17	4592	7157	2750	2737	6787	7445	7039	4887	7550
18	6924	6978	5609	7759	5341	1625	5369	4362	2039
19	6978	7823	3881	5946	7228	2831	6652	4338	5071
20	5891	3381	2076	3722	2737	2583	4714	7997	2882
21	5158	6383	2731	4558	2802	1633	2283	5134	4606
22	2306	1579	6156	6963	1279	3166	7650	3958	1943
23	1986	1007	1874	4943	7020	1789	7740	3632	1771

图 7-6　这个包含 3 个部分的页眉是 Excel 中的预定义页眉之一

7.4.2 了解页眉和页脚元素代码

当激活一个页眉或页脚部分后，可以在此部分中输入所需的任何文字。或者，若要插入可变信息，也可以插入多个元素中的任一元素的代码，方法是单击"页眉和页脚工具" | "设计" | "页眉和页脚元素"分组中的按钮。每个按钮将向选定的部分中插入一个代码。例如，如果要插入当前日期，可单击"当前日期"按钮。表 7-2 列出了这些按钮及其功能。

表 7-2 页眉和页脚按钮及其功能

按钮	代码	功能
页码	&[Page]	显示页码
页数	&[Pages]	显示要打印的总页数
当前日期	&[Date]	显示当前日期
当前时间	&[Time]	显示当前时间
文件路径	&[Path]&[File]	显示工作表的完整路径和文件名
文件名称	&[File]	显示工作簿名称
工作表名称	&[Tab]	显示工作表名称
图片	&[Picture]	可以添加图片
设置图片格式	不适用	可以更改已添加的图片设置

在每个部分中，都可以将文本和代码结合在一起使用，并且可以插入所需的任意数量的代码。

> **注意**
>
> 如果输入的文本使用了与号(&)，则必须输入两次此符号(因为 Excel 使用一个与号来标志一个代码)。例如，如果要在页眉或页脚的一个部分中输入文本 Research & Development，则需要键入 Research && Development。

还可在页眉和页脚中使用不同的字体和字号。为此，可选择要修改的文本，然后使用"开始" | "字体"分组中的格式工具。或者，也可以使用浮动工具栏上的控件，当选择文本时会自动显示浮动工具栏。如果不改变字体，则 Excel 会使用为"常规"样式定义的字体。

> **提示**
>
> 可根据需要使用任意数量的行。按 Enter 键可为页眉或页脚强制实现一个换行。如果使用了多行的页眉或页脚，则可能需要调整顶部或底部边距，以便使其文本不与工作表数据重叠(相关内容请参阅本章前面的 7.3.6 节)。

令人遗憾的是，不能打印页眉或页脚中的特定单元格的内容。例如，你可能希望 Excel 使用单元格 A1 的内容作为页眉的一部分。为此，在打印工作表之前，需要手动输入单元格内容，或者编写一个 VBA 宏来执行此操作。

7.4.3 其他页眉和页脚选项

当在"页面布局"视图中选择一个页眉或页脚时，"页眉和页脚" | "设计" | "选项"分组会包含一些控件，可以让你指定以下一些选项。

- **首页不同**：如果选中，可为打印的首页指定不同的页眉/页脚。
- **奇偶页不同**：如果选中，可为奇数页和偶数页指定不同的页眉/页脚。
- **随文档一起缩放**：选中后，如果在打印时缩放文档，则页眉和页脚的字号将相应地缩放。默认情况下将启用此选项。
- **与页边距对齐**：如果选中，左页眉和页脚将与左边距对齐，右页眉和页脚将与右边距对齐。默认情况下将启用此选项。

7.5　其他与打印相关的主题

接下来将介绍与在 Excel 中执行打印相关的其他主题。

7.5.1　在工作表之间复制页面设置

每个 Excel 工作表都有自己的打印设置选项(方向、页边距、页眉和页脚等)。这些选项可在"页面布局"选项卡的"页面设置"分组中指定。

当向工作簿添加一个新工作表时，新工作表包含了默认的页面设置。以下是一种用于将设置从一个工作表转移到其他工作表的简单方法：

(1) 激活含有所需设置信息的工作表。这是源工作表。

(2) 选择目标工作表。按住 Ctrl 键并单击要使用源工作表设置进行更新的工作表的选项卡。

(3) 单击"页面布局" | "页面设置"分组右下角的对话框启动器。

(4) 当出现"页面设置"对话框时，单击"确定"按钮将其关闭。

(5) 通过右击任何选定的工作表，然后从快捷菜单中选择"取消组合工作表"命令以取消组合工作表。由于在关闭"页面设置"对话框时选中了多个工作表，因此源工作表中的设置将被转移到所有目标工作表。

7.5.2　禁止打印特定的单元格

如果工作表包含机密信息，那么可能需要在打印工作表时不打印这些信息。可以使用多种方法来禁止打印工作表中的特定部分：

- **隐藏行或列**。当隐藏行或列之后，将不打印隐藏的行或列。可以选择 "开始" | "单元格" | "格式"下拉列表隐藏选定的行或列。
- 可通过使文本颜色与背景颜色相同来隐藏单元格或区域。但请注意，这种方法可能并不适用于所有打印机。
- 可通过使用含有 3 个分号(;;;)的自定义数字格式来隐藏单元格。有关使用自定义数字格式的详细信息，请参见第 2 章。
- **屏蔽区域**。可以屏蔽工作表的保密区域，方法是在此区域上覆盖一个矩形的形状。为此，请选择"插入" | "插图" | "形状"命令，然后单击"矩形形状"按钮。可能需要调整填充颜色，以便使其与单元格背景相匹配，并删除边框。

如果发现在打印某些报告时必须经常隐藏数据，那么可以考虑使用自定义视图功能，本章后面将讨论此功能(参见 7.5.4 节)。此功能允许创建一个命名的视图，其中不显示机密信息。

7.5.3　禁止打印对象

要禁止打印工作表中的某些对象(如图表、形状和 SmartArt)，需要访问相应对象的"格式"对话框中的"属性"选项卡(见图 7-7)。

图 7-7　使用对象的"格式"对话框的"属性"选项卡禁止打印对象

(1) 右击对象并从快捷菜单中选择"设置 *xxxx* 格式"命令(*xxxx* 将因对象而异)。

(2) 在为该对象打开的"格式"对话框中，单击"大小和属性"图标。

(3) 展开对话框的"属性"部分。

(4) 清除"打印对象"旁边的复选标记。

> **注意**
>
> 对于图表，必须右击图表的图表区(图表的背景)。或者，双击图表的边框以显示"设置图表区格式"对话框。然后展开"属性"部分，清除"打印对象"复选标记。

7.5.4　为工作表创建自定义视图

如果需要在同一个 Excel 工作簿中创建几个不同的打印报表，那么为每份报表创建特定的设置是一项单调乏味的工作。例如，你可能需要为老板打印横向模式报表。而另一个部门可能需要具有相同数据的简化报表，但需要隐藏一些列，并以纵向模式打印。可以通过创建工作表的自定义命名视图并在其中包含每个报表的正确设置，以简化此过程。

通过自定义视图功能，可以为工作表的各种视图分配名称，并且可以快速切换这些命名视图。一个视图包括以下一些设置：

- 打印设置(可在"页面布局"|"页面设置"、"页面布局"|"调整为合适大小"和 "页面布局"|"工作表选项"分组中进行设置)；
- 隐藏的行和列；
- 工作表视图(普通、页面布局、分页预览)；
- 选定的单元格和区域；
- 活动单元格；
- 缩放比例；
- 窗口大小和位置；
- 冷冻窗格。

如果发现经常需要在打印之前设置这些内容，然后将其更改回来，则可以使用命名视图来节省很多精力。

创建命名视图的过程如下：

(1) **按希望的方式设置视图。**例如，隐藏一些列。

(2) **选择"视图"|"工作簿视图"|"自定义视图"命令。**这将显示"自定义视图"对话框。

(3) **单击"添加"按钮。**这将显示"添加视图"对话框(如图 7-8 所示)。

(4) **提供描述性名称。**还可以通过使用两个复选框指定要包括在视图中的内容。例如，如果不希望在视图中包括打印设置，则清除"打印设置"复选标记。

(5) **单击"确定"按钮保存命名的视图。**

图 7-8　使用"添加视图"对话框创建命名视图

然后，在准备好打印后，打开"自定义视图"对话框以查看所有命名的视图。要选择一个特定的视图，只需要从列表中选择它，然后单击"显示"按钮即可。若要从列表中删除命名的视图，单击"删除"按钮即可。

7.5.5　创建 PDF 文件

PDF 文件格式被广泛用于以只读方式呈现信息，并允许用户精确控制布局。如果需要与没有 Excel 工具的其他人共享工作，则创建 PDF 格式文件通常是很好的解决方案。可从许多来源获取用于显示 PDF 文件的免费软件。

注意

Excel 可以创建 PDF 文件，但不能打开它们。Word 2019 可以创建并打开 PDF 文件。

XPS 是另一种"电子纸张"格式，由 Microsoft 开发以替代 PDF 格式。不过，目前很少有第三方支持 XPS 格式。

要以 PDF 或 XPS 格式保存工作表，请选择"文件"|"导出"|"创建 PDF/XPS 文档"|"创建 PDF/XPS"命令。Excel 会显示"发布为 PDF 或 XPS"对话框，可以在其中指定文件名和位置并设置其他一些选项。

第 **8** 章

自定义 Excel 用户界面

本章要点

- 自定义快速访问工具栏
- 自定义功能区

软件程序的用户界面包含了用户与该软件的所有交互方式。在 Excel 中，用户界面由下列部分组成：

- 功能区
- 快速访问工具栏
- 快捷菜单
- 对话框
- 任务窗格
- 键盘快捷方式

本章将介绍如何修改 Excel 的两个用户界面组件：快速访问工具栏和功能区。你可以自定义这些元素，以便按照更适合你的方式使用 Excel。

8.1 自定义快速访问工具栏

无论选择哪个功能区选项卡，快速访问工具栏总是可见。在自定义快速访问工具栏之后，你总能通过一次单击访问某些经常使用的命令。

> **注意**
>
> 唯一导致快速访问工具栏不可见的情况是全屏显示模式。可通过单击 Excel 标题栏中的"功能区显示选项"按钮并选择"自动隐藏功能区"选项来启用该模式。要临时在全屏模式下显示快速访问工具栏(和功能区)，可单击标题栏或按 Alt 键。要取消全屏模式，可单击 Excel 标题栏上的"功能区显示选项"按钮，然后选择"显示选项卡"或"显示选项卡和命令"选项。

8.1.1 快速访问工具栏简介

默认状态下，快速访问工具栏位于 Excel 标题栏的左侧，并且在功能区的上方(如图 8-1 所示)。除非对其进行自定义，否则它包括下列 3 个工具。

- **保存**：保存活动工作簿。
- **撤销**：取消上一次操作。
- **恢复**：取消上一次撤销操作。

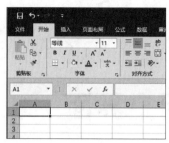

图 8-1　快速访问工具栏的默认位置是在 Excel 标题栏的左侧

你也可以根据喜好将快速访问工具栏移动到功能区的下面。为此，请右击快速访问工具栏并选择"在功能区下方显示快速访问工具栏"命令。将快速访问工具栏移动到功能区下方将占用额外的屏幕垂直空间。换句话说，如果将快速访问工具栏移出其默认位置，那么将导致少显示一行工作表。不同于传统的工具栏，不能将快速访问工具栏置于自由浮动模式，从而使你可以将其移动到一个方便的位置。相反，它将总是出现在高于或低于功能区的位置。

快速访问工具栏上的命令总是以不包含文本的小图标形式出现。一个例外是显示文本的下拉控件。例如，如果从"开始"｜"字体"分组添加"字体"控件，它将显示为快速访问工具栏中的一个下拉控件。当把鼠标指针悬停在图标上时，可以看到命令的名称及其简要描述。

可通过添加或移除命令来自定义快速访问工具栏。如果要频繁使用某些 Excel 命令，那么可以通过将它们添加到快速访问工具栏来方便地访问这些命令。也可以重新安排图标的顺序。

就作者所知，你可以向快速访问工具栏添加任意数量的命令。但是快速访问工具栏只会显示一行图标。如果图标的数量超过 Excel 窗口的宽度，则将在末尾显示额外的一个图标——"其他控件"。单击"其他控件"图标时，将在出现的弹出窗口中显示隐藏的快速访问工具栏图标。

8.1.2　向快速访问工具栏添加新命令

可以通过以下 3 种方式向快速访问工具栏中添加新命令：

- 单击位于快速访问工具栏右侧的快速访问工具栏下拉控件(如图 8-2 所示)。列表中包含一些常用的命令。从列表中选择一个命令，Excel 就会将其添加到快速访问工具栏中。
- 右击功能区上的任意控件并选择"添加到快速访问工具栏"命令。这样，该控件将添加到快速访问工具栏，位于最后一个控件的右侧。
- 使用"Excel 选项"对话框的"快速访问工具栏"选项卡。一种快速访问该对话框的方法是右击功能区上的任意控件并选择"自定义快速访问工具栏"命令。

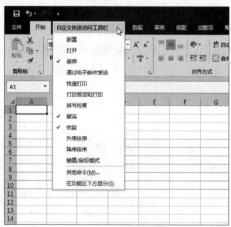

图 8-2　此下拉列表是用于向快速访问工具栏中添加新命令的一个方法

本节的其余部分将讨论"Excel 选项"对话框中的"快速访问工具栏"选项卡，如图 8-3 所示。

此对话框的左侧显示了一个 Excel 命令列表，右侧显示了快速访问工具栏中的当前命令。左侧命令列表上方是用于筛选列表的"从下列位置选择命令"下拉控件。从此下拉控件选择一项之后，列表将只显示与该项有关的命令。在图 8-3 中，此列表显示了"常用命令"类别中的命令。

图 8-3　使用"Excel 选项"对话框中的"快速访问工具栏"选项卡自定义快速访问工具栏

下拉列表中的一些项如下所示。

- **常用命令**：显示 Excel 用户常用的命令。
- **不在功能区中的命令**：显示无法在功能区中访问到的命令的列表。其中许多(但不是全部)命令已过时或者不是非常有用。
- **所有命令**：显示 Excel 命令的完整列表。
- **宏**：显示所有可用的宏的列表。
- **"文件"选项卡**：显示 Backstage 视图中的可用命令。
- **"开始"选项卡**：显示当"开始"选项卡处于活动状态时可用的所有命令。

此外，"从下列位置选择命令"下拉列表还为其他每个选项卡包含一项，包括上下文选项卡(例如，当选中图表时显示的额外选项卡)。要在快速访问工具栏中添加一项，可从左侧列表中选择它，然后单击"添加"按钮。执行上述操作之后，该命令将显示在右侧的列表中。在每个列表的顶部有一个称为<分隔符>的项。将此项添加到快速访问工具栏将生成一根竖线来帮助你分组命令。

这些命令按字母顺序列出。有时，你可能需要进行一些猜测才能找到特定的命令。

> **提示**
>
> 默认情况下，快速访问工具栏自定义对所有文档可见。你可以创建特定于一个具体工作簿的快速访问工具栏配置。换句话说，只有当特定工作簿处于活动状态时，快速访问工具栏上的相关命令才会显示。为此，首先需要激活工作簿，然后显示"Excel 选项"对话框的"快速访问工具栏"选项卡。当将命令添加到快速访问工具栏时，请使用右上角的下拉列表指定所做更改是针对所有工作簿，还是只针对活动工作簿。

当从"从下列位置选择命令"下拉控件选择宏时，Excel 将列出所有可用的宏。可以将一个宏添加为快速访问工具栏图标，这样当单击该图标时，将执行宏。将宏添加到快速访问工具栏之后，可以单击"修改"按钮来更改文本，并为宏选择不同的图标。

当完成快速访问工具栏自定义操作之后，单击"确定"按钮以关闭"Excel 选项"对话框。新图标将出现在快速访问工具栏中。

提示

只有在添加功能区中没有的命令、添加将执行宏的命令以及重新排列图标顺序时，才需要使用"Excel 选项"对话框中的"快速访问工具栏"选项卡。在其余情况下，在功能区中找到命令，然后右击命令并选择"添加到快速访问工具栏"命令的操作更为容易。

8.1.3　其他快速访问工具栏操作

其他快速访问工具栏操作包括如下。

- **重排快速访问工具栏图标**：如果要更改快速访问工具栏图标的顺序，那么可以在"Excel 选项"对话框的"快速访问工具栏"选项卡中完成此操作。只需要选择命令，然后使用右侧的"上移"和"下移"方向按钮即可移动图标。
- **删除快速访问工具栏图标**：从快速访问工具栏删除图标的最简单的方法是右击图标，然后选择"从快速访问工具栏删除"命令。此外，也可以使用"Excel 选项"对话框中的"快速访问工具栏"选项卡。只需要选择右侧列表中的命令并单击"删除"按钮即可。
- **重置快速访问工具栏**：如果要使快速访问工具栏返回到默认状态，那么可以显示"Excel 选项"对话框中的"快速访问工具栏"选项卡并单击"重置"按钮。然后选择"仅重置快速访问工具栏"命令。之后，快速访问工具栏将只显示其 3 个默认的命令。

警告

不能撤销重置快速访问工具栏的操作。

共享用户界面自定义

在"Excel 选项"对话框中，"快速访问工具栏"选项卡和"自定义功能区"选项卡都有一个"导入/导出"按钮。可以使用这个按钮来保存和打开含有用户界面自定义设置的文件。例如，可以创建新的功能区选项卡并与办公室同事分享它。

单击"导入/导出"按钮，将提供两种选择。

- **导入自定义文件**：这将提示你找到文件。在加载文件前，系统将询问你是否要替换现有的所有功能区和快速访问工具栏自定义设置。
- **导出所有自定义设置**：系统会提示你提供文件名和文件的位置。

该信息存储在一个具有*.exportedUI 扩展名的文件中。

遗憾的是，导入和导出操作没有被很好地实现。Excel 不允许你只保存或加载快速访问工具栏自定义设置，或者只保存或加载功能区自定义设置，而会同时导入或导出这两种类型的自定义设置。因此，你无法只共享快速访问工具栏自定义设置，而不共享功能区自定义设置。

提示

快速访问工具栏中的命令被分配了数字，以便能够用快捷键访问这些命令。例如，Alt+1 快捷键将执行快速访问工具栏中的第 1 个命令。第 9 个命令之后，快捷键将变为 09、08、07……。第 18 个命令之后，快捷键将变为 0A、0B、0C……。Alt+0Z 快捷键之后，Excel 将不再分配快捷键。

8.2 自定义功能区

功能区是 Excel 的主要用户界面组件。它由顶部的各个选项卡组成。当单击一个选项卡时，它会显示一组相关命令，这些命令分别被排列到一些分组中。

8.2.1 自定义功能区的目的

大多数用户不必自定义功能区。但是，如果你发现会频繁地使用相同的命令，并且不得不总是通过单击很多选项卡来访问这些命令，那么可能就需要自定义功能区，以便使所需的命令放置在同一个选项卡中。

8.2.2 可以自定义的项

可以通过下列操作自定义功能区中的选项卡：
- 添加新的自定义选项卡。
- 删除自定义选项卡。
- 更改选项卡的顺序。
- 更改选项卡名称。
- 隐藏内置的选项卡。

可以通过下列操作自定义功能区中的组：
- 添加新的自定义组。
- 向自定义组添加命令。
- 从自定义组中删除命令。
- 从选项卡中删除组。
- 将组移动到其他选项卡。
- 更改一个选项卡中组的顺序。
- 更改组名。

以上是很全面的自定义选项列表，但是也有一些操作无法完成：
- 删除内置选项卡(但可以隐藏它们)。
- 从内置组删除命令(但可以删除整个组)。
- 更改内置组中命令的顺序。

> **注意**
> 令人遗憾的是，不能通过使用 VBA 宏来自定义功能区(或快速访问工具栏)。但是，开发人员可以编写 RibbonX 代码并将其存储在工作簿文件中。当文件被打开时，功能区将被修改为显示新的命令。编写 RibbonX 的操作比较复杂，超出了本书的范围，因此这里不再对其进行介绍。

8.2.3 如何自定义功能区

自定义功能区是通过"Excel 选项"对话框的"自定义功能区"面板实现的(如图 8-4 所示)。显示此对话框的最快捷方式是右击功能区中的任何位置并选择"自定义功能区"命令。

1. 创建新选项卡

如果你想创建新选项卡，可单击"新建选项卡"按钮。Excel 会创建名为"新建选项卡(自定义)"的选项卡，并在该选项卡中创建一个名为"新建组(自定义)"的新组。

几乎始终应该为选项卡(和组)提供更有意义的名称。选择相应项，然后单击"重命名"命令。如有必要，使用右侧的"上移"和"下移"箭头按钮重新定位新选项卡。

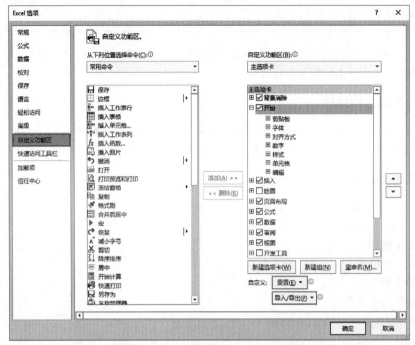

图 8-4 "Excel 选项"对话框的"自定义功能区"选项卡

注意

如果只是要向功能区中添加新命令，则无须添加新选项卡。可以为现有选项卡创建新组。

---

2. 创建新组

要创建新组，可选择将包含该新组的选项卡，然后单击"新建组"按钮。Excel 将创建名为"新建组(自定义)"的新组。可使用"重命名"按钮提供更具描述性的名称，并使用右侧的"上移"和"下移"箭头按钮在选项卡中重新定位该组。

3. 向新组添加命令

向功能区添加命令的过程与向快速访问工具栏添加命令的过程(在本章前面描述)非常相似。添加的命令必须放在一个新组中。以下是常规过程：

(1) 使用左侧的"从下列位置选择命令"下拉列表显示各组命令。

(2) 在左侧列表框中找到命令。

(3) 使用右侧的"自定义功能区"下拉列表选择一组选项卡。主选项卡是指总是可见的选项卡；工具选项卡是指在选择特定对象时出现的上下文选项卡。

(4) 在右侧的列表框中选择要在其中放置命令的选项卡和组。需要单击加号符号控件来展开选项卡名称，以便显示它的组名。

注意

只能向已经创建的组添加命令。

---

(5) 单击"添加"按钮，将选定的命令从左侧添加到右侧选定的组中。

要重新排列选项卡、组或命令的顺序，请选择要移动的项，并使用右边的"上移"和"下移"按钮对其进行移动。请注意，可以将组移动到一个不同的选项卡中。

注意

虽然不能删除内置的选项卡，但是可以通过清除其名称旁边的复选标记来隐藏这些选项卡。

图 8-5 显示了一个自定义功能区的一部分。在这里，在"视图"选项卡中添加了两个组(位于"宏"组的右侧)："附加命令"(有 3 个新命令)和"文本到语音"(有 5 个新命令)。

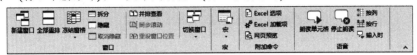

图 8-5　添加了两个新组的"视图"选项卡

8.2.4　重置功能区

要将功能区的全部或部分恢复为默认状态，可右击功能区的任何部分并从快捷菜单中选择"自定义功能区"命令。Excel 会显示"Excel 选项"对话框的"自定义功能区"选项卡。单击"重置"按钮显示以下两个选项："仅重置所选功能区选项卡"和"重置所有自定义项"。如果选择后者，那么功能区将恢复为默认状态，丢失对快速访问工具栏所做的任何自定义设置。

第 **II** 部分

使用公式和函数

要想在 Excel 工作簿中处理数据和获取有用信息，就必须掌握公式和工作表函数。本部分的各章展示了大量公式的示例，使用了许多 Excel 的函数。

第**9**章

公式和函数简介

本章要点

- 了解公式的基础知识
- 在工作表中输入公式和函数
- 了解如何在公式中使用单元格引用
- 更正常见的公式错误
- 使用高级命名方法
- 获取有关使用公式的提示

公式使得电子表格程序的功能变得非常强大。如果不使用公式，那么电子表格只不过是可以很好地支持表格信息的文字处理文档。

可使用 Excel 中的公式对工作表中的数据进行计算，以得到结果。当数据发生更改后，不需要执行额外的工作，公式就可以获得更新后的结果。本章将介绍各种公式和函数，帮助你熟悉重要元素。

9.1　了解公式的基础知识

公式由在单元格中输入的特殊代码组成。它可以执行某类计算，然后返回结果，并将结果显示在单元格中。公式使用各种运算符和工作表函数来处理数值和文本。在公式中使用的数值和文本可以位于其他单元格中，这样就可以轻松地更改数据，并为工作表赋予动态特性。例如，通过更改工作表中的数据，并让公式完成相关工作，就可以快速地查看多种场景的情况。

公式总是由等号开头，可包含下列一些元素。

- 数学运算符，如 "+"(用于相加)和 "*"(用于相乘)
- 单元格引用(包括命名单元格和区域)
- 数值或文本
- 工作表函数(如 SUM 或 AVERAGE)

在单元格中输入公式后，单元格将显示公式计算的结果。但当选择单元格时，公式自身会出现在编辑栏中。表 9-1 列出了一些公式的示例。

表 9-1　一些公式的示例

公式	执行的操作
=150*.05	将 150 乘以 0.05。此公式只使用数值，并总是返回同样的结果。也可以只在单元格中输入值 7.5，但是使用公式时，可看出这个值是如何得到的
=A3	返回单元格 A3 中的值。不对 A3 执行计算

(续表)

公式	执行的操作
=A1+A2	将单元格 A1 和 A2 中的值相加
=Income-Expenses	将名为 Income 的单元格的值减去名为 Expenses 的单元格的值
=SUM(A1:A12)	使用 SUM 函数将区域 A1:A12 中的值相加
=A1=C12	比较单元格 A1 与 C12。如果这些单元格是相同的，则该公式返回 TRUE，否则返回 FALSE

请注意，每一个公式都以等号(=)开头。开头的等号使得 Excel 能够区分公式和纯文本。

9.1.1　在公式中使用运算符

Excel 公式支持多种运算符。运算符是一种符号，用于指明需要公式执行的数学(或逻辑)运算类型。表 9-2 列出了 Excel 可以识别的各种运算符。除了这些运算符以外，Excel 还内置了许多函数，可以进行其他更多计算。

表 9-2　在公式中使用的运算符

运算符	名称
+	加
−	减
*	乘
/	除
^	求幂
&	连接
=	逻辑比较(等于)
>	逻辑比较(大于)
<	逻辑比较(小于)
>=	逻辑比较(大于等于)
<=	逻辑比较(小于等于)
<>	逻辑比较(不等于)

当然，可以根据需要使用任意数量的运算符执行所需的计算。

表 9-3 是几个使用了不同运算符的公式示例。

表 9-3　使用了不同运算符的公式示例

公式	执行的操作
="Part-"&"23A"	连接两个文本字符串，以生成字符串 Part-23A
=A1&A2	连接单元格 A1 与单元格 A2 的内容。可以连接数值和文本。如果单元格 A1 和单元格 A2 分别包含 123 和 456，则这个公式将返回文本 123456。注意，连接的结果总是文本格式
=6^3	对 6 求三次幂(216)
=216^(1/3)	对 216 求 1/3 次幂。这相当于求 216 的立方根，结果是 6
=A1<A2	如果单元格 A1 中的值比单元格 A2 中的值小，则返回 TRUE。否则，返回 FALSE。逻辑比较运算符也适用于文本。如果 A1 和 A2 分别包含 Bill 和 Julia，该公式将返回 TRUE，因为按字母表顺序 Bill 位于 Julia 之前
=A1<=A2	如果单元格 A1 中的值小于等于单元格 A2 中的值，则返回 TRUE。否则，返回 FALSE

9.1.2　了解公式中的运算符优先级

当 Excel 计算一个公式的值时，它会使用某种规则来确定公式中各个部分的运算顺序。如果要使公式生成正确的结果，就必须了解这些规则。

表 9-4 列出了 Excel 运算符的优先级。在此表中，幂运算拥有最高优先级(最先运算)，逻辑比较运算具有最低的优先级(最后运算)。

表 9-4　Excel 公式中的运算符优先级

符号	运算符	优先级
^	求幂	1
*	乘	2
/	除	2
+	加	3
-	减	3
&	连接	4
=	等于	5
<	小于	5
>	大于	5

可使用括号覆盖 Excel 的内置优先顺序。Excel 总是会最先计算括号中的表达式。例如，在下面的公式中，使用了括号以控制运算顺序。在这个示例中，首先用 B2 中的值减去 B3 中的值，然后将其与 B4 中的值相乘。

`=(B2-B3)*B4`

如果在输入公式时没有使用括号，则 Excel 将会计算出一个不同的答案。因为乘法拥有较高的优先级，所以 B3 会首先与 B4 相乘。然后再用 B2 减去它们相乘的结果。此结果并不是所需的结果。

没有括号的公式如下所示：

`=B2-B3*B4`

> **提示：**
> 即使并不是必需的，最好也使用括号。因为这样更有利于指明公式的意图。例如，下面的公式看起来就很容易理解，首先 B3 与 B4 相乘。然后用 B2 减去它们相乘的结果。如果没有使用括号，则必须记住 Excel 的优先级顺序。
>
> `=B2-(B3*B4)`

在公式中，还可以嵌套使用括号——在括号的内部使用括号。如果这样做，则 Excel 会首先计算最里层括号中的表达式，然后计算外面的表达式。下面是一个使用嵌套括号的公式示例：

`=((B2*C2)+(B3*C3)+(B4*C4))*B6`

此公式中有 4 组括号——其中前 3 组嵌套在第 4 组括号里面。Excel 会首先计算最里层括号中的内容，然后将这 3 个结果相加，最后将得到的结果再乘以单元格 B6 中的值。

虽然此公式使用了 4 组括号，但只有最外层的括号才是必需的。如果了解运算符的优先级，则可将此公式重写为：

`=(B2*C2+B3*C3+B4*C4)*B6`

但使用这些额外的括号会使得计算更加清晰。

注意，优先级相同的运算符(如乘法和除法)按照从左到右的顺序运算，除非使用括号指定了不同的运算顺序。

每一个左括号都必须有一个匹配的右括号。如果有多层嵌套的括号，则有时这些括号看起来会不甚直观。如果括号不匹配，则 Excel 会显示一条消息以说明这个问题，并且不允许输入公式。

图 9-1　Excel 有时会建议一个在格式语法上正确的公式，但此公式并不是你所希望的

9.1.3　在公式中使用函数

用户创建的许多公式都会使用工作表函数。通过使用这些函数，可以增强公式的功能，并且能够执行只使用前述运算符时难以完成(甚至无法完成)的计算。例如，可以使用 TAN 函数计算一个角度的正切值。但如果只使用数学运算符，将无法执行此复杂计算。

1. 使用函数的公式的示例

工作表函数可以极大地简化公式。

以下就是一个示例。如果要计算 10 个单元格(A1:A10)中数值的平均值，并且不使用函数，就必须构建一个如下所示的公式。

`=(A1+A2+A3+A4+A5+A6+A7+A8+A9+A10)/10`

这并不是一种很好的方法，不是吗？更糟糕的是，如果要将另一个单元格添加到这个区域，就需要再次编辑这个公式。幸运的是，可以使用简单得多的公式来替换以上公式，即在公式中使用 Excel 的内置工作表函数 AVERAGE：

`=AVERAGE(A1:A10)`

下面的公式说明了如何使用函数来执行在不使用函数时根本无法完成的计算。假设需要确定某个区域中的最大数值。此时，如果不使用函数，只使用公式是无法计算出结果的。下面是一个使用 MAX 函数的公式，可以返回区域 A1:D100 中的最大数值。

`=MAX(A1:D100)`

有时，函数也可以省去手工编辑工作。假设有一个工作表，在单元格 A1:A1000 中含有 1000 个姓名，且所有姓名都使用大写字母显示。当老板看到此列表后，告知要将这些姓名与套用信函合并到一起，而且不能使用全部大写的形式，例如，JOHN F. SMITH 必须显示为 John F. Smith。为此，你可能会花几个小时来重新输入此列表(这个过程令人沮丧)，不过，也可以使用含有 PROPER 函数的以下公式将单元格 A1 中的文本转换为合适的大小写。

`=PROPER(A1)`

在 B1 单元格中输入这个公式后，将其复制到下面的 999 行。然后，选中 B1:B1000，并选择"开始"|"剪贴板"|"复制"来复制区域。接下来，在仍然选中 B1:B1000 的情况下，使用"开始"|"剪贴板"|"粘贴值"将公式转换为值。最后删除原始的列，这样，就已经在一分钟之内完成了之前需要几个小时才能完成的工作。

这里的最后一个示例将会使你信服函数的强大功能。假设有一个工作表，用于计算销售佣金。如果销售员销售了超过 100 000 美元的产品，则佣金率为 7.5%；如果销售员销售了低于 100 000 美元的产品，则佣金率为 5.0%。如果不使用函数，就必须建立两个不同的公式，而且要确定为每一个销售额使用正确的公式。而另一种更好的解决方法是编写一个使用 IF 函数的公式，它可以确保不管销售数量是多少，你都可以计算出正确的佣金。

```
=IF(A1<100000,A1*5%,A1*7.5%)
```

此公式执行了一些简单的决策。它首先检查单元格 A1 的值，该单元格包含销售数量。如果这个值小于 100 000，则公式返回单元格 A1 的值乘以 5.0%的值；如果这个值大于 100 000，它返回单元格 A1 的值乘以 7.5%的值。这个示例使用了 3 个参数，以逗号分隔。下一节"函数参数"中将讨论此内容。

2. 函数参数

在前面的示例中，你可能已经注意到所有函数都使用了括号。括号内的这些信息即为参数列表。

函数的参数使用方式是各不相同的。根据用途的不同，函数可以使用：

- 无参数
- 一个参数
- 固定数量的参数
- 不确定数量的参数
- 可选参数

NOW 函数是不使用参数的函数示例，它可以返回当前日期和时间。即使函数不使用任何参数，也必须使用一对空括号，如下所示：

```
=NOW()
```

如果函数使用多个参数，则必须使用逗号分开这些参数。本章开始部分中的几个示例使用了单元格引用作为参数。但是对于函数参数，Excel 是非常灵活的。一个参数可以由一个单元格引用、字面值、文本字符串、表达式甚至其他函数组成。以下是一些使用了各种参数类型的函数示例：

- 单元格引用：=SUM(A1:A24)
- 字面值：=SQRT(121)
- 文本字符串：=PROPER("john f. smith")
- 表达式：=SQRT(183+12)
- 其他函数：=SQRT(SUM(A1:A24))

> **注意**
> 逗号是英文版 Excel 的列表分隔字符，其他某些语言版本可能会使用分号作为列表分隔字符。列表分隔字符是一种 Windows 设置，可以在 Windows 的"控制面板"中进行调整（"区域"对话框）。

3. 关于函数的更多内容

Excel 共包括超过 450 个内置函数。如果这还不足够，那么可以从第三方供应商处下载或购买其他专用函数，如果愿意，甚至可以创建自己的自定义函数（使用 VBA）。

有些用户可能会对大量函数感到不知所措，但使用后可能会发现，其实经常使用的不过是少数一些函数。而且，你会发现 Excel 的"插入函数"对话框（将在本章稍后的内容中描述）可以使得定位和插入函数（即使是并不经常使用的函数）的任务非常容易完成。

> **交叉引用**
> 本书第 II 部分将介绍 Excel 的很多内置函数的示例。第 43 章将介绍有关使用 VBA 创建自定义函数的基础知识。

9.2 在工作表中输入公式

所有公式必须以等号开始，以便告诉 Excel 此单元格中包含的是公式，而不是文本。Excel 提供了两种用于在单元格中输入公式的方法：手动或者指向单元格引用。下面将详细讨论这些方法。

当你在创建公式时，Excel 提供了另一个辅助方法，即显示一个下拉列表，其中包含函数名和区域名。在列表中显示的项取决于已经输入的内容。例如，如果要输入一个公式，然后键入字母 SU，则会看到如图 9-2 所示的下拉列表。如果再键入一个字母，那么列表将缩短，只显示匹配的函数。要让 Excel 自动完成位于该列表中的条目，请使用导航键突出显示相应的条目，然后按 Tab 键。注意，在列表中突出显示某个函数时也会显示该函数的简要说明。有关此功能的工作方式，请参阅"使用公式记忆式键入"。

图 9-2　输入公式时 Excel 会显示一个下拉列表

使用公式记忆式键入

通过"公式记忆式键入"功能，可更轻松地完成公式输入操作。开始键入公式，Excel 将显示一个选项列表和可用的参数。在下例中，Excel 给出了 SUBTOTAL 函数的选项。

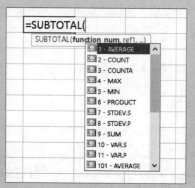

"公式记忆式键入"包括以下项(每个类型由一个单独的图标标识):

- Excel 内置函数
- 用户定义函数(由用户通过 VBA 或其他方式定义的函数)
- 定义的名称(通过"公式"|"定义的名称"|"定义名称"命令定义的单元格或者区域的名称)
- 使用值表示选项的枚举参数(只有少数函数使用这类参数，SUBTOTAL 是其中之一)
- 表格结构引用(用于标识表格的一些部分)

9.2.1 手动输入公式

手动输入公式是指以手动方式输入公式。在选定的单元格中，只需要键入一个等号(=)，然后键入公式即可。在键入时，字符将显示在单元格和编辑栏中。当然，可以在输入公式时使用所有普通的编辑键。

9.2.2　通过指向输入公式

虽然可以通过输入完整公式的方式来输入各个公式，但 Excel 提供了另一种公式输入方法，该方法更便捷，而且不易出错。这种方法也涉及一些手工输入，但只需要简单地指向单元格引用即可，而不必手动键入它们的值。例如，要在单元格 A3 中输入公式=A1+A2，可执行下列步骤：

(1) 选择单元格 A3。

(2) 键入一个等号(=)以开始公式。请注意，Excel 会在状态栏(屏幕左下部)中显示"输入"。

(3) 按向上箭头键两次。当按下此键时，Excel 会在单元格 A1 周围显示虚线边框，而且单元格引用将出现在单元格 A3 和编辑栏中。此外，Excel 会在状态栏中显示"点"。

(4) 键入一个加号(+)。纯色边框取代了 A1 的虚线边框，并且在状态栏中会重新出现"输入"。

(5) 再次按向上箭头键。虚线边框将包围单元格 A2，并将该单元格地址添加到公式中。

(6) 按 Enter 键结束公式。

> **提示**
> 当通过指向操作创建公式时，也可以通过鼠标指向数据单元格。

9.2.3　将区域名称粘贴到公式中

如果公式中使用了命名的单元格或区域，则可以输入名称来替代地址，或者从列表中选择名称，并让 Excel 自动插入名称。可以使用以下 3 种方法在公式中插入名称：

- 从下拉列表中选择名称。要使用这个方法，必须至少知道名称的第一个字符。在输入公式时，输入第一个字符，然后从下拉列表中选择名称。
- 按 F3 键。此操作将显示"粘贴名称"对话框。从列表中选择名称并单击"确定"按钮(或双击名称)即可。Excel 将在公式中输入名称。如果没有定义名称，则按 F3 键将不起作用。
- 单击"公式"选项卡的"定义的名称"组中的"用于公式"下拉列表。该命令在编辑模式下可用，允许选择可用的区域名称。

> **交叉引用**
> 有关如何创建单元格和区域的名称的信息，请参见第 4 章。

9.2.4　向公式中插入函数

用于向公式中插入函数的最简单方法是使用公式记忆式键入(Excel 在输入公式时显示的下拉列表)。但是，要使用这个方法，必须至少知道函数名称的第一个字符。

另一种用于插入函数的方法是使用功能区的"公式"选项卡上"函数库"组中的工具(参见图 9-3)。当不记得所需要的函数时，这个方法特别有用。在输入公式时，单击函数类别(财务、逻辑及文本等)可获得相关类别的函数的列表。单击所需的函数，Excel 将显示此函数的"函数参数"对话框。可以在这个对话框中输入函数参数。此外，单击"有关该函数的帮助"链接可以了解到有关所选函数的更多信息。

图 9-3　"插入函数"对话框

还有一种用于向公式中插入函数的方法是使用"插入函数"对话框(参见图 9-4)。可以通过以下几种方式访问该对话框：

- 选择"公式"|"函数库"|"插入函数"命令。
- 使用"插入函数"命令，这个命令显示在"公式"|"函数库"组中每个下拉列表的底部。
- 单击"插入函数"图标，该图标显示在编辑栏的左侧。该按钮显示为 fx。
- 按 Shift+F3 键。

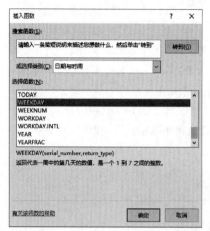

图 9-4　可以通过从函数类别中选择函数来插入函数

　　"插入函数"对话框会显示一个函数类别下拉列表。当选择一个类别时，该类别中所有的函数都将显示在此列表框中。要访问最近使用的函数，可从此下拉列表中选择"常用函数"。

　　如果不确定需要哪一个函数，可以使用此对话框顶部的"搜索函数"字段搜索相应的函数。

　　(1) **输入搜索项并单击"转到"按钮。**这样将获得一个相关函数的列表。当在"选择函数"列表中选择一个函数时，Excel 会在对话框中显示此函数(及其参数名)，以及对此函数用途的简短描述。

　　(2) **在找到需要使用的函数以后，突出显示它并单击"确定"按钮。**然后 Excel 会显示"函数参数"对话框，如图 9-5 所示。

图 9-5　"函数参数"对话框

　　(3) **为函数指定参数。**"函数参数"对话框随插入的函数而异。它会为每个函数参数显示一个文本框。要使用单元格或区域引用作为参数，可以手动输入地址，或在参数框中单击，然后选择(即指向)工作表中的单元格或区域。

　　(4) **设定所有函数参数后，单击"确定"按钮。**

提示

　　另一种用于在输入公式时插入函数的方法是使用编辑栏左侧的"函数列表"。当输入和编辑公式时，"名称"框通常所占用的空间会显示最近使用的函数的列表，从这个列表中选择函数后，Excel 将显示"函数参数"对话框。

9.2.5 函数输入提示

当使用"插入函数"对话框输入函数时，应记住下列一些提示。

- 可以使用"插入函数"对话框向现有公式中插入一个函数。为此，只需要编辑这个公式，然后将插入点移动到要插入函数的地方即可。然后，打开"插入函数"对话框(使用前面所述的任何一种方法)，并选择函数。
- 也可以使用"函数参数"对话框修改现有公式中的函数的参数。单击编辑栏中的函数，然后单击"插入函数"按钮(编辑栏左侧的 fx 按钮)。
- 如果改变了输入函数的想法，则单击"取消"按钮。
- 在"函数参数"对话框中显示的输入框数目由所选函数的参数数目决定。如果函数不使用参数，则不会显示任何输入框。如果函数使用可变的参数数目(如 AVERAGE 函数)，则 Excel 会在每次输入一个可选参数时增加一个新输入框。注意，必填参数显示为粗体，而可选参数不会显示为粗体。
- 在"函数参数"对话框中输入参数时，每个参数值会显示在输入框的右侧。
- 一些函数(如 INDEX)具有多种形式。如果选择了此类函数，则 Excel 会显示另一个对话框，用于选择要使用的形式。
- 熟悉函数后，可绕过"插入函数"对话框而直接输入函数。当输入函数时，Excel 会提示参数名称。

9.3 编辑公式

在输入某个公式后，可以对此公式进行编辑。如果对工作表做一些修改，然后需要对公式进行调整以符合工作表的改动，就需要编辑公式。或者，公式可能返回错误的值，此时，必须对公式进行编辑以更正错误。

注意，在输入或编辑公式时，Excel 会对区域地址和区域进行颜色编码。这有助于快速识别公式中用到的单元格。

下面列出几种用于进入单元格编辑模式的方法。

- 双击单元格，就可以直接在单元格中对内容进行编辑。
- 按 F2 键，这样就可以直接编辑单元格中的内容。
- 选择要编辑的单元格，然后单击编辑栏。这样就可以在编辑栏中编辑单元格中的内容。
- 如果单元格包含的一个公式返回错误，则 Excel 会在此单元格的左上角显示一个小三角形。激活此单元格，将可以看到一个错误标记，单击此错误标记，可以选择其中的某一个选项用于更正错误(选项因单元格中的错误类型而异)。

> **提示**
> 可以在"Excel 选项"对话框的"公式"部分中控制 Excel 是否显示这些公式错误标记。要显示此对话框，请选择"文件"|"选项"命令。如果清除"允许后台错误检查"复选框中的复选标记，则 Excel 将不再显示这些错误标记。

当编辑公式时，可以通过在字符上拖动鼠标指针，或者通过按住 Shift 键并使用方向键来选择多个字符。

> **提示**
> 如果感觉无法正确地编辑某个公式，那么可以先将此公式转换为文本，以后再处理它。要将公式转换为文本，只需要去掉公式开头的等号(=)即可。当准备再次处理公式时，在公式前面加上等号，即可将单元格内容再次转换为公式。

9.4 在公式中使用单元格引用

创建的大部分公式都包含单元格或区域引用。这些引用可以使公式动态地处理包含在那些单元格或区域中的数据。例如，如果公式引用了单元格 A1 中的内容，那么当单元格 A1 中的值发生改变后，公式的结果就会相应地更改以反映新的值。如果不在公式中使用引用，就必须对公式本身进行编辑以更改在公式中使用的值。

9.4.1 使用相对、绝对和混合引用

当在公式中使用单元格(或区域)引用时，可以使用以下 3 种类型的引用。

- **相对引用**：当把公式复制到其他单元格中时，行或列引用会发生改变，因为这些引用实际上是相对于当前行或列的偏移量。默认情况下，Excel 会在公式中创建相对单元格引用。
- **绝对引用**：当复制公式时，行和列引用不会发生改变，因为引用的是单元格的实际地址。绝对引用会在其地址中使用两个美元符号，一个用于列字母，另一个用于行号(如$A$5)。
- **混合引用**：行或列中有一个是相对引用，另一个是绝对引用。地址中只有一个组成部分是绝对的(如$A4 或 A$4)。

只有在打算将公式复制到其他单元格时，才需要关注单元格引用类型。以下示例说明了这一点。

图 9-6 显示了一个简单的工作表。单元格 D2 中的公式用于将价格乘以数量，如下所示。

```
=B2*C2
```

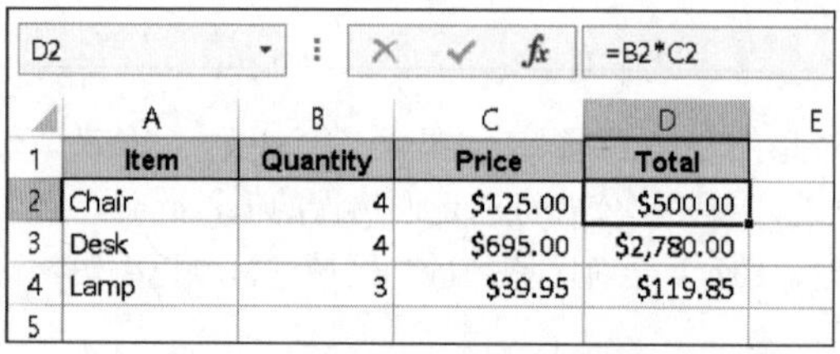

	A	B	C	D	E
1	Item	Quantity	Price	Total	
2	Chair	4	$125.00	$500.00	
3	Desk	4	$695.00	$2,780.00	
4	Lamp	3	$39.95	$119.85	
5					

图 9-6　复制包含有相对引用的公式

此公式使用的是相对单元格引用。因此，当将公式复制到它下面的单元格时，它将会以相对的方式调整引用。例如，单元格 D3 中的公式是：

```
=B3*C3
```

但如果单元格 D2 中的引用是如下所示的绝对引用，将是什么样呢？

```
=$B$2*$C$2
```

这种情况下，当把公式复制到下面的单元格时将生成错误的结果。单元格 D3 中的公式将与单元格 D2 中的公式完全一样。

现在，将这个示例扩展为需要计算销售税，并将其存储在单元格 B7 中(参见图 9-7)。这种情况下，单元格 D2 中的公式是：

```
=(B2*C2)*$B$7
```

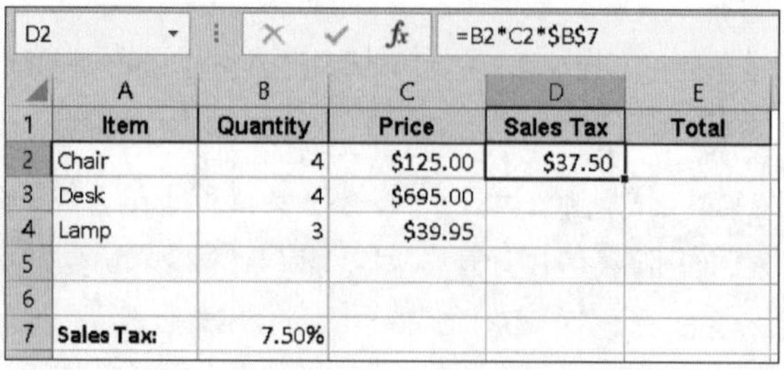

	A	B	C	D	E
1	Item	Quantity	Price	Sales Tax	Total
2	Chair	4	$125.00	$37.50	
3	Desk	4	$695.00		
4	Lamp	3	$39.95		
5					
6					
7	Sales Tax:	7.50%			

图 9-7　公式对销售税单元格的引用是绝对引用

即数量乘以单价，然后将所得结果再乘以单元格 B7 中的销售税率。请注意，对单元格 B7 的引用是绝对引

用。当把单元格 D2 中的公式复制到其下面的单元格时，单元格 D3 将包含以下公式：

```
=(B3*C3)*$B$7
```

在此，对单元格 B2 和 C2 的引用已进行了调整，但对单元格 B7 的引用没有调整。这也正是我们所需要的，因为包含销售税的单元格的地址不会改变。

图 9-8 演示了混合引用的使用。C3:F7 区域中的公式用于计算具有各种长宽的面积。单元格 C3 中的公式是

```
=$B3*C$2
```

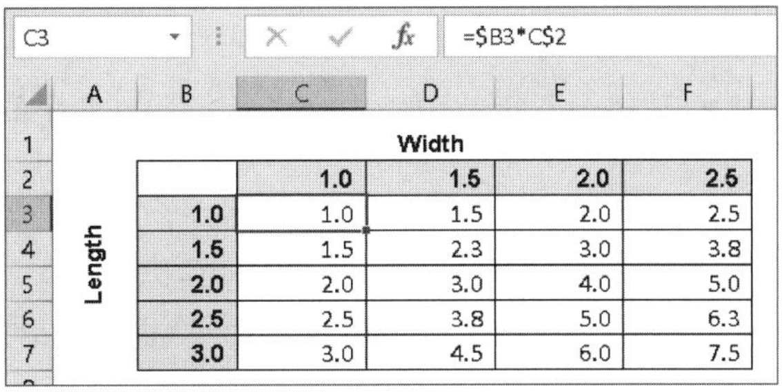
C3 =$B3*C$2

		A	B	C	D	E	F
1					Width		
2				1.0	1.5	2.0	2.5
3		Length	1.0	1.0	1.5	2.0	2.5
4			1.5	1.5	2.3	3.0	3.8
5			2.0	2.0	3.0	4.0	5.0
6			2.5	2.5	3.8	5.0	6.3
7			3.0	3.0	4.5	6.0	7.5

图 9-8　使用混合单元格引用

注意，本例混合使用了这两种单元格引用。对单元格 B3 的引用使用了列的绝对引用($B)，对单元格 C2 的引用使用了行的绝对引用($2)。因此，这个公式可以纵向或横向复制，并且其计算结果将是正确的。例如，F7 单元格中的公式是：

```
=$B7*F$2
```

如果 C3 使用绝对引用或相对引用，则复制公式将产生错误的结果。

配套学习资源网站

配套学习资源网站 www.wiley.com/go/excel2019bible 中提供了用于演示各种引用类型的工作簿。文件名为 cell references.xlsx。

注意

当剪切和粘贴公式时(将公式移动到其他位置)，公式中的单元格引用不会调整。同样，这也是你通常所需要的。当移动一个公式时，通常会希望它继续引用原始的单元格。

9.4.2　更改引用类型

通过在单元格地址的适当位置输入美元符号，可以手动输入非相对引用(绝对或混合)。或者，也可以使用一种方便的快捷方式：F4 键。当输入单元格引用(通过键入或指向)后，重复按 F4 键可以让 Excel 在 4 种引用类型中循环选择。

例如，如果在公式开始部分输入=A1，则按一下 F4 键会将单元格引用转换为=$A$1。再按一下 F4 键，会将其转换为=A$l。再按一次 F4 键，会转换为=$Al，最后再按一次，则又返回开始时的=A1。因此，可以不断地按 F4 键，直到 Excel 显示所需的引用类型为止。

注意

当为单元格或区域命名时，Excel 会为名称使用绝对引用(默认设置)。例如，如果将 B1:B12 命名为“SalesForecast”，则“新建名称”对话框中的“引用位置”框会将此引用显示为$B$1: $B$12。大多数情况下，这是用户所需的。如果复制一个单元格，其中的公式含有命名的引用，则所复制的公式中将含有对原始名称的引用。

9.4.3　引用工作表外部的单元格

公式也可以引用其他工作表中的单元格，甚至这些工作表可以不在同一个工作簿中。Excel 使用一种特殊符号来处理这种引用类型。

1. 引用其他工作表中的单元格

要引用同一个工作簿中不同工作表中的单元格，请使用以下格式：

`=工作表名称!单元格地址`

换句话说，需要在单元格地址前面加上工作表名称，后跟一个惊叹号。以下是一个使用工作表 Sheet2 中单元格的公式的示例：

`=A1*Sheet2!A1`

这个公式可将当前工作表中单元格 A1 的数值乘以工作表 Sheet2 中单元格 A1 的数值。

> **提示**
>
> 如果引用中的工作表名称含有一个或多个空格，则必须用单引号将它们括起来(如果在创建公式时使用"指向并单击"方法，Excel 会自动进行此工作)。例如，下面的公式引用了工作表 All Depts 中的一个单元格：
>
> `=A1*'All Depts'!A1`

2. 引用其他工作簿中的单元格

要引用其他工作簿中的单元格，可使用下面的格式：

`=[工作簿名称]工作表名称!单元格地址`

这种情况下，单元格地址的前面是工作簿名称(位于方括号中)、工作表名称和一个感叹号。下面是一个公式示例，其中使用了工作簿 Budget 的工作表 Sheet1 中的单元格引用。

`=[Budget.xlsx]Sheet1!A1`

如果此引用的工作簿名称中有一个或多个空格，则必须要用单引号将它(和工作表名称及方括号)括起来。例如，下面的公式引用了工作簿 Budget For 2019 的工作表 Sheet1 中的一个单元格。

`=A1*'[Budget For 2019.xlsx]Sheet1'!A1`

当公式引用另一个工作簿中的单元格时，那一个被引用的工作簿并不需要打开。但是，如果该工作簿是关闭的，则必须在引用中加上完整的路径以便使 Excel 能找到它。下面是一个示例：

`=A1*'C:\My Documents\[Budget For 2019.xlsx]Sheet1'!A1`

链接的文件也可以保存在公司网络可访问到的其他系统上。例如，下面的公式引用了名为 DataServer 的计算机上的 files 目录中某个工作簿中的一个单元格。

`='\\DataServer\files\[budget.xlsx]Sheet1'!$D$7`

> **交叉引用**
>
> 有关如何链接工作簿的更多信息，请参见第 28 章。

> **提示**
>
> 要创建将引用其他工作表中的单元格的公式，可以指向这些单元格而不是手动输入它们的引用。如果使用这种方法，则 Excel 会处理有关工作簿和工作表引用的细节问题。在公式中引用的工作簿必须处于打开状态，才能使用此指向方法。

注意

当创建公式时，如果指向一个不同的工作表或工作簿，则会发现 Excel 总是会插入绝对单元格引用。因此，在打算将公式复制到其他单元格时，请确保将单元格引用更改为相对引用。

9.5　在表格中使用公式

表格是专门指定的单元格区域，并具有列标题。本节将描述如何在表格中使用公式。

交叉引用

有关 Excel 的表格功能的介绍，请参见第 4 章。

9.5.1　汇总表格中的数据

图 9-9 显示了一个含有 3 列的简单表格。其中已经输入了数据，并且已经通过选择"插入"|"表格"|"表格"命令将此区域转化为表格。请注意，虽然没给此表格定义任何名称，但它已具有默认名称"表 1"。

▲	A	B	C	D
1				
2		Month	Projected	Actual
3		Jan	4,000	3,255
4		Feb	4,000	4,102
5		Mar	4,000	3,982
6		Apr	5,000	4,598
7		May	5,000	5,873
8		Jun	5,000	4,783
9		Jul	5,000	5,109
10		Aug	6,000	5,982
11		Sep	6,000	6,201
12		Oct	7,000	6,833
13		Nov	8,000	7,983
14		Dec	9,000	9,821
15				

图 9-9　具有 3 列信息的简单表格

配套学习资源网站

配套学习资源网站 www.wiley.com/go/excel2019bible 上提供了此工作簿，名为 table formulas.xlsx。

如果想要计算总的预计销售和实际销售，甚至无须编写公式，只需要单击一个按钮向表格中添加一行汇总公式即可。

(1) 激活表格中的任一单元格。

(2) 在"表格工具"|"设计"|"表格样式选项"|"汇总行"命令旁的复选框中放置一个复选标记。Excel 将向表格添加一个汇总行，其中显示了每个数值列的和。

(3) 要更改汇总公式的类型，激活汇总行中的任一单元格，然后使用下拉列表改变要使用的汇总公式类型(参见图 9-10)。例如，要计算 Actual 列的平均值，可从单元格 D15 的下拉列表中选择 AVERAGE。这样，Excel 将创建以下公式：

```
=SUBTOTAL(101,[Actual])
```

对于 SUBTOTAL 函数，101 是一个用于表示 AVERAGE 的枚举参数。SUBTOTAL 函数的第 2 个参数是列名称，位于方括号内。使用方括号内的列名称可创建表格内的"结构化"引用。

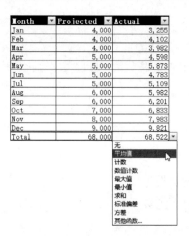

图 9-10 可以通过下拉列表为表列选择汇总公式

> **注意**
> 可以通过"表格工具" | "设计" | "表格样式选项" | "汇总行"命令切换"汇总行"的显示。如果关闭了"汇总行",则当下次打开它时,将再次显示已选择的汇总选项。

9.5.2 在表格中使用公式

很多情况下,需要在表格中使用公式执行计算,并且计算中将用到表格中其他列的数据。例如,在图 9-10 所示的表格中,可能要通过一列来显示 Actual 和 Projected 列之间的数量差异。要添加此公式,请执行以下操作:

(1) 激活单元格 E2 并输入 Difference 作为列标题。按下 Enter 键后,Excel 会自动扩展表格以包含此新列。

(2) 移动到单元格 E3 并输入一个等号,以表示公式的开始。

(3) 按左箭头键。Excel 在编辑栏中显示列标题:[@Actual]。

(4) 输入一个减号,然后按左箭头键两次。Excel 在编辑栏中显示[@Projected]。

(5) 按 Enter 键结束公式。Excel 将这个公式复制到表格的所有行中。

图 9-11 显示了含有此新列的表格。

	A	B	C	D	E
2		Month	Projected	Actual	Difference
3		Jan	4,000	3,255	=[@Actual]-[@Projected]
4		Feb	4,000	4,102	102
5		Mar	4,000	3,982	-18
6		Apr	5,000	4,598	-402
7		May	5,000	5,873	873
8		Jun	5,000	4,783	-217
9		Jul	5,000	5,109	109
10		Aug	6,000	5,982	-18
11		Sep	6,000	6,201	201
12		Oct	7,000	6,833	-167
13		Nov	8,000	7,983	-17
14		Dec	9,000	9,821	821

图 9-11 含有公式的 Difference 列

如果仔细检查这个表格,则会发现此公式被应用到了 Difference 列的所有单元格。

```
=[@Actual]-[@Projected]
```

尽管公式是在表格的第一行中输入的,但这不是必需的。每当在空的表格列中输入公式时,公式将会自动填充这一列中的所有单元格。如果需要编辑公式，则 Excel 会自动将编辑好的公式复制到列中的其他单元格。

> **注意**
> 列标题前面的"at"符号(@)表示"此行"。因此，[@Actual]表示"此行的 Actual 列中的值"。

这些步骤使用了指向方法来创建公式。此外，也可以使用标准的单元格引用方法(而不是列标题)来手动输入公式。例如，可以在单元格 E3 中输入以下公式：

`=D3-C3`

如果输入单元格引用，则 Excel 仍然会自动将公式复制到其他单元格中。

但是，关于公式，必须要明白的一点是，使用列标题比使用单元格引用更容易理解。

> **提示**
> 要覆盖自动列公式，可访问"Excel 选项"对话框的"校对"选项卡。单击"自动更正选项"，然后在"自动更正"对话框中选择"键入时自动套用格式"选项卡。取消选中"将公式填充到表以创建计算列"。

9.5.3　引用表格中的数据

Excel 提供了其他一些方法，可通过使用表格名称和列标题来引用表格中的数据。

> **注意**
> 不需要为表格和列命名。表格中的数据具有一个区域名称(如"表1")，这是在创建表格时自动创建的。可以通过使用列标题(而不是区域名称)来引用表格中的数据。

当然，可以使用标准的单元格引用来引用表格中的数据，但是使用表格名称和列标题具有很明显的优势：如果在添加或删除行时更改了表格大小，则名称会自动进行调整。此外，如果更改了表格名称或给列起了一个新名称，则使用表格名称和列标题的公式会自动进行调整。

参见如图 9-11 所示的表格。此表格名为 Table1。要计算表格中所有数据的总和，请在此表格外部的一个单元格中输入以下公式：

`=SUM(Table1)`

这个公式将总是返回所有数据的总和(已计算的汇总行中的值除外，如果有的话)，即使已删除或添加了行或列也是如此。如果更改了 Table1 的名称，Excel 将自动调整引用该表格的公式。例如，如果将 Table1 重命名为 AnnualData (通过使用"名称管理器"，或者通过选择"表格工具" | "设计" | "属性" | "表名称"命令)，则之前的公式将更改为：

`=SUM(AnnualData)`

大部分时候，公式会引用表格中的特定列。下面的公式可返回"Actual"列中数据的总和：

`=SUM(Table1[Actual])`

请注意，列名位于方括号内。而且，如果更改列标题中的文本，则公式会自动进行调整。

此外，当创建将引用表格中数据的公式时，Excel 还提供了一些有用的帮助工具。图 9-12 显示了公式记忆式输入功能，此功能通过显示表格中元素的列表来帮助创建公式。注意，除了表格中的列标题外，Excel 还列出可以引用的其他表格元素：#All、#Data、#Headers、#Totals 和@-This Row。

图 9-12 创建将引用表格中数据的公式时，公式记忆式输入功能很有用

9.6 更正常见的公式错误

有时候，当输入一个公式时，Excel 会显示一个以井号(#)开头的数值。这表示公式返回了错误的数值。这种情况下，就必须对公式进行更正(或者更正公式所引用的单元格)，以消除错误显示。

> **提示**
> 如果整个单元格都由井号字符组成，则表示此列宽不足以显示数值。这种情况下，可使此列变宽，或者更改此单元格的数字格式。

某些情况下，Excel 甚至不允许输入错误的公式。例如，下面的公式丢失了右侧的圆括号：

`=A1*(B1+C2`

如果试图输入这个公式，则 Excel 将会告知存在一个不匹配的括号，并建议进行更正。通常情况下，建议的更正操作是准确的，但也不能完全依靠建议的操作。

表 9-5 列出了含有公式的单元格中可能出现的错误类型。如果公式引用的单元格含有错误的数值，则公式就可能会返回错误的值，这称为连锁反应——一个错误会导致其他依赖于该单元格的公式出错。

表 9-5 Excel 错误值

错误值	说明
#DIV/0!	该公式试图执行除以零的计算。因为 Excel 对空单元格应用值 0，所以当公式试图执行除以空单元格或者值为 0 的单元格的计算时，也会发生此错误
#NAME?	该公式使用了 Excel 不能识别的名称。如果删除了在公式中所使用的名称，在拼写了错误的名称后按 Enter 键，或者在使用文本时输入了不匹配的引号，则会发生此错误
#N/A	该公式(直接或间接)引用了使用 NA 函数的单元格，而此函数用于指明数据不可用。例如，如果单元格 A1 为空，则下面的公式返回#N/A 错误：=IF(A1="", NA(), A1) 某些查找函数(例如，VLOOKUP 和 MATCH)在找不到匹配项时也可能返回#N/A
#NULL!	该公式使用了两个不相交区域的交叉部分
#NUM!	数值存在问题。例如，在应该使用正数的位置指定了一个负数作为参数
#REF!	该公式引用的单元格无效。如果单元格已经从工作表中删除，则会发生此情况
#VALUE!	该公式包含错误类型的参数或操作数(操作数是公式用于计算结果的值或单元格引用)

9.6.1 处理循环引用

当输入公式时，可能偶尔会在 Excel 中看到一条警告消息，指出刚输入的公式会导致循环引用。当公式(直接或间接)引用其自身单元格时，就会发生循环引用。例如，当在单元格 A3 中输入 "=A1+A2+A3" 时，因为 A3 中的公式引用了单元格 A3，所以就会产生循环引用。每次计算 A3 中的公式时，都会重新计算此公式，因为 A3 的值发生了改变。这样，计算将会永无休止地执行下去。

当输入公式后出现此循环引用消息时，Excel 会提供两个选项。

- 单击 "确定" 按钮，照样输入公式。
- 单击 "帮助" 按钮，查看介绍循环引用的 "帮助" 屏幕。

无论选择哪一个选项，Excel 都将会在状态栏的左侧显示一条消息，提示存在循环引用。

警告

如果 "启用迭代计算" 这一设置生效的话，Excel 将不会提示有关循环引用的信息。可以在 "Excel 选项" 对话框的 "公式" 部分中查看这个设置。如果已启用了 "启用迭代计算"，则 Excel 将按 "最多迭代次数" 字段所设置的次数(或者直到数值误差小于 0.001，或小于 "最大误差" 字段所设置的任意数值)来执行循环计算。有些情况下，可能会故意使用循环引用。在这些情况下，就必须启用 "启用迭代计算" 设置。但是，最好应该关闭此设置，以便使 Excel 提出有关循环引用的警告。通常来说，循环引用意味着用户必须更正相关错误。

通常，循环引用非常明显，因此很容易识别和改正。然而，当循环引用并不直接时(例如，公式引用了一个公式，后者又引用了另一个公式，而此公式又引用了原始公式)，则可能需要执行一些深入的工作才能发现问题。

9.6.2 公式运算时的设置

你可能会发现，Excel 会立即计算工作表中的公式。如果更改了公式所使用的任何单元格，则无须执行操作，Excel 就会自动显示新的结果。当 Excel 的计算模式设置为 "自动重算" 时，它将以上述这种方式完成工作。在 "自动重算" 模式中(默认模式)，Excel 在计算工作表时会遵循以下原则：

- 当进行修改时(如输入或编辑数据或公式时)，Excel 会根据新数据或编辑过的数据立即重新计算公式。
- 如果 Excel 正处于一个较长的运算过程中，那么当用户需要执行其他工作表任务时，它可能会暂时停止运算；在完成其他工作表任务后，Excel 会恢复运算。
- 根据自然顺序求值。换句话说，如果单元格 D12 中的公式依赖于单元格 D24 中公式的结果，则 Excel 将首先计算单元格 D24，然后计算单元格 D12。

然而，有时可能需要控制 Excel 计算公式的时间。例如，如果创建了一个工作表，其中包含成千上万个复杂公式。当 Excel 对这些公式进行计算时，会发现运行速度变得非常缓慢。这种情况下，可将 Excel 设为 "手动重算" 模式。为此，请选择 "公式" | "计算" | "计算选项" | "手动" 命令。

提示

如果工作表使用了任何大模拟运算表，则可能需要选择 "除模拟运算表外，自动重算" 选项。很大的模拟运算表在计算时速度极其慢。注意：模拟运算表与通过选择 "插入" | "表格" | "表格" 命令创建的表格不同。

交叉引用

有关模拟运算表的更多信息，请参见第 35 章。

在 "手动重算" 模式中工作时，如果有任何没有计算的公式，则 Excel 会在状态栏中显示 "计算"。可以使用下面的快捷键来重新计算公式。

- F9 键：计算所有打开的工作簿中的公式。
- Shift+F9 键：只计算活动工作表中的公式，而不计算同一工作簿中其他工作表中的公式。
- Ctrl+Alt+F9 键：强制重新计算所有公式。
- Ctrl+Alt+Shift+F9 键：重建计算时的依赖关系树，并执行完全重算。

> **注意**
> Excel 的计算模式不只针对特定的工作表。在改变 Excel 的计算模式后，它将影响所有打开的工作簿，而不仅是活动工作簿。

9.7　使用高级命名方法

通过使用区域名称，可使公式更易于理解、修改，甚至可以防止出错。处理有意义的名称(如 AnnualSales)比处理区域引用(如 AB12:AB68)要简单得多。

> **交叉引用**
> 有关如何使用名称的基本信息，请参见第 4 章。

Excel 中提供了大量的高级方法，用于更好地利用名称。在下面几节中将讨论这些方法。此信息适用于那些有兴趣探索某些对于大多数用户而言甚至不知道的 Excel 功能的用户。

9.7.1　为常量使用名称

许多 Excel 用户都没有意识到可以为并没有出现在单元格中的项命名。例如，如果工作表中的公式使用了销售税率，则可将税率插入到一个单元格中，然后在公式中使用该单元格的引用。如果想要使此过程变得更加简单，则可以给此单元格指定一个类似于"SalesTax"的名称。

下面说明了如何为没有出现在单元格中的值提供名称。

(1) 选择"公式"|"定义的名称"|"定义名称"命令。将显示"新建名称"对话框。

(2) 在"名称"字段中输入名称(在本示例中输入"SalesTax")。

(3) 选择此名称有效的"范围"(整个工作簿或特定的工作表)。

(4) 单击"引用位置"文本框，删除其中的内容，并将旧内容替换为某个数值(如 0.075)。

(5) (可选)使用"备注"框提供关于名称的备注。

(6) 单击"确定"按钮，关闭"新建名称"对话框并创建名称。

完成上述操作后，就可以建立一个指代常量而不是单元格或区域的名称。现在，如果在此名称的范围内的一个单元格中输入"=SalesTax"，则这个简单的公式会返回 0.075——即你定义的常量。也可以在其他公式中使用此常量，如"=A1*SalesTax"。

> **提示**
> 常量也可以是文本。例如，可以为公司名称定义一个常量。

> **注意**
> 命名的常量不会显示在"名称"框或"定位"对话框中。这很合理，因为常量并不保存在某个可见的位置。但是当输入公式时，它们将出现在所显示的下拉列表中，这样非常方便，因为会在公式中使用这些名称。

9.7.2　为公式使用名称

除了创建命名常量，也可以创建命名公式。与命名常量一样，命名公式也不会出现在单元格中。

用于创建命名公式的方法与创建命名常量的方法相同——使用"新建名称"对话框。例如，可以创建一个命名公式，用于通过年利率换算月利率。图 9-13 显示了这一个示例。在本例中，名称 MonthlyRate 引用了下面的公式：

```
=Sheet3!$B$1/12
```

图 9-13   Excel 允许为不存在于工作表单元格中的公式命名

当在公式中使用名称 MonthlyRate 时，它将使用单元格 Bl 除以 12 所得到的值。注意，这里的单元格引用是绝对引用。

当使用相对引用而不是绝对引用时，为公式命名就会变得更加有趣。当在"新建名称"对话框的"引用位置"字段中使用指向方法创建公式时，Excel 总是会使用绝对单元格引用，这与在单元格中创建公式是不同的。

例如，激活 Sheet1 上的单元格 Bl 并为下面的公式创建名称 Cubed：

```
=Sheet1!A1^3 3
```

在这个示例中，相对引用指向了使用名称的单元格左侧的单元格。因此，一定要确保在打开"新建名称"对话框前单元格 Bl 是活动单元格，这非常重要。公式包含一个相对引用，当在工作表中使用命名公式时，单元格引用通常相对于含有公式的单元格。例如，如果在单元格 Dl2 中输入=Cubed，则单元格 Dl2 将显示单元格 Cl2 中的数值进行三次方运算后的值(单元格 Cl2 位于 D12 左侧)。

9.7.3   使用区域交集

本节将说明一个名为"区域交集"的概念——即两个区域共有的单元格。Excel 使用了交集运算符(空格字符)来确定两个区域的重叠引用。图 9-14 显示了一个简单示例。

图 9-14   可以使用区域交集公式确定数值

单元格 B9 中的公式是

```
=C1:C6 A3:D3
```

此公式会返回单元格 C3 中的值 13，即两个区域交集点的值。

交集运算符是用于区域的 3 个引用运算符之一。表 9-6 列出了这些运算符。

表 9-6   用于区域的引用运算符

运算符	用途
:(冒号)	指定一个区域
,(逗号)	指定两个区域的并集。此运算符可将多个区域引用组合成一个引用
空格	指定两个区域的交集。此运算符可生成同时属于的两个区域的单元格

当使用名称时,知道区域交集的作用是很明显的。在图 9-15 中显示了一个数值表格。我们选择整个表格,然后选择"公式"|"定义的名称"|"根据所选内容创建"命令,在首行和最左列自动创建名称。

	A	B	C	D	E
1		Quarter1	Quarter2	Quarter3	Quarter4
2	North	99	94	51	54
3	South	90	75	89	46
4	East	58	89	13	60
5	West	37	95	84	19

图 9-15 当使用名称时,使用区域交集公式来确定值更有用

Excel 创建了如表 9-7 的名称。

表 9-7 Excel 创建的名称

North	=Sheet1!$B$2:$E$2	Quarter1	=Sheet1!$B$2:$B$5
South	=Sheet1!$B$3:$E$3	Quarter2	=Sheet1!$C$2:$C$5
West	=Sheet1!$B$4:$E$4	Quarter3	=Sheet1!$D$2:$D$5
East	=Sheet1!$B$5:$E$5	Quarter4	=Sheet1!$E$2:$E$5

定义这些名称后,就可以创建易于读取和使用的公式。例如,要计算 Quarter 4 的总和,只需要使用下列公式即可:

```
=SUM(Quarter4)
```

要引用单个单元格,可以使用交集运算符。移动到任何一个空白单元格,然后输入下列公式:

```
=Quarter1 West
```

此公式返回的是 West 区域第一个季度的数值。换句话说,它将返回 Quarter1 区域与 West 区域交集部分中的值。通过这种方式命名区域可以帮助创建易读的公式。

9.7.4 对现有引用应用名称

当为单元格或区域创建名称时,Excel 不会自动使用这个名称来替换公式中已有的引用。例如,假设在单元格 Fl0 中有以下公式:

```
=A1-A2
```

如果以后为单元格 Al 定义名称 Income,为单元格 A2 定义名称 Expenses,那么 Excel 不会自动将公式改为 =Income–Expenses。然而,使用对应的名称来替换单元格或区域引用的方法非常简单。

要为已有公式中的单元格引用应用名称,请首先选择要更改的区域。然后选择"公式"|"定义的名称"|"定义名称"|"应用名称"命令。将显示"应用名称"对话框。通过单击要应用的名称来选择它们,然后单击"确定"按钮。Excel 将使用选定单元格中的名称来替换区域引用。

9.8 使用公式

本节将提供其他一些与公式相关的提示和技巧。

9.8.1 不使用硬编码数值

当创建公式时,应该在公式中使用特定数值之前仔细考虑一下。例如,如果使用一个公式计算销售税(它是 6.5%),则可能会尝试输入如下所示的公式:

```
=A1*.065
```

但是,更好的方法是在某个单元格中插入销售税率,然后使用该单元格的引用;或者,也可以使用本章前

面提到的方法，将税率定义为命名常量。这样可以使修改和维护工作表的工作变得更容易。例如，如果税率变为 6.75%，将必须修改每一个使用旧数值的公式。但是，如果将税率存储在某个单元格中，则只需要更改这个单元格即可，对此单元格进行更改之后，Excel 将更新所有公式。

9.8.2　将编辑栏用作计算器

如果需要执行快速计算，则可以使用编辑栏作为计算器。例如，输入下面的公式，但不要按 Enter 键。

```
=(145*1.05)/12
```

如果按 Enter 键，则 Excel 会将公式输入单元格。但是，因为此公式始终会返回同样的结果，所以你可能希望保存公式的结果而不是公式本身。为此，可按 F9 键，并观察在编辑栏中显示的结果。按 Enter 键可将结果保存在活动单元格中(当公式使用单元格引用或工作表函数时，这种方法同样适用)。

9.8.3　精确复制公式

当把公式复制粘贴到其他位置时，Excel 会调整其单元格引用。有时，可能需要精确地复制公式。可以完成此任务的一种方法是将单元格引用转换为绝对值，但这可能并不总是能满足需要。一个更好的方法是在编辑模式中选择公式，然后将它作为文本复制到"剪贴板"。可以使用几种方法来达到这一目的。下面是一个分步示例，用于介绍如何将单元格 A1 中的公式精确复制到单元格 A2 中。

(1) 双击 A1(或按 F2 键)，进入编辑模式。

(2) 拖动鼠标选择整个公式。可以从右向左拖动，也可以从左向右拖动。要使用键盘选中整个公式，可按 End 键，然后按 Shift+Home 键。

(3) 选择"开始"|"剪贴板"|"复制"命令(或按 Ctrl+C 键)。这将会把所选文本(将成为被复制的公式)复制到剪贴板中。

(4) 按 Esc 键退出"编辑"模式。

(5) 选择单元格 A2。

(6) 选择"开始"|"剪贴板"|"粘贴"命令(或按 Ctrl+V 键)将文本粘贴到 A2 中。

如果要在其他公式中使用某个公式的一部分，也可以使用这一方法来复制公式的一个部分。为此，只需要拖动鼠标选择需要复制的部分，然后使用任何可用的方法将它复制到"剪贴板"中。之后，就可以将文本粘贴到其他单元格中。

当将通过这种方式复制的公式(或公式的一部分)粘贴到新单元格时，不会调整它们的单元格引用。这是因为这些公式是被作为文本复制的，而不是作为实际的公式复制的。

> **提示**
> 也可以通过在等号前加上一个撇号(')将公式转换成文本。然后像平常一样将单元格复制并粘贴到新位置。之后，删除所粘贴的公式中的撇号，就会使其和原始公式完全相同。同时，也别忘了删除在原始公式中添加的撇号。

9.8.4　将公式转换为数值

有些时候，可能需要使用公式来计算出答案，然后将公式转换成实际的数值。例如，要使用 RANDBETWEEN 函数创建一组随机数字，并且不希望 Excel 在每次按 Enter 键时都重新计算这些随机数字，则可以将这些公式转换为数值。要将公式转换为数值，可执行以下步骤。

(1) 选择 A1:A20。

(2) 选择"开始"|"剪贴板"|"复制"命令(或按 Ctrl+C 键)。

(3) 选择"开始"|"剪贴板"|"粘贴值"命令。

(4) 按 Esc 键取消"复制"模式。

第 10 章

使用公式执行常用数学运算

本章要点
- 计算百分比
- 数字舍入
- 统计区域中的数值

为企业工作的大部分 Excel 分析人员常常需要执行数学运算，以深刻分析关键运营指标。本章将介绍商业分析中经常使用的一些数学运算。

10.1 计算百分比

总数百分比、预算变化和累积总计等计算是基本商业分析的基石。本节将介绍的公式能够为这类分析提供帮助。

配套学习资源网站
配套学习资源网站www.wiley.com/go/excel2019bible 中提供了本章用到的示例工作簿。文件名为 Mathematical Formulas.xlsx。

10.1.1 计算目标的百分比

当有人要求你计算目标的百分比时，是要求比较绩效数据和预定目标。这种计算很简单：将实际数据除以目标数据即可。得到的百分比值代表完成了目标的多少。例如，如果目标是销售 100 件小配件，实际上销售了 80 件，那么完成目标百分比为 80%（80/100）。

图 10-1 显示了一个区域列表，其中一列代表目标，一列代表实际值。注意，单元格 E5 中的公式只是简单地将 Actual 列的值除以 Goal 列的值。

```
=D5/C5
```

▲	A	B	C	D	E
1					
2					
3					
4		Region	Goal	Actual	Percent of Goal
5		North	$509,283	$553,887	=D5/C5
6		South	$483,519	$511,115	106%
7		East	$640,603	$606,603	95%
8		West	$320,312	$382,753	119%

图 10-1 计算目标的百分比

这个公式没有什么复杂的，只是使用单元格引用，将一个值除以另一个值。可以在第一行(本例中为单元格E5)输入公式一次，然后向下复制到表格中的其他行。

如果需要将实际值与一个公共的目标相比较，则可以建立如图10-2所示的模型。在此模型中，各个区域没有自己的目标。我们是将 Actual 列的值与单元格 B3 中的公共目标进行比较。

=C6/$B$3

	A	B	C	D
1				
2		Common Goal		
3		$700,000		
4				
5		Region	Actual	Percent of Goal
6		North	$553,887	=C6/$B$3
7		South	$511,115	73%
8		East	$606,603	87%
9		West	$382,753	55%

图 10-2 使用公共目标计算目标的百分比

注意，输入公共目标的单元格引用时，使用了绝对引用($B$3)。使用美元符号使目标的引用固定下来，确保了当向下复制公式时，指向公共目标的单元格引用不会发生调整。

交叉引用

有关绝对和相对单元格引用的更多信息，请参见第 9 章。

10.1.2 计算百分比变化

变化反映了两个数字之间的差值。为了帮助理解，假设你第一天销售了 120 件小配件，第二天销售了 150件小配件。实际销量的差值很容易看出来：第二天多销售了 30 件小配件。150 件小配件减去 120 件小配件，得到的单位变化为+30。

但是，百分比变化是多少呢？这实际上是基准数字(120)与新数字(150)之间的百分比差。通过从新数字减去基准数字，然后将得到的结果除以基准数字，可计算出百分比差。在本例中，(150-120)/120 = 25%。百分比变化告诉我们，你比前一天多销售了 25%的小配件。

图 10-3 演示了如何将这种计算转换为公式。单元格 E4 中的公式计算今年销量与去年销量的百分比变化。

=(D4-C4)/C4

	A	B	C	D	E
1					
2					
3		Region	Prior Year	Current Year	Percent Variance
4		North	$509,283	$553,887	=(D4-C4)/C4
5		South	$483,519	$511,115	6%
6		East	$640,603	$606,603	-5%
7		West	$320,312	$382,753	19%

图 10-3 计算今年销量与去年销量的百分比变化

对于这个公式，注意我们使用了圆括号。默认情况下，Excel 的运算顺序决定了先执行除法，然后再执行减法。但是，这种运算顺序会得到错误的结果。将公式的第一个部分放到括号中，保证了 Excel 先执行减法，然后再执行除法。

可以简单地在第一行(本例中为单元格 E4)输入该公式一次，然后向下复制到表格中的其他行。

交叉参考

有关运算优先级的详细解释，请参见第 9 章。

还有另外一种公式可以计算百分比变化，即将今年的销量除以去年的销量，然后减去 1。因为 Excel 先执行除法运算，然后再执行减法运算，所以在这个公式中不需要使用括号。

```
=D4/C4-1
```

10.1.3　计算带负值的百分比变化

上一节说明了如何计算百分比变化。在大部分情况下，这种计算公式的效果很好。但是，当基准数值为 0 或负数值时，该公式就有问题了。

例如，假设你新开了一家公司，预计第一年会有损失，所以将预算定为\$-10 000。现在，假设在一年以后，实际上赢利\$12 000。计算实际收入与预算收入之间的百分比变化，将得到-220%。你可以自己在计算器上试一试。先将 12 000 减去-10 000，然后除以-10 000，结果将是-220%。

既然明显赢利了，怎么还能说百分比变化是-220%呢？问题在于，当基准值是负数时，执行的数学运算会将结果取反，得到看上去古怪的数字。在企业中，这是一个大问题，因为企业的预算常常是负值。

解决办法是使用 ABS 函数将负数基准值取反：

```
=(C4-B4)/ABS(B4)
```

图 10-4 在单元格 E4 中使用这个公式，说明了当使用标准百分比变化公式和改进后的百分比变化公式时得到的不同结果。

	A	B	C	D	E
1					
2					
3		**Budget**	**Actual**	**Standard Percent Variance**	**Improved Percent Variance**
4		-10,000	12,000	-220%	220%

图 10-4　处理负数值时，使用 ABS 函数能够得到正确的百分比变化

Excel 的 ABS 函数返回传递给它的任何数字的绝对值。例如，在单元格 A1 中输入=ABS(-100)将返回 100。ABS 函数实质上会使任何数字成为非负数。在此公式中使用 ABS，将抵消负基准值(本例中为-10 000)的效果，并返回正确的百分比变化。

提示

可以安全地将这个公式用于所有需要计算百分比变化的场景，因为对于正数和负数的任何组合，它都能够工作。

10.1.4　计算百分比分布

百分比分布说明在构成总量的所有部分中，某个指标(如总收入)是如何分布的。在图 10-5 中可以看到，这种计算相对简单，将每个组成部分除以总量即可。本例在一个单元格(C9)中包含总收入。然后，将每个地区的收入除以总收入，得到每个地区的百分比分布。

	A	B	C	D
1				
2		**Region**	**Revenue**	**Percent of Total**
3		North	\$7,626	=C3/\$C\$9
4		South	\$3,387	18%
5		East	\$1,695	9%
6		West	\$6,457	34%
7				
8				
9		Total	\$19,165	
10				

图 10-5　计算收入在不同地区的百分比分布情况

这个公式没有太复杂的地方,只不过是使用单元格引用,将每个分量值除以总量值。要注意的一点是,总量值的单元格引用是绝对引用($C$9)。使用美元符号将把引用固定下来,确保指向总量值的单元格引用不会随着向下复制公式而被调整。

并不是必须用一个单独的单元格来保存实际的总量值,也可以在百分比分布公式中直接计算总量。图 10-6 演示了如何使用 SUM 函数代替专门保存总量值的单元格。SUM 函数将传递给它的所有数字加起来。

▲	A	B	C	D
1				
2		Region	Revenue	Percent of Total
3		North	$7,626	=C3/SUM($C$3:$C$6)
4		South	$3,387	18%
5		East	$1,695	9%
6		West	$6,457	34%

图 10-6　使用 SUM 函数计算百分比分布

同样,注意 SUM 函数中使用了绝对引用。这确保了在向下复制公式时,SUM 函数计算的区域保持不变。

10.1.5　计算累积总计

一些组织喜欢用累积总计来分析某个指标随着时间推移发生的变化。图 10-7 演示了一月份到十二月份销量的累积总计。单元格 D3 中的公式向下复制到了每个月份中。

```
=SUM($C$3:C3)
```

▲	A	B	C	D
1				
2			Units Sold	Running Total
3		January	78	=SUM($C$3:C3)
4		February	63	141
5		March	38	179
6		April	17	196
7		May	84	280
8		June	63	343
9		July	32	375
10		August	20	395
11		September	98	493
12		October	63	556
13		November	75	631
14		December	75	706

图 10-7　计算累积总计

在这个公式中,使用 SUM 函数将单元格 C3 到当前行的所有数量加起来。这个公式的技巧在于使用了绝对引用($C$3)。对当年的第一个值的引用使用绝对引用,将使该值固定下来。这确保了当向下复制公式时,SUM 函数总是会捕捉到从第一个值到当前行的值的所有数量,并把它们加起来。

10.1.6　使用百分比增加或减小值

Excel 分析人员常常需要对给定数字应用一个百分比来增加或减小该数字。例如,当产品涨价时,常常会将原价格提高特定的百分比。当给某个客户打折时,通常会将该客户的费率降低特定的百分比。

图 10-8 演示了如何使用简单的公式来增加或减少百分比。在单元格 E5 中,我们将产品 A 的价格提高 10%。在单元格 E9 中,我们为客户 A 提供了 20%的折扣。

	A	B	C	D	E
1					
2					
3					
4			Unit Cost	Price Increase	Final Price
5		Product A	100	10%	=C5*(1+D5)
6					
7					
7					
8			Cost per Service	Percent Discount	Discounted Cost
9		Customer A	1000	20%	=C9*(1-D9)

图 10-8　使用简单的公式增加或减少百分比

要将某个数字提高一定的百分比量，可将原来的值与 1 和百分比增量的和相乘。在图 10-8 中，产品 A 的价格增加了 10%。因此，首先将 1 与 10%相加，得到 110%。然后，将原价格 100 与 110%相乘，得到新价格 110。

要将某个数字减小一定的百分比量，可将原来的值与 1 和百分比增量的差相乘。在图 10-8 中，客户 A 得到 20%的折扣。因此，首先从 1 减去 20%，得到 80%。然后，将原服务费率 1000 乘以 80%，得到新费率 800。

注意，公式中使用了括号。默认情况下，Excel 的运算顺序是先计算乘法，然后再计算加法或减法。但是，如果采用那种运算顺序，将会得到一个错误的结果。将公式的第二个部分放到括号中，确保了 Excel 最后执行乘法运算。

10.1.7　处理除零错误

在数学上，无法进行除零运算。要理解为什么无法进行这种运算，考虑将一个数字除以另一个数字时发生了什么很有帮助。

除法实际上就是高级的减法。例如，将 10 除以 2，相当于从 10 开始，连续减去 2，直到结果为 0。在这里，需要连续 5 次减去 2。

```
10 - 2 = 8
8 - 2 = 6
6 - 2 = 4
4 - 2 = 2
2 - 2 = 0
```

因此，10/2 = 5。

现在，如果对 10 除以 0 进行相同的分析，会发现徒劳无功，因为 10−0 始终是 10。一直从 10 减去 0，直到计算器坏掉，结果也不会是 0。

```
10 - 0 = 10
10 - 0 = 10
10 - 0 = 10
10 - 0 = 10
……无限次
```

数学家称将任意数字除以 0 得到的结果是不确定的。当试图除以 0 时，Excel 这样的软件将给出错误。在 Excel 中，将一个数字除以 0 时，将得到#DIV/0!错误。

通过告诉 Excel，当分母是 0 时就跳过计算，可以避免这种错误。图 10-9 说明，通过将除法运算放到 Excel 的 IF 函数中，可以实现这一点。

```
=IF(C4=0, 0, D4/C4)
```

	A	B	C	D	E
1					
2			Budget	Actual	Percent to Budget
3		Jim	200	200	100%
4		Tim	0	100	=IF(C4=0, 0, D4/C4)
5		Kim	300	350	117%

图 10-9　使用 IF 函数避免除零错误

IF 函数有 3 个参数：条件、条件为 TRUE 时执行的操作，以及条件为 FALSE 时执行的操作。

本例中的条件参数是，单元格 C4 中的预算等于 0 (C4=0)。条件参数必须返回 TRUE 或 FALSE，这通常意味着条件参数会使用比较运算符(如等于号或大于号)，或者另外一个返回 TRUE 或 FALSE 的工作表函数(如 ISERR 或 ISBLANK)。

如果条件参数返回 TRUE，则将 IF 函数的第二个参数返回给单元格。在这里，第二个参数是 0，意味着如果单元格 C4 中的预算数字是 0，我们简单地显示一个 0。

如果条件参数不是 0，则将 IF 函数的第三个参数返回给单元格。第三个函数告诉 Excel 执行除法运算 (D4/C4)。

因此，这个公式的含义是，如果 C4 等于 0，则返回 0，否则返回 D4/C4 的结果。

10.2　数字舍入

很多时候，客户希望看到干净、圆整的数字。为了追求精度而给用户显示过多的位数，实际上反而可能让报表更难阅读。此时，可以考虑使用 Excel 的舍入函数。

本节将介绍在计算中应用四舍五入的一些技巧。

10.2.1　使用公式舍入数字

Excel 的 ROUND 函数可将给定数字舍入到指定位数。ROUND 函数接受两个参数：原值和要舍入到的位数。

传递 0 作为第二个参数，告诉 Excel 移除所有小数位，并基于第一个小数位舍入原值的整数部分。例如，下面公式的舍入结果为 94：

```
=ROUND(94.45,0)
```

传递 1 作为第二个参数，告诉 Excel 基于第二个小数位的值舍入到一位小数。例如，下面公式的舍入结果为 94.5：

```
=ROUND(94.45,1)
```

也可以传递一个负数作为第二个参数，告诉 Excel 基于小数点左侧的值舍入数字。例如，下面的公式返回 90：

```
=ROUND(94.45,-1)
```

通过使用 ROUNDUP 或 ROUNDDOWN 函数，可强制向特定方向舍入。

下面的 ROUNDDOWN 公式将 94.45 向下舍入为 94：

```
=ROUNDDOWN(94.45,0)
```

下面的 ROUNDUP 公式将 94.45 向上舍入为 95：

```
=ROUNDUP(94.45,0)
```

10.2.2　舍入到最接近的分

在某些行业中，常常需要把美元舍入到最接近的分。图 10-10 显示，将美元值向上或向下舍入到最接近的分会影响结果数字。

▲	A	B	C	D
1				
2		Dollar Amount	Round up to Nearest Penny	Round Down to the Nearest Penny
3		$　34.243	$34.25	$34.24
4				
5			=CEILING(B3,0.01)	=FLOOR(B3,0.01)

图 10-10　舍入到最接近的分

使用 CEILING 或 FLOOR 函数可舍入到最接近的分。

CEILING 函数将把一个数字向上舍入到传递给它的最接近的基数的倍数。当需要使用自己的业务规则覆盖标准舍入行为时，这一点很方便。例如，通过使用 CEILING 函数，并指定倍数为 1，可强制 Excel 将 123.222 舍入为 124。

```
=CEILING(123.222,1)
```

因此，传递 0.01 作为倍数，将告诉 CEILING 函数舍入到最接近的分。

如果想向上舍入到最接近的 5 分，可以使用 0.05 作为有效位。例如，下面的公式将返回 123.15。

```
=CEILING(123.11,.05)
```

FLOOR 函数的工作方式相似，只不过是强制向下舍入到最接近的倍数。下面的示例函数将 123.19 向下舍入到最接近的 5 分，所以结果为 123.15：

```
=FLOOR(123.19,.05)
```

10.2.3　舍入到有效位

在一些财务报表中，用有效位来呈现数字。原因在于，当处理百万级数字时，没有必要为了显示十位、百位甚至千位的精度，让报表中布满多余的数字。

例如，对于数字 883 788，可以选择舍入到一个有效位。这意味着将该数字显示为 900 000。将 883 788 舍入到两个有效位将显示 880 000。

本质上，这么做是认为特定数位足够重要，应该显示。其余数字则可替换为 0。这可能让人感觉会带来问题，但是当处理足够大的数字时，特定有效位后面的数字并不重要。

图 10-11 演示了如何实现一个公式，将数字舍入到指定有效位。

	A	B	C	D	E
1					
2					Significant Digits
3					1
4		Raw Number	Significant Digits		
5		605,390	=ROUND(B5,LEN(INT(ABS(B5)))*-1+$E$3)		
6		900,942	900,000		
7		591,007	600,000		
8		491,235	500,000		
9		883,788	900,000		
10		952,687	1,000,000		
11		(332,602)	-300,000		

图 10-11　将数字舍入到一个有效位

下面看看其原理。

Excel 的 ROUND 函数用于将给定数字舍入到指定有效位。ROUND 函数有两个参数：原值和要舍入到的数位。

为第二个参数传递负数时，Excel 将基于小数点左侧的有效位进行舍入。例如，下面的公式返回 9500：

```
=ROUND(9489,-2)
```

将有效位参数改为-3，将返回 9000：

```
=ROUND(9489,-3)
```

这种方法的效果很好，但是，如果要舍入的数字具有不同的量级，该怎么办？也就是说，如果一些数字是百万级，另一些是十万级，该怎么办？如果我们想要用一个有效位显示所有数字，就需要为每个数字构建一个不同的 ROUND 函数，以便为每种类型的数字使用不同的有效位参数。

为了帮助解决这个问题，可以将硬编码的有效位参数替换为一个公式，用公式计算出有效位数。

假设数字为–2330.45。在 ROUND 函数中，可以使用下面的公式作为有效位参数：

```
LEN(INT(ABS(-2330.45)))*-1+2
```

这个公式首先将数字放到 ABS 函数中，去掉可能存在的负号。然后，将结果放到 INT 函数中，去掉可能存在的小数部分。最后，再将结果放到 LEN 函数中，以确定在去掉小数部分和负号后，数字中包含多少个数位。

在示例中，公式的这个部分得到的结果为 4。如果将数字–2330.45 的小数部分和负号去掉，将只剩下 4 个数位。

然后，将这个数字乘以–1，使其成为负数，再将结果加到我们想要具有的有效位数。在本例中，就是 4×(–1)+2 = –2。

这个公式将被用作 ROUND 函数的第二个参数。在 Excel 中输入下面的公式，将把该数字舍入为–2300(两个有效位)。

```
=ROUND(-2330.45,LEN(INT(ABS(-2330.45))))*-1+2)
```

然后，可以用指向源数字的单元格引用和保存期望的有效位的单元格来替换这个公式，这就得到了图 10-11 中看到的公式。

```
=ROUND(B5,LEN(INT(ABS(B5)))*-1+$E$3)
```

10.3　统计区域中的值

Excel 提供了几个函数来统计区域中的值：COUNT、COUNTA 和 COUNTBLANK。每个函数提供了一种不同的方法，可根据值是数字、数字和文本，或者值为空来进行统计。

图 10-12 演示了不同的统计函数。在第 12 行，使用 COUNT 函数，只统计学生通过的考试。在 H 列，使用 COUNTA 函数统计学生参加了的所有考试。在 I 列，使用 COUNTBLANK 函数，只统计学生还没有参加的考试。

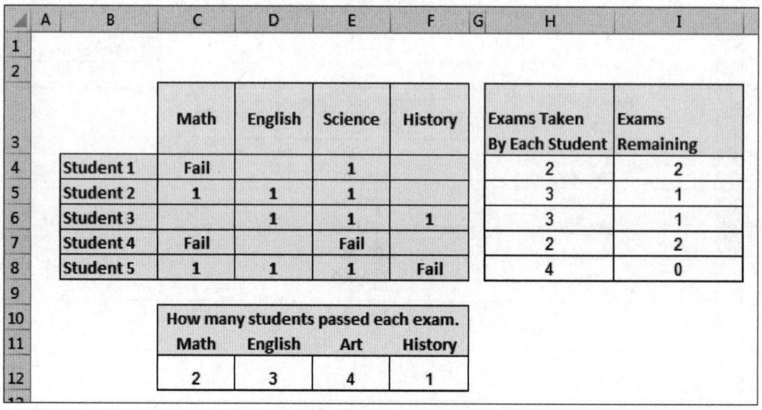

图 10-12　统计单元格

COUNT 函数只统计给定区域内的数值。该函数只有一个参数，即要统计的单元格区域。例如，下面的公式将只统计单元格区域 C4:C8 中包含数值的单元格：

```
=COUNT(C4:C8)
```

COUNTA 函数统计任何不为空的单元格。当统计的单元格包含数值和文本的任意组合时，可以使用该函数。它只有一个参数，即要统计的单元格区域。例如，下面的公式将统计单元格区域 C4:F4 中的所有非空单元格：

```
=COUNTA(C4:F4)
```

COUNTBLANK 函数只统计给定区域中的空单元格。它只有一个参数，即要统计的单元格区域。例如，下面的公式将统计单元格区域 C4:F4 中的所有空单元格：

```
=COUNTBLANK(C4:F4)
```

10.4　使用 Excel 的转换函数

在某个公司，可能需要知道一加仑材料能够占据多少立方码，或者多少个杯子能够装 1 英制加仑。

通过使用 Excel 的 CONVERT 函数，可以生成一个转换表，其中包含针对一组单位的所有类型的转换。图 10-13 显示了一个完全使用 Excel 的 CONVERT 函数生成的转换表。

	C	D	E	F	G	H	I
1							
2				Teaspoon	Tablespoon	Fluid ounce	Cup
3				tsp	tbs	oz	cup
4		Teaspoon	tsp	=CONVERT(1,$E4,F$3)	0.33	0.17	0.02
5		Tablespoon	tbs	3.00	1.00	0.50	0.06
6		Fluid ounce	oz	6.00	2.00	1.00	0.13
7		Cup	cup	48.00	16.00	8.00	1.00
8		U.S. pint	us_pt	96.00	32.00	16.00	2.00
9		U.K. pint	uk_pt	115.29	38.43	19.22	2.40
10		Quart	qt	192.00	64.00	32.00	4.00
11		Imperial quart	uk_qt	230.58	76.86	38.43	4.80
12		Gallon gal	gal	768.00	256.00	128.00	16.00

图 10-13　创建一个单位转换表

在这个转换表中，能够快速了解不同单位之间的转换。例如，可以看到，48 茶匙构成一杯，2.4 杯构成一英制品脱等。

CONVERT 函数有 3 个参数：一个数值、原单位以及目标单位。例如，要将 100 英里转换为千米，可以使用下面的公式得到答案 160.93：

```
=CONVERT(100,"mi", "km")
```

使用下面的公式，可将 100 加仑转换为升，结果为 378.54。

```
=CONVERT(100,"gal", "l")
```

注意对应于每种单位的转换代码。这些代码是特殊代码，必须完全按照 Excel 的期望输入它们。如果不使用期望的 gal，而是使用 gallon 或 GAL，Excel 将返回一个错误。

好消息是，在输入 CONVERT 函数时，Excel 提供了工具提示，使我们能够从列表中选择正确的单位代码。关于有效的单位转换代码，可参考 Excel 关于 CONVERT 函数的帮助文件。

确定了自己感兴趣的单位转换代码后，可以把它们输入到一个类似矩阵的表格中，如图 10-13 所示。在矩阵左上角的单元格中输入一个公式，指向适用于矩阵的行和列的合适的转换代码。

一定要包含绝对引用，将引用锁定到转换代码。对于矩阵行中的代码，锁定到列引用。对于矩阵列中的代码，锁定到行引用。

```
=CONVERT(1,$E4,F$3)
```

现在，可以简单地将公式复制到整个矩阵中。

第 11 章

使用公式处理文本

本章要点

- 了解 Excel 如何处理输入单元格的文本
- 了解用于处理文本的 Excel 工作表函数
- 高级文本公式示例

很多时候，我们不只使用 Excel 计算数字，还需要转换并调整数字，使之满足自己的数据模型。这些工作常常涉及处理文本字符串。本章将重点介绍 Excel 分析人员常用的一些文本转换操作，在此过程中，将介绍 Excel 提供的一些基于文本的函数。

11.1 使用文本

当向单元格中输入数据时，Excel 会立即开始工作，并确定你输入的是公式、数字(包括日期或时间)还是其他任何内容。这里的"其他任何内容"将被视为文本。

> **注意**
>
> 你可能看见过术语"字符串"而非"文本"。这两个术语是可以互换使用的，有时它们甚至会一起出现，如"文本字符串"。

一个单元格中最多可容纳 32 000 个字符——比本章内容包含的字符数还多。但是 Excel 并不是一个文字处理器，作者也实在想不出有人需要在单元格中输入如此多字符的理由。

> **将数字视为文本的情况**
>
> 在 Excel 中导入数据时，可能会发现一个问题：有时导入的数值会被视为文本。
>
> 根据你的错误检查设置，Excel 可能会用错误指示器指出存储为文本的数字。错误指示器显示为单元格左上角的一个绿色三角形。另外，单元格旁边会出现一个图标。激活单元格，并单击该图标，它将展开以显示一个选项列表。要强制将数值作为一个实际数字进行处理，可从此选项列表中选择"转换为数字"。
>
> 要控制哪个错误检查规则有效，请选择"文件"|"选项"命令，然后选择"公式"选项卡。可以启用"错误检查规则"中任意的或所有九个错误类型。
>
> 可使用以下所述的另一种方法将这些非数字值转换为实际值。激活任意空单元格，并选择"开始"|"剪贴板"|"复制"命令(或按 Ctrl+C)。然后选择包含需要处理的数值的区域。接着选择"开始"|"剪贴板"|"选择性粘贴"命令。在"选择性粘贴"对话框中，选择"添加"操作，然后单击"确定"按钮。这个过程实质上会将零添加到每个单元格，而且在这个过程中会强制 Excel 将非数字值视为实际值。

如果需要在工作表中显示大量文本，则可以考虑使用文本框。选择"插入"|"文本"|"文本框"命令，单击工作表来创建文本框，然后开始键入内容。在文本框中编辑大量文字比在单元格中执行编辑更容易。此外，可轻松地移动文本框、调整文本框的大小，或更改文本框的尺寸。但是，如果需要使用公式和函数处理文本，则文本必须位于单元格内。

11.2 使用文本函数

Excel 有一类非常完美的工作表函数，可用来处理文本。可以通过"公式"选项卡上的"函数库"分组中的"文本"控件来访问所需的函数。

许多文本函数并不局限于只处理文本：这些函数也可以处理包含数值的单元格。通过 Excel 可以非常方便地将数字作为文本进行处理。

本节所讨论的示例演示了一些对文本的常规(且有用)的操作。可能需要对这些示例进行一些调整以供自己使用。

配套学习资源网站

配套学习资源网站 www.wiley.com/go/excel2019bible 中提供了本章用到的示例工作簿，文件名为 Text Formulas.xlsx。

11.2.1 连接文本字符串

连接文本字符串是基本的文本处理操作。在图 11-1 所示的例子中，我们通过将名列和姓列连接起来，创建了一个全名列。

	A	B	C	D
1				
2		FirstName	LastName	Full Name
3		Guy	Gilbert	=B3&" "&C3
4		Kevin	Brown	Kevin Brown
5		Roberto	Tamburello	Roberto Tamburello
6		Rob	Walters	Rob Walters
7		Thierry	Alexander	Thierry Alexander
8		David	Bradley	David Bradley
9		JoLynn	Dobney	JoLynn Dobney
10		Ruth	Ellerbrock	Ruth Ellerbrock
11		Doris	Hartwig	Doris Hartwig
12		John	Campbell	John Campbell

图 11-1 将名和姓连接起来

本例演示了&运算符的用法。&运算符告诉 Excel 将值连接起来。从图 11-1 可以看到，可以将单元格值与自己提供的文本连接起来。在本例中，我们将单元格 B3 和 C3 的值连接起来，并用空格(通过在双引号中输入一个空格创建)分隔它们。

Excel 2019 新引入了 TEXTJOIN 函数，用来更方便地处理更复杂的场景。这个新函数需要几个参数：

```
TEXTJOIN(delimiter,ignore_empty_values,text)
```

第一个参数是要在连接的单元格之间添加的字符。如果输入逗号作为 delimiter(分隔符)，则该函数将在连接的值之间添加一个逗号。

第二个参数决定了当 Excel 遇到空单元格时如何处理。可以将这个参数设为 TRUE，告诉 Excel 忽略空单元格，也可以将其设为 FALSE。要理解这个参数，最好的方法是思考自己想让 Excel 如何添加自己选择的分隔符。将此参数设为 TRUE，将确保选定区域中包含空单元格时，Excel 不会在连接的文本之间添加多余的逗号。

第三个参数是要连接的文本。这个参数可以是一个简单的文本字符串，也可以是一个字符串数组，如一个单元格区域。对于这个参数，TEXTJOIN 函数需要至少一个值或单元格引用。

图 11-2 显示了如何使用 TEXTJOIN 函数,将表格中每个人的名、姓和中间名缩写轻松地连接起来。

	A	B	C	D	E
13					
14					
15		FirstName	Middle Initial	LastName	TEXTJOIN
16		Guy	H.	Gilbert	=TEXTJOIN(" ",TRUE,B16:D16)
17		Kevin	P.	Brown	Kevin P. Brown
18		Roberto	B.	Tamburello	Roberto B. Tamburello
19		Rob	A.	Walters	Rob A. Walters
20		Thierry	D.	Alexander	Thierry D. Alexander
21		David		Bradley	David Bradley
22		JoLynn		Dobney	JoLynn Dobney
23		Ruth	T.	Ellerbrock	Ruth T. Ellerbrock
24		Doris	W.	Hartwig	Doris W. Hartwig
25		John		Campbell	John Campbell

图 11-2　使用 TEXTJOIN 函数

11.2.2　将文本设为句子形式

Excel 提供了 3 个有用的函数,可将文本改为大写、小写或首字母大写形式。从图 11-3 的第 6、7 和 8 行可以看到,只需要为这些函数提供想要转换的文本的指针即可。你可能已经猜到,UPPER 函数将文本转换为全部大写形式,LOWER 函数将文本转换为全部小写形式,PROPER 函数将文本转换为标题形式(即每个单词的首字母大写)。

	A	B	C
1			
2			
3			
4			The QUICK brown FOX JUMPS over the lazy DOG.
5			
6		=UPPER(C6)	THE QUICK BROWN FOX JUMPS OVER THE LAZY DOG.
7		=LOWER(C7)	the quick brown fox jumps over the lazy dog.
8		=PROPER(C8)	The Quick Brown Fox Jumps Over The Lazy Dog.
9			
10		=UPPER(LEFT(C4,1))&LOWER(RIGHT(C4,LEN(C4)-1))	The quick brown fox jumps over the lazy dog.

图 11-3　将文本转换为大写、小写、首字母大写和句子形式

但是,Excel 没有提供一个函数来将文本转换为句子形式(即只有第一个单词的首字母大写)。不过,从图 11-3 看到,可以使用下面的公式,将文本强制设置为句子形式:

```
=UPPER(LEFT(C4,1))&LOWER(RIGHT(C4,LEN(C4)-1))
```

仔细观察这个公式会看到,它由两部分组成,并用&运算符将这两部分连接起来。

第一部分使用了 Excel 的 LEFT 函数。

```
UPPER(LEFT(C4,1))
```

LEFT 函数允许从给定文本字符串的左侧提取出指定数量的字符。LEFT 函数需要两个参数:要处理的文本字符串,以及需要从该文本字符串左侧提取的字符数。在本例中,我们从单元格 C4 中的文本提取出左侧的一个字符。然后,将这个字符放到 UPPER 函数中,使其成为大写。

第二部分的技巧性更强一点,使用了 Excel 的 RIGHT 函数:

```
LOWER(RIGHT(C4,LEN(C4)-1))
```

与 LEFT 函数一样,RIGHT 函数需要两个参数:要处理的文本字符串,以及要从该文本字符串右侧提取的字符数。但是,在这里,我们不能为 RIGHT 函数的第二个参数使用一个硬编码的数字,而是必须从整个文本字符串的长度减去 1,来计算出这个数字。之所以减去 1,是因为公式的第一部分已经将文本字符串的第一个字符转换成为大写形式。

LEN 函数用于获得整个字符串的长度。从这个长度减去 1，就得到 RIGHT 函数要处理的字符数。然后，就可以将这些字符传递给 LOWER 函数，使得除了第一个字符以外的所有字符成为小写形式。将这两部分连接起来，就得到了句子形式：

```
=UPPER(LEFT(C4,1))&LOWER(RIGHT(C4,LEN(C4)-1))
```

11.2.3　删除文本字符串中的空格

如果从外部数据库和遗留系统导入数据，肯定会有一些文本包含多余的空格。这些多余的空格有时候出现在文本的开头，有时候出现在文本的末尾，有时甚至会出现在文本字符串之间(如图 11-4 中的单元格 B6 所示)。

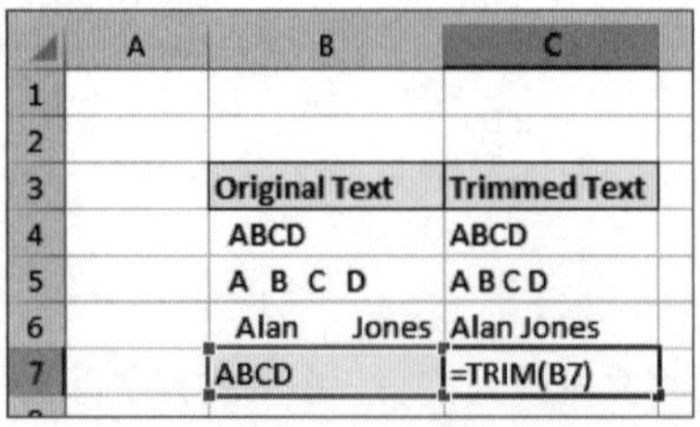

图 11-4　删除文本中的多余空格

一般不希望看到多余的空格，因为在查找公式、创建图表、调整列大小和打印时，多余的空格会造成问题。图 11-4 演示了如何使用 TRIM 函数删除多余的空格。

TRIM 函数相对简单。只需要给该函数提供一些文本，它就会删除文本中的所有多余空格，只保留单词之间的单个空格。

与其他函数一样，可以将 TRIM 函数嵌套到其他函数中，以便在清理文本后做其他一些处理。例如，下面的函数去掉单元格 A1 中的文本的多余空格，然后将文本转换为大写形式，总共只需要一个步骤：

```
=UPPER(TRIM(A1))
```

需要注意的是，TRIM 函数只能从文本中清除 ASCII 空格字符。ASCII 空格字符的 ASCII 代码为 32。但是，在 Unicode 字符集中，还有另外一个空格字符，称为"不间断空格字符"。这种字符通常用在 Web 页面中，其 Unicode 代码为 160。

TRIM 函数被设计为只能处理 CHAR(32)空格字符，其自身不能处理 CHAR(160)空格字符。为了处理那种空格，需要使用 SUBSTITUTE 函数找到 CHAR(160)空格字符，将它们替换为 CHAR(32)空格字符，使 TRIM 函数能够清除它们。使用下面的公式，可以在一个步骤中完成这项工作：

```
=TRIM(SUBSTITUTE(A4,CHAR(160),CHAR(32)))
```

本章的 11.2.7 节"替换文本字符串"将详细介绍 SUBSTITUTE 函数。

11.2.4　从文本字符串中提取部分字符串

在 Excel 中处理文本时，最重要的技术之一是提取文本的一部分特定内容。通过使用 Excel 的 LEFT、RIGHT 和 MID 函数，可以执行下面的操作：

- 将 9 位邮编转换为 5 位邮编
- 提取不包含地区代码的电话号码
- 提取员工或职位代码的一部分，用到其他地方

图 11-5 演示了如何使用 LEFT、RIGHT 和 MID 函数来帮助方便地完成这些任务。

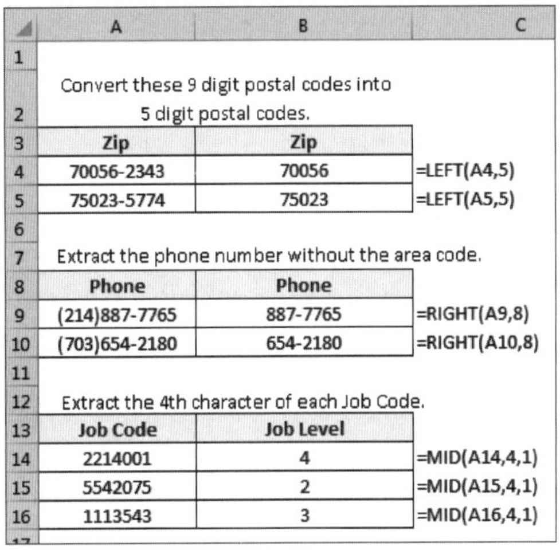

	A	B	C
1			
2	Convert these 9 digit postal codes into 5 digit postal codes.		
3	Zip	Zip	
4	70056-2343	70056	=LEFT(A4,5)
5	75023-5774	75023	=LEFT(A5,5)
6			
7	Extract the phone number without the area code.		
8	Phone	Phone	
9	(214)887-7765	887-7765	=RIGHT(A9,8)
10	(703)654-2180	654-2180	=RIGHT(A10,8)
11			
12	Extract the 4th character of each Job Code.		
13	Job Code	Job Level	
14	2214001	4	=MID(A14,4,1)
15	5542075	2	=MID(A15,4,1)
16	1113543	3	=MID(A16,4,1)

图 11-5　使用 LEFT、RIGHT 和 MID 函数

LEFT 函数允许从给定文本字符串的左侧提取指定数量的字符。LEFT 函数需要两个参数：要处理的文本，以及需要从文本字符串的左侧提取的字符数。在本例中，我们从单元格 A4 中提取左侧的 5 个字符：

```
=LEFT(A4,5)
```

RIGHT 函数允许从给定文本字符串的右侧提取指定数量的字符。RIGHT 函数需要两个参数：要处理的文本字符串，以及需要从文本字符串右侧提取的字符数。在本例中，我们从单元格 A9 中的值提取右侧的 8 个字符：

```
=RIGHT(A9,8)
```

MID 函数允许从给定文本字符串的中间提取指定数量的字符。MID 函数需要 3 个参数：要处理的文本字符串、在文本字符串中开始提取字符的位置以及要提取的字符数。在本例中，我们从文本字符串中的第 4 个字符开始提取一个字符：

```
=MID(A14,4,1)
```

11.2.5　在文本字符串中查找特定字符

Excel 的 LEFT、RIGHT 和 MID 函数对于提取文本的效果很好，但是前提是你知道要提取字符的准确位置。如果不知道在什么地方开始提取，怎么办？例如，如果有下面的产品代码列表，如何提取横线后面的全部文本呢？

```
PRT-432
COPR-6758
SVCCALL-58574
```

我们不能使用 LEFT 函数，因为需要的是右边的几个字符。也不能使用 RIGHT 函数，因为使用这个函数时，需要明确告诉它从文本字符串的右侧提取多少个字符。指定任何数字，会导致从文本中提取的字符要么过多，要么过少。也不能单独使用 MID 函数，因为需要明确告诉它从文本的什么地方开始提取。同样，指定任何数字，会导致从文本中提取的字符要么过多，要么过少。

在现实中，常常需要找到特定的字符作为起始提取位置。这时候，Excel 的 FIND 函数就很方便。使用 FIND 函数时，能够确定特定字符的位置数字，然后在其他运算中使用该字符位置。

在图 11-6 所示的例子中，我们结合使用 FIND 函数和 MID 函数，从一个产品代码列表中提取中间数字。从公式中可以看到，我们找到横线的位置，然后使用这个位置作为 MID 函数的参数。

```
=MID(B3,FIND("-",B3)+1,2)
```

	A	B	C
1			
2		Product Code	Extract the Numbers
3		PWR-16-Small	=MID(B3,FIND("-",B3)+1,2)
4		PW-18-Medium	18
5		PW-19-Large	19
6		CWS-22-Medium	22
7		CWTP-44-Large	44
8			

图 11-6　使用 FIND 函数，基于横线的位置提取数据

FIND 函数有两个必要参数。第一个参数是要查找的文本，第二个参数是要搜索的文本。默认情况下，FIND 函数会返回你试图找到的字符的位置数字。如果搜索的文本中多次包含搜索字符，则 FIND 函数将返回该字符第一次出现时的位置数字。

例如，下面的公式在文本字符串 PWR-16-Small 中搜索横线。结果是数字 4，因为它遇到的第一条横线是文本字符串中的第四个字符。

```
=FIND("-","PWR-16-Small")
```

可以将 FIND 函数用作 MID 函数的参数，在 FIND 函数返回的位置数字的后面提取一定数量的字符。

在单元格中输入下面的公式，将得到文本中第一条横线后面的两个数字。注意公式中的+1，这将向右移动一个字符，得到横线后面的文本。

```
=MID("PWR-16-Small",FIND("-","PWR-16-Small")+1, 2)
```

11.2.6　找到字符的第二个实例

默认情况下，FIND 函数返回搜索字符的第一个实例的位置数字。如果想得到第二个实例的位置数字，则可以使用可选的 Start_Num 参数。使用此参数，可指定在文本字符串的哪个字符位置开始搜索。

例如，在下面的公式中，我们告诉 FIND 函数从位置 5 开始搜索(即第一条横线后的位置)，所以该公式将返回第二条横线的位置数字。

```
=FIND("-","PWR-16-Small",5)
```

要动态实现这种操作(事先不知道从什么位置开始搜索)，就可以嵌套一个 FIND 函数，作为另一个 FIND 函数的 Start_Num 参数。在 Excel 中输入下面的公式，可得到第二条横线的位置数字：

```
=FIND("-","PWR-16-Small",FIND("-","PWR-16-Small")+1)
```

图 11-7 是这种概念的一个真实示例。这个公式从产品代码中提取出尺寸属性。具体来说，公式首先找到横线的第二个实例，然后使用这个位置数字作为 MID 函数的开始位置。单元格 C3 中的公式如下所示：

```
=MID(B3,FIND("-",B3,FIND("-",B3)+1)+1,10000)
```

	A	B	C
1			
2		Product Code	Extract the Size Designation
3		PWR-16-Small	=MID(B3,FIND("-",B3,FIND("-",B3)+1)+1,10000)
4		PW-18-Medium	Medium
5		PW-19-Large	Large
6		CWS-22-Medium	Medium
7		CWTP-44-Large	Large
8			

图 11-7　嵌套 FIND 函数，提取第二条横线后的所有内容

这个公式告诉 Excel 找到第二条横线的位置号码，向右移动一个字符，然后提取接下来的 10 000 个字符。当然，文本字符串中没有 10 000 个字符，但是使用这个数量作为参数，确保了第二条横线后面的所有内容都被提取出来。

11.2.7　替换文本字符串

在有些情况下，将一些文本替换为其他文本很有帮助。例如，使用 PROPER 函数时遇到的烦人的′S 就属于这种情况。要了解这里在说什么，可以在 Excel 中输入下面的公式：

```
=PROPER("STARBUCK'S COFFEE")
```

这个公式的目的是将给定文本转换为标题形式，即将每个单词的首字母大写。该公式的实际结果为：

```
Starbuck'S Coffee
```

注意，PROPER 函数使得撇号后的 S 也变成了大写形式，这不是我们希望看到的结果。

但是，借助 Excel 的 SUBSTITUTE 函数，可以避免这种问题。图 11-8 显示了如何使用下面的公式解决这个问题：

```
=SUBSTITUTE(PROPER(SUBSTITUTE(B4,"'","qzx")),"qzx","'")
```

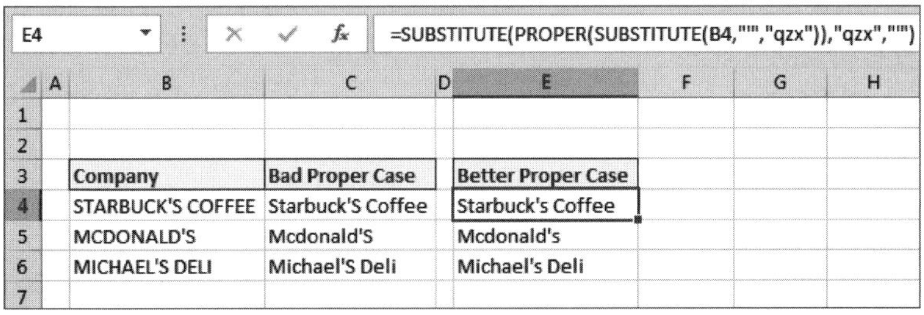

图 11-8　使用 SUBSTITUTE 函数解决′S 问题

公式中用到的 SUBSTITUTE 函数需要 3 个参数：目标文本，要替换的旧文本，以及要替换成的新文本。

观察完整的公式会发现，我们使用了两个 SUBSTITUTE 函数。这个公式实际上是两个公式(一个嵌套在另一个中)。第一个公式如下所示：

```
PROPER(SUBSTITUTE(B4,"'","qzx"))
```

在这个部分，我们使用 SUBSTITUTE 函数将撇号(′)替换为 qzx。这看起来似乎很奇怪，但是这是一个小技巧。PROPER 函数会将紧跟着符号的任何字符改为大写形式。在这里，我们将撇号替换为在原文本中不大可能连在一起出现的一组字符，起到欺骗 PROPER 函数的作用。

第二个公式实际上包住了第一个公式，它将 qzx 替换为撇号：

```
=SUBSTITUTE(PROPER(SUBSTITUTE(B4,"'","qzx")),"qzx","'")
```

因此，整个公式的作用是先将撇号替换为 qzx，然后执行 PROPER 函数，最后将 qzx 再恢复为撇号。

11.2.8　统计单元格中的特定字符

统计特定字符在一个文本字符串中出现的次数是很有用的技巧。在 Excel 中，实现这种统计有一种相对而言很聪明的做法。例如，如果想统计字母 s 在单词 Mississippi 中出现了多少次，可以手动统计，也可以采用下面这种步骤：

(1) 计算单词 Mississippi 的字符长度(11 个字符)。

(2) 计算移除所有 s 后的字符长度(7 个字符)。

(3) 从原长度减去调整后的长度。

执行这些步骤后，可以准确地得出结论：字母 s 在单词 Mississippi 中出现了 4 次。

这种统计字符数的方法在现实中有一种用途：在 Excel 中统计单词数。在图 11-9 中，使用下面的公式统计单元格 B4 中输入的单词数(在这里为 9 个单词)：

```
=LEN(B4)-LEN(SUBSTITUTE(B4," ",""))+1
```

	A	B	C
1			
2			
3			Get Word Count
4		The Quick Brown Fox Jumps Over The Lazy Dog.	=LEN(B4)-LEN(SUBSTITUTE(B4," ",""))+1
5			

图 11-9 计算单元格中的单词数

这个公式本质上采取了本节一开始提到的步骤。它首先使用 LEN 函数计算单元格 B4 中的文本长度：

LEN(B4)

然后，使用 SUBSTITUTE 函数移除文本中的空格：

SUBSTITUTE(B4," ","")

将这个 SUBSTITUTE 函数放到 LEN 函数中，可得到去掉空格后文本的长度。注意，我们必须对结果加 1(+1)，因为最后一个单词没有关联的空格：

LEN(SUBSTITUTE(B4," ",""))+1

从原长度减去调整后的长度，就得到了单词个数：

=LEN(B4)-LEN(SUBSTITUTE(B4," ",""))+1

11.2.9 在公式中添加换行

在 Excel 中创建图表时，有时候强制换行很有用，能够获得更好的视觉效果。以图 11-10 的图表为例。在这个图表中，x 坐标轴的标签包含每个销售人员的数据值。当不希望图表中布满数据标签时，这种做法很方便。

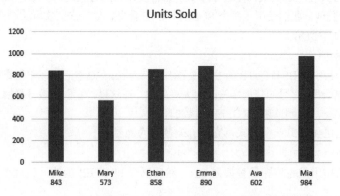

图 11-10 这个图表中的 x 坐标轴标签包含一个换行符和数据值

这个技巧的秘诀是在创建图表标签的公式中使用 CHAR()函数，如图 11-11 所示。

Excel 中的每个字符都有一个关联的美国国家标准协会(American National Standards Institute，ANSI)字符代码。ANSI 字符代码是一个 Windows 系统代码集，定义了你在屏幕上看到的字符。ANSI 字符集包含 255 个字符，编码为从 1 到 255。大写字母 A 是字符 65，数字 9 是字符 57。

每个非打印字符都有代码。空格的代码是 32，换行符的代码是 10。

	A	B	C
1			
2			Units Sold
3	Mike	=A3&CHAR(10)& C3	843
4	Mary	Mary573	573
5	Ethan	Ethan858	858
6	Emma	Emma890	890
7	Ava	Ava602	602
8	Mia	Mia984	984

图 11-11 使用 CHAR()函数，在销售人员姓名和数据值之间强制换行

通过使用 CHAR() 函数，可在公式中添加任意字符。在图 11-11 的例子中，我们添加了换行符，并将其与单元格 A3 和 C3 中的值连接起来：

```
=A3&CHAR(10)&C3
```

除非应用了自动换行，否则单元格自身不会显示换行。但是，即使没有应用自动换行，使用这种公式的任何图表在显示该公式返回的数据时，会显示换行。

11.2.10 清理文本字段中的奇怪字符

当从外部数据源(如文本文件或 Web 源)导入数据时，可能会出现一些奇怪的字符。我们不需要手动清理这些奇怪字符，而是可以使用 Excel 的 CLEAN 函数，如图 11-12 所示。

	A	B	C
1			
2		Store	Cleaned Text
3		Detroit (Store #1)▯▯▯▯▯	=TRIM(CLEAN(B3))
4		Detroit (Store #2)▯▯▯▯▯	Detroit (Store #2)
5		Detroit (Store #3)▯▯▯▯▯	Detroit (Store #3)
6		Charlotte (Store #1)▯▯▯▯▯	Charlotte (Store #1)
7		Charlotte (Store #2)▯▯▯▯▯	Charlotte (Store #2)
8		Charlotte (Store #3)▯▯▯▯▯	Charlotte (Store #3)

图 11-12　使用 CLEAN 函数清理数据

CLEAN 函数从传递给它的任意文本中移除非打印字符。可以将 CLEAN 函数放到 TRIM 函数内，以同时移除非打印字符和多余的空格。

```
=TRIM(CLEAN(B3))
```

11.2.11 在数字中填充 0

很多时候，在 Excel 中做的工作最终会保存到组织内的其他数据库系统中。那些数据库系统常常对字段长度有要求，字段中必须有一定数量的字符。要确保字段中包含一定数量的字符，一种常用的方法是在数据中填充 0。

填充 0 是一种相对简单的概念。如果要求 Customer ID 字段必须包含 10 个字符，就需要填充足够的 0 来满足这个要求。因此，需要向 Customer ID 2345 填充 6 个 0，使该 ID 成为 2345000000。

在图 11-13 中，单元格 C4 使用下面的公式，向 Customer ID 字段填充 0：

```
=LEFT(B4&"0000000000",10)
```

	A	B	C
1			
2			
3		Customer ID	Pad to 10 characters
4		5381656	=LEFT(B4&"0000000000", 10)
5		832	8320000000
6		23	2300000000
7		290	2900000000
8		2036	2036000000
9		5965	5965000000
10		6	6000000000
11		7457	7457000000
12		2903	2903000000
13		6137	6137000000

图 11-13　将 Customer ID 填充为 10 个字符

图 11-13 中的公式首先将单元格 B4 中的值与包含 10 个 0 的文本字符串连接起来。这实际上创建了一个新的文本字符串，保证 Customer ID 的值中有 10 个 0。

然后，使用 LEFT 函数从左边开始提取新文本字符串的 10 个字符。

11.2.12 设置文本字符串中数字的格式

在创建报表时，将文本与数字连接起来，是比较常见的操作。例如，可能要求你在报表中显示一行，汇总销售人员的业绩，如下所示：

```
John Hutchison: $5,000
```

问题在于，在文本字符串中连接数字时，不会保留数字格式。例如，在图 11-14 中，连接后的字符串中的数字没有采用源单元格的格式。

	A	B	C	D	E
1					
2		Rep	Revenue		Rep and Revenue
3		Gilbert	$6,820		=B3&": "&C3
4		Brown	$5,205		Brown: 5205
5		Tamburello	$246		Tamburello: 246
6		Walters	$7,136		Walters: 7136
7		Alexander	$2,921		Alexander: 2921
8		Bradley	$8,225		Bradley: 8225
9		Dobney	$5,630		Dobney: 5630
10		Ellerbrock	$7,994		Ellerbrock: 7994
11		Hartwig	$6,676		Hartwig: 6676
12		Campbell	$5,716		Campbell: 5716

图 11-14 连接到文本的数字不会采用数字格式

为了解决这个问题，需要将对数字值单元格的引用放到 TEXT 函数中。使用 TEXT 函数时，可以应用自己需要的格式。图 11-15 中的公式解决了这个问题。

```
=B3&": "&TEXT(C3,"$0,000")
```

	A	B	C	D	E
1					
2		Rep	Revenue		Rep and Revenue
3		Gilbert	$6,820		=B3&": "&TEXT(C3, "$0,000")
4		Brown	$5,205		Brown: $5,205
5		Tamburello	$246		Tamburello: $0,246
6		Walters	$7,136		Walters: $7,136
7		Alexander	$2,921		Alexander: $2,921
8		Bradley	$8,225		Bradley: $8,225
9		Dobney	$5,630		Dobney: $5,630
10		Ellerbrock	$7,994		Ellerbrock: $7,994
11		Hartwig	$6,676		Hartwig: $6,676
12		Campbell	$5,716		Campbell: $5,716

图 11-15 使用 TEXT 函数允许设置连接到文本的数字的格式

TEXT 函数有两个参数：一个值，和一个有效的 Excel 格式。只要应用的格式是 Excel 能够识别的格式，就可以向数字应用任何格式。例如，在 Excel 中输入下面的公式可以显示$99：

```
=TEXT(99.21,"$#,###")
```

在 Excel 中输入下面的公式可以显示 9921%：

```
=TEXT(99.21,"0%")
```

在 Excel 中输入下面的公式可以显示 99.2：

```
=TEXT(99.21,"0.0")
```

当想要使用某个数字格式时，要了解其语法，查看“设置单元格格式”对话框的“数字”选项卡是一种简单的方法。执行步骤如下：

(1) 右击任意单元格，选择“设置单元格格式”命令。

(2) 在“数字”选项卡中，选择自己需要的格式。

(3) 在左侧的“分类”列表中，选择“自定义”命令。

(4) 复制"类型"输入框中的格式。

11.2.13　使用 DOLLAR 函数

如果将美元数字值连接到文本，则可以使用更加简单的 DOLLAR 函数。该函数对给定文本应用地区货币格式。

DOLLAR 函数有两个基本参数：数字值和想要显示的小数位数。

```
=B3&": "&DOLLAR(C3,0)
```

第 12 章

使用公式处理日期和时间

本章要点

- 关于 Excel 中日期和时间的概述
- 使用 Excel 中与日期相关的函数
- 使用 Excel 中与时间相关的函数

许多工作表都会在单元格中包含日期和时间。例如，你可能需要按日期跟踪信息，或创建基于时间的计划表。初学者经常会发现在 Excel 中使用日期和时间是一件很困难的事情。要使用日期和时间，需要充分理解 Excel 是如何处理基于时间的信息的。本章说明了如何创建可用于处理日期和时间的功能强大的公式。

> **注意**
> 本章中的日期对应于美国英语的日期格式：月/日/年。例如，日期 3/1/1952 是指 1952 年 3 月 1 日，而不是 1952 年 1 月 3 日。虽然这一设置看上去不合逻辑，但这就是美国人的使用方式。使用本书的美国以外的读者应该可以相应地进行调整。

12.1 Excel 如何处理日期和时间

本节将提供有关 Excel 是如何处理日期和时间的简要概述，包括 Excel 的日期和时间序号系统。此外，将提供关于如何输入和格式化日期和时间的提示信息。

12.1.1 了解日期序号

对于 Excel 而言，日期就是一个数字。更准确地说，日期是一个表示自虚构日期 1900 年 1 月 0 日以来经过的天数的序号。序号 1 对应于 1900 年 1 月 1 日，序号 2 对应于 1900 年 1 月 2 日，以此类推。该系统支持创建可使用日期执行计算的公式。例如，可以创建一个公式来计算两个日期之间的天数(用其中一个日期减去另一个日期即可)。

Excel 支持从 1900 年 1 月 1 日到 9999 年 12 月 31 日(序号为 2 958 465)的日期。

你可能会对 1900 年 1 月 0 日感到奇怪，实际上这个不存在的日期(对应于日期序号 0)是用来表示不与特定的某天相关联的时间。到本章后面，你将会更清楚地理解这个概念(请参见"输入时间"一节)。

要将日期序号显示为日期，需要将单元格设置为日期格式。选择"开始"|"数字"|"数字格式"命令后，会在下拉列表中提供两个日期格式。要选择其他日期格式，请参见本章后面的"设置日期和时间格式"一节。

12.1.2 输入日期

可以直接以序号的形式输入日期(如果你知道序号的话)，然后将其设置为日期格式。但是，更多的情况是使用几种可识别的日期格式来输入日期。Excel 会自动将输入内容转换为相应的日期序号(Excel 会在计算时使用这些序号)，同时对单元格应用默认的日期格式，以便显示实际日期，而不是意义模糊的序号。

选择日期系统：1900 或 1904

Excel 支持两套日期系统：1900 日期系统和 1904 日期系统。在工作簿中所使用的系统决定了作为基础日期的日期。1900 日期系统使用 1900 年 1 月 1 日作为序号为 1 的日期，而 1904 日期系统使用 1904 年 1 月 1 日作为基础日期。默认情况下，Windows 中的 Excel 使用 1900 日期系统，适用于 Mac 的 2011 之前版本 Excel 使用 1904 日期系统。

为与旧 Mac 文件兼容，Windows 中的 Excel 也支持 1904 日期系统。可以从 "Excel 选项" 对话框的 "高级" 部分中为活动工作簿选择日期系统(位于 "计算此工作簿时" 部分)。一般情况下，应使用默认的 1900 日期系统。并且，如果在链接起来的工作簿中使用了不同的日期系统，则要注意采取措施。例如，假设工作簿 1 使用的是 1904 日期系统，并在单元格 Al 中含有日期 1/15/1999。又假定工作簿 2 中使用的是 1900 日期系统，并且链接到工作簿 1 中的 Al 单元格。这种情况下，则工作簿 2 会将日期显示为 1/14/1995。两个工作簿使用的是相同的日期序号(34713)，但对它们的解释却不一样。

使用 1904 日期系统的一个优势在于，它可以显示负的时间值。当使用 1900 日期系统时，结果为负时间的计算(例如，4:00PM–5:30PM)将无法显示。而当使用 1904 日期系统时，此负时间会显示为-1:30 (也就是差 1 小时 30 分钟)。

例如，如果要向某个单元格中输入 2018 年 6 月 18 日，那么可以直接输入 June 18, 2018(或使用其他任意一种日期格式)。Excel 会解释你的输入，并保存数值 43269，即该日期的序号。Excel 同时将应用默认日期格式，这样，单元格内容不一定会与你输入的内容看上去完全相同。

注意

根据你的区域设置，以 June 18 2018 等格式输入的日期可能会被解释为文本字符串。这种情况下，可能就需要以对应于你的区域设置的格式输入日期，如 18 June，2018。

当激活含有日期的单元格时，编辑栏会使用默认日期格式(即与系统的 "短日期格式" 相对应的格式)显示单元格内容。编辑栏不会显示日期的序号。如果需要找到一个特定日期的序号，可将单元格设置为非日期数字格式。

提示

要更改默认的日期格式，需要更改系统级的设置。进入 Windows 的 "控制面板"，选择 "时钟和区域"，然后单击 "区域"，打开 "区域" 对话框。这里具体的操作会随所使用的 Windows 版本而异。查找可用于更改 "短日期格式" 的下拉列表。你选择的设置将决定 Excel 用于在编辑栏中显示日期的默认日期格式。

搜索日期

如果工作表中使用了很多日期，那么可能需要使用 "查找和替换" 对话框(可以通过 "开始" | "编辑" | "查找和选择" | "查找" 命令或按 Ctrl+F 键访问)来搜索特定的日期。Excel 对于查找日期比较苛刻，必须按编辑栏中所显示的日期格式输入日期。例如，如果某个单元格中包含显示为 "June 19，2016" 格式的日期，而该日期在编辑栏中将显示为你系统的短日期格式(例如，"6/19/2016")，因此，如果按单元格中显示的内容搜索该日期，则 Excel 将无法找到它。但是，如果按在编辑栏中所显示的内容搜索日期，则可以发现该日期。

在识别单元格中输入的日期时，Excel 非常灵活，但并不完美。例如，如果试图输入的日期超出了 Excel 支持的日期范围，则 Excel 会将其解释为文本。如果尝试将位于支持范围之外的序号格式化为日期，则该数值将会显示为一系列井号(#########)。

12.1.3 了解时间序号

当需要处理时间值时,可以对 Excel 的日期序号系统进行扩展,以包括小数。换句话说,Excel 可以使用含小数的天数来处理时间。例如,2016 年 6 月 1 日的日期序号是 42522。而当天中午(一天的一半)在内部表示为 42522.5。

与一分钟等价的序号大约是 0.00069444。下面的公式通过将 24 小时乘以 60 分钟,再用 1 除以它来计算这个数。分母由一天中的分钟数组成(1440)。

```
=1/(24*60)
```

类似地,与一秒钟等价的序号大约是 0.00001157,可通过下面的公式获得。

```
=1/(24*60*60)
```

在这个示例中,分母是一天中的秒数(86 400)。

在 Excel 中,最小的时间单位是千分之一秒。下面的序号代表 23:59:59.999(即午夜前的千分之一秒):

```
0.99999999
```

表 12-1 显示了一天中的各个时间及其对应的时间序号。

表 12-1   一天中的各个时间及其对应的时间序号

一天中的时间	时间序号
12:00:00 AM (midnight)	0.00000000
1:30:00 AM	0.06250000
7:30:00 AM	0.31250000
10:30:00 AM	0.43750000
12:00:00 PM (noon)	0.50000000
1:30:00 PM	0.56250000
4:30:00 PM	0.68750000
6:00:00 PM	0.75000000
9:00:00 PM	0.87500000
10:30:00 PM	0.93750000

12.1.4 输入时间

与输入日期一样,通常不必考虑实际的时间序号,只需要以可识别的格式向单元格中输入时间即可。表 12-2 显示了 Excel 可以识别的一些时间格式示例。

表 12-2   Excel 可以识别的时间输入格式

输入	Excel 解释
11:30:00 AM	11:30 AM
11:30:00 AM	11:30 AM
11:30 PM	11:30 PM
11:30	11:30 AM
13:30	1:30 PM

因为前面的示例并没有与特定的一天相关联,所以 Excel 将使用日期序号 0,即对应于 1900 年 1 月 0 日。通常,你可能会组合使用日期和时间。为此,可以使用一个可识别的日期输入格式,后跟一个空格,然后使用一个可识别的时间输入格式。例如,如果在一个单元格中输入 6/18/2016 11:30,则 Excel 会将其解释为 2016 年

6 月 18 日上午 11 点 30 分。它的日期/时间序号是 42539.47917。

如果输入一个超过 24 小时的时间，则与时间相关的日期也将会相应地递增。例如，如果在一个单元格中输入 25:00:00，则它将被解释为 1900 年 1 月 1 日上午 1 时。输入项的日期部分增加了 1 是因为时间超过了 24 小时。注意，没有日期部分的时间值将使用 1900 年 1 月 0 日作为日期。

类似地，如果在单元格中输入一个日期和时间(而且该时间超过了 24 小时)，则输入的日期将被调整。例如，如果输入 9/18/2016 25:00:00，则它将被解释为 2016 年 9 月 19 日上午 1 时。

如果只向未设置格式的单元格中输入时间(没有相关联的日期)，则可以输入的最大时间是 9999:59:59(小于 10000 小时)。Excel 会加上相应的天数。在这个示例中，9999:59:59 将会被解释为 1901 年 2 月 19 日下午 3 时 59 分 59 秒。如果输入一个超过 10 000 小时的时间，则该时间将被解释成文本字符串，而不是时间。

12.1.5　设置日期和时间格式

在对包含日期和时间的单元格设置格式时，用户具有很大的灵活性。例如，既可以将单元格的格式设置为只显示日期部分，也可以设置为只显示时间部分，还可以设置为同时显示这两个部分。

可以通过选择单元格，然后使用"设置单元格格式"对话框中的"数字"选项卡来设置日期和时间的格式。要显示此对话框，可单击"开始"选项卡上的"数字"分组中的对话框启动器图标。或者单击"数字格式"控件，然后从出现的下拉列表中选择"其他数字格式"。

"日期"分类中显示了内置的日期格式，"时间"分类中显示了内置的时间格式。有些格式同时包含日期和时间。只需要从"类型"列表中选择所需的格式，然后单击"确定"按钮即可。

> **提示**
>
> 当创建一个引用了含有日期或时间的单元格的公式时，Excel 有时会自动将公式单元格的格式设置为日期或时间。通常情况下，这样做非常有用，但有时它可能并不合适并且令人讨厌。要将数字格式恢复为默认的常规格式，请选择"开始" | "数字" | "数字格式"命令，然后从下拉列表中选择"常规"，或者按 Ctrl+Shift+ ~ (波浪号)快捷键组合即可。

12.1.6　日期问题

Excel 在处理日期时存在一些问题，其中许多问题源于 Excel 是在许多年前设计的。Excel 的设计者基本上模拟了 Lotus l-2-3 程序有限的日期和时间功能，其中所包含的一个 bug 也被故意地复制到了 Excel 中(将在后面介绍)。如果现在从头开始设计 Excel，那么 Excel 在处理日期时肯定会更加灵活。但令人遗憾的是，用户当前可以使用的还只是在日期方面存在很多不足的产品。

1. Excel 的闰年问题

闰年每 4 年出现一次，包含额外的一天(2 月 29 日)。特别需要说明的是，能被 100 整除的年不是闰年，除非它也能被 400 整除。尽管 1900 不是闰年，但 Excel 却将其当成闰年。换句话说，当在一个单元格中输入"2/29/1900"时，Excel 会将其视为一个有效日期，并赋予其序号 60。

但是，如果输入"2/29/1901"，则 Excel 会将其解释为一个错误，并且不会将其转换为日期，而只是将输入项作为文本字符串。

为什么每天被数百万人使用的产品会包含这么明显的错误呢？答案是因为历史原因。Lotus 1-2-3 的原始版本包含一个 bug，使得它将 1900 年视为闰年。后来在发布 Excel 时，设计者已经意识到了这个 bug，但仍然选择将其复制到了 Excel 中，以提供 Excel 与 Lotus 工作表文件的兼容性。

为什么在 Excel 的后续版本中仍然存在这个问题呢？Microsoft 声称更正这个 bug 所带来的坏处要多于好处。如果消除了这个问题，则可能会破坏数百万的现有工作簿。此外，更正这个错误会影响 Excel 与其他使用日期的程序之间的兼容性。而且，这个 bug 实际上只会导致非常小的问题，因为大多数的使用者都不会使用 1900 年 3 月 1 日前的日期。

2. 1900 年之前的日期

当然，世界并不是从 1900 年 1 月 1 日才开始的。当人们使用 Excel 处理历史信息时，常常需要处理 1900 年 1 月 1 日以前的日期。令人遗憾的是，唯一可用于处理 1900 年以前日期的方法是将日期作为文本输入单元格。例如，可以在单元格中输入"July 4, 1776"，Excel 不会报错。

> **提示**
> 如果打算按旧日期对信息进行排序，则应按以下格式输入文本日期：先输入四位数字的年份，后跟两位数的月份，然后是两位数的日期。例如，1776-07-04。你无法将这些文本字符串作为日期进行处理，但此格式可支持执行准确的排序。

某些情况下，使用文本作为日期可以实现目的，但是你不能对以文本方式输入的日期进行任何操作。例如，你不能改变它的数字格式，不能确定日期是星期几，也不能计算 7 天以后的日期。

3. 不一致的日期输入项

当使用两位数字的年份输入日期时需要非常小心。在执行这样的操作时，Excel 会使用一些规则来决定要使用的世纪。

00 到 29 之间的两位数年份会被识别为 21 世纪的日期，30 到 99 之间的两位数年份会被识别为 20 世纪的日期。例如，如果输入"12/ 15/28"，则 Excel 会将其识别为 2028 年 12 月 15 日；如果输入"12/15/30"，Excel 会将其识别为 1930 年 12 月 15 日。这是因为 Windows 使用 2029 年作为默认的分界年。既可以保持这个默认值，也可以使用 Windows 的"控制面板"对其进行更改。在"区域"对话框中，单击"其他设置"按钮，以显示"自定义格式"对话框，在此对话框中选择"日期"选项卡，然后设置另一个年份即可。

> **提示**
> 避免这个问题的最好方法是在输入所有年份时使用 4 位数字的年份。

12.2　使用 Excel 的日期和时间函数

Excel 有许多用于处理日期和时间的函数。可通过选择"公式"|"函数库"|"日期和时间"命令来访问这些函数。

这些函数利用了一个事实：在后台，日期和时间只是一个数字系统。这就为各种有趣的、公式驱动的分析打开了大门。本节将介绍这样的一些有趣的分析。在此过程中，你将学习一些对创建自己的公式有帮助的技术。

> **配套学习资源网站**
> 配套学习资源网站 www.wiley.com/go/excel2019bible 中提供了本章用到的示例工作簿。文件名为 Dates and Times.xlsx。

12.2.1　获取当前日期和时间

不必自己输入当前的日期和时间，而是可以使用两个 Excel 函数。TODAY 函数返回当前的日期：

=TODAY()

NOW()函数返回当前的日期及当前的时间：

=NOW()

TODAY 和 NOW 函数返回日期序号，代表当前的系统日期和时间。TODAY 函数假定时间为 12PM，而 NOW 函数则返回实际的时间。

需要注意的是，每次修改或打开工作簿时，这两个函数都会自动重新计算，所以不要把这两个函数用作记录的时间戳。

> **提示：**
> 如果想输入不会发生改变的静态时间，可按键盘上的 Ctrl+;(分号)。这将在活动单元格中插入静态日期。

通过把 TODAY 函数放到 TEXT 函数中，再指定某种日期格式，就可以把 TODAY 函数用作文本字符串的一部分。下面的公式显示的文本将以"月，日，年"的格式返回今天的日期。

```
="Today is "&TEXT(TODAY(),"mmmm d, yyyy")
```

> **交叉引用：**
> 有关使用 TEXT 函数的更多细节，请阅读第 11 章的"设置数字格式"小节。

12.2.2　计算年龄

计算年龄最简单的方法之一是使用 Excel 的 DATEDIF 函数。使用该函数时，计算任何类型的日期比较都变得很轻松。

要使用 DATEDIF 函数计算一个人的年龄，可以输入下面这样的公式：

```
=DATEDIF("5/16/1972",TODAY(),"y")
```

当然，可以引用一个包含日期的单元格：

```
=DATEDIF(B4,TODAY(),"y")
```

DATEDIF 函数计算两个日期之间相隔的天数、月数或年数。它有 3 个参数：开始日期，结束日期，以及时间单位。

时间单位由表 12-3 中的一系列代码定义。

表 12-3　DATEDIF 时间单位代码

单位代码	返回值
"y"	时间段中的整年数
"m"	时间段中的整月数
"d"	时间段中的天数
"md"	start_date 与 end_date 日期之间的天数。日期的月数和年数将被忽略
"ym"	start_date 与 end_date 日期之间的月数。日期的年数和天数将被忽略
"yd"	start_date 与 end_date 日期之间的天数。日期的年数将被忽略

使用这些时间代码时，很容易计算两个日期之间的年数、月数和天数。如果某人生于 1972 年 5 月 16 日，则可使用下面的公式计算这个人的年龄的年、月和日：

```
=DATEDIF("5/16/1972",TODAY(),"y")
=DATEDIF("5/16/1972",TODAY(),"m")
=DATEDIF("5/16/1972",TODAY(),"d")
```

12.2.3　计算两个日期之间的天数

在公司中，一种常见的日期计算类型是确定两个日期之间的天数。项目管理团队能够使用这个天数来衡量绩效，HR 部门能够使用这个天数来招到合适人选，而财务部门能够使用这个天数来跟踪客户欠款天数。好在，通过使用方便的 DATEDIF 函数，执行这种计算非常简单。

图 12-1 演示了一个示例报表，它使用 DATEDIF 函数来计算一组订单经过多少天仍未付款。

	A	B	C	D
1				
2				
3			Invoice Date	Days Outstanding
4			25-Jun-18	=DATEDIF(C4,TODAY(),"d")
5			04-Jun-18	70
6			04-Jun-18	70
7			22-Apr-18	113
8			31-Mar-18	135
9			28-Mar-18	138
10				

图 12-1　计算今天与订单日期之间相隔的天数

观察图 12-1 会发现，单元格 D4 中的公式如下所示：

```
=DATEDIF(C4,TODAY(),"d")
```

这个公式使用 DATEDIF 函数，时间代码为 d。这告诉 Excel 根据开始日期(C4)和结束日期(TODAY)返回天数。

12.2.4　计算两个日期之间的工作日天数

很多时候，在报表中计算开始日期和结束日期之间的天数时，在最终天数中包含周末的天数是不合适的。周末通常不营业，所以应该避免统计这些天数。

使用 Excel 的 NETWORKDAYS 函数，可在计算开始日期和结束日期之间的天数时排除周末。

从图 12-2 可以看到，单元格 E4 中使用 NETWORKDAYS 函数来计算 1/1/2019 和 12/31/2019 之间的工作日天数。

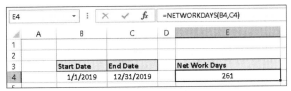

图 12-2　计算两个日期之间的工作日天数

这个公式很简单。NETWORKDAYS 函数有两个必要参数：开始日期和结束日期。如果开始日期放在单元格 B4 中，结束日期放在单元格 C4 中，则下面的公式将返回天数(排除了周六和周日)：

```
=NETWORKDAYS(B4,C4)
```

使用 NETWORKDAYS.INTL 函数

NETWORKDAYS 函数有一个缺点：它默认情况下会排除星期六和星期日。但是，如果在你所在的地区，认为星期五和星期六是周末，该怎么办？甚至糟糕的是，如果只有星期日是周末，该怎么办？

Excel 提供了 NETWORKDAYS.INTL 函数来处理这种情况。除了必要的开始和结束日期，该函数还有一个可选的第三个参数，即周末代码。周末代码允许指定将哪些天作为周末排除掉。

当输入 NETWORKDAYS.INTL 函数的第三个参数时，Excel 会显示一个菜单(如图 12-3 所示)。只需要选择合适的周末代码，然后按 Enter 键即可。

	A	B	C	D	E	F
1						
2						
3			Start Date	End Date		Net Work Days
4			1/1/2019	12/31/2019		313

F4　=NETWORKDAYS.INTL(C4,D4,11)

图 12-3　NETWORKDAYS.INTL 函数允许指定将哪些天作为周末排除掉

12.2.5　排除假日，生成营业日列表

在 Excel 中创建仪表板和报表时，创建一个辅助表，在其中包含代表营业日的日期(既不是周末也不是假日的日期)的列表常常很有帮助。这种辅助表能够对一些计算提供帮助，如每个营业日的收入，每个营业日的售出数量等。

要生成营业日列表，最简单的方式之一是使用 WORKDAY.INTL 函数。首先创建一个电子表格，在其中包含上一年的最后一个日期，以及你所在的组织的节假日列表。从图 12-4 可以看到，节假日列表应该是日期格式。

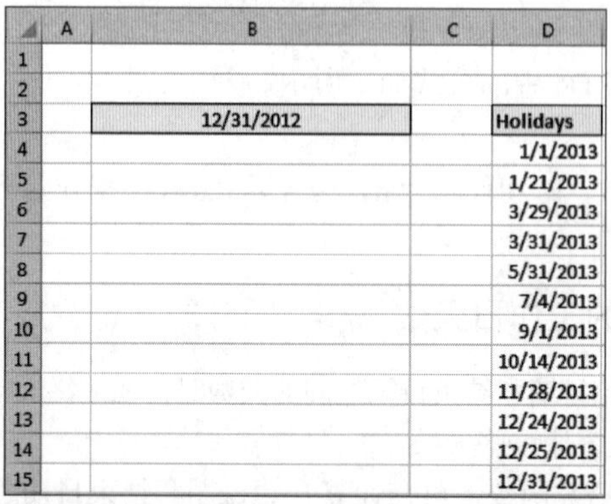

图 12-4　首先创建一个工作表，在其中包含上一年的最后一个日期以及一个节假日列表

在上一年最后一个日期下面的单元格中，输入这个公式：

```
=WORKDAY.INTL(B3,1,1,$D$4:$D$15)
```

现在，可以向下复制该公式，根据自己的需要，创建任意多个营业日，如图 12-5 所示。

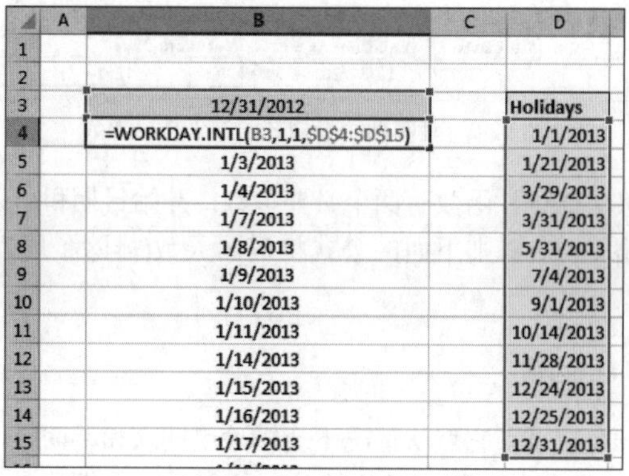

图 12-5　创建营业日列表

WORKDAY.INTL 函数根据传递给它的递增天数，返回一个工作日日期。这个函数有两个必要参数和两个可选参数。

开始日期(必要)：这个参数是开始日期。

天数(必要)：这个参数是想要返回的、从开始日期算起的天数。

周末(可选)：默认情况下，WORKDAY.INTL 函数会排除星期六和星期日，但是这个参数允许指定将哪些工作日视为周末排除掉。当输入 WORKDAY.INTL 函数时，Excel 会显示一个菜单，从中可选择合适的周末代码。

假日(可选)：这个参数允许向 Excel 提供一个日期列表，作为除周末日期以外仍要排除的日期。

在这个例子中，我们告诉 Excel 从 12/31/2012 开始递增 1，得到开始日期之后的下一个营业日。对于可选参数，我们指定为排除星期六和星期日，以及单元格$D$4:$D$15 中列出的假日。

```
=WORKDAY.INTL(B3,1,1,$D$4:$D$15)
```

一定要使用绝对引用锁定代表假日列表的区域，以便向下复制公式时，假日列表保持不变。

12.2.6　提取日期的一部分

虽然看起来可能无关紧要，但是提取日期的一部分，有时候很有帮助。例如，你可能需要筛选出这样的记录：订单日期在特定月份内的所有订单记录，或者需要在星期六工作的所有员工。在这些时候，就需要从设置了日期格式的日期中提取出月份和工作日数字。

Excel 提供了一组简单的函数，可以将日期解析为其组成部分。下面列出了这些函数：

YEAR 提取出给定日期的年份。

MONTH 提取出给定日期的月份。

DAY 提取出给定日期的天。

WEEKDAY 返回给定日期是一周的哪一天。

WEEKNUM 返回给定日期是哪一周。

图 12-6 演示了如何使用这些函数，将单元格 C3 中的日期解析为其组成部分。

	A	B	C
1			
2			
3			5/16/2015
4			
5		=YEAR(C3)	2015
6		=MONTH(C3)	5
7		=DAY(C3)	16
8		=WEEKDAY(C3)	7
9		=WEEKNUM(C3)	20
10			

图 12-6　提取日期的一部分

这些函数相对直观。

YEAR 函数返回一个四位数数字，对应于指定日期的年份。下面的公式返回 2015。

```
=YEAR("5/16/2015")
```

MONTH 函数返回 1～12 之间的一个数字，对应于指定日期的月份。下面的公式返回 5。

```
=MONTH("5/16/2015")
```

DAY 函数返回 1～31 之间的一个数字，对应于指定日期在其月份中的天数。下面的公式返回 16。

```
=DAY("5/16/2015")
```

WEEKDAY 函数返回 1～7 之间的数字，对应于给定日期是星期几(星期日到星期六)。如果日期是星期日，则返回数字 1。如果日期是星期一，则返回数字 2，以此类推。下面的公式返回 7，因为 5/16/2015 是星期六。

```
=WEEKDAY("5/16/2015")
```

这个函数实际上有一个可选参数 return_type，用于定义将一周中的哪一天作为第一天。输入 WEEKDAY 函数时，Excel 会显示一个菜单，用于选择合适的 return_type 代码。

可以调整这个公式，使返回值 1～7 代表星期一到星期日。此时，下面的公式将返回 6，即星期六被标记为一周中的第 6 天。

```
=WEEKDAY("5/16/2015",2)
```

WEEKNUM 函数返回指定日期所在的周是一年中的第几周。下面的公式返回 20，因为 5/16/2015 发生在 2015 年的第 20 周。

```
=WEEKNUM("5/16/2015")
```

这个函数实际上有一个可选参数 return_type，用于定义将一周中的哪一天作为第一天。默认情况下，WEEKNUM 函数将星期日定义为一周的第一天。输入 WEEKNUM 函数时，Excel 会显示一个菜单，用于选择不同的 return_type 代码。

12.2.7　计算两个日期之间的年数和月份数

在一些情况中，需要用年数和月份数来表达两个日期相差多久。在这种情况下，可以使用两个 DATEDIF 函数创建一个文本字符串。

图 12-7 中的单元格 C4 包含下面的公式：

```
=DATEDIF(A4,B4,"Y") & " Years, " & DATEDIF(A4,B4,"YM") & " Months"
```

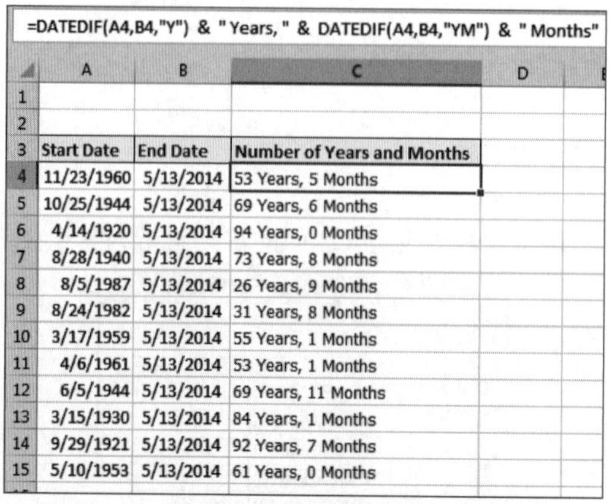

	A	B	C	D
			=DATEDIF(A4,B4,"Y") & " Years," & DATEDIF(A4,B4,"YM") & " Months"	
1				
2				
3	Start Date	End Date	Number of Years and Months	
4	11/23/1960	5/13/2014	53 Years, 5 Months	
5	10/25/1944	5/13/2014	69 Years, 6 Months	
6	4/14/1920	5/13/2014	94 Years, 0 Months	
7	8/28/1940	5/13/2014	73 Years, 8 Months	
8	8/5/1987	5/13/2014	26 Years, 9 Months	
9	8/24/1982	5/13/2014	31 Years, 8 Months	
10	3/17/1959	5/13/2014	55 Years, 1 Months	
11	4/6/1961	5/13/2014	53 Years, 1 Months	
12	6/5/1944	5/13/2014	69 Years, 11 Months	
13	3/15/1930	5/13/2014	84 Years, 1 Months	
14	9/29/1921	5/13/2014	92 Years, 7 Months	
15	5/10/1953	5/13/2014	61 Years, 0 Months	

图 12-7　显示两个日期之间的年数和月份数

通过在一个文本字符串中使用&运算符将两个 DATEDIF 函数连接起来，我们完成了这个任务。

第一个 DATEDIF 函数通过传入年时间单位(Y)，计算开始日期和结束日期之间的年数：

```
DATEDIF(A4,B4,"Y")
```

第二个 DATEDIF 函数使用 YM 时间单位来计算月数，忽略日期的年部分：

```
DATEDIF(A4,B4,"YM")
```

在连接这两个函数时，我们添加了一些自己的文本，以便用户知道哪个数字代表年数，哪个数字代表月数：

```
=DATEDIF(A4,B4,"Y") & " Years, " & DATEDIF(A4,B4,"YM") & " Months"
```

12.2.8　将日期转换为儒略日期格式

制造业常常使用儒略日期作为时间戳，并用来快速了解产品批号。这类日期编码使零售商、消费者和服务代理能够确定产品的生产日期，进而确定产品是多久之前生产的。儒略日期还用在编程、军事和天文学中。

不同的行业有不同版本的儒略日期，但是最常用的版本由两个部分组成：代表年份的两位数字，以及代表当年已过去的天数的数字。例如，1/1/1960 的儒略日期为 601，12/31/2014 的儒略日期为 14365。

Excel 没有提供内置的函数来将标准日期转换为儒略日期，但是如图 12-8 所示，可以使用下面的公式完成这种任务：

```
=RIGHT(YEAR(A4),2)& A4-DATE(YEAR(A4),1,0)
```

这个公式实际上包含两个公式，通过使用&符号将它们作为文本连接起来。

第一个公式使用 RIGHT 函数提取出年份数字的右边两个数位。注意，我们使用 YEAR 函数，从实际日期中提取出年份部分。

```
=RIGHT(YEAR(A4),2)
```

交叉引用

有关使用 RIGHT 函数的更多细节，请参考第 11 章的 11.2.4 节"从文本字符串中提取部分字符串"。

	A	B
1		
2		
3	Standard Date	Julian Date
4	1/1/1960	=RIGHT(YEAR(A4),2)&A4-DATE(YEAR(A4),1,0)
5	10/25/1944	44299
6	4/14/1920	20105
7	8/28/1940	40241
8	8/5/1987	87217
9	8/24/1982	82236
10	3/17/1959	5976
11	4/6/1961	6196
12	6/5/1944	44157
13	3/15/1930	3074
14	9/29/2000	00273
15	5/10/2014	14130

图 12-8　将标准日期转换为儒略日期

第二个公式稍微复杂一点。在这个公式中，我们需要确定在当年已经过去了多少天。为此，需要首先从上一年的最后一天减去目标日期：

```
A4-DATE(YEAR(A4),1,0)
```

注意这里使用了 DATE 函数。DATE 函数允许使用 3 个参数动态构建日期：年份、月份和天。年份可以是 1900 到 9999 之间的任何整数，月份和天可以是任何正数或负数。例如，下面的公式将返回 2013 年 12 月 1 日的日期序号：

```
=DATE(2013, 12, 1)
```

注意，在儒略日期公式中，我们使用了 0 作为代表天的参数。当使用 0 作为天参数时，将得到给定月份的第一天的前一天。在这个例子中，1 月 1 日的前一天是 12 月 31 日。例如，在空单元格中输入下面的公式，将返回 1959 年 12 月 31 日：

```
=DATE(1960,1,0)
```

使用&将前述两个公式连接起来，就得到了儒略日期：

```
=RIGHT(YEAR(A4),2)& A4-DATE(YEAR(A4),1,0)
```

12.2.9　计算一年已完成天数的百分比和剩余天数的百分比

当构建 Excel 报表和仪表板时，计算一年已经过天数的百分比和剩余天数的百分比有时候很有帮助。计算出来的百分比可以用在其他计算中，也可以仅仅用来提醒报表或仪表板的使用者。

图 12-9 是这种概念的一个例子。注意编辑栏，我们在这里使用了 YEARFRAC 函数。

B7　=YEARFRAC(B3,C3)

	A	B	C
1			
2		Start Date	End Date
3		1/1/2014	5/13/2014
4			
5			
6		Pcnt of this Year Complete	Percent of this Year Left
7		37%	63%

图 12-9　计算一年已完成天数的百分比

YEARFRAC 函数只有两个参数：开始日期和结束日期。提供了这两个变量后，它就可以计算出一个年百分比，代表开始日期和结束日期之间的天数。

```
=YEARFRAC(B3,C3)
```

要计算剩余天数的百分比，如图 12-9 中的单元格 C7 所示，只需要用 1 减 YEARFRAC(B3,C3)即可：

```
=1-YEARFRAC(B3,C3)
```

12.2.10　返回给定月份的最后一个日期

使用日期时，一种常见的需求是动态计算给定月份的最后一个日期。虽然大部分月份的最后一天是固定的，但是取决于给定年份是否是闰年，二月的最后一天可能发生变化。

图 12-10 演示了对于给定的每个日期，如何获得二月的最后一个日期，从而方便看出哪些年份是闰年。

⊿	A	B	C
1			
2		**First Day of February**	**Last Day of February**
3		2/1/1999	=DATE(YEAR(B3),MONTH(B3)+1,0)
4		2/1/2000	2/29/2000
5		2/1/2001	2/28/2001
6		2/1/2002	2/28/2002
7		2/1/2003	2/28/2003
8		2/1/2004	2/29/2004
9		2/1/2005	2/28/2005
10		2/1/2006	2/28/2006
11		2/1/2007	2/28/2007
12		2/1/2008	2/29/2008
13		2/1/2009	2/28/2009
14		2/1/2010	2/28/2010
15		2/1/2011	2/28/2011
16		2/1/2012	2/29/2012

图 12-10　计算每个日期的最后一天

DATE 函数允许使用 3 个参数动态构建日期：年份、月份和天。年份可以是 1900 和 9999 之间的任何整数，月份和天可以是任何正数或负数。

例如，下面的公式将返回 2013 年 12 月 1 日的日期序号：

```
=DATE(2013, 12, 1)
```

当使用 0 作为天参数时，将得到给定月份的第一天的前一天。例如，在空单元格中输入下面的公式，将返回 2000 年 2 月 29 日：

```
=DATE(2000,3,0)
```

在我们的例子中，没有硬编码年份和月份，而是使用 YEAR 函数获得期望的年份，使用 MONTH 函数获得期望的月份。我们将月份加上 1，得到下一个月份。这样一来，当使用 0 作为天参数时，就得到我们真正感兴趣的月份的最后一天。

```
=DATE(YEAR(B3),MONTH(B3)+1,0)
```

在查看图 12-10 时，请记住，使用这个公式可以获得任何月份的最后一天，而不只是二月份。

使用 EOMONTH 函数

EOMONTH 能够代替上面的 DATE 函数，并且使用起来更加方便。使用 EOMONTH 时，可以获得未来或过去的任何月份的最后一天。只需要提供两个参数：开始日期，以及未来或过去的月份数。

例如，下面的公式将返回 2015 年四月的最后一天：

```
=EOMONTH("1/1/2015", 3)
```

指定负数月份将返回过去的一个日期。下面的公式将返回 2014 年十月的最后一天：

```
=EOMONTH("1/1/2015", -3)
```

可以将 EOMONTH 函数和 TODAY 函数结合起来，获得当前月份的最后一天：

```
=EOMONTH(TODAY(),0)
```

12.2.11　计算日期的日历季度

Excel 没有提供内置的函数来计算季度。如果需要计算特定日期属于哪个日历季度，需要创建自己的公式。图 12-11 演示了如何使用下面的公式来计算日历季度：

```
=ROUNDUP(MONTH(B3)/3,0)
```

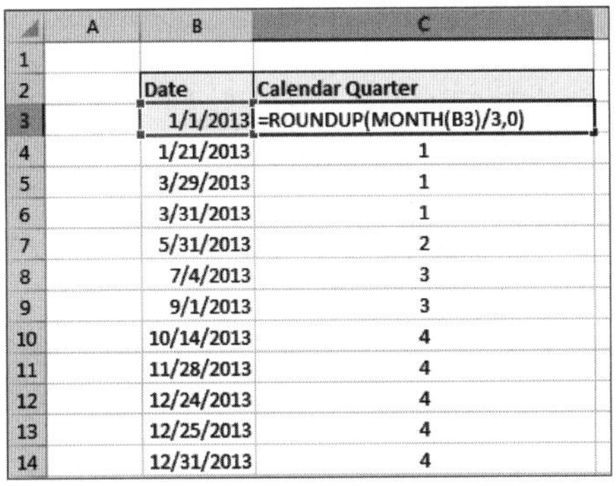

	A	B	C
1			
2		Date	Calendar Quarter
3		1/1/2013	=ROUNDUP(MONTH(B3)/3,0)
4		1/21/2013	1
5		3/29/2013	1
6		3/31/2013	1
7		5/31/2013	2
8		7/4/2013	3
9		9/1/2013	3
10		10/14/2013	4
11		11/28/2013	4
12		12/24/2013	4
13		12/25/2013	4
14		12/31/2013	4

图 12-11　计算日历季度

这个公式的技巧其实是简单的数学计算。我们将给定月份的月份数字除以 3，然后舍入到最接近的整数。例如，假设想要计算八月所在的季度。因为八月是一年的第 8 个月份，可以将 8 除以 3，结果为 2.66。对这个数字进行四舍五入，得到 3。因此，八月在日历年的第三个季度。

下面的公式具有相同的效果。我们使用 MONTH 函数提取出给定日期的月份数字，然后使用 ROUNDUP 函数强制向上舍入：

```
=ROUNDUP(MONTH(B3)/3,0)
```

12.2.12　计算日期的财季

许多组织的财年并不是从一月开始，而是从十月、四月或其他月份开始。在这些组织中，可以像计算日历季度那样计算财季。

图 12-12 演示了一个巧妙的公式，通过使用 CHOOSE 函数将日期转换为财季。在这个例子中计算财季时，财年从四月开始。编辑栏中的公式如下所示：

```
=CHOOSE(MONTH(B3),4,4,4,1,1,1,2,2,2,3,3,3)
```

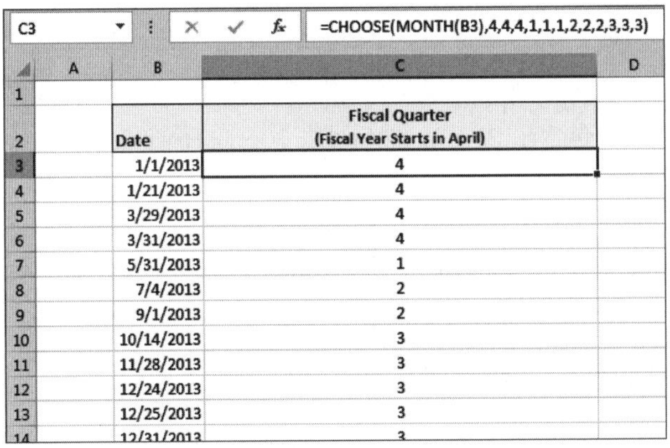

	A	B	C	D
1				
2		Date	Fiscal Quarter (Fiscal Year Starts in April)	
3		1/1/2013	4	
4		1/21/2013	4	
5		3/29/2013	4	
6		3/31/2013	4	
7		5/31/2013	1	
8		7/4/2013	2	
9		9/1/2013	2	
10		10/14/2013	3	
11		11/28/2013	3	
12		12/24/2013	3	
13		12/25/2013	3	
14		12/31/2013	3	

图 12-12　计算财季

CHOOSE 函数根据位置数字，从一个选项列表中返回答案。如果输入公式=CHOOSE(2, "Gold", "Silver", "Bronze","Coupon")，则答案为 Silver，因为 Silver 是选项列表中的第二个选项。将 2 换成 4，则将得到第四个选项，即 Coupon。

CHOOSE 函数的第一个参数是必须提供的索引数字。这个参数的取值范围为从 1 到后面的参数列出的选项数。索引数字决定了返回后面的哪个参数。

接下来的 254 个参数(只有其中的第一个参数是必须提供的参数)定义了可选项，并决定了当提供索引数字时返回什么。如果索引数字是 1，则返回第一个选项。如果索引数字是 2，则返回第二个选项。

这里的想法是，使用 CHOOSE 函数将日期传递给季度数字列表：

```
=CHOOSE(MONTH(B3),4,4,4,1,1,1,2,2,2,3,3,3)
```

单元格 C3 中的公式(参见图 12-12)告诉 Excel 使用给定日期的月份数字，然后选择对应于该数字的季度。在本例中，因为月份是一月，Excel 返回第一个选项(一月是第一个月份)。第一个选项是 4，所以一月是第四个财季。

假设你的公司的财年从 10 月开始，而不是 4 月。通过调整选项列表，使其和财年的开始月份相对应，很容易得到正确的公式。

```
=CHOOSE(MONTH(B3),2,2,2,3,3,3,4,4,4,1,1,1)
```

12.2.13　从日期返回财务月

在一些组织的运营中，并不认为每个月从 1 号开始，在 30 号或 31 号结束。相反，他们选择特定的天作为开始日期和结束日期。例如，假设在你的组织中，可能每个财务月从 21 号开始，到下个月 20 号结束。在这种组织中，能够将标准日期转换为自己的财务月非常重要。

在图 12-13 演示的公式中，结合使用 EOMONTH 函数和 TEXT 函数，将日期转换为财务月。这个例子计算的财务月从 21 号开始，到下个月的 20 号结束。单元格 C3 中的公式如下所示：

```
=TEXT(EOMONTH(B3-20,1),"mmm")
```

	A	B	C
1			
2		Date	**Fiscal Month** **(Starts on the 21st and ends on the 20th of the Next Month)**
3		1/1/2013	=TEXT(EOMONTH(B3-20,1),"mmm")
4		1/1/2013	Jan
5		1/21/2013	Feb
6		3/20/2013	Mar
7		3/31/2013	Apr
8		4/21/2013	May
9		6/20/2013	Jun
10		6/21/2013	Jul
11		7/21/2013	Aug
12			

图 12-13　计算财务月

在这个公式中，先获得日期(包含在 B3 中)，然后减去 20，向后推 20 天。然后，在 EOMONTH 函数中使用得到的日期来获得下个月的最后一天：

```
EOMONTH(B3-20,1)
```

然后，将结果放到 TEXT 函数中，将结果日期设置为包含 3 个字母的月份名：

```
TEXT(EOMONTH(B3-20,1),"mmm")
```

12.2.14　计算一个月中第 N 个工作日的日期

许多分析过程都依赖于知道特定事件的日期。例如，如果每个月的第二个星期五发工资，那么知道一年中的哪些日期是每个月的第二个星期五会很有帮助。

通过使用本章到目前为止介绍过的日期函数，可以构建动态日期表，自动提供需要的关键日期。

图 12-14 演示了这样的一个表。在该表中，用公式计算列出的每个月份的第 N 个工作日。这里的想法是，填入自己需要的年份和月份，并告诉 Excel 我们需要第几次出现各个工作日。在这个例子中，单元格 B2 显示，我们想要知道每个工作日第二次出现的日期。

	A	B	C	D	E	F	G	H	I
1		Nth Occurence							
2		2							
3									
4			1	2	3	4	5	6	7
5	YEAR	MONTH	Nth Sun of the Month	Nth Mon of the Month	Nth Tues of the Month	Nth Wed of the Month	Nth Thur of the Month	Nth Fri of the Month	Nth Sat of the Month
6	2014	1	1/12/2014	1/13/2014	1/14/2014	1/8/2014	1/9/2014	1/10/2014	1/11/2014
7	2014	2	2/9/2014	2/10/2014	2/11/2014	2/12/2014	2/13/2014	2/14/2014	2/8/2014
8	2014	3	3/9/2014	3/10/2014	3/11/2014	3/12/2014	3/13/2014	3/14/2014	3/8/2014
9	2014	4	4/13/2014	4/14/2014	4/8/2014	4/9/2014	4/10/2014	4/11/2014	4/12/2014
10	2014	5	5/11/2014	5/12/2014	5/13/2014	5/14/2014	5/8/2014	5/9/2014	5/10/2014
11	2014	6	6/8/2014	6/9/2014	6/10/2014	6/11/2014	6/12/2014	6/13/2014	6/14/2014
12	2014	7	7/13/2014	7/14/2014	7/8/2014	7/9/2014	7/10/2014	7/11/2014	7/12/2014
13	2014	8	8/10/2014	8/11/2014	8/12/2014	8/13/2014	8/14/2014	8/8/2014	8/9/2014
14	2014	9	9/14/2014	9/8/2014	9/9/2014	9/10/2014	9/11/2014	9/12/2014	9/13/2014
15	2014	10	10/12/2014	10/13/2014	10/14/2014	10/8/2014	10/9/2014	10/10/2014	10/11/2014
16	2014	11	11/9/2014	11/10/2014	11/11/2014	11/12/2014	11/13/2014	11/14/2014	11/8/2014
17	2014	12	12/14/2014	12/8/2014	12/9/2014	12/10/2014	12/11/2014	12/12/2014	12/13/2014

图 12-14　动态日期表，计算出每个工作日第 N 次出现的日期

在图 12-14 中，单元格 C6 包含下面的公式：

```
=DATE($A6,$B6,1)+C$4-WEEKDAY(DATE($A6,$B6,1))+($B$2-(C$4>=WEEKDAY(DATE
($A6,$B6,1))))*7
```

这个公式应用基本数学，计算在给定特定周数字和出现次数时，应该返回对应月份中的哪个日期。

要使用图 12-14 中的表格，只需要从单元格 A6 和 B6 开始，输入目标年份和月份。然后，在单元格 B2 中调整自己需要的出现次数。

如果想要获得每个月的第一个星期一，则在单元格 B2 中输入 1，然后查看星期一列。如果想获得每个月的第三个星期四，则在单元格 B2 中输入 3，然后查看星期四列。

12.2.15　计算每个月最后一个工作日的日期

通过使用本章到目前为止介绍过的函数，可以构建一个动态日期表，自动提供给定工作日最后一次出现的日期。例如，图 12-15 中的表计算对于每个列出的月份，最后一个星期日、星期一、星期二等的日期。

	A	B	C	D	E	F	G	H	I
1									
2			7	6	5	4	3	2	1
3	YEAR	MONTH	Last Sun of the Month	Last Mon of the Month	Last Tues of the Month	Last Wed of the Month	Last Thurs of the Month	Last Fri of the Month	Last Sat of the Month
4	2014	1	1/26/2014	1/27/2014	1/28/2014	1/29/2014	1/30/2014	1/31/2014	1/25/2014
5	2014	2	2/23/2014	2/24/2014	2/25/2014	2/26/2014	2/27/2014	2/28/2014	2/22/2014
6	2014	3	3/30/2014	3/31/2014	3/25/2014	3/26/2014	3/27/2014	3/28/2014	3/29/2014
7	2014	4	4/27/2014	4/28/2014	4/29/2014	4/30/2014	4/24/2014	4/25/2014	4/26/2014
8	2014	5	5/25/2014	5/26/2014	5/27/2014	5/28/2014	5/29/2014	5/30/2014	5/31/2014
9	2014	6	6/29/2014	6/30/2014	6/24/2014	6/25/2014	6/26/2014	6/27/2014	6/28/2014
10	2014	7	7/27/2014	7/28/2014	7/29/2014	7/30/2014	7/31/2014	7/25/2014	7/26/2014
11	2014	8	8/31/2014	8/25/2014	8/26/2014	8/27/2014	8/28/2014	8/29/2014	8/30/2014
12	2014	9	9/28/2014	9/29/2014	9/30/2014	9/24/2014	9/25/2014	9/26/2014	9/27/2014
13	2014	10	10/26/2014	10/27/2014	10/28/2014	10/29/2014	10/30/2014	10/31/2014	10/25/2014
14	2014	11	11/30/2014	11/24/2014	11/25/2014	11/26/2014	11/27/2014	11/28/2014	11/29/2014
15	2014	12	12/28/2014	12/29/2014	12/30/2014	12/31/2014	12/25/2014	12/26/2014	12/27/2014

图 12-15　计算每个月最后一个工作日的日期的动态日期表

在图 12-15 中，单元格 C4 包含下面的公式：

```
=DATE($A4,$B4+1,1)- WEEKDAY(DATE($A4,$B4+1,C$2))
```

这个公式应用基本数学，计算在给定年份、月份和周数字后，应该返回给定月份中的哪个日期。

要使用图 12-15 中的表，只需要从单元格 A4 和 B4 开始，输入目标年份和月份。这里的想法是，在 Excel 模型中使用这个表作为一个可链接到的位置，或者从这个表中复制数据来得到自己需要的日期。

12.2.16　提取时间的一部分

提取时间的特定部分常常是很有用的操作。Excel 提供了一组简单的函数，可将时间解析为其组成部分。这些函数如下所示：

HOUR 提取给定时间值的小时部分。

MINUTE 提取给定时间值的分钟部分。

SECOND 提取给定时间值的秒部分。

图 12-16 演示了如何使用这些函数，将单元格 C3 中的时间解析为其组成部分。

	A	B	C
1			
2			
3			6:15:27 AM
4			
5		=HOUR(C3)	6
6		=MINUTE(C3)	15
7		=SECOND(C3)	27
8			

图 12-16　提取时间的一部分

这些函数相当直观。

HOUR 函数返回 0～23 的一个数字，对应于给定时间的小时部分。下面的公式返回 6。

```
=HOUR("6:15:27 AM")
```

MINUTE 函数返回 0～59 的一个数字，对应于给定时间的分钟部分。下面的公式返回 15。

```
=MINUTE("6:15:27 AM")
```

SECOND 函数返回 0～59 的一个数字，对应于给定时间的秒钟部分。下面的公式返回 27。

```
=SECOND("6:15:27 AM")
```

12.2.17　计算流逝的时间

对于时间值，计算流逝的时间是一种比较常见的计算，也就是说，计算开始时间与结束时间相隔多少个小时和分钟。

图 12-17 中的表显示了一组开始时间和结束时间，以及计算出来的流逝时间。观察图 12-17 可看到，单元格 D4 中的公式如下所示：

```
=IF(C4< B4, 1 + C4 - B4, C4 - B4)
```

要得到从开始时间到结束时间所流逝的时间，只需要从结束时间减去开始时间。但是，有一点要注意。如果结束时间比开始时间小，就必须认为时钟的完整时间段是 24 个小时，实际上是相当于把时钟转了一圈多。

在这种情况下，必须对时间加 1 来代表完整的一天。这确保了不会有负的流逝时间。

在我们的流逝时间公式中，使用了 IF 函数来检查结束时间是否小于开始时间。如果是，就对简单的减法加 1。否则，可以直接执行减法。

```
=IF(C4< B4, 1 + C4 - B4, C4 - B4)
```

交叉引用

有关 IF 函数的更多信息，请查阅第 13 章的 13.1.1 节 "检查是否满足简单条件"。

	A	B	C	D
1				
2				
3		Start Time	End Time	Elapsed Minutes:Seconds
4		8:57:50 AM	10:04:39 AM	=IF(C4< B4, 1 + C4 - B4, C4 - B4)
5		4:35:20 PM	4:23:23 PM	23:48
6		8:24:35 AM	4:14:36 PM	7:50
7		3:10:39 PM	9:50:59 AM	18:40
8		2:33:22 PM	2:01:49 PM	23:28
9		8:42:35 AM	11:16:31 AM	2:33
10		11:20:24 AM	9:36:17 AM	22:15
11		3:56:53 PM	2:05:17 PM	22:08
12		3:33:16 PM	10:46:08 AM	19:12
13		12:41:54 PM	1:18:37 PM	0:36
14		11:30:07 AM	11:19:15 AM	23:49

图 12-17　计算流逝的时间

12.2.18　舍入时间值

许多时候需要将时间舍入到特定的增量。例如，如果你是一名顾问，就可能总是想将时间向上舍入到下一个 15 分钟增量，或者向下舍入到 30 分钟增量。

图 12-18 演示了如何舍入到 15 分钟和 30 分钟增量。

	A	B	C	D	E	F
1						
2						
3		Start Time	End Time	Elapsed Minutes:Seconds	Round Up to Nearest 15 Minutes	Round Down to Nearest 30 minutes
4		8:49:12 AM	10:03:56 AM	1:14	10:15	10:00
5		10:58:31 AM	10:18:55 AM	23:20	10:30	10:00
6		9:23:37 AM	1:48:26 PM	4:24	14:00	13:30
7		8:39:16 AM	4:40:22 PM	8:01	16:45	16:30
8						

图 12-18　将时间值舍入到 15 分钟和 30 分钟增量

单元格 E4 中的公式如下所示：

```
=ROUNDUP(C4*24/0.25,0)*(0.25/24)
```

单元格 F4 中的公式如下所示：

```
=ROUNDDOWN(C4*24/0.5,0)*(0.5/24)
```

通过将时间乘以 24，然后将得到的值传入 ROUNDUP 函数，最后再将结果除以 24，可以把时间值舍入到最接近的小时。例如，下面的公式将返回 7:00:00 AM：

```
=ROUNDUP("6:15:27"*24,0)/24
```

要向上舍入到 15 分钟增量，只需要用 0.25(即 1/4)除以 24。下面的公式将返回 6:30:00 AM：

```
=ROUNDUP("6:15:27"*24/0.25,0)*(0.25/24)
```

要向下舍入到 30 分钟增量，可用 0.5(即 1/2)除以 24。下面的公式将返回：6:00:00 AM。

```
=ROUNDDOWN("6:15:27"*24/0.5,0)*(0.5/24)
```

> **交叉引用：**
> 有关 ROUNDDOWN 和 ROUNDUP 函数的更多细节，请参考第 10 章。

12.2.19　将用小数表达的小时、分钟或秒钟转换为时间

在从外部源得到的数据中，用小数形式表达的时间并不罕见。例如，对于 1 小时 30 分，可能会看到 1.5 而

不是标准的 1:30。通过将小数小时除以 24，然后将结果设置为时间格式，很容易纠正这种表达。

图 12-19 显示了一些小数小时和转换后的时间。

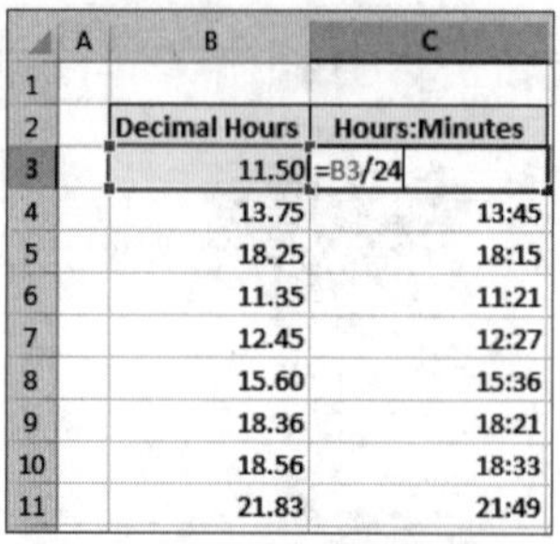

	A	B	C
1			
2		Decimal Hours	Hours:Minutes
3		11.50	=B3/24
4		13.75	13:45
5		18.25	18:15
6		11.35	11:21
7		12.45	12:27
8		15.60	15:36
9		18.36	18:21
10		18.56	18:33
11		21.83	21:49

图 12-19　将小数小时转换为小时和分钟

将小数小时除以 24 将得到一个小数值，Excel 会将其识别为时间值。

要将小数分钟转换为时间，可将数字除以 1440。下面的公式将返回 1:04(1 小时 4 分钟)：

```
=64.51/1440
```

要将小数秒钟转换为时间，可将数字除以 86400。下面的公式将返回 0:06(6 分钟)：

```
=390.45/86400
```

12.2.20　向时间增加小时、分钟或秒钟

因为时间值只不过是日期序号系统的小数扩展，所以可以将两个时间值加在一起，得到一个累加的时间值。在一些时候，可能需要将一定数量的小时和分钟加到已有的时间值上。此时，可以使用 TIME 函数。

在图 12-20 中，单元格 D4 包含下面的公式：

```
=C4+TIME(5,30,0)
```

在这个例子中，我们对列表中的所有时间加了 5 小时 30 分钟。

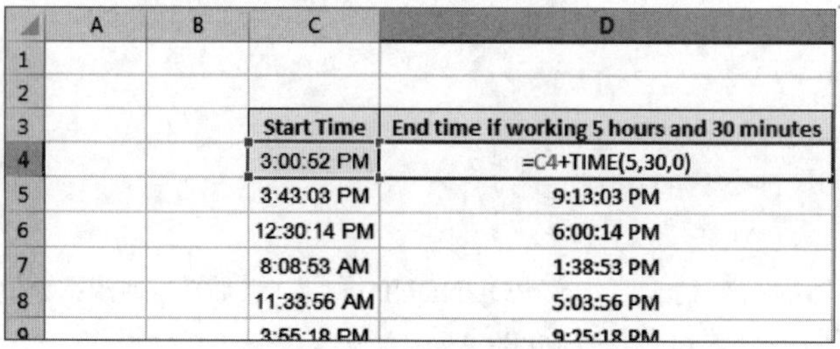

	A	B	C	D
1				
2				
3			Start Time	End time if working 5 hours and 30 minutes
4			3:00:52 PM	=C4+TIME(5,30,0)
5			3:43:03 PM	9:13:03 PM
6			12:30:14 PM	6:00:14 PM
7			8:08:53 AM	1:38:53 PM
8			11:33:56 AM	5:03:56 PM
9			3:55:18 PM	9:25:18 PM

图 12-20　对已有时间值加上一定数量的小时和分钟

TIME 函数允许使用 3 个参数动态建立一个时间值：小时、分钟和秒钟。例如，下面的公式将返回时间值 2:30:30 PM：

```
=TIME(14,30,30)
```

要对已有时间值加上一定数量的小时，只需要使用 TIME 函数建立一个新时间值，然后把它们加起来。下面的公式对已有时间加了 30 分钟，得到了时间值 3:00 PM：

```
="2:30:00 PM" + TIME(0, 30, 0)
```

第13章

使用公式进行条件分析

本章要点

- 了解条件分析
- 执行条件计算

Excel 提供了几个执行条件分析的工作表函数，本章将用到其中几个。条件分析指的是根据是否满足某个条件来执行不同的操作。

13.1 了解条件分析

条件是指返回 TRUE 或 FALSE 的一个值或表达式。根据条件的值，公式可以分支到两种不同的计算。即，当条件返回 TRUE 时，计算第一个值或表达式，而忽略另一个。当条件返回 FALSE 时，情况相反，忽略第一个值或表达式，而计算另一个。

本节将探索 Excel 提供的一些逻辑函数。

> **配套学习资源网站**
>
> 配套学习资源网站 www.wiley.com/go/excel2019bible 中提供了本章的示例工作簿，文件名为 Conditional Analysis.xlsx。

13.1.1 检查是否满足简单条件

图 13-1 显示了一个州列表和 6 个月的油价。假设对于每个价格，想知道某个州在该月的油价与所有州在同月的平均油价相比是高还是低。如果高于平均油价，将返回"High"；如果低于平均油价，则返回"Low"。在数据下方使用一个表来报告结果。

```
=IF(C3>AVERAGE(C$3:C$11),"High","Low")
```

IF 函数是 Excel 中最基本的条件分析公式，它有 3 个参数：条件，条件为 TRUE 时执行的操作，以及条件为 FALSE 时执行的操作。

本例中的条件参数是 C3>AVERAGE(C$3:C$11)，条件参数必须被设置为返回 TRUE 或 FALSE，这通常意味着使用比较运算(如等号或大于号)或者另一个返回 TRUE 或 FALSE 的工作表函数(如 ISERR 或 ISBLANK)。示例条件使用了大于号，比较 C3 中的值与 C3:C11 的平均值。

如果条件参数返回 TRUE，则将 IF 函数的第二个参数返回给单元格。第二个参数是 High，因为单元格 C3 中的值确实大于平均值，所以单元格 C14 返回"High"。

单元格 C15 比较单元格 C4 中的值与平均值。因为小于平均值，条件参数返回 FALSE，则返回 IF 函数的第三个参数。单元格 C15 显示"Low",即 IF 函数的第三个参数。

	A	B	C	D	E	F	G	H	I
		C14	▾		*fx*	=IF(C3>AVERAGE(C$3:C$11),"High","Low")			
1									
2		State	Aug-13	Sep-13	Oct-13	Nov-13	Dec-13	Jan-14	
3		California	3.919	3.989	3.829	3.641	3.642	3.666	
4		Colorado	3.569	3.582	3.410	3.231	3.122	3.238	
5		Florida	3.614	3.558	3.388	3.377	3.516	3.486	
6		Massachusetts	3.761	3.703	3.518	3.419	3.520	3.527	
7		Minnesota	3.577	3.540	3.318	3.143	3.113	3.272	
8		New York	3.933	3.879	3.700	3.633	3.736	3.734	
9		Ohio	3.542	3.512	3.317	3.231	3.281	3.336	
10		Texas	3.509	3.383	3.180	3.104	3.171	3.187	
11		Washington	3.855	3.767	3.567	3.373	3.348	3.366	
12									
13									
14		California	High	High	High	High	High	High	
15		Colorado	Low	Low	Low	Low	Low	Low	
16		Florida	Low	Low	Low	High	High	High	
17		Massachusetts	High	High	High	High	High	High	
18		Minnesota	Low	Low	Low	Low	Low	Low	
19		New York	High	High	High	High	High	High	
20		Ohio	Low	Low	Low	Low	Low	Low	
21		Texas	Low	Low	Low	Low	Low	Low	
22		Washington	High	High	High	High	Low	Low	
23									

图 13-1　各州每月的油价

13.1.2　检查多个条件

可以把简单条件(如图 13-1 中的条件)连接在一起,这被称为嵌套函数。value_if_true 和 value_if_false 参数可以包含自己的简单条件。这就允许判断多个条件,后续条件依赖于第一个条件。

图 13-2 显示的工作表包含两个用户输入字段,分别用于输入汽车类型和该汽车类型的一个属性。属性在用户输入字段下方的两个区域中列出。当用户选择了类型和属性后,我们希望用一个公式说明用户选择了 Coupe、Sedan、Pickup 还是 SUV。

`=IF(E2="Car",IF(E3="2-door","Coupe","Sedan"),IF(E3="Has Bed","Pickup","SUV"))`

	fx	=IF(E2="Car",IF(E3="2-door","Coupe","Sedan"),IF(E3="Has Bed","Pickup","SUV"))					
D	E	F	G	H	I	J	K
Auto Type:	Truck		Which Auto:	Pickup			
Auto Property:	Has Bed						
	Car						
	2-door						
	4-door						
	Truck						
	Has Bed						
	No Bed						

图 13-2　一个用来选择汽车的模型

通过条件分析,第一个条件的结果将导致第二个条件发生变化。在本例中,如果第一个条件是 Car,则第二个条件是 2-door 或 4-door。如果第一个条件是 Truck,则第二个条件变为 Has Bed 或 No Bed。

我们已经看到,Excel 提供了 IF 函数来执行条件分析。也可以嵌套 IF 函数,即,当需要检查多个条件时,可以将一个 IF 函数用作另一个 IF 函数的参数。在本例中,第一个 IF 函数检查单元格 E2 的值。但是,当条件为 TRUE 时,并没有简单地返回一个值。相反,第二个参数是另一个 IF 公式,检查单元格 E3 的值。类似地,第三个参数没有简单地返回一个值,而是包含另一个 IF 函数,也检查单元格 E3 的值。

在图 13-2 中,用户选择了 Truck。由于 E2 不等于 Car,第一个 IF 将返回 FALSE,因此将计算 FALSE 参数。在 FALSE 参数中,发现 E3 等于 Has Bed,所以返回它的 TRUE 条件(Pickup)。如果用户选择了 No Bed,结果将会是 FALSE 条件(SUV)。

13.1.3　验证条件数据

图 13-2 中的用户输入字段实际上是数据验证列表。用户可以从下拉框中进行选择，而不必输入值。单元格 E3 中的数据验证通过使用 INDIRECT，根据单元格 E2 中的值来修改其列表。

工作表中包含两个命名区域，区域 Car 指向 E6:E7，区域 Truck 指向 E10:E11。区域的名称与单元格 E2 的数据验证列表中的选项相同。图 13-3 显示了单元格 E3 的"数据验证"对话框。"来源"是一个 INDIRECT 函数，其参数为 E2。

图 13-3　使用 INDIRECT 进行数据验证

INDIRECT 函数接受一个文本参数，并将该文本解析为单元格引用。在本例中，因为 E2 是 Truck，公式成为=INDIRECT("Truck")。因为 Truck 是一个命名区域，所以 INDIRECT 返回对 E10:E11 的引用，这些单元格中的值就成为选项。如果 E2 包含 Car，则 INDIRECT 将返回 E6:E7，它们的值将成为选项。

这种条件数据验证有一个问题：当 E2 中的值变化时，E3 中的值不会变化。E3 中的选项会发生变化，但是用户仍然必须从可选项中做出选择，否则公式可能返回错误的结果。

查找值

如果嵌套的 IF 函数太多，公式可能变得很长、很难管理。图 13-4 显示了汽车选择器模型的一种稍微不同的设置。这里没有把结果硬编码到嵌套的 IF 函数中，而是输入到与属性相邻的单元格中(例如，在 4-door 旁边的单元格中输入 Sedan)。

新公式如下所示：

```
=IF(E2="Car",VLOOKUP(E3,E6:F7,2,FALSE),VLOOKUP(E3,E10:F11,2,FALSE))
```

现在可以使用这个公式返回汽车。IF 条件是相同的，但是现在 TRUE 结果将在单元格 E6:F7 中查找合适的值，FALSE 结果将在 E10:F11 中查找合适的值。第 14 章将详细介绍 VLOOKUP 函数。

	D	E	F	G	H	I	J
fx	=IF(E2="Car",VLOOKUP(E3,E6:F7,2,FALSE),VLOOKUP(E3,E10:F11,2,FALSE))						
	Auto Type:	Car		Which Auto:	Sedan		
	Auto Property:	4-door					
		Car					
		2-door	Coupe				
		4-door	Sedan				
		Truck					
		Has Bed	Pickup				
		No Bed	SUV				

图 13-4　不同的汽车选择器模型

13.1.4 检查是否同时满足条件 1 和条件 2

除了嵌套条件函数之外，还可以在 AND 函数内同时计算条件函数。当需要同时计算两个或更多个条件，以决定公式应该分支到哪个方向上时，这种方法很有用。

图 13-5 显示了一个库存产品清单，包括它们的数量以及售出时的折扣。库存产品由三部分共同识别，各部分之间用短横线连接。第一部分代表部门；第二部分指出该产品是零件、组装子件还是最终组装件；第三部分是唯一的 4 位数字。我们只想为部门 202 的最终组装件提供 10%的折扣，其他所有产品都没有折扣。

```
=IF(AND(LEFT(B3,3)="202",MID(B3,5,3)="FIN"),10%,0%)
```

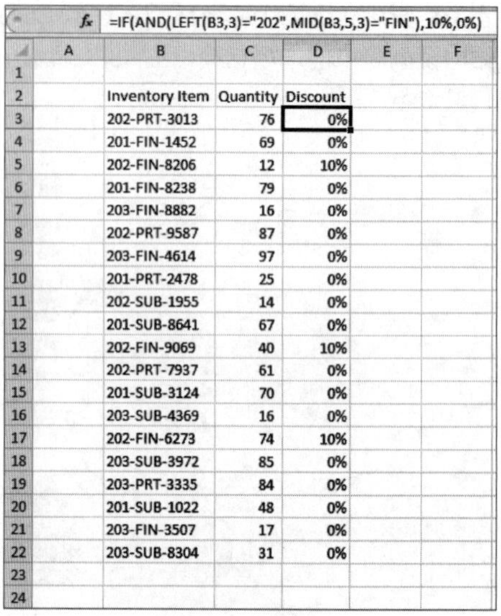

=IF(AND(LEFT(B3,3)="202",MID(B3,5,3)="FIN"),10%,0%)

	A	B	C	D	E	F
1						
2		Inventory Item	Quantity	Discount		
3		202-PRT-3013	76	0%		
4		201-FIN-1452	69	0%		
5		202-FIN-8206	12	10%		
6		201-FIN-8238	79	0%		
7		203-FIN-8882	16	0%		
8		202-PRT-9587	87	0%		
9		203-FIN-4614	97	0%		
10		201-PRT-2478	25	0%		
11		202-SUB-1955	14	0%		
12		201-SUB-8641	67	0%		
13		202-FIN-9069	40	10%		
14		202-PRT-7937	61	0%		
15		201-SUB-3124	70	0%		
16		203-SUB-4369	16	0%		
17		202-FIN-6273	74	10%		
18		203-SUB-3972	85	0%		
19		203-PRT-3335	84	0%		
20		201-SUB-1022	48	0%		
21		203-FIN-3507	17	0%		
22		203-SUB-8304	31	0%		
23						
24						

图 13-5 库存清单

IF 函数在条件参数为 TRUE 时返回 10%，条件为 FALSE 时返回 0%。对于条件参数(第一个参数)，需要使用一个表达式，当产品编号的第一部分是 202、第二部分是 FIN 时返回 TRUE。Excel 提供了 AND 函数来实现这种判断。AND 函数最多接受 255 个逻辑参数，各参数之间用逗号隔开。逻辑参数是返回 TRUE 或 FALSE 的表达式。在本例中，我们只使用两个逻辑参数。

如果 B3 的前三个字符等于 202，则第一个逻辑参数 LEFT(B3,3)="202"返回 TRUE。如果从第五个位置开始的 3 个字符等于 FIN，则第二个逻辑参数 MID(B3,5,3)="FIN"返回 TRUE。第 11 章介绍了文本处理函数。

对于 AND 函数，只有所有逻辑参数都返回 TRUE，整个函数才返回 TRUE。即使只有一个逻辑参数返回 FALSE，AND 函数也将返回 FALSE。表 13-1 显示了有两个逻辑参数的 AND 函数的结果。

表 13-1 AND 函数的真值表

第一个逻辑参数	第二个逻辑参数	AND 函数的结果
TRUE	TRUE	TRUE
TRUE	FALSE	FALSE
FALSE	TRUE	FALSE
FALSE	FALSE	FALSE

在单元格 D3 中，第一个逻辑条件返回 TRUE，由于产品编号的前三个字符是 202。第二个逻辑条件返回 FALSE，由于产品编号的中间部分是 PRT，而不是 FIN。根据表 13-1，TRUE 条件和 FALSE 条件返回 FALSE，所以结果为 0。另一方面，单元格 D5 返回 TRUE，由于两个逻辑条件都返回 TRUE。

在单元格中引用逻辑条件

图 13-5 中的 AND 函数包含两个逻辑条件，它们分别计算为 TRUE 或 FALSE。AND 的参数也可以引用单元格，只要这些单元格的计算结果为 TRUE 或 FALSE。当使用 AND 函数构建公式时，将逻辑条件分解到各自的单元格中可能很有用。在图 13-6 中，修改了库存清单，显示了额外的两列。通过查看这两列，可以理解为什么某个产品有折扣或没有折扣。

做出上述修改后，结果并没有改变，但是公式变得如下所示：

```
=IF(AND(D3,E3),10%,0%)
```

=IF(AND(D3,E3),10%,0%)

	A	B	C	D	E	F	G
1							
2		Inventory Item	Quantity	IsDept202	IsFinalAssembly	Discount	
3		202-PRT-3013	76	TRUE	FALSE	0%	
4		201-FIN-1452	69	FALSE	TRUE	0%	
5		202-FIN-8206	12	TRUE	TRUE	10%	
6		201-FIN-8238	79	FALSE	TRUE	0%	
7		203-FIN-8882	16	FALSE	TRUE	0%	
8		202-PRT-9587	87	TRUE	FALSE	0%	
9		203-FIN-4614	97	FALSE	TRUE	0%	
10		201-PRT-2478	25	FALSE	FALSE	0%	
11		202-SUB-1955	14	TRUE	FALSE	0%	
12		201-SUB-8641	67	FALSE	FALSE	0%	
13		202-FIN-9069	40	TRUE	TRUE	10%	
14		202-PRT-7937	61	TRUE	FALSE	0%	
15		201-SUB-3124	70	FALSE	FALSE	0%	
16		203-SUB-4369	16	FALSE	FALSE	0%	
17		202-FIN-6273	74	TRUE	TRUE	10%	
18		203-SUB-3972	85	FALSE	FALSE	0%	
19		203-PRT-3335	84	FALSE	FALSE	0%	
20		201-SUB-1022	48	FALSE	FALSE	0%	
21		203-FIN-3507	17	FALSE	TRUE	0%	
22		203-SUB-8304	31	FALSE	FALSE	0%	
23							
24							

图 13-6　修改后的库存清单

13.1.5　检查是否满足条件 1 或条件 2

在图 13-6 中，我们根据产品的编号来对特定产品使用折扣。在本例中，我们将增加能够使用折扣的产品的数量。与前面一样，只有最终组装件产品能够获得折扣，但是本例将把适用折扣的部门增加到既包括部门 202，也包括部门 203。图 13-7 显示了库存清单和新的折扣方案。

```
=IF(AND(OR(LEFT(B3,3)="202",LEFT(B3,3)="203"),MID(B3,5,3)="
FIN"),10%,0%)
```

=IF(AND(OR(LEFT(B9,3)="202",LEFT(B9,3)="203"),MID(B9,5,3)="FIN"),10%,0%)

	A	B	C	D	E	F	G	H
1								
2		Inventory Item	Quantity	Discount				
3		202-PRT-3013	76	0%				
4		201-FIN-1452	69	0%				
5		202-FIN-8206	12	10%				
6		201-FIN-8238	79	0%				
7		203-FIN-8882	16	10%				
8		202-PRT-9587	87	0%				
9		203-FIN-4614	97	10%				
10		201-PRT-2478	25	0%				
11		202-SUB-1955	14	0%				
12		201-SUB-8641	67	0%				
13		202-FIN-9069	40	10%				
14		202-PRT-7937	61	0%				
15		201-SUB-3124	70	0%				
16		203-SUB-4369	16	0%				
17		202-FIN-6273	74	10%				
18		203-SUB-3972	85	0%				
19		203-PRT-3335	84	0%				
20		201-SUB-1022	48	0%				
21		203-FIN-3507	17	10%				
22		203-SUB-8304	31	0%				

图 13-7　修改后的折扣方案

我们扩展了 IF 函数的条件参数，以处理折扣方案的变化。AND 函数是限制性的，因为只有所有参数都返回 TRUE，AND 函数才返回 TRUE。反过来，OR 函数是包含性的。对于 OR 函数，如果任何一个参数返回 TRUE，整个函数就返回 TRUE。在本例中，我们把一个 OR 函数嵌套到了 AND 函数中，使其成为参数之一。表 13-2 显示了这个嵌套函数的真值表。

表 13-2 AND 函数内嵌套 OR 函数时的真值表

OR 逻辑 1	OR 逻辑 2	OR 结果	AND 逻辑 2	最终结果
TRUE	TRUE	TRUE	TRUE	TRUE
TRUE	FALSE	TRUE	TRUE	TRUE
FALSE	TRUE	TRUE	TRUE	TRUE
FALSE	FALSE	FALSE	TRUE	FALSE
TRUE	TRUE	TRUE	FALSE	FALSE
TRUE	FALSE	TRUE	FALSE	FALSE
FALSE	TRUE	TRUE	FALSE	FALSE
FALSE	FALSE	FALSE	FALSE	FALSE

图 13-7 中的单元格 D9 显示，在使用新方案时，原本没有折扣的一个产品获得了折扣。OR 部分 OR(LEFT(B9,3)="202",LEFT(B9,3)="203")返回 TRUE，因为其中一个参数返回 TRUE。

13.2 执行条件计算

简单条件函数(如 IF)一般一次只处理一个值或单元格。Excel 提供了另外一些条件函数，用于聚合数据，如求和或求平均值。

本节将介绍基于给定的一组条件进行计算的一些技术。

13.2.1 对满足特定条件的所有值求和

图 13-8 显示了一个账户列表，其值有的是正数，有的是负数。我们想要对所有负数余额求和，然后与所有正数余额的和进行比较，确保它们相等。Excel 提供了 SUMIF 函数，用来根据条件对值求和。

```
=SUMIF(C3:C12,"<0")
```

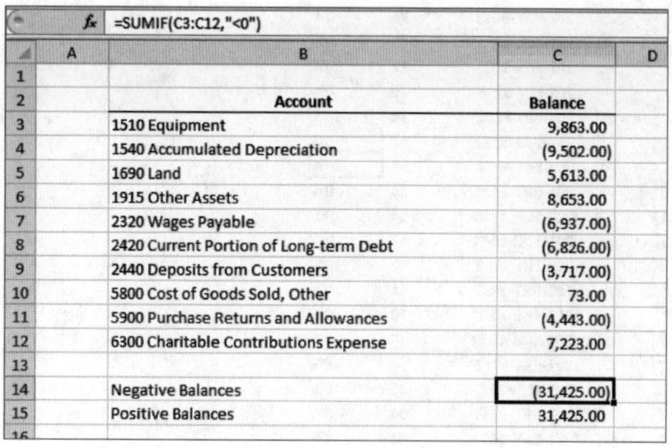

图 13-8 对小于 0 的值求和

SUMIF 取出 C3:C12 中的每个值，将其与条件进行比较(函数中的第二个参数)。如果值小于 0，则满足条件，求和时计算在内。如果值为 0 或大于 0，则忽略该值，也会忽略文本值和空单元格。对于图 13-8 中的例子，首先计算单元格 C3，因为它大于 0，所以会被忽略掉。接下来，计算单元格 C4，它满足小于 0 的条件，所以计算到和中。对每个单元格都执行这种判断。完成后，单元格 C4、C7、C8、C9 和 C11 的值将被计算到和中，其他单元格则不会。

SUMIF 的第二个参数是要满足的条件，这里用双引号括住。因为本例中使用了小于号，所以必须创建字符串来代表表达式。

SUMIF 函数还有一个可选的第三个参数 sum_range。到现在为止，我们对正好要求和的数字应用条件。如果使用第三个参数，我们可以对一个数字区域求和，而对另一个区域应用条件。图 13-9 显示了一个地区列表和相关的销售额。要对 East 地区的销售额求和，可以使用公式=SUMIF(B2:B11,"East",C2:C11)。

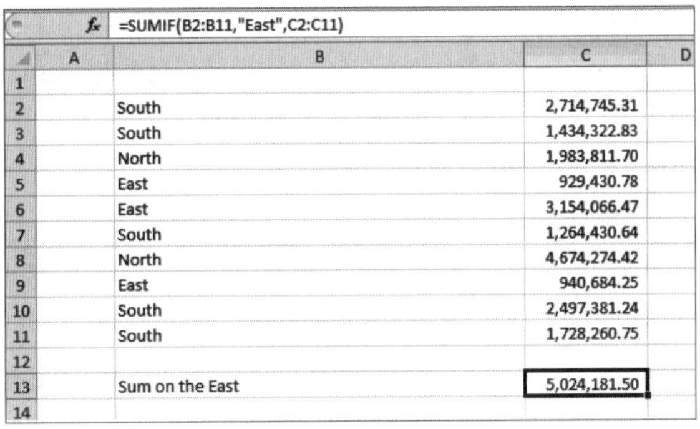

=SUMIF(B2:B11,"East",C2:C11)

	A	B	C	D
1				
2		South	2,714,745.31	
3		South	1,434,322.83	
4		North	1,983,811.70	
5		East	929,430.78	
6		East	3,154,066.47	
7		South	1,264,430.64	
8		North	4,674,274.42	
9		East	940,684.25	
10		South	2,497,381.24	
11		South	1,728,260.75	
12				
13		Sum on the East	5,024,181.50	
14				

图 13-9　区域列表和销售额

对大于 0 的值求和

图 13-8 还显示了所有正数余额的总和，其计算公式为=SUMIF(C3:C12,">0")。注意，这个公式与上面示例公式的唯一区别在于表达式字符串。这个公式使用">0"而不是"<0"作为第二个参数。

在计算中不需要包括 0，因为我们是在求和，而 0 不会改变和的大小。但是，如果我们要对大于或小于 1000 的数字求和，就不能简单地使用"<1000"或">1000"作为第二个参数，因为这将会排除刚好是 1000 的数字。

当在 SUMIF 中对大于或小于非 0 值的数字求和时，应该将大于改为大于等于，如"≥1000"，或将小于改为小于等于，如"≤1000"。不要同时为二者使用等号，而只是对其中一个表达式使用等号。这将确保只在一个计算中包含刚好是 1000 的数字，而不会在两个计算中都包含这些数字。

为比较运算符使用的语法不容易掌握。表 13-3 列出了一组简单的规则，可帮助你正确地使用它们。

表 13-3　使用比较运算符的简单规则

设置条件	应遵守这些规则	例如
等于一个数字或单元格引用	不要使用等号或双引号	=SUMIF(A1:A10,3)
等于一个字符串	不要使用等号，但是需要用双引号括住字符串	=SUMIF(A1:A10,"book")
数字的不相等比较	用双引号括住运算符和数字	=SUMIF(A1:A10,"≥50")
字符串的不相等比较	用双引号括住运算符和字符串	=SUMIF(A1:A10,"<>Payroll")
单元格引用或公式的不相等比较	用双引号括住运算符，然后使用&符号连接单元格引用或公式	=SUMIF(A1:A10,"<"&C1)

在第二个参数中，可以使用 TODAY 函数(获得当前日期)或其他大部分函数。图 13-10 显示了一个日期和值的列表。要对与今天对应的一组数字求和，使用公式=SUMIF(B3:B11,TODAY(),C3:C11)。要对与今天或之前的日期对应的一组数字求和，可将小于等于号连接到函数，例如=SUMIF(B3:B11,"≤"&TODAY(),C3:C11)。

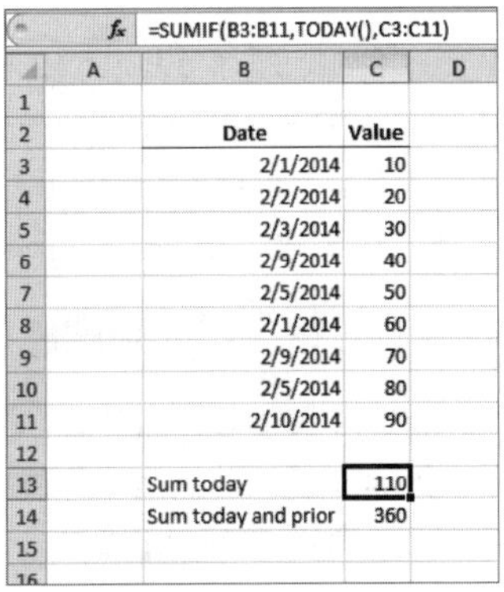

=SUMIF(B3:B11,TODAY(),C3:C11)

	A	B	C	D
1				
2		Date	Value	
3		2/1/2014	10	
4		2/2/2014	20	
5		2/3/2014	30	
6		2/9/2014	40	
7		2/5/2014	50	
8		2/1/2014	60	
9		2/9/2014	70	
10		2/5/2014	80	
11		2/10/2014	90	
12				
13		Sum today	110	
14		Sum today and prior	360	
15				

图 13-10　使用 TODAY 函数的 SUMIF

在 SUMIF 函数的条件参数中，可以使用两个通配符。问号(?)代表任何一个字符，星号(*)代表 0 个、1 个或任意数量个字符。公式=SUMIF(B2:B11,"?o*",C2:C11)将对单元格 C2:C11 中满足此条件的所有值求和：在单元格 C2:C11 中，与单元格 B2:B11 中第二个字符为小写字母 o 的值对应的所有值。如果对图 13-9 中的数据应用此公式，将得到

North 和 South 地区的销售额的和,因为这两个地区的第二个字符是小写字母 o,而 East 则不符合这个条件。

13.2.2 对满足两个或更多个条件的所有值求和

图 13-9 所示的 SUMIF 函数的局限性在于只能使用一个条件。当需要多个条件时,可以使用 SUMIFS 函数。

图 13-11 显示了一个国家列表及各国在 2000—2009 年的国民生产总值(Gross Domestic Product,GDP)。我们想要汇总巴西从 2003—2006 年的 GDP 综合。Excel 的 SUMIFS 工作表函数用于对必须满足两个或更多个条件的值求和,例如本例中的 Country 和 Year。

```
=SUMIFS(D3:D212,B3:B212,G3,C3:C212,">="&G4,C3:C212,"<="&G5)
```

SUMIFS 的第一个参数是一个区域,该区域包含要求和的值。其余参数成对出现,遵循"条件区域、条件"这种模式。参数的设置方式决定了 SUMIFS 始终有奇数个参数。必须指定第一个条件对,因为,如果没有至少一个条件,SUMIFS 与 SUM 函数就没有区别。剩下的条件对最多可有 126 个,但它们是可选的。

```
=SUMIFS(D3:D212,B3:B212,G3,C3:C212,">="&G4,C3:C212,"<="&G5)
```

	A	B	C	D	E	F	G
				fx	=SUMIFS(D3:D212,B3:B212,G3,C3:C212,">="&G4,C3:C212,"<="&G5)		
1							
2		Country	Year	GDP			
3		Australia	2000	399,594		Country	Brazil
4		Australia	2001	377,207		Start Year	2003
5		Australia	2002	423,676		End Year	2006
6		Australia	2003	539,162			
7		Australia	2004	654,968		Total GDP	3,187,415
8		Australia	2005	730,729		Using SUMPRODUCT	3,187,415
9		Australia	2006	777,933			
10		Australia	2007	945,364			
11		Australia	2008	1,051,261			
12		Australia	2009	993,349			
13		Belgium	2000	233,354			
14		Belgium	2001	232,686			
15		Belgium	2002	253,689			
16		Belgium	2003	312,285			
17		Belgium	2004	362,160			
18		Belgium	2005	378,006			
19		Belgium	2006	400,337			
20		Belgium	2007	460,280			
21		Belgium	2008	509,765			
22		Belgium	2009	474,580			
23		Brazil	2000	644,734			
24		Brazil	2001	554,185			
25		Brazil	2002	506,043			
26		Brazil	2003	552,383			
27		Brazil	2004	663,734			
28		Brazil	2005	882,043			
29		Brazil	2006	1,089,255			
30		Brazil	2007	1,366,854			
31		Brazil	2008	1,653,538			
32		Brazil	2009	1,622,311			
33		Canada	2000	739,451			

图 13-11 国家列表及对应的国民生产总值

在本例中,只有当 B3:B212 和 C3:C212 中的值满足各自的条件时,单元格 D3:D212 中的对应值才会被计算到总和中。B3:B212 的条件是与单元格 G3 的值相同。公式中使用了两个年条件,因为我们需要定义年区间的下界和上界。单元格 G4 包含下界,单元格 G5 包含上界。公式中将大于等于号和小于等于号分别连接到这两个单元格,以创建年条件。只有当全部 3 个条件都为 TRUE 时,对应的值才会被计算到总和中。

13.2.3 对给定日期范围内的值求和

当有两个或更多个条件时,要使用 SUMIF,一种方法是将多个 SUMIF 计算相加或相减。如果两个条件处理的是相同的区域,这是一种使用多个条件的有效方式。当需要检查不同的区域时,公式就变得难以处理,因为必须确保不重复统计值。

图 13-12 显示了一个日期和数额列表。我们希望知道 6 月 23 日和 6 月 29 日(包括这两个日期)之间的值的和。开始日期和结束日期将分别放到单元格 F4 和 F5 中。

```
=SUMIF(B3:B20,"≤"&F5,C3:C20)-SUMIF(B3:B20,"<"&F4,C3:C20)
```

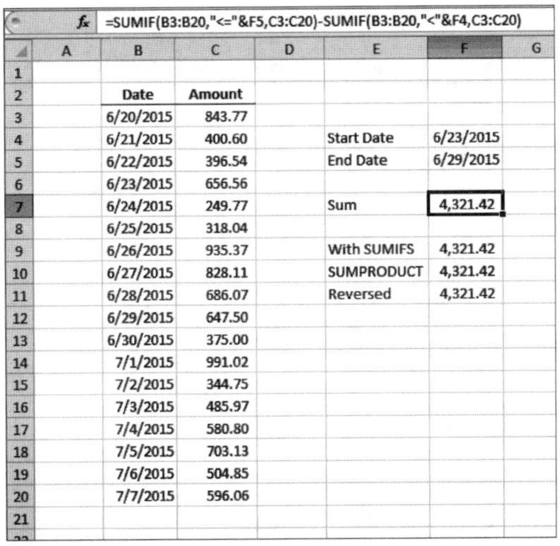

=SUMIF(B3:B20,"<="&F5,C3:C20)-SUMIF(B3:B20,"<"&F4,C3:C20)

	A	B	C	D	E	F	G
1							
2		Date	Amount				
3		6/20/2015	843.77				
4		6/21/2015	400.60		Start Date	6/23/2015	
5		6/22/2015	396.54		End Date	6/29/2015	
6		6/23/2015	656.56				
7		6/24/2015	249.77		Sum	4,321.42	
8		6/25/2015	318.04				
9		6/26/2015	935.37		With SUMIFS	4,321.42	
10		6/27/2015	828.11		SUMPRODUCT	4,321.42	
11		6/28/2015	686.07		Reversed	4,321.42	
12		6/29/2015	647.50				
13		6/30/2015	375.00				
14		7/1/2015	991.02				
15		7/2/2015	344.75				
16		7/3/2015	485.97				
17		7/4/2015	580.80				
18		7/5/2015	703.13				
19		7/6/2015	504.85				
20		7/7/2015	596.06				
21							

图 13-12　对两个日期之间的值求和

这个技巧将一个 SUMIF 函数减去另一个 SUMIF 函数，来得到期望的结果。第一个 SUMIF 函数 SUMIF(B3:B20,"≤"&F5,C3:C20)返回小于等于 F5 中的日期(在本例中为 6 月 29 日)的值的和。将小于等于号连接到单元格引用 F5，构成了条件参数。如果整个公式就是这样，那么结果将会是 5962.33。但是，我们只想要那些也大于等于 6 月 23 日的值。这意味着我们需要排除小于 6 月 23 日的值。第二个 SUMIF 实现了这一点。对小于等于较晚日期的值求和，然后减去小于较早日期的值的和，可得到两个日期之间的值的和。

使用 SUMIFS

你甚至可能认为 SUMIFS 比上述减法技巧更加直观。公式=SUMIFS(C3:C20,B3:B20,"≤"&F5,B3:B20,"≥"&F4)对 C3:C20 中满足此条件的值求和：对应于单元格 B3:B20 中满足条件对的值。第一个条件对与第一个 SUMIF 条件相同，为"≤"&F5。第二个条件对将日期限制为大于等于开始日期。

13.2.4　统计满足特定条件的值

在 Excel 中，能做的聚合并不只有对值求和。与 SUMIF 和 SUMIFS 类似，Excel 提供了根据条件统计区域中的值的函数。

图 13-13 显示了一个国家列表及各国在 2000—2009 年的国民生产总值。我们想要知道 GDP 大于等于 100 万的次数。要使用的条件包含在单元格 G3 中。

```
=COUNTIF(D3:D212,G3)
```

COUNTIF 函数的使用方法与图 13-9 中的 SUMIF 函数类似。其明显的区别从函数名称中可以看出：COUNTIF 函数统计满足特定条件的项数，而不是对它们求和。另一个区别是，与 SUMIF 不同，COUNTIF 没有可选的第三个参数。使用 SUMIF 时，求和区域和应用条件的区域可以不同。但是使用 COUNTIF 时，允许区域不同是没有意义的，因为统计另外一个区域将得到相同的结果。

本例中的公式使用稍微不同的技巧来构造条件参数。在单元格 G3 中而不是在函数的第二个参数中完成字符串连接。如果采用图 13-11 中的 SUMIF 的方式，第二个参数将是"≥1000000"或"≥"&G3，而不是指向 G3。还要注意，G3 中的公式="≥"&10^6 使用了指数运算符(^)来计算 100 万。使用&表示大数字，有助于减少由于错误输入 0 的数量导致的错误。

		f_x	=COUNTIF(D3:D212,G3)						
	A	B	C	D	E	F	G	H
1								
2		Country	Year	GDP				
3		Australia	2000	399,594		Criterion	>=1000000	
4		Australia	2001	377,207				
5		Australia	2002	423,676		Count	96	
6		Australia	2003	539,162				
7		Australia	2004	654,968		Between	500000	
8		Australia	2005	730,729		And	1000000	
9		Australia	2006	777,933				
10		Australia	2007	945,364		Count	62	
11		Australia	2008	1,051,261				
12		Australia	2009	993,349		SUMPRODUCT	96	
13		Belgium	2000	233,354				
14		Belgium	2001	232,686				
15		Belgium	2002	253,689				
16		Belgium	2003	312,285				
17		Belgium	2004	362,160				
18		Belgium	2005	378,006				
19		Belgium	2006	400,337				
20		Belgium	2007	460,280				
21		Belgium	2008	509,765				
22		Belgium	2009	474,580				
23		Brazil	2000	644,734				
24		Brazil	2001	554,185				
25		Brazil	2002	506,043				
26		Brazil	2003	552,383				
27		Brazil	2004	663,734				
28		Brazil	2005	882,043				
29		Brazil	2006	1,089,255				

图 13-13　国家列表及对应的国民生产总值

13.2.5　统计满足两个或更多个条件的值

SUMIF 函数对应着 COUNTIF 函数。当然，Microsoft 不会只引入对满足多个条件的值求和的 SUMIFS 函数，而不引入统计满足多个条件的值的 COUNTIFS 函数。

图 13-14 列出了 1972 年冬奥会高山滑雪奖牌获得者。我们希望知道有多少个银牌获得者的名字中有 ö。要寻找的字母包含在单元格 I3 中，奖牌的类型包含在单元格 I4 中。

		f_x	=COUNTIFS(C3:C20,"*"&I3&"*",F3:F20,I4)						
	A	B	C	D	E	F	G	H	I	J
1										
2		Event	Athlete	Country	Result	Medal				
3		Downhill Men	Bernhard Russi	SUI	01:51.4	GOLD		Name contains	ö	
4		Downhill Men	Roland Collombin	SUI	01:52.1	SILVER		Medal Won	SILVER	
5		Downhill Men	Heini Messner	AUT	01:52.4	BRONZE		Count	3	
6		Slalom Men	Francisco Fernández	ESP	01:49.3	GOLD		SUMPRODUCT	3	
7		Slalom Men	Gustav Thöni	ITA	01:50.3	SILVER				
8		Slalom Men	Roland Thöni	ITA	01:50.3	BRONZE		T	84	
9		Giant Slalom Men	Gustav Thöni	ITA	03:09.6	GOLD		h	104	
10		Giant Slalom Men	Edmund Bruggmann	SUI	03:10.7	SILVER		ö	246	
11		Giant Slalom Men	Werner Mattle	SUI	03:11.0	BRONZE		n	110	
12		Downhill Women	Marie-Thérès Nadig	SUI	01:36.7	GOLD		i	105	
13		Downhill Women	Annemarie Moser-Pröll	AUT	01:37.0	SILVER				
14		Downhill Women	Susan Corrock	USA	01:37.7	BRONZE				
15		Slalom Women	Barbara Cochran	USA	01:31.2	GOLD				
16		Slalom Women	Danièlle Debernard	FRA	01:31.3	SILVER				
17		Slalom Women	Florence Steurer	FRA	01:32.7	BRONZE				
18		Giant Slalom Women	Marie-Thérès Nadig	SUI	01:29.9	GOLD				
19		Giant Slalom Women	Annemarie Moser-Pröll	AUT	01:30.8	SILVER				
20		Giant Slalom Women	Wiltrud Drexel	AUT	01:32.4	BRONZE				
21										

图 13-14　1972 年冬奥会高山滑雪奖牌获得者

条件区域与条件参数成对出现，这与 SUMIFS 一样。SUMIFS 总是有奇数个参数，而 COUNTIFS 总是有偶数个参数。

第一个条件区域参数是 C3:C20 中的运动员姓名列表。对应的条件参数"*"&I3&"*"将 I3 中的值放到了星号中。在 COUNTIFS 中，星号是通配符，可代表 0 个、1 个或更多个任意字符。通过在字符之前和之后都加上星号，我们告诉 Excel 统计在任何位置包含该字符的所有名字。也就是说，只要名字中包含 ö，我们并不关心它的前面或后面是否有 0 个、1 个或更多个字符。

第二个(条件区域、条件)参数对统计 F3:F20 中值为 SILVER(单元格 I4 中输入的值)的项数。只有第一个参数对和第二个参数对都匹配的行(即只有运动员的姓名中包含 ö 并且获得了银牌的行)才会被统计。在本例中，Gustav Thöni 获得了 Men's Slalom(男子回转)的银牌，Annemarie Moser-Pröll 获得了 Women's Downhill(女子速降)和 Women's Giant Slalom(女子大回转)的银牌，所以统计结果为 3。

找出非标准字符

通过按下 Alt 键并在数字键盘上键入 0246，可在单元格 I3 中键入 ö。不要使用键盘上部的数字键键入这几个数字，因为那没有作用。数字 246 是字符 ö 的 ASCII 代码。本章的每个字符都有对应的 ASCII 代码。

在图 13-14 的单元格 H8:I12 中，可以看到一个小字符代码表。在单元格 H8 中，公式=MID($C$8,ROW(),1) 返回单元格 C8 中的名字的第 8 个字符(第 8 个字符是随意选择的)。它在我们寻找的字符的前面，但是间隔不太远)。向下复制这个公式，直到我们想要查看的字符出现。这个字符包含在单元格 H10 中。$C$8 中的美元符号将单元格引用固定下来，所以向下复制公式时，这个单元格引用不会改变。不带参数的 ROW() 函数返回其所在单元格的行号。向下复制公式时，ROW() 将返回 8、9、10 等。

单元格 I8 中的公式为=CODE(H8)。CODE 工作表函数返回传递给它的字母的 ASCII 代码。在本例中，可以看到大写 T 的 ASCII 代码为 84，小写 i 的 ASCII 代码为 105，ö 的 ASCII 代码为 246。知道这一点后，就可以通过按下 Alt 键并键入该代码，在任意位置使用该字符。

13.2.6　获取满足特定条件的所有数字的平均值

除了求和与计数，获取一组数字的平均值是最常用的聚合操作。平均值也称为算术中值，是将数字的和除以数字的个数的结果。

图 13-15 再次展示了 1972 年冬奥会的奖牌结果。我们只想统计瑞士滑雪运动员的平均结果。在单元格 I3 中输入国家代码，这样就很容易改为另外一个国家。

```
=AVERAGEIF(D3:D20,I3,E3:E20)
```

	A	B	C	D	E	F	G	H	I
			fx	=AVERAGEIF(D3:D20,I3,E3:E20)					
2		Event	Athlete	Country	Result	Medal			
3		Downhill Men	Bernhard Russi	SUI	01:51.4	GOLD		Country	SUI
4		Downhill Men	Roland Collombin	SUI	01:52.1	SILVER			
5		Downhill Men	Heini Messner	AUT	01:54.4	BRONZE		Average Result	02:12.0
6		Slalom Men	Francisco Fernández	ESP	01:49.3	GOLD		SUMIF and COUNTIF	02:12.0
7		Slalom Men	Gustav Thöni	ITA	01:50.3	SILVER			
8		Slalom Men	Roland Thöni	ITA	01:50.3	BRONZE			
9		Giant Slalom Men	Gustav Thöni	ITA	03:09.6	GOLD			
10		Giant Slalom Men	Edmund Bruggmann	SUI	03:10.7	SILVER			
11		Giant Slalom Men	Werner Mattle	SUI	03:11.0	BRONZE			
12		Downhill Women	Marie-Thérès Nadig	SUI	01:36.7	GOLD			
13		Downhill Women	Annemarie Moser-Pröll	AUT	01:37.0	SILVER			
14		Downhill Women	Susan Corrock	USA	01:37.7	BRONZE			
15		Slalom Women	Barbara Cochran	USA	01:31.2	GOLD			
16		Slalom Women	Danièlle Debernard	FRA	01:31.3	SILVER			
17		Slalom Women	Florence Steurer	FRA	01:32.7	BRONZE			
18		Giant Slalom Women	Marie-Thérès Nadig	SUI	01:29.5	GOLD			
19		Giant Slalom Women	Annemarie Moser-Pröll	AUT	01:30.8	SILVER			
20		Giant Slalom Women	Wiltrud Drexel	AUT	01:32.4	BRONZE			
21									
22									
23									

图 13-15　基于国家的平均结果

Excel 提供的 AVERAGEIF 函数可以实现我们的要求。与 SUMIF 函数类似，AVERAGEIF 有一个条件区域和一个条件参数。最后一个参数是要求平均值的区域。在本例中，根据 D3:D20 中的单元格是否满足条件，在平均值计算中要么包含、要么排除 E3:E20 中的单元格。

如果一行也不满足 AVERAGEIF 的条件，该函数将返回#DIV/0!错误。

13.2.7　获取满足两个或更多个条件的所有数字的平均值

除了 SUMIFS 和 COUNTIFS, Microsoft 还引入了 AVERAGEIFS, 允许根据多个条件来计算一组数字的平均值。

继续分析滑雪用时。图 13-16 显示了 1972 年冬奥会的一些结果。在本例中, 我们希望基于多个条件来确定平均用时。在单元格 I3:I5 中输入国家、性别和奖牌。我们只想计算满足全部 3 个条件的结果的平均值。

```
=AVERAGEIFS(E3:E20,D3:D20,I3,B3:B20,"*"&I4,F3:F20,I5)
```

	A	B	C	D	E	F	G	H	I
			fx	=AVERAGEIFS(E3:E20,D3:D20,I3,B3:B20,"*"&I4,F3:F20,I5)					
1									
2		**Event**	**Athlete**	**Country**	**Result**	**Medal**			
3		Downhill Men	Bernhard Russi	SUI	01:51.4	GOLD		Country	SUI
4		Downhill Men	Roland Collombin	SUI	01:52.1	SILVER		Gender	Women
5		Downhill Men	Heini Messner	AUT	01:52.4	BRONZE		Medal	GOLD
6		Slalom Men	Francisco Fernández	ESP	01:49.3	GOLD		Average Result	01:33.3
7		Slalom Men	Gustav Thöni	ITA	01:50.3	SILVER		SUMIF and COUNTIF	01:33.3
8		Slalom Men	Roland Thöni	ITA	01:50.3	BRONZE			
9		Giant Slalom Men	Gustav Thöni	ITA	03:09.6	GOLD			
10		Giant Slalom Men	Edmund Bruggmann	SUI	03:10.7	SILVER			
11		Giant Slalom Men	Werner Mattle	SUI	03:11.0	BRONZE			
12		Downhill Women	Marie-Thérès Nadig	SUI	01:36.7	GOLD			
13		Downhill Women	Annemarie Moser-Pröll	AUT	01:37.0	SILVER			
14		Downhill Women	Susan Corrock	USA	01:37.7	BRONZE			
15		Slalom Women	Barbara Cochran	USA	01:31.2	GOLD			
16		Slalom Women	Danièlle Debernard	FRA	01:31.3	SILVER			
17		Slalom Women	Florence Steurer	FRA	01:32.7	BRONZE			
18		Giant Slalom Women	Marie-Thérès Nadig	SUI	01:29.9	GOLD			
19		Giant Slalom Women	Annemarie Moser-Pröll	AUT	01:30.8	SILVER			
20		Giant Slalom Women	Wiltrud Drexel	AUT	01:32.4	BRONZE			
21									

图 13-16　根据 3 个条件计算平均值

AVERAGEIFS 函数的结构类似于 SUMIFS 函数。第一个参数是要计算平均值的区域, 其后是 127 对条件区域/条件参数。本例中的 3 个条件对如下所示:

- D3:D20, I3 只包含国家代码为 SUI 的行。
- B3:B20, "*"&I4 只包含项目名称以 Women 结尾的行。
- F3:F20, I5 只包含奖牌为 GOLD 的行。

当全部 3 个条件都满足时, 将计算 Result 列中的时间的平均值。

第 **14** 章

使用公式进行匹配和查找

本章要点

- 介绍在表中查找值的公式
- 介绍用于执行查找的工作表函数
- 探讨复杂查找公式

本章讨论在数据区域中查找数值的各种方法。Excel 为这个任务提供了 3 个工作表函数(LOOKUP、VLOOKUP 和 HLOOKUP),但你可能会发现这些函数对于某些情况并不是很有用。

本章提供了许多查找示例,其中一些方法远远超出了 Excel 程序的标准查找能力。

14.1 查找公式简介

查找公式可以通过查找表格中的一个值来返回另一个相关值。常见的电话簿就是一个很好的类比。如果要查找一个人的电话号码,首先需要定位(查找)姓名,然后才能得到相应的号码。

> **注意**
> 本章使用术语"表格"来描述任何矩形数据区域。该区域并非一定是一个通过选择"插入"|"表格"|"表格"命令创建的"正式"表格。

当编写用于在表格中查找信息的公式时,有几个 Excel 函数非常有用。表 14-1 列出了这些函数,并对它们进行了说明。

表 14-1 在查找公式中使用的函数

函数	说明
CHOOSE	从作为参数提供的值列表中返回特定的值
HLOOKUP	横向查找。搜索表格中第一行的值,并在同一列中从指定的行返回一个值
IF	如果指定的条件为 TRUE,则返回一个值;如果指定的条件为 FALSE,则返回另一个值
IFERROR	如果第一个参数返回错误,则计算并返回第二个参数。如果第一个参数不返回错误,则计算并返回第一个参数
INDEX	从表格或区域返回一个值(或对值的引用)
LOOKUP	从一行或一列构成的区域中返回值。另一种形式的 LOOKUP 函数的工作方式类似于函数 VLOOKUP,但只限于从区域的最后一列返回值
MATCH	返回区域中与指定值相匹配的项的相对位置
OFFSET	返回对距离一个单元格或单元格区域指定行数或列数的区域的引用
VLOOKUP	纵向查找。搜索表格中第一列的值,并在同一行中从指定的列返回一个值

14.2 使用 Excel 的查找函数

对于许多 Excel 公式而言，从列表或表格中找到数据是非常重要的操作。Excel 提供了一些函数，用来帮助横向、纵向、从左至右和从右至左查找数据。通过嵌套其中一些函数，能够使编写出的公式在表格的布局发生变化后，仍然能够查找到正确的数据。

下面介绍 Excel 的查找函数的一些常见用法。

配套学习资源网站

配套学习资源网站 www.wiley.com/go/excel2019bible 中提供了本章使用的示例工作簿。文件名为 Performing Lookups.xlsx。

14.2.1 基于左侧查找列精确查找值

许多表格将最关键的数据，也就是使特定行变得唯一的数据，放到最左列中。在 Excel 的众多查找函数中，VLOOKUP 正是为这种场景设计的。图 14-1 显示了一个员工表。我们希望在选择员工 ID 后，从这个表中提取出需要的信息来填写一个简化的工资条。

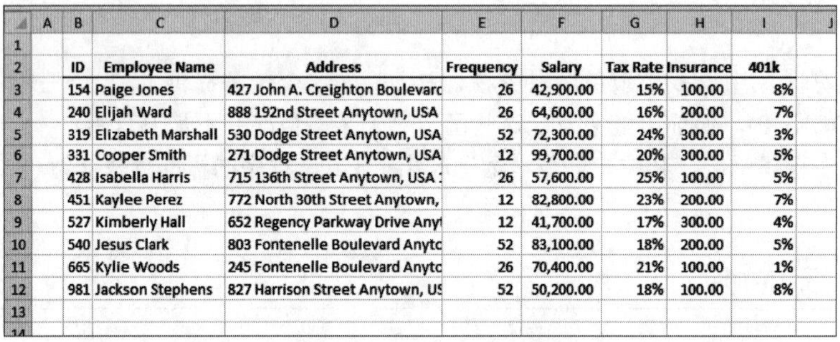

ID	Employee Name	Address	Frequency	Salary	Tax Rate	Insurance	401k
154	Paige Jones	427 John A. Creighton Boulevarc	26	42,900.00	15%	100.00	8%
240	Elijah Ward	888 192nd Street Anytown, USA	26	64,600.00	16%	200.00	7%
319	Elizabeth Marshall	530 Dodge Street Anytown, USA	52	72,300.00	24%	300.00	3%
331	Cooper Smith	271 Dodge Street Anytown, USA	12	99,700.00	20%	300.00	5%
428	Isabella Harris	715 136th Street Anytown, USA 1	26	57,600.00	25%	100.00	5%
451	Kaylee Perez	772 North 30th Street Anytown,	12	82,800.00	23%	200.00	7%
527	Kimberly Hall	652 Regency Parkway Drive Anyt	12	41,700.00	17%	300.00	4%
540	Jesus Clark	803 Fontenelle Boulevard Anytc	52	83,100.00	18%	200.00	5%
665	Kylie Woods	245 Fontenelle Boulevard Anytc	26	70,400.00	21%	100.00	1%
981	Jackson Stephens	827 Harrison Street Anytown, US	52	50,200.00	18%	100.00	8%

图 14-1　一个员工信息表

用户将从单元格 L3 的数据验证列表中选择一个员工 ID。根据这条数据，将把该员工的姓名、地址和其他信息填写到工资条中。图 14-2 中的工资条用到的公式如下所示：

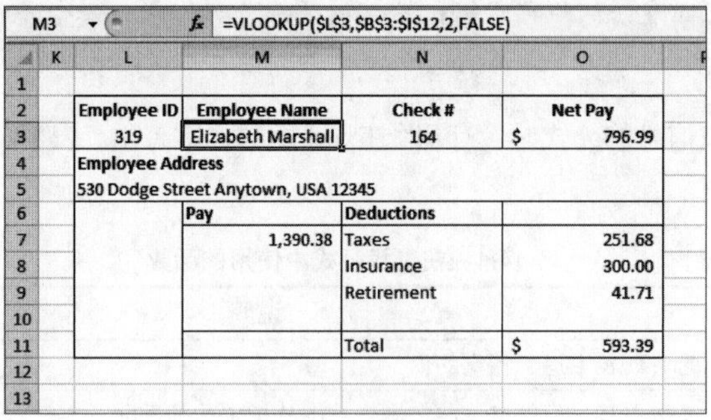

M3　=VLOOKUP($L$3,$B$3:$I$12,2,FALSE)

Employee ID	Employee Name	Check #	Net Pay
319	Elizabeth Marshall	164	$ 796.99
Employee Address			
530 Dodge Street Anytown, USA 12345			
	Pay	Deductions	
	1,390.38	Taxes	251.68
		Insurance	300.00
		Retirement	41.71
		Total	$ 593.39

图 14-2　简化的工资条

```
Employee Name
   =VLOOKUP($L$3,$B$3:$I$12,2,FALSE)
Pay
   =VLOOKUP($L$3,$B$3:$I$12,5,FALSE)/VLOOKUP($L$3,$B$3:$I$12,4,FALSE)
Taxes
   =(M7-O8-O9)*VLOOKUP($L$3,$B$3:$I$12,6,FALSE)
Insurance
   =VLOOKUP($L$3,$B$3:$I$12,7,FALSE)
Retirement
   =M7*VLOOKUP($L$3,$B$3:$I$12,8,FALSE)
```

```
Total
   =SUM(O7:O10)
Net Pay
   =M7-O11
```

用来获取员工姓名的公式使用了 VLOOKUP 函数。VLOOKUP 函数有 4 个参数：查找值、查找区域、列和匹配。VLOOKUP 将在查找区域的第一列向下搜索，直到找到查找值。当找到查找值后，VLOOKUP 将返回列参数指定的列中的值。在本例中，列参数为 2，所以 VLOOKUP 将返回第二列中的员工姓名。

注意

本例中的所有 VLOOKUP 函数的最后一个参数都为 FALSE。匹配参数为 FALSE 告诉 VLOOKUP，只有当找到精确匹配时才返回一个值。如果找不到精确匹配，VLOOKUP 将返回 N/A#。本章后面的图 14-7 将给出一个使用 TRUE 得到近似匹配的例子。

其他公式也使用了 VLOOKUP，但做了一些小调整。Address 和 Insurance 公式的计算方式与员工姓名公式一样，只是从不同的列中提取值。Pay 公式使用了两个 VLOOKUP 函数，并将其相除。从第五列取出员工的年工资，然后除以第四列的计算频率，得到一个工资条上的工资。

Retirement 公式从第 8 列取出百分比，然后乘以工资总额，计算出扣除额。最后，Taxes 公式从工资总额中减去保险和退休金，然后乘以税率(VLOOKUP 函数从第 6 列取出)。

当然，工资计算要比这里展示的更加复杂，但是当理解了 VLOOKUP 的使用方式后，就可以构建更加复杂的模型。

14.2.2　基于任意列查找精确值

与图 14-1 中使用的表格不同，并不是所有的表格都在最左列中有我们要查找的值。好在，Excel 提供了一些函数，可返回所查找的值右侧的值。

图 14-3 显示了商店所在的州和城市。当用户从下拉列表中选择一个州时，我们希望返回城市和商店编号。

```
City: =INDEX(B3:D25,MATCH(G4,C3:C25,FALSE),1)
Store: =INDEX(B3:D25,MATCH(G4,C3:C25,FALSE),3)
```

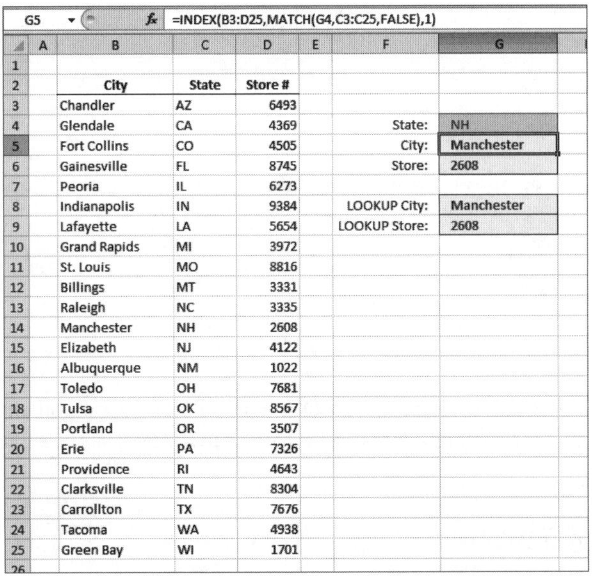
G5 =INDEX(B3:D25,MATCH(G4,C3:C25,FALSE),1)

	A	B	C	D	E	F	G
1							
2		City	State	Store #			
3		Chandler	AZ	6493			
4		Glendale	CA	4369		State:	NH
5		Fort Collins	CO	4505		City:	Manchester
6		Gainesville	FL	8745		Store:	2608
7		Peoria	IL	6273			
8		Indianapolis	IN	9384		LOOKUP City:	Manchester
9		Lafayette	LA	5654		LOOKUP Store:	2608
10		Grand Rapids	MI	3972			
11		St. Louis	MO	8816			
12		Billings	MT	3331			
13		Raleigh	NC	3335			
14		Manchester	NH	2608			
15		Elizabeth	NJ	4122			
16		Albuquerque	NM	1022			
17		Toledo	OH	7681			
18		Tulsa	OK	8567			
19		Portland	OR	3507			
20		Erie	PA	7326			
21		Providence	RI	4643			
22		Clarksville	TN	8304			
23		Carrollton	TX	7676			
24		Tacoma	WA	4938			
25		Green Bay	WI	1701			

图 14-3　商店及其所在的州和城市列表

INDEX 函数返回区域的特定行和列的值。在本例中，我们向其传递商店表，用 MATCH 函数表示的行参数和一个列参数。对于 City 公式，我们需要第一列的值，所以列参数是 1。对于 Store 公式，我们需要第三列的值，所以列参数是 3。

除非使用的区域从 A1 开始，否则其行和列不会与电子表格的行和列匹配。它们的位置相对于区域的左上角单元格，而不是电子表格。例如，公式=INDEX(G2:P10,2,2)将返回单元格 H3 中的值。单元格 H3 位于区域 G2:P10 中的第二行、第二列。

> **提示**
>
> MATCH 函数的第二个参数必须是一个区域，并且只能是 1 行或者 1 列。如果传递给该参数的区域是一个矩形区域，则 MATCH 将返回#N/A 错误。

为得到正确的行，我们使用了 MATCH 函数。MATCH 函数返回查找值在查找列表中的位置。它有 3 个参数。

- 查找值：想要找到的值。
- 查找数组：单行或单列，要在其中查找值。
- 匹配类型：要只进行精确匹配，需要将此参数设置为 FALSE 或 0。

我们想要匹配的值是单元格 G4 中的州，并且我们要在区域 C3:C25(州列表)中查找这个州。MATCH 将在该区域中向下搜索，直到找到 NH。它在第 12 个位置找到 NH，所以 INDEX 使用 12 作为行参数。

计算了 MATCH 后，INDEX 就有了所有必要的信息来返回正确值。它进入区域的第 12 行，然后取出第一列(City)或第三列(Store #)的值。

> **注意**
>
> 在为 INDEX 传递参数时，如果行数字超出了区域中的行数，或者列数字超出了区域中的列数，INDEX 将返回#REF!错误。

14.2.3　横向查找值

如果在数据中，要查找的值位于顶行，而不是最左列，而你想在行中而不是列中找到数组，Excel 也为这种场景提供了一个函数。

图 14-4 显示了一个城市及其气温表。用户将从下拉框中选择一个城市，我们则需要返回其下方单元格中的气温。

```
=HLOOKUP(C5,C2:L3,2,FALSE)
```

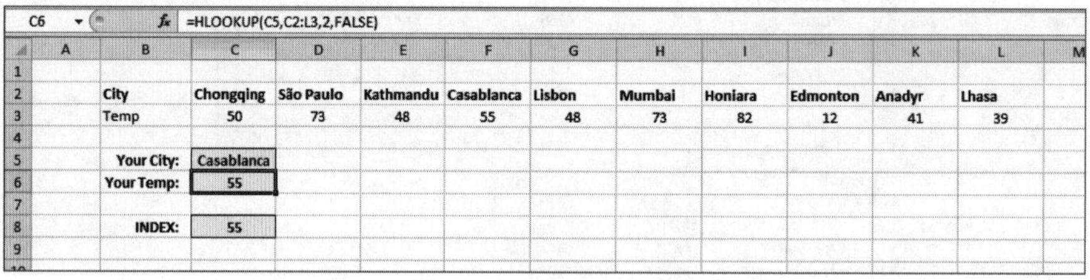

图 14-4　城市及气温表

HLOOKUP 函数的参数与 VLOOKUP 相同。HLOOKUP 中的 H 代表 "horizontal"(横向)，而 VLOOKUP 中的 V 代表 "vertical"(纵向)。HLOOKUP 在第一行中搜索查找值参数，而不是在第一列中搜索。当找到匹配时，就返回匹配列的第二行中的值。

14.2.4　隐藏查找函数返回的错误

到目前为止，我们为查找函数的最后一个参数使用了 FALSE，从而只返回精确匹配。当我们强制查找函数返回一个精确匹配，但是没有找到时，查找函数将返回#N/A 错误。

在 Excel 模型中，#N/A 错误很有用，可以告诉我们没有找到匹配。但是，我们可能将全部或部分模型用来创建报表，#N/A 出现在报表中很不好看。Excel 中有一些函数能够找到这些错误，并返回其他内容。

图 14-5 显示了一个公司和 CEO 的列表，还有一个列表显示了 CEO 及他们的薪金。使用一个 VLOOKUP 函数将这两个表格组合起来。但是，显然列表中并没有全部 CEO 的薪金信息，这将会得到#N/A 错误。

```
=VLOOKUP(C3,$F$3:$G$11,2,FALSE)
```

D3 fx =VLOOKUP(C3,$F$3:$G$11,2,FALSE)

	A	B	C	D	E	F	G
1							
2		Company	CEO	Salary		Name	2012 Salary
3		Activision Blizzard Inc	Robert A. Kotick	#N/A		David M. Cote	33,247,178
4		CBS Corp	Leslie Moonves	62,157,026		Gregory B. Maffei	45,302,040
5		Cheniere Energy Inc	Charif Souki	#N/A		John H. Hammergren	51,744,999
6		Credit Acceptance Corp	Brett A. Roberts	#N/A		Leslie Moonves	62,157,026
7		Discovery Communications Inc	David M. Zaslav	#N/A		Mario J. Gabelli	68,970,486
8		Disney (Walt) Co	Robert A. Iger	#N/A		Marissa A. Mayer	36,615,404
9		Exxon Mobil Corp	R. W. Tillerson	40,266,501		Mark G. Parker	35,212,678
10		Gamco Investors Inc	Mario J. Gabelli	68,970,486		R. W. Tillerson	40,266,501
11		HCA Holdings Inc	Richard M. Bracken	#N/A		Ralph Lauren	36,325,782
12		Honeywell International Inc	David M. Cote	33,247,178			
13		Jefferies Group Llc	Richard B. Handler	#N/A			
14		Level 3 Communications Inc	James Q. Crowe	#N/A			
15		Liberty Interactive Corp	Gregory B. Maffei	45,302,040			
16		Mckesson Corp	John H. Hammergren	51,744,999			
17		Nike Inc	Mark G. Parker	35,212,678			
18		Nuance Communications Inc	Paul A. Ricci	#N/A			
19		Oracle Corp	Lawrence J. Ellison	#N/A			
20		Pall Corp	Lawrence Kingsley	#N/A			
21		Ralph Lauren Corp	Ralph Lauren	36,325,782			
22		Tesla Motors Inc	Elon Musk	#N/A			
23		Viacom Inc	Philippe P. Dauman	#N/A			
24		Yahoo Inc	Marissa A. Mayer	36,615,404			
25							

图 14-5 CEO 薪金的报表

在图 14-6 中，将上面的公式改为使用 IFERROR 函数，如果没有可用信息，就返回空。

```
=IFERROR(VLOOKUP(C3,$F$3:$G$11,2,FALSE),"")
```

D3 fx =IFERROR(VLOOKUP(C3,$F$3:$G$11,2,FALSE),"")

	A	B	C	D	E	F	G
1							
2		Company	CEO	Salary		Name	2012 Salary
3		Activision Blizzard Inc	Robert A. Kotick			David M. Cote	33,247,178
4		CBS Corp	Leslie Moonves	62,157,026		Gregory B. Maffei	45,302,040
5		Cheniere Energy Inc	Charif Souki			John H. Hammergren	51,744,999
6		Credit Acceptance Corp	Brett A. Roberts			Leslie Moonves	62,157,026
7		Discovery Communications Inc	David M. Zaslav			Mario J. Gabelli	68,970,486
8		Disney (Walt) Co	Robert A. Iger			Marissa A. Mayer	36,615,404
9		Exxon Mobil Corp	R. W. Tillerson	40,266,501		Mark G. Parker	35,212,678
10		Gamco Investors Inc	Mario J. Gabelli	68,970,486		R. W. Tillerson	40,266,501
11		HCA Holdings Inc	Richard M. Bracken			Ralph Lauren	36,325,782
12		Honeywell International Inc	David M. Cote	33,247,178			
13		Jefferies Group Llc	Richard B. Handler				
14		Level 3 Communications Inc	James Q. Crowe				
15		Liberty Interactive Corp	Gregory B. Maffei	45,302,040			

图 14-6 更整洁的报表

IFERROR 函数的第一个参数可以是一个值或公式，第二个参数是另外一个返回值。当第一个参数返回错误时，就返回第二个参数。当第一个参数不是错误时，就返回第一个参数的结果。

在本例中，我们使用空字符串(两个双引号，中间不包含内容)作为备用返回值。这使报表变得整洁。不过，你也可以返回任意内容，如“没有信息”或 0。

提示

IFERROR 函数检查 Excel 可能返回的各种错误，包括#N/A、#DIV/0!和#VALUE。注意，无法限制 IFERROR 捕捉的错误类型。

Excel 还提供了其他 3 种错误捕捉函数。

- ISERROR：当参数返回任何错误时，该函数返回 TRUE。

- ISERR：当参数返回除#N/A 之外的任何错误时，该函数返回 TRUE。
- ISNA：当参数返回#N/A 时，该函数返回 TRUE；当参数返回其他任何内容(包括其他错误)时，该函数返回 FALSE。

所有这些错误捕捉函数都返回 TRUE 或 FALSE，所以常常用在 IF 函数中。

14.2.5 在区间值列表中找到最接近匹配

VLOOKUP、HLOOKUP 和 MATCH 函数允许数据按任何顺序排序。这些函数的最后一个参数能够强制函数找到精确匹配，找不到时就返回错误。

当只想找到近似匹配时，也可以将这些函数用于排序后的数据。图 14-7 显示了一种计算收入预扣税的方法。预扣税表中并没有包含每个可能存在的值，而是使用了值区间。我们首先确定员工的工资落在哪个区间中，然后使用该行的信息在单元格 D16 中计算预扣税额。

```
=VLOOKUP(D15,B3:E10,3,TRUE)+(D15-
VLOOKUP(D15,B3:E10,1,TRUE))*VLOOKUP(D15,B3:E10,4,TRUE)
```

	A	B	C	D	E	F
1						
2		Wages over	But not over	Base amount	Percentage	
3		-	325	-	0.0%	
4		325	1,023	-	10.0%	
5		1,023	3,163	69.80	15.0%	
6		3,163	6,050	390.80	25.0%	
7		6,050	9,050	1,112.56	28.0%	
8		9,050	15,906	195.56	33.0%	
9		15,906	17,925	4,215.03	35.0%	
10		17,925		4,921.68	39.6%	
11						
12		Bi-weekly wage:		2,307.69		
13		Withholding allowances:		2		
14		Allowance:		303.80		
15		Wage less allowance:		2,003.89		
16		Withholding amount:		216.93		
17						
18						

图 14-7　计算收入预扣税

公式使用了 3 个 VLOOKUP 函数，从表中获取 3 条信息。每个 VLOOKUP 函数的最后一个参数被设为 TRUE，指出我们只需要近似匹配。

当最后一个参数为 TRUE 时，要获得正确的结果，查找列(在图 14-7 中为列 B)中的数据必须按从最小到最大的顺序排列。VLOOKUP 在第一列中向下查找，当下一个值比查找值更大时就停止查找。这样一来，它就找出了不大于查找值的最大值。

> **警告**
>
> 使用查找函数找到近似匹配并不会找到最接近的匹配。相反，找到的是不大于查找值的最大匹配，即使该最大匹配下方的次大匹配更接近查找值。
>
> 如果查找列中的数据没有按照从最小到最大的顺序排列，可能不会产生错误，但是很可能会得到错误的结果。查找函数使用二分搜索来找到近似匹配。基本上，二分搜索从查找列的中间开始搜索，判断匹配值位于查找列的上半部分还是下半部分。然后，继续在中间位置将匹配值所在的部分拆分成两部分，根据中间值判断在哪个方向上进行搜索。重复这个过程，直到找到结果。
>
> 分析二分搜索可以发现，未排序的值可能导致查找函数选择错误的部分查找值，从而返回错误的结果。

在图 14-7 的示例中，VLOOKUP 在第 5 行停止查找，因为 1023 是列表中不大于查找值 2 003.89 的最大值。公式的 3 个部分的工作方式如下：

- 第一个 VLOOKUP 返回第三列的基础数额 69.80。
- 第二个 VLOOKUP 从总工资键入第一列中的"超过"额。

- 最后一个 VLOOKUP 返回第四列的百分比。这个百分比乘以"超额工资"，然后将结果加到基础数额上。

计算了全部 3 个 VLOOKUP 函数后，公式的计算如下：

=69.80 + (2,003.89 - 1,023.00) * 15.0%

> **提示**
>
> 查找函数用来寻找近似匹配的方法比寻找精确匹配快得多。要寻找精确匹配，函数必须查看查找列中的每个值。如果你知道自己的数据总是会按从最小到最大的顺序排列，并且总是会包含一个精确匹配，就可以通过将最后一个参数设为 TRUE 来减少计算时间。如果数据经过排序，并且包含精确匹配，那么近似匹配查找总是会找到精确匹配。

使用 INDEX 和 MATCH 函数找到最接近的匹配

与所有查找公式一样，可以替换 INDEX 和 MATCH 函数组合。与 VLOOKUP 和 HLOOKUP 一样，MATCH 的最后一个参数也可指定寻找近似匹配。MATCH 还多出了一个优点，它能够用于按从最大到最小顺序排序的数据(见图 14-8)。

如图 14-8 中的单元格 D6 所示，使用图 14-7 中基于 VLOOKUP 的公式会返回#N/A。这是因为 VLOOKUP 查看查找列的中间值，发现它大于查找值，所以会只查看中间值之前的值。因为数据是降序排列的，所以在中间值之前，没有哪个值会比查找值更小。

▲	A	B	C	D	E	F
1						
2		Wages over	But not over	Base amount	Percentage	
3		17,925		4,921.68	39.6%	
4		15,906	17,925	4,215.03	35.0%	
5		9,050	15,906	195.56	33.0%	
6		6,050	9,050	1,112.56	28.0%	
7		3,163	6,050	390.80	25.0%	
8		1,023	3,163	69.80	15.0%	
9		325	1,023	-	10.0%	
10		-	325	-	0.0%	
11						
12		Bi-weekly wage:		2,307.69		
13		Withholding allowances:		2		
14		Allowance:		303.80		
15		Wage less allowance:		2,003.89		
16		Withholding amount:		#N/A		
17						
18		INDEX and MATCH:		216.93		
19						
20						

图 14-8　与图 14-7 相同的预扣税表，但是数据按降序排列

图 14-8 的单元格 D18 中的 INDEX 和 MATCH 公式能够返回正确的结果，如下所示。

```
=INDEX(B3:E10,MATCH(D15,B3:B10,-1)+1,3)+(D15-
INDEX(B3:E10,MATCH(D15,B3:B10,-1)+1,1))*INDEX(B3:E10,MATCH
(D15,B3:B10,-1)+1,4)
```

MATCH 的最后一个参数的值可以是-1、0 或 1。

- -1 用于从最大到最小排序的数据。它找出查找列中比查找值大的最小值。不存在使用 VLOOKUP 或 HLOOKUP 的等价方法。
- 0 用于未排序的数据，以找出精确匹配。它相当于将 VLOOKUP 或 HLOOKUP 的最后一个参数设置为 FALSE。
- 1 用于从最小到最大排序的数据。它找出查找列中比查找值小的最大值，相当于将 VLOOKUP 或 HLOOKUP 的最后一个参数设置为 TRUE。

当把最后一个参数设置为-1 时，MATCH 找出一个比查找值大的值，然后公式对其结果加 1，以得到正确的行。

14.2.6 从多个表格中查找值

有时候，根据用户做出的选择，要查找的数据可能来自多个表格。在图 14-9 中，显示了与图 14-7 类似的预扣税计算。区别在于，用户可以选择员工是未婚还是已婚。如果用户选择 Single(未婚)，则在未婚表格中查找数据；如果用户选择 Married(已婚)，则在已婚表格中查找数据。

	A	B	C	D	E	F
1						
2		*Married person*				
3		**Wages over**	**But not over**	**Base amount**	**Percentage**	
4		-	325	-	0.0%	
5		325	1,023	-	10.0%	
6		1,023	3,163	69.80	15.0%	
7		3,163	6,050	390.80	25.0%	
8		6,050	9,050	1,112.56	28.0%	
9		9,050	15,906	195.56	33.0%	
10		15,906	17,925	4,215.03	35.0%	
11		17,925		4,921.68	39.6%	
12						
13		*Single person*				
14		**Wages over**	**But not over**	**Base amount**	**Percentage**	
15		-	87	-	0.0%	
16		87	436	-	10.0%	
17		436	1,506	34.90	15.0%	
18		1,506	3,523	195.40	25.0%	
19		3,523	7,254	699.65	28.0%	
20		7,254	15,667	1,744.33	33.0%	
21		15,667	15,731	4,520.62	35.0%	
22		15,731		4,543.02	39.6%	
23						
24						
25		Married or Single:		Single		
26		Bi-weekly wage:		4,038.46		
27		Withholding allowances:		3		
28		Allowance:		455.70		
29		Wage less allowance:		3,582.76		
30		Withholding amount:		716.38		
31						
32						

图 14-9　根据两个表格计算收入预扣税

在 Excel 中，可以使用命名区域和 INDIRECT 函数，将查找定位到合适的表格。在编写公式之前，需要命名两个区域：对应已婚人士的 Married 区域和对应未婚人士的 Single 区域，按照下面的步骤创建这两个命名区域。

(1) 选择区域 B4:E11。

(2) 在功能区的"公式"选项卡中选择"定义名称"。如图 14-10 所示的"新建名称"对话框将会显示。

(3) 在"名称"文本框中输入 Married。

(4) 单击"确定"按钮。

(5) 选择区域 B15:E22。

(6) 在功能区的"公式"选项卡中选择"定义名称"。

(7) 在"名称"文本框中输入 Single。

(8) 单击"确定"按钮。

图 14-10　"新建名称"对话框

图 14-9 的单元格 D25 中包含一个“数据验证”下拉框。该下拉框中包含词语 Married 和 Single，与我们刚刚创建的名称相同。我们将使用单元格 D25 中的值判断要在哪个表中进行查找，所以它们的值必须相同。

经过修改后，计算预扣税的公式如下所示：

```
=VLOOKUP(D29,INDIRECT(D25),3,TRUE)+(D29-VLOOKUP(D29,INDIRECT(D25),1,
TRUE))*VLOOKUP(D29,INDIRECT(D25),4,TRUE)
```

本例中的公式与图 14-7 所示的公式非常类似。唯一的区别在于，这里使用了 INDIRECT 函数，而不是表格的位置。

INDIRECT 有一个名为 ref_text 的参数。ref_text 是一个单元格引用或命名区域的文本表示。在图 14-9 中，单元格 D25 包含文本 Single。INDIRECT 尝试将该文本转换为单元格或区域引用。如果 ref_text 不是有效的区域引用，就像本例中那样，INDIRECT 会检查命名区域中是否存在匹配。如果我们没有创建一个名为 Single 的区域，INDIRECT 将返回#REF!错误。

INDIRECT 还有一个名为 a1 的可选参数。如果 ref_text 是 A1 风格的单元格引用，a1 参数将为 TRUE；如果 ref_text 是 R1C1 风格的单元格引用，a1 参数将为 FALSE。对于命名区域，a1 可以是 TRUE 或 FALSE，INDIRECT 都将返回正确的区域。

> **警告**
>
> INDIRECT 也能返回其他工作表甚至其他工作簿中的区域。但是，如果它引用其他工作簿，则该工作簿必须处于打开状态。INDIRECT 不能操作关闭的工作簿。

14.2.7　基于双向矩阵查找值

双向矩阵是一个矩形单元格区域，即，这个区域有多行和多列。在其他公式中，我们使用了 INDEX 和 MATCH 组合，用来代替某些查找函数。但 INDEX 和 MATCH 其实是为双向矩阵设计的。

图 14-11 显示了一个按地区和年份记录的销售数据表格。每行代表一个地区，每列代表一个年份。我们想让用户选择一个地区和一个年份，然后返回对应行和列交汇处的销售数据。

```
=INDEX(C4:F9,MATCH(C13,B4:B9,FALSE),MATCH(C14,C3:F3,FALSE))
```

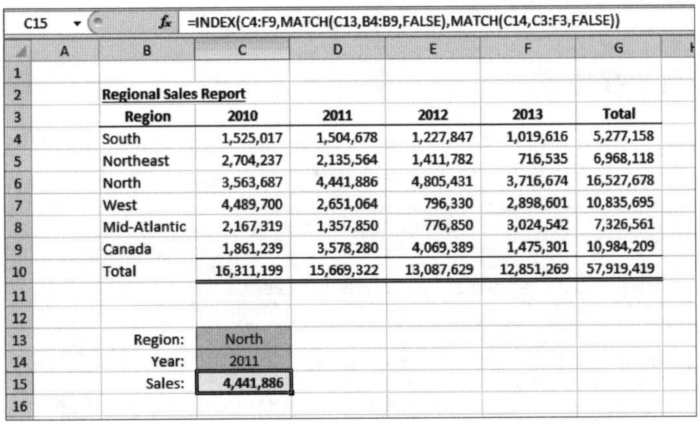

C15　=INDEX(C4:F9,MATCH(C13,B4:B9,FALSE),MATCH(C14,C3:F3,FALSE))

	A	B	C	D	E	F	G
1							
2		Regional Sales Report					
3		Region	2010	2011	2012	2013	Total
4		South	1,525,017	1,504,678	1,227,847	1,019,616	5,277,158
5		Northeast	2,704,237	2,135,564	1,411,782	716,535	6,968,118
6		North	3,563,687	4,441,886	4,805,431	3,716,674	16,527,678
7		West	4,489,700	2,651,064	796,330	2,898,601	10,835,695
8		Mid-Atlantic	2,167,319	1,357,850	776,850	3,024,542	7,326,561
9		Canada	1,861,239	3,578,280	4,069,389	1,475,301	10,984,209
10		Total	16,311,199	15,669,322	13,087,629	12,851,269	57,919,419
11							
12							
13		Region:	North				
14		Year:	2011				
15		Sales:	4,441,886				
16							

图 14-11　按地区和年份记录的销售数据

现在你一定已经熟悉了 INDEX 和 MATCH。与其他公式不同，我们在 INDEX 函数中使用了两个 MATCH 函数。第二个 MATCH 函数返回 INDEX 的列参数，而不是硬编码一个列数字。

回忆一下，MATCH 返回匹配值在列表中的位置。在图 14-11 中，匹配 North 地区，这是列表中的第三项，所以 MATCH 返回 3。这是 INDEX 的行参数。在标题行中匹配年份 2011，而 2011 是第二项，所以 MATCH 返回 2。INDEX 将 MATCH 函数返回的 2 和 3 作为参数，返回合适的值。

使用默认匹配值

下面对销售数据查找公式做一点调整。我们将修改该公式，允许用户只选择一个地区、只选择一个年份或者二者都不选。如果忽略掉某个选项，我们将假定用户想要获得汇总值。如果二者都不选择，我们将返回整个表格的汇总值。

```
=INDEX(C4:G10,IFERROR(MATCH(C13,B4:B10,FALSE),COUNTA(B4:B10)),IFERROR
(MATCH(C14,C3:G3,FALSE),COUNTA(C3:G3)))
```

公式的总体结构是相同的，但是我们修改了一些细节。现在为 INDEX 使用的区域包含第 10 行和列 G。每个 MATCH 函数的区域也被扩展。最后，将两个 MATCH 函数都放到 IFERROR 函数中，以返回 Total 行或列。

IFERROR 的备用值是一个 COUNTA 函数。COUNTA 可统计数字和文本，实质上将返回我们的区域中最后一行或一列的位置。我们也可以硬编码这些值，但是使用 COUNTA 的好处是，如果我们又插入了一行或一列，COUNTA 会进行调整，总是返回最后一行或一列。

图 14-12 显示了相同的销售数据表格，但是用户将 Year 留空。因为列标题中没有空单元格，所以 MATCH 返回#N/A。当 IFERROR 遇到这个错误时，会将控制交给 value_if_error 参数，最后一列将被传递给 INDEX。

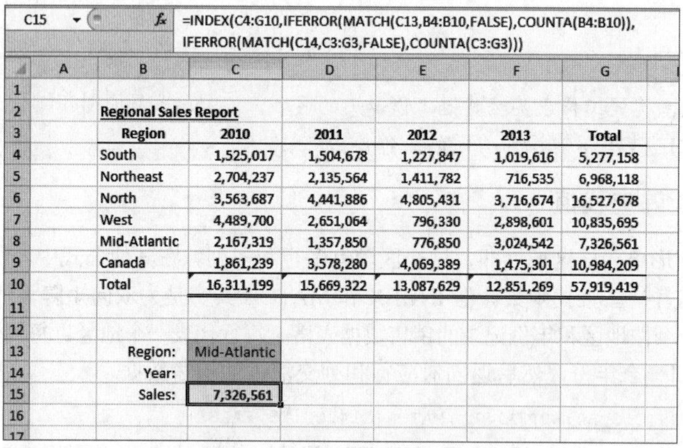

C15 =INDEX(C4:G10,IFERROR(MATCH(C13,B4:B10,FALSE),COUNTA(B4:B10)),IFERROR(MATCH(C14,C3:G3,FALSE),COUNTA(C3:G3)))

	A	B	C	D	E	F	G
1							
2		Regional Sales Report					
3		Region	2010	2011	2012	2013	Total
4		South	1,525,017	1,504,678	1,227,847	1,019,616	5,277,158
5		Northeast	2,704,237	2,135,564	1,411,782	716,535	6,968,118
6		North	3,563,687	4,441,886	4,805,431	3,716,674	16,527,678
7		West	4,489,700	2,651,064	796,330	2,898,601	10,835,695
8		Mid-Atlantic	2,167,319	1,357,850	776,850	3,024,542	7,326,561
9		Canada	1,861,239	3,578,280	4,069,389	1,475,301	10,984,209
10		Total	16,311,199	15,669,322	13,087,629	12,851,269	57,919,419
11							
12							
13		Region:	Mid-Atlantic				
14		Year:					
15		Sales:	7,326,561				
16							

图 14-12 从销售数据返回汇总值

14.2.8 基于多个条件查找值

图 14-13 显示了一个部门预算表格。当用户选择一个地区和一个部门时，我们希望让公式返回预算。在这个公式中，不能使用 VLOOKUP，因为它只接受一个查找值。因为存在多个地区和部门，所以我们需要两个值。

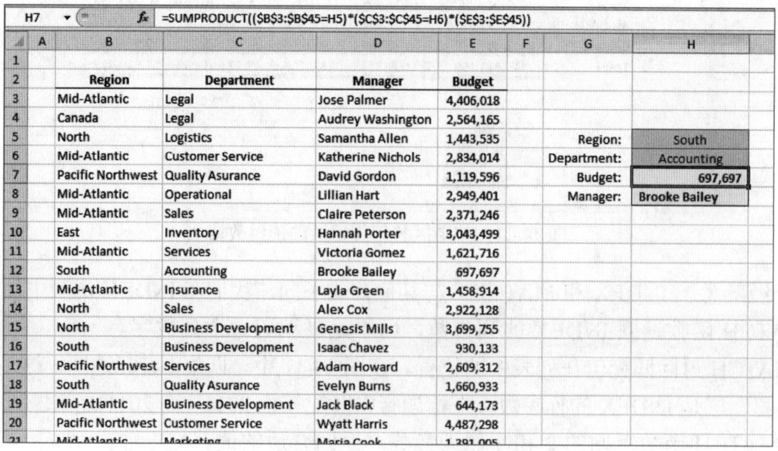

H7 =SUMPRODUCT(($B$3:$B$45=H5)*($C$3:$C$45=H6)*($E$3:$E$45))

	A	B	C	D	E	F	G	H
1								
2		Region	Department	Manager	Budget			
3		Mid-Atlantic	Legal	Jose Palmer	4,406,018			
4		Canada	Legal	Audrey Washington	2,564,165			
5		North	Logistics	Samantha Allen	1,443,535		Region:	South
6		Mid-Atlantic	Customer Service	Katherine Nichols	2,834,014		Department:	Accounting
7		Pacific Northwest	Quality Asurance	David Gordon	1,119,596		Budget:	697,697
8		Mid-Atlantic	Operational	Lillian Hart	2,949,401		Manager:	Brooke Bailey
9		Mid-Atlantic	Sales	Claire Peterson	2,371,246			
10		East	Inventory	Hannah Porter	3,043,499			
11		Mid-Atlantic	Services	Victoria Gomez	1,621,716			
12		South	Accounting	Brooke Bailey	697,697			
13		Mid-Atlantic	Insurance	Layla Green	1,458,914			
14		North	Sales	Alex Cox	2,922,128			
15		North	Business Development	Genesis Mills	3,699,755			
16		South	Business Development	Isaac Chavez	930,133			
17		Pacific Northwest	Services	Adam Howard	2,609,312			
18		South	Quality Asurance	Evelyn Burns	1,660,933			
19		Mid-Atlantic	Business Development	Jack Black	644,173			
20		Pacific Northwest	Customer Service	Wyatt Harris	4,487,298			
21		Mid-Atlantic	Marketing	Maria Cook	1,391,005			

图 14-13 部门预算表格

通过使用 SUMPRODUCT 函数，获得包含两个查找值的行，如下所示。

```
=SUMPRODUCT(($B$3:$B$45=H5)*($C$3:$C$45=H6)*($E$3:$E$45))
```

SUMPRODUCT 将区域中的每个单元格与一个值相比较，然后根据比较结果，返回一个包含 TRUE 值和 FALSE 值的数组。当与另一个数组相乘时，TRUE 变为 1，FALSE 变为 0。SUMPRODUCT 函数括号中的第三部分不包含比较，因为这个区域包含我们想要返回的值。

如果 Region 比较或者 Department 比较的结果是 FALSE，则该行的汇总值将是 0。FALSE 结果被转换为 0，任何值与 0 相乘的结果都是 0。如果 Region 和 Department 匹配，则两个比较结果都是 1。将两个 1 与列 E 中的对应行相乘，就得到了要返回的值。

在图 14-13 的示例中，当 SUMPRODUCT 到达第 12 行时，将计算 1*1*697697。这个数字将与其他行求和，而因为其他行至少包含一个 FALSE，所以都是 0。SUM 的结果将是值 697697。

使用 SUMPRODUCT 返回文本

只有当我们想要返回一个数字时，SUMPRODUCT 才会按这种方式工作。如果想返回文本，所有的文本值将被视为 0，那么 SUMPRODUCT 将总是返回 0。

不过，我们可以将 SUMRPODUCT 与 INDEX 和 ROW 函数配合使用，从而返回文本。例如，如果想要返回经理的姓名，可以使用下面的公式。

```
=INDEX(D:D,SUMPRODUCT(($B$3:$B$45=H5)*($C$3:$C$45=H6)*(ROW($E$3
:$E$45))),1)
```

公式中没有包含列 E 的值，而是使用了 ROW 函数来包含数组中的行号。现在，当到达第 12 行时，SUMPRODUCT 计算 1*1*12。然后，使用 12 作为 INDEX 的行参数，对应于整个列 D:D。因为 ROW 函数返回工作表中的行，而不是我们的表格中的行，所以 INDEX 使用整列作为其区域。

14.2.9　找出列中的最后一个值

图 14-14 显示了一个未排序的订单列表，我们希望找出列表中的最后一个订单。要找出列中的最后一项，一种简单的方法是使用 INDEX 函数，并通过统计列表中的项数来确定最后一行。

```
=INDEX(B:B,COUNTA(B:B)+1)
```

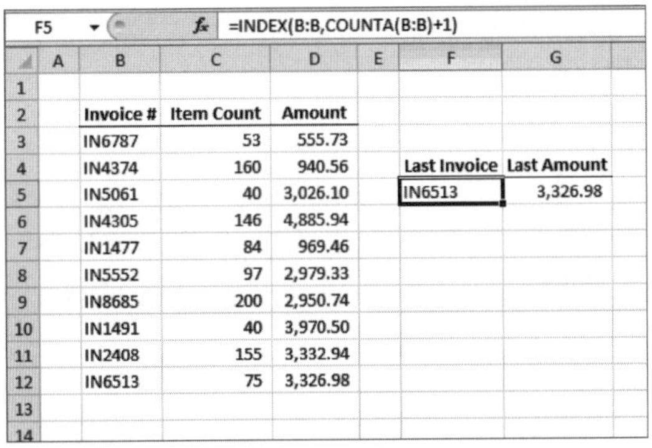

	A	B	C	D	E	F	G
1							
2		Invoice #	Item Count	Amount			
3		IN6787	53	555.73			
4		IN4374	160	940.56		Last Invoice	Last Amount
5		IN5061	40	3,026.10		IN6513	3,326.98
6		IN4305	146	4,885.94			
7		IN1477	84	969.46			
8		IN5552	97	2,979.33			
9		IN8685	200	2,950.74			
10		IN1491	40	3,970.50			
11		IN2408	155	3,332.94			
12		IN6513	75	3,326.98			
13							
14							

图 14-14　订单列表

当用于单列时，INDEX 函数只需要一个行参数。第三个参数表示列不是必要的。COUNTA 函数用来统计列 B 中的非空单元格数。将统计结果加 1，因为第一行中有一个空单元格。INDEX 函数将返回列 B 的第 12 行。

警告

COUNTA 统计除了空单元格以外的所有单元格，包括数字、文本、日期等。如果数据中有空行，COUNTA 将无法返回期望的结果。

使用 LOOKUP 找到最后一个数字

当区域中没有空单元格时，INDEX 和 COUNTA 是找出值的好方法。如果区域中有空单元格，而要搜索的值是数字，就可以使用 LOOKUP 和一个极大的数字。图 14-14 的单元格 G5 中的公式就使用了这种方法。

```
=LOOKUP(9.99E+307,D:D)
```

查找值是 Excel 能够处理的最大数字(刚刚小于 1 后面有 308 个 0)。因为 LOOKUP 找不到这么大的值，就会在找到最后一个值的时候停止，而这就是返回的值。

> **提示**
> 9.99E+307 这样的数字是用指数表示法表示的。E前面的数字在小数点左侧有一个数字，小数点右侧有两个数字。E后面的数字表示要将小数点移动多少位才能得到数字的常规表示法(在本例中为 307 位)。正数意味着向右移动小数点，负数意味着向左移动小数点。4.32E-02 数字相当于 0.0432。

这种 LOOKUP 还有额外的一个好处：即使区域中包含文本、空单元格或错误，也能返回最后一个数字。

第**15**章

使用公式进行财务分析

本章要点

- 执行常见的商业计算
- 使用 Excel 的财务函数

早期的会计和财务部门采用的是纸笔记账的方式，电子表格软件就在这些部门中顺应时势出现。虽然 Excel 历经多年发展，已经远不只是一个简单的电子分类账表格，但仍然是企业中不可缺少的工具。

本章将介绍会计、财务和其他商业领域常用的公式。

15.1 执行常见的商业计算

本节介绍一些常见的商业和财务公式，使用 Excel 的商业分析人员可能需要在某些时候创建这种公式。

配套学习资源网站

配套学习资源网站 www.wiley.com/go/excel2019bible 中提供了本章使用的示例工作簿。文件名为 Financial Analysis.xlsx。

15.1.1 计算毛利润和毛利润百分比

毛利润是从收入减去销售成本后剩下的金额。企业用这部分销售额来支付日常费用和其他间接费用。要计算毛利润，只需要从收入减去销售成本。要计算毛利润百分比，则将毛利润除以收入。图 15-1 显示了一家制造公司的财务报表。单元格 G5 显示了毛利润，单元格 D5 显示了毛利润百分比。

```
Gross Margin: =C3-C4
Gross Margin Percent: =C5/$C$3
```

毛利润公式只是简单地将单元格 C3 减去单元格 C4。毛利润百分比将 C5 除以 C3，但是需要注意，对 C3 使用了绝对引用，因为它的前面带有美元符号。这就允许把该公式复制到收益表的其他地方，查看收入百分比。这是在收益表上经常做的一种分析。

计算加成

加成(Markup)常常与毛利润百分比相混淆，但二者是不同的。加成是指对成本加上一个百分比来得到销售价格。图 15-2 显示了一个产品的销售情况，使用的加成是多少，以及售出该产品时的毛利润是多少。

C5 f_x =C3-C4

	A	B	C	D	E	F	G
1							
2			2013		2012		
3		Revenue	$55,656	100%	$65,875	100%	
4		Cost of Goods Sold	41,454	74%	47,852	73%	
5		Gross Margin	14,202	26%	18,023	27%	
6							
7		Research Development	2,046	4%	2,466	4%	
8		Selling, General, and Administrative Expenses	6,528	12%	6,404	10%	
9							
10		Operating Margin	5,628	10%	9,153	14%	
11							
12		Interest Expense	465	1%	467	1%	
13		Other Income and Expense	1,368	2%	3,197	5%	
14							
15		Net Profit	$3,795	7%	$5,489	8%	
16							
17							

图 15-1 一家制造公司的财务报表

C4 f_x =(C3/C2)-1

	A	B	C	D	E
1					
2		Cost of product	465.00		465.00
3		Selling price	614.00		683.82
4		Markup	32%		47%
5					
6		Revenue	614.00		683.82
7		Cost of Goods Sold	465.00		465.00
8		Gross Margin	149.00		218.82
9		Gross Margin Percent	24%		32%
10					
11					

图 15-2 一件产品的加成和毛利润百分比

通过将销售价格除以成本，然后减去 1，可计算出加成。

```
=(C3/C2)-1
```

通过将产品成本加成 32%，可获得 24%的毛利润。如果想让产品加成后得到 32%的毛利润(如图 15-2 的列 E 所示)，可使用下面的公式：

```
=1/(1-E9)-1
```

使用这个公式计算可知，如果想在收益表中看到 32%的毛利润，需要将该产品的成本加成 47%。

15.1.2 计算 EBIT 和 EBITDA

息税前利润(earnings before interest and taxes，EBIT)和息税折旧摊销前利润(earnings before interest, taxes, depreciation, amortization，EBITDA)常用于计算企业表现。二者都是通过向收入(也称净利润)加上一定的费用计算得出的。

图 15-3 显示了一个收益表，并在最下方给出了 EBIT 和 EBITDA 的计算结果。

EBIT

```
=C18+VLOOKUP("Interest Expense",$B$2:$C$18,2,FALSE)+VLOOKUP("Income
Tax Expense",$B$2:$C$18,2,FALSE)
```

EBITDA

```
=C20+VLOOKUP("Depreciation Expense",$B$2:$C$18,2,FALSE)+VLOOKUP
("Amortization Expense",$B$2:$C$18,2,FALSE)
```

C20 f_x =C18+VLOOKUP("Interest Expense",$B$2:$C$18,2,FALSE)+VLOOKUP("Income Tax Expense",$B$2:$C$18,2,FALSE)

	A	B	C	D	E	F
1						
2		Revenue	65,245			
3		Cost of Goods Sold	39,147			
4		Gross Margin	26,098			
5						
6		Selling Expenses				
7		Adminstrative Expenses	8,213			
8		Depreciation Expense	7,245			
9		Amortization Expense	2,444			
10		Total Operating Expenses	17,902			
11						
12		Operating Income	8,196			
13						
14		Other Expenses	654			
15		Interest Expense	6,215			
16		Income Tax Expense	3,215			
17						
18		Net Income (Loss)	(1,888)			
19						
20		EBIT	7,542			
21		EBITDA	17,231			
22						

图 15-3 带有 EBIT 和 EBITDA 计算的收益表

EBIT 公式使用单元格 C18 中的净损失作为基础数据，然后使用两个 VLOOKUP 函数从收益表中找出利息和收入税费用。EBITDA 公式则以 EBIT 的计算结果为基础数据，然后使用相同的 VLOOKUP 函数来加上折旧和摊销费用。

相比直接使用这些费用的单元格引用，使用 VLOOKUP 有一个好处。移动了收益表中的行时，并不需要改变 EBIT 和 EBITDA 公式。

> **交叉引用**
> 有关 VLOOKUP 函数的更多信息，请参考第 14 章。

15.1.3 计算销售成本

销售成本(cost of goods sold)是为所销售的所有产品支付的费用。它是计算毛利润时的一个关键费用。如果使用永续盘存制，则需要计算每次销售的销售成本。但是，对于比较简单的系统，可以根据会计期结束时的物理库存量来计算销售成本。

图 15-4 显示了如何根据开始和结束库存量以及在该会计期内采购的库存总量来计算销售成本。

```
Goods Available for Sale
  =SUM(C2:C3)

Cost of Goods Sold
=C4-C5
```

C6 =C4-C5

	A	B	C	D
1				
2		Beginning Inventory	1,235,642.25	
3		Purchases	641,152.77	
4		Goods Available for Sale	1,876,795.02	
5		Ending Inventory	1,111,903.23	
6		Cost of Goods Sold	764,891.79	
7				
8				

图 15-4 计算销售成本

可销售产品(goods available for sale)是开始库存加上所有采购。这是一个中间计算，显示了如果没有售出任何产品，结束库存将会是多少。

销售成本计算从可销售产品减去结束库存。如果在会计期一开始有某产品，或者在会计期内采购了该产品，但是在会计期结束时没有该产品，那么一定已经把它销售出去了。

15.1.4 计算资产回报率

资产回报率(return on assets，ROA)衡量企业利用资产产生收入的效率。例如，如果一个公司的 ROA 比另一个公司的 ROA 更高，就能够使用更少或更便宜的资产来产生相同的利润。

要计算 ROA，可将一个时间段内的利润除以开始总资产与结束总资产的平均值。图 15-5 显示了一个简单的资产负债表、收益表和 ROA。

```
=G15/AVERAGE(C12:D12)
```

分子是收益表中的净利润，分母使用 AVERAGE 函数找出该时间段内总资产的平均值。

计算股本回报率

股本回报率(return on equity，ROE)是另一个常用的盈利能力指标。投资者可使用 ROE 来判断他们对企业的投资是否物尽其用。与 ROA 类似，ROE 将净利润除以资产负债表中的某一项在相同时间段内的平均值。不过，ROE 使用的是平均总股本，而不是平均总资产。在图 15-5 中，计算 ROE 的公式如下：

```
=G15/AVERAGE(C25:D25)
```

G18 =G15/AVERAGE(C12:D12)

	A	B	C	D	E	F	G
1							
2		Balance Sheet				Income Statement	
3		Cash	$1,186	$124		Revenue	$55,656
4		Accounts Receivable	3,884	3,026		Cost of Goods Sold	41,454
5		Inventories	8,355	7,651		Gross Margin	14,202
6		Total Current Assets	13,425	10,801			
7						Research Development	2,046
8		Property and Equipment	4,320	4,516		S,G & A Expenses	6,528
9		Other Assets	578	322			
10		Total Long-term Assets	4,898	4,838		Operating Margin	5,628
11							
12		Total Assets	$18,323	$15,639		Interest Expense	465
13						Other Income and Expense	1,368
14		Accounts Payable	$1,670	$2,644			
15		Accrued Expenses	1,334	1,431		Net Profit	$3,795
16		Notes Payable Current	788	761			
17		Total Current Liabilities	3,792	4,836			
18						Return on Assets	22.35%
19		Notes Payable Long Term	3,177	3,244		Return on Equity	40.13%
20		Total Liabilities	6,969	8,080			
21							
22		Common Stock	453	453			
23		Additional Paid-in Capital	4,562	4,562			
24		Retained Earnings	6,339	2,544			
25		Total Equity	11,354	7,559			
26							
27		Total Liabiltiies and Equity	$18,323	$15,639			
28							

图 15-5 资产回报率计算

15.1.5 计算盈亏平衡

企业可能想要确定，需要产生多少收入，才能使净利润刚好为 0，这称为盈亏平衡。企业将估算其固定费用，以及每项可变费用的百分比。通过使用这些数字，可以倒推出能够实现盈亏平衡的收入额。

图 15-6 显示了一个盈亏平衡计算。列 C 显示的 F 对应于固定费用，百分比对应于随收入变化而变化的费用。例如，研发费用取决于预算，并不会在收入增加或减少时发生变化。另一方面，如果企业支付佣金，则销售费用会随着收入而增减。

D3 =ROUND(D8/(1-SUM(C4:C7)),0)

	A	B	C	D	E
1					
2		Income Statement			
3		Revenue		$16,935	
4		Cost of Goods Sold	40%	6,774	
5		Gross Margin		10,161	
6					
7		Selling Expenses	8%	1,355	
8		Margin Net of Variable Expenses		8,806	
9					
10		Research Development	F	2,046	
11		General & Admin Expenses	F	4,927	
12					
13		Operating Margin		1,833	
14					
15		Interest Expense	F	465	
16		Other Income and Expense	F	1,368	
17					
18		Net Profit	F	$0	
19					
20					
21					

图 15-6 盈亏平衡计算

图 15-6 中使用了下面的公式。

```
Operating Margin
   =SUM(D15:D18)

Margin Net of Variable Expenses
   =SUM(D10:D13)

Gross Margin
   =SUM(D7:D8)
```

Revenue
```
=ROUND(D8/(1-SUM(C4:C7)),0)
```

图 15-6 中显示了两种可变费用，销售成本和销售费用，它们是通过将收入数字乘以对应的百分比得到的。下面显示了图 15-6 中的公式。

Cost of Goods Sold
```
=ROUND(D3*C4,0)
```

Selling Expenses
```
=ROUND(D3*C7,0)
```

要构建图 15-6 中的盈亏平衡模型，可执行下面的步骤。

(1) 在单元格 D18 中输入 0，代表净利润为 0。

(2) 在列 D 中输入固定费用，与 B 列的对应标签位于同一行。

(3) 在单元格 C7 中输入公司的佣金百分比(在本例中为 8%)。

(4) 在单元格 C4 中输入一个百分比，等于 1 减去期望的毛利润百分比。在本例中，公司期望的毛利润百分比为 60%，所以在单元格 C4 中输入 40%。

(5) 在单元格 D13 中，输入前面显示的营业收入公式。营业收入必须是利息费用和其他收入与费用的总和。在图 15-6 中，如果我们估算利息费用为$465，其他收入和费用为$1368，那么营业收入必须是$1833，才能使净利润为 0。

(6) 在单元格 D8 中，输入前面显示的可变费用的净收入。这个值是营业收入与固定营业费用的和。收入计算将以其为基础。

(7) 在单元格 D7 中，输入前面显示的销售费用的公式。我们还没有输入收入公式，所以现在这个值还是 0。但是当输入收入后，它将显示正确的值。

(8) 在单元格 D4 中，输入销售成本的公式。与销售费用公式一样，在计算出收入之前，这个公式将返回 0。

(9) 最后，在单元格 D3 中，输入收入公式。收入计算将可变费用的净收入除以 1 减去可变费用百分比的和。在图 15-6 中，两个可变费用百分比的和将是收入的 48%(40%加 8%)。用 1 减去这个数字，得到 52%，然后用可变费用的净收入除以 52%，就得到了收入。

如果这家公司的毛利润百分比为 60%，支付 8%的佣金，并且正确地估算出固定费用，那么将需要销售$16935 来实现盈亏平衡。

15.1.6 计算客户流失

客户流失计算出在给定时间段内丢失了多少客户。在基于订阅的企业中，这是一个重要的指标，不过它也可以用于其他收入模型。如果增长率(新客户的增加速率)高于流失率，那么客户群在增长。否则，丢失客户的速度比吸收客户更快，这时就需要做出改变了。

图 15-7 显示了一个有月度经常性收入的公司的客户流失率计算。我们需要知道月份开始时和结束时的客户数，以及该月份新增的客户数。

Subscribers Lost
```
=C2+C3-C4
```

Churn Rate
```
=C6/C2
```

图 15-7 计算流失率

为确定该月份流失的客户数，将新客户数加到月份开始时的客户数上。然后，从这个值减去月份结束时的客户数。最后，将该月份流失的客户数除以月份开始时的客户数，从而计算出客户流失率。

在本例中，公司的流失率为 9.21%。增加的客户数比流失的客户数更多，所以可能不认为这个流失率是问题。但是，如果流失率高于预期，那么公司需要调查为什么会流失客户，并且可能需要修改定价、产品功能或公司业务的其他方面。

计算年度流失率

如果公司有月度经常性收入，那么客户注册并一次支付一个月的费用。对于这些公司，计算月度流失率是合理的。某个月份中新增加的客户不会在同一个月份中流失，因为他们已经支付了该月的费用。

但是，典型的杂志则要求用户订阅一整年的杂志。对于他们来说，年度流失率才是有意义的流失率计算。如果公司想要计算比其经常性收入模型更长的时间段内的流失率，例如为具有月度订阅者的公司计算年度流失率，则要稍微修改公式。图 15-8 显示了年度流失率计算。

年度流失率：=C6/AVERAGE(C2,C4)

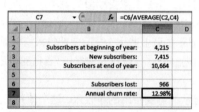

图 15-8　月度经常性收入的年度流失率

将丢失的订阅者的数量除以开始和结束订阅者的平均值。因为计算流失率的时间段与经常性收入的时间段不同，所以能够知道在 7415 个新订阅者中，一部分在一年内取消了订阅，只不过是在第一次订阅后的某个月份取消了订阅。

15.1.7　计算平均顾客终身价值

顾客终身价值(customer lifetime value，CLV)估算一个客户在一生中能够贡献的毛利润。图 15-7 中计算的流失率是 CLV 的一部分。

图 15-9 使用前面计算的流失率来计算 CLV。第一步先计算每个客户的平均毛利润。

Gross Margin
=F2-F3

Average Customer Margin
=F4/AVERAGE(C4,C10)

Customer Lifetime Value
=F6/C7

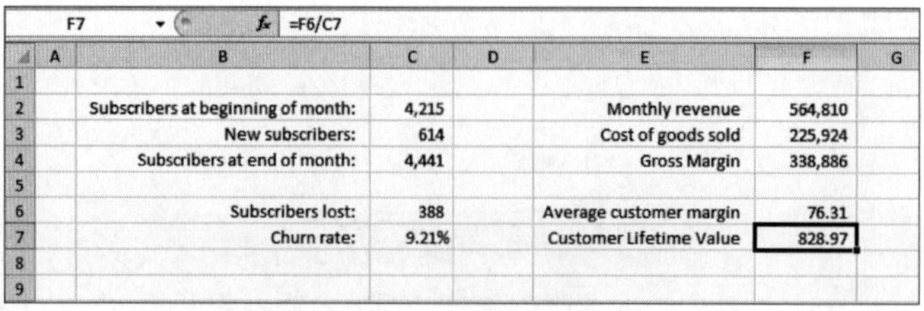

图 15-9　顾客终身价值计算

要计算 CLV，可执行下面的步骤。
(1) 计算毛利润。

(2) **通过将毛利润除以该月的平均客户数，计算出平均客户利润。**因为毛利润是整个月的利润，所以必须除以平均客户数，而不是月份开始或结束时的客户数。

(3) **通过将平均客户利润除以流失率，计算出 CLV。**

在本例中，每个客户在其一生中能够贡献大约 828.97 美元。

15.1.8　计算员工流失

员工流失率衡量一个组织聘用和留住人才的能力。高流失率说明该组织没有聘用合适的人才，或者不能留住人才，可能是因为福利不好或者薪金低于平均水平。员工离开通常包括自愿离职和非自愿离职。

图 15-10 显示了一家组织在 12 个月内的员工变化。对月份开始时的员工数加上新聘用的员工数，再减去离开公司的员工数，就得到了月份结束时的员工数。

```
Average Monthly Employment
  =AVERAGE(F3:F14)

Separations
  =SUM(E3:E14)

Employee Turnover
  =F17/F16
```

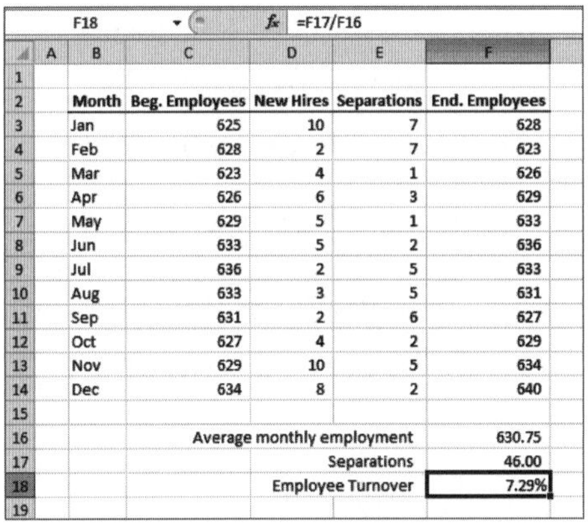

F18　=F17/F16

Month	Beg. Employees	New Hires	Separations	End. Employees
Jan	625	10	7	628
Feb	628	2	7	623
Mar	623	4	1	626
Apr	626	6	3	629
May	629	5	1	633
Jun	633	5	2	636
Jul	636	2	5	633
Aug	633	3	5	631
Sep	631	2	6	627
Oct	627	4	2	629
Nov	629	10	5	634
Dec	634	8	2	640
	Average monthly employment			630.75
			Separations	46.00
			Employee Turnover	7.29%

图 15-10　一年内每月的员工变化情况

员工流失率是离开公司的员工数与月度平均员工数的比率。使用 AVERAGE 函数来计算各月份结束时的平均员工数。使用 SUM 函数来计算离开公司的员工数，然后除以每月平均员工数。

可将得到的结果与行业平均值或者同行业的其他公司相比较。不同行业的员工流失率不同，所以与其他行业的流失率进行比较可能得到不明智的决定。并非必须计算 12 月的员工流失率，但这么做能够消除季节性员工变化对结果造成的影响。

15.2　使用 Excel 的财务函数

可以确信，Excel 最常被用于涉及资金的计算。每一天，人们会根据电子表格中计算出的数据，做出数十万个决定。这些决定可能很简单(“我是不是有钱买一辆新车？”)，也可能很复杂（“买下 XYZ 公司是否能够在未来 18 个月保持正现金流”？）。本节将介绍在 Excel 中可以完成的一些基本财务计算。

15.2.1　转换利率

名义利率和有效利率是两种说明利率常用的方法。

名义利率：这是规定的利率，通常对应于一个复利期间，如 3.75% ARP 按月计息。在这个例子中，3.75%

是名义利率，ARP 代表年度百分率(annual percentage rate)，表示按年计算利率，复利期间则为一个月。

有效利率：这是实际支付的利率。如果名义利率期间与复利期间相同，则名义利率和有效利率是相同的。但是，通常计息期间要比名义利率期间更短，所以有效利率会比名义利率更高。

图 15-11 显示了 30 年贷款中段的 12 个复利期间。初始贷款为$165 000，名义利率为 3.75% APR 按月计息，需要在 30 年内每年付款$9169.68。

F21　=EFFECT(F20,12)

	A	B	C	D	E	F
1						
2		Date	Payment	Principal	Interest	Balance
3						152,151.73
4		1/10/2015	-	(475.47)	475.47	152,627.20
5		2/10/2015	-	(476.96)	476.96	153,104.16
6		3/10/2015	-	(478.45)	478.45	153,582.61
7		4/10/2015	-	(479.95)	479.95	154,062.56
8		5/10/2015	-	(481.45)	481.45	154,544.01
9		6/10/2015	-	(482.95)	482.95	155,026.96
10		7/10/2015	-	(484.46)	484.46	155,511.42
11		8/10/2015	-	(485.97)	485.97	155,997.39
12		9/10/2015	-	(487.49)	487.49	156,484.88
13		10/10/2015	-	(489.02)	489.02	156,973.90
14		11/10/2015	-	(490.54)	490.54	157,464.44
15		12/10/2015	9,169.68	8,677.60	492.08	148,786.84
16						
17				Total interest paid		5,804.79
18				Effective Rate		3.815%
19						
20				Given Nominal Rate		3.750%
21				Compute Effective Rate		3.815%
22						
23				Given Effective Rate		3.815%
24				Compute Nominal Rate		3.750%

图 15-11　计算有效利率的部分摊销表

在计息但不付款的每个期间，余额会增加计算得到的利息。付款后，一小部分支付上一个月的利息，剩余额则减少本金。

单元格 F17 对一年内计算出的复利求和。单元格 F18 将其除以初始余额，以得到有效利率。好在，我们不需要创建整个摊销表来转换利率。Excel 提供的 EFFECT 和 NOMINAL 工作表函数可以完成这项工作。

有效利率

```
=EFFECT(F20,12)
```

名义利率

```
=NOMINAL(F23,12)
```

EFFECT 和 NOMINAL 都接收两个参数：要转换的利率和 npery 参数。对于 NOMINAL，要转换的利率是有效利率，而对于 EFFECT，则是名义利率。npery 是名义利率期间的复利期间数。在本例中，名义利率是年利率，因为使用了术语 APR。一年中有 12 个月，所以名义利率期间中有 12 个复利期间。如果一项贷款的 APR 按天计息，则 npery 参数将为 365。

使用 FV 计算有效利率

使用 FV 函数也可以计算有效利率。有了 EFFECT 这样方便的函数，其实不需要使用 FV，但是了解 EFFECT 和 FV 的关系很有帮助。

```
=FV(3.75%/12,12,0,-1)-1
```

这个公式计算在 3.75%按月计息的情况下，$1 的贷款在一年以后的值，然后减去一开始的$1。如果接受此项贷款，则一年结束后，需要支付$1.03815。这意味着在借款额的基础上，还欠款$0.03815，即 3.815%。

15.2.2　创建还款计算器

Excel 的 PMT 工作表函数用于计算贷款后每月还款额。可以在函数参数中使用硬编码的值，如贷款额和利率，但是通过把这些值输入到单元格中，然后使用单元格引用作为参数，就很容易通过修改值，查看还款额的变化。

图 15-12 显示了一个简单的还款计算器。用户在 C2:C4 中输入值，下面的公式将在单元格 C6 中计算出还款额。

```
=PMT(C3/12,C4*12,C2,0,0)
```

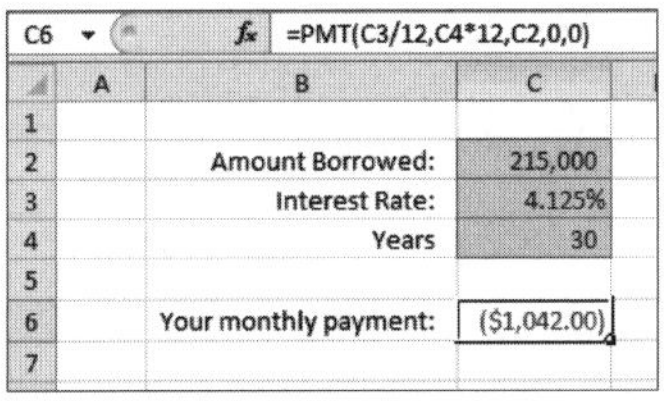

图 15-12　一个简单的还款计算器

PMT 函数有 3 个必要参数和 1 个可选参数。

利率(必要参数)：利率参数是将年度名义利率除以一年内的复利期间数得到的值。本例中按月计息，所以将单元格 C3 中的利率除以 12。

nper(必要参数)：nper 参数是贷款期间的还款次数。因为用户输入的是年份，还款却是按月进行的，所以将单元格 C4 中的年数乘以了 12。

pv(必要参数)：pv 参数代表现值(present value)，即借款额。Excel 的贷款函数(包括 PMT)基于现金流。当把现值和还款想象为现金流入和流出时，就更容易理解这个值什么时候应该是正值，什么时候应该是负值。在本例中，银行贷给我们$215 000，这是现金流入，所以是正值。PMT 函数的结果是负值，因为还款代表现金流出。

> **提示**
> 如果想让 PMT 函数返回一个正值，可将 pv 参数改为一个负值。这相当于从银行的角度计算还款：贷款是现金流出，还款是现金流入。

> **警告**
> 在财务公式中，最常见的错误是复利期间和还款频率不匹配。在这个例子中，将利率除以 12，使其成为月利率，将 nper 参数乘以 12，使其成为月还款额。两个参数都被转换为按月计算，所以它们能够匹配，就得到了正确的结果。

如果忘记将利率除以 12，Excel 将认为我们输入了一个月利率，计算出的还款额将过高。类似的，如果为 nper 参数输入年份，但是输入月利率，Excel 将认为我们一年只还款一次。

Excel 并不知道你输入的是月份、年份还是天。它只关心利率和 nper 是否匹配。

创建摊销表

计算出还款额以后，就可以创建一个摊销表来显示每次还款中，多少是本金，多少是利息，以及在每次还款后，贷款余额为多少。图 15-13 显示了摊销表的一部分。

下面详细介绍了摊销表的各列。

Pmt No(还款编号)：还款的编号。在单元格 D11 中输入 A1。在单元格 D12 中输入公式=D11+1，然后向下复制到 D370(我们的摊销表能够处理 360 次还款)。

Pmt Amt(还款额)：PMT 计算出的数额被舍入到最接近的分。虽然 Excel 能够计算许多小数位，但是在支票上只能填入美元和美分。这意味着在贷款结束时会有一个小余额。在单元格 E11 中输入公式=-ROUND($C$6,2)，然后向下填充到 E370。

Principal(本金)：每次还款用于贷款余额的数额。在单元格 F11 中输入公式=E11-G11，然后向下填充到 F370。

Interest(利息)：每次还款中属于利息的数额。将上次还款后的余额乘以利率，再除以 12。得到的值被舍入到两个小数位。在单元格 G11 中输入公式=ROUND(H10*$C$3/12,2)，然后向下填充到 G370。

G11	▼	⨍ₓ	=ROUND(H10*$C$3/12,2)					
▲	A	B	C	D	E	F	G	H
1								
2		Amount Borrowed:	215,000					
3		Interest Rate:	4.125%					
4		Years	15					
5								
6		Your monthly payment:	($1,603.83)					
7								
8								
9				Pmt No	Pmt Amt	Principal	Interest	Balance
10								215,000.00
11				1	1,603.83	864.77	739.06	214,135.23
12				2	1,603.83	867.74	736.09	213,267.49
13				3	1,603.83	870.72	733.11	212,396.77
14				4	1,603.83	873.72	730.11	211,523.05
15				5	1,603.83	876.72	727.11	210,646.33
16				6	1,603.83	879.73	724.10	209,766.60
17				7	1,603.83	882.76	721.07	208,883.84
18				8	1,603.83	885.79	718.04	207,998.05
19				9	1,603.83	888.84	714.99	207,109.21
20				10	1,603.83	891.89	711.94	206,217.32
21				11	1,603.83	894.96	708.87	205,322.36
22				12	1,603.83	898.03	705.80	204,424.33

图 15-13 一个摊销表的一部分

Balance(余额): 还款后的贷款余额。在单元格 H10 中输入公式=C2，代表原贷款额。从单元格 C3 开始，一直到单元格 C370，公式=H10-F11 从余额中减去还款的本金部分。

在图 15-13 所示的例子中，输入的年数是 15，而在图 15-12 中，输入的则是 30。降低贷款年限将增加还款额。

最后一步是隐藏贷款期限后面的行。这是通过使用条件格式，将字体颜色改为白色实现的。白色背景上的白色字体实际上就把数据隐藏了。下面和图 15-14 中都显示了条件格式的公式。

=$D12>$C$4*12

图 15-14 使用条件格式来隐藏行

这个公式将列 D 中的还款编号与单元格 C4 中的年数与 12 的乘积进行比较。当还款编号更大时，该公式返回 TRUE，应用白色格式。当付款编号小于或等于总还款次数时，不应用条件格式。

交叉引用
有关条件格式的更多信息，请参考第 5 章。

15.2.3 创建可变利率抵押贷款摊销表

在图 15-13 中，创建了一个固定利率贷款的摊销表。还有一些贷款，在贷款期限内，利率会不时改变。这些贷款的利率常常与某个公布的指数捆绑在一起，如伦敦同业拆借利率(London Interbank Offered Rate, LIBOR)，再加上一个固定百分比。例如，这种利率常常被称作"LIBOR 加 3%"。

图 15-15 显示了一个有可变利率的贷款的摊销表。对摊销表添加了一个 Rate 列，以便能够明显看出利率什

么时候发生改变。再使用另一个表格来记录利率变化的时间。

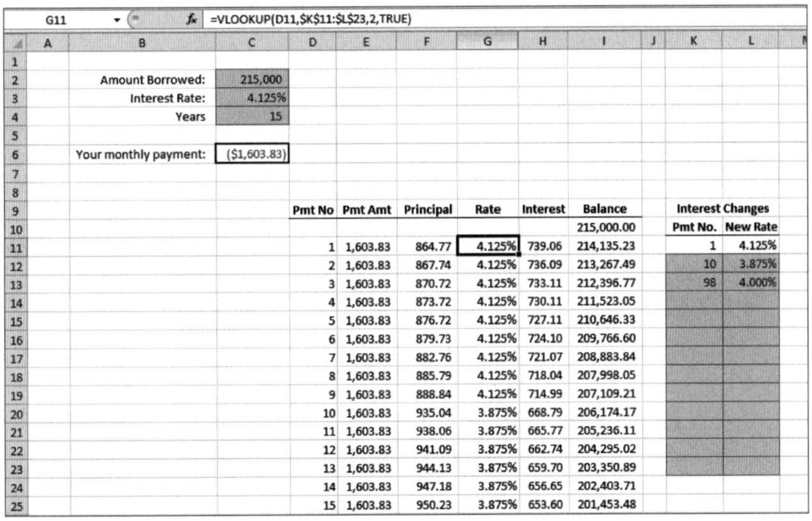

图 15-15　可变利率摊销表

Rate 列包含下面的公式，用来从利率表中选择合适的利率。

```
=VLOOKUP(D11,$K$11:$L$23,2,TRUE)
```

Interest 列的公式改为使用列 G 而不是单元格 C3 中的利率。

```
=ROUND(I10*G11/12,2)
```

Rate 列在使用 VLOOKUP 函数时，将第 4 个参数设置为 TRUE。这要求利率表按升序排列。然后，VLOOKUP 在利率表中查找还款编号。它并不要求精确匹配，而是会返回其下一个还款编号大于查找值的行。例如，当查找值为 16 时，VLOOKUP 返回利率表的第二行，因为其下一行的还款编号 98 比查找值大。

交叉引用

有关 VLOOKUP 的更多示例，请参考第 14 章。

利率列的公式与图 15-13 中显示的示例类似，只是对$C$3 的绝对引用被替换为对列 G 的引用(第 11 行的公式引用了 G11)。

使用日期代替还款编号

本节和前一节的两个摊销表使用还款编号来识别每次还款。在现实生活中，这些还款将在每个月的同一天到期。这就允许为在任何日期开始计算的贷款使用摊销表。图 15-16 显示了一个使用日期的摊销表。

要修改摊销表来显示日期，可执行下面的步骤。

(1) 在单元格 D11 中输入第一个还款日。

(2) 在单元格 D12 中输入下面的公式，并向下填充：

```
=DATE(YEAR(D11),MONTH(D11)+1,DAY(D11))
```

(3) 将利率表列中的 Pmt No 列改为利率变化的日期。

(4) 将条件格式中的公式改为下面的公式。

```
=$D12>=DATE(YEAR($D$11),MONTH($D$11)+($C$4*12),DAY($D$11))
```

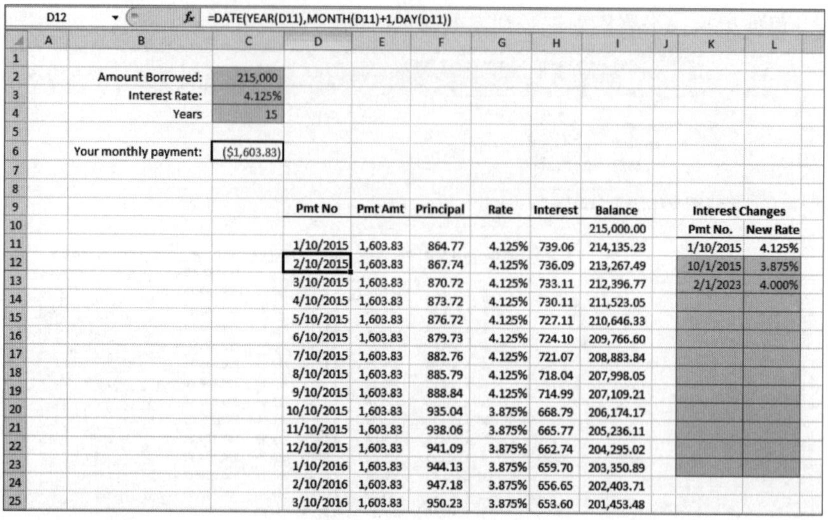

图 15-16 基于日期的摊销表

15.2.4 计算折旧

Excel 提供了许多与折旧相关的工作表函数，包括 DB、DDB、SLN 和 SYD。本节将讨论如何计算直线 (straight line，SLN) 折旧和可变余额递减(variable-declining balance，VDB)折旧。

> **注意**
> 资产生命周期的第一年和最后一年的折旧与中间年份的折旧通常是不同的。因此，使用约定，以便对第一年不会计算整年的折旧。常见约定包括年中、月中和季中。对于年中约定，假定资产是在一年过了一半时采购的，因此对于该年份，只记录正常年份折旧的一半。

图 15-17 显示了使用直线法和年中约定的 5 个资产的折旧表。

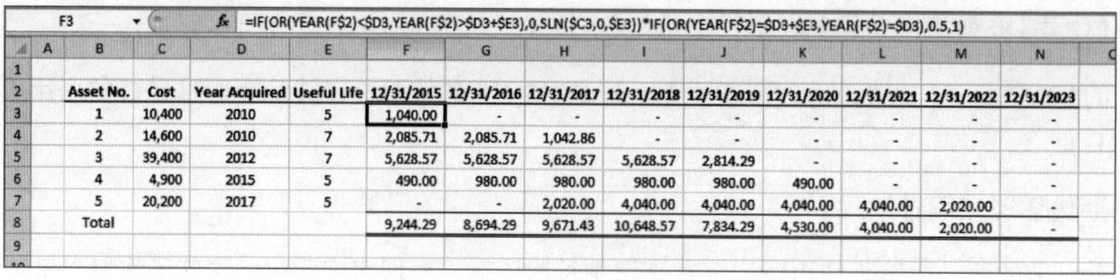

图 15-17 直线折旧表

列 B:E 包含以下用户输入的数据。

Asset No.：每个资产的唯一标识符。对于折旧表，并非必须填入这个值，但是它对于跟踪资产很方便。

Cost：支付多少费用来使资产投入使用。包括购买资产的费用、与购买相关的税费、将资产运送到使用地点的费用以及安装资产的费用。这也称为"基础"或"原值基础"。

Year Acquired：资产投入使用的年份。可能与付款购买该资产的年份不同。它确定了什么时候开始折旧。

Useful Life：估计资产能够提供服务的年数。

F3:N7 中的公式如下所示。

```
=IF(OR(YEAR(F$2)<$D3,YEAR(F$2)>$D3+$E3),0,SLN($C3,0,$E3))*IF(OR(YEAR
(F$2)=$D3+$E3,YEAR(F$2)=$D3),0.5,1)
```

这个公式的主要部分是 SLN($C3,0,$E3)。SLN 工作表函数计算一个时期内的直线折旧。它有 3 个参数：成本、残值和使用年限。为简单起见，本例将残值设为 0，意味着在使用年限结束后，资产的成本将被完全折旧。

SLN 函数很简单，但这是一个折旧表，所以还有更多工作要做。第一个 IF 函数判断列是否在资产的使用年限内。如果 F2 中的日期的年份小于启用年份，那么资产还未投入使用，折旧将是 0。如果 F2 大于启用年份加上使用期限，那么资产已经完全折旧，折旧将是 0。这两个条件被放到一个 OR 函数中，因此当其中任何一个为 TRUE 时，整个表达式将返回 TRUE。但是，如果二者都是 FALSE，将返回 SLN 函数。

> **交叉引用**
> 关于在 IF 中使用 OR 的更多例子，请参考第 13 章。

公式的第二部分也组合使用了 IF 和 OR。这些条件语句判断 F2 中的年份是否是折旧的第一年或最后一年。如果二者之一为 TRUE，则将直线法求得的结果乘以 0.5，代表这里使用了年中约定。

这个公式中的全部单元格引用都被固定下来，因此可向下和向右复制公式，单元格引用将恰当地发生变化。对第二行的引用固定在该行，以便始终计算第二行的日期。对列 C:E 的引用固定在这些列上，因此当复制公式时，Cost、Year Acquired 和 Useful Life 保持不变。

> **交叉引用**
> 有关相对和绝对单元格引用的更多信息，请参考第 9 章。

计算加速折旧

直线法在资产使用期限的所有年份中进行等量折旧。一些组织会使用加速折旧法，在资产使用期限一开始，按较高速率折旧，而在资产使用期限末尾，按较低速率折旧。其思想是，相比在使用期限将结束时，资产在刚投入使用时会损失更多价值。

Excel 提供了 DDB 函数(双倍余额递减，double-declining balance)，用于计算加速折旧。DDB 将计算对于剩余资产价值，直线法将得到怎样的结果，然后将其加倍。DDB 的问题是不能在使用期限内将全部资产折旧。折旧额将越来越小，但是在其变成 0 之前，使用期限就已经结束。

加速折旧最常见的用法是先使用余额递减方法，然后当折旧小于直线法计算出的折旧额时，对剩余使用期限改用直线法。好消息是，Excel 提供的 VDB 函数内置了这种逻辑。图 15-18 显示的折旧表使用了下面的基于 VDB 的公式。

```
=IF(OR(YEAR(F$2)<$D3,YEAR(F$2)>$D3+$E3),0,VDB($C3,
0,$E3*2,IF(YEAR(F$2)=$D3,0,IF(YEAR(F$2)=$D3+$E3,$E3*2-1,
(YEAR(F$2)-$D3)*2-1)),IF(YEAR(F$2)=$D3,1,IF(YEAR(F$2)=$D3+$E3,
$E3*2,(YEAR(F$2)-$D3)*2+1))))
```

F3				f_x	=IF(OR(YEAR(F$2)<$D3,YEAR(F$2)>$D3+$E3),0,VDB($C3,$E3*2,IF(YEAR(F$2)=$D3,0,								
					IF(YEAR(F$2)=$D3+$E3,$E3*2-1,(YEAR(F$2)-$D3)*2-1)),								
					IF(YEAR(F$2)=$D3,1,IF(YEAR(F$2)=$D3+$E3,$E3*2,(YEAR(F$2)-$D3)*2+1))))								
A	B	C	D	E	F	G	H	I	J	K	L	M	N
1													
2	Asset No.	Cost	Year Acquired	Useful Life	12/31/2015	12/31/2016	12/31/2017	12/31/2018	12/31/2019	12/31/2020	12/31/2021	12/31/2022	12/31/2023
3	1	10,400	2010	5	681.57	-	-	-	-	-	-	-	-
4	2	14,600	2010	7	1,417.94	1,417.94	708.97	-	-	-	-	-	-
5	3	39,400	2012	7	4,836.26	3,826.49	3,826.49	3,826.49	1,913.25	-	-	-	-
6	4	4,900	2015	5	980.00	1,411.20	903.17	642.25	642.25	321.13	-	-	-
7	5	20,200	2017	5	-	-	4,040.00	5,817.60	3,723.26	2,647.65	2,647.65	1,323.83	
8	Total				7,915.77	6,655.63	9,478.63	10,286.34	6,278.76	2,968.78	2,647.65	1,323.83	
9													

图 15-18　加速折旧表

你可能注意到，这个公式比上一个示例的 SLN 公式更加复杂。不用担心，我们将逐部分介绍这个公式，以帮助你理解。

```
=IF(OR(YEAR(F$2)<$D3,YEAR(F$2)>$D3+$E3),0,VDB(...))))
```

公式的第一部分与前面的 SLN 公式相同。如果第 2 行的日期不在使用期限内，则折旧为 0。如果在，则计算 VDB 函数。

```
VDB($C3,0,$E3*2,starting_period,ending_period)
```

VDB 的前三个参数与 SLN 的参数相同：原值、残值和使用期限。SLN 对每个时期返回相同的值，所以不必告诉 SLN 要计算哪个时期。但是，时期不同时，VDB 返回不同的折旧额。VDB 的最后两个参数告诉它要计算的时期。E3 中的使用期限将会加倍，下一节将解释原因。

Starting_period
```
IF(YEAR(F$2)=$D3,0,IF(YEAR(F$2)=$D3+$E3,$E3*2-1,(YEAR(F$2)-$D3)*2-1))
```

Excel 的折旧函数都没有考虑约定。也就是说，Excel 在计算折旧时，就像你是在一年中的第一天购买了资产。这并不怎么符合现实情况。本节假定使用年中约定，所以对第一年和最后一年，只计算一半折旧。为了使用 VDB 实现这种计算，需要让 Excel 认为资产具有其两倍使用年限。

对于一个使用年限为 5 年的资产，第一年的时期从 0 到 1，第二年的时期为 1~3，第三年的时期为 3~5。继续这种计算，直到最后一年，其时期为 9~10(10 是 5 年使用期限的两倍)。公式的开始时期部分计算如下。

- 如果要计算的年份是启用年份，则使开始时期为 0。
- 如果要计算的年份是最后一年，则使开始时期为使用期限乘以 2 后再减去 1。
- 对于其他所有年份，从要计算的年份减去启用年份，乘以 2，然后减去 1。

公式结束时期部分的计算与开始时期部分相似。对于第一年，在时期 1 结束。对于最后一年，在使用期限乘以 2 结束。对于中间年份，执行相同的计算，只不过不是减去 1，而是加上 1。

通过将使用期限加倍，比如对于使用期限为 7 年的一个资产，从 7 个时期增加到 14 个时期，我们就能够在余额递减函数(如 VDB)中引入年中约定。

15.2.5　计算现值

货币的时间价值(time value of money，TVM)在会计和金融中是一个重要的概念。其思想是，今天的 1 美元比明天的同 1 美元价值更低。其差值就是能够用这 1 美元带来的收入。收入可能来自储蓄账户的利息，也可能来自投资回报。

Excel 提供了几个函数来处理 TVM，如用来计算现值的 PV 函数。PV 最简单的形式是将未来的值按一定折扣比例打折，得到现值。如果我承诺从现在算起，一年以后给你$10 000，那么，如果你不想等这一年，宁愿在今天拿多少钱？图 15-19 显示了如何计算这个值。

```
=PV(C4,C3,0,-C2)
```

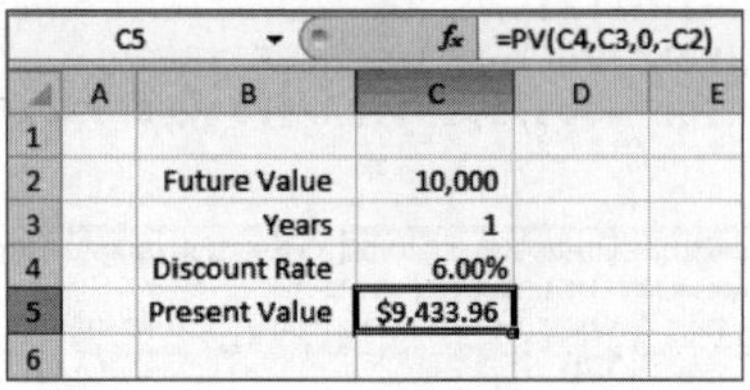

图 15-19　计算现值

图 15-19 中的现值计算器说明，你会宁愿现在拿$9434，而不是等一年以后拿$10 000。如果现在拿$9434，并且接下来的一年能够获得 6%的利率，到下一年结束时你就会得到$10 000。

PV 函数接受 5 个参数。

Rate：也称为折现率。Rate 参数是你认为自己的钱在折现期内能够获得的回报。在确定现值时，这个利率是最重要的因素，但也可能最难确定。如果你比较保守，可能选择一个自己确信能够实现的较低的利率。如果是还固定利率的贷款，那么会很容易确定折现率。

nper：nper 是将终值折现的时期。在本例中，nper 是 1 年，在单元格 C3 中输入。利率和时期必须采用相同的单位。即，如果输入年利率，则 nper 必须表达为年份。如果使用月利率，则 nper 必须表达为月份。

pmt：pmt 参数是在折现期内收到的定期付款。如本例这样只有一次付款时，该数额就是终值，付款额将是 0。pmt 参数也必须与 nper 参数匹配。如果 nper 是 10，并且输入 pmt，那么 PV 会假定在折现期内将 10 次收到该付款。下一个例子显示了使用付款进行现值计算。

FV：终值是在折现期结束时收到的款额。Excel 的财务函数基于现金流。这意味着终值和现值具有相反的符号。对于本例来说，使终值为负，能够让公式结果返回一个正数。

type：如果在时期结束时收到付款，则 type 参数设为 0；如果在时期开始时收到付款，则 type 参数设为 1。在本例中，这个参数没有作用，因为付款额是 0。可以省略 type 参数，此时将假定它的值为 0。

计算未来付款的现值

PV 的另一个用途是计算未来的一系列等额付款的现值。例如，假设你在未来 10 年中，每年要为办公室支付$5000 的租金，就可以使用 PV 来计算你愿意一次性支付多少来完成租赁。图 15-20 显示了这种场景下的现值计算。

```
=PV(C4,C3,-C2,0,1)
```

如果房东认为自己的钱能够带来 3%的收益，那么可能愿意一次性接受$43 930，而不是在未来 10 年中每年收到$5000。在本例中，将 type 参数设为 1，因为一般在时期开始时交租金。

用于付款时，PV 函数实际上是单独计算每次付款的现值，然后把结果加起来。图 15-20 按付款分解了计算。第一次付款的现值与付款额相等，因为现在就要支付。第二年的付款是从现在算起一年以后，折现结果为$4854。最后一次支付距离现在 9 年以后，折现结果为$3832。所有现值计算的结果被加起来。好消息是，PV 会替你完成繁重的计算工作。

C5　=PV(C4,C3,-C2,0,1)

	A	B	C	D	E
1					
2		Rent	5,000		
3		Years	10		
4		Discount Rate	3.00%		
5		Present Value	43,931		
6					
7		Year	Rent	PV	
8		1	5,000	5,000	
9		2	5,000	4,854	
10		3	5,000	4,713	
11		4	5,000	4,576	
12		5	5,000	4,442	
13		6	5,000	4,313	
14		7	5,000	4,187	
15		8	5,000	4,065	
16		9	5,000	3,947	
17		10	5,000	3,832	
18				43,931	
19					
20					

图 15-20　未来的一系列付款的现值

15.2.6　计算净现值

如果未来的所有现金流都相等，那么图 15-20 中使用的 PV 函数也能够计算未来的现金流的现值。但有时情况并非如此。针对计算未来的不均等现金流的现值，Excel 提供了 NPV 函数(net present value，净现值)。

假设有人想让你为一家新公司投资$30 000。作为投资的回报，在接下来的 7 年中，你每年都会获得分红。图 15-21 的表中显示了预计这些分红的数额。再假设你希望自己的资金能够带来 8%的收益。

为了判断这项投资是否对你有利，可以使用下面的 NPV 函数来计算这项投资的净现值。

```
=NPV(C2,C5:C11)
```

与 PV 函数类似，NPV 根据利率分别对每个现金流进行折现。但与 PV 不同的是，NPV 接受一个未来现金流的区域，而不只是一个付款额。NPV 没有 nper 参数，因为区域中的值的个数决定了未来现金流的次数。

虽然付款额可以不同，但仍然假定它们发生在固定的时期(在本例中为 1 年)。与本章介绍的其他 TVM 函数类似，利率期间必须与支付期间一致。在本例中，希望获得的 8%的收益是年收益，支付也是按年进行的，所以它们相匹配。如果你收到的是季度分红，则需要将利率调整为季度收益。

C13 =NPV(C2,C5:C11)

	A	B	C	D
1				
2		Desired Return:	8.00%	
3				
4		Date	Expected Future Cash Flow	
5		12/31/2015	4,000	
6		12/31/2016	4,760	
7		12/31/2017	5,664	
8		12/31/2018	6,797	
9		12/31/2019	7,477	
10		12/31/2020	8,225	
11		12/31/2021	9,458	
12				
13		Net Present Value:	33,068	
14				
15				

图 15-21 期望的未来现金流的净现值

NPV 计算这些现金流的结果为$33 068。因为获得这些现金流要求你投资$30 000，小于 NPV(并且假设估计是准确的)，那么这是一项很好的投资。事实上，这些数据显示，你得到的收益将超过一开始希望获得的 8%的收益。

计算正现金流和负现金流

在上面的例子中，要求你前期提供大额投资，才能在未来获得现金流。另外一种能够使用 NPV 的场景是，你在投资期一开始提供较小的款项，期望未来在投资期结束时能够获得现金流入。

假设你不是一次投资$30 000，而是只需要在第一年投资$15 000，第二年投资$10 000，第三年投资$5000。随着公司发展，能够利用利润来发展自己，需要你的投资额就越来越低。到第 4 年，不再需要投资，预期公司到这时候已经能够带来足够的利润，可以开始支付分红。

图 15-22 显示的表中，你在前 3 年投资，后 4 年获得收益。NPV 函数与之前相同，只是输入发生了变化。

```
=NPV(C2,C5:C11)
```

C13 =NPV(C2,C5:C11)

	A	B	C	D
1				
2		Desired Return:	8.00%	
3				
4		Date	Expected Future Cash Flow	
5		12/31/2015	(15,000)	
6		12/31/2016	(10,000)	
7		12/31/2017	(5,000)	
8		12/31/2018	7,000	
9		12/31/2019	9,100	
10		12/31/2020	11,830	
11		12/31/2021	15,142	
12				
13		Net Present Value:	1,197	
14				
15				

图 15-22 正现金流和负现金流的净现值

在第一个 NPV 示例中，投资额不是计算的一部分。我们只是将 NPV 函数的结果与投资额进行比较。在本例中，投资的一部分也发生在未来，所以投资额显示为负值(现金流出)，而最终的分红则显示为正值(现金流入)。

NPV 的计算结果不是与初始投资额相比较，而是与 0 相比较。如果 NPV 大于 0，则一系列现金流返回的收益大于 8%。如果小于 0，则返回的收益小于 8%。根据图 15-22 中的数据，这是一项很好的投资。

15.2.7 计算内部收益率

在前面的例子中，我们计算未来期望的现金流的净现值，并将其与初始投资额相比较。因为净现值大于初始投资额，我们知道收益率大于期望的收益率。但是，实际收益率是多少呢？

Excel 的 IRR 函数能够用来计算未来现金流的内部收益率(见图 15-23)。IRR 与 NPV 密切相关。IRR 计算出使相同现金流的 NPV 刚好为 0 的收益率。

对于 IRR，需要稍微调整数据的结构。在值区域中，必须有至少一个正现金流和一个负现金流。如果全部值为正，则意味着你没有提供任何投资，而只是收到回报。这会是极好的投资，但不怎么现实。通常，现金流出发生在投资期的开始阶段，现金流入发生在投资期的结束阶段。但并不总是如此，只要值区域中至少有一个正现金流和一个负现金流即可。

注意，在 IRR 中，必须包含初始投资，才能正确计算。添加第一行，显示初始投资额为$30 000。下面的 IRR 公式显示投资收益为 10.53%：

```
=IRR(C3:C10,0.08)
```

C12　fx =IRR(C3:C10,0.08)

	A	B	C
1			
2		Date	Expected Future Cash Flow
3		12/31/2014	(30,000)
4		12/31/2015	4,000
5		12/31/2016	4,760
6		12/31/2017	5,664
7		12/31/2018	6,797
8		12/31/2019	7,477
9		12/31/2020	8,225
10		12/31/2021	9,458
11			
12		Internal Rate of Return:	10.53%
13			

图 15-23　一系列未来现金流的内部收益率

IRR 的第一个参数是现金流区域，第二个参数是猜测的内部收益率。如果不给出猜测，Excel 将使用 10%作为第二个参数。IRR 将基于猜测的利率，计算每个现金流的现值。如果这些现值的和大于 0，则减小利率，然后再次尝试。Excel 将迭代利率并将现值相加，直到现值的和为 0。当现值的和等于 0 时，将返回对应的利率。

计算不定期未来现金流

NPV 函数和 IRR 函数假定未来现金流发生在固定的时间间隔，但现实情况并非总是如此。针对发生在不固定的时间间隔的现金流，Excel 提供了 XIRR 函数。

XIRR 比 IRR 多了一个参数：日期。IRR 不需要知道日期，因为它假定现金流之间的时间间隔是相同的。IRR 不关心它们之间相隔一天或一年，它返回的利率将与现金流保持一致。也就是说，如果现金流是年度的，那么利率将是年利率。如果现金流是季度的，那么利率将是季利率。

提示

XIRR 有一个相关的函数 XNPV，可用于计算非定期现金流的净现值。与 XIRR 类似，XNPV 也要求提供匹配的日期范围。

图 15-24 显示了非定期现金流的一个表。在某些时候，投资出现损失，需要现金注入。在另一些时候，投资赢利，给投资者返回分红。在所有现金流中，投资者的年收益率为 10.14%。下面的公式使用 XIRR 计算收益：

```
=XIRR(C3:C17,B3:B17,0.08)
```

XIRR 的内部工作方式与 IRR 基本上相同。它单独计算每个现金流的现值，迭代猜测的利率，直到现值的和为 0。在计算现值时，它基于当前现金流与前一次现金流(在日期上靠前)之间相隔的天数。然后，它将年化收益率。

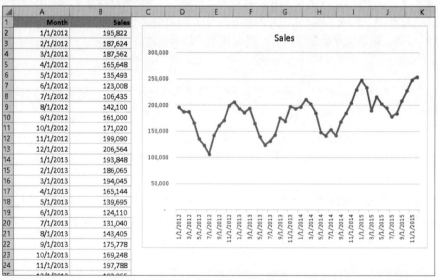

图 15-24　非定期现金流的内部收益率

15.2.8　进行财务预测

预测指的是基于历史值来推测将来的值。这些值可以是财务值(如销售额或收入)或任何基于时间的数据(如员工人数)。

在 Excel 2019 中，预测过程比以往任何时候都更容易。

> **配套学习资源网站**
>
> 配套学习资源网站 www.wiley.com/go/excel2019bible 中提供了本章使用的示例工作簿。文件名为 forecasting example.xlsx。

要创建一个预测，首先要有历史的、基于时间的数据，如每月销量。图 15-25 显示了一个简单的例子。列 B 包含 2012—2015 年的月销售数据。我们还创建了一个图表，显示销量具有周期性，较低的销量出现在夏季。我们的目标是预测接下来两年中的月销量。

图 15-25　4 年的月销售数据

首先选择数据。在本例中，我们选择区域 A1:B49。选择"数据"|"预测"|"预测工作表"命令，Excel 将显示"创建预测工作表"对话框，如图 15-26 所示(图中单击了"选项"按钮来显示更多参数)。对话框中的图表显示了历史数据、预测数据和预测的置信上下限。

图 15-26　"创建预测工作表"对话框

　　置信区间(在图表中显示为细线)决定了预测的"加减值"，并说明了对预测的信心度。较大的置信区间将得到较宽的预测范围。注意，当修改选项时，对话框中显示的图标将随之进行调整。

　　单击"创建"，Excel 将插入一个新工作表，该工作表中包含一个表格和一个图表。图 15-27 显示了这个表格的一部分。表格显示了预测的值以及置信区间的下限和上限。这些值是使用新增的 FORECAST.ETS 和 FORECAST.ETS.CONFINT 函数生成的。这是相当复杂的函数，因此 Excel 替你完成了所有工作。

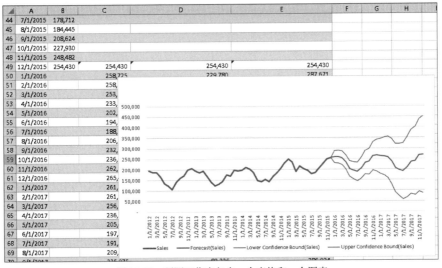

图 15-27　预测工作表包含一个表格和一个图表

第 16 章

使用公式进行统计分析

本章要点
- 使用加权平均
- 使用移动平均来平滑数据
- 创建描述性统计数据
- 创建频率分布

Excel 是进行统计分析时可以使用的一个优秀工具,这在一定程度上是因为它提供了许多统计函数。本章将介绍一些进行统计分析的公式,例如计算移动平均值、描述性统计数据和频率分布。

配套学习资源网站

配套学习资源网站 www.wiley.com/go/excel2019bible 中提供了本章使用的示例工作簿,文件名为 Statistical Analysis.xlsx。

16.1 使用加权平均

加权平均用来计算这样一组值的平均值:在值的整个集合中,每个值扮演或大或小的角色。图 16-1 显示了一个投资组合。对于投资组合中的每个基金,显示了投资的总价值和投资的收益。我们希望确定该投资组合的总收益。简单地求平均值是不行的,因为每个投资对于整个投资组合的贡献不同。

A	B	C	D	E
	Investment	Value	Rate of Return	
	Roboto Bond Fund	72,021.35	2.500%	
	Duff Small Cap Fund	25,419.31	7.410%	
	Ziff Value Investor Fund A	97,440.65	4.400%	
	Cogswell International Fund	88,967.56	5.100%	
	Sparkle Growth and Income Fund	139,806.15	10.120%	
	Weighted Average Return	423,655.02	6.292%	

D8 `=SUMPRODUCT((C3:C7/$C$8),D3:D7)`

图 16-1 投资组合及收益率

为了计算加权平均值,将每个投资对投资组合总价值贡献的百分比乘以该投资的收益率。SUMPRODUCT 函数非常适合将两组值相乘,然后再将结果求和。SUMPRODUCT 最多接受 255 个参数,参数间用逗号分隔,但我们这个公式中只需要两个参数。

```
=SUMPRODUCT((C3:C7/$C$8),D3:D7)
```

第一个参数将每个投资的价值除以总价值。这将得到 5 个百分比,代表每个投资的权重。对于 Roboto Bond

Fund，权重为 17%，这是通过将 72021.35 除以 423655.02 得到的。第二个参数是收益率。

注意：

$C$8 中的美元符号使该引用成为绝对引用，而不是相对引用。第 9 章讨论了相对和绝对单元格引用。

SUMPRODUCT 将第一个参数中的每个元素与第二个参数中的对应元素相乘。元素 C3/C8 乘以 D3，元素 C4/C8 乘以 D4，以此类推。当对全部 5 个元素做完乘法运算后，SUMPRODUCT 将 5 个结果相加。

如果使用 AVERAGE 找出收益率的简单平均值，将得到 5.906%，比加权平均值低，因为 Sparkle Growth 和 Income Fund 等投资的收益率都高于平均值，而它们代表投资组合中的较大部分。

另外，SUMPRODUCT 在计算加权平均值时做的全部工作可通过更简单的函数在邻近单元格中完成。图 16-2 显示了相同的计算，但不是在一个单元格中使用 SUMPRODUCT，而是在不同的单元格中计算各个投资的权重，并计算出每个收益率对总收益率的影响，然后将这些值相加。

F8 =SUM(F3:F7)

	A	B	C	D	E	F	G
1							
2		Investment	Value	Rate of Return	Weight	Contribution	
3		Roboto Bond Fund	72,021.35	2.500%	17%	0.425%	
4		Duff Small Cap Fund	25,419.31	7.410%	6%	0.445%	
5		Ziff Value Investor Fund A	97,440.65	4.400%	23%	1.012%	
6		Cogswell International Fund	88,967.56	5.100%	21%	1.071%	
7		Sparkle Growth and Income Fund	139,806.15	10.120%	33%	3.340%	
8		Weighted Average Return	423,655.02			6.292%	
9							
10							
11							

图 16-2 将加权平均值的计算展开到邻近单元格中

16.2 使用移动平均来平滑数据

移动平均用来平滑数据，以便能够更加清晰地看出数据的总体趋势。当个体数据点没有固定规律时，它的效果尤其好。图 16-3 显示了一个高尔夫球得分表。打过高尔夫球的人都知道，一局与下一局之间，得分可能有很大变化。图 16-4 显示了一段时间内的得分图。由于图中存在的尖峰和低谷，很难了解这个高尔夫选手的比赛水平的变化。

E3 =IF(ROW()<12,NA(),AVERAGE(OFFSET(D3,-9,0,10,1)))

	A	B	C	D	E	F
1						
2		Date	Course	Score	Moving Avg	
3		5/13/2013	Tiburon Golf Club	98	#N/A	
4		5/20/2013	Colbert Hills	88	#N/A	
5		5/27/2013	Colbert Hills	84	#N/A	
6		6/3/2013	Colbert Hills	94	#N/A	
7		6/10/2013	Tiburon Golf Club	85	#N/A	
8		6/17/2013	Tiburon Golf Club	88	#N/A	
9		6/24/2013	Tiburon Golf Club	89	#N/A	
10		7/1/2013	Iron Horse Golf Club	84	#N/A	
11		7/8/2013	Tiburon Golf Club	84	#N/A	
12		7/15/2013	Tiburon Golf Club	97	89.1	
13		7/22/2013	Tiburon Golf Club	97	89.0	
14		7/29/2013	Tiburon Golf Club	84	88.6	
15		8/5/2013	Iron Horse Golf Club	86	88.8	
16		8/12/2013	Tiburon Golf Club	89	88.3	
17		8/19/2013	Tiburon Golf Club	89	88.7	
18		8/26/2013	Tiburon Golf Club	93	89.2	
19		9/2/2013	Tiburon Golf Club	90	89.3	
20		9/9/2013	Tiburon Golf Club	90	89.9	
21		9/16/2013	Tiburon Golf Club	85	90.0	
22		9/23/2013	Indian Creek Golf Course	90	89.3	
23		9/30/2013	Iron Horse Golf Club	94	89.0	
24		10/7/2013	Indian Creek Golf Course	93	89.9	
25		10/14/2013	Bent Tree	90	90.3	
26		10/21/2013	Indian Creek Golf Course	100	91.4	

图 16-3 一个高尔夫球得分表

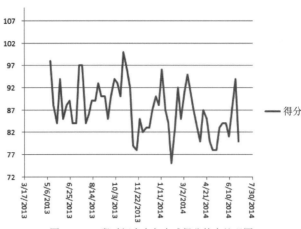

图 16-4　一段时间内高尔夫球得分的未处理图

我们希望创建一个图表，通过让高值和低值变得平滑，显示出得分的变化趋势。为此，可以计算出得分的移动平均值，然后在图表上绘制出这些值。

```
=IF(ROW()<12,NA(),AVERAGE(OFFSET(D3,-9,0,10,1)))
```

这个公式使用了几个 Excel 函数来完成任务。首先，使用 IF 函数，对前几个得分返回#N/A 错误。当没有参数时，ROW 函数返回当前单元格所在的行号。我们希望在有了足够的数据以后，才开始计算移动平均值，所以对前 9 行，这个公式返回#N/A。

提示

Excel 图表不显示#N/A 错误。NA 函数可用于不想在图表中显示的值。

对于后面的得分，使用 AVERAGE 函数来返回前面 10 个得分的算术平均值。AVERAGE 最多接受 255 个参数，但因为我们的值在一个连续区域内，所以只需要提供一个参数。

OFFSET 函数用于返回偏离开始点的特定区域，OFFSET 的参数如下所示。

reference：OFFSET 函数从哪个单元格开始。

rows：距离开始单元格多少行之后，开始返回区域。负数向上计算，正数向下计算。

cols：距离开始单元格的列数。负数向左计算，正数向右计算。

height：返回区域的行数。

width：返回区域的列数。

提示

OFFSET 函数的 height 和 width 函数必须是正数。

如果我们使单元格 D12 成为引用参数，则 OFFSET 将从该单元格开始统计。row 参数为-9，因此 OFFSET 将向上数 9 行，到达单元格 D3。cols 参数为 0，因此 OFFSET 将保持在同一列。计算完前两个参数后，OFFSET 已经确定，返回区域将从单元格 D3 开始。

高度参数被设置为 10，因此返回区域将具有 10 行，即 D3:D12。宽度参数为 1，因此返回区域只有一列。OFFSET 的结果是区域 D3:D12，这就是传递给 AVERAGE 的值。向下复制这个公式，就求出前面 10 个得分的平均值。

注意

要在移动平均中包含的值的个数随具体数据而异。例如，你可能想显示前 12 个月、前 5 年或者另外一个对数据来说合理的数字。

在图 16-5 中，将移动平均值加到图表中，并使原始得分的线条更浅，从而使平均线更加突出。显示前 10 个得分的平均值，能够更加清楚地指示这名高尔夫选手的得分走向。

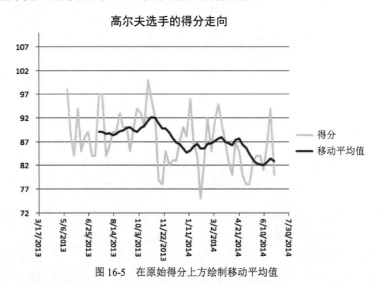

图 16-5　在原始得分上方绘制移动平均值

对易失性数据应用指数平滑

移动平均是平滑数据的一种好方法。但是，它有一个问题：集合中的每个数据点将获得相同的权重。例如，在对 6 周的数据进行移动平均时，每周的值将获得 1/6 的权重。对于某些数据集，更新的数据点应该获得更大的权重。

图 16-6 显示了在 26 周内对一个产品的需求量。Demand 列显示了实际售出的产品。Moving Average 列试图基于简单的 6 周移动平均值来预测需求。最后一列使用指数平滑，使近几周比过去的周具有更大的权重。

`=(C8*$H$2)+(E8*(1-$H$2))`

	A	B	C	D	E	F	G	H
	E9		▼		fx	=(C8*$H$2)+(E8*(1-$H$2))		
1								
2		Week	Demand	Moving Average	Exponential Forecast		Alpha:	0.30
3		1	412		412			
4		2	634		412			
5		3	990		479			
6		4	1,326		632			
7		5	1,485		840			
8		6	1,589		1,034			
9		7	1,780	1,073	1,201			
10		8	2,510	1,301	1,374			
11		9	3,464	1,614	1,715			
12		10	5,057	2,026	2,240			
13		11	4,956	2,648	3,085			
14		12	7,087	3,226	3,646			
15		13	10,985	4,142	4,679			
16		14	14,830	5,677	6,571			
17		15	14,830	7,730	9,049			
18		16	17,945	9,624	10,783			
19		17	17,406	11,772	12,931			
20		18	27,676	13,847	14,274			
21		19	21,310	17,279	18,294			
22		20	19,606	19,000	19,199			
23		21	18,821	19,795	19,321			

图 16-6　26 周中对某个产品的需求

图 16-6 的单元格 H2 的 alpha 值是为时间上最近的数据点分配的权重，在本例中为 30%。剩余 70%的权重用于剩余的数据点。在上一个数据点之前的数据点将获得剩余 70%权重的 30%(21%)，再之前的一个数据点将获得 70%的 70%的 30%(14.7%)，以此类推。

前一周的值乘以 alpha 值，然后把这个结果加到剩余百分比与上一个预测值的乘积。上一个预测值已经包含了之前的所有计算。

需求值越久远，对指数平滑预测的影响就越小。换言之，上一周的数字比上上周的数字更加重要。图 16-7 显示了需求、移动平均值和指数预测的图表。注意，指数预测比移动平均值更加快速地响应需求的变化。

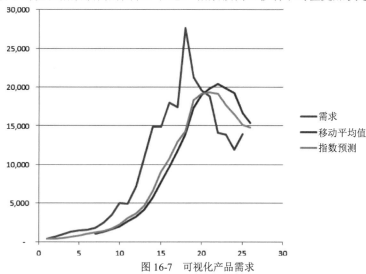

图 16-7 可视化产品需求

16.3 使用函数创建描述性统计数据

描述性统计数据允许以易于理解的量化汇总来呈现数据。当你对数据求和、计数或求平均值时，就是在创建描述性统计数据。本节将介绍的函数可用来描述数据集，以及在其他分析中用来比较数据。

16.3.1 获取最大值或最小值

图 16-8 显示了佐治亚州 Marietta 市各个月的平均低温。我们希望确定哪个月份的平均低温最高、哪个月份的平均低温最低。第一个公式将找出最高平均低温。

```
=MAX(C3:C14)
```

E5 =MAX(C3:C14)

	A	B	C	D	E	F
1						
2		Month	Avg Low Temp			
3		JAN	33			
4		FEB	36		Max	Min
5		MAR	42		70	33
6		APR	50		Max Month	Min Month
7		MAY	59		JUL	JAN
8		JUN	66			
9		JUL	70			
10		AUG	69			
11		SEP	63			
12		OCT	51			
13		NOV	42			
14		DEC	35			
15						

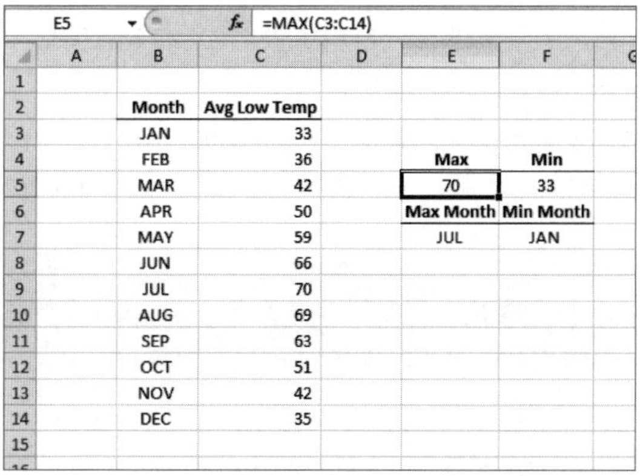

图 16-8 各个月份的平均低温

下一个公式将返回上一个公式找出的气温的对应月份。

```
=INDEX(B3:B14,MATCH(E5,C3:C14,FALSE),1)
```

Excel 提供了两个函数，用于找出一个区域内的最大值和最小值：MAX 和 MIN。这两个函数都最多接受 255 个参数。我们的数据保存在 C3:C14 中，因此将这个区域传递给 MAX 和 MIN。MAX 返回区域中的最大值 70，MIN 返回区域中的最小值 33。

> **交叉引用**
> 有关 MATCH 和 INDEX 函数的更多信息，请参考第 14 章。

为了确定气温所对应的月份，首先使用 INDEX 函数。传递给 INDEX 的区域是 B3:B14 中的月份列表。INDEX 的第二个参数是一个 MATCH 函数，它返回查找值在列表中的位置。当在气温列表中匹配 70 时，MATCH 将返回 7，因为 70 是列表中的第 7 项。INDEX 使用 7 来返回月份列表中的第 7 行，即 JUL。为 MIN 使用相同的结构，返回的结果为 JAN，即具有最低平均低温的月份。

MAX 和 MIN 都会忽略区域中的任何文本，但如果区域中存在错误，它们将返回一个错误。如果所有的错误都是文本，MAX 和 MIN 将返回 0。

16.3.2　获取第 N 个最大值或最小值

MIN 和 MAX 函数非常适合找出最大值和最小值。但是，有时需要找出第二大的值或者第五小的值。图 16-9 显示了一次保龄球赛的结果。保龄球选手按姓名的字母顺序排序，因此很难看出谁是获胜选手。我们希望找出第一～第三名保龄球选手和他们的得分。下面的公式返回得分列表中第三大的值。

```
=LARGE($C$3:$C$14,ROW(A3))
```

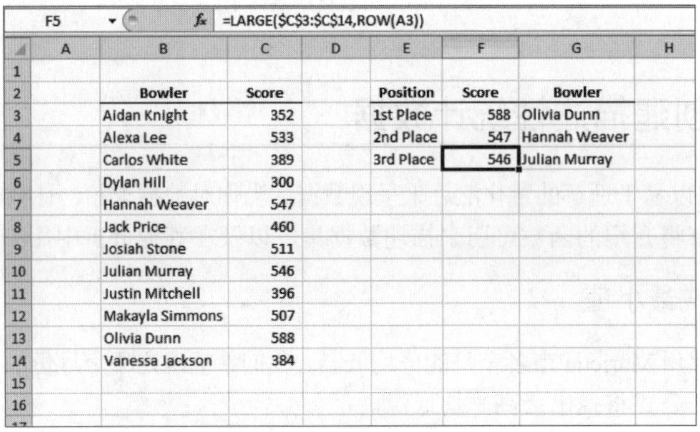
F5　=LARGE($C$3:$C$14,ROW(A3))

	Bowler	Score		Position	Score	Bowler
	Aidan Knight	352		1st Place	588	Olivia Dunn
	Alexa Lee	533		2nd Place	547	Hannah Weaver
	Carlos White	389		3rd Place	546	Julian Murray
	Dylan Hill	300				
	Hannah Weaver	547				
	Jack Price	460				
	Josiah Stone	511				
	Julian Murray	546				
	Justin Mitchell	396				
	Makayla Simmons	507				
	Olivia Dunn	588				
	Vanessa Jackson	384				

图 16-9　保龄球赛的结果

与图 16-8 类似，找出保龄球选手姓名的公式使用了 INDEX 和 MATCH。

```
=INDEX($B$3:$B$14,MATCH(F5,$C$3:$C$14,FALSE),1)
```

LARGE 和 SMALL 函数用来找出列表中的第 N 个最大值和最小值。与 MAX 类似，我们将一个值区域传递给 LARGE。但是，LARGE 还有一个参数，用来指定第 N 个最大值的 N。

> **注意**
> 如果列表中的两个值相同，则对于第 N 个值和第 N+1 个值，LARGE 和 SMALL 将返回相同的值。如果两名选手的得分都为 588，则=LARGE($C$3:$C$14,1)和=LARGE($C$3:$C$14,2)都将返回 588。

在单元格 F3 中，使用 ROW(A1)来确定 N。ROW 函数返回传递给它的单元格的行号，在本例中为第 1 行。我们可以简单地把数字 1 传递给 LARGE 函数，但是通过使用 ROW(A1)，就可以向下复制这个公式来增加行号。A1 引用是相对引用，当把该公式复制到单元格 F4 时，就成为 ROW(A2)，它将返回 2，因此 F4 中的 LARGE

函数将返回第二大的值。

交叉引用

有关绝对单元格引用和相对单元格引用的更多信息，请参考第 9 章。

在这里使用 LARGE 函数很合适，因为保龄球得分越高越好。反过来，如果列表记录的是竞速赛的时间，那么就会使用 SMALL 函数，因为用的时间越少越好。

RANK 函数是用来确定第 N 个最大值或最小值的另外一种方法。RANK 函数有 3 个参数：要排位的数字，全部数字的列表，以及排位顺序。图 16-10 显示了另外一项比赛的结果，但是这一次，用时最短的人获胜。还包含了另外一列，用来对结果排位，用到的公式如下所示。

```
=RANK(C3,$C$3:$C$14,1)
```

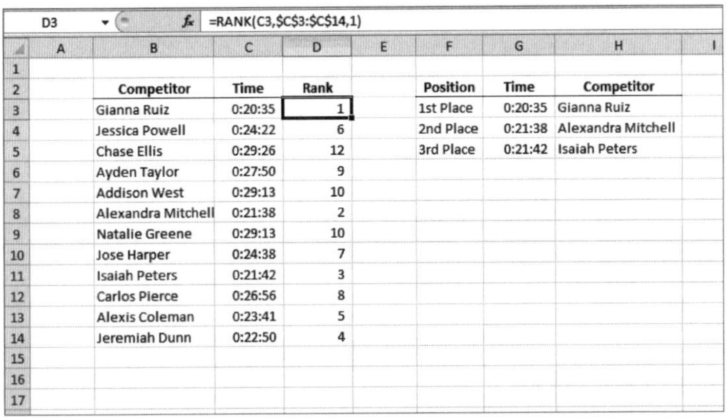

D3 =RANK(C3,$C$3:$C$14,1)

Competitor	Time	Rank		Position	Time	Competitor
Gianna Ruiz	0:20:35	1		1st Place	0:20:35	Gianna Ruiz
Jessica Powell	0:24:22	6		2nd Place	0:21:38	Alexandra Mitchell
Chase Ellis	0:29:26	12		3rd Place	0:21:42	Isaiah Peters
Ayden Taylor	0:27:50	9				
Addison West	0:29:13	10				
Alexandra Mitchell	0:21:38	2				
Natalie Greene	0:29:13	10				
Jose Harper	0:24:38	7				
Isaiah Peters	0:21:42	3				
Carlos Pierce	0:26:56	8				
Alexis Coleman	0:23:41	5				
Jeremiah Dunn	0:22:50	4				

图 16-10　竞速赛的结果

为了确定 Gianna Ruiz 的排位，我们将 C3 中的时间、C3:C14 中的时间列表和排位顺序传递给 RANK。在本例中，顺序为 1，因为我们希望将最小的数字排到第 1 位。如果我们想让最大的数字排到第 1 位，就需要将最后一个参数设为 0。

提示

存在平局时，RANK 将为相同的值返回相同的结果。如果两名选手的时间都是 20:35，那么 RANK 将为这两名选手都返回 1。下一个最短时间的排位将是 3。没有值排到第 2 位，因为平局值已经占据了排位时的前两个位置。

Excel 2010 中引入了两个函数来处理排位相同的情况：RANK.AVG 和 RANK.EQ。RANK.EQ 函数与之前版本中的 RANK 函数的结果相同。即，对相同的值返回相同的排位。RANK.AVG 函数的工作方式不同。它返回所有相同值的平均排位。

假设图 16-10 中的数据显示 4 名选手的用时为 21:38，这是第二低的用时。RANK.AVG 将为最佳时间返回 1，而为 4 个同为第二位的时间返回 3.5。这 4 个时间占据排位 2、3、4 和 5，它们的平均值为 3.5。

LARGE 和 SMALL 返回实际值，但是 RANK 则不同。RANK 返回的是在按照 RANK 的最后一个参数排序列表后，值在该列表中的位置。要获得实际值，需要使用 INDEX 和 MATCH 函数，就像对姓名做的那样。单元格 G3 中的公式返回第一名选手的用时，如下所示。

```
=INDEX($C$3:$C$14,MATCH(ROW(A1),$D$3:$D$14,FALSE),1)
```

交叉引用

关于 MATCH 和 INDEX 函数的更多信息，请参考第 14 章。

16.3.3　计算平均值、中位数和众数

日常谈到的平均数通常是指算术平均值：将值的和除以值的个数。在 Excel 中还可以计算另外两种平均数：中位数和众数。

图 16-11 显示了 20 位学生和他们的作业成绩。我们希望通过找出平均值、中位数和众数来分析成绩并得出结论。

```
=AVERAGE(C3:C22)
=MEDIAN(C3:C22)
=MODE(C3:C22)
```

从图 16-11 可以看出，平均值为 85.1，中位数为 90.5，众数为 93.0。使用 AVERAGE 函数来计算平均值，该函数对区域中的所有值求和，然后除以值的个数。将中位数和众数与平均值进行比较，可更深刻地理解数据。

G5　fx =MEDIAN(C3:C22)

	A	B	C	D	E	F	G
1							
2		Student	Grade	Count of Grades			
3		Addison Gray	96	1			
4		Alex Palmer	90	1		Average	85.1
5		Andrew Stone	98	1		Median	90.5
6		Bryan Wilson	93	4		Mode	93.0
7		Charles Alexander	71	2			
8		Chloe Carpenter	80	2			
9		Christopher Rose	91	2			
10		Connor Hill	93	4			
11		Dylan Edwards	91	2			
12		Ella Bradley	93	4			
13		Grace Mitchell	71	2			
14		Isaac Rice	73	1			
15		Joshua Thomas	93	4			
16		Juan Armstrong	95	1			
17		Kimberly Morales	77	2			
18		Lily Harrison	72	1			
19		Madison Ortiz	80	2			
20		Ryan Long	92	1			
21		Sarah Cunningham	76	1			
22		Sophia Nichols	77	2			
23							

图 16-11　学生和分数列表

使用 MEDIAN 函数可计算中位数。如果依次列出所有分数，MEDIAN 将返回刚好在中间的值。因为我们有偶数个分数，所以并没有一个精确的中间值。此时，MEDIAN 将返回最接近中间位置的两个值的平均值。当对分数进行排序后，图 16-12 显示，90 和 91 是最接近中间位置的两个分数。

K13　fx

	A	B	C	D	E	F	G	H
1								
2		Student	Grade	Count of Grades				
3		Andrew Stone	98	1				
4		Addison Gray	96	1		Average	85.1	
5		Juan Armstrong	95	1		Median	90.5	
6		Bryan Wilson	93	4		Mode	93.0	
7		Connor Hill	93	4				
8		Ella Bradley	93	4				
9		Joshua Thomas	93	4				
10		Ryan Long	92	1				
11		Christopher Rose	91	2				
12		Dylan Edwards	91	2			90.5	
13		Alex Palmer	90	1				
14		Chloe Carpenter	80	2				
15		Madison Ortiz	80	2				
16		Kimberly Morales	77	2				
17		Sophia Nichols	77	2				
18		Sarah Cunningham	76	1				
19		Isaac Rice	73	1				
20		Lily Harrison	72	1				
21		Charles Alexander	71	2				
22		Grace Mitchell	71	2				
23								
24								
25								

图 16-12　按成绩排序后的分数列表

AVERAGE 和 MEDIAN 的结果相差很大，表明分数在统计总体中不是平均分布的。在本例中，高分学生和低分学生之间有一个很大的空区。在其他情况中，可能只是有一个特别大或特别小的数字影响了 AVERAGE，但是不会影响 MEDIAN。

使用 MODE 函数可计算众数。MODE 返回出现次数最频繁的分数。图 16-11 在每个分数的旁边显示了它的出现次数。可以看出，分数 93 出现的次数最多，为 4 次。如果所有的分数出现的次数相同，MODE 将返回#N/A。如果多个分数出现的次数相同，MODE 将返回找到的第一个分数。

16.4　将数据分桶为百分位

将数据分组到桶或箱中，能够更深刻地了解每个值与整体数据的比较结果。图 16-13 显示了处理产品的员工列表的一部分，以及质量保证部门发现的每 1000 件产品的残次品数。我们想把这些数据分为 4 箱，以识别出表现最好的员工，以及需要接受更多培训的员工。Excel 提供了 QUARTILE 函数，用来计算每个四分位数的分界线。四分位数是保存 25%的数据的一个分桶。

```
=QUARTILE($C$3:$C$32,5-ROW(A1))
```

G3　fx =QUARTILE($C$3:$C$32,5-ROW(A1))

	A	B	C	D	E	F	G	H
1								
2		Employee	Defects per 1000	Quartile				
3		Adam Jordan	47	1		Maximum	50.0	
4		Alex Cox	31	3		75th percentile	44.5	
5		Alexa Gonzalez	50	1		50th percentile	31.0	
6		Alyssa Cook	41	2		25th percentile	23.0	
7		Amelia Rivera	30	3				
8		Anna Garcia	30	3				
9		Audrey Cox	23	4				
10		Chloe Marshall	27	3				
11		Eli Green	34	2				
12		Eric Greene	48	1				
13		Evan Stone	17	4				
14		Evelyn Harris	22	4				
15		Gabriel Webb	43	2				
16		Gabriella Davis	45	1				
17		Genesis Bailey	23	4				
18		Isabella Marshall	49	1				
19		Jaden Hart	50	1				
20		Jeremiah Palmer	19	4				
21		Joseph Morgan	17	4				
22		Katelyn Howard	31	3				
23		Kyle Washington	19	4				
24		Lauren Allen	47	1				
25		Layla Gardner	47	1				
26		Lillian Matthews	27	3				
27		Mason Marshall	41	2				
28		Nathaniel Griffin	42	2				
29		Samuel Chavez	21	4				
30		Sean Gomez	39	2				
31		Victoria Freeman	20	4				
32		William Cox	27	3				
33								

图 16-13　确定残次品的四分位数

QUARTILE 函数提供了分界线。图 16-13 的单元格 D3 中的 MATCH 函数确定单元格 C3 中的值落入哪个四分位数，然后向下为全部值复制该公式。

```
=MATCH(C3,$G$3:$G$6,-1)
```

QUARTILE 函数的参数包括一个值区域和一个整数，该整数代表要返回哪个四分位数(即 quart 参数)。quart 参数可接受以下值：0 对应最小值，1 对应第 25 个四分位数，2 对应第 50 个四分位数，3 对应第 75 个四分位数，4 对应最大值。如果 quart 参数的值不在 0～4 范围内，QUARTILE 将返回一个错误。如果 quart 参数有小数位，则该值将被截断，只保留整数部分。

QUARTILE 函数的 quart 参数使用了表达式 5-ROW(A1)。这样，当向下复制该公式时，quart 参数就能够递减 1。对于单元格 G3，该表达式返回 4，对应于区域中的最大值。当把公式复制到 G4 时，将把 A1 引用改为 A2 引用，该表达式将返回 5-2=3，对应于第 75 个四分位数。

注意

QUARTILE 函数对值的个数减去 1 应用一个百分比，以找出包围分界线的两个值。然后，对这两个值进行插值来找出结果。

对于第 75 个百分位，QUARTILE 函数对图 16-14 中的 30 个值计算 0.75×(30−1)，得到 21.75。然后，它将数据按从最小到最大的顺序排序，并从最小值向下数 21 行。因为第一次计算的结果不是整数，它会对包围分界线的两个值进行插值。在本例中，向下数 21 行将得到值 43，下一个值为 45。插值计算使用 21.75 的小数部分，找出在 43 和 45 之间 75%位置处的数字，即 43+((45−43)×0.75)，结果为 44.5。

类似的，对于第 50 个百分位，QUARTILE 计算 0.5×(30−1)，得到 14.5。从最小值向下数，第 50 个百分位落在 Alex Cox 的 31 和 Katelyn Howard 的 31 之间。因为这两个值相等，插值很容易计算，结果为 31。图 16-14 显示了相同的员工和残次品数据，只是进行了排序，并标出了分界线。

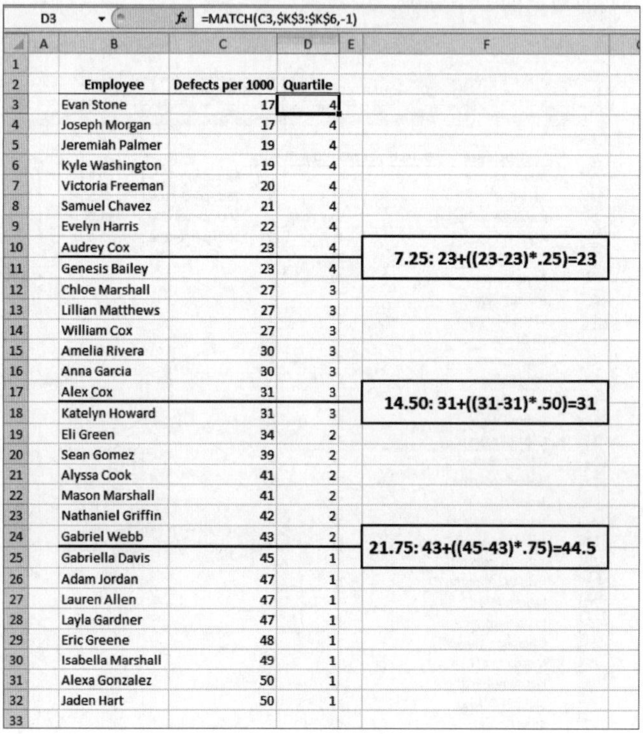
D3 =MATCH(C3,$K$3:$K$6,-1)

Employee	Defects per 1000	Quartile
Evan Stone	17	4
Joseph Morgan	17	4
Jeremiah Palmer	19	4
Kyle Washington	19	4
Victoria Freeman	20	4
Samuel Chavez	21	4
Evelyn Harris	22	4
Audrey Cox	23	4
Genesis Bailey	23	4
Chloe Marshall	27	3
Lillian Matthews	27	3
William Cox	27	3
Amelia Rivera	30	3
Anna Garcia	30	3
Alex Cox	31	3
Katelyn Howard	31	3
Eli Green	34	2
Sean Gomez	39	2
Alyssa Cook	41	2
Mason Marshall	41	2
Nathaniel Griffin	42	2
Gabriel Webb	43	2
Gabriella Davis	45	1
Adam Jordan	47	1
Lauren Allen	47	1
Layla Gardner	47	1
Eric Greene	48	1
Isabella Marshall	49	1
Alexa Gonzalez	50	1
Jaden Hart	50	1

图 16-14　排序后的数据和分界线

要找出每个值落入哪个四分位数，对 QUARTILE 计算区域使用了 MATCH 函数。因为我们的四分位数数据按降序排列，所以为 MATCH 的最后一个参数使用-1——大于。MATCH 函数返回值在列表中的位置，但是当下一个值小于查找值时就会停止查找。当试图匹配值 47 时，MATCH 发现第二个值(44.5)小于查找值，就会在第一个位置停止查找。

16.5　通过四分位数间距识别统计离群值

在前面的公式中，我们使用 QUARTILE 函数将数据分组到桶中。当需要相对来说比较整齐的四分位数时，QUARTILE 函数十分方便，但是这个函数会减小高四分位数和低四分位数之间的间距，使得更难识别出真正的统计意义上的离群值。

Excel 提供了另外一个函数 QUARTILE.EXC。QUARTILE.EXC 从统计总体中排除中位数(中间数字)。该函数得到的四分位数将更远离总体的中心。这使得我们能够更好地估计实际的统计总体，并且有可能帮助我们更准确地判断哪些值应该视为离群值。

图 16-15 显示了一组员工和每 1000 件产品中的残次品数。这个数据集的值更加分散。我们希望找出哪些员工位于合理范围之外(离群值)，以便做进一步调查。

为了识别离群值，我们将使用一种称为“杠杆四分位数间距”的方法。四分位数间距是指位于中间 50%(在第 75 个百分位和第 25 个百分位之间)的数据。“杠杆”是指我们将中间部分乘以一个系数来加以展开，以确立边界值。位于边界值以外的任何数据都被视为离群值。

图 16-15 中使用的公式如下所示。

```
75th percentile: =QUARTILE.EXC($C$3:$C$22,3)
25th percentile: =QUARTILE.EXC($C$3:$C$22,1)
Interquartile Range: =G4-G5
Fence Factor: 1.5
Upper Fence: =G4+(G6*G8)
Lower Fence: =G5-(G6*G8)

Outliers: =IF(C3<$G$10,"Low",IF(C3>$G$9,"High",""))
```

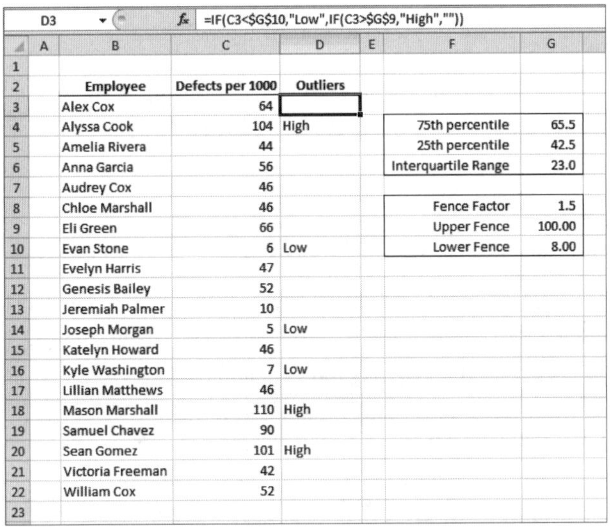
D3　=IF(C3<$G$10,"Low",IF(C3>$G$9,"High",""))

Employee	Defects per 1000	Outliers
Alex Cox	64	
Alyssa Cook	104	High
Amelia Rivera	44	
Anna Garcia	56	
Audrey Cox	46	
Chloe Marshall	46	
Eli Green	66	
Evan Stone	6	Low
Evelyn Harris	47	
Genesis Bailey	52	
Jeremiah Palmer	10	
Joseph Morgan	5	Low
Katelyn Howard	46	
Kyle Washington	7	Low
Lillian Matthews	46	
Mason Marshall	110	High
Samuel Chavez	90	
Sean Gomez	101	High
Victoria Freeman	42	
William Cox	52	

75th percentile	65.5
25th percentile	42.5
Interquartile Range	23.0
Fence Factor	1.5
Upper Fence	100.00
Lower Fence	8.00

图 16-15　使用杠杆四分位数间距识别离群值

QUARTILE.EXC 函数用来分别使用参数 3 和 1 来确定第 75 个百分位和第 25 个百分位。四分位数间距就是这两个百分位的差。

在非杠杆四分位数间距中，将简单地从第 25 个百分位减去四分位数间距，以得到下界，然后将四分位数间距加到第 75 个百分位，以得到上界。这种方法可能导致过多离群值。通过将四分位数间距乘以一个系数(本例中为 1.5)，可以扩展上下界，将真正的极端值隔离出来。图 16-16 显示了按残次品排序的相同数据，以及四分位数的分界线、四分位数间距和上下界。

为了确立上界，我们将边界系数乘以四分位数间距，然后把结果加到第 75 个百分位上。从第 25 个百分位减去相同的结果，以确立下界。

提示

你可能发现，边界系数 1.5 排除了你认为是离群值的值，或者包含了你认为是正常值的值。1.5 这个数字并没有什么神奇的地方。你可以上下调整这个系数，直到它适合自己的数据。

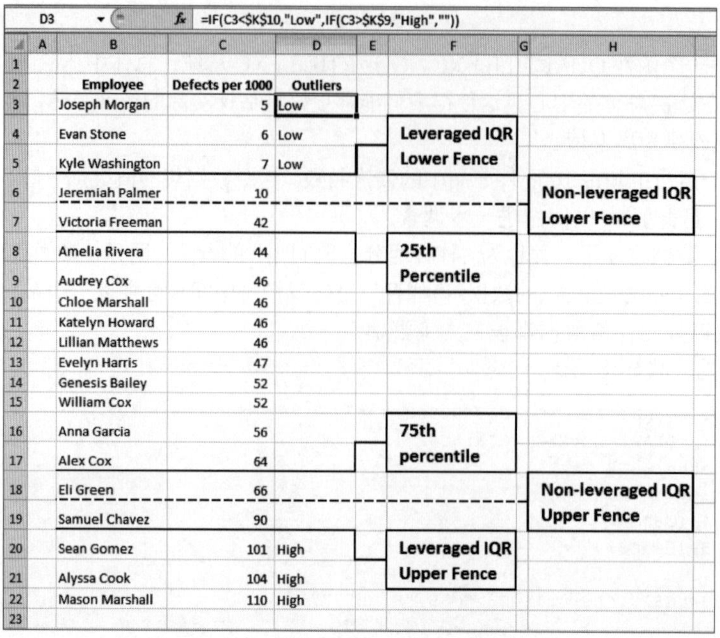

图 16-16　杠杆四分位数间距向外扩展上下界

　　确立上下界后，我们使用一个嵌套的 IF 公式，判断每个值是否大于上界或小于下界。对于离群值，嵌套的 IF 公式将返回文本"High"或"Low"；对于在上下界之内的值，将返回一个空字符串("")。

16.6　创建频率分布

　　四分位数是将数据分组为箱的一种常用方法，因此 Excel 才会专门提供 QUARTILE 函数。然而，有些时候，可能想将数据分组为自己定义的分箱。图 16-17 显示了一个包含 50 个订单的列表，以及每个订单的订单额。我们希望知道客户的订单额落入$1～$100、$101～$200 等区间的次数。

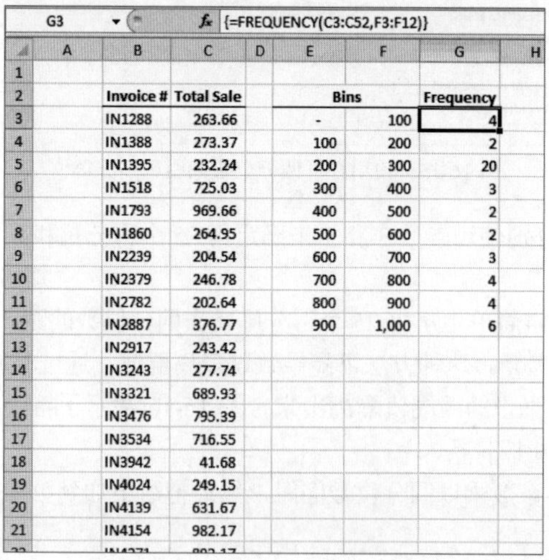

图 16-17　使用自定义分箱计算频率

Excel 的 FREQUENCY 函数可统计落入我们定义的分箱的所有订单。

```
=FREQUENCY(C3:C52,F3:F12)
```

FREQUENCY 函数是一个数组函数。这意味着不能按 Enter 键完成公式，而是必须按 Ctrl+Shift+Enter。Excel 将在公式两边插入花括号({})，指出该公式是一个数组公式。

> **交叉引用**
> 第 18 章将详细介绍数组公式。

FREQUENCY 有两个参数：要分组为箱的数据区域，以及代表各个分箱中最大数字的区域。首先，在列 F 中输入分箱的值。列 E 不影响公式，它只是用来显示每个分箱的下界。

要在列 G 中输入 FREQUENCY，首先选择区域 G3:G12，然后键入公式。虽然只是在 G3 中输入公式，按 Ctrl+Shift+Enter 完成公式，将把该公式填充到选中的整个区域中。

FREQUENCY 公式的结果显示，许多客户每次的购买额在$200～$300。

FREQUENCY 函数的替代方法

如果试图删除 FREQUENCY 公式区域中的某个单元格，Excel 将告诉你“无法更改部分数组”。Excel 将 FREQUENCY(乃至所有数组函数)视为一个整体。你可以修改整个数组，但不能修改数组中的单独单元格。如果想修改分箱，就必须删除并重新输入数组。

COUNTIFS 函数也可用来创建频率分布。因为 COUNTIFS 不是一个数组公式，所以更容易修改分箱，或者扩展或收缩区域。对于图 16-18 中的数据，使用的 COUNTIFS 函数如下所示。

```
=COUNTIFS($C$3:$C$52,">"&E3,$C$3:$C$52,"<="&F3)
```

G3　=COUNTIFS($C$3:$C$52,">"&E3,$C$3:$C$52,"<="&F3)

	A	B	C	D	E	F	G	H	I
1									
2		Invoice #	Total Sale		Bins		Frequency		
3		IN1288	263.66		-	100	4		
4		IN1388	273.37		100	200	2		
5		IN1395	232.24		200	300	20		
6		IN1518	725.03		300	400	3		
7		IN1793	969.66		400	500	2		
8		IN1860	264.95		500	600	2		
9		IN2239	204.54		600	700	3		
10		IN2379	246.78		700	800	4		
11		IN2782	202.64		800	900	4		
12		IN2887	376.77		900	1,000	6		
13		IN2917	243.42						

图 16-18　使用 COUNTIFS 函数创建频率分布

与 FREQUENCY 不同，COUNTIFS 需要分箱的下界(列 E)。它统计所有大于下界并小于等于上界的值。不要采用输入数组公式的方法输入这个公式，而是把它简单地向下复制，定义了多少个分箱，就向下复制到对应的行。

> **交叉引用**
> 可回顾第 13 章来了解 COUNTIFS 函数的更多信息。

第 17 章

在表格和条件格式中使用公式

本章要点

- 突出显示满足特定条件的单元格
- 突出显示数据集之间的区别
- 基于日期的条件格式

条件格式指的是 Excel 具有的一种功能。Excel 能够根据用户定义的一组条件,动态改变值、单元格或单元格区域的格式。条件格式使我们能够在查看 Excel 报表时,根据格式快速判断哪些值是正常的,哪些值是有问题的。

本章将提供一些示例,展示在 Excel 中如何结合使用条件格式和公式来添加额外的一层可视化,方便用户进行分析。

配套学习资源网站

配套学习资源网站 www.wiley.com/go/excel2019bible 中提供了本章使用的示例工作簿。文件名为 Using Functions with Conditional Formatting.xlsx。

注意

可回顾第 5 章来了解条件格式的更多信息。

17.1 突出显示满足特定条件的单元格

突出显示满足某种业务条件的单元格,是基本的条件格式规则之一。下面的例子演示了如何为值小于硬编码的 4000 的单元格设置格式(参见图 17-1)。

要创建这个基本的格式规则,可执行下面的步骤。

(1) 选择目标区域中的数据单元格(本例中为单元格 C3:C14)。

(2) 单击 Excel 功能区的"开始"选项卡,然后选择"条件格式"|"新建规则"命令。这将打开如图 17-2 所示的"新建格式规则"对话框。

(3) 在对话框上部的列表框中,单击选项"使用公式确定要设置格式的单元格"。此选项将根据指定的公式来计算值。如果特定的值计算为 TRUE,就对该单元格应用条件格式。

(4) **在公式输入框中,输入下面的公式。**注意,我们只是引用了目标区域中的第一个单元格,并不需要引用整个区域。

```
=C3<4000
```

	A	B	C
1			
2			**Units Sold**
3		January	2661
4		February	3804
5		March	5021
6		April	1001
7		May	4375
8		June	2859
9		July	7659
10		August	3061
11		September	2003
12		October	5147
13		November	4045
14		December	1701
15			

图 17-1   这个表格中的单元格设置了条件格式，
为小于 4000 的值显示红色背景

图 17-2   配置"新建格式规则"对话框来应用
自己需要的公式规则

警告

注意，公式中没有为目标单元格(C3)使用代表绝对引用的美元符号($)。如果没有输入单元格，而是用鼠标单击单元格 C3，Excel 将自动插入绝对单元格引用。在目标单元格中不能使用绝对引用符号，这一点很重要，因为我们需要 Excel 基于每个单元格自己的值来应用此格式规则。

---

(5) **单击"格式"按钮，选择想要使用的格式**。这将打开"设置单元格格式"对话框，其中提供了为目标单元格设置字体、边框和填充的完整一套选项。

(6) 选择完格式选项后，单击"确定"按钮。

(7) 在"新建格式规则"对话框中，再次单击"确定"按钮，确认自己的格式规则。

提示

如果需要编辑条件格式规则，只需要单击格式区域内的任意数据单元格，然后在"开始"选项卡中选择"条件格式"|"管理规则"。这将打开"条件格式规则管理器"对话框。单击想要编辑的规则，然后单击"编辑规则"按钮。

基于另一个单元格的值突出显示单元格

很多时候，单元格的格式规则将基于它们与另一个单元格的值的比较结果。以图 17-3 为例。如果单元格的值小于单元格 B3 中显示的 Prior Year Average(上一年平均值)，就突出显示。

	A	B	C	D	E
1					
2		**Prior Year Average**		Month	Units Sold
3		3500		January	2661
4				February	3804
5				March	5021
6				April	1001
7				May	4375
8				June	2859
9				July	7659
10				August	3061
11				September	2003
12				October	5147
13				November	4045
14				December	1701

图 17-3   这个表格中的单元格设置了条件格式，当单元格的值小于 Prior Year Average 值时就显示红色背景

要创建这个基本的格式规则，可执行下面的步骤。

(1) 选择目标区域中的数据单元格(本例中为单元格 E3:E14)。

(2) 单击 Excel 功能区的"开始"选项卡，然后选择"条件格式"|"新建规则"命令。这将打开如图 17-4 所示的"新建格式规则"对话框。

图 17-4　配置"新建格式规则"对话框来应用自己需要的公式规则

(3) 在对话框上部的列表框中，单击选项"使用公式确定要设置格式的单元格"。此选项将根据你指定的公式来计算值。如果特定的值计算为 TRUE，就对该单元格应用条件格式。

(4) 在公式输入框中，输入下面的公式。注意，我们只是将目标单元格(E3)与比较单元格($B$3)中的值进行比较。与标准公式一样，需要确保使用绝对引用，以便区域中的每个值将与合适的比较单元格进行比较。

```
=E3<$B$3
```

(5) 单击"格式"按钮，选择想要使用的格式。这将打开"设置单元格格式"对话框，其中提供了为目标单元格设置字体、边框和填充的一套完整选项。

(6) 选择完格式选项后，单击"确定"按钮。

(7) 在"新建格式规则"对话框中，再次单击"确定"按钮，确认自己的格式规则。

17.2　突出显示列表 1 中存在但列表 2 中不存在的值

常常需要比较两个列表，选中在一个列表中、但不在另一个列表中的值。条件格式是展示结果的理想方式。图 17-5 显示了一个条件格式的例子，它比较 2018 年和 2019 年的客户，并突出显示 2019 年新增的客户，即 2018 年不存在的客户。

要创建这个基本的格式规则，可执行下面的步骤。

(1) 选择目标区域中的数据单元格(本例中为单元格 E4:E28)。

(2) 单击 Excel 功能区的"开始"选项卡，然后选择"条件格式"|"新建规则"命令。这将打开如图 17-6 所示的"新建格式规则"对话框。

(3) 在对话框上部的列表框中，单击选项"使用公式确定要设置格式的单元格"。此选项将根据你指定的公式来计算值。如果特定的值计算为 TRUE，就对该单元格应用条件格式。

(4) 在公式输入框中，输入下面的公式。注意，我们使用 COUNTIF 函数来判断目标单元格(E4)中的值是否在比较区域($B$4:$B$21)中存在。如果没有找到该值，COUNTIF 函数将返回 0，触发条件格式。与标准公式一样，需要确保使用绝对引用，以便区域中的每个值将与合适的比较单元格进行比较。

```
=COUNTIF($B$4:$B$21,E4)=0
```

	A	B	C	D	E	F
1						
2		2018			2019	
3		Customer_Name	Revenue		Customer_Name	Revenue
4		GKNEAS Corp.	$2,333.60		JAMSEA Corp.	$2,324.36
5		JAMSEA Corp.	$2,324.36		JAMWUS Corp.	$2,328.53
6		JAMWUS Corp.	$2,328.53		JAYKA Corp.	$2,328.53
7		JAYKA Corp.	$2,328.53		JUSDAN Corp.	$3,801.86
8		MAKUTE Corp.	$2,334.01		MAKUTE Corp.	$2,334.01
9		MOSUNC Corp.	$2,311.70		MALEBO Corp.	$3,099.45
10		NCUANT Corp.	$2,311.79		MOSUNC Corp.	$2,311.70
11		OSADUL Corp.	$2,311.50		NCUANT Corp.	$2,311.79
12		RRCAR Corp.	$2,315.14		OSADUL Corp.	$2,311.50
13		RULLAN Corp.	$2,332.94		PUNSKE Corp.	$7,220.80
14		SMATHE Corp.	$2,336.59		REBUST Corp.	$14,224.84
15		SOFANU Corp.	$2,333.60		RRCAR Corp.	$2,315.14
16		SUMTUK Corp.	$2,321.61		RULLAN Corp.	$2,332.94
17		TULUSS Corp.	$2,311.96		RUTANS Corp.	$4,175.75
18		UDGUWU Corp.	$2,328.58		SCHOUL Corp.	$5,931.46

图 17-5 可以设置条件格式，突出显示一个列表中存在、
但另一个列表中不存在的值

图 17-6 配置“新建格式规则”对话框来应用自己
需要的公式规则

(5) 单击“格式”按钮，选择想要使用的格式。这将打开“设置单元格格式”对话框，其中提供了为目标
单元格设置字体、边框和填充的一套完整选项。

(6) 选择完格式选项后，单击“确定”按钮。

(7) 在“新建格式规则”对话框中，再次单击“确定”按钮，确认自己的格式规则。

> **交叉引用**
> 有关 COUNTIF 函数的更多信息，请参考第 13 章。

17.3 突出显示既在列表 1 中存在又在列表 2 中存在的值

有时候，需要比较两个列表，只选出同时在两个列表中存在的值。同样，条件格式是展示结果的理想方式。
图 17-7 显示了一个条件格式的例子，它比较 2018 年和 2019 年的客户，并突出显示既在 2019 年列表、也在 2018
年列表中的客户。

要创建这个基本的格式规则，可执行下面的步骤。

(1) 选择目标区域中的数据单元格(本例中为单元格 E4:E28)。

(2) 单击 Excel 功能区的“开始”选项卡，然后选择“条件格式”|“新建规则”命令。这将打开如图 17-8
所示的“新建格式规则”对话框。

(3) 在对话框上部的列表框中，单击选项“使用公式确定要设置格式的单元格”。此选项将根据指定的公
式来计算值。如果特定的值计算为 TRUE，就对该单元格应用条件格式。

(4) 在公式输入框中，输入下面的公式。注意，我们使用 COUNTIF 函数来判断目标单元格(E4)中的值是否
在比较区域($B$4:$B$21)中存在。如果找到该值，COUNTIF 函数将返回大于 0 的数字，触发条件格式。与标准
公式一样，需要确保使用绝对引用，以便区域中的每个值将与合适的比较单元格进行比较。

```
=COUNTIF($B$4:$B$21,E4)>0
```

(5) 单击“格式”按钮，选择想要使用的格式。这将打开“设置单元格格式”对话框，其中提供了为目标
单元格设置字体、边框和填充的一套完整选项。

(6) 选择完格式选项后，单击“确定”按钮。

(7) 在“新建格式规则”对话框中，再次单击“确定”按钮，确认自己的格式规则。

▲	A	B	C	D	E	F
1						
2		2018			2019	
3		Customer_Name	Revenue		Customer_Name	Revenue
4		GKNEAS Corp.	$2,333.60		JAMSEA Corp.	$2,324.36
5		JAMSEA Corp.	$2,324.36		JAMWUS Corp.	$2,328.53
6		JAMWUS Corp.	$2,328.53		JAYKA Corp.	$2,328.53
7		JAYKA Corp.	$2,328.53		JUSDAN Corp.	$3,801.86
8		MAKUTE Corp.	$2,334.01		MAKUTE Corp.	$2,334.01
9		MOSUNC Corp.	$2,311.70		MALEBO Corp.	$3,099.45
10		NCUANT Corp.	$2,311.79		MOSUNC Corp.	$2,311.70
11		OSADUL Corp.	$2,311.50		NCUANT Corp.	$2,311.79
12		RRCAR Corp.	$2,315.14		OSADUL Corp.	$2,311.50
13		RULLAN Corp.	$2,332.94		PUNSKE Corp.	$7,220.80
14		SMATHE Corp.	$2,336.59		REBUST Corp.	$14,224.84
15		SOFANU Corp.	$2,333.60		RRCAR Corp.	$2,315.14
16		SUMTUK Corp.	$2,321.61		RULLAN Corp.	$2,332.94

图 17-7　可以设置条件格式，突出显示同时存在于两个列表中的值

图 17-8　配置"新建格式规则"对话框来应用自己需要的公式规则

17.4　基于日期突出显示

你可能会发现，用可视方式指出特定日期触发特定场景很有帮助。例如，当使用考勤卡和时间表时，能够方便地确定哪些日期是周末很有帮助。图 17-9 中显示的条件格式规则突出显示了值列表中的所有周末日期。

要创建这个基本的格式规则，可执行下面的步骤。

(1) 选择目标区域中的数据单元格(本例中为单元格 B3:B18)。

(2) 单击 Excel 功能区的"开始"选项卡，然后选择"条件格式"|"新建规则"命令。这将打开如图 17-10 所示的"新建格式规则"对话框。

▲	A	B
1		
2		**Highlight Weekends**
3		1/23/2012
4		12/28/2009
5		9/26/2010
6		12/8/2014
7		4/25/2010
8		11/7/2012
9		7/31/2014
10		11/24/2014
11		12/28/2010
12		7/28/2011
13		12/17/2014
14		8/3/2014
15		5/1/2011
16		4/2/2011
17		7/17/2009
18		8/12/2009

图 17-9　可以设置条件格式，突出显示日期列表中的全部周末日期

图 17-10　配置"新建格式规则"对话框来应用自己需要的公式规则

(3) 在对话框上部的列表框中，单击选项"使用公式确定要设置格式的单元格"。此选项将根据指定的公式来计算值。如果特定的值计算为 TRUE，就对该单元格应用条件格式。

(4) 在公式输入框中，输入下面的公式。注意，我们使用 WEEKDAY 函数来判断目标单元格(B)是一周中的第几天。如果返回 1 或 7，则说明 B3 中的日期是周末。此时，将应用条件格式。

```
=OR(WEEKDAY(B3)=1,WEEKDAY(B3)=7)
```

(5) **单击"格式"按钮，选择想要使用的格式。**这将打开"设置单元格格式"对话框，其中提供了为目标单元格设置字体、边框和填充的一套完整选项。

(6) **选择完格式选项后，单击"确定"按钮。**

(7) **在"新建格式规则"对话框中，再次单击"确定"按钮，确认自己的格式规则。**

17.4.1 突出显示两个日期之间的日期

一些分析要求识别特定时间段内的日期。图 17-11 显示了如何应用条件格式，基于开始日期和结束日期来突出显示日期。调整开始日期和结束时期时，条件格式也会相应发生调整。

要创建这个基本的格式规则，可执行下面的步骤。

(1) **选择目标区域中的数据单元格**(本例中为单元格 E3:E18)。

(2) **单击 Excel 功能区的"开始"选项卡，然后选择"条件格式"|"新建规则"命令**，这将打开如图 17-12 所示的"新建格式规则"对话框。

	A	B	C	D	E
1					
2		Start	End		Highlight Days within 2010 and 2012
3		1/1/2010	12/31/2012		1/23/2012
4					12/28/2009
5					9/26/2010
6					12/8/2014
7					4/25/2012
8					11/7/2012
9					7/31/2014
10					11/24/2014
11					12/28/2010
12					7/28/2011
13					12/17/2014
14					8/3/2014
15					5/1/2011
16					4/2/2011
17					7/17/2009
18					8/12/2009

图 17-11 可以设置条件格式，突出显示开始日期和结束日期之间的日期

图 17-12 配置"新建格式规则"对话框来应用自己需要的公式规则

(3) **在对话框上部的列表框中，单击选项"使用公式确定要设置格式的单元格"。**此选项将根据指定的公式来计算值。如果特定的值计算为 TRUE，就对该单元格应用条件格式。

(4) **在公式输入框中，输入下面的公式。**注意，我们使用 AND 函数来分别比较目标单元格(E3)中的日期与单元格$B$3 中的开始日期和单元格$C$3 中的结束日期。如果目标单元格中的日期在开始日期和结束日期之间，该公式将计算为 TRUE，从而触发条件格式。

```
=AND(E3>=$B$3,E3<=$C$3)
```

(5) **单击"格式"按钮，选择想要使用的格式。**这将打开"设置单元格格式"对话框，其中提供了为目标单元格设置字体、边框和填充的一套完整选项。

(6) **选择完格式选项后，单击"确定"按钮。**

(7) **在"新建格式规则"对话框中，再次单击"确定"按钮，确认自己的格式规则。**

17.4.2 基于到期日突出显示日期

图 17-13 中的例子显示，通过设置条件格式，能够突出显示已经逾期特定天数的日期。在本例中，将逾期超过 90 天的日期显示为红色背景。

要创建这个基本的格式规则，可执行下面的步骤。

(1) **选择目标区域中的数据单元格**(本例中为单元格 C4:C9)。单击 Excel 功能区的"开始"选项卡，然后选

择"条件格式"|"新建规则"命令。这将打开如图 17-14 所示的"新建格式规则"对话框。

图 17-13　可以设置条件格式,基于到期日突出显示日期　图 17-14　配置"新建格式规则"对话框来应用自己需要的公式规则

(2) 在对话框上部的列表框中,单击选项"使用公式确定要设置格式的单元格"。此选项将根据指定的公式来计算值。如果特定的值计算为 TRUE,就对该单元格应用条件格式。

(3) 在公式输入框中,输入下面的公式。在这个公式中,我们计算今天的日期是否比目标单元格(C4)中的日期晚 90 天。如果是,就应用条件格式。

```
=TODAY()-C4>90
```

(4) 单击"格式"按钮,选择想要使用的格式。这将打开"设置单元格格式"对话框,其中提供了为目标单元格设置字体、边框和填充的一套完整选项。

(5) 选择完格式选项后,单击"确定"按钮。

(6) 在"新建格式规则"对话框中,再次单击"确定"按钮,确认自己的格式规则。

第 **18** 章

理解和使用数组公式

本章要点

- 定义数组和数组公式
- 比较一维数组与二维数组
- 命名数组常量
- 使用数组公式
- 多单元格数组公式的示例
- 单个单元格数组公式的示例

Excel 最吸引人也是最强大的功能之一是可在公式中使用数组。当理解这个概念之后，就可以创建出能实现神奇功能的优雅公式。

本章将介绍数组公式的概念。对于希望精通 Excel 公式的读者来说，必须掌握本章的知识。

配套学习资源网站

本章的大多数示例都可以在配套学习资源网站www.wiley.com/go/excel2019bible中找到，文件名是Array Formulas.xlsx 。

18.1 了解数组公式

如果你从事过任何计算机编程的工作，那么可能已经了解数组的概念。数组是一组可以整体或单独处理的项。在 Excel 中，数组可以是一维或二维数组。维度与行和列相对应。例如，一维数组可以存储在由一行(横向数组)或一列(纵向数组)组成的区域中。二维数组可以存储在矩形的单元格区域中。Excel不支持三维数组(但 VBA 程序设计语言则支持)。

接下来你将会看到，数组不必存储在单元格中。也可以使用只存储于 Excel 内存中的数组，然后可以使用数组公式来处理这些信息并返回结果。Excel 支持两种类型的数组公式。

- **单个单元格数组公式**：使用存储在区域或内存中的数组，并生成将显示在单个单元格中的结果。
- **多单元格数组公式**：使用存储在区域或内存中的数组，并生成结果数组。因为一个单元格只能容纳一个值，所以多单元格数组公式将输入到一个单元格区域中。

本节将介绍两个数组公式示例：一个占据多个单元格的数组公式和一个只占据单个单元格的数组公式。

18.1.1 多单元格数组公式

图 18-1 显示了一个简单的工作表，用于计算产品的销售额。通常，可以使用下面的公式计算 D 列中的值(每种产品的总销售额)，然后将这个公式在该列中向下复制。

```
=B2*C2
```

图 18-1　D 列包含用于计算每种产品的总销售额的公式

在复制后，工作表的 D 列中将包含 6 个公式。

也可以使用另一种方法来执行该计算，该方法可以使用单个公式(多单元格数组公式)计算出 D2: D7 区域中的所有 6 个值。该公式占用 6 个单元格，并返回一个含有 6 个值的数组。

要创建多单元格数组公式进行计算，可以执行以下步骤。

(1) **选择用于容纳结果的区域**。在本例中，这个区域是 D2:D7。因为不能在一个单元格中显示多个值，所以需要选择 6 个单元格才能使这个数组正常工作。

(2) **输入以下公式：**

```
=B2:B7*C2:C7
```

(3) **按 Ctrl+Shift+Enter 键输入公式**。通常情况下，按 Enter 键可以输入一个公式。但由于这是一个数组公式，因此需要按 Ctrl+Shift+Enter 键。

警告

不能向已指定为表格(通过选择"插入"|"表格"|"表格")的区域中插入多单元格数组公式。此外，也不能将包含多单元格数组公式的区域转换为表格。

此时，该公式将会被输入到 6 个选定的单元格中。如果查看编辑栏，则会看到以下显示内容：

```
{=B2:B7*C2:C7}
```

Excel 用花括号把这个公式括起来，从而说明这是一个数组公式。

这个公式将执行计算，并返回一个含有 6 项的数组。实际上，此公式会对区域中的另外两个数组中的数据进行计算。第一个数组的值存储在 B2:B7 中，第二个数组的值存储在 C2: C7 中。

此多单元格数组公式所返回的值与在单元格 D2:D7 中输入的 6 个普通公式所返回的值是完全相同的。

```
=B2*C2
=B3*C3
=B4*C4
=B5*C5
=B6*C6
=B7*C7
```

与使用多个单独的公式相比，使用多单元格数组公式可得到以下几个好处。

● 可以保证区域中的所有公式完全相同。

● 使用多单元格数组公式可以减小意外覆盖公式的可能性。不能更改或者删除多单元格数组公式中的单元格。如果尝试执行这些操作，Excel 会显示错误消息。

● 使用多单元格数组公式可以防止新手篡改公式。

使用前面列表中所提到的多单元格数组公式也可能存在一些缺点，如下所示。

● 不允许在区域中插入新行。但在某些情况下，不允许插入新行是一个很有用的功能。例如，你可能不希望用户添加行，因为这会影响工作表的其他部分。

● 如果向区域的底部添加新数据，则必须对数组公式进行修改以容纳新数据。

18.1.2 单个单元格的数组公式

本节将介绍占用单个单元格的数组公式。请看图 18-2，该图类似于图 18-1。但是请注意，D 列中的公式都已被删掉。其目的是在不使用 D 列中的各个计算的情况下就计算出所有商品的销售总额。

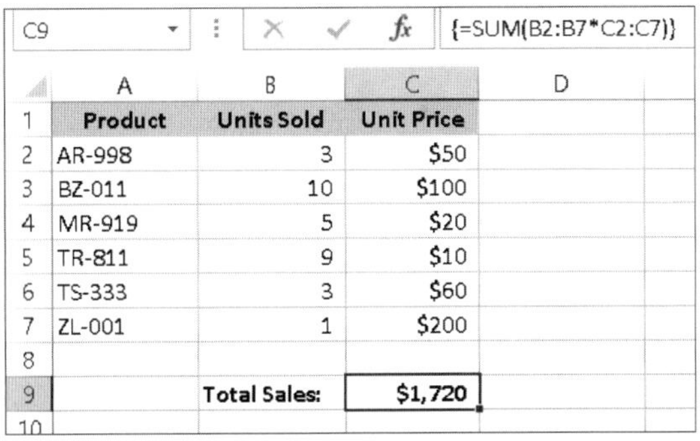

| C9 | ▼ | : | × | ✓ | *fx* | {=SUM(B2:B7*C2:C7)} |

	A	B	C	D
1	**Product**	**Units Sold**	**Unit Price**	
2	AR-998	3	$50	
3	BZ-011	10	$100	
4	MR-919	5	$20	
5	TR-811	9	$10	
6	TS-333	3	$60	
7	ZL-001	1	$200	
8				
9		**Total Sales:**	$1,720	
10				

图 18-2　单元格 C9 中的数组公式可以在不使用中间公式的情况下计算总销售额

单元格 C9 中的数组公式如下：

```
{=SUM(B2:B7*C2:C7)}
```

在输入此公式时，请确保按 Ctrl+Shift+Enter 键输入(不要输入花括号，因为 Excel 会自动添加它们)。

这个公式使用了两个数组，它们都存储在单元格中。第一个数组存储在 B2:B7 中，第二个数组存储在 C2:C7 中。该公式将两个数组中的对应值相乘，并创建一个新的数组(只存在于内存中)。新数组由 6 个值组成，按如下所示表示(稍后将解释为什么要使用分号)：

```
{150;1000;100;90;180;200}
```

然后，SUM 函数对这个新数组进行计算，并返回其中所有值的和。

> **注意**
> 在本例中，可以不使用数组公式，而使用 SUMPRODUCT 函数获得相同的结果。
> ```
> =SUMPRODUCT(B2:B7,C2:C7)
> ```

但是你会发现，数组公式还允许执行很多其他类型的计算，而且在这些情况下只能通过数组公式才能执行这些计算。

18.2　创建数组常量

前面讨论的示例所使用的数组都存储在工作表区域中，本节中的示例将说明一个重要的概念：数组并不必存储在单元格区域中。这类存储在内存中的数组称为"数组常量"。

可以通过列出数组的各项，并用花括号将这些项括起来从而创建数组常量。下面是一个包含 5 项的横向数组常量：

```
{1,0,1,0,1}
```

下面的公式使用 SUM 函数，并使用前面所述的数组常量作为参数。该公式将返回数组中所有值的和(即 3)。

```
=SUM({1,0,1,0,1})
```

注意，此公式使用了数组，但公式本身并不是一个数组公式。因此，不要通过按 Ctrl+Shift+Enter 键来输入此公式(尽管将其作为数组公式输入可以产生同样的结果)。

> **注意**
>
> 在直接定义一个数组时(如前面所示)，必须使用花括号将数组元素括起来。而另一方面，当输入数组公式时，则不需要使用花括号。

从这一点来看，可能还看不出数组常量的优点。例如，下面的公式可以返回与前面的公式相同的结果。但是，数组常量的优点将变得明显。

```
=SUM(1,0,1,0,1)
```

下面的公式使用了两个数组常量：

```
=SUM({1,2,3,4}*{5,6,7,8})
```

这个公式创建了一个新数组(在内存中)，此数组由两个数组中的对应元素的乘积组成。此新数组是：

```
{5,12,21,32}
```

然后，此新数组被用作 SUM 函数的参数。SUM 函数将返回结果(70)。此公式与下面不使用数组的公式的作用相同：

```
=SUM(1*5,2*6,3*7,4*8)
```

也可以使用 SUMPRODUCT 函数。下面的公式不是一个数组公式，但它使用两个数组常量作为其参数。

```
=SUMPRODUCT({1,2,3,4},{5,6,7,8})
```

一个公式可以同时使用数组常量和存储在区域中的数组。例如，下面的公式可以返回 A1:D1 中的值与数组常量中对应元素乘积的和。

```
=SUM((A1:D1*{1,2,3,4}))
```

上述公式与以下公式等价：

```
=SUM(A1*1,B1*2,C1*3,D1*4)
```

数组常量可以包含数字、文本、逻辑值(TRUE 或 FALSE)，甚至可以是类似于#N/A 的错误值。数字可以是整数、小数或者科学记数法形式。文本必须用双引号引起来。可以在同一个数组常量中使用不同类型的值，如下面的示例所示：

```
{1,2,3,TRUE,FALSE,TRUE,"Moe","Larry","Curly"}
```

数组常量不能包含公式、函数或其他数组。数值不能含有美元符号、逗号、括号或者百分号。例如，下面显示的是一个无效的数组常量：

```
{SQRT(32),$56.32,12.5%}
```

18.3 了解数组的维数

如前所述，数组既可以是一维的，也可以是二维的。一维数组的方向既可以是横向的(对应于一行)，也可以是纵向的(对应于一列)。

18.3.1 一维横向数组

一维横向数组中的元素以逗号隔开，而且数组可以显示在一行单元格中。如果你使用的是非英语版本的Excel，那么列表分隔符可能是分号。

下面的示例是一个一维横向数组常量：

```
{1,2,3,4,5}
```

要在区域中显示这个数组，需要使用一行中的 5 个连续单元格。要输入这个数组，请选择一个包含一行和5 列的单元格区域，然后输入={1,2,3,4,5}，并按 Ctrl+Shift+Enter 键。

> **注意**
>
> 如果将这个数组输入一个包含 5 个以上单元格的横向区域，则多出来的单元格将显示#N/A(表示没有可用的值)。如果将这个数组输入一个纵向单元格区域中，则会在每个单元格中只显示第一个值(1)。

下面的示例是另外一个横向数组，此数组由 7 个文本字符串元素组成。

```
{"Sun","Mon","Tue","Wed","Thu","Fri","Sat"}
```

要输入此数组，可以在一行中选择 7 个单元格，并在其中输入以下内容(然后按 Ctrl+Shift+ Enter 组合键)：

```
={"Sun","Mon","Tue","Wed","Thu","Fri","Sat"}
```

18.3.2 一维纵向数组

一维纵向数组中的元素以分号隔开，并且数组可以显示在一列单元格中。下面的示例是一个由 6 个元素组成的纵向数组常量：

```
{10;20;30;40;50;60}
```

要在区域中显示这个数组，需要使用由 6 个单元格组成的列。要在区域中输入这个数组，请选择一个由 6 行和一列组成的区域，然后输入下面的公式，并按 Ctrl+Shift+Enter 键。

```
={10;20;30;40;50;60}
```

下面是另一个含有 4 个元素的纵向数组示例：

```
{"Widgets";"Sprockets";"Doodads";"Thingamajigs"}
```

18.3.3 二维数组

二维数组使用逗号分隔横向元素，使用分号分隔纵向元素。如果使用非英语版本的 Excel，那么项分隔符可能是分号(横向元素)和反斜杠(纵向元素)。如果不能确定，可打开本章的示例文件，观察一个二维数组。其中的项分隔符将自动转换为你的语言版本。

下面的示例显示的是一个 3×4 数组常量：

```
{1,2,3,4;5,6,7,8;9,10,11,12}
```

要在区域中显示这个数组，需要使用 12 个单元格。要在区域中输入这个数组，请先选择一个由 3 行和 4 列组成的区域，然后输入下面的公式，并按 Ctrl+Shift+Enter 键。

```
={1,2,3,4;5,6,7,8;9,10,11,12}
```

图 18-3 显示的是将这个数组输入到一个区域(在此例中为 B3:E5)中的情况。

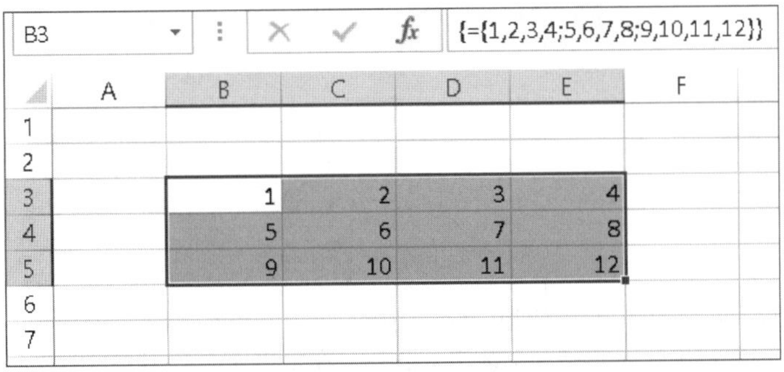

图 18-3　在单元格区域中输入一个 3×4 数组

如果将数组输入到其单元格数多于数组元素数的区域中，则 Excel 将在多出的单元格中显示#N/A。图 18-4 显示了在 10×5 单元格区域中输入一个 3×4 数组的示例。

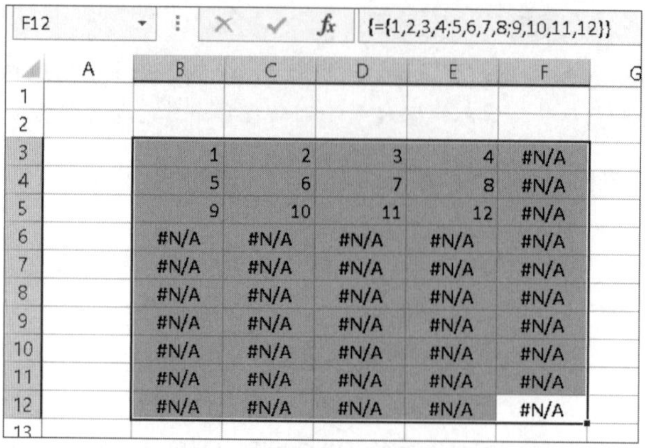

图 18-4　在 10×5 单元格区域中输入一个 3×4 数组

二维数组中的每行都必须包含相同数量的元素。例如，下面的数组是无效的，因为它的第三行中只含有 3 个元素。

`{1,2,3,4;5,6,7,8;9,10,11}`

Excel 不允许输入包含无效数组的公式。

18.4　命名数组常量

可以创建一个数组常量，并为其命名，然后就可以在公式中使用这个命名的数组。从技术上讲，一个命名数组就是一个命名公式。

> **交叉引用**
> 第 4 和第 9 章介绍了有关名称和命名公式的内容。

图 18-5 显示了使用"新建名称"对话框创建的一个命名数组(可通过选择"公式"|"定义的名称"|"定义名称"命令访问该对话框)。这个数组的名称是 DayNames，它引用了下面的数组常量：

`{"Sun","Mon","Tue","Wed","Thu","Fri","Sat"}`

图 18-5　创建命名数组常量

注意，在"新建名称"对话框中是通过使用等号(=)在"引用位置"字段定义数组的。如果不使用等号，则这个数组将被解释为文本字符串，而不是一个数组。此外，在定义命名数组常量时必须输入花括号，Excel 是不会为你输入的。

在创建这个命名数组之后，就可以在公式中使用这个数组。图 18-6 显示了一个工作表，在其区域 B2:H2 中输入了一个多单元格数组公式。此公式是：

`{=DayNames}`

要输入此公式，请选择一行中的 7 个单元格，键入=DayNames，并按 Ctrl+Shift+Enter 键。

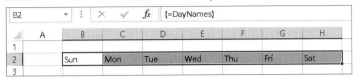

图 18-6　在数组公式中使用命名数组常量

因为是使用逗号分隔了数组元素，所以该数组是横向数组。当使用分号时将创建纵向数组。此外，可以使用 Excel 的 TRANSPOSE 函数在纵向单元格区域中插入横向数组(参见本章后面的"转置数组"一节)。下面的数组公式将会被输入到一个含有 7 个单元格的纵向区域中，因为此数组公式使用了 TRANSPOSE 函数：

```
{=TRANSPOSE(DayNames)}
```

也可以使用 Excel 的 INDEX 函数来访问数组中的单个元素。例如，下面的公式可以返回 DayNames 数组中的第 4 个元素 Wed：

```
=INDEX(DayNames,4)
```

18.5　使用数组公式

本节将讨论有关选择含有数组的单元格，以及输入和编辑数组公式的技巧。这与处理普通区域和公式的方法略有不同。

18.5.1　输入数组公式

在向单元格或区域中输入数组公式时，必须执行特殊的步骤，以便使 Excel 能够明白所输入的是数组公式而不是普通公式。在单元格中输入普通公式时，需要按 Enter 键；而向一个或多个单元格输入数组公式时，则需要按 Ctrl+Shift+Enter 键。

在创建数组公式时不要输入花括号，因为 Excel 会自动插入花括号。如果数组公式的结果由一个以上的值组成，则必须在输入公式前选定结果区域中的所有单元格。如果没有执行该操作，则只会返回结果中的第一个元素。

18.5.2　选择数组公式区域

既可以使用常规的单元格选择方法来手工选择含有多单元格数组公式的单元格，也可以使用下列方法之一。
- 激活数组公式区域中的任意单元格。选择"开始"|"编辑"|"查找和选择"|"转到"命令，或按 F5 键。将显示"定位"对话框。在该对话框中单击"定位条件"按钮，然后选择"当前数组"选项。接着单击"确定"按钮，以关闭这个对话框。
- 激活数组公式区域中的任意单元格，然后按 Ctrl+/(正斜杠)，以选择组成数组的单元格。

18.5.3　编辑数组公式

如果数组公式占用了多个单元格，则必须将整个区域视为一个单元格进行编辑。必须要记住，不能只更改多单元格数组公式中的某一个元素。如果这样操作，Excel 将显示如图 18-7 所示的消息。

图 18-7　Excel 的警告消息将提醒你不能只编辑

多单元格数组公式中的某一个单元格

要编辑数组公式，可以选择数组区域中的所有单元格，并正常激活编辑栏(单击它或者按 F2 键)。Excel 将在编辑公式时去掉公式的花括号。编辑完成后，按 Ctrl+Shift+Enter 键输入更改内容。此时，数组中的所有单元格将会反映编辑的更改(并且花括号将重新出现)。

下面的原则适用于多单元格数组公式。在执行以下操作时，Excel 会为你发出提示信息。

- 不能对作为数组公式组成部分的任一单元格的内容进行更改。
- 不能移动作为数组公式组成部分的单元格(但是可以移动整个数组公式)。
- 不能删除作为数组公式组成部分的单元格(但是可以删除整个数组)。
- 不能在数组区域中插入新单元格。此规则也包括插入新行或新列从而导致在数组区域中插入新单元格的情况。
- 不能在通过"插入"|"表格"|"表格"命令创建的表格中使用多单元格数组公式。同样，如果区域中含有多单元格数组公式，则不能将该区域转换为表格。

警告

如果在编辑数组公式后意外地按了 Ctrl+Enter 键而不是 Ctrl+Shift+Enter 键，则公式将会被输入到所选的每个单元格中，但公式将不再是数组公式，并可能会返回一个错误的结果。这时，只需要重新选择这些单元格，按 F2 键，然后再按 Ctrl+Shift+Enter 键即可。

虽然不能对组成多单元格数组公式的各个单元格进行更改，但是可以对整个数组或数组的一部分设置格式。

数组公式的缺点

如果你从本章开头一直阅读到现在，则可能已经了解了数组公式的一些优点。当然，数组公式最大的优点在于，它可以完成你无法使用其他方法完成的计算。不过，随着使用数组的经验增多，你肯定会发现数组公式的一些缺点。

数组公式是 Excel 中被了解得最少的功能之一，因此，如果要共享可能会被其他人更改的工作簿，则最好避免使用数组公式，因为遇到不知道其含义的数组公式是一件让人烦恼的事情。

你还会发现，很容易忘记按 Ctrl+Shift+Enter 键来输入数组公式(而且，如果编辑的是现有数组，则必须记得使用此组合键来完成编辑)。除了逻辑错误之外，这可能是用户在使用数组公式时最常发生的问题。如果在编辑数组公式时错误地按了 Enter 键，则只需要按 F2 键返回"编辑"模式，然后再按 Ctrl+Shift+Enter 键即可。

使用数组公式时存在的另一个潜在问题在于，它们可能会使工作表的重新计算过程变慢，特别是在使用非常大的数组时。在速度较快的系统中，这可能并不是一个问题。但是相反地，使用数组公式总是比使用自定义 VBA 函数更快速。请参见第 43 章以了解更多关于创建自定义 VBA 函数的信息。

18.5.4 扩展或缩小多单元格数组公式

你可能经常需要对多单元格数组公式进行扩展以便包含更多的单元格，或者对多单元格数组公式进行缩小以便包含更少的单元格。为此，只需要执行以下步骤即可：

(1) 选择含有数组公式的整个区域。
(2) 按 F2 键进入"编辑"模式。
(3) 按 Ctrl+Enter 键。此步骤将在每个选定的单元格中输入相同的(非数组)公式。
(4) 更改所选择的区域以包含更多或更少的单元格，但要确保活动单元格位于原始数组的单元格中。
(5) 按 F2 键再次进入"编辑"模式。
(6) 按 Ctrl+Shift+Enter 键。

18.6　使用多单元格数组公式

本节包含一些示例，用于说明输入到单元格区域中的数组公式的其他一些功能。这些功能包括通过值创建数组、执行操作、使用函数、转置数组和生成连续整数等。

18.6.1　通过区域中的值创建数组

下面的数组公式可以从一个单元格区域创建一个数组。图 18-8 显示了一个已经在 A1:C4 区域中输入了数据的工作簿。D8:F11 区域含有一个单数组公式：

```
{=A1:C4}
```

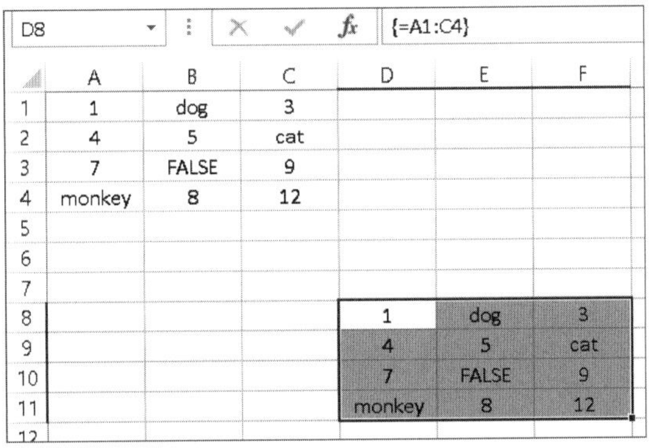

图 18-8　从一个区域创建数组

区域 D8:F11 中的数组与区域 A1:C4 链接在了一起。当更改区域 A1:C4 中的值时，区域 D8:F11 中对应的单元格将反映更改。当然，这只是单向链接，不可以更改区域 D8:F11 中的值。

18.6.2　通过区域中的值创建数组常量

在上面的示例中，D8:F11 区域中的数组公式创建了到 A1:C4 区域的链接。也可以断开这个链接，并创建一个由 A1:C4 区域中的值组成的数组常量。

(1) 选择含有数组公式的单元格(在本例中是区域 D8:F11)。

(2) 按 F2 键编辑数组公式。

(3) 按 F9 键将单元格引用转换为值。

(4) 按 Ctrl+Shift+Enter 键重新输入数组公式(现在数组公式将使用数组常量)。

这个数组常量如下所示：

```
{1,"dog",3;4,5,"cat";7,False,9;"monkey",8,12}
```

图 18-9 显示了编辑栏中的内容。

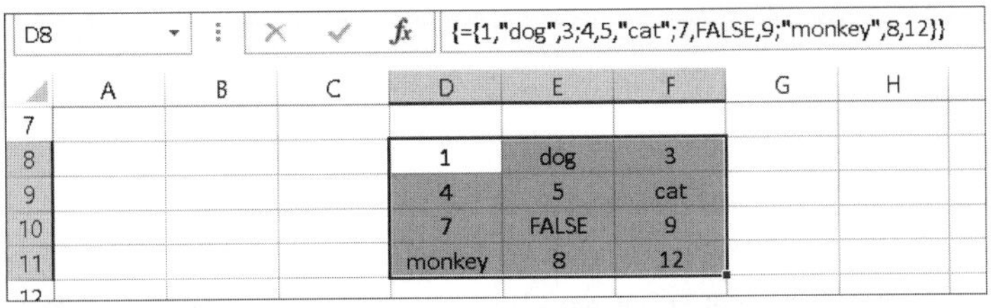

图 18-9　按 F9 键之后，编辑栏将显示数组常量

18.6.3　执行数组运算

到目前为止，本章中的大部分示例都只是简单地向单元格区域中输入数组。下面的数组公式可以创建一个

矩形数组，并使每个数组元素乘以 2：

{={1,2,3,4;5,6,7,8;9,10,11,12}*2}

图 18-10 显示了在区域中输入此公式之后的结果。

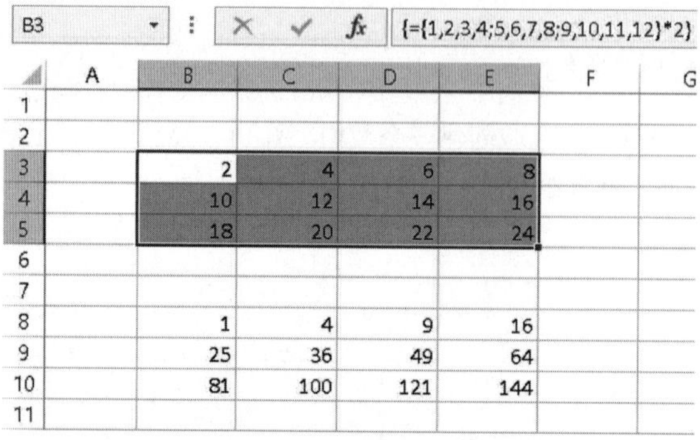

图 18-10　对数组执行数学运算

下面这个数组公式可以使每个数组元素与其自身相乘。

{={1,2,3,4;5,6,7,8;9,10,11,12}*{1,2,3,4;5,6,7,8;9,10,11,12}}

下面这个数组公式是一种可以获得相同结果的更简单的方法。图 18-11 显示了在区域中输入此公式时的结果：

{={1,2,3,4;5,6,7,8;9,10,11,12}^2}

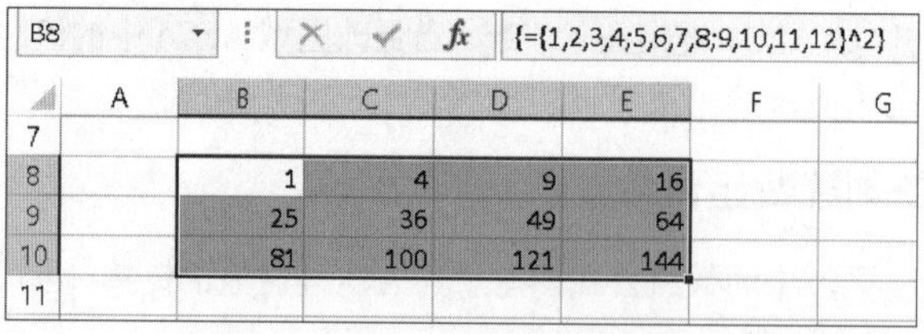

图 18-11　将每个数组元素乘以自身

如果数组存储在一个区域中(例如，B8:E10 区域)，则下面的数组公式将返回此区域中每个值的平方。

{=B8:E10^2}

18.6.4　对数组使用函数

正如所期望的，你也可以对数组使用工作表函数。以下数组公式可以被输入到一个含有 10 个单元格的纵向区域中，并计算数组常量中的每个数组元素的平方根。

{=SQRT({1;2;3;4;5;6;7;8;9;10})}

如果数组存储在一个区域中，则以下多单元格数组公式将返回此区域中每个值的平方根。

{=SQRT(A1:A10)}

18.6.5　转置数组

在转置数组时，实际上是将行转换成列，将列转换成行。换句话说，可以将横向数组转换成纵向数组(反之亦然)。可以使用 TRANSPOSE 函数来转置数组。

以下面这个一维横向数组常量为例：

{1,2,3,4,5}

可以通过使用 TRANSPOSE 函数，将这个数组输入到一个纵向单元格区域中。为此，请选择一个占据 5 行 1 列的包含 5 个单元格的区域，然后输入以下公式并按 Ctrl+Shift+Enter 键。

`=TRANSPOSE({1,2,3,4,5})`

这样，这个横向数组将会被转置，其数组元素将显示在一个纵向区域中。

用于转置二维数组的方法与上面的方法类似。图 18-12 显示的是一个按常规方法输入的二维数组和一个通过 TRANSPOSE 函数输入的二维数组。区域 A1:D3 中的公式如下所示：

`{={1,2,3,4;5,6,7,8;9,10,11,12}}`

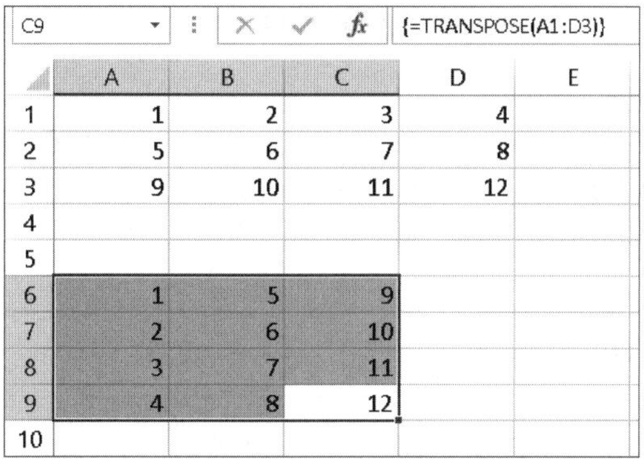

图 18-12　使用 TRANSPOSE 函数转置一个矩形数组

区域 A6:C9 中的公式是：

`{=TRANSPOSE({1,2,3,4;5,6,7,8;9,10,11,12})}`

当然，也可以使用 TRANSPOSE 函数转置存储在区域中的数组。例如，下面的公式将使用存储在 A1:C4 区域(4 行 3 列)中的数组。可以将这个数组公式输入到由 3 行 4 列组成的区域中。

`{=TRANSPOSE(A1:C4)}`

18.6.6　生成连续整数的数组

生成用于复杂数组公式中的连续整数数组经常很有用。ROW 函数非常适合这种用途，因为它可以返回一个行号。请看下面的数组公式，它被输入到了含有 12 个单元格的纵向区域中。

`{=ROW(1:12)}`

这个公式将生成一个包含 1~12 的连续整数的数组。作为示例，首先选定由 12 行 1 列组成的区域，然后在该区域中输入上述数组公式。你会发现这个区域被填入了 12 个连续的整数(如图 18-13 所示)。

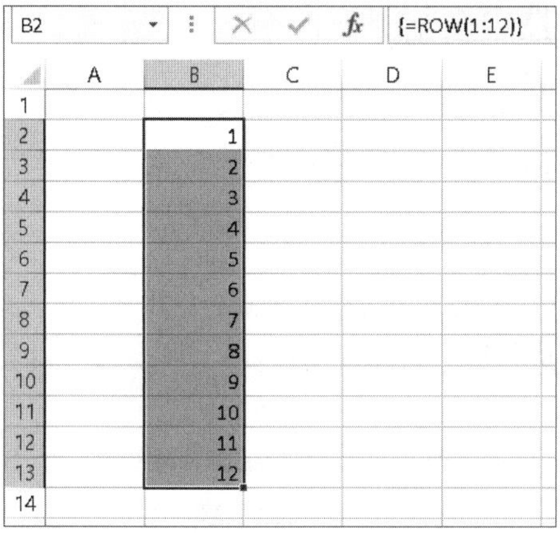

图 18-13　使用数组公式生成连续的整数

如果需要生成连续整数的数组，虽然可以使用上面的公式完成任务，但该公式并不完美。要想发现其中的问题，可以在含有数组公式的区域的上面插入一个新行。这时，Excel 就会调整行引用，使数组公式显示为：

```
{=ROW(2:13)}
```

原本生成整数 1～12 的公式现在却生成整数 2～13。

为了解决这个问题，可以使用下面这个公式：

```
{=ROW(INDIRECT("1:12"))}
```

这个公式使用了 INDIRECT 函数，该函数使用一个字符串作为参数。Excel 不会调整包含在 INDIRECT 函数参数中的引用。因此，这个数组公式将始终返回 1～12 的整数。

可以返回数组的工作表函数

在 Excel 中，有几个工作表函数使用数组，必须将使用这些函数的公式作为数组公式输入到多个单元格中。这些函数包括：FORECAST、FREQUENCY、GROWTH、LINEST、LOGEST、MINVERSE、MMULT 和 TREND。更多相关信息，请参见 Excel 的帮助系统。

18.7 使用单个单元格的数组公式

前一节的示例使用的都是多单元格数组公式，即一个单独的数组公式被输入到一个单元格区域中。使用单个单元格数组公式时，更能体现数组功能的真正强大之处。本节将讨论只占据一个单元格的数组公式。

18.7.1 统计区域中的字符数

假定有一个包含文本条目的单元格区域(如图 18-14 所示)。如果需要统计此区域中字符的总数，传统的方法是创建如下公式并将其复制到该列下面的单元格中：

```
=LEN(A1)
```

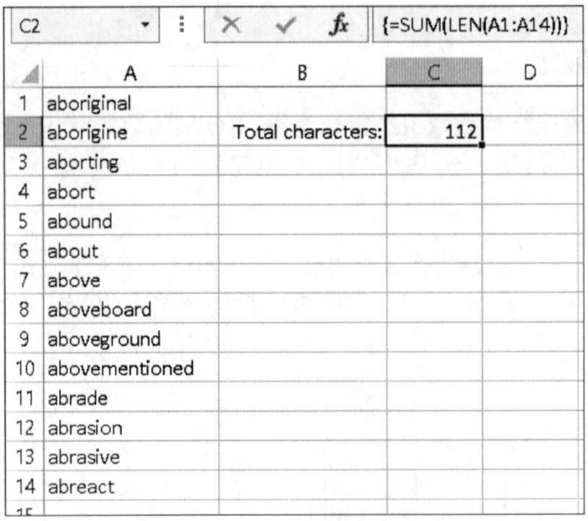

图 18-14 统计文本区域内的字符数

然后使用 SUM 函数计算由这些中间公式所返回的值的总和。

下面的数组公式可以在不使用任何中间公式的情况下完成这项任务：

```
{=SUM(LEN(A1:A14))}
```

这个数组公式使用 LEN 函数(在内存中)创建了一个由区域中每个单元格中的字符数组成的新数组。在本例中，此新数组是：

```
{10,9,8,5,6,5,5,10,11,14,6,8,8,7}
```

此时，这个数组公式就变为：

`=SUM({10,9,8,5,6,5,5,10,11,14,6,8,8,7})`

此公式即可返回数组元素的总和：112。

18.7.2　对区域中最小的 3 个值求和

如果在名为 Data 的区域中包含一些数值，则可以使用 SMALL 函数确定其中的最小值。

`=SMALL(Data,1)`

可以使用下面的公式确定第二小的值和第三小的值：

`=SMALL(Data,2)`
`=SMALL(Data,3)`

可以使用下面的公式对最小的 3 个值进行相加：

`=SUM(SMALL(Data,1),SMALL(Data,2),SMALL(Data,3))`

这个公式可以很好地完成工作，但是使用数组公式则更加高效。下面的数组公式可以返回区域 Data 中的最小的 3 个值的和：

`{=SUM(SMALL(Data,{1,2,3}))}`

此公式使用了一个数组常量作为 SMALL 函数的第二个参数。它将生成一个由区域中最小的 3 个值所组成的新数组。然后，这个数组被传递给 SUM 函数，从而返回这个新数组中各值的和。

图 18-15 显示了一个示例，其中的区域 A1:A10 名为 Data。SMALL 函数被计算了 3 次，每次计算对第二个参数使用不同的值。第一次计算时，SMALL 函数的第二个参数为 1，并返回值－5；第二次计算时，SMALL 函数的第二个参数为 2，并返回值 0(区域中第二小的值)；第三次计算时，SMALL 函数的第二个参数为 3，并返回第三小的值 2。

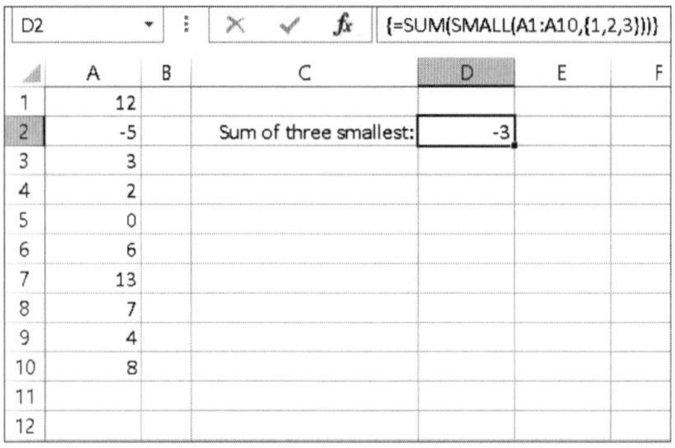

图 18-15　这个数组公式可以返回 A1:A10 中最小的 3 个值的总和

因此，传递给 SUM 函数的数组是

`{-5,0,2}`

最后，这个公式将会返回数组的和(–3)。

18.7.3　统计区域中的文本单元格的个数

假设需要统计区域中文本单元格的个数。看上去 COUNTIF 函数似乎可以完成这个任务，但实际上并不能。COUNTIF 函数只能统计区域中符合某些条件的值的个数(例如，值大于 12)。

要统计区域中文本单元格的个数，需要使用数组公式。下面的数组公式使用 IF 函数来检查区域中的每个单元格。然后，它创建一个由 1 和 0 组成的新数组(与原区域具有相同的大小)，数组中的各个元素具体是 1 还是 0

取决于单元格中是否包含文本。然后，新数组被传递给 SUM 函数，此函数用于返回数组中各项的和。其结果是区域中文本单元格的数量：

```
{=SUM(IF(ISTEXT(A1:D5),1,0))}
```

交叉引用

此常规数组公式类型(嵌套在 SUM 函数中的 IF 函数)对于统计数目而言非常有用。有关 SUM 函数和 IF 函数的更多示例，可参见第 13 章。

图 18-16 显示了一个示例，在单元格 C7 中使用了前面所介绍的公式。此公式所创建的数组如下所示：

```
{0,1,1,1;1,0,0,0;1,0,0,0;1,0,0,0;1,0,0,0}
```

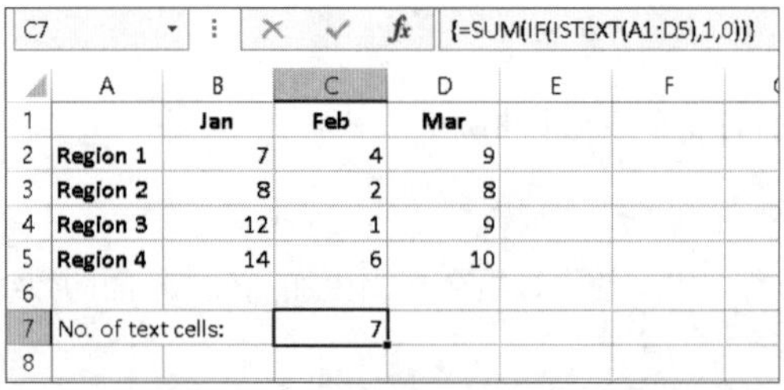

	A	B	C	D	E	F
1		**Jan**	**Feb**	**Mar**		
2	**Region 1**	7	4	9		
3	**Region 2**	8	2	8		
4	**Region 3**	12	1	9		
5	**Region 4**	14	6	10		
6						
7	No. of text cells:		7			
8						

图 18-16　这个数组公式可以返回区域中的文本单元格的数量

请注意，这个数组包含 5 行，每行有 4 个元素(与区域的维数相同)。

以下是上述公式的一个更高效的变体：

```
{=SUM(ISTEXT(A1:D5)*1)}
```

这个公式去掉了 IF 函数，并利用了下面的特性：

```
TRUE * 1 = 1
```

和

```
FALSE * 1 = 0
```

18.7.4　消除中间公式

使用数组公式最主要的好处之一是经常可以在工作表中消除中间公式。这将使工作表更紧凑，并且不必显示不相关的计算。图 18-17 显示的是一个包含学生前测和后测成绩的工作表。D 列包含用于计算学生前测和后测成绩之间差值的公式。

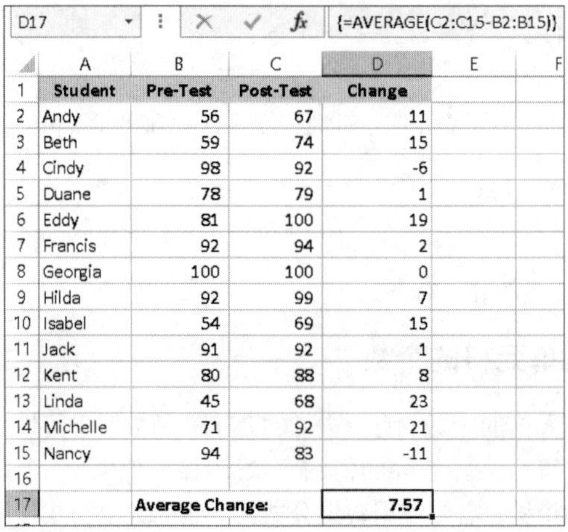

	A	B	C	D	E
1	**Student**	**Pre-Test**	**Post-Test**	**Change**	
2	Andy	56	67	11	
3	Beth	59	74	15	
4	Cindy	98	92	-6	
5	Duane	78	79	1	
6	Eddy	81	100	19	
7	Francis	92	94	2	
8	Georgia	100	100	0	
9	Hilda	92	99	7	
10	Isabel	54	69	15	
11	Jack	91	92	1	
12	Kent	80	88	8	
13	Linda	45	68	23	
14	Michelle	71	92	21	
15	Nancy	94	83	-11	
16					
17		**Average Change:**		**7.57**	

图 18-17　如果不使用数组公式，则必须使用 D 列中的中间公式才能计算平均差值

通过使用数组公式(见图 18-17)，可以消除 D 列。下面的数组公式可以计算差值的平均值，而不必使用 D 列中的公式：

```
{=AVERAGE(C2:C15-B2:B15)}
```

它是如何工作的呢？此公式使用了两个数组，数组中的值分别存储在两个区域中(B2:B15 和 C2:C15)。此数组公式创建了一个新数组，该数组由其他两个数组对应元素的差值组成。这个新数组存储在 Excel 的内存中，而不是存储在某个区域中。然后，AVERAGE 函数将这个新数组用作参数，并返回结果。

通过两个区域计算出的新数组由下面的元素组成：

```
{11,15,-6,1,19,2,0,7,15,1,8,23,21,-11}
```

因此，这个公式就相当于：

```
=AVERAGE({11,15,-6,1,19,2,0,7,15,1,8,23,21,-11})
```

Excel 对函数进行求值，并返回结果 7.57。

也可以使用其他数组公式对这个示例中的数据进行其他计算。例如，下面的数组公式可以返回最大的差值(即进步最大的)。这个公式可以返回值 23，代表 Linda 的考试分数。

```
{=MAX(C2:C15-B2:B15)}
```

下面的数组公式可以返回 Change 列中最小的值。这个公式返回-11，代表 Nancy 的考试分数。

```
{=MIN(C2:C15-B2:B15)}
```

18.7.5　使用数组替代区域引用

如果公式中使用了需要区域引用的函数，则可以用数组常量替换区域引用。在引用的区域中的值不会发生更改的情况下，这是很有用的。

> **注意**
>
> 对于在函数中使用数组常量来替换区域引用，一个值得注意的例外是使用条件区域引用的数据库函数(如 DSUM)。令人遗憾的是，使用数组常量来代替条件区域引用将不能正常工作。

图 18-18 显示了一个工作表，它使用一个查找表来显示与整数相对应的单词。例如，查找数值 9 将返回查找表 D1:E10 中的 Nine。单元格 C1 中的公式如下所示：

```
=VLOOKUP(B1,D1:E10,2,FALSE)
```

图 18-18　可以使用数组常量替换 D1:E10 中的查找表

> **交叉引用**
>
> 有关查找公式的更多信息，请参见第 14 章。

可以使用二维数组代替查找区域。下面的公式可以返回与前面的公式相同的结果，而不需要 D1:E10 中的查找区域：

```
=VLOOKUP(B1,{1,"One";2,"Two";3,"Three";4,"Four";5,"Five";6,"Six";7,"S
even";8,"Eight";9,"Nine";10,"Ten"},2,FALSE)
```

避免工作表出错

- 如何识别和更正常见的公式错误
- 使用 Excel 审核工具
- 使用公式自动更正功能
- 跟踪单元格关系
- 检查拼写和相关功能

毫无疑问,人们都希望使用 Excel 工作表得到准确的结果。但令人遗憾的是,保证结果完全正确并不总是很容易,尤其在处理复杂的大型工作表时更是如此。本章将介绍可用于帮助识别、更正和避免错误的各种工具和方法。

19.1 发现并更正公式错误

对工作表进行修改(即使是非常小的改动),可能会产生连锁反应,导致在其他单元格中产生错误。例如,很容易在原本含有公式的单元格中意外地输入一个数值。这个小错误会对其他公式产生很大的影响,而且你可能在很久之后才会发现所出现的问题,有时甚至可能永远也发现不了问题。

公式错误通常可分为下列几种类型。

- **语法错误**:公式的语法存在问题,例如,公式中的括号可能不匹配,或者函数的参数个数可能不正确。
- **逻辑错误**:公式不返回错误,但它含有逻辑错误,会导致返回不正确的值。
- **引用错误**:公式的逻辑正确,但它使用了错误的单元格引用。举一个简单的例子:在 SUM 公式中,区域引用可能没有包括要求和的所有数据。
- **语义错误**:例如,函数名称拼写错误。Excel 会试图将其解释为一个名称,并将结果显示为#NAME?错误。
- **循环引用**:当公式直接或间接地引用其自身所在的单元格时,就发生了循环引用。在少数情况下,循环引用可能很有用,但在大多数情况下,循环引用将会导致出现问题。
- **数组公式输入错误**:当输入(或编辑)一个数组公式时,必须使用 Ctrl+Shift+Enter 组合键来输入公式。如果不这样操作,Excel 就不会将公式识别为数组公式,并可能会返回错误的结果。

> **交叉引用**
> 请参见第 18 章了解有关数组公式的介绍。

- **未完成计算的错误**:公式的计算过程没有完成。可以使用 Ctrl+Alt+Shift+F9 键确保公式完成计算。

通常情况下,最容易被发现并改正的错误是语法错误。大多数情况下,当公式中包含有语法错误时,都会很快地发现。例如，Excel 不允许输入括号不匹配的公式。其他语法错误通常也会导致在单元格中显示错误消息。

本节的其余部分将描述一些常见的公式错误，并提供有关对这些错误的识别和更正操作的一些建议。

19.1.1 括号不匹配

在公式中，每个左括号必须要具有对应的右括号。如果公式中存在不匹配的括号，则 Excel 通常不允许输入此公式。此规则有一个例外情况，即使用一个函数的简单公式。例如，如果输入以下公式(缺少右括号)，则 Excel 将接受此公式并补上所缺的括号：

`=SUM(A1:A500`

一个公式中可能有相同数量的左括号和右括号，但这些括号可能不匹配。例如，下面这个公式用于对文本字符串进行转换，将其第一个字符转换为大写，其余字符转换为小写。这个公式有 5 对括号，并且括号匹配正确。

`=UPPER(LEFT(A1))&RIGHT(LOWER(A1),LEN(A1)-1)`

下面的这个公式同样也有 5 对括号，但这些括号相互并不匹配。其结果将显示一个语法正确，但返回错误结果的公式。

`=UPPER(LEFT(A1)&RIGHT(LOWER(A1),LEN(A1)-1))`

通常，位置错误的括号会导致语法错误。Excel 通常会显示一条消息，提示在函数中输入了过多或过少的参数。

> **提示**
> Excel 能帮助你找出不匹配的括号。在编辑公式时，将光标移动到括号上，Excel 将会加粗显示此括号和它的匹配括号大约 1.5 秒。另外，当编辑公式时，Excel 将改变嵌套括号对的颜色。

> **使用公式的自动更正功能**
> 当输入的公式存在语法错误时，Excel 将试图发现问题，并提出更正意见。
> 在接受 Excel 对公式的更正时务必要谨慎，因为它的建议并不总是正确的。例如，输入下面的公式(存在不匹配的括号)：
> `=AVERAGE(SUM(A1:A12,SUM(B1:B12))`
> Excel 将建议对上述公式执行以下更正：
> `=AVERAGE(SUM(A1:A12,SUM(B1:B12)))`
> 你可能很容易会接受此更改建议。而在上述这种情况下，所建议的公式在语法上是正确的，却并不是所需的公式。正确的公式应该是：
> `=AVERAGE(SUM(A1:A12),SUM(B1:B12))`

19.1.2 单元格中显示一组井号(#)

导致单元格被井号填充的可能原因有以下两种。

- **列的宽度不够，无法容纳设置了格式的数字值**。要更正这种错误，请增大列宽或使用其他数字格式(参见第 23 章)。
- **单元格包含的公式会返回无效的日期或时间**。例如，Excel 不支持公元 1900 年以前的日期，也不支持使用负的时间值。当公式返回这样的结果值时，单元格就会被#填充。此时，增加列宽也不能解决这种问题。

19.1.3　空白单元格不为空

一些 Excel 用户会发现在按空格键时，似乎会删除单元格中的内容。但实际上，按空格键是插入了不可见的空格字符，这和删除单元格内容并不一样。

例如，以下公式用于返回区域 A1:A10 内非空单元格的数目。如果你使用空格键"删除"了其中任何单元格中的内容，则这些单元格也仍然会被计算在内，公式将返回错误的结果。

```
=COUNTA(A1:A10)
```

如果公式不能按所需方式忽略空白单元格，那么请确保空白单元格确实是没有内容的单元格。下面是一个用于搜索只包含空字符的单元格的方法：

(1) 按 Ctrl+F 键。将显示"查找和替换"对话框。

(2) 单击"选项"按钮以展开此对话框，以便使它显示其他一些选项。

(3) 在"查找内容"框中，输入"* *"。即一个星号，后面跟一个空格，然后再跟另一个星号。

(4) 确保"单元格匹配"复选框被选中。

(5) 单击"查找全部"按钮。如果有任何单元格只包含空格字符，则它们将会被找到。Excel 将在"查找和替换"对话框底部列出它们的单元格地址。

19.1.4　多余的空格字符

如果公式或使用的过程依赖于文本比较，那么请注意不要在文本中包含多余的空格字符。当从其他数据源导入数据时，经常会添加多余的空格字符。

Excel 会自动删除所输入值尾部的空格，但不会删除文本输入中的空格。仅通过观察无法判断单元格尾部是否含有多余的空格字符。

可以使用 TRIM 函数，找出在文本字符串中包含前导空格、尾部空格和多个空格的值。例如，如果单元格 A1 中的文本包含前导空格、尾部空格或多个空格，下面的公式将返回 FALSE。

```
=TRIM(A1)=A1
```

19.1.5　返回错误的公式

公式可能会返回以下错误值之一：

- #DIV/0!
- #N/A
- #NAME?
- #NULL!
- #NUM!
- #REF!
- #VALUE!

以下小节对可能导致这些错误的问题进行了总结。

提示

Excel 允许你选择错误值的打印方式。要访问此功能，请打开"页面设置"对话框，并选择"工作表"选项卡。可以选择将错误值打印为显示值(默认值)，或者是空白单元格、短横线或#N/A。要显示"页面设置"对话框，请单击"页面布局"|"页面设置"组中的对话框启动器。

追踪错误值

通常情况下，某个单元格中的错误可能是由其前一个单元格的错误引起的。要想确定导致错误值的单元格，请激活含有错误的单元格，然后选择"公式"|"公式审核"|"错误检查"|"追踪错误"命令。Excel 将画出一

些箭头以指示错误的来源。

当确定出错误之后，可以选择"公式" | "公式审核" | "删除箭头"命令来清除箭头。

1. #DIV/0!错误

除以零是一个非法操作。当创建一个尝试除以零的公式时，Excel 将显示错误值#DIV/0!。

由于 Excel 会将空白单元格看成 0，因此，当公式被空白单元格除时也会出现此错误。

为了避免出现此错误，可以使用 IF 函数检查空单元格。例如，如果单元格 B4 为空或包含值 0，则下面的公式将显示一个空字符串，否则，它将会显示计算结果。

```
=IF(B4=0,"",C4/B4)
```

另一种方法是使用 IFERROR 函数检查任何错误条件。例如，下面的公式将在公式产生任何错误结果时显示一个空字符串：

```
=IFERROR(C4/B4,"")
```

> **注意**
> IFERROR 函数是在 Excel 2007 中引入的。为了与旧版本兼容，可以使用以下公式：
> ```
> =IF(ISERROR(C4/B4),"",C4/B4)
> ```

2. #N/A 错误

如果公式所引用的任何单元格显示为#N/A，则表示发生了#N/A 错误。

> **注意**
> 一些用户喜欢对缺失的数据显式地使用=NA( )或#N/A。这可以清晰地表示数据不可用，而不是被偶然删除的。

当 LOOKUP 函数(HLOOKUP、LOOKUP、MATCH 或 VLOOKUP)无法找到匹配的值时，也会产生#N/A 错误。

如果要显示空字符串而不是#N/A，可在公式中使用 IFNA 函数，如下所示。

```
=IFNA(VLOOKUP(A1,C1:F50,4,FALSE),"")
```

> **注意**
> IFNA 函数是 Excel 2013 中引入的函数。为了与以前的版本兼容，可使用类似如下所示的公式：
> ```
> =IF(ISNA(VLOOKUP(A1,C1:F50,4,FALSE)),"",VLOOKUP(A1,C1:F50,4,FALSE))
> ```

3. #NAME?错误

在以下几种情况下会产生#NAME?错误：

- 公式中包含未定义的区域或单元格名称。
- 公式中包含被 Excel 解释为未定义名称的文本。例如，拼写错误的函数名将会产生#NAME?错误。
- 公式中包含未用引号括起来的文本。
- 公式中包含区域引用，但单元格地址间没有冒号。
- 公式使用了在加载项中定义的工作表函数，并且尚未安装该加载项。

> **警告**
> Excel 对于区域名称的处理存在一些问题。如果删除了一个单元格或区域的名称，且这个名称在公式中被用到，则虽然此名称已经没有定义，但公式仍会继续使用它。这时，公式将显示#NAME?错误。你可能希望 Excel 自动将名称转换为相应的单元格引用，但实际上并不存在这种功能。

4. #NULL!错误

当公式试图使用两个区域的交集(而实际上这两个区域并没有交集)时，将产生#NULL!错误。Excel 的交集运算符为一个空格。例如，下面的公式将返回#NULL!，因为这两个区域并不相交。

```
=SUM(B5:B14 A16:F16)
```

下面的公式不会返回#NULL!，而会显示单元格 B9(即两个区域的交集)的内容。

```
=SUM(B5:B14 A9:F9)
```

如果不小心在公式中遗漏了运算符，也会看到#NULL!错误。例如，以下公式中缺少第二个运算符：

```
= A1+A2 A3
```

5. #NUM!错误

以下几种情况会导致公式返回#NUM!错误：

- 当某函数需要数字参数时，却为该函数传递了非数字参数(例如，传递$1,000 而不是 1000)。
- 为函数传递了一个无效的参数，例如尝试计算负数的平方根。以下公式将返回#NUM!错误：

  ```
  =SQRT(-12)
  ```

- 使用迭代的函数无法计算出结果。例如，函数 IRR 和 RATE 使用迭代。
- 公式返回的值太大或太小。Excel 支持-1E-307 到 1E+307 之间的值。

6. #REF!错误

当公式使用了无效的单元格引用时，将产生#REF!错误。在以下几种情况下可能会发生该错误：

- 删除了被公式引用的单元格所在的行或列。例如，当第1行、A 列或 B 列被删除时，以下公式将显示#REF!错误。

  ```
  =A1/B1
  ```

- 删除了被公式引用的单元格所在的工作表。例如，如果 Sheet2 被删除，则以下公式将显示#REF!错误。

  ```
  =Sheet2!A1
  ```

- 将公式复制到某个位置，使得相对单元格引用变得无效。例如，如果将以下公式从单元格 A2 复制到单元格 Al，则此公式将返回#REF!错误，因为它试图引用一个不存在的单元格。

  ```
  =A1-1
  ```

- 剪切一个单元格(选择"开始"|"剪贴板"|"剪切"命令)，然后将其粘贴到一个被公式引用的单元格中。此时，公式将显示#REF!错误。

7. #VALUE!错误

#VALUE!错误非常常见，通常会在以下一些情况下产生。

- 函数参数的数据类型错误，或者函数试图使用错误的数据执行操作。例如，将文本字符串与数值相加的公式会返回#VALUE!错误。
- 当函数的参数应该是一个值，而所输入的参数却是一个区域时。
- 自定义的工作表函数未经计算。可以使用 Ctrl+Alt+F9 键强制重新执行计算。
- 自定义的工作表函数试图执行无效的操作。例如，自定义函数无法修改 Excel 环境，也无法修改其他单元格。
- 在输入数组公式时，忘记按 Ctrl+Shift+Enter 键。

注意颜色

当编辑包含公式的单元格时，Excel 会对公式中的单元格和区域引用执行颜色编码。Excel 还会使用相应的颜色来显示公式中使用的单元格和区域的轮廓。因此，一眼就能了解到在公式中使用了哪些单元格。

也可以对有色轮廓进行操纵，以更改单元格或区域引用。要更改在公式中所使用的引用，可以拖动轮廓的边框或填充柄(位于轮廓的右下角)。此方法往往比编辑公式的方法更加简单。

19.1.6　运算符优先级问题

正如在第 9 章中介绍的，Excel 有一些关于数学运算执行顺序的简单规则。当你不大清楚(或只是需要清楚表达想要的计算顺序)时，可以使用括号来确保以正确的顺序执行运算。例如，以下公式首先将 A1 乘以 A2，然后将所得结果再加 1。其中，乘法运算最先执行，因为它有最高的优先级。

```
=1+A1*A2
```

下面是上述公式更清晰的一个版本。括号并不是必需的，但在本例中，运算执行的先后顺序很清楚。

```
=1+(A1*A2)
```

请注意，负数运算符与减法运算符的符号相同，因此可能会造成混淆。请考虑以下两个公式：

```
=-3^2
=0-3^2
```

第一个公式会返回值 9，而第二个公式则返回值-9。对一个数求平方得到的值永远是正数，但是为什么第二个公式返回的结果为-9 呢？

在第一个公式中，减号是一个负数运算符，具有最高的运算优先级；而在第二个公式中，减号是一个减法运算符，它的优先级比求幂运算符低，因此，第二个公式首先计算 3 的平方，然后再用 0 减去平方运算结果，所得的结果是一个负数。

如以下公式所示，如果使用括号，将使 Excel 把此运算符解释为一个减法运算符，而不是负数运算符。此公式会返回值-9。

```
=-(3^2)
```

19.1.7　未计算的公式

如果使用的是用 VBA 编写的自定义工作表函数，则可能会发现使用这些函数的公式没有重新计算，并且可能会显示错误的结果。例如，假定编写一个用于返回所引用单元格的数字格式的 VBA 函数。如果更改数字格式，该函数将继续显示先前的数字格式。这是因为更改数字格式的操作不会触发重新计算。

要强制重新计算单个公式，请选择单元格，按 F2 键，再按 Enter 键。要强制重新计算所有公式，请按 Ctrl+Alt+F9 键。

19.1.8　小数位精度的问题

从本质上看，计算机没有无限的精度，Excel 使用 8 个字节以二进制格式保存数字，能处理 15 位精度的数字。在使用 8 字节的情况下，某些数字不能被精确地表示出来，因此这些数字将以其近似值保存。

为了说明这种精度上的缺乏是如何导致问题的，请在单元格 A1 中输入下面的公式：

```
=(5.1-5.2)+1
```

结果应该是 0.9，然而，如果将单元格的显示格式设置为显示小数点后 15 位，则会发现 Excel 将该公式的结果计算为 0.899999999999999。这是因为括号内的运算将优先执行，所得到的中间结果使用二进制近似值保存，然后，公式再将 1 与该值相加，从而致使将近似值误差传递到了最后的结果。

在很多情况下，这种类型的错误不会导致问题，但如果需要使用逻辑运算符测试所得的结果，就可能会出现问题。例如，以下公式(假设上一个公式位于单元格 A1 中)将返回 FALSE：

```
=A1=.9
```

用于解决这类问题的一种方法是使用 ROUND 函数。例如，以下公式将返回 TRUE，因为它是使用 A1 中四舍五入到1位小数后的值进行比较的。

```
=ROUND(A1,1)=0.9
```

下面是关于"精度"问题的另一个示例。请尝试输入以下公式:

```
=(1.333-1.233)-(1.334-1.234)
```

该公式应该返回 0,但它实际返回的是-2.22045E-16(一个非常接近于 0 的数)。

如果该公式位于单元格 A1 中,则下面的公式将会返回 Not Zero。

```
=IF(A1=0,"Zero","Not Zero")
```

用于处理"非常接近 0"的舍入错误的一个方法是使用类似如下所示的公式:

```
=IF(ABS(A1)<1E-6,"Zero","Not Zero")
```

该公式使用小于(<)运算符对数字的绝对值和一个非常小的数值进行比较,此公式将会返回 Zero。

19.1.9　"虚链接"错误

在打开一个工作簿时,可能会看到一个消息,询问是否要更新工作簿中的链接。有时,即使工作表内没有链接公式,也会出现该消息。通常,在复制含有名称的工作表时,会创建虚链接。

首先,选择"文件" | "信息" | "编辑指向文件的链接"命令以显示"编辑链接"对话框。然后选择每个链接,并单击"断开链接"按钮。如果这样不能解决问题,则表示虚链接可能是由于错误的名称所导致的。因此,选择"公式" | "定义的名称" | "名称管理器"命令,并在"名称管理器"对话框中滚动查看名称列表。如果看到一个引用#REF!的名称,则删除这个名称。"名称管理器"对话框具有一个用于筛选名称的"筛选"按钮。例如,可以筛选列表,只显示含有错误的名称。

19.2　使用 Excel 中的审核工具

Excel 包含一些用于跟踪公式错误的工具。本节将介绍 Excel 中的审核工具。

19.2.1　找出特殊类型的单元格

通过使用"定位条件"对话框,能够方便地定位特殊类型的单元格。要显示该对话框,请选择"开始" | "编辑" | "查找和选择" | "定位条件"命令。

> **注意**
> 如果在显示"定位条件"对话框前选定了一个多单元格区域,则此命令将只在选定的单元格内起作用。如果只选中一个单元格,则此命令将在整个工作表内执行。

可以使用"定位条件"对话框选择特定类型的单元格,这往往可以帮助识别错误。例如,如果选择"公式"选项,则 Excel 会选择所有包含公式的单元格。如果将工作表缩小,就可以很清晰地看到工作表的组织结构。要缩放工作表,请使用状态栏右侧的缩放控件。或者,也可以在按住 Ctrl 键的同时滚动鼠标的滚轮。

> **提示**
> 选择公式单元格还可以帮助你发现一个很常见的错误:公式被意外地替换为数值。如果发现在一组被选中的公式单元格中有一个单元格没有被选中,则很可能该单元格原来包含的公式已经被数值代替。

19.2.2　查看公式

通过查看公式,能够比查看公式结果更容易熟悉一个之前并不熟悉的工作簿。若要切换公式的显示,请选择"公式" | "公式审核" | "显示公式"命令。

在执行该命令之前,可能需要在工作簿中创建一个新窗口。通过此种方法,可以在一个窗口中看到公式,

而在另一个窗口中看到公式结果。选择"视图"|"窗口"|"新建窗口"命令可以打开一个新窗口。

> **提示**
> 还可以通过 Ctrl+`键(该重音符号键通常位于 Tab 键的上面)在公式视图和普通视图之间进行切换。

> **交叉引用**
> 请参见第 4 章了解关于该命令的更多信息。

19.2.3　追踪单元格关系

要理解如何追踪单元格关系，首先需要熟悉以下两个概念。

- **引用单元格**：只适用于含有公式的单元格。公式单元格的引用单元格是对公式结果有贡献的所有单元格。直接引用单元格是在公式中直接使用的单元格。间接引用单元格是未在公式中直接使用，但是被在公式中引用的单元格使用的单元格。
- **从属单元格**：这些公式单元格依赖于某个特定的单元格。一个单元格的从属单元格包括使用该单元格的所有公式单元格。同样地，公式单元格也分为直接从属单元格或间接从属单元格。

例如，考虑单元格 A4 中输入的如下简单公式：

`=SUM(A1:A3)`

单元格 A4 有 3 个引用单元格(A1、A2 和 A3)，它们都是直接引用单元格。单元格 A1、A2 和 A3 都至少有一个从属单元格 A4。

识别某个公式单元格的引用单元格通常可以揭露出公式运算发生错误的原因。反过来，了解依赖于某个特定单元格的公式单元格通常也很有帮助。例如，如果要删除一个公式，可能就需要检查它是否有任何从属单元格。

1. 识别引用单元格

可以使用以下几种方法识别活动单元格中的公式所使用的单元格。

- **按 F2 键**。由公式直接使用的单元格会用彩色边框显示出来，其颜色对应于公式中的单元格引用。该方法只限于识别与公式位于同一工作表内的单元格。
- 选择"开始"|"编辑"|"查找和选择"|"定位条件"命令以显示"定位条件"对话框。选择"引用单元格"选项，然后选择"直属"(只适用于直接引用单元格)或"所有级别"(适用于直接引用单元格和间接引用单元格)选项。接着单击"确定"按钮，Excel 将选中公式的引用单元格。该方法只限于识别与公式位于同一工作表内的单元格。
- **按 Ctrl+[键**。选择活动工作表内的所有直接引用单元格。
- **按 Ctrl+Shift+{键**。选择活动工作表内的所有引用单元格(包括直接的和间接的)。
- 选择"公式"|"公式审核"|"追踪引用单元格"命令。Excel 将画出箭头以显示单元格的引用单元格。多次单击该按钮可以看到其他级别的引用单元格。
- 选择"公式"|"公式审核"|"删除箭头"命令，可以隐藏箭头。

2. 识别从属单元格

可以使用以下几种方法识别使用某个特定单元格的公式单元格。

- 选择"开始"|"编辑"|"查找和选择"|"定位条件"命令以显示"定位条件"对话框。选择"从属单元格"选项，然后选择"直属"(只适用于直接从属单元格)或"所有级别"(适用于直接从属单元格和间接从属单元格)选项，接着单击"确定"按钮。Excel 将选中依赖当前活动单元格的单元格。该方法只限于识别活动工作表内的单元格。
- **按 Ctrl+]键**。选择活动工作表内的所有直接从属单元格。

- 按 Ctrl+Shift+}键。选择活动工作表内的所有从属单元格(包括直接的和间接的)。
- 选择"公式"|"公式审核"|"追踪从属单元格"命令。Excel 将画出箭头以显示单元格的从属单元格。多次单击该按钮可以看到其他级别的从属单元格。选择"公式"|"公式审核"|"删除箭头"命令可以隐藏箭头。

19.2.4　追踪错误值

如果一个公式显示的是错误值，则 Excel 可以帮助识别出导致此错误值的单元格。单元格中的错误通常是由其引用单元格导致的。激活含有错误值的单元格，并选择"公式"|"公式审核"|"错误检查"|"追踪错误"命令。Excel 将会画出箭头以指示错误的根源。

19.2.5　修复循环引用错误

如果不小心创建了循环引用公式，则 Excel 将在状态栏中显示一条警告消息——"循环引用"，并显示单元格地址。还会在工作表中画出箭头以帮助确定问题。如果无法找到问题根源，那么请选择"公式"|"公式审核"|"错误检查"|"循环引用"命令。该命令可以显示循环引用中涉及的所有单元格的列表。首先选择列表中的第一个单元格，然后按顺序查找，直到发现问题为止。

19.2.6　使用后台错误检查功能

有些人可能会发现 Excel 的自动错误检查功能很有用。通过使用"Excel 选项"对话框的"公式"选项卡中的"允许后台错误检查"复选框(如图 19-1 所示)，可以启用或禁用这项功能。另外，可以通过使用"错误检查规则"部分的复选框来指定要检查的错误类型。

图 19-1　Excel 可检查公式中的潜在错误

当错误检查功能打开时，Excel 将不断地检查工作表中的公式。如果发现潜在的错误，则 Excel 将在单元格的左上角显示一个小的三角形。当这个单元格被激活时，将出现一个下拉控件，单击此下拉控件将显示一些选项。对于不同的错误类型，相关的选项也会有所不同。

很多情况下，可以选择"忽略错误"选项忽略某个错误。选择该选项之后将不再对此单元格检查错误。然而，所有以前被忽略的错误可被重置，从而使得它们再次出现(在"Excel 选项"对话框中的"公式"选项卡中，单击"重新设置忽略错误"按钮)。

选择"公式"|"公式审核"|"错误检查"命令可以显示一个对话框，该对话框会按顺序描述每个潜在的错误单元格，这与拼写检查命令很相似。

> **警告**
>
> Excel 的错误检查功能并不是完美的，事实上，它在这方面做得还很不够。换言之，即使 Excel 未能识别出任何潜在错误，你也不能认为自己的工作表一定没有错误。而且要注意，此错误检查功能无法捕获一个常见的错误：使用值覆盖含有公式的单元格。

19.2.7 使用公式求值

通过 Excel 的公式求值功能，能够按照公式的计算顺序查看一个嵌套公式中的各个部分如何求值。要使用公式求值功能，首先请选择含有公式的单元格，然后选择"公式"|"公式审核"|"公式求值"命令，这样将显示"公式求值"对话框，如图 19-2 所示。

单击"求值"按钮，将显示公式内表达式的计算结果。每单击一次此按钮，将执行一步计算。刚开始使用时，该功能可能看上去有些复杂，但如果花些时间来使用它，就可以理解其工作原理，并看到其价值。

图 19-2　"公式求值"对话框中显示了一步步计算的公式

Excel 还提供了另一种用于对公式中的某一部分求值的方法。

(1) 选择包含公式的单元格。

(2) 按 F2 键进入单元格编辑模式。

(3) 使用鼠标突出显示要求值的公式部分。或者按住 Shift 键，并使用方向键选择。

(4) 按 F9 键。

公式中的突出显示部分显示了计算出的结果。还可以计算公式其他部分的结果，或者按 Esc 键取消，从而将公式返回为原来的状态。

> **警告**
>
> 使用这个方法时需要注意，如果按 Enter 键(而不是 Esc 键)，公式将被修改为使用计算出的结果。

19.3　查找和替换

Excel 具有非常强大的查找和替换功能，通过此功能可以很容易地在工作簿中的一个工作表或多个工作表间定位信息。此外，还可以查找一段文本，并将其替换为其他文本。

要访问"查找和替换"对话框，首先请选择要查找的区域。如果选择的是单个单元格，则 Excel 将查找整个工作表。然后选择"开始"|"编辑"|"查找和替换"|"查找"命令(或按 Ctrl+F 键)。

如果只是要在工作表中查找信息，请选择"查找"选项卡。如果要将现有文本替换为新文本，请使用"替换"选项卡。此外，可使用"选项"按钮显示(或隐藏)附加的一些选项。图 19-3 中的对话框显示了这些附加选项。

图 19-3　使用"查找和替换"对话框定位工作表或工作簿中的信息

19.3.1　查找信息

在"查找内容"文本框中输入要查找的信息，然后指定以下任一选项。

- "范围"下拉列表：指定要查找的范围(当前工作表或整个工作簿)。
- "搜索"下拉列表：指定方向(按行或按列)。
- "查找范围"下拉列表：指定要查找的单元格部分(公式、值或注释)。
- "区分大小写"复选框：指定查找操作是否区分大小写。
- "单元格匹配"复选框：指定是否必须匹配整个单元格内容。
- "格式"按钮：单击以查找具有特殊格式的单元格(参见 19.3.3 节"查找格式")。

单击"查找下一个"按钮，可一次定位一个匹配的单元格；单击"查找全部"按钮，可一次定位所有单元格。如果使用"查找全部"按钮，则"查找和替换"对话框将会扩展开来，以显示所有匹配单元格的地址的列表。当选择该列表中的一项时，Excel 会滚动工作表，以便能够在上下文中对其进行查看。

> **提示**
> 使用"查找全部"按钮后，按 Ctrl+A 键可以选择所找到的全部单元格。

> **注意**
> "查找和替换"对话框是非模态对话框，因此，不必关闭此对话框就可以访问并修改工作表。

19.3.2　替换信息

要将现有文本替换为其他文本，可以使用"查找和替换"对话框中的"替换"选项卡。在"查找内容"文本框中输入要替换的文本，在"替换为"文本框中输入新文本。可以像上一节所述的那样指定其他选项。

单击"查找下一个"按钮，可以定位到第一个匹配的项，然后单击"替换"按钮即可进行替换。当单击"替换"按钮时，Excel 将定位到下一个匹配项。如果不执行替换操作，请单击"查找下一个"按钮。如果要替换所有项而不执行验证操作，请单击"全部替换"按钮。如果替换操作没有按照期望的那样执行，可以使用快速访问工具栏上的"撤销"按钮(或按 Ctrl+Z 键)。

> **提示**
> 要删除信息，请在"查找内容"文本框中输入要删除的文本，但将"替换为"字段保留为空。

19.3.3　查找格式

还可以使用"查找和替换"对话框查找含有特殊格式的单元格，并且可以使用另一种格式来替换原有格式。

例如，假设要查找所有被设置为加粗格式的单元格，然后将格式更改为加粗加倾斜。要完成上述任务，请执行下列步骤：

(1) 选择"开始"|"编辑"|"查找和选择"|"替换"命令(或按 Ctrl+H 键)。将显示"查找和替换"对话框。

(2) 确保显示的是"替换"选项卡。如有必要，单击"选项"按钮以展开对话框。

(3) 如果"查找内容"和"替换为"字段不为空，则删除它们的内容。

(4) 单击顶部的"格式"按钮。将显示"查找格式"对话框。此对话框类似于标准的"设置单元格格式"对话框。

(5) 选择"字体"选项卡。

(6) 在"字形"列表中选择"加粗"，然后单击"确定"按钮。

(7) 单击底部的"格式"按钮。将显示"替换格式"对话框。

(8) 选择"字体"选项卡。

(9) 在"字形"列表中选择"加粗倾斜"，然后单击"确定"按钮。

(10) 在"查找和替换"对话框中，单击"全部替换"按钮。Excel 将找到所有具有加粗格式的单元格，并将格式更改为加粗倾斜格式。

还可以基于特定的单元格查找格式。方法是在"查找格式"对话框中，单击"从单元格选择格式"按钮，然后单击含有要寻找的格式的单元格。

> **警告**
> "查找和替换"对话框无法查找通过表格样式应用的表格背景色格式或基于条件格式应用的格式。

19.3.4　工作表拼写检查

如果使用文字处理程序，很可能用过其拼写检查功能。如果在电子表格中存在拼写错误，也同样是很尴尬的。幸运的是，Microsoft 在 Excel 中包含了一个拼写检查器。

要访问拼写检查器，请选择"审阅"|"校对"|"拼写检查"命令，或按 F7 键。要检查特定区域内的拼写，请首先选择区域，然后激活拼写检查器。

> **注意**
> 拼写检查器可对单元格内容、图形对象和图表中的文字、页眉及页脚进行检查，甚至还可以对隐藏的行和列的内容进行检查。

"拼写检查"对话框与你可能熟悉的其他拼写检查工具的工作方式很相似。如果 Excel 发现当前词典中不存在的或拼写错误的单词，那么它会给出一组建议。可以单击下列其中一个按钮做出响应。

- **忽略一次**：忽略此单词，并继续执行拼写检查。
- **全部忽略**：忽略此单词，以及以后出现的同一单词。
- **添加到词典**：将单词添加到词典。
- **更改**：将单词更改为在"建议"列表中选定的单词。
- **全部更改**：将单词更改为在"建议"列表中选定的单词，以后出现同一单词时也执行相同更改，且不再出现提示。
- **自动更正**：将拼写错误的单词以及它的正确拼写形式(从列表中选择)添加到自动更正列表中。

19.4　使用自动更正

"自动更正"是一个很方便的功能，可用于自动修改常见的录入错误。还可以将一些词汇添加到 Excel 自动更正的列表。"自动更正"对话框如图 19-4 所示。要访问该对话框，请选择"文件"|"选项"命令。在"Excel 选项"对话框中，选择"校对"选项卡，并单击"自动更正选项"按钮。

图 19-4 使用"自动更正"对话框控制 Excel 自动执行的拼写更正操作

此对话框中包含以下一些选项。

- **更正前两个字母连续大写**：自动更正前两个字母连续大写的单词。例如，将 BUdget 改为 Budget。这是在快速打字时经常出现的错误。可以单击"例外项"按钮以定义此规则的例外项列表。
- **句首字母大写**：将句子的第一个字母大写，所有其他字母保持不变。
- **英文日期第一个字母大写**：使星期中的某一天的第一个字母大写。如果输入 monday，则 Excel 会将其转换为 Monday。
- **更正因误按大写锁定键(Caps Lock)产生的大小写错误**：更正用户打字时偶然按下 CapsLock 键所导致的错误。
- **键入时自动替换**：在你键入时，"自动更正"功能自动更正错误的单词。

Excel 针对常见的单词拼写错误有一个非常长的"自动更正"条目列表。而且，还针对一些符号有某些"自动更正"条目。例如，(c)将被替换为©，(r)将被替换为®。还可以添加自己的"自动更正"条目。例如，如果发现自己经常将单词"January"错误地拼写为"Janruary"，则可以建立一个"自动更正"条目来自动更改这个错误。要创建新的"自动更正"条目，请在"替换"框中输入拼写错误的单词，然后将拼写正确的单词输入"为"框中。也可以删除不再需要的条目。

> **提示**
>
> 还可以使用自动更正功能来创建常用单词或短语的快捷方式。例如，如果你为一家名为 Consolidated Data Processing Corporation 的公司工作，则可以创建一个用于缩写的自动更正条目，如 cdp。之后，当输入 cdp 时，Excel 会自动将它更改为 Consolidated Data Processing Corporation。但是，请确保不使用可能会经常出现在文本中的字符组合，以免它们被错误地替换。

> **注意**
>
> 在某些情况下，可能需要忽略自动更正功能。例如，确实需要输入文本(c)，而不是版权符号。此时，可以在快速访问工具栏中单击"撤销"按钮，或按 Ctrl+Z 键。

可以使用"自动更正"对话框中的"键入时自动套用格式"选项卡中的选项来控制 Excel 中的其他一些自动设置。

通过"动作"选项卡，可为工作表中的某些数据类型启用以前称为"智能标记"的功能。Excel 可识别的动作类型随系统上安装的软件的不同而有所不同。例如,如果启用金融符号动作,可以右击一个包含金融符号(如代表 Microsoft 的 MSFT)的单元格，选择"其他单元格动作"，你将看到一个选项列表。例如，可以在工作表中插入可刷新的股价。

第 III 部分

创建图表和其他可视化

本部分的 5 章将介绍如何处理图表和可视化。你将了解如何使用 Excel 的各种图形功能来以图表或迷你图的形式显示数据。此外，你将学会使用 Excel 的其他绘图和图形工具，用有意义的数据可视化来增强工作表。

第20章

开始创建 Excel 图表

本章要点

- Excel 如何处理图表
- 图表的组成部分
- 创建图表的基本步骤
- 使用图表
- 了解类型图表的示例

图表提供了数值的视觉表示。它们是一目了然的视图，使你能够说明数据值之间的关系，指出数据值的差异，并观察商业趋势。很少有哪种机制能够比图表更快地让用户理解数据；在仪表板中，图表可能成为关键的组成部分。

人们想到电子表格产品(如 Excel)时，通常会想到用它来处理很多行和列的数字。但 Excel 也非常擅长于以图表形式显示数据。本章将概述 Excel 的图表功能，展示如何使用 Excel 创建和自定义自己的图表。

> **配套学习资源网站**
>
> 本章的大多数示例都可以在配套学习资源网站 www.wiley.com/go/excel2019bible 中找到。文件名是 Intro to Charts.xlsx。

20.1 图表的概念

我们首先介绍一些基础知识。图表是数值的可视化表示。从早期的 Lotus 1-2-3 开始，图表(也称为图形)就已经成为电子表格的一部分。从如今的标准看，早期的电子表格产品所生成的图表非常粗糙，但是这些年来其质量和灵活性已经得到显著改善。Excel 提供了用于创建各种可高度自定义的图表的工具，能够帮助你有效地传递信息。

在经过精心设计的图表中显示数据时，能使数字更加容易理解。因为图表呈现的是一幅图，所以特别适用于概括一系列数字和这些数字之间的相互关系。通过生成图表，常常有助于发现某些在其他情况下容易被忽视的趋势和模式。

图 20-1 显示了一个工作表，其中包含一个用于描述一家公司每月销售量的简单柱形图。通过查看图表，可以很直观地看出销售量在夏季的几个月(6 月到 8 月)中下降，但在年度的最后 4 个月稳步地增长。当然，仅通过分析数字也可以得出相同的结论，但通过查看图表则可以更快地得出这个结论。

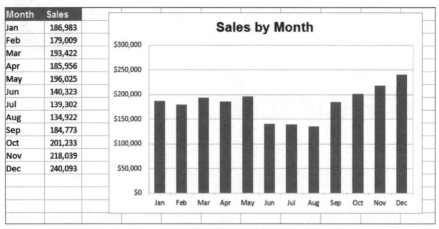

图 20-1　一个简单的柱形图显示每月销售量

柱形图只是 Excel 可以创建的许多图表类型中的一种。顺便说一下，创建这个图表很简单：选择 A1:B13 中的数据，然后按 Alt+F1。

20.1.1　了解 Excel 的图表处理方式

在创建图表前，必须具有一些数字(数据)。当然，这些数据是存储在工作表的单元格中的。通常，图表使用的数据保存在单个工作表中，但这并不是严格的要求。图表也可以使用存储在不同工作表中的数据，甚至还可以使用存储在不同工作簿中的数据。要决定使用一个工作表还是多个工作表中的数据，取决于数据模型、数据源的性质以及想让仪表板具备的交互性。

图表本质上是 Excel 按照要求创建的对象。此对象由一个或多个以图形方式显示的数据系列组成。这些数据系列的外观取决于选择的图表类型。例如，如果创建一个使用两个数据系列的折线图，则图表包含两条线，每条线分别代表一个数据系列。每个系列的数据存储在一个单独的行或列中。线上的每个点由单个单元格中的值决定，并以一个标记表示。可以通过线的粗细、线型、颜色或数据标记来区别每一条线。

图 20-2 显示的是一个折线图，绘制了 9 年间的两个数据系列。如图表底部的图例所示，这里是使用不同的数据标记(方和圆)来区分两个数据系列。折线还使用了不同的颜色，但是在本书的灰度图里不容易看出来。

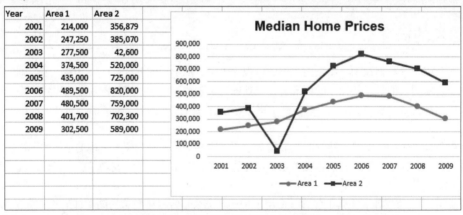

图 20-2　此折线图显示了两个数据系列

需要记住的一点是，图表是动态的。换句话说，图表系列将链接到工作表中的数据。如果工作表中的数据发生改变，则图表会自动更新，以反映这些变化，从而使仪表板能够显示最新的信息。

在创建一个图表之后，还可以更改其类型和格式、向其添加新数据系列或者更改现有数据系列，以便它使用不同区域中的数据。

在工作簿中，图表可位于下面两种位置：

● 工作表中(作为嵌入式图表)

● 单独的图表工作表中

20.1.2 嵌入式图表

嵌入式图表位于工作表上面的绘图层中。本章前面显示的图表都是嵌入式图表。

与其他绘图对象(如文本框或形状)一样，可以移动嵌入式图表，或调整其大小、比例、边框，以及添加效果(如阴影)。通过使用嵌入式图表，可以在图表使用的数据旁边查看图表。也可以将几个嵌入式图表放到一起，以便在一个页面中打印它们。

创建图表时，它一开始总会是嵌入式图表，但有一个例外情况。此例外情况是通过选择数据区域并按 F11 键来创建默认图表的情况。在这种情况下，将在图表工作表上创建图表。

要对一个嵌入式图表对象中的实际图表进行任何更改，必须单击激活该图表。当图表被激活时，Excel 将会显示如图 20-3 所示的两个"图表工具"上下文选项卡："图表工具"|"设计"和"图表工具"|"格式"。

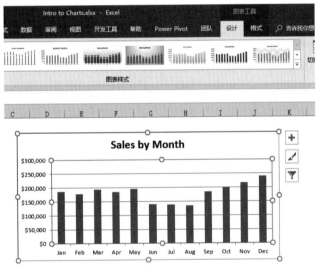

图 20-3　激活图表将在 Excel 功能区显示上下文选项卡

20.1.3 图表工作表

将嵌入式图表移动到图表工作表上后，可以通过单击其工作表选项卡来查看它。此时，该图表将占据整个工作表。如果计划在一页中单独地打印图表，则最好使用图表工作表。如果有许多图表，则可能需要在单独的图表工作表中创建每个图表，以避免将工作表弄乱。这种方法也使得你能够更轻松地定位某个特定的图表，因为你可以改变图表工作表选项卡的名称，以描述其包含的图表。虽然在传统仪表板中，一般不使用图表工作表，但是当创建报表并在包含多个选项卡的工作簿中查看时，图表工作表可能很方便。

图 20-4 显示了一个图表工作表中的图表。当激活图表工作表时，Excel 将显示前一节介绍的"图表工具"上下文选项卡。

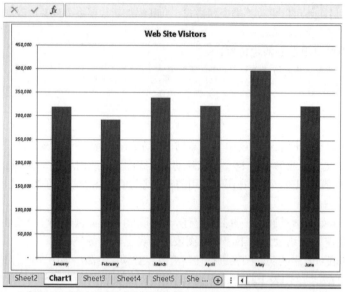

图 20-4　图表工作表上的图表

20.1.4　图表的组成部分

图表由许多不同的元素组成，所有这些元素都是可选的。没错，你可以创建一个不包含图表元素的图表，实际上就是一个空图表。空图表并不怎么有用，但 Excel 允许创建空图表。

在阅读后面对各个图表元素的说明时，请参考图 20-5 中的图表。

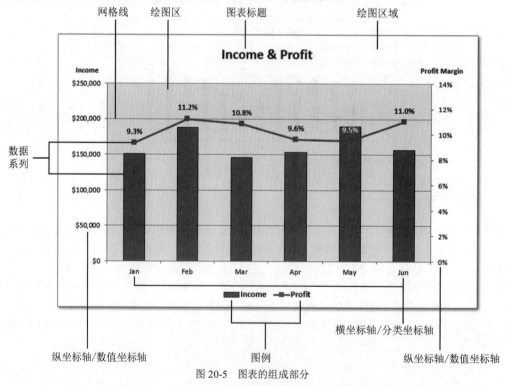

图 20-5　图表的组成部分

这个特定的图表是一个组合图表，其中显示了柱形和折线。它有两个数据系列：Income 和 Profit Margin。Income 绘制为纵向的柱形图，Profit Margin 绘制为带方形标记的折线。每个柱形(或折线上的标记)表示一个数据点(单元格中的值)。

图表中有一个横坐标轴,也称为分类坐标轴,这个坐标轴表示每个数据点的分类(一月、二月等)。它没有标签,因为分类单位很明显。

请注意,这个图表有两个纵坐标轴,称为数值坐标轴,每个坐标轴有不同的刻度。左侧的坐标轴供柱形系列(Income)使用,右侧的坐标轴供折线系列(Profit Margin)使用。

数值坐标轴还显示了刻度值。左侧的坐标轴可显示 0~250 000 的值,单位增量为 50 000。右侧的数值坐标轴使用的是不同的刻度:0%~14%,以 2%为增量。对于数值坐标轴,可以控制最小值、最大值以及增量值。

图表带有两个数值坐标轴是合适的,因为两个数据系列在刻度上有很大区别。如果使用左侧的坐标轴来绘制 Profit Margin 数据,则折线会不可见。

如果图表中有多个数据系列,通常需要一种方式来标识数据系列或数据点。例如,经常会使用图例来标识图表中的各种系列。在此例中,图例出现在图表的底部。一些图表也会显示数据标签来标识特定的数据点。此示例图表为 Profit Margin 系列显示了数据标签,但没有为 Income 系列显示。此外,大多数图表(包括此示例图表)都包含一个图表标题和其他一些标签来标识坐标轴或分类。

示例图表也包含横向网格线(对应于左数值坐标轴)。网格线基本上是数值坐标轴刻度的扩展,它可以帮助查看者更轻松地确定数据点的级别。

所有图表都有一个图表区域(图表的整个背景区域)和绘图区。绘图区显示了实际图表,包括绘制的数据、坐标轴和坐标轴标签。

图表可具有更多或更少的组成部分,具体取决于图表的类型。例如,饼图(见图 20-6)具有切片,但是没有坐标轴。3-D 图表可能有壁和基底(见图 20-7)。

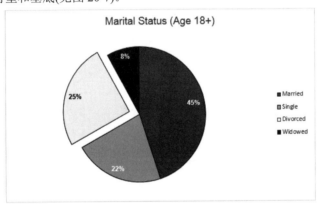

图 20-6　饼图

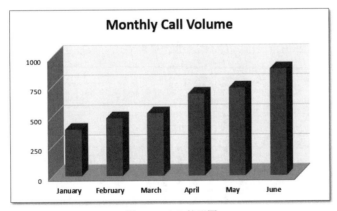

图 20-7　3-D 柱形图

还可以将其他类型的项目添加到图表中。例如,可以添加趋势线或显示误差线。

20.1.5　图表的限制

与 Excel 的大部分功能一样，图表能够处理和展示的数据量是有限制的。表 20-1 列出了 Excel 图表的限制。

表 20-1 Excel 图表的限制

项	限制
工作表中的图表数	受可用内存限制
图表引用的工作表	255
图表中的数据系列	255
数据系列中的数据点	32 000
数据系统中的数据点(3-D 图表)	4000
图表中的总数据点	256 000

20.2　创建图表的基本步骤

创建图表相对来说很简单。下面的小节介绍了如何创建及自定义一个基本图表，以有效传达自己的商业目标。

20.2.1　创建图表

使用图 20-8 中的数据，按照下面的步骤创建一个图表。

(1) **选择想要在图表中使用的数据**。如果数据有列标题，也一定要选择列标题(在本例中需要选择 A1:C4)。另一种方法是选择数据区域中的一个单元格。Excel 将为图表使用整个数据区域。

(2) **单击"插入"选项卡，然后单击"图表"中的一个图表图标**。该图标将会展开，显示所选图表类型的一个子类型列表(见图 20-9)。

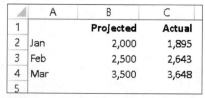

图 20-8　从这些数据能生成一个不错的图表

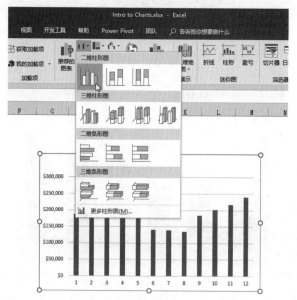

图 20-9　"插入" | "图表"组中的图标展开后会显示一个图表子类型列表

(3) 单击一个图表子类型，Excel 将创建指定类型的图表。图 20-10 显示了从数据创建的柱形图。

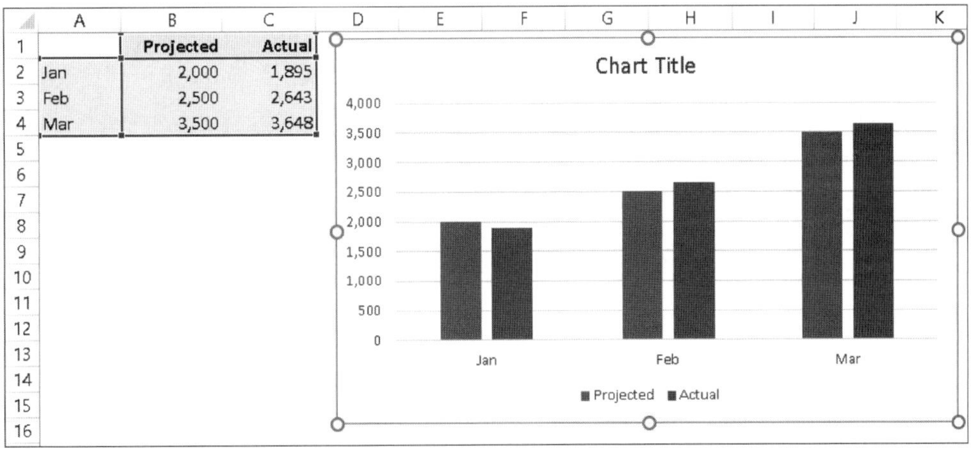

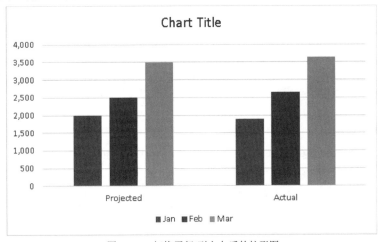

图 20-10　有两个数据系列的柱形图

提示

要快速创建默认图表，可选择数据，然后按 Alt+F1 来创建一个默认图表，或按 F11 在图表工作表上创建图表。

20.2.2　切换行和列的方向

Excel 在创建一个图表时，会使用一个算法来决定将数据显示在列中或行中。大多数时候，Excel 的猜测是正确的，但如果创建的图表使用了错误的方向，就可以选择该图表，然后使用"图表工具" | "设计" | "数据" | "切换行/列"来快速纠正。这是一个开关命令，如果改变数据方向后，图表并没有改善，只需要再次选择该命令(或者单击快速访问工具栏上的"撤销"按钮)。

数据的方向对图表的外观和可理解性有巨大影响。修改图 20-10 中的数据方向，得到图 20-11 中的柱形图。注意，现在在图表有 3 个数据系列，分别对应每个月份。如果仪表板的目标是比较每个月的实际值和预测值，则图表的这个版本更难理解，因为相隔的列彼此不相邻。

图 20-11　切换了行/列方向后的柱形图

20.2.3 更改图表类型

创建了图表后，很容易改变图表的类型。虽然对于特定数据集，柱形图的效果可能很好，但是试试其他图表类型并没有坏处。选择"图表工具"|"设计"|"类型"|"更改图表类型"命令，打开"更改图表类型"对话框，并试用其他图表类型。图 20-12 显示了"更改图表类型"对话框。

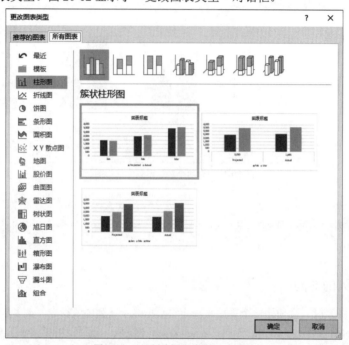

图 20-12 "更改图表类型"对话框

> **注意**
>
> 如果图表使用了多个数据系列，则注意在选择"图表工具"|"设计"|"类型"|"更改图表类型"命令时，选择的图表元素不能是数据系列。如果选择了数据系列，则该命令只会更改所选数据系列的图表类型。

在"更改图表类型"对话框中，左边列出了主分类，子类型则显示为图标。选择一个图标，然后单击"确定"按钮，Excel 将使用新图表类型显示图表。如果不喜欢结果，则单击"撤销"按钮。

> **提示**
>
> 如果图表是一个嵌入式图表，则还可以使用"插入"|"图表"组中的图标更改图表的类型。事实上，因为不涉及对话框，这种方法更加高效。

20.2.4 应用图表布局

每一个图表类型都有许多预定义的布局，通过单击鼠标就可以应用它们。一个布局中包含其他一些图表元素，如标题、数据标签、坐标轴等。这个步骤是可选的，不过某个预定义的设计可能已经能够满足你的需要。即使布局并不完全符合你的要求，也可能非常接近你想要的布局，只需要做一些小调整。

要应用布局，可选择图表，然后使用"图表工具"|"设计"|"图表布局"|"快速布局"库。图 20-13 显示了使用各种布局时的一个柱形图。

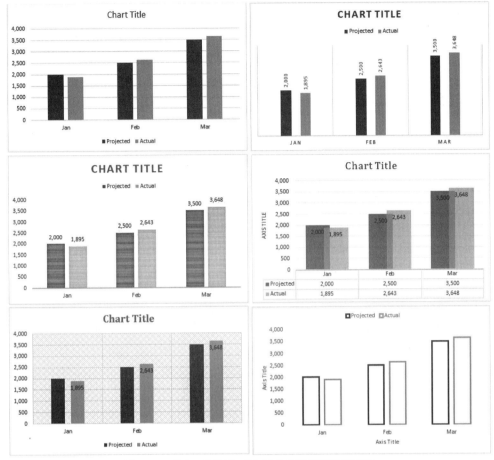

图 20-13　单击一次鼠标，就可为柱形图使用不同的设计

20.2.5　应用图表样式

"图表工具"|"设计"|"图表样式"库包含许多样式，可用于图表。样式包含各种颜色选项和特殊效果。同样，这是一个可选的步骤。

20.2.6　添加和删除图表元素

有些时候，通过应用图表布局或图表样式(如前所述)，得到的图表就具备了你所需要的全部元素。然而，大部分时候，需要添加或删除一些图表元素，并微调布局。通过使用"图表工具"|"设计"和"图表工具"|"格式"选项卡中的控件，可实现这些操作。

例如，要给图表提供一个标题，可以选择"图表工具"|"设计"|"添加图表元素"|"图表标题"命令。控件将显示一些选项决定了在这里放置标题。Excel 将插入一个标题框，显示文本"图表标题"。单击文本，将其替换为实际的图表标题。

20.2.7 设置图表元素的格式

可以设置图表中每个元素的格式，并以多种方式对其进行自定义。对于使用本章前面介绍的步骤创建的图表，许多用户已经感到满意。但是，因为你在阅读本书，可能想知道如何自定义图表来获得最好的效果。

交叉引用
第 21 章将详细介绍图表的格式设置和自定义。

Excel 提供了两种方式来设置图标元素的格式及进行自定义。下面的两种方法都需要先选择图表元素：
- 使用"图表工具"|"格式"选项卡中的功能区控件。
- 按 Ctrl+1 显示特定于所选图表元素的"设置格式"任务窗格。

还可以双击图表元素，打开该元素的"设置格式"任务窗格。

例如，假设想要更改图表中某个系列的柱形的颜色。单击系列的任何柱形(这将选择整个系列)，然后选择"图表工具"|"格式"|"形状样式"|"形状填充"命令，并从显示的列表中选择一种颜色。

要更改柱形轮廓的属性，可使用"图表工具"|"格式"|"形状样式"|"形状轮廓"控件。

要更改柱形中使用的效果(例如添加阴影)，可使用"图表工具"|"格式"|"形状格式"|"形状效果"控件。

另外，可以选择图表中的一个系列，按 Ctrl+1，使用"设置数据系列格式"任务窗格，如图 20-14 所示。注意，这是一个选项卡式窗格。单击顶部的图标，然后展开左侧的小节，可看到更多控件。它也是一个停靠窗格，允许单击图表中的其他元素。换句话说，不必关闭该任务窗格，就可以看到你指定的更改。

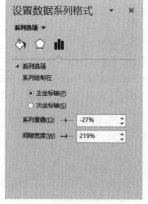

图 20-14 使用"设置数据系列格式"任务窗格

20.3 修改和自定义图表

接下来的小节将介绍常见的图表更改操作。

注意
在修改图表前，必须激活相应的图表。要想激活嵌入式图表，只需要单击它即可。执行单击操作不仅可以激活图表，而且会选中所单击的元素。要激活一个图表工作表上的图表，只需要单击它的工作表选项卡即可。

20.3.1 移动图表和调整图表大小

如果图表是一个嵌入式图表，则可以使用鼠标随意地移动和改变其大小。单击图表的边框并拖动，可以移动图表。拖动 8 个"手柄"中的任何一个，可调整图表的大小。单击图表的边框时，将在图表的各个角和边上出现圆形手柄。当鼠标指针变为双箭头时，单击并拖动鼠标就可以调整图表的大小。

当选中图表时，可以选择 "图表工具"|"格式"|"大小"控件来调整图表的高度和宽度。调整的方法是

使用微调框，或者在"高度"和"宽度"控件中直接输入尺寸。奇怪的是，Excel 并没有为指定图表的顶部和左侧位置提供类似的控件。

要移动嵌入式图表，只需要单击图表的其中一个边框(注意不能单击其 8 个大小调整手柄)，然后将图表拖动到新位置即可。可以使用标准的剪贴方法来移动嵌入式图表。选择图表，然后选择"开始"|"剪贴板"|"剪切"命令(或者按 Ctrl+X 键)。然后激活目标位置附近的单元格，并选择"开始"|"剪贴板"|"粘贴"命令(或按 Ctrl+V 键)。图表的新位置可以位于其他工作表，甚至是其他工作簿中。如果将图表粘贴到其他工作簿中，它将链接到原工作簿中的数据。要将图表移动到其他位置，还有另外一种方法：选择"图表工具"|"设计"|"位置"|"移动图表"命令，将显示"移动图表"对话框，在这里可以为图表指定新工作表(可以是图表工作表或普通工作表)。

20.3.2 将嵌入式图表转换为图表工作表

当使用"插入"|"图表"组中的图标创建一个图表时，将总是创建一个嵌入式图标。如果希望自己的图表位于一个图表工作表中，则可以方便地进行移动。

要将嵌入式图表转换为图表工作表上的图表，先选择该图表，然后选择"图表工具"|"设计"|"位置"|"移动图表"命令，打开如图 20-15 所示的"移动图表"对话框。选择"新工作表"选项，并为图表工作表提供一个不同的名称(可选步骤)。

要将图表工作表上的图表转换为一个嵌入式图表，可激活该图表工作表，然后选择"图表工具"|"设计"|"位置"|"移动图表"命令，打开"移动图表"对话框。选择"对象位于"选项，并使用下拉控件指定工作表。

图 20-15 使用"移动图表"对话框将嵌入式图表移动到图表工作表(或执行反向操作)

20.3.3 复制图表

要创建嵌入式图表的精确副本，可选择图表，然后选择"开始"|"剪贴板"|"复制"命令(或按 Ctrl+C 键)。在目标位置附近激活一个单元格，然后选择"开始"|"剪贴板"|"粘贴"命令(或按 Ctrl+V 键)。新位置可以位于不同的工作表甚至不同的工作簿中。如果将图表粘贴到不同的工作簿，则图表将链接到原工作簿中的数据。

要复制图表工作表上的图表，可在按下 Ctrl 键的同时，将图表工作表的选项卡拖动到选项卡列表中的一个新位置。

20.3.4 删除图表

要删除嵌入式图表，只需要单击图表并按 Delete 键。可以在按住 Ctrl 键时选择多个图表，然后按一次 Delete 键将它们都删除。

要删除图表工作表，可以右击它的工作表选项卡，然后从快捷菜单中选择"删除"命令。要删除多个图表工作表，可通过按住 Ctrl 键并单击工作表选项卡来同时选定这些图表工作表。

20.3.5 添加图表元素

要向图表添加新元素(如标题、图例、数据标签或网格线)，可激活图表并使用 "图表元素+"图标(显示在图表右侧)中的控件。请注意，每个项目将展开以显示其他选项。

也可以使用 "图表工具"|"设计"|"图表布局"选项卡中的"添加图表元素"控件。

20.3.6 移动和删除图表元素

可以移动图表中的某些元素：如标题、图例和数据标签。要移动图表元素，只需要单击并选中此元素，然后拖动其边框即可。

用于删除图表元素的最简单的方法是，选中相应的图表元素，然后按 Delete 键。也可以使用"图表元素"图标(显示在图表右侧)中的控件来改变图表元素的位置。

> **注意**
>
> 一些图表元素由多个对象组成。例如，数据标签元素由每个数据点的一个标签组成。要移动或删除一个数据标签，需要先单击一次以选定整个元素，再单击一次以选定特定的数据标签。然后，就可以移动或删除选定的数据标签。

20.3.7 设置图表元素的格式

许多用户愿意使用预定义的图表布局和图表样式。但为了实现更精确的自定义，Excel 允许用户对单个图表元素进行处理并应用其他格式。可以使用功能区中的命令进行一些修改，但是用于设置图表元素格式的最容易的方法是右击图表元素，然后从快捷菜单中选择"设置<元素>格式"。具体的命令取决于所选的元素。例如，如果右击的是图表标题，则快捷菜单命令是"设置图表标题格式"。

"设置格式"命令将显示出一个任务窗格，其中含有适用于选定元素的选项。所做的更改将在图表中立即显示出来。当选择新的图表元素时，任务窗格将随之更改，显示新选中元素的属性。可以在处理图表时保持显示此任务窗格。此任务窗格可位于窗口左侧或右侧，并且可以浮动和调整大小。

> **提示**
>
> 如果未显示"设置格式"任务窗格，则可以双击图表元素以显示它。

"了解'设置格式'任务窗格"提要栏解释了"设置格式"任务窗格的工作方式。

> **提示**
>
> 如果在对图表元素应用格式之后认为此格式并不好，那么可以恢复到特定图表样式的原始格式。为此，需要右击图表元素，然后从快捷菜单中选择"重设以匹配样式"。要重设整个图表的格式，需要在执行该命令前选择整个图表区。

> **了解"设置格式"任务窗格**
>
> "设置格式"任务窗格可能具有一些欺骗性。它包含许多不可见的选项，有时必须通过执行很多单击操作才能找到所需的格式设置选项。
>
> "设置格式"任务窗格的名称取决于所选中的图表元素。例如，图 20-14 显示了数据系列的任务窗格。"设置格式"任务窗格中的可用选项可能会变化很大，具体取决于所选中的图表元素。
>
> 但是，无论选择哪个图表元素，"设置格式"任务窗格顶部都会显示几个图标。每个图标有自己的一组控件，展开它们能够看到一组格式设置和自定义选项。
>
> "设置格式"任务窗格一开始看起来可能很复杂，很难理解。但是，熟悉之后，使用这个任务窗格就变得容易多了。

> **交叉引用**
>
> 有关自定义图表和设置图表格式的更多信息，请参见第 21 章。

20.3.8 复制图表的格式

如果你创建了一个格式很好的图表，并意识到需要创建另外几个具有相同格式的图表，那么有下面 3 种选择。

- 创建原图表的一个副本，然后修改副本图表使用的数据。修改图表使用的数据的一种方法是选择"图表工具"|"设计"|"数据"|"选择数据"命令，然后在"选择数据源"对话框中做相应的修改。
- 创建其他图表，但是不应用任何格式。然后，激活原图表，并按 Ctrl+C。选择其他图表，然后选择"开始"|"剪贴板"|"粘贴"|"选择性粘贴"命令。在"选择性粘贴"对话框中，单击"格式"选项，然后单击"确定"按钮。为其他每个图表重复此操作。
- 创建一个图表模板，然后使用该模板作为新图表的基础，也可以将新模板应用到现有图表。第 21 章将详细介绍图表模板。

20.3.9　重命名图表

激活嵌入式图表时，其名称将显示在"名称"框中(位于编辑栏左侧)。要更改嵌入式图表的名称，只需要选择该图表，然后在"名称"框中输入期望的名称即可。

为什么要重命名图表？如果工作表中有许多图表，就可能希望通过名称激活特定的图表。只需要在"名称"框中输入图表的名称，然后按 Enter 键即可激活该图表。记住"Monthly Sales"这种名称要比记住"Chart9"这种名称容易多了。

> **注意：**
> 重命名图表时，Excel 允许使用已经用于现有的另一个图表的名称。通常，多个图表具有相同的名称并没有关系，但如果使用 VBA 宏来按名称选择图表，就可能出现问题。

20.3.10　打印图表

打印嵌入式图表没有特殊之处；可以像打印工作表一样打印它们。只要在要打印的区域中包括嵌入式图表，Excel 就会按屏幕中所显示的那样打印图表。当打印一个包含嵌入式图表的工作表时，最好先预览一下(或者使用"页面布局"视图)，以确保图表没有跨越多个页面。如果是在图表工作表中创建的图表，则 Excel 总是会在一页上单独打印图表。

> **提示**
> 如果选择一个嵌入式图表，并选择"文件"|"打印"命令，则 Excel 将在一页纸上单独打印图表，而不是打印工作表。

如果不想打印特定的嵌入式图表，可访问"设置图表区格式"任务窗格，选择"大小与属性"图标。然后展开"属性"部分，并清除"打印对象"复选框。

20.4　了解图表类型

人们创建图表的目的通常是为了表达一个观点，或传递特定的信息。通常将在图表的标题或文本框中显式地陈述信息，而图表自身则能够提供可视化支持。

通常，选择正确的图表类型是信息表达效果的一个关键因素。因此，你应该花一些时间去试用各种图表类型，以便确定哪一种类型能最好地表达信息。

几乎在每种情况中，图表中的基本信息都是某些类型的比较。下面是一些常见的比较类型的示例：

- **将一项和其他项进行比较。** 例如，图表可以比较公司每个销售地区的销售额。
- **比较一段时间内的数据。** 例如，图表可以按月显示销售额，并表明趋势。
- **进行相对比较。** 例如，使用饼图可以描述相对比例。
- **比较数据关系。** XY 散点图适用于这种比较。例如，可以显示每月营销花费和销售额之间的关系。
- **频率比较。** 例如，可以使用普通的直方图来显示特定分数范围内的学生人数(或百分比)。

● **识别离群值或异常情况**。如果有成千上万个数据点，则可以创建一个图表以帮助识别不具代表性的数据。

20.4.1 选择图表类型

Excel 用户的一个常见问题是："如何知道应为数据使用哪一种图表类型？"令人遗憾的是，对于这个问题并没有一个现成的答案。也许最好的答案就是以下这个含糊的答案：使用能够以最简单的方式传达信息的图表类型。Excel 推荐的图表是一个不错的起点。选择你的数据，并选择"插入" | "图表" | "推荐的图表"命令，查看 Excel 推荐的图表类型。请注意，这些推荐的图表并不总是最佳的选择。

> **注意**
>
> 在功能区中，"插入"选项卡的"图表"组显示了"推荐的图表"按钮，以及另外 9 个下拉按钮。所有这些下拉按钮都显示了多个图表类型。例如，柱形图和条形图都可以在一个下拉按钮中访问。类似的，散点图和气泡图也共用一个按钮。可能在选择某种图表类型时，最简单的方式是选择"插入" | "图表" | "推荐的图表"命令，这将打开"插入图表"对话框的"推荐的图表"选项卡。选择"所有图表"选项卡，将看到所有图表类型和子类型的简洁列表。

图 20-16 显示的是使用 6 种不同图表类型绘制的同一组数据。尽管 6 个图表表现的都是相同的信息(网站每月的访问人数)，但是它们看起来却大不一样。

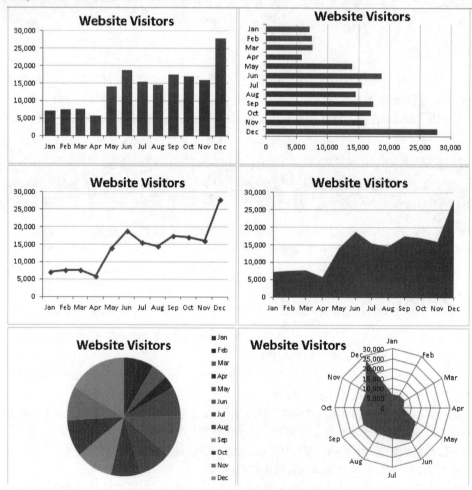

图 20-16 使用 6 种图表类型绘制的同一组数据

对于这组特定数据，柱形图(左上角)可能是最好的选择，因为它用离散单元清晰地显示出每月的信息。条形图(右上角)类似于柱形图，不同之处在于交换了坐标轴。但大多数人更习惯于从左到右而不是从上到下来查看基于时间的信息，因此这不是最佳的选择。

折线图(中左)可能不是最好的选择，因为在该图中，数据看上去像是连续的——即似乎在 12 个实际数据点之间还存在其他点。面积图(中右)也存在这样的问题。

饼图(左下角)简直就是让人产生迷惑，完全没有表达出数据基于时间的本质。饼图最适于以下数据系列：需要强调较少的数据点中各数据点所占的比例。如果数据点太多，则很难看懂饼图要表达的信息。

雷达图(右下角)很明显不适合于此数据。人们并不习惯于以圆形方向查看基于时间的信息。

幸运的是，改变图表类型的操作非常容易完成，因此可以试用各种图表类型，直到找到一个可以精确、清晰、简单地表达数据的图表类型为止。

本章其余部分包含了关于各种 Excel 图表类型的详细信息。这些示例和讨论可以帮助你更好地确定最适合于数据的图表类型。

20.4.2 柱形图

柱形图也许是最常见的图表类型。柱形图可以将每个数据点显示为一个纵向柱形，柱形的高度对应于相应的数值。值的刻度显示在纵坐标轴上，该坐标轴通常位于图表的左侧。可以指定任意数目的数据系列，每个系列的对应数据点可以堆在其他数据点的上面。通常，每个数据系列会以不同的颜色或模式进行描绘。

柱形图通常用来比较离散的项，而且它们可以描绘一个系列的各项之间或多个系列的各项之间的差别。Excel 提供了 7 种柱形图子类型。

图 20-17 显示的是一个用于描述两种产品的月销售额的簇状柱形图示例。从这个图表中可以清楚地看出 Sprocket 的销售额始终超过 Widget 的销售额。另外，Widget 的销售额在这 5 个月期间呈下降趋势，而 Sprocket 的销售额则在上升。

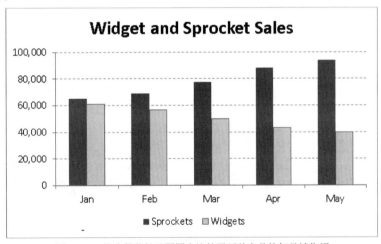

图 20-17　这个簇状柱形图图表比较了两种产品的每月销售额

图 20-18 显示的是以相同的数据生成的堆积柱形图。此图表有一个额外的优点，即描绘了一段时间内的合并销售额。它显示出每个月的总销售额保持得相当稳定，但这两种产品的销售额的相对比例发生了变化。

图 20-19 显示的是以相同的销售数据生成的百分比堆积柱形图。此图表类型显示了每种产品每月销售额的相对比例。请注意，纵坐标轴显示的是百分比值，而不是销售额。这个图表未提供关于实际销售额的信息，但是可以使用数据标签提供此信息。此类型图表通常可用于代替使用几个饼图。此图表并不是使用饼图来显示每年的相对销售额，而是对每年使用了一个柱形。

图 20-20(左图)显示的是以相同数据生成的三维簇状柱形图。这个名称有一些误导，因为此图表只使用了两个维度，而不是三个维度。许多人使用这种图表类型是因为它具有更多的视觉吸引力。

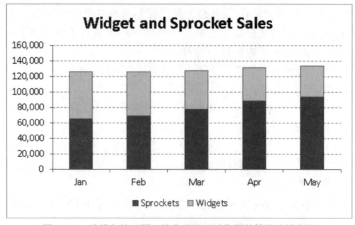

图 20-18 该堆积柱形图可按产品显示销售额并描绘总销售额

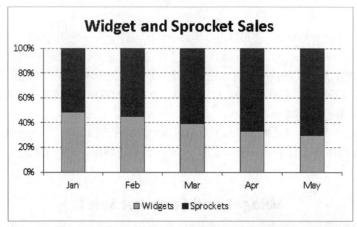

图 20-19 该百分比堆积柱形图可将每月销售额显示为一个百分比

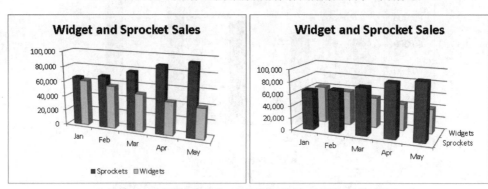

图 20-20 相同数据生成的三维簇状柱形图和"真"三维柱形图

可将此图表与图 20-20(右图)所示的"真"三维柱形图(具有第二个分类坐标轴)进行比较。这种图表类型在视觉上很吸引人,但由于透视图存在变形,因此很难进行精确的比较。

20.4.3 条形图

条形图实际上是按顺时针方向旋转 90° 之后的柱形图。使用条形图的一个明显优点在于,用户可以更方便地阅读分类标签。图 20-21 显示了一个为 10 个调查项目显示值的条形图。分类标签很长,在柱形图中清楚地显示它们是很困难的。Excel 提供了 6 种条形图子类型。

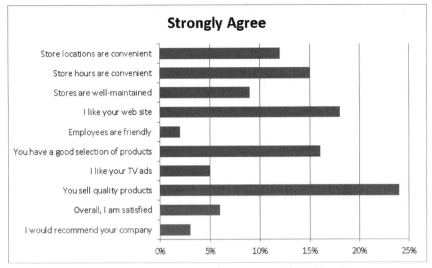

图 20-21　如果有冗长的分类标签，则可以选择使用条形图

可以在条形图中包含任意数目的数据系列。另外，条形图也可以从左到右"堆积"。

20.4.4　折线图

折线图通常用于绘制连续的数据，并且可以很好地标识趋势。例如，以折线图描绘每日销售量可以识别出一段时间内的销售波动情况。通常，折线图的分类坐标轴显示相等的间隔。Excel 支持 7 种折线图子类型。

请参见图 20-22 所示的折线图示例，该示例描述了每月数据(676 个数据点)。尽管每月的数据变化相当大，但这个图表清晰地显示了周期。

图 20-22　折线图可以帮助发现数据中的趋势

折线图可以使用任意数目的数据系列。可以通过使用不同的颜色、线条样式或标记来区分折线。图20-23显示的折线图有3个数据系列。这些数据系列使用不同的标记(圆形、方形、三角形)和线条颜色来区分。当在非彩色打印机中打印图表时，标记是用于识别线条的唯一方式。

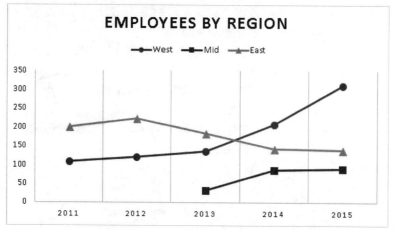

图20-23 这个折线图显示了3个数据系列

图20-24显示了最后一个折线图示例，这是一个三维折线图。虽然它有很好的视觉吸引力，但它肯定不是最清晰的数据呈现方式。事实上，这种折线图没多少价值。

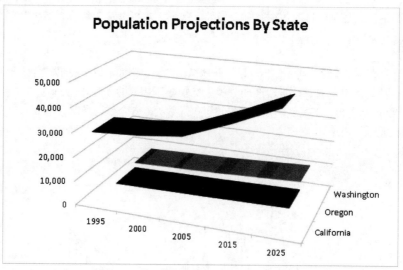

图20-24 该三维折线图并不能很好地显示数据

20.4.5 饼图

当要显示相对比例或所占整体的分量时，饼图很有用。饼图只能使用一个数据系列。饼图对于少量数据点的情况最为有效。通常，饼图应使用不超过5或6个数据点(或饼扇区)。具有过多数据点的饼图很难清楚地说明信息。

警告

在饼图中使用的值必须都为正数。如果创建一个使用了一个或多个负值的饼图，则这些负值将被转换为正值，而这可能并不是你所需要的。

为了达到强调目的，可以将饼图中的一个或多个扇区"分解"出来(参见图 20-25)。激活图表，然后单击任一饼图扇区以选择整个饼图，然后单击要分解的扇区，并将其从中心拖出来即可。

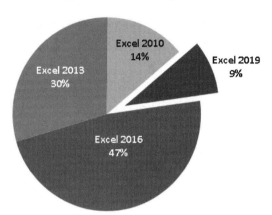

图 20-25　已"分解"出一个扇区的饼图

复合饼图和复合条饼图子类型允许显示一个辅助图表，为其中一个扇区提供更详细的信息。图 20-26 显示了一个复合条饼图示例。这个饼图显示了 Rent、Supplies、Utilities 和 Salary 这 4 个开支分类的细分。辅助条形图提供了 Salary 分类的一个额外区域细分。

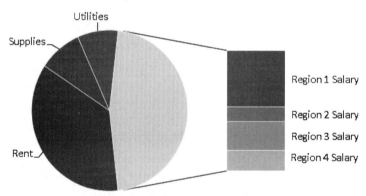

图 20-26　复合条饼图显示了一个饼图扇区的细节

图表所使用的数据位于 A2:B8 中。当创建图表时，Excel 将猜测属于辅助图表的分类。在此例中，Excel 会猜测为辅助图表使用最后 3 个数据点——此猜测是不正确的。

要改正图表，可以右击任意一个饼图扇区，然后选择"设置数据系列格式"。在"设置数据系列格式"任务窗格中选择"系列选项"图标，然后进行修改。在此例中，选择"系列分隔依据：位置"，然后指定第二绘图区包含系列中的 4 个值。

有一种饼图子类型称为圆环图，基本上就是中间有一个洞的饼图。但是，与饼图不同的是，圆环图能够显示多个系列。

20.4.6　XY(散点图)

另一个常见的图表类型是 XY 散点图。XY 散点图不同于其他大多数图表类型的地方在于，两个坐标轴显示的都是数值(XY 散点图中没有分类坐标轴)。

此图表类型通常用于显示两个变量间的关系。图 20-27 显示的是一个用于描绘销售电话(横坐标轴)和实际销售额(纵坐标轴)之间关系的 XY 散点图示例。图表中的每个点都代表一个月。该图表显示出这两个变量之间是正相关的关系，即：电话越多的月份，通常销售量也越高。

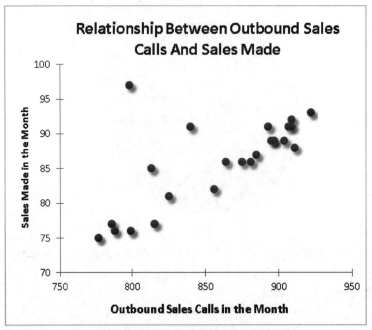

图 20-27　XY 散点图显示了两个变量之间的关系

20.4.7　面积图

可以将面积图视为一个在折线下填充颜色的折线图。图 20-28 显示了一个堆积面积图示例。通过将数据系列堆积起来，可以清晰地看到整体以及每个数据系列所占的比例。

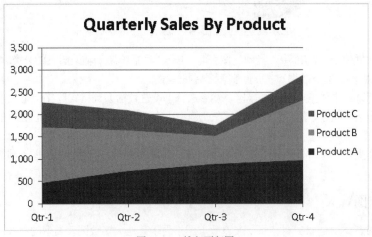

图 20-28　堆积面积图

图 20-29 显示的是以相同的数据绘制的三维面积图。正如你所看到的，它并不是一个很有效的图表。产品 B 和 C 的数据很模糊。在有些情况下，可通过旋转图表或使用透明效果来解决上述问题。但通常情况下，改进此类图表的最好方法是选择新的图表类型。

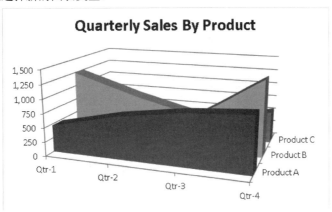

图 20-29　此三维面积图并不是一个很好的选择

20.4.8　雷达图

你可能不熟悉这种类型的图表。雷达图是一种特殊的图表，它为每个分类都使用一个单独的坐标轴，且各坐标轴从图表的中心向外伸展。每个数据点的值被绘制在相应的坐标轴上。

图 20-30 的左侧显示了一个雷达图示例。这个图表描绘了 12 个分类(月)中的两个数据系列，并显示了滑雪板和滑水板的季节性需求。注意，滑水板系列部分地掩盖了滑雪板系列。

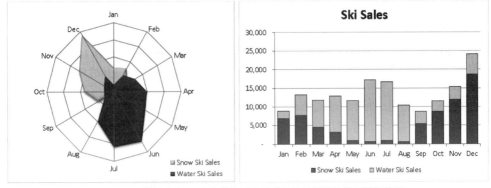

图 20-30　使用含有 12 个分类和两个系列的雷达图描绘滑板销售数据

使用雷达图来显示季节性销售额是一种有趣的方法，但肯定不是最好的图表类型。正如你所看到的，右侧的堆积条形图能更清晰地显示上述信息。

20.4.9　曲面图

曲面图可以在曲面上显示两个或更多的数据系列。如图 20-31 所示，这些图表非常有趣。与其他图表不同，Excel 使用颜色来区分数值，而不是区分数据系列。所使用的颜色数目由数值坐标轴的主要单位刻度设置所确定。每种颜色对应于一个主要单位。

> **注意**
> 曲面图将不绘制三维数据点。曲面图的系列坐标轴与所有其他三维图表一样，是分类坐标轴而不是数值坐标轴。换句话说，如果有以 x、y 和 z 坐标表示的数据，那么除非 x 和 y 值间距相等，否则就不能在曲面图中精确地绘制这些数据。

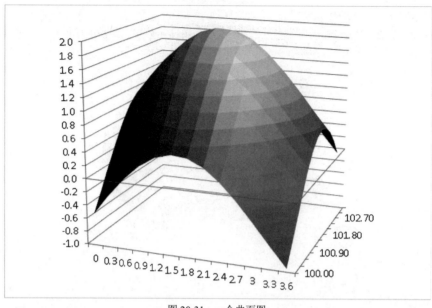

图 20-31　一个曲面图

20.4.10　气泡图

可以将气泡图看成可以显示额外的数据系列的 XY 散点图。这些额外的数据系列以气泡的大小来表示。与 XY 散点图一样，气泡图的两个坐标轴都是数值坐标轴(没有分类坐标轴)。

图 20-32 显示了一个气泡图示例，它描述了一个减肥计划的结果。横向数值坐标轴代表的是原始体重，纵向数值坐标轴显示的是计划的周数，气泡的大小代表的是减少的体重。

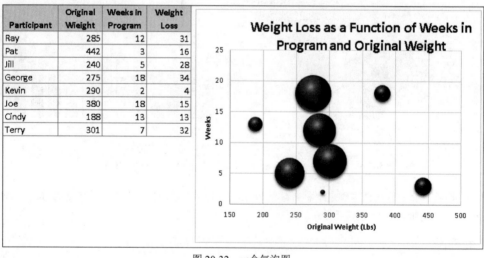

Participant	Original Wieight	Weeks in Program	Weight Loss
Ray	285	12	31
Pat	442	3	16
Jill	240	5	28
George	275	18	34
Kevin	290	2	4
Joe	380	18	15
Cindy	188	13	13
Terry	301	7	32

图 20-32　一个气泡图

20.4.11　股价图

股价图对于显示股票市场信息最有用。这些图表需要 3～5 个数据系列，具体取决于子类型。

图 20-33 显示了所有 4 种股价图类型的示例，底部的两个图表显示了交易量，并且使用了两个数值坐标轴。由柱形表示的日成交量使用左侧的坐标轴。上涨柱线(有时称为蜡烛图)是用于描绘开盘价和收盘价之差的纵向线。黑色的上涨柱线表示收盘价低于开盘价。

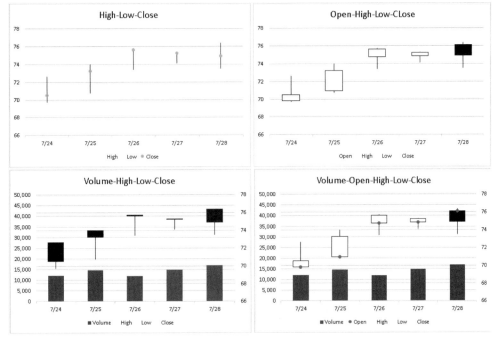

图 20-33　4 种股价图子类型

股价图并不仅限于股价数据。图 20-34 显示的是一个描绘了五月份每天最高、最低和平均气温的股价图。这是盘高-盘低-收盘图形。

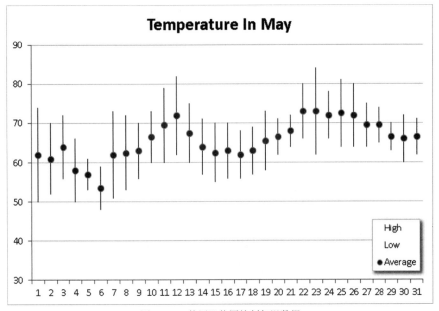

图 20-34　使用股价图绘制气温数据

20.5　Excel 的新图表类型

从 Excel 2016 开始，Microsoft 新增了图表类型。本节将给出每种新图表类型的示例，并解释所需的数据类型。

20.5.1　直方图

Excel 2016 引入了直方图。直方图显示数据项在几个离散的箱中的数量。如果不怕麻烦，也可以使用标准的柱形图或"分析工具包"(参见第 33 章)创建直方图，但是，使用新增的直方图类型要简单得多。

图 20-35 显示了使用 105 个学生的考试分数创建的直方图。各箱显示为分类标签。通过使用"设置坐标轴格式"任务窗格的"坐标轴选项"部分可控制箱的数量。本例中指定了 8 个箱，Excel 会处理好细节。

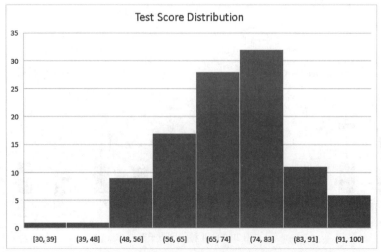

图 20-35　使用直方图显示学生的成绩分布情况

20.5.2　排列图

Excel 2016 引入了排列图。排列图是一种组合图表，其中的柱形按降序显示，使用左边的坐标轴。线条显示了累积百分比，使用右边的坐标轴。

图 20-36 显示了使用区域 A2:B14 中的数据创建的排列图。注意 Excel 会对图表中的数据项排序。例如，线条显示了大约 50%的投诉落在前三个分类中。

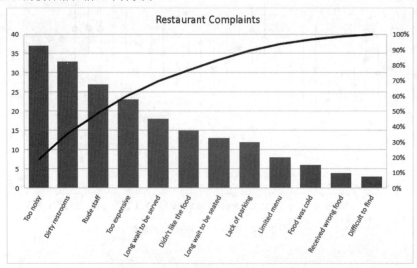

图 20-36　排列图以图形方式显示了投诉数量

> **注意:**
> 排列图图表类型实际上是直方图的一种子类型。在"图表"|"插入统计图表"下可找到排列图子类型。

20.5.3　瀑布图

瀑布图用于显示一系列数字的累积效果，这些数字通常既包括正数，也包括负数。结果得到一个类似于楼梯的显示。瀑布图是在 Excel 2016 中引入的。

图 20-37 显示的瀑布图使用了 D 列的数据。瀑布图通常将最终的汇总值显示为最后的柱形，其原点为 0。要正确显示汇总柱形，需要选择该柱形，右击，然后从快捷菜单中选择"设置为汇总"。

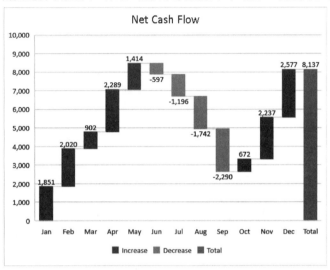

图 20-37　瀑布图显示了正的和负的净现金流

20.5.4　箱形图

Excel 2016 引入了箱形图。箱形图常用于以可视化形式汇总数据。过去也能够使用 Excel 创建这种图表图形，但是需要大量设置工作。现在，创建箱形图非常简单。

图 20-38 显示了为 4 组对象创建的箱形图。数据来自一个具有两列的表中。在图表中，从箱子延伸出的纵向线代表数据的数值范围(最大值和最小值)。"箱子"代表第 25 个到第 75 个百分位。箱子内的横向线代表中位数(或第 50 个百分位)，X 代表平均值。这种图表允许观察者快速比较数据组。

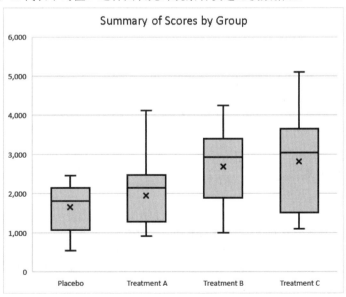

图 20-38　这个箱形图汇总了 4 组数据

"设置数据系列格式"任务窗格的"系列选项"部分包含了可用于这类图表的一些选项。

20.5.5 旭日图

Excel 2016 引入了旭日图。旭日图类似于一个饼图,具有多个同心层。这种图表对于以分层形式组织的数据最有用。图 20-39 中的旭日图描述了一个音乐选集。该图表按流派和子流派显示了曲目数。注意一些流派没有子流派。

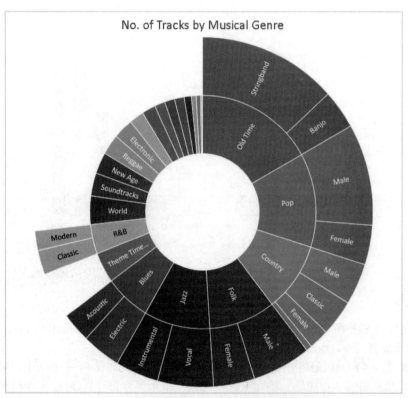

图 20-39　这个旭日图按照流派和子流派显示了音乐选集

这种图表类型有一个潜在的问题:一些扇区太小,以至于无法显示数据标签。

20.5.6 树状图

Excel 2016 引入了树状图。与旭日图类似,树状图也很适合表示分层数据。但是,树状图将数据表示为矩形。图 20-40 用树状图的形式显示了上个示例中的数据。

20.5.7 漏斗图

Excel 2019 新引入了漏斗图。对于表示流程各个阶段的相对值,漏斗图是理想的选择。这种图表通常用于可视化销售管道(如图 20-41 所示)。

20.5.8 地图

Excel 2019 新引入了地图图表类型。地图图表利用必应地图来渲染基于地理位置的可视化。从图 20-42 可以看到,你只需要提供位置指示(在本例中为国家名称),Excel 就会完成其余工作。

地图图表非常灵活,允许基于省份名称、国家名称、城市名称甚至邮政编码来创建图表。只要必应能够识别你提供的标识地理位置的值,图表就能够无缝渲染。

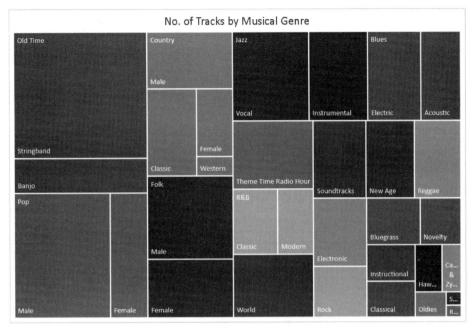

图 20-40 这个树状图按照流派和子流派显示了一个音乐选集

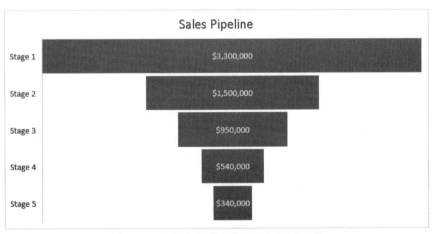

图 20-41 漏斗图可视化销售管道各个阶段的值

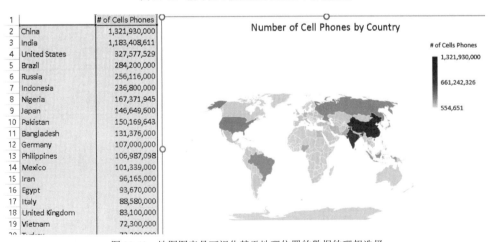

图 20-42 地图图表是可视化基于地理位置的数据的理想选择

　　双击地图将激活"设置数据系列格式"任务窗格(如图 20-43 所示)，展开一些特殊的格式选项。这些选项允许修改地图投影(平面或曲面地图)、地图区域(显示所有位置或仅显示包含数据的位置)以及系列颜色(基于值应用颜色)。

图 20-43　地图图表有特殊的自定义选项

第**21**章

使用高级图表技术

本章要点

- 了解图表的自定义
- 更改基本的图表元素
- 使用数据系列
- 学习一些图表制作技巧

Excel 使创建基本图表的工作变得非常容易，只需要选择数据并选择图表类型即可完成任务。可以再花一点时间来选择其中一个预置的图表样式或图表布局。但是，如果要创建尽可能生动有效的图表，则可能需要使用 Excel 中的其他一些自定义技巧。

自定义图表的过程不仅包括更改其外观，可能还需要在其中添加新的元素。这些改动既可以是纯粹用于装饰(如更改颜色、修改线宽或者添加阴影效果)，也可以是重要的变化(如更改坐标轴刻度或添加一个数值坐标轴)。可添加到图表中的元素包括数据表、趋势线或误差线等组件。

第 20 章介绍了 Excel 中的图表的基本内容，以及如何创建基本的图表。本章将继续把这个主题提升到一个更高的层次。你不仅将学习如何尽量自定义图表，从而使图表完全符合你的要求，而且还可以学到一些高级的图表制作技巧，以制作出更加令人印象深刻的图表。

21.1 选择图表元素

修改图表的操作与在 Excel 中执行其他操作非常类似：首先要进行选择(在这里应选择一个图表元素)，然后执行命令以对所选内容执行操作。

既可以一次只选择一个图表元素，也可以一次选择一组图表元素。例如，如果要改变两个坐标轴标签的字体，就必须单独操作这两个标签。

Excel 提供了 3 种用于选择特定图表元素的方法(接下来的小节中将分别介绍)：

- 使用鼠标
- 使用键盘
- 使用"图表元素"控件

21.1.1 使用鼠标进行选择

要使用鼠标选择图表元素，只需要单击相应的元素即可。选中后，会在图表元素的各个角点出现一个小圆圈。

提示

有一些图表元素在选择时要困难一些。为了确保所选择的图表元素是你想要的，可查看位于功能区的"图表工具"|"格式"|"当前所选内容"分组中的"图表元素"控件(参见图21-1)。或者，如果显示了"设置格式"任务窗格，则可以通过任务窗格的标题来确定选定的图表元素。按Ctrl+1可显示"设置格式"任务窗格。

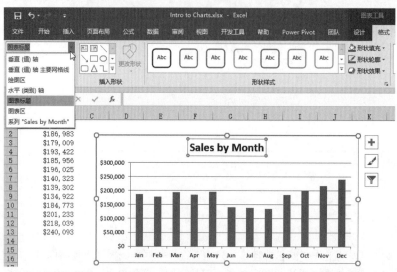

图21-1 "图表元素"控件(位于左上角)可以显示所选图表元素的名称。在这个示例中，所选的是图表标题

当将鼠标移动到图表上时，会出现一条小的图表提示，其中会显示出鼠标指针下面的图表元素的名称。当将鼠标移动到数据点上时，此图表提示还会显示数据点的值。

提示

如果不希望显示这些图表提示信息，那么可关闭它。为此，可以选择"文件"|"选项"命令，并单击"Excel选项"对话框中的"高级"选项卡。定位到"图表"部分，然后清除"悬停时显示图表元素名称"和/或"悬停时显示数据点的值"复选框中的复选标记。

有些图表元素(如系列、图例和数据标签)由多项组成。例如，图表系列元素由各个数据点组成。要选择某个特定的数据点，则需要单击两次：第一次单击以选中整个系列，然后再在系列内单击要选择的具体的元素(例如，柱形图或折线图的标记)。选择元素后，用户即可将格式应用到系列中的特定数据点上。

你可能会发现一些图表元素难以用鼠标选择。如果依靠鼠标来选择某个图表元素，则可能需要多次单击才能选中想要的元素。幸运的是，Excel提供了其他一些用于选择图表元素的方法。你有必要花一点时间来学习这些方法。因此请仔细阅读下文，看看如何使用这些方法。

21.1.2 使用键盘进行选择

当一个图表处于活动状态时，可以使用键盘上的上下方向键在图表的各元素之间切换。同样，需要查看"图表元素"控件来确保选中的图表元素是你想要的。

- **当选中图表系列时**：可以用左右方向键选择系列中的单项。
- **当选中一组数据标签时**：可以用左右方向键来选择具体的数据标签。
- **当选中一个图例时**：可以用左右方向键在图例中选择单个元素。

21.1.3 使用"图表元素"控件进行选择

可以在"图表工具"|"格式"|"当前所选内容"组中访问"图表元素"控件。该控件会显示当前选定图表元素的名称。也可以使用它的下拉列表来选择活动图表中的某个特定元素。

"图表元素"控件也显示在浮动工具栏中。当你右击一个图表元素时，将显示浮动工具栏(参见图 21-2)。

图 21-2　使用浮动工具栏中的"图表元素"控件

"图表元素"控件只能用于选择图表中最上一级的元素。例如，如果要选择系列中的一个单独的数据点，则需要先选择系列，然后再使用方向键(或鼠标)选择所需的数据点。

注意

当选择一个单独的数据点时，"图表元素"控件会显示所选元素的名称，即使该名称在下拉列表中不可见也是如此。

提示

如果需要大量处理图表，那么你可能就需要向快速访问工具栏添加"图表元素"控件。这样，无论选中哪个功能区选项卡，它都会保持可见。要向快速访问工具栏中添加此控件，可以右击"图表元素"控件中的向下箭头，并选择"添加到快速访问工具栏"。

21.2　用于修改图表元素的用户界面选项

用于处理图表元素的方式主要有 4 种："设置格式"任务窗格、显示在图表右侧的图标、功能区、浮动工具栏。

21.2.1　使用"设置格式"任务窗格

当选择一个图表元素时，可以使用该元素的"设置格式"任务窗格来对该元素设置格式或选项。每个图表元素都有自己唯一的"设置格式"任务窗格，其中包含特定于该元素的控件(虽然许多"设置格式"任务窗格都有一些共同的控件)。可以通过以下任一种方法打开此任务窗格：

- 双击图表元素。
- 右击图表元素并从快捷菜单中选择"设置 xxxx 格式"命令(其中 xxxx 是元素的名称)。
- 选择图表元素，然后选择"图表工具"|"格式"|"当前所选内容"|"设置所选内容格式"命令。
- 选择图表元素并按 Ctrl+1 键。

以上所有操作都将显示"设置格式"任务窗格。你可以在该任务窗格中对所选图表元素进行很多更改。例如，图 21-3 显示了在选中图表的数值坐标轴时出现的任务窗格。该任务窗格可自由浮动，不会停靠住。注意，还显示了一个滚动条，这意味着任务窗格的垂直空间不能容纳所有选项。

提示

通常情况下，"设置格式"任务窗格停靠在窗口右侧。但是，可以单击标题并拖动到所需的任意位置，也可以调整其大小。要重新停靠此任务窗格，可最大化 Excel 窗口，将其拖动到窗口右侧。如果选择了其他图表元素，则"设置格式"任务窗格会更改为显示适用于新元素的选项。

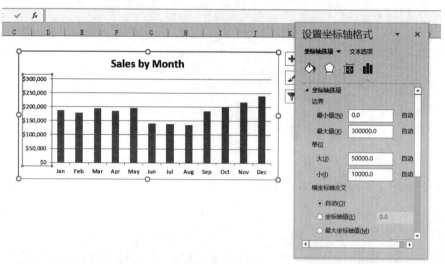

图 21-3　使用"设置格式"任务窗格设置选定图表元素的属性(在本例中是图表的数值坐标轴)

21.2.2　使用图表自定义按钮

当选择图表后，将在图表的右侧出现 3 个按钮(见图 21-4)。如果单击这些按钮，它们会展开以显示各种选项。下面逐一介绍这些图标。

- **图表元素**：可使用这些工具隐藏或显示图表中的特定元素。请注意，可以展开每项，以显示更多选项。若要展开"图表元素"列表中的项，可将鼠标悬停在相应项上方，并单击出现的箭头。
- **图表样式**：可使用此图标从预置的图表样式中进行选择，或更改图表的颜色方案。
- **图表筛选器**：可使用此图标隐藏或显示数据系列和数据系列中的特定点，或隐藏和显示类别。一些图表类型不显示"图表筛选器"按钮。

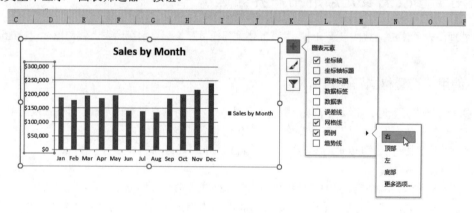

图 21-4　图表自定义按钮

21.2.3　使用功能区

"图表工具"|"格式"选项卡中的控件可用于修改选中图表元素的外观。虽然功能区中的命令并不包括全部能够处理图表元素的工具，但是能够用它们来修改图表中大部分元素的形状填充、形状轮廓和形状效果设置。

当选择图表元素后，能够使用功能区中的命令执行以下操作。

修改填充颜色：选择"图表工具"|"格式"|"形状样式"|"形状填充"命令，然后选择一种颜色。

修改边框或轮廓颜色：选择"图表工具"|"格式"|"形状样式"|"形状轮廓"命令，然后选择一种颜色。

修改线条的宽度和样式：选择"图表工具"|"格式"|"形状样式"|"形状效果"命令，然后添加一种或多种效果。

修改字体颜色：选择"开始"|"字体"|"字体颜色"命令。

21.2.4　使用浮动工具栏

当右击图表中的一个元素时，Excel 会显示一个快捷菜单和浮动工具栏。浮动工具栏中包含一些图标(样式、填充、轮廓)，单击这些图标将显示一些格式选项。对于某些图表元素，样式图标不适用，因此浮动工具栏将显示"图表元素"控件(可以用来选择另一个图表元素)。

21.3　修改图表区

图表区是包含图表中所有其他元素的对象。可以将它看成图表的主背景或容器。

可以对图表区执行的唯一修改是对其进行修饰。可以更改它的填充颜色、轮廓或效果(如阴影、柔化边缘)。

> **注意**
> 如果将嵌入图表的"图表区"设置为使用"无填充"，则图表将变得透明，位于其下层的单元格将会变得可见。图 21-5 显示了一个在图表区中使用"无填充"和"无轮廓"的图表。绘图区、图例和图表标题则使用了填充颜色。向其他元素添加阴影的操作将使它们看上去像是浮在工作表上一样。

"图表区"元素也可以控制在图表中使用的所有字体。例如，如果要更改图表中的所有字体，则不必单独对每个文本元素设置格式。只要选择"图表区"，然后使用"开始"|"字体"组中或者"设置图表区格式"任务窗格中的选项进行更改即可。

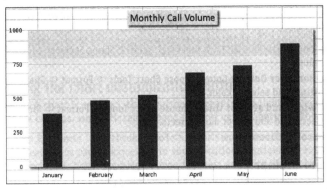

图 21-5　"图表区"元素使用"无填充"，所以下层单元格可见

> **重设图表元素的格式**
> 如果不喜欢为图表元素所设置的格式，则总是可以将其重设为其初始状态。为此，只需要选择相应的元素，然后选择"图表工具"|"格式"|"当前所选内容"|"重设以匹配样式"命令，或者右击图表元素，然后从快捷菜单中选择"重设以匹配样式"即可。
> 要重设整个图表中的所有格式，可以在执行"重设以匹配样式"命令之前先选择整个"图表区"。

21.4　修改绘图区

绘图区是包含实际图表的图表部分。更具体地说，绘图区是图表数据系列的容器。

> **提示**
> 如果将"形状填充"设置为"无填充",则"绘图区"将会变得透明。因此,应用到"图表区"的填充颜色就会显示出来。

可以移动"绘图区"并调整"绘图区"的大小。选择"绘图区",然后拖动边框即可移动它。如要调整"绘图区"的大小,可以拖动其中一个角点手柄。

不同的图表类型对"绘图区"尺寸变化的响应方式也不同。例如,不能改变饼图或雷达图的相对尺寸。这些图表的"绘图区"总是方形的。但是,对于其他图表类型,则可以通过改变高度或宽度来改变"绘图区"的高宽比。

图 21-6 显示了一个图表,该图表已经调整了其中的"绘图区"大小,以便为插入的包含文本的"形状"留出空间。

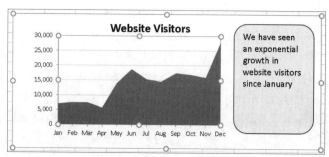

图 21-6　减小绘图区大小以便为"形状"留出空间

在一些情况下,当调整图表的其他元素时,"绘图区"的大小可以自动更改。例如,如果在图表中添加一个图例,则"绘图区"的大小就可能会减小以容纳该图例。

> **提示**
> 更改"绘图区"的大小和位置可以对图表的整体外观产生很大的影响。因此当调整图表时,可能需要尝试多种大小和位置以获得最佳的效果。

21.5　处理图表中的标题

图表可以具有以下几种不同类型的标题:
- 图表标题
- 类别坐标轴标题
- 数值坐标轴标题
- 次类别坐标轴标题
- 次数值坐标轴标题
- 深度坐标轴标题(适用于真正的三维图表)

可以使用的标题数目取决于图表的类型。例如,饼图只支持图表标题,因为它没有坐标轴。

用于添加图表标题的最简单的方法是使用"图表元素"按钮(加号),该按钮显示在图表的右侧。激活图表,单击"图表元素"按钮并启用"图表标题"项。要指定一个位置,可将鼠标移到"图表标题"项上,然后单击箭头。然后,可以指定图表标题的位置。单击"更多选项"可显示"设置图表标题格式"任务窗格。

此基本步骤也适用于坐标轴标题。可以使用其他一些选项来指定所需的坐标轴标题。

添加标题后,可以对默认的文本进行替换,并可以将标题拖放到其他位置。但不能通过拖动其边框更改标题的大小。用于更改标题大小的唯一方式是更改字号。

提示

图表标题及任何坐标轴标题也可以使用单元格引用。例如，可以创建一个链接，使图表总是将单元格 A1 中的文本显示为标题。要创建链接，可以选择标题，并输入等号，然后指向单元格，再按 Enter 键。创建链接后，当选择标题时，编辑栏中将会显示单元格引用。

在图表中添加自由浮动的文本

图表中的文本并不只限于标题。事实上，可以在图表的任意位置添加自由浮动的文本。为此，请激活图表，并选择"插入"|"文本"|"文本框"命令。单击图表以创建文本框，并输入文本。可以调整文本框大小、移动文本框、更改文本框格式等。此外，也可以向图表添加一个"形状"，然后向"形状"中添加文本(前提是"形状"可接受文本)。请参见图 21-6 了解关于插入包含文本的形状示例。

21.6　处理图例

图表的图例由文本和符号组成，用于标示图表中的数据系列。符号是对应于图表中的各系列的小图形(一个符号对应于一个系列)。

要为图表添加图例，请激活图表，并单击图表右侧的"图表元素"图标。在"图例"旁边放置一个复选标记。要指定图例的位置，请单击"图例"项旁边的箭头，并选择一个位置(右、顶部、左或底部)。添加图例后，可以将其拖动到所需位置。

提示

如果要手动移动图例，则可能需要调整"绘图区"的大小。

用于删除图例的最快捷的方法是选中图例，并按 Delete 键。

可以选择图例中的各项，并单独为它们设置格式。例如，可能需要将文本显示为粗体，以突出显示特定的数据系列。要选择图例中的元素，请首先选择图例，然后单击所需的元素即可。

如果在最初选择单元格创建图表时没有包括图例文本，那么 Excel 将在图例中显示"系列 1""系列 2"等。要添加系列名称，可以选择"图表工具"|"设计"|"数据"|"选择数据"命令以显示"选择数据源"对话框(参见图 21-7)。在该对话框中选择数据系列名称并单击"编辑"按钮。然后在"编辑数据系列"对话框中，输入系列名称或输入含有系列名称的单元格引用。可以对需要命名的所有系列重复上述输入操作。

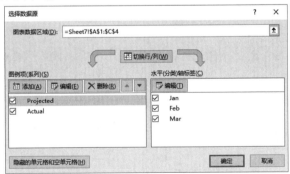

图 21-7　使用"选择数据源"对话框更改数据系列名称

在某些情况下，你可能喜欢忽略图例，而使用标注来标识数据系列。图 21-8 显示了一个无图例的图表。该图表使用"形状"来标识每个系列。这些"形状"位于"图表工具"|"格式"|"插入形状"库的标注部分中。

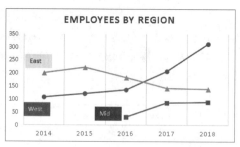

图 21-8 使用"形状"作为标注代替图例

复制图表格式

如果你已创建一个非常优秀的图表，并花费了很长时间对它进行了自定义。现在，需要创建一个与该图表类似的图表，只是数据不同，该怎么办呢？你有以下几种选择：

- **复制格式**。首先使用默认的格式创建新图表，然后选择原图表，并选择"开始"|"剪贴板"|"复制"命令(或按 Ctrl+C 键)。接着单击新图表，选择"开始"|"剪贴板"|"粘贴"|"选择性粘贴"命令。在"选择性粘贴"对话框中选择"格式"选项。
- **复制图表并更改数据源**。在单击原图表时按住 Ctrl 键，并对其进行拖动。这将创建图表的精确副本。然后使用"图表工具"|"设计"|"数据"|"选择数据"命令。在"选择数据源"对话框的"图表数据区域"字段中为新图表指定数据。
- **创建图表模板**。选择图表，右击"图表区"，并从快捷菜单中选择"另存为模板"。Excel 将提示输入一个名称。在创建下一个图表时，即可使用这个模板作为图表类型。有关使用图表模板的更多信息，参见本章后面的 21.10 节"创建图表模板"。

21.7 处理网格线

网格线可以帮助用户确定图表系列所代表的数值。网格线只是对坐标轴上的刻度进行了延伸。对于某些图表，使用网格线有助于更好地表达信息，而对于有些图表则会导致混乱。有时候，仅使用水平网格线就已经足够，而 XY 散点图常常能从水平和垂直网格线获益。

要添加或删除网格线，请激活图表，单击图表右侧的"图表元素"按钮。在"网格线"旁边放置一个复选标记。要指定网格线的类型，请单击"网格线"项右侧的箭头。

注意

每个坐标轴有两组网格线：主要网格线和次要网格线。主要网格线用于显示标签，次要网格线位于标签之间。

要修改一组网格线的颜色和粗细，请单击其中一条网格线，并使用"图表工具"|"格式"|"形状样式"组中的命令。或者使用"设置主要网格线格式"(或"设置次要网格线格式")任务窗格中的控件。

如果网格线看起来太混乱，则可以考虑使用更浅一些的颜色，或者使用一个虚线选项。

21.8 修改坐标轴

各种图表所使用的坐标轴数量有所不同。饼图、圆环图、旭日图和树状图没有坐标轴。所有二维图表都有两个坐标轴；但是，如果使用次数值坐标轴，则有 3 个坐标轴；如果在 XY 散点图中使用了次类别坐标轴，则有 4 个坐标轴。真正的三维图表有 3 个坐标轴。

在"设置坐标轴格式"任务窗格中，Excel 提供了很多对坐标轴的控制。该任务窗格的内容取决于所选的坐标轴类型。

21.8.1　更改数值坐标轴

要更改一个数值坐标轴，请右击它并选择"设置坐标轴格式"。图 21-9 显示了"设置坐标轴格式"任务窗格中用于数值坐标轴的面板（"坐标轴选项"）。在此示例中，"坐标轴"部分已展开，其他三部分已折叠。任务窗格顶部的其他图标用于处理坐标轴的外观和数字格式 。

图 21-9　用于数值坐标轴的"设置坐标轴格式"任务窗格

默认情况下，Excel 会根据数据的数值范围自动确定坐标轴的最小值和最大值。要覆盖此自动坐标轴刻度，请在"边界"部分中输入自己的最小值和最大值。如果更改这些值，"自动"一词将更改为"重置"按钮。单击"重置"按钮可恢复为自动坐标轴刻度。

Excel 也会自动调整主要和次要坐标轴单位。同样，可以覆盖 Excel 的选择，并指定不同的单位。

通过调整数值坐标轴的边界值，可以影响图表的外观。在一些情况下，对刻度的操作可能会导致错误地显示数据。图 21-10 显示了两个描述相同数据的折线图。右侧的图表使用的是 Excel 的默认(自动)坐标轴边界值。在左侧的图表中，最小边界值被设为 10 000，最大边界值被设为 500 000。第一个图表使数据中的差距看上去更明显，而第二个图表则让人感觉数据差距不大。

图 21-10　这两个图表显示的是相同的数据，但使用的是不同的数值坐标轴边界

所使用的实际刻度取决于实际场合。对于刻度设置，除了不能操纵图表来错误地表示数据，意图证明不合理的观点之外，并没有其他严格准则。

"设置坐标轴格式"任务窗格中的另一个选项是"逆序刻度值"。图 21-11 中左侧的图表使用的是默认的坐标轴设置。右侧的图表使用的是"逆序刻度值"选项，该选项将翻转刻度的方向。可以注意到"类别坐标轴"位于顶部。如果要将其保留在图表底部，请为"横坐标轴交叉"设置选择"最大坐标轴值"。

如果要绘制的值覆盖了很大的数值范围，则可能需要为数值坐标轴使用对数刻度。对数刻度最常用于科学应用。图 21-12 显示了两个图表，其中顶部的图表使用的是标准刻度，底部的图表使用的是对数刻度。

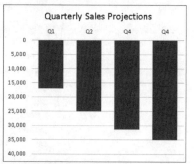

图 21-11　右侧图表使用的是"逆序刻度值"选项

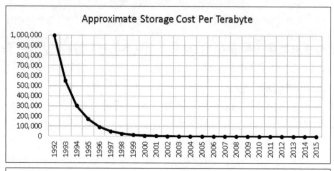

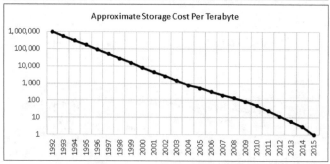

图 21-12　这些图表显示了相同的数据，但底部的图表使用了对数刻度

配套学习资源网站

配套学习资源网站 www.wiley.com/go/excel2019bible 中提供了该工作簿——log scale.xlsx。

如果要在图表中使用很大的数字，则可能需要更改"显示单位"设置。图 21-13 显示了一个使用很大数字的图表(左图)。右边的图表使用了"千"作为"显示单位"设置，并使用了"在图表上显示单位标签"选项。作者在标签中加上了"of Miles"两个词。

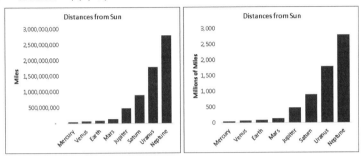

图 21-13　右边的图表使用"千"作为显示单位

要调整在坐标轴上显示的刻度线，请单击"设置坐标轴格式"任务窗格的"刻度线"部分，以展开该部分。"主刻度线类型"和"次刻度线类型"选项用于控制刻度线的显示方式。主刻度线是通常在旁边具有标签的坐标轴刻度线；次刻度线位于主刻度线之间。

如果展开"标签"部分，可以在以下 3 个不同的位置放置坐标轴标签："轴旁""高"和"低"。

如果对"坐标轴交叉于"选项使用这些设置，则可以获得很大的灵活性，如图 21-14 所示。

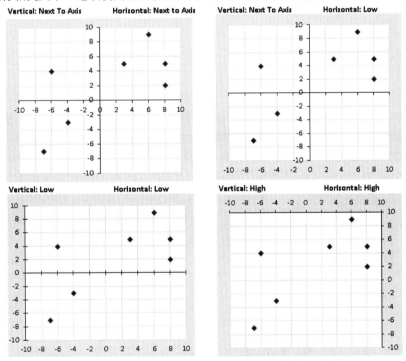

图 21-14　在显示坐标轴标签和交叉点时，Excel 提供了很大的灵活性

任务窗格中的最后一个部分是"数字"，可用于指定数值坐标轴的数字格式。通常情况下，数字格式链接到源数据，但你可以覆盖它。

21.8.2　更改类别坐标轴

图 21-15 显示了在选择类别坐标轴时，"设置坐标轴格式"任务窗格中的"坐标轴选项"区域的一部分。其中的一些选项与数值坐标轴的选项相同。

一项重要的设置是"坐标轴类型"："文本"或"日期"。当创建图表时，Excel 可以识别类别坐标轴是包含日期还是时间值。如果识别出日期，Excel 会使用日期类别坐标轴。图 21-16 显示了这样的一个简单示例。A 列包含日期，B 列包含在柱形图中描绘的值。数据中只包含 10 个日期的数值，但 Excel 创建的图表中的类别坐标轴含有 30 个时间间隔。Excel 会认为类别坐标轴值是日期，并创建等间隔的刻度。

图 21-15　可用于类别坐标轴的部分选项

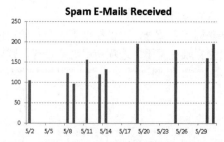

图 21-16　Excel 识别出日期并创建基于时间的类别坐标轴

通过对"坐标轴类型"选项选择"文本坐标轴"，可以覆盖 Excel 使用日期类别的决定。图 21-17 显示的是经过上述更改之后的图表。这个使用基于时间的类别坐标轴(如图 21-16 所示)的示例显示了更符合实际的数据情形。

Excel 会确定类别标签的方向，但你可以覆盖 Excel 的选择。图 21-18 显示了一个带有时间标签的柱形图。由于类别标签很长，因此 Excel 会按一定的角度显示标签。如果增加图表宽度，则这些标签将会以水平方向显示出来。还可以使用"设置坐标轴格式"任务窗格中的"大小与属性"部分中的"对齐方式"控件来调节标签。

图 21-17　覆盖 Excel 的基于时间的类别坐标轴

图 21-18　Excel 确定类别坐标轴标签的显示方式

注意，类别坐标轴标签可以包含多列。图 21-19 显示了一个图表，其中显示了类别坐标轴的 3 列文本。在示例中，选择了区域 A1:E10，创建了一个柱形图，Excel 自己确定了类别坐标轴。

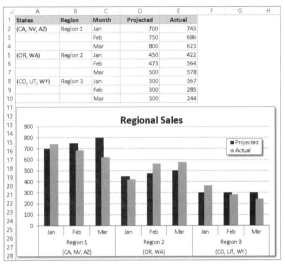

图 21-19　此图表为类别坐标轴标签使用 3 列文本

不要害怕尝试(但应在副本上尝试)

掌握 Excel 图表的关键在于尝试执行各种操作，这也称为试错法(或反复试验法)。Excel 中用于图表的选项非常多，这使得用户掌握起来比较困难，即使对于经验丰富的用户也是如此。本书不可能涉及有关图表的所有功能和选项。因此，如果你想成为制作图表的高手，那么就需要深入发掘并尝试使用各种图表选项。通过在工作中融入创意，就可以创建出与众不同的图表。

在创建基础图表后，可为图表生成一个副本，以用于试验。这样，即使执行了错误的操作，也可以返回原图表，然后重新开始。要为嵌入式图表生成副本，请单击图表，并按 Ctrl+C 键。然后激活一个单元格，并按 Ctrl+V 键。要为图表工作表生成副本，请在按住 Ctrl 键的同时单击工作表选项卡，然后再将其拖动到其他选项卡中的新位置。

21.9　处理数据系列

每个图表都包含一个或多个数据系列。这些数据将转换为图表中的柱、条、线、饼扇区等。本节将讨论对图表的数据系列执行的一些常见操作。

当选择图表中的数据系列时，Excel 会执行下列操作。

- 在"图表元素"控件(位于"图表工具" | "格式" | "当前所选内容"组)中显示系列名称
- 在编辑栏中显示"系列"公式
- 用某种颜色突出显示所选系列所使用的单元格

可以使用功能区或"设置数据系列格式"任务窗格中的选项来更改数据系列。由于所使用的数据系列类型(柱、线、饼等)不同，"设置数据系列格式"任务窗格将有所不同。

警告

如果未显示"设置格式"任务窗格，则显示"设置数据系列格式"任务窗格的最简单方式是，双击图表的数据系列。但是，请注意：如果某个数据系列已被选中，则双击时将会显示"设置数据点格式"任务窗格。在其中执行的更改将只影响数据系列中的一个点。要编辑整个系列，请确保先选择数据系列以外的一个图表元素，然后再双击数据系列，或者直接按 Ctrl+1 键以显示任务窗格。

21.9.1 删除或隐藏数据系列

要删除图表中的数据系列，可以选择数据系列，然后按 Delete 键。执行上述操作之后，数据系列将从图表中移除。当然，工作表中的数据会完整地保留下来。

> **注意**
>
> 可以从图表中删除所有数据系列。如果这样，图表将显示为空。然而，图表仍将保留其设置。因此，可以将数据系列添加到空的图表中，从而使其又显示为一个图表。

要临时隐藏数据系列，可激活图表，然后单击右侧的"图表筛选器"按钮。删除要隐藏的数据系列的复选标记，单击"应用"，该数据系列将被隐藏，但它仍与图表相关联，所以可在以后取消隐藏。但是，不能隐藏所有的系列。必须至少有一个系列是可见的。"图表筛选器"按钮还允许隐藏系列中的个别点。注意，Excel 2016 和 Excel 2019 中新引入的图表类型不显示"图表筛选器"按钮。

21.9.2 为图表添加新数据系列

如果要为现有图表添加其他数据系列，一个方法是重新创建图表，并包含新的数据系列。但是，更简单的方法通常是在现有图表中添加数据系列，并且这样做图表将会保留已执行的所有自定义内容。

Excel 提供了以下 3 种用于向图表添加新数据系列的方法。

- **使用"选择数据源"对话框**。激活图表并选择"图表工具"|"设计"|"数据"|"选择数据"命令。在"选择数据源"对话框中，单击"添加"按钮，Excel 会显示"编辑数据系列"对话框。在其中指定"系列名称"(以单元格引用或文本的形式)和含有"系列值"的区域即可。也可以从通过右击图表中的许多元素而显示的快捷菜单中访问"选择数据源"对话框。
- **拖动区域轮廓**。如果要添加的数据系列与图表中的其他数据是相邻的，可以单击图表中的"图表区"。Excel 将突出显示工作表中的数据并画出其轮廓。单击轮廓的角并拖动以突出显示新数据。此方法仅适用于嵌入式图表。
- **复制和粘贴**。选择要添加的区域并按 Ctrl+C 键将其复制到"剪贴板"。然后，激活图表，并按 Ctrl+V 键将数据粘贴到图表中。

> **提示**
>
> 如果图表最初是通过表格(通过"插入"|"表格"|"表格"创建)中的数据生成的，那么当在表格中添加新行或列(或删除行或列)时，图表会自动更新。如果需要经常使用新数据来更新图表，则从表格中的数据来创建图表将可以节省许多时间和精力。

21.9.3 更改数据系列所使用的数据

可能需要修改用于定义数据系列的区域。例如，如果需要添加新数据点，或者需要从数据集中删除旧数据点，就存在这种情况。下面几节将介绍用于更改数据系列所使用的区域的各种方法。

1. 通过拖动区域轮廓线来更改数据区域

对于嵌入式图表，用于更改数据系列的数据区域的最简单方法是拖动区域的轮廓线。当选择图表中的一个系列时，Excel 会为系列所使用的数据区域加上轮廓线。可以拖动区域轮廓线右下角的小点来扩展或缩小数据区域。在图 21-20 中，将拖动区域轮廓以包括其他两个数据点。

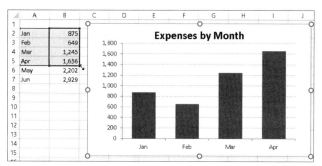

图 21-20　通过拖动区域的轮廓线更改图表的数据系列

也可以通过单击并拖动轮廓线的边来将轮廓线移动到其他单元格区域。

在某些情况下，可能还需要调整含有类别标签的区域。在这种情况下，这些标签也会被加上轮廓线，而且可以拖动轮廓线以扩展或缩小在图表中使用的标签区域。

如果图表位于图表工作表上，则需要使用下面将要介绍的两种方法之一。这些方法也适用于嵌入式图表。

2．使用"编辑数据系列"对话框

另一种用于更新图表以反映不同数据区域的方法是使用"编辑数据系列"对话框。要快速显示该对话框，可以在图表中右击数据系列并从快捷菜单中选择"选择数据"。将显示"选择数据源"对话框。从列表中选择数据系列，并单击"编辑"即可显示"编辑数据系列"对话框，如图 21-21 所示。

图 21-21　"编辑数据系列"对话框

可以通过调整"图表数据区域"字段中的区域引用来更改图表所使用的整个数据区域。此外，也可以从列表中选择系列，并单击"编辑"以修改所选的系列。

3．编辑系列公式

图表中的每个数据系列都有一个关联的 SERIES 公式。当选择图表中的数据系列时，会在编辑栏中显示此公式。如果了解 SERIES 公式的构建方式，就可以直接编辑 SERIES 公式中的区域引用，以更改图表所使用的数据。

> **注意**
>
> SERIES 公式并不是一个真正的公式。换句话说，不能在单元格中使用它，也不能在 SERIES 公式内使用工作表函数，但可以在 SERIES 公式中编辑参数。

SERIES 公式的语法如下：

```
=SERIES(series_name, category_labels, values, order, sizes)
```

可以在 SERIES 公式中使用以下参数。

- series_name：(可选)。对含有在图例中使用的系列名称的单元格的引用。如果图表只有一个系列，则此名称参数会被用作标题。该参数也可以由引号中的文本组成。如果忽略，则 Excel 会创建一个默认的系列名称(如"系列 1")。

- **category_labels：(可选)**。对含有类别坐标轴标签的区域的引用。如果忽略，则 Excel 会使用以 1 开始的连续整数。对于 XY 散点图，该参数指定为 X 值。不相邻的区域引用也是有效的。此区域地址用逗号隔开，并括在括号中。此参数也可以由一组括在花括号中的由逗号分隔的值(或引号中的文本)组成。
- **values：(必需)**。对包含系列值的区域的引用。对于 XY 散点图，该参数指定为 Y 值。不相邻的区域引用也是有效的。此区域地址用逗号隔开，并括在括号中。该参数也可以由一组括在花括号中的由逗号分隔的值组成。
- **order：(必需)**。一个用于指定系列的绘图次序的整数。只有当图表具有多个系列时，该参数才有用。不允许使用单元格引用。
- **sizes：(只适用于气泡图)**。对包含气泡图中气泡大小值的区域的引用。不相邻的区域引用也是有效的。此区域地址用逗号隔开，并括在括号中。该参数也可以由一组括在花括号中的值组成。

SERIES 公式中的区域引用总是绝对引用(包含两个美元符号)，并且总是包括工作表的名称。例如：

```
=SERIES(Sheet1!$B$1,,Sheet1!$B$2:$B$7,1)
```

> **提示**
>
> 可以使用区域名称替代区域引用。如果执行该操作，则 Excel 会更改 SERIES 公式中的引用，以包含工作簿名称(如果它是工作簿级别的名称)或包含工作表名称(如果它是工作表级别的名称)。例如，如果使用一个名为 MyData 的工作簿级别区域(位于工作簿 budget.xlsx 中)，则 SERIES 公式如下：
>
> ```
> =SERIES(Sheet1!$B$1,,budget.xlsx!MyData,1)
> ```

> **交叉引用**
>
> 有关命名区域的详细信息，请参阅第 4 章。

21.9.4 在图表中显示数据标签

有时，可能需要在图表中显示每个数据点的实际数值。要向图表中的数据系列添加标签，请选择系列，然后单击图表右侧的"添加元素"按钮。选中"数据标签"旁边的复选标记。单击"数据标签"项旁边的箭头来指定标签的位置。

要为所有系列添加数据标签，可使用相同的步骤，但在开始时选择数据系列以外的地方。

图 21-22 显示了 3 个具有数据标签的最简单的图表。

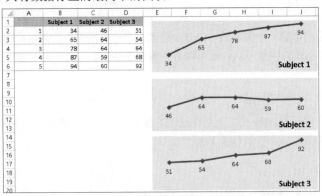

图 21-22　这些图表使用了数据标签且未显示坐标轴

要更改数据标签中显示的信息类型，可以选择系列的数据标签，并使用"设置数据标签格式"任务窗格(如果该任务窗格未显示，请按 Ctrl+1 键)。然后使用"标签选项"部分自定义数据标签。例如，可以包含系列名称、类别名称和值。

数据标签会被链接到工作表，所以当数据发生更改时，标签也会随之更改。如果要用其他文本覆盖数据标签，只需要选择标签并输入新文本即可。

在一些情况下，可能需要为系列使用其他数据标签。在"设置数据标签格式"任务窗格中，选择"单元格中的值"(位于"标签选项"部分)，然后单击选择区域来指定包含数据点标签的区域。

图 21-23 显示了一个 XY 散点图，其使用存储在区域内的数据标签。在 Excel 2013 之前的版本中，必须手动添加这些数据标签，或必须在宏的协助下完成。由于这是在 Excel 2013 中新引入的功能，因此使用这种方法应用的数据标签在 Excel 2007 或更早的版本中不会显示。

图 21-23　链接到任意区域中的文本的数据标签

> **提示**
>
> 通常，数据标签并没有被合理放置，例如，标签可能会被其他数据点或标签遮住。如果选择了单个数据标签，则可将此标签拖动到合适的位置。要选择单个数据标签，请先单击一次以选择全部数据标签，然后再单击单个相应的数据标签。

21.9.5　处理丢失的数据

有时，要制图的数据可能丢失了一个或多个数据点。Excel 提供了 3 种方法来处理丢失的数据，如图 21-24 所示。

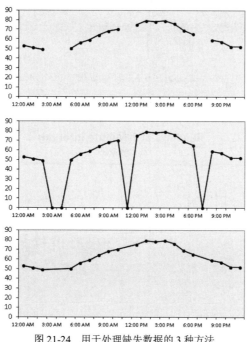

图 21-24　用于处理缺失数据的 3 种方法

- **空距**：忽略丢失的数据。数据系列中会存在空距。此为默认选项。
- **零值**：丢失的数据被视为零值。
- **用直线连接数据点**：丢失的数据以插值进行替换，插值是使用丢失数据两边的值进行计算的。此选项只对折线图、面积图、XY 散点图有效。

要指定如何处理图表中的丢失数据，可选择"图表工具"|"设计"|"数据"|"选择数据"命令。在"选择数据源"对话框中，单击"隐藏的单元格和空单元格"按钮，Excel 会显示"隐藏和空单元格设置"对话框，在该对话框中进行相应的设置即可。所选项会应用到整个图表。不能给同一个图表中的不同系列设置不同的选项。

> **提示**
> 正常情况下，图表不会显示隐藏行或列中的数据。但是，可以使用"隐藏和空单元格设置"对话框来强制图表使用隐藏的数据。

21.9.6　添加误差线

有些图表类型支持误差线。"误差线"经常用于指示可以反映数据中不确定因素的"加或减"的信息。误差线只适用于面积图、条形图、柱形图、折线图和 XY 散点图。

要添加误差线，可以选择数据系列，然后单击图表右侧的"添加元素"图标。在误差线旁边添加一个复选标记。单击"误差线"项旁边的箭头以指定误差线的类型。如果有必要，可以使用"设置误差线格式"任务窗格调整误差线设置。误差线类型如下所示。

- **固定值**：误差线固定为所指定的数值。
- **百分比**：误差线是每个值的百分比。
- **标准偏差**：误差线位于所指定的标准偏差单位的数字之内(Excel 将计算数据系列的标准偏差)。
- **标准误差**：误差线是一个标准误差单位(Excel 将计算数据系列的标准误差)。
- **自定义**：为上或下误差线设置误差线单位。既可以输入一个值，也可以输入包含要绘制为误差线的误差值的区域引用。

图 21-25 中的图表显示了基于百分比的误差线。

> **提示**
> XY 散点图中的数据系列可以包含 X 值和 Y 值的误差线。

> **配套学习资源网站**
> 配套学习资源网站 www.wiley.com/go/excel2019bible 中提供了包含另外几个误差线示例的工作簿。文件名为 error bars example.xlsx。

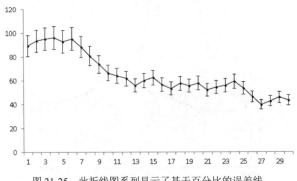

图 21-25　此折线图系列显示了基于百分比的误差线

21.9.7　添加趋势线

当绘制一段时间内的数据时，可能需要显示用于描述数据的趋势线。趋势线指出了数据的整体趋势。在一些情况下，可以通过趋势线预测将来的数据。

要添加趋势线，请选择数据系列，并单击图表右侧的"添加元素"按钮。在趋势线旁边放置一个复选标记。

要指定趋势线的类型，请单击"趋势线"项右侧的箭头。所选择的趋势线类型取决于你的数据。线性趋势线(如图 21-26 所示)是最常用、也是最容易应用的趋势线类型。

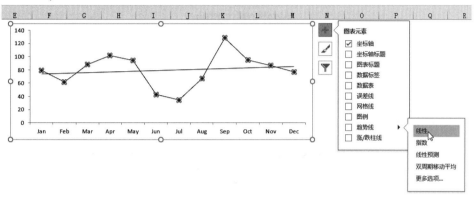

图 21-26　应用趋势线

要更好地控制趋势线，可在图 21-26 中所示的趋势线选项中选择"更多选项"。

这将打开如图 21-27 所示的"设置趋势线格式"任务窗格。在这里可以应用更加高级的趋势线，如对数、指数和移动平均趋势线。

图 21-27　趋势线描绘了高度和重量的关系

21.9.8 创建组合图

组合图是由使用不同图表类型的系列组成的单个图表。组合图也可以包含次数值坐标轴。例如，图表中可包括柱形和折线，并带有两个数值坐标轴。柱形的数值坐标轴位于左侧，折线的数值坐标轴位于右侧。组合图至少需要两个数据系列。

图 21-28 显示了一个含有两个数据系列的柱形图。Precipitation 系列的值很小，几乎无法在值坐标轴刻度上显示。因此该图是组合图的一个非常好的候选图表。

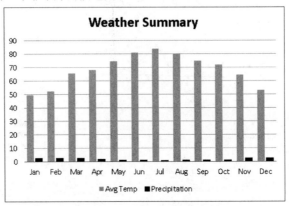

图 21-28　Precipitation 系列隐约可见

下列步骤将介绍如何将这个图表转换为使用次数值坐标轴的组合图(柱形图和折线图)。

(1) 激活图表，然后选择"图表工具"|"设计"|"类型"|"更改图表类型"。将显示"更改图表类型"对话框。

(2) 选择"所有图表"选项卡。

(3) 在图表类型列表中，单击"组合"。

(4) 对于 Avg Temp 系列，指定"簇状柱形图"作为图表类型。

(5) 对于 Precipitation 系列，指定"折线图"为图表类型，然后单击"次坐标轴"复选框。

(6) 单击"确定"按钮插入图表。

图 21-29 显示了在为各个系列指定参数之后的"更改图表类型"对话框。

图 21-29　使用"更改图表类型"对话框将图表转换为组合图

配套学习资源网站

配套学习资源网站 www.wiley.com/go/excel2019bible 中提供了该工作簿。文件名是 weather combination chart.xlsx。

注意

在某些情况下，不能对图表类型进行组合。例如，不能创建包含气泡图或三维图表的组合图。在"更改图表类型"对话框中，Excel 只会显示可以使用的图表类型。

21.9.9　显示数据表

一些情况下，在绘制的数据点旁边显示所有数据值能够提供很大帮助。但是，添加数据标签可能在图表中添加大量数字，使用户不容易看懂图表。

除了使用数据标签，还可以为 Excel 图表附加一个数据表。数据表允许在图表下方查看图表中绘制的每个数据点的数据值，在显示数据的同时，不会使图表本身变得拥挤。

要向图表添加数据表，请激活图表，然后单击图表右侧的"添加元素"按钮。在"数据表"旁边放置一个复选标记。单击 "数据表"项右侧的箭头，可看到几个选项。图 21-30 显示了一个含有数据表的组合图。

并非所有图表类型都支持数据表。如果"数据表"选项不可用，则意味着图表不支持此功能。

提示

数据表可能最适用于图表工作表上的图表。如果需要显示嵌入式图表中所使用的数据，可以使用单元格中的数据完成此任务，这将提高格式设置的灵活性。

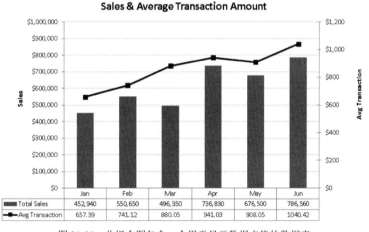

图 21-30　此组合图包含一个用于显示数据点值的数据表

21.10　创建图表模板

本节将介绍如何创建自定义图表模板。模板包括自定义的图表格式和设置。在创建新图表时，可以选择使用自定义的模板，而不是内置的图表类型。

如果要频繁使用同一种方式自定义图表，则可以通过创建模板来节省时间。此外，如果要创建大量组合图表，那么可以创建组合图模板，这样就可以避免对组合图表进行手动调整。

要创建图表模板，请执行以下步骤。

(1) **创建一个要作为模板基础的图表。**在图表中使用的数据并不重要，但如果要得到最好的效果，则数据应是最终使用自定义图表类型进行绘制的典型数据。

(2) 应用所需的任何格式和自定义。这一步骤决定了使用模板创建的图表的外观。

(3) **激活图表，右击"图表区"或"绘图区"，并从快捷菜单中选择"另存为模板"**。将显示"保存图表模板"对话框。

(4) **为模板定义名称，并单击"保存"按钮**。请确保不要更改为文件所建议的目录。

要基于模板创建图表，请执行以下步骤。

(1) **选择要在图表中使用的数据**。

(2) **选择"插入"|"图表"|"推荐的图表"命令**，将显示"插入图表"对话框。

(3) **选择"所有图表"选项卡**。

(4) **在"插入图表"对话框的左侧选择"模板"**。Excel 将为已创建的每个自定义模板显示一个缩略图。

(5) **单击代表要使用的模板的缩略图，然后单击"确定"按钮**。Excel 将根据所选模板创建图表。

注意

也可以对现有图表应用模板。为此，可选择图表，然后选择"图表工具"|"设计"|"类型"|"更改图表类型"来显示"更改图表类型"对话框，它与"插入图表"对话框相同。

第 **22** 章

创建迷你图

本章要点

- 迷你图功能简介
- 在工作表中添加迷你图
- 自定义迷你图
- 使迷你图只显示最新数据

迷你图(sparkline)是显示在单个单元格中的一个小图表。迷你图能够使你快速识别基于时间的趋势或数据变化。因为它们很紧凑,所以几乎总是成组地使用。

虽然迷你图看起来像小型的图表(有时可代替图表),但是此功能与图表完全独立。例如,图表放置在工作表上的绘图层中,并且单个图表可以显示多个数据系列。而迷你图则显示在一个单元格中,并且只显示一个数据系列。

> **交叉引用**
> 有关图表的信息,请参见第 20 章及第 21 章。

本章将介绍迷你图,并提供一些示例,用于说明如何在工作表中使用它们。

> **注意**
> 迷你图是在 Excel 2010 中引入的功能。如果你创建了一个使用迷你图的工作簿,并使用 Excel 2007 或更早版本打开该工作簿,则迷你图单元格将是空的。

> **配套学习资源网站**
> 本章中的所有示例都可以在配套学习资源网站 www.wiley.com/go/excel2019bible 中找到,文件名是 sparkline examples.xlsx。

22.1 迷你图类型

Excel 支持 3 种类型的迷你图。图 22-1 展示了这 3 种类型的迷你图示例(显示在 H 列中)。每个迷你图都描绘了左边的 6 个数据点。

- **折线迷你图**:类似于折线图。作为一个选项,该折线可以为每个数据点显示一个标记。图 22-1 中的第一组显示了具有标记的折线迷你图。一眼就可以发现,除 Fund Number W-91 之外,其他基金都在 6 个月里逐渐贬值。
- **柱形迷你图**:类似于柱形图。图 22-1 中的第二组显示了由相同数据所生成的柱形迷你图。

- **盈亏迷你图**：一种"二元"类型的图表，可将每个数据点显示为高位块或低位块。第三组显示了盈亏迷你图。请注意，其显示的数据与前两种迷你图所显示的数据是不同的。每个单元格显示的是自上月以来的变化。在该迷你图中，每个数据点被描绘成一个高位块(盈)或低位块(亏)。在这个示例中，自上月以来的正变化表示盈利，自上月以来的负变化表示亏损。

	A	B	C	D	E	F	G	H
1	Line Sparklines							
2								
3	Fund Number	Jan	Feb	Mar	Apr	May	Jun	Sparklines
4	A-13	103.98	98.92	88.12	86.34	75.58	71.2	
5	C-09	212.74	218.7	202.18	198.56	190.12	181.74	
6	K-88	75.74	73.68	69.86	60.34	64.92	59.46	
7	W-91	91.78	95.44	98.1	99.46	98.68	105.86	
8	M-03	324.48	309.14	313.1	287.82	276.24	260.9	
9								
10	Column Sparklines							
11								
12	Fund Number	Jan	Feb	Mar	Apr	May	Jun	Sparklines
13	A-13	103.98	98.92	88.12	86.34	75.58	71.2	
14	C-09	212.74	218.7	202.18	198.56	190.12	181.74	
15	K-88	75.74	73.68	69.86	60.34	64.92	59.46	
16	W-91	91.78	95.44	98.1	99.46	98.68	105.86	
17	M-03	324.48	309.14	313.1	287.82	276.24	260.9	
18								
19	Win/Loss Sparklines							
20								
21	Fund Number	Jan	Feb	Mar	Apr	May	Jun	Sparklines
22	A-13	#N/A	-5.06	-10.8	-1.78	-10.76	-4.38	
23	C-09	#N/A	5.96	-16.52	-3.62	-8.44	-8.38	
24	K-88	#N/A	-2.06	-3.82	-9.52	4.58	-5.46	
25	W-91	#N/A	3.66	2.66	1.36	-0.78	7.18	
26	M-03	#N/A	-15.34	3.96	-25.28	-11.58	-15.34	

图 22-1　3 组迷你图

为什么叫"迷你图"

如果术语"迷你图"看上去很奇怪，请不要责怪 Microsoft。Edward Tufte 创造了这个术语，并在他的著作 *Beautiful Evidence*(Graphics Press，2006)中将其描述为

迷你图(Sparkline)：强烈、简单、字大小的图形

在 Excel 中，迷你图是单元格大小的图形。正如你将在本章所看到的，迷你图并不仅限于折线。

22.2　创建迷你图

图 22-2 显示的是将要使用迷你图进行汇总的一些数据。

	A	B	C	D	E	F	G	H	I	J	K	L	M
1	Average Monthly Precipitation (Inches)												
2													
3		Jan	Feb	Mar	Apr	May	Jun	Jul	Aug	Sep	Oct	Nov	Dec
4	ASHEVILLE, NC	4.06	3.83	4.59	3.5	4.41	4.38	3.87	4.3	3.72	3.17	3.82	3.39
5	BAKERSFIELD, CA	1.18	1.21	1.41	0.45	0.24	0.12	0	0.08	0.15	0.3	0.59	0.76
6	BATON ROUGE, LA	6.19	5.1	5.07	5.56	5.34	5.33	5.96	5.86	4.84	3.81	4.76	5.26
7	BILLINGS, MT	0.81	0.57	1.12	1.74	2.48	1.89	1.28	0.85	1.34	1.26	0.75	0.67
8	DAYTONA BEACH, FL	3.13	2.74	3.84	2.54	3.26	5.69	5.17	6.09	6.61	4.48	3.03	2.71
9	EUGENE, OR	7.65	6.35	5.8	3.66	2.66	1.53	0.64	0.99	1.54	3.35	8.44	8.29
10	HONOLULU,HI	2.73	2.35	1.89	1.11	0.78	0.43	0.5	0.46	0.74	2.18	2.26	2.85
11	ST. LOUIS, MO	2.14	2.28	3.6	3.69	4.11	3.76	3.9	2.98	2.96	2.76	3.71	2.86
12	TUCSON, AZ	0.99	0.88	0.81	0.28	0.24	0.24	2.07	2.3	1.45	1.21	0.67	1.03

图 22-2　将要使用迷你图进行汇总的数据

要创建迷你图，请执行以下步骤：

(1) 选择将要描述的数据(仅限数据，不包括列或行标题)。如果要创建多个迷你图，则选择所有数据。在这

个示例中，选择的是 B4:M12。

(2) 在选中数据后，选择"插入"|"迷你图"，并单击 3 个迷你图类型之一：折线迷你图、柱形迷你图、盈亏迷你图。将显示"创建迷你图"对话框，如图 22-3 所示。

图 22-3　使用"创建迷你图"对话框指定迷你图的数据区域和位置

(3) 指定迷你图的位置。通常情况下，可将迷你图放置在数据后面，但这不是必需的。大多数时候，需要使用空的范围来包含迷你图。但是，Excel 不会禁止你在已经包含数据的单元格中插入迷你图。为迷你图所指定的范围必须与源数据的行数或列数匹配。在这个示例中，指定 N4:N12 作为位置范围。

(4) 单击"确定"。Excel 将创建所指定的迷你图类型。

迷你图将会链接到数据，因此，如果更改数据范围中的任何值，则迷你图图形将会更新。通常，需要增大列宽或行高度，以提高迷你图的易读性。

提示

大多数时候，你可能会在包含数据的同一个工作表中创建迷你图。如果想在不同的工作表中创建迷你图，可首先激活要在其中显示迷你图的工作表。然后，在"创建迷你图"对话框中，通过指向或输入完整的工作表引用来指定源数据(例如，Sheet1A1:C12)。在"创建迷你图"对话框中可以为数据范围指定不同的工作表，但不能为位置范围指定不同的工作表。或者，可以只在与数据相同的工作表中创建迷你图，然后将单元格剪切和粘贴到不同的工作表中。

图 22-4 显示了降雨数据的柱形迷你图。

▲	A	B	C	D	E	F	G	H	I	J	K	L	M	N
1	Average Monthly Precipitation (Inches)													
2														
3		Jan	Feb	Mar	Apr	May	Jun	Jul	Aug	Sep	Oct	Nov	Dec	
4	ASHEVILLE, NC	4.06	3.83	4.59	3.5	4.41	4.38	3.87	4.3	3.72	3.17	3.82	3.39	
5	BAKERSFIELD, CA	1.18	1.21	1.41	0.45	0.24	0.12	0	0.08	0.15	0.3	0.59	0.76	
6	BATON ROUGE, LA	6.19	5.1	5.07	5.56	5.34	5.33	5.96	5.86	4.84	3.81	4.76	5.26	
7	BILLINGS, MT	0.81	0.57	1.12	1.74	2.48	1.89	1.28	0.85	1.34	1.26	0.75	0.67	
8	DAYTONA BEACH, FL	3.13	2.74	3.84	2.54	3.26	5.69	5.17	6.09	6.61	4.48	3.03	2.71	
9	EUGENE, OR	7.65	6.35	5.8	3.66	2.66	1.53	0.64	0.99	1.54	3.35	8.44	8.29	
10	HONOLULU, HI	2.73	2.35	1.89	1.11	0.78	0.43	0.5	0.46	0.74	2.18	2.26	2.85	
11	ST. LOUIS, MO	2.14	2.28	3.6	3.69	4.11	3.76	3.9	2.98	2.96	2.76	3.71	2.86	
12	TUCSON, AZ	0.99	0.88	0.81	0.28	0.24	0.24	2.07	2.3	1.45	1.21	0.67	1.03	

图 22-4　柱形迷你图汇总了 9 个城市的降雨量数据

了解迷你图组

在大多数情况下，你可能需要创建迷你图组——为每一行或每一列数据都创建一个迷你图。一个工作表可以容纳任意数量的迷你图组。Excel 会记住每个组。可以将迷你图组作为一个单元进行处理。例如，可以选择组中的一个迷你图，然后修改该组中所有迷你图的格式。当选择一个迷你图单元格时，Excel 会显示组中所有其他迷你图的边框。

但是，也可以对组中的单个迷你图执行某些操作：

- **更改迷你图的数据源。** 选择迷你图单元格，并选择"迷你图工具"|"设计"|"迷你图"|"编辑数据"|"编辑单个迷你图的数据"命令。Excel 会显示一个对话框，允许更改所选迷你图的数据源。

- **删除迷你图。** 选择迷你图单元格，并选择"迷你图工具"|"设计"|"组合"|"清除"|"清除所选的迷你图"命令。

> 　　也可以右击一个迷你图单元格，并从快捷菜单中执行上述这两个操作。
> 　　还可以取消组合迷你图组，方法是选择组中的任意迷你图，并选择"迷你图工具"|"设计"|"组合"|"取消组合"命令。当取消组合迷你图组后，就可以单独处理每个迷你图。

　　注意，如果想重新从头创建迷你图组，还可以删除整个迷你图组。只需要选择"迷你图工具"|"设计"|"组合"|"清除"|"清除所选的迷你图组"命令即可。

22.3　自定义迷你图

　　当激活某个包含迷你图的单元格时，Excel 会在其组中的所有迷你图周围显示轮廓。然后，可以使用"迷你图工具"|"设计"选项卡中的命令自定义迷你图组。

22.3.1　调整迷你图单元格的大小

　　当改变包含迷你图的单元格的宽度和高度时，迷你图将相应地调整。此外，可以在合并后的单元格中插入迷你图。

　　图 22-5 显示了在 4 个因列宽、行高不同以及单元格合并而导致大小不同的单元格中显示的同一个迷你图。如你所见，单元格(或合并的单元格)的大小和比例将使其外观有很大不同。

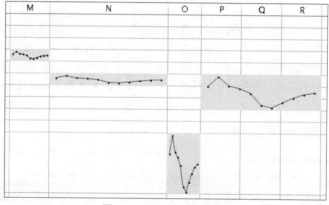

图 22-5　不同大小的迷你图

22.3.2　处理隐藏或丢失的数据

　　默认情况下，如果隐藏在迷你图中使用的行或列，那么所隐藏的数据就不会出现在迷你图中。此外，丢失的数据(空单元格)会在图形中显示为空距。

　　要更改这些设置，可选择"迷你图工具"|"设计"|"迷你图"|"编辑数据"|"隐藏和清空单元格"命令。在显示的"隐藏和空单元格设置"对话框(见图 22-6)中，可以指定对隐藏数据和空单元格的处理方式。

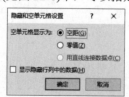

图 22-6　"隐藏和空单元格设置"对话框

22.3.3　更改迷你图类型

　　正如前面提到的，Excel 支持 3 种迷你图类型：折线迷你图、柱形迷你图、盈亏迷你图。在创建迷你图或

迷你图组后，可以轻松地更改迷你图类型，方法是选择迷你图并单击"迷你图工具"|"设计"|"类型"分组中的这 3 个图标之一。如果所选的迷你图是一个迷你图组的一部分，则该组中的所有迷你图都将会更改为新的类型。

> **提示**
> 如果对外观进行过自定义，那么当在不同的迷你图类型之间进行切换时，Excel 将会记住你对每一种类型所做的自定义设置。

22.3.4　更改迷你图的颜色和线宽

在创建迷你图后，可以很轻松地更改其颜色。只需要使用"迷你图工具"|"设计"|"样式"组中的控件即可。

> **注意**
> 在迷你图中所用的颜色与文档主题相关联。因此，如果改变主题(通过选择"页面布局"|"主题"|"主题"命令)，则迷你图颜色将会更改为新的主题颜色。

> **交叉引用**
> 有关文档主题的更多信息，请参见第 5 章。

对于折线迷你图，还可以指定线宽。为此，只需要选择"迷你图工具"|"设计"|"样式"|"迷你图颜色"|"粗细"命令即可。

22.3.5　突出显示某些数据点

使用"迷你图工具"|"设计"|"显示"组中的命令可以自定义迷你图，以突出显示数据的某些方面。这些选项如下所述。

- **高点**：为迷你图中的最高数据点应用不同的颜色。
- **低点**：为迷你图中的最低数据点应用不同的颜色。
- **负点**：为迷你图中的负值数据点应用不同的颜色。
- **首点**：为迷你图中的第一个数据点应用不同的颜色。
- **尾点**：为迷你图中的最后一个数据点应用不同的颜色。
- **标记**：在迷你图中显示数据标记。此选项仅适用于折线迷你图。

可以通过使用"迷你图工具"|"设计"|"样式"组中的"标记颜色"控件来控制标记突出显示的颜色。令人遗憾的是，不能改变折线迷你图中的标记大小。

图 22-7 显示的是应用了不同的突出显示类型的折线迷你图。

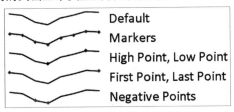

图 22-7　折线迷你图的突出显示选项

22.3.6　调整迷你图坐标轴刻度

当创建一个或多个迷你图时，它们都会(默认)使用自动坐标轴刻度。换句话说，Excel 将根据迷你图所使用的数据的数值范围，自动为迷你图组中的每个迷你图确定最小和最大垂直坐标轴值。

通过"迷你图工具"|"设计"|"组合"|"坐标轴"中的命令可以覆盖此自动行为，并控制每个迷你图或

迷你图组的最小和最大值。要执行更多的控制，可以使用"自定义值"选项，为迷你图组指定最小值和最大值。

> **注意**
>
> 迷你图实际上不会显示垂直坐标轴，所以实质上是在调整不可见的坐标轴。

图 22-8 显示了两组迷你图。顶部一组使用的是默认坐标轴设置("自动设置每个迷你图")。每个迷你图显示了产品 6 个月的趋势，但没有指示值的大小。

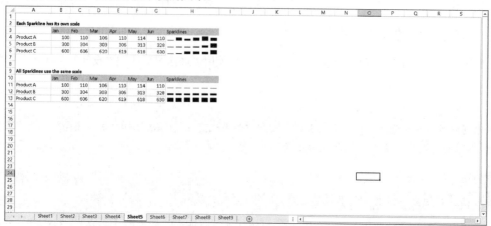

图 22-8　底部的迷你图组显示了对组中所有迷你图使用相同坐标轴最小值和最大值的效果

对于底部的迷你图组(使用的是相同数据)，将垂直坐标轴最小值和最大值选项改为使用"适用于所有迷你图"设置。在这些设置生效后，可显示所有产品的值的大小，但无法显示产品在各月之间的趋势。

所选择的坐标轴刻度选项取决于想要强调数据的哪个方面。

22.3.7　伪造参考线

Excel 中的迷你图缺少一个有用的功能：参考线。例如，如果能够相对于目标来显示业绩会很有用。如果目标在迷你图中显示为一条参考线，那么查看者将可以很快看出一段时期内的业绩是否超出目标。

但是，可以转换数据，然后使用迷你图坐标轴作为参考线。图 22-9 展示了一个示例。学生每月需要阅读 500 页的内容。数据区域显示了实际阅读的页数，迷你图显示在 H 列中。这些迷你图显示了为期半年的页数数据，但无法看出超出目标的学生，以及他们什么时候超出了目标。

	Jan	Feb	Mar	Apr	May	Jun	
			Pages Read				
Ann	450	412	632	663	702	512	
Bob	309	215	194	189	678	256	
Chuck	608	783	765	832	483	763	
Dave	409	415	522	598	421	433	
Ellen	790	893	577	802	874	763	
Frank	211	59	0	0	185	230	
Giselle	785	764	701	784	214	185	
Henry	350	367	560	583	784	663	

图 22-9　使用迷你图显示每月阅读的页数

图 22-10 显示了另外一种方法：转换数据，从而将达到目标的月份表示为 1，未达到目标的月份表示为-1。可以使用下面的公式(位于单元格 B18 中)转换原始数据：

```
=IF(B6>$C$2,1,-1)
```

	A	B	C	D	E	F	G	H
15								
16				Pages Read (Did or Did Not Meet Goal)				
17		Jan	Feb	Mar	Apr	May	Jun	
18	Ann	-1	-1	1	1	1	1	
19	Bob	-1	-1	-1	-1	1	-1	
20	Chuck	1	1	1	1	-1	1	
21	Dave	-1	-1	1	1	-1	-1	
22	Ellen	1	1	1	1	1	1	
23	Frank	-1	-1	-1	-1	-1	-1	
24	Giselle	1	1	1	1	-1	-1	
25	Henry	-1	-1	1	1	1	1	
26								

图 22-10 使用盈亏迷你图显示的目标实现情况

本例中已将此公式复制到了区域 B18:G25 的其他单元格中。

利用转换后的数据,本例创建了一些盈亏迷你图来显示结果。这种方法要比原来的方法好,但它不能表达任何数量差异。例如,不能说明某个学生是少阅读了 1 页还是 500 页。

图 22-11 显示了一种更好的方法。在这里,通过从阅读的页数中减去目标值来转换原始数据。单元格 B31 中的公式是

```
=B6-$C$2
```

	A	B	C	D	E	F	G	H
28								
29				Pages Read (Relative to Goal)				
30		Jan	Feb	Mar	Apr	May	Jun	
31	Ann	-50	-88	132	163	202	12	
32	Bob	-191	-285	-306	-311	178	-244	
33	Chuck	108	283	265	332	-17	263	
34	Dave	-91	-85	22	98	-79	-67	
35	Ellen	290	393	77	302	374	263	
36	Frank	-289	-441	-500	-500	-315	-270	
37	Giselle	285	264	201	284	-286	-315	
38	Henry	-150	-133	60	83	284	163	
39								
40								

图 22-11 迷你图中的坐标轴代表目标

本例已将该公式复制到了区域 B31:G38 的其他单元格中,并创建了一个已启用坐标轴的折线迷你图组。此外,还启用了“负点”选项,以便能清楚地显示出负值(没能完成目标)。

22.4 指定日期坐标轴

通常会假定在迷你图中所显示的数据具有相等的时间间隔。例如,一个迷你图可能会显示日账户余额、月销售额或年利润。但是,如果数据具有不同的时间间隔,情况会怎么样呢?

图 22-12 按日期显示了一些数据,以及一个通过 B 列数据创建的迷你图。请注意,图中缺失了一些日期,但迷你图仍然会等间隔地显示各列值。

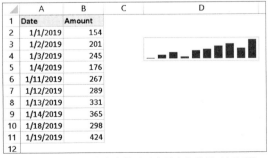

	A	B	C	D
1	Date	Amount		
2	1/1/2019	154		
3	1/2/2019	201		
4	1/3/2019	245		
5	1/4/2019	176		
6	1/11/2019	267		
7	1/12/2019	289		
8	1/13/2019	331		
9	1/14/2019	365		
10	1/18/2019	298		
11	1/19/2019	424		
12				

图 22-12 迷你图将各个值显示为具有相等的时间间隔

为了更好地描绘数据，解决方案是指定一个日期坐标轴。选择迷你图，并选择"迷你图工具"|"设计"|"组合"|"坐标轴"|"日期坐标轴类型"命令。Excel 会显示一个对话框，要求你指定一个包含日期的区域。在这个示例中，指定区域 A2:A11。然后单击"确定"按钮，迷你图将为缺少的日期显示空白(见图 22-13)。

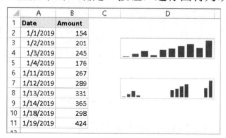

图 22-13 在指定日期坐标轴后，迷你图可准确地显示值

22.5 自动更新迷你图

如果迷你图使用的是普通单元格区域中的数据，则在区域的开头或结尾添加新数据不会强制迷你图使用此新数据。你需要使用"编辑迷你图"对话框来更新数据区域(选择"迷你图工具"|"设计"|"迷你图"|"编辑数据"命令)。但是，如果迷你图数据位于表格(通过选择"插入"|"表格"|"表格"命令创建)的列内，那么迷你图将使用添加到表格末尾的新数据。

图 22-14 显示了一个示例。使用表格中的 Rate 列创建了迷你图。当添加九月的新利率时，迷你图将会自动更新它的数据区域。

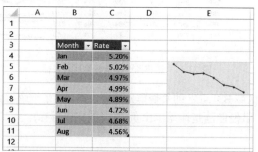

图 22-14 根据表格中的数据创建迷你图

22.6 显示动态区域的迷你图

本节中的示例将介绍如何创建只显示区域内最新数据点的迷你图。图 22-15 显示了一个用于跟踪日销售情况的工作表。合并单元格 E4:E5 中的迷你图仅显示了 B 列中最新的 7 个数据点。当向 B 列添加新数据时，该迷你图将调整为只显示最近 7 天的销售情况。

下面将创建一个动态区域名称。具体方法如下：

(1) 选择"公式"|"定义的名称"|"定义名称"命令，指定 Last7 作为名称，并在"引用"字段中输入下列公式：

```
=OFFSET($B$2,COUNTA($B:$B)-7-1,0,7,1)
```

此公式使用 OFFSET 函数来计算区域。第一个参数是区域的第一个单元格(B2)。第二个参数是列中单元格的数目(减去要返回的数字，然后再减 1，即 B1 中的标签不算在内)。该名称总是会引用 B 列中的最后 7 个非空单元格。要显示其他数量的数据点，只需要将 7 改为其他值即可。

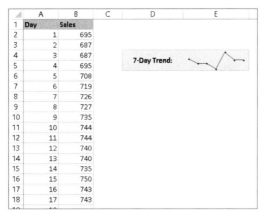

图 22-15　在迷你图中使用动态区域名称仅显示最新的 7 个数据点

(2) 选择"插入"|"迷你图"|"折线图"命令，将打开"创建迷你图"对话框。

(3) 在"数据范围"字段中，键入 Last7(动态区域的名称)。指定单元格 E4 作为位置范围。迷你图将显示区域 B11:B17 中的数据。

(4) 在 B 列中添加新的数据。迷你图将调整为只显示最后 7 个数据点。

第23章

使用自定义数字格式和形状实现可视化

本章要点

- 自定义数字格式
- 使用形状和图标创建可视化
- 创建自己的信息图元素
- 概述 Excel 的其他图形工具

可视化是指通过某种图形展示，用视觉语言表达抽象概念或数据。例如，交通灯是对抽象概念"停"和"行"的可视化。

在商业领域，相比简单的数字表格，可视化能够帮助我们更加快速地表达和处理数据的含义。Excel 为商业分析人员提供了众多功能，可用来为仪表板和报表添加可视化。

通过使用本章介绍的格式设置技术，可以添加多层可视化，将数据转变为有意义的视图。

配套学习资源网站

配套学习资源网站 www.wiley.com/go/excel2019bible 中提供了本章使用的示例工作簿，文件名为 Visualizations.xlsx。

23.1 使用数字格式进行可视化

在单元格中输入数字时，可以用多种不同的格式来显示数字。Excel 内置了许多数字格式，但有时这些格式都不能精确满足需要。

本章将介绍如何创建自定义数字格式，并提供了许多示例。你可以在自己的工作中直接使用这些示例，也可以加以调整来满足自己的需要。

23.1.1 设置基本数字格式

功能区"开始"选项卡的"数字"组包含一些控件，可用来快速应用常见数字格式。在"数字格式"下拉控件中可访问 11 种常见数字格式。另外，"数字"组还包含一些按钮。单击这些按钮时，选中单元格将采用指定的数字格式。表 23-1 总结了美国英语版本的 Excel 中，这些按钮所应用的格式。

表 23-1 功能区中的数字格式按钮

按钮名称	应用的格式
会计数字格式	在左侧添加一个美元符号，使用逗号分隔千位，并在小数点右侧显示两位小数。这是一个下拉控件，可以从中选择其他常用的货币符号
百分比样式	将值显示为一个百分比，不带小数位。此按钮对单元格应用样式

(续表)

按钮名称	应用的格式
千位分隔样式	使用逗号分隔千位,并在小数点右侧显示两位小数。这与会计数字格式类似,但是不带货币符号。此按钮对单元格应用样式
增加小数位数	将小数点右侧的小数位数加 1
减小小数位数	将小数点右侧的小数位数减 1

注意

其中一些按钮实际上会对选中单元格应用预定义的样式。通过使用"开始"选项卡的"样式"组中的"单元格样式"库,可以访问 Excel 的样式。通过右击样式名称,并从快捷菜单中选择"修改"命令,可以修改样式。更多信息请参见第 5 章。

1. 使用快捷键设置数字格式

应用数字格式的另一种方法是使用快捷键。表 23-2 总结了一些快捷键组合,使用它们可以对选中的单元格或区域应用常见的数字格式。注意,这里的数字对应的是典型键盘上部的数字键,并且需要按下 Shift 键。

表 23-2 数字格式设置的键盘快捷键

键组合	应用的格式
Ctrl+Shift+~	常规数字格式(即不带格式的值)
Ctrl+Shift+!	两个小数位,有千位分隔符,用横线指示负数值
Ctrl+Shift+@	时间格式,包含小时、分钟和 AM 或 PM
Ctrl+Shift+#	日期格式,包含日、月、年
Ctrl+Shift+$	货币格式,带两位小数位(负数放在括号内)
Ctrl+Shift+%	百分比格式,不带小数位
Ctrl+Shift+^	科学记数法数字格式,带两个小数位

2. 使用"设置单元格格式"对话框设置数字格式

使用"设置单元格格式"对话框的"数字"选项卡,可以实现对数字格式的最大控制。使用下面的几种方式可打开该对话框:

- 单击"开始"|"数字"组右下角的对话框启动器。
- 选择"开始"|"数字"|"数字格式"|"其他数字格式"命令。
- 按 Ctrl+1 键。
- 右击单元格区域,选择"设置单元格格式"命令。

"设置单元格格式"对话框的"数字"选项卡包含 12 类数字格式。从列表框中选择一个分类时,对话框的右侧将显示合适的选项。

下面列出了这些数字格式分类,并分别加以说明。

常规:这是默认格式,将数字显示为整数或小数,当值太大,无法放到单元格中时,将使用科学记数法。

数值:指定小数位数,是否使用系统的千位分隔符(如逗号)来分隔千位,以及如何显示负数。

货币:指定小数位数,选择货币符号,以及显示负数。此格式总是使用系统的千位分隔符(如逗号)来分隔千位。

会计:与货币格式不同的地方是,在会计格式中,货币符号总是垂直对齐,不管数值中显示的小数位数是多少。

日期:选择多种日期格式,并为日期格式选择区域设置。

时间:选择多种时间格式,并为时间格式选择区域设置。

百分比：选择小数位数；总是显示百分号。

分数：选择 9 种分数格式。

科学记数：以指数表示法显示数字(带一个 E)：2.00E+05 = 200 000。可以选择在 E 的左侧显示的小数位数。

文本：应用于数值时，Excel 将把数值视为文本(即使看起来是一个数值)。对于零件编号或者信用卡号码等数字，这种功能很有用。

特殊：包含其他数字格式。根据选择的区域不同，列表中的项也会不同。对于"英语(美国)"区域，格式选项为 Zip Code、Zip Code +4、Phone Number 和 Social Security Number。

自定义：定义其他分类中不包含的自定义数字格式。

23.1.2　创造性设置自定义数字格式

你可能不知道，当应用数字格式时，实际上是使用数字格式字符串对 Excel 发出指令。数字格式字符串是一个代码，告诉 Excel 你希望给定区域中的数值如何显示。

要查看这种代码，可执行下面的步骤来应用基本数字格式。

(1) 右击单元格区域，选择"设置单元格格式"命令，将打开"设置单元格格式"对话框。

(2) 打开"数字"选项卡。选择"数值"分类，然后选中"使用千位分隔符"复选框，0 个小数位，以及将负数放到括号内。

(3) 单击"自定义"分类，如图 23-1 所示。界面中将显示刚才选择的格式的语法。

图 23-1　"类型"输入框允许自定义数字格式的语法

数字格式字符串由不同的数字格式组成，各数字格式之间用分号隔开。本例包含两个不同的格式：分号左边的格式和分号右边的格式。

```
#,##0_);(#,##0)
```

默认情况下，第一个分号左侧的格式将用于正数，第一个分号右侧的格式将用于负数。因此，在本例中，负数将被放到括号内，而正数则是一个简单的数字，如下所示：

```
(1,890)
 1,982
```

注意：

注意上面的例子中，正数格式的语法用_)结束。这告诉 Excel，在正数最后留下一个括号字符宽度的间距。这保证了当负数被放到括号内时，正数和负数能够很好地对齐。

可以编辑“类型”输入框中的语法，使数字使用不同的格式。例如，试着将语法改为如下所示：

```
+#,##0;-#,##0
```

应用此语法时，正数将用+符号开头，负数将以负号开头，如下所示：

```
+1,200

-15,000
```

当设置百分数的格式时，这一点很方便。例如，通过在“类型”输入框中输入下面的语法，可以应用自定义百分比格式：

```
+0%;-0%
```

这种语法得到的百分数的格式如下所示：

```
+43%

-54%
```

可以进行发挥，使用下面的语法将负百分数放到括号内：

```
0%_);(0%)
```

这种语法得到的百分数的格式如下所示：

```
43%

(54%)
```

注意：

如果只包含一种格式语法，也就是说，不使用分号分隔符来添加第二个格式选项，那么该格式将用于所有数字，无论该数字是正数还是负数。

1. 设置千级和百万级数字的格式

将数字设置为以千级或百万级显示，能够在表示极大值时，避免使用太多数字。要将数字显示为千级，可突出显示数字，右击，然后选择“设置单元格格式”命令。

当“设置单元格格式”对话框打开后，单击“自定义”分类，看到如图 23-1 所示的界面。在“类型”输入框中，输入下面的语法：

```
#,##0,
```

确定修改后，数字将自动以千级格式显示。

这种方法的优点在于，并不会以任何方式修改或截断数值。Excel 只是对数字应用了一种显示效果。查看图 23-2 可了解这句话的意思。

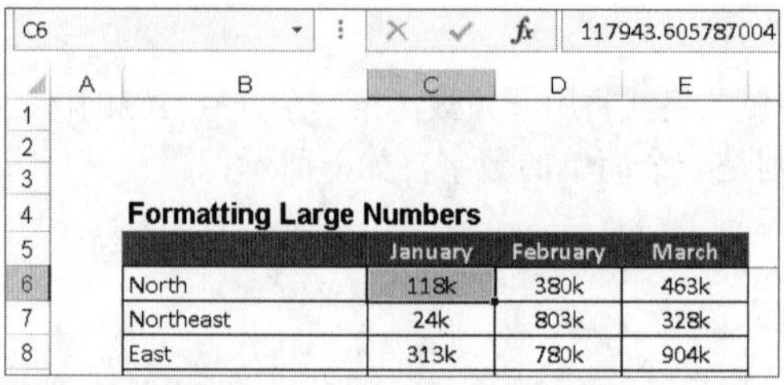

图 23-2　设置数字格式只会应用显示效果。在编辑栏可看到真正的、没有格式的数字

选中的单元格已被设置为用千级显示数字。显示的数字是 118k，但是查看上方的编辑栏，将看到真正的、没有格式的数字(117943.605787004)。在单元格中看到的 118k，实际上是编辑栏中的真正数字在设置了显示格式后的显示结果。

> **注意**
> 相比使用其他方法将数字设置为显示千级，自定义数字格式有明显优势。例如，许多新手分析人员通过使用公式将数字除以 1000，来将其转换为千级数字。但这样做会显著改变数字的完整性。在单元格中执行数学运算时，实际上修改了该单元格表示的值。这样一来，仅仅为了实现一种显示效果，你不得不认真跟踪和维护自己引入的公式。自定义数字格式只是改变了数字的显示，但实际的数字值保持不变，所以避免了上述问题。

如有需要，甚至可以在数字语法中加上"k"，来指出数字采用了千级表示。

```
#,##0,"k"
```

这样一来，数字将显示为：

```
118k
```

```
318k
```

对正数和负数都可以使用这种方法。

```
#,##0,"k"; (#,##0,"k")
```

应用这种语法后，负数也会以千级显示。

```
118k
```

```
(318k)
```

如果要以百万级显示数字，也很简单。只需要在"类型"输入框中输入数字格式语法时添加两个逗号。

```
#,##0.00,, "m"
```

注意，语法中使用了额外的小数位(.00)。当把数字转换为百万级时，显示额外的精度位常常很有帮助，如下例所示：

```
24.65 m
```

2. 隐藏和抑制零值

除了设置正数和负数的格式，Excel 还允许设置零值的格式。这是通过在自定义数字语法中再添加一个分号实现的。默认情况下，第二个分号后的格式语法将用于任何计算结果为 0 的数字。

例如，应用了下面的格式语法后，包含 0 的单元格将显示 n/a：

```
#,##0_);(#,##0);"n/a"
```

还可以使用这种语法完全抑制零值。如果添加了第二个分号，但是后面不跟任何语法，那么包含 0 的单元格将显示为空单元格。

```
#,##0_);(#,##0);
```

同样，自定义数字格式只影响单元格的外观。单元格中的实际数据不受影响。图 23-3 显示了这一点。所选单元格的格式被设置为将 0 显示为 n/a，但如果查看编辑栏，会看到实际的、未格式化的单元格内容。

3. 应用自定义格式颜色

使用自定义数字格式，除了能够控制数字的显示，还能够控制它们的颜色。例如，要设置百分数的格式，使正百分数显示为蓝色，且带一个正号，使负百分数显示为红色，且带一个负号，就可以在"类型"输入框中输入下面的语法：

```
[蓝色]+0%;[红色]-0%
```

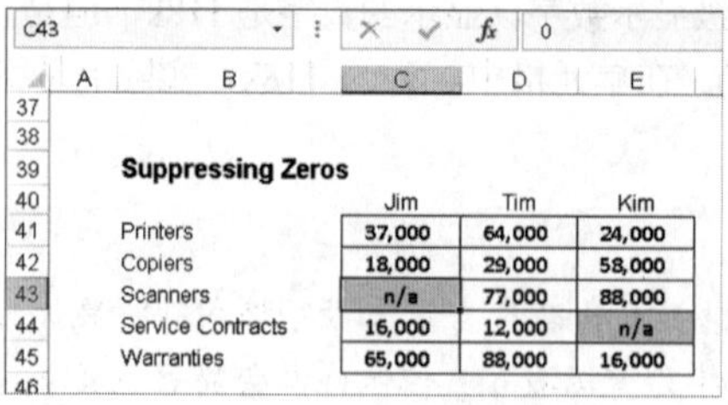

图 23-3　自定义数字格式将 0 显示为 n/a

注意，要应用一种颜色，只需要在方括号内输入颜色名称即可。

能够通过名称应用的颜色只有几种(8 种 Visual Basic 颜色)，如下所示。这些颜色是 Excel 老调色板(2007 之前的版本中默认有 56 种标准颜色)中的前 8 种颜色。

```
[Black]
[Blue]
[Cyan]
[Green]
[Magenta]
[Red]
[White]
[Yellow]
```

虽然通常会按名称指定一种自定义颜色，但并非所有 Visual Basic 颜色在视觉上都很美观。Visual Basic 的绿色看起来让人感到不舒服，是一种明亮的霓虹绿。通过在"类型"输入框中输入下面的代码，可以查看其效果。

```
[绿色]+0%;[红色]-0%
```

好消息是，标准调色板中按数字定义了 56 种颜色。标准的 56 色调色板中的每种颜色都用一个数字表示。要通过数字使用颜色，需要使用[颜色 N]，其中 N 代表 1~56 的数字。

在本例中，可以使用[颜色 10]代表一种更容易接受的绿色。

```
[颜色 10]+0%;[红色]-0%
```

4. 设置日期和时间的格式

自定义数字格式并非只用于数字，还可以用来设置日期和时间的格式。如图 23-4 所示，使用"设置单元格格式"对话框的"类型"输入框，也可以应用日期和时间格式。

图 23-4　使用"设置单元格格式"对话框也可以设置日期和时间格式

用于表示日期和时间格式的代码相当直观。例如，ddd 语法表示用 3 个字母表示天，mmm 语法表示用 3 个字母表示月，yyyy 语法表示用 4 个数字表示年。

天、月、年、小时和分钟的格式有几种变化。花一些时间尝试不同的语法字符串组合很有帮助。

表 23-3 列出了一些常用的日期和时间格式代码，你可以在自己的报表和仪表板中将它们作为一个起点。

表 23-3 常用的日期和时间格式代码

格式代码	1/31/2019 7:42:53 PM 显示为
M	1
Mm	01
mmm	Jan
mmmm	January
mmmmm	J
dd	31
ddd	Thu
dddd	Thursday
Yy	19
yyyy	2019
mmm-yy	Jan-19
dd/mm/yyyy	31/01/2019
dddd mmm yyyy	Thursday Jan 2019
mm-dd-yyyy h:mm	AM/PM 01-31-2019 7:42 PM
h AM/PM	7 PM
h:mm AM/PM	7:42 PM
h:mm:ss AM/PM	7:42:53 PM

23.1.3 使用符号增强报表

符号本质上就是小图形，与使用 Wingdings、Webdings 或其他新奇的字体时看到的效果类似。但是，符号并不真的是字体，它们是 Unicode 字符。Unicode 字符是行业标准的一个文本元素集合，其设计目的是提供一个可靠的字符集，使得无论国际字体间存在什么差异，这个字符集在任何平台上都是可用的。

版权符号(©)是常用符号的一个例子。这个符号是一个 Unicode 字符。你可以在中文、土耳其文、法文或英文电脑上使用这个符号，它都会可靠地显示，并不存在国际差异。

就 Excel 使用而言，Unicode 字符(或符号)能够用在条件格式起不到作用的地方。例如，在图 23-5 所示的图表标签中，y 坐标轴显示的趋势箭头允许做另外一层分析。这是使用条件格式做不到的。

我们花一些时间看如何得到图 23-5 中的图表。

初始数据如图 23-6 所示。注意，我们指定了一个单元格来保存将要使用的符号(在这里为单元格 C1)。这个单元格其实没那么重要，它只是用来保存将会插入的符号。

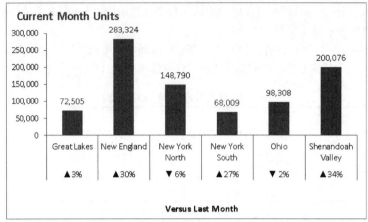

图 23-5 使用符号为图表添加额外的一层分析

	A	B	C	D
1		Symbols>>		
2				
3		vs. Prior Month	Market	Current Month
4		3%	Great Lakes	72,505
5		30%	New England	283,324
6		-6%	New York North	148,790
7		27%	New York South	68,009
8		-2%	Ohio	98,308
9		34%	Shenandoah Valley	200,076

图 23-6 初始数据，用一个单元格保存符号

现在，请执行下面的步骤。

(1) 单击单元格 C1，然后在"插入"选项卡中选择"符号"命令。将打开如图 23-7 所示的"符号"对话框。

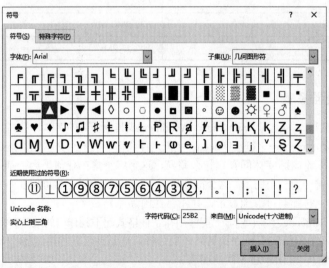

图 23-7 使用"符号"对话框在单元格中插入希望使用的符号

(2) 找到并选择希望使用的符号，然后单击"插入"按钮。在本例中，选择向上三角形，然后单击"插入"。然后，选择向下三角形，再单击"插入"。完成之后，关闭该对话框。此时，单元格 C1 中将包含向上三角形和向下三角形，如图 23-8 所示。

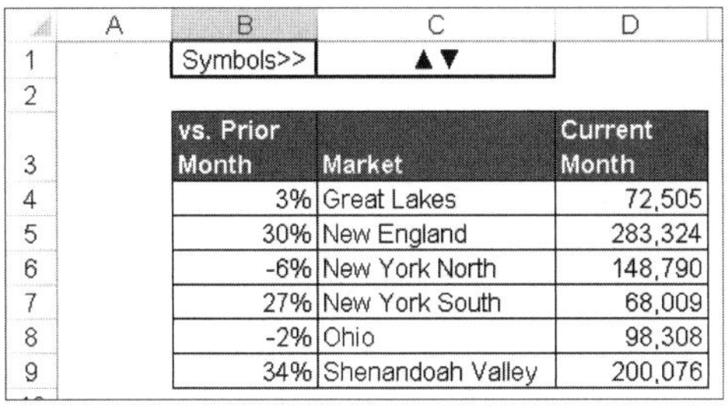

图 23-8　将新插入的符号复制到剪贴板

(3) 单击单元格 C1，在编辑栏中选中两个符号，并按键盘上的 Ctrl+C 键，复制这两个符号。

(4) 在数据表格中，右击百分数，选择"设置单元格格式"。

(5) 在"设置单元格格式"对话框中，通过将向上和向下三角形符号粘贴到合适的语法位置，创建一个新的自定义格式，如图 23-9 所示。在本例中，正百分数前面将带有向上三角形符号，负百分数前面将带有向下三角形符号。

图 23-9　使用符号创建自定义数字格式

(6) 单击"确定"按钮。现在，符号就成为数字格式的一部分。

图 23-10 演示了百分数的显示效果。将任何百分数从正数改为负数(或反过来操作)，Excel 将自动应用合适的符号。

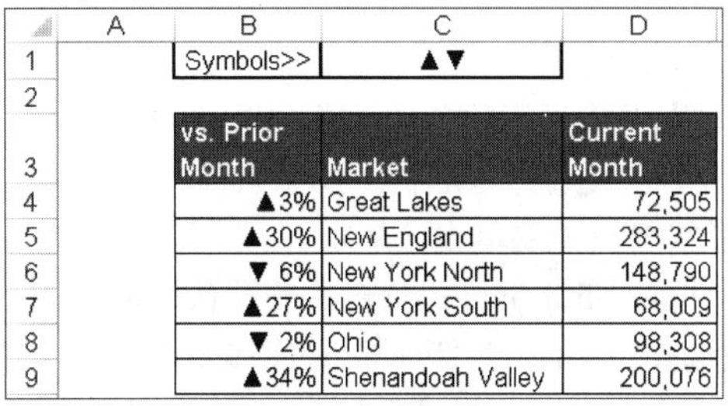

图 23-10　符号现在成为数字格式的一部分

因为图表自动采用数字格式，所以使用这些数据创建的图表将在标签中显示符号。只需要将这些数据用作图表的数据源即可。

这只是在报表中使用符号的一种方式。通过这种简单的技术，可以插入符号，为表格、数据透视表、公式或其他你能想到的对象增加视觉吸引力。

23.2　将形状和图标用作视觉元素

包括 Excel 在内的 Microsoft Office 应用程序都允许使用很多可自定义的图形，通常将其称为形状。你可能想要通过插入形状来创建简单的图表、显示文本，或仅改善工作表外观。

请注意，形状可能会在工作表中增加不必要的混乱。最好是有节制地使用形状。理想情况下，形状可以帮助人们注意到工作表的某些方面。不应将形状作为主要的吸引人之处。

23.2.1　插入形状

可以通过选择"插入"|"插图"|"形状"命令来向工作表插入形状。这将打开形状库，列出可选项，如图 23-11 所示。

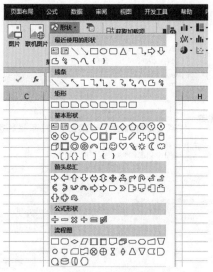

图 23-11　形状库

形状按类别进行了分组，最上面的类别显示的是最近使用过的形状。要在工作表中插入形状，可以执行下列操作之一。

- **在形状库中单击所需形状，然后在工作表中单击**。这时会向工作表添加一个默认大小的形状。
- **单击形状，然后在工作表中拖动**。这将允许创建更大或更小的形状，或者与默认比例不同的形状。

在创建形状时，应该记住下面的提示。

- 每个形状都有一个名称。一些具有通用的名称，如形状 1 和形状 2，但是其他则有更具描述性的名称(如矩形 1)。要修改形状的名称，可选择该形状，在"名称"框中键入一个新名称，然后按 Enter 键。
- 要选择工作表中的某个形状，只需要单击该形状。
- 当通过拖动创建形状时，按住 Shift 键可保持对象的默认比例。
- 在"Excel 选项"对话框(选择"文件"|"选项")的"高级"选项卡中，可控制对象在屏幕上的显示方式。相关设置包含在"此工作簿的显示选项"部分。通常，在"对于对象，显示："下面，选中的是

"全部"选项。通过选择"无内容(隐藏对象)",可以隐藏全部对象。如果工作表中包含复杂的对象,需要很长时间才能重绘,那么隐藏对象能够提高速度。

23.2.2　插入 SVG 图标图形

Excel 2019 包含一个新的图标库,提供了可缩放矢量图形(Scalable Vector Graphics,SVG)图标。在调整 SVG 图形的大小及设置其格式时,不会损失图形的质量。这些图标图形本质上就是一个现代图形文件集合,能够用来为 Excel 仪表板、信息图和报表解决方案添加视觉元素。

要在工作表中添加图标,可选择"插入"｜"插图"｜"图标"命令,将打开"插入图标"对话框,如图 23-12 所示。在该对话框中,可以按类别浏览,然后双击想要使用的图形。Excel 将把该图形插入到工作簿中。

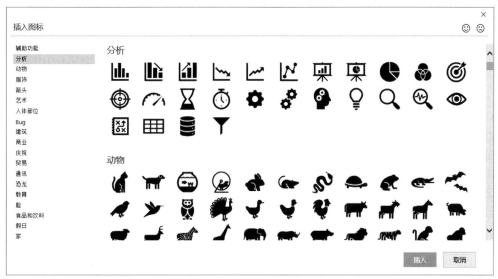

图 23-12　Microsoft Office 图标库

> **选择和隐藏形状对象**
>
> 一种简单的对象选择方法是使用"选择"任务窗格。为此,只需要选择任意形状,然后选择"绘图工具"｜"格式"｜"排列"｜"选择窗格"命令。或者,如果未选择形状,也可以选择"开始"｜"编辑"｜"查找和选择"｜"选择窗格"命令。
>
> 活动工作表上的每个对象都将在"选择"任务窗格中列出。只需要单击对象名称即可将其选中。要选择多个对象,可以在按住 Ctrl 键的同时单击各个名称。
>
> 要隐藏某个对象,可以单击其名称右侧的"眼睛"图标。还可以使用该任务窗格顶部的按钮来快速隐藏(或显示)所有项。

23.2.3　设置形状和图标的格式

虽然图标在外观和行为上与标准形状类似,但是它们有不同的上下文菜单,如图 23-13 所示。

当选择一个形状时,Excel 中的"绘图工具"｜"格式"上下文选项卡将变得可用,该选项卡包含如下一些命令。

- **插入形状**:插入新形状;更改形状。
- **形状样式**:修改形状的整体样式;修改形状的填充、轮廓或效果。
- **艺术字样式**:修改形状内的文本的外观。
- **排列**:调整形状的"叠放顺序"、对齐形状、组合多个形状,以及旋转形状。
- **大小**:通过键入尺寸来更改形状的大小。

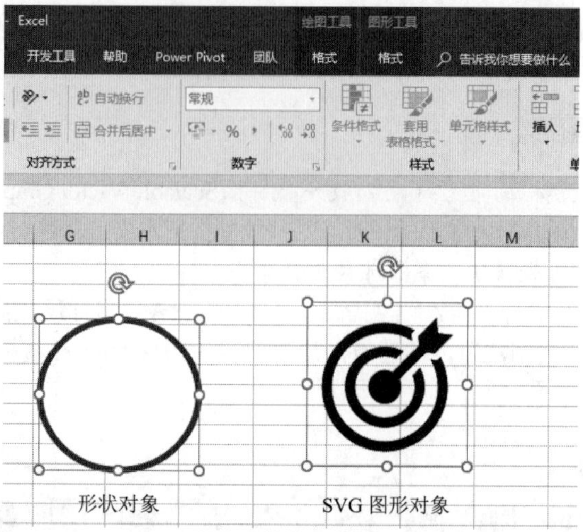

图 23-13　形状和图标有不同的上下文选项卡

当选择一个图标时，"图形工具"|"格式"上下文选项卡将变得可用，该选项卡包含如下一些命令。

- **更改图形**：用文件、Microsoft 图标库或在线资源中的图形替换现有图形。
- **图形样式**：修改形状的整体样式；修改形状的填充、轮廓或效果。
- **辅助功能**：为视觉障碍的人提供可读文本。
- **排列**：调整形状的"叠放顺序"，对齐形状，组合多个形状，以及旋转形状。
- **大小**：通过键入尺寸来更改形状的大小。

可以使用"设置形状格式"和"设置图形格式"任务窗格代替使用功能区。方法是右击形状或图标，然后从快捷菜单中选择"设置形状格式"或"设置图形格式"。任务窗格中包含一些未在功能区中提供的格式选项。在该任务窗格中所做的更改将立即显示出来，而且你可以在工作时一直保持打开"设置形状格式"或"设置图标格式"任务窗格。

你可以阅读 20 页的内容来了解如何设置形状和图标的格式，但这并不是最有效的学习方式。要学习如何设置形状和图标的格式，最好的方法是实际动手去做实验。格式设置命令都很直观，而且如果发现命令的效果不符合期望，总是可以使用"撤销"命令撤销操作。

23.2.4　使用形状增强 Excel 报表

大部分人都认为 Excel 形状只是有一定用途的对象，当需要在工作表中显示方形、箭头、圆形等时，就添加 Excel 形状。但是，如果发挥想象力，就可以使用 Excel 形状来创建有风格的界面，大大增强仪表板。下面的几个例子演示了如何使用 Excel 形状来增强仪表板和报表。

1. 使用形状创建有视觉吸引力的容器

夹式选项卡允许用一个标签标记仪表板的一部分，并使该标签看起来好像夹住了仪表板组件。在图 23-14 显示的例子中，使用夹式选项卡来标记一组组件，指出它们属于 North 地区。

从图 23-15 可以看到，这里并没有什么神奇的操作。只是使用了一组形状和文本框，并把它们巧妙地排列起来，使得标签看起来夹住了组件，以显示地区名称。

如果想把用户的注意力吸引到一些关键指标，可以用一个夹式横幅来夹住关键指标。图 23-16 中显示的横幅让你不受枯燥的文本标签的拘束，而是创建一种假象，让用户以为有一个横幅夹住了数字。同样，通过分层排列一些 Excel 形状，让它们合理地堆叠起来，彼此协调，创建出了这种效果。

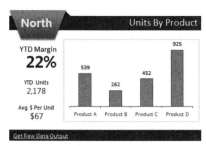

图 23-14　夹式选项卡

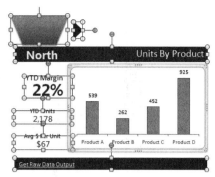

图 23-15　夹式选项卡的分解图

图 23-16　使用形状创建的横幅

2. 分层排列形状来节约空间

下面这种方法能够充分利用仪表板上的空间。通过堆叠饼图和柱形图,能够创建一组独特的视图,如图23-17所示。

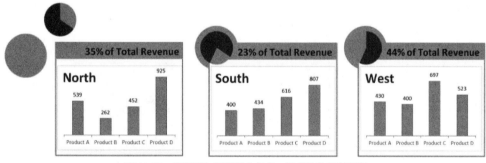

图 23-17　将形状与图表组合起来,以节约仪表板空间

每个饼图代表总收入的百分比,柱形图则显示了各地区的一定程度的细节。只需要将饼图置于圆形形状和柱形图之上,即可得到这里的效果。

3. 使用形状创建自己的信息图小组件

在 Excel 中,通过编辑锚点,可以改变形状。这就使创建自己的信息图小组件成为可能。右击形状,然后选择“编辑顶点”。这将在形状的边上显示小点,如图 23-18 所示。拖动这些点,就可以改变形状。

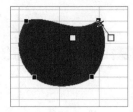

图 23-18 使用"编辑顶点"功能来构造自己的形状

可以将构造出的形状与其他形状组合起来，创建出有趣的信息图元素，用在 Excel 仪表板中。在图 23-19 中，将新构造的形状与标准的椭圆形和文本框组合起来，创建出美观的信息图小组件。

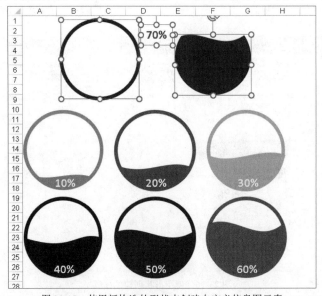

图 23-19 使用新构造的形状来创建自定义信息图元素

23.2.5 创建动态标签

说动态标签是 Excel 的一种功能，不如说它是一种概念。动态标签指的是标签会随查看的数据发生改变。

图 23-20 演示了这种概念的一个例子。所选的文本框形状链接到单元格 C3(注意编辑栏中的公式)。当单元格 C3 中的值改变时，文本框会显示更新后的值。

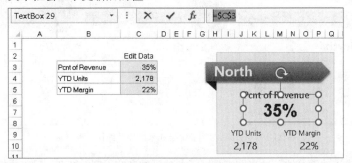

图 23-20 文本框形状能够链接到单元格

> **注意：**
> 需要注意，文本框形状对象显示的字符数不能超过 255。

23.2.6 创建链接的图片

链接的图片是一种特殊的形状，能够显示给定区域内的所有内容的实时图片。可以将链接的图片想象成一个照相机，监控着一个单元格区域。

要给一个区域"照相"，可执行下面的步骤。

(1) 选择区域。

(2) 按 Ctrl+C 键以复制区域。

(3) 激活另一个单元格。

(4) 选择"开始"|"剪贴板"|"粘贴"|"链接的图片"命令，如图 23-21 所示。

生成的结果是在步骤 1 中选择的区域的实时图片。

链接的图片使你能够自由测试不同的布局和图表大小，而不需要担心列宽、隐藏的行等问题。而且，链接的图片能够访问"图片工具"格式选项。单击某个链接的图片时，可以访问"图片工具"上下文选项卡，试用不同的图片样式。

图 23-22 演示了两个链接的图片，它们显示了左侧区域的内容。当这些区域改变时，链接的图片将会更新。可移动这些图片，调整它们的大小，甚至把它们放到完全不同的工作表上。

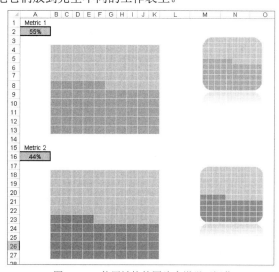

图 23-21　粘贴链接的图片　　　　图 23-22　使用链接的图片来增强可视化

提示

Excel 的"照相机"工具为创建链接的图片提供了一种更加简单的方法。遗憾的是，功能区中没有提供该工具，所以找起来不太容易。如果要经常使用此功能，可将 Excel 的"照相机"工具添加到快速访问工具栏中，从而节省许多时间。

(1) 右击快速访问工具栏，并在出现的快捷菜单中选择"自定义快速访问工具栏"。将打开"Excel 选项"对话框，并且已选中"快速访问工具栏"选项卡。

(2) 从左侧下拉列表中选择"不在功能区中的命令"。

(3) 从列表中选择"照相机"并单击"添加"。

(4) 单击"确定"关闭"Excel 选项"对话框。

在快速访问工具栏中添加"照相机"功能后，可以选择一个区域，单击"照相机"工具为区域"照相"。然后单击工作表，Excel 将在工作表的绘图层放置所选区域的实时图片。如果更改了原始区域，则所做的更改将显示在该区域的图片中。

23.3 使用 SmartArt 和艺术字

通过使用 SmartArt，你可以在工作表中插入多种多样的高度自定义图表，只需要单击少数几次鼠标就可以更改图表的整体外观。这个功能是在 Office 2007 中引入的，它可能对 PowerPoint 用户最有用，但许多 Excel 用户也可以很好地利用 SmartArt。

23.3.1 SmartArt 基础

要向工作表中插入 SmartArt，可以选择"插入"|"插图"|"插入 SmartArt 图形"命令。Excel 将显示如图 23-23 所示的对话框。可以使用的图表在对话框的左侧进行了分类。如果发现所需的类型，单击它即可在右侧面板中浏览较大的视图，同时还可查看一些使用提示。单击"确定"按钮即可插入图形。

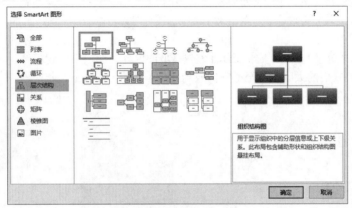

图 23-23 插入 SmartArt 图形

> **注意**
> 不用关注 SmartArt 图形中的元素数量。可以对 SmartArt 进行自定义以显示所需的元素数量。

在插入或选择 SmartArt 图形时，Excel 将显示"在此处键入文字"窗口，引导你输入文本，如图 23-24 所示。

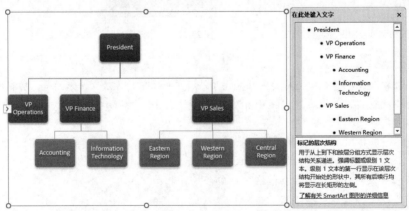

图 23-24 为组织图输入文本

要在 SmartArt 图形中添加元素，可选择"SmartArt 工具"|"设计"|"创建图形"|"添加形状"命令。也可以直接选择一项，并按 Enter 键。

在处理 SmartArt 时，可以对图形中的每个元素单独地执行移动、调整大小或设置格式等操作。为此，可以选择元素，然后使用"SmartArt 工具"|"格式"选项卡中的工具进行设置。

可以很容易地更改 SmartArt 图形的布局。为此，可以选定对象，然后选择"SmartArt 工具"|"设计"|"版式"命令。所输入的所有文本都将保持完整。

在选定布局之后，可能需要使用"SmartArt 工具"|"设计"|"SmartArt 样式"组中的其他样式或颜色。

23.3.2　艺术字基础

可以使用艺术字在文本中创建图形效果。

要在工作表中插入艺术字图形，可以选择"插入"|"文本"|"插入艺术字"命令，然后从库中选择一种样式。Excel 将插入一个带有"请在此放置你的文字"占位符文本的对象。可以将该文本替换为你自己的内容，调整其大小，并根据需要应用其他格式。

当选择一个艺术字图形时，Excel 将显示其"绘图工具"上下文菜单。可以使用其中的控件来改变艺术字的外观。或右击并选择"设置形状格式"来使用任务窗格。

艺术字由两部分组成：文本和包含文本的形状。"设置形状格式"任务窗格中有两个标题("形状选项"和"文本选项")。"绘图工具"|"格式"|"形状样式"组中的功能区控件可以处理其中包含文本的形状，而不是文本自身。如果要应用文本格式，可以使用"绘图工具"|"格式"|"艺术字样式"组。也可以使用"开始"选项卡或"浮动工具栏"中的一些标准格式控件。

23.4　使用其他图形类型

Excel 可以将很多类型的图形导入工作表中。可以使用以下几种选择。

- 从你的计算机中插入图像：如果要插入的图形包含在某个文件中，那么可以很容易地将该文件导入工作表中。为此，可以选择"插入"|"插图"|"图片"命令。将显示"插入图片"对话框，可以在该对话框中浏览所需的文件。奇怪的是，不能将图片拖放到工作表中，但可以把图片从 Web 浏览器拖放到工作表中。

- 从联机来源插入图像：选择"插入"|"插图"|"联机图片"命令。将显示"插入图片"对话框，可以在该对话框中搜索图像。

- 复制和粘贴图像：如果图像位于 Windows 剪贴板上，那么可以通过选择"开始"|"剪贴板"|"粘贴"命令(或按 Ctrl+ V 组合键)将其粘贴到工作表中。

23.4.1　图形文件简介

图形文件分为两类。

- 位图：位图由离散的点组成。它们通常在以原始大小显示时很漂亮，但如果增大其大小，就会损失清晰度。常见的位图文件格式包括 BMP、PNG、JPEG、TIFF 和 GIF。

- 矢量图：基于矢量的图像由以数学公式表达的点和路径组成。因此，无论图片大小如何，它们都可以保持清晰度。常见的矢量文件格式包括 CGM、WMF 和 EPS。

可以在 Internet 上找到很多免费的图形文件。但需要注意的是，其中一些文件存在版权限制。

当向工作表中插入图片时，可通过选择"图片工具"|"格式"上下文选项卡(此选项卡会在选择图片时出

现)使用多种方法修改图片。例如，可以调整颜色、对比度和亮度。此外，也可以添加边框、阴影、映像效果等——这些操作与可用于形状的操作非常类似。

此外，可以右击并选择"设置图片格式"以使用"设置图片格式"任务窗格中的控件。

"艺术效果"是一种有趣的功能。此命令可以向图像应用许多类似于 Photoshop 的效果。要访问此功能，请选择一个图像，然后选择"图片工具"|"格式"|"调整"|"艺术效果"命令。每种效果都可以进行一定程度的自定义，因此，如果你不满意默认效果，那么可以尝试调整一些选项。

Excel 提供的某些图像增强功能可能让你惊讶，包括移除照片背景的能力。学习这些功能的最好方法是深入挖掘和试验操作。即使你没有增强图像的需求，也会发现当需要在枯燥的数字工作中消遣一下时，该功能即可满足你的要求。

23.4.2　插入屏幕快照

Excel 还可以捕获并插入当前正在计算机上运行的任何程序(包括另一个 Excel 窗口)的屏幕截图。要使用屏幕截图功能，请执行以下步骤。

(1) 确保要使用的窗口中显示的是所需内容。

(2) 选择"插入"|"插图"|"屏幕截图"命令。这时将显示一个库，其中包含在你计算机上打开的所有窗口的缩略图(当前 Excel 窗口除外)。

(3) 单击所需的图像。Excel 会将此图像插入到工作表中。

可以使用任何普通图片工具来处理屏幕截图。

如果不想捕获完整的窗口，请在步骤(2)中选择"屏幕剪辑"。然后单击并拖动鼠标以选择要捕捉的屏幕区域。

23.4.3　显示工作表背景图像

如果要将图片设为工作表的背景(类似于 Windows 的桌面墙纸)，请选择"页面布局"|"页面设置"|"背景"命令，然后选择一个图形文件。选中的文件将平铺在工作表中。

令人遗憾的是，工作表背景图像只能用于在屏幕上进行显示。在打印工作表时，不会打印这些图像。

23.5　使用公式编辑器

本章的最后一节介绍公式编辑器。使用此功能，可以将设置好格式的数学公式作为一个图形对象插入。

图 23-25 显示了在一个工作表中使用公式的示例。请记住，这些公式不执行任何计算操作——它们仅用于显示。

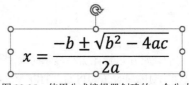

$$x = \frac{-b \pm \sqrt{b^2 - 4ac}}{2a}$$

图 23-25　使用公式编辑器创建的一个公式

熟悉公式编辑器的最好方法是插入一个预制的公式。为此，只需要选择"插入"|"符号"|"公式"命令，并从库中选择一个公式即可。执行上述操作之后，公式将插入到工作表中。

当选择一个公式对象时，将可以访问两个上下文选项卡。

- **绘图工具**：用于设置容器对象的格式。
- **公式工具**：用于编辑公式。

"公式工具"|"设计"选项卡包含 3 组控件。

- **工具**：用于插入新的公式，或控制公式的显示方式。单击"工具"组右下角的对话框启动器，即可显示"公式选项"对话框，可以在其中指定公式的复制方式，并定义键盘快捷键(单击"数学符号自动更正")。
- **符号**：包含公式中常用的数学符号和运算符。
- **结构**：包含公式中使用的各种结构的模板。

描述如何使用公式工具比实际使用它们更困难。一般情况下，可以添加一个结构，然后通过添加文字或符号来编辑各个部分。可以将一个结构放在另一个结构中，对公式的复杂性并没有限制。一开始可能有点困难，但其实并不需要很长时间就能理解其工作方式。

第24章

实施 Excel 仪表板的最佳实践

本章要点

- 准备仪表板项目
- 仪表板建模的最佳实践
- 仪表板设计的最佳实践

仪表板是一个可视界面，一眼看上去就能够了解特定目标或业务流程关键指标。仪表板有以下 3 个主要特点：

- 仪表板通常在本质上是图形化的，其提供的可视化有助于用户将注意力放到关键趋势、比较和例外情况上。
- 仪表板显示的数据通常只与仪表板的目标有关。
- 因为在设计仪表板时，通常有一个具体的意图或目标，所以仪表板本身包含预定义的结论，使最终用户不必自己进行分析。

也许你特别喜欢使用仪表板，也许经理要求你使用仪表板。无论是哪种情况，如果需要在 Excel 中创建仪表板解决方案，把一些图表放到一起来创建自己需要的仪表板是很有诱惑力的方法。

但是，在你准备好使用前面介绍的图表技术之前，了解设计和创建仪表板的一些最佳实践很有帮助。

本章不介绍 Excel 的工作机制，而介绍一些最佳实践和设计原则，在你开发自己的报表解决方案时，一定要把它们牢记于心。

24.1　准备仪表板项目

想象一下，经理要求你创建一个仪表板，提供每月服务订阅情况的全部信息。你会立即动手，想到什么就放到仪表板中吗？你会猜测经理想要看到的结果，并希望它有用吗？这些问题听起来莫名其妙，但是这类情况经常出现。

在着手一个仪表板项目之前，必须形成仪表板思维。比起标准的 Excel 分析，仪表板项目需要的准备工作多得多。它要求与公司领导密切沟通，并深刻理解用户需求。

回想一下，有多少次经理让你做分析，然后说“这不是我要的。我的意思是那样”，或者“看到了仪表板我才发现，我需要的是这样的结果”。在做一次分析时，出现这种情况已经很烦人，想象一下在创建一个复杂的仪表板，需要多个数据集成过程时，一次又一次出现这种情况是什么样子。问题在于，你是愿意在前端花一些时间收集用户需求，还是由于仪表板不满足期望，在后端花时间痛苦地重新设计？

收集用户需求的过程并不一定要过度复杂，或者必须是一个正式执行的过程。做下面列出的简单工作，能够确保你理解仪表板的用途。

24.1.1　确定仪表板的受众和意图

很有可能领导要求你的经理创建报表机制，而经理又把这个任务转给了你。不要害怕询问谁提出了最初的请求。与请求人对话，了解他们真正想要什么。与他们讨论仪表板的目的，以及一开始是什么问题导致他们想要一个仪表板。在讨论问题后，你可能发现，使用一个简单的 Excel 报表就能够满足他们的需要，并不需要创建一个完善的仪表板。

如果确实有必要创建一个仪表板，则应该商讨最终用户是谁。花一些时间与一些最终用户会面，讨论他们会如何使用仪表板。是将仪表板用作区域经理的绩效工具，还是用来与外部客户共享数据？与正确的人彻底讨论这些根本问题有助于理顺思路，避免创建出的仪表板不能满足客户需求。

24.1.2　描述仪表板的指标

大部分仪表板是围绕一组指标设计的，称为关键绩效指标(Key Performance Indicator，KPI)。KPI 能够衡量对日常运营或流程而言非常重要的任务的执行情况。其思想是，KPI 揭示了不在特定指标正常范围内的表现，所以常常表示需要关注和干预。虽然你在仪表板中添加的指标可能不会被正式称为 KPI，但它们无疑实现相同的目的，即让用户关注问题区域。

仪表板上使用的指标应该支持一开始为该仪表板设计的用途。例如，如果创建的仪表板关注供应链流程，那么包含人力资源部门的人员统计数据并没有意义。一般来说，不应该只是因为仪表板中有空白，或者有可用的数据，就在仪表板中添加"知道的话也不错"的数据。如果数据不支持仪表板的核心目的，就不要放到仪表板中。

24.1.3　将必要的数据源分类

当确定了需要在仪表板中包含的一系列指标后，有必要统计可用的系统，确定生成这些指标所需的数据是否是可用的。问问自己下面的问题：

- 你是否能够访问必要的数据源？
- 这些数据源多久刷新一次？
- 谁拥有并维护这些数据源？
- 通过什么流程可从这些资源获取数据？
- 数据存在吗？

当商讨仪表板的开发实践、数据刷新间隔以及变更管理时，需要上述这些问题的答案。

24.1.4　定义仪表板的维度和筛选器

在报表中，维度指的是用来组织业务数据的一个数据分类。例如，地区(Region)、市场(Market)、分支(Branch)和员工(Employee)都可以作为维度。当在开发过程中确定用户需求的阶段定义维度时，决定了如何分组和分布这些指标。例如，如果仪表板应该按员工呈现数据，则应该确保数据收集和聚合过程包含员工信息。可以想象，在仪表板已经构建完成后再添加新维度是很复杂的，尤其是当开发过程要求多次聚合多个数据源时更是如此。关键在于，在开发过程的早期确定仪表板的维护，肯定能够减少后期的麻烦。

类似的，应该清晰理解仪表板中需要使用的筛选器类型。在仪表板中，筛选器指的是将数据范围缩小到一个维度的机制。例如，可以按 Year、Employee 或 Region 进行筛选。同样，如果在构建仪表板的过程中忘记了某个需要的筛选器，就很可能必须重新设计数据收集过程和仪表板，这并不是很愉快的工作。

如果不清楚维度和筛选器之间的区别，可以考虑一个简单的 Excel 表格。维度就像 Excel 表格中的数据列(如包含员工姓名的列)。相较之下，筛选器就是减少表格中的数据，从而只显示特定员工的数据的机制。例如，如果对员工列应用 Excel 的自动筛选，就是在表格中建立一个筛选机制。

24.1.5 确定是否需要向下钻取功能

许多仪表板都提供向下钻取功能，允许用户"钻取"特定指标的详细信息。你需要清晰理解用户想要使用的向下钻取功能的类型。

对于大部分用户来说，向下钻取功能意味着让原始数据表格支持仪表板中显示的指标。虽然获取原始数据并不总是现实的或者能够实现的，但是通过讨论这些需求，至少能够让你与用户讨论是否能够使用额外的报表、链接到其他数据源或者使用其他解决方案来帮助他们获得需要的数据。

24.1.6 建立刷新计划

刷新计划是一个时间表，按这个时间表来更新仪表板，以显示最新可用信息。因为你负责创建和维护仪表板，所以对于刷新计划应该有发言权，因为经理不一定知道刷新仪表板需要什么。

仪表板上的指标可能来自不同的数据源，所以在确定刷新计划时，要牢记这些数据源的刷新频率。你刷新仪表板的频率不能比数据源的刷新频率更快。另外，通过谈判争取足够的开发时间来创建宏，它们有助于自动完成重复的、耗时的刷新任务。

24.2 实施仪表板建模的最佳实践

对于报表过程背后的数据模型，大部分人不怎么花时间思考。就算他们思考，通常也只是首先想象出最终仪表板的模拟，然后往回推想应该如何工作。

不要在脑中想象最终完成的仪表板，而是试着思考端到端过程。从什么地方获取数据？数据的结构是怎样的？需要进行什么样的分析？如何把数据提供给仪表板？如何刷新仪表板？

显然，这些问题的答案与具体场景高度相关。但是，一些数据建模最佳实践能够帮助你形成关于报表制作过程的新思维方式。接下来的几节将讨论这些最佳实践。

24.2.1 分离数据、分析及展示

在数据建模中，分离数据、分析及展示是最重要的概念之一。其基本思想是，我们不希望数据与特定的一种数据展示方式过于紧密地捆绑在一起。

为了理解这个概念，可以思考一个订单。当收到订单时，你不会认为订单上的财务数据是数据的真正来源。它们只是在某个数据库中存储的数据的一种展示。还可以通过其他多种方式来分析并展示这些数据：图表、表格甚至放到网站上。这似乎显而易见，但 Excel 用户常常把数据、分析和展示混合在一起。

例如，我们看到过包含 12 个选项卡的 Excel 工作簿，其中每个选项卡代表一个月份。在每个选项卡上，列出了该月份的数据，以及公式、数据透视表和汇总。现在，如果要求提供季度汇总，需要怎么办？你是否会添加更多公式和选项卡来合并每个月份选项卡中的数据？这种场景的根本问题是，选项卡实际上代表数据值，但是这些数据值与分析的展示混合到了一起。

要避免这类可扩展性问题，最好的方法是在数据模型中建立 3 个层：数据层、分析层和表示层。

可以把这些层想象成一个 Excel 工作簿中的 3 个不同的工作表：一种保存报表中将会使用的原始数据；一个用作准备区域，用来分析和处理数据；一个用作展示层。

分析层主要由公式构成，它们分析数据层的数据，并将其提取到设置了某种格式的表格中(通常称为临时表)。这些临时表最终为展示层中的报表组件(如图表、条件格式和其他可视化)提供数据。简言之，包含分析层的工作表成为准备区，负责汇总和处理数据，以提供给仪表板组件使用。

这种组织方式有两个优点。首先，通过使用更新后的数据集来替换原始数据，很容易刷新整个报表模型。分析选项卡中的公式仍将继续处理最新的数据。其次，通过在分析选项卡中使用不同的公式组合，很容易创建其他分析。如果需要的数据在数据工作表中不存在，那么很容易在原始数据集的最后添加一列，而不破坏分析工作表或展示工作表。

注意，并不是必须把数据层、分析层和展示层放到不同的工作表中。在小数据模型中，将数据放到工作表的一个区域，而在同一个工作表的另一个区域创建临时表，可能更加简单。

类似的，请记住，并不是最多只能使用 3 个工作表。也就是说，可以使用几个工作表提供原始数据，几个工作表进行分析，几个工作表用作展示层。

无论决定在什么地方放置不同的层，请记住，思想是相同的：分析层应该主要由公式构成，这些公式将数据从数据工作表提取到临时表中，提供给展示层使用。

24.2.2 使数据具有合适的结构

数据集之间各不相同。虽然一些数据集能够用在标准的 Excel 环境中，但是可能不适合用于数据建模目的。在创建自己的数据模型之前，需要确保源数据具有合适的结构，能够用在仪表板中。

1. 电子表格报表导致低效的数据模型

电子表格报表显示高度格式化的、汇总的数据，通常被设计为供管理层用户使用的展示工具。典型的电子表格报表谨慎使用空白来设置格式，重复数据来使报表更美观，并只展示高层分析。

虽然电子表格报表看起来很漂亮，但并不适合用作有效的数据模型。主要原因是，这类报表没有分离数据、分析和展示。本质上，你只能进行一种分析。

2. 平面数据文件适合创建数据模型

平面文件是另一种文件格式，这是按行和列组织的数据存储库。每行对应一个数据元素集合，称为"记录"。每列是一个"字段"。字段对应于记录中的一个唯一数据元素。此外，文件中没有多余的空白，并且每行(每个记录)对应于唯一的一组信息。

平面文件很适合在 Excel 中进行数据建模，因为它们足够详细，能够包含需要的数据，而且能够方便地使用简单公式对其进行各种分析，包括 SUM、AVERAGE、VLOOKUP、SUMIF 等。

24.2.3 避免让数据模型成为数据库

为了能够有尽可能多的数据使用，许多 Excel 用户把他们能够获得的每一条数据都放到电子表格中。看到收到的电子邮件中包含 40M 大小的文件，你就能够知道对方是这种人。你见到过这种电子表格：使用两个选项卡包含展示数据，使用 6 个隐藏的选项卡包含几千行数据(大部分数据都没有用到)。这些人实际上是在电子表格中建立了一个数据库。

使用尽可能多的数据有什么问题？下面列出了几个问题：

- **在 Excel 内聚合数据增加了公式数量**。如果包含全部原始数据，就必须在 Excel 中聚合这些数据。这样一来，你使用和维护的公式的数量必然发生指数级增长。记住，数据模型是展示分析的工具，而不是处理原始数据的工具。在报表机制中效果最好的数据是已经被聚合并汇总成为有用的视图，可被导航并提供给仪表板组件的数据。导入已经尽可能聚合的数据是好得多的方法。例如，如果需要按地区和月份报告收入，就不需要在数据模型中导入销售交易数据。使用由地区、月份和收入总计组成的聚合表格即可。
- **数据模型将与仪表板一起发布**。换句话说，因为数据模型为仪表板提供数据，所以在发布仪表板的时候，需要在后台(很可能是在隐藏选项卡中)维护模型。除了会让文件变得更大之外，在数据模型中包含太多数据实际上会降低仪表板的性能。原因是，当打开一个 Excel 文件时，将把整个文件加载到内存中，以确保能够快速进行数据处理和访问。这种行为的缺点是，即使要处理电子表格中很小的改动，Excel 也需要大量内存。你可能已经注意到，当试图在包含大量公式的数据集上执行某个操作时，Excel 的响应速度很慢，在状态栏中会显示"计算"字符。数据集越大，Excel 的数据计算效率就越低。
- **大数据集更难扩展**。假设你在一家小公司工作，数据模型中使用了每月交易数据，每月有 80 000 行数据。随着时间过去，你建立了一个健壮的流程，在精心维护的选项卡中存储数据，并且创建了分析这些数据所需的公式、数据透视表和宏。一年之后会发生什么？新创建一个选项卡吗？你如何将两个选项卡中的两个数据集作为一个实体进行分析？公式仍然能够工作吗？需要编写新的宏吗？

通过只导入对报表需求的核心目的有用的、已经聚合和汇总过的数据，能够避免上述所有问题。

24.2.4　解释和组织数据模型

希望将数据模型局限在一个工作表选项卡中，是一种很自然的想法。大多数用户认为，使用一个选项卡要比使用不同的选项卡简单得多。但是，将数据模型局限在一个选项卡中有其缺点，如下所示。

- **使用一个选项卡通常限制了能够进行的分析。**因为一个选项卡中只能包含一定数量的数据集，所以使用一个选项卡限制了数据模型能够代表的分析数。进而，仪表板能够提供的分析也就受到了限制。考虑向数据模型添加选项卡，以提供一个选项卡中无法容纳的其他数据和分析。
- **一个选项卡中包含太多信息将导致数据模型令人困惑。**处理大数据集时，需要足够的临时表来聚合和处理原始数据，以将其提供给报表组件。如果只使用一个选项卡，就不得不把这些临时表放到数据集的下方或右侧。虽然这也许能够提供展示层需要的所有元素，但是要查看巨大区域内的所有元素，就必须在屏幕上大量滚动。理解和维护数据模型因之变得很困难。尤其是对于包含大量数据集，并且这些数据集占据大量空间的数据模型，应该使用不同的选项卡来包含分析和临时表。
- **使用一个选项卡限制了能够包含的文档量。**数据模型很容易变成一个复杂的系统，组件、输入区域、输出区域和公式之间可能形成彼此纠缠在一起的链接。在创建数据模型时，你很清楚它们的意义，但是几个月后回头来看，就未必如此。你会发现，你忘记了每个数据区域的作用，它们对最终展示层有怎样的影响。为了避免这个问题，可考虑在数据模型中添加一个模型映射选项卡。模型映射选项卡本质上汇总了数据模型中的关键区域，并允许你记录每个区域与最终展示层中的报表组件如何交互。

在模型映射中，可以包含自己认为合适的任何信息。其理念是，提供一个方便的参考工具，帮助自己或其他人理解数据模型中的元素。

24.3　实施仪表板设计最佳实践

当为仪表板项目收集用户需求时，需要侧重仪表板的数据方面：需要的数据类型，需要的数据维度，将使用的数据源等。这很有必要，因为没有可靠的数据收集过程，仪表板将不会产生效果，或者很难维护。虽然如此，在准备仪表板项目的过程中，还有另外一个方面也需要相同的关注度：设计方面。

Excel 用户熟悉的是数字和表格，而不是可视化和设计。典型的 Excel 分析人员没有视觉设计背景，所以在设计仪表板时，常常借助自己对视觉美感的直觉。结果，大部分基于 Excel 的仪表板没有对有效的视觉设计多加思考，导致过度拥挤和低效的用户界面。

好消息是，仪表板已经存在了很长时间，关于可视化和仪表板设计原则，已经形成了庞大的知识库。其中的许多原则看起来就是常识，但即便如此，Excel 用户通常并不思考这些概念。因为本章的目的是帮助你形成仪表板思维，所以将介绍一些仪表板设计原则，它们能够帮助你改进 Excel 仪表板的外观和感觉。

24.3.1　保持简单

仪表板设计专家 Stephen Few 有一句名言："简化、简化、简化"。其基本思想是，如果仪表板中摆了太多指标或者可视化，那么你企图表达的重要信息就会被削弱。有多少人说过你的报表看上去"太乱"？本质上，这种抱怨意味着页面或屏幕上包含太多内容，让查看实际数据变得困难。

通过执行下面的步骤，可以确保实现更简单、更有效的仪表板设计。

24.3.2　不要让仪表板成为数据存储库

承认吧，你在报表中包含了尽可能多的信息，主要是为了应对有人要求提供额外信息的情形。我们都会这么做。但是，在仪表板思维中，必须迫使自己不将每条可用的数据都放到仪表板中。

提供过多数据，会让用户注意不到仪表板的主要目标，反而让他们关注不重要的数据。仪表板上使用的指标应该支持仪表板的初始目标。不要为了保持对称和美观，而用不必要的数据填充空白。不要因为有"知道也不错"的数据可用，就包含它们。如果数据不支持仪表板的核心目标，就不要包含它们。

24.3.3　避免复杂格式

使用仪表板有效沟通的关键是尽可能简单地展示数据。没有必要用可视化过度修饰。仪表板中有很少、甚至没有颜色或格式，都是可以接受的。你会发现，没有复杂的格式，反而会让用户关注实际的数据。将注意力放到数据上，而不是漂亮的图形上。下面给出了一些指导原则。

- **避免使用颜色或背景填充来划分仪表板**。一般来说，应该谨慎使用颜色，只把颜色用于提供关键数据点的信息。例如，传统做法是，为指标分配红色、黄色和绿色来指示绩效水平。在仪表板的其他部分添加这些颜色只会分散用户的注意力。
- **不要强调边框、背景和其他定义仪表板区域的元素**。试着使用组件之间自然留出的空白来划分仪表板。如果必须使用边框，则为它们使用比数据更浅的色调。对于边框来说，浅灰色通常是理想的选择。其思想是，在指出分区的同时，不会让用户从显示的信息那里分心。
- **避免使用复杂的效果，如渐变、模式填充、阴影、发光、柔化边缘和其他格式**。在 Excel 中，应用效果来让内容看起来更闪亮、更美观，是很容易的。虽然这些格式功能可作为出色的营销工具，但是对报表机制并没有帮助。
- **不要试图用剪贴画或图片来增强仪表板**。它们不仅对数据展示没有帮助，反而常常看起来很俗气。

24.3.4　将每个仪表板限制在一个可打印页面中

一般来说，仪表板应该提供一眼就能看明白的视图，使用户能够了解与特定目标或商业流程有关的关键指标。这意味着在一个页面能够一眼看到所有数据。虽然并不总是很容易做到在一个页面上包含所有数据，但是能够在一个页面或屏幕上看到所有数据会很有帮助。例如，你能够更轻松地比较不同分区，更有效地处理因果关系，而且不必高度依赖短期记忆。当用户必须上下左右滚动时，就失去了这些优势。而且，用户常常认为，当信息位于正常视图之外，需要滚动才能看到时，这些信息的重要性要低一些。

但是，如果不能将所有数据放到一个页面时，应该怎么办？首先，审视仪表板中的指标，确定是否真的需要包含它们。然后，设置仪表板的格式，以占用更少空间(设置字体格式，减少空白，调整列宽和行高)。最后，试着在仪表板中加入交互能力，允许用户动态改变视图，只显示与他们有关的指标。

24.3.5　有效设置数字格式

仪表板中无疑会包含大量数字。一些数字会包含在图表中，一些会包含在表格中。记住，仪表板中的每条信息都应该有其存在的理由。有效设置数字格式，让用户能够理解它们代表的信息，而不会造成混淆，是很重要的。设置仪表板和报表中的数字的格式时，应该记住下面的指导原则。

- **总是使用逗号，让数字更容易阅读**。例如，显示 2,345，而不是 2345。
- **只有需要特定级别的精度时，才使用小数位**。例如，在美元值中显示小数位，通常并没有什么帮助，如$123.45。大部分时候，使用$123 就足够了。类似的，对于百分数，应该只使用有效代表数据所需的最少小数位。例如，可能使用 43%就足够了，并不需要使用 43.21%。
- **只有当需要清晰表达数据代表货币值时，才使用美元符号**。如果图表或表格中包含的都是收入值，并使用一个标签清晰表达了这一点，那么不必使用美元符号，这能够节省空间。
- **将大数字显示为千级或百万级**。例如，不显示 16 906 714，而是将这个数字的格式设置为 17M。

24.3.6　有效地使用标题和标签

虽然是常识，但是很多人常常忘记为仪表板中的项有效地添加标签。如果经理看了你的仪表板后问，"我应该看出来什么？"这说明仪表板中很可能存在标签问题。下面列出的指导原则有助于为仪表板和报表汇总有效地添加标签。

- **在报表机制中总是包含一个时间戳。**当每月或每周发布相同的仪表板或报表时，这能够降低困惑。
- **总是包含一些文本，指出指标数据是何时获取的。**很多时候，在分析指标时，获取数据的时间是一条关键信息。
- **为仪表板的每个组件使用描述性标题。**这使用户能够清晰理解他们在看什么。一定要避免使用包含许多缩写词和符号的晦涩标题。
- **尽管有些出人意料，但是一般来说，让标签的色调比数据使用的色调更浅是一种很好的做法。**浅色标签能够给用户提供他们需要的信息，却不会让他们从显示的信息分心。标签的理想颜色是自然界中常见的颜色：浅灰色、棕色、蓝色和绿色。

第 **IV** 部分

管理和分析数据

如果你知道如何提取真正需要的信息，那么 Excel 是一个很好的数据分析工具。本部分将介绍如何在 Excel 中获得、清理和分析数据。你将看到，Excel 中的许多数据分析功能非常强大且易用。

第 **25** 章

导入和清理数据

本章要点
- 向 Excel 导入数据
- 处理和清理数据
- 使用"快速填充"功能提取和连接数据
- 用于数据清理的检查列表
- 将数据导出为其他格式

数据无处不在。例如，如果你运行一个网站，则会不断地收集数据，而你甚至不知道发生了此操作。用户每次访问你的网站时都将生成信息，存储在服务器上的一个文件中。如果花时间去查看此文件，会发现其中包含很多有用的信息。

这只是一个关于数据收集的例子。几乎每个自动化系统都会收集并存储数据。大部分情况下，还将为收集数据的系统配备用于验证和分析数据的工具，但并不总是这样。并且，数据也可手工收集，非自动进行的电话调查就是一个示例。

Excel 是一个用于分析数据的极佳工具，并且它经常用于汇总信息，并以表格和图表形式显示这些信息。但是通常情况下，所收集的数据并不完美。出于种种原因，需要首先对数据进行清理，然后才能进行分析。

Excel 的一个常见用途是作为数据清理的工具。数据清理过程包括将原始数据获取到工作表中，然后处理原始数据以使其符合各种要求。在这个过程中，数据将变得一致，从而使你可以正确地对其进行分析。

本章介绍各种用于将数据获取到工作表的方法，并提供了一些提示以帮助清理数据。

25.1 导入数据

首先，必须将数据获取到工作表中，然后才能使用数据。Excel 可导入大多数常见的文本文件格式，也可从网站上获取数据。

25.1.1 从文件导入

本节介绍 Excel 可使用"文件"|"打开"命令直接打开的文件类型。 图 25-1 显示了可以在"打开"对话框中指定的文件筛选器选项的列表。

1. 电子表格文件格式

除了当前文件格式(XLSX、XLSM、XLSB、XLTX、XLTM 和 XLAM)外，Excel 2019 还可以打开在所有以前 Excel 版本中创建的工作簿文件。

- XLS：使用 Excel 4、Excel 95、Excel 97、Excel 2000、Excel 2002 和 Excel 2003 创建的二进制文件。

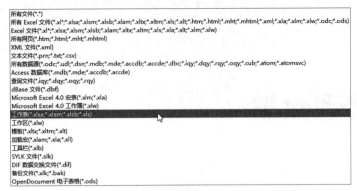

图 25-1   在"打开"对话框中按文件扩展名进行筛选

- **XLM**：包含 Excel 4 宏的二进制文件(无数据)。
- **XLT**：用于 Excel 模板的二进制文件。
- **XLA**：用于 Excel 加载宏的二进制文件。

Excel 还可以打开其他电子表格产品创建的文件格式：ODS，即 OpenDocument 电子表格格式。ODS 文件是由各种"开放式"软件(包括 Google Sheets、Apache OpenOffice、LibreOffice 和其他多个软件)生成的文件。

2. 数据库文件格式

Excel 2019 可以打开下列数据库文件格式。

- **Access 文件**：这些文件具有不同的扩展名，包括.mdb 和.accdb。
- **dBase 文件**：通过 dBase III 和 dBase IV 生成的文件。Excel 不支持 dBase II 文件。

当使用"文件"|"打开"命令打开数据库文件时，Excel 并没有实际打开文件。相反，它会创建与所选数据库中的表的外部数据连接。Excel 支持各种类型的数据库连接，允许你有选择地访问数据。例如，不必"打开"数据库并选择一个表，而是可以对表执行查询，只检索所需记录(而不是整个数据库)。

3. 文本文件格式

文本文件中包含原始字符，其没有格式。Excel 可以打开大多数类型的文本文件。

- **CSV**：逗号分隔值。列以逗号分隔，行以回车符分隔。
- **TXT**：列以制表符分隔，行以回车符分隔。
- **PRN**：列以多个空格字符分隔，行以回车符分隔。Excel 会将此类型的文件导入一列中。
- **DIF**：最初由 VisiCalc 电子表格使用的文件格式。很少使用。
- **SYLK**：最初由 Multiplan 使用的文件格式。很少使用。

这些文本文件类型中的大多数类型具有各种变化形式。例如，在 Mac 上生成的文本文件具有不同的行尾字符。Excel 通常可以处理各种变化形式。

当尝试在 Excel 中打开文本文件时，"文本导入向导"可以帮助指定如何检索数据。

提示

要绕过"文本导入向导"，请在"打开"对话框中单击"打开"按钮时按下 Shift 键。

当 Excel 无法打开文件时

如果 Excel 不支持特定的文件格式，请不要过快放弃。可能其他人也与你具有同样的问题。请尝试在 Web 上搜索相应文件扩展名+Excel。很有可能有可用的文件转换器，或者也许有人给出了如何使用中间程序打开文件并将其导出为 Excel 可识别格式的过程。

4. 导入 HTML 文件

Excel 可以打开大部分 HTML 文件(这些文件可存储在本地驱动器或 Web 服务器上)。HTML 代码在 Excel 中的显示方式有很大的差别。有时，HTML 文件可能看起来与其在浏览器中完全相同，其他时候，显示形式可能没有什么相似之处，尤其是当 HTML 文件使用层叠样式表(CSS) 布局时。

在某些情况下，可使用 Power Query 功能来访问 Web 上的数据。第 V 部分将讨论此主题。

5. 导入 XML 文件

XML(可扩展标记语言)是适用于结构化数据的文本文件格式。数据将包含在标签中，这些标签也描述了数据。

Excel 可以打开 XML 文件，并且可以轻松地显示简单的文件。但是，对于复杂 XML 文件，将需要做一些工作。此话题的讨论超出了本书的范围。可以从 Excel 帮助系统和在线资源中发现有关如何从 XML 文件获取数据的信息。

25.1.2　对比导入与打开操作

当使用"文件" | "打开"命令打开一个文件，但是该文件不是传统的 Excel 格式时，取决于该文件的类型，你可能是在打开该文件，也可能是在导入该文件。如前所述，不能打开数据库文件，而是会导入数据库文件中的一个表。

XML 文件是另一个不能直接打开的文件格式的例子。当打开一个 XML 文件时，可以选择将其作为一个只读工作簿打开，或者将其导入到一个表格中。

文本文件是可以直接打开的。Excel 能够识别 CSV 文件，所以在打开 CSV 文件时，Excel 不会提出任何疑问。对于制表符分隔或者固定宽度的文件，"文本导入向导"将引导你识别数据的开始和结束位置。

当直接打开一个文件时，Excel 的标题栏将显示该文件的名称。图 25-2 显示了打开文件 reunion.txt 后 Excel 的标题栏。当"文件" | "打开"命令实际导入数据时，将把数据导入到一个新的工作簿中。此时，标题栏将显示一般性的新工作簿名称，如"工作簿 1"。

图 25-2　Excel 的标题栏显示了打开文件的名称

新功能

在 Excel 2019 之前，每当在 Excel 中使用 CSV 文件，并试图保存该文件时，Excel 将警告你没有使用原生 Excel 文件。例如，在把文件保存为 CSV 格式时，你添加的格式或公式将会丢失。好消息是，Excel 不再每次提醒这种更改。从 Excel 2019 开始，当打开 CSV 文件时，Excel 将警告你数据可能丢失，而你可以选择告诉 Excel 不再显示该警告。

25.1.3　导入文本文件

导入而不是打开文本文件有一个优势：可以将数据导入到工作表中的特定区域，而不是从单元格 A1 开始。在本例中，我们将显示如何将一个文件导入到特定区域，并解释"文本导入向导"的各个步骤。

从 Excel 2019 开始，需要使用"获取和转换"命令来导入文本文件，而不是旧版中的"文本导入向导"。"获取和转换"是一个强大的功能，我们将在第 V 部分详细讨论。但在本例中，我们将使用旧版中的向导。虽然"获取和转换"功能很强大，但是也削减了一点灵活性，例如可以没有标题行。了解导入文本文件的两种方式很有帮助。

在开始操作之前，必须先启用旧版向导。为此，选择"文件"|"选项"|"数据"命令，选择"从文本(旧版)"，如图 25-3 所示。这将添加下个步骤中用到的菜单项。

图 25-3　启用旧版导入向导

图 25-4 显示了一个很小的 CSV 文件。下面的说明描述了如何从单元格 C3 开始导入名称为 monthly.csv 的文件。

(1) 选择"数据"|"获取和转换数据"|"获取数据"|"传统向导"|"从文本(旧版)"命令，将显示"导入文本文件"对话框。

(2) 导航到包含文本文件的文件夹。

(3) 从列表中选择文件，然后单击"导入"按钮。将显示"文本导入向导"对话框，如图 25-5 所示。

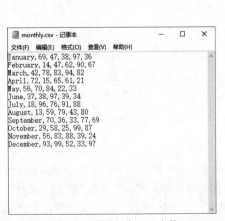

图 25-4　将导入此 CSV 文件

图 25-5　"文本导入向导"的第 1 步

(4) 选择"分隔符号"，确保不选中"数据包含标题"复选框。单击"下一步"，进入第 2 步。

(5) 选择逗号作为分隔符号，如图 25-6 所示。

图 25-6 在"文本导入向导"的第 2 步选择分隔符号

(6) 单击"完成"按钮。将显示"导入数据"对话框，如图 25-7 所示。

(7) 在"导入数据"对话框中，指定用于存储导入数据的位置。此位置可以是现有工作表或新工作表中的单元格。

(8) 单击"确定"按钮，Excel 将导入数据(如图 25-8 所示)。

图 25-7 使用"导入数据"对话框导入 CSV 文件

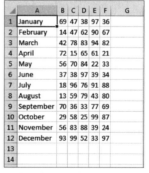

图 25-8 此区域包含直接从 CSV 文件导入的数据

25.1.4 复制和粘贴数据

如果其他所有方法都已失败，则可以尝试标准的"复制-粘贴"技术。如果可以从应用程序(例如，字处理程序或在 PDF 查看器中显示的文档)复制数据，则很可能可以将其粘贴到 Excel 工作簿。为了获得最佳效果，请尝试使用"开始"|"剪贴板"|"粘贴"|"选择性粘贴"命令，并尝试所有列出的各种粘贴选项。通常情况下，需要对粘贴的数据进行一些清理工作。

25.2 清理数据

本节讨论多种可用来清理工作表中数据的方法。

交叉引用

第 11 章中包含其他一些可清理数据的文本相关公式的示例。

25.2.1 删除重复的行

如果数据来自多个数据源，则可能包含重复的行。大多数时候，需要消除重复值。以前，去除重复数据基本上是手动执行的任务——尽管可以通过一个令人困惑的高级筛选器技术自动完成。不过，现在可以轻松地完成删除重复行的工作，这要归功于 Excel 的"删除重复值"命令(在 Excel 2007 中引入的命令)。

首先，将单元格光标移至数据区域中的任何单元格。选择"数据" | "数据工具" | "删除重复值"命令，将显示"删除重复值"对话框，如图 25-9 所示。

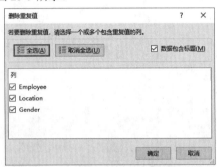

图 25-9　使用"删除重复值"对话框删除重复行

> **注意**
> 如果数据位于表格中，则也可以使用"表格工具" | "设计" | "工具" | "删除重复项"命令。这两个命令可完成相同的工作。

"删除重复值"对话框将列出数据区域或表格中的所有列。在要包含到重复值搜索中的列旁边放置一个复选标记。 大多数情况下，需要选择所有列，这是默认行为。单击"确定"按钮，Excel 将删除重复的行，并显示一条消息，指出已删除多少个重复行。如果 Excel 删除的行数太多，可以通过单击"撤销"(或按 Ctrl + Z 键)来取消该过程。

当在"删除重复值"对话框中选择所有列时，只有当每列的内容重复时，Excel 才会删除一行。在某些情况下，可能不需要匹配某些列，此时可在"删除重复值"对话框中取消选择这些列。例如，如果每行都具有一个唯一的 ID 代码，则 Excel 始终不会发现任何重复的行。所以，需要在"删除重复值"对话框中取消选择该列。

当发现重复的行时，将保留第一行，删除随后的重复行。

> **警告**
> 重复值是由单元格中显示的值确定，而不一定由单元格中存储的值确定。例如，假设两个单元格包含相同的日期。其中一个日期的格式显示为 5/15/2016，另一个日期的格式显示为 May 15, 2016。在删除重复项时，Excel 会将这些日期视为不同的日期。类似地，被设置为不同格式的值将被视为不同的值，所以 $1,209.32 与 1209.32 是不同的。因此，可能需要向所有列应用格式，以确保不会因为格式区别而忽略重复行。

25.2.2 识别重复的行

如果想识别重复的行，以便在不自动删除它们的情况下检查它们，可使用本节中所述的另一种方法。与上一节中所描述的技术不同，此方法将查找实际的值，而不是已设置格式的值。

在数据的右侧创建一个公式，连接左侧的每个单元格。下面的公式假设数据位于 A:F 列中。

在单元格 G2 中输入此公式：

```
=CONCAT(A2:F2)
```

在单元格 H2 中添加另一个公式 。此公式可显示值在 G 列中出现的次数。

```
=COUNTIF(G:G,G2)
```

在列中向下为每一行数据复制这些公式。

H 列中显示了该行的出现次数。非重复的行会显示 1，重复的行会显示一个数字，此数字对应于该行的出现次数。

图 25-10 显示了一个简单示例。如果你不需要某个特定列，只要从 G 列的公式中忽略它即可。例如，如果要查找除 Status 列之外的范围中的重复项，可将 G2 中的公式改为如下所示：

```
=CONCAT(A2:C2,E2:F2)
```

	A	B	C	D	E	F	G	H	I
1	First	Last	State	Status	Member No.	Joined			
2	Joshua	Elliott	NJ	Active	99-3325	12/21/1909	JoshuaElliottNJ99-33253643	1	
3	Brian	Dunn	MA	Inactive	25-7251	3/22/2007	BrianDunnMAInactive25-725139163	1	
4	Sara	Diaz	MA	Inactive	62-6451	2/22/1976	SaraDiazMAInactive62-645127812	2	
5	Adrian	Cunningham	MS	Active	72-1993	3/18/1939	AdrianCunninghamMSActive72-199314322	1	
6	Zoey	Watkins	WA	Inactive	19-3615	12/30/1968	ZoeyWatkinsWAInactive19-361525202	1	
7	Hayden	Nichols	AR	Inactive	50-7290	5/31/1980	HaydenNicholsARInactive50-729029372	2	
8	Julia	Walker	LA	Active	37-3660	2/25/1913	JuliaWalkerLAActive37-36604805	1	
9	Cole	Carpenter	MN	Active	82-3786	8/18/1914	ColeCarpenterMNActive82-37865344	1	
10	Brooklyn	Stone	MT	Active	43-4609	2/15/1967	BrooklynStoneMTActive43-460924518	1	
11	Adrian	Warren	NY	Inactive	85-4686	6/5/1941	AdrianWarrenNYInactive85-468615132	1	
12	Adam	Ross	AK	Inactive	75-6928	6/22/1951	AdamRossNMInactive75-692818801	1	
13	Brian	Jones	NM	Active	46-9552	7/14/1961	BrianJonesNMInactive46-955222476	1	
14	Autumn	Scott	TX	Active	68-5644	7/20/1984	AutumnScottTXActive68-564430883	1	
15	Benjamin	Hill	KS	Active	30-6244	6/15/1955	BenjaminHillKSActive30-624420255	1	
16	Lauren	Myers	CO	Active	77-5108	3/17/1942	LaurenMyersCOActive77-510815417	1	

图 25-10 使用公式识别重复的行

25.2.3 拆分文本

在导入数据时，可能会发现多个值被导入到一列中。图 25-11 显示了关于这类导入问题的一个例子。

提示

图 25-11 中使用固定宽度字体(Courier New)来显示数据。使用默认字体时，并不能清楚地看到数据在固定宽度的列中很好地对齐。

	A	B
1	January 80 224 243 74 170 22 250 40 242 132	
2	February 193 99 226 244 106 85 217 239 55 239	
3	March 64 95 32 22 68 238 199 217 139 102	
4	April 62 112 201 225 178 126 54 155 20 138	
5	May 143 96 159 41 182 121 128 100 239 243	
6	June 185 76 76 245 218 206 44 204 132 183	
7	July 203 21 53 136 123 152 225 37 175 203	
8	August 93 83 139 69 114 28 53 198 143 43	
9	September 164 123 193 92 226 169 133 132 121 180	
10	October 120 164 73 48 40 136 202 145 75 213	
11	November 222 30 98 248 165 164 240 121 50 25	
12	December 46 27 177 143 180 136 230 204 155 169	
13		
14		
15		

图 25-11 导入的数据被放置在一列而非多列中

如果文本的长度都相同(如本例所示)，也许可以编写一组公式，将信息提取到单独的列中。可使用 LEFT、RIGHT 和 MID 函数完成此任务。

交叉引用

第 11 章有关于从文本中提取字符的公式的示例。

你还应知道，Excel 中提供了两种非公式化方法用于协助拆分数据以使其占用多列：文本分列和快速填充。

1. 使用文本分列

文本分列命令可将字符串解析为其各个组成部分。

首先，确保含有要拆分的数据的列在右侧具有足够多的空列来容纳所提取的数据。然后选择要分析的数据，并选择"数据"|"数据工具"|"分列"命令。Excel 将显示"文本分列向导"，其中包含一系列对话框，用于引导你完成将单列数据转换成多列的过程。图 25-12 显示了用于选择数据类型的第一个步骤。

● **分隔符号**：要拆分的数据由分隔符号(如逗号、空格、斜杠或其他字符)分隔。

● **固定宽度**：每个组成部分占用完全相同的字符数。

图 25-12 "文本分列向导"中的第一个对话框

选择相应的选项，然后单击"下一步"按钮继续执行第 2 步，该步骤取决于在第 1 步中所做的选择。

如果使用经过分隔的数据，可指定分隔字符，你会看到结果预览。如果使用固定宽度的数据，可直接在预览窗口中指定分列线。

当你对分列线感到满意时，单击"下一步"按钮继续执行第 3 步。在此步骤中，可以在预览窗口中单击一列，指定该列的常规格式。例如，如果数据看起来像数字，但实际上是文本，就可以将该列设置为文本格式，以保留任何前导 0。单击"完成"按钮，Excel 将按照你的指定拆分数据。

2. 使用快速填充

"文本分列向导"适用于许多数据类型。但有时你会遇到不能由该向导分析的数据。例如，如果数据的宽度可变且没有分隔符号，"文本分列向导"是没有用的。在这样的情况下，"快速填充"功能可完成相应任务。但请记住，只有当数据十分一致时，才可以成功执行"快速填充"功能。

"快速填充"功能采用模式识别来提取数据(和连接数据)。只需要在与数据相邻的一列中输入几个示例，并选择"数据"|"数据工具"|"快速填充"命令(或按 Ctrl+E)即可。Excel 将分析示例，并尝试填充其余单元格。如果 Excel 未识别出你设想的模式，可按 Ctrl+Z 键，再添加一两个样例，然后再试一次。

图 25-13 显示了一个工作表，其中的单列中包含一些文本。我们的目标是提取每个文本字符串中的数字，并将其放入一个单独的单元格。"文本分列向导"无法完成此操作，因为空格分隔符不一致。可编写一个数组公式，但该公式将非常复杂。

配套学习资源网站

可在本书的配套学习资源网站 www.wiley.com/go/excel2019bible 上获取此工作簿, 其中还包括其他一些"快速填充"示例。文件名是 flash fill demo.xlsx。

要尝试使用“快速填充”功能，可激活单元格 B1，然后键入第一个数字(20)。移到 B2，然后键入第二个数字(6)。“快速填充”功能是否能找出其余数字并将其填入？选择“数据”|“数据工具”|“快速填充”命令(或按 Ctrl+E 键)，Excel 将在一瞬间填充其余单元格。图 25-14 显示了结果。

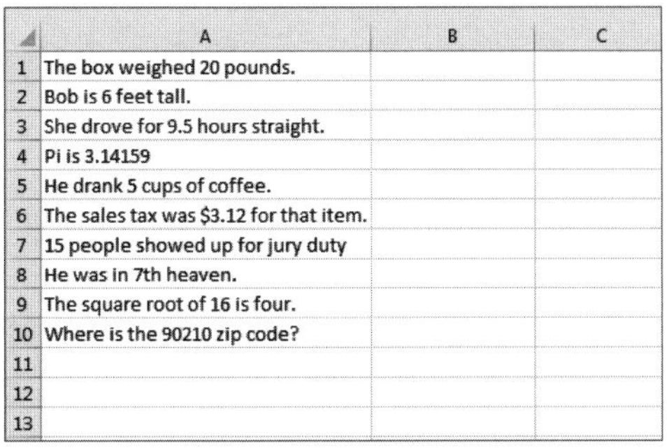

	A	B	C
1	The box weighed 20 pounds.		
2	Bob is 6 feet tall.		
3	She drove for 9.5 hours straight.		
4	Pi is 3.14159		
5	He drank 5 cups of coffee.		
6	The sales tax was $3.12 for that item.		
7	15 people showed up for jury duty		
8	He was in 7th heaven.		
9	The square root of 16 is four.		
10	Where is the 90210 zip code?		
11			
12			
13			

图 25-13　目标是提取 A 列中的数字

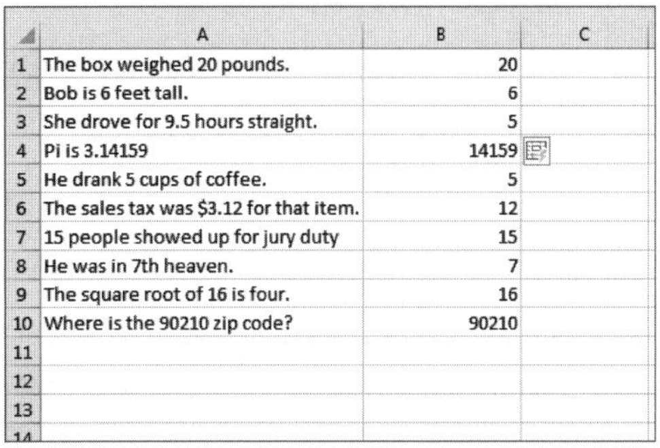

	A	B	C
1	The box weighed 20 pounds.	20	
2	Bob is 6 feet tall.	6	
3	She drove for 9.5 hours straight.	5	
4	Pi is 3.14159	14159	
5	He drank 5 cups of coffee.	5	
6	The sales tax was $3.12 for that item.	12	
7	15 people showed up for jury duty	15	
8	He was in 7th heaven.	7	
9	The square root of 16 is four.	16	
10	Where is the 90210 zip code?	90210	
11			
12			
13			

图 25-14　使用在 B1 和 B2 中手动输入的示例，Excel 的快速填充功能会进行一些不正确的猜测

如你看到的，Excel 会识别大部分值。如果提供更多示例，准确度将提高。例如，提供一个小数示例。删除 B 列中的建议值，在单元格 B6 中输入 3.12，然后按 Ctrl+E 键。这一次，Excel 会得到正确的结果(参见图 25-15)。

这个简单示例演示了两个要点：

- 使用“快速填充”功能后必须仔细检查数据。并不能因为前几行是正确的，就假定“快速填充”功能可对所有行生成正确的结果。
- 当提供更多示例之后，“快速填充”功能可提高准确度。

图 25-16 显示了另一个示例，即在 A 列中的名称。我们的目标是提取名字、姓氏和中间名(如果有)。在 B 列中，“快速填充”功能仅使用两个示例 (Mark 和 Tim)成功得到所有名字。此外，它通过使用 Russell 和 Colman 成功提取了所有姓氏(C 列)。一开始不能提取中间名或缩写形式(D 列)时，直到提供的示例在中间名的两侧都包括空格才可以。

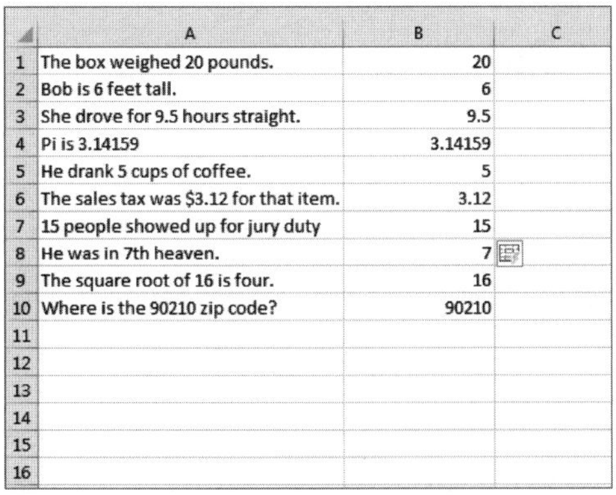

	A	B	C
1	The box weighed 20 pounds.	20	
2	Bob is 6 feet tall.	6	
3	She drove for 9.5 hours straight.	9.5	
4	Pi is 3.14159	3.14159	
5	He drank 5 cups of coffee.	5	
6	The sales tax was $3.12 for that item.	3.12	
7	15 people showed up for jury duty	15	
8	He was in 7th heaven.	7	
9	The square root of 16 is four.	16	
10	Where is the 90210 zip code?	90210	
11			
12			
13			
14			
15			
16			

图 25-15　在输入小数示例之后，Excel 将生成正确的值

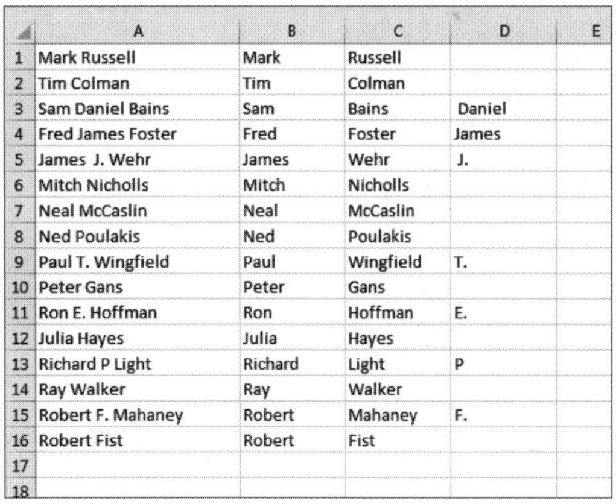

	A	B	C	D	E
1	Mark Russell	Mark	Russell		
2	Tim Colman	Tim	Colman		
3	Sam Daniel Bains	Sam	Bains	Daniel	
4	Fred James Foster	Fred	Foster	James	
5	James J. Wehr	James	Wehr	J.	
6	Mitch Nicholls	Mitch	Nicholls		
7	Neal McCaslin	Neal	McCaslin		
8	Ned Poulakis	Ned	Poulakis		
9	Paul T. Wingfield	Paul	Wingfield	T.	
10	Peter Gans	Peter	Gans		
11	Ron E. Hoffman	Ron	Hoffman	E.	
12	Julia Hayes	Julia	Hayes		
13	Richard P Light	Richard	Light	P	
14	Ray Walker	Ray	Walker		
15	Robert F. Mahaney	Robert	Mahaney	F.	
16	Robert Fist	Robert	Fist		
17					
18					

图 25-16　使用“快速填充”功能拆分姓名

总之，Excel 的“快速填充”功能是一个有趣的功能，但它只能在数据非常一致时才能可靠地工作。即使当你认为它正常工作时，仍要仔细检查结果。在将其用于重要数据前要三思，因为没有用于记录数据提取方式的办法。但主要的限制是(不同于公式)，“快速填充”功能不是动态的技术。如果数据发生变化，“快速填充”列不会更新。

注意

也可以使用“快速填充”功能从多列中创建新数据。只需要提供你所需的关于如何组合数据的几个示例，

Excel 将计算出模式，并填充列。使用"快速填充"功能创建数据的准确性似乎远高于将其用于提取数据的准确性。但是，同样地，通过创建公式从现有列创建数据要容易得多。

25.2.4　更改文本的大小写

通常情况下，你会希望一列中的文本在大小写方面保持一致。Excel 没有提供用于直接更改文本大小写的方法，但很容易通过公式完成该过程(参见提要栏"使用公式转换数据")。

下面是 3 个相关的函数。

- UPPER：将文本全部转换为大写形式。
- LOWER：将文本全部转换为小写形式。
- PROPER：将文本转换为专有大小写形式(每个单词的第一个字母为大写形式，就像专有名称一样)。

这些函数相当简单。它们只对字母字符有效，并会忽略所有其他字符，按原样返回这些字符。

如果使用 PROPER 函数，则可能需要执行一些额外的清理操作来处理异常情况。下面是一些你可能会视为不正确的转换示例。

- 撇号后面的字母总是大写(例如 Don'T)。很显然，这样做是为了处理像 O'Reilly 这样的姓名。
- PROPER 函数不处理其中嵌入了大写字母的名字，如 McDonald。
- "次要"单词，如 and 和 the 总是大写形式。例如，一些人喜欢将 United States Of America 中的第三个单词不处理为大写形式。

通常情况下，可以使用"查找和替换"功能更正其中的一些问题。

使用公式转换数据

本章中的许多数据清理示例描述了如何使用公式和函数来以某种方式转换数据。例如，可以使用 UPPER 函数将文本转换成大写。当转换数据时，会得到两列：原始数据和转换后的数据。人们几乎总是会希望使用转换后的数据替换原来的数据。以下说明如何做到这一点：

(1) 为用于转换原有数据的公式插入一个新的临时列。

(2) 在临时列中创建公式，并确保这些公式按预期工作。

(3) 选择公式单元格。

(4) 选择"开始"|"剪贴板"|"复制"命令(或按 Ctrl + C 键)。

(5) 选择原始数据单元格。

(6) 选择"开始"|"剪贴板"|"粘贴"|"值"命令。

此过程将使用转换后的数据替换原始数据。然后，可以删除其中包含公式的临时列。

25.2.5　删除多余空格

通常，最好是确保数据中没有多余的空格。只是用眼看将不能发现文本字符串末尾的空格字符。多余空格可能会导致很多问题，尤其是当你需要比较文本字符串时。文本"July"和"July "是不同的，后者在末尾附加了一个空格。第一个的长度是 4 个字符，第二个的长度是 5 个字符。

TRIM 函数删除所有前导和尾随空格、并使用一个空格替换多个空格的公式。下面的公式使用 TRIM 函数，返回 Fourth Quarter Earnings(没有多余空格)：

```
=TRIM(" Fourth Quarter Earnings ")
```

从网页导入的数据常包含不同类型的空格：非断开空格，用 HTML 代码中的 表示。在 Excel 中，可以通过以下公式生成此字符：

```
=CHAR(160)
```

可以使用以下公式将这些空格替换为正常空格：

`=SUBSTITUTE(A2,CHAR(160)," ")`

或者使用以下公式将非断开空格替换为正常空格，同时删除多余的空格：

`=TRIM(SUBSTITUTE(A2,CHAR(160)," "))`

25.2.6 删除奇怪字符

通常情况下，导入到 Excel 工作表中的数据包含一些奇怪字符(有时是不可打印的)。可以使用 CLEAN 函数删除字符串中的所有无法打印的字符。如果数据位于 A2 单元格中，以下公式会执行此工作：

`=CLEAN(A2)`

> **注意**
>
> CLEAN 函数会漏掉一些非打印 Unicode 字符。此函数被编程为删除 7 位 ASCII 码的前 32 个非打印字符。请查阅 Excel 帮助系统了解如何删除非打印 Unicode 字符(在"帮助"系统中搜索 CLEAN 函数)。

25.2.7 转换值

在某些情况下，可能需要将值从一个系统转换到另一个系统。例如，你可能导入了包含以液体盎司为单位的值的文件，并且需要以毫升为单位表示这些值。Excel 中方便的 CONVERT 函数可以执行此转换以及许多其他转换。

如果单元格 A2 中包含以盎司为单位的值，则下面的公式可将其转换为毫升：

`=CONVERT(A2,"oz","ml")`

此函数的功能非常丰富，能够处理以下类别的最常见测量单位：重量及质量、距离、时间、压力、力、能量、功率、磁、温度、体积、液体、面积、比特、字节以及速度。

Excel 也可以在数基之间进行转换。你可能会导入包含十六进制数的文件，并需要将这些数值转换为十进制。可使用 HEX2DEC 函数来执行此转换。例如，下面的公式将返回与其十六进制参数等效的十进制数——1279。

`=HEX2DEC("4FF")`

Excel 还可以将二进制值转换为十进制数(BIN2DEC)，以及将八进制数转换为十进制数(OCT2DEC)。用于将十进制数转换为其他数基的函数是：DEC2HEX、DEC2BIN 和 DEC2OCT。

Excel 2013 引入了一个新函数 BASE，用于将十进制数转换成任何数基。请注意，没有可在相反方向上工作的函数。Excel 未提供用于将任何数基转换为十进制数的函数。只能将二进制数、八进制数和十六进制数转换为十进制数。

25.2.8 对值进行分类

通常情况下，你可能具有需要分为一组的值。例如，如果具有关于不同年龄的人的数据，则可能希望将他们分为 17 岁或以下、18～24 岁、25～34 岁等组。

执行这种分类的最简单方法是使用查找表。在图 25-17 中，A 列显示了年龄，B 列显示了分类。B 列使用 D2:E9 中的查找表。单元格 B2 中的公式为

`=VLOOKUP(A2,$D$2:$E$9,2)`

此公式已复制到下面的单元格。

也可以将查找表用于非数值数据。图 25-18 显示了一个用于将区域分配到州的查找表。

此包含两列的查找表位于区域 D2:E52 中。单元格 B2 中的公式(已复制到下面的单元格)是

`=VLOOKUP(A2,$D$2:$E$52,2,FALSE)`

B2 =VLOOKUP(A2,$D$2:$E$9,2)

	A	B	C	D	E	F
1	Age	Classification				
2	24	18-24		0	<18	
3	42	35-44		18	18-24	
4	44	35-44		25	25-34	
5	17	<18		35	35-44	
6	72	65-74		45	45-54	
7	51	45-54		55	55-64	
8	40	35-44		65	65-74	
9	51	45-54		75	75+	
10	34	25-34				
11	51	45-54				
12	81	75+				
13	18	18-24				
14	46	45-54				
15	60	55-64				
16	32	25-34				
17						

图 25-17 使用查找表将年龄划分到各个年龄范围

B3 =VLOOKUP(A3,$D$2:$E$52,2,FALSE)

	A	B	C	D	E	F
1	State	Region				
2	California	Region IX		Alabama	Region IV	
3	Iowa	Region VII		Alaska	Region X	
4	Missouri	Region VII		Arizona	Region IX	
5	Nevada	Region IX		Arkansas	Region VI	
6	New Hampshire	Region I		California	Region IX	
7	Illinois	Region V		Colorado	Region VIII	
8	New Mexico	Region VI		Connecticut	Region I	
9	California	Region IX		Delaware	Region III	
10	Oregon	Region X		District of Columbia	Region III	
11	Utah	Region VIII		Florida	Region IV	
12	Connecticut	Region I		Georgia	Region IV	
13				Hawaii	Region IX	
14				Idaho	Region X	
15				Illinois	Region V	
16				Indiana	Region V	
17				Iowa	Region VII	
18				Kansas	Region VII	

图 25-18 使用查找表为州分配区域

配套学习资源网站

本书的配套学习资源网站 www.wiley.com/go/excel2019bible 上提供了包含本节示例的工作簿，文件名为 classifying data.xlsx。

提示

使用 VLOOKUP 函数的一个附带的好处是它会在找不到精确匹配时返回#N/A，这是用于发现拼写错误的州的很好方法。通过在函数的最后一个参数中使用 FALSE，表示需要精确匹配。

25.2.9 连接列

要连接两列或更多列中的数据，通常可以在公式中使用 CONCAT 函数。例如，下面的公式将连接单元格 A1、B1 和 C1 中的内容：

```
=CONCAT(A1:C1)
```

通常情况下，需要在单元格之间插入空格或其他分隔符号，例如，如果列中包含称谓、名字和姓氏，就需要分隔符号。通过使用上述公式进行连接，会产生类似 Mr.ThomasJones 的结果。要添加空格(以生成 Mr. Thomas Jones)，可以使用 TEXTJOIN 函数：

```
=TEXTJOIN(" ",TRUE,A1:C1)
```

TEXTJOIN 的第一个参数是在单元格值之间插入的分隔符号。第二个参数被设为 TRUE，以忽略空单元格。如果将第二个参数设为 FALSE，并且有空单元格，则在结果中会出现两个分隔符号彼此挨着的情况。

图 25-19 显示了 TEXTJOIN 的 3 个例子。在第一个例子中，没有空单元格，所以第二个参数并不重要。在第二个和第三个例子中，分别将第二个参数设为 FALSE 和 TRUE，并将分隔符号由空格改为逗号(以便更容易看出重复的分隔符号)。当不忽略空单元格时，两个逗号出现在一起。

	A	B	C	D	E	F	G
1	Title	First	Last	Ignore Empty?	Joined		
2	Mr	Thomas	Jones		Mr Thomas Jones	=TEXTJOIN(" ",TRUE,A2:C2)	
3	Mr		Jones	FALSE	Mr,,Jones	=TEXTJOIN(",",D3,A3:C3)	
4	Mr		Jones	TRUE	Mr,Jones	=TEXTJOIN(",",D4,A4:C4)	
5							
6							
7							

图 25-19　TEXTJOIN 函数在单元格值之间插入分隔符号

还可以使用"快速填充"功能来连接列，而不是使用公式。只需要在相邻的列中提供一两个示例，然后按 Ctrl+E 即可。Excel 将为其他行执行连接操作。

25.2.10　重新排列各列

如果需要重新排列工作表中的列，可以插入一个空白列，然后将另一列拖到此新空白列。但是移动后的列会留下间距，需要删除此间距。

以下是一个简单方法：

(1) 单击要移动的列的列标题。

(2) 选择"开始"|"剪贴板"|"剪切"命令。

(3) 单击要将列移至的位置右侧的列标题。

(4) 右击，然后从快捷菜单中选择"插入剪切的单元格"命令。

重复上述步骤，直到所有列按你需要的顺序排列。

25.2.11　随机排列行

如果需要以随机顺序排列各行，可使用下述方法快速完成此操作。在数据右侧的列中，将以下公式插入第一个单元格并向下复制它：

```
=RAND()
```

然后使用该列对数据进行排序。各行会以随机顺序排列，然后可以删除该列。

25.2.12　从 URL 中提取文件名

在某些情况下，你可能具有一组 URL，但只需要提取文件名。下面的公式可从 URL 返回文件名。假设单元格 A2 中包含此 URL：

```
http://example.com/assets/images/horse.jpg
```

以下公式返回 horse.jpg：

```
=RIGHT(A2,LEN(A2)-FIND("*",SUBSTITUTE(A2,"/","*",LEN(A2)-
LEN(SUBSTITUTE(A2,"/","")))))
```

此公式将返回最后一个斜杠字符之后的所有文本。如果单元格 A2 中不包含斜杠字符，则公式将返回一个错误。

要提取不带文件名的 URL，请使用以下公式：

```
=LEFT(A2,FIND("*",SUBSTITUTE(A2,"/","*",LEN(A2)-
LEN(SUBSTITUTE(A2,"/","")))))
```

注意

这种类型的提取是对“快速填充”功能的很好利用(请参阅本章前面的“拆分文本”一节)。

25.2.13　匹配列表中的文本

有时，可能需要根据另一个列表对一些数据进行检查。例如，可能需要识别这样的数据行：在这些行中，某特定列中的数据也出现在其他列表中。图 25-20 显示了一个简单的示例。数据位于列 A:C 中。目标是找出其中的 Member Num 出现于 Resigned Members 列表(F 列)中的行。然后，可以删除这些行。

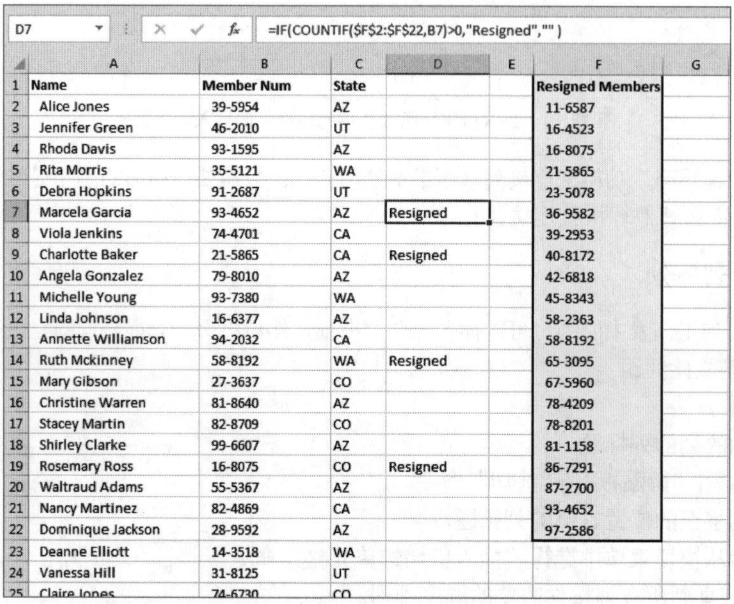

D7　=IF(COUNTIF($F$2:$F$22,B7)>0,"Resigned","")

	A	B	C	D	E	F	G
1	Name	Member Num	State			Resigned Members	
2	Alice Jones	39-5954	AZ			11-6587	
3	Jennifer Green	46-2010	UT			16-4523	
4	Rhoda Davis	93-1595	AZ			16-8075	
5	Rita Morris	35-5121	WA			21-5865	
6	Debra Hopkins	91-2687	UT			23-5078	
7	Marcela Garcia	93-4652	AZ	Resigned		36-9582	
8	Viola Jenkins	74-4701	CA			39-2953	
9	Charlotte Baker	21-5865	CA	Resigned		40-8172	
10	Angela Gonzalez	79-8010	AZ			42-6818	
11	Michelle Young	93-7380	WA			45-8343	
12	Linda Johnson	16-6377	AZ			58-2363	
13	Annette Williamson	94-2032	CA			58-8192	
14	Ruth Mckinney	58-8192	WA	Resigned		65-3095	
15	Mary Gibson	27-3637	CO			67-5960	
16	Christine Warren	81-8640	AZ			78-4209	
17	Stacey Martin	82-8709	CO			78-8201	
18	Shirley Clarke	99-6607	AZ			81-1158	
19	Rosemary Ross	16-8075	CO	Resigned		86-7291	
20	Waltraud Adams	55-5367	AZ			87-2700	
21	Nancy Martinez	82-4869	CA			93-4652	
22	Dominique Jackson	28-9592	AZ			97-2586	
23	Deanne Elliott	14-3518	WA				
24	Vanessa Hill	31-8125	UT				
25	Claire Jones	74-6730	CO				

图 25-20　目标是找出已辞职的成员名单(F 列)中的成员编号

配套学习资源网站

本书的配套学习资源网站 www.wiley.com/go/excel2019bible 上提供了此工作簿，文件名为 match names.xlsx。

下面是在单元格 D2 中输入并已向下复制以完成此任务的公式：

```
=IF(COUNTIF($F$2:$F$22,B2)>0,"Resigned","" )
```

如果发现 B 列中的 Member Num 位于 Resigned Members 列表中，则此公式显示单词 Resigned。如果在其中未找到该成员编号，则返回一个空字符串。如果该列表按 D 列排序，则所有已辞职成员对应的行会一起显示，并可以迅速进行删除。

调整此方法后，可应用于其他类型的列表匹配任务。

25.2.14　将纵向数据更改为横向数据

图 25-21 显示了一个导入文件时常见的数据布局类型。每个记录由一列中的 3 个连续单元格组成：姓名、部门和位置。我们的目标是转换此数据，以便每个记录将显示在 3 列中。

可使用几种方法来转换这种类型的数据，不过此处将介绍一种非常容易的方法。该方法需要进行少量设置，其工作将由单个公式完成(将其复制到一个区域中)。

首先，创建一些纵向和横向的数字“标头”，如图 25-22 中所示。C 列包含的数字对应于每个数据项的第一行(在此示例中是 Name)。在此示例中，在 C 列中放置以下值：1、4、7、10、13、16 和 19。可以使用一个简单的公式来生成此数字系列。

标头的横向区域由一些连续整数(从 1 开始)组成。在此示例中，每个记录包含 3 个数据单元格，因此横向标头包含 1、2 和 3。

	A	B
1	Lori Howard	
2	Accounting	
3	Main Office	
4	Jacqueline Espinoza	
5	Sales	
6	West Branch	
7	Jose Collins	
8	Accounting	
9	Main Office	
10	Bernice Ryan	
11	Sales	
12	East Branch	
13	Diana Brown	
14	Accounting	
15	West Branch	
16	Jay J. Davis	
17	Research	
18	Main Office	
19	Shandi Johnson	
20	Accounting	
21	Main Office	
22		
23		

图 25-21　需要转换为 3 列的纵向数据

	A	B	C	D	E	F	G
1	Lori Howard			1	2	3	
2	Accounting		1				
3	Main Office		4				
4	Jacqueline Espinoza		7				
5	Sales		10				
6	West Branch		13				
7	Jose Collins		16				
8	Accounting		19				
9	Main Office						
10	Bernice Ryan						
11	Sales						
12	East Branch						
13	Diana Brown						
14	Accounting						
15	West Branch						
16	Jay J. Davis						
17	Research						
18	Main Office						
19	Shandi Johnson						
20	Accounting						
21	Main Office						
22							

图 25-22　用于将纵向数据转换为行的标头

配套学习资源网站

本书的配套资料网站 www.wiley.com/go/excel2019bible 上提供了此工作簿，文件名为 vertical data.xlsx。

现在，单元格 D2 中的公式如下：

```
=OFFSET($A$1,$C2+D$1-2,0)
```

将此公式复制到接下来的两列，并向下复制到下六行。其结果如图 25-23 所示。

E4　=OFFSET($A$1,$C4+E$1-2,0)

	A	B	C	D	E	F	G
1	Lori Howard			1	2	3	
2	Accounting		1	Lori Howard	Accounting	Main Office	
3	Main Office		4	Jacqueline Espinoza	Sales	West Branch	
4	Jacqueline Espinoza		7	Jose Collins	Accounting	Main Office	
5	Sales		10	Bernice Ryan	Sales	East Branch	
6	West Branch		13	Diana Brown	Accounting	West Branch	
7	Jose Collins		16	Jay J. Davis	Research	Main Office	
8	Accounting		19	Shandi Johnson	Accounting	Main Office	
9	Main Office						
10	Bernice Ryan						
11	Sales						
12	East Branch						
13	Diana Brown						
14	Accounting						
15	West Branch						
16	Jay J. Davis						
17	Research						
18	Main Office						
19	Shandi Johnson						
20	Accounting						
21	Main Office						
22							

图 25-23　利用单个公式将纵向数据转换为行

可以轻松地修改此方法以处理包含不同数量的行的纵向数据。例如，如果每个记录包含 10 行数据，则 C 列的标头值将是 1、11、21、31，以此类推。横向标头将包括值 1 至 10，而不是 1 至 3。

请注意，该公式使用的是单元格 A1 的绝对引用。在复制公式时，该引用不会更改，因此所有公式中将使用单元格 A1 作为基础。如果数据从不同单元格中开始，则将$A$1 更改为第一个单元格的地址。

该公式还在 OFFSET 函数的第二个参数中使用“混合”引用。C2 引用在 C 前面有一个美元符号，所以 C

列是该引用的绝对部分。在 D1 引用中，美元符号位于 1 之前，所以第 1 行是引用的绝对部分。

交叉引用

有关如何在公式中使用混合引用的详细信息，请参见第 9 章。

25.2.15 填补已导入报表中的空白

当你导入数据时，有时会导致生成如图 25-24 中所示的工作表。此类报表格式是很常见的。如你所见， A 列中的条目应用于多行数据。如果对此类列表排序，丢失的数据将使工作变得一团糟，工作表将不能说明什么人在什么时候销售了什么产品。

	A	B	C	D	E
1					
2	Sales Rep	Month	Units Sold	Amount	
3	Jane	Jan	182	$15,101	
4		Feb	3350	$34,230	
5		Mar	114	$9,033	
6	George	Jan	135	$8,054	
7		Feb	401	$9,322	
8		Mar	357	$32,143	
9	Beth	Jan	509	$29,239	
10		Feb	414	$38,993	
11		Mar	53	$309	
12	Dan	Jan	323	$9,092	
13		Feb	283	$12,332	
14		Mar	401	$32,933	
15					
16					

图 25-24　该报表在"Sales Rep"列中包含空白

如果报表较小，则可以手动输入遗失的单元格值，或使用一系列"开始"|"编辑"|"填充"|"向下"命令(或按 Ctrl + D 键)。但如果具有这种格式的列表很大，则可使用以下更好的方法：

(1) 选择具有空白的区域(在本例中为 A3:A14)。

(2) 选择"开始"|"编辑"|"查找和选择"|"定位条件"命令。将显示"定位条件"对话框。

(3) 选择"空白"选项，然后单击"确定"按钮。此操作将选择原选区中的空白单元格。

(4) 在编辑栏中键入一个等号 (=)，后跟列中第一个包含条目的单元格的地址(在这个例子中为"= A3")，然后按 Ctrl + Enter 键。

(5) 重新选择原区域，并按 Ctrl + C 键复制选择。

(6) 选择"开始"|"剪贴板"|"粘贴"|"粘贴值"命令，将公式转换为值。

在完成这些步骤之后，将用正确的信息填充空白，工作表将类似于图 25-25 所示。

	A	B	C	D	E
2	Sales Rep	Month	Units Sold	Amount	
3	Jane	Jan	182	$15,101	
4	Jane	Feb	3350	$34,230	
5	Jane	Mar	114	$9,033	
6	George	Jan	135	$8,054	
7	George	Feb	401	$9,322	
8	George	Mar	357	$32,143	
9	Beth	Jan	509	$29,239	
10	Beth	Feb	414	$38,993	
11	Beth	Mar	53	$309	
12	Dan	Jan	323	$9,092	
13	Dan	Feb	283	$12,332	
14	Dan	Mar	401	$32,933	
15					
16					

图 25-25　空白已消失，现在可对此列表排序

配套学习资源网站

本书的配套资料网站 www.wiley.com/go/excel2019bible 上提供了此工作簿，文件名为 fill in gaps.xlsx。

25.2.16　拼写检查

如果使用文字处理程序，则能够利用其拼写检查器的功能。如果拼写错误出现在文本文档中可能会令人尴尬，但是当它们出现在数据中时，则可能会导致严重的问题。例如，如果按月制表，拼错的月份名称将使表显示一年中有 13 个月。

要访问 Excel 的拼写检查器，请选择"审阅" | "校对" | "拼写检查"命令，或按 F7 键。要只在特定区域内进行拼写检查，请先选择区域，然后再激活拼写检查器。

如果拼写检查器发现任何它无法正确识别的单词，会显示"拼写检查"对话框。其中提供的选项的作用很明显。

> **交叉引用**
> 请参见第 19 章了解关于"拼写检查"对话框的更多信息。

25.2.17　替换或删除单元格中的文本

有时可能需要系统地替换(或删除)一列数据中的某些字符。例如，可能需要使用正斜杠字符替换所有反斜杠字符。在许多情况下，可以使用 Excel 的"查找和替换"对话框来完成此任务。要使用"查找和替换"对话框删除文本，只需要将"替换为"字段保留为空。

在其他情况下，可能需要使用基于公式的解决方案。参见如图 25-26 中所示的数据。我们的目标是对于 A 列中的零件号，用冒号替换第二个连字符。使用"查找和替换"是行不通的，因为没有任何方法可用于指定只替换第二个连字符。

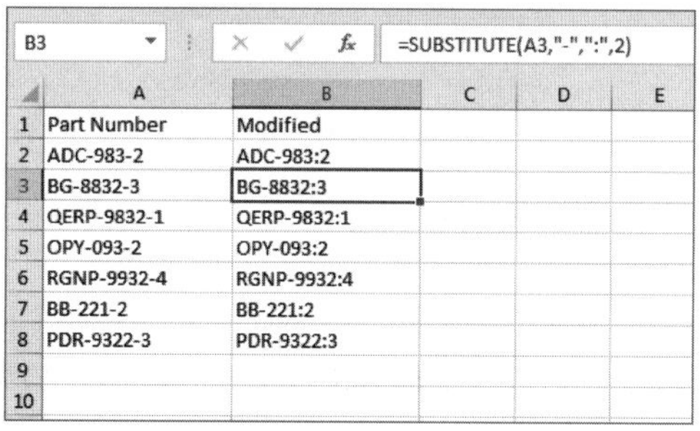

图 25-26　不能使用"查找和替换"来仅替换这些单元格中的第二个连字符

在这种情况下，可使用一个很简单的公式来将第二个连字符替换为一个冒号：

```
=SUBSTITUTE(A2,"-",":",2)
```

要删除第二个连字符，只需要省略 SUBSTITUTE 函数的第三个参数即可：

```
=SUBSTITUTE(A2,"-",,2)
```

"快速填充"功能也是可以完成此工作的。

> **注意**
> 如果使用过编程语言，则可能很熟悉正则表达式的概念。正则表达式是一种使用非常简洁(且常常难以理解)的代码来匹配文本字符串的方法。Excel 不支持正则表达式，但如果你在 Web 上搜索，将发现在 VBA 中包含正则表达式的方法，以及一些可在工作簿环境中提供此功能的加载项。

25.2.18　将文本添加到单元格

如果需要将文本添加到单元格，可通过使用一个新的公式列来完成该操作。下面是一些例子。

- 以下公式在单元格的开头添加"ID:"和一个空格：

```
="ID: "&A2
```

- 以下公式在单元格结尾添加 ".mp3"：

```
=A2&".mp3"
```

- 以下公式在单元格中第三个字符后面插入一个连字符：

```
=LEFT(A2,3)&"-"&RIGHT(A2,LEN(A2)-3)
```

还可以使用"快速填充"功能将文本添加到单元格。

25.2.19　解决结尾负号问题

导入的数据有时会通过结尾负号来显示负值。例如，负值可能会显示为 3 498 - 而不是更常见的 - 3 498。Excel 不会转换这些值。事实上，Excel 会将它们视为非数字文本。

用于解决该问题的方法非常简单：

(1) **选择具有结尾负号的数据**。所选内容还可以包括正值。

(2) **选择"数据"|"数据工具"|"分列"命令**。将显示"文本分列向导"对话框。

(3) **单击"完成"**。

该过程之所以有效，是因为"高级文本导入设置"对话框(正常情况下甚至不会显示该对话框)中的一项默认设置。要显示该对话框，如图 25-27 所示，转到"文本分列向导"的第 3 步，并单击"高级"按钮。

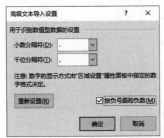

图 25-27　可使用"按负号跟踪负数"选项轻松更正数据区域中的结尾负号问题

25.2.20　数据清理检查表

此部分包含可导致数据问题的项的列表。这些项并非适用于每一个数据集。

- 是否每一列都具有唯一的描述性标题？
- 是否每一列数据的格式都一致？
- 是否已检查重复或丢失的行？
- 对于文本数据，大小写是否一致？
- 是否已检查拼写错误？
- 数据是否包含任何多余空格？
- 是否以正确顺序(或逻辑顺序)排列各列？
- 是否存在任何不应处于空白状态的空白单元格？
- 是否已更正任何结尾负号问题？
- 列宽是否足以显示所有数据？

25.3　导出数据

本章开始时介绍如何导入数据，所以结尾时讨论如何将数据导出到非标准 Excel 文件中是很合适的。

25.3.1 导出到文本文件

当选择"文件" | "另存为"命令时,可以在"另存为"对话框中选择多种文本文件格式,可选择 3 种文本文件类型。

- CSV:逗号分隔值文件。
- TXT:制表符分隔值文件。
- PRN:带格式文本。

我们将在后面的小节中讨论这些文件类型。

1. CSV 文件

当将工作表导出到 CSV 文件时,数据将保存为所显示的形式。换句话说,如果单元格中包含 12.831 234 4、但已将格式设置为显示两位小数,则该值将保存为 12.83。

单元格以逗号字符分隔,行以回车符和换行符分隔。

> **注意**
>
> 如果使用 Mac 版本导出文件,将仅使用回车符(无换行符)分隔行。

请注意,如果单元格中包含逗号,则单元格值将保存在引号内。如果单元格中包含引号字符,则该字符将出现两次。

2. TXT 文件

将工作簿导出到 TXT 文件的过程几乎与前述 CSV 文件格式的过程相同。唯一的区别是,单元格由制表符而不是逗号分隔。

如果工作表包含任何 Unicode 字符,则应该使用 Unicode 版本导出文件。否则,Unicode 字符将被保存为问号字符。

3. PRN 文件

PRN 文件非常类似于工作表的打印图像。单元格将由多个空格字符分隔。此外,一行中的字符数量被限制为 240。如果超过该限制,其余字符将出现在下一行中。PRN 文件很少使用。

25.3.2 导出到其他文件格式

Excel 也允许将工作保存为其他几种格式。

- **数据交换格式**:这些文件具有.dif 扩展名,不常使用。
- **符号链接**:这些文件具有.sylk 扩展名,不常使用。
- **便携文档格式**:这些文件具有.pdf 扩展名,是很常见的"只读"文件格式。
- **XML 纸张规范文档**:这些文件具有.xps 扩展名。Microsoft 用于替代 PDF 的文件。不常使用。
- **网页**:这些文件具有.htm 扩展名。通常,将文件保存为网页时将生成用于准确呈现页面的辅助文件的目录。
- **OpenDocument 电子表格**:这些文件具有.ods 扩展名。它们与各种开源电子表格程序兼容。

第**26**章

使用数据验证

本章要点

- Excel 数据验证功能概述
- 有关使用数据验证公式的实际示例

本章将探讨 Excel 中的一项非常有用的功能——数据验证。通过数据验证，可以向特定单元格添加可接受什么内容的规则，并能够向工作表中添加动态元素，而不必使用任何宏编程操作。

26.1　数据验证简介

Excel 的数据验证功能允许设置一些规则，规定可以在单元格中输入的内容。例如，你可能需要将在特定单元格中输入的数据限制为 1～12 的整数。如果用户输入无效的数据，则可以显示一条自定义的消息，如图 26-1所示。

图 26-1　当用户输入无效数据时显示一条消息

在 Excel 中可很容易地指定验证条件，也可使用公式来指定更复杂的验证条件。

> **警告**
>
> Excel 的数据验证功能存在一个潜在的严重问题：如果用户复制一个不使用数据验证的单元格，并将其粘贴到一个使用数据验证的单元格，则后者所使用的数据验证规则将被删除。换言之，后者将可以接受任意类型的数据。这一直是一个问题，但是 Microsoft 在 Excel 2019 中还没有修复它。

26.2　指定验证条件

要指定在单元格或区域中允许使用的数据类型，请执行以下步骤。

(1) 选择单元格或区域。

(2) 选择"数据"|"数据工具"|"数据验证"命令，Excel 将显示"数据验证"对话框(如图 26-2 所示)。

(3) 单击"设置"选项卡。

(4) 从"允许"下拉列表中选择一个选项。"数据验证"对话框的内容将发生改变，根据你的选择显示不同控件。例如，要指定一个公式，请选择"自定义"选项。

(5) 使用所显示的控件指定条件。可用的其他控件取决于你在第(4)步中做出的选择。

(6) (可选)单击"输入信息"选项卡，然后设定在用户选择该单元格时显示的信息。可以使用这个可选步骤来告诉用户期望的数据类型。如果忽略这个步骤，则当用户选择单元格时将不显示信息。

(7) (可选)单击"出错警告"选项卡，然后设定当用户输入无效数据时所显示的出错信息。所选的"样式"将决定当用户在输入无效数据时可使用的选项。要阻止输入无效的项，请选择"停止"命令。如果忽略这一步，则当用户输入无效数据时，将出现一条标准的信息。

图 26-2   "数据验证"对话框中的 3 个选项卡

(8) 单击"确定"按钮。这样，单元格或区域就将包含指定的验证条件。

警告

即使已启用数据验证，用户也仍然可以输入无效数据。如果在"数据验证"对话框的"出错警告"选项卡中将"样式"设置为"警告"或"信息"，则用户就可以输入无效的数据。可以通过让 Excel 圈出无效输入来识别无效输入。

26.3   能够应用的验证条件类型

通过使用"数据验证"对话框中的"设置"选项卡，能够指定多种数据验证条件。下列选项可在"允许"下拉列表中找到。请注意，"设置"选项卡中的其他控件会随你在"允许"下拉框中的选择而发生变化。

- **任何值**：选择该选项可以清除任何现有的数据验证条件。但需要注意的是，如果在"输入信息"选项卡上选中输入信息复选框，则仍会显示输入信息(如果有)。
- **整数**：用户必须输入一个整数。可以通过使用"数据"下拉列表指定整数的有效范围。例如，可以指定输入项必须是大于等于 100 的整数。
- **小数**：用户必须输入一个数字。通过使用"数据"下拉列表中的选项，可以指定数字的有效范围。例如，可以指定所输入的项必须是介于 0 和 1 之间的数。
- **序列**：用户必须从你提供的输入项列表中进行选择。可在"来源"文本框中输入一个逗号分隔的值列表。该选项非常有用，本章后面将详细对其进行讨论(参见 26.4 节"创建下拉列表")。

- **日期**：用户必须输入一个日期。可以通过使用"数据"下拉列表指定有效的日期范围。例如，可以指定所输入的数据必须晚于或等于 2019 年 1 月 1 日。
- **时间**：用户必须输入一个时间。可以通过使用"数据"下拉列表指定有效的时间范围。例如，可以指定所输入的数据必须晚于中午 12 时。
- **文本长度**：将限制数据的长度(字符数)。可以通过使用"数据"下拉列表和"长度"文本框指定有效的长度。例如，可以指定所输入数据的长度为 1(单个字母数字字符)。
- **自定义**：要使用该选项，必须提供一个用于确定用户输入的有效性的逻辑公式(逻辑公式返回 TRUE 或 FALSE)。可以直接在"公式"控件(在选择"自定义"选项时显示该控件)中输入公式，也可以指定一个包含公式的单元格引用。本章包含了一些有用公式的示例。

"数据验证"对话框中的"设置"选项卡还包含另外 3 个复选框。

- **忽略空值**：如果选中此复选框，则允许输入空项。
- **提供下拉箭头**：如果在"允许"下拉列表中选择序列，则还可以选择在单元格中显示/隐藏下拉箭头，以帮助用户选择有效的值。
- **对有同样设置的所有其他单元格应用这些更改**：如果选中此复选框，则所做的更改将应用于包含原始数据验证条件的所有其他单元格。

> **提示**
>
> "数据" | "数据工具" | "数据验证"下拉列表包含一个名为"圈释无效数据"的项。当选择此项时，将在包含错误输入项的单元格周围显示一个圈。如果更正了无效的输入项，则这个圈将会消失。要去掉此圈，请选择"数据" | "数据工具" | "数据验证" | "清除验证标识圈"命令。在图 26-3 中，有效的输入项被定义为介于 1 和 105 之间的值，而不在此数值区域的值则被圈出。

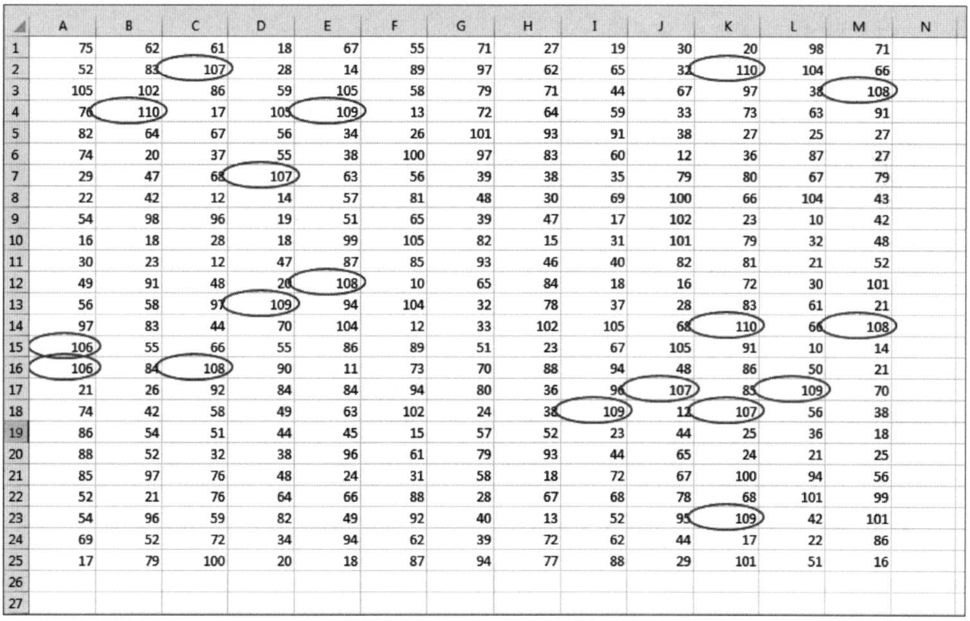

图 26-3　Excel 可以将无效的输入项(在本示例中是大于 105 的值)圈出

26.4　创建下拉列表

数据验证最常见的一个用途是在单元格中创建下拉列表。图 26-4 显示的是一个使用 A1:A12 中的月份名称作为列表源的示例。

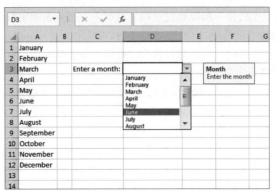

图 26-4　使用数据验证功能创建的下拉列表(带有一条输入信息)

请使用以下步骤在单元格中创建一个下拉列表:

(1) 在含有单一行或单一列的区域中输入列表项。这些项将显示在下拉列表中。

(2) 选择将包含下拉列表的单元格,然后选择"数据"|"数据工具"|"数据验证"命令,将显示"数据验证"对话框。

(3) 在"设置"选项卡中,选择"序列"选项(位于"允许"下拉列表中),并使用"来源"控件指定含有列表的区域。该区域可以位于不同的工作表中,但必须位于同一个工作簿中。

> **提示**
> 如果要在列表中添加新项,可将各项放到使用"插入"|"表格"|"表格"创建的单列表格中。这样一来,当在表格列中添加或删除项时,Excel 将更新选项列表。

(4) 确保选中"提供下拉箭头"复选框。

(5) 根据需要设置任何其他"数据验证"选项。

(6) 单击"确定"按钮。这样,当单元格被激活时,它将会显示输入信息(如果指定了的话)和一个下拉箭头。

(7) 单击箭头,从出现的列表中选择一项。

> **提示**
> 如果列表比较短,则可以直接将列表项输入到"数据验证"对话框的"设置"选项卡的"来源"框中(在"允许"下拉列表中选择"序列"后将显示此控件)。在输入时需要使用在区域设置中所指定的列表分隔符来分隔每一项(如果使用的是美国区域设置,则列表分隔符为逗号)。

遗憾的是,无法在下拉列表中控制所用的字号。即使将显示下拉列表的单元格的格式设置为显示大文本,下拉列表也不会使用该格式。如果缩小工作表,将难以阅读列表项。

26.5　对数据验证规则使用公式

对于简单的数据验证而言,数据验证功能非常简单易用。但是,只有在使用"自定义"选项并提供一个公式时,才能真正发挥出此功能的优势。

所指定的公式必须是一个返回 TRUE 或 FALSE 值的逻辑公式。如果公式返回的值为 TRUE,则数据将被视为有效,并保存在单元格中。如果公式返回的值为 FALSE,则会出现一个信息框,其中会显示你在"数据验证"对话框的"出错警告"选项卡中所指定的信息。

在"数据验证"对话框中,通过在"设置"选项卡的"允许"下拉列表中选择"自定义"选项,可以指定一个公式。既可以直接在"公式"控件中输入公式,也可以输入一个包含公式的单元格引用。当选择"自定义"选项时,将在"数据验证"对话框的"设置"选项卡中显示"公式"控件。

本章后面的 26.7 节"数据验证公式示例"中将会提供几个用于数据验证的公式示例。

26.6　了解单元格引用

如果输入到"数据验证"对话框中的公式包含单元格引用，则该引用会被视为一个基于所选区域左上角单元格的相对引用。

以下示例说明了上述概念。假定只允许在区域 B2:B10 中输入奇数。因为没有任何的 Excel 数据验证规则能限制为只输入奇数，所以需要使用公式来实现上述功能。

需要执行以下步骤：

(1) 选择区域(本例中为 B2:B10)，并确保单元格 B2 是活动单元格。

(2) 选择"数据"|"数据工具"|"数据验证"命令，将显示"数据验证"对话框。

(3) 单击"设置"选项卡，并从"允许"下拉列表中选择"自定义"选项。

(4) 在"公式"框中输入如下公式，如图 26-5 所示。

```
=ISODD(B2)
```

该公式使用了 ISODD 函数，当其数字参数是奇数时，该函数将返回 TRUE。请注意，该公式引用的是活动单元格 B2。

图 26-5　输入数据验证公式

(5) 在"出错警告"选项卡中将"样式"选择为"停止"，并键入 An odd number is required here 作为错误信息。

(6) 单击"确定"按钮关闭"数据验证"对话框。

请注意，所输入的公式包含的是对选定区域左上角单元格的引用。该数据验证公式需要应用于区域中的所有单元格，所以需要使每个单元格都包含相同的数据验证公式。由于输入了一个相对单元格引用作为 ISODD 函数的参数，因此 Excel 会为 B2:B10 区域中的其他单元格调整数据验证公式。为了说明该引用是相对的，请选择单元格 B5 并检查其在"数据验证"对话框中显示的公式。你将看到该单元格的公式如下：

```
=ISODD(B5)
```

> **注意**
> 另一种方法是在单元格中输入该逻辑公式，然后在"数据验证"对话框的"公式"框中输入单元格引用。在此示例中，单元格 C2 将包含=ISODD (B2)，并且该公式将沿列复制到单元格 C10。然后，在"数据验证"对话框的"公式"框中输入此公式：=C2。大多数情况下，在"公式"框中输入公式更容易、更高效。

一般来讲，当为区域中的单元格输入数据验证公式时，通常都会使用活动单元格引用，而活动单元格通常是所选区域的左上角单元格。一种例外情况是当需要引用特定的单元格时。例如，假定选择区域 A1:B10，并希望数据验证条件只允许输入大于单元格 C1 中值的值。在这种情况下，可以使用以下公式：

```
=A1>$C$1
```

在本例中，对单元格 C1 的引用是一个绝对引用。它不会随所选区域中的单元格而进行调整，而这正是你需要的。单元格 A2 的数据验证公式如下：

```
=A2>$C$1
```

相对单元格引用会调整，而绝对单元格引用则不会。

26.7　数据验证公式示例

以下小节包含了一些关于数据验证的示例，在这些示例中，使用的是直接输入到"数据验证"对话框中"设置"选项卡的"公式"控件中的公式。这些示例将帮助你了解如何创建自己的"数据验证"公式。

> **配套学习资源网站**
>
> 本节中的所有示例都可以在配套学习资源网站 www.wiley.com/go/excel2019bible 中找到，文件名为 data validation examples.xlsx。

26.7.1　只接受文本

Excel 有一个数据验证选项可用于限制在单元格中输入的文本的长度，但没有选项可用于强制单元格只接受文本(而非数值)。要强制单元格或区域只接受文本(而非数值)，请使用以下数据验证公式：

```
=ISTEXT(A1)
```

该公式假定所选区域中的活动单元格是单元格 A1。

26.7.2　接受比前一个单元格更大的值

下面的数据验证公式使用户只能输入比上一个单元格中的值更大的值：

```
=A2>A1
```

该公式假定 A2 是所选区域中的活动单元格。请注意，不能对第一行中的单元格中使用该公式。

26.7.3　只接受非重复的输入项

下面的数据验证公式将禁止用户在区域 A1:C20 中输入重复的项：

```
=COUNTIF($A$1:$C$20,A1)=1
```

当单元格中的值在区域 A1:C20 中只出现一次时，以上逻辑公式将返回 TRUE。否则，它将返回 FALSE，并显示"重复输入"对话框。

这个公式假定 A1 是所选区域中的活动单元格。请注意，COUNTIF 的第一个参数是绝对引用，第二个参数是相对引用，并会对验证区域内的每个单元格进行调整。图 26-6 显示了这个验证条件，其中显示了自定义的错误警告消息。在该示例中，用户尝试在单元格 B5 中输入 17。

26.7.4　接受以特定字符开头的文本

下面的数据验证公式演示了如何检查特定的字符。在本例中，以下公式可以确保用户输入的是以字母 A(不区分大小写)开头的文本字符串。

```
=LEFT(A1)="a"
```

图 26-6　使用数据验证公式防止在一个区域中输入重复的项

当单元格中的第一个字母是 A 时,以上逻辑公式将返回 TRUE。否则,它将返回 FALSE。该公式假定所选区域中的活动单元格是单元格 A1。

下面的公式是以上验证公式的一种变形。它在 COUNTIF 函数的第二个参数中使用了通配符。本例中,此公式可以确保输入项以字母 A 开头并且包含 5 个字符:

```
=COUNTIF(A1,"A????")=1
```

26.7.5　只接受一周中的特定日期

下面的数据验证公式假定在单元格中输入的项是一个日期,并且确保该日期是"星期一":

```
=WEEKDAY(A1)=2
```

该公式假定所选区域中的活动单元格是单元格 A1。它使用了 WEEKDAY 函数,此函数对"星期日"返回 1,对"星期一"返回 2,以此类推。注意,WEEKDAY 函数接受任何非负值作为参数(而不只是日期)。

26.7.6　只接受总和不超过特定值的数值

图 26-7 显示了一个简单的预算工作表,其中的区域 B1:B6 中输入的是各预算项目的金额,计划预算位于单元格 E5 中,用户尝试在单元格 B4 中输入一个值,该值会导致总和(单元格 E6)超过预算。以下数据验证公式可以确保各预算项的总和不超过预算:

```
=SUM($B$1:$B$6)<=$E$5
```

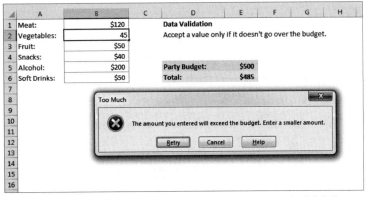

图 26-7　使用数据验证公式确保一个区域内各项的总和不超过特定值

26.7.7　创建从属列表

如前面所述,可以使用数据验证功能在单元格中创建下拉列表。本节将说明如何使用一个下拉列表来控制另一个下拉列表中所显示的内容。换句话说，第二个下拉列表将取决于在第一个下拉列表中选择的值。

图 26-8 展示的是一个通过使用数据验证功能创建的一个简单从属列表的示例。单元格 E2 包含数据验证公式，用于显示区域 A1:C1 中包含 3 项的列表(Vegetables、Fruits 和 Meats)。当用户从列表中选择一项时，第二个列表(位于单元格 F2 中)将显示相应的项。

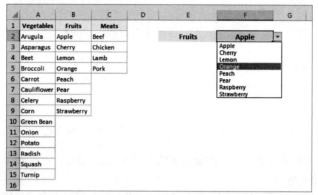

图 26-8 在单元格 F2 中显示的列表项取决于在单元格 E2 中选择的列表项

此工作表使用了 3 个命名区域。
- Vegetables：A2:A15
- Fruits：B2:B9
- Meats：C2:C5

单元格 F2 含有的数据验证使用了以下公式：

```
=INDIRECT($E$2)
```

因此，在单元格 F2 中显示的下拉列表将取决于单元格 E2 中显示的值。

26.8 使用数据验证但不限制输入

数据验证最常见的用法是阻止用户输入无效数据。但是，也可以把数据验证用作电子表格用户界面的一个组件，而不实际阻止用户的输入。下面将展示的两个例子分别是显示输入信息和提供建议。如果使用 VBA，则需要大量编程才能实现这两种功能，但是使用数据验证则简单。

26.8.1 显示输入信息

使用数据验证，能够在用户选择一个单元格的时候显示一条信息。通常，这条信息会告诉用户哪些数据对该单元格来说是无效数据，以避免他们输入无效数据并收到错误信息。但也可以把该信息用于其他目的。

图 26-9 显示的输入信息提醒用户完成上一个步骤。将"允许"下拉列表设为"任何值"，所以不阻止用户在该单元格中输入任何内容。这只是对用户在完成该工作簿的过程中早早使用的一个单元格设置了一条提醒信息。

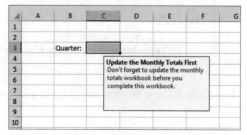

图 26-9 可以使用数据验证向用户显示信息

26.8.2　提供建议项

"数据验证"对话框的"出错警告"选项卡中的默认"样式"值为"停止"。这不只显示一条信息，还会阻止用户输入无效数据。除了"停止"之外，还有另外两个选项，分别是"警告"和"信息"，它们允许用户输入数据。也可以取消选中此选项卡中的复选框，此时 Excel 将不显示任何信息。

假设有一个字段，供用户输入一种水果的名称。为了帮助用户，你提供了常见水果的一个列表，但也想让用户能够输入不在该列表中的水果。提供该列表，只是为了让用户在需要输入一种常见水果的时候减少键入量。

为了建立这种场景，选择"序列"，并指向水果列表，如图 26-10 所示。然后，在"出错警告"选项卡中取消选中"输入无效数据时显示出错警告"复选框。现在，用户既可以从列表中做出选择，也可以键入不在该列表中的一种水果。当然，你无法阻止用户输入莫名其妙的东西。

图 26-10　"数据验证"对话框

第 **27** 章

创建和使用工作表分级显示

本章要点

- 工作表分级显示简介
- 创建分级显示
- 使用分级显示

如果你使用过文字处理程序,则可能已经熟悉分级显示这个概念。大多数文字处理程序(包括 Microsoft Word)都具有分级显示模式,允许只查看文档中的标题和子标题。你可以很容易地展开一个标题,以显示其下面的文本。通过使用分级显示功能,还可以轻松地查看文档的结构。

Excel 也提供分级显示功能,了解该功能可以使你更容易地处理某些特定类型的工作表。

27.1 工作表分级显示简介

你会发现有些工作表比其他工作表更适于使用分级显示。可以使用分级显示来创建汇总报告,而不显示所有细节。如果工作表中使用了带有分类汇总的分层数据,那么它可能就很适于使用分级显示功能。

了解工作表中分级显示功能的工作方式的最好方法是观察一个示例。图 27-1 显示的是一个没有使用分级显示的简单的销售汇总工作表,其中使用公式按地区和季度计算分类汇总信息。

	State	Jan	Feb	Mar	Qtr-1	Apr	May	Jun	Qtr-2	Total	k
1	State	Jan	Feb	Mar	Qtr-1	Apr	May	Jun	Qtr-2	Total	
2	California	1,118	1,960	1,252	4,330	1,271	1,557	1,679	4,507	8,837	
3	Washington	1,247	1,238	1,028	3,513	1,345	1,784	1,574	4,703	8,216	
4	Oregon	1,460	1,954	1,726	5,140	1,461	1,764	1,144	4,369	9,509	
5	Arizona	1,345	1,375	1,075	3,796	1,736	1,555	1,372	4,663	8,458	
6	West Total	5,170	6,527	5,081	16,778	5,813	6,660	5,769	18,242	35,020	
7	New York	1,429	1,316	1,993	4,738	1,832	1,740	1,191	4,763	9,501	
8	New Jersey	1,735	1,406	1,224	4,365	1,706	1,320	1,290	4,316	8,681	
9	Massachusetts	1,099	1,233	1,110	3,442	1,637	1,512	1,006	4,155	7,597	
10	Florida	1,705	1,792	1,225	4,722	1,946	1,327	1,357	4,630	9,352	
11	East Total	5,968	5,747	5,552	17,267	7,121	5,899	4,844	17,864	35,131	
12	Kentucky	1,109	1,078	1,155	3,342	1,993	1,082	1,551	4,626	7,968	
13	Oklahoma	1,309	1,045	1,641	3,995	1,924	1,499	1,941	5,364	9,359	
14	Missouri	1,511	1,744	1,414	4,669	1,243	1,493	1,820	4,556	9,225	
15	Illinois	1,539	1,493	1,211	4,243	1,165	1,013	1,445	3,623	7,866	
16	Kansas	1,973	1,560	1,243	4,776	1,495	1,125	1,387	4,007	8,783	
17	Central Total	7,441	6,920	6,664	21,025	7,820	6,212	8,144	22,176	43,201	
18	Grand Total	18,579	19,194	17,297	55,070	20,754	18,771	18,757	58,282	113,352	
19											

图 27-1 一个具有分类汇总的简单销售汇总工作表

图 27-2 显示的是创建分级显示后的同一个工作表,具体方法是,首先选中各行,然后使用 "数据" | "分级显示" | "组合" | "自动建立分级显示" 命令。请注意,Excel 在屏幕左侧添加了一个新的部分,该部分包含分级显示控件,可用于确定要查看哪一个级别的内容。这个特定的分级显示具有 3 个级别:"州" (State)、"地区" (Region,每个地区包含若干个州,这些州被分为西部、东部及中部地区)以及 "总数" (Grand Total,各地

区的分类汇总的总和)。

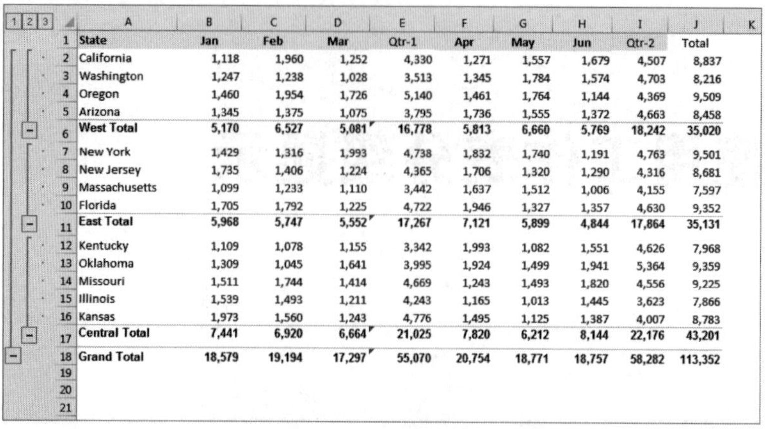

	State	Jan	Feb	Mar	Qtr-1	Apr	May	Jun	Qtr-2	Total	
1	State	Jan	Feb	Mar	Qtr-1	Apr	May	Jun	Qtr-2	Total	
2	California	1,118	1,960	1,252	4,330	1,271	1,557	1,679	4,507	8,837	
3	Washington	1,247	1,238	1,028	3,513	1,345	1,784	1,574	4,703	8,216	
4	Oregon	1,460	1,954	1,726	5,140	1,461	1,764	1,144	4,369	9,509	
5	Arizona	1,345	1,375	1,075	3,795	1,736	1,555	1,372	4,663	8,458	
6	West Total	5,170	6,527	5,081	16,778	5,813	6,660	5,769	18,242	35,020	
7	New York	1,429	1,316	1,993	4,738	1,832	1,740	1,191	4,763	9,501	
8	New Jersey	1,735	1,406	1,224	4,365	1,706	1,320	1,290	4,316	8,681	
9	Massachusetts	1,099	1,233	1,110	3,442	1,637	1,512	1,006	4,155	7,597	
10	Florida	1,705	1,792	1,225	4,722	1,946	1,327	1,357	4,630	9,352	
11	East Total	5,968	5,747	5,552	17,267	7,121	5,899	4,844	17,864	35,131	
12	Kentucky	1,109	1,078	1,155	3,342	1,993	1,082	1,551	4,626	7,968	
13	Oklahoma	1,309	1,045	1,641	3,995	1,924	1,499	1,941	5,364	9,359	
14	Missouri	1,511	1,744	1,414	4,669	1,243	1,493	1,820	4,556	9,225	
15	Illinois	1,539	1,493	1,211	4,243	1,165	1,013	1,445	3,623	7,866	
16	Kansas	1,973	1,560	1,243	4,776	1,495	1,125	1,387	4,007	8,783	
17	Central Total	7,441	6,920	6,664	21,025	7,820	6,212	8,144	22,176	43,201	
18	Grand Total	18,579	19,194	17,297	55,070	20,754	18,771	18,757	58,282	113,352	

图 27-2　创建分级显示后的同一个工作表

图 27-3 显示了单击"2"标题后的分级显示内容,其中显示了第二级的明细数据。现在,分级显示中将仅显示各地区的分类汇总信息(各详细信息行被隐藏)。单击其中一个"+"按钮,可以部分展开分级显示来显示特定地区的详细信息。将分级显示折叠到第一级时将只显示标题行和"总数"行。

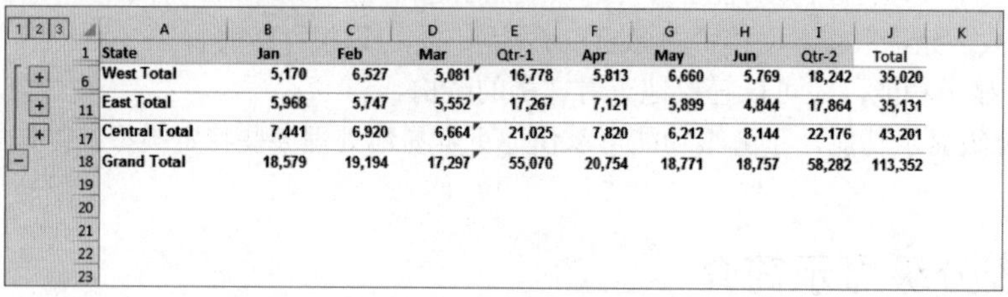

	State	Jan	Feb	Mar	Qtr-1	Apr	May	Jun	Qtr-2	Total	
1	State	Jan	Feb	Mar	Qtr-1	Apr	May	Jun	Qtr-2	Total	
6	West Total	5,170	6,527	5,081	16,778	5,813	6,660	5,769	18,242	35,020	
11	East Total	5,968	5,747	5,552	17,267	7,121	5,899	4,844	17,864	35,131	
17	Central Total	7,441	6,920	6,664	21,025	7,820	6,212	8,144	22,176	43,201	
18	Grand Total	18,579	19,194	17,297	55,070	20,754	18,771	18,757	58,282	113,352	

图 27-3　将分级显示折叠到第二级时的工作表

Excel 可以在两个方向创建分级显示。在前面的示例中,是以行(垂直)创建的分级显示。图 27-4 显示了在添加列(水平)分级显示后的同一个模型,具体方法是,首先选中各列,然后执行"数据"|"分级显示"|"组合"|"自动建立分级显示"命令。当两个分级显示都有效时,Excel 将在顶部显示分级显示控件。

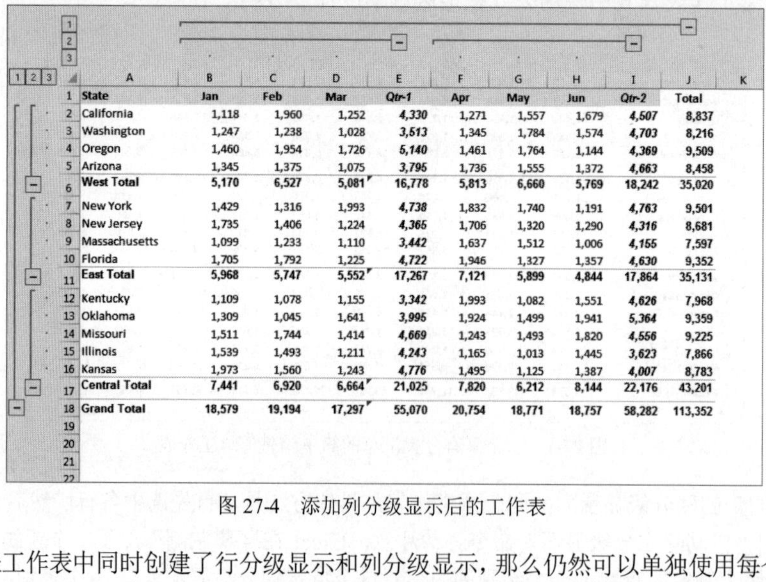

	State	Jan	Feb	Mar	Qtr-1	Apr	May	Jun	Qtr-2	Total	
1	State	Jan	Feb	Mar	Qtr-1	Apr	May	Jun	Qtr-2	Total	
2	California	1,118	1,960	1,252	4,330	1,271	1,557	1,679	4,507	8,837	
3	Washington	1,247	1,238	1,028	3,513	1,345	1,784	1,574	4,703	8,216	
4	Oregon	1,460	1,954	1,726	5,140	1,461	1,764	1,144	4,369	9,509	
5	Arizona	1,345	1,375	1,075	3,795	1,736	1,555	1,372	4,663	8,458	
6	West Total	5,170	6,527	5,081	16,778	5,813	6,660	5,769	18,242	35,020	
7	New York	1,429	1,316	1,993	4,738	1,832	1,740	1,191	4,763	9,501	
8	New Jersey	1,735	1,406	1,224	4,365	1,706	1,320	1,290	4,316	8,681	
9	Massachusetts	1,099	1,233	1,110	3,442	1,637	1,512	1,006	4,155	7,597	
10	Florida	1,705	1,792	1,225	4,722	1,946	1,327	1,357	4,630	9,352	
11	East Total	5,968	5,747	5,552	17,267	7,121	5,899	4,844	17,864	35,131	
12	Kentucky	1,109	1,078	1,155	3,342	1,993	1,082	1,551	4,626	7,968	
13	Oklahoma	1,309	1,045	1,641	3,995	1,924	1,499	1,941	5,364	9,359	
14	Missouri	1,511	1,744	1,414	4,669	1,243	1,493	1,820	4,556	9,225	
15	Illinois	1,539	1,493	1,211	4,243	1,165	1,013	1,445	3,623	7,866	
16	Kansas	1,973	1,560	1,243	4,776	1,495	1,125	1,387	4,007	8,783	
17	Central Total	7,441	6,920	6,664	21,025	7,820	6,212	8,144	22,176	43,201	
18	Grand Total	18,579	19,194	17,297	55,070	20,754	18,771	18,757	58,282	113,352	

图 27-4　添加列分级显示后的工作表

如果在同一张工作表中同时创建了行分级显示和列分级显示,那么仍然可以单独使用每个分级显示。例如,可以在行分级显示为第二级、列分级显示为第一级的情况下显示工作表。图 27-5 显示了将行分级显示和列分级显示折叠到第二级时的模型。得到的结果是一张很好的汇总表，可以给出各地区的季度总和。

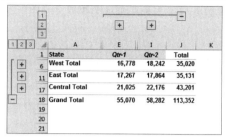

图 27-5　将两个分级显示折叠到第二级时的工作表

请注意以下关于工作表分级显示的事项。

- 一个工作表只能有一个分级显示。如需要创建多个分级显示，则需要使用另一个工作表。
- 既可以手工创建分级显示，也可以通过 Excel 自动创建分级显示。如果选择后者，则需要做一些准备工作，使工作表的格式正确。下一节将介绍如何使用这两种方法。
- 既可为工作表中的所有数据创建分级显示，也可只为选定的数据区域创建分级显示。
- 只需要一个命令就可以清除分级显示："数据" | "分级显示" | "取消组合" | "清除分级显示"命令。请阅读本章后面的 27.3.3 节"删除分级显示"。
- 可以隐藏分级显示符号(以释放屏幕空间)，但保留分级显示。本章后面的 27.3.5 节"隐藏分级显示符号"将会说明该功能。
- 一个分级显示最多可包含 8 个嵌套的级别。

工作表分级显示非常有用。但是，如果你的主要目的是汇总大量数据，则使用数据透视表的效果可能更好。数据透视表更加灵活，而且不要求你创建分类汇总公式；它能够自动汇总数据。最终的解决办法取决于你的数据源。如果从头开始输入数据，则最灵活的方法是以规范化的表格格式输入数据，并创建一个数据透视表。

交叉引用
第 29 章和第 30 章将讨论有关数据透视表(和规范化数据)的信息。

27.2　创建分级显示

本节将介绍用于创建分级显示的两种方法：自动创建和手工创建。在创建分级显示之前，需要确保数据适合于创建分级显示，并正确地设置好公式。

27.2.1　准备数据

哪种类型的数据适用于分级显示？一般地，数据应按层次进行排列，如具有以下排列方式的预算数据：

公司
　　分公司
　　　　部门
　　　　　　预算分类
　　　　　　　　预算项目

在这个示例中，每个预算项目(如机票和旅馆费)都属于一个预算分类(如旅行费用)。每个部门都有自己的预算，各部门预算需要汇总到各分公司。各分公司预算需要汇总到公司预算。这种排列类型非常适于行分级显示。

适用于分级显示的数据排列实际上是数据汇总表。在某些情况下，你的数据将是"规范化"的数据——每行一个数据点。你可以轻松地创建数据透视表来汇总这类数据，相比于分级显示，数据透视表灵活得多。

交叉引用
请参见第 29 章和第 30 章以获取更多关于透视表的信息。

创建这样一个分级显示以后，即可通过单击分级显示控件来查看想要的任意级别的细节信息。当需要为不同级别的管理层创建报表时，即可考虑使用分级显示功能。例如，高层管理者可能只需要查看各分公司的汇总信息，分公司管理者可能需要各部门的汇总信息，而每个部门的管理者则需要查看他所在部门的明细数据。

请注意，分级显示并不是一个安全功能。在折叠分级时隐藏的数据很容易在展开分级时被发现。

可以在列分级显示中包含基于时间的信息，这些时间信息可以汇总为更大的单位(例如，月和季度)。但是，列分级显示与行分级显示的工作方式相同，其级别不必以时间为基础。

在创建分级显示前，需要确保输入的所有汇总公式正确且一致。在这里，"一致"表示公式处于相同的相对位置。通常，用于计算汇总公式(如分类汇总)的公式应输入到它引用的数据的下面。然而，在某些情况下，汇总公式也可以输入到它引用的单元格的上方。Excel 能处理这两种方式，但必须保证在分级显示的整个区域内保持一致。如果汇总公式不一致，则自动分级显示功能将无法生成需要的结果。

注意
如果汇总公式不一致(有的在数据上方，有的在数据下方)，也仍然可以创建分级显示，但是必须手动创建。

27.2.2　自动创建分级显示

Excel 可以在几秒钟内自动创建分级显示，而如果要手动完成同样的工作，则可能需要 10 分钟甚至更长的时间。

注意
如果已为数据创建了一张表格(通过选择"插入"|"表格"|"表格"命令)，则 Excel 将不能自动创建分级显示。可以从一个表格创建分级显示，但必须手动创建。

要使 Excel 创建分级显示，首先需要将单元格指针移到要使用分级显示的数据区域内。然后，选择"数据"|"分级显示"|"组合"|"自动建立分级显示"命令。Excel 将分析区域中的公式并创建分级显示。根据公式，Excel 将创建行分级显示、列分级显示或同时创建这两个。

如果工作表已有一个分级显示，则 Excel 会询问是否要修改现有的分级显示。单击"是"按钮，Excel 就会删除原有的分级显示并创建一个新分级显示。

注意
当选择"数据"|"分级显示"|"分类汇总"命令时，Excel 将自动创建分级显示，此过程会自动插入分类汇总公式。

27.2.3　手工创建分级显示

通常情况下，最好是让 Excel 自动创建分级显示。这样，操作速度更快，并且不容易出错。然而，如果 Excel 所创建的分级显示不能满足你的要求，那么就需要手动创建。

当 Excel 创建一个行分级显示时，所有汇总行必须位于数据之下或之上(不能混合使用这两种方式)。类似地，对于一个列分级显示，汇总列则必须位于数据的右侧或左侧。如果工作表不符合这些要求，则有以下两种选择：

- 重排工作表使其符合要求。
- 手动创建分级显示。

如果区域不包含任何公式，则也需要手动创建分级显示。你可能已导入一个文件，并希望使用分级显示功能更好地显示该文件。由于 Excel 会依据公式的分布来决定如何创建分级显示，因此，如果没有公式，则 Excel

将不能创建分级显示。

手动创建分级显示时需要创建行组(用于行分级显示)或列组(用于列分级显示)。要创建一个行组,请执行以下操作。

(1) **选择要包含在组中的所有行。**一种方法是单击行号,然后拖动以选择其他相邻的行。

> **警告**
> 不要选择汇总公式所在的行,因为你不会希望将这些行包含在组内。

(2) **选择"数据"|"分级显示"|"组合"|"组合"命令。**Excel 会为组显示分级显示符号。

(3) **为要创建的每个组重复该过程。**当折叠分级显示时,Excel 将隐藏组中的行,而由于汇总行不在组中,因此仍将显示。

> **注意**
> 在创建组之前,如果选择的是一个单元格区域(而不是整行或整列),则 Excel 将显示一个对话框,询问你要组合什么。然后它将会基于你的选择组合整行或整列。

也可以选择多个组的组以创建多级的分级显示。当创建多级分级显示时,应该总是从最里层的组合开始,然后向外组合。如果发现组合了错误的行,可以通过选择这些行,然后选择"数据"|"分级显示"|"取消组合"|"取消组合"命令来取消组合。

可以使用一些快捷键来加快组合和取消组合的过程。

● **Alt+Shift+右方向键:**组合选择的行或列。

● **Alt+Shift+左方向键:**取消组合选择的行或列。

手动创建分级显示的工作刚开始时似乎比较困难,但如果你坚持下来,很快你就能成为行家里手。

图 27-6 显示了一张本书的三级显示工作表。该表必须手动创建,因为它没有公式,只有文本。

> **配套学习资源网站**
> 该工作表可以在配套学习资源网站 www.wiley.com/go/excel2019bible 中找到,文件名为 book outline.xlsx。

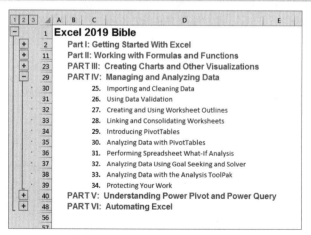

图 27-6　手动创建的本书分级显示

27.3　使用分级显示

本节将讨论可以对分级显示功能执行的基本操作。

27.3.1 显示级别

要显示分级显示中的各个级别,只需要单击相应的分级显示符号即可。这些符号由一些标有数字(1、2等)、加号(+)或减号(−)的标题组成。图27-5中显示了用于行和列分级显示的符号。

单击标题"1",将把分级显示内容完全折叠,不显示任何明细数据(只显示最高一级的汇总信息)。单击标题"2",将展开分级显示内容以显示第一级中的内容,以此类推。标题上的编号取决于分级显示的级数。选择某一个级别编号即可显示该级别的细节信息,以及任何更低级别的信息。要显示所有级别(最详细的信息),请单击最高级别的编号。

可以单击"+"按钮展开特定的部分,或单击"−"按钮折叠特定的部分。简言之,可以完全控制 Excel 在分级显示内容中所显示或隐藏的明细数据。

如果愿意,可以分别使用"数据"|"分级显示"分组上的"隐藏明细数据"和"显示明细数据"命令来隐藏和显示明细数据。

> **提示**
> 如果需要经常调整分级显示内容以显示不同的报告,那么请考虑使用"自定义视图"功能来保存特定的视图并为其命名。然后,就可以在命名的视图之间快速进行切换。要使用上述功能,请选择"视图"|"工作簿视图"|"自定义视图"命令。

27.3.2 向分级显示中添加数据

有时,需要向分级显示中添加额外的行或列。在某些情况下,可以在不影响分级显示的情况下插入新行或新列,新插入的行或列将成为分级显示的一部分。在其他情况下,新插入的行或列并不能成为分级显示的一部分。如果是自动创建的分级显示,那么请选择"数据"|"分级显示"|"组合"|"自动建立分级显示"命令。Excel 会要求你确认对现有分级显示内容的修改。如果是手动创建的分级显示,则需手动执行调整。

27.3.3 删除分级显示

如果不再需要分级显示,则可以通过选择"数据"|"分级显示"|"取消组合"|"清除分级显示"命令来删除分级显示。在显示所有隐藏的行和列之后,Excel 会完全展开分级显示部分,同时分级显示符号将消失。但是,在删除分级显示时必须特别谨慎,因为使用"撤销"按钮并不能恢复所删除的分级显示。你将必须从头开始重新创建分级显示。

27.3.4 调整分级显示符号

当手动创建分级显示时,Excel 会将分级显示符号置于汇总行下。这可能非常不直观,因为需要单击位于要展开的区域下方行中的符号。

如果要将该分级显示符号与汇总行置于同一行,单击"数据"|"分级显示"组右下角的对话框启动器。Excel 将显示如图27-7所示的对话框。从"明细数据的下方"选项删除复选标记,然后单击"确定"按钮。分级显示将在更合理的位置显示分级显示符号。

图 27-7 使用"设置"对话框调整分级显示符号的位置

27.3.5　隐藏分级显示符号

在使用分级显示时，Excel 中的分级显示符号会占据相当多的空间(具体占据的空间取决于级别数)。如果要在屏幕上看到尽可能多的数据，则可以在不删除分级显示的情况下暂时将这些符号隐藏起来。可以使用 Ctrl+8 组合键开启和关闭分级显示符号。当隐藏分级显示符号时，将不能展开或折叠分级显示。

注意

当隐藏分级显示符号时，分级显示仍然有效，工作表将显示当前分级显示级别上的数据(也就是说，某些行或列可能被隐藏起来)。

"自定义视图"功能允许保存分级显示的命名视图，并将分级显示符号的状态作为视图的一部分保存起来。这就使你既能够命名一些带有分级显示符号的视图，也能够命名一些不带有分级显示符号的视图。

第 **28** 章

链接和合并计算工作表

本章要点

- 使用各种方法链接工作簿
- 合并计算多个工作表

本章将讨论两个可使用其他工作簿或工作表的数据的过程：链接和合并计算。链接是使用对外部工作簿中单元格的引用来为自己的工作表获得数据的过程，合并计算是从两个或更多工作表(可以位于多个工作簿中)中组合或汇总信息的过程。

28.1 链接工作簿

Excel 允许创建含有对其他工作簿文件的引用的公式。在这种情况下，工作簿将以一个工作簿依赖于另一个工作簿的方式链接在一起。包含外部引用公式的工作簿是从属工作簿(因为它包含依赖于其他工作簿的公式)，包含外部引用公式所使用的信息的工作簿是源工作簿(因为它是信息来源)。

当考虑链接工作簿时，需要首先考虑下列问题：如果工作簿 A 需要访问工作簿 B 中的数据，为何不一开始就将数据输入工作簿 A 呢？在某些情况下，可以这么做。不过，当其他人不断地更新源工作簿时，链接操作的真正价值才变得明显。在创建一个从工作簿 A 到工作簿 B 的链接之后，在工作簿 A 中将总是能够访问到工作簿 B 中的最新信息，因为每当工作簿 B 被更改时，工作簿 A 将被更新。

如果需要合并计算不同的文件，则链接工作簿也很有帮助。例如，每个地区销售经理可能会各自在单独的工作簿中存储数据。在这种情况下就可以创建一个汇总工作簿，首先使用链接公式从每个经理的工作簿中检索特定数据，然后计算所有地区的总和。

链接也可用于将较大的工作簿分为一些小文件。可以创建一些较小的工作簿，并使用一些关键的外部引用将这些工作簿链接在一起。

但是，链接操作也有缺陷。外部引用公式有些脆弱，容易不小心切断创建的链接。如果了解链接的工作原理，就能阻止发生该错误。在本章后面将讨论一些可能发生的问题，以及如何避免它们发生(参见 28.4 节"避免外部引用公式中的潜在问题")。

配套学习资源网站

配套学习资源网站 www.wiley.com/go/excel2019bible 中包含两个链接的文件，可用于链接"链接功能"的工作方式，文件名为 source.xlsx 和 dependent.xlsx。只要这些文件位于同一个文件夹中，就会保留链接。

28.2　创建外部引用公式

可以使用几种不同的方法来创建外部引用公式。

● **手动输入单元格引用**。由于引用中包括工作簿和工作表的名称(甚至可能包括驱动器和路径信息)，因此这些引用可能很长。这些引用也可以指向存储在 Internet 上的工作簿。手动输入单元格引用的优点在于不必打开源工作簿，缺点则是非常容易出现错误。输入一个错误字符就会使公式返回错误的值(或可能从工作簿返回错误的值)。

● **指向单元格引用**。如果源工作簿已打开，则可以使用标准的指向方法来创建使用外部引用的公式。

● **粘贴链接**。将数据复制到剪贴板上，然后在打开源工作簿的情况下，选择"开始"|"剪贴板"|"粘贴"|"粘贴链接"命令。Excel 会将所复制的数据作为外部引用公式进行粘贴。

● 选择"数据"|"数据工具"|"合并计算"命令。有关该方法的更多信息，请参见本章后面的 28.5.3 节。

28.2.1　了解链接公式的语法

理想情况下，并不需要手动输入很多外部链接。但是，知道链接的结构，在排除问题时会有帮助。外部引用公式的一般语法如下：

```
=[WorkbookName]SheetName!CellAddress
```

在单元格地址之前首先是工作簿名称(用中括号括起来)，之后是工作表名称和一个惊叹号。下面是一个公式的示例，其中使用了名为 Budget.xlsx 的工作簿的 Sheet1 工作表中的 A1 单元格：

```
=[Budget.xlsx]Sheet1!A1
```

如果引用中的工作簿名称或工作表名称中包含一个或多个空格，则必须用单引号将上述文本括起来。例如，下面的这个公式引用了名为 Annual Budget.xlsx 的工作簿的 Sheet1 工作表中的 A1 单元格：

```
='[Annual Budget.xlsx]Sheet1'!A1
```

当公式链接到其他工作簿时，并不需要打开那个工作簿。如果此工作簿已关闭，且不在当前文件夹下，则必须在引用中添加完整的路径，例如：

```
='C:\Data\Excel\Budget\[Annual Budget.xlsx]Sheet1'!A1
```

如果工作簿存储在 Internet 上，该公式还包含 URL。例如：

```
='https://d.docs.live.net/86a6d7c1f41bd208/Documents/[Annual Budget
.xlsx]Sheet1'!A1
```

> **注意**
> 当链接包含路径或 URL(即使路径或 URL 不包含空格)时，应始终使用单引号。

28.2.2　通过指向创建链接公式

由于容易导致错误，因此手动输入外部引用公式通常并不是最好的方法。一个较好的替代办法是让 Excel 为你创建公式，如下所示：

(1) 打开源工作簿。

(2) 在要包含公式的从属工作簿中选择单元格。

(3) 键入等号(=)。

(4) 激活源工作簿，选择源工作表，然后选择相应的单元格或区域，并按 Enter 键。这将重新激活从属工作簿。

当指向单元格或区域时，Excel 将自动进行处理，创建一语法上正确的外部引用。在使用该方法时，单元格引用总是绝对引用(如$A$1)。如果要复制该公式以创建其他链接公式，则可以删除单元格地址中的美元符号，从而将绝对引用改为相对引用。

只要源工作簿仍然保持为打开状态，外部引用就不会包括该工作簿的路径(或 URL)。然而，如果关闭源工作簿，则外部引用公式将改为包括完整路径(或 URL)。

外部链接单元格也可以作为函数的参数，如 SUM 或 VLOOKUP 函数。正如可在包含函数的工作簿中指向一个单元格，也可以指向另一个工作簿中的单元格。下面是一个使用外部链接的 SUM 函数的例子：

```
=SUM([source.xlsx]Sheet1!$B$3:$B$5)
```

28.2.3　粘贴链接

粘贴链接功能提供了另一种用于创建外部引用公式的方法。当要创建的公式只是简单地引用其他单元格，而不是将链接作为更大公式的一部分时，即可使用该方法。请执行下列步骤：

(1) 打开源工作簿。

(2) 选择要链接的单元格或区域，并将其复制到"剪贴板"。最快捷的方法是按 Ctrl+C 键。

(3) 激活从属工作簿并选择要显示链接公式的单元格。如果要粘贴所复制的区域，则只需要选择其左上角单元格即可。

(4) 选择"开始"|"剪贴板"|"粘贴"|"粘贴链接"命令。

28.3　使用外部引用公式

本节将讨论有关使用链接功能的一些知识要点。了解这些细节有助于预防一些常见的错误。

28.3.1　创建指向未保存的工作簿的链接

Excel 允许创建指向未保存的工作簿(甚至是不存在的工作簿)的链接公式。假定已打开两个工作簿(Bookl 和 Book2)，并且没有对其中任何一个进行保存。如果在 Book2 中创建了一个指向 Bookl 的链接，并保存 Book2，则 Excel 将显示如图 28-1 所示的确认对话框。

通常情况下，可能并不希望保存含有指向未保存文档的链接的工作簿。要避免出现此提示，只需要首先保存源工作簿即可。

图 28-1　此确认消息表明要保存的工作簿中含有指向未保存的工作簿的引用

也可以创建指向不存在的文档的链接。如果要将一个同事的工作簿用作源工作簿，但是该文件尚未就绪，这时可能就需要执行此操作。当输入一个指向不存在的工作簿的外部引用公式时，Excel 会显示"更新值"对话框，该对话框类似于"打开"对话框。如果单击"取消"按钮，则公式将保留所输入的工作簿名称，但是将返回一个#REF!错误。

当源工作簿变得可用时，可以选择"数据"|"查询和连接"|"编辑链接"命令来更新链接。执行该操作后，将不再提示出错，并且公式将显示正确的值。

28.3.2　打开一个包含外部引用公式的工作簿

当打开一个包含链接的工作簿时，Excel 将显示一个对话框(如图 28-2 所示)，询问你要执行的操作。选项如下所示。

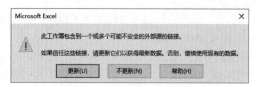

图 28-2 当打开含有指向其他文件的链接的工作簿时，Excel 会显示此对话框

- **更新**：使用源文件中的最新信息更新链接。
- **不更新**：不更新链接，工作簿将显示链接公式所返回的之前的值。
- **帮助**：显示"Excel 帮助"屏幕，其中显示有关链接的信息。

> **提示：**
> 要阻止 Excel 显示图 28-2 中的对话框，可打开"Excel 选项"对话框，选择"高级"选项卡，然后在"常规"部分中，取消选中"请求自动更新链接"复选框。这将为所有工作簿禁用此对话框。

如果选择更新链接，但源工作簿不再可用，这时会出现什么情况？如果 Excel 找不到在链接公式中引用的源工作簿，就会显示一个对话框，其中包含两个选项。

- **继续**：打开工作簿，但是不更新链接。
- **编辑链接**：显示"编辑链接"对话框，如图 28-3 所示。可以单击"更改源"按钮来指定其他工作簿，或单击"断开链接"按钮以删除链接并保留当前值。

图 28-3 "编辑链接"对话框

也可以通过选择"数据"|"查询和连接"|"编辑链接"命令来访问"编辑链接"对话框。"编辑链接"对话框中列出了所有源工作簿，以及指向其他文件的其他类型的链接。

28.3.3 更改启动提示

当打开含有一个或多个外部引用公式的工作簿时，Excel 在默认情况下将显示如图 28-2 所示的对话框，询问你要如何处理链接。可以通过更改"启动提示"对话框(见图 28-4)中的一个设置来取消此提示。

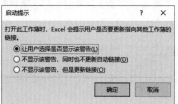

图 28-4 使用"启动提示"对话框指定在打开工作簿时 Excel 对链接的处理方式

要显示"启动提示"对话框，请选择"数据"|"查询和连接"|"编辑链接"命令，这样将显示"编辑链接"

对话框(见图 28-3)。在"编辑链接"对话框中，单击"启动提示"按钮，然后即可选择符合自己需要的处理链接的选项。

28.3.4　更新链接

如果要确保链接公式中始终具有源工作簿中的最新值，那么可以强制执行更新。例如，假设发现有人对源工作簿进行了修改，并在网络服务器上保存了源工作簿的最新版本。在这种情况下，就可能需要对链接进行更新来显示当前数据。

要使用当前值更新链接公式，请打开"编辑链接"对话框(选择"数据"|"查询和连接"|"编辑链接"命令)，在列表中选择相应的源工作簿，然后单击"更新值"按钮(参见图 28-3)。这样，Excel 将使用最新版本的源工作簿更新链接公式。

> **注意**
> Excel 总是在"编辑链接"对话框中将工作表链接设置为"自动更新"选项，而且不能将其更改为手动，这就意味着只有当你打开工作簿时，Excel 才会更新链接。Excel 不会在源工作簿发生更改时自动更新链接(除非源工作簿已打开)。

28.3.5　更改链接源

在某些情况下，可能需要更改外部引用中的源工作簿。例如，假设一个工作表含有指向名为 Preliminary Budget 的文件的链接，但之后又收到一个名为 Final Budget 的最终版本。

可以使用"编辑链接"对话框(选择"数据"|"查询和连接"|"编辑链接"命令)更改链接源。方法是选择要更改的源工作簿，然后单击"更改源"按钮(参见图 28-3)。Excel 将显示"更改源"对话框，可以从中选择一个新的源文件。选择文件之后，所有引用旧文件的外部引用公式将会被更新。

28.3.6　断开链接

如果工作簿中含有一些外部引用，但之后决定不再需要这些链接，在这种情况下，可以将外部引用公式转换为值，从而断开链接。为此，请访问"编辑链接"对话框(选择"数据"|"查询和连接"|"编辑链接"命令)，在列表中选择链接的文件，然后单击"断开链接"(参见图 28-3)。

> **警告**
> Excel 会提示你确认上述操作，因为此操作不能撤销。

28.4　避免外部引用公式中的潜在问题

使用外部引用公式非常有用，但链接可能会意外地断开。只要源文件没有被删除，就几乎总是可以重新建立断开的链接。如果在打开工作簿时 Excel 无法找到文件，则你将会看到一个对话框，要求指定工作簿，并重新建立链接。还可以通过"编辑链接"对话框(选择"数据"|"查询和连接"|"编辑链接"命令)中的"更改源"按钮来更改源文件。以下各节将讨论一些在使用外部引用公式时必须注意的事项。

28.4.1　重命名或移动源工作簿

如果对源文档进行重命名或将其移动到其他文件夹，则 Excel 将无法更新链接。需要使用"编辑链接"对话框，并指定新的源文档。

> **注意**
> 如果源文件和从属文件位于同一个文件夹中，则可以将这两个文件同时移动到另一个文件夹中。在这种情况下，链接将保持不变。

28.4.2 使用"另存为"命令

如果源工作簿和从属工作簿都已打开，则 Excel 将不在外部引用公式中显示完整的源文件路径。如果使用"文件"|"另存为"命令为源工作簿分配一个新名称，则 Excel 将修改外部引用，以使用新工作簿名称。在某些情况下，此更改可能是你想要的。但在其他一些情况下，你可能并不希望这样做。

下面是一个有关使用"文件"|"另存为"命令可能导致问题的示例：首先在源工作簿中完成工作，并保存该文件。然后，为了确保安全，使用"文件"|"另存为"命令在其他驱动器上生成一个备份副本。现在，从属工作簿中的公式将引用备份副本，而不是原来的源文件。这并不是你想要的。

底线是什么？在对作为其他已打开工作簿的链接源文件的工作簿使用"文件"|"另存为"命令时一定要谨慎。

28.4.3 修改源工作簿

如果要打开作为其他工作簿的源工作簿的工作簿，则当包含链接的工作簿未打开时，必须非常小心。例如，如果在源工作簿中添加一个新行，则所有单元格将会向下移动一行。而当你打开从属工作簿时，它仍然会使用旧的单元格引用——这可能并不是你想要的。

> **注意**
> 可以很容易地确定特定从属工作簿的源工作簿：只需要观察一下"编辑链接"对话框(选择"数据"|"查询和连接"|"编辑链接"命令)中列出的文件即可。然而，无法确定特定工作簿是否是另一个工作簿的源工作簿。

可以通过以下方法避免这个问题。

- **在修改源工作簿时始终打开从属工作簿**。如果这样做，则在更改工作簿时，Excel 将调整从属工作簿中的外部引用。
- **在链接公式中使用单元格的名称而不是单元格引用**。这种方法是最安全的。
- **使用公式引用单元格**：你的源工作簿的结构可能不允许使用这种方法。

下面的链接公式引用了 budget.xlsx 工作簿的 Sheet1 工作表中的单元格 C21：

`=[budget.xlsx]Sheet1!$C$21`

如果单元格 C21 被命名为 Total，则可以使用该名称来编写公式：

`=budget.xlsx!Total`

通过使用名称，可以确保链接能够获取正确的值，即使在源工作簿中添加或删除行或列时也是如此。

请注意，文件名不用中括号括起来。这是因为假定 Total 是工作簿级别的名称，并且不需要用工作表名称进行限定。如果 Total 是工作表级别的名称(在 Sheet1 上定义)，该公式将为：

`=[budget.xlsx]Sheet1!Total`

> **交叉引用**
> 有关为单元格和区域创建名称的信息，请参见第4章。

如果源工作簿包含一个月份和值的列表，而你想要返回 July(6 月)的值，则可以使用下面的公式：

`=VLOOKUP("July",source.xlsx!MonthValues,2,FALSE)`

源工作簿有一个工作簿级别的名称 MonthValues。如果使用单元格引用，那么当源工作簿中插入新行时，仍会出现问题。但是，通过命名整个区域，就不需要为每个月份单独创建命名区域。

28.4.4 使用中间链接

Excel 对外部引用的复杂性没有许多限制。例如，工作簿 A 可以包含指向工作簿 B 的外部引用，而工作簿 B 可以包含指向工作簿 C 的外部引用。在这种情况下，工作簿 A 中的值将最终取决于工作簿 C 中的值，而工作簿 B 是一个中间链接。

本书不推荐使用中间链接，但是，如果必须使用它们，请注意，Excel 将不会在从属工作簿关闭时更新外部引用公式。在前面的示例中，假设工作簿 A 和 C 是打开的。如果更改工作簿 C 中的值，则工作簿 A 不会反映此更改，因为没有打开工作簿 B(中间链接)。

28.5　合并计算工作表

在工作表环境中，术语"合并计算(consolidation)"是涉及多个工作表或工作簿文件的一些操作。在某些情况下，合并计算涉及创建链接公式。下面是两个有关合并计算的常见示例。

- 公司中每个部门的预算都存储在一个工作簿中，其中为每个部门提供一个单独的工作表。需要合并计算数据，并在一个工作表上创建公司范围的预算。
- 每个部门的主管以单独的工作簿文件为你提交预算。你的任务是将这些文件合并计算为全公司的预算。

这些类型的任务可能会很困难，也可能会很容易。如果信息在每个工作表中的布局完全相同，则此任务很简单。如果各工作表的布局不相同，也可能有足够的相似点。在第二个示例中，提交给你的一些预算文件可能会缺少在某个特定部门中并不会使用的分类。在这种情况下，就可以使用 Excel 中的一个方便的功能，通过行和列标题匹配数据。

如果各工作表之间的相似之处很少或根本没有，那么最好的选择可能就是编辑工作表，让它们互相对应。或者，将文件返回到部门负责人，并要求他们使用标准格式提交文件。最好是重新设计你的工作流程，以使用规范化表格作为数据透视表的源。

可以使用以下任意一种方法合并计算多个工作簿中的信息：

- 使用外部引用公式。
- 复制数据，然后选择"开始"|"剪贴板"|"粘贴"|"粘贴链接"命令。
- 使用"合并计算"对话框，可以通过选择"数据"|"数据工具"|"合并计算"命令来显示此对话框。

> **要重新思考你的合并计算策略吗？**
>
> 如果你正在阅读本章，很可能是想获得一种用于合并多个源中的数据的好方法。我们描述的合并计算方法可以工作，但它们可能不是针对此问题最有效的解决方法。
>
> 典型的预算实际上是汇总信息。处理"规范化"数据通常更容易，其中的每个数据项对应于一行。可以使用 Excel 最复杂的工具(数据透视表)来合并计算和汇总信息。
>
> 例如，针对区域 1 的预算可能会显示一月份 IT 部门培训费用的数值。如果不是简单地在网格中输入数值，而将其输入一个包含多列(用于描述该数值)的表格，则可获得很大的灵活性。例如，此单个项可以表示为规范化表格(具有六个标题：区域、部门、费用说明、月、年和预算金额)中的一行。
>
> 如果每个区域经理以这种格式提交预算信息，则能够轻松地将数据合并到一个工作表，然后创建以所需的任何布局显示汇总信息的数据透视表。

28.5.1　通过公式合并计算工作表

使用公式执行合并计算时，只需要创建使用指向其他工作表或工作簿的引用的公式即可。使用这种方法进行合并计算的主要优点在于：

- 如果源工作表中的值发生更改，公式会自动更新。
- 在创建合并计算公式时，不必打开源工作簿。

如果要合并计算同一个工作簿中的工作表，并且所有工作表的布局相同，则合并计算任务很容易完成。只需要使用标准公式创建合并计算即可。例如，如果要计算工作表 Sheet2 到 Sheet10 中单元格 A1 的总和，请输入下列公式：

```
=SUM(Sheet2:Sheet10!A1)
```

既可以手动输入此公式，也可以使用多工作表选择方法。然后，可以复制此公式，从而为其他单元格创建汇总公式。

交叉引用
有关多工作表选择方法的详细信息，请参见第 4 章。

如果合并计算过程涉及其他工作簿，那么可以使用外部引用公式来执行合并计算。例如，如果要对两个工作簿(名为 Region1 和 Region2)的 Sheet1 工作表中的单元格 B2 的值求和，则可以使用下列公式：

```
=[Region1.xlsx]Sheet1!B2+[Region2.xlsx]Sheet1!B2
```

可以在这个公式中包含任意数目的外部引用，一个公式中最多可包含 8000 个字符。然而，如果使用很多外部引用，那么此类公式可能会很长，并在编辑它时容易导致混淆。

如果要合并计算的工作表的布局不一致，也仍然可以使用公式，但必须确保每个公式引用正确的单元格——此任务既繁杂又容易出错。

28.5.2　使用“选择性粘贴”功能合并计算工作表

另一种用于合并计算信息的方法是使用“选择性粘贴”对话框。这种方法利用了这样一个事实：“选择性粘贴”对话框可以在从剪贴板粘贴数据时进行数学运算。例如，可以使用“加”选项向选定的区域添加所复制的数据。图 28-5 显示了“选择性粘贴”对话框。

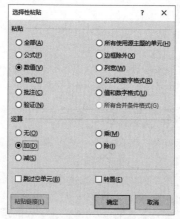

图 28-5　在“选择性粘贴”对话框中选择“加”运算

只有当要合并计算的所有工作表都已经打开时，这种方法才适用。这种方法的缺点在于，合并计算过程不是动态的。换句话说，它不生成将引用原始源数据的公式。因此，如果已合并计算的数据发生变化，则合并计算结果将不再准确。

以下是使用此方法的步骤：

(1) 从第一个源区域复制数据。

(2) 激活从属工作簿，然后为合并计算后的数据选择一个位置。一个单元格就已足够。

(3) 选择“开始” | “剪贴板” | “粘贴” | “选择性粘贴”命令，将显示“选择性粘贴”对话框。

(4) 选择“数值”选项和“加”运算，然后单击“确定”按钮。

对要合并计算的每个源区域重复这些步骤。确保在第(2)步中为每个粘贴操作选择相同的位置。

警告
此方法可能是最差的数据合并计算方法。它不仅很容易出错，而且因为不使用公式，所以这意味着没有“线索”。如果发现错误，可能难于或者无法确定错误的来源。

28.5.3　使用"合并计算"对话框来合并计算工作表

最佳的数据合并计算方法是使用"合并计算"对话框。这种方法非常灵活，在某些情况下，它甚至可以在源工作表布局不同的情况下完成任务。这种方法可以创建静态(无链接公式)合并计算或动态(有链接公式)合并计算。数据合并计算功能支持以下合并计算方法。

- **按位置**：此方法只在工作表布局完全相同时才有效。
- **按分类**：Excel 使用行和列标签匹配源工作表中的数据。如果源工作表中数据的布局不同，或如果某些源工作表缺少行或列，就可以使用此选项。

图 28-6 显示了"合并计算"对话框。可通过选择"数据"|"数据工具"|"合并计算"命令来访问此对话框。

图 28-6　可以使用"合并计算"对话框指定要合并计算的区域

以下是对此对话框中各个控件的描述。

- **"函数"下拉列表**：指定合并计算类型。"求和"是最常用的合并计算函数，但也可以从其他 10 个选项中进行选择。
- **"引用位置"文本框**：指定源文件中要合并计算的区域。既可以手动输入区域引用，也可以使用任何标准的指向方法(如果工作簿处于打开状态)。还可以接受命名的区域。当在此框中输入区域之后，单击"添加"将其添加到"所有引用位置"列表。如果要按位置执行合并计算，请不要在区域中包含标签。如果要按分类执行合并计算，请在区域中包含标签。
- **"所有引用位置"列表框**：包含已使用"添加"按钮添加的引用的列表。
- **"标签位置"复选框**：用于指示 Excel 通过首行、最左列或这两个位置的标签来执行合并计算。在按分类执行合并计算时，请使用这些选项。
- **"创建指向源数据的链接"复选框**：当选择此选项时，Excel 会为每个标签创建汇总公式，并创建分级显示。如果不选择此选项，则合并计算将不使用公式，也不会创建分级显示。
- **"浏览"按钮**：单击可显示一个对话框，允许选择要打开的工作簿。它将在"引用位置"框中插入文件名，但你必须提供区域引用。如果所有要合并计算的工作簿都处于打开状态，那么你会发现所要完成的工作会变得容易得多。
- **"添加"按钮**：单击可将"引用位置"框中的引用添加到"所有引用位置"列表中。请确保在指定所有区域之后再单击此按钮。
- **"删除"按钮**：单击可从"所有引用位置"列表中删除选定的引用。

28.5.4　工作簿合并计算示例

本节中的简单示例说明了数据合并计算的功能。图 28-7 显示了 3 个要进行合并计算的包含单个工作表的工作簿。这些工作表报告了 3 个月的产品销售情况。但是请注意，它们报告的并不是相同的产品。此外，产品甚至没有以相同的顺序列出。换言之，这些工作表的布局方式各不相同。在这种情况下，手动建立合并计算公式是一个非常烦琐的过程。

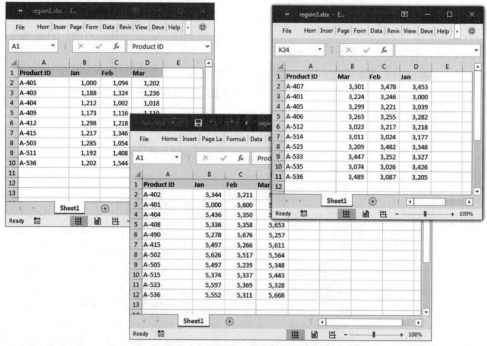

图 28-7　要进行合并计算的 3 个工作簿

配套学习资源网站

配套学习资源网站 www.wiley.com/go/excel2019bible 中提供了这些工作簿。文件名为 region1.xlsx、region2.xlsx 和 region3.xlsx。

为了合并计算这些信息，首先需要创建一个新工作簿。不必打开源工作簿，但如果它们处于打开状态，则更容易完成合并计算工作。请执行以下步骤来合并计算工作簿：

(1) 选择"数据"|"数据工具"|"合并计算"命令。将显示"合并计算"对话框。

(2) 从"函数"下拉列表选择要使用的合并汇总类型。这个示例中使用的是"求和"。

(3) 输入要合并计算的第一个工作表的引用。如果该工作簿已打开，则可以指向引用。如果没有打开，则需要单击"浏览"按钮来定位到磁盘上的文件。引用中必须包含一个区域。可以使用包含整列的区域，如 A:K。此区域大于要进行合并计算的实际区域，但使用此区域可以保证如果新行和新列被添加到源文件，合并仍将正常工作。

(4) 当"引用位置"框中的引用正确时，单击"添加"按钮将其添加到"所有引用位置"列表中。

(5) 输入第二个工作表的引用。既可以指向工作簿 Region2 中的区域，也可以通过将 Region1 更改为 Region2，然后单击"添加"按钮来简单地编辑现有的引用。此引用将被添加到"所有引用位置"列表中。

(6) 输入第三个工作表的引用。同样，可以通过将 Region2 更改为 Region3，然后单击"添加"按钮来编辑现有引用。这是添加到"所有引用位置"列表中的最后一个引用。

(7) 由于工作表的布局不一样，因此选择"最左列"和"首行"复选框以强制 Excel 使用标签匹配数据。

(8) 选择"创建指向源数据的链接"复选框，使 Excel 创建一个包含外部引用的分级显示。

(9) 单击"确定"按钮开始合并计算。

Excel 将创建一个以活动单元格开始的合并计算。请注意，Excel 创建了一个分级显示，该分级显示已折叠为只显示每个产品的分类汇总。如果展开分级显示(通过单击数字"2"或分级显示中的加号(+)符号)，可以看到更多细节。如果进一步检查，则会发现每一个详细信息单元格都是一个外部引用公式，使用了源文件中的相应单元格。因此，当源工作簿中的任何值发生更改时，合并计算的结果将自动更新。

图 28-8 显示了合并计算的结果，图 28-9 显示的是详细信息(分级显示已展开)。

	A	B	C	D	E	F
1			Jan	Feb	Mar	
3	A-402		5,344	5,211	5,526	
5	A-407		3,453	3,478	3,301	
9	A-401		9,000	9,940	9,877	
11	A-403		1,188	1,324	1,236	
14	A-404		6,648	6,352	6,228	
16	A-409		1,173	1,116	1,110	
18	A-412		1,298	1,218	1,467	
20	A-408		5,336	5,358	5,653	
22	A-490		5,278	5,676	5,257	
25	A-415		6,714	6,612	6,617	
27	A-503		1,285	1,054	1,298	
29	A-511		1,192	1,408	1,010	
31	A-502		5,626	5,517	5,564	
33	A-505		5,497	5,239	5,348	
35	A-515		5,374	5,337	5,443	
37	A-405		3,039	3,221	3,299	
39	A-406		3,282	3,255	3,263	
41	A-512		3,218	3,217	3,023	
43	A-514		3,177	3,024	3,011	
46	A-523		8,945	8,851	8,537	
48	A-533		3,327	3,223	3,447	
50	A-535		3,426	3,026	3,074	
54	A-536		9,959	9,942	10,889	
55						

图 28-8　对 3 个工作簿中的信息执行合并计算的结果

	A	B	C	D	E	F
1			Jan	Feb	Mar	
2		Region2	5,344	5,211	5,526	
3	A-402		5,344	5,211	5,526	
4		Region3	3,453	3,478	3,301	
5	A-407		3,453	3,478	3,301	
6		Region1	1,000	1,094	1,202	
7		Region2	5,000	5,600	5,451	
8		Region3	3,000	3,246	3,224	
9	A-401		9,000	9,940	9,877	
10		Region1	1,188	1,324	1,236	
11	A-403		1,188	1,324	1,236	
12		Region1	1,212	1,002	1,018	
13		Region2	5,436	5,350	5,210	
14	A-404		6,648	6,352	6,228	
15		Region1	1,173	1,116	1,110	
16	A-409		1,173	1,116	1,110	
17		Region1	1,298	1,218	1,467	
18	A-412		1,298	1,218	1,467	
19		Region2	5,336	5,358	5,653	
20	A-408		5,336	5,358	5,653	
21		Region2	5,278	5,676	5,257	
22	A-490		5,278	5,676	5,257	
23		Region1	1,217	1,346	1,006	
24		Region2	5,497	5,266	5,611	
25	A-415		6,714	6,612	6,617	
26		Region1	1,285	1,054	1,298	
27	A-503		1,285	1,054	1,298	
28		Region1	1,192	1,408	1,010	

图 28-9　展开分级显示以显示更详细的信息

交叉引用

有关 Excel 分级显示功能的更多信息，请参阅第 27 章。

28.5.5　刷新合并计算

当选择创建公式的选项时，只会为在执行合并计算时存在的数据，在合并计算工作簿中创建外部引用。因此，如果在任何原始工作簿中添加新行，则必须重新执行合并计算。幸运的是，合并计算参数已经储在工作簿中，因此在根据需要重新执行合并计算时，操作很简单。这就是为什么要指定完整的列并包括额外列(上一节的步骤(3))的原因。

Excel 将记住你在"合并计算"对话框中输入的引用，并将它们与工作簿一起保存。这样，如果需要刷新合并计算操作，就不必重新输入引用。只需要显示"合并计算"对话框，验证区域是否正确，然后单击"确定"按钮即可。

警告：

在执行完合并计算之后，当 Excel 应用了分级显示时，重新运行合并计算的结果是无法预测的。要确保能够成功地重新执行合并计算，需要删除分级显示，删除单元格内容，打开"合并计算"对话框，然后单击"确定"按钮。

28.5.6　有关合并计算的更多信息

无论要执行合并计算的源是怎样的，Excel 都可以非常灵活地执行合并计算功能。可以对以下工作簿中的数据执行合并计算：

- 打开的工作簿。
- 关闭的工作簿。需要手动输入引用，但可以使用"浏览"按钮来获取引用的文件名部分。
- 要在其中创建合并计算的同一个工作簿。

当然，也可以在单个合并计算中混合使用以上源。

如果要通过匹配标签来执行合并计算，请注意必须是完全匹配。例如，Jan 与 January 并不匹配。但是，匹配过程不区分大小写，因此 April 与 APRIL 是匹配的。此外，标签可以是按任何顺序排列的，它们并不需要在所有源区域中具有相同的顺序。

如果没有选中"创建指向源数据的链接"复选框，则 Excel 将生成一个静态的合并计算(不创建公式)。因此，如果任何源工作表上的数据发生更改，则合并计算将不会自动更新。要更新汇总信息，需要再次选择"数据" | "数据工具" | "合并计算"命令。

交叉引用

如果选择了"创建指向源数据的链接"复选框，则 Excel 将创建一个标准的工作表分级显示，可以使用在第 27 章中介绍的方法来处理分级显示。

第**29**章

数据透视表简介

本章要点

- 数据透视表简介
- 适用于数据透视表的数据类型
- 数据透视表术语
- 如何创建数据透视表
- 用于解决具体数据问题的数据透视表示例

数据透视表可能是 Excel 中技术最复杂的组件。然而只需要单击几下鼠标，就能以数十种不同的方式切分数据表，得到希望得到的任何类型的汇总。

如果你还未发现数据透视表的强大功能，本章将详细地为你介绍，第30章将继续使用很多示例来演示如何利用数据透视表来轻松地创建强大的数据汇总。

29.1 数据透视表简介

数据透视表在本质上是一个从数据库生成的动态汇总报表。这里所指的数据库既可以位于一个工作表中(以表格形式存在)，也可以位于外部数据文件中。数据透视表可以将无穷多行和列的数据转换成有意义的数据表示形式，并且完成此工作的速度快到令人惊讶。

也许数据透视表最强大的方面在于它的交互性。在创建数据透视表后，可以按照任何想到的方式重新排列信息，甚至可以插入特殊的公式以执行各种新的计算，甚至还可以为汇总项创建特别分组(例如，合并北部区域汇总和西部区域汇总)。只需要单击几下鼠标，就可将格式应用到数据透视表，从而将其转换为一个富有吸引力的报表(尽管这种报表有一定局限性)。

使用数据透视表的一个小缺点在于，与基于公式的汇总报表不同，当更改源数据时，数据透视表不会自动更新。但是，这个小缺点并不会带来十分严重的问题，因为只要单击"刷新"按钮，就能强制数据透视表将其自身更新为使用最新的数据。

数据透视表是在 Excel 97 中引入的，并在 Excel 的每一个新版本中都有改进。但令人遗憾的是，许多用户认为其过于复杂，所以选择不使用此功能。在读完本章后，你将发现，虽然数据透视表非常强大，但是掌握起来并不困难。

29.1.1 数据透视表示例

理解数据透视表概念的最好方法是观察一个实际示例。图 29-1 显示的是本章中用于创建数据透视表的部分数据。这些数据正好出现在一个表格(使用"插入"|"表格"|"表格"命令创建)中，但这并不是创建数据透视表的要求。

	A	B	C	D	E	F	G
1	Date	Weekday	Amount	AcctType	OpenedBy	Branch	Customer
2	4/1/2019	Friday	5,000	IRA	New Accts	Central	Existing
3	4/1/2019	Friday	10,000	CD	Teller	North County	Existing
4	4/1/2019	Friday	500	Checking	New Accts	Central	Existing
5	4/1/2019	Friday	11,779	CD	Teller	Central	New
6	4/1/2019	Friday	4,623	Savings	New Accts	North County	Existing
7	4/1/2019	Friday	8,721	Savings	New Accts	Westside	New
8	4/1/2019	Friday	15,276	Savings	New Accts	North County	Existing
9	4/1/2019	Friday	5,000	Savings	New Accts	Westside	Existing
10	4/1/2019	Friday	12,000	CD	New Accts	Westside	Existing
11	4/1/2019	Friday	13,636	CD	New Accts	North County	Existing
12	4/1/2019	Friday	7,177	Savings	Teller	North County	Existing
13	4/1/2019	Friday	6,837	Savings	New Accts	Westside	Existing
14	4/1/2019	Friday	3,171	Checking	New Accts	Westside	Existing
15	4/1/2019	Friday	50,000	Savings	New Accts	Central	Existing
16	4/1/2019	Friday	4,690	Checking	New Accts	North County	New
17	4/1/2019	Friday	12,438	Checking	New Accts	Central	Existing
18	4/1/2019	Friday	5,000	Checking	New Accts	North County	Existing
19	4/1/2019	Friday	7,000	Savings	New Accts	North County	New
20	4/1/2019	Friday	11,957	Checking	New Accts	Central	Existing
21	4/1/2019	Friday	14,571	CD	Teller	Central	New
22	4/1/2019	Friday	15,000	CD	New Accts	Central	Existing
23	4/1/2019	Friday	5,879	Checking	New Accts	Central	Existing
24	4/1/2019	Friday	4,000	Savings	New Accts	Central	Existing
25	4/1/2019	Friday	15,759	CD	Teller	Westside	Existing
26	4/1/2019	Friday	7,427	Checking	New Accts	North County	Existing
27	4/1/2019	Friday	4,500	Checking	New Accts	North County	New
28	4/1/2019	Friday	12,962	Checking	Teller	Central	Existing
29	4/1/2019	Friday	500	Checking	New Accts	Central	New
30	4/1/2019	Friday	5,364	Checking	Teller	Central	New
31	4/1/2019	Friday	16,000	CD	New Accts	Central	New
32	4/1/2019	Friday	14,867	Checking	Teller	North County	Existing

图 29-1 此表格用于创建数据透视表

此表格由某银行的 3 家分行在一个月内新增的账户的信息组成，表格中有 712 行，每行表示一个新账户。表格中含有以下列：

- 账户的开户日期
- 账户开户日期是星期几
- 开户时存入的金额
- 账户类型(CD、支票账户、储蓄账户或 IRA)
- 谁开的账户(出纳员或新客户代表)
- 账户的分行(中央分行、西部分行或北部分行)
- 客户类型(现有客户或新客户)

配套学习资源网站

配套学习资源网站 www.wiley.com/go/excel2019bible 中提供了此工作簿，名为 bank accounts.xlsx。

银行账户数据库中包含很多信息。但是在其当前格式中，数据并不能展现许多信息。为了使数据更加有用，就需要对它们进行汇总。对数据库进行汇总从本质上讲是以不同的方式排列数据，以回答关于这些数据的问题的过程。银行管理人员可能会对下面的一些问题感兴趣：

- 每个分行每天的新增存款总额是多少？
- 一周中哪一天的存款金额最多？
- 每个分行的每种账户类型的开户数是多少？
- 开户时存取的金额是多少？
- 出纳人员最常开的账户类型是什么？
- 哪个分行的出纳人员为新客户开的支票账户最多？

当然，可以通过排序数据和编辑公式来回答这些问题。但是通常来说，数据透视表是更好的选择。创建数据透视表的过程只需要几秒钟，不需要任何公式。不仅如此，与创建公式相比，数据透视表更不容易出错。

本章后面的一些数据透视表将回答以上问题。

图 29-2 显示了一个由银行数据生成的数据透视表。该数据透视表显示了按分行和账户类型进行细分之后的新增存入额。这个特定数据汇总表只是可以从这些数据生成的数十个汇总表中的一个。

图 29-3 显示了从这些银行数据生成的另一个数据透视表。这个数据透视表对 Customer 项(第 2 行)使用了“报表筛选”下拉菜单。图中的数据透视表只显示了现有客户的数据(也可以从下拉菜单中选择新客户或所有客户)。

请注意表的方向的变化。对于这个数据透视表，分行显示为列标签，账户类型显示为行标签。这种改变只需要 5 秒钟就可以完成，是数据透视表灵活性的另一个示例。

计数项:Amount	列标签				
行标签	CD	Checking	IRA	Savings	总计
Central	97	158	8	99	362
North County	60	61	15	61	197
Westside	54	59	5	35	153
总计	211	278	28	195	712

图 29-2 一个简单的数据透视表

Customer	Existing			
计数项:Amount	列标签			
行标签	Central	North County	Westside	总计
CD	59	40	28	127
Checking	109	35	39	183
IRA	8	13	5	26
Savings	63	39	29	131
总计	239	127	101	467

图 29-3 使用报表筛选的数据透视表

为什么称为“pivot”(数据透视)?

你是否对词语 pivot(数据透视)感到好奇?

pivot 是一个动词，表示“旋转”“转动”的意思。如果将要处理的数据看作一个物理对象，那么通过 pivot 表(数据透视表)能从不同的角度或方面观察数据汇总。数据透视表允许自由地移动字段、嵌套字段，甚至可以为项目创建特别分组。

当我们手上拿到一个陌生事物并需要辨认它时，常需要从不同的角度观察它，以尝试做出判断。使用数据透视表的过程就很像针对一个陌生事物的观察过程，只不过，这里的事物是数据。要熟悉数据透视表，必须不断地进行实验，不断地旋转和处理数据透视表，直到得到满意的结果。你将得到意外的惊喜。

29.1.2 适用于数据透视表的数据

数据透视表要求数据的格式是矩形数据表。既可以将数据库存储在一个工作表区域中(既可以是表格，也可以是普通的区域)，也可以将其存储在外部数据库文件中。虽然 Excel 可以从任何数据库生成数据透视表，但不是所有的数据库都适用。

一般而言，数据库表中的字段包括两类信息。

- **数据**：包含要汇总的值或数据。在银行账户示例中，字段 Amount 是一个数据字段。
- **类别**：用于描述数据。在银行账户示例中，字段 Date、Weekday、AcctType、OpenedBy、Branch 和 Customer 都是类别字段，因为它们都用于描述“Amount”字段中的数据。

注意

适用于数据透视表的数据库表被视为“规范化”的数据库表。换句话说，每个记录(或行)都包含用于描述数据的信息。

单个数据库表可以包含任意数量的数据字段和类别字段。当创建数据透视表时，通常需要汇总一个或多个数据字段。相反地，类别字段的值将会在数据透视表中显示为行、列或筛选项。

但是也存在例外情况，你可能会发现，Excel 甚至能对不包含实际数值数据字段的数据库创建数据透视表。

交叉引用

第 30 章中就有一个从非数值型数据创建数据透视表的示例。

图 29-4 所示的是一个不适合建立数据透视表的 Excel 区域。你可能会认出这是第 27 章中的分级显示示例中的数据。虽然该区域包括针对每个值的描述性信息，但它并没有包含规范化的数据。事实上，这个区域类似于一个数据透视表汇总，但它的灵活性差很多。

	A	B	C	D	E	F	G	H	I	J	K
1	State	Jan	Feb	Mar	Qtr-1	Apr	May	Jun	Qtr-2	Total	
2	California	1,118	1,960	1,252	4,330	1,271	1,557	1,679	4,507	8,837	
3	Washington	1,247	1,238	1,028	3,513	1,345	1,784	1,574	4,703	8,216	
4	Oregon	1,460	1,954	1,726	5,140	1,461	1,764	1,144	4,369	9,509	
5	Arizona	1,345	1,375	1,075	3,795	1,736	1,555	1,372	4,663	8,458	
6	West Total	5,170	6,527	5,081	16,778	5,813	6,660	5,769	18,242	35,020	
7	New York	1,429	1,316	1,993	4,738	1,832	1,740	1,191	4,763	9,501	
8	New Jersey	1,735	1,406	1,224	4,365	1,706	1,320	1,290	4,316	8,681	
9	Massachusetts	1,099	1,233	1,110	3,442	1,637	1,512	1,006	4,155	7,597	
10	Florida	1,705	1,792	1,225	4,722	1,946	1,327	1,357	4,630	9,352	
11	East Total	5,968	5,747	5,552	17,267	7,121	5,899	4,844	17,864	35,131	
12	Kentucky	1,109	1,078	1,155	3,342	1,993	1,082	1,551	4,626	7,968	
13	Oklahoma	1,309	1,045	1,641	3,995	1,924	1,499	1,941	5,364	9,359	
14	Missouri	1,511	1,744	1,414	4,669	1,243	1,493	1,820	4,556	9,225	
15	Illinois	1,539	1,493	1,211	4,243	1,165	1,013	1,445	3,623	7,866	
16	Kansas	1,973	1,560	1,243	4,776	1,495	1,125	1,387	4,007	8,783	
17	Central Total	7,441	6,920	6,664	21,025	7,820	6,212	8,144	22,176	43,201	
18	Grand Total	18,579	19,194	17,297	55,070	20,754	18,771	18,757	58,282	113,352	
19											

图 29-4　这个区域不适于创建数据透视表

图 29-5 显示的是与上面相同的数据，但其中的数据是规范化的数据。这个区域包含 78 行数据——表示的是 13 个州在 6 个月内的销售额数据。请注意，每一行都包含了销售值的类别信息。此表格是适于创建数据透视表的理想对象，它包含了按地区或季度汇总信息的所有必要信息。

	A	B	C	D	E	F
1	State	Region	Month	Qtr	Sales	
2	California	West	Jan	Qtr-1	1,118	
3	California	West	Feb	Qtr-1	1,960	
4	California	West	Mar	Qtr-1	1,252	
5	California	West	Apr	Qtr-2	1,271	
6	California	West	May	Qtr-2	1,557	
7	California	West	Jun	Qtr-2	1,679	
8	Washington	West	Jan	Qtr-1	1,247	
9	Washington	West	Feb	Qtr-1	1,238	
10	Washington	West	Mar	Qtr-1	1,028	
11	Washington	West	Apr	Qtr-2	1,345	
12	Washington	West	May	Qtr-2	1,784	
13	Washington	West	Jun	Qtr-2	1,574	
14	Oregon	West	Jan	Qtr-1	1,460	
15	Oregon	West	Feb	Qtr-1	1,954	
16	Oregon	West	Mar	Qtr-1	1,726	
17	Oregon	West	Apr	Qtr-2	1,461	
18	Oregon	West	May	Qtr-2	1,764	
19	Oregon	West	Jun	Qtr-2	1,144	
20	Arizona	West	Jan	Qtr-1	1,345	
21	Arizona	West	Feb	Qtr-1	1,375	
22	Arizona	West	Mar	Qtr-1	1,075	

图 29-5　这个区域包含规范化的数据，因此适合于创建数据透视表

图 29-6 显示的是一个从规范化数据创建的数据透视表。正如你所看到的，它类似于图 29-4 中显示的非规范化数据。规范化的数据在设计报表方面提供了最高的灵活性。

配套学习资源网站

配套学习资源网站 www.wiley.com/go/excel2019bibl 中提供了此工作簿，名为 normalized data.xlsx。

	A	B	C	D	E	F	G
1							
2							
3	求和项:Sales	列标签 ▼					
4		⊟Qtr-1			Qtr-1 汇总	⊟Qtr-2	
5	行标签 ▼	Jan	Feb	Mar		Apr	May
6	⊟Central	7,441	6,920	6,664	21,025	7,820	6,212
7	Illinois	1,539	1,493	1,211	4,243	1,165	1,013
8	Kansas	1,973	1,560	1,243	4,776	1,495	1,125
9	Kentucky	1,109	1,078	1,155	3,342	1,993	1,082
10	Missouri	1,511	1,744	1,414	4,669	1,243	1,493
11	Oklahoma	1,309	1,045	1,641	3,995	1,924	1,499
12	⊟East	5,968	5,747	5,552	17,267	7,121	5,899
13	Florida	1,705	1,792	1,225	4,722	1,946	1,327
14	Massachusetts	1,099	1,233	1,110	3,442	1,637	1,512
15	New Jersey	1,735	1,406	1,224	4,365	1,706	1,320
16	New York	1,429	1,316	1,993	4,738	1,832	1,740
17	⊟West	5,170	6,527	5,081	16,778	5,813	6,660
18	Arizona	1,345	1,375	1,075	3,795	1,736	1,555
19	California	1,118	1,960	1,252	4,330	1,271	1,557
20	Oregon	1,460	1,954	1,726	5,140	1,461	1,764
21	Washington	1,247	1,238	1,028	3,513	1,345	1,784
22	总计	18,579	19,194	17,297	55,070	20,754	18,771
23							
24							
25							

图 29-6 从规范化数据创建的数据透视表

29.2 自动创建数据透视表

创建数据透视表的操作是否容易？如果数据具有合适的结构，并且你选择"推荐的数据透视表"，则完成此任务将毫不费力。

如果数据位于一个工作表中，请在数据区域内选定任意单元格，然后选择"插入"|"表格"|"推荐的数据透视表"命令，Excel 将快速扫描数据，然后"推荐的数据透视表"对话框将显示一些缩略图，描绘了可以选择的数据透视表。图 29-7 显示了针对银行账户数据的"推荐的数据透视表"对话框。

这些数据透视表缩略图使用了实际数据，并且它们中的一个很可能是你正在寻找的——或者至少非常接近你的要求。选择一个缩略图，单击"确定"按钮，Excel 将在一个新工作表中创建数据透视表。

当选择数据透视表中的单元格时，Excel 将显示"数据透视表字段"任务窗格。可以使用此任务窗格修改数据透视表的布局。

图 29-7 选择"推荐的数据透视表"

注意

如果数据位于外部数据库中，则首先选择一个空白单元格。当你选择"插入"|"表格"|"推荐的数据透视表"命令时，会显示"选择数据源"对话框。选择"使用外部数据源"命令，然后单击"选择连接"按钮以指定数据源。你将会看到推荐的数据透视表列表的缩略图。

如果推荐的数据透视表都不合适，你还有两个选择：

- 创建一个接近你要求的数据透视表，然后使用"数据透视表字段"任务窗格对其进行修改。
- 单击"空白数据透视表"按钮(位于"推荐的数据透视表"对话框底部)并手动创建数据透视表。

29.3　手动创建数据透视表

本节将使用本章前面的银行账户数据，介绍在创建数据透视表时需要执行的步骤。创建数据透视表的过程是一个交互过程，需要不断尝试各种布局，直到得出满意的结果。如果不熟悉数据透视表中的元素，请参见提要栏"数据透视表术语"。

29.3.1　指定数据

如果数据位于工作表区域内，那么请选择区域中的任意单元格，然后选择"插入"|"表格"|"数据透视表"命令，这时将出现如图 29-8 所示的"创建数据透视表"对话框。

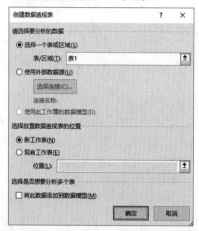

图 29-8　在"创建数据透视表"对话框中，为数据透视表指定数据源以及放置位置

Excel 会尝试根据活动单元格的位置自动推测数据区域。如果要通过外部数据源创建数据透视表，那么请选择"使用外部数据源"选项，然后单击"选择连接"按钮以指定数据源。

> **提示**
> 如果是根据工作表中的数据创建数据透视表，则最好先为区域创建一个表格(选择"插入"|"表格"|"表格"命令)。这样做之后，如果通过增加新行扩展了表格，则 Excel 将会自动刷新数据透视表，而不需要手动指定新的数据区域。

29.3.2　指定数据透视表的放置位置

可以使用"创建数据透视表"对话框的下面部分指定用于放置数据透视表的位置。默认设置为放置在新工作表中，但是你可以指定任意工作表的任意区域，甚至包括包含数据的工作表。

单击"确定"按钮，Excel 将创建一个空白数据透视表，并显示"数据透视表字段"列表任务窗格，如图 29-9 所示。

> **提示**
> "数据透视表字段"任务窗格一般位于 Excel 窗口的右侧，拖动其标题栏可将它移动到你喜欢的任何位置。如果单击数据透视表外部的单元格，则"数据透视表字段"任务窗格将临时隐藏。

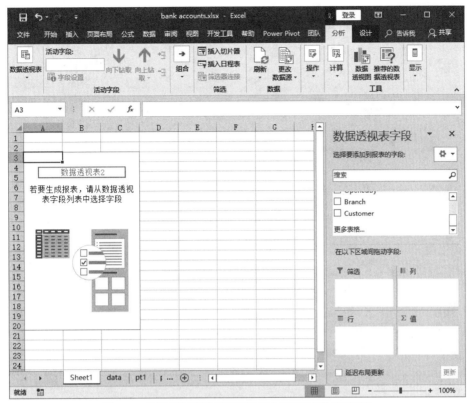

图 29-9　使用"数据透视表字段"任务窗格建立数据透视表

29.3.3　指定数据透视表布局

接下来，可以设置数据透视表的实际布局。可以采用下面任何一种方法完成上述任务。

- 将字段名称(位于"数据透视表字段"任务窗格的顶部)拖到该任务窗格底部 4 个框中的任何一个。
- 在"数据透视表字段"任务窗格顶部的项旁边放置一个复选标记。Excel 会将此字段放入底部的 4 个框之一。如果需要的话，也可以将其拖动到其他不同的框中。
- 右击位于"数据透视表字段"任务窗格顶部的某个字段名称，并从快捷菜单中选择其位置(例如，"添加到行标签")。

以下步骤可以创建在本章前面显示的数据透视表。在本例中，将字段从"数据透视表字段"任务窗格的顶部拖到了"数据透视表字段"任务窗格的底部区域。

(1) 将字段 Amount 拖到"值"区域中。此时，数据透视表将显示 Amount 列中所有值的和。

(2) 将字段 AcctType 拖到"行"区域中。此时，数据透视表将显示每种账户类型的总和。

(3) 将字段 Branch 拖到"列"区域中。此时，数据透视表将显示各分行的每种账户类型的总和。每次当更改"数据透视表字段"任务窗格时，数据透视表都会自动更新。

(4) 在数据透视表中右击任意单元格，选择"数字格式"。Excel 将显示"设置单元格格式"对话框的"数字"选项卡。

(5) 选择一种数字格式，然后单击"确定"按钮。Excel 将把所选格式应用到数据透视表中的所有数字单元格。

图 29-10 显示了完成后的数据透视表。

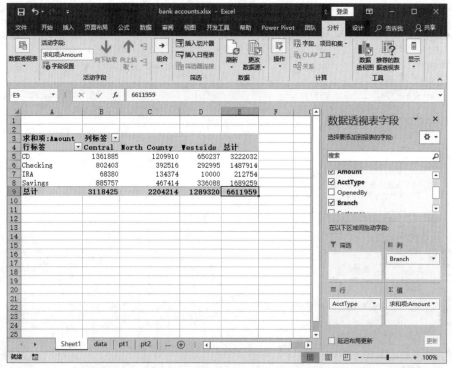

图 29-10　经过几个简单的步骤之后，数据透视表即可显示数据汇总

数据透视表术语

理解与数据透视表相关的术语是掌握该功能的第一步，请参考下图以了解相关知识。

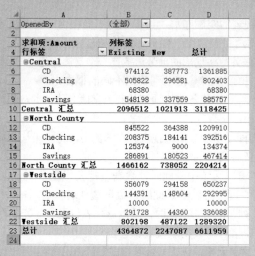

- **列标签**：数据透视表中具有列方向的字段，此字段中的每项占用一列。在上图中，Customer 表示一个列字段，其中包含两项(Existing 和 New)。列字段可以进行嵌套。

- **总计**：用于显示数据透视表中一行或一列中所有单元格的总和的行或列。可以指定对行或列或者这两者(或两者都不)计算总计值。上图中的数据透视表显示了行和列的总计。

- **组**：一组被视为单项的项。可以手动分组和自动分组(例如，将日期按月份分组)。上图中的数据透视表中没有已定义的组。

- **项**：字段中的元素，在数据透视表中作为行或列的标题显示。在上图中，Existing 和 New 是 Customer

字段的项。Branch 字段有 3 项: Central、North County 和 Westside。AcctType 字段有 4 项: CD、Checking、IRA 和 Savings。

- **刷新**: 在更改源数据后，重新计算数据透视表。
- **行标签**: 在数据透视表中拥有行方向的字段。此字段中的每项占据一行，行字段可以进行嵌套。在上图中，Branch 和 AcctType 代表行字段。
- **源数据**: 用于创建数据透视表的数据。该数据既可位于工作表中，也可位于外部数据库中。
- **分类汇总**: 用于显示数据透视表中一行或一列中详细单元格的分类汇总的行或列。上图中的数据透视表在数据下面显示了每个分行的分类汇总。也可以在数据上面显示分类汇总，或者隐藏分类汇总。分类汇总的标签是被汇总的项的名称加上单词 Total。
- **表筛选**: 数据透视表中具有分页方向的字段，用于限制汇总哪些字段。可一次在一个页面字段内显示一项、多项或所有项。在上图中，OpenedBy 代表一个显示全部项(即不筛选)的页面字段。
- **数值区域**: 数据透视表中包含汇总数据的单元格。Excel 提供了几种用于汇总数据的方法(求和、求平均值、计数等)。

新功能

如果发现每次在创建数据透视表后，都需要对布局做相同的修改，现在可以将特定的布局选项保存为默认设置。选择"文件"|"选项"|"数据"命令，然后单击"编辑默认布局"，可打开"编辑默认布局"对话框。

所有新建的数据透视表将继承该对话框中设置的某些选项。更方便的是，通过使用"导入"按钮，还可以基于指定的数据透视表自动设置所有选项。

29.3.4　设置数据透视表的格式

默认情况下，数据透视表使用的是常规数字格式。要更改所有数据的数字格式，请右击任意值，然后从快捷菜单中选择"设置数字格式"，即可使用"设置单元格格式"对话框更改所显示数据的数字格式。

也可以将几种内置样式应用到数据透视表。方法是单击数据透视表中的任一单元格，然后选择"数据透视表工具"|"设计"|"数据透视表样式"命令，以选择合适的样式。可以通过使用"数据透视表工具"|"设计"|"数据透视表样式选项"组中的控件，对显示进行微调。

也可以使用"数据透视表"|"设计"|"布局"组中的控件来控制数据透视表中的各个元素，可以调整以下任一元素。

- **分类汇总**: 隐藏分类汇总，或选择其显示位置(数据的上方或下方)。
- **总计**: 选择显示的类型(如果有)。
- **报表布局**: 可以选择 3 种不同的布局风格(压缩、大纲或表格)，也可以选择隐藏重复的标签。
- **空行**: 在项之间添加空行以提高可读性。

"数据透视表工具"|"分析"|"显示"组包含其他一些用于控制数据透视表外观的选项。例如，可使用"字段标题"按钮来显示或隐藏字段标题。

"数据透视表选项"对话框中还有其他一些数据透视表选项。要打开该对话框，请选择"数据透视表工具"|"分析"|"数据透视表"|"选项"命令，或者右击数据透视表中的任一单元格，并从快捷菜单中选择"数据透视表选项"。

要熟悉所有这些布局和格式设置选项，最佳方法是进行试验。

数据透视表计算

对数据透视表中的数据进行汇总时，最常使用求和方法。但是，也可以使用"值字段设置"对话框中指定的许多不同的汇总方法来显示数据。要显示此对话框，最快的方法是右击数据透视表中的任何值，然后从快捷菜单中选择"值字段设置"。此对话框有两个选项卡"值汇总方式"和"值显示方式"，如下图所示。

可使用"值汇总方式"选项卡选择不同的汇总函数。可以选择"求和""计数""平均值""最大值""最小值""乘积""数值计数""标准偏差""总体标准偏差""方差"和"总体方差"。

要以不同的形式显示数值，可使用"值显示方式"选项卡上的下拉控件。有很多选项可供选择，其中包括作为总计或分类汇总的百分比。

此对话框还提供了一种用于将数字格式应用到值的方法。只需要单击按钮，然后选择数字格式即可。

29.3.5 修改数据透视表

创建数据透视表后，可以非常方便地对其进行修改。例如，可以通过"数据透视表字段"任务窗格进一步添加汇总信息。图 29-11 显示的是在"数据透视表字段"任务窗格中将第二个字段 OpenedBy 添加到"行"区域中之后的数据透视表。

下面是有关能够对数据透视表执行的其他修改操作的提示信息。

- 要从数据透视表中去掉某个字段，可以从"数据透视表字段"任务窗格底部选择该字段，然后将其拖走即可。

- 如果某个区域中有多个字段，那么可以通过拖动字段名来更改字段顺序。此操作将决定嵌套方式，也将影响数据透视表的显示外观。

- 要从数据透视表中临时删除一个字段，可以在"数据透视表字段"任务窗格的顶部去掉该字段名左侧的复选标记。这样，数据透视表将不再显示该字段。重新勾选字段名称后，该字段将会出现在其原来的位置。

- 如果在"筛选"区域增加一个字段，则该字段将出现在下拉菜单中，从而使得你能够通过一项或多项来筛选所显示的数据。图 29-12 显示了一个示例。将 Date 字段拖动到"筛选"区域。现在数据透视表只显示单独一天(从单元格 B1 的下拉列表中选择)的数据。

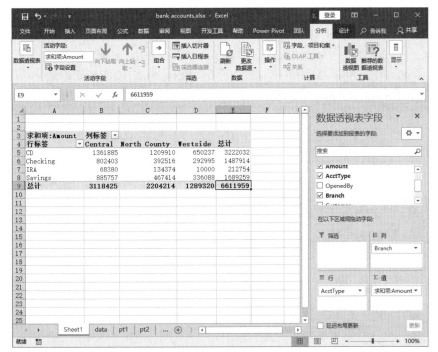

图 29-11　将两个字段用于行标签

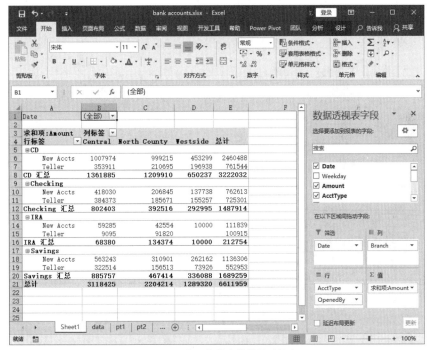

图 29-12　按日期筛选的数据透视表

复制数据透视表的内容

　　数据透视表非常灵活，但它也存在一些局限性。例如，不能添加新行或新列，不能更改任何计算出的值，也不能在数据透视表内输入公式。如果想要以通常情况下不允许的方式处理数据透视表，那么最好首先对数据透视表进行复制，以使其不再链接到数据源。

要复制数据透视表，请选择整个表格，然后选择"开始"|"剪贴板"|"复制"命令(或按 Ctrl+C 键)。然后激活一个新的工作表，并选择"开始"|"剪贴板"|"粘贴"|"粘贴数值"命令。数据透视表的格式不会被复制，即使你重复上述操作并使用"选择性粘贴"对话框中的"格式"选项也是如此。

要复制数据透视表及其格式，请使用 Office 剪贴板进行粘贴。如果未显示 Office 剪贴板，请单击"开始"|"剪贴板"分组右下角的对话框启动器。

数据透视表的内容将会被复制到新位置，以便你对其执行任何所需的操作。

请注意，所复制的信息并不是一个数据透视表，而且它不再链接到源数据。如果源数据发生变化，所复制的数据透视表将不会反映这些变化。

29.4 更多数据透视表示例

为了说明数据透视表的灵活性，下面将介绍其他一些示例。这些示例使用的是之前的银行账户数据，并回答了本章前面提出的那些问题。

29.4.1 每个分行每天新增的存款总额是多少

图 29-13 中的数据透视表回答了这个问题。
- Branch 字段在"列"区域中。
- Date 字段在"行"区域中。
- Amount 字段在"值"区域中，并使用"求和"方式进行汇总。

注意，也可以按照任意列对数据透视表进行排序。例如，可以按照降序排列 Grand Total 列，从而得到一个月中哪一天的新增金额最多。要进行排序，只需要右击要排序的列中的任意单元格，然后从快捷菜单中选择"排序"命令即可。

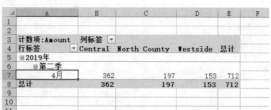

图 29-13　此数据透视表显示了每个分行的每日总计

29.4.2 一周中哪一天的存款金额最多

图 29-14 中的数据透视表回答了这个问题。

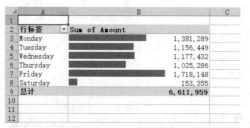

图 29-14　此数据透视表显示了一星期中每天的新账户存款额

- Weekday 字段在"行"区域中。
- Amount 字段在"值"区域中，并使用"求和"方式进行汇总。

本例在其中添加了一些条件格式数据条，从而可以更清楚地显示各天的比较情况。可以看到，每个星期五的存款最多。

交叉引用
有关条件格式设置的信息，请参见第 17 章。

29.4.3　每个分行的每种账户类型的开户数是多少

图 29-15 中的数据透视表回答了这个问题。

- AcctType 字段在“列”区域中。
- Branch 字段在“行”区域中。
- Amount 字段在“值”区域中，并使用“计数”方式进行汇总。

到目前为止，数据透视表的示例都使用了“求和”汇总函数。在本例中，将其改为使用“计数”函数。如果要将汇总函数改为“计数”，请右击“值”区域中的任意单元格，并从快捷菜单中选择“值汇总依据”|“计数”命令。

Count of Amoun	AcctType				
行标签	CD	Checking	IRA	Savings	总计
Central	97	158	8	99	362
North County	60	61	15	61	197
Westside	54	59	5	35	153
总计	211	278	28	195	712

图 29-15　此数据透视表使用计数函数来汇总数据

29.4.4　开户时存取的金额是多少

图 29-16 中的数据透视表回答了这个问题。例如，253 个(或 35.53%)新账户存入的金额为 5000 美元或以下。

行标签	Count	Pct
1-5000	253	35.53%
5001-10000	192	26.97%
10001-15000	222	31.18%
15001-20000	19	2.67%
20001-25000	3	0.42%
25001-30000	1	0.14%
30001-35000	3	0.42%
40001-45000	3	0.42%
45001-50000	5	0.70%
60001-65000	2	0.28%
70001-75000	5	0.70%
75001-80000	1	0.14%
85001-90000	3	0.42%
总计	712	100.00%

图 29-16　此数据透视表计算了位于每个值范围内的账户数

这个数据透视表有些不同寻常，因为它只使用了一个字段：Amount。

- Amount 字段在“行”区域(被分组，以显示美元范围)中。
- Amount 字段也在“值”区域中，并使用“计数”方式进行汇总。
- Amount 字段的第 3 个实例也在“值”区域中，使用“计数”方式进行汇总，并显示为“列汇总的百分比”。

当最初在“行”区域中加入 Amount 字段时，数据透视表为每个唯一的美元金额显示一行。要将这些值分组，右击其中一个行标签，并从快捷菜单中选择“组合”。然后，使用“组合”对话框以 5000 美元为增量设置列表。请注意，如果选择多个行标签，则“组合”对话框不会显示。

第二个 Amount 字段(在“值”区域中)按“计数”进行汇总。要更改默认的“求和”汇总，右击一个值，并从快捷菜单中选择“值汇总依据”|“计数”命令。

在“值”区域添加另一个 Amount 字段实例，并将其设置为显示百分比。方法是右击 C 列中的一个值，并

选择"值显示方式"|"列汇总的百分比"命令。也可以在"值字段设置"对话框的"值显示方式"选项卡中对这个选项进行设置。

29.4.5 出纳人员最常开的账户类型是什么

图 29-17 中的数据透视表表明出纳人员最常开的账户类型是支票账户。

- 字段 AcctType 在"行"区域中。
- 字段 OpenedBy 在"筛选"区域中。
- 字段 Amount 在"值"区域中(按照"计数"方式进行汇总)。
- Amount 字段的第 2 个实例也在"值"区域中(显示为"列汇总的百分比")。

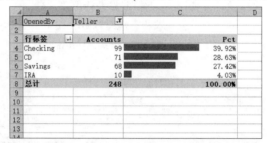

图 29-17　此数据透视表使用"筛选"仅显示出纳人员的数据

这个数据透视表根据字段 OpenedBy 进行了筛选,仅显示有关 Teller 的数据。此外,它还对数据进行了排序,将最大的值放在顶端,方法是右击任意值,从快捷菜单中选择"排序",再选择"降序"。同时使用条件格式显示了百分比的数据条。

> **交叉引用**
> 有关条件格式的信息,请参见第 17 章。

29.4.6 哪个分行的出纳人员为新客户开的支票账户最多

图 29-18 中的数据透视表回答了这个问题。在"Central"分行,出纳人员为新客户新开了 23 个支票账户。

- 字段 Customer 在"筛选"区域中。
- 字段 OpenedBy 在"筛选"区域中。
- 字段 AcctType 在"筛选"区域中。
- 字段 Branch 在"行"区域中。
- 字段 Amount 在"值"区域中,并按照"计数"方式进行汇总。

此数据透视表使用了 3 次报表筛选:通过字段 Customer 筛选为只显示 New,通过字段 OpenedBy 筛选为只显示 Teller,通过字段 AcctType 筛选为只显示 Checking。

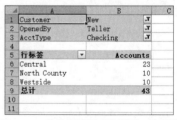

图 29-18　此数据透视表使用了 3 次筛选

29.5 了解更多知识

本章中的示例会使你对数据透视表强大的功能和灵活性产生一定的认识。第 30 章将通过丰富的示例更深入地介绍数据透视表的一些高级功能。

使用数据透视表分析数据

本章要点

- 使用非数值数据创建数据透视表
- 对数据透视表中的项进行分组
- 在数据透视表中创建计算字段或计算项
- 了解数据模型功能

第 29 章对数据透视表进行了简要介绍，并在其中列举了一些示例，从而说明了可以使用数据生成的不同的数据透视表汇总类型。

本章将继续讨论并详细说明如何创建有用的数据透视表。创建一个基本的数据透视表的操作是很容易的，本章中的示例还介绍了数据透视表中的其他一些有用的功能。建议你使用自己的数据来实践这些技术，如果没有合适的数据，则可以使用配套学习资源网站中附带的文件。

30.1 使用非数值数据

大部分数据透视表都是使用数值数据创建的，但是数据透视表对于某些类型的非数值型数据而言也很有用。由于不能对非数值型数据进行求和，因此使用此类数据创建数据透视表时主要会运用计数方法。

图 30-1 显示了一个表格以及一个由此表格所生成的数据透视表。此数据表格中包含 400 名员工的姓名、位置和性别，而不包含数值，但是你仍然可以创建一个有用的数据透视表，以便对各项进行统计，而不是求和。此数据透视表(在区域 E2:H10 中)组合了 400 名员工的性别和位置字段，并显示了每个位置和性别组合的员工数量。

配套学习资源网站

配套学习资源网站 www.wiley.com/go/excel2019bible 中包含一个工作簿，用于说明如何用非数值数据生成数据透视表，其文件名是 employee list.xlsx。

下面是在此数据透视表中使用的"数据透视表字段"任务窗格设置。

- 字段 Gender 用于"列"区域。
- 字段 Location 用于"行"区域。
- 字段 Location 也用于"值"区域，并通过"计数"方式进行汇总。
- 此数据透视表中关闭了字段标题(通过使用"数据透视表工具"|"分析"|"显示"组中的"字段标题"切换控件)。

注意

上述数据透视表并没有使用 Employee 字段。尽管此示例在"值"区域中使用了 Location 字段，但实际上可以使用这三个字段中的任何一个，因为此数据透视表显示的是计数结果。

Employee	Location	Gender
Al Grubbs	California	Male
Sarah Parks	New York	Female
Cheryl Cory	California	Female
Gregory Steiger	California	Male
Sheila Wigfall	California	Female
Pedro H. Nicholson	Arizona	Male
Howard Keach	California	Male
Heather Lichtenstein	Washington	Female
Janet Woodson	Arizona	Female
Hosea Pierson	New York	Male
Nadine Blankenship	New York	Female
Roy Greene	New York	Male
William N. Campbell	New York	Male
Stephen Foster	New York	Male
Charles S. Billings	Pennsylvania	Male
Margaret Sirois	California	Female
PhyllisTodd	Massachusetts	Female
Mary Brinkmann	New York	Female
Janie Little	Massachusetts	Female
Bob Hunsberger	Pennsylvania	Male

Count			
	Female	Male	Total
Arizona	5	15	20
California	44	64	108
Massachusetts	43	47	90
New York	51	40	91
Pennsylvania	17	29	46
Washington	16	29	45
Total	176	224	400

图 30-1　此表格没有任何数值字段，但仍可用它生成数据透视表，如表格右边所示

图 30-2 显示的是进行一些修改之后的数据透视表。

- 为显示百分比，将 Location 字段的第 2 个实例添加到了"值"区域中。然后，右击该列中的一个值，选择"值显示方式"|"列汇总的百分比"命令。
- 通过选择单元格并键入新名称，将数据透视表中的字段名改为 Ct 和 Pct。
- 选择一个"数据透视表样式"，以便更容易分辨各列。

	Female		Male		Ct汇总	Pct汇总
	Ct	Pct	Ct	Pct		
Arizona	5	2.8%	15	6.70%	20	5.00%
California	44	25.00%	64	28.57%	108	27.00%
Massachusetts	43	24.43%	47	20.98%	90	22.50%
New York	51	28.98%	40	17.86%	91	22.75%
Pennsylvania	17	9.66%	29	12.95%	46	11.50%
Washington	16	9.09%	29	12.95%	45	11.25%
总计	176	100.00%	224	100.00%	400	100.00%

图 30-2　将数据透视表改为显示计数和百分比

30.2　对数据透视表中的项进行分组

数据透视表中最有用的功能之一是将项进行组合。可以对"数据透视表字段"任务窗格的"行"或"列"中的各项进行分组。Excel 提供了以下两种组合方式。

- **手动组合**：创建数据透视表后，选择需要组合的项，然后选择"数据透视表工具"|"分析"|"分组"|"组选择"命令。或者，选择项，右击并从快捷菜单中选择"组合"。
- **自动组合**：如果项是数值(或日期)，则使用"组合"对话框指定项的组合方式。选定任意项，然后选择"数据透视表工具"|"分析"|"组合"|"分组字段"命令。或者右击项并从快捷菜单中选择"组合"。不论采用哪种方式，Excel 都会显示"组合"对话框。可使用此对话框来指定如何组合项。

> **注意**
> 如果打算创建多个使用不同组合的数据透视表，请阅读提要栏"从同一数据源创建多个分组"。

30.2.1　手动分组示例

图 30-3 显示的是上一节中的数据透视表示例，其中在"行标签"部分创建了两个分组。在创建第一个分组时，需要按住 Ctrl 键，同时在数据透视表中选择 Arizona、California 和 Washington。然后右击选定单元格，从快捷菜单中选择"组合"。接着选择另外 3 个州创建第二个分组。然后，将默认的分组名("数据组 1"和"数据组 2")替换成更有意义的组名(Western Region 和 Eastern Region)。

计数项	Female	Male	总计
⊟Western Region	65	108	173
Arizona	5	15	20
California	44	64	108
Washington	16	29	45
⊟Eastern Region	111	116	227
Massachusetts	43	47	90
New York	51	40	91
Pennsylvania	17	29	46
总计	176	224	400

图 30-3　含有两个分组的数据透视表

可以创建任意多个分组，甚至可以在分组的基础上创建分组。

Excel 提供了大量用于显示数据透视表的布局选项，在使用分组时可能需要运用到这些选项。这些命令位于功能区的"数据透视表工具"|"设计"选项卡中。这里并没有规则告诉你选择哪个选项。关键是多尝试几次，直到找到使数据透视表看起来最棒的选项就可以了。此外，还可以尝试使用"数据透视表工具"|"设计"选项卡中的各种样式选项。一般来说，所选择的样式可大大提高数据透视表的可读性。

图 30-4 显示的是采用不同选项来显示分类汇总、总计和样式的数据透视表。

配套学习资源网站

配套学习资源网站 www.wiley.com/go/excel2019bible 中提供了一个包含这些分组示例的工作簿，文件名为 grouping examples.xlsx。

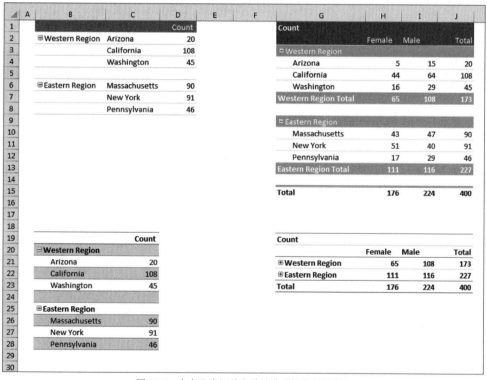

图 30-4　含有分类汇总和总计选项的数据透视表

30.2.2　自动分组示例

当字段包含数值、日期或时间时，Excel 可以自动创建分组。下面通过两个示例来说明如何自动创建分组。

1. 按日期分组

图 30-5 显示的是某个简单表格的一部分，其中包括两个字段：Date 和 Sales。这个表格含有 731 行，涵盖

了从 2019 年 1 月 1 日到 2020 年 12 月 31 之间的日期。该表格的目标是汇总每个月的销售信息。

配套学习资源网站

配套学习资源网站 www.wiley.com/go/excel2019bible 中提供了一个用于说明如何按日期对数据透视表项进行分组的工作簿，文件名为 grouping sales by date.xlsx。

图 30-6 显示的是从此数据创建的数据透视表(在列 D:E 中)。Date 字段在"行"区域中，Sales 字段在"值"区域中。向数据透视表添加日期字段时，Excel 将自动分组日期，并将分组后的字段添加到数据透视表中。如果不希望 Excel 分组日期，可在添加日期字段到数据透视表后立即单击"撤销"按钮。也可以手动编辑分组。

	A	B
1	Date	Sales
2	1/1/2019	3,830
3	1/2/2019	3,763
4	1/3/2019	4,362
5	1/4/2019	3,669
6	1/5/2019	3,942
7	1/6/2019	4,488
8	1/7/2019	4,416
9	1/8/2019	3,371
10	1/9/2019	3,628
11	1/10/2019	4,548
12	1/11/2019	5,493
13	1/12/2019	5,706
14	1/13/2019	6,579
15	1/14/2019	6,333
16	1/15/2019	6,101
17	1/16/2019	5,289
18	1/17/2019	5,349
19	1/18/2019	5,814
20	1/19/2019	6,501
21	1/20/2019	6,513

图 30-5　可以使用数据透视表按月份汇总销售数据

	A	B	C	D	E	F
1	Date	Sales		行标签 ▼	求和项:Sales	
2	2015/1/1	3,830		⊟2015		
3	2015/1/2	3,763		Qtr1	520345	
4	2015/1/3	4,362		Qtr2	376526	
5	2015/1/4	3,669		Qtr3	1426887	
6	2015/1/5	3,942		Qtr4	2533380	
7	2015/1/6	4,488		⊟2016		
8	2015/1/7	4,416		Qtr1	3057027	
9	2015/1/8	3,371		Qtr2	2955424	
10	2015/1/9	3,628		Qtr3	2874624	
11	2015/1/10	4,548		Qtr4	2805233	
12	2015/1/11	5,493		总计	16549446	
13	2015/1/12	5,706				
14	2015/1/13	6,579				
15	2015/1/14	6,333				
16	2015/1/15	6,101				

图 30-6　Excel 自动分组后的数据透视表

要按月份对项进行分组，请选择任一年份，并选择"数据透视表工具"|"分析"|"组合"|"分组字段"命令(或者右击，并从快捷菜单中选择"组合"命令)，这样将出现如图 30-7 所示的"组合"对话框。Excel 为"起始于"和"终止于"字段提供了值。这些值覆盖了整个数据区域，可以根据需要更改这些值。

在"步长"列表框中，选择"月"和"年"，并取消选中 Excel 可能自动创建的其他所有分组(如"季度")。确认起始和结束日期是否正确。单击"确定"按钮之后，数据透视表中的 Date 项将按"月"和"年"分组，如图 30-8 所示。

图 30-7　使用"组合"对话框按日期对数据透视表中的项进行分组

行标签 ▼	求和项:Sales
⊟2015	
Jan	167624
Feb	137825
Mar	214896
Apr	100872
May	158005
Jun	117649
Jul	295248
Aug	518966
Sep	612673
Oct	699854
Nov	863085
Dec	970441
⊟2016	
Jan	974625
Feb	1004760
Mar	1077642
Apr	986495
May	1042915
Jun	926014
Jul	965328
Aug	939093
Sep	970203
Oct	951452
Nov	950802
Dec	902979
总计	16549446

图 30-8　按"月"和"年"进行分组后的数据透视表

从同一数据源创建多个分组

如果从同一个数据源创建多个数据透视表，则在一个数据透视表中对字段分组会影响其他数据透视表。具体而言，所有其他数据透视表将自动使用相同的分组。有时候，这正是你想要的。但有时，它却不是你想要的。例如，你可能想看到两个数据透视表：一个是按月份和年份汇总数据；另一个是按季度和年份汇总数据。

导致分组会影响其他数据透视表的原因是，所有数据透视表都使用相同的数据透视表"缓存"。遗憾的是，没有直接用于强制数据透视表使用新缓存的方法。但可通过一种方法诱使 Excel 使用新缓存。使用该方法时，需要向源数据提供多个区域名称。

例如，将源区域命名为 Table1，再给同一个区域起另外一个名称：Table 2。最简单的区域命名方法是使用位于编辑栏左侧的"名称"框。选择区域，在"名称"框中键入名称，然后按 Enter 键。在仍选中该区域的情况下，键入一个不同的名称，然后按 Enter 键。Excel 将只显示第一个名称，但可以通过选择"公式" | "定义的名称" | "名称管理器"命令验证这两个名称都存在。

当创建第一个数据透视表时，将 Table1 指定为表格/区域。当创建第二个数据透视表时，将 Table2 指定为表格/区域。每个数据透视表将使用单独的缓存，并且可以在一个数据透视表中创建独立于另一个数据透视表的分组。

可以将该方法用于现有的数据透视表。请确保为数据源提供不同的名称，然后选择数据透视表，并选择"数据透视表工具" | "分析" | "数据" | "更改数据源"命令。在"更改数据透视表数据源"对话框中，键入新的区域名称。这会使 Excel 为数据透视表创建新缓存。

注意

如果只在"组合"对话框的"步长"列表框中选择"月"，则会将不同年份的月合并在一起。例如，January 项将显示 2019 年与 2020 年的销售数据总和。

图 30-9 显示的是按"季度"和"年"对此数据进行分组的另一个视图。

行标签	求和项:Sales
⊟2015	
Qtr1	520345
Qtr2	376526
Qtr3	1426887
Qtr4	2533380
⊟2016	
Qtr1	3057027
Qtr2	2955424
Qtr3	2874624
Qtr4	2805233
总计	16549446

图 30-9　此数据透视表显示了按"季度"和"年"进行分组的销售数据

2. 按时间分组

图 30-10 显示的是列 A:B 中的数据集。每行都是从某个测量设备读取到的数据，这些数据是通过在全天中每隔一分钟读取一次而获取的。此表格含有 1440 行，每行代表一分钟的数据。在本例中，数据透视表(在列 D:G 中)要按"小时"汇总数据。

配套学习资源网站

配套学习资源网站 www.wiley.com/go/excel2019bible 中含有这个工作簿，文件名是 time-based grouping.xlsx。

对此数据透视表的设置如下：

- "值"区域中有 Reading 字段的 3 个实例，其中每个实例显示一个不同的汇总方法(Average、Minimum 和 Maximum)。要更改某列的汇总方法，请右击列中的任一单元格，选择"值汇总方式"，然后选择适当的选项。
- Time 字段在"行"区域中，并使用"组合"对话框按"小时"进行分组。

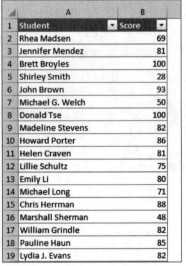

	A	B		D	E	F	G	H
1	Time	Reading			Average	Minimum	Maximum	
2	2016/6/15 0:00	105.32		12 AM	110.50	104.37	116.21	
3	2016/6/15 0:01	105.35		1 AM	118.57	112.72	127.14	
4	2016/6/15 0:02	104.37		2 AM	124.39	115.75	130.36	
5	2016/6/15 0:03	106.40		3 AM	122.74	112.85	132.90	
6	2016/6/15 0:04	106.42		4 AM	129.29	123.99	133.52	
7	2016/6/15 0:05	105.45		5 AM	132.91	125.88	141.04	
8	2016/6/15 0:06	107.46		6 AM	139.67	132.69	146.06	
9	2016/6/15 0:07	109.49		7 AM	128.18	117.53	139.65	
10	2016/6/15 0:08	110.54		8 AM	119.24	112.10	129.38	
11	2016/6/15 0:09	110.54		9 AM	134.36	129.11	142.79	
12	2016/6/15 0:10	110.55		10 AM	136.16	130.91	142.89	
13	2016/6/15 0:11	109.56		11 AM	122.79	108.63	138.10	
14	2016/6/15 0:12	107.60		12 PM	111.76	106.43	116.71	
15	2016/6/15 0:13	107.68		1 PM	104.91	98.48	111.86	
16	2016/6/15 0:14	109.69		2 PM	119.71	110.37	130.55	
17	2016/6/15 0:15	107.76		3 PM	131.83	121.92	139.65	
18	2016/6/15 0:16	107.81		4 PM	131.05	123.36	137.94	
19	2016/6/15 0:17	108.83		5 PM	138.90	133.05	145.06	
20	2016/6/15 0:18	109.85		6 PM	134.71	129.29	139.89	
21	2016/6/15 0:19	111.94		7 PM	123.09	113.97	135.23	
22	2016/6/15 0:20	114.04		8 PM	118.13	112.64	125.65	
23	2016/6/15 0:21	112.12		9 PM	112.64	108.09	117.72	
24	2016/6/15 0:22	112.21		10 PM	103.19	96.13	110.49	
25	2016/6/15 0:23	112.25		11 PM	106.01	100.03	111.76	
26	2016/6/15 0:24	113.34		总计	123.11	96.13	146.06	
27	2016/6/15 0:25	112.41						
28	2016/6/15 0:26	112.42						

图 30-10　此数据透视表按"小时"进行分组

30.3　使用数据透视表创建频率分布

Excel 提供了多种用于创建频率分布的方法,但是这些方法都不如使用数据透视表简单。图 30-11 显示的是 221 位学生的考试成绩表的一部分。本例的目标是确定每个 10 分范围(1～10、11～20 等)内的学生数目。

	A	B
1	Student	Score
2	Rhea Madsen	69
3	Jennifer Mendez	81
4	Brett Broyles	100
5	Shirley Smith	28
6	John Brown	93
7	Michael G. Welch	50
8	Donald Tse	100
9	Madeline Stevens	82
10	Howard Porter	86
11	Helen Craven	81
12	Lillie Schultz	75
13	Emily Li	80
14	Michael Long	71
15	Chris Herrman	88
16	Marshall Sherman	48
17	William Grindle	82
18	Pauline Haun	85
19	Lydia J. Evans	82

图 30-11　创建这些考试成绩的频率分布十分简单

此数据透视表十分简单:
- Score 字段在"行"区域中(已分组)。
- Score 字段的另一个实例在"值"区域中,并按照"计数"方式进行汇总。

在生成此表的"组合"对话框中,指定分组从"1"开始,到"100"结束,步长为"10"。

> **注意**
> 默认情况下，Excel 不显示计数为 "0" 的项目。在本示例中，因为没有低于 21 分的成绩，所以在创建数据透视表时隐藏了 "1-10" 和 "11-20" 项。如果要强制显示这些空项，右击任一单元格，并从快捷菜单中选择 "字段设置"。在 "字段设置" 对话框中，单击 "布局和打印" 选项卡，并选择 "显示无数据的项目"。

图 30-12 显示的是这些考试成绩的频率分布以及一个数据透视图(参见本章后面的 30.8 节 "创建数据透视图")。该示例筛选了 Score 以使数据透视表(及数据透视图)不显示<1 类别和>101 类别。

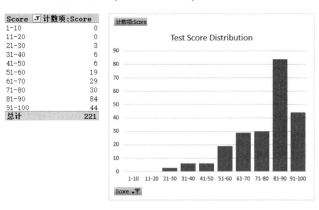

图 30-12 此数据透视表和数据透视图显示了考试成绩的频率分布

> **注意**
> 本示例使用 Excel 的 "组合" 对话框自动创建分组。如果不愿意按照相等的步长进行分组，那么也可创建自己的分组。例如，你可能希望根据考试分数分配字母等级。可以首先选择第一组中的行，右击，然后从快捷菜单中选择 "组合"。接着对其他分组重复上述步骤。然后，将默认的组名替换为更有意义的名称即可。

30.4 创建计算字段或计算项

数据透视表中最容易混淆的部分可能就是计算字段和计算项了。因此，许多数据透视表用户都会尽量避免使用计算字段和计算项，而事实上这些功能是很有用的，而且只要理解了其工作原理，就会发现它们并不是那么复杂。

下面首先介绍一些基本定义。

- **计算字段**：利用数据透视表中的其他字段所创建的新字段。如果数据透视表的数据源是工作表表格，则一种用于替代使用计算字段的方法是在表格中增加一列，并创建一个用于执行所需计算的公式。计算字段必须位于数据透视表的 "值" 区域中。不能在 "行" "列" 或 "筛选" 区域内使用计算字段。
- **计算项**：在数据透视表的一个字段中使用其他项的内容。如果数据透视表的数据源是工作表表格，则一种用于替代使用计算项的方法是插入一行或多行，并编写一个使用其他行中数值的公式。计算项必须位于数据透视表的 "行" "列" 或 "筛选" 区域中。不能在 "值" 区域中使用计算项。

用于创建计算字段或计算项的公式并不是标准的 Excel 公式。换句话说，不能在单元格内输入这些公式，而需要在对话框中输入这些公式，并且它们将与数据透视表数据存储在一起。

本节中的示例所使用的工作表表格如图 30-13 所示。该表格包含 5 列和 48 行。每行内容都描述了一个销售代表的月销售信息。例如，Amy 是 North 区的销售代表，在一月份她销售了 239 件货品，其销售额为 23 040 美元。

SalesRep	Region	Month	Sales	Units Sold
Amy	North	Jan	$23,040	239
Amy	North	Feb	$24,131	79
Amy	North	Mar	$24,646	71
Amy	North	Apr	$22,047	71
Amy	North	May	$24,971	157
Amy	North	Jun	$24,218	92
Amy	North	Jul	$25,735	175
Amy	North	Aug	$23,638	87
Amy	North	Sep	$25,749	557
Amy	North	Oct	$24,437	95
Amy	North	Nov	$25,355	706
Amy	North	Dec	$25,899	180
Bob	North	Jan	$20,024	103
Bob	North	Feb	$23,822	267
Bob	North	Mar	$24,854	96
Bob	North	Apr	$22,838	74
Bob	North	May	$25,320	231
Bob	North	Jun	$24,733	164
Bob	North	Jul	$21,184	68
Bob	North	Aug	$23,174	114
Bob	North	Sep	$25,999	84
Bob	North	Oct	$22,639	260

图 30-13　此数据显示了计算字段和计算项

配套学习资源网站

配套学习资源网站 www.wiley.com/go/excel2019bible 中提供了这个工作簿，用于说明计算字段和计算项，文件名是 calculated fields and items.xlsx。

图 30-14 显示的是通过上述数据创建的数据透视表。该数据透视表中是按月份(“行”区域)和销售代表(“列”区域)交叉显示的销售额(“值”区域)。

下面的示例将创建：

- 1 个计算字段，用于计算每件货品的平均销售额。
- 4 个计算项，用于计算季度销售佣金。

求和项:Sales	列标签				
行标签	Amy	Bob	Chuck	Doug	总计
Jan	23,040	20,024	19,886	26,264	89,214
Feb	24,131	23,822	23,494	29,953	101,400
Mar	24,646	24,854	21,824	25,041	96,365
Apr	22,047	22,838	22,058	29,338	96,281
May	24,971	25,320	20,280	25,150	95,721
Jun	24,218	24,733	23,965	27,371	100,287
Jul	25,735	21,184	23,032	25,044	94,995
Aug	23,638	23,174	21,273	29,506	97,591
Sep	25,749	25,999	21,584	29,061	102,393
Oct	24,437	22,639	19,625	27,113	93,814
Nov	25,355	23,949	19,832	25,953	95,089
Dec	25,899	23,179	20,583	28,670	98,331
总计	293,866	281,715	257,436	328,464	1,161,481

图 30-14　从销售数据创建的数据透视表

30.4.1　创建计算字段

数据透视表是一种特殊类型的数据区域，不能在数据透视表中插入新行或新列，这就意味着不能通过插入公式的方式对数据透视表中的数据执行计算。然而，可以为数据透视表创建计算字段。计算字段由可使用其他字段信息的计算组成。

计算字段主要是一种用于在数据透视表中显示新信息(会用到其他字段)的基本方法。计算字段是一种用于代替在源数据中创建新列的方法。在许多情况下，你可能会发现使用可执行所需计算的公式在源数据区域中插入新列要更容易。但是，当不能方便地操作数据源中的数据时(例如，数据源是外部数据库)，计算字段就是非常有用的。

在前面的销售示例中，假如需要计算每件货品的平均销售额，可以通过将 Sales 字段值除以 Units Sold 字段值来计算该值。结果将会在数据透视表中显示为一个新字段(计算字段)。

可使用以下步骤来创建一个计算字段，该字段是由 Sales 字段除以 Units Sold 字段得出的。

(1) 选择数据透视表中的任一单元格。

(2) 选择"数据透视表工具"|"分析" |"计算"|"字段、项和集"|"计算字段"命令，Excel 将显示"插入计算字段"对话框。

(3) 在"名称"框中输入描述性的名称，并在"公式"框中指定公式(如图 30-15 所示)。此公式将可以使用工作表函数和数据源中的其他字段。在这个示例中，计算字段名为 Average Unit Price，公式为

```
=Sales/'Units Sold'
```

(4) 单击"添加"按钮以添加这个新字段。

(5) 单击"确定"按钮以关闭"插入计算字段"对话框。

图 30-15　"插入计算字段"对话框

注意

通过键入的方式或者在"字段"列表框中双击相应的项，可以手动创建公式。双击一个项可将其转移到"公式"框。由于 Units Sold 字段包含一个空格，因此 Excel 会在字段名前后加上单引号。

在创建计算字段之后，Excel 会将它添加到数据透视表的"值"区域(而且也将出现在"数据透视表字段"任务窗格中)。可以像其他任何字段一样处理此字段，但有一个例外：不能将其移动到"行""列"或"筛选"区域。它必须保留在"值"区域中。

图 30-16 显示的是在添加计算字段之后的数据透视表。新字段原本显示为 Sum of Average Unit Price，但这里将此标题更改为 Avg Price。

	列标签						
		Amy		Bob		Chuck	Doug
行标签		求和项:Sales	Avg Price	求和项:Sales	Avg Price	求和项:Sales	Avg Price	求和项
Jan		23,040	96	20,024	194	19,886	209
Feb		24,131	305	23,822	89	23,494	159
Mar		24,646	347	24,854	259	21,824	263
Apr		22,047	311	22,838	309	22,058	230
May		24,971	159	25,320	110	20,280	45
Jun		24,218	263	24,733	151	23,965	32
Jul		25,735	147	21,184	312	23,032	149
Aug		23,638	272	23,174	203	21,273	28
Sep		25,749	46	25,999	310	21,584	189
Oct		24,437	257	22,639	87	19,625	236
Nov		25,355	36	23,949	220	19,832	283
Dec		25,899	144	23,179	50	20,583	116
总计		293,866	117	281,715	138	257,436	86

图 30-16　此数据透视表使用了一个计算字段

> **提示**
> 你开发的公式也可以使用工作表函数，但这些函数不能引用单元格或命名区域。

30.4.2　插入计算项

上一节描述了如何创建计算字段。Excel 还允许用户为数据透视表的字段创建计算项。请注意，计算字段是一种用于代替在数据源中增加新字段(列)的备用方法，而计算项则是一种用于代替在数据源中增加新行的备用方法(该行中的公式将引用其他行)。

本示例中创建了 4 个计算项。其中，每项都表示了根据下面的比例表所计算出的季度佣金收入。

- **一季度**：一月、二月、三月销售金额之和的 10%
- **二季度**：四月、五月、六月销售金额之和的 11%
- **三季度**：七月、八月、九月销售金额之和的 12%
- **四季度**：十月、十一月、十二月销售之和的 12.5%

> **注意**
> 要修改源数据以获取这些信息，需要插入 16 个新行，并为每行都添加公式(每个销售代表对应 4 个公式)。由此可见，对于本例而言，创建 4 个计算项相对要更简单一些。

要创建用于计算一月、二月和三月的佣金金额的计算项，可执行以下步骤。

(1) 选择数据透视表的"行标签"或"列标签"区域的任意单元格，并选择"数据透视表工具" | "分析" | "计算" | "字段、项和集" | "计算项"命令。Excel 将显示"插入计算项"对话框。

(2) 在"名称"框中输入新项的名称，并在"公式"框中指定公式(参见图 30-17)。公式可以使用其他字段中的项，但不能使用工作表函数。在本例中，新项名为"Qtr1 Commission"，公式如下：

```
= (Jan+Feb+Mar)*10%
```

图 30-17　"插入计算项"对话框

(3) 单击"添加"按钮。

(4) 重复步骤(2)和(3)以创建其他 3 个计算项：

```
Qtr2 Commission: = (Apr+May+Jun)*11%
Qtr3 Commission: = (Jul+Aug+Sep)*12%
Qtr4 Commission: = (Oct+Nov+Dec)*12.5%
```

(5) 单击"确定"按钮关闭对话框。

> **注意**
> 计算项与计算字段不同，它不会出现在"数据透视表字段"任务窗格中，只有字段才能出现在字段列表中。

警告

在数据透视表中使用计算项时，可能需要关闭列的"总计"显示内容，以避免重复计数。在本例中，"总计"包含了计算项，所以在销售总额中也包含了佣金额。要关闭"总计"功能，请选择"数据透视表工具"|"设计"|"布局"|"总计"|"对行和列禁用"命令。

创建计算项后，它们就会显示在数据透视表中。图 30-18 显示的是增加了 4 个计算项之后的数据透视表。注意，计算项被添加到 Month 项的末尾。也可以通过选择单元格并拖动其边框来重新安排项的位置。另一种方法是手动创建两个分组：一个用于销售数据，另一个用于佣金计算。图 30-19 显示的是在创建两个分组并计算分类汇总之后的数据透视表。

行标签	Amy Sales	Avg Price	Bob Sales	Avg Price	Chuck Sales	Avg Price	Doug Sales	Avg Price	Sales 汇总	Avg Price汇总
Jan	23,040	96	20,024	194	19,886	209	26,264	285	89,214	169
Feb	24,131	305	23,822	89	23,494	159	29,953	35	101,400	75
Mar	24,646	347	24,854	259	21,824	263	25,041	291	96,365	287
Apr	22,047	311	22,838	309	22,058	230	29,338	132	96,281	208
May	24,971	159	25,320	110	20,280	45	25,150	104	95,721	88
Jun	24,218	263	24,733	151	23,965	32	27,371	288	100,287	90
Jul	25,735	147	21,184	312	23,032	149	25,044	305	94,995	198
Aug	23,638	272	23,174	203	21,273	28	29,506	286	97,591	91
Sep	25,749	46	25,999	310	21,584	189	29,061	199	102,393	114
Oct	24,437	257	22,639	87	19,625	236	27,113	226	93,814	168
Nov	25,355	36	23,949	220	19,832	283	25,953	320	95,089	98
Dec	25,899	144	23,179	50	20,583	116	28,670	145	98,331	96
Qtr1 Commission	7,182	185	6,870	147	6,520	200	8,126	79	28,698	130
Qtr2 Commission	7,836	223	8,018	155	7,293	51	9,004	146	32,152	110
Qtr3 Commission	9,015	92	8,443	265	7,907	63	10,033	253	35,397	120
Qtr4 Commission	9,461	77	8,721	84	7,505	181	10,217	205	35,904	113
总计	327,360	117	313,767	138	286,661	86	365,845	142	1,293,632	118

图 30-18 此数据透视表对季度汇总使用了计算项

行标签	Amy Sales	Avg Price	Bob Sales	Avg Price	Chuck Sales	Avg Price	Doug Sales	Avg Price
⊟Monthly Sales								
Jan	23,040	96	20,024	194	19,886	209	26,264	285
Feb	24,131	305	23,822	89	23,494	159	29,953	35
Mar	24,646	347	24,854	259	21,824	263	25,041	291
Apr	22,047	311	22,838	309	22,058	230	29,338	132
May	24,971	159	25,320	110	20,280	45	25,150	104
Jun	24,218	263	24,733	151	23,965	32	27,371	288
Jul	25,735	147	21,184	312	23,032	149	25,044	305
Aug	23,638	272	23,174	203	21,273	28	29,506	286
Sep	25,749	46	25,999	310	21,584	189	29,061	199
Oct	24,437	257	22,639	87	19,625	236	27,113	226
Nov	25,355	36	23,949	220	19,832	283	25,953	320
Dec	25,899	144	23,179	50	20,583	116	28,670	145
Monthly Sales 汇总	293,866	117	281,715	138	257,436	86	328,464	142
⊟Quarterly Commissions								
Qtr1 Commission	7,182	185	6,870	147	6,520	200	8,126	79
Qtr2 Commission	7,836	223	8,018	155	7,293	51	9,004	146
Qtr3 Commission	9,015	92	8,443	265	7,907	63	10,033	253
Qtr4 Commission	9,461	77	8,721	84	7,505	181	10,217	205
Quarterly Commissions 汇总	33,494	114	32,052	137	29,225	85	37,381	147

图 30-19 创建两个分组并计算分类汇总之后的数据透视表

反向数据透视表

Excel 的数据透视表功能可从列表创建汇总表。但是，如果你想要执行相反的操作该怎么办呢? 通常情况下，你可能具有双向的汇总表，当数据以规范化列表形式组织时，将会很方便。

在下图中，区域 A1:E13 包含一个具有 48 个数据点的汇总表。请注意，此汇总表类似于数据透视表。G:I 列显示的是从汇总表派生出来的、具有 48 行数据的表格的一部分。换句话说，原汇总表中的每一个值被转换为一行，该行中还包含区域名称和月份。这种类型的表是很有用的，因为它可以按照其他方式进行排序和处理，并且还可以从新转换出来的表创建数据透视表。

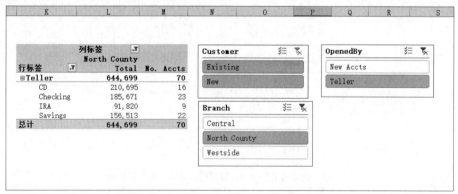

	A	B	C	D	E	F	G	H	I	J
1		North	South	East	West		Col1	Col2	Col3	
2	Jan	132	233	314	441		Jan	North	132	
3	Feb	143	251	314	447		Jan	South	233	
4	Mar	172	252	345	450		Jan	East	314	
5	Apr	184	290	365	452		Jan	West	441	
6	May	212	299	401	453		Feb	North	143	
7	Jun	239	317	413	457		Feb	South	251	
8	Jul	249	350	427	460		Feb	East	314	
9	Aug	263	354	448	468		Feb	West	447	
10	Sep	291	373	367	472		Mar	North	172	
11	Oct	294	401	392	479		Mar	South	252	
12	Nov	302	437	495	484		Mar	East	345	
13	Dec	305	466	504	490		Mar	West	450	
14							Apr	North	184	
15	Select a cell in the summary table above, then click the						Apr	South	290	
16	button to create a table with one row per data point.						Apr	East	365	
17	Replace the column headings to describe the fields.						Apr	West	452	
18	This macro can be used with any 2-way table						May	North	212	
19							May	South	299	
20			Convert				May	East	401	
21							May	West	453	
22							Jun	North	239	
23							Jun	South	317	
24							Jun	East	413	

配套学习资源网站中包含一个工作簿 reverse pivot.xlsm，其中包含一个 VBA 宏，用于将任何双向汇总表转换成一个包含 3 列的规范化表。

执行这类转换的另一种方法是使用"获取和转换"，具体示例请参阅第 39 章。

30.5 使用切片器筛选数据透视表

切片器是一个交互式的控件，使用它可以很容易地筛选数据透视表中的数据。图 30-20 显示了一个具有 3 个切片器的数据透视表。每个切片器表示一个特定的字段。在这个示例中，数据透视表显示的是由 North County 分行的出纳员为新客户和现有客户开户的数据。

图 30-20　用切片器筛选数据透视表中显示的数据

在数据透视表中，可以通过使用字段标签来执行相同类型的筛选操作，但切片器是为那些可能不知道如何对数据透视表中的数据进行筛选的人们所准备的。切片器也可用于创建富有吸引力且易于使用的交互式"仪表板"。

若要在工作表中添加一个或多个切片器，请首先选择数据透视表中的任一单元格，然后选择“插入”|“筛选器”|“切片器”命令。这样将显示“插入切片器”对话框，其中包含了数据透视表中所有字段的列表。选中所需切片器旁边的复选框，然后单击“确定”按钮即可。

切片器可以进行移动和调整大小，并可以改变其外观。要删除特定切片器的筛选功能，只需要单击此切片器右上角的“清除筛选器”图标即可。

要使用切片器来筛选数据透视表中的数据，只需要单击一个按钮即可。要显示多个值，请在按住 Ctrl 键的同时单击切片器中的各个按钮，或者单击切片器窗口右上角的多选图标。按住 Shift 键并单击可选择一系列连续的按钮。

图 30-21 显示了一个数据透视表和一个数据透视图，在其中使用了两个切片器来筛选数据(按州和月份)。在这个示例中，数据透视表和数据透视图只显示了一月到三月 Kansas、Missouri 和 New York 的数据。切片器提供了一种创建交互式图表的快速简便的方法。

配套学习资源网站

配套学习资源网站 www.wiley.com/go/excel2019bible 中提供了此工作簿，文件名为 pivot table slicers.xlsx。

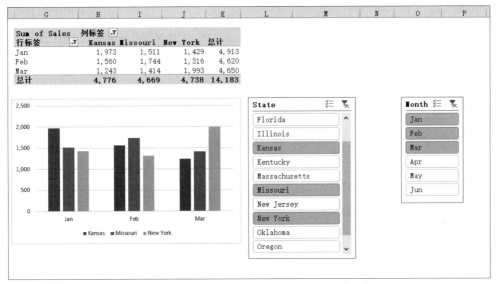

图 30-21　使用切片器按州和月份筛选数据透视表中的数据

30.6　用日程表筛选数据透视表

日程表在概念上类似于切片器，但该控件旨在简化数据透视表中基于时间的筛选功能。

只有当数据透视表中包含日期格式的字段时，日程表才适用。此功能无法处理时间。要添加日程表，请在数据透视表中选择单元格，然后选择“插入”|“筛选器”|“日程表”命令。 Excel 将会显示一个列出所有基于日期的字段的对话框。如果数据透视表没有包含日期格式的字段，Excel 将显示一个错误。

图 30-22 显示了一个使用 A 到 E 列中的数据创建的数据透视表。此数据透视表使用了日程表，以允许按季度筛选日期。单击要查看的季度所对应的按钮，此数据透视表将立即更新。要选择一系列季度，可向前或向后拖动已选中季度的边。其他筛选选项(可从右上角的下拉菜单中选择)包括年、月、日。在图中，数据透视表显示的是 2019 年后两个季度的数据。

Ordered	Customer	Product	Units	TOTAL
2013/1/1	Existing	Doodads	2	198.00
2013/1/1	Existing	Sprockets	1	178.00
2013/1/1	Existing	Sprockets	1	178.00
2013/1/1	New	Snapholytes	1	188.00
2013/1/1	New	Doodads	1	212.95
2013/1/1	New	Doodads	1	197.95
2013/1/2	New	Sprockets	1	213.00
2013/1/2	New	Sprockets	1	213.00
2013/1/3	New	Doodads	2	206.95
2013/1/3	New	Doodads	1	186.95
2013/1/3	Existing	Doodads	2	198.00
2013/1/3	New	Sprockets	1	213.00
2013/1/4	New	Doodads	1	212.95
2013/1/4	New	Doodads	1	212.95
2013/1/5	Existing	Doodads	1	178.00
2013/1/5	Existing	Sprockets	2	183.00
2013/1/5	New	Doodads	2	232.95
2013/1/6	Existing	Doodads	1	178.00
2013/1/6	Existing	Doodads	1	178.00

Products	Customer Existing	New	总计
Doodads	10,895	15,429	26,324
Sprockets	110,527	64,698	175,225
Snapholytes	0	22,052	22,052
总计	121,422	102,179	223,601

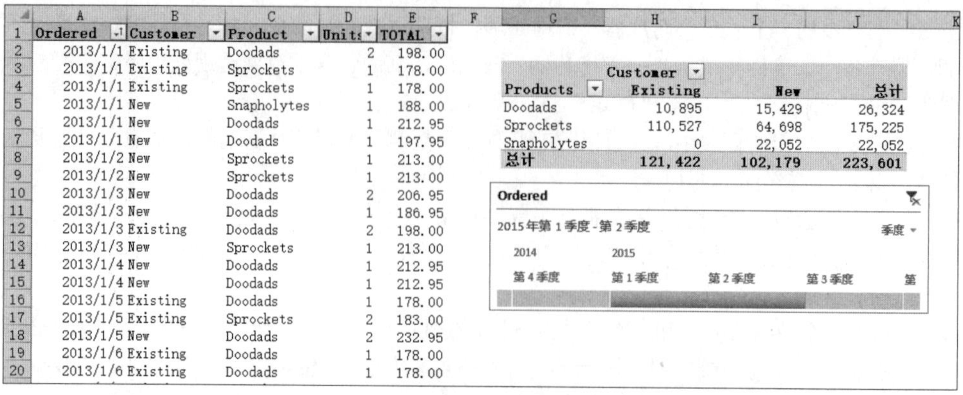

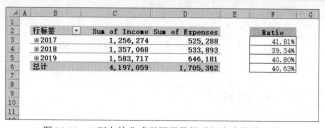

图 30-22 使用日程表按日期筛选数据透视表

配套学习资源网站

配套学习资源网站 www.wiley.com/go/excel2019bible 中提供了一个使用日程表的工作簿，文件名为 pivot table timeline.xlsx。

当然，可以同时为数据透视表使用切片器和日程表。日程表与切片器具有相同类型的格式选项，使得你可以创建富有吸引力的交互式仪表板，以简化数据透视表的筛选。

30.7 引用数据透视表中的单元格

在创建数据透视表之后，可能还需要创建引用此数据透视表中的一个或多个单元格的公式。图 30-23 中的数据透视表显示了连续三年的收入和支出信息。此数据透视表中隐藏了字段 Month，因此显示的是年份的合计。

配套学习资源网站

配套学习资源网站 www.wiley.com/go/excel2019bible 中提供了此工作簿，文件名为 pivot table referencing.xlsx。

行标签	Sum of Income	Sum of Expenses		Ratio
⊞2017	1,256,274	525,288		41.81%
⊞2018	1,357,068	533,893		39.34%
⊞2019	1,583,717	646,181		40.80%
总计	4,197,059	1,705,362		40.63%

图 30-23 F 列中的公式引用了数据透视表中的单元格

F 列包含一些公式，此列不是数据透视表的一部分。这些公式用于计算每年的“支出收入”比率。在这里，通过指向数据透视表中的单元格创建了公式。你可能会认为单元格 F3 中的公式将会如下所示：

```
=D3/C3
```

但实际上，单元格 F3 中的公式是：

```
=GETPIVOTDATA("Sum of Expenses",$B$2,"Year",2017)/GETPIVOTDATA("Sum
of Income",$B$2,"Year",2017)
```

当使用指向方法创建引用数据透视表中单元格的公式时，Excel 会用更加复杂的 GETPIVOTDATA 函数取代那些简单的单元格引用。如果手动输入这些单元格引用(而不是指向它们)，Excel 就不会使用 GETPIVOTDATA 函数。为什么要使用 GETPIVOTDATA 函数？因为使用该函数能够保证当数据透视表的布局发生改变时，公式将继续引用期望的单元格。

图 30-24 显示的是展开年份从而显示出月份明细数据之后的数据透视表。可以看到，F 列中的公式仍然显示了正确的结果，尽管所引用的单元格的位置已发生改变。如果使用简单的单元格引用，则在展开年份后，公式将会返回错误的结果。

警告

使用 GETPIVOTDATA 函数时需要注意：它检索的数据必须是可见的。如果修改了数据透视表之后，使得 GETPIVOTDATA 函数所使用的值变得不可见，则公式将会返回一个错误。

提示

在创建公式的过程中，当指向数据透视表单元格时，如果出于某些原因不希望 Excel 使用 GETPIVOTDATA 函数，则可以选择"数据透视表工具"|"分析"|"数据透视表"|"选项"|"生成 GetPivotData"命令。此命令是一个开关命令。

	A	B	C	D	E	F	G
1							
2		行标签	Sum of Income	Sum of Expenses		Ratio	
3		⊟2017	1,256,274	525,288		41.81%	
4		Jan	98,085	42,874		39.34%	
5		Feb	98,698	44,167		40.80%	
6		Mar	102,403	43,349		40.63%	
7		Apr	106,044	43,102			
8		May	105,361	45,005			
9		Jun	105,729	44,216			
10		Jul	105,557	43,835			
11		Aug	109,669	41,952			
12		Sep	107,233	44,071			
13		Oct	105,048	43,185			
14		Nov	107,446	44,403			
15		Dec	105,001	45,129			
16		⊟2018	1,357,068	533,893			
17		Jan	109,699	46,245			
18		Feb	109,146	45,672			
19		Mar	106,576	44,143			
20		Apr	108,911	43,835			

图 30-24　在展开数据透视表之后，使用 GETPIVOTDATA 函数的公式将继续显示正确的结果

30.8　创建数据透视图

数据透视图是在数据透视表中所显示的数据汇总的图形表达方式。如果你熟悉在 Excel 中创建图表的过程，那么在创建和自定义数据透视图时将不会遇到任何问题。Excel 的所有图表功能在数据透视图中都能实现。

交叉引用

第 20 章和第 21 章介绍了 Excel 中的图表。

Excel 提供了几种创建数据透视图的方法，如下所示。

- 选中现有数据透视表中的任意单元格，然后选择"数据透视表工具"|"分析"|"工具"|"数据透视图"命令。
- 选择现有数据透视表中的任意单元格，然后选择"插入"|"图表"|"数据透视图"命令。
- 选择"插入"|"图表"|"数据透视图"|"数据透视图"命令。 如果活动单元格不在数据透视表中，Excel 会提示你输入数据源，并创建数据透视图。
- 选择"插入"|"图表"|"数据透视图"|"数据透视图和数据透视表"命令。Excel 会提示你输入数据源，并创建数据透视表和数据透视图。仅当活动单元格不在一个数据透视表中时，此命令才可用。

30.8.1 数据透视图示例

图 30-25 显示的是用于跟踪各地区每日销售情况的表的一部分。Date 字段包含了一整年的日期(不含周末)，Region 字段包含了地区名称(Eastern、Southern 或 Western)，Sales 字段包含了销售额。

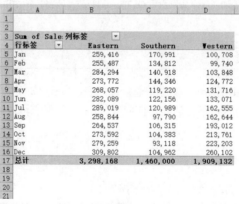

图 30-25　这些数据将被用来创建一个数据透视图

配套学习资源网站

可在配套学习资源网站 www.wiley.com/go/excel2019bible 中找到此工作簿，文件名为 sales by region pivot chart.xlsx。

图 30-26 显示了使用这些数据创建的数据透视表。字段 Date 在"行"区域中，并将每天的日期按月份进行分组。字段 Region 在"列"区域中。字段 Sales 在"值"区域中。

行标签	Eastern	Southern	Western
Jan	259,416	170,991	100,708
Feb	255,487	134,812	99,740
Mar	284,294	140,918	103,848
Apr	273,772	144,346	124,772
May	268,057	119,220	131,716
Jun	282,089	122,156	133,071
Jul	289,019	120,989	162,555
Aug	258,844	97,790	162,644
Sep	264,537	106,315	193,012
Oct	273,592	104,383	213,761
Nov	279,259	93,118	223,203
Dec	309,802	104,962	260,102
总计	3,298,168	1,460,000	1,909,132

图 30-26　这个数据透视表按地区和月份汇总销售额

数据透视表显然要比原始数据更易于理解，而数据透视图又比数据透视表更容易看出趋势。

要创建数据透视图，请选中数据透视表中的任一单元格，然后选择"数据透视表工具"|"分析"|"工具"|"数据透视图"命令。Excel 将显示"插入图表"对话框，在其中可以选择图表类型。在本例中，选择"折线图"，并单击"确定"按钮。Excel 将创建数据透视图，如图 30-27 所示。通过该图表，可以很容易地看出 Western 区域的销售额是向上的趋势，Southern 区域的销售额是下降的趋势，Eastern 区域的销售额相对平稳。

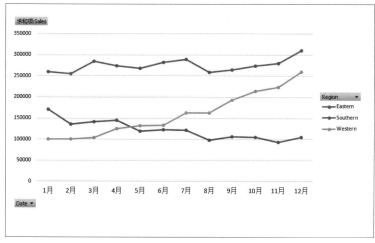

图 30-27　这个数据透视图使用了数据透视表中显示的数据

数据透视图中包括一些字段按钮，允许筛选图表中的数据。要删除其中的一些或全部字段按钮，请选择数据透视图，并使用"数据透视图工具"|"分析"|"显示/隐藏"组中的"字段按钮"控件。

当选择数据透视图时，功能区中将出现一个新的上下文选项卡："数据透视图工具"。其"设计"和"格式"选项卡中的命令与标准 Excel 图表的操作命令是完全一样的，因此可以随意地操作数据透视图。"分析"选项卡包含"数据透视表工具"|"分析"选项卡中的一些命令，如"刷新"和"插入切片器"。

如果更改了作为基础的数据透视表，则数据透视图会自动进行调整，以显示新的汇总数据。图 30-28 显示的是将 Date 分组改为季度之后的数据透视图。

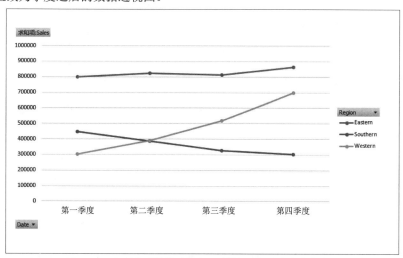

图 30-28　如果修改数据透视表，则数据透视图也将发生变化

30.8.2　关于数据透视图的更多介绍

在使用数据透视图时，需要注意以下一些事项。

- **数据透视表和数据透视图是以双向链接连接起来的。**如果其中一个发生结构或筛选变化，则另一个也将发生同样的变化。
- **当数据透视图被激活时，"数据透视表字段"任务窗格将切换到"数据透视图字段"任务窗格。**在此任务窗格中，"图例(系列)"取代了"列"区域，"轴(类别)"取代了"行"区域。

- **数据透视图中的字段按钮与数据透视图的字段标题包含相同的控件。**利用这些控件能够筛选在数据透视表和数据透视图中显示的数据。如果使用这些按钮对数据透视图进行更改，则这些更改同样会反映到数据透视表中。

- **如果有一个数据透视图链接到数据透视表，并删除了其基础数据透视表，则数据透视图将仍然存在。**数据透视图的"系列"公式含有原始数据，存储在数组中。

- **默认情况下，数据透视图会被嵌入到含有数据透视表的工作表中。**要将数据透视图移动到其他工作表(或图表工作表)，请选择"数据透视图工具"|"分析"|"操作"|"移动图表"命令。

- **可以从一个数据透视表创建多个数据透视图，还可以分别操作这些图表，以及设置图表格式。**但是，所有图表都显示相同的数据。

- **当选择一个正常的图表时，将在右侧显示这些图标：图表元素、图表样式和图表筛选器。**数据透视图不会显示"图表筛选器"图标。

- **切片器和日程表也可用于数据透视图。**请参见本章前面的示例。

- **不要忘记主题。**可以选择"页面布局"|"主题"|"主题"命令来改变工作簿的主题，更改主题之后，数据透视表和数据透视图都会反映新主题。

30.9 使用数据模型

到目前为止，本章重点讲述的是用单一数据表创建数据透视表，而"数据模型"功能增强了数据透视图。通过使用"数据模型"，可在一个数据透视表中使用多个数据表。这需要创建一个或多个"表关系"以使数据可以联系在一起。

一个工作簿只能有一个数据模型。在一个工作簿中建立的数据模型将用于使用该数据模型的所有数据透视表。不能让一个数据透视表使用一个数据模型，而让相同工作簿中的另一个数据透视表使用另一个数据模型。

注意

数据模型是在 Excel 2013 中引入的功能，所以使用此功能的工作簿与以前的版本不兼容。

交叉引用

第 V 部分将详细介绍数据模型。

图 30-29 显示了单个工作簿中的 3 个表的部分内容(每一个表位于其自身工作表中，并显示在单独窗口中)。3 个表名为 Orders、Customers 和 Regions。Orders 表包含产品订单信息，Customers 表包含公司客户信息，Regions 表包含每个州的区域标识符。

请注意，Orders 和 Customers 表都有一个 CustomerID 列，Customers 和 Regions 表都有一个 State 列。这些公共列将用于生成各表之间的关系。

这些关系是"一对多"关系。对于 Orders 表中的每一行，在 Customers 表中只有一个对应行，该行由 CustomerID 列确定。对于 Customers 表中的每一行，在 Orders 表中可有多个对应行。Orders 表是"一对多"关系中"多"的一方，而 Customers 表是"一"的一方。类似的，对于 Customers 表中的每一行，在 Regions 表中只有一个对应行，该行由 State 列决定。对于 Regions 表中的每一行，在 Customers 表中可有多个对应行。

配套学习资源网站

该示例可在配套学习资源网站 www.wiley.com/go/excel2019bible 中找到。可以使用名为 data model.xlsx 的工作簿学习这里的示例，名为 data model complete.xlsx 的工作簿展示了最终的数据透视表。

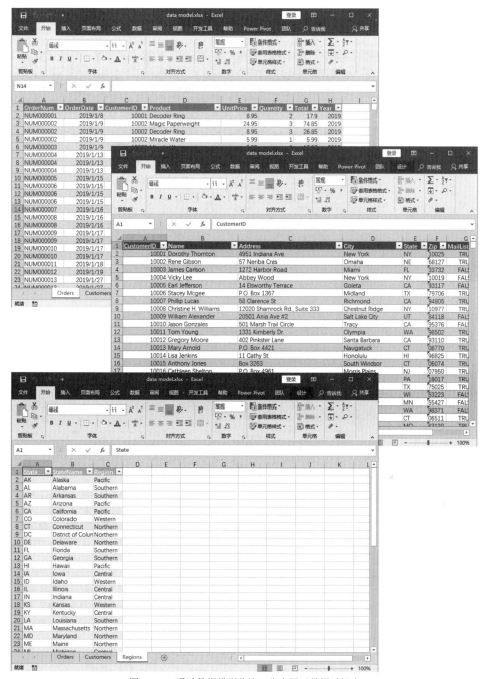

图 30-29　通过数据模型将这 3 张表用于数据透视表

注意

与用单个表创建的数据透视表不同，通过数据模型创建的数据透视表存在一些限制。最值得注意的是，不能创建分组，也不能创建计算字段或计算项。

本示例的目标是按州、地区和年份汇总销售信息。请注意，销售和日期信息位于 Orders 表中，州信息位于 Customers 表中，地区信息位于 Regions 表中。因此，所有这 3 个表将用于此数据透视表。

首先，使用 Orders 表创建数据透视表(在一个新工作表中)，请执行以下步骤。

(1) 选择 Orders 表中的任一单元格，并选择"插入"|"表格"|"数据透视表"命令，将显示"创建数据透视表"对话框。

(2) 选中"将此数据添加到数据模型"复选框，然后单击"确定"按钮。请注意，当使用数据模型时，"数据透视表字段"任务窗格有所不同。该任务窗格包含两个选项卡："活动"和"全部"。"活动"选项卡只列出了 Orders 表，"全部"选项卡列出了工作簿中的全部表。

图 30-30 显示了"数据透视表字段"任务窗格中的"全部"选项卡，所有 3 个表都已展开，以显示列标题。要更改任务窗格的布局，可单击"工具"下拉控件，并选择"字段节和区域节并排"。

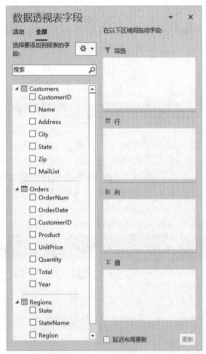

图 30-30　使用数据模型后的"数据透视表字段"任务窗格

Orders 表旁边的图标与其他两个表旁边的图标稍有区别(参见图 30-30)。由于创建数据透视表时选中了"将此数据添加到数据模型"复选框，Orders 表成为数据模型的一部分，另外两个表目前还不是数据模型的一部分。

(3) 选择"数据"|"数据工具"|"关系"命令，然后单击"新建"按钮。这将打开"创建关系"对话框。该对话框是空的，因为我们还没有建立关系。图 30-31 显示了当单击"新建"按钮时打开的"创建关系"对话框。

图 30-31　"创建关系"对话框

(4) 将 Orders 表与 Customers 表关联起来。在上半部分选择"数据模型表：Orders"和 CustomerID，在下半部分选择"工作表表格：Customers"和 CustomerID。将你的"创建关系"对话框中的配置与图 30-32 进行比较，确认无误后单击"确定"按钮。

图 30-32　将 Orders 表与 Customers 表关联起来

(5) **将 Customers 表与 Regions 表关联起来。**在"管理关系"对话框中单击"新建"按钮，像上一个步骤那样创建一个关系(参见图 30-33)。注意，Customers 表现在是数据模型的一部分。在上一步创建关系时，将 Customers 表添加到数据模型中。

图 30-33　将 Customers 表与 Regions 表通过州关联起来

(6) **建立数据透视表。**关闭"管理关系"对话框后，就可以建立数据透视表了。将 Region 和 StateName 字段移动到"行"区域，将 Year 字段移动到"列"区域，将 Total 字段移动到"值"区域。图 30-34 显示了执行这个步骤后的数据透视表(图 30-34 中的一些数据被折叠起来，以便能够展示更大的数据透视表部分)。

图 30-34　基于数据模型的数据透视表

现在就完成了基于 3 个表的数据透视表。剩下的就是做一些格式设置操作了。可以根据你自己的偏好设置数据透视表的格式。要使数据透视表看起来类似于 data model complete.xlsx 中那样，可执行下面的步骤。

(1) **添加切片器**。选择"数据透视表工具"|"分析"|"筛选"|"插入切片器"命令，选择"全部"选项卡，然后选择 Product 和 MailList。

(2) **设置切片器的格式**。右击 MailList 切片器，选择"大小和属性"。在"格式切片器"任务窗格的"位置和布局"节中，将"列数"属性改为 2。

(3) **设置值的格式**。在数据透视表中右击任意值，选择"数字格式"。在"设置单元格格式"对话框中，选择"数值"，将"小数位数"设为 2，并选中"使用千位分隔符"复选框。

(4) **添加地区分类汇总**。右击任意 Region 项(如 Central)，选择"字段设置"。在"分类汇总和筛选"选项卡中，选择"自动"。

(5) **在地区之间添加一个空行**。在"字段设置"对话框的"布局和打印"选项卡中，选中"在每个项标签后插入空行"复选框。

图 30-35 显示了最终的、设置好格式的数据透视表。

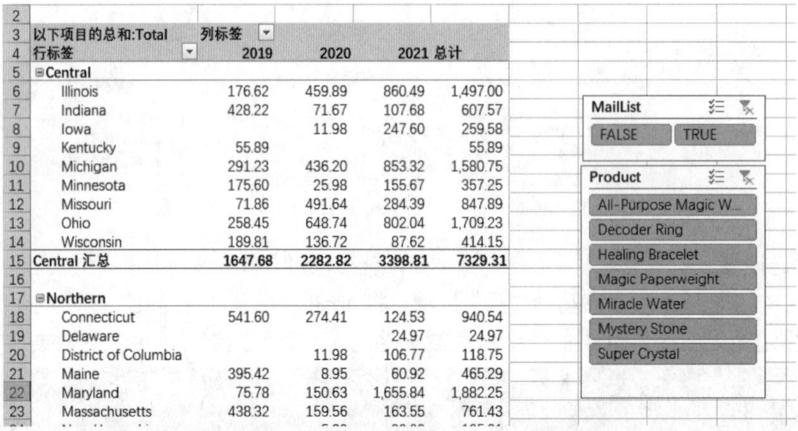

图 30-35 对数据模型数据透视表应用了格式设置

> **提示**
>
> 当使用数据模型创建数据透视图时，可以将数据透视表转换为公式。在数据透视表中选择任一单元格，然后选择"数据透视表工具"|"分析"|"计算"|"OLAP 工具"|"转换为公式"命令。数据透视表将被使用公式的单元格替换，这些公式使用 CUBEMEMBER 和 CUBEVALUE 函数。虽然该区域不再是数据透视表，但是在数据更改时公式也会更新。

第**31**章

执行电子表格模拟分析

本章要点

- 一个模拟分析示例
- 模拟分析的类型
- 手动模拟分析
- 创建单输入模拟运算表和双输入模拟运算表
- 使用方案管理器

Excel 中最吸引人的功能之一是可以创建动态模型。动态模型中使用的公式会在所用的单元格值改变时，立即执行重新计算。当系统地更改单元格中的值，并观察对特定公式单元格的影响时，这就是在执行模拟分析操作。

模拟分析是指提出某些问题的过程，如提出"如果将贷款利率更改成 7.5％ 会怎样?"，或者"如果将产品价格提高 5%会怎样?"等问题。

如果用户正确地创建了工作表，则回答上述这样的问题时，只需要简单地插入新数据并观察重新计算的结果即可。Excel 提供了一些实用的工具来帮助用户进行模拟分析。

31.1 模拟分析示例

图 31-1 显示了一个用于计算抵押贷款的相关信息的工作表模型，这个工作表分为两部分：输入单元格和结果单元格(其中包含公式)。

配套学习资源网站

此工作表可在配套学习资源网站 www.wiley.com/go/excel2019bible 中找到，文件名是 mortgage loan.xlsx。

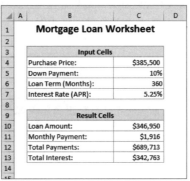

图 31-1　此简单工作表模型使用 4 个输入单元格生成结果

通过这个工作表，可以很容易地回答出以下模拟分析问题：

- 如果可以协商按更低的价格买入房产会怎样？
- 如果贷方要求 20%的预付定金会怎样？
- 如果能够获得 40 年的抵押贷款会怎样？
- 如果利率增长到 5.50%会怎样？

只需要改变 C4:C7 区域中的单元格值，并观察对从属单元格(C10:C13)的影响，即可解答上述这些问题。当然，也可以同时更改多个输入单元格的值。

> **避免在公式中使用硬编码值**
>
> 此抵押贷款计算的简单示例说明了关于电子表格设计的一个重要事项：应始终将工作表设置为具有最大的灵活性。有关电子表格设计的最基本原则如下：
>
> *不要在公式中使用硬编码值，而应该将数值存储在独立的单元格中，并在公式里使用单元格引用。*
>
> 术语"硬编码"是指在公式中使用实际值或常量。在此抵押贷款示例中，所有公式都使用了单元格引用，而不是实际值。
>
> 例如，图 31-1 的单元格 C11 中 PMT 函数的贷款期限参数可以使用值 360。但使用单元格引用有两个好处：首先，对公式中使用的值不会有疑问(它们没有深藏在公式中)；其次，可以非常方便地更改值：在单元格中键入新值比编辑公式更容易。
>
> 当仅涉及一个公式时，在公式中使用数值看起来并不是太大的问题，但是想象一下，当一个工作表中散布数百个含有硬编码值的公式时，会是什么样子？

31.2　模拟分析的类型

Excel 可以处理比上述示例复杂得多的模型。要使用 Excel 执行模拟分析，有 3 种基本选择。

- **手动模拟分析**：插入新值，并观察对公式单元格的影响。
- **模拟运算表**：创建特定类型的表，用于当系统地更改一个或两个输入单元格值时，显示选定公式单元格的结果。
- **方案管理器**：创建命名的方案，并生成将使用分级显示或数据透视表的报表。

本章其余部分将讨论这些模拟分析类型。

31.2.1　执行手动模拟分析

手动模拟分析并不需要太多的解释。实际上，本章开始时所列举的示例已经可以说明它是如何完成的。手动模拟分析的基本思想是：你具有一个或多个输入单元格，而且这些单元格将影响一个或多个关键公式单元格。可以通过改变这些输入单元格的值，来观察公式的计算结果。你可能需要打印结果，或将每个"方案"保存到新的工作簿中。术语"方案"指的是一个或多个输入单元格中的一组具体的值。

手动模拟分析的使用非常普遍，人们常在没有意识到正在进行模拟分析的情况下已经使用这种方法了。这种执行模拟分析的方法当然没有什么问题，但是你仍然需要了解其他一些方法。

> **交叉引用**
>
> 如果输入单元格不位于公式单元格附近，则可考虑使用"监视窗口"在一个可移动的窗口中监视公式的结果。

31.2.2　创建模拟运算表

本节将讨论 Excel 中最没得到充分利用的功能之一：模拟运算表。模拟运算表是一个动态区域，用于为变化的输入单元格汇总公式单元格。创建模拟运算表的过程很简单，但对于模拟运算表而言也存在一些限制。特别是，一个模拟运算表一次只能处理一个或两个输入单元格。这些限制将在各个示例中得到清楚的说明。

注意
本章后面将要讨论的方案管理器可以生成一个能够汇总任意数量的输入单元格和结果单元格的报表。

不要混淆模拟运算表和标准的表格(通过选择"插入" | "表格" | "表格"命令创建)，这两个功能是完全独立的。

1. 创建单输入模拟运算表

单输入模拟运算表可显示一个或多个公式对单个输入单元格中的不同值所生成的结果，图 31-2 显示了单输入模拟运算表的常规布局。你需要自己手动设置此表，Excel 不会为你执行这些操作。

图 31-2　单输入模拟运算表的组成

可以将模拟运算表放在工作表中的任意位置，模拟运算表的左侧列包含单个输入单元格的多个不同值，最上一行包含对位于工作表其他位置的公式的引用。可以使用一个或任意数目的公式引用。模拟运算表左上角的单元格保留为空。Excel 将根据输入单元格的每个值进行计算，并将结果添加到每个公式引用的下面。

这个示例使用的是本章前面用到的抵押贷款工作表，本练习的目的是创建一个可以显示 4 个公式单元格的数值(贷款金额、每月还款、还款总额、总利息)的模拟运算表，这些数值分别对应于 4.5%～6.5%的利率，并以 0.25%为增幅进行递增。

配套学习资源网站
此工作簿可在配套学习资源网站 www.wiley.com/go/excel2019bible 中找到，文件名为 mortgage loan data table.xlsx。

图 31-3 显示的是一个模拟运算表区域的设置，第 3 行由工作表中的公式引用组成。例如，单元格 F3 包含公式"=C10"，单元格 G3 包含公式"=C11"。第 2 行和 D 列包含的是可选的描述性标签，这些信息并不是模拟运算表的实际组成部分。E 列包含了 Excel 将在表中使用的单输入单元格的值(利率)。

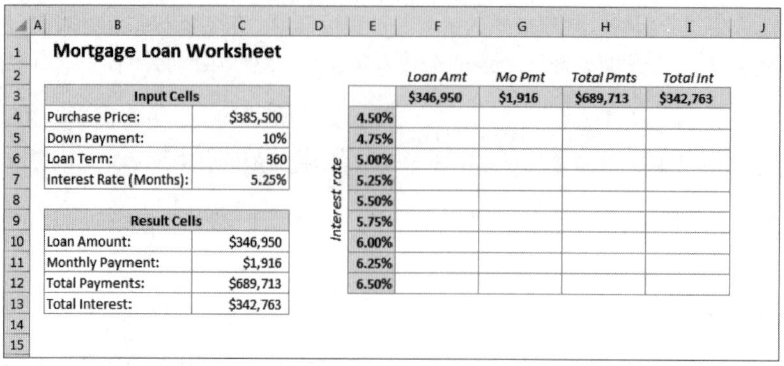

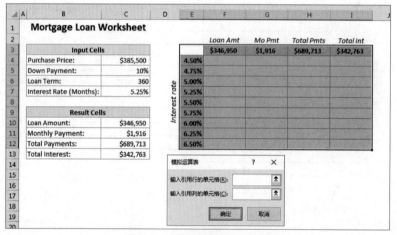

图 31-3　准备创建一个单输入模拟运算表

要创建这个表，首先需要选择整个模拟运算表区域(在本例中为 E3:I12)，然后选择"数据"|"预测"|"模拟分析"|"模拟运算表"命令。Excel 将显示"模拟运算表"对话框，如图 31-4 所示。

图 31-4　"模拟运算表"对话框

必须指定包含输入值的工作表单元格，因为输入单元格的变量显示在模拟运算表的左侧列中，所以要将此单元格引用放在"输入引用列的单元格"字段中。输入 C7 或者指向工作表中的单元格，将"输入引用行的单元格"字段保留为空。单击"确定"按钮，Excel 将使用计算出的结果填充该表(参见图 31-5)。

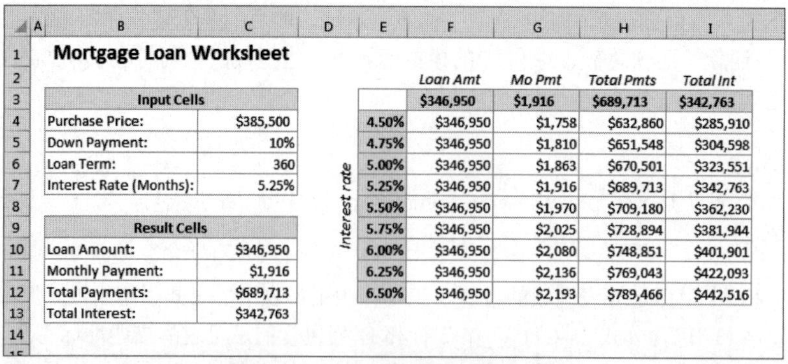

图 31-5　单输入模拟运算表的结果

警告

出于某种原因，使用模拟运算表会清空 Excel 的撤销列表，导致无法撤销在使用此命令之前所执行的操作。

利用该表，可以查看在不同利率下计算出的贷款额。请注意，Loan Amt 列(F 列)不会变，这是因为单元格

C10 中的公式不依赖于利率。

　　如果在执行此命令后，对 Excel 输入到单元格中的内容进行检查，将会看到这些数据是通过一个多单元格数组公式生成的：

`{=TABLE(,C7)}`

　　多单元格数组公式是一个单独的公式，它可以生成多个单元格的结果。因为模拟运算表使用了公式，所以，如果更改了第一行中的单元格引用，或者在第一列中插入了不同的利率，则 Excel 将更新所生成的表。

> **注意**
> 既可以将单输入模拟运算表垂直排列(像本例那样)，也可以将其水平排列。如果要将输入单元格的值置于一行，则需要在"模拟运算表"对话框的"输入引用行的单元格"字段中输入单元格引用。

2. 创建双输入模拟运算表

　　顾名思义，双输入模拟运算表允许更改两个输入单元格。图 31-6 显示了该类模拟运算表的设置。虽然它看起来与单输入模拟运算表很类似，但双输入模拟运算表与单输入模拟运算表之间有一个重要的区别：它一次只能显示一个公式的结果。对于单输入模拟运算表，可以在表的顶行中放置任意多个公式或公式引用。而对于双输入模拟运算表，顶行保存的是第二个输入单元格的数值，表的左上角单元格包含的是单个结果公式的引用。

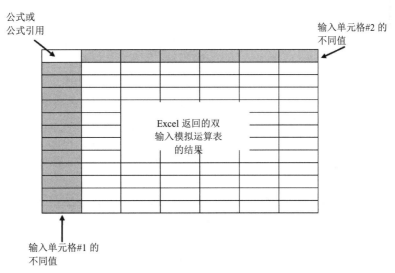

图 31-6　双输入模拟运算表的设置

　　利用抵押贷款工作表，可以创建一个双输入模拟运算表，以显示针对两个输入单元格(例如，利率和预付定金百分比)的不同组合，公式所得到的结果(如月还款)。若要查看其他公式的影响，只需要创建多个模拟运算表即可——每个需要汇总的公式单元格对应一个模拟运算表。

　　本节中的示例将使用图 31-7 所示的工作表来展示双输入模拟运算表。在这个示例中，公司要进行一个直邮广告的促销活动，以销售其商品。此工作表用于计算该促销活动所带来的净利润。

> **配套学习资源网站**
> 此工作簿可在配套学习资源网站 www.wiley.com/go/excel2019bible 中找到，文件名是 direct mail data table.xlsx。

	A	B
1	**Direct Mail Profit Model**	
2		
3	**Input Cells**	
4	Number mailed:	275,000
5	Response rate:	2.50%
6		
7	**Parameters**	
8	Printing costs per unit:	$0.15
9	Mailing costs per unit:	$0.28
10	Responses:	6,875
11	Profit per response:	$18.50
12	Gross profit:	$127,188
13	Printing + mailing costs:	$118,250
14	Net Profit	$8,937
15		

图 31-7　此工作表用于计算直邮广告促销活动所带来的净利润

这个模型使用了两个输入单元格：邮寄的促销活动广告数目和预期的回应率。下列各项将出现在 Parameters 区域中。

- **每份邮寄品的印刷费用**：印刷每份邮寄品的费用。单位印刷费用与印刷数量相关，当数量小于 200 000 份时，单位印刷费用为 0.20 美元；当数量在 200 001～300 000 之间时，单位印刷费用为 0.15 美元；当数量大于 300 000 时，单位印刷费用为 0.10 美元。本例将使用以下公式：

```
=IF(B4<200000,0.2,IF(B4<300000,0.15,0.1))
```

- **每份邮寄品的邮寄费用**：这是一个固定成本，为 0.28 美元。
- **回应数量**：根据回应率和邮寄数量的结果计算得出，该单元格中的公式如下。

```
=B4*B5
```

- **每个回应的利润**：这是一个固定值，公司认为每笔订单带来的平均利润是 18.50 美元。
- **毛利润**：这是一个简单的公式，将每个回应的利润乘以回应数量：

```
=B10*B11
```

- **印刷加邮寄费用**：该公式用于计算此促销活动的总支出：

```
=B4*(B8+B9)
```

- **净利润**：该公式用于计算最终值——毛利润减去印刷和邮寄费用。

如果在两个输入单元格中输入不同的值，将看到净利润的变化相当大，而且经常会成为负值，表示净亏损。

图 31-8 显示了一个双输入模拟运算表的设置，此模拟运算表用于汇总在不同的数量和回应率组合下的净利润；该表位于 E4:M14 区域中。单元格 E4 包含一个引用净利润单元格的公式。

```
=B14
```

	A	B
1	**Direct Mail Profit Model**	
2		
3	**Input Cells**	
4	Number mailed:	275,000
5	Response rate:	2.50%
6		
7	**Parameters**	
8	Printing costs per unit:	$0.15
9	Mailing costs per unit:	$0.28
10	Responses:	6,875
11	Profit per response:	$18.50
12	Gross profit:	$127,188
13	Printing + mailing costs:	$118,250
14	Net Profit	$8,937
15		
16		

Response Rate

Number Mailed	$8,937	1.50%	1.75%	2.00%	2.25%	2.50%	2.75%	3.00%	3.25%
	100,000								
	125,000								
	150,000								
	175,000								
	200,000								
	225,000								
	250,000								
	275,000								
	300,000								
	325,000								

图 31-8　准备创建一个双输入模拟运算表

要创建模拟运算表，请执行以下操作。

(1) 在 F4:M4 区域中输入回应率值。

(2) 在 E5:E14 区域中输入邮寄数量值。

(3) 选择 E4:M14 区域，然后选择"数据"|"预测"|"模拟分析"|"模拟运算表"命令，将显示"模拟运算表"对话框。

(4) 指定 B5 为行输入单元格(回应率)，指定单元格 B4 为列输入单元格(邮寄数量)。

(5) 单击"确定"按钮。Excel 将填充模拟运算表。

图 31-9 显示了计算结果。可以看到，不少回应率和邮寄数量组合会导致亏损而不是盈利。

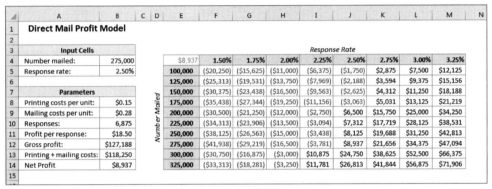

图 31-9　双输入模拟运算表的结果

与单输入模拟运算表一样，此模拟运算表也是动态的。可以改变单元格 E4 中的公式，从而引用另一个单元格(如毛利润)。或者，也可以输入不同的回应率和邮寄数量值。

31.2.3　使用方案管理器

尽管模拟运算表很有用，但它们也存在一些局限。

- 每次只能改变一个或两个输入单元格。
- 模拟运算表的创建过程并不直观。
- 双输入模拟运算表只能显示一个公式单元格的结果(尽管可以为多个公式创建多个额外的表)。
- 许多情况下，你感兴趣的仅仅是一些选定的组合，而不是显示了两个输入单元格的所有可能组合的整个表。

方案管理器功能使得自动执行模拟分析模型的某些方面变得很容易。可以为任意多的变量存储不同的输入值集合(在方案管理器术语中称为可变单元格)，并为每个集合命名。然后，可以按名称选择一个值集合，Excel 将使用这些值显示工作表。还可以生成汇总报表，以显示不同的值组合对任意数量的结果单元格的影响。汇总报表既可以是分级显示，也可以是数据透视表。

例如，年度销售预测可能取决于几个因素，因此，可以定义 3 个方案：最佳情况、最差情况和最可能情况。然后，通过从列表中选择不同的方案名称，即可切换到不同的方案。Excel 将会在工作表中以适当的输入值进行替换，并重新计算公式。

1. 定义方案

为了介绍方案管理器，本节将首先提供一个使用了简单生产模型的示例，如图 31-10 所示。

配套学习资源网站

此工作簿可在配套学习资源网站 www.wiley.com/go/excel2019bible 中找到，文件名是 production model scenarios.xlsx。

这个工作表包含两个输入单元格：每小时劳动成本(单元格 B2)和单位原料成本(单元格 B3)。该公司生产 3 种产品，每种产品的生产需要不同的生产时间和原材料数量。

	A	B	C	D
1	**Resource Cost Variables**			
2	Hourly labor cost	30		
3	Material cost	57		
4				
5				
6		**Product A**	**Product B**	**Product C**
7	Hours per unit	12	14	24
8	Material per unit	6	9	14
9	Cost to produce	$702	$933	$1,518
10	Sales price	$795	$1,295	$2,195
11	Unit profit	$93	$362	$677
12	Units produced	36	18	12
13	**Total profit per product**	**$3,348**	**$6,516**	**$8,124**
14				
15	**Total Profit**	**$17,988**		

图 31-10 一个用于说明方案管理器的简单生产模型

表中的公式用于计算每种产品的总利润(第 13 行)和总的合并利润(单元格 B15)。管理者希望预测总利润，但不能确定每小时劳动成本和原材料成本分别是多少，他们有 3 个方案，如表 31-1 所示。

表 31-1 生产模型的 3 个方案

方案	每小时劳动成本	原材料成本
最佳情况	30	57
最差情况	38	62
最可能情况	34	59

最佳情况方案具有最低的劳动成本和原材料成本，最差情况方案具有最高的劳动成本和原材料成本，第三种情况，即最有可能的情况，则具有这些输入单元格的中间值。管理者需要为最差情况做好准备，然而他们同时也对最佳情况很感兴趣。

选择"数据"|"预测"|"模拟分析"|"方案管理器"命令，可显示"方案管理器"对话框。当第一次打开此对话框时，它将告诉你没有已定义的方案，不必奇怪，因为这时才刚开始。当添加一个命名方案后，该方案就会出现在此对话框的方案列表中。

提示

建议为可变单元格和所有希望检验的结果单元格创建名称。Excel 将在各对话框和它生成的报表中使用这些名称。如果使用了名称，就可以更方便地跟踪所发生的变化，也可以使报表更具可读性。

要添加方案，请在"方案管理器"对话框中单击"添加"按钮，Excel 将显示"添加方案"对话框，如图 31-11 所示。

此对话框包括 4 个部分，如下所示。

- **方案名**：可以为方案使用任何名称。
- **可变单元格**：方案的输入单元格。既可以直接输入单元格地址，也可以指向单元格。如果为单元格创建了名称，则可以输入名称。这里允许使用不相邻的单元格；如果要指向多个单元格，可按住 Ctrl 键并单击各单元格。每个命名的方案既可以使用相同的可变单元格集合，也可以使用不同的可变单元格。最多可以对一个方案使用 32 个可变单元格。
- **备注**：默认情况下，Excel 将显示方案创建者的姓名及方案创建日期。既可以修改该内容，也可以在其中增加或删除内容。如果命名了方案，可能不需要添加备注。但是，一些方案非常复杂，此时添加更多信息不仅对你自己有用，对使用工作簿的其他人也会提供帮助。

图 31-11 使用"添加方案"对话框创建命名方案

- **保护**：只有在保护工作表并选中"保护工作表"对话框中的"方案"选项时，这里的两个保护选项(用于防止更改方案和隐藏方案)才有效。对方案进行保护可以防止别人修改此方案。被隐藏的方案不会出现在"方案管理器"对话框中。

在这个示例中，定义了表 31-1 中所示的 3 个方案。可变单元格是 Hourly cost(B2)和 Material cost(B3)。

在"添加方案"对话框中输入信息后，单击"确定"按钮。Excel 将显示"方案变量值"对话框，如图 31-12所示。此对话框将为前一个对话框中所指定的每个可变单元格显示一个字段。为方案中的每个单元格输入相应的值。单击"确定"按钮后，将返回"方案管理器"对话框，并在列表中显示你命名的方案。如果要创建更多的方案，请继续单击"添加"按钮，以回到"添加方案"对话框。

图 31-12 在"方案变量值"对话框中输入方案的值

使用"方案"下拉列表

"方案"下拉列表中显示所有已定义的方案，可用于快速显示方案。奇怪的是，这个有用的工具并没有出现在功能区中。但是，如果你使用"方案管理器"，则可将此"方案"控件添加到快速访问工具栏中，方法如下：

(1) 右击快速访问工具栏，并在快捷菜单中选择"自定义快速访问工具栏"命令。将显示"Excel 选项"对话框，并已在其中选择"快速访问工具栏"选项卡。

(2) 在"从下列位置选择命令"下拉列表中选择"不在功能区中的命令"。

(3) 向下滚动列表，并选择"方案"。

(4) 单击"添加"按钮。

(5) 单击"确定"按钮，关闭"Excel 选项"对话框。

此外，也可以将"方案"控件添加到功能区中。有关如何自定义快速访问工具栏和功能区的详细信息，请参见第 8 章。

---

2. 显示方案

在定义好所有方案并返回到"方案管理器"对话框后，已定义的所有方案的名称将显示在此对话框中。选择其中一个方案，然后单击"显示"按钮(或双击方案名称)，Excel 将在可变单元格中插入对应的值，并计算工作表以显示方案的结果。图 31-13 显示了一个关于选择方案的示例。

图 31-13 选择要显示的方案

3. 修改方案

在创建方案后，可能还需要对它们进行更改。请执行以下步骤进行更改：

(1) 单击"方案管理器"对话框中的"编辑"按钮，可以对方案中的可变单元格的一个或多个值进行修改。

(2) 从"方案"列表中选择要更改的方案，然后单击"编辑"按钮，将显示"编辑方案"对话框。

(3) 单击"确定"按钮，将出现"方案变量值"对话框。

(4) 进行修改之后，单击"确定"按钮返回"方案管理器"对话框。注意，Excel 将自动更新"备注"框中的信息，以指明方案的修改时间。

4. 合并方案

在工作组环境下，可能会出现几个人使用同一个电子表格模型的情况，以及几个人定义多个方案的情况。例如，市场部对于输入单元格的内容可能有某种意见，财务部门可能有另一种意见，而 CEO 则可能还有其他意见。

Excel 可以方便地将这些不同的方案合并到一个工作簿中。在合并方案之前，应确保已打开要在其中执行合并操作的工作簿。

(1) 单击"方案管理器"对话框中的"合并"按钮。

(2) 在所显示的"合并方案"对话框的"工作簿"下拉列表中，选择含有待合并方案的工作簿。

(3) 在"工作表"下拉列表中，选择含有待合并方案的工作表，并单击"添加"按钮。请注意，在滚动"工作表"列表时，对话框中将显示每个工作表中所含有的方案的数目。

(4) 单击"确定"按钮。将返回到前一个对话框，此对话框现在将显示需要从其他工作簿中合并的方案的名称。

5. 生成方案报表

如果已创建了多个方案，则可能需要通过创建方案摘要报表来为工作内容形成文档。单击"方案管理器"对话框中的"摘要"按钮，Excel 将显示"方案摘要"对话框。

有两种类型的报表可供选择。

● **方案摘要**：这种摘要报表将以工作表分级显示的形式显示。

● **方案数据透视表**：这种摘要报表将以数据透视表的形式显示。

交叉引用

有关分级显示的更多信息，请参见第 27 章。有关数据透视表的更多信息，请参见第 29 章。

对于简单的方案管理，标准的方案摘要报表即已足够。如果有许多定义有多个结果单元格的方案，则方案数据透视表将提供更高的灵活性。

此外，"方案摘要"对话框还要求指定结果单元格(即含有所需公式的单元格)。在本例中，选择B13:D13和B15(一个多重选择)来生成报表，以显示每种产品的利润以及总利润。

注意

在使用"方案管理器"时，可能会发现其存在一个主要的局限性：一个方案可使用的可变单元格不能多于32个。如果试图使用更多的可变单元格，则会显示错误信息。

Excel将创建一个新工作表用来存储汇总表。图31-14显示了"方案摘要"形式的报表。如果为可变单元格和结果单元格分配了名称，则该表将使用这些名称。否则，它将列出单元格引用。

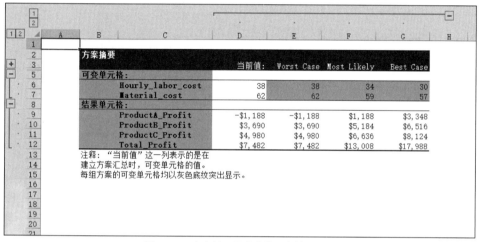

图31-14 方案管理器生成的方案摘要报表

第 32 章

使用单变量求解和规划
求解来分析数据

本章要点

- 反向执行模拟分析
- 单一单元格单变量求解
- 规划求解简介
- 规划求解示例

第 31 章讨论了模拟分析，即通过更改输入单元格的数值，以观察其他从属单元格中的结果的过程。本章将从相反的视角考察这一过程：知道公式单元格中的预期结果时，找到一个或多个输入单元格的值。

32.1　反向执行模拟分析

请考虑下面的模拟分析问题："如果销售额增长 20%，则总利润是多少？"如果正确建立了工作表模型，则可以通过更改一个或多个单元格中的数值，查看利润单元格中将会发生的变化。本章中的示例采用了相反的方式，如果知道公式的结果，则 Excel 可以告诉你在生成相应结果时，需要在一个或多个输入单元格中输入的数值。换句话说，可以提出类似这样的问题："如果要实现 120 万美元的利润，则销售额需要增长多少？" Excel 提供了两个相关的工具。

- **单变量求解**：确定需要在一个输入单元格中输入的数值，从而在从属(公式)单元格中生成所需的结果。
- **规划求解**：确定需要在多个输入单元格中输入的数值，从而生成所需的结果。此外，由于可以为问题指定特定的约束条件，因此可以获得强大的问题解决能力。

32.2　单一单元格单变量求解

单一单元格单变量求解是一个相当简单的概念。Excel 将确定输入单元格中的什么值可以在公式单元格中生成所需结果。下面的示例演示了单一单元格单变量求解的工作过程。

32.2.1　单变量求解示例

图 32-1 显示的是在第 31 章中所使用的抵押贷款工作表，此工作表中共有 4 个输入单元格(C4:C7)和 4 个公式单元格(C10:C13)。此工作表一开始是一个用于说明模拟分析的示例。本例将演示相反的方法，本例不是通过提供不同的输入单元格值来观察计算公式，而是使 Excel 自行确定能够生成预期结果的输入值。

	A	B	C	D
1		**Mortgage Loan Worksheet**		
2				
3		**Input Cells**		
4		Purchase Price:	$409,000	
5		Down Payment:	20%	
6		Loan Term (Months):	360	
7		Interest Rate (APR):	6.50%	
8				
9		**Result Cells**		
10		Loan Amount:	$327,200	
11		Monthly Payment:	$2,068	
12		Total Payments:	$744,526	
13		Total Interest:	$417,326	
14				
15				

图 32-1　包含输入单元格和公式单元格的抵押贷款计算器

配套学习资源网站

此工作簿可在配套学习资源网站 www.wiley.com/go/excel2019bible 中找到，文件名是 mortgage loan.xlsx。

假设你要购买一处新住宅，并且每月可以支付 1800 美元的还款额。此外，贷方可以提供一笔为期 30 年的固定利率为 6.50% 的按揭贷款，并且需要首付 20% 的房款。现在的问题是：你能够支付的最高购买价格是多少？换句话说，就是单元格 C4(购买价格)中为何值才能使单元格 C11(月还款额)中的公式的结果为 1800 美元。在本例中，可以不断增大单元格 C4 中的数值，直到单元格 C11 中的数值显示为 1800 美元。如果使用更复杂的模型，则 Excel 通常能够更高效地得到结果。

要回答上述问题，首先需要根据已知内容设置输入单元格，具体如下：

- 在单元格 C5 中输入 20%(首付百分比)。
- 在单元格 C6 中输入 360(按月计算的贷款周期)。
- 在单元格 C7 中输入 6.5%(年利率)。

接下来，选择"数据"|"预测"|"模拟分析"|"单变量求解"命令。Excel 将显示"单变量求解"对话框。完成此对话框的工作类似于生成一个句子。需要通过更改单元格 C4 的值，将单元格 C11 设为 1800。可以通过输入单元格引用或者通过使用鼠标指向来输入此信息(见图 32-2)。完成输入之后，单击"确定"按钮即可开始单变量求解过程。

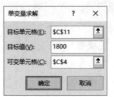

图 32-2　"单变量求解"对话框

很快 Excel 将显示"单变量求解状态"对话框(如图 32-3 所示)，此对话框中显示了目标值与 Excel 计算出的数值。在这个示例中，Excel 发现了一个精确的值。工作表将在单元格 C4 中显示所计算的值($355,974)。当使用这个值时，每月还款额为 l800 美元。此时，有两种选择：

- 单击"确定"按钮，使用所发现的值替代初始值。执行此操作后，可使用"撤销"按钮返回原来的值。
- 单击"取消"按钮，将工作表恢复为在选择"单变量求解"命令之前的状态。

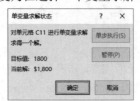

图 32-3　使用"单变量求解"获取答案

32.2.2　有关单变量求解的更多信息

Excel 并不是总能找到可生成所需结果的值，有时，确实不存在解。在这种情况下，"单变量求解状态"对话框会显示相应的提示。

但在其他一些情况下，Excel 可能报告无解，而你却相当确定存在一个解。如果发生这种情况，则可以尝试使用下列选项：

- 将"单变量求解"对话框(参见图 32-2)中"可变单元格"字段的当前值调整为更接近于解的值，然后重新执行命令。
- 调整"Excel 选项"对话框(选择"文件"|"选项"命令)的"公式"选项卡中的"最多迭代次数"设置。增大迭代(或计算)次数可使 Excel 尝试寻找更多可能的解。
- 重新检查逻辑，并确保公式单元格确实依赖于所指定的可变单元格。

> **注意**
> 与所有计算机程序一样，Excel 的精确度是有限的。为了说明此精确度限制，请在单元格 A2 中输入"=A1^2"。然后使用"单变量求解"对话框，找到能使公式返回 l6 的单元格 Al(为空)的值。Excel 得出的值为 4.000 022 69，此值接近于 16 的平方根，但并不精确。可以在"Excel选项"对话框的"公式"选项卡中调整单变量求解的精确度(将"最大误差"的值调小一些)。

> **注意**
> 在某些情况下，输入单元格中的多个数值会得出相同的预期结果。例如，如果单元格 Al 中包含 - 4 或+4，则公式"=A1^2"所返回的值都是 16。在使用单变量求解时，如果存在多个可能的解，则 Excel 将提供最接近于当前值的解。

32.3　规划求解简介

Excel 的单变量求解功能非常有用，但也存在一些局限性。例如，单变量求解只能对一个可调整单元格进行求解，并且只能返回一个解。Excel 中功能强大的"规划求解"工具对此概念进行了扩展，使得你可以执行以下操作：

- 指定多个可调整单元格。
- 指定对可调整单元格中的数值的约束。
- 生成可对特定工作表单元格求最大值或最小值的解。
- 为一个问题生成多个解。

单变量求解是相对简单的操作，而规划求解则要复杂得多。事实上，规划求解可能是 Excel 中最难掌握(最容易使人沮丧)的一个功能，并不是适合每个人使用。实际上，大部分 Excel 用户都不会使用此功能。然而，许多用户会发现此功能非常强大，值得多花一些时间来学习它。

32.3.1　适合通过规划求解来解决的问题

适合通过规划求解来解决的问题的范围相对较窄。一般来说，符合以下条件的情况适合通过规划求解功能来解决：

- 目标单元格依赖于其他单元格和公式。通常，你需要对目标单元格求最大值或最小值，或者将其设置为等于某些值。
- 目标单元格依赖于一组单元格(称为可变单元格)，规划求解功能可以对该组单元格进行调整以影响目标单元格。
- 解必须遵循一定的约束或限制。

正确建立工作表后，可以使用规划求解来调整可变单元格，并在目标单元格中生成所需的结果，同时满足所定义的所有约束条件。

找不到规划求解命令？

可以通过选择"数据"|"分析"|"规划求解"命令来访问规划求解功能。如果此命令不可用，则需要安装"规划求解"加载项。这个过程非常简单：

(1) 选择"文件"|"选项"命令，将显示"Excel选项"对话框。

(2) 选择"加载项"选项卡。

(3) 在对话框底部，从"管理"下拉列表中选择"Excel加载项"命令，然后单击"转到"按钮，Excel将显示"加载项"对话框。

(4) 选中"规划求解加载项"复选框，然后单击"确定"按钮。

完成上述步骤后，将在启动Excel时载入规划求解加载项。

32.3.2 一个简单的规划求解示例

这里首先使用一个简单的示例来介绍规划求解，然后再使用几个更复杂的示例来说明规划求解能够执行的工作。

图32-4显示的是一个用于计算3种产品的利润的工作表。B列显示了每种产品的单位数量，C列显示了每种产品的单位利润，D列含有一些公式，用于将单位产品利润乘以产品单位数量来计算每种产品的总利润。

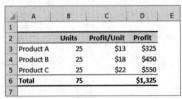

图32-4 使用规划求解功能确定单位数量以实现总利润最大化

配套学习资源网站

此工作簿可在配套学习资源网站www.wiley.com/go/excel2019bible中找到，文件名为three products.xlsx。

你可以很容易地发现，最大的利润来自于产品C，因此，实现总利润最大化的逻辑解决方案是只生产产品C。然而，如果事情真的这样简单，那么就不需要规划求解这样的工具了。和大多数情况一样，这家公司必须符合一定的条件：

- 总生产能力是每天生产300件产品。
- 公司需要50件产品A来满足现有订单要求。
- 公司需要40件产品B来满足预计的订单要求。
- 由于产品C的市场需求相对有限，因此公司不希望所生产的产品C的数量超过40件。

以上4项约束条件使得问题更符合现实情况，也更具难度。事实上，上述这种问题非常适合于通过规划求解来解决。

使用规划求解的基本步骤如下所示。

(1) 使用数值与公式建立工作表。确保单元格格式符合逻辑，例如，如果不能生产半个产品，则需要将这些单元格格式设置为不能含有小数值。

(2) 选择"数据"|"分析"|"规划求解"命令，将显示"规划求解参数"对话框。

(3) 指定目标单元格。

(4) 指定含有可变单元格的区域。

(5) 指定约束条件。

(6) 根据需要更改规划求解选项。

(7) 单击"求解"按钮，使用规划求解解决问题。

要启动规划求解功能来解决上述问题，请选择"数据"|"分析"|"规划求解"命令，Excel 将显示"规划求解参数"对话框。图 32-5 显示了已经为问题求解设置好的"规划求解参数"对话框。

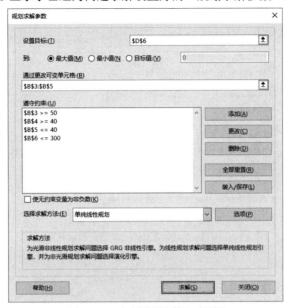

图 32-5　"规划求解参数"对话框

在本示例中，目标单元格是 D6——该单元格用于计算 3 种产品的总利润。

(1) 在"规划求解参数"对话框的"设置目标"字段中输入 D6。

(2) 因为目标是求该单元格的最大值，所以选择"最大值"选项。

(3) 在"通过更改可变单元格"字段中指定可变单元格(位于区域 B3:B5 中)。下一步是指定问题的约束条件。每次可添加一项约束条件，之后约束条件将出现在"遵守约束"列表中。

(4) 要添加一个约束条件，可单击"添加"按钮。Excel 将显示"添加约束"对话框，如图 32-6 所示。此对话框有 3 部分：单元格引用、运算符和约束值。

图 32-6　"添加约束"对话框

(5) 要设置第一个约束条件(总生产能力为 300 件产品)，在"单元格引用"中输入 B6。然后从运算符下拉列表中选择小于等于号(≤)，并在"约束"中输入 300。

(6) 单击"添加"按钮，然后添加其他约束条件。表 32-1 汇总了该问题的所有约束条件。

表 32-1　约束条件汇总

约束条件	表示为
生产能力为 300 件	B6≤300
至少生产 50 件产品 A	B3≥50
至少生产 40 件产品 B	B4≥40
最多生产 40 件产品 C	B5≤40

(7) 在输入最后一个约束条件后，单击"确定"按钮返回到"规划求解参数"对话框，此时，其中将列出 4 项约束条件。

(8) 对于"求解方法"，使用"单纯线性规划"。

(9) 单击"求解"按钮启动求解过程。可以在屏幕上观看求解过程的进度。Excel 很快会声明它找到了一个解。"规划求解结果"对话框如图 32-7 所示。

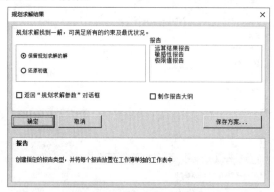

图 32-7　规划求解将在找到问题的解时显示此对话框

此时，有如下选择：

- 保留规划求解所得到的值。
- 恢复为原可变单元格的值。
- 创建任意一个或所有 3 个报告以描述规划求解所执行的任务。
- 单击"保存方案"按钮将解保存为一个方案，从而使"方案管理器"能够使用它。

交叉引用

请参阅第 31 章了解更多有关"方案管理器"的信息。

"规划求解结果"对话框的"报告"部分允许选择任意一个或所有 3 个可选报告。如果指定了任何报告选项，则 Excel 就会在一个新工作表上创建每个报告，并且每个报告都有适当的名称。图 32-8 所示是一个运算结果报告。在报告的"约束"部分，4 个约束中有 3 个显示为"到达限制值"，意味着已达到这些约束的限值，没有更多变化的空间。

图 32-8　规划求解所生成的 3 个报告中的一个

这个简单的示例演示了规划求解是如何工作的。事实上，也可以同样快捷地手动解决这个特定的问题。当然，情况并不总是这样的。

> **警告**
> 关闭"规划求解结果"对话框时(通过单击"确定"或"取消"按钮)，则"撤销"栈将会被消除。换句话说，不能撤销规划求解对工作簿做出的任何更改。

32.3.3　探索规划求解的选项

在讨论更复杂的示例之前，本节将首先对规划求解"选项"对话框进行说明。利用这个对话框，可以控制规划求解过程的很多方面，并且可以在工作表区域内载入和保存模型设定。

通常，只有在工作表中使用多组规划求解参数时，才需要保存模型。这是因为 Excel 会为工作表自动保存第一个规划求解模型(使用隐藏的名称)。如果要保存更多其他的模型，则 Excel 将会以对应于指定选项的公式的形式存储信息(所保存区域的最后一个单元格是一个数组公式，用于保存选项设置)。

规划求解报告无法求解(即使你知道应该存在一个解时)的情况也不罕见。通常，可以更改一个或多个规划求解选项，然后再次尝试求解。当在"规划求解参数"对话框中单击"选项"按钮后，Excel 将显示规划求解"选项"对话框，如图 32-9 所示。

下面的列表描述了规划求解的选项。

- **约束精确度**：指定单元格引用和约束公式必须满足约束条件的满足程度。如果指定较低的精确度，则 Excel 可能会更快速地解决问题。
- **使用自动缩放**：用于当问题在量级上存在巨大差异时，例如，当试图通过改变非常大的单元格数字来最大化百分比时。
- **显示迭代结果**：选中此复选框，可以使规划求解在每次迭代结束以后暂停，并显示结果。

图 32-9　可以控制规划求解在求解问题时的许多方面

- **忽略整数约束**：当选中此复选框时，规划求解将忽略指定特定单元格必须是整数的约束条件。使用此选项可能允许规划求解发现无法在其他情况下发现的解。
- **最大时间**：指定希望规划求解在求解一个问题时所花费的最长时间，以秒为单位。如果规划求解报告其求解时间超出了此时间限制，则可以增加用于求解问题的时间。
- **迭代次数**：输入需要规划求解尝试求解的最大次数。
- **最大子问题数目**：适用于复杂的问题。指定"演化"算法可研究的最大子问题数目。

● **最大可行解数目**：适用于复杂的问题。指定"演化"算法可研究的最大可行解数目。

注意

"选项"对话框中的其他两个选项卡包含了由"非线性 GRG"与"演化"算法所使用的其他一些选项。

32.4 规划求解示例

本章的剩余内容将讨论有关使用规划求解来求解各种问题的示例。

32.4.1 求解联立线性方程

本示例将介绍如何求解有 3 个变量的线性方程组。下面是一个线性方程组示例：

```
4x + y - 2z = 0
2x - 3y + 3z = 9
-6x - 2y + z = 0
```

规划求解需要回答的问题是："当 x、y、z 的值分别是多少时，这 3 个等式都成立?"

图 32-10 显示了一个为解决该问题而创建的工作簿。该工作簿有 3 个命名单元格，以便增加公式的可读性：

x： C11
y： C12
z： C13

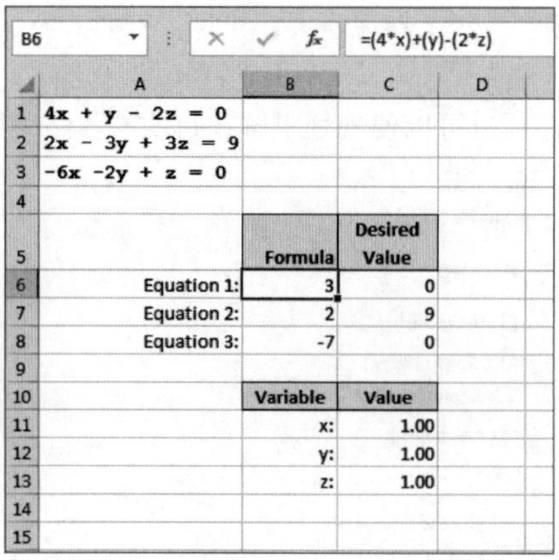

图 32-10 规划求解将尝试对这个线性方程组求解

这 3 个命名单元格都被初始化为 1.0(显然 1.0 不是此方程组的解)。

配套学习资源网站

此工作簿可以在配套学习资源网站 www.wiley.com/go/excel2019bible 中找到，文件名是 linear equations.xlsx。

这 3 个方程分别由区域 B6:B8 中的公式表示。

B6： =(4*x)+(y)-(2*z)
B7： =(2*x)-(3*y)+(3*z)
B8： =-(6*x)-(2*y)+(z)

这些公式使用了命名单元格 x、y、z 中的值。区域 C6:C8 中含有这 3 个公式的"期望"结果。

规划求解将会调整 x、y、z(即可变单元格 C11:C13)中的值，从而使其满足下面的约束条件：

```
B6=C6
B7=C7
B8=C8
```

注意

因为这个问题不会尝试最大化或者最小化任何值，所以它没有目标单元格。但是，“规划求解参数”对话框仍然要求你为“设置目标”字段指定公式。因此，只需要输入对任何含有公式的单元格的引用即可。

图 32-11 显示了所得到的结果。当 x 为 0.75，y 为 - 2.0，z 为 0.5 时，3 个方程都成立。

注意

需要注意的是，线性方程组可能有一个解，也可能无解，还可能有无穷多个解。

图 32-11　规划求解功能解出了联立方程

32.4.2　最小化运输成本

本例涉及的是在保持运输总成本最低的情况下，寻找运输选项的各种备选方案(参见图 32-12)。一家公司在洛杉矶、圣路易斯和波士顿都有仓库。全美的零售商发出订单，然后此公司从其中一个仓库发运产品。公司需要既满足 6 个零售商的产品需求，同时使总运费尽可能低廉。

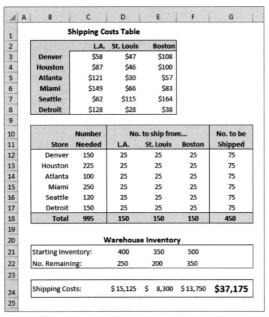

图 32-12　此工作表确定了从各仓库将产品运送到零售商店的最经济方式

配套学习资源网站

此工作簿可在配套学习资源网站 www.wiley.com/go/excel2019bible 中找到，文件名是 shipping costs.xlsx。

此工作表较为复杂，因此下面将分别解释每个部分。

- **运输费用表**：此表是位于区域 B2:E8 中的一个矩形区域，包含从每个仓库到每个零售商的单位产品运费。例如，从洛杉矶运送一件产品到丹佛的运费是 58 美元。

- **每家零售商的产品需求**：此信息在 C12:C17 中列出。例如，丹佛需要 150 件产品，休斯敦需要 225 件产品等。Cl8 含有用于计算总需求量的公式。

- **发运数量**：区域 D12:F17 中包含规划求解要更改的可调整单元格。本例已为这些单元格分配了初始值 25，以便为规划求解提供一个起始值。G 列包含一个用于统计公司要运送到每家零售商的产品数量的公式。

- **仓库库存**：第 21 行包含每个仓库的库存数量，第 22 行包含用于从库存中减去发货数量(第 18 行)的公式。

- **计算出的运输成本**：第 24 行包含用于计算运输成本的公式。单元格 D24 包含下列公式，此公式被复制到单元格 D24 右侧的两个单元格中。

  ```
  =SUMPRODUCT(C3:C8,D12:D17)
  ```

单元格 G24 是所有订单的总运输成本。

规划求解将按可满足以下条件的方式在 D12:F17 区域中填充数值：最小化运输成本，同时向每家零售商提供所需数量的产品。也就是说，此解将通过调整 D12:F17 单元格中的数值来最小化单元格 G24 中的数值，此解遵守下述约束条件。

- **每家零售商所需的产品数量必须等于所运送的数量**(换句话说，所有订单都得到满足)。这些约束如下所示：

  ```
  C12=G12  C14=G14  C16=G16
  C13=G13  C15=G15  C17=G17
  ```

- **每个仓库的剩余库存数量必须是非负值**(即发运的产品数量不能超过可用的产品数量)。这些约束如下所示：

  ```
  D22≥0  E22≥0  F22≥0
  ```

- **由于运送数量为负数的产品没有意义，因此可调整单元格不能为负数**。"规划求解参数"中提供了一个方便的选项："使无约束变量为非负数"。请确保选中此复选框。

注意

在使用规划求解功能对此问题求解之前，可尝试手动求解这个问题。方法是在 D12:F17 区域中输入数值以求解最低的运费。当然，在这个过程中也需要确保遵守各约束条件。这样可帮助你更好地理解规划求解的能力。

设置问题是困难的地方。例如，必须输入 9 个约束条件。当指定所有必要的信息以后，单击"求解"按钮开始执行任务。随后规划求解将显示如图 32-13 所示的解。

总运输成本是 55 515 美元，并且满足所有约束条件。注意，运送到迈阿密的产品来自于圣路易斯和波士顿的仓库，圣路易斯的仓库现在已经没货了。可以想象，你什么时候都不会想让一个仓库完全没货。

如果出现这种情况，可以将单元格 D22:F22 的约束改为比某个最小可接受数量更大的值。

有关规划求解的更多知识

规划求解是一个复杂的工具，本章仅仅是粗略地讲述其浅层知识。如果要了解更多信息，请访问 Frontline Systems 网站(www.solver.com)。Frontline Systems 是开发 Excel 规划求解工具的公司。它的网站上有一些指南和很多有用信息，其中包括一个可下载的详细手册。还可以找到更多 Excel 规划求解产品，它们可以用于处理更复杂的问题。

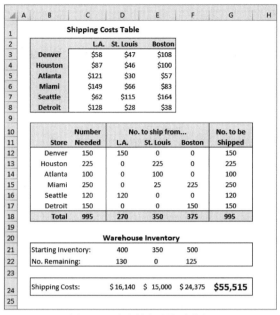

图 32-13　规划求解所创建的解

32.4.3　分配资源

本节中的示例是适合使用规划求解功能来求解的一种常见的问题类型。这类问题的本质是：对于使用不同数量的固定资源的几种产品，如何优化它们的生产数量。图 32-14 显示了简化后的一家玩具公司的示例。

	Toy A	Toy B	Toy C	Toy D	Toy E	Amt. Avail.	Amt. Used	Amt. Left
XYZ Toys Inc.								
Materials Needed								
Material								
Red Paint	0	1	0	1	3	625	250	375
Blue Paint	3	1	0	1	0	640	250	390
White Paint	2	1	2	0	2	1,100	350	750
Plastic	1	5	2	2	1	875	550	325
Wood	3	0	3	5	5	2,200	800	1,400
Glue	1	2	3	2	3	1,500	550	950
Unit Profit	$15	$30	$20	$25	$25			
No. to Make	50	50	50	50	50			
Profit	$750	$1,500	$1,000	$1,250	$1,250			
Total Profit	**$5,750**							

图 32-14　使用规划求解确定在资源有限时的最大利润

配套学习资源网站

此工作簿可以在配套学习资源网站 www.wiley.com/go/excel2019bible 中找到，文件名为 allocating resources.xlsx。

这家公司生产 5 种不同的玩具，每种玩具使用 6 种不同数量的原料。例如，玩具 A 需要使用 3 单位的蓝色油漆、2 单位的白色油漆、1 单位的塑料、3 单位的木头和 1 单位的胶水。G 列显示了当前每种原料的库存量。第 10 行显示了每种玩具的单位利润。

要生产的各种玩具的数量显示在 B11:F11 区域中，这些是规划求解将要得出的值(可变单元格)。本例的目标是：确定原料分配方式，使得总利润(B13)最大化。换句话说，规划求解要确定每种玩具的生产数量。本例中的约束条件相对比较简单：

- **确保产品所使用的原料不多于可用原料。**可以通过指定 I 列的每个单元格值大于或等于 0 来实现这个要求。
- **确保生产的产品数量不为负数。**可以通过指定"使无约束变量为非负数"选项来满足这个要求。

图 32-15 显示了由规划求解生成的结果，它显示的产品组合可产生 12 365 美元的利润，并使用完除胶水之外的所有原料。

	A	B	C	D	E	F	G	H	I	J
1				XYZ Toys Inc.						
2			Materials Needed							
3	Material	Toy A	Toy B	Toy C	Toy D	Toy E	Amt. Avail.	Amt. Used	Amt. Left	
4	Red Paint	0	1	0	1	3	625	625	0	
5	Blue Paint	3	1	0	1	0	640	640	0	
6	White Paint	2	1	2	0	2	1,100	1,100	0	
7	Plastic	1	5	2	2	1	875	875	0	
8	Wood	3	0	3	5	5	2,200	2,200	0	
9	Glue	1	2	3	2	3	1,500	1,353	147	
10	Unit Profit	$15	$30	$20	$25	$25				
11	No. to Make	194	19	158	40	189				
12	Profit	$2,903	$573	$3,168	$1,008	$4,713				
13	Total Profit	$12,365								
14										

图 32-15　使用规划求解确定原料的分配方式以实现总利润最大化

32.4.4　优化投资组合

本示例显示了如何使用规划求解来帮助优化投资组合，以获得最大的回报。投资组合包含几项投资，每项投资具有不同的收益。另外，还有一些约束条件，其中涉及降低风险和多样化目标。如果没有这些约束，那么投资组合就变成不必用大脑思考的事情：应该把所有钱都投在回报率最高的投资项目上。

本例涉及一个信用单位(即一个金融机构，吸收成员的资金，并将这些资金贷给其他成员、银行定期存款和其他类型的投资)。此信用单位将一部分投资收益以红利或存款利率的方式分配给成员。

此假想的信用单位必须遵守有关投资的规则，并且董事会也将提出他们对投资的一些限制，这些规则和限制组成了问题的约束条件。图 32-16 显示了用于解决此问题的工作簿。

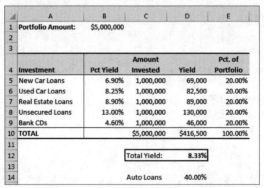

图 32-16　此工作表被设置为在一定的约束条件下实现信用单位的最大投资回报

配套学习资源网站

此工作簿可以在配套学习资源网站 www.wiley.com/go/excel2019bible 中找到，文件名为 investment portfolio.xlsx。

分配 500 万美元的投资组合时必须遵守以下约束条件。

- 用于新车贷款项目的投资金额至少是用于二手车贷款项目的投资金额的 3 倍(二手车贷款的投资风险性更大)。该约束表示为：

```
C5≥C6*3
```

- 汽车贷款的投资额至少占投资组合的 15%。该约束表示为：

```
D14≥.15
```

- 用于无抵押贷款的投资额不得多于投资组合的 25%。该约束表示为：

```
E8≤.25
```

- 至少有 10% 的投资金额用于银行定期存款。该约束表示为：

```
E9≥.10
```

- 投资总额为 5 000 000 美元。
- 所有投资额必须为正数或零。

可变单元格为 C5:C9，目标是在单元格 D12 中得到最大的总回报率。本例已在可变单元格中输入起始值 1 000 000。在使用上述这些参数运行规划求解时，它生成的结果如图 32-17 所示，总回报率是 9.25%。

	A	B	C	D	E
1	Portfolio Amount:	$5,000,000			
2					
3					
4	Investment	Pct Yield	Amount Invested	Yield	Pct. of Portfolio
5	New Car Loans	6.90%	562,500	38,813	11.25%
6	Used Car Loans	8.25%	187,500	15,469	3.75%
7	Real Estate Loans	8.90%	2,500,000	222,500	50.00%
8	Unsecured Loans	13.00%	1,250,000	162,500	25.00%
9	Bank CDs	4.60%	500,000	23,000	10.00%
10	TOTAL		$5,000,000	$462,281	100.00%
11					
12				Total Yield:	9.25%
13					
14				Auto Loans	15.00%
15					

图 32-17　投资组合优化的结果

第 **33** 章

使用分析工具库分析数据

本章要点

- 分析工具库的概述
- 使用分析工具库
- 分析工具库工具简介

虽然 Excel 主要是为商业用户设计的，但是教育、研究、统计和工程等其他领域的用户也使用这个软件。分析工具库加载项就是 Excel 为这些非商业用户设计的。但是，分析工具库中的许多功能对商业应用也是很有用的。

33.1　分析工具库概述

分析工具库是一种用于提供分析功能的加载项，一般情况下 Excel 中是没有此功能的。

这些分析工具所提供的功能对于科学、工程和教育界的人士非常实用，对于那些普通电子表格的功能不能满足需要的商业用户就更不用说了。

本节概述了可使用分析工具库执行的分析类型。本章将介绍以下工具：

- 方差分析(3 种类型)
- 相关系数
- 协方差
- 描述统计
- 指数平滑
- F 检验
- 傅里叶分析
- 直方图
- 移动平均
- 随机数发生器
- 排位与百分比排位
- 回归
- 抽样
- t 检验(3 种类型)
- z 检验

如你所见，分析工具库加载项在 Excel 中提供了许多功能。然而这些过程也存在局限性，而且在某些情况下，你也许更愿意自己创建公式来进行某些计算。

33.2 安装分析工具库加载项

分析工具库是以加载项的形式实现的。在使用分析工具库之前，需要确保已安装该加载项。单击"数据"选项卡，如果发现"分析"组中显示了"数据分析"命令，则表示已安装了分析工具库。如果不能访问"数据"|"分析"|"数据分析"命令，则需要按以下步骤安装此加载项。

(1) 选择"文件"|"选项"，以显示"Excel 选项"对话框。

(2) 单击"加载项"选项卡。

(3) 在对话框底部，从"管理"下拉菜单中选择"Excel 加载项"命令，然后单击"转到"按钮，Excel 将显示"加载项"对话框。

(4) 选中"分析工具库"复选框，不需要选中"分析工具库-VBA"加载项。

(5) 单击"确定"按钮关闭"加载项"对话框。

33.3 使用分析工具

只需要熟悉特定的分析类型，就会发现使用分析工具库加载项中的过程是相对比较简单的。要使用这些工具，可选择"数据"|"分析"|"数据分析"命令，这样将显示如图 33-1 所示的"数据分析"对话框。滚动列表，直到找到所需的分析工具，然后单击"确定"按钮。Excel 将显示出一个对应所选过程的新对话框。

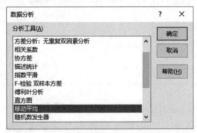

图 33-1 从"数据分析"对话框中选择工具

通常，需要指定一个或多个输入区域，以及一个输出区域(指定输出区域左上角的单元格即可)。除此之外，也可以选择在一个新的工作表或工作簿中放置结果。这些过程所需的其他信息量各不相同。可以在许多对话框中指定是否在数据区域中包含标签。如果包含的话，则可以指定整个区域，包括标签，并且告诉 Excel 第一列(或行)包含标签，然后，Excel 即可在生成的表格中使用这些标签。大多数工具还提供了不同的输出选项，可以根据需要对其进行选择。

> **警告**
> 分析工具库生成输出结果的方式并不总是一致的。在某些情况下，这些过程使用公式来生成结果。因此，你可以更改数据，结果将自动更新。而在另一些过程中，Excel 会将结果作为数值存储，因此，如果更改数据，结果并不会反映所做的更改。

33.4 分析工具库工具简介

本节将介绍分析工具库中的各个工具并提供一个示例。由于篇幅限制，因此无法对这些过程中的每一个可用选项进行说明。但是，如果需要使用高级分析工具，那么你很可能已经知道如何使用未在此说明的大多数选项。

在使用这些工具之前，建议阅读 Excel 帮助系统中的相应部分。

33.4.1　方差分析工具

"方差分析"(有时被简称为 anova)是一种统计检验，用于判断两个或更多样本是否是从同一群体中抽取的。使用分析工具库中的工具可以执行 3 种类型的方差分析。

- **单因素方差分析**：单向方差分析，每组数据只有一个样本。
- **可重复双因素分析**：双向方差分析，每组数据有多个样本(或重复)。
- **无重复双因素分析**：双向方差分析，每组数据有一个样本(或重复)。

图 33-2 显示的是用于单因素方差分析的对话框，α 代表检验的统计置信级。

图 33-2　为单因素方差分析指定参数

此检验的输出包括：每个样本的平均数和方差、F 值、F 的临界值和 F 的有效值(P 值)。

33.4.2　相关系数工具

相关系数是一个被广泛使用的统计量，用于度量两组数据一起发生变化的程度。例如，如果一个数据集中的较大值通常与第二个数据集中的较大值相关，则这两组数据就存在正相关系数。相关的程度以一个系数表示，此系数从-1.0(完全负相关)到+1.0(完全正相关)。相关系数为 0 说明两个变量不相关。

图 33-3 显示的是"相关系数"对话框。指定输入区域，该区域可以包括任意数目的变量，这些变量按行或列排列。

图 33-3　"相关系数"对话框

输出结果由一个相关系数矩阵组成，该矩阵显示了每个变量相对于其对应变量的相关系数。

> **注意**
> 生成的相关系数矩阵不会使用公式来计算结果。因此，一旦任何数据发生变化，则相关系数矩阵将变得无效。可以使用 CORREL 函数创建一个相关系数矩阵，从而使得在数据发生变化时，此矩阵可以自动发生相应的变化。

33.4.3 协方差工具

协方差工具可生成与相关系数工具所生成的矩阵类似的矩阵。与相关系数一样，协方差可以测量两个变量一起发生变化的程度。具体来说，协方差是每对数据点与其各自平均数的偏差的乘积。

因为协方差工具不生成公式，所以你可能更希望使用 COVAR 函数计算协方差矩阵。

33.4.4 描述统计工具

描述统计工具产生的表格可以使用一些标准统计量来描述数据。图 33-4 显示了一些示例输出。

W. Coast Sample	Midwest Sample	E. Coast Sample
35	41	52
32	35	29
46	36	43
57	45	45
45	44	28
28	62	35
60	61	37
37	62	32
34	36	37
33	52	41
37	46	54
32	52	44
38	38	42
41	28	48
38	50	46
42	52	47
29	48	39
40	38	40
37	44	41
44	50	47

W. Coast Sample		*Midwest Sample*		*E. Coast Sample*	
Mean	39.25	Mean	46	Mean	41.35
Standard Error	1.84801	Standard Error	2.10763	Standard Error	1.56487
Median	37.5	Median	45.5	Median	41.5
Mode	37	Mode	52	Mode	37
Standard Deviation	8.26454	Standard Deviation	9.42561	Standard Deviation	6.99831
Sample Variance	68.3026	Sample Variance	88.8421	Sample Variance	48.9763
Kurtosis	1.47266	Kurtosis	-0.477	Kurtosis	-0.2803
Skewness	1.18011	Skewness	0.14121	Skewness	-0.2486
Range	32	Range	34	Range	26
Minimum	28	Minimum	28	Minimum	28
Maximum	60	Maximum	62	Maximum	54
Sum	785	Sum	920	Sum	827
Count	20	Count	20	Count	20
Confidence Level(95.0%)	3.86793	Confidence Level(95.0%)	4.41132	Confidence Level(95.0%)	3.27531

图 33-4 描述统计工具的输出

因为此过程的输出是由数值(而非公式)组成的，所以只有在确定数据不会发生变化时才能使用此程序，否则，就需要重新执行此过程，也可以通过使用公式来生成上述所有统计信息。

33.4.5 指数平滑工具

“指数平滑”是一种基于先前数据点和先前预测的数据点来预测数据的方法。可以指定 0～1 的阻尼系数(也称为平滑常量)，此系数用于确定先前数据点和先前预测的数据点的相对权重数，也可以要求使用标准的误差和图表。

指数平滑过程可生成使用所指定的阻尼系数的公式。因此，如果数据发生变化，则 Excel 将更新公式。

33.4.6 F-检验(双样本方差检验)工具

“F-检验”是一种常用的统计检验，它可以比较两个总体方差。图 33-5 显示的是一个小型数据集和 F-检验输出。

此检验的输出由下列内容组成：两个样本中每个样本的平均值和方差、F 值、F 的临界值和 F 的有效值。

Group 1	Group 2
96	39
78	53
72	51
78	48
65	51
66	42
69	44
87	42
68	50

F-Test Two-Sample for Variances

	Group 1	Group 2
Mean	75.44444	46.66667
Variance	109.5278	25
Observations	9	9
df	8	8
F	4.381111	
P(F<=f) one-tail	0.025855	
F Critical one-tail	3.438103	

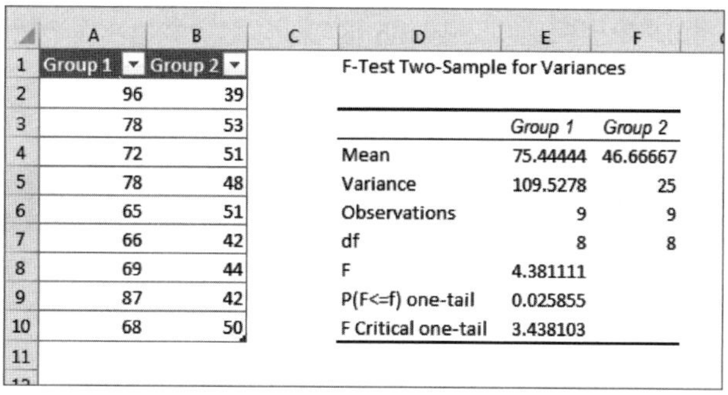

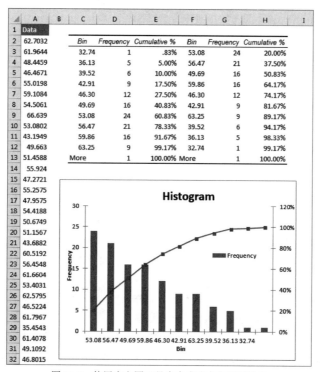

图 33-5 F-检验工具的输出

33.4.7 傅里叶分析工具

傅里叶分析工具可以对数据区域执行“快速傅里叶”变换。使用傅里叶分析工具，可以变换被限制为下列大小的区域：1、2、4、8、16、32、64、128、256、512 或 1024 个数据点。此过程可以接收并生成复数，这些数字被表示为文本字符串，而不是数值。

33.4.8 直方图工具

此工具可用于生成数据分布和直方图。它接受一个 Input 区域和一个 Bin 区域，Bin 区域是用于指定直方图的每列的限值的区域。如果忽略 Bin 区域，则 Excel 将创建 10 个等间距的 Bin 区域，每个 Bin 区域的大小由以下公式确定：

```
=(MAX(input_range)- MIN(input_range))/10
```

直方图工具的输出如图 33-6 所示。可以指定按照在每个 Bin 区域中的出现频率来对生成的直方图进行排序。

Data
62.7032
61.9644
48.4459
46.4671
55.0198
59.1084
54.5061
66.639
53.0802
43.1949
49.663
51.4588
55.924
47.2721
55.2575
47.9575
54.4188
50.6749
51.1567
43.6882
60.5192
56.4548
61.6604
53.4031
62.5795
46.5224
61.7967
35.4543
61.4078
49.1092
46.8015

Bin	Frequency	Cumulative %	Bin	Frequency	Cumulative %
32.74	1	.83%	53.08	24	20.00%
36.13	5	5.00%	56.47	21	37.50%
39.52	6	10.00%	49.69	16	50.83%
42.91	9	17.50%	59.86	16	64.17%
46.30	12	27.50%	46.30	12	74.17%
49.69	16	40.83%	42.91	9	81.67%
53.08	24	60.83%	63.25	9	89.17%
56.47	21	78.33%	39.52	6	94.17%
59.86	16	91.67%	36.13	5	98.33%
63.25	9	99.17%	32.74	1	99.17%
More	1	100.00%	More	1	100.00%

图 33-6 使用直方图工具来生成分布和图形输出

如果指定了"柏拉图"(排序直方图)选项，则 Bin 区域必须包含数值，而不能包含公式。如果公式出现在 Bin 区域中，则 Excel 就无法正确地排序，工作表将显示错误值。直方图工具不能使用公式，因此，如果改变了任何输入数据，就必须重新执行直方图过程以更新结果。

> **交叉引用**
>
> 有关生成频率分布的其他方法，请参见第 30 章。Excel 2019 还支持两种图表类型：直方图和排序直方图。它们处理数据区域，不要求独立的 Bin 区域。第 20 章提供了相关示例。

33.4.9　移动平均工具

移动平均工具可帮助平滑变化幅度大的数据系列，此过程通常与图表结合在一起使用。Excel 通过计算指定数目数值的移动平均来执行平滑操作。许多情况下，移动平均有助于确定趋势，而此趋势在其他情况下会因为数据噪声而变得模糊。

图 33-7 显示了移动平均工具所生成的一个图表。当然，也可以指定需要 Excel 为每个平均值使用的数值的数量。如果选中"移动平均"对话框中的"标准误差"复选框，则 Excel 将计算标准误差，并在移动平均公式旁边放置用于这些计算的公式。标准误差值表示实际值与计算出的移动平均数间的变化程度。

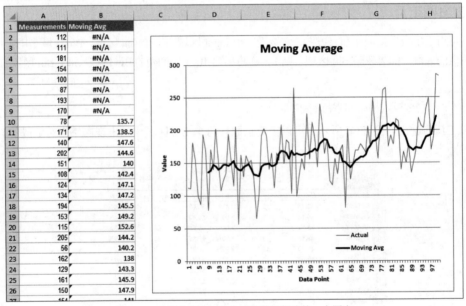

图 33-7　由移动平均工具生成的数据创建的一个图表

输出中的前几个单元格是#N/A，这是因为没有足够的数据点来计算这些初始值的平均值。

33.4.10　随机数发生器工具

尽管 Excel 中含有一些内置的函数可用于计算随机数，但随机数发生器工具要灵活得多，这是因为可以指定随机数的分布类型。图 33-8 显示了"随机数发生器"对话框，其"参数"部分将随你所选择的分布类型而有所变化。

"变量个数"是指所需的列的数量，"随机数个数"是指所需的行的数量。例如，要将 200 个随机数分布在 10 列 20 行中，就需要在上述这些字段中分别指定 10 和 20。

在"随机数基数"字段中，可以指定一个起始值，Excel 将在其随机数发生器算法中使用此值。通常，应将该字段保持为空。如果要生成相同的随机数序列，则可以指定 1~32 767(只能是整数值)的基数。使用"随机数发生器"对话框中的"分布"下拉菜单可以建立如下分布类型。

- 均匀：每个随机数具有相同的选中可能性。可以指定上限和下限值。

图 33-8 此对话框允许生成多种多样的随机数

- **正态**：随机数对应于正态分布。可以指定正态分布的平均数和标准偏差。
- **柏努利**：随机数为 0 或 1，具体由所指定的成功概率来决定。
- **二项式**：根据指定的成功概率，此选项基于特定数目试验中的柏努利分布来返回随机数。
- **泊松**：此选项生成服从泊松分布的数值。泊松分布的特点是在一个时间间隔中发生的离散事件，其中发生单个事件的概率与时间间隔长短成比例。参数 λ 是预期在时间间隔内发生的事件数。在泊松分布中，参数 λ 等于平均数，也等于方差。
- **模式**：此选项不产生随机数，而是在指定的步长中重复一系列数字。
- **离散**：此选项可指定选中特定值的概率。它要求使用一个包含两列的输入区域，第一列用于存储数值，第二列用于存储每个数值被选中的概率。第二列中各概率的总和必须是 100%。

33.4.11 排位与百分比排位工具

此工具可以创建一个表格，其中显示了区域中每个数值的序数和百分比排位，也可以使用 Excel 函数(以 RANK 和 PERCENTILE 开头的函数)生成排位和百分比排位。

33.4.12 回归工具

此工具(参见图 33-9)可以通过工作表数据计算回归分析。可以使用回归来分析趋势、预测未来、建立预测模型，并且通常情况下也可用来对一系列表面上无关的数据进行有用的分析。

回归分析能够决定一个区域中的数据(因变量)随着一个或多个其他区域中数据(自变量)的值的变化而发生变化的程度。通过使用 Excel 计算的数值，可用数学方法表达这种关系。可以使用这些计算来创建数据的数学模型，并通过使用自变量的一个或多个不同数值来预测因变量。此工具可以执行简单回归和多重线性回归，并自动地计算和标准化残差。

"回归"对话框包含许多选项，如下所示。

- **Y 值输入区域**：包含因变量的区域。
- **X 值输入区域**：包含自变量的一个或多个区域。
- **常数为零**：如果选中，将使得回归具有为零的常量(意味着回归线通过原点；当 X 值为零时，所预测的 Y

图 33-9 "回归"对话框

值也为零)。

- **置信度**：回归的置信级别。
- **残差**：对话框中此部分的 4 个选项可用于指定是否在输出中包含残差。残差是预测值与观察值之间的差值。
- **正态概率图**：生成正态概率图的图表。

33.4.13 抽样工具

抽样工具可从输入值区域生成随机样本。抽样工具可以通过创建大型数据库的子集，来帮助你使用大型数据库。

此过程中有两个选项：周期与随机。如果选择周期样本，则 Excel 将从输入区域中每隔 n 个数值选择一个样本，其中 n 是你指定的周期。如果选择随机样本，则只要指定需要 Excel 选择的样本的大小即可，每个值被选中的概率是一样的。

33.4.14 t-检验工具

t-检验工具用于判断两个小样本间是否存在统计意义上重要的差异。分析工具库可以执行下列 3 种类型的“t-检验”。

- **平均值的成对二样本分析**：适用于成对样本，对每个主体有两个观测值(如检验前和检验后)。样本的大小必须是相同的。
- **双样本等方差假设**：适用于独立(而非成对)的样本。Excel 假设两个样本的方差相等。
- **双样本异方差假设**：适用于独立(而非成对)的样本。Excel 假设两个样本的方差不相等。

图 33-10 显示了“t-检验”平均值的成对二样本分析的输出。其中指定了显著水平(α)和两个平均值间的假设差异(零假设)。

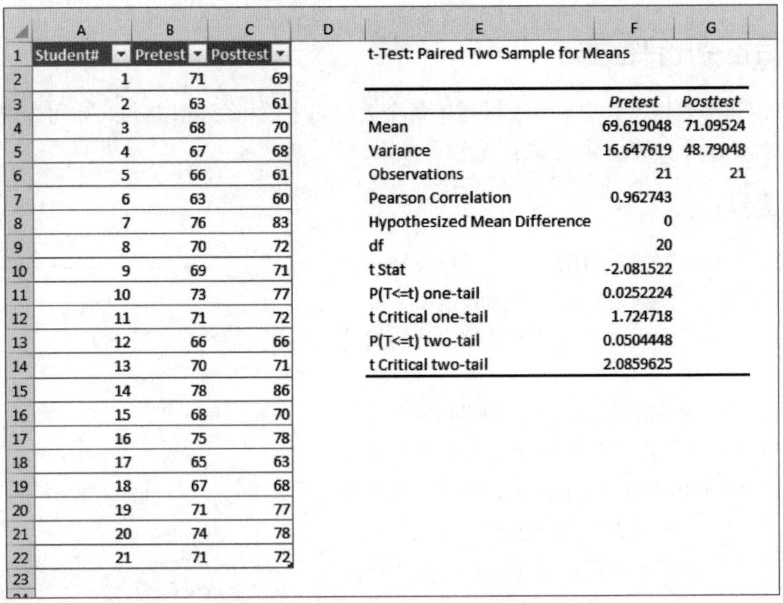

Student#	Pretest	Posttest
1	71	69
2	63	61
3	68	70
4	67	68
5	66	61
6	63	60
7	76	83
8	70	72
9	69	71
10	73	77
11	71	72
12	66	66
13	70	71
14	78	86
15	68	70
16	75	78
17	65	63
18	67	68
19	71	77
20	74	78
21	71	72

t-Test: Paired Two Sample for Means

	Pretest	*Posttest*
Mean	69.619048	71.09524
Variance	16.647619	48.79048
Observations	21	21
Pearson Correlation	0.962743	
Hypothesized Mean Difference	0	
df	20	
t Stat	-2.081522	
P(T<=t) one-tail	0.0252224	
t Critical one-tail	1.724718	
P(T<=t) two-tail	0.0504448	
t Critical two-tail	2.0859625	

图 33-10 成对“t-检验”对话框的输出

33.4.15 z-检验工具(双样本平均差检验)

t-检验工具用于小样本，z-检验工具用于较大的样本或总体。必须知道两个输入区域的方差。一般来说，当样本少于 30 个，并且不知道总体的标准偏差时，应该使用 t-检验工具。对于其他情况，则使用 z-检验工具。

第**34**章

保护工作成果

本章要点

- 保护工作表
- 保护工作簿
- 保护 Visual Basic 工程
- 创建 PDF 和检查文档

在 Excel 论坛中，"保护"的概念得到了广泛关注。看起来许多用户都想了解如何防止其各种工作簿元素被改写或复制。Excel 有几种与保护相关的功能，本章将对这些功能进行介绍。

34.1   保护类型

Excel 与保护相关的功能可分为以下 3 类。

- **工作表保护**：保护全部或部分工作表，防止其被修改，或者将修改操作限制为只有某些用户可以执行。
- **工作簿保护**：防止在工作簿中插入或删除工作表，并要求使用密码打开工作簿。
- **Visual Basic(VB)保护**：使用密码防止其他用户查看或修改你的 VBA 代码。

> **警告**
>
> 在讨论这些功能之前，首先应该了解 Excel 安全性的局限。使用密码保护工作的某些方面并不能完全保证它的安全。密码破解工具(和一些简单的技巧)已经存在了很长一段时间。使用密码可以在大多数情况下发挥效果，但如果有人真想获取你的数据，则他通常可以找到其他一些办法。如果必须具有绝对的安全性，也许 Excel 并不是合适的工具。

34.2   保护工作表

你可能会因为各种原因而需要保护工作表，其中一个非常常见的原因是防止你自己或他人意外地删除公式或关键数据。一种典型的情况是，对工作表进行保护，使得数据可以被改变，但不能改变其中的公式。

要保护工作表，请激活工作表，并选择"审阅"|"保护"|"保护工作表"命令。Excel 将显示"保护工作表"对话框，如图 34-1 所示。提供密码的操作是可选操作。如果输入一个密码，则必须使用该密码取消对工作表的保护。如果接受"保护工作表"对话框中的默认选项(并且如果没有取消锁定任何单元格)，则不能对工作表上的任何单元格进行修改。

图 34-1 使用"保护工作表"对话框保护工作表

要取消对受保护工作表的保护，可以选择"审阅"|"保护"|"撤销工作表保护"命令。如果工作表是使用密码保护的，那么将提示你输入密码。

34.2.1 取消锁定单元格

在许多情况下，可能需要在工作表受保护时更改某些单元格。例如，工作表中可能有一些为公式输入数据的单元格。在这种情况下，可能希望用户能够更改输入单元格，但不能更改公式单元格。每个单元格都有一个"锁定"属性，该属性用于确定当工作表受保护时，是否可以更改单元格。

默认情况下，所有单元格都是被锁定的，工作表则是未保护的。要更改锁定属性，请选择单元格或单元格区域，右击，然后从快捷菜单中选择"设置单元格格式"(或按 Ctrl+1 键)。选择"设置单元格格式"对话框的"保护"选项卡(参见图 34-2)，清除"锁定"复选框中的复选标记，然后单击"确定"按钮。

图 34-2 使用"设置单元格格式"对话框的"保护"选项卡更改单元格或区域的锁定属性

注意

"设置单元格格式"对话框的"保护"选项卡中还有一个属性：隐藏。如果选中此复选框，则当工作表受保护时，单元格的内容不会出现在编辑栏中，而单元格在工作表中不隐藏。你可能需要设置公式单元格的隐藏属性，以防止用户在选中单元格时看到公式。

在取消锁定所需的单元格之后，选择"审阅"|"保护"|"保护工作表"命令来保护工作表。这样做之后，可以更改未锁定的单元格。但如果尝试更改已锁定的单元格，则 Excel 会显示警告消息，如图 34-3 所示。

图 34-3　在尝试更改已锁定的单元格时，Excel 会显示警告消息

> **注意:**
> 只有当已经保护工作表时，"锁定"属性才有作用。在未保护的工作表中，锁定和未锁定单元格的行为是相同的。

34.2.2　工作表保护选项

"保护工作表"对话框(如图 34-1 所示)中有一些选项，用于确定当工作表受到保护时，用户可以执行的操作。

- **选定锁定单元格**：如果选中，则用户可以使用鼠标或键盘选择已锁定的单元格。默认情况下已启用此设置。
- **选定未锁定的单元格**：如果选中，则用户可以使用鼠标或键盘选择未锁定的单元格。默认情况下已启用此设置。
- **设置单元格格式**：如果选中，则用户可以对锁定的单元格应用格式。
- **设置列格式**：如果选中，则用户可以隐藏或更改列的宽度。
- **设置行格式**：如果选中，则用户可以隐藏或更改行的高度。
- **插入列**：如果选中，则用户可以插入新列。
- **插入行**：如果选中，则用户可以插入新行。
- **插入超链接**：如果选中，则用户可以插入超链接(即使是在锁定的单元格中也可以)。
- **删除列**：如果选中，则用户可以删除列。
- **删除行**：如果选中，则用户可以删除行。
- **排序**：如果选中，则用户可以对区域内的数据进行排序，前提是区域中不包含任何锁定的单元格。
- **使用自动筛选**：如果选中，则用户可以使用现有的自动筛选。
- **使用数据透视表和数据透视图**：如果选中，则用户可以更改数据透视表的布局，或者创建新的数据透视表。此设置也适用于数据透视图。
- **编辑对象**：如果选中，则用户可以更改对象(如形状)和图表，以及插入或删除批注。
- **编辑方案**：如果选中，则用户可以使用方案管理功能。

> **交叉引用**
> 有关如何创建和使用方案的信息，请参见第 31 章。

> **提示**
> 当工作表被保护，并且设置了"选定未锁定的单元格"选项时，按 Tab 键即可移动到下一个未锁定的单元格(跳过锁定的单元格)，从而可以更容易地输入数据。

34.2.3　分配用户权限

Excel 还可以对受保护工作表上的不同区域分配用户级别权限。可以指定在工作表受保护的情况下，哪些用户可以编辑特定的区域。还可以要求用户提供密码才能进行更改。

此功能很少使用，并且设置过程相当复杂。但如果需要此级别的保护，则可以对其进行设置。

(1) 如果工作表受保护，则取消保护工作表。

(2) 选择"审阅"|"保护"|"允许编辑区域"命令，将打开如图 34-4 所示的"允许用户编辑区域"对话框。

(3) 单击"新建"按钮，打开"新区域"对话框。

(4) 填写"标题""引用单元格"和"区域密码"框，然后单击"权限"按钮。

(5) 单击"添加"按钮，打开"选择用户或组"对话框。

(6) 键入 Windows 或域用户名，然后单击"确定"按钮。

(7) 接受默认的"允许"设置，或者将其改为"拒绝"，然后单击"确定"按钮。

(8) 单击"确定"按钮，关闭剩余对话框。

(9) 保护工作表。可以在关闭"允许用户编辑区域"对话框之前，单击该对话框中的"保护工作表"按钮，也可以使用"审阅"选项卡中的"保护工作表"命令。

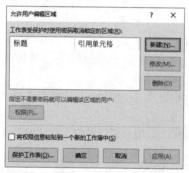

图 34-4　"允许用户编辑区域"对话框

34.3　保护工作簿

Excel 提供了两种方法来保护工作簿。

● 要求使用密码才能打开工作簿。

● 防止用户添加、删除、隐藏和取消隐藏工作表。

这两种方法并不是互斥的，所以可以同时应用到工作簿。以下各节将分别对每一种方法进行讨论。

34.3.1　需要密码才能打开工作簿

在 Excel 中，可以使用密码来保存工作簿。之后，任何人在试图打开该工作簿时必须输入密码。

要为工作簿添加密码，请执行下列步骤：

(1) 选择"文件"|"信息"|"保护工作簿"|"用密码进行加密"命令，将显示"加密文档"对话框，如图 34-5 所示。

(2) 键入密码，然后单击"确定"按钮。

(3) 再次键入密码，然后单击"确定"按钮。

(4) 保存工作簿。

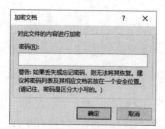

图 34-5　在"加密文档"对话框中指定工作簿密码

要从工作簿中删除密码,需要重复同样的过程。但是,在步骤(2)中,需要从"加密文档"对话框中删除现有的密码符号,然后单击"确定"按钮,并保存工作簿。

图 34-6 显示了在尝试打开用密码保存的文件时出现的"密码"对话框。

图 34-6 打开此工作簿时需要提供密码

Excel 提供了另一种命令为文档添加密码的方式:

(1) 选择"文件"|"另存为"命令,然后单击"浏览"按钮,将显示"另存为"对话框。

(2) 单击"工具"下拉列表,然后选择"常规选项",将显示"常规选项"对话框。

(3) 在"打开权限密码"框中输入密码。

(4) 单击"确定"按钮。系统将要求你重新输入密码,然后返回"另存为"对话框。

(5) 在"另存为"对话框中,确保文件名、位置和类型正确,然后单击"保存"按钮。

34.3.2 保护工作簿的结构

要防止他人(或你自己)在工作簿中执行某些操作,可以保护工作簿的结构。当工作簿的结构受到保护时,用户不能执行以下操作:

- 添加工作表
- 删除工作表
- 隐藏工作表
- 取消隐藏工作表
- 重命名工作表
- 移动工作表

要保护工作簿的结构,请执行下列操作:

(1) 选择"审阅"|"保护"|"保护工作簿"命令,将显示"保护结构和窗口"对话框(参见图 34-7)。

图 34-7 "保护结构和窗口"对话框

(2) 选中"结构"复选框。

(3) (可选)输入密码。

(4) 单击"确定"按钮。

功能区中的"保护工作簿"工具将改变颜色，指出你已经启用工作簿保护。要取消保护工作簿的结构，请再次选择"审阅"|"保护"|"保护工作簿"命令。这将关闭工作簿保护，功能区中的工具也将恢复正常颜色。如果已使用密码保护工作簿的结构，则系统会提示输入密码。

> **注意**
>
> 在以前版本的 Excel 中，也可以保护工作簿的窗口。这种类型的保护将防止其他人(或你自己)更改工作簿窗口的大小和位置。由于在 Excel 2013 中引入了单文档界面，因此该窗口保护功能不再可用。

34.4 VBA 工程保护

如果工作簿包含任何 VBA 宏，则可能需要保护 VBA 工程，以防止其他人查看或修改你的宏。要保护 VBA 工程，请执行以下操作：

(1) 按 Alt+F11 键启动 VB 编辑器。

(2) 在"工程"窗口中选择你的项目。

(3) 选择"工具"|"VBAProject 属性"命令，将显示"工程属性"对话框。

(4) 选择"保护"选项卡(参见图 34-8)。

(5) 选中"查看时锁定工程"复选框。

(6) 输入密码(两次)。

(7) 单击"确定"按钮，然后保存文件。当文件关闭并重新打开之后，如果要查看或修改 VBA 代码，则必须提供密码。

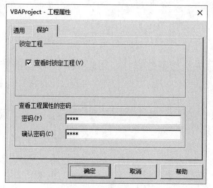

图 34-8 使用密码保护 VBA 工程

> **交叉引用**
>
> 第 VI 部分将讨论 VBA 宏。

34.5 相关主题

本节将介绍与保护和分发工作相关的更多主题。

34.5.1 将工作表保存为 PDF 文件

便携式文档格式(Portable Document Format，PDF)文件格式是一种被广泛使用的以只读方式呈现信息的方式，使用该格式可以精确地控制布局，可以从很多来源获取用于显示 PDF 文件的软件。Excel 可以创建 PDF 文件，但不能打开它们。

XPS 是另一种"电子纸"格式，是 Microsoft 开发的替代 PDF 格式的方案。但是，很少有第三方支持 XPS 格式。

要将工作表保存为 PDF 或 XPS 格式，请选择"文件"|"导出"|"创建 PDF/XPS 文档"|"创建 PDF/XPS"命令。将显示"发布为 PDF 或 XPS"对话框，在其中可以指定文件名和存储位置，并设置其他一些选项。

34.5.2　将工作簿标记为最终状态

Excel 允许将工作簿标记为"最终状态"。此操作将对工作簿执行两个更改：
- 使工作簿变为只读，从而使用户无法使用相同名称保存该文件。
- 使工作簿变为"只能查看"状态，因此无法对其执行任何更改。

当打开一个标记为最终状态的文档时，会在功能区下面显示一条消息。可以通过单击"仍然编辑"按钮来覆盖其"最终"状态。

要将工作簿标记为最终状态，可选择"文件"|"信息"|"保护工作簿"|"标记为最终状态"命令，将显示一个对话框，用于确认选择。

> **警告**
> 将工作簿标记为最终状态并不是安全的操作，任何打开工作簿的人都可以取消其最终状态。因此，这种方法并不能保证别人无法更改工作簿。

34.5.3　检查工作簿

如果要向其他人分发工作簿，则可能需要让 Excel 检查文件中的隐藏数据和个人信息。此工具可以找到有关你、你的组织或工作簿的隐藏信息。在某些情况下，你可能并不希望与他人分享这些信息。

要检查工作簿，请选择"文件"|"信息"|"检查问题"|"检查文档"命令。这样将打开"文档检查器"对话框，如图 34-9 所示。单击"检查"按钮，Excel 将显示检查结果，并允许你删除所找到的项。

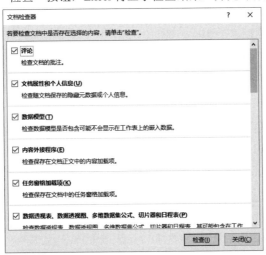

图 34-9　"文档检查器"对话框可标识出工作簿中的隐藏信息和个人信息

> **警告**
> 如果 Excel 在"文档检查器"中标识出某些项，这并不一定意味着应该删除它们。换句话说，不应该盲目地使用"全部删除"按钮来删除 Excel 所找到的项。例如，可能有一个隐藏工作表，用于某个重要目的。Excel 将标识出此隐藏工作表，并使得你很容易将其删除。为了安全起见，总是确保在运行"文档检查器"之前备份你的工作簿。

可在"文件"|"信息"|"检查问题"菜单中使用其他两个命令。

● **检查辅助功能**：检查工作簿中可能会令身体不便人士难以阅读的内容。

● **检查兼容性**：检查工作簿中是否有无法在以前 Excel 版本中正常工作的功能。

交叉引用

请参见第 6 章了解更多有关如何检查文件兼容性的信息。

34.5.4 使用数字签名

Excel 允许在工作簿中添加数字签名，使用数字签名与在纸质文件上签名类似。数字签名有助于确保工作簿的真实性，并确保自签名以来内容没有被修改过。

在签署工作簿后，此签名将一直有效，直到你修改并重新保存该文件为止。

1. 获取数字 ID

要对工作簿进行数字签名，必须从经过认证的权威机构获得证书，此机构能够验证你的签名的真实性。需要支付的价格各不相同，具体取决于证书授予公司。

2. 对工作簿签名

Excel 支持两种类型的数字签名：可见签名和不可见签名。

要添加可见的数字签名，请选择"插入"|"文本"|"添加签名行"|"Microsoft Office 签名行"命令。将显示其"签名设置"对话框，并会提示你输入签名信息。在添加签名框之后，双击它即可显示"签名"对话框，在这里，可以通过输入姓名或上传签名扫描图像的方式来进行实际的签名操作。对文档签名后，会将文档标记为最终版本。如果对文档进行任何更改，将使签名无效。

要添加不可见的数字签名，请选择"文件"|"信息"|"保护工作簿"|"添加数字签名"命令。如果以任何方式更改了所签署的工作簿，则数字签名将变得无效。

第 **V** 部分

了解 Power Pivot 和 Power Query

第 V 部分带你走入 Power Pivot 和 Power Query 的世界。在本部分，你将学习如何使用外部数据和 Power Pivot 数据模型开发出强大的报表；还将探索 Power Query 的丰富工具集如何帮助你节省时间，自动完成数据清理，并且大大增强你的数据分析和报表制作能力。

第**35**章

Power Pivot 简介

本章要点

- Power Pivot 基础知识
- 链接到 Excel 数据
- 管理关系
- 从其他数据源载入数据

　　Microsoft 在意识到商业智能(Business Intelligence, BI)变革的重要性以及 Excel 在这场变革中占据的地位后，做了巨大投入来改进 Excel 的 BI 能力，并特别关注 Excel 的自助 BI 能力，使 Excel 能够更好地管理和分析日益增长的可用数据源的信息。

　　Power Pivot 是其关键成果。有了 Power Pivot，用户能够在不同的大型数据源之间建立关系，并将包含数十万行的数据源合并到 Excel 的一个分析引擎中。

　　从 Excel 2013 开始，Microsoft 将 Power Pivot 直接包含到 Excel 中，这意味着在 Excel 中能够直接使用 Power Pivot 的强大功能。

　　本章将概述 Power Pivot 的这些能力，探讨一些关键的功能和优势。

35.1　了解 Power Pivot 的内部数据模型

　　Power Pivot 本质上是一个 SQL Server Analysis Services 引擎，通过直接在 Excel 中运行的一个内存进程提供。此引擎的技术名称为 xVelocity 分析引擎。但是，在 Excel 中，常将其称为内部数据模型。

　　每个 Excel 工作簿都包含一个内部数据模型，即 Power Pivot 内存引擎的一个实例。本节将概述如何使用 Power Pivot 内部数据模型导入和集成不同数据源。

35.1.1　激活 Power Pivot 功能区

　　只有当激活后，才能使用 Power Pivot 功能区界面。需要重点注意的是，并不是每个 Office 版本都安装了 Power Pivot 加载项。例如，如果你使用的是 Office 家庭版，则看不到且也无法激活 Power Pivot 加载项，因而将无法使用 Power Pivot 功能区界面。

　　在撰写本书时，只有以下版本的 Office 或 Excel 能够使用 Power Pivot 功能区界面。

- Office 2013/2016/2019 专业增强版：只能通过批量许可获得。
- Office 365 专业增强版：通过持续订阅 Office365.com 使用。
- Excel 2013/2016/2019 独立版：可通过任何零售商购买。

　　如果有上述任何一个版本，则可通过下面的步骤来激活 Power Pivot 功能区：

　　(1) 打开 Excel，看功能区中是否有 Power Pivot 选项卡。如果看到该选项卡，则可跳过剩余步骤。

(2) 在 Excel 功能区中，单击"文件"|"选项"命令。

(3) 在左侧选择"自定义功能区"选项。

(4) 在右侧的"主选项卡"列表中，找到 Power Pivot 选项。选中该选项旁边的复选框，然后单击"确定"按钮。

(5) Power Pivot 选项卡将会显示出来，如图 35-1 所示。如果功能区中没有显示 Power Pivot 选项卡，则关闭 Excel，然后重新打开。

图 35-1　Power Pivot 功能区界面

兼容性问题

自从 Excel 2010 发布以后，Microsoft 已经提供了多个 Power Pivot 加载项版本供下载使用。从 Excel 2013 开始，Excel 自身包含了 Power Pivot 加载项。关键是，如今使用的 Power Pivot 有不同的版本，每个版本针对不同的 Excel 版本。显然，这会导致一些兼容性问题，你应该对这种问题有所认识。

如果在分享 Power Pivot 工作簿时，一些用户使用早期版本的 Excel(如 Excel 2010)，而另一些用户使用更新版本的 Excel，则应该保持小心。如果工作簿中包含的 Power Pivot 模型是用 Power Pivot 的更早版本创建的，那么打开并刷新这种工作簿将自动升级底层的模型。此后，使用老版本加载项的用户将不能再使用该工作簿。

一般来说，如果创建 Power Pivot 工作簿时使用的 Excel 版本与你的版本相同或更低，并不会导致问题。但是，如果创建 Power Pivot 工作簿时使用的 Excel 版本比你的版本更高，那么你将无法使用该工作簿。

35.1.2　将 Excel 表链接到 Power Pivot

使用 Power Pivot 的第一步是填充数据。既可以从外部数据源导入数据，也可以链接到当前工作簿中的 Excel 表格。我们首先讲解链接方法，看一下如何将 3 个 Excel 表格链接到 Power Pivot。

配套学习资源网站

本章的大部分示例可在配套学习资源网站 www.wiley.com/go/excel2019bible 中找到，文件名为 Power Pivot Intro.xlsx。

在本例中，我们在 3 个不同的工作表中包含 3 个数据集(见图 35-2)：Customers、Invoice Header 和 Invoice Details。

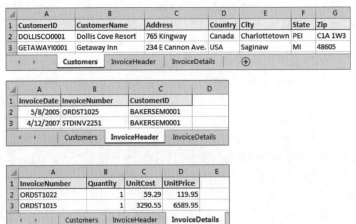

图 35-2　我们希望使用 Power Pivot 来分析 Customers、Invoice Header 和 Invoice Details 工作表中的数据

　　Customers 数据集包含基本信息，如 Customer ID、Customer Name、Address 等。Invoice Header 数据集包含的数据将具体订单与具体客户联系起来。Invoice Details 数据集包含每个订单的详细信息。

　　我们希望按客户和月份分析收入。显然，我们需要采用某种方式将这 3 个表格连接起来，然后才能进行分析。在过去，我们需要绕来绕去，多次使用 VLOOKUP 或其他巧妙的公式。但是，有了 Power Pivot 之后，只需要单击几次鼠标就能够建立这些关系。

1. 准备 Excel 表格

　　将 Excel 数据链接到 Power Pivot 时，最好的做法是先将 Excel 数据转换为显式命名的表格。虽然从技术上讲，并不是必须这么做，但是给表格起容易理解的名称有助于在 Power Pivot 数据模型中跟踪和管理数据。如果你不首先将数据转换为表格，则 Excel 将替你完成这项工作，并给表格起一些没有价值的名称，如表 1、表 2 等。

　　执行下面的步骤，将每个数据集转换为一个 Excel 表格：

(1) 进入 Customers 选项卡，在数据区域内的任意位置单击。

(2) 按 Ctrl+T 键。这将打开"创建表"对话框，如图 35-3 所示。

图 35-3　将数据区域转换为 Excel 表

(3) 在"创建表"对话框中，确保表格区域是正确的，并且选中了"表包含标题"复选框。单击"确定"按钮。

(4) 现在，功能区中应该显示"表格工具"|"设计"选项卡。单击该选项卡，使用"表名称"输入框给表格起一个描述性名称(见图 35-4)。这将确保在把该表格添加到内部数据模型后，你仍然能够识别它。

图 35-4　给新创建的 Excel 表格起一个描述性名称

(5) 为 Invoice Header 和 Invoice Details 数据集重复步骤(1)~(4)。

2. 将 Excel 表格添加到数据模型

　　一旦将数据转换为 Excel 表格，就可以把它们添加到 Power Pivot 数据模型。执行下面的步骤，使用 Power Pivot 选项卡将新创建的 Excel 表格添加到数据模型中：

(1) 单击 Customers 表格内的任意单元格。

(2) 单击功能区的 Power Pivot 选项卡，然后单击"添加到数据模型"命令。Power Pivot 将创建表格的一个副本并激活 Power Pivot 窗口(如图 35-5 所示)。

　　虽然 Power Pivot 窗口看起来类似于 Excel，但实际上是一个独立的程序。注意，Customers 表格的网格有行号，但是没有列引用。另外还要注意，不能编辑表格内的数据。这些数据只是你导入的实际 Excel 表格的一个快照。

　　另外，观察屏幕底部的 Windows 任务栏会发现，Power Pivot 和 Excel 是不同的窗口。通过在任务栏中单击，可以在 Excel 和 Power Pivot 窗口之间切换。

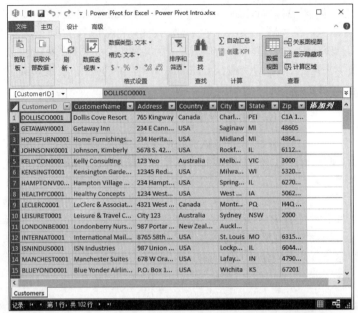

图 35-5　Power Pivot 窗口显示了数据模型中当前存在的全部数据

为 Invoice Header 和 Invoice Details 表格重复步骤(1)和(2)。当把所有 Excel 表格导入数据模型后，Power Pivot 窗口将在单独的选项卡中显示每个数据集，如图 35-6 所示。

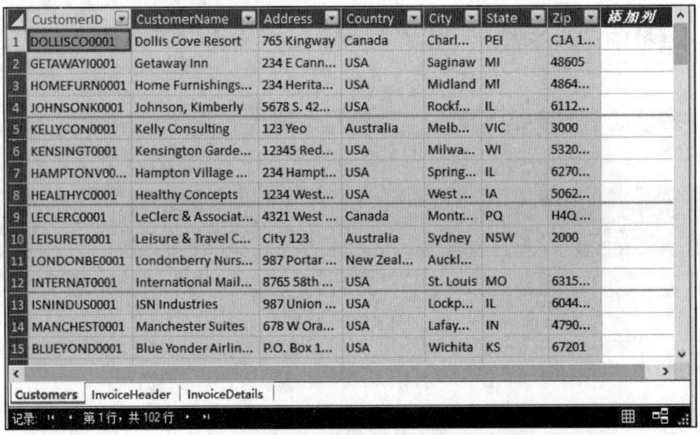

图 35-6　在 Power Pivot 中，添加到数据模型的每个表格将显示在自己的选项卡中

注意

因为刚刚导入 Power Pivot 并放到一个选项卡中的数据是一个链接的 Excel 表格，所以该表格中的任何变化将反映在 Power Pivot 中。也就是说，尽管 Power Pivot 中的数据是添加数据时的一个快照，但是当在 Excel 中编辑源表时，数据将自动更新。

3. 创建 Power Pivot 表之间的关系

现在，Power Pivot 知道数据模型中有 3 个表，但不知道这 3 个表之间的关系。我们需要定义 Customers、Invoice Details 和 Invoice Header 表之间的关系，把这些表连接起来。这可以在 Power Pivot 窗口中直接完成。

提示

如果不小心关闭了 Power Pivot 窗口，可以单击 Power Pivot 功能区选项卡中的"管理"命令重新打开它。或者，可以单击"数据"选项卡中的"管理数据模型"命令。

(1) 激活 Power Pivot 窗口，单击"主页"选项卡中的"关系图视图"按钮。Power Pivot 将显示一个界面，其中显示了数据模型中的所有表的图形表示(见图 35-7)。

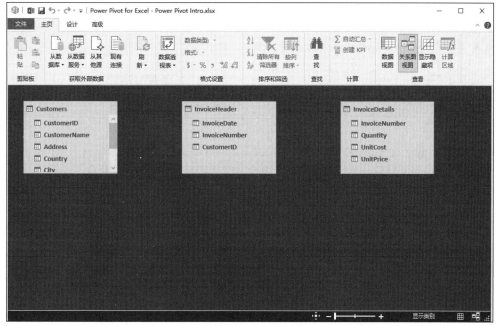

图 35-7　关系图视图显示了数据模型中的全部表

通过单击拖动标题栏，可在关系图视图中四处移动各个表。这里的思想是识别每个表的主索引键并把它们连接起来。在本例中，可使用 CustomerID 字段将 Customers 表和 Invoice Header 表连接起来，使用 InvoiceNumber 字段将 Invoice Header 和 Invoice Details 表连接起来。

(2) 单击 Customers 表中的 CustomerID 字段，并拖动一条线到 Invoice Header 表的 CustomerID 字段(如图 35-8 所示)。

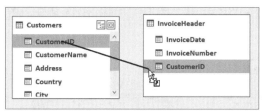

图 35-8　要创建一个关系，只需要在表的字段之间单击拖动一条线

(3) 单击 Invoice Header 表中的 InvoiceNumber 字段，并拖动一条线到 Invoice Details 表的 InvoiceNumber 字段。

现在，关系图将如图 35-9 所示。注意，Power Point 在你刚才连接的表之间显示了一条线。用数据库术语来说，这种线条称为"连接"。

图 35-9　创建关系时，Power Pivot 关系图将在表之间显示连接线

Power Pivot 中的连接是一对多连接。这意味着将一个表连接到另一个表时，其中一个表有唯一的记录，这些记录有唯一的索引数字，而在另一个表中，可能许多记录有相同的索引数字。

注意，连接线上有一个箭头，从一个表指向另一个表。这些连接线中的箭头总是指向有非重复唯一索引的表。

在本例中，Customers 表包含不重复的客户列表，每个客户有自己的标识符。该表中没有重复的 CustomerID。在 Invoice 表中，每个 CustomerID 可能包含在许多行中，表示每个客户可能有许多订单。

> **提示**
>
> 要关闭关系图并重新显示数据表，可在 Power Pivot 窗口中单击"数据视图"按钮。

4. 管理现有关系

如果想要编辑或删除数据模型中的两个表之间的关系，可以执行下面的步骤：

(1) 激活 Power Pivot 窗口，选择"设计"选项卡，然后单击"管理关系"命令。

(2) 在如图35-10所示的"管理关系"对话框中，单击想要管理的关系，然后选择"编辑"或"删除"按钮。

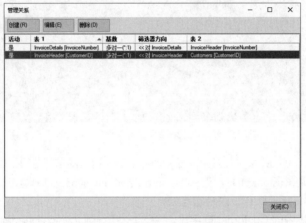

图 35-10　使用"管理关系"对话框来编辑或删除现有关系

(3) 单击"编辑"按钮将打开"编辑关系"对话框，如图 35-11 所示。使用显示的窗体控件选择合适的表和字段名，以重新定义关系。

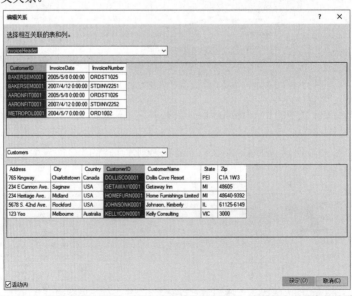

图 35-11　使用"编辑关系"对话框来调整表和字段名，以重新定义选定的关系

5. 在报表中使用 Power Pivot 数据

定义了 Power Pivot 数据模型中的关系之后，实际上就能够使用这些数据了。对于 Power Pivot 而言，就是使用数据透视表进行分析。事实上，所有 Power Pivot 数据都是用数据透视表的框架呈现的(第 29 章和第 30 章介绍了数据透视表)。

(1) 激活 Power Pivot 窗口，选择"主页"选项卡，然后单击"数据透视表"命令按钮。

(2) 指定将数据透视表放在新工作表上还是现有工作表上。

(3) 像使用其他任何标准数据透视表进行分析时那样，使用"数据透视表字段"列表建立自己需要的分析。

图 35-12 中显示的数据透视表包含 Power Pivot 数据模型中的全部表。有了这个配置，我们实际上就能够以熟悉的数据透视表的形式使用强大的跨表分析引擎。在图中可以看到，我们在计算每个客户的平均单价。

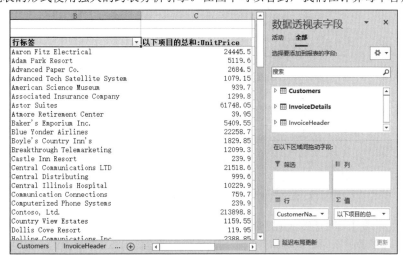

图 35-12　Power Pivot 驱动的数据透视表可聚合多个表的数据

在没有引入 Power Pivot 之前，实现这种分析很麻烦。需要构建 VLOOKUP 公式，从 Customers 找到 Invoice Header 数据，然后再构建一组 VLOOKUP 公式，从 Invoice Header 找到 Invoice Details 数据。在完成创建公式的工作后，还需要找到一种方式来聚合数据，以计算每个客户的平均单价。

35.2 从其他数据源载入数据

在本节将会看到，并不是只能使用 Excel 工作簿中已经具有的数据。Power Pivot 能够从工作簿之外的外部数据源导入数据。Power Pivot 的强大之处在于能够合并不同数据源的数据，并且在这些数据之间建立关系。这意味着在理论上，创建出的 Power Pivot 数据模型能够包含一些来自 SQL Server 表的数据、一些来自 Microsoft Access 数据库的数据，甚至一些来自一次性文本文件的数据。

35.2.1 从关系数据库载入数据

Excel 分析人员最常用的数据源之一是关系数据库。有些分析人员常常使用 Microsoft Access、SQL Server 或 Oracle 数据库的数据。本节将介绍如何从外部数据库系统载入数据。

1. 从 SQL Server 载入数据

SQL Server 数据库是存储企业级数据时最常用的数据库之一。大部分 SQL Server 数据库由 IT 部门管理和维护。要连接到 SQL Server 数据库，需要 IT 部门帮助你获得数据库的读权限，然后才能从中检索数据。

当获得数据库的访问权限后，打开 Excel，然后选择 Power Pivot | "管理"命令，激活 Power Pivot 窗口。

激活 Power Pivot 窗口之后，从"主页"选项卡中选择"从其他源"命令按钮。这将激活"表导入向导"对话框，如图 35-13 所示。选择 Microsoft SQL Server 选项，然后单击"下一步"按钮。

图 35-13　激活"表导入向导"并选择 Microsoft SQL Server 选项

"表导入向导"将要求提供连接到选定数据库所需的全部信息，包括服务器地址、登录凭据和其他数据库名称。选择不同类型的数据源时，向导将显示不同的字段。当连接到外部数据源时，常用的字段如下所示。

- **友好的连接名称**：该字段允许为外部源指定你自己使用的名称。通常会输入一个描述性强的、容易阅读的名称。
- **服务器名称**：这是服务器的名称，该服务器包含要连接到的数据库。当 IT 部门授予你访问权限时，将告诉你服务器名称。
- **登录到服务器**：这些是你的登录凭据。根据 IT 部门如何授予你访问权限，可能需要选择"使用 Windows 身份验证"或"使用 SQL Server 身份验证"选项。"使用 Windows 身份验证"选项实际上意味着服务器将通过你的 Windows 登录信息识别你的身份。"使用 SQL Server 身份验证"选项意味着 IT 部门为你创建了唯一的用户名和密码。如果选择"使用 SQL Server 身份验证"选项，则需要提供用户名和密码。需要注意的是，至少需要有目标数据库的 READ 权限，才能从中取出数据。
- **保存我的密码**：如果想在工作簿中存储你的用户名和密码，则选中"保存我的密码"复选框。这样一来，当其他人使用时，连接仍然可被刷新。这个选项显然存在安全问题，因为任何人都可以查看连接属性以及你的用户名和密码。只有当 IT 部门为你设置应用程序账户(即专门为多人使用创建的账户)时，才应该使用此选项。
- **数据库名称**：每个 SQL Server 都可以包含多个数据库。在这里输入要连接的数据库的名称。当 IT 部门授予你访问权限时，将告诉你数据库的名称。

当输入所有相关信息后，单击"下一步"按钮，进入下一个界面，如图 35-14 所示。在这个界面中，既可以从表和视图的列表中进行选择，也可以使用 SQL 语法编写自己的查询。后者需要编写自己的 SQL 脚本。大部分时候，都会从表的列表中做出选择。

Table Import Wizard 将读取数据库并显示所有可用的表和视图的一个列表(如图 35-15 所示)。表的图标类似一个网格，视图的图标则类似于两个箱子叠放在一起。

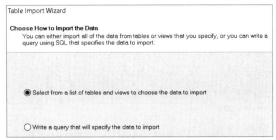

图 35-14　从表和视图列表中做出选择

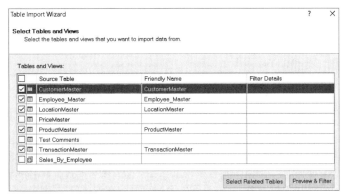

图 35-15　Table Import Wizard 将显示表和视图的一个列表

只需要选中想要导入的表和视图即可。Friendly Name 列允许输入一个新名称，用于在 Power Pivot 中引用对应的表。

提示

在图 35-15 中，可看到一个 Select Related Tables 按钮。当选择一个或更多表后，可以单击此按钮，告诉 Power Pivot 扫描并自动选择与选中表有关系的其他表。当把包含几十个表的大型数据库用作数据源时，这种功能使用起来很方便。

需要重点记住，导入一个表时，将导入该表的所有列和记录。这会影响 Power Pivot 数据模型的大小和性能。很多时候，只需要使用导入的表的一部分列。在这种情况下，就可以使用 Preview & Filter 按钮。

单击表名，使其显示为蓝色(如图 35-15 所示)，然后单击 Preview & Filter 按钮。Table Import Wizard 将激活如图 35-16 所示的预览界面。在这个界面中，可看到表中的所有可用列以及一些样本行。

	Customer_Number	FirstOfCustomer_N	FirstOfCity	FirstOfState
1	17214	HULCLIM Corp.	SIOUX FALLS	SD
2	17216	SUASHD Corp.	PIERRE	SD
3	17218	BASLUS Corp.	SIOUX FALLS	SD
4	17236	GROHOM Corp.	WORTHINGTON	MN
5	17273	RAMPAR Corp.	CANISTOTA	SD
6	17286	REBANS Corp.	YANKTON	SD
7	17296	OSHUSM Corp.	SPENCER	IA
8	17304	SAUAXF Corp.	SIOUX FALLS	SD
9	17309	PORKVA Corp.	MONTEVIDEO	MN
10	17310	OMUSAC Corp.	MITCHELL	SD
11	17344	ULSUN Corp.	MARSHALL	MN
12	17347	CATCO Corp.	SIOUX FALLS	SD

图 35-16　Preview & Filter 界面允许排除不需要的列并筛选出需要的数据

每个列标题旁边有一个复选框，指出该列将随表一起导入。通过清除复选标记，可告诉 Power Pivot 不要在数据模型中包含该列。

还可以选择筛选掉某些记录。单击图 35-16 中所示的下拉箭头将激活一个筛选菜单，可指定一些条件，筛选掉不想要的记录。其工作方式类似于 Excel 中的标准筛选功能。

当选择完数据并应用了必要的筛选后，在 Table Import Wizard 对话框中单击 Finish 按钮，启动导入过程。图 35-17 中的导入日志显示了导入进度，并在完成导入后总结了导入操作。

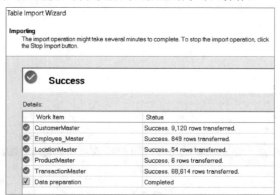

图 35-17　Table Import Wizard 对话框的最后一个界面显示了导入操作的进度

从 SQL Server 载入数据的最后一个步骤是检查和创建任何必要的关系。激活 Power Pivot 窗口，单击 Home 选项卡中的 Diagram View 按钮。Power Pivot 将显示关系图界面，在这里可以根据需要查看和编辑关系(参见本章前面的"创建 Power Pivot 表之间的关系"一节)。

> **提示**
>
> 如果发现需要调整对导入的数据应用的筛选，可以再次打开 Preview & Filter 界面。只需要在 Power Pivot 窗口中选择目标表，然后激活 Edit Table Properties 对话框(选择 Design | Table Properties 命令)即可。你会发现，这个对话框基本上与 Table Import Wizard 中的 Preview & Filter 界面(见图 35-16)相同。在该对话框中，可以选择之前筛选掉的列、编辑记录筛选器、清除筛选器，甚至使用一个不同的表/视图。

2. 从其他关系数据库系统载入数据

数据保存在 Microsoft Access、Oracle、dBase 还是 MySQL 中并不重要，你可以从几乎任何关系数据库系统载入数据。只要安装了合适的数据库驱动程序，就可以将 Power Pivot 连接到数据。

> **注意**
>
> 要连接到任何数据库系统，计算机上必须安装该系统的驱动程序。SQL Server 和 Access 是 Microsoft 的产品，你会遇到的大部分计算机上都安装了它们的驱动程序。对于其他数据库系统，则需要显式安装其驱动程序。这通常是 IT 部门完成的工作，他们要么在计算机上安装公司软件时安装数据库的驱动程序，要么在有人请求时安装。如果找不到数据库系统需要的驱动程序，可联系 IT 部门。

激活 Power Pivot 窗口，在"主页"选项卡中单击"从其他源"按钮。这将激活前面在图 35-13 中显示的"表导入向导"。

从众多选项中选择合适的关系数据库系统。如果需要从 Oracle 导入数据，则选择 Oracle。如果需要从 Sybase 导入数据，则选择 Sybase。

连接到这些关系数据库系统的步骤与前面导入 SQL Server 数据时看到的步骤基本相同。但是，根据所选数据库系统的需要，可能会看到不同的对话框。

可以理解的是，Microsoft 并不能为市场上存在的每种数据库系统都创建一个命名连接选项。因此，在列表中可能找不到自己的数据库系统。此时，可选择"其他(OLEDB/ODBC)"选项。选择此选项时，将打开"表导入向导"，其第一个界面要求输入数据库系统的连接字符串。

35.2.2　从平面文件载入数据

平面文件指的是文件中包含某种形式的表格数据，但记录之间不存在结构层次或关系。Excel 文件和文本文件是最常见的平面文件。大量重要数据都在平面文件中维护。本节将介绍如何把平面文件数据源导入 Power Pivot 数据模型中。

1. 从外部 Excel 文件载入数据

在本章前面，通过将同一个工作簿中包含的数据载入 Power Pivot 中创建了链接表。相比其他类型的导入数据，链接表有一个明显优势：它们能够立即响应工作簿中的源数据的变化。如果更改了工作簿中的某个表的数据，Power Pivot 数据模型中的链接表将自动变化。链接表提供的实时交互是一种很方便的特性。

链接表也有一个缺点：源数据必须与 Power Pivot 数据模型在同一个工作簿中。这并不总是现实的。在很多情况中，需要在分析中考虑 Excel 数据，但是这些数据包含在另一个工作簿中。此时，可以使用 Power Pivot 的"表导入向导"来连接到外部 Excel 文件。

激活 Power Pivot 窗口，单击"主页"选项卡中的"从其他源"按钮。这将激活"表导入向导"对话框。如图 35-18 所示，在对话框中向下滚动，选择"Excel 文件"选项，然后单击"下一步"按钮。

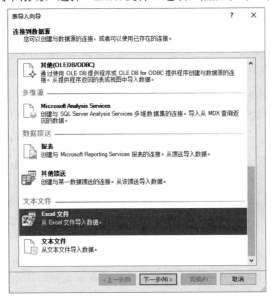

图 35-18　激活"表导入向导"并选择"Excel 文件"选项

"表导入向导"将要求提供所有必要的信息，以连接到目标工作簿。在这个界面中，需要提供以下信息。

- **友好的连接名称**：该字段允许为外部源指定自己使用的名称。通常会输入一个具有描述性的、易于阅读的名称。
- **Excel 文件路径**：输入目标 Excel 工作簿的完整路径。可以使用"浏览"按钮找到并选择想要提取信息的工作簿。
- **使用第一行作为列标题**：大部分时候，Excel 数据会具有列标题。一定要选中"使用第一行作为列标题"复选框，以确保在导入数据时能够将列标题识别为标题。

输入所有相关信息后，单击"下一步"按钮进入下一个界面，如图 35-19 所示。在这个界面中，可以看到选中 Excel 工作簿中的全部工作表。选中想要导入的工作表。"友好名称"列允许输入一个新名称，该名称将用于在 Power Pivot 中引用该表。

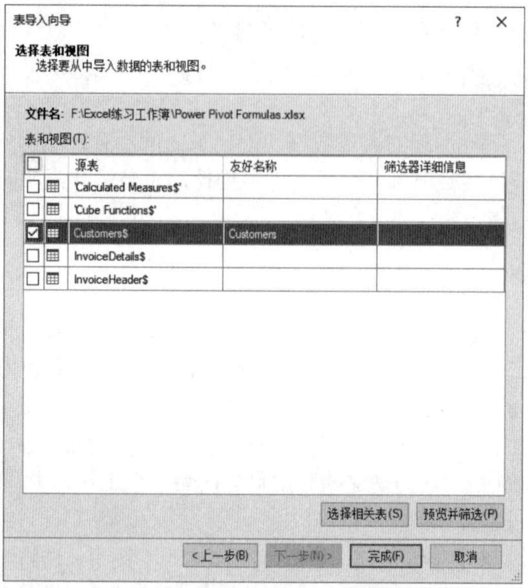

图 35-19 选择想要导入的工作表

提示

当从外部 Excel 文件读取数据时，Power Pivot 不只允许选择整个工作表，还允许选择命名区域。当只想导入工作表中的一个数据子集时，这种功能很方便。

如本章前面所述，可以根据需要，使用 Preview & Filter 按钮筛选掉不想要的列和记录。如果不需要，就继续在“表导入向导”中操作，完成导入过程。

注意

需要注意的是，载入外部 Excel 数据并不能获得链接表那样的交互性。与导入数据库表一样，从外部 Excel 文件导入的数据只是一个快照。需要刷新数据连接，才能看到外部 Excel 文件中新添加的数据(参见本章后面的“手动刷新 Power Pivot 数据”一节)。

2. 从文本文件载入数据

文本文件是用来分发数据的另一种类型的平面文件。这些文件通常是遗留系统和网站的输出文件。Excel 一直能够导入文本文件。使用 Power Pivot 时，能够进一步将文本文件与其他数据源整合起来。

激活 Power Pivot 窗口，然后单击“主页”选项卡中的“从其他源”按钮。这将激活图 35-18 中显示的“表导入向导”对话框。选择“文本文件”选项，然后单击“下一步”按钮。

“表导入向导”将要求提供所有必要的信息，以连接到目标文本文件。在这个界面中，需要提供以下信息。

- **友好的连接名称**：该字段允许为外部源指定自己使用的名称。通常会输入一个具有描述性的、易于阅读的名称。
- **文件路径**：输入目标文本文件的完整路径。可以使用“浏览”按钮找到并选择想要提取信息的文件。
- **列分隔符**：选择文本文件中用来分隔列的字符。在做出选择之前，需要知道文本文件中的列是如何分隔的。例如，逗号分隔文件使用逗号来分隔列。制表符分隔文件使用制表符来分隔列。“表导入向导”中的下拉列表包含常用分隔符：制表符、逗号、分号、空格、冒号和竖线。
- **使用第一行作为列标题**：如果文本文件包含标题行，那么一定要选中“使用第一行作为列标题”复选框，以确保在导入数据时能够将列标题识别为标题。

你将立即看到文本文件中的数据的预览。与我们讨论过的其他数据源一样，通过移除列名旁边的复选标记，可以筛选掉不想要的行。也可以使用每个列旁边的下拉箭头来应用记录筛选器。

单击"完成"按钮将立即启动导入过程。完成后，文本文件中的数据将成为 Power Pivot 数据模型中的一部分。同样，一定要检查已经载入 Power Pivot 中的其他表，并且创建与这些表的关系。

3. 从剪贴板载入数据

Power Pivot 包含一个有趣的选项，可从剪贴板直接载入数据，即粘贴从其他地方复制的数据。这种选项是一种一次性方法，用来将有用的信息快速添加到 Power Pivot 数据模型中。

考虑这种选项时，记住这种选项没有真正的数据源。整个过程只是你在手动复制粘贴。没有办法刷新数据，也没有办法回溯你从什么地方复制了数据。

假设你收到了一个 Word 文档，其中在一个表格中包含了分行列表。你希望把这个静态的分行列表包含到 Power Pivot 数据模型中，如图 35-20 所示。

可以复制表格，然后进入 Power Pivot 窗口并单击"主页"选项卡中的"粘贴"命令。这将激活图 35-21 中显示的"粘贴预览"对话框，在其中可以查看将要粘贴的内容。

图 35-20　可以从 Microsoft Word 中直接复制数据　　　图 35-21　"粘贴预览"对话框提供了一个查看粘贴内容的机会

对话框中的选项并不多。可以指定一个名称，用来在 Power Pivot 中引用该表，还可以指定第一行是否是标题。

单击"确定"按钮将把粘贴的数据导入 Power Pivot 中。现在，可以调整数据格式并创建需要的关系。

35.2.3　刷新和管理外部数据连接

当把外部数据源的数据载入 Power Pivot 时，实际上就创建了该数据源在当时的静态快照。Power Pivot 在其内部数据模型中使用这个静态的快照。

随着时间过去，外部数据源可能发生变化，会新增记录。但是，Power Pivot 仍使用其快照，所以如果不创建另一个快照，Power Pivot 就不能包含数据源的变化。

通过创建数据源的另一个快照来更新 Power Pivot 数据模型的操作称为"刷新数据"。既可以手动刷新，也可以设置自动刷新。

1. 手动刷新 Power Pivot 数据

在 Power Pivot 窗口的"主页"选项卡中，可看到"刷新"命令。单击其下拉箭头，将显示两个选项："刷新"和"全部刷新"。

使用"刷新"选项可刷新当前处于活动状态的 Power Pivot 表。也就是说，如果你位于 Power Pivot 窗口的 Customers 选项卡中，那么单击"刷新"选项将连接到外部数据源，只请求 Customers 表的更新。当需要策略性地只刷新特定的数据源时，这个选项的效果很好。

使用"全部刷新"选项将刷新 Power Pivot 数据模型中的全部表。

2. 设置自动刷新

通过配置数据源，可以自动获取最新数据并刷新 Power Pivot。进入 Excel 功能区的"数据"选项卡，选择"查询和连接"命令。这将激活"查询&连接"任务窗格，如图 35-22 所示。

单击任务窗格顶部的"连接"选项，然后双击想要管理的连接。

当打开"连接属性"对话框后(如图 35-23 所示)，选择"使用状况"选项卡。该选项卡中包含下面的选项。

- **刷新频率 X 分钟**：选中此选项将告诉 Excel，在指定分钟数后自动刷新选中的数据连接。这将刷新与该连接关联的所有表。

- **打开文件时刷新数据**：选中此选项将告诉 Excel，当打开该工作簿时自动刷新选中的数据连接。当打开工作簿时，与该连接关联的所有表都将刷新。

- **全部刷新时刷新此连接**：本节前面提到，通过使用 Power Pivot 的"主页"选项卡中的"全部刷新"命令，可以刷新为 Power Pivot 提供数据的全部连接。如果数据连接会从某个外部数据源导入几百万行数据，那么你可能不希望每次执行"全部刷新"命令时计算机的速度变慢。对于这种情况，可以清除"全部刷新时刷新此连接"复选框的勾选标记。这实际上告诉该连接忽略"全部刷新"命令。

图 35-22 "查询&连接"任务窗格   图 35-23 配置"连接属性"对话框，使选中的数据连接自动刷新

3. 编辑数据连接

有时，当创建完源数据连接后，可能需要对其进行编辑。刷新数据只是创建相同数据源的另一个快照，但是编辑源数据连接则允许重新配置连接。下面给出了一些理由，说明为什么需要编辑数据连接。

- 服务器或数据源文件的位置已经改变。
- 服务器或数据源文件的名称已经改变。
- 需要编辑登录凭据或身份验证模式。
- 需要添加在最初导入时漏掉的表。

在 Power Pivot 窗口中，进入"主页"选项卡，然后单击"现有连接"按钮。将打开如图 35-24 所示的"现有连接"对话框。Power Pivot 连接将列在"Power Pivot 数据连接"子标题下。你只需要选择需要编辑的数据连接。

图 35-24　使用"现有连接"对话框来重新配置 Power Pivot 源数据连接

选择目标数据连接后，注意一下"编辑"和"打开"按钮。单击哪个按钮取决于需要修改什么。

- **"编辑"按钮**：允许重新配置服务器地址、文件路径和身份验证设置。
- **"打开"按钮**：允许从现有连接导入一个新表。如果最初载入数据时不小心漏掉了某个表，那么这个选项很方便。

第**36**章

直接操作内部数据模型

本章要点

- 直接为内部数据模型提供数据
- 管理内部数据模型中的关系
- 从内部数据模型中移除表

在前面的章节中，我们使用 Power Pivot 功能区界面来操作内部数据模型。本章将会介绍，通过结合使用数据透视表和 Excel 数据连接，能够直接操作内部数据模型，而不需要借助 Power Pivot 功能区界面。

配套学习资源网站

本章的大部分示例可在配套学习资源网站 www.wiley.com/go/excel2019bible 中找到，文件名为 Internal Data Model.xlsx。

36.1 直接为内部数据模型提供数据

假设你有如图 36-1 所示的 Transactions 表。在另一个工作表中，有一个 Employees 表(如图 36-2 所示)，包含关于员工的信息。

	A	B	C	D
1	Sales_Rep	Invoice_Date	Sales_Amount	Contracted Hours
2	4416	1/5/2007	111.79	2
3	4416	1/5/2007	111.79	2
4	160006	1/5/2007	112.13	2
5	6444	1/5/2007	112.13	2
6	160006	1/5/2007	145.02	3
7	52661	1/5/2007	196.58	4
8	6444	1/5/2007	204.20	4
9	51552	1/5/2007	225.24	3
10	55662	1/6/2007	86.31	2
11	1336	1/6/2007	86.31	2
12	60224	1/6/2007	86.31	2
13	54564	1/6/2007	86.31	2
14	56146	1/6/2007	89.26	2
15	5412	1/6/2007	90.24	1

图 36-1　这个表按员工编号显示交易信息

	A	B	C	D
1	Employee_Number	Last_Name	First_Name	Job_Title
2	21	SIOCAT	ROBERT	SERVICE REPRESENTATIVE 3
3	42	BREWN	DONNA	SERVICE REPRESENTATIVE 3
4	45	VAN HUILE	KENNETH	SERVICE REPRESENTATIVE 2
5	104	WIBB	MAURICE	SERVICE REPRESENTATIVE 2
6	106	CESTENGIAY	LUC	SERVICE REPRESENTATIVE 2
7	113	TRIDIL	ROCH	SERVICE REPRESENTATIVE 2
8	142	CETE	GUY	SERVICE REPRESENTATIVE 3
9	145	ERSINEILT	MIKE	SERVICE REPRESENTATIVE 2
10	162	GEBLE	MICHAEL	SERVICE REPRESENTATIVE 2
11	165	CERDANAL	ALAIN	SERVICE REPRESENTATIVE 3
12	201	GEIDRIOU	DOMINIC	TEAMLEAD 1

图 36-2　这个表提供了员工信息：名、姓和职位

你需要创建一个分析，按职位显示销售额。一般来说，创建这种分析很困难，因为销售信息和职位信息包含在两个不同的表中。但是，通过使用内部数据模型，只需要单击几次鼠标就能够完成这个任务。

首先需要做的是将数据表转换为 Excel 表格对象，这样才能被内部数据模型识别：

(1) 在 TransactionMaster 数据表内单击鼠标，选择"插入"|"表格"命令。这将激活"创建表"对话框。

(2) 选择表区域，然后单击"确定"按钮。需要显式命名表格对象。这样，在内部数据模型中就容易识别它们。如果不命名表格，内部数据模型将把它们显示为"表 1"、"表 2"等。

(3) 在表格内部单击鼠标，选择"表格工具"|"设计"选项卡。在"属性"组中可看到"表名称"输入框。为表输入一个新名称(对于这个表，输入 Transactions)。此时，就能够将表格的数据提供给内部数据模型。

(4) 选择"数据"|"现有连接"命令。

(5) 在"现有连接"对话框中，选择"表格"选项卡。将看到现有表格对象的一个列表，如图 36-3 所示。

(6) 双击 Transactions 表格对象。这将激活"导入数据"对话框，如图 36-4 所示。

(7) 选择"仅创建连接"选项，然后单击"确定"按钮。

图 36-3　"现有连接"对话框列出了所有可用的表格对象　　图 36-4　使用"导入数据"对话框，将表格对象添加到内部数据模型

为 Employees 表重复上面的步骤。

当把两个表都载入内部数据模型后，可以执行下面的步骤来创建需要的数据透视表：

(1) 选择"数据"|"现有连接"命令。

(2) 在"现有连接"对话框中，选择"表格"选项卡。

(3) 双击"工作簿数据模型中的表"项，如图 36-5 所示。

(4) 这将打开"导入数据"对话框。如图 36-6 所示，我们将选择在新工作表上创建数据透视表报表。单击"确定"按钮确认选择。

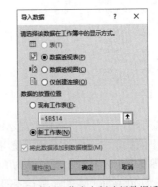

图 36-5　可以显式地选择内部数据模型作为数据透视表的源　　图 36-6　在新工作表上创建新数据透视表

现在，如果有必要，可以单击新创建的数据透视表来激活"数据透视表字段"列表。选择"全部"选项卡，

如图 36-7 所示。这将在字段列表中显示所有可用的表。

(5) **正常建立数据透视表**。在本例中，将 Job_Title 添加到"行"区域，将 Sales_Amount 添加到"值"区域。

从图 36-8 中可以看到，Excel 将立即识别出你使用了内部数据模型中的两个表，并提示你创建它们之间的关系。可以选择让 Excel 自动检测表之间的关系，也可以单击"创建"按钮。最好的做法始终是自己创建关系，以免 Excel 创建错误的关系。单击"创建"按钮。

图 36-7　在"数据透视表字段"列表中选择"全部"选项卡，　图 36-8　当 Excel 提示时，选择自己创建两个表之间的关系
　　　　　以查看内部数据模型中包含的两个表

(6) **Excel 将激活如图 36-9 所示的"创建关系"对话框**。在此对话框中，选择表和字段来定义关系。在图 36-9 中可以看到，Transactions 表有一个 Sales_Rep 字段，它与 Employees 表的 Employee_Number 字段相关联。

图 36-9　使用"表"和"列"下拉列表创建合适的关系

创建了关系之后，一个数据透视表中实际上使用了两个表的数据来创建需要的分析。图 36-10 显示了在对销售额总和应用数字格式后的最终数据透视表。

> **注意**
> 在图 36-9 中，注意右下角下拉列表的名称是"相关列(主要)"。"主要"的意思是内部数据模型使用相关表的这个字段作为主键。
> 主键是一个字段，只包含非空的唯一值(没有重复值，也没有空值)。数据模型中必须有主键字段，以避免出现聚合错误和重复值。你创建的每个关系都必须有一个字段作为主键。
> 因此，在图 36-9 的场景中，Employees 表的 Employee_Number 字段只能有唯一值，但不能有空值或 null 值。这是 Excel 在连接多个表时能够确保数据完整性的唯一方法。

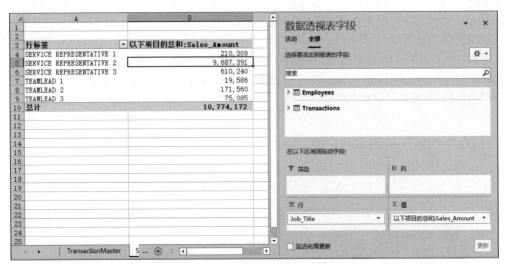

图 36-10 已经实现按职位显示销售额的目标

36.2 管理内部数据模型中的关系

当把表分配给内部数据模型后,可能需要调整表之间的关系。要修改内部数据模型内的关系,需要激活"管理关系"对话框。

单击功能区的"数据"选项卡,选择"关系"命令,这将打开如图 36-11 所示的对话框。

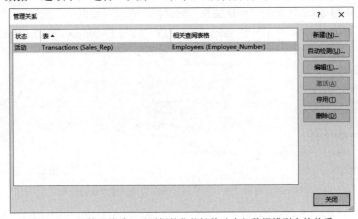

图 36-11 "管理关系"对话框使你能够修改内部数据模型中的关系

此对话框中包含以下命令。

- **新建**: 在内部数据模型的两个表之间创建一个新的关系。
- **自动检测**: 让 Power Pivot 根据表中的数据自动检测并创建关系。
- **编辑**: 修改选中的关系。
- **激活**: 启用选中的关系,告诉 Excel 在聚合和分析内部数据模型中的数据时考虑该关系。
- **停用**: 停用选中的关系,告诉 Excel 在聚合和分析内部数据模型中的数据时不再考虑该关系。
- **删除**: 删除选中的关系。

36.3　从内部数据模型中移除表

你可能发现，需要从内部数据模型中彻底移除一个表或数据源。要实现这种目的，可以单击功能区中的"数据"选项卡，然后单击"查询和连接"命令。这将激活如图 36-12 所示的"查询&连接"任务窗格。

右击想要从内部数据模型中移除的表(在本例中为 Employees)，然后选择"删除"选项。如果确认删除，则单击"确定"按钮。

图 36-12　使用"查询&连接"任务窗格从内部数据模型中移除表

第37章

向 Power Pivot 添加公式

本章要点

- 创建自己的计算列
- 使用 DAX 创建计算列
- 创建计算度量值
- 使用 Cube 函数摆脱数据透视表

当使用 Power Pivot 分析数据时，常常发现需要扩展分析，基于不在原数据集中的计算来包含数据。Power Pivot 提供了一组健壮的函数，称为数据分析表达式(也称为 DAX 函数)，使用它们能够执行数学运算、递归计算、数据查找等。

本章将介绍 DAX 函数并说明在 Power Pivot 数据模型中构建自己的计算的基本规则。

> **配套学习资源网站**
>
> 本章的大部分示例可在配套学习资源网站 www.wiley.com/go/excel2019bible 中找到，文件名为 Power Pivot Formulas.xlsx。

37.1 使用计算列增强 Power Pivot 数据

计算列是你自己创建的列，通过在列中使用自己的公式来增强 Power Pivot 表。在 Power Pivot 窗口中直接输入计算列后，它们就成为数据透视表使用的源数据的一部分。计算列在行级别工作。也就是说，在计算列中创建的公式基于每一行中的数据执行运算。例如，假设 Power Pivot 表中有一个 Revenue 列和一个 Cost 列。你可以创建一个新列来计算[Revenue]-[Cost]。这种计算很简单，对数据集中的每一行都有效。

计算度量值用来针对数据聚合执行更加复杂的计算。这些计算直接应用于数据透视表，创建出一种在 Power Pivot 窗口中看不到的虚拟列。当需要基于行的聚合分组计算时，例如将[Year2]的和减去[Year1]的和，就需要使用计算度量值。

37.1.1 创建你的第一个计算列

创建计算列的过程与在 Excel 表中创建公式没有太大区别。下面用一些示例数据来说明这个过程。执行下面的步骤来创建计算列。

(1) 打开 Power Pivot Formulas.xlsx 示例文件，通过在 Power Pivot 功能区选项卡中单击"管理"按钮来激活 Power Pivot 窗口，然后选择 Invoice Details 选项卡。

(2) 注意表的最右侧有一个带有"添加列"标签的空列。单击该列的第一个空单元格。

(3) 在编辑栏(如图 37-1 所示)中输入下面的公式：

```
=[UnitPrice]*[Quantity]
```

(4) 按 Enter 键，该公式将填充整个列。

(5) Power Pivot 将自动把该列重命名为"计算列 1"。双击列标签，将该列重命名为 Total Revenue。

[Total Revenue] ▾		ƒx	=[UnitPrice]*[Quantity]		
	InvoiceNumber 🔍 ▼	Quantity ▼	UnitCost ▼	UnitPrice ▼	Total Revenue ▼
1	ORDST1022	1	59.29	119.95	119.95
2	ORDST1015	1	3290.55	6589.95	6589.95
3	ORDST1016	10	35	34.95	349.5
4	ORDST1017	50	91.59	189.95	9497.5
5	ORDST1018	1	59.29	119.95	119.95
6	INV1010	1	674.5	1349.95	1349.95
7	INV1011	1	91.25	189.95	189.95
8	INV1012	1	303.85	609.95	609.95
9	ORDST1020	1	59.29	119.95	119.95
10	ORDST1021	1	59.29	119.95	119.95

图 37-1　在编辑栏中为计算列输入期望的运算

注意

通过双击列名称并输入新名称，可以重命名 Power Pivot 窗口中的任何列。或者，可以右击任何列，然后选择"重命名列"选项。

提示

也可以通过单击而不是键入的方式来创建计算列。例如，我们不手动输入"=[UnitPrice]*[Quantity]"，而是先输入等号，单击 UnitPrice 列，输入星号(*)，再单击 Quantity 列。注意，你还可以输入自己的静态数据。例如，通过输入公式"=[UnitPrice]*1.10"，可以添加一个 10%的税。

你添加的每个计算列自动对连接到 Power Pivot 数据模型的数据透视表可用。不需要自己执行操作来把计算列添加到数据透视表中。图 37-2 显示了 Total Revenue 计算列出现在"数据透视表字段"列表中。可以像使用数据透视表中的其他任何字段一样使用这些计算列。

提示

如果没有看到"数据透视表字段"列表，只需要右击数据透视表，然后选择"显示字段列表"命令。

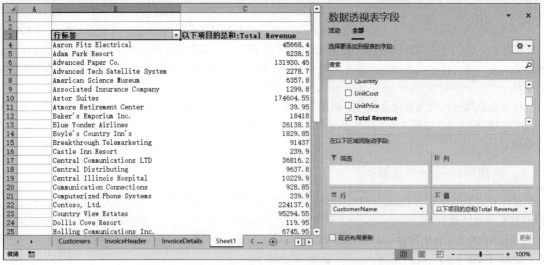

图 37-2　计算列会自动显示在"数据透视表字段"列表中

注意

如果需要编辑计算列中的公式，则在 Power Pivot 窗口中找到该计算列，单击它，然后直接在编辑栏中进行修改。

交叉引用

有关如何从 Power Pivot 创建数据透视表的更多信息，请参考第 35 章。

37.1.2 设置计算列的格式

我们常常需要修改 Power Pivot 列的格式，以恰当匹配列中的数据。例如，你可能想要将数字显示为货币格式、删除小数位或者以特定方式显示日期。

并不是只能设置计算列的格式。通过执行下面的步骤，可以设置在 Power Pivot 窗口中看到的任何列的格式：

(1) 在 Power Pivot 窗口中，单击想要设置格式的列。

(2) 在 Power Pivot 窗口的"主页"选项卡中，找到"格式设置"分组(见图 37-3)。

(3) 使用合适的选项调整列的格式。

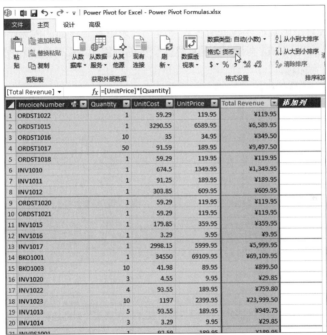

图 37-3　通过使用 Power Pivot 窗口的"主页"选项卡中的格式设置工具，可以设置数据模型中任何列的格式

提示

Excel 数据透视表的老用户知道，在修改数据透视表的数字格式时，一次修改一个数据字段是很痛苦的。Power Pivot 格式设置的一个很方便的地方是，在 Power Pivot 窗口中对列应用的任何格式将自动应用到连接到该数据模型的所有数据透视表。

37.1.3 在其他计算中引用计算列

与 Excel 中的所有计算一样，Power Pivot 允许将计算列作为一个变量在另一个计算列中进行引用。图 37-4 用一个新的计算列 Gross Margin 演示了这一点。注意，编辑栏中的计算使用了之前创建的[Total Revenue]计算列。

fx =[Total Revenue]-([UnitCost]*[Quantity])

Quantity	UnitCost	UnitPrice	Total Revenue	Gross Margin
1	59.29	119.95	$119.95	60.66
1	3290.55	6589.95	$6,589.95	3299.4
10	35	34.95	$349.50	-0.5
50	91.59	189.95	$9,497.50	4918
1	59.29	119.95	$119.95	60.66
1	674.5	1349.95	$1,349.95	675.45
1	91.25	189.95	$189.95	98.7
1	303.85	609.95	$609.95	306.1
1	59.29	119.95	$119.95	60.66

图 37-4　新的 Gross Margin 计算使用了之前创建的[Total Revenue]计算列

37.1.4　向最终用户隐藏计算列

因为计算列能够引用其他计算列，所以可以创建辅助列供其他计算使用。你可能不希望最终用户在客户端工具中看到这些列。在这里，客户端工具指的是数据透视表、Power Pivot 仪表板和 Power Map。

与在 Excel 工作表中隐藏列类似，Power Pivot 允许隐藏任何列(不一定是计算列)。要隐藏列，只需要选择想要隐藏的列，右击并选择"从客户端工具中隐藏"选项(如图 37-5 所示)。

当列处于隐藏状态时，不会在"数据透视表字段"列表中显示为可选项。但是，如果要隐藏的列已经是数据透视表报表的一部分，即已经将它拖到数据透视表中，那么在 Power Pivot 窗口中隐藏该列并不会自动把它从数据透视表中移除。隐藏只是影响在"数据透视表字段"列表中看到该列的能力。

在图 37-6 中可看到，Power Pivot 会根据列的属性改变列的颜色。隐藏列将显示为较浅的灰色，而未隐藏的计算列则具有更深的(黑色)标题。

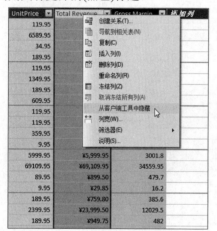

图 37-5　右击并选择"从客户端工具中隐藏"选项

UnitCost	UnitPrice	Total Revenue	Gross Margin
59.29	119.95	$119.95	60.66
3290.55	6589.95	$6,589.95	3299.4
35	34.95	$349.50	-0.5
91.59	189.95	$9,497.50	4918
59.29	119.95	$119.95	60.66
674.5	1349.95	$1,349.95	675.45
91.25	189.95	$189.95	98.7
303.85	609.95	$609.95	306.1
59.29	119.95	$119.95	60.66
59.29	119.95	$119.95	60.66

图 37-6　隐藏的列将显示为灰色，而计算列则有深色标题

> **注意**
> 要取消隐藏列，可在 Power Pivot 窗口中选择隐藏的列，右击并选择"从客户端工具中取消隐藏"选项。

37.2　使用 DAX 创建计算列

数据分析表达式(data analysis expression，DAX)本质上是 Power Pivot 使用的一种公式语言，用来在其自己的表和列中执行计算。DAX 公式语言自带一套函数。其中一些函数可用在计算列中进行行级计算，另一些则用在计算度量值中进行聚合运算。

本节将介绍计算列中能够使用的一些 DAX 函数。

> **注意**
> DAX 函数的数量比较多(超过 150 个)。本章演示的 DAX 示例只是为了帮助你了解计算列和计算度量值的

工作方式。对 DAX 的完整介绍超出了本书的讨论范围。如果在读完本章后，你想要更深入地了解 DAX，可以考虑阅读 Alberto Ferrari 和 Marco Russo 撰写的 *The Definitive Guide to DAX* (Microsoft Press，2015)一书。Ferrari 和 Russo 的这本书是关于 DAX 的一本精彩教程，内容既全面又容易理解。

37.2.1　确认可安全用于计算列的 DAX 函数

上一节在 Power Pivot 窗口中使用编辑栏输入计算。注意在编辑栏旁边有一个 *fx* 标签，这是"插入函数"按钮，类似于 Excel 中的"插入函数"按钮。单击该按钮将激活"插入函数"对话框，如图 37-7 所示。在该对话框中，可以浏览、搜索和插入可用的 DAX 函数。

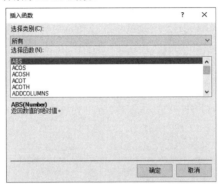

图 37-7　"插入函数"对话框显示了所有可用的 DAX 函数

浏览 DAX 函数列表会发现，其中许多函数看起来类似于你已经熟悉的 Excel 函数。但是不要误解，它们不是 Excel 函数。Excel 函数操作的是单元格和区域，而这些 DAX 函数则在表和列级别工作。

要理解这句话的含义，请在 Invoice Details 选项卡中创建一个新的计算列。单击编辑栏，输入 SUM 函数：=SUM([Gross Margin])。图 37-8 显示了结果。

	InvoiceNumber	Quantity	UnitCost	UnitPrice	Gross Margin	计算列 1
1	ORDST1022	1	59.29	119.95	60.66	928378.069999998
2	ORDST1015	1	3290.55	6589.95	3299.4	928378.069999998
3	ORDST1016	10	35	34.95	-0.5	928378.069999998
4	ORDST1017	50	91.59	189.95	4918	928378.069999998
5	ORDST1018	1	59.29	119.95	60.66	928378.069999998
6	INV1010	1	674.5	1349.95	675.45	928378.069999998
7	INV1011	1	91.25	189.95	98.7	928378.069999998
8	INV1012	1	303.85	609.95	306.1	928378.069999998
9	ORDST1020	1	59.29	119.95	60.66	928378.069999998
10	ORDST1021	1	59.29	119.95	60.66	928378.069999998
11	INV1015	1	179.85	359.95	180.1	928378.069999998
12	INV1016	1	3.29	9.95	6.66	928378.069999998
13	INV1017	1	2998.15	5999.95	3001.8	928378.069999998
14	BKO1001	1	34550	69109.95	34559.95	928378.069999998
15	BKO1003	10	41.98	89.95	479.7	928378.069999998
16	INV1020	3	4.55	9.95	16.2	928378.069999998
17	INV1022	4	93.55	189.95	385.6	928378.069999998

图 37-8　DAX SUM 函数只能将列作为一个整体求和

可以看到，SUM 函数对整个列求和。这是因为 Power Pivot 和 DAX 被设计为操作表和列。Power Pivot 没有单元格和区域的概念，甚至其网格上没有列字母。在通常引用区域的地方(例如在 Excel 的 SUM 函数中)，DAX 会使用整个列。

重点是，并不是所有 DAX 函数都可用于计算列。因为计算列在行级别进行计算，所以只有计算单个数据点的 DAX 函数才能用在计算列中。

作为一条经验法则，如果函数需要一个数组或单元格区域作为参数，则不能用在计算列中。因此，在计算列中不能使用 SUM、MIN、MAX、AVERAGE 和 COUNT 等函数。只需要单个数据点参数的函数在计算列中的效果很好，如 YEAR、MONTH、MID、LEFT、RIGHT、IF 和 IFERROR。

37.2.2 创建 DAX 驱动的计算列

为了演示使用 DAX 函数来增强计算列的有用性，我们回到前面的示例。进入 Power Pivot 窗口，单击 InvoiceHeader 选项卡。如果不小心关闭了 Power Pivot 窗口，可单击 Power Pivot 功能区选项卡中的"管理"按钮来激活该窗口。

如图 37-9 所示，InvoiceHeader 表包含一个 InvoiceDate 列。虽然这个列在原始表中很重要，但是当使用数据透视表分析数据时，单独的日期不太方便。有一个 Month 列和一个 Year 列会很有帮助。这样，就可以按月和年来聚合与分析数据。

图 37-9 DAX 函数能够用 Year 和 Month 时间维度来帮助增强 InvoiceHeader 数据

为此，可以使用 DAX 函数 YEAR()、MONTH()和 FORMAT()向数据模型添加时间维度。执行下面的步骤：

(1) 在 InvoiceHeader 表中，单击最右侧"添加列"列中的第一个空单元格。

(2) 在编辑栏中输入"=YEAR([InvoiceDate])"，然后按 Enter 键。

(3) Power Pivot 将自动把该列重命名为"计算列 1"。双击列标签，将该列重命名为 Year。

(4) 单击最右侧"添加列"列中的第一个空单元格。

(5) 在编辑栏中输入"=MONTH([InvoiceDate])"，然后按 Enter 键。

(6) Power Pivot 将自动把该列重命名为"计算列 1"。双击列标签，将该列重命名为 Month。

(7) 单击最右侧"添加列"列中的第一个空单元格。

(8) 在编辑栏中输入"=FORMAT([InvoiceDate],"mmm")"，然后按 Enter 键。

(9) Power Pivot 将自动把该列重命名为"计算列 1"。双击列标签，将该列重命名为 Month Name。

执行完这些步骤后，就有了 3 个新的计算列，如图 37-10 所示。

如前所述，创建计算列将自动使它们出现在"数据透视表字段"列表中，如图 37-11 所示。

图 37-10 使用 DAX 函数为表增添 Year、Month 和 Month Name 列　图 37-11 DAX 计算在任何连接的数据透视表中立即可用

在 Power Pivot 驱动的数据透视表中按月排序

Power Pivot 有一个令人烦恼的地方：它本身不知道如何对月份排序。与标准 Excel 不同，Power Pivot 不使用定义月份名称顺序的内置自定义列表。当创建[Month Name]这样的计算列并把它放到数据透视表中时，Power Pivot 将按字母顺序显示这些月份，如图 37-12 所示。

行标签	以下项目的总和:Total Revenue
⊟Aaron Fitz Electrical	
Apr	¥5,609.40
Feb	¥13,228.00
Jan	¥14,273.60
Mar	¥6,948.00
May	¥5,489.50
Sep	¥119.90
⊟Adam Park Resort	
Apr	¥2,519.75
Jan	¥1,199.00
May	¥119.80
Sep	¥2,399.95
⊟Advanced Paper Co.	
Apr	¥130,491.25
Jan	¥1,439.20
⊟Advanced Tech Satellite System	
Apr	¥499.50
Jul	¥829.45
May	¥949.75
⊟American Science Museum	
Apr	¥899.50
Jan	¥4,558.80

图 37-12　在 Power Pivot 驱动的数据透视表中，月份名称不会自动按月份顺序排列

解决办法相当简单。激活 Power Pivot 窗口，选择"主页"选项卡，找到"按列排序"按钮。单击该按钮时，将显示如图 37-13 所示的"排序依据列"对话框。

图 37-13　"排序依据列"对话框允许定义列的排序方式

在该对话框中，先选择要排序的列，再选择要作为排序依据的列。在本例中，我们希望按月份排序 Month Name 列。

确认修改后，一开始看起来好像什么也没有发生。这是因为我们定义的排序顺序不是针对 Power Pivot 窗口的。排序顺序将应用于数据透视表。切换到 Excel，查看数据透视表中的结果，如图 37-14 所示。

行标签	以下项目的总和:Total Revenue
⊟Aaron Fitz Electrical	
Jan	¥14,273.60
Feb	¥13,228.00
Mar	¥6,948.00
Apr	¥5,609.40
May	¥5,489.50
Sep	¥119.90
⊟Adam Park Resort	
Jan	¥1,199.00
Apr	¥2,519.75
May	¥119.80
Sep	¥2,399.95
⊟Advanced Paper Co.	
Jan	¥1,439.20
Apr	¥130,491.25
⊟Advanced Tech Satellite System	
Apr	¥499.50
May	¥949.75
Jul	¥829.45
⊟American Science Museum	
Jan	¥4,558.80

图 37-14　月份名称现在按正确的月份顺序显示

37.2.3 引用其他表的字段

有时，想要对计算列执行的操作需要使用 Power Pivot 数据模型内的其他表中的字段。例如，当在 InvoiceDetails 表中创建一个计算列时，可能需要使用 Customers 表中针对特定客户提供的折扣，如图 37-15 所示。

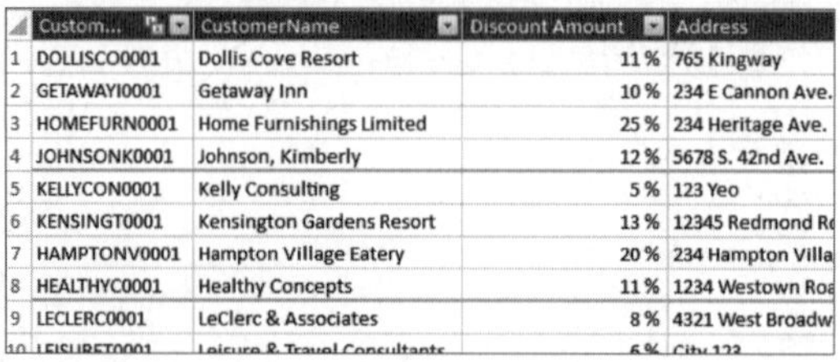

	Custom...	CustomerName	Discount Amount	Address
1	DOLLISCO0001	Dollis Cove Resort	11 %	765 Kingway
2	GETAWAYI0001	Getaway Inn	10 %	234 E Cannon Ave.
3	HOMEFURN0001	Home Furnishings Limited	25 %	234 Heritage Ave.
4	JOHNSONK0001	Johnson, Kimberly	12 %	5678 S. 42nd Ave.
5	KELLYCON0001	Kelly Consulting	5 %	123 Yeo
6	KENSINGT0001	Kensington Gardens Resort	13 %	12345 Redmond R
7	HAMPTONV0001	Hampton Village Eatery	20 %	234 Hampton Villa
8	HEALTHYC0001	Healthy Concepts	11 %	1234 Westown Ro
9	LECLERC0001	LeClerc & Associates	8 %	4321 West Broadw

图 37-15 Customers 表中的 Discount Amount 值可以用在另一个表的计算列中

为了实现这一点，可以使用一个名为 RELATED 的 DAX 函数。与标准 Excel 中的 VLOOKUP 类似，RELATED 函数允许从一个表中查找值，然后用在另一个表中。

花一点时间执行下面的步骤，在 InvoiceDetails 表中创建一个新的计算列，显示每笔交易打折后的收入。

(1) 在 InvoiceDetails 表中，单击最右侧"添加列"列中的第一个空单元格。

(2) 在编辑栏中输入下面的内容：

```
=RELATED(
```

输入左括号后，将立即显示可用字段的一个菜单，如图 37-16 所示。注意，列表中的项先显示表名，然后在中括号中显示字段名。在本例中，我们感兴趣的是 Customers[Discount Amount]字段。

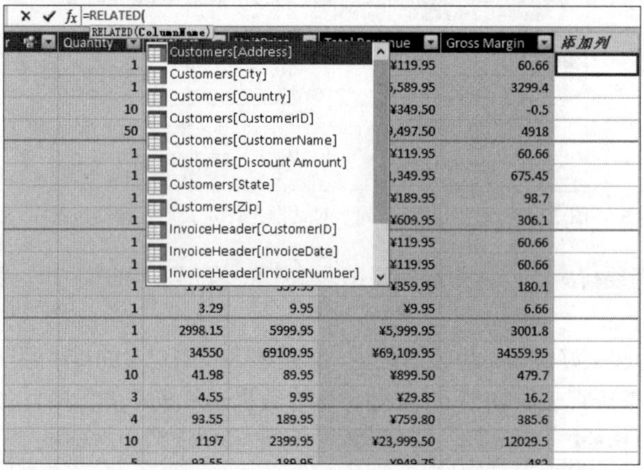

图 37-16 使用 RELATED 函数来查找另一个表中的字段

> **注意**
>
> RELATED 函数利用你在创建数据模型时定义的关系来执行查找。因此，选项列表将根据你定义的关系只包含可用的字段。

(3) 双击 Customers[Discount Amount]字段，然后按 Enter 键。

(4) Power Pivot 将自动把该列重命名为"计算列 1"。双击列标签，将该列重命名为 Discount%。

(5) 单击最右侧"添加列"列中的第一个空单元格。

(6) 在编辑栏中输入"=[UnitPrice]*[Quantity]*(1-[Discount%])"，然后按 Enter 键。

(7) Power Pivot 将自动把该列重命名为"计算列 1"。双击列标签，将该列重命名为 Discounted Revenue。

执行完这些操作后，将得到一个新列，它使用 Customers 表中的折扣百分比来计算每笔交易打折后的收入。图 37-17 显示了这个新的计算列。

	Total Revenue	Discount%	Discounted Revenue
9.95	$119.95	0.13	$104.36
9.95	$6,589.95	0.11	$5,865.06
4.95	$349.50	0.09	$318.05
9.95	$9,497.50	0.06	$8,927.65
9.95	$119.95	0.09	$109.15
9.95	$1,349.95	0.15	$1,147.46
9.95	$189.95	0.17	$157.66
9.95	$609.95	0.05	$579.45
9.95	$119.95	0.11	$106.76
9.95	$119.95	0.16	$100.76
9.95	$359.95	0.15	$305.96
9.95	$9.95	0.11	$8.86
9.95	$5,999.95	0.07	$5,579.95

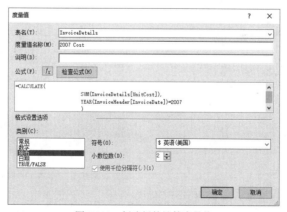

图 37-17　最终的 Discounted Revenue 计算列使用 Customers 表中的 Discount%列

37.2.4　嵌套函数

在前一个例子中，首先使用 RELATED 函数创建了 Discount%列，然后在另一个计算列中使用该列来计算打折后的收入。

需要重点注意的是，要实现这种任务，并不是必须创建多个计算列。可以将 RELATED 函数嵌套到打折后收入的计算中。这种嵌套计算的语法如下所示：

```
=[UnitPrice]*[Quantity]*(1-RELATED(Customers[Discount Amount]))
```

可以看到，嵌套意味着在一个计算中嵌入想要使用的函数。在本例中，不是在一个单独的 Discount%字段中使用 RELATED 函数，而是将其直接嵌入打折后收入的计算中。

在较大的数据集中，嵌套函数能够节省时间，甚至提高性能。另一方面，复杂的嵌套函数更难阅读和理解。

37.3　了解计算度量值

还可以使用另外一种计算来增强 Power Pivot 报表的功能：计算度量值。计算度量值用来执行更加复杂的、针对数据聚合的计算。这些计算不像计算列那样应用到 Power Pivot 窗口。相反，它们直接应用到数据透视表，创建一种在 Power Pivot 窗口中看不到的虚拟列。当需要根据行的聚合分组进行计算时，使用计算度量值。

假设你想要显示每个客户在 2007 年和 2006 年之间单位成本的差异。思考一下需要怎么做才能完成这种计算。你需要确定 2007 年单位成本的总和，然后确定 2006 年单位成本的总和，最后从 2007 年的总和减去 2006 年的总和。使用计算列是不能完成这种计算的。计算度量值是计算 2007 年和 2006 年之间成本变化的唯一方式。

执行下面的步骤来创建一个计算度量值：

(1) **显示从 Power Pivot 模型创建的数据透视表。**

(2) **在 Excel 功能区中单击 Power Pivot 选项卡，选择“度量值”|“新建度量值”命令。**这将打开如图 37-18 所示的“度量值”对话框。

图 37-18　创建新的计算度量值

> **注意**
> 本章的示例文件包含一个 Calculated Measures 选项卡，其中已经创建了一个数据透视表。

> **注意**
> 在图 37-18 中，可注意到在输入 DAX 计算时使用了回车符和空格。这只是为了方便阅读。事实上，DAX 会忽略空格，并且不区分大小写。因此，对于计算的结构来说，并没有十分严格的要求。尽管如此，最好借助回车符和空格来提高可读性。

(3) 在"度量值"对话框中，输入下列信息。

- **表名**：选择当查看"数据透视表字段"列表时希望哪个表包含计算度量值。不必过多担心这个决定。所选的表对于如何计算没有影响，只是代表你希望在"数据透视表字段"列表的什么地方看到新计算。
- **度量值名称**：给计算度量值起一个描述性名称。
- **公式**：输入 DAX 公式，以计算新字段的结果。
- **格式设置选项**：指定计算度量值结果的格式。

在本例中，我们使用下面的 DAX 公式：

```
=CALCULATE(
    SUM(InvoiceDetails[UnitCost]),
    YEAR(InvoiceHeader[InvoiceDate])=2007
    )
```

此公式使用 CALCULATE 函数对 InvoiceDetails 表的 UnitCost 列求和，但要求 InvoiceHeader 中的 Year 列等于 2007。

(4) 单击"检查公式"按钮，确保公式中没有语法错误。如果公式正确，将看到消息"公式中没有错误"。如果有错误，则将看到对错误的完整说明。

(5) 单击"确定"按钮确认更改并关闭"度量值"对话框。在数据透视表中将立即看到新创建的计算度量值。

(6) 为需要创建的其他计算度量值重复步骤(2)~(5)。

在本例中，需要一个度量值来显示 2006 年的成本：

```
=CALCULATE(
    SUM(InvoiceDetails[UnitCost]),
    YEAR(InvoiceHeader[InvoiceDate])=2006
    )
```

还需要一个度量值来计算变化：

```
=[2007 Revenue]-[2006 Revenue]
```

图 37-19 演示了新创建的计算度量值。计算度量值应用于每个客户，显示他们在 2007 年和 2006 年之间的成本变化。可以看到，每个计算度量值都显示在"数据透视表字段"列表中，可供选择使用。

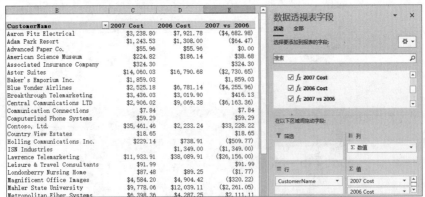

图 37-19　在"数据透视表字段"列表中可看到计算度量值

编辑和删除计算度量值

你可能发现自己需要编辑或删除一个计算度量值。为此，可以执行下面的步骤：

(1) 在数据透视表内的任意位置单击，然后在 Excel 功能区的 Power Pivot 选项卡中选择"度量值"|"管理度量值"命令。这将打开如图 37-20 所示的"管理度量值"对话框。

图 37-20　"管理度量值"对话框允许编辑或删除计算度量值

(2) 选择目标计算度量值，然后单击"编辑"或"删除"按钮。

单击"编辑"按钮将激活"度量值"对话框，在其中可以修改计算设置。

单击"删除"按钮将激活一个消息框，要求确认删除度量值。在单击"是"按钮确认后，该计算度量值将被删除。

37.4　使用 Cube 函数来解放数据

Cube 函数是 Excel 函数，能够用来访问 Power Pivot 数据模型中的数据，而不受数据透视表的限制。虽然在技术上，Cube 函数自身并不用于创建计算，但是它们能够用来解放 Power Pivot 数据，使得你能够在 Excel 电子表格其他地方的公式中使用这些数据。

要开始探索 Cube 函数，最简单的方法之一是允许 Excel 将数据透视表转换为 Cube 函数。其思想是，告诉 Excel 将数据透视表中的所有单元格替换为一个连接到 Power Pivot 数据模型的公式。

执行下面的步骤来创建第一组 Cube 函数：

(1) 首先打开从 Power Pivot 模型创建的数据透视表。

> **注意**
> 本章的示例文件包含一个 Cube Functions 选项卡，其中已经创建了一个数据透视表。

(2) 选择数据透视表中的任意单元格，然后选择"数据透视表工具"|"分析"|"OLAP 工具"|"转换为公式"命令，如图 37-21 所示。

经过一两秒后，原本保存数据透视表的单元格将包含 Cube 公式。图 37-22 中的编辑栏演示了一个 Cube 函数。

如果数据透视表包含一个报表筛选字段，则会激活如图 37-23 所示的对话框。该对话框提供了一个选项，可将筛选下拉选择器转换为 Cube 公式。如果选择该选项，则下拉选择器将被移除，只留下静态公式。

图 37-21　选择"转换为公式"选项，将数据透视表转换为 Cube 公式

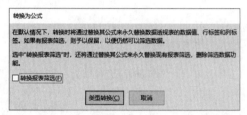

图 37-22　这些单元格现在是一系列 Cube 函数　　　　图 37-23　Excel 提供了转换报表筛选字段的选项

　　如果需要保留筛选下拉选择器，以便能够继续交互地改变筛选字段中的选择，则在单击"类型转换"按钮时，一定不要选中"转换报表筛选"选项。

　　现在看到的值不再是数据透视表对象的一部分，所以可以插入行和列或者添加自己的计算，还可以把数据与电子表格中的其他公式合并使用。Cube 函数提供了很大的灵活性，可将 Power Pivot 数据从数据透视表中解放出来，使得你能够通过移动公式以各种方式使用这些数据。

第**38**章

Power Query 简介

本章要点

- 了解 Power Query 的基础知识
- 了解查询步骤
- 管理现有查询
- 查询操作概述
- 从外部源获取数据
- 管理数据源设置

在信息管理中，ETL 指的是在整合不同数据源时通常需要执行的 3 种不同的功能：提取、转换和加载。"提取"功能指的是从指定源读取数据，然后提取一个期望的数据子集。"转换"功能指的是清理、调整和聚合数据，将其转换为期望的结构。"加载"功能指的是将结果数据实际导入或写入目标位置。

Excel 分析人员手动执行 ETL 过程已经有很多年，不过他们很少把这个过程叫做 ETL。每天数百万个 Excel 用户手动从某个源位置提取数据，操纵取出的数据，然后再把结果整合到自己的报表中。手动执行的工作量是非常大的。

Power Query 增强了 ETL 体验。它提供了一种直观的机制来从多种源提取数据，对取出的数据执行复杂的转换，然后把数据加载到工作簿或者内部数据模型中。

本章将介绍 Power Query 的基础知识，说明它如何帮助你节省时间，以及自动执行能够确保将干净的数据导入报表模型的步骤。

38.1 Power Query 的基础知识

在开始介绍 Power Query 之前，先来看一个简单的示例。假设你需要从 Yahoo Finance 上导入过去 30 天中 Microsoft Corporation 的股价。对于这种场景，需要执行一个 Web 查询，从 Yahoo Finance 上获取需要的数据。

执行下面的步骤来启动查询：

(1) 在 Excel 中，选择"数据"选项卡的"获取和转换数据"组中的"获取数据"命令，然后选择"自其他源"|"自网站"命令(如图 38-1 所示)。

(2) 在打开的对话框中(如图 38-2 所示)，输入所需数据的 URL，在本例中为 http://finance.yahoo.com/q/hp?s=MSFT。

等待一段时间后，将显示如图 38-3 所示的"导航器"窗格。在这里，选择想要提取的数据源。还可以单击每个表来查看数据的预览。

图 38-1 启动 Power Query Web 查询

图 38-2 输入包含所需数据的目标 URL

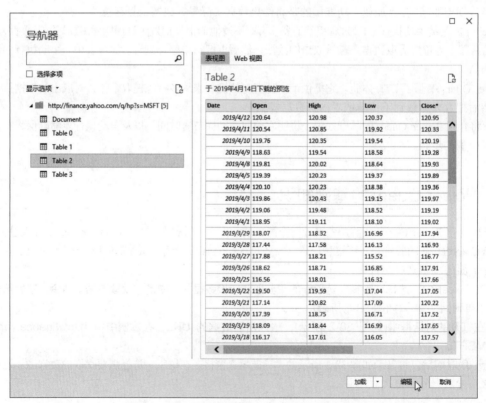

图 38-3 选择正确的数据源，然后单击"编辑"按钮

(3) 在本例中，Table 2 表包含我们需要的历史股价数据，所以单击 Table 2 选项，然后单击"编辑"按钮。

注意

你可能已经注意到，图 38-3 的"导航器"窗格中还包含一个"加载"按钮(在"编辑"按钮旁边)。"加载"按钮允许跳过编辑过程，直接原样导入目标数据。如果确信自己不需要以任何方式转换或调整数据，则可以选择单击"加载"按钮，将数据直接导入工作簿的数据模型或者一个电子表格中。

警告

在 Excel 的"数据"选项卡的"获取数据"命令旁边还有一个"自网站"命令按钮。这个重复命令事实上是一个遗留的 Web 爬取功能，在从 Excel 2000 以来的所有 Excel 版本中都存在。Power Query 版的"自网站"命令(位于"获取数据"下拉菜单中)的功能并不是简单的 Web 爬取。Power Query 能够从高级网页中提取数据，并且能够操纵数据。从网站提取数据时，要确保你使用的是正确的命令。

单击"编辑"按钮时，Power Query 将激活一个新的"Power Query 编辑器"窗口，它有自己的功能区，并且用一个预览窗格显示了数据的预览，如图 38-4 所示。在这个窗口中，可以在导入数据前通过应用操作来调整、清理和转换数据。

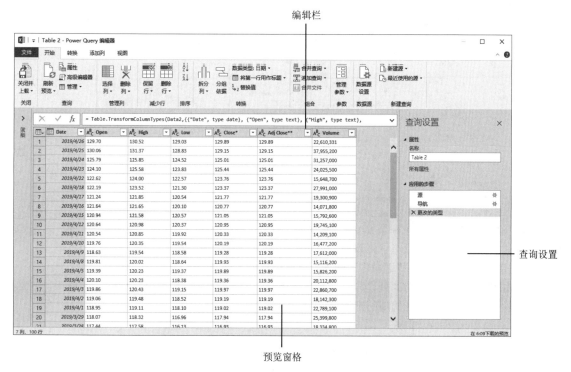

图 38-4　"Power Query 编辑器"窗口允许调整、清理和转换数据

这里的想法是处理"Power Query 编辑器"中显示的每列，通过应用必要的操作来获得需要的数据和结构。本章后面将详细介绍列操作。现在，需要继续完成我们的目标：获取 Microsoft Corporation 在过去 30 天的股票价格。

(4) **右击 Date 字段，查看可用的列操作，如图 38-5 所示。选择"更改类型"命令，然后选择"日期"命令，确保 Date 字段具有合适的日期格式。**

(5) **通过右击不需要的列，然后选择"删除"命令，移除所有不需要的列。除了 Date 字段，另外只需要 High、Low 和 Close 字段。另外一种方法是，在按住 Ctrl 键的同时选择想要保留的列，然后右击任意选中列，选择"删除其他列"，如图 38-6 所示。**

图38-5　右击Date列，选择将数据类型改为日期格式　图38-6　选择想要保留的列，然后通过选择"删除其他列"命令来移除其他列

(6) **确保将 High、Low 和 Close 字段设为合适的数字格式。** 为此，在按住 Ctrl 键的同时选择这 3 列，右击其中一个列标题，然后选择"更改类型"|"小数"命令。执行完此操作后，注意一些行中显示单词 Error。这些行中包含无法转换成小数的文本值。

(7) **通过在 High 字段旁边的"列操作"列表中选择"删除错误"命令来移除错误行，** 如图 38-7 所示。

图 38-7　通过在"列操作"列表中选择"删除错误"命令来移除错误行

(8) **当删除全部错误后，添加一个 Week Of 字段，以显示表中的每个日期属于哪一周。** 为此，右击 Date 字段，选择"重复列"选项。预览中将添加一个新列(名为"Date-复制")。

(9) **右击新添加的列，选择"重命名"选项，将该列重命名为 Week Of。**

(10) **右击刚刚创建的 Week Of 列，选择"转换"|"周"|"星期开始值"命令，** 如图 38-8 所示。Excel 将转换日期，以显示给定日期所在的周的开始值。

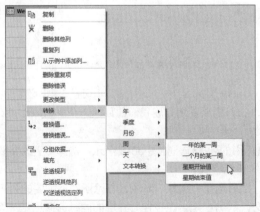

图 38-8　Power Query 编辑器可应用一些转换操作，例如显示给定日期所在的周的开始值

(11) 配置完 Power Query 源后，保存并输出结果。为此，单击 Power Query 功能区的"开始"选项卡中的"关闭并上载"下拉菜单，显示两个选项。单击"关闭并上载至"选项将显示如图 38-9 所示的"导入数据"对话框。

图 38-9 "导入数据"对话框对使用查询结果的方式提供了更多控制

"关闭并上载"选项将保存查询，并把结果作为一个 Excel 表格输出到工作簿的一个新工作表中。"关闭并上载至"选项将激活"导入数据"对话框，在该对话框中可选择将结果输入特定工作表或内部数据模型。

"导入数据"对话框还允许将查询仅保存为一个查询连接，这意味着你将能够在各种内存进程中使用该查询，而不需要把结果实际输出到某个位置。选择"新工作表"选项可将结果作为表格输出到活动工作簿的一个新工作表上。

现在，你有了一个如图 38-10 所示的表格，可用来创建需要的数据透视表。

	A	B	C	D	E
1	Date	High	Low	Close	Week Of
2	2019/4/26	130.52	129.03	129.89	2019/4/22
3	2019/4/25	131.37	128.83	129.15	2019/4/22
4	2019/4/24	125.85	124.52	125.01	2019/4/22
5	2019/4/23	125.58	123.83	125.44	2019/4/22
6	2019/4/22	124	122.57	123.76	2019/4/22
7	2019/4/18	123.52	121.3	123.37	2019/4/15
8	2019/4/17	121.85	120.54	121.77	2019/4/15
9	2019/4/16	121.65	120.1	120.77	2019/4/15
10	2019/4/15	121.58	120.57	121.05	2019/4/15
11	2019/4/12	120.98	120.37	120.95	2019/4/8
12	2019/4/11	120.85	119.92	120.33	2019/4/8
13	2019/4/10	120.35	119.54	120.19	2019/4/8
14	2019/4/9	119.54	118.58	119.28	2019/4/8
15	2019/4/8	120.02	118.64	119.93	2019/4/8
16	2019/4/5	120.23	119.37	119.89	2019/4/1
17	2019/4/4	120.23	118.38	119.36	2019/4/1
18	2019/4/3	120.43	119.15	119.97	2019/4/1

图 38-10 从 Internet 上提取的最终查询：经过转换，放到 Excel 表格中，已准备好用在数据透视表中

花些时间感受一下 Power Query 允许你在刚才实现的功能。只需要单击几次鼠标，就可以在 Internet 上搜索，找到一些基础数据，调整数据以只保留需要的列，甚至操纵数据，向基础数据添加一个额外的 Week Of 维度。这正是 Power Query 的意义所在：使你能够轻松地提取、筛选和调整数据，而不需要任何编程技能。

38.1.1 了解查询步骤

Power Query 使用自己的公式语言来编码查询，这种语言称为 M 语言。与宏录制一样，你在使用 Power Query 时执行的每个操作将导致在一个查询步骤中写入一行代码。查询步骤是嵌入式 M 代码，允许在每次刷新 Power Query 数据时重复执行操作。

通过在 Power Query 编辑器窗口中激活"查询设置"窗格，可以查看查询的查询步骤，如图 38-11 所示。只需要单击功能区的"视图"选项卡中的"查询设置"命令，即可打开该窗格。还可以选中"编辑栏"复选框，用一个编辑栏来增强对每个步骤的分析，编辑栏中将显示特定步骤的语法。

图 38-11　在"查询设置"窗格的"应用的步骤"部分可查看和管理查询步骤

　　每个查询步骤代表在得到最终数据表的过程中所执行的操作。通过单击任何步骤，可在 Power Query 的编辑栏中查看其底层的 M 代码。例如，单击"删除的错误"步骤将在编辑栏中显示该步骤的代码。

> **注意**
> 当单击一个查询步骤时，预览窗格中显示的数据是执行到该步骤时(包括该步骤)的数据的预览。例如，在图 38-11 中，单击"删除的其他列"步骤的上一个步骤时，能够看到数据在删除无关列之前的样子。

　　右击任何步骤，可看到一个用于管理查询步骤的选项菜单。图 38-12 显示了下面的选项。
- **编辑设置**：编辑定义了选中步骤的参数。
- **重命名**：给选中步骤起一个有意义的名称。
- **删除**：删除选中的步骤。需要注意，如果后续步骤依赖于该步骤，那么删除该步骤将导致错误。
- **删除到末尾**：删除选中的步骤及所有后续步骤。
- **上移**：将选中步骤的顺序向上移动。
- **下移**：将选中步骤的顺序向下移动。
- **提取之前的步骤**：将此步骤之前的全部步骤提取到一个新查询中。

图 38-12　右击任意步骤可编辑、重命名、删除或移动该步骤

38.1.2　查看高级查询编辑器

　　Power Query 允许直接查看和编辑一个查询的嵌入式 M 代码。在 Power Query 编辑器窗口中，单击功能区

的"视图"选项卡，然后选择"高级编辑器"命令。"高级编辑器"对话框其实是一个供编辑现有 M 代码或输入自己的 M 代码的空间。通过在"高级编辑器"对话框中直接编写自己的步骤，高级用户能够使用 M 语言扩展 Power Query 的能力。第 39 章将简单介绍 M 语言。

38.1.3　刷新 Power Query 数据

需要特别注意，Power Query 数据与提取这些数据时使用的源数据并没有以任何方式连接在一起。Power Query 数据表只是一个快照。换句话说，当源数据改变时，Power Query 并不会自动反映源数据的变化；你必须有意识地刷新自己的查询。

如果选择将 Power Query 的结果加载到现有工作簿中的一个 Excel 表格中，那么通过右击表格，然后选择"刷新"选项，可以手动刷新数据。

如果选择将 Power Query 数据加载到内部数据模型，则需要单击"数据"|"查询和连接"命令，然后右击目标查询并选择"刷新"选项。

要自动刷新查询，可通过配置数据源来自动刷新 Power Query 数据。为此，执行下面的步骤：

(1) 在 Excel 功能区的"数据"选项卡中，单击"查询和连接"命令。这将显示"查询&连接"任务窗格。

(2) 右击想要刷新的 Power Query 数据连接，然后选择"属性"选项。

(3) 在打开的"查询属性"对话框中，选择"使用状况"选项卡。

(4) 选择合适的选项来刷新选中的数据连接。

- **刷新频率 X 分钟**：选中此选项将告诉 Excel，在指定分钟数后自动刷新选中的数据连接。Excel 将刷新与该连接关联的所有表。

- **打开文件时刷新数据**：选中此选项将告诉 Excel，当打开该工作簿时自动刷新选中的数据连接。当打开工作簿时，Excel 将刷新与该连接关联的所有表。

当你想要确保客户使用最新的数据时，这些刷新选项很有用。当然，设置这些选项并不会阻止手动刷新数据。

38.1.4　管理现有查询

向工作簿添加各种查询后，需要有一种方式来管理它们。Excel 提供的"查询&连接"任务窗格可满足此要求，它可用来编辑、复制、刷新以及用其他方式管理工作簿中的所有现有查询。通过在 Excel 功能区的"数据"选项卡中选择"查询和连接"命令，可打开"查询&连接"任务窗格。

找到并右击想要管理的查询，然后就可以执行下面的任何工作(参见图 38-13)。

图 38-13　在"查询&连接"任务窗格中右击任意查询可看到可用的管理选项

- **编辑**：打开 Power Query 编辑器，在其中可修改查询步骤。
- **删除**：删除选中的查询。
- **重命名**：重命名选中的查询。
- **刷新**：刷新选中的查询中的数据。
- **加载到**：打开"导入数据"对话框，在其中可重新定义在什么地方使用选中的查询的结果。
- **复制**：创建查询的副本。
- **引用**：创建新的查询，使其引用原查询的输出。
- **合并**：通过匹配指定的列，将选中的查询与工作簿中的另一个查询合并起来。
- **追加**：将工作簿中另一个查询的结果追加到选中的查询。
- **发送至数据目录**：通过 IT 部门建立和管理的一个 Power BI 服务器来发布和共享选中的查询。
- **导出连接文件**：保存 Office Data Connection(.odc)文件及查询的源数据的连接凭据。
- **移至组**：将选中的查询移动到你为了更好地组织数据而创建的一个逻辑组中。
- **上移**：在"查询&连接"窗格中向上移动选中的查询。
- **下移**：在"查询&连接"窗格中向下移动选中的查询。
- **显示预览**：显示被选中查询的查询结果的预览。
- **属性**：重命名查询，添加一个友好的说明。

当工作簿中包含多个查询时，"查询&连接"窗格特别有用。可将其视为一种内容目录，它允许方便地找到工作簿中的查询并与之交互。

38.1.5 了解列级操作

在 Power Query 编辑器中右击一列将激活一个快捷菜单，其中显示了可以执行的操作的完整列表。通过先选择两个或更多列，然后右击，可以将某些操作一次应用到多列。图 38-14 显示了可用的列级操作，表 38-1 解释了这些操作，以及其他几个只能通过 Power Query 编辑器的功能区使用的操作。

图 38-14 右击任意列可看到列级操作菜单，使用这些操作可转换数据

> **注意**
>
> 注意，Power Query 中的所有列级操作都可在 Power Query 编辑器的功能区中找到。因此，既可以选择使用右键菜单的方式快捷地选择一个操作，也可以选择使用可视化程度更好的功能区菜单。有一些有用的列级操作只能在功能区中找到(参见表 38-1)。

表 38-1 列级操作

操作	用途	是否可用于多列
删除	从 Power Query 数据中删除选中的列	是
删除其他列	从 Power Query 数据中删除所有未选中的列	是
重复列	创建选中列的副本，作为一个新列放到表的最右端。新列的名称为"X-复制"，其中 X 是原列的名称	否
从示例中添加列	创建一个自定义列，它将基于你提供的一些示例来组合其他列中的数据。类似于 Excel 中的快速填充功能，Power Query 的智能检测逻辑将基于示例推断出转换逻辑，然后应用该逻辑来填充新列	是
删除重复项	从选中列中删除全部重复了前面的值的行。第一次出现某个值的行不会被删除	是
删除错误	从选中列中删除包含错误的行	是
更改类型	更改选中列的数据类型	是
转换	更改在列中显示值的方式。有以下选项可供选择：小写、大写、每个字词首字母大写、修整、清除、长度、JSON 和 XML。如果列中的值是日期/时间值，则选项如下：仅日期、仅时间、天、月份、年或每周的某一日。如果列中的值是数值，则选项如下：舍入、绝对值、阶乘、常用对数、自然对数、幂或平方根	是
替换值	将选中列的一个值替换为另一个指定值	是
替换错误	将难看的错误值替换为自己的、更友好的文本	是
分组依据	按行值聚合数据。例如，可以按州分组，然后统计每个州中的城市数或者对每个州的人口求和	是
填充	使用列中的第一个非空单元格的值填充空单元格。可以选择向上或向下填充	是
逆透视列	将选中的列从面向列转置为面向行，或反之	是
逆透视其他列	将未选中的列从面向列转置为面向行，或反之	是
仅逆透视选定列	将选中的列从面向列转置为面向行，或反之。此选项还在当前步骤中保存一个列列表，所以在将来执行刷新操作时，将逆透视相同的一组列	是
重命名	将选中列重命名为自己指定的名称	否
移动	将选中列移动到表中的不同位置。移动列时，可选项如下：向左移动、向右移动、移到开头、移到末尾	是
深化	导航到列的内容。用于表中包含的元数据代表嵌入信息的表	否
作为新查询添加	使用列的内容创建一个新查询。这是通过在新查询中引用原查询来实现的。新查询的名称与选中列的列标题相同	否
拆分列(仅在功能区可用)	基于指定字符数或者给定的分隔符(如逗号、分号或制表符)，将一列的值拆分为两列或更多列	否
合并列(仅在功能区可用)	将两列或更多列的值合并为一列，并使用指定分隔符来分隔这些值，可选分隔符包括逗号、分号或制表符	是

38.1.6 了解表级操作

在 Power Query 编辑器中，能够对整个数据表应用特定的操作。通过单击"表操作"图标，能够看到可用的表级操作，如图 38-15 所示。

图 38-15 通过单击 Power Query 编辑器预览窗格左上角的 "表操作" 图标，能够看到可用来转换数据的表级操作

表 38-2 列出了表级操作并说明了每个操作的主要用途。

表 38-2 表级操作

操作	用途
复制整个表	将当前查询内的数据复制到剪贴板
将第一行用作标题	使用每列的第一行的值替换每个表标题的名称
添加自定义列	在表的最后一列的后边插入一个新列。新列中的值由你定义的值或公式决定
从示例中添加列	创建一个自定义列，它将基于你提供的一些示例来组合其他列中的数据。类似于 Excel 中的快速填充功能，Power Query 的智能检测逻辑将基于示例推断出转换逻辑，然后应用该逻辑来填充新列
调用自定义函数	在表的最后一列的后面插入一个新列，然后为列的每一行运行用户定义的函数
添加条件列	在表的最后一列的后面插入一个新列，然后使用你定义的 if-then-else 条件语句填充该列
添加索引列	插入一个新列，其中包含一个从 1、0 或你指定的另一个值开始的数据序列
选择列	选择想要在查询结果中保留的列
保留最前面几行	只保留前 N 行，删除其他行。你需要指定数字阈值
保留最后几行	只保留后 N 行，删除其他行。你需要指定数字阈值
保留行的范围	只保留落入指定范围的行，删除其他行
保留重复项	删除在选定列中有唯一值的所有行，使你能够将注意力放到有重复项的行
保留错误	删除所有不包含错误的行。这使你能够快速筛选出在数据转换过程中遇到的错误值
删除最前面几行	从表中删除前 N 行
删除最后几行	从表中删除后 N 行
删除间隔行	从表中删除间隔行。首先指定要删除的第一行，然后指定要删除的行数以及要保留的行数
删除重复项	删除在选定列中的值重复出现的所有行。值集第一次出现时所在的行不会被删除
删除错误	删除在当前选定列中包含错误的行
合并查询	创建一个新查询，通过匹配指定的列，将当前表与工作簿中的另一个查询合并起来
追加查询	创建一个新查询，将工作簿中另一个查询的结果追加到当前表

38.2　从外部源获取数据

Microsoft 投入了大量时间和精力，确保 Power Query 能够连接到多种多样的数据源。无论你需要从外部网
站、文本文件、数据库系统、Facebook 还是 Web 服务提取数据，都没有关系，Power Query 能够连接到绝大多
数数据源。

通过在 Excel 功能区的"数据"选项卡中单击"获取数据"下拉菜单，可以看到全部可用的连接类型。如
图 38-16 所示，Power Query 提供了从多种数据源提取数据的能力。

- **自文件**：从指定的 Excel 文件、文本文件、CSV 文件、XML 文件、JSON 文件或文件夹中提取数据。
- **从 Azure**：从 Microsoft 的 Azure 云服务提取数据。
- **自数据库**：从 Microsoft Access、SQL Server 或 SQL Server Analysis Services 等数据库提取数据。
- **从在线服务**：从云应用服务(如 Facebook、Salesforce 和 Microsoft Dynamics)在线提取数据。
- **自其他源**：从多种 Internet、云或其他 ODBC 数据源提取数据。在这里还能够找到"空白查询"选项。
  选择"空白查询"选项将激活 Power Query 编辑器的"高级编辑器"视图。当想要将 M 代码直接复制
  粘贴到 Power Query 编辑器中时，该选项非常方便。

图 38-16　Power Query 能够连接到多种文本、数据库和 Internet 数据源

本章剩余部分将探索各种能够用来导入外部数据的连接类型。

38.2.1　从文件导入数据

组织数据常常保存在文件中，如文本文件、CSV 文件甚至其他 Excel 工作簿。在进行数据分析时，使用这
类文件作为数据源并不少见。Power Query 提供了几种连接类型，能够用来从外部文件导入数据。

1. 从 Excel 工作簿获取数据

通过在 Excel 功能区中选择"数据"|"获取数据"|"自文件"|"从工作簿"命令，可从其他 Excel 工作簿中导入数据。

注意，你可以导入任何类型的 Excel 文件，包括启用宏的工作簿和模板工作簿。Power Query 不会导入工作簿中可能存在的图表、数据透视表、形状、VBA 代码或其他对象。它只会导入在工作簿的已使用单元格区域中找到的数据。

选择文件后，将激活 Navigator 窗格，显示工作簿中的全部可用数据源。这里的做法是，选择想要使用的数据源，然后使用 Navigator 窗格底部的按钮加载或编辑数据。Load 按钮允许跳过编辑过程，直接原样导入目标数据。如果需要在完成导入前转换或调整数据，则需要使用 Edit 按钮。

从 Excel 工作簿导入数据时，数据源要么是一个工作表，要么是一个定义的命名区域。每个数据源旁边的图标说明了哪些数据源是工作表，哪些是命名区域。在图 38-17 中，数据源 MyNamedRange 是一个定义的命名区域，而数据源 National Parks 则是一个工作表。

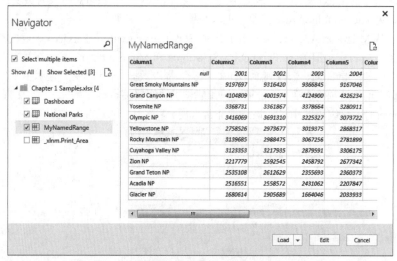

图 38-17　选择想要使用的数据源，然后单击 Load 按钮

通过单击 Select multiple items 复选框，然后勾选想要导入的每个工作表和命名区域，可以一次性导入多个源。

2. 从 CSV 文件和文本文件获取数据

因为文本文件在存储几千字节的数据时，文件大小并不会激增，所以它们常被用来存储和分发数据。文本文件固有的这种能力是通过放弃美观的格式而只保留文本实现的。

逗号分隔值(comma-separated value，CSV)文件是使用逗号来将值分隔为数据列的文本文件。

要导入一个文本文件或 CSV 文件，可在 Excel 功能区中选择"数据"|"获取数据"|"自文件"|"从文本/CSV"命令。Excel 将激活"导入数据"对话框，供浏览选择文本或 CSV 文件。

> **警告**
> 在 Excel 功能区的"数据"选项卡中的"获取数据"命令旁边，还有另一个"从文本/CSV"按钮。这个重复的命令实际上是在所有 Excel 版本中都存在的一种遗留的导入能力。
> Power Query 版本更加强大，允许在导入前调整和转换文本数据。一定要确保自己使用 Power Query 版本的"从文本/CSV"命令。

Power Query 将打开 Power Query 编辑器，显示刚才导入的文本文件或 CSV 文件的内容。根据自己的需要，在这里对数据进行修改，然后单击"开始"选项卡中的"关闭并上载"命令。

> **注意**
> 一些文本文件是制表符分隔文件。与 CSV 文件类似,制表符分隔文件使用制表符来将文本值分隔为数据列。
> Power Query 能够识别制表符分隔的文本文件,并将这些文件导入一个表格中,每个制表符对应一个单独的列。

Power Query 很擅长识别 CSV 文件中的正确的分隔符,并且通常能够正确地导入数据。

例如,在图 38-18 演示的示例 CSV 文件中,第 5 行包含值 "Johnson, Kimberly"。Power Query 很智能,知道该值中的逗号并不是一个分隔符。所以,所有的列能够正确分隔。

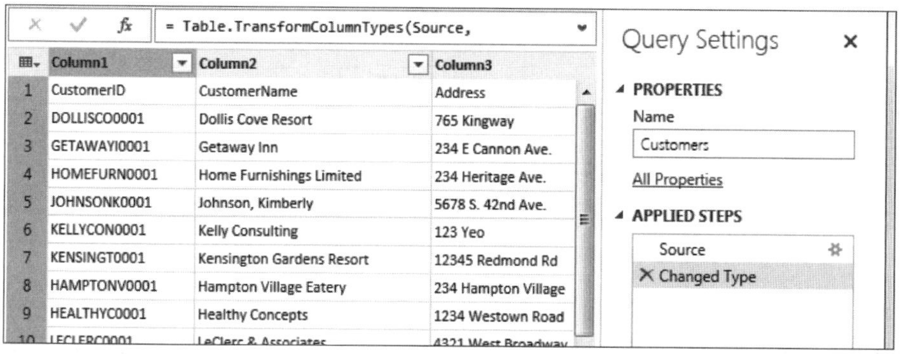

图 38-18　CSV 文件将被加载到 Power Query 编辑器中。你将在这里进行编辑,然后单击 Close & Load 命令来完成导入

38.2.2　从数据库系统导入数据

在较大的组织中,数据管理任务通常并不是通过 Excel 执行的,而是主要由数据库系统(如 Microsoft Access 和 SQL Server)执行。这样的数据库不仅会存储数百万行数据,还会确保数据完整性、预防冗余,以及允许通过使用查询和视图来快速搜索和检索数据。

Power Query 能够连接到多种数据库类型。Microsoft 一直致力于为尽可能多的常用数据库添加连接类型。

1. 从关系数据库和 OLAP 数据库导入数据

单击 "数据" | "获取数据" | "自数据库" 命令,可看到能够连接到的数据库的一个列表。Power Query 为许多如今常用的数据库系统提供了连接类型:SQL Server、Microsoft Access、Oracle、MySQL 等。

2. 从 Azure 数据库导入数据

如果你的公司使用 Microsoft Azure 云数据库或者订阅了 Microsoft Azure Marketplace,那么可以使用一组连接类型来从 Azure 导入数据。通过单击 "数据" | "获取数据" | "从 Azure" 命令,可找到这些连接类型。

3. 使用连接非标准数据库的 ODBC 连接来导入数据

一些用户可能使用特殊的非标准数据库,这种数据库没有流行到在 "获取数据" 命令下有一个专门的选项可用。如果你是这种情况,也不必担心。只要能够使用 ODBC 连接字符串连接到你的数据库系统,Power Query 就能够连接到它。

单击 "数据" | "获取数据" | "自其他源" 命令,可看到一个其他连接类型的列表。单击 "从 ODBC" 选项,通过一个 ODBC 连接字符串启动一个到你的特殊数据库的连接。

38.3　从其他数据系统获取数据

除了 ODBC,图 38-19 还显示了 Power Query 能够使用的其他类型的数据系统。

图 38-19　能够被 Power Query 用作数据源的其他系统

通过选择"数据"|"获取数据"|"自其他源"命令，可看到图 38-19 所示的列表。其中的一些数据系统 (SharePoint、Active Directory 和 Microsoft Exchange)很受欢迎，许多组织使用它们来存储数据、跟踪销售机会和管理电子邮件。其他系统(如 OData 源和 Hadoop)则是不那么常用的服务，主要用于管理大量数据。在谈论"大数据"的时候，常常提到这些系统。当然，对于使用 Internet 上的数据的分析人员来说，本章前面介绍的"自网站"选项是不可缺少的连接类型。

单击其中任何一种连接将激活一组对话框，这些对话框是针对选定的连接类型定制的。它们要求提供 Power Query 在连接到指定数据源时需要使用的基本参数，例如文件路径、URL、服务器名称、凭据等。

每种连接类型都需要自己的特殊的一组参数，所以每种连接类型的对话框都是不同的。幸好，在连接到任意一种数据源时，Power Query 需要的参数一般来说并不多，所以对话框相对来说很直观，使用起来很方便。

38.4　管理数据源设置

每次连接到任何基于 Web 的数据源或者需要某种级别的凭据的数据源时，Power Query 会缓存(存储)该数据源的设置。

例如，假设你连接到一个 SQL Server 数据库，输入全部凭据，然后导入自己需要的数据。当连接成功时，Power Query 将在本地计算机上的一个文件中缓存关于该连接的信息。缓存的信息包括连接字符串、用户名、密码、隐私设置等。

缓存的目的是让你不必在每次需要刷新查询时都重新输入凭据。这当然很好，但是如果你的凭据发生了变化，会发生什么？简短的回答是：查询将会失败，直到你更新数据源设置为止。

编辑数据源设置

通过激活"数据源设置"对话框，可编辑数据源设置。为此，单击"数据"|"获取数据"|"数据源设置"命令。

如图 38-20 所示，"数据源设置"对话框包含之前在查询中使用过的、所有基于凭据的数据源的列表。选择需要更改的数据源，然后单击"编辑权限"按钮。

图 38-20　通过选择数据源并单击"编辑权限"按钮来编辑数据源

这将打开一个特定于选定数据源的对话框，如图 38-21 所示。在该对话框中，可编辑凭据以及其他数据隐私设置。

图 38-21　对应于选定数据源的凭据编辑界面

单击"编辑"按钮可更改数据源的凭据。对于不同的数据源，凭据编辑界面是不同的，但是，输入对话框相对直观，很容易更新。

> **注意**
> Power Query 在本地计算机上的一个文件中缓存数据源设置。尽管你可能删除了特定的一个查询，但是数据源设置会保留下来，供将来使用。这就可能导致数据源列表杂乱不堪，同时包含原来的和当前的数据源。通过在"数据源设置"对话框中选择数据源，然后单击"删除"按钮，可清除掉不再需要的项。

第39章

使用 Power Query 转换数据

本章要点

- 执行常见转换
- 创建自定义列
- 了解数据类型
- 了解 Power Query 公式
- 应用条件逻辑

数据转换一般涉及一些"清理"数据的操作，例如建立表结构、删除重复项、清理文本、删除空白甚至添加自己的计算。

本章将介绍 Power Query 的一些工具和技巧，使用它们能够方便地清理和操纵数据。

> **配套学习资源网站**
>
> 可在配套学习资源网站 www.wiley.com/go/excel2019bible 中找到本章的示例文件，文件名是 LeadList.txt。
>
> 下载了该示例文件后，可以将其导入 Power Query。具体方法是，选择"数据" | "获取和转换数据" | "从文本/CSV"命令，浏览找到 LeadList.txt 文件，然后单击"编辑"按钮。

39.1 执行常见的转换任务

你会发现，要导入的许多源数据集都需要各种类型的转换。本节将介绍你需要执行的一些最常见的转换任务。

39.1.1 删除重复记录

重复记录对于分析来说绝对是个杀手。重复记录对分析有广泛的影响，能够破坏你生成的几乎每个指标、汇总和分析评估。因此，当收到一个新数据集时，找出并删除重复记录应该成为头等大事。

在进入数据集寻找并删除重复记录之前，考虑如何定义重复记录非常重要。为了说明这一点，我们以图 39-1 为例，在其中可以看到 11 条记录。在这 11 条记录中，有多少是重复的？

SicCode ▼	PostalCode ▼	CompanyNumber ▼	DollarPotential ▼	City ▼	State ▼	Address
1389	77032	11147805	$9,517.00	houston	tx	6000 n sem heirten pkwy e
1389	77032	11147848	$9,517.00	houston	tx	43410 e herdy rd
1389	77042	11160116	$7,653.00	houston	tx	40642 rachmend ave ste 600
1389	77051	11165400	$9,517.00	houston	tx	5646 helmis rd
1389	77057	11173241	$9,517.00	houston	tx	2514 san filape st ste 6600
1389	77060	11178227	$7,653.00	houston	tx	100 n sem heirten pkwy e ste 100
1389	77073	11190514	$9,517.00	houston	tx	4660 rankan rd # 400
1389	77049	11218412	$7,653.00	houston	tx	4541 mallir read 6
1389	77040	13398882	$18,379.00	houston	tx	3643 wandfirn rd
1389	77040	13399102	$18,379.00	houston	tx	3643 wandfirn rd
1389	77077	13535097	$7,653.00	houston	tx	44160 wisthiamir rd ste 100

图 39-1　这个表中有重复记录吗？这要取决于你如何定义重复记录

如果在图 39-1 中，将重复记录定义为 SicCode 重复，那么有 10 条重复记录。也就是说，在显示的 11 条记录中，只有 1 条记录具有唯一的 SicCode，而剩余 10 条记录都是重复记录。如果将重复记录定义为 SicCode 和 PostalCode 都重复，则只有两条重复记录：分别是 77032 和 77040。最后，如果将重复记录定义为 SicCode、PostalCode 和 CompanyNumber 同时重复，则表中没有重复记录。

本例显示，即使两条记录在某列中有相同的值，也不一定意味着有重复的记录。你需要决定哪个字段或者字段组合最适合定义数据集中的唯一记录。

当清晰知道在自己的表中哪个字段或字段组合定义唯一一记录后，就可以使用"删除重复项"命令轻松删除重复记录。

图 39-2 演示了如何基于 3 列来删除重复行。注意，选择定义重复记录的列十分重要。在本例中，Address、CompanyNumber 和 CompanyName 定义了一个重复记录。在右击选择"删除重复项"命令之前，需要先选择这三列。

> **警告**
>
> "删除重复项"命令实质上会在选中的列中查找唯一值，然后移除所有需要删除的记录，最终得到一个唯一值列表。如果只选择一列，然后就执行"删除重复项"命令，那么 Power Query 将只使用你选择的这一列来确定唯一值列表。这无疑会删除过多记录，包括一些其实并不是重复记录的记录。因此，确保自己选择定义重复记录的全部列非常重要。

如果犯了错误，基于错误的列集合删除了重复记录，也不必担心。总是可以使用"查询设置"窗格来删除该步骤。右击"删除的副本"步骤，然后选择"删除"命令，如图 39-3 所示。

图 39-2 删除重复记录

图 39-3 通过删除"删除的副本"步骤撤销删除记录的操作

> **提示**
>
> 如果看不到"查询设置"窗格，则选择"视图"|"查询设置"命令来激活该窗格。

39.1.2 填充空字段

需要注意的是，实际上有两种空值：null 和空字符串。null 本质上是代表什么都没有的数字值，而空字符串则相当于在单元格中输入了两个引号("")。

空字段不一定是坏事，但是在分析数据时，如果数据中有太多空值，可能会导致意外的错误。

你需要决定是保留数据集中的空值，还是为它们填充一个实际值。做决定时，应该考虑下面的最佳实践。

● **谨慎使用空值**：当不需要频繁判断空值时，使用数据集就没那么令人恐惧了。

- **只要可以，就使用替换值**：只要有可能，就使用某种符合逻辑的缺失值代码来代表缺失的值，这是一种很好的做法。
- **绝不要在数值字段中使用 null 值**：在计算时用到的货币或数值字段中使用 0，而不是 null。

对于数据中的任何 null 值，Power Query 将显示单词 null。替换 null 值很简单，只需要选择想要修复的一列或多列，右击并选择"替换值"命令。

这将激活如图 39-4 所示的"替换值"对话框。这里的关键是，输入单词 null 作为"要查找的值"。然后，输入想要使用的值。在本例中，可以输入 0 作为"替换为"的值。

图 39-4　替换 null

39.1.3　填充空字符串

只要有可能，就使用某个逻辑值代码代表字段中缺失的值，这是一种最佳实践。例如，在图 39-5 中，我们希望使用单词 Undefined 来标记 ContactTitle 字段中没有值的任何记录。

图 39-5　使用单词 Undefined 替换空字符串

为实现这种替换，可以右击 ContactTitle 字段，选择"替换值"命令，然后在"替换为"文本框中输入单词 Undefined。从图 39-5 中可以看到，因为我们要替换的是空字符串，所以在"要查找的值"文本框中不需要输入任何内容。

> **提示**
> 如果需要调整或纠正替换值的步骤，则可以在"查询设置"窗格中单击该步骤名称旁边的齿轮图标，重新激活"替换值"对话框。基本上，对于需要完成对话框的操作来说，都可以这么做。单击任何步骤名称旁边的齿轮图标将激活该步骤的对话框。

39.1.4　连接列

连接两列或更多列中的值是很容易的。在 Power Query 中，通过使用"合并列"命令来实现这种操作。"合并列"命令连接两个或更多个字段的值，然后将合并后的值输出到一个新列中。

首先选择要连接的列，右击并选择"合并列"命令，如图 39-6 所示。

这将激活如图 39-7 所示的"合并列"对话框。在该对话框中，可以选择一个字符作为连接值的分隔符，包括各种标准选项，如逗号、分号、空格等。可以看到，还可以命名将要创建的新列。

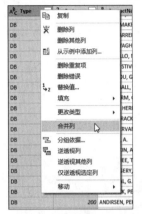

图 39-6　合并 Type 和 Code 字段　　　　　　　　　　图 39-7　"合并列"对话框

完成该对话框后，将得到一个新字段，其中包含从原来的列连接而成的值，如图 39-8 所示。

SicDescription	ProductCode	ContactName
General Automotive Repair Shops	DB-100199	DAIMIRT, TAM, G.
General Automotive Repair Shops	DB-100199	THEMPSENJR, MAKE, G.
Top, Body, and Upholstery Repair Shops and Paint S	DB-100199	SCETT, ANDY, T.
General Automotive Repair Shops	DB-100199	MCKINZAE, DAVE, G.
Top, Body, and Upholstery Repair Shops and Paint S	DB-100199	NILSEN, REBIRT, T.
General Automotive Repair Shops	DB-100199	KILLIRMAN, DAVAD, G.
General Automotive Repair Shops	DB-200	CELIMAN, TERRANCE, G.

图 39-8　原来的列被删除，替换为一个新的合并后的列

这当然很好，但是你会注意到，Power Query 删除了原来的 Type 和 Code 列。在有些情况下，你想要连接值，但仍然保留源列。对于这种情况，答案是创建自定义列。本章后面将说明如何使用自定义列来解决这个问题和其他数据转换问题。

39.1.5　改变大小写

确保数据中的文本具有正确的大小写听起来很简单，但是却很重要。假设你收到一个客户表，其中地址字段的地址全部采用小写。在标签、套用信函或发票上显示小写的地址显然不合适。幸好 Power Query 提供了一些内置的函数，使得修改文本的大小写轻而易举。

例如，图 39-9 中的 ContactName 字段包含的姓名采用了全部大写的格式。要把这些姓名修改为更加合适的大小写，可以右击该列，然后选择"转换" | "每个字词首字母大写"命令。

图 39-9　将 ContactName 字段的格式重新设置为合适的大小写

39.1.6　查找和替换文本

假设你所在的公司名为 BLVD。有一天，公司总裁告诉你，所有地址中的简写词 blvd 都被认为违反了你的公司的商标名，必须尽快改为 Boulevard。如何满足这个新需求呢？

对于这种场景，"替换值"功能非常适合。选择 Address 字段，然后在"开始"选项卡中单击"替换值"命令。

在如图 39-10 所示的"替换值"对话框中，只需要填入"要查找的值"和"替换为"字段。

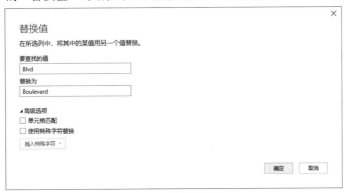

图 39-10　替换文本值

注意，单击"高级选项"命令将展开两个可选设置。

- **单元格匹配**：选中该选项将告诉 Power Query 替换只包含"要查找的值"文本框中输入的文本的值。当想要把 0 替换为 n/a，但是不想影响数字内的任何 0，而只想处理单元格中仅包含一个 0 的情况时，这个选项很方便。
- **使用特殊字符替换**：如果选中该选项，将能够使用特殊的不可见字符(如换行符、回车符或制表符)作为替换文本。当想要强制缩进或者使文本显示为两行时，这个选项很有用。

39.1.7　修整和清除文本

当从一个主机系统、数据仓库甚至文本文件收到数据集时，字段值中包含前导和尾随空格的情况并不少见。这些空格可能导致一些异常的结果，特别是在把包含前导和尾随空格的值追加到原本干净的值时。为了说明这一点，可查看图 39-11 中的数据。

State	SumOfDollarPotential
ca	$26,561,554.00
ny	$7,483,960.00
tx	$13,722,782.00
ca	$12,475,489.00
ny	$827,563.00
tx	$7,669,208.00

图 39-11　前导空格可导致分析出现问题

这是一个聚合视图，显示 California、New York 和 Texas 的潜在收入的总和。但是，前导空格将每个州分成了两个集合，使你无法分辨出准确的总和。

通过使用 Power Query 的 TRIM 函数，很容易删除前导和尾随空格。图 39-12 说明，通过右击列并选择"转换"|"修整"命令，可以删除字段中的前导和尾随空格。

同样，"修整"命令将应用于你选择的一列或多列。因此，通过在使用"修整"命令之前先选择多列，可以一次性修复多列的数据。

图 39-12 还显示了"清除"命令(位于"修整"命令下方)。"修整"命令删除前导和尾随空格，而"清除"命令则删除外部源系统可能产生的任何不可见字符，例如回车符和其他非打印字符。这些字符在 Excel 中通常显示为问号或方框。但是在 Power Query 中，它们显示为空格。

图 39-12　"修整"命令

如果提供数据的源系统经常包含奇怪的字符和前导空格，就可以使用"修整"和"清除"命令来清理数据集。

> **注意**
> 你可能知道，Excel 中的 TRIM 函数会删除给定文本中的前导空格、尾随空格和多余空格。Power Query 中的 TRIM 函数会删除前导空格和尾随空格，但是不会处理文本内的多余空格。如果你的数据中存在多余空格的问题，那么可以使用"替换值"命令，将指定数量的空格替换为一个空格。

39.1.8　提取左侧、右侧和中间的值

在 Excel 中，可以使用 RIGHT 函数、LEFT 函数和 MID 函数从字符串中的不同位置提取字符：

- LEFT 函数返回从字符串的最左侧开始的指定数量的字符。LEFT 函数的必要参数包括要处理的文本和要返回的字符数。例如，LEFT ("70056-3504", 5)将返回从最左侧字符开始的 5 个字符(70056)。
- RIGHT 函数返回从字符串的最右侧开始的指定数量的字符。RIGHT 函数的必要参数包括要处理的文本和要返回的字符数。例如，RIGHT ("Microsoft", 4)将返回从最右侧字符开始的 4 个字符(soft)。
- MID 函数返回从指定字符位置开始的指定数量的字符。MID 函数的必要参数包括要处理的文本、开始位置和要返回的字符数。例如，MID ("Lonely", 2, 3)将返回从第二个字符开始的 3 个字符(one)。

Power Query 通过"转换"选项卡上的"提取"命令提供了类似的功能，如图 39-13 所示。

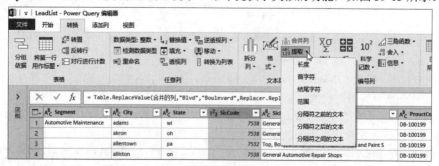

图 39-13　"提取"命令允许提取列中文本的一部分

"提取"命令下的选项如下所示。

- **长度**：将给定列转换为数字，代表每个字段中的字符数(类似于 Excel 的 LEN 函数)。
- **首字符**：转换给定列，显示每行文本开始位置的指定数量的字符(类似于 Excel 的 LEFT 函数)。

- 结尾字符：转换给定列，显示每行文本结尾位置的指定数量的字符(类似于 Excel 的 RIGHT 函数)。
- 范围：转换给定列，显示从指定字符位置开始的指定数量的字符(类似于 Excel 的 MID 函数)。
- 分隔符之前的文本：转换给定列，只显示指定分隔符之前的文本。
- 分隔符之后的文本：转换给定列，只显示指定分隔符之后的文本。
- 分隔符之间的文本：转换给定列，只显示两个指定分隔符之间的文本。

> **注意**
> 对一列应用"提取"命令实际上会将原来的文本替换为你应用的操作的结果。也就是说，应用"提取"命令后，在表中将看不到原来的文本。因此，通常最好先复制列，然后在列的副本上执行提取操作。
>
> 通过右击列，然后选择"重复列"命令，可以创建一列的副本。创建的重复列将成为表的最后一列(位于最右侧)。

39.1.9　提取首字符和结尾字符

要提取文本的前 N 个字符，可首先选择该列，然后选择"提取"｜"首字符"命令，并使用图 39-14 显示的对话框来指定想要提取的字符数。在本例中，将提取 Phone 字段的前 3 个字符。

图 39-14　提取 Phone 字段的前 3 个字符

要提取文本的最后 N 个字符，可首先选择该列，然后选择"提取"｜"结尾字符"命令，并使用显示的对话框来指定想要提取的字符数。

39.1.10　提取中间字符

要提取文本中间的 N 个字符，可首先选择该列，然后选择"提取"｜"范围"命令。这将激活如图 39-15 所示的对话框。

这里的思想是，告诉 Power Query 要从文本的特定位置开始，提取指定个数的字符。例如，SicCode 字段是包含 4 个数字的字段。如果想要提取 SicCode 中间的两个数字，需要告诉 Power Query 从第二个字符开始提取两个字符。

从图 39-15 中可以看到，"起始索引"被设为 2(从第二个字符开始)，"字符数"被设为 2(从起始索引位置开始提取两个字符)。

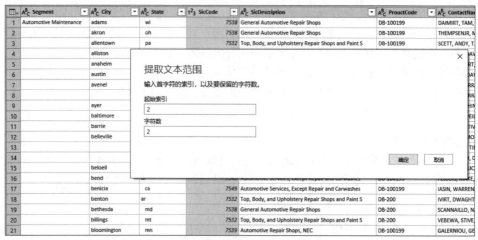

图 39-15　提取 SicCode 中间的两个字符

39.1.11　使用字符标记拆分列

你是否曾经收到过这样的数据集——两条或更多条数据被挤到一个字段中，彼此用逗号隔开？例如，Address 字段中包含的文本值可能代表"Address, City, State, ZIP"。在合适的数据集中，这个文本将会被拆分为 4 个字段。

在图 39-16 中可以看到，ContactName 字段中的值是字符串，代表"姓、名、中间名缩写"。假设需要将这列拆分为 3 个不同的字段。

1^2_3 Code	A^B_C ContactName	A^B_C ContactTitle
100199	DAIMIRT, TAM, G.	Manager
100199	THEMPSENJR, MAKE, G.	Manager
100199	SCETT, ANDY, T.	Owner
100199	MCKINZAE, DAVE, G.	Owner
100199	NILSEN, REBIRT, T.	Owner
100199	KILLIRMAN, DAVAD, G.	Owner
200	CELIMAN, TERRANCE, G.	Owner
null	SANSENE, TERRANCE, G.	Owner
100199	GIRVES, STIPHIN, G.	Owner
100199	BIRNSTIAN, PEIL, G.	Manager
200	MCMANIR, STIVE, A.	Plant Manager

图 39-16　"拆分列"命令可以轻松地将 ContactName 字段拆分为 3 个不同的列

虽然在 Excel 中不容易实现这样的操作，但是在 Power Query 中，使用"拆分列"命令却能够很轻松地实现该操作。只需要右击目标列，然后选择"拆分列"选项。这将显示两个选项。

- **按分隔符**：允许基于特定的字符(如逗号、分号、空格等)拆分列。对于解析姓名、地址或包含被分隔符隔开的多个数据点的任何字段来说，这个选项很有用。
- **按字符数**：允许基于指定字符数拆分列。对于在指定字符位置解析统一的文本来说，这个选项很有用。

在图 39-16 所示的例子中，联系人的姓名由姓、名和中间名缩写构成，它们之间用逗号隔开(分隔)。因此，我们将使用"按分隔符"选项。

可以选中 ContactName 字段，右击并选择"拆分列"|"按分隔符"命令。这将激活"按分隔符拆分列"对话框，如图 39-17 所示。

这个对话框中的输入如下所示。

- **选择或输入分隔符**：使用下拉列表选定值的拆分位置的分隔符。如果下拉列表中没有列出你需要的分隔符，则可以选择"自定义"选项，然后定义自己的分隔符。
- **拆分位置**：选择你想要让 Power Query 如何使用指定的分隔符。Power Query 能够只在分隔符第一次出现时(最左侧的分隔符)拆分列，实际上就是创建两列。另外，也可以让 Power Query 只在分隔符最后一次出现时(最右侧的分隔符)拆分列，同样会创建两列。第三个选项是告诉 Power Query 在分隔符每次出现时拆分列。

● **高级选项**：默认情况下，选择在分隔符每次出现时拆分列的选项会导致有多少个分隔符就创建多少列。可以使用"高级选项"来覆盖默认设置，限制创建的列数。

图 39-18 演示了在每个逗号位置拆分 ContactName 列后创建的新列。可以看到，创建了 3 个新字段，原来的 ContactName 列则被移除。通过右击字段并选择"重命名"选项，可以重命名这些字段。

图 39-17　在每个逗号位置拆分 ContactName 列

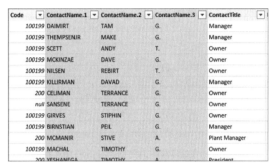

图 39-18　ContactName 字段被成功拆分为 3 列

39.1.12　逆透视列

我们常常会遇到如图 39-19 所示的数据集，其中重要的标题(如月份)出现在表的顶部，既作为列标签，又作为实际的数据值。这种矩阵式布局在电子表格中很容易查看，但是当试图执行任何需要聚合、分组等的数据分析时，却会导致问题。

Product_Description	Jan	Feb	Mar	Apr	May
Cleaning & Housekeeping Services	6219.66	4263.92	5386.12	6443.99	4360
Facility Maintenance and Repair	3255.82	9490	4409.23	4957.62	8851
Fleet Maintenance	5350.03	8924.71	6394.43	6522.46	9467
Green Plants and Foliage Care	2415.08	2579.61	2401.91	2981.01	2704
Landscaping/Grounds Care	5474.22	4500.52	5324.36	5705.68	5263
Predictive Maintenance/Preventative Maintenance	9810.95	10180.23	9626.31	11700.73	10947
Cleaning & Housekeeping Services	2840.76	2997.18	2096.78	4102.2	47
Facility Maintenance and Repair	16251.01	35878.99	18368.55	21843.53	2872
Fleet Maintenance	22574.77	36894.89	22016.38	27871.1	31989
Green Plants and Foliage Care	48250.9	90013.42	51130.17	75527.58	69418
Landscaping/Grounds Care	19401.16	21190.57	21292	20918.35	19469

图 39-19　矩阵布局对数据分析造成了问题

Power Pivot 提供了一种容易的方式来逆透视和透视列，允许将矩阵样式的表快速转换为表格数据集(反之亦然)。

"逆透视列"命令允许选择一组列，然后将这些列转换为两列：一列由列标签构成，另一列则包含列数据。

配套学习资源网站

可在配套学习资源网站 www.wiley.com/go/excel2019bible 中找到本章的示例文件，文件名是 UnpivotExample.xlsx。

例如，在图 39-19 中，通过选择月份列，右击并选择"逆透视列"命令，可以逆透视月份列。

图 39-20 显示了结果表。注意，月份标签现在是新列 Attribute 中的项，月份的值现在是新列 Value 中的项。当然，你可以重命名这些列，例如将它们重命名为 Month 和 Revenue。

⊞⌄	Market	⌄	Product_Description	⌄	Attribute	⌄	Value	⌄
1	BUFFALO		Cleaning & Housekeeping Services		Jan		6219.66	
2	BUFFALO		Cleaning & Housekeeping Services		Feb		4263.92	
3	BUFFALO		Cleaning & Housekeeping Services		Mar		5386.12	
4	BUFFALO		Cleaning & Housekeeping Services		Apr		6443.99	
5	BUFFALO		Cleaning & Housekeeping Services		May		4360.14	
6	BUFFALO		Cleaning & Housekeeping Services		Jun		5097.46	
7	BUFFALO		Cleaning & Housekeeping Services		Jul		7566.19	
8	BUFFALO		Cleaning & Housekeeping Services		Aug		4263.92	
9	BUFFALO		Cleaning & Housekeeping Services		Sep		7245.64	
10	BUFFALO		Cleaning & Housekeeping Services		Oct		3847.15	
11	BUFFALO		Cleaning & Housekeeping Services		Nov		6540.21	
12	BUFFALO		Cleaning & Housekeeping Services		Dec		5610.45	
13	BUFFALO		Facility Maintenance and Repair		Jan		3255.82	
14	BUFFALO		Facility Maintenance and Repair		Feb		9490	
15	BUFFALO		Facility Maintenance and Repair		Mar		4400.33	

图 39-20 现在所有月份采用了表格格式

39.1.13 逆透视其他列

虽然"逆透视列"命令很方便,但是有一个缺陷,例如在上面的例子中,必须明确选择想要逆透视的月份列。如果列的数量一直在增长,怎么办?如果逆透视了 1 月到 6 月,但是在下一个月中,数据集将增加 7 月份的数据,之后还会增加 8 月份、9 月份的数据,这时该怎么办?因为"逆透视列"命令实际上强制你硬编码想要逆透视的列,所以每月都必须重新执行逆透视操作。不过,如果使用"逆透视其他列"命令,就不用这么麻烦。这个命令允许你在逆透视列时选择想要保持不变的列,并且告诉 Power Query 逆透视其他所有列。

例如,在图 39-21 中,不选择月份命令,而是选择 Market 和 Product Description 列,右击并选择"逆透视其他列"命令。

图 39-21 当矩阵列的数量可变时,可使用"逆透视其他列"命令

现在,每个月添加多少个新列或删除多少个月份列并没有关系。查询将总是逆透视正确的列。

> **提示**
> 总是使用"逆透视其他列"选项是一个好主意。即使并不期望矩阵中会增加新列,使用"逆透视其他列"选项也能获得更大的灵活性,能够处理数据中发生的意外变化。

39.1.14 透视列

如果你发现自己需要把数据从表格布局转换为矩阵样式的布局,就可以使用"透视列"命令。

只需要选择将会构成新矩阵列的标题标签和值的列,然后从功能区的"转换"选项卡中选择"透视列"命令即可。图 39-22 给出了一个示例。

图 39-22 透视 Month 和 Revenue 列

在最终完成透视操作之前,Power Query 将激活一个对话框,用于确认值列和聚合方法,如图 39-23 所示。默认情况下,Power Query 将使用"求和"操作来把数据聚合成矩阵格式。

图 39-23 确认聚合操作来最终完成透视转换

可以选择不同的操作(计数、中值、最小值等)来覆盖此默认操作。甚至可以指定自己不想使用任何聚合方法。单击"确定"按钮将完成透视操作。

39.2 创建自定义列

转换数据时,有时需要添加自己的列来提取关键数据点、创建新维度,甚至创建自己的计算。

通过在"添加列"选项卡中单击"自定义列"命令(如图 39-24 所示),可以创建新的自定义列。这将激活"自定义列"对话框。

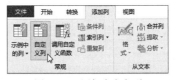

图 39-24 添加自定义列

在"自定义列"对话框(如图 39-25 所示)中,通过使用 Power Query 公式在查询中添加自己的功能。当添加一个新的自定义列时,它不具备任何功能,除非你提供一个公式来赋予其功能。

图 39-25　"自定义列"对话框

"自定义列"对话框并没有什么复杂的地方。几个输入点如下所示。

- **新列名**：在这个输入框中输入要创建的列的名称。
- **可用列**：这个列表框中包含查询中的所有列的名称。在此列表中双击任意列名称，将把该列自动添加到公式区域。
- **自定义列公式**：用于键入公式的区域。

与在 Excel 中一样，公式既可以十分简单(如"=1")，也可以十分复杂(如应用某种条件逻辑的 IF 语句)。在接下来的几节中，我们将用几个示例来说明如何创建自定义列，使你不必受限于用户界面上提供的功能。

但是，在具体介绍如何构建 Power Query 公式之前，理解 Power Query 公式与 Excel 公式的区别很重要。下面列出了一些你应该知道的高层面的区别。

- **没有单元格引用**：不能使用指向操作在"自定义列"对话框外部选择一个单元格区域。Power Query 公式通过引用列而不是单元格来工作。
- **Excel 函数不起作用**：在 Power Query 中无法使用你熟悉的 Excel 函数。Power Query 提供了许多与 Excel 类似的函数，但是它使用的是自己的公式语言。
- **区分大小写**：在 Excel 中，无论是输入全部小写的形式，还是全部大写的形式，公式都将能够工作。但在 Power Query 中并非如此。对于 Power Query 来说，sum、Sum 和 SUM 是不同的，其中只有一种形式(Sum)是可以接受的。
- **数据类型很重要**：一些字段是文本字段，一些字段是数字字段，还有一些是日期字段。Excel 能够很好地处理在公式中混合使用不同数据类型的字段的情况。Power Query 公式语言则对数据类型很敏感。它没有内置的智能来很好地处理数据类型不匹配的情况。数据类型问题需要使用本章后面介绍的转换函数来处理。
- **没有屏幕提示或智能帮助**：当输入新公式时，Excel 会显示屏幕提示或选项菜单。Power Query 没有这种功能。目前 Power Query 最多只是提供一个"了解 Power Query 公式"链接，单击该链接将会进入一个专门介绍 Power Query 的 Microsoft 网站。

情况并没有听起来那么坏。我们首先看一个简单的自定义列。

39.2.1　使用自定义列进行连接

本章前面看到，通过使用"合并列"命令，可将两列或更多列中的值连接起来。虽然"合并列"命令用起来很简单，但是会导致源列被删除。在某些情况下，需要在连接值的同时仍然保留源列。

在这种情况下，可以创建自定义列。执行下面的步骤来创建一个新列，将 Type 和 Code 列合并起来。

(1) 在 Power Query 编辑器中，单击"添加列" | "自定义列"命令。

(2) 将光标放到公式区域等号的后面。

(3) 在"可用列"列表中找到 Type 列，然后双击它。公式区域将填入[Type]。

(4) 在[Type]后面输入下面的内容：&"-"&。这是为了确保用横线分隔开两列中的值。

(5) 接下来，输入 Number.ToText()。这个 Power Query 函数将把一个数字转换成文本格式，使其能够与其他文本一起使用。在本例中，因为 Code 字段被设置为数字格式，所以需要将其动态转换为文本，以便与 Type 类型连接起来。本章后面将详细介绍数据类型。

(6) 将光标放到 Number.ToText 函数的括号内。

(7) 在"可用列"列表中找到 Code 列，然后双击它。公式区域将填入[Code]。

(8) 在"新列名"输入框中，输入 MyFirstColumn。

此时，对话框应该如图 39-26 所示。注意，对话框底部的消息显示"未检测到语法错误"。每次创建或调整公式时，都应该确保看到这条没有检测到错误的消息。

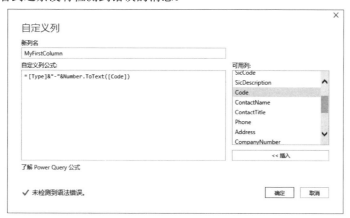

图 39-26　合并 Type 列和 Code 列的公式

(9) 单击"确定"按钮应用自定义列。

如果一切正常，将创建一个新列，该列将两个字段连接在一起。这个示例可帮你打下基础，帮助你了解 Power Query 公式的工作方式。

39.2.2　了解数据类型转换

在 Power Query 中使用公式时，难免需要对数据类型不同的字段执行某种操作。例如，在前面的例子中，我们将 Type 列(文本字段)和 Code 列(数值字段)合并到一起。在该例中，我们使用了转换函数来改变 Code 字段的数据类型，使其可被临时作为文本字段处理。

转换函数名副其实，它们将数据从一种数据类型转换为另一种数据类型。

表 39-1 列出了一些常用的转换函数。如前一节所示，只需要使用这些函数括住需要转换的列即可。

```
Number.ToText([ColumnName])
```

表 39-1　常用转换函数

转换前	转换后	函数
日期	文本	Date.ToText()
时间	文本	Time.ToText()
数字	文本	Number.ToText()
文本	数字	Number.FromText()
文本日期	日期	Date.FromText()
数字日期	日期	Date.From()

虽然如此，显然你需要知道自己在 Power Query 公式中使用的字段的数据类型。然后，才能知道需要使用什么转换函数。

要知道和修改一个字段的数据类型，可将光标放到字段中，然后在"转换"选项卡中选择"数据类型"下拉列表，如图 39-27 所示。该下拉列表顶部的数据类型就是光标所在字段的数据类型。通过从该下拉列表中选择一个新类型，可以编辑该字段的数据类型。

图 39-27　使用"数据类型"下拉列表来了解和选择给定字段的数据类型

39.2.3　使用函数扩展自定义列的功能

了解了一些基本原则和 Power Query 函数的基本知识后，就可以创建转换，不再受制于 Power Query 编辑器界面的选项。在本例中，我们将使用一个自定义列，在数字中填充 0。

你可能会遇到这种情况：关键字段必须具有指定长度的字符，这样数据才能与外围平台(如 ADP 或 SAP)交互。例如，假设 CompanyNumber 字段必须是 10 个字符。对于不足 10 个字符的 CompanyNumber，必须填充足够的前导 0，以创建一个 10 个字符长的字符串。

这里要使用的技巧是，为每个公司编号添加 10 个 0，无论其当前长度是多少。然后，将结果传递给一个类似于 RIGHT 函数的函数，只提取最右侧的 10 个字符。

例如，公司编号 29875764 将首先被转换为 000000000029875764，然后将其传递给一个 RIGHT 函数，只提取出右侧的 10 个字符。结果将得到 0029875764。

虽然这实际上是两个步骤，但是能够只使用一个自定义列来获得相同的结果。具体步骤如下。

(1) 在 Power Query 编辑器中，单击"添加列"|"自定义列"命令。

(2) 将光标放到公式区域等号的后面。

(3) 输入一对双引号，在引号内输入 10 个 0，然后在引号后面输入一个&。

(4) 接下来，输入 Number.ToText()。

(5) 将光标放到 Number.ToText 函数的括号内。

(6) 接下来，在"可用列"列表中找到 CompanyNumber 列并双击它。公式区域将填入[CompanyNumber]。此时，公式区域将包含下面的语法：

```
"0000000000"&Number.ToText([CompanyNumber])
```

这个公式只是将 10 个 0 与 CompanyNumber 连接在一起。我们需要从这个结果中提取出右侧的 10 个字符。

RIGHT 函数是一个 Excel 函数，无法用在 Power Query 中。不过，Power Query 提供了一个类似的函数，名为 Text.End()。与 RIGHT 函数一样，Text.End 函数需要两个参数：文本表达式和要提取的字符数。

```
Text.End([MyText], 10)
```

(7) 在本例中，文本表达式就是你的公式，要提取的字符数是 10。在现有公式的前面输入 Text.End 和左括号，然后在公式后面输入一个逗号，再输入数字 10，最后添加一个右括号。最终语法如下所示：

```
Text.End("0000000000"&Number.ToText([CompanyNumber]),10)
```

(8) 在"新列名"输入框中，输入 TenDigitCustNumber。

现在，对话框应该如图 39-28 所示。同样，应确保对话框底部的消息显示"未检测到语法错误"。

图 39-28　使用公式创建一致的、有 10 个数字的 CompanyNumber

(9) 单击“确定”按钮应用自定义列。

表 39-2 列出了其他一些 Power Query 函数，它们都能够用来扩展自定义列的功能。花一些时间查看这个函数列表，注意它们与等效的 Excel 函数的区别。记住，Power Query 函数区分大小写。

表 39-2　有用的转换函数

Excel 函数	Power Query 函数
LEFT([Text],[Number])	Text.Start([Text],[Number])
RIGHT([Text],[Number])	Text.End([Text],[Number])
MID([Text],[StartPosition],[Number])	Text.Range([Text],[StartPosition],[Number])
FIND([Find],[Within])	Text.PositionOf([Within],[Find])+1
IF([Expression],[Result1],[Result2])	if [Expression] then [Result1] else [Result2]
IFERROR([Procedure],[FailResult])	try [Procedure] otherwise [FailResult]

39.2.4　向自定义列添加条件逻辑

从表 39-2 可以看到，Power Query 提供了内置的 if 函数。if 函数用于检测条件，根据检测结果提供不同的结果。本节将介绍如何使用 Power Query 的 if 函数来控制自定义列的输出。

与在 Excel 中相同，Power Query 的 if 函数计算特定条件，然后根据计算结果为 true 或 false，返回不同的结果：

```
if [Expression] then [Result1] else [Result2]
```

> **注意**
> 在 Excel 中，可将 IF 函数中的逗号视为 THEN 和 ELSE 语句。在 Power Query 中，不使用逗号。
> Excel 公式 IF(Babies=2,"Twins","Not Twins")的含义如下：如果 Babies 等于 2，那么返回 Twins，否则返回 Not Twins。

假设需要基于客户的收入潜力将他们标记为大客户或小客户。你决定要添加一个自定义列，基于客户的收入潜力，在该自定义列中显示 LARGE 或 SMALL。

通过在下面的公式中使用 if 函数，能够在一个自定义列中标记所有客户：

```
if [2016 Potential Revenue]≥10000 then "LARGE" else "SMALL"
```

这个函数告诉 Power Query 为每个记录计算[2016 Potential Revenue]字段。如果潜在收入大于或等于 10 000，就使用 LARGE；否则使用 SMALL。

图 39-29 在 "自定义列" 对话框中使用了上面的 if 语句。

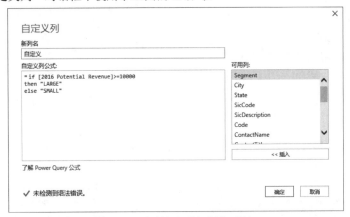

图 39-29　在自定义列中应用 if 语句

提示

Power Query 不关心空格。这意味着你可以使用任意多的空格和回车符。只要使用正确的大小写和拼写，Power Query 就不会报错。图 39-29 显示，将公式分解到多行有助于提高其可读性。

39.3　分组和聚合数据

在一些情况中，可能需要将数据集转换为简洁的组，使其成为在规模上易于管理的唯一值的集合。甚至可能需要将数字值汇总到聚合视图中。聚合视图是数据在分组后的快照，能够显示和、平均值、计数等。

Power Query 提供了一个分组依据功能，使你能够方便地分组数据和创建聚合视图。

在 Power Query 编辑器的 "转换" 选项卡中，选择 "分组依据" 命令。这将打开如图 39-30 所示的 "分组依据" 对话框。

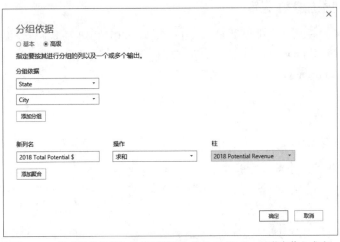

图 39-30　将 "分组依据" 对话框配置为按 State 和 City 对潜在收入求和

在该对话框中，可以选择创建 "基本" 分组，只使用一列作为分组依据，也可以选择创建 "高级" 聚合，使用多个分组依据列。

下面我们介绍如何将数据转换为按 City 和 State 分组的聚合视图：

(1) 在 Power Query 编辑器中，激活 "分组依据" 对话框(选择 "转换" | "分组依据" 命令)。

(2) 单击 "高级" 分组选项。这将显示在按多列分组时需要的字段。

(3) 使用"分组依据"下拉列表，选择想要聚合的列。然后单击"添加分组"按钮，为分组添加更多列(在图 39-30 中，选择了 State 和 City)。

(4) 使用"新列名"输入框为新的聚合列起一个名称。

(5) 使用"操作"下拉列表选择想要应用的聚合类型(求和、对行进行计数、平均值、最小值、最大值等)。在图 39-30 中，选择了"求和"选项。

(6) 使用"柱"下拉列表选择将要聚合的列。在本例中，选择 2018 Potential Revenue。

(7) 单击"确定"按钮，确认并应用修改。

图 39-31 显示了结果输出。

	A^B_C State	A^B_C City	1²₃ 2018 Total Potential $
260	CA	Foresthill	31453
261	CA	Fortuna	10681
262	CA	Foster City	52363
263	CA	Fountain Valley	27718
264	CA	Fremont	121340
265	CA	Fresno	116290
266	CA	Fullerton	74958
267	CA	Garden Grove	21601
268	CA	Gardena	111759
269	CA	Gilroy	50938
270	CA	Glendale	56541
271	CA	Goleta	55920

图 39-31 按 State 和 City 分组后得到的聚合视图

注意

应用分组依据功能时，Power Query 将删除在配置"分组依据"对话框时没有使用的所有列。这样得到的视图更加干净整洁，只显示分组后的数据。

第 40 章

使查询协同工作

本章要点

- 重用查询步骤
- 使用追加功能合并数据
- 了解连接类型
- 使用合并功能

数据分析常常是分层进行的，每一层分析都使用或者构建在前一层之上。当使用 Power Query 输出的结果来建立数据透视表时，就是在创建分层分析。当基于 SQL Server 视图创建的一个表来构建查询时，也是在创建分层分析。

你会经常发现，要获得自己想要的结果，需要在其他查询的基础上构建查询。本章就介绍这方面的内容。简言之，本章将介绍几种使查询协同工作的方法，使你能够拓展自己的分析。

配套学习资源网站

可在配套学习资源网站 www.wiley.com/go/excel2019bible 中找到本章的示例文件：

Sales By Employee.xlsx

Appending_Data.xlsx

Merging_Data.xlsx

40.1 重用查询步骤

对相同的主数据表进行各种类型的分析是很常见的情形。即使是图 40-1 中显示的简单表，也可以用来创建不同的视图：员工销量、业务部门销量、地区销量等。

当然，可以构建不同的查询，让每个查询执行不同的分组和聚合步骤，但是这意味着在执行任何类型的分析之前需要重复所有数据清理步骤。

	A	B	C	D	E	F
1	Region	Market	Last_Name	First_Name	Business_Segment	Sales Amount
2	MIDWEST	DENVER	AAEMS	JOSEPH	Housekeeping and Organization	$465.33
3	MIDWEST	DENVER	AAEMS	JOSEPH	Landscaping and Area Beautificat	$411.60
4	MIDWEST	DENVER	AAEMS	JOSEPH	Maintenance and Repair	$760.31
5	MIDWEST	DENVER	BEALIY	CHRISTOPHER	Maintenance and Repair	$2,125.38
6	MIDWEST	DENVER	BEALIY	CHRISTOPHER	Landscaping and Area Beautificat	$5,909.14
7	MIDWEST	DENVER	BEALIY	CHRISTOPHER	Maintenance and Repair	$39,829.79
8	MIDWEST	DENVER	BEWMAN	DIRK	Landscaping and Area Beautificat	$319.18
9	MIDWEST	DENVER	BEWMAN	DIRK	Maintenance and Repair	$119.38
10	MIDWEST	DENVER	BIHRINS	KURT	Landscaping and Area Beautificat	$914.20
11	MIDWEST	DENVER	BIHRINS	KURT	Maintenance and Repair	$17,645.38
12	MIDWEST	DENVER	BREWN	SCOTT	Maintenance and Repair	$112.01
13	MIDWEST	DENVER	BROEKS	HENRY	Landscaping and Area Beautificat	$685.65

图 40-1　这个数据表可用作各种级别的聚合分析的数据源

要明白为什么这么说，可以执行下面的步骤：

(1) 打开 Sales By Employee.xlsx 示例文件。

(2) 选择表中的任意单元格，然后单击"数据"|"自表格/区域"命令。Power Query 将打开 Power Query 编辑器，显示如图 40-1 所示的表。

(3) 单击 Market 字段的筛选下拉列表，筛选掉 Canada 市场(清除 Canada 旁边的复选框)。

(4) 选择 Last_Name 和 First_Name 字段，右击其中一个列标题，然后选择"合并列"命令。

(5) 使用"合并列"对话框创建一个新字段 Employee，使用逗号将 Last_Name 和 First_Name 连接起来，如图 40-2 所示。

图 40-2　合并 Last_Name 和 First_Name 列来创建新的 Employee 字段

(6) 在"转换"选项卡中单击"分组依据"命令，打开"分组依据"对话框。目标是按 Employee 字段分组，以获取 Sales Amount 的和。将新聚合列命名为 Revenue。

图 40-3 显示了完成配置后的"分组依据"对话框。

现在，已经成功地创建了一个视图来显示每个员工的总收入。从图 40-4 中可以看到，查询步骤包括在分组前执行的所有准备工作。

图 40-3　分组 Employee 字段并对 Sales Amount 列求和，以创建新的 Revenue 列

如果想使用相同的数据创建另一种分析，怎么办？例如，如果想创建另一个视图来显示业务部门的员工销量，该怎么办？

总是可以从步骤(1)开始，导入源数据的另一个副本，但是这就需要重复执行准备步骤(在本例中为"筛选的行"和"合并的列"步骤)。

更好的方法是重用已经创建的步骤，把它们提取到新的查询中。首先确定想要重用的步骤，然后右击这些步骤下方的第一个步骤。在本例中(参见图 40-4)，需要保留"分组的行"步骤之前的所有查询步骤。

图 40-4 在分组前，需要执行"分组的行"步骤前面的所有查询步骤来准备好数据

(7) 右击"分组的行"步骤，然后选择"提取之前的步骤"命令。

(8) 使用图 40-5 中显示的"提取步骤"对话框，将新查询命名为 SalesByBusiness。单击"确定"按钮确认操作。

图 40-5 将新查询命名为 SalesByBusiness

单击"确定"按钮后，Power Query 将做两项工作。首先，它将所有提取出的步骤移动到新创建的查询中。然后，它将原查询捆绑到新查询。换句话说，两个查询将共享"分组的行"步骤之前的几个查询步骤。

在左侧的窗格中可以看到新创建的 SalesByBusiness 查询，如图 40-6 所示。注意，新创建的 SalesByBusiness 查询的查询步骤不包含"分组的行"步骤。Power Query 只移动了提取出的步骤(即"分组的行"步骤之前的那些步骤)。

图 40-6 两个查询现在共享提取出的步骤

提取步骤这个概念可能让你感到困惑。关键在于，不需要在新查询中从头开始操作，而可以告诉 Power

Query，你希望让新创建的查询使用已经创建过的步骤。

> **注意**
>
> 当两个或更多个查询共享提取的步骤时，包含提取步骤的查询将作为其他查询的数据源。由于这种链接关系，因此不能删除包含提取步骤的查询。必须首先删除所有依赖查询，然后才能删除包含提取步骤的查询。

40.2 了解追加功能

Power Query 的追加功能允许将一个查询生成的行追加到另一个查询的结果。换句话说，实际上是复制一个查询的记录，然后添加到另一个查询的记录的末尾。

当需要把多个相同的表合并成一个表时，追加功能很方便。例如，如果有 North、South、Midwest 和 West 地区的表，就可以使用追加功能，将每个地区的数据合并到一个表中。

为了更好地理解追加功能，我们来完成一个练习，将 4 个不同地区的数据合并到一个表中。在这个练习中，我们将使用示例文件 Appending_Data.xlsx 的 4 个不同的选项卡中包含的地区数据，如图 40-7 所示。

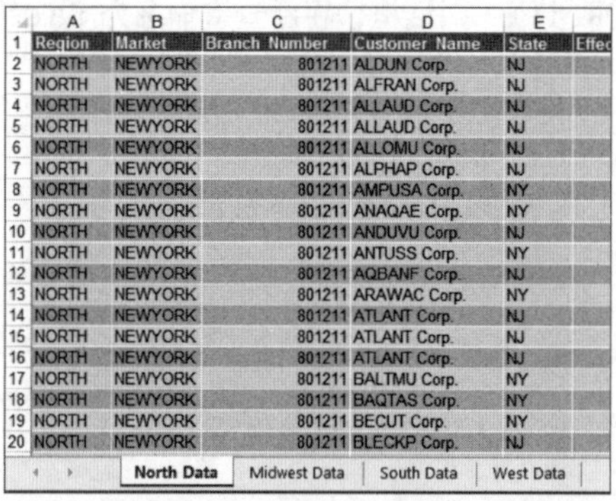

图 40-7 需要把各个地区选项卡中的数据合并到一个表中

40.2.1 创建必要的基础查询

重点是要知道，追加功能只能在现有查询的基础上工作。换句话说，无论数据源是怎样的，都必须先把它们导入 Power Query 中，然后才能追加它们。在本例中，这意味着将全部地区表添加到查询中。

执行下面的步骤：

(1) 进入 North Data 工作表，选择表中的任意单元格，然后单击"数据"|"自表格/区域"命令。这将激活 Power Query 编辑器，显示刚刚导入的表的内容。要完成查询，需要使用一个"关闭并上载"命令。

因为创建这个查询的目的只是为了将其追加到其他查询，所以不需要在工作簿上使用"关闭并上载"命令。相反，可以选择关闭并仅将数据上载为连接。

(2) 在 Power Query 编辑器的"开始"选项卡中，单击"关闭并上载"按钮下方的下拉箭头，选择"关闭并上载至"命令。

(3) 在"导入数据"对话框中，选择"仅创建连接"选项，然后单击"确定"按钮。

(4) 为工作簿中的其他工作表重复步骤(1)～(3)。

当为每个地区创建查询后，激活"查询&连接"窗格(选择"数据"|"查询和连接"命令)，查看全部查询。如图 40-8 所示，每个查询都是仅限连接查询。

现在数据表都已经被导入查询中，可以开始追加数据了。

图 40-8 为每个地区创建仅限连接查询

40.2.2　追加数据

执行下面的步骤，将其他查询的数据追加到 NorthData 查询。

(1) 在"查询&连接"窗格中，右击 NorthData 查询并选择"追加"命令，这将激活如图 40-9 所示的"追加"对话框。

图 40-9　将多个查询追加到 NorthData 查询

(2) 选择对话框顶部的"三个或更多表"选项。"追加"对话框将重新配置，显示两个列表框。左侧的列表包含工作簿中的所有现有查询。右侧的列表包含当前要把数据追加到的查询(在本例中为 NorthData)。

(3) 从左侧列表中选择想要追加的任意查询，添加到右侧的列表框中。

(4) 单击"确定"按钮确认选择。Power Query 编辑器将会启动，使你有机会查看和编辑结果。

(5) 单击"关闭并上载"按钮，保存并退出 Power Query 编辑器。

现在，NorthData 查询包含全部 4 个地区的数据。要查看完全合并后的表，需要将 NorthData 查询的加载目标位置改为新工作表，而不是仅连接。

(6) 在"查询&连接"窗格中，右击 NorthData 查询并选择"加载到"命令。这将打开"导入数据"对话框。

(7) 选择"表"选项，然后单击"确定"按钮。

图 40-10 显示了最终输出。你已经成功创建了地区数据的合并表。

	Region	Market	Branch_Number	Customer_Name	State	
31	MIDWEST	TULSA	401612	JUHNST Corp.	OK	
32	MIDWEST	TULSA	401612	PRANTA Corp.	OK	
33	MIDWEST	TULSA	401612	UKLAFU Corp.	OK	
34	MIDWEST	TULSA	401612	UKLOHU Corp.	OK	
35	SOUTH	NEWORLEANS	601310	ANTUSM Corp.	GA	
36	SOUTH	NEWORLEANS	601310	SUASHU Corp.	GA	
37	SOUTH	NEWORLEANS	601310	TAREPR Corp.	GA	
38	SOUTH	NEWORLEANS	801607	MUDACA Corp.	MS	
39	WEST	PHOENIX	201714	VANCHU Corp.	AZ	
40	WEST	PHOENIX	701708	CUAQTU Corp.	NV	
41	WEST	PHOENIX	701708	EASOTU Corp.	NV	
42	NORTH	NEWYORK	801211	BECUT Corp.	NY	
43	NORTH	NEWYORK	801211	BUYUSB Corp.	NJ	

图 40-10　所有地区数据的最终合并表

警告

在图 40-9 中，注意 NorthData 查询既出现在左侧列表框中，又出现在右侧列表框中。注意不要将 NorthData 查询移动到右侧的列表框中。如果这么做，将把查询追加到自身，实际上就会复制查询内的所有记录。除非有奇怪的需求，证明创建记录的精确副本是有价值的，否则应该避免将当前查询追加到自身。

留意不匹配的列标签

当把一个查询追加到另一个查询时，Power Query 首先扫描两个查询的列标签，以捕捉所有列名称。然后，它输出所有不同的列名称，并把两个查询的数据合并到合适的列中。Power Query 使用列标签作为指导，用于确定将哪些数据放到哪些列中。

如果查询中的列标签不匹配，那么 Power Query 将合并任何匹配列的数据，而保留任何不匹配的列中的 null 值。

例如，假设一个查询中有列标签 Region 和 Revenue，另一个查询中有列标签 Region 和 SalesAmount。追加这两个记录得到的表中将包含全部 3 列：Region、Revenue 和 SalesAmount。第一个查询中的记录将输入 Region 和 Revenue 字段中。第二个查询中的记录将输入 Region 和 SalesAmount 字段中。这实际上就在 Revenue 字段和 SalesAmount 字段中留下了差异。

关键在于，在追加查询之前，要确保查询中的列标签是相同的。只要每个查询中的列标签是相同的，Power Query 就能够正确地追加数据。即使每个查询中列的位置具有不同的顺序，Power Query 也能够使用列标签将所有数据输入正确的列中。

40.3　了解合并功能

我们常常需要构建查询，将两个表的数据连接起来。例如，可能需要将员工表与交易表连接起来，使得创建出的视图中既包含交易细节，又包含完成交易的员工的信息。

本节将介绍如何使用 Power Query 的合并功能来连接多个查询的数据。

40.3.1　了解 Power Query 连接

与 Excel 中的 VLOOKUP 类似，合并功能通过匹配某个唯一标识符，将一个查询中的记录连接到另一个查询中的记录。客户 ID 和发票号码都是唯一标识符的例子。

有几种方式可以将两个数据集连接起来。应用的连接类型很重要，因为这将决定从每个数据集中返回哪些记录。

Power Query 支持 6 种连接类型。在学习这里列出的每种连接类型时，可以不时比照图 40-11，以便更直观地理解每种连接类型。

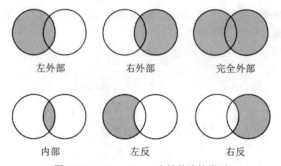

图 40-11　Power Query 支持的连接类型

- **左外部**：这种连接告诉 Power Query 返回第一个查询中的全部记录(不考虑匹配)，以及第二个查询在连接字段中有匹配值的那些记录。
- **右外部**：这种连接告诉 Power Query 返回第二个查询中的全部记录(不考虑匹配)，以及第一个查询在连接字段中有匹配值的那些记录。
- **完全外部**：这种连接告诉 Power Query 返回两个查询中的全部记录，不考虑匹配。
- **内部**：这种连接告诉 Power Query 只返回两个查询中有匹配值的那些记录。
- **左反**：这种连接告诉 Power Query 只返回在第一个查询中出现但是不匹配第二个查询中的任何记录的那些记录。
- **右反**：这种连接告诉 Power Query 只返回在第二个查询中出现但是不匹配第一个查询中的任何记录的那些记录。

40.3.2　合并查询

为了更好地理解合并功能，我们来完成一个练习，将访谈问题和答案合并在一起。在这个练习中，我们将使用示例文件 Merging_Data.xlsx 中的访谈预定义查询。

从图 40-12 中可以看到，"查询&连接"窗格中已有两个查询：Questions 和 Answers。这两个查询代表访谈的问题和答案。目标是通过合并这两个查询来创建一个新表，并排显示问题和答案。

> **注意**
> 合并功能只能用于现有查询。换句话说，无论数据源是怎样的，都必须先把它们导入 Power Query 中，然后才能合并它们。

执行下面的步骤来进行合并：

(1) 单击"数据"|"获取数据"|"合并查询"|"合并"命令，如图 40-13 所示。这将激活"合并"对话框。

图 40-12　需要将 Questions 和 Answers 查询合并到一个表中　　　图 40-13　激活"合并"对话框

图 40-14 显示了"合并"对话框。这里需要使用下拉框选择想要合并的查询，然后选择定义每个记录的唯一标识符的列。在本例中，InterviewID 和 QuestionID/AnswerID 字段将作为每个记录的唯一标识符。

图 40-14　完成后的"合并"对话框

(2) 在上方的下拉框中选择 Questions 查询。

(3) 按住 Ctrl 键，依次单击 InterviewID 和 QuestionID。

(4) 在下方的下拉框中选择 Answers 查询。

(5) 按住 Ctrl 键，依次单击 InterviewID 和 AnswerID。

(6) 使用"连接种类"下拉框，选择想要让 Power Query 使用的连接类型。在本例中，默认的"左外部"连接就可以。

(7) 单击"确定"按钮，打开 Power Query 编辑器。

> **警告**
>
> 在图 40-14 中，注意 InterviewID 和 QuestionID 字段中的小数字 1 和 2。这些小数字是根据选择字段的顺序分配的(参见上面的步骤(3)和(5))。
>
> 在每个查询中选择唯一标识符的顺序很重要。标记有小数字 1 的两列将连接在一起，而不管它们的标签是什么。标记有小数字 2 的两列也将连接在一起。

> **注意**
>
> 在"合并"对话框的底部，Power Query 显示了基于选定的唯一标识符，下方查询中有多少条记录匹配上方的查询。在本例中，大约 17 600 条答案记录匹配 26 910 条问题记录。
>
> 记住，有效的合并并不一定要做到 100%匹配。可能有很好的理由解释两个查询中的记录为什么没有全部匹配。在本例中，并不是每次访谈都回答了每个问题，因此 Answers 查询的记录更少一些。

(8) 新合并的查询在 Power Query 编辑器中打开后，剩下要做的就是单击新添加字段的"展开"图标，选择在最终输出中包含什么字段，如图 40-15 所示。在本例中，只需要 Answer。

图 40-15 展开新列字段，选择想要输出的合并字段

(9) 现在，可以根据需要应用更多转换。当对结果感到满意后，单击"关闭并上载"命令，将结果输出到工作簿中。

图 40-16 显示了最终的合并查询。

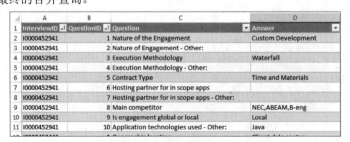

图 40-16 包含合并后的问题和答案的最终表

> **注意**
>
> 在 Power Query 编辑器中，可能会在有空值的地方看到 null 字样。你并不需要执行任何特殊操作来清除这些 null 字样。Excel 能够自动识别它们是空值，不会在最终工作表中显示它们。

如果发现需要调整或纠正合并的查询，可以在"查询&连接"窗格中右击该查询并选择"编辑"命令。在 Power Query 编辑器中，单击"源"查询步骤旁边的齿轮图标，如图 40-17 所示。这将激活"合并"对话框，允许在其中进行必要的更改。

图 40-17　单击"源"查询步骤旁边的齿轮图标来重新激活"合并"对话框

第 41 章

提高 Power Query 的生产率

本章要点

- 组织查询
- 节省时间
- 配置 Power Query 选项
- 避免 Power Query 的性能问题

本章针对如何组织查询和更高效地使用 Power Query 提供了一些实用的提示。另外，还针对如何优化查询的性能给出了一些建议。

41.1　关于如何提高 Power Query 生产率的一些提示

在过去几年中，Microsoft 为 Power Query 增添了大量功能。它已经真正成为一个丰富的工具集，能够用多种方式执行你能想到的几乎任何数据转换操作。功能上的增长催生了许多有助于更高效地使用 Power Query 模型的提示。

41.1.1　快速获取关于查询的信息

在"查询&连接"任务窗格中，可查看当前工作簿中的所有 Power Query 查询。选择"数据"|"查询和连接"命令可激活该窗格。

在"查询&连接"任务窗格中，通过在查询上悬停鼠标，可快速获得关于该查询的一些信息。你能够看到查询的数据源和上一次刷新该查询的时间，还能够预览查询内的数据。你甚至可以单击列的超链接来查看特定的列，如图 41-1 所示。

41.1.2　将查询组织成组

随着你在工作簿中添加更多的查询，"查询&连接"窗格会开始变得杂乱。通过为查询创建组，可以使之变得更有条理。

图 41-2 演示了能够创建的组的类型。你可以为数据处理的特定阶段创建组，可以为将外部数据库作为源的查询创建组，也可以为存储小引用表的查询创建组。每个组都是可折叠的，所以能够整洁地将当前不使用的查询收起来。

通过在"查询&连接"窗格中右击一个查询，然后选择"移至组"|"新建组"命令，可以创建一个组。右击组名称将显示用于管理组自身的一些选项，如图 41-3 所示。你甚至可以同时刷新一个组内的所有查询。

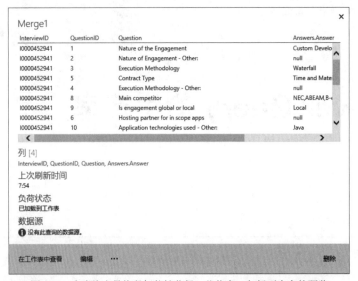

图 41-1　在查询上悬停鼠标能够获得一些信息，包括列内容的预览

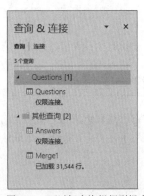

图 41-2　可以把查询组织到组中

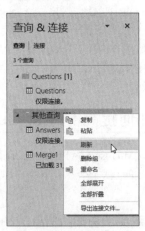

图 41-3　组级选项

41.1.3　更快速地选择查询中的列

当在 Power Query 编辑器中使用一个包含几十列的大型表时，找到并选择正确的列来进行处理很麻烦。通过在 Power Query 编辑器的"开始"选项卡中选择"选择列"命令，能够避免来回滚动。

图 41-4 中的对话框将会激活，显示所有可用的列，包括你添加的自定义列。在这里，能够很方便地找到并选择需要的列。

41.1.4　重命名查询步骤

每次在 Power Query 编辑器中应用一个操作时，将在"查询设置"窗格中添加一个新条目，如图 41-5 所示。查询步骤作为一种审计跟踪，记录了你对数据执行的所有操作。

查询步骤将被自动分配一个通用名称，如"大写的文本"或"合并的列"。为什么不花一些时间来更清楚地说明每个步骤做了什么？通过右击每个步骤并选择"重命名"命令，可以重命名该步骤。

图 41-4　使用"选择列"命令来更快速地查找和选择列

图 41-5　右击查询步骤并选择"重命名"命令

41.1.5　快速创建引用表

在一个数据集中总是有一些列适合作为引用表。例如，如果数据集的一列中包含产品分类列表，那么使用该列中的所有唯一值创建一个引用表将会很有用。引用表常常用于映射数据、提供菜单选择项、提供查找值等。

在 Power Query 编辑器中，确定想要使用某列创建引用表后，右击该列并选择"作为新查询添加"命令，如图 41-6 所示。这将创建一个新查询，使用刚刚提取数据的表作为源。Power Query 编辑器将显示刚才选中的列。然后，就可以使用 Power Query 编辑器来清理重复项、删除空值等。

41.1.6　复制查询来节省时间

在任何时候，如果能够重用以前的工作，那么重用这些工作是聪明的做法。如果"查询&连接"中已经包含能够重用的查询，何必再重复劳动？

图 41-6　从现列创建新查询

通过复制工作簿中的查询，能够节省时间。为此，激活"查询&连接"窗格，右击想要复制的查询，然后选择"复制"命令。

41.1.7　设置默认加载行为

如果你大量使用 Power Pivot 和 Power Query，那么很有可能在大部分时间中，你都是将 Power Query 查询加载到内部数据模型中。如果你也属于这种总是加载到数据模型的分析人员，那么可以调整 Power Query 选项，以自动加载到数据模型。

选择"数据"|"获取数据"|"查询选项"命令，打开如图 41-7 所示的对话框。在"全局"标题下选择"数据加载"选项卡，然后选择"指定自定义默认加载设置"选项。此时将启用两个选项，可用来指定默认加载到工作表或加载到数据模型。

41.1.8 防止数据类型自动更改

Power Query 的近期版本增加了一项功能，能够自动检测数据类型并主动更改数据类型。这种类型检测功能最常用于在查询中引入新数据的时候。

例如，图 41-8 显示了导入一个文本文件后的查询步骤。注意"更改的类型"步骤。Power Query 将通过其类型检测功能自动执行这个步骤。

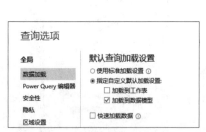

图 41-7　使用"全局"|"数据加载"选项来设置默认加载行为　　图 41-8　当导入数据时，Power Query 将自动添加一个步骤来更改数据类型

虽然 Power Query 在猜测应该使用什么数据类型方面表现得还不错，但是自动更改数据类型可能导致意外的问题。坦白说，Power Query 的一些老用户觉得类型检测功能很烦人。如果需要改变数据类型，他们希望由自己来做出这个决定。

如果你想自己处理数据类型更改，不想借助 Power Query 的类型检测功能，那么可以关闭该功能。选择"数据"|"获取数据"|"查询选项"命令，打开如图 41-9 所示的对话框。选择"当前工作簿"标题下的"数据加载"选项卡，然后取消选中"自动检测未结构化源的列类型和标题"复选框。

图 41-9　禁用类型检测功能

41.2 避免 Power Query 的性能问题

因为 Power Query 本身为处理大量数据铺平了道路，但是没有施加太严格的限制，所以最终得到的查询可能慢到令人难以忍受。

当处理几千条记录时，查询性能不是问题。但是，当导入并计算几十万条记录时，性能就会成为问题。数据量越大，查询的运行速度就越慢，这是绕不开的事实。虽然如此，可以采取一些步骤来优化查询的性能。

41.2.1　使用视图而不是表

当连接到外部数据库时，Power Query 允许导入视图和表。视图本质上是服务器中的预定义查询。

虽然表更透明，使你能看到所有原始的未筛选数据，但是它们包含全部可用的列和行，而不管你是否需要它们。这常常迫使你采取额外的步骤，使用额外的处理功能来删除列和筛选掉不需要的数据。

视图不只提供了更干净、对用户更友好的数据，而且能够限制导入的数据量，从而帮助简化数据模型。

41.2.2　让后台数据库服务器完成一些计算

大部分新接触 Power Query 的 Excel 分析人员倾向于从外部数据库服务器的表中直接提取出原数据。当把原数据加载到 Power Query 中后，他们根据需要执行转换和聚合步骤。

明明可以让后台服务器处理这些转换，为什么还要让 Power Query 做这些工作呢？事实上，在调整、聚合、清理和转换数据时，后台数据库系统(如 SQL Server)比 Power Query 的效率高得多。为什么不在把数据导入 Power Query 前利用后台数据库系统的强大能力操纵和调整数据？

不是提取原表数据，而是考虑利用服务器端函数和存储过程来执行尽可能多的数据转换和聚合工作。这会降低 Power Query 需要执行的处理量，所以自然会提高性能。

41.2.3　升级到 64 位 Excel

如果执行上面的步骤后，仍然遇到性能问题，那么可以考虑使用性能更好的计算机。在这里，意味着改为使用安装了 64 位 Excel 的 64 位计算机。

64 位版本的 Excel 能够访问计算机的更多 RAM，保证了它能够使用自己需要的系统资源来计算更大的数据集。事实上，如果要使用的数据模型包含几百万行数据，Microsoft 建议使用 64 位 Excel。

但是，在你准备安装 64 位 Excel 之前，需要考虑几个问题：

- **你是否已经安装了 64 位 Excel？** 为了确认这一点，选择"文件"|"账户"|"关于 Excel"命令。这将激活一个对话框，在屏幕顶部显示 Excel 是 32 位或 64 位版本。
- **你的数据模型足够大吗？** 除非你在使用很大的数据模型，否则改为 64 位版本可能不会对你的工作产生明显的影响。多大算大呢？经验指出，如果工作簿使用内部数据模型，并且文件大小超过 50MB，那么升级版本肯定能够提供帮助。
- **你的计算机上是否安装了 64 位操作系统？** 在 32 位操作系统上无法安装 64 位 Excel。通过在搜索引擎中搜索 My PC 64-bit or 32-bit，能够找到方法判断自己使用的是不是 64 位操作系统。许多网站用详细的步骤说明了如何确定操作系统的版本。
- **其他加载项会失效吗？** 如果你使用了其他加载项，需要注意，其中有一些可能与 64 位 Excel 不兼容。你肯定不想在安装了 64 位 Excel 后发现自己常用的加载项不再工作。联系加载项提供商，确认这些加载项与 64 位 Excel 是否兼容。这包括所有 Office 产品的加载项，并不只是针对 Excel 自己。当把 Excel 升级到 64 位版本时，需要同时升级整个 Office 套件。

41.2.4　通过禁用隐私设置来提高性能

当组织的数据与其他源的数据组合在一起时，Power Query 中的隐私级别设置能够保护组织的数据。当你创建一个查询，并且同时使用外部数据源和内部数据源时，Power Query 将询问你如何归类每个数据源的数据隐私级别。

大部分分析人员只处理组织的数据，对他们来说，隐私级别设置只会减慢查询并导致困惑。幸好，有一个选项能够忽略隐私级别。

选择"数据"|"获取数据"|"查询选项"命令，打开如图 41-10 所示的对话框。选择"当前工作簿"标题

下的"隐私"选项卡，然后选择忽略隐私级别的选项。

图 41-10　禁用隐私级别设置

41.2.5　禁用关系检测

当构建查询并选择"加载到数据模型"选项作为输出时，Power Query 在默认情况下将尝试检测查询之间的关系并在内部数据模型中创建这些关系。查询间的关系主要由定义的查询步骤驱动。例如，如果要合并两个查询，然后把结果加载到数据模型中，就会自动创建一个关系。

在包含几十个表的大数据模型中，Power Query 的关系检测会影响性能，增加数据模型的加载时间。通过禁用关系检测，能够避免这些麻烦，甚至能够获得性能提升。

选择"数据"|"获取数据"|"查询选项"命令，打开如图 41-9 所示的对话框。选择"当前工作簿"标题下的"数据加载"选项卡，然后取消选中"在首次添加到数据模型时，创建表之间的关系"复选框。

第 **VI** 部分

Excel 自动化

VBA 是 Excel 中内置的一种强大的编程语言，可以用来自动执行一些例行的或者重复的任务，创建自定义工作表公式，或者为其他用户开发基于 Excel 的应用。

第 42 章

VBA 简介

本章要点

- VBA 宏简介
- 创建 VBA 宏
- 录制 VBA 宏
- 编写 VBA 代码
- 深入了解 VBA

本章将介绍 VBA 宏语言，它对于那些需要自定义和自动化 Excel 的用户来说是一个非常关键的组件。本章将教你如何录制宏和创建简单的宏程序。后面的章节将对本章中的各主题进行扩展。

42.1 VBA 宏简介

宏是一组指令，可使 Excel 自动执行某些操作，从而使你能够更有效地工作并减少错误的发生。例如，你可以创建一个宏，用于设置月末销售报表的格式并打印此报表。在开发出这个宏之后，每个月就可以执行这个宏。这不仅避免了每个月重复执行设置格式的步骤，而且能够确保应用完全相同的格式设置。

不必成为具有专业知识的用户就能创建和使用简单的 VBA 宏。了解一些基础知识后，普通用户可以直接打开 Excel 宏录制器。宏录制器将会记录你的操作并将它们转换成 VBA 宏。当执行录制的宏时，Excel 会再次执行这些操作。更高级的用户则可以通过编写一些代码来告诉 Excel 执行某些无法录制的任务。例如，可以写一段程序来显示自定义对话框、在一系列工作簿中处理数据甚至创建特殊用途的加载项。

VBA 的用途

VBA 是一种极其丰富的编程语言，具有成千上万种用途。下面只列出了可以使用 VBA 宏完成的其中一些任务(本书并不介绍所有任务)。

- **插入样本文本**。如果需要在多个单元格中输入标准文本，那么可以创建一个宏来帮助完成键入操作。
- **自动执行需要频繁执行的过程**。例如，可能需要准备月末汇总报表。如果这个任务很简单，那么就可以开发一个宏来完成此任务。
- **自动执行重复操作**。如果需要在 12 个不同的工作簿中执行同样的操作，则可以在第一次执行任务时录制宏，然后让宏在其他工作簿中执行这些重复的操作。
- **创建自定义命令**。例如，可以将几个 Excel 命令组合起来，这样只需要按下一次按键或单击一次鼠标就可以执行这些命令。
- **为不十分熟悉 Excel 的用户创建简化的"前端"**。例如，可以建立一个非常简单的数据输入模板。

- **开发新的工作表函数**。虽然 Excel 包括很多种类的内置函数，但是仍可以创建自定义函数，用于简化公式。
- **创建完整的宏驱动应用**。Excel 宏可以显示自定义的对话框，并且可以对添加到功能区中的新命令做出响应。
- **为 Excel 创建自定义的加载项**。加载项是扩展 Excel 功能的程序。

42.2 显示"开发工具"选项卡

如果要使用 VBA 宏，则需要在 Excel 功能区中显示"开发工具"选项卡。"开发工具"选项卡在默认情况下不会显示，其包含了对 VBA 用户有用的命令(参见图 42-1)。要显示该选项卡，可以执行如下操作：

(1) 右击任意功能区控件，然后从快捷菜单中选择"自定义功能区"命令。这将显示"Excel 选项"对话框的"自定义功能区"选项卡。

(2) 在右边的列表框中，选中"开发工具"复选框。

(3) 单击"确定"按钮返回 Excel。

图 42-1 "开发工具"选项卡

42.3 宏安全性简介

宏功能可能会对你的计算机造成严重的损害，如删除文件或安装恶意软件。因此，Microsoft 增加了一些宏安全性功能，以帮助防止与宏有关的问题。

图 42-2 显示了"信任中心"对话框的"宏设置"部分。要显示该对话框，可以选择"开发工具"|"代码"|"宏安全性"命令。

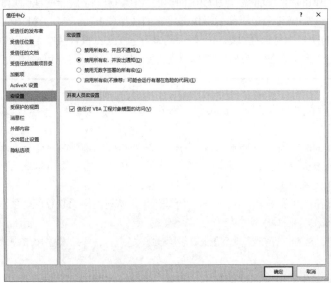

图 42-2 "信任中心"对话框的"宏设置"部分

　　默认情况下，Excel 会使用"禁用所有宏，并发出通知"选项。在使用该设置时，如果打开一个包含宏的工作簿(并且文件还没有被信任)，那么宏将被禁用，而且 Excel 会在编辑栏的上方显示安全警告(参见图 42-3)。如果确信工作簿来自可信任的源，则单击安全警告区域中的"启用内容"按钮，宏将被启用。Excel 会记住你的决定，如果启用了宏，则在下次打开该文件时将不会显示安全警告。

图 42-3　当工作簿中包含宏时，Excel 会显示安全警告

> **注意**
> 在打开包含宏的工作簿时，如果 Visual Basic(VB)编辑器窗口处于打开状态，则 Excel 不会在编辑栏的上方显示安全警告，而是显示一个含有两个按钮("启用宏"和"禁用宏")的对话框。

　　为了不单独地处理每个工作簿，你可以指定一个或多个文件夹作为"信任位置"。在打开信任位置中的任何工作簿时，都不会发出宏安全警告。可以在"信任中心"对话框的"受信任位置"部分指定信任文件夹的位置。

42.4　保存含有宏的工作簿

　　如果要在工作簿中保存一个或多个 VBA 宏，则在保存文件时必须使用.xlsm 扩展名。

　　在第一次保存含有宏(甚至是一个空的 VBA 模块)的工作簿时，默认的文件格式是.xlsx 格式，但该格式不能包含宏。除非将文件格式改为.xlsm，否则 Excel 将显示如图 42-4 所示的警告。这时，需要单击"否"按钮，然后在"另存为"对话框的"保存类型"下拉列表中选择"Excel 启用宏的工作簿(*.xlsm)"选项。

图 42-4　如果工作簿中包含宏并且试图将其保存为普通 Excel 文件，则 Excel 将发出警告

> **注意**
> 也可以将工作簿保存为旧的 Excel 97-2003 格式(使用.xls 扩展名)或新的 Excel 二进制格式(使用.xlsb 扩展名)。这两种文件格式都可以包含宏。

42.5　两种类型的 VBA 宏

　　VBA 宏(也称为过程)通常是以下两种类型之一：子过程和函数。接下来的两节将讨论这两者的区别。

> **Visual Basic 编辑器中有新功能吗**
> 没有新功能。从 Excel 2007 开始，Microsoft 对 Excel 的用户界面进行了许多更改。然而，VB 编辑器至今仍保持原状，看上去像是一个过时的软件。VBA 语言已经过更新，包含了大部分新的 Excel 功能，但 VB 编辑器中并没有增加新功能，其工具栏和菜单的工作方式没有发生任何变化。

42.5.1　VBA 子过程

可将子过程看成一个新命令，它既可以被用户执行，也可以被其他宏执行。一个 Excel 工作簿中可以含有任意数量的子过程。图 42-5 显示了一个简单的 VBA 子过程。当执行这段代码时，VBA 会将当前日期插入活动单元格中，同时应用数字格式，使单元格内的字体为粗体形式，将文本颜色设置为白色，将背景色设置为黑色并调整列宽。

> **配套学习资源网站**
>
> 可在配套学习资源网站 www.wiley.com/go/excel2019bible 中找到包含此宏的工作簿，文件名为 current date.xlsm。此工作簿还包含一个按钮，使得可以很容易地执行该宏。

图 42-5　一个简单的 VBA 过程

子过程始终以关键字 Sub 开始，之后是宏的名称(每个宏必须具有唯一的名称)，然后在一对括号中包含一个参数列表。即使过程不使用参数(像本例这样)，也必须提供一对括号。End Sub 语句标志过程的结束。Sub 和 End Sub 之间的各行组成了该过程的代码。

CurrentDate 宏还包含一条注释。注释是编码者给自己提供的一些提示信息，VBA 会忽略这些信息。注释行以一个单引号开始。注释也可与语句位于同一行中。换句话说，当 VBA 碰到单引号时，就会忽略本行中引号后面的文本。

可以用下列任意一种方法执行 VBA 子过程：

- 选择"开发工具" | "代码" | "宏"命令(或按 Alt + F8 键)以显示"宏"对话框。然后从列表中选择过程名称并单击"执行"按钮。
- 将宏分配给快速访问工具栏或功能区的一个控件。
- 按过程的快捷组合键(如果该过程有快捷键)。
- 单击已被分配宏的按钮或其他形状。
- 如果 VB 编辑器处于活动状态，那么可以将光标移到代码内的任意位置并按 F5 键。
- 通过在其他 VBA 过程中调用该过程来执行它。
- 在 VB 编辑器的"立即窗口"中输入过程的名称。

42.5.2　VBA 函数

第二种类型的 VBA 过程是函数。函数始终会返回单个值(正如工作表函数总是会返回单个值)。VBA 函数既可以由其他 VBA 过程执行，也可以在工作表公式中使用，如同使用 Excel 内置的工作表函数一样。

图 42-6 显示了一个自定义的工作表函数。此函数名为 CubeRoot，它需要一个参数。CubeRoot 函数用于计算其参数的立方根并返回结果。函数过程看起来与子过程很类似，但是请注意，它是以关键字 Function 开头并以 End Function 语句结束的。

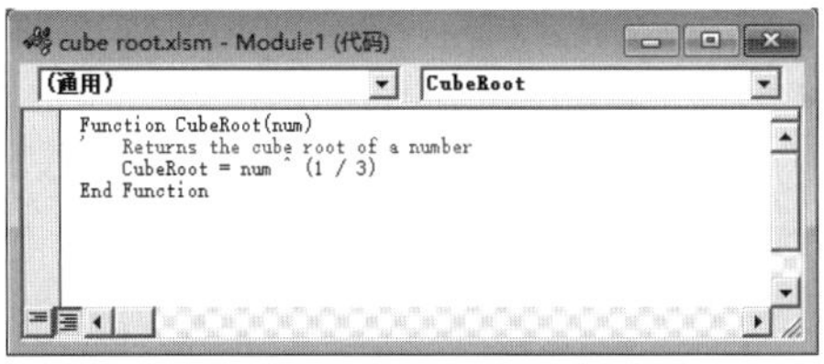

图 42-6　这个 VBA 函数返回其参数的立方根

一些定义

刚开始学习 VBA 的用户可能会觉得其中的术语很难懂。下面集中说明了一些重要定义，以帮助你更好地理解相关术语。这些术语涵盖了 VBA 和用户窗体(自定义对话框)，它们是用于自定义 Excel 的两个重要元素。

- **代码**：当录制宏时存储在模块中的 VBA 指令，也可以手动输入 VBA 代码。
- **控件**：用户窗体(或工作表)中的对象，供用户交互使用，例如按钮、复选框和列表框。
- **函数**：可以创建的两种 VBA 宏之一(另一种是子过程)。函数返回单个值。可在其他 VBA 宏或工作表中使用 VBA 函数。
- **宏**：一组 VBA 指令。
- **方法**：在对象上执行的动作。例如，在 Range 对象上使用 Clear 方法将会清除单元格的内容与格式。
- **模块**：VBA 代码的容器。
- **对象**：使用 VBA 处理的元素，例如区域、图表、绘图对象等。
- **过程**：宏的另一个名称。VBA 过程既可以是一个子过程，也可以是一个函数过程。
- **属性**：对象的特定方面，例如 Range 对象具有 Height、Style 和 Name 等属性。
- **子过程**：可以创建的两种 VBA 宏之一。另一种 VBA 宏是函数。
- **用户窗体**：一个容器，其中包含自定义对话框的各控件以及处理这些控件的 VBA 代码。
- **VBA**：一种能在 Excel 和其他 Microsoft Office 应用程序中使用的宏语言。
- **VB 编辑器**：用于创建 VBA 宏和用户窗体的窗口(独立于 Excel)。可以使用 Alt+F11 键在 Excel 和 VB 编辑器之间进行切换。

配套学习资源网站

可在配套学习资源网站 www.wiley.com/go/excel2019bible 中找到包含该函数的工作簿，文件名为 cube root.xlsm。

注意

通过创建在工作表公式中使用的 VBA 函数，不但能简化公式，还可以执行一些在其他情况下无法执行的计算。第 43 章将详细讨论 VBA 函数。

交叉引用

第 44 章和第 45 章深入介绍了用户窗体。

42.6　创建 VBA 宏

Excel 提供了两种创建宏的方法：

- 打开宏录制器并录制动作。
- 直接在 VBA 模块中输入代码。

下面几节将分别描述这些方法。

42.6.1 录制 VBA 宏

本节将描述用于录制 VBA 宏的基本步骤。在多数情况下，可以将动作以宏的形式录制下来，然后即可非常方便地重放宏；不需要查看自动生成的代码。如果只需要录制和重放宏，则不必考虑 VBA 语言本身(但是对其工作原理有基本的了解会有帮助)。

1. 录制动作并创建 VBA 代码：基本要素

Excel 的宏录制器可将你的动作转换成 VBA 代码。要启动宏录制器，请选择"开发工具"|"代码"|"录制宏"命令(或单击状态栏左侧的"录制宏"图标)。Excel 将显示"录制宏"对话框，如图 42-7 所示。

图 42-7 "录制宏"对话框

"录制宏"对话框有如下几个选项。

● **宏名**：宏的名称。Excel 将默认使用宏 1、宏 2 等通用名称。
● **快捷键**：可指定一个用于执行该宏的按键组合。该按键组合始终使用 Ctrl 键，也可在输入字母时按 Shift 键。例如，在按下 Shift 键的同时输入字母 H 可得到快捷键 Ctrl+Shift+H。

> **警告**
> 分配给宏的快捷键要优先于内置的快捷键。例如，如果你为一个宏指定了 Ctrl+S 快捷键，那么在该宏可用时，将不能使用此组合键来保存你的工作簿。

● **保存在**：宏的保存位置。可供选择的项有；当前工作簿、个人宏工作簿(参见本章后面"在个人宏工作簿中存储宏"一节的内容)或新工作簿。
● **说明**：宏的说明信息(可选项)。

单击"确定"按钮，即可开始录制动作。你在 Excel 中所做的动作将被转换为 VBA 代码。当完成录制宏时，可选择"开发工具"|"代码"|"停止录制"命令(或单击状态栏中的"停止录制"按钮)。在录制宏的过程中，此按钮将取代"开始录制"按钮。

> **注意**
> 录制动作时总是会产生一个新的子过程。不能使用宏录制器创建函数过程。函数过程必须手动创建。

2. 录制宏：一个简单示例

本示例演示了如何录制一个简单的宏，该宏用于将你的姓名插入活动单元格中。

要创建此宏，首先创建一个新工作簿并执行以下步骤：

(1) 激活一个空单元格。

> **注意**
> 应首先选择单元格，然后开始录制宏。这一步很重要。如果在已启动宏录制器之后选择一个单元格，则所

选择的实际单元格将会被录制到宏中。在这种情况下，宏将总是会使用这个特定的单元格，而不会成为一个通用的宏。

(2) 选择"开发工具" | "代码" | "录制宏"命令。Excel 将显示"录制宏"对话框(参见图 42-7)。

(3) 为宏输入一个新的名称，以代替默认的名称"宏 1"。例如，输入 MyName 作为名称。

(4) 在"快捷键"字段中输入大写字母 N，为该宏指定 Ctrl+Shift+N 快捷键。

(5) 在"保存在"字段中选择"当前工作簿"选项。

(6) 单击"确定"按钮，关闭"录制宏"对话框，开始录制动作。

(7) 在选定的单元格中输入你的姓名，然后按 Enter 键。

(8) 选择"开发工具" | "代码" | "停止录制"命令(或单击状态栏中的"停止录制"按钮)。

3. 检验宏

宏将被录制在一个名为 Module1 的新模块中。要查看此模块中的代码，必须激活 Visual Basic 编辑器。有两种方法可用于激活 VB 编辑器：

- 按 Alt+F11 快捷键。
- 选择"开发工具" | "代码" | Visual Basic 命令。

在 VB 编辑器中，"工程"窗口将显示一个包含全部已打开工作簿和加载项的列表。该列表显示为树状图，可以展开或折叠。之前录制的代码保存在当前工作簿的"模块"文件夹下的 Module1 中。当双击 Module1 时，该模块中的代码将显示在"代码"窗口中。

> **注意**
>
> 如果没有看到打开工作簿的列表，则在"视图"菜单中选择"工程资源管理器"选项或者按 Ctrl+R 键，以显示工程资源管理器。

图 42-8 在"代码"窗口中显示了刚才录制好的宏。

图 42-8　MyName 过程由 Excel 宏录制器生成

此宏将与如下所示的内容类似(使用你的姓名取代这里的姓名)：

```
Sub MyName()
'
' MyName Macro
'
' Keyboard Shortcut: Ctrl+Shift+N
'
```

```
    ActiveCell.FormulaR1C1 = "Dick Kusleika"
    Range("F15").Select
End Sub
```

所录制的宏是一个名为 MyName 的子过程。这些语句告诉 Excel 在执行宏时应该做什么。

注意，Excel 在过程的顶部插入了一些注释。这些注释基于"录制宏"对话框中显示的一些信息。这些注释行(以单引号开始)并不是必需的，如果删除它们，对宏的运行并无影响。如果忽视这些注释，则会看到该过程只有两条 VBA 语句：

```
ActiveCell.FormulaR1C1 = "Dick Kusleika"
Range("F15").Select
```

第一条语句将你在录制宏时输入的姓名插入活动单元格中。FormulaR1C1 部分是 Range 对象的一个属性，后面将会讲到。在单元格中按 Enter 键时，Excel 将下移一个单元格(除非你修改了默认行为)。从这段代码可以猜出，当录制宏时，活动单元格为 F14。

4. 测试宏

在录制该宏之前，曾经设置过一个选项，用于为宏指定快捷键 Ctrl+Shift+N。要测试宏，可以通过如下两种方法返回到 Excel：

- 按 Alt+F11 快捷键。
- 单击 VB 编辑器工具栏上的"视图 Microsoft Excel"按钮。

当激活 Excel 时，同时也激活了一个工作表(这个工作表既可以位于包含 VBA 模块的工作簿中，也可以位于其他任意工作簿中)。选择一个单元格并按 Ctrl+Shift+N 快捷键。这样，宏就会立即将姓名输入单元格中并选中单元格 F15。

5. 编辑宏

在录制宏之后，还可以对它进行修改(但是你必须清楚自己要做什么)。例如，假设你不想选择单元格 F15，而是想选择活动单元格下方的单元格。按 Alt+F11 快捷键激活 VB 编辑器窗口，然后激活 Module1，将第二条语句修改为如下所示：

```
ActiveCell.Offset(1, 0).Select
```

编辑之后的宏如下所示：

```
Sub MyName()
'
' MyName Macro
'
' Keyboard Shortcut: Ctrl+Shift+N
'
    ActiveCell.FormulaR1C1 = "Dick Kusleika"
    ActiveCell.Offset(1, 0).Select
End Sub
```

测试这个新宏，将会看到它的执行结果与预期的一样。

6. 绝对录制和相对录制

在使用所录制的宏之前，首先需要了解绝对录制和相对录制模式的概念。前面的示例中显示，即使是一个简单的宏，都可能会因为不正确的录制模式而导致失败。

通常，当录制宏时，Excel 会存储对所选单元格的准确引用(即执行绝对录制)。如果在单元格 F14 中按 Enter 键，活动单元格将向下移动一个单元格，录制的宏将显示你选择了单元格 F15。类似地，如果在录制宏时选择区域 Bl:B10，则 Excel 会录制：

```
Range("B1:B10").Select
```

该 VBA 语句的确切意思是"选择区域 B1:B10 内的单元格"。当调用含有该语句的宏时,无论活动单元格的位置如何,都将总是选择相同的单元格。

功能区的"开发工具"|"代码"组中有一个名为"使用相对引用"的控件。当单击该控件时,Excel 会将其录制模式从绝对录制(默认)改为相对录制。当在相对模式下进行录制时,所选的单元格区域会随活动单元格位置的不同而被解释为不同的含义。例如,如果以相对模式进行录制且单元格 Al 是活动的,则选择区域 B1:B10 将生成下列语句:

```
ActiveCell.Offset(0, 1).Range("A1:A10").Select
```

该语句可以解释为"从活动单元格开始,下移 0 行,右移 1 列,然后将此新单元格作为 Al。现在,选择 A1 到 A10。"换言之,以相对模式录制的宏将首先使用活动单元格作为它的基准,然后保存对该单元格的相对引用。因此,根据活动单元格位置的不同,会获得不同的结果。当重放该宏时,所选中的单元格取决于活动单元格。该宏选择的区域为 10 行 1 列,相对于活动单元格的偏移量为 0 行和 1 列。

当 Excel 以相对模式录制宏时,"使用相对引用"控件将显示背景色。要返回绝对录制模式,只需要再次单击"使用相对引用"控件即可(该控件将显示为普通状态,没有背景色)。

7. 另一个示例

在第一个示例中,宏在输入姓名后会选择单元格 F15,所以看上去行为有些奇怪。这种奇怪的行为并没有造成危害,也没有导致宏不正确地执行。本示例将演示选择错误的录制模式可能导致宏不正确地工作。你将录制一个宏,将当前日期和时间插入活动单元格。要创建该宏,请执行下列步骤:

(1) 激活一个空单元格。

(2) 选择"开发工具"|"代码"|"录制宏"命令。Excel 将显示"录制宏"对话框。

(3) 为宏输入一个新的名称,以代替默认名称"宏 1"。推荐使用 TimeStamp。

(4) 在"快捷键"字段中输入大写字母 T,为该宏指定快捷键 Ctrl+Shift+T。

(5) 在"保存在"字段中选择"当前工作簿"选项。

(6) 单击"确定"按钮,以关闭"录制宏"对话框。

(7) 在选定的单元格中输入如下公式:

```
=NOW()
```

(8) 在选中日期单元格的情况下,单击"复制"按钮(或按 Ctrl+C 快捷键)将单元格复制到剪贴板中。

(9) 选择"开始"|"剪贴板"|"粘贴"|"值"命令。该步骤会使用静态文本代替公式,从而使得在计算工作表时不更新日期和时间。

(9) 按 Esc 键取消"复制"模式。

(10) 选择"开发工具"|"代码"|"停止录制"命令(或单击状态栏中的"停止录制"按钮)停止录制宏。

8. 运行宏

激活一个空单元格,然后按 Ctrl+Shift+T 快捷键执行该宏。该宏很可能无法工作!

在该宏中录制的 VBA 代码取决于"Excel 选项"对话框的"高级"选项卡中的一项设置,即"按 Enter 键后移动所选内容"。如果启用此设置(默认启用),则所录制的宏将不会按预期工作,因为当你按 Enter 键时活动单元格已被改变。即使在录制过程中(在步骤(7)中)重新激活了日期单元格,该宏仍然会失败。

9. 检验宏

激活 VB 编辑器并观察所录制的代码。图 42-9 为所录制的宏在"代码"窗口中的显示。

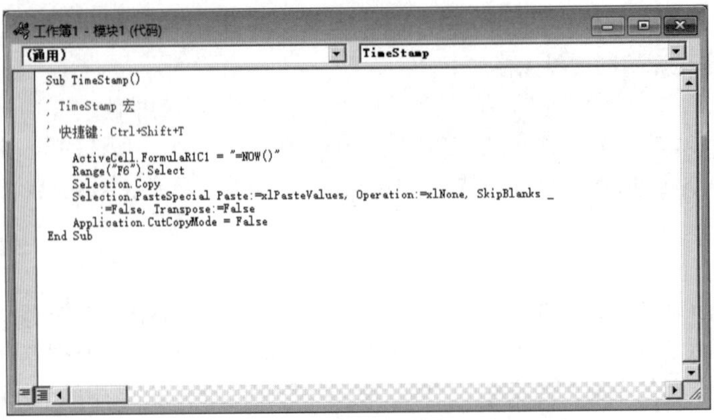

图 42-9 Excel 宏录制器生成的 TimeStamp 过程

该过程有 5 条语句。第一条语句将 NOW()公式插入活动单元格中；第二条语句选择了单元格 F6——如果在步骤(7)中，活动单元格移动到了下一个单元格，那么必须在步骤(8)中重新选择活动单元格。确切的单元格地址取决于录制宏时活动单元格的位置。

第三条语句用于复制单元格。第四条语句分两行显示(下划线字符意味着语句将在下一行中继续)，用于将剪贴板的内容(作为值)粘贴到当前所选的单元格中。第五条语句用于取消选定区域周围的虚线边框。

问题在于，宏被硬编码为选择单元格 F6。如果在另一个单元格是活动单元格时执行此宏，则在复制该单元格之前，代码始终会选择单元格 F6，而这并不是你本来的意图，它会导致宏失败。

> **注意**
> 你还会注意到，宏会录制一些你没有做过的动作。例如，它为 PasteSpecial 操作指定了几个选项。记录这些动作是 Excel 在将动作翻译成代码时产生的副作用。

10. 重新录制宏

可以使用几种方法来解决宏的上述问题。如果了解 VBA，那么你可以编辑代码，以便使它能够正常工作。或者，也可以使用相对引用来重新录制宏。

激活 VBA 编辑器，删除现有的 TimeStamp 过程并重新录制。在开始录制之前，请单击"开发工具"选项卡的"代码"组中的"使用相对引用"命令。

图 42-10 显示的是使用相对引用所录制的新宏。

图 42-10 此 TimeStamp 宏可正确工作

注意，第二行现在使用 ActiveCell.Select，而不是具体的单元格地址。这就解决了复制和粘贴错误单元格的问题，但是为什么要选择一个已经被选中的单元格呢？这是录制宏的一个奇怪的地方。当你选择单元格时，例如在键入公式后按 Enter 键时，录制器会尽职尽责地记录每个选择。在本例中，当在步骤(7)中按下 Enter 键时，录制器将录制下面的代码：

```
ActiveCell.Offset(1, 0).Range("A1").Select
```

因为你在该单元格中什么也没做，所以并没有保存该代码。当你重新选择包含日期的单元格时，就将上面的一行代码替换为你在宏中看到的代码。

11. 测试宏

打开 Excel 后，激活一个工作表(这个工作表既可以位于含有 VBA 模块的工作簿中，也可以位于其他任意工作簿中)。选择一个单元格并按 Ctrl+Shift+T 快捷键。宏会立即将当前日期和时间输入单元格中。可能要加宽列，这样才能看到日期和时间。

如果宏的执行结果需要更多的人工干预，则表明可以改进该宏。要自动加大列宽，只需要将下面的语句添加到宏的末尾即可(在 End Sub 语句前)：

```
ActiveCell.EntireColumn.AutoFit
```

42.6.2　关于录制 VBA 宏的更多信息

如果学习了前面的示例，则你应该对如何录制宏有了较深入的了解，同时也对宏(甚至是很简单的宏)中可能出现的问题有了较好的理解。如果你对 VBA 代码感到困惑，也别担心。只要所录制的宏能够正常工作，就不必担心 VBA 代码。如果宏无法正常工作，则重新录制宏会比编辑代码更为容易。

一个用于了解录制内容的好方法是调整屏幕窗口，以便能够看到在 VB 编辑器窗口中生成的代码。要实现上述操作，需要确保 Excel 窗口未最大化；然后对 Excel 窗口和 VB 编辑器窗口进行排列，使二者都可见。在录制动作时，一定要确保 VB 编辑器窗口显示的是在其中录制代码的模块(可能需要在工程资源管理器中双击模块名称)。

提示

如果要使用 VBA 进行大量工作，则需要考虑在系统中添加另一个监视器。然后可以在一个监视器上显示 Excel，在另一个监视器上显示 VB 编辑器。

---

1. 在个人宏工作簿中存储宏

用户创建的大多数宏都是为了用于某个特定的工作簿，但有时也可能需要在多个工作簿中使用一些宏。此时，可以将这些通用的宏存储在个人宏工作簿中，以便随时使用。个人宏工作簿会在启动 Excel 时被载入。这个名为 personal.xlsb 的文件原本是不存在的，但当你在使用个人宏工作簿作为目标录制宏时，该文件就会被创建。

注意

个人宏工作簿通常位于一个隐藏的窗口中(为了不妨碍操作)。

要将宏录制到个人宏工作簿中，请在开始录制之前，在"录制宏"对话框中选择"个人宏工作簿"选项。该选项位于"保存在"下拉框中。

如果将宏存储在个人宏工作簿中，那么当载入一个使用宏的工作簿时，不必打开个人宏工作簿。如果要退出，则 Excel 会询问是否将更改保存到个人宏工作簿中。

2. 为宏指定快捷键

当开始录制宏时，可以使用"录制宏"对话框为宏设置快捷键。如果要更改快捷键或者为没有快捷键的宏指定快捷键，可执行下列步骤：

(1) 选择"开发工具"|"代码"|"宏"命令(或按 Alt+F8 快捷键)，以显示"宏"对话框。

(2) 从列表中选择宏名称。

(3) 单击"选项"按钮。Excel 会显示"宏选项"对话框(参见图 42-11)。

(4) **指定快捷键**。既可以使用单个字母(生成"Ctrl+字母"快捷键)，也可以在按住 Shift 键的同时输入一个大写字母(生成"Ctrl+Shift+字母"快捷键)。

(5) 单击"确定"按钮返回"宏"对话框。

(6) 单击"取消"按钮关闭"宏"对话框。

图 42-11　使用"宏选项"对话框添加或更改宏的快捷键

3. 将宏指定给一个按钮

录制并测试宏后，你或许想要将宏指定给一个位于工作表中的按钮。执行以下步骤即可实现该目的：

(1) 如果宏是计划要用于多个工作簿的通用宏，那么就需要确保将该宏保存在个人宏工作簿中。

(2) 选择"开发工具"|"控件"|"插入"命令，然后单击被标识为"按钮(窗体控件)"的图标。图 42-12 显示了一个控件列表。将鼠标指针移动到图标上，将看到一条用于说明该控件的工具提示。

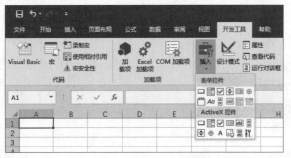

图 42-12　在工作表中添加一个用于执行宏的按钮

(3) 单击工作表并拖动以绘制按钮。当松开鼠标时，将显示"指定宏"对话框。

(4) 从列表中选择宏。

(5) 单击"确定"按钮关闭"指定宏"对话框。

(6) (可选)修改显示在按钮上的文本，使其更具描述性。为此，右击按钮，从快捷菜单中选择"编辑文本"命令并作更改。

执行上述步骤后，单击该按钮即可执行所指定的宏。

4. 将宏添加到快速访问工具栏

也可以为快速访问工具栏上的按钮指定宏：

(1) 右击快速访问工具栏从快捷菜单中选择"自定义快速访问工具栏"命令。这将显示"Excel 选项"对话框的"快速访问工具栏"选项卡。

(2) 从左侧的下拉列表中选择"宏"选项。

(3) 在右侧列表的顶部，选择"用于所有文档"或"用于 *xxx*"(其中 *xxx* 是活动工作簿的名称)。此步骤将确定宏是用于所有工作簿，还是只用于包含该宏的工作簿。

(4) 选择宏并单击"添加"按钮。

(5) 要更改图标或显示的文本，请单击"修改"按钮，做出选择，然后单击"确定"按钮。

(6) 单击"确定"按钮，关闭"Excel 选项"对话框。

执行这些步骤之后，快速访问工具栏上将显示用于执行宏的按钮。

42.6.3　编写 VBA 代码

如前面各节所示，创建一个简单的宏最容易的方法是录制动作。然而，要想开发更复杂的宏，则需要手工输入 VBA 代码，也就是编写程序。为了节省时间和帮助学习，可以将动作录制与手工输入代码这两种方法结合在一起使用。

在开始编写 VBA 代码之前，必须很好地理解对象、属性和方法等主题。此外，还必须熟悉一些常用的编程结构(如循环语句和 If-Then 语句)。

本节将介绍 VBA 编程，如果要编写(而不是录制)VBA 宏，则必须掌握这些内容。本节并非完整的指南。另一本书 *Excel 2019 Power Programming with VBA*(Wiley，2018)中涵盖了有关 VBA 和高级电子表格应用程序开发的所有方面。

1. 基础：输入和编辑代码

在输入代码之前，必须在工作簿中插入一个 VBA 模块。如果工作簿中已有 VBA 模块，则可将现有模块工作表用于编写新代码。

执行以下步骤以插入新 VBA 模块：

(1) 按 Alt+F11 快捷键，以激活 VB 编辑器窗口。"工程"窗口显示了所有已打开的工作簿和加载项的列表。

(2) 在"工程"窗口中找到并选择要在其中工作的工作簿。

(3) 选择"插入" | "模块"命令。VBA 会在工作簿中插入一个新的(空)模块并将其显示在"代码"窗口中。

VBA 模块显示在一个单独的窗口中，其行为类似于文本编辑器。可以在工作表内移动，还可以执行选择和插入文本、复制、剪切和粘贴等操作。

VBA 编码技巧

当在模块工作表中输入代码时，可以自由使用缩进和空行来使代码更具可读性。事实上，这是一个很好的习惯。

在输入一行代码(按 Enter 键)后，系统将评估此行是否有语法错误。如果没有发现，则会重新设置此代码行的格式，为关键字和标识符加上颜色。这种自动重设格式的过程将会添加一致的空格(例如，在等号的前后会加上空格)并删除不需要的空格。如果发现语法错误，则会弹出一个消息框，并以不同的颜色显示此行(默认为红色)。在执行宏之前，需要更正所有错误。

语句可以是你需要的任何长度。但是，可以将语句拆分成两行或更多行。为此，只需要插入一个空格和一个下划线(_)即可。下面的代码虽然编写在两行中，但实际上是一个 VBA 语句：

```
Sheets("Sheet1").Range("B1").Value = _
  Sheets("Sheet1").Range("A1").Value
```

可以在 VBA 代码中插入注释。注释信息的指示符是一个单引号字符(')。单引号后面的任何文本都会被忽略。注释既可以单独成行，也可以直接插入在语句后面。下面的示例显示了两个注释：

```
' Assign the values to the variables
Rate = .085 'Rate as of November 16
```

---

2. Excel 对象模型

VBA 是一种被设计用来操纵对象的语言。一些对象包含在语言本身中，但是在为 Excel 编写 VBA 时将会用到的大部分对象来自 Excel 对象模型。

在这个对象模型的最顶端是 Application 对象。该对象代表 Excel 自身，其他所有对象在对象层次中都位于这个对象的下方。可以把编写代码视为询问要修改哪个对象以及哪个属性或方法控制着该对象的那个方面。例如，如果想要强制用户使用编辑栏输入数据，而不是直接在单元格中输入数据，可以修改 Application 对象的 EditDirectlyInCell 属性。

如果不知道要修改哪个对象或属性(刚开始编写 VBA 时这很正常)，那么可以使用宏录制器。录制一个宏并进行修改。然后查看录制器生成了什么。如果录制一个宏并选择"文件"|"选项"|"高级"选项，并且取消选中"允许直接在单元格内编辑"复选框，将看到如下录制的宏：

```
Sub Macro1()
'
' Macro1 Macro
'
'
    Application.EditDirectlyInCell = False
End Sub
```

现在，你知道这项设置保存在 Application 对象的 EditDirectlyInCell 属性中，并且可以在自己的代码中使用该属性。

3. 对象和集合

除了 Application 对象，在代码中还可以使用其他几百个对象，例如 Ranges(区域)、Charts(图表)和 Shapes(形状)等。这些对象以分层的形式组织，Application 对象位于层次结构的最顶端。

相同类型的对象包含在集合中(集合也是对象)。集合对象使用它们包含的对象的复数形式来命名。每个打开的工作簿是一个 Workbook 对象，所有打开的工作簿包含在 Workbooks 集合对象中。类似地，Shapes 集合对象包含类型为 Shape 的所有对象。

在一些地方，复数形式的集合命名约定没有得到遵守。Range 对象就是一个重要的例外情况，本章后面将会讨论。

通过遍历层次结构来引用具体的对象。要引用单元格 A1，可以使用如下所示的代码：

```
Application.Workbooks.Item("MyBook.xlsx").Worksheets.Item(1).
Range("A1")
```

好消息是 VBA 提供了一些快捷写法。因为 Application 是最顶端的对象，所以可以省去该对象，VBA 会知道你的意图。VBA 还为一些对象提供了默认属性。所有集合对象都有一个名为 Item 的默认属性，用于访问集合中的一个对象。可以将前面的代码简写为：

```
Workbooks("MyBook.xlsx").Worksheets(1).Range("A1")
```

当访问一个集合的 Item 时，可以按名称或按编号请求访问。对于 Workbooks 集合，我们传递了想要访问的工作簿的名称，它将返回具有该名称的 Workbook 对象。但是，对于 Worksheets 集合，我们请求集合中的第一个 Worksheet 对象，而不管它的名称是什么。

4. 属性

对象都有一些属性，可以将属性视为对象的特征。例如，Range 对象有 Column、Row、Width 和 Value 等属性。Chart 对象有 Legend 和 ChartTitle 等属性。ChartTitle 也是一个对象，它有 Font、Orientation 和 Text 等属性。Excel 有很多对象，每一个对象都有自己的属性集。可以通过编写 VBA 代码实现如下功能：

● 检查对象当前的属性设置并基于此设置执行一些操作。
● 更改对象的属性设置。

通过在对象名称之后插入句点和属性名称，可以在 VBA 代码中引用该属性。例如，使用下面的 VBA 语句可将一个名为 frequency 的区域的 Value 属性设为 15(即该语句可以使数字 15 显示在此区域的单元格中)。

```
Range("frequency").Value = 15
```

你可能已经注意到，我们在前一节使用句点运算符来遍历对象层次结构，在这里使用它来访问属性。这并不是偶然。属性可以包含许多不同的值，也可以包含其他对象。当使用 Application.Workbooks("MyBook.xlsx") 时，我们实际上访问了 Application 对象的 Workbooks 属性。该属性返回一个 Workbooks 集合对象。

有些属性是只读属性，这意味着可以查看该属性，但不能改变该属性。对于单一单元格的 Range 对象来说，Row 和 Column 属性是只读属性：即可以确定单元格的位置(即确定在哪行哪列)，但不能通过更改这些属性来更改单元格的位置。

Range 对象还有一个 Formula 属性，该属性不是只读属性，即可以通过更改单元格的 Formula 属性在单元格中插入公式。以下语句可以通过更改单元格 A12 的 Formula 属性，从而在此单元格中插入一个公式：

```
Range("A12").Formula = "=SUM(A1:A10)"
```

> **注意**
>
> 可能与你认为的相反，Excel 中没有 Cell(单元格)对象。如果要处理一个单元格，需要使用一个 Range 对象(其中只包含一个单元格)。

Application 对象有几个有用的属性，指出了用户在程序中的位置。
- Application.ActiveWorkbook：返回 Excel 中的活动工作簿(Workbook 对象)。
- Application.ActiveSheet：返回活动工作簿中的活动工作表(Sheet 对象)。
- Application.ActiveCell：返回活动窗口中的活动单元格(Range 对象)。
- Application.Selection：返回当前在 Application 对象的活动窗口中选中的对象。这些对象可以是 Range、Chart、Shape 或其他可选的对象。

在很多情况下，可以使用多种方法引用一个相同的对象。假设有一个工作簿名为 Sales.xlsx，而且它是唯一打开的工作簿。此外，假设该工作簿有一个名为 Summary 的工作表。VBA 代码可以使用下列任意一种方式引用 Summary 工作表：

```
Workbooks("Sales.xlsx").Worksheets("Summary")

Workbooks(1).Worksheets(1)

Workbooks(1).Sheets(1)

Application.ActiveWorkbook.ActiveSheet

ActiveWorkbook.ActiveSheet

ActiveSheet
```

所使用的方法取决于你对工作空间的了解程度。例如，如果已打开多个工作簿，则第二种和第三种方法就不可靠。如果要使用活动工作表(不管是哪个工作表)，则最后的 3 种方法都可以完成任务。如果必须要确保引用特定工作簿中的特定工作表，则第一种方法是最好的选择。

5. 方法

对象也具有方法。可以将方法视为在对象上执行的操作。一般来说，方法用来与 Excel 应用程序外部的计算机功能交互，或者一次性修改多个属性。例如，Range 对象有一个 Clear 方法。下面的 VBA 语句可以清除一个区域，此动作等同于选中一个区域，然后选择"开始" | "编辑" | "清除" | "全部清除"命令：

```
Range("A1:C12").Clear
```

Clear 方法将一次性更改 Range 对象的多个属性，包括将 Value 属性设为 Empty(清空其内容)，将 Font 对象的 Bold 属性设为 False(清除所有格式)，以及将 Comments 属性设为 Nothing(删除单元格的批注)。它还会执行其他一些操作。

如果你的代码与磁盘上的文件、打印机或 Excel 外部的其他计算机功能交互，那么很可能需要使用方法。每个 Workbook 对象都有一个只读的 Name 属性。不能像下面这样通过直接设置值的方式来更改 Name 属性：

```
Workbooks(1).Name = "xyz.xlsx"
```

这种代码将会失败。但是，可以使用 SaveAs 方法来改变 Workbook 的名称：

```
Workbooks(1).SaveAs "xyz.xlsx"
```

除了更改 Name 属性，SaveAs 方法还可以更改其他一些属性，并且会把文件写入硬盘。

在 VBA 代码中，方法与属性类似，因为它们都使用一个"点"与对象相连。但是，方法和属性是两个不同的概念。

6. Range 对象

Range 对象很特殊。它在 Excel 对象模型中处于核心位置。工作簿和工作表存在的目的就是保存单元格。虽然 Worksheets 集合包含一组 Worksheet 对象，Shapes 集合包含一组 Shape 对象，但是 Range 对象的工作方式却与它们不同。

一个单元格是一个 Range 对象，一个单元格区域也是一个 Range 对象，而不是 Ranges 集合对象。Range 对象是少数几个不遵守集合的复数命名约定的对象之一。

大部分集合对象都有一个默认的 Item 属性，这允许你编写下面这样的代码：

```
Workbooks(1)
```

而不必写成这样：

```
Workbooks.Item(1)
```

一般来说，如果一个对象有 Item 属性，它就是默认属性。对于不是集合的对象，如果它们有 Value 属性，那么 Value 属性就是默认属性。例如，下面的两行 VBA 代码是等效的，因为 Value 是 Checkbox 对象的默认属性：

```
If Sheet1.CheckBox1.Value = True Then
If Sheet1.CheckBox1 = True Then
```

Range 对象既有 Item 属性，也有 Value 属性。在一些上下文中，Item 属性是默认属性，而在另一些上下文中，Value 属性是默认属性。好消息是 VBA 在选择正确的属性方面表现得很不错。

7. 变量

与所有编程语言一样，VBA 允许使用变量。在 VBA 中(与某些语言不同)，不需要在代码使用变量之前显式地声明变量(虽然这么做无疑是一个很好的做法)。

> **注意**
> 如果 VBA 模块在模块的顶部包含一个 Option Explicit 语句，那么就必须在模块中声明所有变量。未声明的变量将导致编译错误，过程将不会运行。

下面的示例可以将 Sheetl 中单元格 Al 的值赋给变量 Rate：

```
Rate = Worksheets("Sheet1").Range("A1").Value
```

执行该语句后，可以在 VBA 代码的其他部分中使用变量 Rate。

8. 控制执行

VBA 使用了可以在大多数其他编程语言中找到的许多结构。这些结构可用于控制流程的执行。本节将介绍一些常用的编程结构。

If-Then 结构

VBA 中最重要的控制结构之一是 If-Then 结构，该结构为应用程序赋予了决策的能力。If-Then 结构的基本语法如下所示：

```
If condition Then statements [Else elsestatements]
```

该结构的意思是，如果条件为真，则执行一组语句。如果包含 Else 子句，则会在条件不为真时执行另一组语句。

以下是一个示例(本例没有使用可选的 Else 子句)。该过程可以检查一个活动单元格。如果单元格包含一个负值，则将单元格的字体颜色变为红色，否则不变。

```
Sub CheckCell()
  If ActiveCell.Value < 0 Then ActiveCell.Font.Color = vbRed
End Sub
```

下面是该过程的另一个多行版本，但这次使用一个 Else 子句。因为它使用了多行，所以必须包含 End If 语句。如果单元格中是负值，则该过程将使用红色显示活动单元格文本。如果是其他值，则显示绿色。

```
Sub CheckCell()
   If ActiveCell.Value < 0 Then
      ActiveCell.Font.Color = vbRed
   Else
      ActiveCell.Font.Color = vbGreen
   End If
End Sub
```

For-Next 循环

可以使用 For-Next 循环多次执行一个或多个语句。以下是一个 For-Next 循环示例：

```
Sub SumSquared()
  Total = 0
  For Num = 1 To 10
    Total = Total + (Num ^ 2)
  Next Num
  MsgBox Total
End Sub
```

本例在 For 语句和 Next 语句之间只有一个语句。该语句被执行了 10 次。变量 Num 的值依次为 1、2、3、…10。变量 Total 存储了 Num 的平方与上一个 Total 值的和。最后的结果是前 10 个整数的平方和。该结果显示在一个消息框中。

Do 循环

For-Next 循环将一组语句执行特定的次数。Do 循环将一直执行一组语句，直到特定的条件存在或者不再存在。

```
Sub SumSquaredTo500()
  Total = 0
  num = 0
  Do
    num = num + 1
    Total = Total + (num ^ 2)
  Loop Until Total ≥ 500
  MsgBox num & Space(1) & Total
End Sub
```

这个过程将一直计算平方和，直到总和大于 500。使用 Do 循环时，可以在 Do 行或 Loop 行检查条件，但不能同时在这两行检查条件。可用的 4 个选项为：

- Do Until
- Do While

- Loop Until
- Loop While

With-End With 结构

有时，在录制宏时会碰到的一个结构是 With-End With 结构。该结构是用于处理同一个对象的多个属性或方法的一种捷径。以下是一个示例：

```
Sub AlignCells()
  With Selection
    .HorizontalAlignment = xlCenter
    .VerticalAlignment = xlCenter
    .WrapText = False
    .Orientation = xlHorizontal
  End With
End Sub
```

下面的宏执行的是完全相同的操作，但没有使用 With-End With 结构：

```
Sub AlignCells()
  Selection.HorizontalAlignment = xlCenter
  Selection.VerticalAlignment = xlCenter
  Selection.WrapText = False
  Selection.Orientation = xlHorizontal
End Sub
```

Select Case 结构

Select Case 结构用于在两个或多个选项中做出选择。以下示例演示了 Select Case 结构的用法。本例中将检查活动单元格，如果其值小于 0，则将单元格的颜色变为红色；如果等于 0，则颜色变为蓝色；如果其值大于 0，则颜色变为黑色。

```
Sub CheckCell()
  Select Case ActiveCell.Value
    Case Is < 0
      ActiveCell.Font.Color = vbRed
    Case 0
      ActiveCell.Font.Color = vbBlue
    Case Is > 0
      ActiveCell.Font.Color = vbBlack
  End Select

End Sub
```

每条 Case 语句下面可以有任意数量的语句，在该 Case 为真时，这些语句都将被执行。

9. 无法录制的宏

下面的 VBA 宏不能被录制，因为它使用了必须手动输入的编程概念。该宏将创建一个活动工作表上的所有公式的列表。此列表存储在一个新工作表中。

```
Sub ListFormulas()
' Create a range variable
  Set InputRange = ActiveSheet.UsedRange
' Add a new sheet and save in a variable
  Set OutputSheet = Worksheets.Add
' Variable for the output row
  OutputRow = 1
' Loop through the range
  For Each cell In InputRange
    If cell.HasFormula Then
      OutputSheet.Cells(OutputRow, 1) = "'" & cell.Address
      OutputSheet.Cells(OutputRow, 2) = "'" & cell.Formula
```

```
        OutputRow = OutputRow + 1
      End If
   Next Cell
End Sub
```

虽然这个宏看起来很复杂，但将其拆分开来看则相当简单。以下是它的工作原理：

(1) 此宏创建一个名为 InputRange 的对象变量。该变量对应于在活动工作表上使用的区域(不必检查每个单元格)。

(2) 添加一个新的工作表，并将工作表分配到一个名为 OutputSheet 的对象变量。OutputRow 变量被设为 1。该变量将在稍后递增。

(3) For-Next 循环检查 InputRange 中的每个单元格。如果某单元格含有公式，则将此单元格的地址和公式写入 OutputSheet 中。同时 OutputRow 变量将被递增。

图 42-13 显示了该宏的运行结果——工作表中所有公式的列表。

	A	B	C	D	E
1	$G$2	=B9/2			
2	$A$8	=SUM(A2:A7)			
3	$B$8	=SUM(B2:B7)			
4	$C$8	=SUM(C2:C7)			
5	$D$8	=SUM(D2:D7)			
6	$A$9	=AVERAGE(A2:A7)			
7	$B$9	=AVERAGE(B2:B7)			
8	$C$9	=AVERAGE(C2:C7)			
9	$D$9	=AVERAGE(D2:D7)			
10	$E$9	=AVERAGE(E2:E7)			
11	$A$15	=RANDBETWEEN(1,1000)			
12	$B$15	=RANDBETWEEN(1,1000)			
13	$C$15	=RANDBETWEEN(1,1000)			
14	$D$15	=RANDBETWEEN(1,1000)			
15	$E$15	=RANDBETWEEN(1,1000)			
16	$A$16	=RANDBETWEEN(1,1000)			
17	$B$16	=RANDBETWEEN(1,1000)			
18	$C$16	=RANDBETWEEN(1,1000)			
19	$D$16	=RANDBETWEEN(1,1000)			
20	$E$16	=RANDBETWEEN(1,1000)			
21	$A$17	=RANDBETWEEN(1,1000)			
22	$B$17	=RANDBETWEEN(1,1000)			
23	$C$17	=RANDBETWEEN(1,1000)			
24	$D$17	=RANDBETWEEN(1,1000)			

图 42-13　ListFormulas 宏可创建一个工作表中所有公式的列表

就宏来说，本例还是不错的，但并不完美。它不是很灵活，也没有包含错误处理能力。例如，如果工作簿结构是受保护的，则试图添加一个新工作表将导致错误。

42.7　学习更多知识

本章简要介绍了可使用 VBA 执行的工作。如果这是你第一次使用 VBA，则可能会觉得对象、属性和方法等概念有些难以理解。当你知道自己想做什么，但是不知道应该使用什么对象、属性和方法来实现自己的目的时，会产生挫败感。幸运的是，你可以使用以下一些很好的方法来学习有关对象、属性和方法的知识。

- **阅读本书的其余部分**。本部分后面的其余章节包含了其他一些有用的信息和更多示例。
- **录制自己的动作**。熟悉 VBA 的最好方法是打开宏录制器并录制自己在 Excel 中执行的动作。然后检查代码，以进一步理解对象、属性和方法。

- **使用帮助系统**。有关 Excel 对象、方法和过程的详细信息的主要来源是 VBA 帮助系统。此帮助系统非常全面，而且访问起来很简单。当你在 VBA 模块中工作时，只需要将光标移到一个属性或方法上，然后按 F1 键，这样就可以得到详细说明光标所在文字的帮助内容。所有 VBA 帮助信息都以联机形式提供，所以必须连接到 Internet 才能使用帮助系统。
- **获取其他书籍**。参考其他有关如何在 Excel 中使用 VBA 的专著书籍。本书作者的 *Excel 2019 Power Programming with VBA*(Wiley，2018)就是其中之一。

第**43**章

创建自定义工作表函数

本章要点

- VBA 函数概述
- 函数过程简介
- 函数过程参数
- 调试自定义函数
- 粘贴自定义函数

正如在第 42 章中提到的，你可以创建两种类型的 VBA 过程：子过程和函数过程。本章将主要讨论函数过程。

43.1 VBA 函数概述

使用 VBA 编写的函数过程功能非常灵活。可以在下面两类情形下使用这些函数：

- 可以从不同的 VBA 过程中调用函数。
- 可以在工作表中创建公式中使用的函数。

本章将重点介绍如何创建用于公式中的函数。

Excel 包含超过 450 个预定义的工作表函数。因为可供选择的函数非常多，所以你可能会好奇为什么还要开发其他函数。主要原因在于，创建自定义函数可以显著地缩短公式，这样不仅大大简化了公式，而且简短的公式也更易于阅读和使用。例如，通常可以使用单个函数代替某个复杂的公式。另一个原因在于可以通过编写函数完成其他方法不能完成的操作。

> **注意**
> 学习本章内容的前提是你已经熟悉如何在 Visual Basic 编辑器中输入和编辑 VBA 代码。

> **交叉引用**
> 相关的具体内容请参见第 42 章对 VB 编辑器的概述。

43.2 一个介绍性示例

在了解 VBA 之后，创建自定义函数的过程就变得相对比较简单。下面请看一个 VBA 函数过程示例。该函数存储在一个 VBA 模块中，可以通过 VB 编辑器访问该模块。

43.2.1 创建自定义函数

这个示例函数名为 NumSign，它使用了一个参数。该函数可以在其参数大于 0 时返回字符串 Positive，在其参数小于 0 时返回字符串 Negative，在其参数等于 0 时则返回字符串 Zero。如果参数为非数值，该函数将返回一个空字符串。NumSign 函数如图 43-1 所示。

图 43-1　一个简单的自定义工作表函数

当然，也可以通过以下工作表公式实现同样的目的，此公式使用的是嵌套的 IF 函数：

```
=IF(ISNUMBER(A1),IF(A1=0,"Zero",IF(A1>0,"Positive","Negative")),"")
```

许多人都认为自定义函数解决方案要比理解和编辑工作表公式更简单。

43.2.2 在工作表中使用函数

如果输入一个使用了 NumSign 函数的公式，则 Excel 将执行该函数以获得结果。这个自定义函数与其他任何内置工作表函数的工作方式相同。要将其插入公式中，可以选择"公式"|"函数库"|"插入函数"命令，这样将显示"插入函数"对话框(自定义函数列在"用户定义"类别中)。当从列表中选择函数之后，即可使用"函数参数"对话框为函数指定参数，如图 43-2 所示。你也可以嵌套自定义函数，并将其与公式中的其他元素结合在一起使用。

图 43-2　创建一个使用自定义函数的工作表公式

43.2.3 分析自定义函数

本节将对 NumSign 函数进行说明。以下是该函数的代码：

```
Function NumSign(num)
    If IsNumeric(num) Then
        Select Case num
            Case Is < 0
                NumSign = "Negative"
            Case 0
                NumSign = "Zero"
            Case Is > 0
                NumSign = "Positive"
        End Select
    Else
```

```
        NumSign = ""
    End If
End Function
```

注意，这个过程以关键字 Function 开始，后跟函数名(NumSign)。该自定义函数使用了一个参数(num)，这个参数的名称括在圆括号内。num 参数代表要处理的单元格或值。当该函数用于工作表中时，此参数既可以是一个单元格引用(如 A1)，也可以是一个文字值(如-123)。当该函数用于其他过程中时，参数可以是数字变量、文字值或从单元格中获得的值。

函数内的第一个语句是 If 语句，它代表后面是一个 If 块。If 块由一个 If 语句、一个 End If 语句、一个或多个可选的 Else If 语句和一个可选的 Else 语句构成。前面的代码使用了缩进，使得能够明显看出函数底部的 Else 和 End If 语句对应于函数顶部的 If 语句。缩进是可选的，但是你会发现，如果进行缩进，代码将更容易阅读。

If 语句包含内置的函数 IsNumeric，如果其参数是数字，则该函数返回 True，否则返回 False。每当一个内置函数以 Is 或 Has 开头时，都将返回 True 或 False(一个布尔值)。

NumSign 函数使用了 Select Case 结构(请参见第 42 章)，根据 num 的值来执行不同的操作。如果 num 小于 0，则 NumSign 得到的值为文本 Negative。如果 num 等于 0，则 NumSign 得到的值为 Zero。如果 num 大于 0，则 NumSign 得到的值为 Positive。函数的返回值总是被分配给函数名。

使用 VBA 时，通常有不同的方法能够实现相同的目的。如果不使用 Select Case 结构，那可以使用 If 块。下面的代码将返回与原函数相同的结果，但是这个版本使用了带 Else If 语句的 If 块。注意，缩进使得更容易看出哪些语句属于哪个 If 块：

```
Function NumSignIfBlock(num)
    If IsNumeric(num) Then
        If num = 0 Then
            NumSign = "Zero"
        ElseIf num > 0 Then
            NumSign = "Positive"
        Else
            NumSign = "Negative"
        End If
    Else
        NumSign = ""
    End If
End Function
```

43.3　函数过程简介

自定义函数与子过程有很多共同点。但是，函数过程与子过程之间也存在一些重要的区别。其中，最关键的一点在于函数返回一个值(如一个数字、日期或文本字符串)。在编写一个函数过程时，返回值是在函数执行完毕时分配给该函数名的值。

要创建自定义函数，请执行下列步骤：

(1) 激活 VB 编辑器(按 Alt+F11 快捷键)。

(2) 在工程资源管理器中选择工作簿(如果看不到工程资源管理器，则选择"视图"|"工程资源管理器"命令)。

(3) 选择"插入"|"模块"命令插入一个 VBA 模块，或者也可以使用现有模块。但是，它必须是标准的 VBA 模块。

(4) 输入关键字 Function，后面加上函数名，然后再在括号内输入参数列表(如果有)。如果函数不使用参数，则 VB 编辑器将添加一对空括号。

(5) 插入用于执行工作的 VBA 代码——必须要确保对应于函数名的变量在函数结束时具有合适的值。此值即为函数返回的值。

(6) 使用 End Function 语句结束函数。当键入 Function 语句时，VB 编辑器将自动添加 End Function 语句。

> **注意**
> 第(3)步非常重要。如果在 ThisWorkbook 或一个工作表(如 Sheet1)的代码模块中添加一个函数过程，则工作表中的公式将无法识别该函数。Excel 将会显示#NAME?错误。把函数过程放到错误类型的代码模块中是常见的错误。

在工作表公式中使用的函数名必须与变量名遵循同样的命名规则。

> **函数不能执行的工作**
> 几乎所有人在开始使用 VBA 创建自定义工作表函数时都会犯一个严重的错误：试图让函数完成它不能完成的工作。
> 工作表函数将返回一个值，而且它必须完全"被动"的。换句话说，函数不能对工作表执行任何改动。例如，无法开发可更改单元格格式的工作表函数(所有 VBA 程序员都曾尝试过此操作，但没有一个人成功)。如果所编写的函数试图执行其无法完成的操作，则函数将返回错误。
> 虽然如此，上一段信息并不完全正确。在少数几个案例中，公式中使用的 VBA 函数产生了效果。例如，可以创建用于添加或删除单元格批注的自定义工作表函数。但是，在大多数情况下，在公式中使用的函数必须是被动的。
> 不在工作表公式中使用的 VBA 函数可完成普通子过程可以完成的任何工作，包括更改单元格的格式。

43.4 执行函数过程

可以使用很多方法执行子过程，但用于执行函数过程的方法只有两种：
- 从其他 VBA 过程中对其进行调用。
- 在工作表公式中使用。

43.4.1 从过程中调用自定义函数

可像调用内置 VBA 函数一样从一个 VBA 过程中调用自定义函数。例如，在定义了名为 CalcTax 的函数之后，可以输入下面的语句：

```
Tax = CalcTax(Amount, Rate)
```

该语句使用 Amount 和 Rate 作为参数执行 CalcTax 自定义函数。此函数的结果被赋值给 Tax 变量。

43.4.2 在工作表公式中使用自定义函数

在工作表公式中使用自定义函数与使用其他内置函数一样。但是必须保证 Excel 可以找到该函数。如果函数过程位于同一个工作簿中，则不需要执行任何特殊操作。如果函数是在不同的工作簿中定义的，则必须告诉 Excel 如何找到该函数。下面是实现此目标的 3 种方法。
- **在函数名称前面加上文件引用**。例如，如果要使用在工作簿 MyFunctions 中定义的函数 CountNames，可以使用如下引用：

```
=MyFunctions.xlsm!CountNames(A1:A1000)
```

如果工作簿名称中含有空格，则需要为工作簿名称加上单引号。例如：

```
='My Functions.xlsm'!CountNames(A1:A1000)
```

如果使用"插入函数"对话框插入函数，则会自动插入工作簿引用。

- **设置一个工作簿引用**。如果自定义函数是在一个引用的工作簿中定义的，则不需要在函数名前加上工作簿名称。可以通过选择"工具" | "引用"命令(在 VB 编辑器中)建立指向其他工作簿的引用。这时将显示一个包含所有打开工作簿的引用的列表。选中含有自定义函数的工作簿的复选框即可(如果工作簿未打开，则单击"浏览"按钮)。
- **创建加载项**。当从含有函数过程的工作簿中创建加载项时，如果在公式中使用函数，则不必使用文件引用，但是必须安装加载项。

交叉引用

第 48 章介绍了加载项。

注意

由于不能直接执行函数，所以函数过程不会出现在"宏"对话框中。因此，如果要在开发函数时测试这些函数，则需要执行一些额外的前期工作。一种方法是建立一个简单的子过程来调用函数。如果函数被设计为用于工作表公式中，则可以在开发函数时输入一个简单的公式进行测试。

43.5　函数过程参数

请记住下列有关函数过程参数的要点：

- 参数可以是变量(包括数组)、常量、文字或表达式。
- 有些函数不需要使用参数。
- 有些函数使用固定数目(1～60)的必需参数。
- 有些函数使用必需参数和可选参数的组合。

下面各节将列举一系列示例，说明如何在函数中有效地使用参数。可选参数不在本书的讨论范围之内。

配套学习资源网站

本章中的示例可在配套学习资源网站 www.wiley.com/go/excel2019bible 中找到。文件名为 vba functions.xlsm。

43.5.1　创建无参数的函数

大多数函数使用参数，但这并不是必需的。例如，Excel 中的一些内置工作表函数就不使用参数，如 RAND、TODAY 和 NOW。

下面是一个无参数函数的简单示例。此函数返回 Application 对象的 UserName 属性，即出现在"Excel 选项"对话框的"个性化"部分中的姓名。该函数非常简单，但是非常有用，因为没有内置函数能够返回用户的姓名。

```
Function User()
' Returns the name of the current user
  User = Application.UserName
End Function
```

当在工作表单元格中输入以下公式时，单元格将显示当前用户名：

```
=User()
```

与 Excel 内置函数一样，在使用无参数的函数时，必须包含一对空括号。

43.5.2　创建有一个参数的函数

下面的函数接受一个参数并使用 Excel 的"文本到语音"生成器来"说出"该参数。

```
Function SayIt(txt)
```

```
    Application.Speech.Speak (txt)
End Function
```

注意

要听到合成的声音，必须将系统设置为能够播放声音。

例如，如果输入以下公式，则每当重新计算工作表时，Excel 都将"说出"单元格 A1 的内容：

`=SayIt(A1)`

可以在稍复杂一些的公式中使用该函数，如下所示。在本例中，参数是一个文本字符串，而不是单元格引用。

`=IF(SUM(A:A)>1000,SayIt("Goal reached"),)`

该公式将计算 A 列中各数值的总和。如果总和超过 1000，那么将会听到 Goal reached。

当在工作表公式中使用 SayIt 函数时，由于不会将数值赋予函数名，因此该函数总是返回 0。

43.5.3　创建另一个有一个参数的函数

本节包含了一个更复杂的函数，它可以被销售经理用于计算销售人员的佣金。佣金率以销售额为基础——销售额越高，佣金率就越高。此函数可以根据销售额返回佣金额(销售额是该函数唯一且必需的参数)。本示例中的计算根据表 43-1 进行。

表 43-1　销售额和对应的佣金率

月销售额	佣金率
0～$9,999	8.0%
$10,000～$19,999	10.5%
$20,000～$39,999	12.0%
$40,000+	14.0%

可以使用几种不同的方法为输入工作表中的不同销售额计算佣金。可编写如下公式：

```
=IF(AND(A1≥0,A1≤9999.99),A1*0.08,IF(AND(A1≥10000,
A1≤19999.99), A1*0.105,IF(AND(A1≥20000,
A1≤39999.99),A1*0.12,IF(A1≥40000,A1*0.14,0))))
```

由于以下两个原因，该方法并不是最好的方法。首先，这个公式过于复杂，难以理解。其次，数值被硬编码到公式中，这使得在佣金结构发生变化时很难修改公式。

一个更好的解决方案是使用查找表函数来计算佣金，例如：

`=VLOOKUP(A1,Table,2)*A1`

在使用 VLOOKUP 函数时，需要在工作表中创建一个佣金率表。

另一个方法是创建一个自定义函数，如下所示：

```
Function Commission(Sales)
' Calculates sales commissions
  Tier1 = 0.08
  Tier2 = 0.105
  Tier3 = 0.12
  Tier4 = 0.14
  Select Case Sales
    Case 0 To 9999.99
      Commission = Sales * Tier1
    Case 10000 To 19999.99
      Commission = Sales * Tier2
    Case 20000 To 39999.99
      Commission = Sales * Tier3
```

```
        Case Is ≥ 40000
            Commission = Sales * Tier4
    End Select
End Function
```

在 VBA 模块中定义 Commission 函数之后，就可以在工作表公式中使用该函数。在单元格中输入以下公式，将生成结果 3000(25 000 的销售额将使用 12%的佣金率)。

```
=Commission(25000)
```

如果销售额位于单元格 D23 中，则此函数的参数将是一个单元格引用，如下所示：

```
=Commission(D23)
```

43.5.4　创建有两个参数的函数

本示例以前面的函数为基础。假设销售经理要执行一项新政策：销售人员在公司每多工作一年，得到的佣金总额将递增 1%。在本示例中，已对自定义的 Commission 函数(在上一节中定义的)进行了修改，它现在使用两个必需的参数。将这个新函数命名为 Commission2：

```
Function Commission2(Sales, Years)
'   Calculates sales commissions based on years in service
    Tier1 = 0.08
    Tier2 = 0.105
    Tier3 = 0.12
    Tier4 = 0.14
    Select Case Sales
        Case 0 To 9999.99
            Commission2 = Sales * Tier1
        Case 10000 To 19999.99
            Commission2 = Sales * Tier2
        Case 20000 To 39999.99
            Commission2 = Sales * Tier3
        Case Is ≥ 40000
            Commission2 = Sales * Tier4
    End Select
    Commission2 = Commission2 + (Commission2 * Years / 100)
End Function
```

所做的修改相当简单。第二个参数(Years)被添加到 Function 语句中，并且在退出函数前添加了另一个用于调整佣金额的计算步骤。

下面的示例演示了如何使用这个函数来编写公式。假设销售额位于单元格 Al 中，销售人员的工作年数位于单元格 Bl 中。

```
=Commission2(A1,B1)
```

43.5.5　创建有一个区域参数的函数

本小节中的示例将演示如何使用工作表区域作为参数。实际上这并不十分困难，Excel 会在后台处理所有细节。

假设要计算一个名为 Data 的区域中的 5 个最大值的平均值。Excel 中没有用于进行此计算的函数，所以你可以编写以下公式：

```
=(LARGE(Data,1)+LARGE(Data,2)+LARGE(Data,3)+
LARGE(Data,4)+LARGE(Data,5))/5
```

此公式使用了 Excel 的 LARGE 函数，该函数将返回区域中第 n 大的数值。上面的公式对 Data 区域中最大的 5 个数值求和，然后将结果除以 5。这个公式可得到正确结果，但并不完美。而且，如果要计算前 6 大数值的平均值，该怎么办呢？你将不得不重写该公式，并且确保公式的所有副本都得到更新。

如果 Excel 有一个名为 TopAvg 的函数，那么此工作不就变得简单得多？例如，可以使用下面的函数(并不真的存在)来计算平均值：

```
=TopAvg (Data,5)
```

这就是自定义函数如何使事情变得简单的示例。下面是一个名为 TopAvg 的自定义 VBA 函数,它将返回一个区域中前 *n* 大数值的平均值:

```
Function TopAvg(Data, Num)
' Returns the average of the highest Num values in Data
  Sum = 0
  For i = 1 To Num
    Sum = Sum + WorksheetFunction.Large(Data, i)
  Next i
  TopAvg = Sum / Num
End Function
```

这个函数使用两个参数:Data(表示工作表中的一个区域)和 Num(表示要参加平均值计算的数值个数)。代码首先将 Sum 变量初始化为 0。然后,使用 For-Next 循环来计算区域中前 *n* 大的数值的和(请注意,在循环中使用了 Excel 的 LARGE 函数)。如果在函数前加上 WorksheetFunction 和一个句点,那就可以在 VBA 中使用 Excel 工作表函数。最后,将 Sum 除以 Num 的结果赋值给 TopAvg。

可以在 VBA 过程中使用所有 Excel 工作表函数,但那些在 VBA 中有等效函数的函数除外。例如,VBA 中有一个返回随机数的 Rnd 函数,因此不能在 VBA 过程中使用 Excel 的 RAND 函数。

43.5.6　创建一个简单但有用的函数

有用的函数并不一定是复杂的函数。本节中所述的函数实质上是一个名为 Split 的内置 VBA 函数的包装器。Split 函数很容易提取一个分隔字符串中的元素。该函数被命名为 ExtractElement:

```
Function ExtractElement(Txt, n, Separator)
' Returns the nth element of a text string, where the
' elements are separated by a specified separator character
  ExtractElement = Split(Application.Trim(Txt), Separator)(n - 1)
End Function
```

该函数有 3 个参数。
- TXT:带分隔符的文本字符串或含带分隔符的文本字符串的单元格引用。
- n:字符串中的元素数目。
- Separator:表示分隔符的单个字符。

下面是一个使用 ExtractElement 函数的公式:

```
=EXTRACTELEMENT("123-45-678",2,"-")
```

该公式将返回 45,该数值是以连字符分隔的字符串中的第二个元素。

分隔符也可以是空格字符。下面的公式可提取单元格 A1 中的姓名的名:

```
=EXTRACTELEMENT(A1,1," ")
```

43.6　调试自定义函数

调试函数过程要比调试子过程更具挑战性。如果开发了一个用于工作表公式的函数,则函数过程中的错误只会导致在公式单元格中显示错误信息(通常是#VALUE!)。换言之,不会接收到任何有助于定位出错语句的运行时错误消息。

在调试工作表公式时,最好是在工作表中只使用一个函数实例。下面是可以在调试过程中使用的 3 种方法:
- **在重要位置插入 MsgBox 函数来监控特定变量的值。**幸运的是,函数过程中的消息框将在过程被执行时弹出。但是,需要确保工作表中只有一个公式使用函数,否则将为计算的每个公式弹出消息框。

- **通过从子过程中调用函数过程来测试该过程。** 运行时错误会正常显示出来，而且既可以修复问题(如果知道是什么问题)，也可以直接进入调试器。
- **在函数中设置一个断点，然后使用 Excel 调试器逐步调试该函数。** 按 F9 键，光标处的语句将变为一个断点。代码将停止执行，然后可以逐行运行代码(按 F8 键)。有关使用 VBA 调试工具的更多信息，可查询帮助系统。

43.7 插入自定义函数

Excel 的"插入函数"对话框可以很容易地识别函数并将其插入公式中。该对话框也将显示 VBA 编写的自定义函数。在选择一个函数之后，"函数参数"对话框会提示输入该函数的参数。

> **注意**
> 使用 Private 关键字定义的函数过程不会出现在"插入函数"对话框中。因此，如果创建的是一个仅由其他 VBA 过程使用的函数，则应通过使用 Private 关键字来声明此函数。

你也可以在"插入函数"对话框中显示对自定义函数的说明。为此，可以执行以下步骤：

(1) 使用 VB 编辑器在模块中创建函数。

(2) 激活 Excel。

(3) 选择"开发工具" | "代码" | "宏"命令。Excel 将显示"宏"对话框。

(4) 在"宏名"字段中输入函数名。请注意，函数通常不会显示在该对话框中，所以必须自己输入函数名。

(5) 单击"选项"按钮。Excel 将显示"宏选项"对话框，如图 43-3 所示。

图 43-3 为自定义函数输入说明信息。这些说明信息会出现在"插入函数"对话框中

(6) **输入函数说明信息并单击"确定"按钮。** 快捷键字段不适用于函数。

输入的说明会显示在"插入函数"对话框中。

另一种用于为自定义函数提供说明信息的方法是执行将使用MacroOptions方法的VBA语句。MacroOptions方法还可以用于将函数分配到特定的类别，甚至可以提供参数的说明信息。参数说明信息显示在"函数参数"对话框中。在"插入函数"对话框中选择函数后即会出现"函数参数"对话框。Excel 2010 中引入了为函数参数提供说明信息的功能。

图 43-4 显示了"函数参数"对话框，用于提示用户输入自定义函数(TopAvg)的参数。此函数将出现在函数类别 3("数学与三角函数")中。这里，通过执行以下子过程加入了说明信息、类别和参数说明信息：

```
Sub CreateArgDescriptions()
  Application.MacroOptions Macro:="TopAvg", _
    Description:="Calculates the average of the top n values in a
range", _
    Category:=3, _
    ArgumentDescriptions:=Array("The range that contains the data",
"The value of n")
End Sub
```

类别编号可在 VBA 帮助系统中找到。只需要执行此过程一次。在执行它之后，说明、类别和参数说明将被存储在文件中。

图 43-4　使用"函数参数"对话框插入自定义函数

43.8　学习更多知识

本章只是简要介绍了如何创建自定义函数。然而，对于那些对此主题感兴趣的读者，这些内容已经足以入门。

交叉引用

第 47 章将提供更多实用 VBA 函数的示例。你既可以直接使用那些示例，也可以对其加以修改，从而使其满足自己的需要。

第 **44** 章

创建用户窗体

你不可能长时间使用 Excel 而不用到对话框。与大多数 Windows 程序一样，Excel 会通过使用各种对话框来获取信息、指定命令和显示信息。如果开发 VBA 宏，则可以创建工作方式与 Excel 内置对话框非常相似的自定义对话框。这些对话框即被称为用户窗体。

44.1 为什么要创建用户窗体

某些宏在每次执行时都执行同样的操作。例如，你可能会开发一个用于将销售区域列表输入工作表区域的宏。该宏总是生成相同的结果，并且不要求进行其他用户输入。然而，还可以开发其他一些宏，用于在不同环境下执行不同的操作或对用户提供某些选项。这种情况下，宏就能受益于使用自定义的对话框。

下面的代码是一个简单的宏示例，用于将选中区域中的每个单元格内容转换为大写字符(但跳过包含公式的单元格)。该过程使用了 VBA 内置的 StrConv 函数。

```
Sub ChangeCase()
  For Each cell In Selection
    If Not cell.HasFormula Then
      cell.Value = StrConv(cell.Value, vbUpperCase)
    End If
  Next Cell
End Sub
```

这个宏很有用，不过还可以对其进行改进。例如，如果可以将单元格内容变为小写字符或适当的大小写(只有每个单词的第一个字母是大写的)，则该宏将更有用。此修改并不困难，但如果要对宏进行此更改，则需要以某种方式询问用户要对单元格执行的更改类型。一种解决方法是显示一个如图 44-1 所示的对话框。该对话框是一个使用 VB 编辑器创建的用户窗体，并且通过 VBA 宏进行显示。

另一种方法是开发 3 个宏，其中每个宏分别用于一种文本大小写转换类型。然而，将这 3 个操作组合到一个宏中并使用用户窗体是一种更有效的方法。本章包含这样的一个示例，包括如何创建用户窗体，这将在本章后面的 44.5 节中讨论。

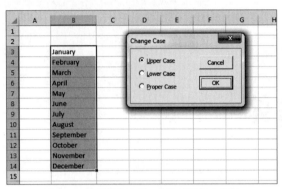

图 44-1　要求用户选择一个选项的用户窗体

44.2　用户窗体的替代方法

在熟悉并掌握相关的内容之后，开发用户窗体的任务并不难。但有时使用 VBA 的内置工具可能会更容易一些。例如，VBA 包含两个函数(InputBox 和 MsgBox)，使用这两个函数能够显示一个简单的对话框，而不需要在 VB 编辑器中创建用户窗体。可以通过一些方法自定义这些对话框，但它们无法提供用户窗体中的某些可用选项。

44.2.1　InputBox 函数

InputBox 函数可用于从用户那里获得单个输入。此函数语法的简化版本如下所示：

```
InputBox(prompt[,title][,default])
```

这些元素定义如下。

- prompt：(必需)显示在输入框中的文本。
- title：(可选)显示在输入框的标题栏中的文本。
- default：(可选)默认值。

下面是一个有关如何使用 InputBox 函数的示例：

```
CName = InputBox("Customer name?","Customer Data")
```

当执行这个 VBA 语句时，Excel 会显示如图 44-2 所示的对话框。请注意，本例只使用了 InputBox 函数的前两个参数，而没有提供默认值。当输入一个值并单击 OK 按钮时，该值就会被赋给变量 CName。然后，VBA 代码即可使用此变量。

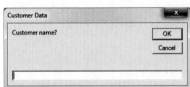

图 44-2　此对话框由 VBA 的 InputBox 函数显示

44.2.2　MsgBox 函数

VBA MsgBox 函数是一种用于显示信息并请求用户输入简单信息的实用方法。在本书的很多示例中，都使用了 VBA MsgBox 函数来显示变量值。MsgBox 语法的简化版本如下所示：

```
MsgBox(prompt[,buttons][,title])
```

这些元素定义如下。

- prompt：(必需)显示在消息框中的文本。
- buttons：(可选)要显示在消息框中的按钮的代码。
- title：(可选)显示在消息框标题栏中的文本。

既可以直接使用 MsgBox 函数，也可以将它的结果赋给某个变量。如果直接使用该函数，那么请不要在参数周围加上括号。以下示例只是显示了一条消息，但不返回结果：

```
Sub MsgBoxDemo()
  MsgBox "Click OK to continue"
End Sub
```

图 44-3 显示了该消息框。

图 44-3　一个使用 VBA MsgBox 函数显示的简单消息框

要从消息框中得到响应，可将 MsgBox 函数的结果赋给一个变量。下面的代码使用了一些内置常量(在表 44-1 中进行了说明)，这样可以更加方便地处理 MsgBox 函数所返回的值：

```
Sub GetAnswer()
  Ans = MsgBox("Continue?", vbYesNo)
  Select Case Ans
    Case vbYes
' ...[code if Ans is Yes]...
    Case vbNo
' ...[code if Ans is No]...
  End Select
End Sub
```

当执行此过程时，Ans 变量包含一个对应于 vbYes 或 vbNo 的值。Select Case 语句根据 Ans 的值确定要执行的操作。

由于 buttons 参数很灵活，因此可以很轻易地自定义消息框。表 44-1 列出了可用于 buttons 参数的常用内置常量。可以指定要显示的按钮、是否显示图标以及默认的按钮。

表 44-1　在 MsgBox 函数中使用的常量

常量	值	说明
vbOKOnly	0	显示 OK 按钮
vbOKCancel	1	显示 OK 和 Cancel 按钮
vbAbortRetryIgnore	2	显示 Abort、Retry 和 Ignore 按钮
vbYesNoCancel	3	显示 Yes、No 和 Cancel 按钮
vbYesNo	4	显示 Yes 和 No 按钮
vbRetryCancel	5	显示 Retry 和 Cancel 按钮
vbCritical	16	显示 Critical Message 图标
vbQuestion	32	显示 Query 图标(一个问号)
VBExclamation	48	显示 Warning Message 图标
vbInformation	64	显示 Information Message 图标
vbDefaultButton1	0	第一个按钮作为默认按钮
vbDefaultButton2	256	第二个按钮作为默认按钮
vbDefaultButton3	512	第三个按钮作为默认按钮

以下示例使用了一个常量组合，以显示一个带 Yes 按钮、No 按钮(vbYesNo)和问号图标(vbQuestion)的消息框。第二个按钮(No 按钮)被指定为默认按钮(vbDefaultButton2)，此按钮即为用户按下 Enter 键时执行的按钮。为了简单起见，这些常量首先被赋给变量 Config，然后 Config 又被用作 MsgBox 函数的第二个参数。

```
Sub GetAnswer()
  Config = vbYesNo + vbQuestion + vbDefaultButton2
  Ans = MsgBox("Process the monthly report?", Config)
  If Ans = vbYes Then RunReport
  If Ans = vbNo Then Exit Sub
End Sub
```

图 44-4 显示了当执行 GetAnswer 过程时是如何显示该消息框的。如果用户单击 Yes 按钮，则例程将执行名为 RunReport 的过程(这里没有显示)。如果用户单击 No 按钮(或按 Enter 键)，则该过程将结束，不执行任何操作。因为 title 参数在 MsgBox 函数中被忽略，所以 Excel 使用的是默认的标题(Microsoft Excel)。

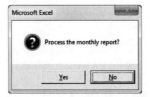

图 44-4   MsgBox 函数的第二个参数决定了消息框的内容

下面的子过程是另一个使用 MsgBox 函数的示例：

```
Sub GetAnswer2()
  Msg = "Do you want to process the monthly report?"
  Msg = Msg & vbNewLine & vbNewLine
  Msg = Msg & "Processing the monthly report will take approximately
"
  Msg = Msg & "15 minutes. It will generate a 30-page report for all
"
  Msg = Msg & "sales offices for the current month."
  Title = "XYZ Marketing Company"
  Config = vbYesNo + vbQuestion
  Ans = MsgBox(Msg, Config, Title)
  If Ans = vbYes Then RunReport
  If Ans = vbNo Then Exit Sub
End Sub
```

本例演示了一种在消息框中指定长消息的有效方法。一个变量(Msg)和连接运算符(&)用于将一系列语句创建为一条消息。vbNewLine 是一个表示换行符的常量(使用两个换行符来插入一个空行)。title 参数用于在消息框中显示不同的标题。Config 变量存储的常量用于生成 Yes 和 No 按钮，以及问号图标。图 44-5 显示了在执行过程时是如何显示该消息框的。

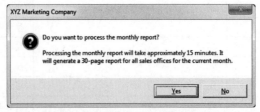

图 44-5   含有较长消息和标题的消息框

44.3   创建用户窗体：概述

InputBox 和 MsgBox 函数在很多情况下已足以满足要求，但是如果需要获得更多信息，就需要创建用户窗体。

以下是创建一个用户窗体的一般步骤:

(1) 明确了解对话框的用途以及要将其插入 VBA 宏的什么地方。

(2) 激活 VB 编辑器并插入一个新用户窗体。

(3) 在用户窗体中添加合适的控件。

(4) 创建 VBA 宏以显示用户窗体。该宏应位于普通的 VBA 模块中。

(5) 创建事件处理程序 VBA 过程,用于在用户操作控件(例如单击 OK 按钮)时执行。这些过程应位于用户窗体的代码模块中。

下面详细讲述了如何创建用户窗体。

44.3.1 使用用户窗体

要创建一个对话框,必须首先在 VB 编辑器窗口中插入一个新用户窗体。要激活 VB 编辑器,请选择“开发工具”|“代码”|Visual Basic 命令(或按 Alt+F11 键)。确保在“工程”窗口中选中正确的工作簿,然后选择“插入”|“用户窗体”命令。VB 编辑器将显示一个空用户窗体,如图 44-6 所示。当激活用户窗体时,VB 编辑器将显示工具箱,用于在用户窗体中添加控件。

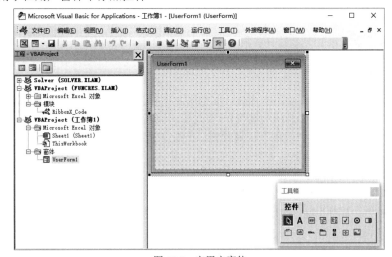

图 44-6 空用户窗体

44.3.2 添加控件

在如图 44-6 所示的工具箱中包含多个可添加到用户窗体中的 ActiveX 控件。如果工具箱未显示,可选择“视图”|“工具箱”命令。

当把鼠标移到工具箱中的控件上时,将会显示控件名称。要添加控件,需要在工具箱中选择该控件,然后在窗体中单击鼠标来创建默认大小的控件,或者在窗体上进行拖动来创建期望大小的控件。添加控件后,可以移动并改变它的大小。

表 44-2 列出了工具箱中的控件。

表 44-2 工具箱中的控件

控件	说明
选定对象	允许通过拖动来选择其他控件
标签	添加标签(文本的容器)
文本框	添加文本框,允许用户输入文本
复合框	添加复合框(下拉列表)
列表框	添加列表框,允许用户从列表中选择项

(续表)

控件	说明
复选框	添加复选框，用于控制布尔选项
选项按钮	添加选项按钮，允许用户从多个选项中选择
切换按钮	添加切换按钮，用于控制布尔选项
框架	添加框架(其他对象的容器)
命令按钮	添加命令按钮(可单击的按钮)
TabStrip	添加标签条(其他对象的容器)
多页	添加多页控件(其他对象的容器)
滚动条	添加滚动条，允许用户通过拖动条形来指定值
旋转按钮	添加旋转按钮，允许用户通过单击向上或向下箭头来指定值
图像	添加可包含图像的控件
RefEdit	添加引用编辑控件，允许用户选择一个区域

交叉引用

也可以直接在工作表中放置其中的一些控件。详细信息参见第 45 章。

44.3.3　更改控件属性

　　每个添加到用户窗体中的控件都有一些属性，这些属性决定了控件的外观和行为。可以通过单击和拖动控件的边框来更改其中一些属性(例如高度和宽度)。要改变其他属性，需要使用"属性"窗口。

　　要显示"属性"窗口，请选择"视图" | "属性窗口"命令(或按 F4 键)。"属性"窗口显示了选定控件的属性列表(每个控件都有一组不同的属性)。如果单击的是用户窗体，那么"属性"窗口将显示窗体的属性。图 44-7 显示了一个命令按钮控件的"属性"窗口。

　　要更改某个属性，只需要在"属性"窗口中选择此属性，然后输入新值即可。某些属性(如 BackColor)允许从列表中选择一个属性。"属性"窗口的顶端有一个下拉列表，其中包含窗体上的所有控件。可单击某个控件以选中它，同时显示其属性。

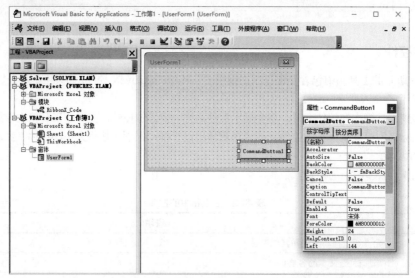

图 44-7　一个命令按钮控件的"属性"窗口

　　当使用"属性"窗口设置属性时，实际上是在设计时设置属性。你也可以在显示用户窗体时(即在运行时)

使用 VBA 来改变控件的属性。

有关所有属性的完整说明不在本书的讨论范围之内——实际上这些内容阅读起来很乏味。要查找有关特定属性的具体内容，请在"属性"窗口中选择该属性并按 Fl 键以获取帮助。

44.3.4　处理事件

在插入用户窗体时，窗体也会包含 VBA 子过程，用来处理用户窗体所生成的事件。当用户操作某个控件时，会引发事件。例如，单击一个按钮会引起一个事件，在列表框控件中选择一项也会触发一个单击事件以及一个更改事件。要使用户窗体更加实用，则必须编写 VBA 代码，以便在发生事件时执行某些操作。

事件处理程序过程的名称是通过将控件和事件结合在一起形成的。这些名称的一般形式是控件名后跟一个下划线，然后是事件名。例如，当单击一个名为 MyButton 的按钮时，所执行的过程为 MyButton_Click。不过，你不需要记住事件处理程序是如何命名的。只需要右击控件，然后选择"查看代码"命令即可。这将自动插入 Private Sub 和 End Sub 关键字，并且创建好控件的某个事件的正确名称。使用代码窗格顶部的下拉列表将默认事件改为其他事件。

44.3.5　显示用户窗体

你还需要编写一个过程来显示用户窗体。可以使用 UserForm 对象的 Show 方法来实现上述功能。下列过程将显示一个名为 UserForml 的用户窗体：

```
Sub ShowDialog()
  UserForm1.Show
End Sub
```

该过程应存储在一个常规的 VBA 模块中(而不是用户窗体的代码模块中)。如果 VB 工程没有常规的 VBA 模块，那么可以选择"插入"|"模块"命令来进行添加。

当执行 ShowDialog 过程时，将会显示用户窗体。接下来发生什么将取决于所创建的事件处理程序过程。

44.4　用户窗体示例

诚然，上一节所讲述的是有关创建用户窗体的最基本的知识。本节将详细地演示如何开发用户窗体。这个示例很简单。用户窗体将向用户显示一条消息——使用 MsgBox 函数可以更容易地完成此操作。然而，用户窗体为你提供了更大的灵活性来设置消息的格式和布局。

配套学习资源网站
此工作簿可在配套学习资源网站 www.wiley.com/go/excel2019bible 中找到，文件名为 show message.xlsm。

44.4.1　创建用户窗体

在计算机中打开一个新的工作簿，然后依次执行以下步骤：
(1) 选择"开发工具"|"代码"|Visual Basic 命令(或按 Alt+F11 键)。这将显示 VB 编辑器窗口。
(2) 在工程资源管理器中单击工作簿的名称以激活它。
(3) 选择"插入"|"用户窗体"命令。VB 编辑器将添加一个名为 UserForm1 的空窗体并显示工具箱。
(4) 按 F4 键显示"属性"窗口，然后更改 UserForm 对象的下列属性(如表 44-3 所示)。

表 44-3　更改 UserForm 对象的属性

属性	更改为
Name	AboutBox
Caption	About This Workbook

(5) 使用工具箱在用户窗体中添加一个标签对象。如果工具箱未显示，则选择"视图"|"工具箱"命令。

(6) 选择此标签对象。在"属性"窗口中，将 Name 属性改为 lblMessage，并为 Caption 属性输入所需的文本信息。

(7) 在"属性"窗口中单击 Font 属性并调整字体。可以改变字型、大小等。所做的更改会显示在窗体中。图 44-8 显示了一个已设置格式的标签控件的示例。在这个示例中，TextAlign 属性被设置为对文本执行居中对齐的代码。

```
2 - fmTextAlignCenter
```

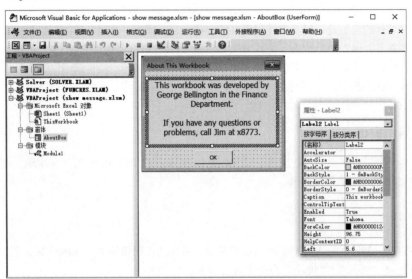

图 44-8　更改字体属性之后的标签控件

(8) 使用工具箱在用户窗体中添加一个命令按钮对象，并且使用"属性"窗口更改命令按钮的下列属性(如表 44-4 所示)。

表 44-4　更改命令按钮的属性

属性	更改为
Name	OKButton
Caption	OK
Default	True

(9) 做一些调整以使窗体更美观。可以更改窗体的大小、移动控件或改变控件的大小。

44.4.2　测试用户窗体

此时，用户窗体已包含了所有必需的控件。所缺少的是如何显示用户窗体。当开发用户窗体时，可以按 F5 键显示它并查看其外观。要关闭用户窗体，请单击对话框标题栏上的关闭按钮。

本节将说明如何编写一个 VBA 过程，在激活 Excel 时显示用户窗体。

(1) 选择"插入"|"模块"命令，插入一个 VBA 模块。

(2) 在空模块中输入以下代码：

```
Sub ShowAboutBox()
    AboutBox.Show
End Sub
```

(3) 按 Alt+F11 键激活 Excel。

(4) 选择"开发工具"|"代码"|"宏"命令(或按 Alt+F8 键)。这将显示"宏"对话框。

(5) 从宏列表中选择 ShowAboutBox 并单击 "运行" 按钮。这样即会显示该用户窗体。

请注意，如果单击 OK 按钮，则并不会像你期望的那样关闭用户窗体。要在单击时执行任何功能，则必须为该按钮添加事件处理程序过程。要关闭用户窗体，可以单击标题栏中的 "关闭" 按钮。

> **交叉引用**
>
> 你可能更希望在工作表中通过单击一个命令按钮来显示用户窗体。第 45 章将详细介绍如何在工作表命令按钮上附加宏。

44.4.3　创建事件处理程序过程

当发生事件时，将会执行事件处理程序过程。在本例中，将需要一个过程来处理在用户单击 OK 按钮时所产生的 Click 事件。

(1) 按 Alt+F11 键激活 VB 编辑器。

(2) 在 "工程" 窗口中双击 AboutBox 用户窗体的名称以激活此用户窗体。

(3) 双击命令按钮控件。VB 编辑器将激活此用户窗体的代码模块，并为按钮的单击事件插入 Sub 和 End Sub 语句，如图 44-9 所示。

(4) 在 End Sub 语句前插入下列语句：

```
Unload Me
```

图 44-9　用户窗体的代码模块

该语句通过使用 Unload 语句关闭了用户窗体。此时，完整的事件处理程序过程如下所示：

```
Private Sub OKButton_Click()
    Unload Me
End Sub
```

添加事件过程后，单击 OK 按钮将关闭窗体。

> **注意**
>
> 在用户窗体的代码模块中，Me 关键字是指代用户窗体自身的快捷方式。其效果与编写 Unload AboutBox 相同，但是在更改窗体的名称后，使用 Me 的代码仍然能够工作。

44.5　另一个用户窗体示例

本节中的示例是本章开始部分中 ChangeCase 过程的升级版。该宏的最初版本用于将选定单元格中的文本改为大写字符。这个经过修改的版本将询问用户要执行什么样的大小写更改：大写、小写或适当的大小写(首字母大写)。

> **配套学习资源网站**
>
> 此工作簿文件可在配套学习资源网站 www.wiley.com/go/excel2019bible 中找到，文件名是 change case.xlsm。

44.5.1 创建用户窗体

这个用户窗体需要一条来自用户的信息：对文本执行的更改类型。因为只能选择一个选项，所以使用选项按钮控件很合适。从一个空工作簿开始并按以下步骤创建用户窗体：

(1) 按 Alt+F11 键激活 VB 编辑器窗口。

(2) 在 VB 编辑器中选择"插入"|"用户窗体"命令。VB 编辑器将添加一个名为 UserForm1 的空窗体并显示工具箱。

(3) 按 F4 键显示"属性"窗口，然后更改用户窗体对象的以下属性(如表 44-5～表 44-10 所示)。

表 44-5　更改用户窗体对象的属性

属性	更改为
Name	UChangeCase
Caption	Change Case

(4) 在用户窗体中添加一个命令按钮对象，然后更改该命令按钮的下列属性(如表 44-6 所示)。

表 44-6　更改命令按钮的属性

属性	更改为
Name	OKButton
Caption	OK
Default	True

(5) 添加另一个命令按钮对象，然后更改其下列属性(如表 44-7 所示)。

表 44-7　更改另一个命令按钮的属性

属性	更改为
Name	CancelButton
Caption	Cancel
Cancel	True

(6) 添加一个选项按钮控件，然后更改其下列属性(如表 44-8 所示)。该选项是默认选项，因此它的 Value 属性应设为 True。

表 44-8　更改第一个选项按钮的属性

属性	更改为
Name	OptionUpper
Caption	Upper Case
Value	True

(7) 添加第二个选项按钮控件，然后更改其下列属性(如表 44-9 所示)。

表 44-9　更改第二个选项按钮的属性

属性	更改为
Name	OptionLower
Caption	Lower Case

(8) 添加第三个选项按钮控件，然后更改其下列属性(如表 44-10 所示)。

表 44-10　更改第三个选项按钮的属性

属性	更改为
Name	OptionProper
Caption	Proper Case

(9) 调整控件和窗体的大小和位置，直到用户窗体看起来与图44-10所示的一样。一定要确保控件没有重叠。

> **提示**
> VB 编辑器提供了几个有用的命令，用于帮助设置控件大小和对齐控件。例如，可以使一组选定控件具有相同的大小，或者移动它们以使它们都靠左对齐。方法是选择要使用的控件，然后从"格式"菜单中选择一个命令。这些命令都比较容易理解。帮助系统对其提供了完整的说明。

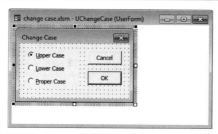

图 44-10　添加控件并调整一些属性后的用户窗体

44.5.2　创建事件处理程序过程

下一步是创建两个事件处理程序过程：一个用于处理 CancelButton 命令按钮的 Click 事件；另一个用于处理 OKButton 命令按钮的 Click 事件。选项按钮控件的事件处理程序不是必需的。VBA 代码能够确定这 3 个选项按钮中哪一个已被选中，但是它只是在单击 OK 或 Cancel 按钮时作出反应；当选项变化时，它不需要作出反应。

事件处理程序过程存储在用户窗体的代码模块中。要创建一个过程来处理 CancelButton 的 Click 事件，请执行以下步骤：

(1) 在"工程"窗口中双击 UserForm1 的名称，以激活此窗体。

(2) 双击 CancelButton 控件。VB 编辑器将激活用户窗体的代码模块并插入一个空的过程。

(3) 在 End Sub 语句之前插入如下语句：

```
Unload Me
```

这就是要执行的全部操作。以下是附加到 CancelButton 的 Click 事件的完整过程：

```
Private Sub CancelButton_Click()
    Unload Me
End Sub
```

此过程将在单击 CancelButton 按钮时执行。该过程由用于卸载 UserForm1 窗体的单个语句组成。

下一步是添加用于处理 OKButton 控件的 Click 事件的代码。请执行以下步骤：

(1) 从模块顶部的下拉列表中选择 OKButton 或重新激活用户窗体，然后双击 OKButton 控件。VB 编辑器将创建一个名为 OKButton_Click 的新过程。

(2) 输入以下代码。其中的第一条语句和最后一条语句已经被 VB 编辑器添加到过程中。

```
Private Sub OKButton_Click()
'  Exit if a range is not selected
    If TypeName(Selection) <> "Range" Then Exit Sub
'  Upper case
    If Me.OptionUpper.Value Then
        For Each cell In Selection
```

```
            If Not cell.HasFormula Then
                cell.Value = StrConv(cell.Value, vbUpperCase)
            End If
            Next cell
        End If
    '   Lower case
        If Me.OptionLower.Value Then
            For Each cell In Selection
            If Not cell.HasFormula Then
                cell.Value = StrConv(cell.Value, vbLowerCase)
            End If
            Next cell
        End If
    '   Proper case
        If Me.OptionProper.Value Then
            For Each cell In Selection
            If Not cell.HasFormula Then
                cell.Value = StrConv(cell.Value, vbProperCase)
            End If
            Next cell
        End If
        Unload Me
    End Sub
```

此宏将首先检查所选内容的类型。如果没有选择区域，则过程结束。过程的剩余部分由3个独立的块组成。根据所选中的选项按钮，只有一个程序块会被执行。选中的选项按钮的Value值为True。最后，用户窗体被卸载(关闭)。

44.5.3 显示用户窗体

此时，用户窗体已包含所有必需的控件和事件过程，所缺少的是如何显示这个用户窗体。本节将说明如何编写一个VBA过程来显示该用户窗体。

(1) 确保VB编辑器窗口已激活。

(2) 选择"插入"|"模块"命令，插入一个模块。

(3) 在空模块中输入以下代码：

```
Sub ShowUserForm()
    UChangeCase.Show
End Sub
```

(4) 选择"运行"|"运行子过程/用户窗体"命令(或按F5键)。这时，Excel窗口被激活并显示新的用户窗体，如图44-11所示。

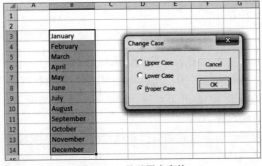

图44-11 显示用户窗体

44.5.4 测试用户窗体

可执行以下步骤在Excel中测试用户窗体：

(1) 激活 Excel。

(2) 在一些单元格中输入文本。

(3) 选择有文本的区域。

(4) 选择"开发工具"|"代码"|"宏"命令(或按 Alt+F8 键)。这将显示"宏"对话框。

(5) 从宏列表中选择 ShowUserForm，然后单击"执行"按钮。这样将显示该用户窗体。

(6) 选择所需的选项并单击 OK 按钮。

可尝试更多选择(包括不连续的单元格)。请注意，如果单击 Cancel 按钮，将关闭用户窗体，而且不执行任何更改。

但是，该代码存在一个问题：如果你选择一个或多个整列，该过程将处理每一个单元格，此过程可能需要很长的时间。配套学习资源网站上的工作簿版本通过处理与该工作簿所用区域相交的选择内容子集更正了此问题。

44.5.5 从工作表按钮执行宏

此时，所有元素都可以正常工作了。然而，现在还没有一种用于执行宏的简捷方法。一种好方法是从工作表中的按钮执行宏。可以执行以下步骤：

(1) 选择"开发工具"|"控件"|"插入"命令，并且在"表单控件"组中单击"按钮"控件。

(2) 在工作表中单击并拖放以创建按钮。这将显示"指定宏"对话框。

(3) 选择 ShowUserForm 宏并单击"确定"按钮。

(4) (可选)此时，按钮仍处于被选中的状态，因此可以更改文本以使其更具描述性。也可以在任何时候右击按钮以更改文本。

执行完上述步骤以后，单击按钮将执行宏并显示用户窗体。

> **交叉引用**
>
> 本例中的按钮来自"表单控件"组。Excel 还在"ActiveX 控件"组中提供了一个按钮。有关"ActiveX 控件"组的更多信息，请参见第 45 章。

44.5.6 从快速访问工具栏中访问宏

如果想在其他工作簿被激活的状态下使用这个宏，可以在快速访问工具栏中添加一个按钮。为此，可以执行下列步骤：

(1) 确保含有宏的工作簿处于打开状态。

(2) 右击功能区中的任何位置，然后从快捷菜单中选择"自定义快速访问工具栏"命令。这样将显示"Excel 选项"对话框的"快速访问工具栏"部分。

(3) 从左侧的"从下列位置选择命令"下拉菜单中选择"宏"选项。这样将显示你所创建的宏。

(4) 选择宏的名称并单击"添加"按钮，将该项添加到右侧的列表中。

(5) (可选)如果要更改图标，则单击"修改"按钮并选择一个新图像，然后单击"确定"按钮。你也可以更改"显示名称"。

(6) 单击"确定"按钮关闭"Excel 选项"对话框。执行上述步骤以后，此新图标将出现在快速访问工具栏中。

44.6 增强用户窗体

创建用户窗体可使宏具有更大的灵活性。可以创建自定义命令来显示一些对话框，并且使得这些对话框看起来与 Excel 所使用的对话框一样。本节包含了其他一些信息，有助于开发出与 Excel 内置对话框具有类似行为的对话框。

44.6.1　添加热键

所有 Excel 对话框都同时支持鼠标和键盘，这是因为每个控件都有一个关联的热键。可以通过同时按下 Alt 键和热键来使用特定的对话框控件。

你的自定义对话框也应该为所有控件设置热键。可以通过在"属性"窗口中为 Accelerator 属性输入一个字符来添加热键。

热键可以是任何字母、数字或标点符号，无论该字符是否在控件的标题中出现。但是，使用在控件标题中出现的字母是一个好主意，因为此时该字母将带有下划线，能够给用户提供视觉提示(图 44-11 中的选项按钮就具有热键)。另一种常用的约定是使用控件标题的首字母。但是，不能重复使用热键。如果首字母已经被占用，则需要使用一个不同的字符，最好是一个很容易与该单词联系起来的字母(例如一个硬辅音)。如果设置了重复的热键，那么热键将作用于用户窗体 Tab 键顺序中的下一个控件，再次按热键将再作用于下一个控件。

某些控件(如文本框)没有 Caption 属性，另一些控件(如标签)不能获得焦点。可以为用于描述文本框等控件的标签设置一个热键，并把该标签放到 Tab 键顺序中的目标控件的前面。按一个不能获得焦点的控件的热键将激活 Tab 键顺序中的下一个控件。

44.6.2　控制 Tab 键顺序

上面提到了用户窗体的 Tab 键顺序。当使用用户窗体时，可以按 Tab 键和 Shift+Tab 快捷键循环选择对话框中的各个控件。在创建用户窗体时，应确保 Tab 键顺序是正确的。通常，这意味着 Tab 键应按逻辑顺序在控件中切换。

要查看或更改用户窗体中的 Tab 键顺序，请选择"视图"|"Tab 顺序"命令以显示"Tab 键顺序"对话框(见图 41-12)。然后可以从列表中选择一个控件；使用"上移"和"下移"按钮即可改变选中控件的 Tab 键顺序。

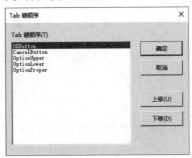

图 44-12　调整用户窗体的 Tab 键顺序

44.7　了解更多信息

多练习是掌握用户窗体的各种用法的必然要求。应仔细研究 Excel 所使用的对话框，以了解这些对话框是如何设计的。你可以模仿 Excel 所使用的许多对话框。

使用 VBA 帮助系统是学习更多有关创建对话框的知识的最好方法。按 F1 键可快速显示帮助窗口。

第**45**章

在工作表中使用用户窗体控件

本章要点

- 为什么要在工作表中使用控件
- 使用控件
- "控件工具箱"控件

第 44 章简要介绍了用户窗体。如果你希望使用对话框控件,但却不愿意创建自定义的对话框,那么本章可帮助你实现目的。本章介绍了如何利用按钮、列表框、选项按钮等交互式控件来增强工作表的功能。

45.1 为什么要在工作表中使用控件

在工作表中使用控件的主要原因是为了方便用户输入内容。例如,如果需要创建一个使用一个或多个输入单元格的模型,那么可以创建一些控件以允许用户选择输入单元格的值。

在工作表中添加控件要比创建对话框容易得多。此外,由于可将控件链接到工作表单元格,因此将不必创建任何宏。例如,如果在工作表中插入一个复选框控件,则可以将其链接到特定的单元格。当此复选框被选中时,所链接的单元格将显示 TRUE。如果复选框没被选中,则所链接的单元格将显示 FALSE。

图 45-1 显示了一个使用了以下 3 类控件的示例:复选框、两组选项按钮和滚动条。用户选择的内容用于在另一个工作表中显示贷款摊销表。这个工作簿具有交互能力,但它未使用宏。

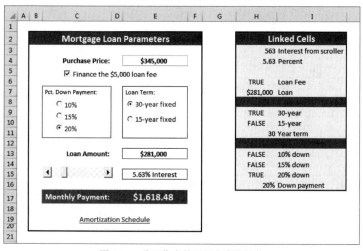

图 45-1 此工作表使用用户窗体控件

由于 Excel 提供了两组不同的控件，因此在工作表中添加控件时可能会引起一些混淆。通过选择"开发工具"|"控件"|"插入"命令可访问这两组控件。

- **表单控件**：这些控件是 Excel 独有的。
- **ActiveX 控件**：这些控件是可用于用户窗体的控件的子集。

当选择"开发工具"|"控件"|"插入"命令时，将显示如图 45-2 所示的控件。当把鼠标指针移动到控件上时，Excel 会显示用于说明控件的工具提示。

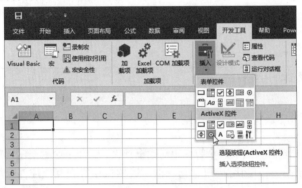

图 45-2　Excel 的两组工作表控件

因为许多控件同时出现在两组控件中，所以更会造成一些混淆。例如，名为"列表框"的控件既出现在表单控件中，也出现在 ActiveX 控件中。然而，这是两个完全不同的控件。通常，表单控件更易于使用，而 ActiveX 控件则提供了更大的灵活性。

注意
本章将重点介绍 ActiveX 控件。如果在功能区中看不到"开发工具"选项卡，可右击任意功能区控件，从快捷菜单中选择"自定义功能区"命令，打开"Excel 选项"对话框的"自定义功能区"选项卡。在右边的列表中，选中"开发工具"复选框。单击"确定"按钮，返回 Excel。

表 45-1 对各 ActiveX 控件进行了说明。

表 45-1　ActiveX 控件

按钮	用途
命令按钮	插入一个命令按钮控件(可单击的按钮)
组合框	插入一个组合框控件(下拉列表)
复选框	插入一个复选框控件(用于控制布尔选项)
列表框	插入一个列表框控件(允许用户从列表中选择一项)
文本框	插入一个文本框控件(允许用户输入文本)
滚动条	插入一个滚动条控件(通过拖动条形指定一个值)
数值调节钮	插入一个数值调节钮控件(通过单击箭头增减值)
选项按钮	插入一个选项按钮控件(允许用户从多个选项中选择)
标签	插入一个标签控件(用于显示文本)
图像	插入一个图像控件(用于显示图像)
切换按钮	插入一个切换按钮控件(用于控制布尔选项)
其他控件	显示系统上安装的其他 ActiveX 控件的列表，并非所有这些控件都可在 Excel 中使用

45.2　使用控件

在工作表中添加 ActiveX 控件的操作很容易，但在使用之前，需要了解一些有关如何使用它们的基础知识。

45.2.1　添加控件

要在工作表中添加控件，可选择"开发工具"｜"控件"｜"插入"命令。在"插入"图标下拉列表中单击要使用的控件，然后在工作表中拖放以创建控件。不必太在意准确的大小和位置，因为随时都可以修改这些属性。

> **警告**
> 一定要确保是从 ActiveX 控件中选择一个控件，而不是从表单控件中选择。如果插入的是一个表单控件，则本章中的相关说明将不适用。当选择"开发工具"｜"控件"｜"插入"命令时，ActiveX 控件出现在列表的下半部。

45.2.2　了解设计模式

当在工作表中添加控件时，Excel 将进入设计模式。在这种模式下，可以调整工作表中任何控件的属性，为控件添加或编辑宏，或者改变控件的大小或位置。

> **注意**
> 当 Excel 处于设计模式时，"开发工具"｜"控件"组中的"设计模式"图标将突出显示。可单击此图标以开启和关闭设计模式。

当 Excel 处于设计模式时，控件未被启用。要测试控件，就必须通过单击"设计模式"图标退出设计模式。当使用控件时，将可能需要频繁地在设计模式和非设计模式之间进行切换。

45.2.3　调整属性

每个添加的控件都有不同的属性，这些属性决定了控件的外观和行为。只有当 Excel 处于设计模式时才能调整这些属性。在工作表中添加控件时，Excel 将自动进入设计模式。如果需要在退出设计模式后更改控件，只需要单击"开发工具"选项卡的"控件"组中的"设计模式"图标即可。

可执行如下步骤来更改控件的属性：

(1) 确保 Excel 处于设计模式。

(2) 单击控件以选择它。

(3) 如果"属性"窗口不可见，则可单击"开发工具"选项卡的"控件"组中的"属性"图标。这样将显示"属性"窗口，如图 45-3 所示。

(4) 选择相应的属性并进行更改。

属性的更改方式取决于属性本身。一些属性会显示一个下拉列表，可以从此列表中选择相应的项。其他一些属性(如Font)会提供一个按钮，当单击该按钮时将显示一个对话框。还有一些属性要求你输入属性值。当更改属性时，所做的更改会立即生效。

> **提示**
> 要了解特定属性，可在"属性"窗口中选择属性并按 F1 键。

"属性"窗口有两个选项卡。"按字母序"选项卡会按字母顺序显示属性。"按分类序"选项卡会按分类显示属性。这两个选项卡显示的是相同的属性，只是显示顺序不同。

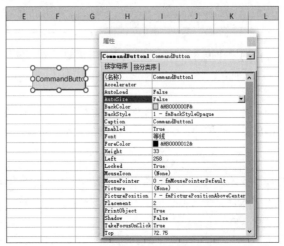

图 45-3　使用"属性"窗口调整控件的属性(在本例中是一个命令按钮控件)

45.2.4　通用属性

每个控件都有一些自己的唯一属性。然而，许多控件也共享一些属性。本节将描述对所有或多数控件通用的一些属性，如表 45-2 所示。

> **注意**
> 某些 ActiveX 控件属性是必需的(如"名称"属性)。换言之，这些属性不能为空。如果必需的属性缺失，则 Excel 将显示错误消息。

表 45-2　多个控件共有的属性

属性	说明
AutoSize	如果为 True，则该控件会自动根据其标题中的文本调整大小
BackColor	控件的背景颜色
BackStyle	背景的样式(透明或不透明)
Caption	出现在控件上的文本
LinkedCell	包含控件当前值的工作表单元格
ListFillRange	包含在列表框或组合框控件中显示的项的工作表区域
Value	控件的值
Left and Top	用于确定控件位置的值
Width and Height	用于确定控件的宽度和高度的值
Visible	如果为 False，则控件是隐藏的
名称	控件的名称。添加一个控件时，Excel 将基于控件的类型为其分配一个名称。可以将名称更改为任何有效的名称。但是，每个控件的名称在工作表中必须是唯一的
Picture	用于指定要显示的图形图像

45.2.5　将控件链接到单元格

通常，可在不使用宏的情况下在工作表中使用 ActiveX 控件。许多控件都具有 LinkedCell 属性，可以指定工作表中的哪个单元格是链接到该控件的。

例如，可以添加一个数值调节钮控件，并且指定单元格 B1 作为它的 LinkedCell 属性。执行该操作后，单元格 Bl 将包含此数值调节钮的值，单击此数值调节钮即可改变单元格 B1 中的值。当然，也可以在公式中使用包含在链接单元格中的值。

> **注意**
> 当在"属性"窗口中指定 LinkedCell 属性时，不能在工作表中"指向"链接的单元格。必须输入单元格的地址或其名称(如果有)。

45.2.6　为控件创建宏

要为控件创建宏，必须使用 VB 编辑器。宏存储在包含控件的工作表的代码模块中。例如，如果在 Sheet2 上放置一个 ActiveX 控件，则该控件的 VBA 代码就存储在 Sheet2 的代码模块中。每个控件都可以有一个宏来处理它的任意事件。例如，命令按钮控件可以有一个宏用于处理其 Click 事件、DblClick 事件和其他各个事件。

> **提示**
> 访问控件的代码模块的最简单的方法是在设计模式中双击控件。Excel 将显示 VB 编辑器并为控件的默认事件创建一个空过程。例如，复选框控件的默认事件是 Click 事件。图 45-4 显示的是为位于 Sheet1 上名为 CheckBox1 的控件自动生成的代码。

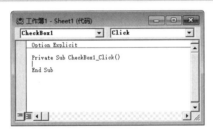

图 45-4　在设计模式下双击控件将激活 VB 编辑器并进入一个空的事件处理程序过程

控件名称显示在代码窗口的左上角，事件显示在右上角区域中。如果要创建一个在不同事件发生时执行的宏，请从右上角区域的列表中选择相应的事件。

下面的步骤演示了如何插入一个命令按钮，并且创建一个用于在单击此按钮时显示消息的简单宏。

(1) 选择"开发工具"|"控件"|"插入"命令。

(2) 单击"ActiveX 控件"部分中的"命令按钮"工具。

(3) 在工作表中单击并拖动以创建按钮。Excel 将自动进入设计模式。

(4) 双击该按钮。这将激活 VB 编辑器窗口并为按钮的 Click 事件创建一个空的子过程。

(5) 在 End Sub 语句之前输入如下 VBA 语句：

```
MsgBox "Hello, it's " & Time
```

(6) 按 Alt+F11 快捷键返回 Excel。

(7) (可选)使用"属性"窗口调整命令按钮的其他任意属性。如果未显示"属性"窗口，那么可以选择"开发工具"|"控件"|"属性"命令。

(8) 单击"开发工具"|"控件"组中的"设计模式"按钮，退出设计模式。

执行上述步骤以后，单击命令按钮将在消息框中显示当前时间。

> **注意**
> 必须手动输入 VBA 代码。不能使用 VBA 宏录制器为控件创建宏。但是，可以录制一个宏，然后从一个事件过程执行它。例如，如果录制了一个名为 FormatCells 的宏，就可以输入一条使用该宏的名称的语句。当执行该语句时，录制的宏就会运行。或者，可以复制录制的代码并将其粘贴到自己的事件过程中。

45.3 查看可用的 ActiveX 控件

本节将介绍可以在工作表中使用的 ActiveX 控件。

45.3.1 复选框控件

复选框控件用于执行二元选择：是或否、真或假、开或关等。

下面说明的是对复选框控件而言最有用的属性。

- **Accelerator**：一个字母，用户可使用它通过键盘更改控件的值。例如，如果热键是 A，则按 Alt+A 快捷键即可改变复选框控件的值。热键字母在控件的标题中会带有下划线。
- **LinkedCell**：链接到复选框的工作表单元格。若该控件被选中，则此单元格将显示 TRUE；若该控件没有被选中，则此单元格将显示 FALSE。

45.3.2 组合框控件

组合框控件是文本框和列表框的组合。它类似于文本框，因为用户能够直接输入文本，就像在文本框中一样，即使他们输入的内容没有包含在列表中。它类似于列表框，因为当单击它的下拉箭头时，会显示可用选项的列表。

图 45-5 显示了一个组合框控件，该控件使用区域 D1:D12 作为 ListFillRange，使用单元格 A1 作为 LinkedCell。

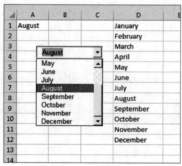

图 45-5 一个组合框控件

下面说明的是对组合框控件而言最有用的属性。

- **BoundColumn**：如果 ListFillRange 包含多列，则该属性用于决定哪一列包含所返回的值。
- **ColumnCount**：列表中显示的列数。
- **LinkedCell**：显示所选项的工作表单元格。
- **ListFillRange**：包含列表项的工作表区域。
- **ListRows**：在下拉列表中出现的项的个数。
- **ListStyle**：决定列表项的外观。
- **Style**：决定控件的行为是与下拉列表还是组合框相似。下拉列表不允许用户输入新值。

交叉引用

你也可以用数据验证直接在单元格中创建下拉列表。有关详细信息，请参阅第 26 章。

45.3.3　命令按钮控件

命令按钮控件用于执行宏。当单击命令按钮时，它将执行一个其名称由命令按钮的名称、下划线和单词 Click 组成的事件过程。例如，如果命令按钮名为 MyButton，则单击它时将执行名为 MyButton_Click 的宏。此宏存储在包含命令按钮的工作表的代码模块中。

45.3.4　图像控件

图像控件用于显示图像。下面说明的是对图像控件而言最有用的属性。

- AutoSize：如果为 True，则图像控件将会自动调整其大小以适应图像。
- Picture：图像文件的路径。在"属性"窗口中单击此按钮，Excel 会显示一个可以定位图像的对话框。或者，也可以将图像复制到剪贴板，然后在"属性"窗口中选择 Picture 属性，然后再按 Ctrl+V 快捷键。
- PictureSizeMode：这决定了当容器大小与图像大小不同时如何修改图像。

> **提示**
> 你也可以通过选择"插入"|"插图"|"图片"命令在工作表中插入图像。

45.3.5　标签控件

标签控件只用于显示文本。与在用户窗体中相同，使用这个控件来说明其他控件。你还可以使用其 Click 事件来激活其他有热键的控件。

45.3.6　列表框控件

列表框控件可显示一系列项，用户可以从中选择一项或多项。它类似于组合框。这两者之间的主要差别在于列表框一次可以显示多个选项，并不需要单击下拉箭头。

下面说明的是对列表框控件而言最有用的属性。

- BoundColumn：如果列表包含多列，则该属性用于决定哪一列包含所返回的值。
- ColumnCount：列表中显示的列数。
- IntegralHeight：如果为 True，则在列表垂直滚动时，列表框的高度将会自动调整以显示完整的文本行。如果为 False，则在列表垂直滚动时，列表框只显示部分文本。
- LinkedCell：显示选定项的工作表单元格。
- ListFillRange：包含列表项的工作表区域。
- ListStyle：决定列表项的外观。
- MultiSelect：决定用户是否可以从列表中选择多项。

> **注意**
> 如果使用的是 MultiSelect 列表框，则不能指定 LinkedCell；需要编写一个宏来确定所选择的项。

45.3.7　选项按钮控件

当需要从数目很少的项中进行选择时，选项按钮控件就很有用。选项按钮控件总是至少以两个为一组使用。下面说明的是对选项按钮控件而言最有用的属性。

- Accelerator：一个字母，它使用户可通过键盘来选择选项。例如，如果选项按钮的热键是 C，则按 Alt+C 快捷键即可选择该控件。
- GroupName：当多个选项按钮的 GroupName 属性是相同的名称时，它们彼此相关。
- LinkedCell：链接到选项按钮的工作表单元格。如果控件被选中，则单元格将显示 TRUE；如果控件未被选中，则单元格将显示 FALSE。

> **注意**
> 如果工作表中包含多组选项按钮控件，则必须确保每组选项按钮都有不同的 GroupName 属性。否则，所有选项按钮将变为同一个组的一部分。

45.3.8　滚动条控件

滚动条控件可以用于指定单元格的值。图 45-6 显示了一个包含 3 个滚动条控件的工作表。这些滚动条用于改变矩形的颜色。滚动条的值决定了矩形颜色中红、绿或蓝颜色的组成。本例使用了一些简单的宏来改变颜色。

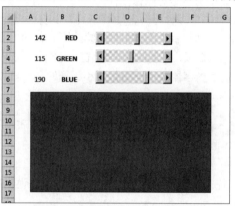

图 45-6　此工作表有 3 个滚动条控件

下面说明的是对滚动条控件而言最有用的属性。

- Value：控件的当前值。
- Min：控件的最小值。
- Max：控件的最大值。
- LinkedCell：显示控件值的工作表单元格。
- SmallChange：单击箭头时控件值的改变量。
- LargeChange：单击滚动区域时控件值的改变量。

当需要选择很大范围内的一个值时，滚动条控件非常有用。

45.3.9　数值调节钮控件

数值调节钮控件允许用户通过单击此控件来选择一个值，该控件有两个箭头(一个用于增大值，另一个用于减小值)。数值调节钮既能水平显示也能垂直显示。

下面说明的是对数值调节控件而言最有用的属性。

- Value：控件的当前值。
- Min：控件的最小值。
- Max：控件的最大值。
- LinkedCell：显示控件值的工作表单元格。
- SmallChange：单击时控件值的改变量。通常，该属性被设置为 1，但是可以将其改变为任意值。

45.3.10　文本框控件

从表面上看，文本框控件好像不是很有用，毕竟它只是用于包含文本，而通常可以使用工作表单元格来获得文本输入。实际上，文本框控件作为输出控件时要比作为输入控件时更有用。因为文本框可以具有滚动条，所以可使用它在一个很小的区域内显示大量信息。

　　图45-7 显示了一个含有林肯总统的"葛底斯堡演说"的文本框控件。请注意使用 ScrollBars 属性显示的垂直滚动条。

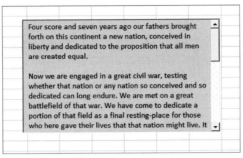

图 45-7　带有垂直滚动条的文本框控件

下面说明的是对文本框控件而言最有用的属性。

- AutoSize：决定控件是否根据文本数量自动调整其大小。
- IntegralHeight：如果为 True，则在列表垂直滚动时，文本框的高度将会自动调整以显示完整的文本行；如果为 False，则在列表垂直滚动时，文本框只显示部分文本。
- MaxLength：允许在文本框中显示的最大字符数。如果为 0，则表示不限制字符数。
- MultiLine：如果为 True，则文本框可显示多行文本。
- TextAlign：决定文本框中文本的对齐方式。
- WordWrap：决定文本框是否允许文本换行。
- ScrollBars：决定此控件的滚动条类型：水平、垂直、两者都有或两者都无。

45.3.11　切换按钮控件

　　切换按钮控件有两个状态：开与关。单击此按钮可在这两种状态之间进行切换，而且按钮将显示不同的外观以指示当前状态。它的值分别为 True(按下时)或 False(未按下时)。常常可以使用切换按钮来替换复选框控件。

第 **46** 章

使用 Excel 事件

在前面几章中，我们给出了一些示例，演示了 ActiveX 控件的 VBA 事件处理程序过程。这些过程是使 Excel 应用程序具有交互特性的重要因素。本章将介绍 Excel 对象的事件的概念，并且包含许多可通过调整满足你的需要的示例。

46.1　了解事件

Excel 能够监控许多种事件，并且可在发生其中任何一个事件时执行相应的 VBA 代码。本章将介绍以下几类事件。

- **工作簿事件**：这些事件面向特定的工作簿发生，例如Open(打开或创建工作簿)、BeforeSave(即将保存工作簿)和NewSheet(添加新工作表)。对应于这些工作簿事件的VBA代码必须存储在ThisWorkbook代码模块中。
- **工作表事件**：这些事件面向特定的工作表发生，例如 Change(更改工作表上的单元格)、SelectionChange(改变工作表上的选定内容)和 Calculate(重新计算工作表)。对应于这些工作表事件的 VBA 代码必须存储在工作表的代码模块中(例如名为 Sheet1 的模块)。
- **特殊应用程序事件**：最后的这个类别由两个有用的应用程序级别事件组成：OnTime 和 OnKey。这些事件与其他事件不同，因为它们的代码没有存储在类模块中。相反，需要通过调用 Application 对象的方法来设置这些事件。

许多事件同时存在于工作表级别和工作簿级别。例如，Sheet1 有一个 Change 事件，当更改 Sheet1 上的任何单元格时，就会引发该事件。工作簿有一个 SheetChange 事件，当更改任何工作表上的任何单元格时，就会引发该事件。这个事件的工作簿有一个额外的参数，指出了受影响的工作表。

46.2　输入事件处理程序的 VBA 代码

每个事件处理程序过程都必须存储在特定类型的代码模块中。工作簿级别事件的代码存储在 ThisWorkbook 代码模块中，工作表级别事件的代码存储在特定工作表的代码模块中(例如名为 Sheet1 的代码模块)。

　　此外，每个事件处理程序过程都有一个预定义名称。可以通过键入其名称来声明过程，但更好的方法是通过使用 VB 编辑器窗口顶部的两个下拉控件，让 VB 编辑器执行这项工作。

　　图 46-1 显示了 ThisWorkbook 对象的代码模块。可通过在"工程"窗口中双击来选择相应的代码模块。要插入过程声明，可从代码窗口左上部的对象列表中选择 Workbook。然后从右上部的过程列表中选择事件。当完成上述工作时，将得到一个包含过程声明行和 End Sub 语句的过程外壳。

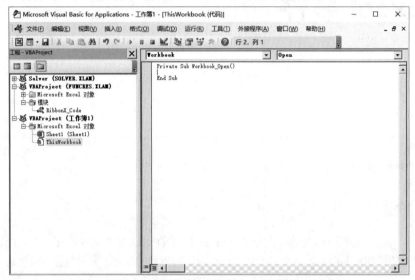

图 46-1　创建事件过程的最好方法是让 VB 编辑器执行该操作

　　例如，如果从对象列表中选择 Workbook 并从过程列表中选择 Open，则 VB 编辑器将插入下列(空)过程：

```
Private Sub Workbook_Open()

End Sub
```

事件处理程序的 VBA 代码将置于上述两行之间。

　　有些事件处理程序过程包含一个参数列表。例如，你可能需要创建一个事件处理程序过程来监控工作簿的 SheetActivate 事件(当用户激活不同的工作表时将触发此事件)。如果使用前面部分所讨论的技术，则 VB 编辑器将创建以下事件过程：

```
Private Sub Workbook_SheetActivate(ByVal Sh As Object)

End Sub
```

　　该过程使用了一个参数(Sh)，表示所激活的工作表。在这里，Sh 被声明为 Object 数据类型而非 Worksheet 数据类型，因为被激活的工作表也可以是一个图表工作表。

　　当然，代码也可利用作为参数传递的信息。下面的示例就是通过访问参数的 Name 属性来显示被激活工作表的名称。此参数既可以是 Worksheet 对象，也可以是 Chart 对象。

```
Private Sub Workbook_SheetActivate(ByVal Sh As Object)
  MsgBox Sh.Name & " was activated."
End Sub
```

　　一些事件处理程序过程会使用一个名为 Cancel 的布尔参数。例如，一个工作簿的 BeforePrint 事件的声明如下所示：

```
Private Sub Workbook_BeforePrint(Cancel As Boolean)
```

　　传递给过程的 Cancel 值为 False。然而，代码可将 Cancel 的值设置为 True，以取消打印。下面的示例对此进行了演示：

```
Private Sub Workbook_BeforePrint(Cancel As Boolean)
    Msg = "Have you loaded the 5164 label stock?"
    Ans = MsgBox(Msg, vbYesNo, "About to print...")
    If Ans = vbNo Then Cancel = True
End Sub
```

Workbook_BeforePrint 过程在打印工作簿之前执行。此过程将显示一个消息框，用于要求用户确认是否装载了正确的纸。如果用户单击 No 按钮，则 Cancel 将被设为 True，从而不进行打印工作。

下面是使用工作簿的 BeforePrint 事件的另一个过程。该示例解决了 Excel 页眉和页脚的以下缺陷：页眉或页脚不能使用单元格的内容。当打印工作簿时，将触发此简单过程，在页眉处放置单元格 A1 的内容。

```
Private Sub Workbook_BeforePrint(Cancel As Boolean)
    ActiveSheet.PageSetup.CenterHeader = Worksheets(1).Range("A1")
End Sub
```

46.3　使用工作簿级别的事件

工作簿级别的事件面向特定的工作簿发生。表 46-1 列出了最常用的工作簿事件及其简要说明。

表 46-1　工作簿事件

事件	触发事件的操作
Activate	激活工作簿
AfterSave	保存工作簿
BeforeClose	工作簿将被关闭
BeforePrint	将打印工作簿(或其中的任何内容)
BeforeSave	工作簿将被保存
Deactivate	禁用工作簿
NewSheet	在工作簿中创建一个新工作表
Open	打开工作簿
SheetActivate	激活工作簿中的任何工作表
SheetBeforeDoubleClick	双击工作簿中的任何工作表。此事件在默认的双击操作之前发生
SheetBeforeRightClick	右击工作簿中的任何工作表。此事件在默认的右击操作之前发生
SheetChange	用户更改工作簿中的任何工作表
SheetDeactivate	工作簿中的任何工作表被禁用
SheetSelectionChange	工作簿中任何工作表上的选择内容发生变化
WindowActivate	激活任何工作簿窗口
WindowDeactivate	禁用任何工作簿窗口

稍后将列举一些有关使用工作簿级别事件的示例。

> **警告**
> 稍后的所有示例过程必须位于 ThisWorkbook 对象的代码模块中。如果将其置于任何其他类型的代码模块中，它们将不能运行，你也不会看到错误消息。

46.3.1　使用 Open 事件

一个最常被监控的事件是工作簿的 Open 事件。当工作簿打开时，该事件就会被触发并执行 Workbook_Open 过程。Workbook_Open 过程的功能非常灵活，通常可用于完成以下任务：

- 显示欢迎消息；

- 打开其他工作簿;
- 激活特定的工作表;
- 确保满足一定的条件(例如，工作簿也许会要求安装特定加载项)。

下面是一个简单的 Workbook_Open 过程示例。它使用 VBA 的 Weekday 函数确定是星期几。如果是星期五，那么将显示一个消息框，提醒用户执行文件备份。如果不是星期五，则不显示任何信息。

```
Private Sub Workbook_Open()
    If Weekday(Now) = 6 Then
        Msg = "Make sure you do your weekly backup!"
        MsgBox Msg, vbInformation
    End If
End Sub
```

下面的示例在打开工作簿时执行一系列动作。它可以最大化工作簿窗口，激活名为 DataEntry 的工作表，选中 A 列的第一个空单元格并将当前日期输入该单元格。如果不存在 DataEntry 工作表，则代码将生成一个错误信息。

```
Private Sub Workbook_Open()
    ActiveWindow.WindowState = xlMaximized
    Worksheets("DataEntry").Activate
    Range("A1").End(xlDown).Offset(1,0).Select
    ActiveCell.Value = Date
End Sub
```

46.3.2 使用 SheetActivate 事件

每当用户激活工作簿中的任一工作表时，都会执行下列过程。此代码只是会选择单元格 A1。通过包含 On Error Resume Next 语句，可使此过程忽略当所激活的工作表是图表工作表时发生的错误。

```
Private Sub Workbook_SheetActivate(ByVal Sh As Object)
    On Error Resume Next
    Range("A1").Select
End Sub
```

另一种可用于处理图表工作表情况的方法是检查工作表的类型。可以使用传递给过程的 Sh 参数进行检查。

```
Private Sub Workbook_SheetActivate(ByVal Sh As Object)
    If TypeName(Sh) = "Worksheet" Then Range("A1").Select
End Sub
```

46.3.3 使用 NewSheet 事件

每当将新工作表添加到工作簿时，都将执行下面的过程。这个工作表作为一个参数传递给过程。因为新工作表既可以是普通工作表，也可以是图表工作表，所以该过程将检查工作表的类型。如果是普通工作表，则在单元格 A1 中插入一个日期和时间戳。

```
Private Sub Workbook_NewSheet(ByVal Sh As Object)
    If TypeName(Sh) = "Worksheet" Then _
        Sh.Range("A1").Value = "Sheet added " & Now()
End Sub
```

46.3.4 使用 BeforeSave 事件

在实际保存工作簿之前，将发生 BeforeSave 事件。选择"文件"|"保存"命令时，有时会出现"另存为"

对话框——例如，如果文件从未被保存或者以只读方式打开，将发生这种情况。

当执行 Workbook_BeforeSave 过程时，它会接收一个参数，可用于确定是否将显示"另存为"对话框。下面的示例对此进行了演示：

```
Private Sub Workbook_BeforeSave _
   (ByVal SaveAsUI As Boolean, Cancel As Boolean)
      If SaveAsUI Then
          MsgBox "Use the new file-naming convention."
      End If
End Sub
```

在用户试图保存工作簿时，Workbook_BeforeSave 过程将执行。如果保存操作导致"另存为"对话框出现，则 SaveAsUI 变量值为 True。上面的过程将检查该变量，并且只在出现"另存为"对话框时才显示一条消息。这种情况下，该消息将会提示如何命名文件。

BeforeSave 事件过程的参数列表中还有一个 Cancel 变量。如果过程将 Cancel 参数设置为 True，则不保存文件。

46.3.5 使用 BeforeClose 事件

BeforeClose 事件在工作簿关闭之前发生。该事件通常与 Workbook_Open 事件处理程序一起使用。例如，可以使用 Workbook_Open 过程初始化工作簿中的项，然后使用 Workbook_ BeforeClose 过程在关闭工作簿之前清除设置或将设置恢复为正常状态。

如果试图关闭一个未保存的工作簿，则 Excel 将显示一个提示信息，询问是否在关闭之前保存工作簿。

> **警告**
> 对于未保存的工作簿，此事件可能会导致发生问题。当用户在工作簿关闭前看到保存文件的提示时，BeforeClose 事件已经发生。如果用户在看到保存提示后选择取消关闭操作，则工作簿仍然保持打开，但是你的事件代码却已经运行。

46.4 使用工作表事件

Worksheet 对象的事件是最有用的一些事件。你将看到，通过监控这些事件，能使应用程序执行在其他情况下无法完成的工作。

表 46-2 列出了一些较常用的工作表事件及相应的简要说明。请记住，必须将这些事件过程输入工作表的代码模块中。此类代码模块具有默认的名称，如 Sheet1、Sheet2 等。

表 46-2 工作表事件

事件	触发事件的行为
Activate	激活工作表
BeforeDoubleClick	双击工作表。在默认双击操作之前会发生此事件
BeforeRightClick	右击工作表。在默认右击操作之前会发生此事件
Change	用户更改了工作表上的单元格
Deactivate	工作表被禁用
FollowHyperlink	单击工作表上的超链接
SelectionChange	工作表上的选择内容发生变化

46.4.1 使用 Change 事件

当工作表中的任意单元格被用户更改时，将触发 Change 事件。当对公式的计算生成不同的值或者当添加对象(如图表或形状)到工作表中时，不会触发 Change 事件。

当执行 Worksheet_Change 过程时，它接收一个 Range 对象作为其 Target 参数。该 Range 对象对应于触发事件的被更改的单元格或区域。以下示例显示了一个消息框，该消息框显示 Target 区域的地址：

```
Private Sub Worksheet_Change(ByVal Target As Range)
    MsgBox "Range " & Target.Address & " was changed."
End Sub
```

要熟悉生成工作表的 Change 事件的操作类型，请将上面的过程输入一个 Worksheet 对象的代码模块中。在输入该过程后，激活 Excel，然后使用各种方法对工作表进行更改。每次发生 Change 事件时，消息框都会显示所更改的区域的地址。

令人遗憾的是，Change 事件并不总是能按期望的那样正常工作。例如：

- 更改单元格的格式不能像期望的那样触发 Change 事件，但选择"开始"|"编辑"|"清除"|"清除格式"命令却可触发该事件。
- 即使单元格开始时为空，按 Delete 键也会产生一个事件。
- 通过 Excel 命令更改单元格有时可能会触发 Change 事件，有时也可能不会。例如，排序和单变量求解操作不会触发 Change 事件，而查找和替换、使用"自动求和"按钮或向表格添加汇总行等操作却会触发该事件。
- 如果 VBA 过程更改了单元格，会触发 Change 事件。

46.4.2　监控特定区域中的更改

当工作表中的任意单元格发生变化时都会发生 Change 事件。但大多数情况下，你可能只会关心特定的单元格或区域中发生的变化。当调用 Worksheet_Change 事件处理程序过程时，它接收一个 Range 对象作为其参数。该 Range 对象对应于被更改的单元格。

假定工作表中有一个名为 InputRange 的区域，而你希望 VBA 代码只监控该区域的变化。虽然不存在针对 Range 对象的 Change 事件，但是可以在 Worksheet_Change 过程中执行快速检查。下列过程对此进行了演示：

```
Private Sub Worksheet_Change(ByVal Target As Range)
    Dim VRange As Range
    Set VRange = Me.Range("InputRange")
    If Union(Target, VRange).Address = VRange.Address Then
        Msgbox "The changed cell is in the input range."
    End if
End Sub
```

这个示例创建了一个名为 VRange 的 Range 对象变量，代表你希望监控其变化的工作表区域。这个过程使用 VBA 的 Union 函数来确定 VRange 是否包含 Target 区域(作为参数传递给此过程)。Union 函数返回一个由其两个参数中所有单元格组成的对象。如果区域地址与 VRange 地址相同，则说明 VRange 包含 Target，此时将显示一个消息框。否则，过程将结束，而不执行任何操作。

上面的过程有一个缺陷。Target 也许是由一个单元格或一个区域组成的。例如，如果同时更改多个单元格，则 Target 就会成为一个多单元格区域。对于现在的过程，所有被更改的单元格都必须包含在 InputRange 中。如果你仍然想要处理 InputRange 中的单元格(即使一些更改的单元格没有包含在 InputRange 内)，则需要修改此过程，以遍历 Target 中的所有单元格。下列过程将检查每个发生更改的单元格，并且在单元格处于目标区域内时显示一个消息框：

```
Private Sub Worksheet_Change(ByVal Target As Range)
    Set VRange = Me.Range("InputRange")
    For Each cell In Target.Cells
        If Union(cell, VRange).Address = VRange.Address Then
            Msgbox "The changed cell is in the input range."
        End if
    Next cell
End Sub
```

配套学习资源网站

包含此例的工作簿可在配套学习资源网站 www.wiley.com/go/excel2019bible 中找到，文件名为 monitor a range.xlsm。

46.4.3 使用 SelectionChange 事件

以下过程演示了 SelectionChange 事件。只要你在工作表中做出新的选择，就会执行该过程。

```
Private Sub Worksheet_SelectionChange(ByVal Target As Range)
   Me.Cells.Interior.ColorIndex = xlNone
   With Target
       .EntireRow.Interior.ColorIndex = 35
       .EntireColumn.Interior.ColorIndex = 35
   End With
End Sub
```

该过程用于为选中单元格所在的行和列添加底纹，从而使它易于被识别出来。第一个语句删除所有单元格的背景色。接着，选中单元格所在的整行和整列被加上浅绿色底纹。图 46-2 显示了底纹效果。

配套学习资源网站

包含此例的工作簿可在配套学习资源网站 www.wiley.com/go/excel2019bible 中找到，文件名为 selection change event.xlsm。

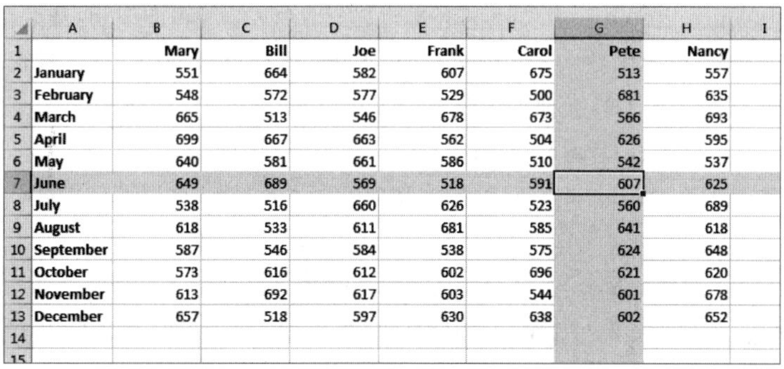

	A	B	C	D	E	F	G	H	I
1		Mary	Bill	Joe	Frank	Carol	Pete	Nancy	
2	January	551	664	582	607	675	513	557	
3	February	548	572	577	529	500	681	635	
4	March	665	513	546	678	673	566	693	
5	April	699	667	663	562	504	626	595	
6	May	640	581	661	586	510	542	537	
7	June	649	689	569	518	591	607	625	
8	July	538	516	660	626	523	560	689	
9	August	618	533	611	681	585	641	618	
10	September	587	546	584	538	575	624	648	
11	October	573	616	612	602	696	621	620	
12	November	613	692	617	603	544	601	678	
13	December	657	518	597	630	638	602	652	
14									
15									

图 46-2 选择单元格可以使得活动单元格所在的行和列加上底纹效果

警告

如果你的工作表中包含背景底纹，则你不会希望使用这个过程，因为该宏将删除背景底纹。但是，如果背景底纹是为表格应用样式的结果，则该宏不会删除表格的背景底纹。

46.4.4 使用 BeforeRightClick 事件

通常，右击工作表时会出现一个快捷菜单。如果由于某些原因，想要阻止出现快捷菜单，则可以利用 RightClick 事件。下述过程将 Cancel 参数设为 True，这将取消 RightClick 事件，因此将取消快捷菜单。相反，将会出现一个消息框。

```
Private Sub Worksheet_BeforeRightClick _
    (ByVal Target As Range, Cancel As Boolean)
       Cancel = True
       MsgBox "The shortcut menu is not available."
End Sub
```

46.5 使用特殊应用程序事件

到目前为止，本章所讨论的事件都与对象(如工作表)有关。本节将讨论另外两个事件：OnTime 和 OnKey。这些事件与对象无关。相反，需要通过使用 Application 对象的方法来访问它们。

> **注意**
> 与本章讨论的其他事件不同，需要使用标准 VBA 模块对 On 事件进行编程。

46.5.1 使用 OnTime 事件

OnTime 事件在指定的时间发生。下述示例演示了如何通过对 Excel 进行编程，从而使其在下午 3 点发出"嘟"的声音并显示一条消息：

```
Sub SetAlarm()
  Application.OnTime TimeSerial(15,0,0), "DisplayAlarm"
End Sub

Sub DisplayAlarm()
  Beep
  MsgBox "Wake up. It's time for your afternoon break!"
End Sub
```

在这个示例中，SetAlarm 过程使用 Application 对象的 OnTime 方法来设置 OnTime 事件。这个方法有两个参数：时间(使用 TimeSerial 函数能够方便地获取时间，小时部分的 15 代表下午 3 点)，以及将在此时执行的过程(本例中是 DisplayAlarm)。在本例中，在 SetAlarm 执行后，将在下午 3 点调用 DisplayAlarm 过程并显示消息。

还以使用 VBA 的 TimeValue 函数来表示时间。TimeValue 函数可以将看起来像时间的字符串转换为 Excel 能够处理的值。下面的语句显示了另一种用于在下午 3 点产生一个事件的方法：

```
Application.OnTime TimeValue("3:00:00 pm"), "DisplayAlarm"
```

如果要安排一个相对于当前时间的事件(例如，从现在起 20 分钟后)，则可以编写如下两条指令之一：

```
Application.OnTime Now + TimeSerial(0, 20, 0), "DisplayAlarm"
```

```
Application.OnTime Now + TimeValue("00:20:00"), "DisplayAlarm"
```

也可以使用 OnTime 方法安排在特定的日期执行过程。当然，必须让计算机始终保持开启状态，且 Excel 必须一直在运行。

要取消 OnTime 事件，必须知道将会运行该事件的准确时间。然后，可以将 OnTime 的 Schedule 参数设为 False。OnTime 将在最接近的秒级别工作。如果为下午 3 点计划了某个事件，就可以使用下面的代码取消安排：

```
Application.OnTime TimeSerial(15, 0, 0), "DisplayAlarm", , False
```

如果相对于当前时间计划了事件，然后想要取消该事件，就需要存储该时间。下面的代码将安排一个事件：

```
TimeToRun = Now + TimeSerial(0, 20, 0)
Application.OnTime TimeToRun, "DisplayAlarm"
```

假如 TimeToRun 变量仍然在作用域内，就可以使用该变量来取消安排：

```
Application.OnTime TimeToRun, "DisplayAlarm", , False
```

46.5.2 使用 OnKey 事件

当你工作的时候，Excel 将时刻监控你的输入内容。因此，可以设置一个按键或组合键，以便在键入它们的时候执行特定的过程。

下述示例使用 OnKey 方法设置了一个 OnKey 事件。从本质上讲，该事件是对 PgDn 和 PgUp 键进行重新分配。在 Setup_OnKey 过程执行之后，按 PgDn 键将会执行 PgDn_Sub 过程，按 PgUp 键将会执行 PgUp_Sub 过程。其效果是，按 PgDn 键下移一行，按 PgUp 键上移一行。

```
Sub Setup_OnKey()
  Application.OnKey "{PgDn}", "PgDn_Sub"
  Application.OnKey "{PgUp}", "PgUp_Sub"
End Sub

Sub PgDn_Sub()
  On Error Resume Next
  ActiveCell.Offset(1, 0).Activate
End Sub

Sub PgUp_Sub()
  On Error Resume Next
  ActiveCell.Offset(-1, 0).Activate
End Sub
```

注意

按键代码括在花括号中，而不是在圆括号中。有关按键代码的完整列表，可参考 VBA 帮助系统，只需要在其中搜索 OnKey 关键字即可。

提示

上面的示例使用 On Error Resume Next 忽略了任何生成的错误。例如，如果活动单元格位于第一行中，则试图上移一行就会产生错误。此外，如果活动工作表是一个图表工作表，就会发生错误，因为图表工作表中不存在活动单元格。

通过执行下面的过程，可以取消 OnKey 事件，这些按键将返回它们正常的功能。

```
Sub Cancel_OnKey()
  Application.OnKey "{PgDn}"
  Application.OnKey "{PgUp}"
End Sub
```

警告

与你的预期相反，使用空字符串作为 OnKey 方法的第二个参数并不能取消 OnKey 事件，而将会导致 Excel 忽略按键，不执行任何操作。例如，下述指令将告诉 Excel 忽略 Alt+F4 键(百分号代表 Alt 键):

```
Application.OnKey "%{F4}", ""
```

第47章

VBA 示例

本章要点

- 使用区域
- 使用图表
- 修改属性
- VBA 代码加速技巧

对于如何学习编写 Excel 宏，本书一直强调要使用各种示例。经过深思熟虑想出的好示例比冗长的理论说明能更好地传达概念信息。由于篇幅限制，本书不能对 VBA 的所有方面进行讲述。因此，本书准备了很多示例。对于某些特殊的细节，可参考 VBA 的帮助系统。如果在 VB 编辑器窗口中工作时想获得帮助，可按 F1 键。要获取上下文相关的帮助，在按 F1 键之前，可选择一个 VBA 关键字、对象名称、属性或方法。

本章由一些用于演示常用 VBA 方法的示例组成。可以直接使用其中一些示例，但大多数情况下，需要适当地对其进行修改，才能满足你自己的需要。

47.1 使用区域

在 VBA 中执行操作大多涉及工作表区域。在使用区域对象时，请注意以下几点：

- VBA 代码无须选择区域就可对其执行操作。
- 如果代码选择了某个区域，那么该区域所在的工作表必须是活动工作表。
- 宏录制器并不总是能生成最高效的代码。通常，可以先使用宏录制器创建宏，然后再对代码进行编辑，以使其更高效。
- 建议在 VBA 代码中使用命名区域。例如，Range("Total")引用要比 Range("D45")引用更好。对于后者，若在第 45 行上面增加一行，将需要修改宏。
- 当录制将要选择区域的宏时，要特别注意相对录制模式和绝对录制模式。所选择的录制模式能够决定宏是否正确工作。

交叉引用

有关录制模式的详细信息，请参见第 42 章。

- 如果创建一个遍历当前所选区域内每个单元格的宏，那么应注意用户可选择整行或整列。在这种情况下，需要创建一个仅由非空单元格组成的所选内容的子集。或者也可以使用工作表已使用区域内的单元格(通过使用 UsedRange 属性实现)。
- 请注意，Excel 允许在工作表中选择多个区域。例如，可以先选择一个区域，然后按住 Ctrl 键，接着选择另一个区域。可以在宏内对此进行测试并执行适当的操作。

下面的示例将说明上述要点。

47.1.1 复制区域

在宏中经常会涉及复制区域。当打开宏录制器(使用绝对录制模式)并将区域 A1:A5 复制到 Bl:B5 时，将得到如下所示的 VBA 宏：

```
Sub CopyRange()
  Range("A1:A5").Select
  Selection.Copy
  Range("B1").Select
  ActiveSheet.Paste
  Application.CutCopyMode = False
End Sub
```

这个宏可以正常工作，但并不是最有效的区域复制方法。可使用下面一行宏代码完成同样的工作：

```
Sub CopyRange2()
  Range("A1:A5").Copy Range("B1")
End Sub
```

该代码利用了一个事实，即复制方法可采用一个用于指定目标的参数。可在帮助系统中获得有关属性和方法的实用信息。

注意

本章的大部分示例都使用了未限定的对象引用。限定对象引用指的是通过指出父对象，显式告诉 VBA 要使用的对象。例如，Range("A1")是未限定引用，因为我们没有告诉 VBA 它在哪个工作表上。完全限定的版本为 Application.Workbooks("MyBook").Worksheets("MySheet").Range("A1")。

当在标准模块中使用未限定区域引用时，VBA 假定你指的是 ActiveWorkbook 上的 ActiveSheet。如果这确实是你的意思，那么 VBA 的这种假定就能够避免你输入整个一串父对象。如果你想要或者需要明确指定父对象，则可以考虑使用本章后面的 47.4.3 节中介绍的对象变量。

本示例说明宏录制器并不是总能生成最高效的代码。可以看到，要使用对象，并不是必须选中它。注意，CopyRange2 没有选择任何区域。因此，活动单元格并没有在执行该宏时发生变化。

47.1.2 复制大小可变的区域

可能经常需要对不知道准确的行数和列数的单元格区域进行复制。

图 47-1 显示了工作表内的一个区域。该区域包含的数据每周将更新，因此行数将发生变化。因为无法确定任一时间的确切区域地址，所以编写一个宏来复制此区域是一个比较困难的任务。

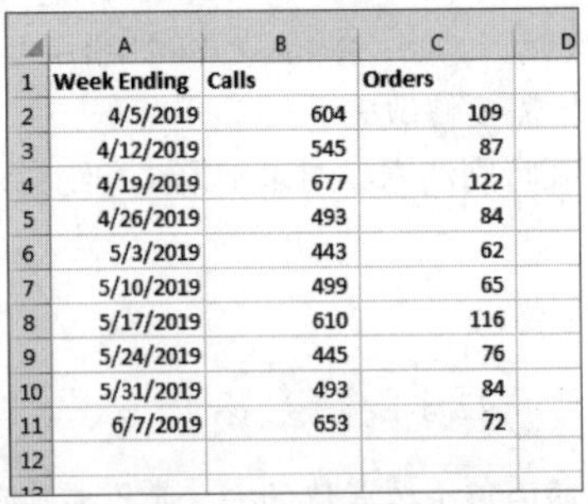

	A	B	C	D
1	Week Ending	Calls	Orders	
2	4/5/2019	604	109	
3	4/12/2019	545	87	
4	4/19/2019	677	122	
5	4/26/2019	493	84	
6	5/3/2019	443	62	
7	5/10/2019	499	65	
8	5/17/2019	610	116	
9	5/24/2019	445	76	
10	5/31/2019	493	84	
11	6/7/2019	653	72	
12				

图 47-1 此区域可以包含任意数量的行

下面的宏演示了如何将该区域复制到 Sheet2(从单元格 Al 开始)。这里使用了 CurrentRegion 属性，它返回一个 Range 对象，对应于某个特定单元格周围的已使用单元格块。此宏等同于选择“开始”|“编辑”|“查找和选择”|“转到”命令并单击“定位条件”按钮，然后选择“当前区域”选项。

```
Sub CopyCurrentRegion()
  Range("A1").CurrentRegion.Copy Sheets("Sheet2").Range("A1")
End Sub
```

另一种方法是使用表格存储数据。在表格中添加新行时，表格的区域地址会自动调整，所以可以使用下面的过程：

```
Sub CopyTable()
  Range("Table1[#All]").Copy Sheets("Sheet2").Range("A1")
End Sub
```

配套学习资源网站

可在配套学习资源网站 www.wiley.com/go/excel2019bible 中找到含有这些宏的工作簿，文件名为 range copy.xlsm。

47.1.3　选择从活动单元格到行或列结尾的内容

你可能习惯于使用组合键，如按 Ctrl+Shift+→ 和 Ctrl+Shift+↓ 以选择从活动单元格到行或列结尾的内容。当在 Excel 中(使用相对录制模式)录制这些动作时，将发现所生成的代码可执行预期的操作。

以下VBA过程将选择从活动单元格开始至此列中最后一个单元格(或第一个空单元格，以先出现的为准)的区域。选择该区域后，可对其进行各种操作——复制、移动、设置格式等。

```
Sub SelectDown()
  Range(ActiveCell, ActiveCell.End(xlDown)).Select
End Sub
```

注意，Range 属性有两个参数。这些参数分别代表区域中左上角和右下角的单元格。

本例使用了 Range 对象的 End 方法，此方法可以返回一个 Range 对象。End 方法需要使用一个参数，此参数可以是以下任一常量：xlUp、xlDown、xlToLeft 或 xlToRight。

配套学习资源网站

可在配套学习资源网站www.wiley.com/go/excel2019bible中找到包含该宏的工作簿，文件名为select cells.xlsm。

47.1.4　选择一行或一列

下面的宏演示了如何选择活动单元格所在的列。它使用了 EntireColumn 属性，返回由一列组成的区域。

```
Sub SelectColumn()
 ActiveCell.EntireColumn.Select
End Sub
```

正如你猜想的，也可以使用 EntireRow 属性，它将返回由一行组成的区域。

如果想对选中行或列的所有单元格执行一项操作，则无须选择该行或列。例如，当执行下列过程时，活动单元格所在行的全部单元格都将以粗体显示：

```
Sub MakeRowBold()
  ActiveCell.EntireRow.Font.Bold = True
End Sub
```

47.1.5　移动区域

移动区域实际上是先将此区域剪切到剪贴板，然后再将其粘贴到另一个区域。如果在执行移动操作时录制动作，则宏录制器将会产生如下代码：

```
Sub MoveRange()
 Range("A1:C6").Select
 Selection.Cut
 Range("A10").Select
```

```
  ActiveSheet.Paste
End Sub
```

与本章前面提到的复制操作一样(参见 47.1.1 节)，该方法并不是用于移动单元格区域的最高效的办法。事实上，使用一个 VBA 语句即可完成此操作，如下所示：

```
Sub MoveRange2()
  Range("A1:C6").Cut Range("A10")
End Sub
```

该语句利用了 Cut 方法可使用指定目标区域的参数这一事实。

配套学习资源网站

可在配套学习资源网站 www.wiley.com/go/excel2019bible 中找到包含此宏的工作簿，文件名为 range move.xlsm。

47.1.6　高效地遍历区域

很多宏会对区域中的每个单元格执行某个操作，或者也可能基于每个单元格的内容执行某些选择性的操作。这些操作通常需要用到 For-Next 循环来对区域中的每个单元格进行处理。

以下示例演示了如何遍历区域内的全部单元格。在这个示例中，区域是当前选定的内容，Cell 是一个变量名，它指向的是要处理的单元格(注意这个变量被声明为一个 Range 对象)。For-Next 循环中的单个语句用于计算单元格的值。如果为负，则将其转换为正值。

```
Sub ProcessCells()
  Dim Cell As Range
  For Each Cell In Selection.Cells
    If Cell.Value < 0 Then Cell.Value = Cell.Value * -1
  Next Cell
End Sub
```

上面的示例可以正常工作，但如果所选范围是由整列或整个区域组成，情况会怎么样呢？这是经常会遇到的，因为 Excel 允许对整行或整列执行操作，但这种情况下，该宏将遍历所有单元格，即使是空单元格也是如此，所以将耗费大量时间。因此，这里就需要使用一种只处理非空单元格的方法。

可以通过使用 SpecialCells 方法来实现此任务。在下面的示例中，SpecialCells 方法用于创建一个新对象，即由包含常量(而不是公式)的单元格所组成的所选范围的子集。本例将对该子集进行处理，而跳过所有空单元格和所有公式单元格。

```
Sub ProcessCells2()
  Dim ConstantCells As Range
  Dim Cell As Range
' Ignore errors
  On Error Resume Next
' Process the constants
  Set ConstantCells = Selection.SpecialCells(xlConstants,
xlNumbers)
  For Each Cell In ConstantCells
      If Cell.Value < 0 Then Cell.Value = Cell.Value * -1
  Next Cell
End Sub
```

无论所选择的内容如何，ProcessCells2 过程都可以快速完成任务。例如，可以选择区域、选择区域中的全部列、选择区域中的全部行甚至整个工作表。在所有这些情况下，只有包含常量的单元格才会在循环中得到处理。该过程是对本节前面介绍的 ProcessCells 过程的很大改进。

请注意此过程中使用了如下语句：

```
On Error Resume Next
```

该语句可以使 Excel 忽略所发生的任何错误，而继续执行下一条语句。此语句是必需的，这是因为

SpecialCells 方法会在没有符合条件的单元格时产生错误，而且如果单元格包含错误的值，数字比较操作会失败。当过程结束时，正常的错误检查将会恢复。要在过程内返回到正常的错误检查模式，可使用以下语句：

```
On Error GoTo 0
```

47.1.7　提示输入单元格值

如第 44 章所述，可以使用 VBA InputBox 函数要求用户输入值。图 47-2 显示了一个示例。

可以将该值赋给变量并在过程中使用。但是，常常需要将该值放到一个单元格中。以下过程演示了如何只使用一个语句来要求用户输入值，并且将该值放到活动工作表的单元格 Al 中：

```
Sub GetValue()
  Range("A1").Value = InputBox("Enter the value for cell A1")
End Sub
```

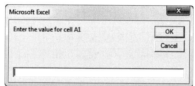

图 47-2　使用 VBA InputBox 函数从用户处获取值

但是，此过程存在一个问题：如果用户单击 Cancel 按钮，单元格 A1 的内容将被空字符串替换。下面是修改后的版本，其中的 InputBox 条目被赋给名为 UserVal 的变量。该代码将检查这个变量，并且仅当该变量不为空时才执行操作。

```
Sub GetValue()
  UserVal = InputBox("Enter the value for cell A1")
  If UserVal <> "" Then Range("A1").Value = UserVal
End Sub
```

以下是只接收数字值的变化形式。如果用户输入一个非数字的值，则 InputBox 将继续显示，直到用户输入一个数字。只有当用户输入一个数字后，代码才会退出 Do Loop 并将值输入 A1 中。循环内的另一行代码允许用户单击 Cancel 按钮退出过程。

```
Sub GetValue()
  Do
    UserVal = InputBox("Enter a numeric value for cell A1")
    If UserVal = "" Then Exit Sub
  Loop Until IsNumeric(UserVal)
  Range("A1").Value = UserVal
End Sub
```

47.1.8　确定选中内容的类型

如果宏被设计为处理选中的区域，则需要确定已经实际选中了一个区域；否则，宏将很有可能会失败。以下过程可确定当前选中对象的类型：

```
Sub SelectionType()
  MsgBox TypeName(Selection)
End Sub
```

> **配套学习资源网站**
>
> 可在配套学习资源网站 www.wiley.com/go/excel2019bible 中找到包含此宏的工作簿，文件名为 selection type.xlsm。对于允许输入文本的对象，在编辑模式下将无法使用该宏。如果单击按钮，但是什么也没有发生，则需要按 Esc 键退出编辑模式。

如果选中了一个单元格或区域，则 MsgBox 将显示 Range。如果宏被设计为只用于处理区域，那么可以使用 If 语句来确保实际被选中的是一个区域。在下面的示例中，如果当前所选内容不是一个 Range 对象，就显示一条消息：

```
Sub CheckSelection()
  If TypeName(Selection) = "Range" Then
    ' ... [Other statements go here]
  Else
    MsgBox "Select a range."

  End If
End Sub
```

47.1.9　识别多重选定区域

在 Excel 中选择对象或区域时，可通过按住 Ctrl 键选择多个项目。此方法可能会对某些宏造成问题。例如，当多重选定区域由不相邻的区域组成时，将不能对其执行复制操作。下面的宏演示了如何判断用户是否选择了多个区域：

```
Sub MultipleSelection()
  If Selection.Areas.Count = 1 Then
    ' ... [Other statements go here]
  Else
    MsgBox "Multiple selections not allowed."
  End If
End Sub
```

本例使用了 Areas 方法，此方法可以返回所选范围中全部 Range 对象的集合。Count 属性可以返回集合中对象的数目。

如果想要复制选定区域，那么你可能希望处理多重选定区域，而不是简单地忽略它们。此时，可以像下面这样，遍历 Range 对象的 Areas 集合：

```
Sub LoopAreas()

  Dim Area As Range
  Dim Cell As Range

  For Each Area In Selection.Areas
     'copy each selection 10 columns to the right
    Area.Copy Area.Offset(0, 10)
  Next Area

End Sub
```

47.1.10　统计选中的单元格

可以创建一个宏来处理选中的单元格区域。使用 Range 对象的 Count 属性可以确定包含在所选区域(或任何区域)中的单元格数量。例如，下列语句显示了一个包含当前选定区域中单元格数量的消息框：

```
MsgBox Selection.Count
```

> **警告**
>
> 在 Excel 2007 中引入了更大的工作表,这导致 Count 属性可能会生成错误。Count 属性使用的是 Long 数据类型,因此它可存储的最大值是 2 147 483 647。例如,如果用户选择全部 2048 列(2 147 483 648 个单元格),则 Count 属性将生成一个错误。不过,Microsoft 添加了一个新属性(CountLarge),此属性使用的是 Double 数据类型,可以处理的最大值为 1.79+E^308。
>
> 有关 VBA 数据类型的更多信息,请参见本章后面的表 47-1。
>
> 绝大多数情况下,Count 属性都可以很好地完成工作。如果需要统计更多的单元格(如工作表中的所有单元格),则可以使用 CountLarge 代替 Count。

如果活动工作表包含一个名为 data 的区域,那么下列语句会将此 data 区域中的单元格数量赋值给一个名为 CellCount 的变量:

```
CellCount = Range("data").Count
```

也可以确定区域中包含多少个行或列。下列表达式可计算当前选中区域中的列数:

```
Selection.Columns.Count
```

当然,也可使用 Rows 属性确定区域中的行数。下列语句可统计名为 data 的区域中的行数,并且将此数字赋值给一个名为 RowCount 的变量:

```
RowCount = Range("data").Rows.Count
```

47.2 使用工作簿

本节的示例演示了使用 VBA 处理工作簿的各种方法。

47.2.1 保存所有工作簿

下列过程可以遍历 Workbooks 集合中的所有工作簿,并且保存之前已保存的所有文件:

```
Public Sub SaveAllWorkbooks()
   Dim Book As Workbook
   For Each Book In Workbooks
      If Book.Path <> "" Then Book.Save
   Next Book
End Sub
```

请注意对 Path 属性的使用。如果工作簿的 Path 属性为空,则表示此文件从未被保存过(是一个新工作簿)。该过程将忽略此类工作簿,而仅保存具有非空 Path 属性的工作簿。

47.2.2 保存并关闭所有工作簿

以下过程可以遍历 Workbooks 集合。代码将保存并关闭所有工作簿。

```
Sub CloseAllWorkbooks()
   Dim Book As Workbook
   For Each Book In Workbooks
      If Book.Name <> ThisWorkbook.Name Then
         Book.Close SaveChanges:=True
      End If
   Next Book
   ThisWorkbook.Close SaveChanges:=True
End Sub
```

该过程在 For-Next 循环中使用 If 语句来确定工作簿中是否包含代码。之所以必须这么做,是因为关闭包含过程的工作簿将结束代码,不会影响后面的工作簿。

47.3　使用图表

使用 VBA 处理图表会造成一定困惑，这主要是因为其中要涉及很多对象。要了解如何使用图表，可打开宏录制器，创建一个图表并执行一些常规的图表编辑操作。你可能会对所生成的代码数量之多而感到惊讶。

然而，在了解了图表中对象的工作方式后，就可创建一些有用的宏。本节将演示几个用于处理图表的宏。当编写用于操作图表的宏时，首先要了解一些术语。嵌入工作表中的图表是 ChartObject 对象，而 ChartObject 对象包含实际的 Chart 对象。另一方面，位于图表工作表中的图表没有 ChartObject 容器。

创建图表的对象引用通常是很有用的(参见本章稍后的 47.4.3 节)。例如，下面的语句声明了一个对象变量(MyChart)，并且将活动工作表中的嵌入式图表 Chart 1 赋值给它。

```
Dim MyChart As Chart
Set MyChart = ActiveSheet.ChartObjects("Chart 1").Chart
```

以下各节将列举一些有关使用图表的宏示例。

> **配套学习资源网站**
>
> 这些宏可在配套学习资源网站 www.wiley.com/go/excel2019bible 中找到，文件名为 chart macros.xlsm。

47.3.1　修改图表类型

以下的示例可以更改活动工作表中每个嵌入式图表的类型。它通过调整 Chart 对象的 ChartType 属性，将每个图表转变为一个簇状柱形图。内置常量 xlColumnClustered 表示的是标准柱形图。

```
Sub ChartType()
    Dim ChtObj As ChartObject
    For Each ChtObj In ActiveSheet.ChartObjects
        ChtObj.Chart.ChartType = xlColumnClustered
    Next ChtObj
End Sub
```

上面的示例使用 For-Next 循环遍历活动工作表上的所有 ChartObject 对象。在循环体内，将为图表类型赋一个新值，从而使其成为柱形图。

下面的宏可实现相同的功能，但处理的是活动工作簿中的所有图表工作表：

```
Sub ChartType2()
    Dim Cht As Chart
    For Each Cht In ActiveWorkbook.Charts
        Cht.ChartType = xlColumnClustered
    Next Cht
End Sub
```

47.3.2　修改图表属性

下面的示例可更改活动工作表中所有图表的图例字体。它使用 For-Next 循环处理全部 ChartObject 对象，并且将 HasLegend 属性设置为 True。之后，代码将会调整包含在 Legend 对象中的 Font 对象的属性：

```
Sub LegendMod()
    Dim ChtObj As ChartObject
    For Each ChtObj In ActiveSheet.ChartObjects
        ChtObj.Chart.HasLegend = True
        With ChtObj.Chart.Legend.Font
            .Name = "Arial"
            .FontStyle = "Bold"
            .Size = 8
        End With
    Next ChtObj
End Sub
```

47.3.3　应用图表格式

这个示例将几种不同的格式类型应用于指定的图表(在本示例中是活动工作表上的 Chart 1):

```
Sub ChartMods()
   With ActiveSheet.ChartObjects("Chart 1").Chart
     .ChartType = xlColumnClustered
     .ChartTitle.Text = "XYZ Corporation"
     .ChartArea.Font.Name = "Arial"
     .ChartArea.Font.FontStyle = "Regular"
     .ChartArea.Font.Size = 9
     .PlotArea.Interior.ColorIndex = 6
     .Axes(xlValue).TickLabels.Font.Bold = True
     .Axes(xlCategory).TickLabels.Font.Bold = True
   End With
End Sub
```

要了解在为图表编写代码时需要使用的对象、属性和方法,最好的方法是在创建图表或者对图表应用各种更改时录制宏。

47.4　VBA 加速技巧

VBA 的速度较快,但常常还不够快。本节演示了一些编程示例,可以使用这些示例来帮助提高宏的执行速度。

47.4.1　关闭屏幕更新

你可能已注意到,当执行一个宏时,可以观察在此宏中发生的任何操作。有时该视图很直观;但当宏正常工作后,它可能会变得非常令人厌烦,而且会降低速度。

幸运的是,可以在执行宏时禁止正常的屏幕更新。插入下列语句即可关闭屏幕更新功能:

```
Application.ScreenUpdating = False
```

如果在宏的执行过程中,希望用户能够看到宏的执行结果,则可使用下面的语句恢复屏幕更新功能:

```
Application.ScreenUpdating = True
```

当宏执行完成后,Excel 将自动重新启用屏幕更新。

47.4.2　禁止警告消息

使用宏的一个好处在于,能自动执行一连串操作。可以启动一个宏,然后端起一杯咖啡休息,由 Excel 执行所有操作。然而,有些操作会导致 Excel 显示一条需要回应的消息。例如,如果宏要删除一张工作表,则会看到如图 47-3 所示的对话框消息。这些类型的消息意味着不能以无交互方式执行宏。

图 47-3　可以指示 Excel 在运行宏时不显示这些类型的警告

要避免这些警告消息(并自动选择默认响应),可插入以下 VBA 语句:

```
Application.DisplayAlerts = False
```

要恢复警告消息,可使用如下语句:

```
Application.DisplayAlerts = True
```

与屏幕更新一样,当宏执行完后,Excel 将打开警告消息。

47.4.3 简化对象引用

正如你可能已发现的,对象的引用可能会相当长——尤其是当代码引用不在活动工作表或活动工作簿内的对象时更是如此。例如,对一个 Range 对象的完全限定引用如下所示:

```
Workbooks("MyBook.xlsx").Worksheets("Sheet1").Range("IntRate")
```

如果宏需要频繁地使用该区域,则可以使用 Set 命令来创建一个对象变量。例如,要将这个 Range 对象赋值给一个名为 Rate 的对象变量,可使用如下语句:

```
Set Rate = Workbooks("MyBook.xlsx").Worksheets("Sheet1").
Range("IntRate")
```

当定义此变量后,就可以使用对象变量 Rate 来代替原来的冗长引用,例如:

```
Rate.Font.Bold = True
Rate.Value = .0725
```

除了简化代码外,使用对象变量还可以大大加快宏的执行速度。我们看到过,在创建对象变量后,一些复杂宏的执行速度快了一倍。

47.4.4 声明变量类型

通常,并不需要考虑分配给变量的数据类型,Excel 会在后台处理所有这些细节。例如,如果有一个变量 MyVar,则可以为其分配任意类型的数字,甚至可以在过程中为它赋值一个文本字符串。

但是,如果你希望自己的过程的执行速度尽可能快,则应提前告诉 Excel 要分配给每个变量的数据类型。在 VBA 过程中,提供该信息的操作称为声明变量类型。

表 47-1 列出了 VBA 支持的全部数据类型。该表还列出了每种类型所使用的字节数,以及可能值的大致范围。

表 47-1 VBA 数据类型

数据类型	使用的字节数	值的大致范围
Byte	1	0~255
Boolean	2	True 或 False
Integer	2	–32 768~32 767
Long(长整数)	4	–2 147 483 648~2 147 483 647
Single(单精度浮点数)	4	–3.4E38~–1.4E–45 (对于负值);1.4E–45~4E38(对于正值)
Double(双精度浮点数)	8	–1.7E308~–4.9E–324(对于负值);4.9E–324~.7E308(对于正值)
Currency(比例缩放整数)	8	–9.2E14~9.2E14
Decimal	14	+/–7.9E28(无小数点)
Date	8	100 年 1 月 1 日~9999 年 12 月 31 日
Object	4	任何对象引用
String(可变长度)	10+字符串长度	0~20 亿左右
String(固定长度)	字符串长度	1~65 400 左右
Variant(数字)	16	Double 类型最大值范围内的任何数值
Variant(字符)	22+字符串长度	与可变长度字符串的范围相同
User-defined(使用 Type)	元素所需的数字	每个元素的范围与其数据类型的范围相同

如果不声明变量,则 Excel 将使用 Variant 数据类型。通常,最好的方法是使用仅使用最小字节数但仍可处理为其分配的所有数据的数据类型。但执行浮点运算是一个例外。在这种情况下,最好使用 Double 数据类型(而不是 Single 数据类型),以保持最大的精度。另一个例外情况是涉及 Integer 数据类型的操作。虽然 Long 数据类

型使用更多个字节，但它通常可以得到更快的性能。

使用 VBA 处理数据时，执行速度取决于 VBA 处理的字节数。换言之，数据使用的字节越少，VBA 访问和操作数据的速度就越快。

要声明一个变量，请在首次使用此变量之前使用 Dim 语句。例如，要声明变量 Units 为 Long 数据类型，可使用如下语句：

```
Dim Units As Long
```

要声明变量 UserName 为字符串类型，可使用如下语句：

```
Dim UserName As String
```

如果是在某个过程中声明变量，则该变量声明只在该过程内有效。如果是在所有过程的外部声明变量(但在第一个过程之前)，则该变量在模块内的所有过程中有效。

如果使用的是对象变量(在本章前面的 47.4.3 节中介绍过)，则可以将该变量声明为合适的对象数据类型。下面是一个示例：

```
Dim Rate As Range
Set Rate = Workbooks("MyBook.xlsx").Worksheets("Sheet1").
Range("IntRate")
```

要强制声明自己使用的所有变量，可在模块的开始处插入以下语句：

```
Option Explicit
```

如果使用了该语句，那么 Excel 将会在碰到未声明的变量时显示一条错误消息。当习惯于正确地声明所有变量后，你会发现这不仅能够加快代码的执行速度，还有助于消除和找出错误。

第48章

创建自定义 Excel 加载项

本章要点

- 了解加载项
- 将工作簿转换为加载项

对于开发人员而言，Excel 中最有用的一项功能是创建加载项。本章将讨论此概念并提供一个关于创建加载项的实用示例。

48.1 加载项的概念

通常来说，加载项是指能够添加到软件中为软件提供额外功能的对象。Excel 包括一些加载项，如"分析工具库"和"规划求解"等。在理想情况下，新增功能应该和原始界面融合得非常好，从而使其看起来就像是程序的一部分。

Excel 处理加载项的方法非常强大：任何有经验的 Excel 用户都可以从工作簿中创建加载项。本章所涉及的加载项类型基本上就是工作簿文件的另一种形式。任何 Excel 工作簿都可转换为加载项，但并非每个工作簿都适合转换为加载项。

加载项与普通的工作簿之间有什么区别呢？默认状态下，加载项的扩展名为.xlam。另外，加载项总是处于隐藏状态，因此不能显示包含在加载项中的工作表或图表工作表，但可以访问它的 VBA 过程，并且显示包含在用户窗体中的对话框。

以下是 Excel 加载项的一些典型用途：

- **存储一个或多个自定义工作表函数**。当载入加载项时，就可以像使用任何内置工作表函数那样使用其中的函数。
- **存储 Excel 实用程序**。VBA 非常适合用来创建可扩展 Excel 功能的通用工具。
- **存储专用宏**。如果不希望最终用户查看(或修改)自己的宏，则可以将它们存储在加载项中并用密码保护 VBA 工程。用户可以使用这些宏，但不能查看或更改它们，除非他们知道密码。一个额外的好处在于加载项不会显示能使人分心的工作簿窗口。

如前所述，Excel 提供了一些很有用的加载项。你也可以从第三方供应商或在线获得其他加载项。此外，Excel 还包含一些工具，你可以使用它们创建自己的加载项。本章将在后面讨论此内容(参见 48.4 节)。

48.2 使用加载项

使用加载项的最好方法是使用 Excel 加载项管理器。要显示加载项管理器，可执行以下步骤：

(1) 选择"文件"|"选项"命令。这将显示"Excel 选项"对话框。

(2) 选择"加载项"类别。

(3) 在对话框的底部，从"管理"列表中选择"Excel 加载项"选项并单击"转到"按钮。

Excel 将显示"加载项"对话框，如图 48-1 所示。该对话框中包含了 Excel 已识别的所有加载项，在不同的计算机上，这个列表中显示的加载项是不同的。已选中的加载项是当前已经打开的加载项。可以通过选中或取消选中相应的复选框，在此对话框中打开和关闭加载项。

图 48-1　"加载项"对话框

提示

按 Alt+T+I 键是一种用于显示"加载项"对话框的更快捷的方法。或者，如果已显示"开发工具"选项卡，则选择"开发工具"|"加载项"|"Excel 加载项"命令。

警告

也可通过选择"文件"|"打开"命令来打开大多数加载项文件。但是，在打开加载项以后，将无法选择"文件"|"关闭"命令来关闭它。移除加载项的唯一方法是退出并重新启动 Excel，或者编写宏来关闭加载项。因此，通常情况下最好使用"加载项"对话框来打开加载项。

有些加载项(包括 Excel 中的加载项)的用户界面可与功能区集成在一起。例如，当打开"分析工具库"加载项时，可以通过选择"数据"|"分析"|"数据分析"命令来访问这些工具。

注意

如果打开的是在 Excel 2007 之前版本中创建的加载项(*.xla 文件)，那么通过此加载项执行的任何用户界面修改都不会像预期的那样显示。相反，必须通过选择"加载项"|"菜单命令"选项或"加载项"|"自定义工具栏"选项来访问用户界面项(菜单和工具栏)。只有当载入了一个使用老式的菜单和命令栏用户界面的加载项时，才会在功能区中显示"加载项"选项卡。

48.3　为什么要创建加载项

大多数 Excel 用户都不需要创建加载项，但是如果你要为别人开发电子表格，或者希望最大限度地利用 Excel，则可能需要深入了解此主题。

以下是你希望将 Excel 工作簿应用转换为加载项的一些可能原因：

- **避免混淆**。如果最终用户将你的应用程序作为一个加载项载入，则该文件在 Excel 窗口中将不可见，因此不易对新用户造成混淆和干扰。与隐藏的工作簿不同，加载项不能取消隐藏。
- **简化对工作表函数的访问**。存储在加载项中的自定义工作表函数不需要工作簿名称限定词。例如，如果有一个名为 MOVAVG 的自定义函数存储在名为 Newfuncs.xlsm 的工作簿中，那么在其他工作簿中就必须使用以下语法来使用这个函数：

```
=NEWFUNCS.XLSM!MOVAVG(A1:A50)
```

但是，如果这个函数存储在一个已打开的加载项文件中，则可以大大简化此语法，因为不必包括文件引用：

```
=MOVAVG(A1:A50)
```

- **提供更容易的访问方法**。在指定加载项的位置后，该加载项将显示在"加载项"对话框中，并且能够显示用户友好的名称及其功能说明。
- **允许更好地控制载入**。当 Excel 启动时，可以自动打开加载项，而无论它们存储在哪个目录中。
- **在卸载时忽略提示信息**。当关闭一个加载项时，用户不会看到"保存更改"之类的提示信息，因为除非专门在 VB 编辑器窗口中保存，否则对加载项的更改不会被保存。

48.4　创建加载项

从技术角度看，可将任意工作簿转换为加载项，但是并非所有工作簿都能从该操作得到好处。事实上，只由工作表组成的工作簿(即没有宏或自定义对话框)将变得不可用，因为加载项都是隐藏的。

对于含有宏的工作簿，执行此转换是很有用的。例如，你可能有一个由常用的宏和函数组成的工作簿。该类工作簿最适合于转换为加载项。

下列步骤说明了如何从工作簿创建加载项：

(1) 开发应用程序并确保一切都能正常工作。

(2) (可选)为你的加载项添加标题和描述。选择"文件" | "信息"命令并在右侧面板的底部单击"显示所有属性"链接。在"标题"字段中输入简短的描述性标题，然后在"备注"字段中输入较长的说明信息。虽然该步骤并不是必需的，但是它可以使得加载项更易于安装和识别。

(3) (可选)锁定 VBA 工程。这个步骤可以保护 VBA 代码和用户窗体，防止它们被查看。可在 VB 编辑器中完成这个操作；方法是选择"工具" | "VBAProject 属性"命令。在此对话框中，单击"保护"选项卡，然后选中"查看时锁定工程"复选框。如果愿意，可以指定一个密码，以防止别人查看你的代码。

(4) 选择"文件" | "另存为"命令并从"保存类型"下拉列表中选择"Excel 加载宏(*.xlam)"选项，将工作簿保存为加载项文件。默认情况下，Excel 将加载项保存在 AddIns 目录下，但可以重新设置该位置并选择任何想要的目录。

> **注意**
> 将工作簿保存为加载项以后，原始(非加载项)工作簿仍然保持为活动状态。如果你要安装加载项并进行测试，应关闭此文件以避免有两个具有相同名称的宏。

创建加载项以后，需要对其进行安装：

(1) 选择"文件" | "选项" | "加载项"命令。

(2) 从"管理"下拉列表中选择"Excel 加载项"选项，然后单击"转到"按钮。这将显示"加载项"对话框。

(3) 单击"浏览"按钮找到所创建的 XLAM 文件，该操作将安装加载项。"加载项"对话框将会使用在"显示所有属性"面板的"标题"字段中提供的描述性标题。

注意

可以继续修改 XLAM 版本的文件中的宏和用户窗体。因为加载项不会出现在 Excel 窗口中，所以需要在 VB 编辑器中选择"文件" | "保存"命令保存更改。

48.5 加载项示例

本节将讨论从第 44 章中的 change case.xlsm 工作簿创建一个有用加载项的步骤。该工作簿包含一个用户窗体，显示了用于更改选中单元格中文本字母大小写的选项(大写、小写或适当大小写)。图 48-2 显示了正在使用的该加载项。

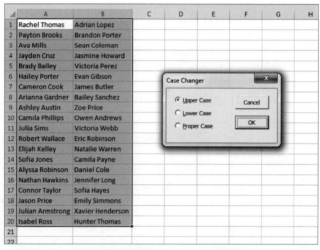

图 48-2 此对话框允许用户更改所选单元格中文本的大小写

配套学习资源网站

该工作簿的原始版本可在配套学习资源网站 www.wiley.com/go/excel2019bible 中找到，文件名为 change case.xlsm。此外还包含将其转换为加载项后的一个版本((addin)change case.xlam)。这两个文件均未锁定，所以你可以完全访问它们的 VBA 代码和用户窗体。

该工作簿包含一个空工作表。尽管用不到这个工作表，但它必须存在，因为每个工作簿必须至少包含一个工作表。它还包含一个 VBA 模块和一个用户窗体。

48.5.1 了解 Module1

Module1 的代码模块中包含一个用于显示用户窗体的过程。ShowChangeCaseUserForm 过程用于检查所选对象的类型。如果选中的是某个区域，则会出现 UserForm1 中的对话框。如果选中的是除区域外的任何其他内容，则显示一个消息框。

```
Sub ShowChangeCaseUserForm ()
   If TypeName(Selection) = "Range" Then
      UserForm1.Show
   Else
      MsgBox "Select some cells."
   End If
End Sub
```

交叉引用

关于如何使用 Visual Basic 编辑器的更多信息，包括如何使用工程资源管理器找到模块，请参考第 42 章。

48.5.2 关于用户窗体

图 48-3 显示了 UserForm1 窗体。它包含 5 个控件：3 个选项按钮控件和两个命令按钮控件。这些控件都具有描述性的名称并设置了 Accelerator 属性，以便使控件显示一个热键(针对键盘用户)。带有 Upper Case 标题的选项按钮的 Value 属性被设为 TRUE，从而使其成为默认选项。

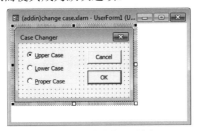

图 48-3 自定义对话框

> **交叉引用**
> 请参见第 44 章介绍的有关代码工作方式的详细信息。

48.5.3 测试工作簿

在将工作簿转换为加载项之前，应该在其他工作簿处于激活状态时对它进行测试，从而模拟此工作簿作为加载项工作时的状况。注意，加载项从不会是活动工作簿，也不会显示其任何工作表。

在测试时，首先保存该工作簿的 XLSM 版本并关闭它，然后再重新打开。在工作簿打开的状态下，激活另一个工作簿并选择一些包含文本的单元格，然后按 Alt+F8 键显示"宏"对话框。执行 ShowChangeCaseUserForm 宏并尝试其中的所有选项。

48.5.4 添加描述性信息

建议添加描述性信息，但该步骤并不是必需的。选择"文件"|"信息"命令并单击右侧面板底部的"显示所有属性"链接(参见图 48-4)。在"标题"字段中输入加载项的标题。该文本会出现在"加载项"对话框中。在"备注"字段中输入说明信息。当选择加载项时，该信息会出现在"加载项"对话框的底部。

图 48-4 添加有关加载项的描述性信息

48.5.5 为加载宏创建用户界面

此时，将生成的加载项还缺少一个关键部分：执行用于显示用户窗体的宏的方法。最简单的方法是提供一个用于执行宏的快捷键。Ctrl+Shift+C 是很好的组合键。为此，可执行以下步骤：

(1) 在 Excel 中，选择"开发工具"|"代码"|"宏"命令(或按 Alt+F8 键)。这将显示"宏"对话框。

(2) 在"宏名"列表中，选择名为 ShowChangeCaseUserForm 的宏。

(3) 单击"选项"按钮。这将显示"宏选项"对话框。

(4) 指定 Ctrl+Shift+C 作为快捷键并单击"确定"按钮。

(5) 单击"取消"按钮关闭"宏"对话框。

在完成更改后,记住保存工作簿。

48.5.6 保护工程

在某些情况下(如商业产品),你可能想要保护工程,以免别人查看源代码。要保护工程,请执行下列步骤:

(1) 激活 VB 编辑器。

(2) 在"工程"窗口中单击工程。

(3) 选择"工具"|"VBAProject 属性"命令。VB 编辑器将显示其"工程属性"对话框。

(4) 选择"保护"选项卡(如图 48-5 所示)。

图 48-5 "工程属性"对话框的"保护"选项卡

(5) 选中"查看时锁定工程"复选框。

(6) 为该工程输入密码(两次)。

(7) 单击"确定"按钮。

48.5.7 创建加载项

要将工作簿保存为一个加载项,请执行下列步骤:

(1) 切换到 Excel 窗口并激活工作簿。

(2) 选择"文件"|"另存为"命令。

(3) 从"保存类型"下拉列表中选择"Microsoft Excel 加载宏(*.xlam)"选项。

(4) 为加载项文件输入名称并单击"确定"按钮。

默认情况下,Excel 会将加载项存储在 AddIns 目录下,但是可以依据需要选择其他目录。

48.5.8 安装加载项

现在,可以尝试安装加载项。确保 XLSM 版本的工作簿未打开,然后执行下列步骤:

(1) 选择"文件"|"选项"|"加载项"命令。

(2) 在"管理"下拉列表中选择"Excel 加载项"选项并单击"转到"按钮。这将显示"加载项"对话框。

(3) 单击"浏览"按钮,找到并选择新创建的 change case.xlam 加载项。单击"确定"按钮。"加载项"对话框将在其列表中显示此加载项。请注意,在"显示所有属性"面板中提供的信息将显示在这里。

(4) 单击"确定"按钮即可关闭该对话框并打开加载项。

安装该加载项之后,可以通过按 Ctrl+Shift+C 键访问它,也可以选择将该加载项添加到快速访问工具栏或功能区中。

交叉引用
有关自定义 Excel 用户界面的详细信息,请参见第 8 章。